洪錦魁簡介

洪錦魁畢業於明志工專（現今明志科技大學），跳級留學美國 University of Mississippi 計算機系研究所。

2023 年和 2024 年連續 2 年獲選博客來 10 大暢銷華文作家，多年來唯一電腦書籍作者獲選，也是一位跨越電腦作業系統與科技時代的電腦專家，著作等身的作家，下列是他在各時期的代表作品。

- DOS 時代：「IBM PC 組合語言、Basic、C、C++、Pascal、資料結構」。
- Windows 時代：「Windows Programming 使用 C、Visual Basic」。
- Internet 時代：「網頁設計使用 HTML」。
- 大數據時代：「R 語言邁向 Big Data 之路、Python 王者歸來」。
- AI 時代：「機器學習數學、微積分 + Python 實作」、「AI 視覺、AI 之眼」。
- 通用 AI 時代：「ChatGPT、Copilot、無料 AI、AI 職場、AI 行銷、AI 影片、AI 賺錢術」。

作品曾被翻譯為簡體中文、馬來西亞文，英文，近年來作品則是在北京清華大學和台灣深智同步發行。

他的多本著作皆曾登上天瓏、博客來、Momo 電腦書類，不同時期暢銷排行榜第 1 名，他的著作特色是，所有程式語法或是功能解說會依特性分類，同時以實用的程式範例做說明，不賣弄學問，讓整本書淺顯易懂，讀者可以由他的著作事半功倍輕鬆掌握相關知識。

史上最強 Python 入門邁向頂尖高手 王者歸來

第 4 版

這本書的前 3 版皆曾經榮登博客來、Momo、天瓏暢銷排行榜第 1 名，相較於先前版本，第 4 版新增內容如下：

- Python 新語法 match-case
- 程式設計師的 AI 戰友 – VS Code x GitHub Copilot
- 設計 mp4 影片檔案
- 裝飾器 (decorator) 全新詮釋
- 小細節修訂超過 120 處

本書重要特色，除了說明「VS Code x GitHub Copilot」，銜接職場應用外，同時完整說明語法未來潛在應用。

❑ 未來潛在應用

- 基礎語法應用：科學計算與模擬、機器學習與人工智慧、建立事件處理程式、航空公司飛行路線查詢。
- 物件導向：商品庫存類別、車輛類別、學生類別。
- 隨機數模組：隨機且公平的廣告信件發送、產品品質控制。
- 時間模組：日誌時間戳記錄、資料庫定期備份。
- 檔案管理：自動備份系統設計、記錄活動日誌。
- 程式除錯與異常處理：資料庫操作異常處理、網路請求驗證模擬。
- 正則表達式：認證與格式化信用卡號碼、批次調整圖像格式。
- 影像處理：批次調整網路圖像、自動生成產品圖像。
- GUI 設計：數據監控儀表板、報告生成器。

- 詞雲：客戶評論詞雲、產品特點詞雲。
- json：客戶、庫存、員工紀錄、銷售數據的應用。
- csv：銷售數據、庫存、財報分析的應用。
- shelve 模組：用戶環境設定儲存、會話數據儲存、玩家遊戲數據保存。
- 網路爬蟲：市場研究、社交媒體監控、新聞匯總與監控、產品評論與消費者意見挖掘、徵人訊息收集。
- 控制周邊：自動開啟應用程式與操作、鍵盤快捷鍵自動化。
- 多工作業：多執行緒數據下載、多執行緒同時處理多個用戶請求、定時多執行緒執行企業數據備份。
- 郵件處理：發送會員信件與未繳會費的會員信件。
- 多媒體：音訊分類、情緒分析。
- AI 視覺：物體追蹤、車牌辨識、色彩分析。

多次與教育界的朋友相聚，談到電腦語言的發展趨勢，大家一致公認 Python 已經是當今最重要的電腦語言了，幾乎所有知名公司，例如：Google、Facebook、…等皆已經將此語言列為必備電腦語言。了解許多人想學 Python，市面上的書也不少了，許多人買了許多書，學習 Python 路上仍感障礙重重，原因是沒有選到好的書籍，市面上許多書籍的缺點是：

- Python 語法講解不完整，沒有建立 Python 紮實語法的觀念
- 用 C、C++、Java 觀念撰寫實例
- Python 語法的精神與內涵未做說明
- Python 進階語法未做解說
- 基礎實例太少，沒經驗的讀者無法舉一反三
- 模組介紹不足，應用範圍有限

許多讀者因此買了一些書，讀完了，好像學會了，但到了網路看專家撰寫的程式往往看不懂。就這樣我決定撰寫一本豐富、生活化、企業應用、有趣且實例完整，同時深入講解 Python 語法的入門書籍。其實這本書也是目前市面上講解 Python 書籍中語法最完整、應用範圍最廣、範例最豐富的書籍。整本書從 Python 風格說起，拋棄 C、C++、Java 思維，將 Python 語法、內涵與精神功能火力全開，完全融入矽谷頂尖 Python 工程師的邏輯與設計風格。

全書有超過 1250 個實例、檔案與程式搭配超過 530 個模組的函數，輔助約 280 個習題與檔案，外加 130 頁的習題電子書，用極深入、最詳細的態度講解 Python 語法的基礎與進階知識，例如：utf-8 中文編碼、list、tuple、dict、set、bytes、bytearray、closure、lambda、Decorator、@property、@classmethod、@staticmathod…等。

此外，也將應用範圍擴充至下列應用：

- 人工智慧基礎知識融入章節內容
- 從 bytes 說起、編碼 (encode)、解碼 (decoding)
- 完整解說 Unicode 字符集和 utf-8 依據 Unicode 字符集的中文編碼方式
- 生成式 (generator) 建立 Python 資料結構，串列 (list)、字典 (dict)、集合 (set)
- 在座標軸內計算任 2 點之間的距離，同時解說與人工智慧的關聯
- 經緯度計算地球任 2 城市之間的距離，學習取得地球任意位置的經緯度
- 萊布尼茲公式、尼拉卡莎、蒙地卡羅模擬計算圓週率
- 基礎函數觀念，也深入到嵌套、closure、lambda、Decorator 等高階應用
- Google 有一篇大數據領域著名的論文，MapReduce:Simplified Data Processing on Large Clusters，重要觀念是 MapReduce，筆者將對 map( ) 和 reduce( ) 完整解說，更進一步配合 lambda 觀念解說高階應用
- 建立類別同時深入裝飾器 @property、@classmethod、@staticmathod 與類別特殊屬性與方法
- 設計與應用自己設計的模組、活用外部模組 (module)
- 設計加密與解密程式、檔案壓縮與解壓縮
- 程式除錯 (debug) 與異常 (exception) 處理
- 檔案讀寫與目錄管理
- 剪貼簿 (clipboard) 處理
- 正則表達式 (Regular Expression)
- 遞迴式觀念與碎形 (Fractal)
- 影像處理與文字辨識，更進一步說明電腦儲存影像的方法與觀念
- 建立有個人風格的 QR code 與電子名片 QR code
- 認識中文分詞 jieba 與建立詞雲 (wordcloud) 設計
- GUI 設計 - 實作小算盤

- 動畫、音樂、多媒體與遊戲
- Matplotlib 中英文圖表繪製、2D 與 3D 動畫
- 說明 csv 和 json 檔案
- 繪製世界地圖
- 股市數據分析，繪製與計算股票買賣點
- 網路爬蟲與多工爬蟲
- 用 Python 執行手機傳簡訊、傳送、接收與分析電子郵件
- 處理 PDF、浮水印與加密技術
- 用 Python 控制螢幕與鍵盤
- 輕量級的資料庫 SQLite 實作、Python 操作 MySQL
- 多工與多執行緒設計
- 海龜繪圖，設計萬花筒與滿天星星
- YouTube 的下載與多執行緒下載
- ffmpeg 支援影音檔案轉換
- 不同語言的文字、語音翻譯
- 藝術創作邁向實作機場人臉辨識系統
- 聊天機器人、Emoji 機器人、搭配 ChatGPT 設計 Line Bot 機器人
- 網路程式 Server 端與 Client 端程式設計，筆者也設計了簡單的聊天室

寫過許多的電腦書著作，本書沿襲筆者著作的特色，程式實例豐富，相信讀者只要遵循本書內容必定可以在最短時間精通 Python 設計，邁向頂尖高手之路。編著本書雖力求完美，但是學經歷不足，謬誤難免，尚祈讀者不吝指正。

洪錦魁 2025/07/15

jiinkwei@me.com

臉書粉絲團

歡迎加入：王者歸來電腦專業圖書系列

歡迎加入：iCoding 程式語言讀書會

歡迎加入：MQTT 與 AIoT 整合運用

歡迎加入：深度機器學習線上讀書會

圖書資源說明

本書籍的所有程式實例與偶數編號的實作題解答和附錄電子書，可以在深智公司網站下載。本書大部分章節均附是非與選擇的習題解答、以及實作習題的輸入與輸出，這些可以在深智公司網站下載，特別是在實作題部分有附輸入與輸出，讀者可以遵循了解題目的本質與相關參考資訊，下列是示範輸出畫面。

一：是非題

1 (X)：串列(list)是由相同資料型態的元素所組成。(6-1 節)

2 (X)：在串列(list)中元素是從索引值 1 開始配置。(6-1 節)

二：選擇題

1 (A)：串列(list)使用時，如果索引值是多少，代表這是串列的最後一個元素。
(6-1 節)

A：-1　B：0　C：1　D：max

三：實作題

…

3：請參考 ch19_7.py，然後建立詞雲圖案，所使用的文字檔案請自行設計，此例筆者使用 edata19_3.txt 文字檔案，圖檔使用 pict.gif。(19-6 節)

pict.gif

教學資源說明

如果您是學校老師同時使用本書教學，歡迎與本公司聯繫，本公司將提供教學投影片與完整的實作題習題解答。請老師聯繫時提供任教學校、科系、Email、和手機號碼，以方便本公司業務單位協助您。

目錄

第 7 章 迴圈設計

第 8 章　元組 (Tuple)

第 9 章　字典 (Dict)

第 10 章　集合 (Set) 實戰 - 高效數據處理的關鍵技術

第 11 章 函數設計

第 12 章 類別與物件導向 - 打造模組化與可擴充程式

第 13 章 設計與應用模組

第 14 章 檔案輸入 / 輸出與目錄的管理

第 15 章 程式除錯與異常處理

第 16 章 正則表達式 Regular Expression

第 17 章 用 Python 處理影像檔案

第 18 章 開發 GUI 程式使用 tkinter

第 28 章 用 Python 控制滑鼠、螢幕與鍵盤

第 29 章 SQLite 與 MySQL 資料庫

第 30 章 多工與多執行緒

第 35 章 Python 多媒體應用

第 36 章 Python 與 YouTube

第 37 章 網路程式設計

第 38 章 使用 ChatGPT 設計線上 AI 客服中心

第 39 章 設計 ChatGPT Line Bot 機器人

第 1 章

Python 基礎觀念

1-1 認識 Python

Python 是一種直譯式 (Interpreted language)、物件導向 (Object Oriented Language) 的程式語言，它擁有完整的函數庫，可以協助輕鬆的完成許多常見的工作。

所謂的直譯式語言是指，直譯器 (Interpretor) 會將程式碼一句一句直接執行，不需要經過編譯 (compile) 動作，將語言先轉換成機器碼，再予以執行。目前它的直譯器是 CPython，這是由 C 語言編寫的一個直譯程式，與 Python 一樣目前是由 Python 基金會管理使用。

編譯式語言,例如 : C, Java

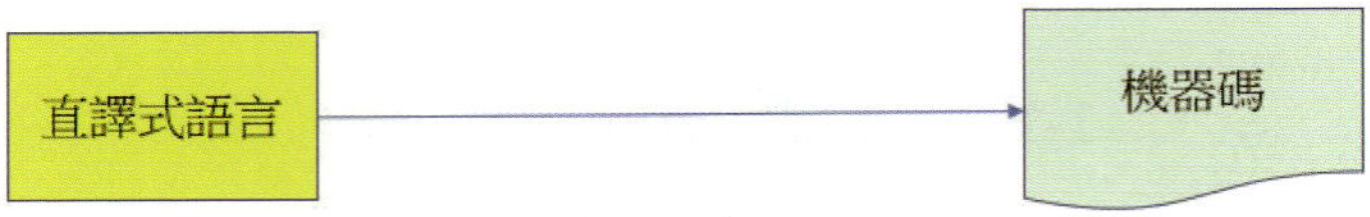

直譯式語言,例如 : Python

Python 也算是一個動態的高階語言，具有垃圾回收 (garbage collection) 功能，所謂的垃圾回收是指程式執行時，直譯程式會主動收回不再需要的動態記憶體空間，將記憶體集中管理，這種機制可以減輕程式設計師的負擔，當然也就減少了程式設計師犯錯的機會。

由於 Python 是一個開放的原始碼 (Open Source)，每個人皆可免費使用或為它貢獻，除了它本身有許多內建的套件 (package) 或稱模組 (module)，許多單位也為它開發了更多的套件，促使它的功能可以持續擴充，因此 Python 目前已經是全球最熱門的程式語言之一，這也是本書的主題。

Python 是一種跨平台的程式語言，幾乎主要作業系統，例如：Windows、Mac OS、UNIX/LINUX … 等，皆可以安裝和使用。當然前提是這些作業系統內有 Python 直譯器，在 Mac OS、UNIX/LINUX 皆已經有直譯器，Windows 則須自行安裝。

1-2 Python 的起源

本圖片取材自下列網址
https://upload.wikimedia.org/wikipedia/commons/thumb/6/66/Guido_van_Rossum_OSCON_2006.jpg/800px-Guido_van_Rossum_OSCON_2006.jpg

Python 的最初設計者是吉多・范羅蘇姆 (Guido van Rossum)，他是荷蘭人 1956 年出生於荷蘭哈勒姆，1982 年畢業於阿姆斯特丹大學的數學和計算機系，獲得碩士學位。

吉多・**范羅蘇姆** (Guido van Rossum) 在 1996 年為一本 O'Reilly 出版社作者 Mark Lutz 所著的 "Programming Python" 的序言表示：6 年前，1989 年我想在聖誕節期間思考設計一種程式語言打發時間，當時我正在構思一個新的腳本 (script) 語言的解譯器，它是 ABC 語言的後代，期待這個程式語言對 UNIX C 的程式語言設計師會有吸引力。基於我是蒙提派森飛行馬戲團 (Monty Python's Flying Circus) 的瘋狂愛好者，所以就以 Python 為名當作這個程式的標題名稱。

在一些 Python 的文件或有些書封面喜歡用蟒蛇代表 Python，從吉多・**范羅蘇姆**的上述序言可知，Python 靈感的來源是馬戲團名稱而非蟒蛇。不過 Python 英文是大蟒蛇，所以許多文件或 Python 基金會也就以大蟒蛇為標記。

1999 年他向美國國防部下的國防高等研究計劃署 DARPA(Defense Advanced Research Projects Agency) 提出 Computer Programming for Everybody 的研發經費申請，他提出了下列 Python 的目標。

- 這是一個簡單直覺式的程式語言，可以和主要程式語言一樣強大。
- 這是開放原始碼 (Open Source)，每個人皆可自由使用與貢獻。
- 程式碼像英語一樣容易理解與使用。
- 可在短期間內開發一些常用功能。

現在上述目標皆已經實現了，Python 已經與 C/C++、Java 一樣成為程式設計師必備的程式語言，然而它卻比 C/C++ 和 Java 更容易學習。目前 Python 語言是由 Python 軟體基金會 (www.python.org) 管理，有關新版軟體下載相關資訊可以在這個基金會取得，可參考附錄 A。

1-3 Python 語言發展史

在 1991 年 Python 正式誕生，當時的作業系統平台是 Mac。儘管吉多・范羅蘇姆 (Guido van Rossum) 坦承 Python 是構思於 ABC 語言，但是 ABC 語言並沒有成功，吉多・范羅蘇姆本人認為 ABC 語言並不是一個開放的程式語言，是主要原因。因此，在 Python 的推廣中，他避開了這個錯誤，將 Python 推向開放式系統，而獲得了很大的成功。

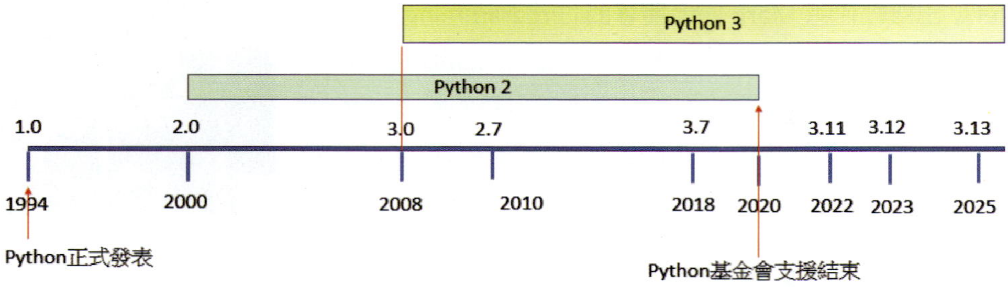

❑ Python 2.0 發表

2000 年 10 月 16 日 Python 2.0 正式發表，主要是增加了垃圾回收的功能，同時支援 Unicode，最後版本是 Python 2.7，Python 基金會自 2020 年 1 月 1 日起已經不再支援 Python 2.7 版。

所謂的 Unicode 是一種適合多語系的編碼規則，主要精神是使用可變長度位元組方式儲存字元，以節省記憶體空間。例如，對於英文字母而言是使用 1 個位元組 (byte) 空間儲存即可，對於含有附加符號的希臘文、拉丁文或阿拉伯文 … 等則用 2 個位元組空間儲存字元，兩岸華人所使用的中文字則是以 3 個位元組空間儲存字元，只有極少數的平面輔助文字需要 4 個位元組空間儲存字元。也就是說這種編碼規則已經包含了全球所有語言的字元了，所以採用這種編碼方式設計程式時，其他語系的程式只要有支援 Unicode 編碼皆可顯示。例如：法國人即使使用法文版的程式，也可以正常顯示中文字。

❑ Python 3.0 發表

2008 年 12 月 3 日 Python 3.0 正式發表。一般程式語言的發展會考慮到相容特性，但是 Python 3 在開發時為了不要受到先前 2.x 版本的束縛，因此沒有考慮相容特性，所以許多早期版本開發的程式是無法在 Python 3.x 版上執行，筆者撰寫此書時間點是 2025 年 5 月，當下最新版本是 3.13。

1-4 Python 的應用範圍

儘管 Python 是一個非常適合初學者學習的程式語言，在國外有許多兒童程式語言教學也是以 Python 為工具，然而它卻是一個功能強大的程式語言，下列是它的部分應用。

- 設計動畫遊戲。
- 支援圖形使用者介面 (GUI, Graphical User Interface) 開發，讀者可以參考筆者所著：

  Python GUI 設計活用 tkinter 之路王者歸來第 4 版

- 資料庫開發與設計動態網頁。
- 辦公室自動化，讀者可以參考筆者所著：

  Python AI 辦公室自動化

- 科學計算與大數據分析，讀者可以參考本書。
- 人工智慧與機器學習重要模組，例如：Scikit-learn、TensorFlow、Keras、Pytorch 皆是以 Python 為主要程式語言，讀者可以參考筆者所著：

  機器學習彩色圖解 + 基礎數學篇 +Python 實作王者歸來

  機器學習基礎最強入門 – 邁向 AI 高手實作王者歸來

  機器學習彩色圖解 + 基礎微積分篇 +Python 實作王者歸來

- Google、Yahoo!、YouTube、Instagram、NASA、Dropbox(檔案分享服務)、Reddit(社交網站)、Industrial Light & Magic(為星際大戰建立特效的公司) 在內部皆大量使用 Python 做開發工具。這些大公司使用 Python 做為主要程式語言，因為他們知道即使發現問題，在 Python 論壇也可以得到最快速的服務。
- 網路爬蟲、駭客攻防，讀者可以參考筆者所著：

  Python 網路爬蟲大數據擷取、清洗、儲存與分析王者歸來

- 研究演算法，讀者可以參考筆者所著：

  演算法圖解原理 x Python 實作 x 創意應用王者歸來

目前 Google 搜尋引擎、紐約股票交易所、NASA 航天行動的關鍵任務執行，皆是使用 Python 語言。

1-5 變數 - 靜態語言與動態語言

變數 (variable) 是一個語言的核心，由變數的設定可以知道這個程式所要完成的工作。

有些程式語言的變數在使用前需要先宣告它的資料型態，這樣編譯程式 (compile) 可以在記憶體內預留空間給這個變數。這個變數的資料型態經過宣告後，未來無法再改變它的資料型態，這類的程式語言稱靜態語言 (static language)。例如：C、C++、Java … 等。其實宣告變數可以協助電腦捕捉可能的錯誤，同時也可以讓程式執行速度更快，但是程式設計師需要花更多的時間打字與思考程式的規劃。

有些程式語言的變數在使用前不必宣告它的資料型態，這樣可以用比較少的程式碼完成更多工作，增加程式設計的便利性，這類程式在執行前不必經過編譯 (compile) 過程，而是使用直譯器 (interpreter) 直接直譯 (interpret) 與執行 (execute)，這類的程式語言稱動態語言 (dynamic language)，有時也可稱這類語言是文字碼語言 (scripting language)。例如：Python、Perl、Ruby。動態語言執行速度比經過編譯後的靜態語言執行速度慢，所以有相當長的時間動態語言只適合作短程式的設計，或是將它作為準備資料供靜態語言處理，在這種狀況下也有人將這種動態語言稱膠水碼 (glue code)，但是隨著軟體技術的進步直譯器執行速度越來越快，已經可以用它執行複雜的工作了。如果讀者懂 Java、C、C++，未來可以發現，Python 相較於這些語言除了便利性，程式設計效率已經遠遠超過這些語言了，這也是 Python 成為目前最熱門程式語言的原因。

1-6 系統的安裝與執行

1-6-1 系統安裝

有關安裝 Python 的安裝或是執行常見的環境有：

- 在 Python 內建的 idle 環境執行，可參考附錄 A。這是最原始最陽春的環境，Python 有許多內建模組，可以直接導入引用，碰上外部模組則需安裝，安裝過程可以認識模組的意義，整體而言也是簡單好用，這是學習 Python 基本功最佳環境，這也是本書撰寫的主要環境。

- 由於目前業界大多數工程師普遍採用 VS Code 作為主要的程式開發環境，本書亦同步導入 VS Code 作為 Python 教學的核心工具。VS Code 不僅輕量、跨平台，且支援豐富的擴充功能，能有效提升撰寫、除錯與管理程式的效率。此外，隨著 AI 編程輔助工具的興起，本書也特別介紹了與 VS Code 完美整合的 GitHub Copilot。透過 Copilot，讀者能體驗業界最新的「AI 協作設計程式」模式，讓初學者在學習語法與邏輯的同時，也能善用 AI 工具提升效率與理解能力，與現代開發流程無縫接軌，可以參考附錄 B。
- 使用 Google Colab 雲端開發環境，可以參考附錄 C。這是 Google 公司開發的 Python 虛擬機器，讀者可以使用瀏覽器 (建議是使用 Chrome) 在此環境內設計 Python 程式，在這個環境內可以不需設定，設計複雜的深度學習程式時可以免費使用 GPU(Graphics Processing Unit，圖形處理器)，同時所開發的程式可以和朋友共享。

1-6-2 程式設計與執行

Python 是直譯式程式語言，簡單的功能可以直接使用直譯方式設計與執行。要設計比較複雜的功能，建議是將指令依據語法規則組織成程式，然後再執行，這也是本書籍的重點。例如：print( ) 是輸出函數，單引號 (或是雙引號) 內的字串可以輸出。註：下列「#」是註解符號，會在 1-7-1 節解釋。

程式實例 ch1_1.py：簡單程式輸出的應用。

```
1  # ch1_1.py
2  print("Hello! Python")    # 列印字串
```

執行結果

```
======================== RESTART: D:\Python\ch1\ch1_1.py ========================
Hello! Python
```

Python 程式左邊是沒有行號，上述是筆者為了讀者閱讀方便加上去的。

1-7 程式註解

程式註解主要功能是讓你所設計的程式可讀性更高，更容易瞭解。在企業工作，一個實用的程式可以很輕易超過幾千或上萬列，此時你可能需設計好幾個月，程式加上註解，可方便你或他人，未來較便利瞭解程式內容。

1-7-1　註解符號

不論是使用 Python Shell 直譯器或是 Python 程式，「#」符號右邊的文字，皆是稱程式註解，Python 語言的直譯器會忽略此符號右邊的文字。可參考 1-6-2 節的實例。

註1 註解可以放在程式敘述的最左邊，可以參考 ch1_1.py 的第 1 列。

註2 print( ) 函數內的字串輸出可以使用雙引號，可以參考 ch1_1.py 的第 2 列。或是單引號包夾，可以參考下列實例 ch1_2.py。

```
# ch1_2.py
print('Hello! Python')    # 列印字串
```

1-7-2　三個單引號或雙引號

如果要進行大段落的註解，可以用三個單引號，可以參考 ch1_3.py。或是 3 個雙引號將註解文字包夾，可以參考 ch1_4.py。

程式實例 ch1_3.py 和 ch1_4.py：以三個單引號包夾 (第 1 和 5 列)，當作註解標記。

```
1  '''
2  程式實例ch1_3.py
3  作者:洪錦魁
4  使用三個單引號當作註解
5  '''
6  print("Hello! Python")
```

```
1  """
2  程式實例ch1_4.py
3  作者:洪錦魁
4  使用三個雙引號當作註解
5  """
6  print("Hello! Python")
```

1-7-3　輸出 ASCII 藝術作品

程式設計時使用鍵盤可以輸出英文字母與 ASCII 符號，使用這些字元可以生成各類圖案，我們稱此為「ASCII 藝術作品」。

程式實例 ch1_5.py：用 print( ) 設計機器人輸出。

```
# ch1_5.py
print("     +-------+")
print("    [|  o o  |]")
print("     |   L   |")
print("     +-------+")
print("       |   |  ")
print("      /|   |\\ ")      # "\\"是逸出字元，結果只顯示一次"\"
print("     / |---| \\")      # "\\"是逸出字元，結果只顯示一次"\"
print("    *  |   |  *")
print("       |   |  ")
print("      / \\ / \\ ")     # "\\"是逸出字元，結果只顯示一次"\"
print("     *    *    *")
```

執行結果

```
======================= RESTART: D:/Python/ch1/ch1_5.py =======================
 +-------+
[|  o o  |]
 |   L   |
 +-------+
   |   |
  /|   |\
 / |---| \
*  |   |  *
   |   |
  / \ / \
 *   *   *
```

第 7、8、11 列 print( ) 內有輸出「\\」，正式輸出時只顯示一次「\」，因為這是逸出字元，更多觀念將在 3-4-3 節解說。

1-8 Python 彩蛋 (Easter Eggs)

Python 核心程序開發人員在軟體內部設計了彩蛋 (Easter Eggs)，彩蛋有多個，最常見的有 2 個，一個是經典名句又稱 Python 之禪，一個是漫畫搞笑網站。這是其它軟體沒有見過的，非常有趣。

註 彩蛋通常是程序中隱藏的功能或是消息，它們常常用來向程序的開發者或者某些特定的人物致敬，或者僅僅是為了娛樂。

❑ Python 之禪

可以在 Python Shell 環境輸入 "import this" 即可看到經典名句，其實這些經典名句也是代表研讀 Python 的意境。

```
>>> import this
The Zen of Python, by Tim Peters

Beautiful is better than ugly.
Explicit is better than implicit.
Simple is better than complex.
Complex is better than complicated.
Flat is better than nested.
Sparse is better than dense.
Readability counts.
Special cases aren't special enough to break the rules.
Although practicality beats purity.
Errors should never pass silently.
Unless explicitly silenced.
In the face of ambiguity, refuse the temptation to guess.
There should be one-- and preferably only one --obvious way to do it.
Although that way may not be obvious at first unless you're Dutch.
Now is better than never.
Although never is often better than *right* now.
If the implementation is hard to explain, it's a bad idea.
If the implementation is easy to explain, it may be a good idea.
Namespaces are one honking great idea -- let's do more of those!
```

❑ Python 搞笑網站

可以在 Python Shell 環境輸入 "import antigravity" 即可連上下列網址，讀者可以欣賞 Python 趣味內容。

https://xkcd.com/353/

第 2 章
認識變數與基本數學運算

2-1　用 Python 做計算
2-2　認識變數
2-3　認識程式的意義
2-4　認識註解的意義
2-5　變數的命名原則
2-6　基本數學運算
2-7　指派運算子
2-8　Python 等號的多重指定使用
2-9　Python 的列連接 (Line Continuation)
2-10　專題 - 複利計算 / 計算圓面積與圓周長
2-11　認識內建函數、標準模組函數或是第 3 方模組函數本章將從基本數學運算開始，一步一步講解變數的使用與命名，接著介紹 Python 的算數運算。

2-1 用 Python 做計算

假設讀者到麥當勞打工，一小時可以獲得 120元時薪，如果想計算一天工作 8 小時，可以獲得多少工資？我們可以用計算機執行 "120 * 8"，然後得到執行結果。在 Python Shell 視窗，可以參考下方左邊公式。

```
>>> 120 * 8
960
```

```
>>> 120 * 8 * 300
288000
```

如果一年實際工作天數是 300 天，可以參考上方右邊公式計算一年所得。如果讀者一個月花費是 9000 元，可以用下列方式計算一年可以儲存多少錢。

```
>>> 9000 * 12
108000
>>> 288000 - 108000
180000
```

上述筆者先計算一年的花費，再將一年的收入減去一年的花費，可以得到所儲存的金額。本章筆者將一步一步推導應如何以程式觀念，處理類似的運算問題。

2-2 認識變數

在此先複習一下 1-5 節內容，Python 程式在設計變數時，不用先宣告，當我們設定變數內容時，變數自身會由所設定的內容決定自己的資料型態。

2-2-1 基本觀念

變數是一個暫時儲存資料的地方，對於 2-1 節的內容而言，如果你今天獲得了調整時薪，時薪從 120 元調整到 150 元，想要重新計算一年可以儲蓄多少錢，你將發現所有的計算將要重新開始。為了解決這個問題，我們可以考慮將時薪設為一個變數，未來如果有調整薪資，可以直接更改變數內容即可。

在 Python 中可以用 "=" 等號設定變數的內容，在這個實例中，我們建立了一個變數 x，然後用下列方式設定時薪，如果想要用 Python 列出時薪資料可以使用 x 或是 print(x) 函數。

```
>>> x = 120
>>> x
120
```

```
>>> x = 120
>>> print(x)
120
```

如果今天已經調整薪資，時薪從 120 元調整到 150 元，那麼我們可以用下列方式表達。

```
>>> x = 150
>>> x
150
```

一個程式是可以使用多個變數的，如果我們想計算一天工作 8 小時，一年工作 300 天，可以賺多少錢，假設用變數 y 儲存一年工作所賺的錢，可以用下方左邊公式計算。

```
>>> x = 150
>>> y = x * 8 * 300
>>> y
360000
```

```
>>> z = 9000
>>> a = z * 12
>>> a
108000
```

如果每個月花費是 9000 元，我們使用變數 z 儲存每個月花費，可以用上方右邊公式計算每年的花費，我們使用 a 儲存每年的花費，可以參考上方右邊公式。

如果我們想計算每年可以儲存多少錢，我們使用 b 儲存每年所儲存的錢，可以使用下列方式計算。

```
>>> x = 150
>>> y = x * 8 * 300
>>> z = 9000
>>> a = z * 12
>>> b = y - a
>>> b
252000
```

從上述我們很順利的使用 Python Shell 視窗計算了每年可以儲蓄多少錢的訊息了，可是上述使用 Python Shell 視窗做運算潛藏最大的問題是，只要過了一段時間，我們可能忘記當初所有設定的變數是代表什麼意義。因此在設計程式時，如果可以為變數取個有意義的名稱，未來看到程式時，可以比較容易記得。下列是筆者重新設計的變數名稱：

時薪：hourly_salary，用此變數代替 x，每小時的薪資。

年薪：annual_salary，用此變數代替 y，一年工作所賺的錢。

月支出：monthly_fee，用此變數代替 z，每個月花費。

年支出：annual_fee，用此變數代替 a，每年的花費。

年儲存：annual_savings，用此變數代替 b，每年所儲存的錢。

現在使用上述變數重新設計程式，可以得到下列結果。

```
>>> hourly_salary = 150
>>> annual_salary = hourly_salary * 8 * 300
>>> monthly_fee =  9000
>>> annual_fee = monthly_fee * 12
>>> annual_savings = annual_salary - annual_fee
>>> annual_savings
252000
```

相信經過上述說明，讀者應該了解變數的基本意義了。

2-2-2　認識變數位址意義

Python 是一個動態語言，它處理變數的觀念與一般靜態語言不同。對於靜態語言而言，例如：C 或 C++，當宣告變數時記憶體就會預留空間儲存此變數內容，例如：若是宣告與定義 x=10, y=10 時，記憶體內容可參考下方左圖。

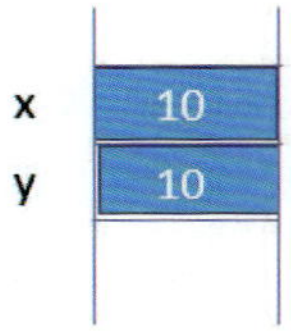

靜態語言, 例如:C

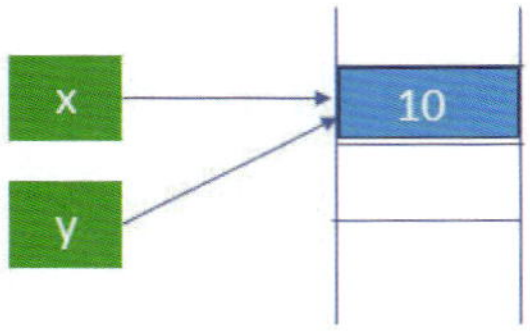

動態語言Python
相對參照觀念

對於 Python 而言，變數所使用的是參照 (reference) 位址的觀念，設定一個變數 x 等於 10 時，Python 會在記憶體某個位址儲存 10，此時我們建立的變數 x 好像是一個標誌 (tags)，標誌內容是儲存 10 的記憶體位址。如果有另一個變數 y 也是 10，則是將變數 y 的標誌內容也是儲存 10 的記憶體位址。相當於變數是名稱，不是位址，相關觀念可以參考上方右圖。

使用 Python 可以使用 id( ) 函數，獲得變數的位址，可參考下列語法。

實例 1：列出變數的位址，相同內容的變數會有相同的位址。

```
>>> x = 10
>>> y = 10        x 和 y 是相同內容
>>> z = 20
>>> id(x)
1557448976
>>> id(y)         x 和 y 有相同位址
1557448976
>>> id(z)
1557449136
```

2-3 認識程式的意義

延續上一節的實例，如果我們時薪改變、工作天數改變或每個月的花費改變，所有輸入與運算皆要重新開始，而且每次皆要重新輸入程式碼，這是一件很費勁的事，同時很可能會常常輸入錯誤，為了解決這個問題，我們可以開啟一個檔案，將上述運算儲存在檔案內，這個檔案就是所謂的程式。未來有需要時，再開啟重新運算即可。

程式實例 ch2_1.py：使用程式計算每年可以儲蓄多少錢，下列是整個程式設計。

```
# ch2_1.py
hourly_salary = 150
annual_salary = hourly_salary * 8 * 300
monthly_fee = 9000
annual_fee = monthly_fee * 12
annual_savings = annual_salary - annual_fee
print(annual_savings)
```

執行結果

```
====================== RESTART: D:\Python\ch2\ch2_1.py ======================
252000
```

未來我們時薪改變、工作天數改變或每個月的花費改變，只要適度修改變數內容，就可以獲得正確的執行結果。

2-4 認識註解的意義

上一節的程式 ch2_1.py，儘管我們已經為變數設定了有意義的名稱，其實時間一久，常常還是會忘記各個指令的內涵。所以筆者建議，設計程式時，適度的為程式碼加上註解。在 1-7 節已經講解註解的方法，下列將直接以實例說明。

程式實例 ch2_2.py：重新設計程式 ch2_1.py，為程式碼加上註解。

```
# ch2_2.py
hourly_salary = 150                               # 設定時薪
annual_salary = hourly_salary * 8 * 300           # 計算年薪
monthly_fee = 9000                                # 設定每月花費
annual_fee = monthly_fee * 12                     # 計算每年花費
annual_savings = annual_salary - annual_fee       # 計算每年儲存金額
print(annual_savings)                             # 列出每年儲存金額
```

執行結果 與 ch2_1.py 相同。

相信經過上述註解後，即使再過 10 年，只要一看到程式應可輕鬆瞭解整個程式的意義。

2-5 變數的命名原則

2-5-1 基本觀念

Python 對於變數的命名，在使用時有一些規則要遵守，否則會造成程式錯誤。

- 必須由英文字母、_(底線)或中文字開頭，建議使用英文字母。
- 變數名稱只能由英文字母、數字、_(底線)或中文字所組成，底線開頭的變數會被特別處理，下一小節會做說明。
- 英文字母大小寫是敏感的，例如：Name 與 name 被視為不同變數名稱。
- Python 關鍵字(或稱系統保留字)不可當作變數名稱，會讓程式產生錯誤，可參考 2-5-2 節。
- Python 內建函數 (function) 名稱、類別 (class) 名稱 (第 12 章)、異常物件名稱 (第 15 章) 等，不建議當作變數名稱，因為會造成函數失效，可參考 2-5-3 節。

註 雖然變數名稱可以用中文字，不過筆者不建議使用中文字。

實例 1： 下列是一些不合法的變數名稱。

```
sum,1                    # 變數名稱不可有 ","
3y                       # 變數名稱不可由阿拉伯數字開頭
x$2                      # 變數名稱不可有 "$" 符號
and                      # 這是系統關鍵字不可當作變數名稱
```

實例 2： 下列是一些合法的變數名稱。

```
SUM_
_fg
x5
a_b_100
總和
```

2-5-2 不可當作變數的關鍵字

實例 1： 可以使用 help('keywords') 列出所有 Python 的關鍵字。

```
>>> help('keywords')

Here is a list of the Python keywords.  Enter any keyword to get more help.

False               class               from                or
None                continue            global              pass
True                def                 if                  raise
and                 del                 import              return
as                  elif                in                  try
assert              else                is                  while
async               except              lambda              with
await               finally             nonlocal            yield
break               for                 not
```

此外，我們也可以使用 help( ) 列出特定函數或是關鍵字的用法。

實例 2：列出關鍵字 and 的用法。

```
>>> help('and')
Boolean operations
******************

   or_test  ::= and_test | or_test "or" and_test
   and_test ::= not_test | and_test "and" not_test
   not_test ::= comparison | "not" not_test
```

實例 3：列出 print( ) 函數的用法。

```
>>> help('print')
Help on built-in function print in module builtins:

print(...)
    print(value, ..., sep=' ', end='\n', file=sys.stdout, flush=False)

    Prints the values to a stream, or to sys.stdout by default.
    Optional keyword arguments:
    file:  a file-like object (stream); defaults to the current sys.stdout.
    sep:   string inserted between values, default a space.
    end:   string appended after the last value, default a newline.
    flush: whether to forcibly flush the stream.
```

2-5-3 不建議當作變數的函數 / 類別 / 異常物件名稱

內建函數 dir( )，加上參數 "__bulitins__"，可以列出所有內建函數名稱、類別名稱、異常物件名稱。

實例 1：列出所有 Python 內建函數名稱、類別名稱、異常物件名稱等。

```
>>> dir(__builtins__)
['ArithmeticError', 'AssertionError', 'AttributeError', 'BaseException', 'BlockingIOError', 'BrokenPipeError', 'Buffe
rError', 'BytesWarning', 'ChildProcessError', 'ConnectionAbortedError', 'ConnectionError', 'ConnectionRefusedError',
'ConnectionResetError', 'DeprecationWarning', 'EOFError', 'Ellipsis', 'EnvironmentError', 'Exception', 'False', 'File
ExistsError', 'FileNotFoundError', 'FloatingPointError', 'FutureWarning', 'GeneratorExit', 'IOError', 'ImportError',
'ImportWarning', 'IndentationError', 'IndexError', 'InterruptedError', 'IsADirectoryError', 'KeyError', 'KeyboardInte
rrupt', 'LookupError', 'MemoryError', 'ModuleNotFoundError', 'NameError', 'None', 'NotADirectoryError', 'NotImplement
ed', 'NotImplementedError', 'OSError', 'OverflowError', 'PendingDeprecationWarning', 'PermissionError', 'ProcessLooku
pError', 'RecursionError', 'ReferenceError', 'ResourceWarning', 'RuntimeError', 'RuntimeWarning', 'StopAsyncIteration
', 'StopIteration', 'SyntaxError', 'SyntaxWarning', 'SystemError', 'SystemExit', 'TabError', 'TimeoutError', 'True',
'TypeError', 'UnboundLocalError', 'UnicodeDecodeError', 'UnicodeEncodeError', 'UnicodeError', 'UnicodeTranslateError'
, 'UnicodeWarning', 'UserWarning', 'ValueError', 'Warning', 'WindowsError', 'ZeroDivisionError', '__build_class__', '
__debug__', '__doc__', '__import__', '__loader__', '__name__', '__package__', '__spec__', 'abs', 'all', 'any', 'ascii
', 'bin', 'bool', 'breakpoint', 'bytearray', 'bytes', 'callable', 'chr', 'classmethod', 'compile', 'complex', 'copyri
ght', 'credits', 'delattr', 'dict', 'dir', 'divmod', 'enumerate', 'eval', 'exec', 'exit', 'filter', 'float', 'format'
, 'frozenset', 'getattr', 'globals', 'hasattr', 'hash', 'help', 'hex', 'id', 'input', 'int', 'isinstance', 'issubclas
s', 'iter', 'len', 'license', 'list', 'locals', 'map', 'max', 'memoryview', 'min', 'next', 'object', 'oct', 'open', '
ord', 'pow', 'print', 'property', 'quit', 'range', 'repr', 'reversed', 'round', 'set', 'setattr', 'slice', 'sorted',
'staticmethod', 'str', 'sum', 'super', 'tuple', 'type', 'vars', 'zip']
```

內建函數

若是不小心將系統內建函數名稱當作變數，程式本身不會錯誤，但是原先函數功能會喪失。2-10-5 節會說明用程式輸出所有的內建函數。

2-5-4　Python 寫作風格 (Python Enhancement Proposals) - PEP 8

吉多・范羅蘇姆 (Guido van Rossum) 被尊稱 Python 之父，他有編寫 Python 程式設計的風格，一般人將此稱 Python 風格 PEP(Python Enhancement Proposals)，常看到有些文件稱此風格為 PEP 8，這個 8 不是版本編號，PEP 有許多文件提案，其中編號 8 是講 Python 程式設計風格，所以一般人又稱 Python 寫作風格為 PEP 8。在這個風格下，變數名稱建議是用小寫字母，如果變數名稱需用 2 個英文字表達時，建議此文字間用底線連接。例如 2-2-1 節的年薪變數，英文是 annual salary，我們可以用 annual_salary 當作變數。

在執行運算時，在運算符號左右兩邊增加空格，例如：

```
x = y + z                        # 符合 Python 風格
x = (y + z)                      # 符合 Python 風格
x = y+z                          # 不符合 Python 風格
x = (y+z)                        # 不符合 Python 風格
```

完整的 Python 寫作風格可以參考下列網址：

www.python.org/dev/peps/pep-0008

上述僅將目前所學做說明，未來筆者還會逐步解說。註：程式設計時如果不採用 Python 風格，程式仍可以執行，不過 Python 之父吉多・范羅蘇姆認為寫程式應該是給人看的，所以更應該寫讓人易懂的程式。

2-5-5　認識底線開頭或結尾的變數

筆者在此先列出本節內容，坦白說對初學 Python 者可能無法體會此節內容，不過讀者持續閱讀此書時會碰上這類的變數，當讀者讀完本書第 12 章時，再回頭看此節內容應可以逐步體會本節的說明。

Python 程式設計時可能會看到下列底線開頭或結尾的變數，其觀念如下：

❑ 變數名稱有前單底線，例如：_test

這是一種私有變數、函數或方法，可能是在測試中或一般應用在不想直接被調用的方法可以使用單底線開頭的變數。

- 變數名稱有後單底線，例如：dict_

　　這種命名方式主要是避免與 Python 的關鍵字 (built-in keywords) 或內建函數 (built-in functions) 有相同的名稱，例如：max 是求較大值函數、min 是求較小值函數，可以參考 5-4 節，如果我們真的想建立 max 或 min 變數，可以將變數命名為 max_ 或 min_。

- 變數名稱前後有雙底線，例如：__test__

　　這是保留給 Python 內建 (built-in) 的變數 (variables) 或方法 (methods) 使用。

- 變數名稱有前雙底線，例如：__test

　　這也是私有方法或變數的命名，無法直接使用本名存取資料。

註 在 IDLE 或是 Spider 環境使用 Python 時，底線可以代表前一次操作的遺留值。

```
>>> 10
10
>>> _ * 5
50
```

```
In [1]: 10
Out[1]: 10

In [2]: _ * 5
Out[2]: 50
```

2-6 基本數學運算

2-6-1 賦值

　　從內文開始至今，已經使用許多次賦值 (=) 的觀念了，所謂賦值是一個等號的運算，將一個右邊值或是變數或是運算式設定給一個左邊的變數，稱賦值 (=) 運算。

實例 1：賦值運算，將 5 設定給變數 x，設定 y 是「x – 3」。

```
>>> x = 5
>>> y = x - 3
>>> y
2
```

2-6-2 四則運算

　　Python 的四則運算是指加 (+)、減 (-)、乘 (*) 和除 (/)。

實例 1：下列是加法與減法運算實例。

```
>>> x = 5 + 6
>>> x
11
>>> y = x - 10
>>> y
1
```

註 再次強調，上述 5+6 等於 11 設定給變數 x，在 Python 內部運算中 x 是標誌，指向內容是 11。

實例 2：乘法與除法運算實例。

```
>>> x = 5 * 9
>>> x
45
```

```
>>> y = 9 / 5
>>> y
1.8
```

2-6-3　餘數和整除

餘數 (mod) 所使用的符號是 "%"，可計算出除法運算中的餘數。整除所使用的符號是 "//"，是指除法運算中只保留整數部分。

實例 1：餘數和整除運算實例。

```
>>> x = 9 % 5
>>> x
4
```

```
>>> y = 9 // 2
>>> y
4
```

其實在程式設計中求餘數是非常有用，例如：如果要判斷數字是奇數或偶數可以用 %，指令「num % 2」，如果是奇數所得結果是 1，如果是偶數所得結果是 0。未來當讀者學會更多指令，筆者會做更多的應用說明。

註 "%" 字元還有其他用途，第 4 章輸入與輸出章節會再度應用此字元。

2-6-4　次方

次方的符號是 "**"。

實例 1：平方、次方的運算實例。

```
>>> x = 3 ** 2
>>> x
9
```

```
>>> y = 3 ** 3
>>> y
27
```

2-6-5　Python 語言控制運算的優先順序

Python 語言碰上計算式同時出現在一個指令內時，除了括號 "( )" 內部運算最優先外，其餘計算優先次序如下。

1：次方。

2：乘法、除法、求餘數 (%)、求整數 (//)，彼此依照出現順序運算。

3：加法、減法，彼此依照出現順序運算。

實例 1：Python 語言控制運算的優先順序的應用。

```
>>> x = (5 + 6) * 8 - 2
>>> x
86
```

```
>>> y = 5 + 6 * 8  - 2
>>> y
51
```

```
>>> z = 2 * 3**3 * 2
>>> z
108
```

2-7 指派運算子

常見的指派運算子如下，下方是假設「x = 10」的實例：

運算子	語法	說明	實例	結果
+=	a += b	a = a + b	x += 5	15
-=	a -= b	a = a - b	x -=5	5
*=	a *= b	a = a * b	x *= 5	50
/=	a /= b	a = a / b	x /= 5	2.0
%=	a %= b	a = a % b	x %= 5	0
//=	a //= b	a = a // b	x //= 5	2
**=	a **= b	a = a ** b	x **= 5	100000

2-8 Python 等號的多重指定使用

使用 Python 時，可以一次設定多個變數等於某一數值。

實例 1：設定多個變數等於某一數值的應用。

```
>>> x = y = z = 10
>>> x
10
>>> y
10
>>> z
10
```

Python 也允許多個變數同時指定不同的數值。

實例 2：設定多個變數，每個變數有不同值。

```
>>> x, y, z =  10, 20, 30
>>> print(x, y, z)
10 20 30
```

當執行上述多重設定變數值後，甚至可以執行更改變數內容。

實例 3：將 2 個變數內容交換。

```
>>> x, y = 10, 20
>>> print(x, y)
10 20
>>> x, y = y, x          ← 資料交換
>>> print(x, y)
20 10
```

上述原先 x, y 分別設為「10, 20」，但是經過多重設定後變為「20, 10」。其實我們可以使用多重指定觀念更靈活應用 Python，在 2-6-3 節有求商和餘數的實例，我們可以使用 divmod( ) 函數一次獲得商和餘數，可參考下列實例。

```
>>> x = 9 // 5           ← 整數除法
>>> x
1
>>> y = 9 % 5            ← 求餘數
>>> y
4
>>> z = divmod(9, 5)     ← 計算整數除法和餘數
>>> z
(1, 4)
>>> x, y = z
>>> x
1
>>> y
4
```

上述我們使用了 divmod(9, 5) 方法一次獲得了元組值 (1, 4)，第 8 章會解說元組 (tuple)，然後使用多重指定將此元組 (1, 4) 分別設定給 x 和 y 變數。

2-9 Python 的列連接 (Line Continuation)

在設計大型程式時，常會碰上一個敘述很長，需要分成 2 列或更多列撰寫，此時可以在敘述後面加上 "\" 符號，這個符號稱繼續符號。Python 直譯器會將下一列的敘述視為這一列的敘述。特別注意，在 "\" 符號右邊不可加上任何符號或文字，即使是註解符號也是不允許。

另外，也可以在敘述內使用小括號，如果使用小括號，就可以在敘述右邊加上註解符號。

程式實例 ch2_3.py 和 ch2_4.py：將一個敘述分成多列的應用，下方右圖是符合 PEP 8 的 Python 風格設計，也就是運算符號必須放在運算元左邊。

```
# ch2_3.py
a = b = c = 10
x = a + b + c + 12
print(x)
# 續行方法1
y = a +\
    b +\
    c +\
    12
print(y)
# 續行方法2
z = ( a +       # 此處可以加上註解
      b +
      c +
      12 )
print(z)
```

運算符號在運算元左邊

```
# ch2_4.py
a = b = c = 10
x = a + b + c + 12
print(x)
# 續行方法1         # PEP 8風格
y = a \
    + b \
    + c \
    + 12
print(y)
# 續行方法2         # PEP 8風格
z = ( a             # 此處可以加上註解
      + b
      + c
      + 12 )
print(z)
```

PEP 8 風格

執行結果 ch2_3.py 和 ch2_4.py 可以得到相同的結果。

```
====================== RESTART: D:\Python\ch2\ch2_3.py ======================
42
42
42
```

2-10 專題 - 複利計算 / 計算圓面積與圓周長

2-10-1 銀行存款複利的計算

程式實例 ch2_5.py：銀行存款複利的計算，假設目前銀行年利率是 1.5%，複利公式如下，你有一筆 5 萬元，請計算 5 年後的本金和。

本金和 = 本金 * (1 + 年利率)^n # n 是年

```
# ch2_5.py
money = 50000 * (1 + 0.015) ** 5
print("本金和是")
print(money)
```

執行結果

```
====================== RESTART: D:\Python\ch2\ch2_5.py ======================
本金和是
53864.20019421873
```

2-10-2 價值衰減的計算

程式實例 ch2_6.py：有一個品牌車輛，前 3 年每年價值衰減 15%，請問原價 100 萬的車輛 3 年後的殘值是多少。

```
# ch2_6.py
car = 1000000 * (1 - 0.15) ** 3
print("車輛殘值是")
print(car)
```

執行結果

```
======================== RESTART: D:\Python\ch2\ch2_6.py ========================
車輛殘值是
614124.9999999999
```

2-10-3 數學運算 - 計算圓面積與周長

程式實例 ch2_7.py：假設圓半徑是 5 公分，圓面積與圓周長計算公式分別如下：

圓面積 = PI * r * r　　　　# PI = 3.14159, r 是半徑

圓周長 = 2 * PI * r

```
# ch2_7.py
PI = 3.14159
r = 5
print("圓面積:單位是平方公分")
area = PI * r * r
print(area)
circumference = 2 * PI * r
print("圓周長:單位是公分")
print(circumference)
```

執行結果

```
======================== RESTART: D:\Python\ch2\ch2_7.py ========================
圓面積:單位是平方公分
78.53975
圓周長:單位是公分
31.4159
```

在程式語言的設計中，有一個觀念是具名常數 (named constant)，這種常數是不可更改內容。上述我們計算圓面積或圓周長所使用的 PI 是圓周率，這是一個固定的值，由於 Python 語言沒有提供此具名常數 (names constant) 的語法，上述程式筆者用大寫 PI 當作是具名常數的變數，這是一種約定成俗的習慣，其實這也是 PEP 8 程式風格，未來讀者可以用這種方式處理固定不會更改內容的變數。

2-10-4 數學模組的 pi

前一小節的圓周率筆者定義 3.14159，其實很精確了，如果要更精確可以使用 Python 內建的 math 模組，使用前需要用 import 導入模組，這時就可以定義此模組內的 pi 屬性，可以參考下列程式第 2 列，未來可以更精確使用它。

程式實例 ch2_8.py：使用 math 模組的 pi，重新設計 ch2_7.py。

```
1  # ch2_8.py
2  import math
3
4  r = 5
5  print("圓面積:單位是平方公分")
6  area = math.pi * r * r
7  print(area)
8  circumference = 2 * math.pi * r
9  print("圓周長:單位是公分")
10 print(circumference)
```

執行結果

```
======================== RESTART: D:\Python\ch2\ch2_8.py ========================
圓面積:單位是平方公分
78.53981633974483
圓周長:單位是公分
31.41592653589793
```

請參考第 6 或 8 列，筆者使用 math.pi 引用圓周率，獲得更精確的結果。筆者將在 4-5-3 節講解更多 math 模組相關內容。

2-10-5 程式輸出內建函數

建議讀者閱讀完第 7 章，再閱讀下列內容。

程式實例 ch2_9.py：2-5-3 節有介紹可以使用 dir(__builtins__) 輸出內建函數，我們可以用下列 for 迴圈程式輸出內建函數、類別和異常名稱。

```
# ch2_9.py
# 輸出內建函數名
builtin_functions = dir(__builtins__)
for function_name in builtin_functions:
    print(function_name)
```

執行結果

```
======================== RESTART: D:/Python/ch2/ch2_9.py ========================
ArithmeticError
AssertionError
AttributeError
  ...
type
vars
zip
```

建議讀者閱讀完第 13 章，再閱讀下列內容。有一個內建模組 inspect，此模組的函數 getmembers(object)，可以回傳參數 object 的項目，項目元素是字典格式。

程式實例 ch2_10.py：輸出所有 Python 內建函數。

```
# ch2_10.py
import inspect

# 輸出內建函數名
builtin_functions = [name for name, obj in inspect.getmembers(__builtins__) if inspect.isbuiltin(obj)]
for function_name in builtin_functions:
    print(function_name)
```

執行結果

```
======================= RESTART: D:/Python/ch2/ch2_10.py =======================
__build_class__
__import__
abs
aiter
all
  ...
sorted
sum
vars
```

2-11 認識內建函數、標準模組函數或是第 3 方模組函數

這一章我們用到了一些函數，部分可以直接使用，部分需要用 import 導入，基本上可以將函數分成 3 種：

內建函數：可以直接使用，例如：print( )、id( )、help( )、dir( ) … 等。

標準模組函數 (或屬性)：屬於安裝 Python 時，同時被安裝模組內的函數，例如：math 模組內的 pi 就是屬性或是開平方根函數 sqrt( )，使用前須用 import 導入此模組，然後用 math.pi 或是 math.sqrt( ) 引用。未來 4-5-3 節起，會有更多說明模組內的函數使用解說。

第 3 方模組函數：這是第 3 方軟體單位為 Python 開發，可以擴充 Python 功能的模組內的函數，這類函數在使用前需要先安裝模組，然後才可以使用該模組內的函數。未來第 13 起會做更多實例解說。

第 3 章

Python 的基本資料型態

3-1　type( ) 函數

3-2　數值資料型態

3-3　布林值資料型態

3-4　字串資料型態

3-5　字串與字元

3-6　bytes 資料

3-7　專題 - 地球到月球時間計算 / 計算座標軸 2 點之間距離

- 數值資料型態 (numeric type)：常見的數值資料又可分成整數 (int) (第 3-2-1 節)、浮點數 (float) (第 3-2-2 節)、複數 (complex number) (第 3-2-8 節)。
- 布林值 (Boolean) 資料型態 (第 3-3 節)：也被視為數值資料型態。
- 文字序列型態 (text sequence type)：也就是字串 (string) 資料型態 (第 3-4 節)。
- 位元組 (bytes，有的書稱字節) 資料型態 (第 3-6 節)：這是二進位的資料型態，長度是 8 個位元。
- bytearray 資料型態 (第 8-15-3 節)。
- 序列型態 (sequence type)：list(第 6 章)、tuple(第 8 章)。
- 對映型態 (mapping type)：dict(第 9 章)。
- 集合型態 (set type)：集合 set(第 10 章)、凍結集合 (frozenset)。

其中 list、tuple、dict、set 又稱作是容器 (container)，未來在計算機科學中，讀者還會學習許多不同的容器與相關概念。

3-1 type( ) 函數

在正式介紹 Python 的資料型態前，筆者想介紹一個函數 type( )，這個函數可以列出變數的資料型態類別。這個函數在各位未來進入 Python 實戰時非常重要，因為變數在使用前不需要宣告，同時在程式設計過程變數的資料型態會改變，我們常常需要使用此函數判斷目前的變數資料型態。或是在進階 Python 應用中，我們會呼叫一些函數 (function) 或方法 (method)，這些函數或方法會傳回一些資料，可以使用 type( ) 獲得所傳回的資料型態。

實例 1：列出整數、浮點數、字串變數的資料型態。

```
>>> x = 10
>>> type(x)
<class 'int'>
```

```
>>> y = 2.5
>>> type(y)
<class 'float'>
```

```
>>> z = 'Python'
>>> type(z)
<class 'str'>
```

從上述執行結果可以看到，變數 x 的內容是 10，資料型態是整數 (int)。變數 y 的內容是 2.5，資料型態是浮點數 (float)。變數 z 的內容是 'Python'，資料型態是字串 (str)。下一節會說明，為何是這樣。

3-2 數值資料型態

3-2-1 整數 int

整數的英文是 integer，在電腦程式語言中一般用 int 表示。如果你學過其它電腦語言，在介紹整數時老師一定會告訴你，該電腦語言使用了多少空間儲存整數，所以設計程式時整數大小必須是在某一區間之間，否則會有溢位 (overflow) 造成資料不正確。例如：如果儲存整數的空間是 32 位元，則整數大小是在 -2147483648 和 2147483647 之間。在 Python 3 已經將整數可以儲存空間大小的限制拿掉了，所以沒有 long 了，也就是說 int 可以是任意大小的數值。

英文 googol 是指自然數 10^{100}，這是 1938 年美國數學家愛德華・卡斯納 (Edward Kasner) 9 歲的侄子米爾頓・西羅蒂 (Milton Sirotta) 所創造的。下列是筆者嘗試使用整數 int 顯示此 googol 值。

```
>>> googol = 10 ** 100
>>> googol
10000000000000000000000000000000000000000000000000000000000000000000000000000000
000000000000000000000
```

其實 Google 公司原先設計的搜尋引擎稱 BackRub，登記公司想要以 googol 為域名，這代表網路上無邊無際的資訊，由於在登記時拼寫錯誤，所以有了現在我們了解的 Google 搜尋引擎與公司。

整數使用時比較特別的是，可以在數字中加上底線 (_)，這些底線會被忽略，如下方左圖所示：

```
>>> x = 1_1_1
>>> x
111
```

```
>>> x = 1_000_000
>>> x
1000000
```

有時候處理很大的數值時，適當的使用底線可以讓數字更清楚表達，例如：上方右圖是設定 100 萬的整數變數 x。

3-2-2 浮點數

浮點數的英文是 float，既然整數大小沒有限制，浮點數大小當然也是沒有限制。在 Python 語言中，帶有小數點的數字我們稱之為浮點數。例如：

```
x = 10.3
```

表示 x 是浮點數。

3-2-3　整數與浮點數的運算

Python 程式設計時不相同資料型態也可以執行運算，程式設計時常會發生整數與浮點數之間的資料運算，Python 具有簡單自動轉換能力，在計算時會將整數轉換為浮點數再執行運算。此外，某一個變數如果是整數，但是如果最後所儲存的值是浮點數，Python 也會將此變數轉成浮點數。

程式實例 ch3_1.py：整數轉換成浮點數的應用。

```
# ch3_1.py
x = 10
print(x)
print(type(x))        # 加法前列出x資料型態
x = x + 5.5
print(x)
print(type(x))        # 加法後列出x資料型態
```

執行結果

```
======================== RESTART: D:\Python\ch3\ch3_1.py ========================
10
<class 'int'>
15.5
<class 'float'>
```

原先變數 x 所儲存的值是整數 10，所以列出是整數。經過運算儲存了浮點數 15.5，所以列出是浮點數，相當於資料型態也改變了。

3-2-4　不同進位數的整數

在整數的使用中，除了我們熟悉的 10 進位整數運算，還有下列不同進位數的整數制度。

❑ 2 進位整數

Python 中定義凡是 0b 開頭的數字，代表這是 2 進位的整數。例如：0, 1。bin( ) 函數可以將一般整數數字轉換為 2 進位。

❑ 8 進位整數

Python 中定義凡是 0o 開頭的數字，代表這是 8 進位的整數。例如：0, 1, 2, 3, 4, 5, 6, 7。oct( ) 函數可以將一般數字轉換為 8 進位。

❑ 16 進位整數

Python 中定義凡是 0x 開頭的數字，代表這是 16 進位的整數。例如：0, 1, 2, 3, 4, 5, 6, 7, 8, 9, A, B, C, D, E, F，英文字母部分也可用小寫 a, b, c, d, e, f 代表。hex( ) 函數可以將一般數字轉換為 16 進位。

程式實例 ch3_2.py：2 進位整數、8 進位整數、16 進位整數的運算。

```
# ch3_2.py
print('2 進位整數運算')
x = 0b1101              # 這是2進位整數
print(x)                # 列出10進位的結果
y = 13                  # 這是10進位整數
print(bin(y))           # 列出轉換成2進位的結果
print('8 進位整數運算')
x = 0o57                # 這是8進位整數
print(x)                # 列出10進位的結果
y = 47                  # 這是10進位整數
print(oct(y))           # 列出轉換成8進位的結果
print('16 進位整數運算')
x = 0x5D                # 這是16進位整數
print(x)                # 列出10進位的結果
y = 93                  # 這是10進位整數
print(hex(y))           # 列出轉換成16進位的結果
```

執行結果

```
======================= RESTART: D:\Python\ch3\ch3_2.py =======================
2 進位整數運算
13
0b1101
8 進位整數運算
47
0o57
16 進位整數運算
93
0x5d
```

3-2-5 強制資料型態的轉換

有時候我們設計程式時，可以自行強制使用下列函數，轉換變數的資料型態。

int( )：將資料型態強制轉換為整數。

float( )：將資料型態強制轉換為浮點數。

程式實例 ch3_3.py：將浮點數強制轉換為整數的運算。

```
# ch3_3.py
x = 10.5
print(x)
print(type(x))          # 加法前列出x資料型態
y = int(x) + 5
print(y)
print(type(y))          # 加法後列出y資料型態
```

執行結果

```
======================= RESTART: D:\Python\ch3\ch3_3.py =======================
10.5
<class 'float'>
15
<class 'int'>
```

程式實例 ch3_4.py：將整數強制轉換為浮點數的運算。

```
# ch3_4.py
x = 10
print(x)
print(type(x))          # 加法前列出x資料型態
y = float(x) + 10
print(y)
print(type(y))          # 加法後列出y資料型態
```

執行結果

```
======================= RESTART: D:\Python\ch3\ch3_4.py =======================
10
<class 'int'>
20.0
<class 'float'>
```

3-2-6　數值運算常用的函數

下列是數值運算時常用的函數。

- abs( )：計算絕對值。
- pow(x,y)：返回 x 的 y 次方。
- round( )：這是採用演算法則的 Bankers Rounding 觀念，如果處理位數左邊是奇數則使用四捨五入，如果處理位數左邊是偶數則使用五捨六入，例如：round(1.5)=2，round(2.5)=2。

處理小數時，第 2 個參數代表取到小數第幾位，小數位數的下一個小數位數採用 "5" 以下捨去，"51" 以上進位，例如：round(2.15,1)=2.1，round(2.25,1)=2.2，round(2.151,1)=2.2，round(2.251,1)=2.3。

程式實例 ch3_5.py：abs( )、pow( )、round( )、round(x,n) 函數的應用。

```
# ch3_5.py
x = -10
print("以下輸出abs( )函數的應用")
print('x = ', x)                             # 輸出x變數
print('abs(-10) = ', abs(x))                 # 輸出abs(x)
x = 5
y = 3
print("以下輸出pow( )函數的應用")
print('pow(5,3) = ', pow(x, y))              # 輸出pow(x,y)
x = 47.5
print("以下輸出round(x)函數的應用")
print('x = ', x)                             # 輸出x變數
print('round(47.5) = ', round(x))            # 輸出round(x)
x = 48.5
print('x = ', x)                             # 輸出x變數
print('round(48.5) = ', round(x))            # 輸出round(x)
x = 49.5
```

```
print('x = ', x)                       # 輸出x變數
print('round(49.5) = ', round(x))      # 輸出round(x)
print("以下輸出round(x,n)函數的應用")
x = 2.15
print('x = ', x)                 # 輸出x變數
print('round(2.15,1) = ', round(x,1))  # 輸出round(x,1)
x = 2.25
print('x = ', x)                       # 輸出x變數
print('round(2.25,1) = ', round(x,1))  # 輸出round(x,1)
x = 2.151
print('x = ', x)                       # 輸出x變數
print('round(2.151,1) = ', round(x,1)) # 輸出round(x,1)
x = 2.251
print('x = ', x)                       # 輸出x變數
print('round(2.251,1) = ', round(x,1)) # 輸出round(x,1)
```

執行結果

```
======================== RESTART: D:\Python\ch3\ch3_5.py ========================
以下輸出abs( )函數的應用
x =  -10
abs(-10) =  10
以下輸出pow( )函數的應用
pow(5,3) =  125
以下輸出round(x)函數的應用
x =  47.5
round(47.5) =  48
x =  48.5
round(48.5) =  48
x =  49.5
round(49.5) =  50
以下輸出round(x,n)函數的應用
x =  2.15
round(2.15,1) =  2.1
x =  2.25
round(2.25,1) =  2.2
x =  2.151
round(2.151,1) =  2.2
x =  2.251
round(2.251,1) =  2.3
```

需留意的是，使用上述 abs( )、pow( ) 或 round( ) 函數，儘管可以得到運算結果，但是原先變數的值是沒有改變的。

3-2-7 科學記號表示法

所謂的科學記號觀念如下，一個數字轉成下列數學式：

$a * 10^n$

a 是浮點數，例如：123456 可以表示為 "$1.23456 * 10^5$"，這時底數是 10 我們用 E 或 e 表示，指數部分則轉為一般數字，然後省略 "*" 符號，最後表達式如下：

1.23456E+5　　或　　1.23456e+5

如果是碰上小於 1 的數值，則 E 或 e 右邊是負值 "-"。例如：0.000123 轉成科學記號，最後表達式如下：

1.23E-4 或 1.23e-4

下列是示範輸出。

```
>>> x = 1.23456E+5
>>> x
123456.0
```

```
>>> y = 1.23e-4
>>> y
0.000123
```

下一章 4-2-2 節和 4-2-3 節筆者會介紹將一般數值轉成科學記號輸出的方式，以及格式化輸出方式。

3-2-8 複數 (complex number)

Python 支持複數的使用，複數是由實數部份和虛數部份所組成，例如：a + bj 或是 complex(a,b)，複數的實部 a 與虛部 b 都是浮點數。

```
>>> 3 + 5j
(3+5j)
>>> complex(3, 5)
(3+5j)
```

而 j 是虛部單位，值是，Python 程式設計時可以使用 real 和 imag 屬性分別獲得此複數的實部與虛部的值。

```
>>> x = 6 + 9j
>>> x.real
6.0
>>> x.imag
9.0
```

3-3 布林值資料型態

3-3-1 基本觀念

Python 的布林值 (Boolean) 資料型態的值有兩種，True(真) 或 False(偽)，它的資料型態代號是 bool。

這個布林值一般是應用在程式流程的控制，特別是在條件運算式中，程式可以根據這個布林值判斷應該如何執行工作。如果將布林值資料型態用 int( ) 函數強制轉換成整數，如果原值是 True，將得到 1。如果原值是 False，將得到 0。

程式實例 ch3_6.py：列出布林值 True/False、強制轉換、布林值 True/False 的資料型態。

```
# ch3_6.py
x = True
print(x)                # 列出 x 資料
print(int(x))           # 列出強制轉換 int(x)
print(type(x))          # 列出 x 資料型態
y = False
print(y)                # 列出 y 資料
print(int(y))           # 列出強制轉換 int(y)
print(type(y))          # 列出 y 資料型態
```

執行結果

```
======================== RESTART: D:\Python\ch3\ch3_6.py ========================
True
1
<class 'bool'>
False
0
<class 'bool'>
```

在本章一開始筆者有說過，有時候也可以將布林值當作數值資料，因為 True 會被視為是 1，False 會被視為是 0，可以參考下列實例。

程式實例 ch3_7.py：將布林值與整數值相加的應用，並觀察最後變數資料型態，讀者可以發現，最後的變數資料型態是整數值。

```
# ch3_7.py
xt = True
x = 1 + xt
print(x)
print(type(x))          # 列出x資料型態

yt = False
y = 1 + yt
print(y)
print(type(y))          # 列出y資料型態
```

執行結果

```
======================== RESTART: D:\Python\ch3\ch3_7.py ========================
2
<class 'int'>
1
<class 'int'>
```

3-3-2 bool( )

這個 bool( ) 函數可以將所有資料轉成 True 或 False，我們可以將資料放在此函數得到布林值，數值如果是 0 或是空的資料會被視為 False。

布林值 False

整數 0

浮點數 0.0

空字串 ' '

空串列 [ ]

空元組 ( )

空字典 { }

空集合 set( )

None

```
>>> bool(0)
False
```

```
>>> bool(0.0)
False
```

```
>>> bool(None)
False
```

```
>>> bool(( ))
False
```

```
>>> bool([ ])
False
```

```
>>> bool({ })
False
```

至於其它的皆會被視為 True。

```
>>> bool(1)
True
```

```
>>> bool(-1)
True
```

```
>>> bool([1,2,3])
True
```

3-4 字串資料型態

所謂的字串 (string) 資料是指兩個單引號 (') 之間或是兩個雙引號 (") 之間任意個數字元符號的資料，它的資料型態代號是 str。在英文字串的使用中常會發生某字中間有單引號，其實這是文字的一部份，如下所示：

This is James's ball

如果我們用單引號去處理上述字串將產生錯誤，如下所示：

```
>>> x = 'This is John's ball'
SyntaxError: invalid syntax
```

碰到這種情況，我們可以用雙引號解決，如下所示：

```
>>> x = "This is John's ball"
>>> x
"This is John's ball"
```

程式實例 ch3_8.py：使用單引號與雙引號設定與輸出字串資料的應用。

```
# ch3_8.py
x = "Deepwisdom means deepen your wisdom"    # 雙引號設定字串
print(x)
print(type(x))                               # 列出x字串資料型態
y = '深智數位 - Deepen your wisdom'           # 單引號設定字串
print(y)
print(type(y))                               # 列出y字串資料型態
```

執行結果

```
======================= RESTART: D:\Python\ch3\ch3_8.py =======================
Deepwisdom means deepen your wisdom
<class 'str'>
深智數位 - Deepen your wisdom
<class 'str'>
```

3-4-1 字串的連接

數學的運算子 "+"，可以執行兩個字串相加，產生新的字串。

程式實例 ch3_9.py：字串連接的應用。

```
# ch3_9.py
num1 = 222
num2 = 333
num3 = num1 + num2
print("以下是數值相加")
print(num3)
numstr1 = "222"
numstr2 = "333"
numstr3 = numstr1 + numstr2
print("以下是由數值組成的字串相加")
print(numstr3)
numstr4 = numstr1 + " " + numstr2
print("以下是由數值組成的字串相加，同時中間加上一空格")
print(numstr4)
str1 = "Deepmind "
str2 = "Deepen your mind"
str3 = str1 + str2
print("以下是一般字串相加")
print(str3)
```

執行結果

```
======================= RESTART: D:\Python\ch3\ch3_9.py =======================
以下是數值相加
555
以下是由數值組成的字串相加
222333
以下是由數值組成的字串相加，同時中間加上一空格
222 333
以下是一般字串相加
Deepmind Deepen your mind
```

3-4-2　處理多於一列的字串

程式設計時如果字串長度多於一列，可以使用三個單引號 (或是 3 個雙引號) 將字串包夾即可。另外須留意，如果字串多於一列我們常常會使用按 Enter 鍵方式處理，造成字串間多了分列符號。如果要避免這種現象，可以在列末端增加 "\" 符號，這樣可以避免字串內增加分列符號。

另外，也可以使用「"」符號，但是在定義時在列末端增加 "\"(可參考下列程式 8-9 列)，或是使用小括號定義字串 (可參考下列程式 11-12 列)。

程式實例 ch3_10.py：使用三個單引號處理多於一列的字串，str1 的字串內增加了分列符號，str2 字串是連續的沒有分列符號。

```
1  # ch3_10.py
2  str1 = '''Silicon Stone Education is an unbiased organization
3  concentrated on bridging the gap ... '''
4  print(str1)                      # 字串內有分列符號
5  str2 = '''Silicon Stone Education is an unbiased organization \
6  concentrated on bridging the gap ... '''
7  print(str2)                      # 字串內沒有分列符號
8  str3 = "Silicon Stone Education is an unbiased organization " \
9         "concentrated on bridging the gap ... "
10 print(str3)                      # 使用\符號
11 str4 = ("Silicon Stone Education is an unbiased organization "
12          "concentrated on bridging the gap ... ")
13 print(str4)                      # 使用小括號
```

執行結果

```
====================== RESTART: D:\Python\ch3\ch3_10.py ======================
Silicon Stone Education is an unbiased organization
concentrated on bridging the gap ...
Silicon Stone Education is an unbiased organization concentrated on bridging the gap ...
Silicon Stone Education is an unbiased organization concentrated on bridging the gap ...
Silicon Stone Education is an unbiased organization concentrated on bridging the gap ...
```

此外，讀者可以留意第 2 列 Silicon 左邊的 3 個單引號和第 3 列末端的 3 個單引號，另外，上述第 2 列若是少了 "str1 = "，3 個單引號間的跨列字串就變成了程式的註解。

上述第 8 列和第 9 列看似 2 個字串，但是第 8 列增加 "\" 字元，換列功能會失效所以這 2 列會被連接成 1 列，所以可以獲得一個字串。最後第 11 和 12 列小括號內的敘述會被視為 1 列，所以第 11 和 12 列也將建立一個字串。

3-4-3　逸出字元

在字串使用中，如果字串內有一些特殊字元，例如：單引號、雙引號 … 等，必須在此特殊字元前加上 "\"(反斜線)，才可正常使用，這種含有 "\" 符號的字元稱逸出字元 (Escape Character)。

逸出字元	Hex 值	意義	逸出字元	Hex 值	意義
\'	27	單引號	\n	0A	換行
\"	22	雙引號	\o		8 進位表示
\\	5C	反斜線	\r	0D	游標移至最左位置
\a	07	響鈴	\x		16 進位表示
\b	08	BackSpace 鍵	\t	09	Tab 鍵效果
\f	0C	換頁	\v	0B	垂直定位

字串使用中特別是碰到字串含有單引號時，如果你是使用單引號定義這個字串時，必須要使用此逸出字元，才可以順利顯示，可參考 ch3_11.py 的第 3 列。如果是使用雙引號定義字串則可以不必使用逸出字元，可參考 ch3_11.py 的第 6 列。

程式實例 ch3_11.py：逸出字元的應用，這個程式第 9 列增加 "\t" 字元，所以 "can't" 跳到下一個 Tab 鍵位置輸出。同時有 "\n" 字元，這是換列符號，所以 "loving" 跳到下一列輸出。

```
1  # ch3_11.py
2  #以下輸出使用單引號設定的字串，需使用\'
3  str1 = 'I can\'t stop loving you.'
4  print(str1)
5  #以下輸出使用雙引號設定的字串，不需使用\'
6  str2 = "I can't stop loving you."
7  print(str2)
8  #以下輸出有\t和\n字元
9  str3 = "I \tcan't stop \nloving you."
10 print(str3)
```

執行結果

```
======================= RESTART: D:\Python\ch3\ch3_11.py =======================
I can't stop loving you.
I can't stop loving you.
I       can't stop
loving you.
```

3-4-4 str( )

str( ) 函數有好幾個用法：

- ❑ 可以設定空字串。

```
>>> x = str( )
>>> x
''
>>> print(x)

>>>
```

- 設定字串。

```
>>> x = str('ABC')
>>> x
'ABC'
```

- 可以強制將數值資料轉換為字串資料。

```
>>> x = 123
>>> type(x)
<class 'int'>
>>> y = str(x)
>>> type(y)
<class 'str'>
>>> y
'123'
```

程式實例 ch3_12.py：使用 str( ) 函數將數值資料強制轉換為字串的應用。

```
# ch3_12.py
num1 = 222
num2 = 333
num3 = num1 + num2
print("這是數值相加")
print(num3)
str1 = str(num1) + str(num2)
print("強制轉換為字串相加")
print(str1)
```

執行結果

```
====================== RESTART: D:\Python\ch3\ch3_12.py ======================
這是數值相加
555
強制轉換為字串相加
222333
```

上述字串相加，讀者可以想成是字串連接執行結果是一個字串，所以上述執行結果 555 是數值資料，222333 則是一個字串。

3-4-5 將字串轉換為整數

int( ) 函數可以將字串轉為整數，在未來的程式設計中也常會發生將字串轉換為整數資料，此函數的語法如下：

```
int(str, b)
```

上述參數 str 是字串，b 是底數，當省略 b 時預設是將 10 進位的數字字串轉成整數，如果是 2、8、或 16 進位，則需要設定 b 參數註明數字的進位。

程式實例 ch3_13.py：將不同進位數字字串資料轉換為整數資料的應用。

```
# ch3_13.py
x1 = "22"
x2 = "33"
x3 = x1 + x2
print("type(x3) = ", type(x3))
print("x3 = ", x3)              # 列印字串相加
x4 = int(x1) + int(x2)
print("type(x4) = ", type(x4))
print("x4 = ", x4)              # 列印整數相加
x5 = '1100'
print("2進位  '1100' = ", int(x5,2))
print("8進位  '22'   = ", int(x1,8))
print("16進位 '22'   = ", int(x1,16))
print("16進位 '5A'   = ", int('5A',16))
```

執行結果

```
====================== RESTART: D:\Python\ch3\ch3_13.py ======================
type(x3) =  <class 'str'>
x3 =  2233
type(x4) =  <class 'int'>
x4 =  55
2進位  '1100' =  12
8進位  '22'   =  18
16進位 '22'   =  34
16進位 '5A'   =  90
```

上述執行結果 55 是數值資料，2233 則是一個字串。

3-4-6 字串與整數相乘產生字串複製效果

在 Python 可以允許將字串與整數相乘，結果是字串將重複該整數的次數。

程式實例 ch3_14.py：字串與整數相乘的應用。

```
# ch3_14.py
x1 = "A"
x2 = x1 * 10
print(x2)                # 列印字串乘以整數
x3 = "ABC"
x4 = x3 * 5
print(x4)                # 列印字串乘以整數
```

執行結果

```
====================== RESTART: D:\Python\ch3\ch3_14.py ======================
AAAAAAAAAA
ABCABCABCABCABC
```

3-4-7 聰明的使用字串加法和換列字元 \n

有時設計程式時，想將字串分列輸出，可以使用字串加法功能，在加法過程中加上換列字元 "\n" 即可產生字串分列輸出的結果。

程式實例 ch3_15.py：將資料分列輸出的應用。

```
# ch3_15.py
str1 = "洪錦魁著作"
str2 = "機器學習基礎微積分王者歸來"
str3 = "Python程式語言王者歸來"
str4 = str1 + "\n" + str2 + "\n" + str3
print(str4)
```

執行結果

```
===================== RESTART: D:\Python\ch3\ch3_15.py =====================
洪錦魁著作
機器學習基礎微積分王者歸來
Python程式語言王者歸來
```

3-4-8　字串前加 r

在使用 Python 時，如果在字串前加上 r，可以防止逸出字元 (Escape Character) 被轉譯，可參考 3-4-3 節的逸出字元表，相當於可以取消逸出字元的功能。

程式實例 ch3_16.py：字串前加上 r 的應用。

```
# ch3_16.py
str1 = "Hello!\nPython"
print("不含r字元的輸出")
print(str1)
str2 = r"Hello!\nPython"
print("含r字元的輸出")
print(str2)
```

執行結果

```
===================== RESTART: D:\Python\ch3\ch3_16.py =====================
不含r字元的輸出
Hello!
Python
含r字元的輸出
Hello!\nPython
```

3-5 字串與字元

在 Python 沒有所謂的字元 (character) 資料，如果字串含一個字元，我們稱這是含一個字元的字串。

3-5-1　ASCII 碼

計算機內部最小的儲存單位是位元 (bit)，這個位元只能儲存是 0 或 1。一個英文字元在計算機中是被儲存成 8 個位元的一連串 0 或 1 中，儲存這個英文字元的編碼我們稱 ASCII(American Standard Code for Information Interchange，美國資訊交換標準程式碼) 碼，有關 ASCII 碼的內容可以參考附錄 H (電子書)。

在這個 ASCII 表中由於是用 8 個位元定義一個字元，所以使用了 0- 127 定義了 128 個字元，在這個 128 字元中有 33 個字元是無法顯示的控制字元，其它則是可以顯示的字元。不過有一些應用程式擴充了功能，讓部分控制字元可以顯示，例如：樸克牌花色、笑臉 … 等。至於其它可顯示字元有一些符號，例如：+、-、=、0 … 9、大寫 A … Z 或小寫 a … z 等。這些每一個符號皆有一個編碼，我們稱這編碼是 ASCII 碼。

我們可以使用下列執行資料的轉換。

- chr(x)：可以傳回函數 x 值的 ASCII 或 Unicode 字元。

例如：從 ASCII 表可知，字元 a 的 ASCII 碼值是 97，可以使用下列方式印出此字元。

```
>>> x = 97
>>> print(chr(x))
a
```

英文小寫與英文大寫的碼值相差 32，可參考下列實例。

```
>>> x = 97
>>> x -= 32
>>> print(chr(x))
A
```

3-5-2 Unicode 碼

電腦是美國發明的，因此 ASCII 碼對於英語系國家的確很好用，但是地球是一個多種族的社會，存在有幾百種語言與文字，ASCII 所能容納的字元是有限的，只要隨便一個不同語系的外來詞，例如：café，含重音字元就無法顯示了，更何況有幾萬中文字或其它語系文字。為了讓全球語系的使用者可以彼此用電腦溝通，因此有了 Unicode 碼的設計。

Unicode 碼的基本精神是，所有的文字皆有一個碼值，我們也可以將 Unicode 想成是一個字符集，可以參考下列網頁：

http://www.unicode.org/charts

目前 Unicode 使用 16 位元定義文字，2^{16} 等於 65536，相當於定義了 65536 個字元，它的定義方式是以 "\u" 開頭後面有 4 個 16 進位的數字，所以是從 "\u0000" 至 "\uFFFF 之間。在上述的網頁中可以看到不同語系表，其中 East Asian Scripts 欄位可以看到 CJK，這是 Chinese、Japanese 與 Korean 的縮寫，在這裡可以看到漢字的 Unicode 碼值表，CJK 統一漢字的編碼是在 4E00 – 9FBB 之間。

至於在 Unicode 編碼中，前 128 個碼值是保留給 ASCII 碼使用，所以對於原先存在 ASCII 碼中的英文大小寫、標點符號 … 等，是可以正常在 Unicode 碼中使用，在應用 Unicode 編碼中我們很常用的是 ord( ) 函數。

- ord(x)：可以傳回函數字元參數 x 的 Unicode 碼值，如果是中文字也可傳回 Unicode 碼值。如果是英文字元，Unicode 碼值與 ASCII 碼值是一樣的。有了這個函數，我們可以很輕易獲得自己名字的 Unicode 碼值。

程式實例 ch3_17.py：這個程式首先會將整數 97 轉換成英文字元 'a'，然後將字元 'a' 轉換成 Unicode 碼值，最後將中文字 ' 魁 ' 轉成 Unicode 碼值。

```
# ch3_17.py
x1 = 97
x2 = chr(x1)
print(x2)                   # 輸出數值97的字元
x3 = ord(x2)
print(x3)                   # 輸出字元x3的Unicode(10進位)碼值
x4 = '魁'
print(hex(ord(x4)))         # 輸出字元'魁'的Unicode(16進位)碼值
```

執行結果

```
===================== RESTART: D:\Python\ch3\ch3_17.py =====================
a
97
0x9b41
```

3-5-3　utf-8 編碼

utf-8 是針對 Unicode 字符集的可變長度編碼方式，這是網際網路目前所遵循的編碼方式，在這種編碼方式下，utf-8 使用 1 ~ 4 個 byte 表示一個字符，這種編碼方式會根據不同的字符變化編碼長度。

ASCII 使用 utf-8 編碼規則

對於 ASCII 字元而言，基本上它使用 1 個 byte 儲存 ASCII 字元，utf-8 的編碼方式是 byte 的第一個位元是 0，其它 7 個位元則是此字元的 ASCII 碼值。

中文字的 utf-8 編碼規則

對於需要 3 個 byte 編碼的 Unicode 中文字元而言，第 1 個 byte 的前 3 個位元皆設為 1，第 4 個位元設為 0。後面第 2 和第 3 個 byte 的前 2 位是 10，其它沒有說明的二進位全部是此中文字元的 Unicode 碼。依照此規則可以得到中文字的 utf-8 編碼規則如下：

1110xxxx 10xxxxxx 10xxxxxx　　　　# xx 就是要填入的 Unicode 碼

例如：從 ch3_17.py 的執行結果可知魁的 Unicode 碼值是 0x9b41，如果轉成二進位方式如下所示：

10011011 01000001

我們可以用下列更細的方式，將魁的 Unicode 碼值填入 xx 內。

Utf-8中文編碼規則	1	1	1	0	x	x	x	x	1	0	x	x	x	x	x	x	1	0	x	x	x	x	x	x
魁的Unicode編碼					1	0	0	1			1	0	1	1	0	1			0	0	0	0	0	1
魁的utf-8編碼	1	1	1	0	1	0	0	1	1	0	1	0	1	1	0	1	1	0	0	0	0	0	0	1

從上圖可以得到魁的 utf-8 編碼結果是 0xe9ad81，3-6-1 節實例 2 我們可以驗證這個結果。

3-5-4 繁體中文字編碼總結

❑ 基本觀念

在講解中文編碼前，讀者須先認識 ANSI 編碼（American National Standards Institute，美國國家標準協會），ANSI 編碼是一種字符編碼方案，主要用於表示美國英語字符。事實上，當人們提到 ANSI 編碼時，他們通常指的是擴展的 ANSI 編碼，即 Windows 的 code page 編碼。對於不同的地區和語言，擴展的 ANSI 編碼使用不同的 code page。例如，code page 1252 用於西歐語言，而 cp950(cp 分別是 code 和 page 的縮寫) 則是用於繁體中文環境。

繁體中文的編碼方案下有不同的表示方式：

Big5（大五碼）是一種早期的繁體中文字符編碼方案，於 1984 年由台灣資訊工業策進會（現在的資策會）和中華電信研究院（現在的中華電信實驗室）共同制定。Big5 編碼使用 2 個 byte 表示繁體中文字符，編碼範圍為 0xA140 至 0xFEFE。Big5 編碼包含了常用繁體中文字、部分簡體中文字、符號以及拉丁字母。註：目前 Big5 碼已經沒有使用，Windows 作業系統的中文用的是 cp950 編碼。

cp950（Code Page 950）是微軟公司在其 Windows 作業系統中為繁體中文所定義的一個擴展 Big5 編碼方案。cp950 是 2 個 byte 表示繁體中文字符，它是以 Big5 編碼為基礎並擴展了字符集，涵蓋了更多的繁體中文字、符號和特殊字符，cp950 是 Windows 作業系統在繁體中文環境下的主要字符編碼方式。

總之 cp950 是一種針對繁體中文環境的擴展 Big5 編碼方案，也可以看作是繁體中文版本的擴展 ANSI 編碼。然而，隨著 Unicode 標準的普及，UTF-8 等 Unicode 編碼方案已經成為多語言字符表示的主流，這些編碼方案可以兼容世界上絕大多數的文字系統，並具有更好的擴展性。

❑ 記事本

有關中文編碼的文字檔案，最常見的應用是使用記事本編輯 txt 為副檔名的檔案，當開啟記事本後，可以在記事本的狀態欄看到所編輯檔案的編碼格式：

上述表示記事本編輯文件預設是使用「utf-8」(大小寫均可)，未來編輯檔案成功後，執行檔案 / 另存為指令，可以開啟另存新檔對話方塊，下方可以看到編碼欄位，也可以在此選擇編碼格式。

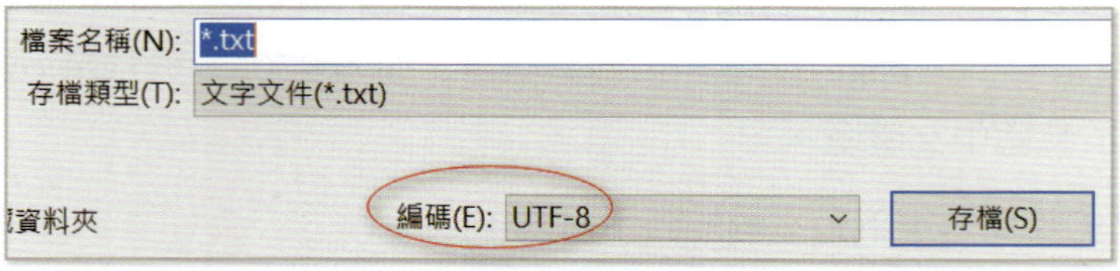

當我們在記事本執行檔案 / 開啟舊檔時，可以看到開啟對話方塊，下方有編碼欄位，預設是自動偵測，相當於可以偵測檔案編碼方式，然後開啟，筆者建議使用這個方式開啟檔案即可。

註 如果選擇錯誤編碼方式開啟檔案，會有亂碼產生。例如：ch3 資料夾有一個「mingchi.txt」檔案，這是「UTF-8」編碼，如果讀者使用「自動偵測」或是「UTF-8」

編碼開啟，可以正常顯示，請參考下方左圖。如果使用「ANSI」開啟，將產生亂碼，可以參考下方右圖。

3-6 bytes 資料

使用 Python 處理一般字串資料，我們可以很放心的使用字串 str 資料型態，至於 Python 內部如何處理我們可以不用理會，這些事情 Python 的直譯程式會處理。

但是有一天你需與外界溝通或交換資料時，特別是我們是使用中文，如果我們不懂中文字串與 bytes 資料的轉換，我們所獲得的資料將會是亂碼。例如：設計電子郵件的接收程式，所接收的可能是 bytes 資料，這時我們必須學會將 bytes 資料轉成字串，否則會有亂碼產生。或是有一天你要設計供中國人使用的網路聊天室，你必須設計將使用者所傳達的中文字串轉成 bytes 資料傳上聊天室，然後也要設計將網路接收的 bytes 資料轉成中文字串，這個聊天室才可以順暢使用。

Bytes 資料格式是在字串前加上 b，例如：下列是 " 魁 " 的 bytes 資料。

```
b'\xe9\xad\x81'
```

如果是英文字串的 Bytes 資料格式，相對單純會顯示原始的字元，例如：下列是字串 "abc" 的 bytes 資料。

```
b'abc'
```

當讀者學會第 6 章串列、第 7 章元組時，筆者會在 8-15-3 節擴充講解 bytes 資料與 bytearray 資料。

3-6-1 字串轉成 bytes 資料

將字串轉成 bytes 資料我們稱編碼 (encode)，所使用的是 encode( )，這個方法的參數是指出編碼的方法，可以參考下列表格。

編碼	說明
'ascii'	標準 7 位元的 ASCII 編碼
'utf-8'	Unicode 可變長度編碼，這也是最常使用的編碼
'cp-1252'	一般英文 Windows 作業系統編碼
'cp950'	繁體中文 Windows 作業系統編碼
'unicode-escape'	Unicode 的常數格式，\uxxxx 或 \Uxxxxxxxx

如果字串是英文轉成 bytes 資料相對容易，因為對於 utf-8 格式編碼，也是用一個 byte 儲存每個字串的字元。

實例 1：英文字串資料轉成 bytes 資料。

假設有一個字串 string，內容是 'abc'，我們可以使用下列方法設定，同時檢查此字串的長度，註：len( ) 函數可以輸出參數的長度。

```
>>> string = 'abc'
>>> len(string)
3
```

下列是將字串 string 用 utf-8 編碼格式轉成 bytes 資料，然後列出 bytes 資料的長度、資料型態和 bytes 資料的內容。

```
>>> stringBytes = string.encode('utf-8')
>>> len(stringBytes)
3
>>> type(stringBytes)
<class 'bytes'>
>>> stringBytes
b'abc'
```

實例 2：中文字串資料轉成 bytes 資料。

假設有一個字串 name，內容是 '洪錦魁'，我們可以使用下列方法設定，同時檢查此字串的長度。

```
>>> name = '洪錦魁'
>>> len(name)
3
```

下列是將字串 name 用 utf-8 編碼格式轉成 bytes 資料，然後列出 bytes 資料的長度、資料型態、和 bytes 資料的內容。

```
>>> nameBytes = name.encode('utf-8')
>>> len(nameBytes)
9
>>> type(nameBytes)
<class 'bytes'>
>>> nameBytes
b'\xe6\xb4\xaa\xe9\x8c\xa6\xe9\xad\x81'
```

由上述資料可以得到原來字串用了 3 個 byte 儲存一個中文字，所以 3 個中文字獲得了 bytes 的資料長度是 9。

3-6-2 bytes 資料轉成字串

對於一個專業的 Python 程式設計師而言，常常需要從網路取得資料，所取得的是 bytes 資料，這時我們需要將此資料轉成字串，將 bytes 資料轉成字串我們可以稱解碼 (decode)，所使用的是 decode( )，這個方法的參數是指出編碼的方法，與上一節的 encode( ) 相同。下列實例是延續前一小節的 bytes 變數資料。

實例 1：bytes 資料轉成字串資料。

```
>>> stringUcode = stringBytes.decode('utf-8')
>>> len(stringUcode)
3
>>> stringUcode
'abc'
```

實例 2：bytes 資料轉成字串資料。

下列是將 nameBytes 資料使用 utf-8 編碼格式轉成字串的方法，同時列出字串長度和字串內容。

```
>>> nameUcode = nameBytes.decode('utf-8')
>>> len(nameUcode)
3
>>> nameUcode
'洪錦魁'
```

讀者需留意同樣的中文字使用不同編碼方式，會有不同碼值，所以未來程式設計時看到產生亂碼，應該就是編碼問題。

3-7 專題 - 地球到月球時間計算 / 計算座標軸 2 點之間距離

3-7-1 計算地球到月球所需時間

馬赫 (Mach number) 是音速的單位，主要是紀念奧地利科學家恩斯特馬赫 (Ernst Mach)，一馬赫就是一倍音速，它的速度大約是每小時 1225 公里。

程式實例 ch3_18.py：從地球到月球約是 384400 公里，假設火箭的速度是一馬赫，設計一個程式計算需要多少天、多少小時才可抵達月球。這個程式省略分鐘數。

```
1  # ch3_18.py
2  dist = 384400                        # 地球到月亮距離
3  speed = 1225                         # 馬赫速度每小時1225公里
4  total_hours = dist // speed          # 計算小時數
5  days = total_hours // 24             # 商 = 計算天數
6  hours = total_hours % 24             # 餘數 = 計算小時數
7  print("總共需要天數")
8  print(days)
9  print("小時數")
10 print(hours)
```

執行結果

```
======================= RESTART: D:\Python\ch3\ch3_18.py =======================
總共需要天數
13
小時數
1
```

由於筆者尚未介紹完整的格式化變數資料輸出，所以使用上述方式輸出，下一章筆者會改良上述程式。Python 之所以可以成為當今的最流行的程式語言，主要是它有豐富的函數庫與方法，上述第 5 列求商，第 6 列求餘數，在 2-8 節筆者有說明 divmod( ) 函數，其實可以用 divmod( ) 函數一次取得商和餘數。觀念如下：

```
商 , 餘數 = divmod( 被除數 , 除數 )              # 函數方法
days, hours = divmod(total_hours, 24)          # 本程式應用方式
```

建議讀者可以自行練習，筆者將使用 divmod( ) 函數重新設計的結果儲存在 ch3_18_1.py。

3-7-2　計算座標軸 2 個點之間的距離

有 2 個點座標分別是 (x1, y1)、(x2, y2)，求 2 個點的距離，其實這是國中數學的畢氏定理，基本觀念是直角三角形兩邊長的平方和等於斜邊的平方。

$$a^2 + b^2 = c^2$$

所以對於座標上的 2 個點我們必須計算相對直角三角形的 2 個邊長，假設 a 是 (x1-x2) 和 b 是 (y1-y2)，然後計算斜邊長，這個斜邊長就是 2 點的距離，觀念如下：

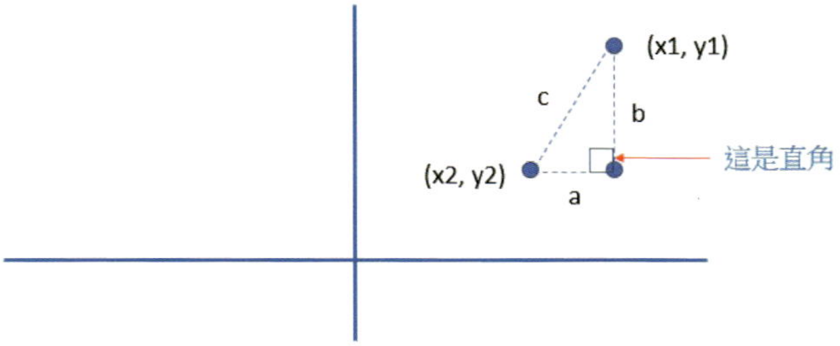

計算公式如下：

$$\sqrt{(x1-x2)^2+(y1-y2)^2}$$

可以將上述公式轉成下列電腦數學表達式。

$$dist = ((x1-x2)^2+(y1-y2)^2) ** 0.5$$ # ** 0.5 相當於開根號

在人工智慧的應用中，我們常用點座標代表某一個物件的特徵 (feature)，計算 2 個點之間的距離，相當於可以了解物體間的相似程度。如果距離越短代表相似度越高，距離越長代表相似度越低。

程式實例 ch3_19.py：有 2 個點座標分別是 (1, 8) 與 (3, 10)，請計算這 2 點之間的距離。

```
# ch3_19.py
x1 = 1
y1 = 8
x2 = 3
y2 = 10
dist = ((x1 - x2) ** 2 + (y1 - y2) ** 2) ** 0.5
print("2點的距離是")
print(dist)
```

執行結果

```
======================== RESTART: D:\Python\ch3\ch3_19.py ========================
2點的距離是
2.8284271247461903
```

第 4 章
基本輸入與輸出

4-1 格式化輸出資料使用 print( )

4-2 輸出資料到檔案

4-3 資料輸入 input( )

4-4 處理字串的數學運算 eval( )

4-5 專題 - 溫度轉換 / 房貸問題 / 雞兔同籠 / 經緯度距離 / 高斯數學

本章基本上將介紹如何在螢幕上做輸入與輸出，另外也將講解幾個常用 Python 內建的函數功能。

4-1 格式化輸出資料使用 print( )

相信讀者經過前三章的學習，讀者使用 print( ) 函數輸出資料已經非常熟悉了，該是時候完整解說這個輸出函數的用法了。這一節將針對格式化字串做說明。基本上可以將字串格格式化分為下列 3 種：

1：使用 %：適用 Python 2.x ~ 3.x，將在 4-1-2 節 ~ 4-1-3 節解說。

2：使用 {} 和 format( )：適用 Python 2.6 ~ 3.x，將在 4-1-4 節解說。

3：使用 f-strings：適用 Python 3.6(含) 以上，將在 4-1-5 節解說。

這些字串格式化雖可以單獨輸出，筆者會解說，不過一般更重要是配合 print( ) 函數輸出，這也是本節的重點，最後為了讀者可以熟悉上述輸出，筆者未來所有程式會交替使用，方便讀者可以全方面應付未來職場的需求。

4-1-1 函數 print( ) 的基本語法

它的基本語法格式如下：

```
print(value, … , sep=" ", end="\n", file=sys.stdout, flush=False)
```

- value

表示想要輸出的資料，可以一次輸出多筆資料，各資料間以逗號隔開。

- sep

當輸出多筆資料時，可以插入各筆資料的分隔字元，預設是一個空白字元。

- end

當資料輸出結束時所插入的字元，預設是插入換列字元，所以下一次 print( ) 函數的輸出會在下一列輸出。如果想讓下次輸出不換列，可以在此設定空字串，或是空格或是其它字串。

- file

資料輸出位置，預設是 sys.stdout，也就是螢幕。也可以使用此設定，將輸出導入其它檔案、或設備。

❑ flush

是否清除資料流的緩衝區，預設是不清除。

程式實例 ch4_1.py：輸出 2 筆字串，其中第 1 筆分隔字元是 " $$$ "，第 2 筆分隔字元是 Tab 鍵距離。

```
# ch4_1.py
str1 = '明志科技大學'
str2 = '明志工專'
print(str1, str2, sep=" $$$ ")  # 以 $$$ 值位置分隔資料輸出

print(str1, str2, sep="\t")      # 以Tab鍵值位置分隔資料輸出
```

執行結果

```
======================= RESTART: D:\Python\ch4\ch4_1.py =======================
明志科技大學 $$$ 明志工專
明志科技大學	明志工專
```

4-1-2 使用 % 格式化字串同時用 print( ) 輸出

在使用 % 字元格式化輸出時，基本使用格式如下：

print(" …輸出格式區… " % (變數系列區 , …))

在上述輸出格式區中，可以放置變數系列區相對應的格式化字元，這些格式化字元的基本意義如下：

- ❑ %d：格式化整數輸出。
- ❑ %f：格式化浮點數輸出。
- ❑ %x：格式化 16 進位整數輸出。
- ❑ %X：格式化大寫 16 進位整數輸出。
- ❑ %o：格式化 8 進位整數輸出。
- ❑ %s：格式化字串輸出。
- ❑ %e：格式化科學記號 e 的輸出。
- ❑ %E：格式化科學記號大寫 E 的輸出。

下列是基本輸出的應用：

```
>>> '%s' % '洪錦魁'
'洪錦魁'
>>> '%d' % 90
'90'
>>> '%s你的月考成績是%d' % ('洪錦魁', 90)
'洪錦魁你的月考成績是90'
```

程式實例 ch4_2.py：格式化輸出的應用。

```
1  # ch4_2.py
2  score = 90
3  name = "洪錦魁"
4  count = 1
5  print("%s你的第 %d 次物理考試成績是 %d" % (name, count, score))
```

執行結果

```
======================== RESTART: D:\Python\ch4\ch4_2.py ========================
洪錦魁你的第 1 次物理考試成績是 90
```

設計程式時，在 print( ) 函數內的輸出格式區也可以用一個字串變數取代。

程式實例 ch4_3.py：重新設計 ch4_2.py，在 print( ) 內用字串變數取代字串列，讀者可以參考第 5 和 6 列與原先 ch4_2.py 的第 5 列作比較。

```
5  formatstr = "%s你的第 %d 次物理考試成績是 %d"
6  print(formatstr % (name, count, score))
```

執行結果　與 ch4_2.py 相同。

程式實例 ch4_4.py：格式化 16 進位和 8 進位輸出的應用。

```
# ch4_4.py
x = 100
print("100的16進位 = %x\n100的 8進位 = %o" % (x, x))
```

執行結果

```
======================== RESTART: D:\Python\ch4\ch4_4.py ========================
100的16進位 = 64
100的 8進位 = 144
```

程式實例 ch4_5.py：將整數與浮點數分別以 %d、%f、%s 格式化，同時觀察執行結果。特別要注意的是，浮點數以整數 %d 格式化後，小數資料將被捨去。

```
# ch4_5.py
x = 10
print("整數%d \n浮點數%f \n字串%s" % (x, x, x))
y = 9.9
print("整數%d \n浮點數%f \n字串%s" % (y, y, y))
```

執行結果

```
======================== RESTART: D:\Python\ch4\ch4_5.py ========================
整數10
浮點數10.000000
字串10
整數9
浮點數9.900000
字串9.9
```

下列是有關使用 %x 和 %X 格式化資料輸出的實例。

```
>>> x = 27
>>> print("%x" % x)
1b
>>> print("%X" % x)
1B
```

下列是有關使用 %e 和 %E 格式化科學記號資料輸出的實例。

```
>>> x = 10000000
>>> print("%e" % x)
1.000000e+07
>>> print("%E" % x)
1.000000E+07
```

```
>>> y = 0.000123
>>> print("%e" % y)
1.230000e-04
>>> print("%E" % y)
1.230000E-04
```

4-1-3　精準控制格式化的輸出

在上述程式實例 ch4_5.py 中，我們發現最大的缺點是無法精確的控制浮點數的小數輸出位數，print( ) 函數在格式化過程中，有提供功能可以讓我們設定保留多少格的空間讓資料做輸出，此時格式化的語法如下：

- %(+|-)nd：格式化整數輸出。
- %(+|-)m.nf：格式化浮點數輸出。
- %(+|-)nx：格式化 16 進位整數輸出。
- %(+|-)no：格式化 8 進位整數輸出。
- %(-)ns：格式化字串輸出。
- %(-)m.ns：m 是輸出字串寬度，n 是顯示字串長度，n 小於字串長度時會有裁減字串的效果。
- %(+|-)e：格式化科學記號 e 輸出。
- %(+|-)E：格式化科學記號大寫 E 輸出。

上述對浮點數而言，m 代表保留多少格數供輸出 (包含小數點)，n 則是小數資料保留格數。至於其它的資料格式 n 則是保留多少格數空間，如果保留格數空間不足將完整輸出資料，如果保留格數空間太多則資料靠右對齊。

如果是格式化數值資料或字串資料有加上負號 (-)，表示保留格數空間有多時，資料將靠左輸出。如果是格式化數值資料有加上正號 (+)，如果輸出資料是正值時，將在左邊加上正值符號。

程式實例 ch4_6.py：格式化輸出的應用。

```
# ch4_6.py
x = 100
print("x=/%6d/" % x)
y = 10.5
print("y=/%6.2f/" % y)
s = "Deep"
print("s=/%6s/" % s)
print("以下是保留格數空間不足的實例")
print("x=/%2d/" % x)
print("y=/%3.2f/" % y)
print("s=/%2s/" % s)
```

執行結果

```
======================== RESTART: D:\Python\ch4\ch4_6.py ========================
x=/     100/
y=/   10.50/
s=/    Deep/
以下是保留格數空間不足的實例
x=/100/
y=/10.50/
s=/Deep/
```

程式實例 ch4_7.py：格式化輸出，靠左對齊的實例。

```python
# ch4_7.py
x = 100
print("x=/%-8d/" % x)
y = 10.5
print("y=/%-8.2f/" % y)
s = "Deep"
print("s=/%-8s/" % s)
```

執行結果

```
======================== RESTART: D:\Python\ch4\ch4_7.py ========================
x=/100     /
y=/10.50   /
s=/Deep    /
```

程式實例 ch4_8.py：格式化輸出，正值資料將出現正號 (+)。

```python
# ch4_8.py
x = 10
print("x=/%+8d/" % x)
y = 10.5
print("y=/%+8.2f/" % y)
```

執行結果

```
======================== RESTART: D:\Python\ch4\ch4_8.py ========================
x=/     +10/
y=/  +10.50/
```

程式實例 ch4_9.py：格式化輸出的應用。

```python
# ch4_9.py
print(" 姓名    國文    英文    總分")
print("%3s  %4d    %4d    %4d" % ("洪冰儒", 98, 90, 188))
print("%3s  %4d    %4d    %4d" % ("洪雨星", 96, 95, 191))
print("%3s  %4d    %4d    %4d" % ("洪冰雨", 92, 88, 180))
print("%3s  %4d    %4d    %4d" % ("洪星宇", 93, 97, 190))
```

執行結果

```
======================== RESTART: D:\Python\ch4\ch4_9.py ========================
 姓名    國文    英文    總分
洪冰儒    98      90     188
洪雨星    96      95     191
洪冰雨    92      88     180
洪星宇    93      97     190
```

對於格式化字串有一個特別的是使用 "%m.n" 方式格式化字串，這時 m 是保留顯示字串空間，n 是顯示字串長度，如果 n 的長度小於實際字串長度，會有裁減字串的效果。

程式實例 ch4_10.py：格式化科學記號 e 和 E 輸出，和格式化字串輸出造成裁減字串的效果。

```
# ch4_10.py
x = 12345678
print("/%10.1e/" % x)
print("/%10.2E/" % x)
print("/%-10.2E/" % x)
print("/%+10.2E/" % x)
print("="*60)
string = "abcdefg"
print("/%10.3s/" % string)
```

執行結果

```
====================== RESTART: D:\Python\ch4\ch4_10.py ======================
/   1.2e+07/
/  1.23E+07/
/1.23E+07  /
/ +1.23E+07/
============================================================
/       abc/
```

4-1-4 { } 和 format( ) 函數

這是 Python 增強版的格式化輸出功能，它的精神是字串使用 format 方法做格式化的動作，它的基本使用格式如下：

print(" …輸出格式區… " .format(變數系列區 , …))

在輸出格式區內的變數使用 "{ }" 表示。

程式實例 ch4_11.py：使用 { } 和 format( ) 函數重新設計 ch4_2.py。

```
# ch4_11.py
score = 90
name = "洪錦魁"
count = 1
print("{}你的第 {} 次物理考試成績是 {}".format(name, count, score))
```

執行結果 與 ch4_2.py 相同。

如果希望輸出有大括號，「{ 洪錦魁 }」，可以多一層，如下所示：

```
>>> "{{洪錦魁}}你的第 1 次物理考試成績是 {}".format(90)
'{洪錦魁}你的第 1 次物理考試成績是 90'
```

程式實例 ch4_12.py：以字串代表輸出格式區，重新設計 ch4_11.py。

```
# ch4_12.py
score = 90
name = "洪錦魁"
count = 1
string = "{}你的第 {} 次物理考試成績是 {}"
print(string.format(name, count, score))
```

執行結果 與 ch4_2.py 相同。

在使用 { } 代表變數時，也可以在 { } 內增加編號 n，此時 n 將是 format( ) 內變數的順序，變數多時方便你了解變數的順序。

程式實例 ch4_13.py：重新設計 ch4_12.py，在 { } 內增加編號。

```
# ch4_13.py
score = 90
name = "洪錦魁"
count = 1
# 以下鼓勵使用
print("{0}你的第 {1} 次物理考試成績是 {2}".format(name,count,score))

# 以下語法對但不鼓勵使用
print("{2}你的第 {1} 次物理考試成績是 {0}".format(score,count,name))
```

執行結果

```
======================== RESTART: D:/Python/ch4/ch4_13.py ========================
洪錦魁你的第 1 次物理考試成績是 90
洪錦魁你的第 1 次物理考試成績是 90
```

我們也可以在 format( ) 內使用具名的參數。

程式實例 ch4_14.py：使用具名的參數，重新設計 ch4_13.py。

```
# ch4_14.py
print("{n}你的第 {c} 次物理考試成績是 {s}".format(n="洪錦魁",c=1,s=90))
```

執行結果

```
======================== RESTART: D:/Python/ch4/ch4_14.py ========================
洪錦魁你的第 1 次物理考試成績是 90
```

使用具名參數時，具名參數部分必須放在 format( ) 參數的左邊，若以上述為例，如果將 n 和 c 位置對調將會產生錯誤。

我們也可以將 4-1-2 節所述格式化輸出資料的觀念應用在 format( )，例如：d 是格式化整數、f 是格式化浮點數、s 是格式化字串 … 等。傳統的格式化輸出是使用 % 配合 d、s、f，使用 format 則是使用 ":"，可參考下列實例第 5 列。

程式實例 ch4_15.py：計算圓面積，同時格式化輸出。

```
1  # ch4_15.py
2  r = 5
3  PI = 3.14159
4  area = PI * r ** 2
5  print("/半徑{0:3d}圓面積是{1:10.2f}/".format(r,area))
```

1 是變數的順序

0 是變數的順序

執行結果

```
======================== RESTART: D:/Python/ch4/ch4_15.py ========================
/半徑  5圓面積是     78.54/
```

在使用格式化輸出時預設是靠右輸出，也可以使用下列參數設定輸出對齊方式。

\>：靠右對齊

<：靠左對齊

^：置中對齊

程式實例 ch4_16.py：輸出對齊方式的應用。

```
# ch4_16.py
r = 5
PI = 3.14159
area = PI * r ** 2
print("/半徑{0:3d}圓面積是{1:10.2f}/".format(r,area))
print("/半徑{0:>3d}圓面積是{1:>10.2f}/".format(r,area))
print("/半徑{0:<3d}圓面積是{1:<10.2f}/".format(r,area))
print("/半徑{0:^3d}圓面積是{1:^10.2f}/".format(r,area))
```

執行結果

```
======================= RESTART: D:/Python/ch4/ch4_16.py =======================
/半徑  5圓面積是     78.54/
/半徑  5圓面積是     78.54/
/半徑5  圓面積是78.54     /
/半徑 5 圓面積是  78.54   /
```

在使用 format 輸出時也可以使用填充字元，此填充字元是放在「:」後面，在「"<"、"^"、">"」或指定寬度之前。

程式實例 ch4_17.py：填充字元的應用。

```
# ch4_17.py
title = "南極旅遊講座"
print("/{0:*^20s}/".format(title))
```

執行結果

```
======================= RESTART: D:/Python/ch4/ch4_17.py =======================
/*******南極旅遊講座*******/
```

❑ { } 和 format( ) 的優點

上述使用 format( ) 搭配 { } 的優點是，使用 Python 應用在網路爬蟲時，我們可能要處理下列格式的字串 (筆者簡化網址)：

"https://maps.apis.com/json?city=taipei&radius=1000&type=school"

如果使用 print( ) 你的設計可能如下：

```
url = "https://maps.apis.com/json?city="
city = "taipei"
radius = 1000
type = "school"
url + city + '&radius=' + str(radius) + '&type=' + type
```

如果使用 format，則上述一行的設計可以如下：

```
url + "{}&radius={}&type={}".format(city, radius, type)
```

從上述可以看到使用 format( ) 和 {}，設計可以簡化、易懂和不容易出錯。

程式實例 ch4_18.py：以傳統和 format( ) 方式實作網路爬蟲會碰上的類似網址。

```
# ch4_18.py
url = "https://maps.apis.com/json?city="
city = "taipei"
r = 1000
type = "school"
print(url + city + '&radius=' + str(r) + '&type=' + type)
print(url + "{}&radius={}&type={}".format(city, r, type))
```

執行結果

```
======================== RESTART: D:/Python/ch4/ch4_18.py ========================
https://maps.apis.com/json?city=taipei&radius=1000&type=school
https://maps.apis.com/json?city=taipei&radius=1000&type=school
```

4-1-5 f-strings 格式化字串

在 Python 3.6x 版後有一個改良 format 格式化方式，稱 f-strings，這個方法以 f 為字首，在大括號 { } 內放置變數名稱和運算式，這時沒有空的 { } 或是 {n}，n 是指定位置，下列以實例解說。

```
>>> city = '北京'
>>> country = '中國'
>>> f'{city} 是 {country} 的首都'
'北京 是 中國 的首都'
```

本書未來主要是使用此最新型的格式化字串做輸出。

程式實例 ch4_19.py：f-strings 格式化字串應用。

```
# ch4_19.py
score = 90
name = "洪錦魁"
count = 1
print(f"{name}你的第 {count} 次物理考試成績是 {score}")
```

執行結果 與 ch4_2.py 相同。

讀者可以發現將變數放在 { } 內，使用上非常方便，如果要做格式化輸出，與先前的觀念一樣，只要在 { } 內設定變數和其輸出格式即可。

程式實例 ch4_20.py：使用 f-strings 觀念重新設計 ch4_16.py。

```
# ch4_20.py
r = 5
PI = 3.14159

area = PI * r ** 2
print(f"/半徑{r:3d}圓面積是{area:10.2f}/")
print(f"/半徑{r:>3d}圓面積是{area:>10.2f}/")
print(f"/半徑{r:<3d}圓面積是{area:<10.2f}/")
print(f"/半徑{r:^3d}圓面積是{area:^10.2f}/")
```

執行結果

```
======================= RESTART: D:\Python\ch4\ch4_20.py =======================
/半徑  5圓面積是      78.54/
/半徑  5圓面積是      78.54/
/半徑5   圓面積是78.54      /
/半徑 5  圓面積是  78.54   /
```

程式實例 ch4_21.py：f-strings 設定輸出的應用。

```
# ch4_18.py
name = '洪錦魁'
message = f"我是{name}"
print(message)

url = "https://maps.apis.com/json?city="
city = "taipei"
r = 1000
type = "school"
my_url = url + f"{city}&radius={r}&type={type}"
print(my_url)
```

執行結果

```
======================= RESTART: D:\Python\ch4\ch4_21.py =======================
我是洪錦魁
https://maps.apis.com/json?city=taipei&radius=1000&type=school
```

在 Python 3.8 以後有關 f-strings 增加一個捷徑可以列印變數名稱和它的值。方法是使用在 { } 內增加 '=' 符號，可以參考下列應用。

程式實例 ch4_22.py：f-strings 和 "=" 等號 的應用。

```
# ch4_22.py
name = '洪錦魁'
score = 90.5
print(f"{name = }")
print(f"物理考試 {score = }")
print(f"物理考試 {score = :5.2f}")
```

執行結果

```
======================= RESTART: D:\Python\ch4\ch4_22.py =======================
name = '洪錦魁'
物理考試 score = 90.5
物理考試 score = 90.50
```

上述用法的優點是未來可以很方便執行程式除錯，以及掌握變數資料。此外，也可以在等號右邊增加 ":" 符號與對齊方式的參數。

```
>>> city = 'Taipei'
>>> f'{city = :>10.6}'
'city =     Taipei'
```

每 3 位數加上一個逗號可以用下列方法。

```
>>> n = 1234567
>>> print(f"n 的值是 {n:,}")
n 的值是 1,234,567
```

將數字轉換為百分比，可以使用 "%" 符號，請參考下列實例。

```
>>> n = 0.9123
>>> print(f"n 的百分比值是 {n:%}")
n 的百分比值是 91.230000%
>>> print(f"n 的百分比值是 {n:.0%}")
n 的百分比值是 91%
>>> print(f"n 的百分比值是 {n:.1%}")
n 的百分比值是 91.2%
>>> print(f"n 的百分比值是 {n:.2%}")
n 的百分比值是 91.23%
```

註 上述介紹了幾個格式化輸出資料的方式，其實筆者比較喜歡 f-strings 的輸出方式，這本書未來也將以這種方式輸出為主，但這是一本教學的書籍，要讓讀者了解完整 Python 觀念，所以部分程式仍會沿用舊的格式化輸出方式。

4-1-6 字串輸出與基本排版的應用

其實適度利用輸出格式，也可以產生一封排版的信件，以下程式的前 3 行會先利用 sp 字串變數建立一個含 40 格的空白格數，然後產生對齊效果。

程式實例 ch4_23.py：有趣排版信件的應用。

```
1  # ch4_23.py
2  sp = " " * 40
3  print("%s   1231 Delta Rd" % sp)
4  print("%s   Oxford, Mississippi" % sp)
5  print("%s   USA\n\n\n" % sp)
6  print("Dear Ivan")
7  print("I am pleased to inform you that your application for fall 2025 has")
8  print("been favorably reviewed by the Electrical and Computer Engineering")
9  print("Office.\n\n")
10 print("Best Regards")
11 print("Peter Malong")
```

執行結果

```
======================= RESTART: D:\Python\ch4\ch4_23.py =======================
                                           1231 Delta Rd
                                           Oxford, Mississippi
                                           USA



Dear Ivan
I am pleased to inform you that your application for fall 2025 has
been favorably reviewed by the Electrical and Computer Engineering
Office.


Best Regards
Peter Malong
```

4-1-7 一個無聊的操作

程式實例 ch4_23.py 第 2 行，利用空格乘以 40 產生 40 格空格，功能是用於排版。如果將某個字串乘以 500，然後用 print( ) 輸出，可以在螢幕上建立一個無聊的畫面。

實例 1：在螢幕上建立一個無聊的畫面。

```
>>> x = "Boring Time" * 500
>>> print(x)
Boring TimeBoring TimeBoring TimeBoring TimeBoring TimeBoring TimeBoring TimeBoring TimeBoring TimeBorin
g TimeBoring TimeBoring TimeBoring TimeBoring TimeBoring TimeBoring TimeBoring TimeBoring TimeBoring Tim
eBoring TimeBoring TimeBoring TimeBoring TimeBoring TimeBoring TimeBoring TimeBoring TimeBoring TimeBori
ng TimeBoring TimeBoring TimeBoring TimeBoring TimeBoring TimeBoring TimeBoring TimeBoring TimeBoring Ti
meBoring TimeBoring TimeBoring TimeBoring TimeBoring TimeBoring TimeBoring TimeBoring TimeBoring TimeBor
ing TimeBoring TimeBoring TimeBoring TimeBoring TimeBoring TimeBoring TimeBoring TimeBoring TimeBoring T
imeBoring TimeBoring TimeBoring TimeBoring TimeBoring TimeBoring TimeBoring TimeBoring TimeBoring TimeBo
ring TimeBoring TimeBoring TimeBoring TimeBoring TimeBoring TimeBoring TimeBoring TimeBoring TimeBoring
```

上述實例是教導讀者，活用 Python，可以產生許多意外的結果。

4-2 輸出資料到檔案

在 4-1-1 節筆者有講解在 print( ) 函數中，預設輸出是螢幕 sys.stdout，其實我們可以利用這個特性將輸出導向一個檔案。

4-2-1 開啟一個檔案 open( )

open( ) 函數可以開啟一個檔案供讀取或寫入，如果這個函數執行成功，會傳回檔案匯流物件，這個函數的基本使用格式如下：

```
file_Obj = open(file, mode="r",encoding)        # 左邊是最常用的 3 個參數
```

❑ **file**

用字串列出欲開啟的檔案，如果不指名路徑則開啟目前工作資料夾。

❑ **mode**

開啟檔案的模式，如果省略代表是 mode="r"，使用時如果 mode="w" 或其它，也可以省略 mode=，直接寫 "w"。也可以同時具有多項模式，第一項 (字母) 代表讀或寫的模式，第二項 (字母) 代表檔案類型，例如："wb" 代表以二進位檔案開啟供寫入，可以是下列基本模式。下列是第一個字母的操作意義。

- "r"：這是預設，開啟檔案供讀取 (read)。
- "w"：開啟檔案供寫入，如果原先檔案有內容將被覆蓋。
- "a"：開啟檔案供寫入，如果原先檔案有內容，新寫入資料將附加在後面。
- "x"：開啟一個新的檔案供寫入，如果所開啟的檔案已經存在會產生錯誤。

下列是第二個字母的意義，代表檔案類型。

- "b"：開啟二進位檔案模式。
- "t"：開啟文字檔案模式，這是預設。

❑ encoding

在中文 Windows 作業系統下，檔案常用的編碼方式有 cp950 和 utf-8 編碼兩種。Encoding 是設定編碼方式，如果沒有中文字預設是使用 utf-8 編碼，如果有中文字預設是使用 cp950 編碼 (ANSI)。我們可以使用這個參數，設定檔案物件的編碼格式。

❑ file_Obj

這是檔案物件，讀者可以自行給予名稱，未來 print( ) 函數可以將輸出導向此物件，不使用時要關閉 "file_Obj.close( )"，才可以返回作業系統的檔案管理員觀察執行結果。

4-2-2　使用 print( ) 函數輸出資料到檔案

程式實例 ch4_24.py：將資料輸出到檔案的實例，其中輸出到 out24w.txt 採用 "w" 模式，輸出到 out24a.txt 採用 "a" 模式。

```
# ch4_24.py
fobj1 = open("out24w.txt", mode="w")    # 取代先前資料
print("Testing mode=w, using utf-8 format", file=fobj1)
fobj1.close( )
fobj2 = open("out24a.txt", mode="a")    # 附加資料後面
print("測試 mode=a 參數, 預設 ANSI 編碼", file=fobj2)
fobj2.close( )
```

執行結果　這個程式執行後需至 ch4 資料夾查看執行結果內容，在新版的記事本，可以在視窗下方的狀態欄位看到目前視窗內容的檔案格式，從上述執行結果，可以看到一樣是使用預設，含中文字內容的檔案格式是 ANSI(其實讀者可以參考 3-5-4 節的說明，這是擴展的 ANSI，在中文 Windows 環境相當於 cp950 編碼)，不含中文字內容的檔案格式是 utf-8。

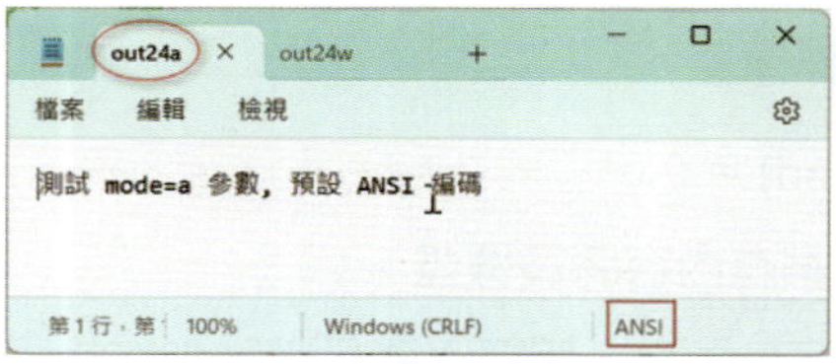

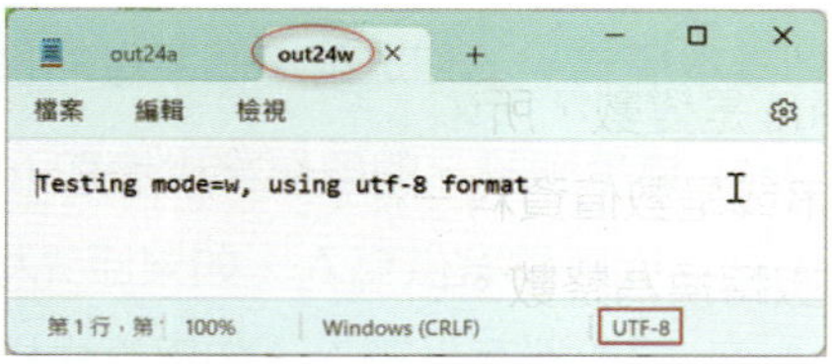

這個程式如果執行程式一次，可以得到 out24a.txt 和 out24w.txt 內容相同。但是如果持續執行，out24a.txt 內容會持續增加，out24w.txt 內容則保持不變，下列是執行第 2 次此程式，out24a.txt 和 out24w.txt 的內容。

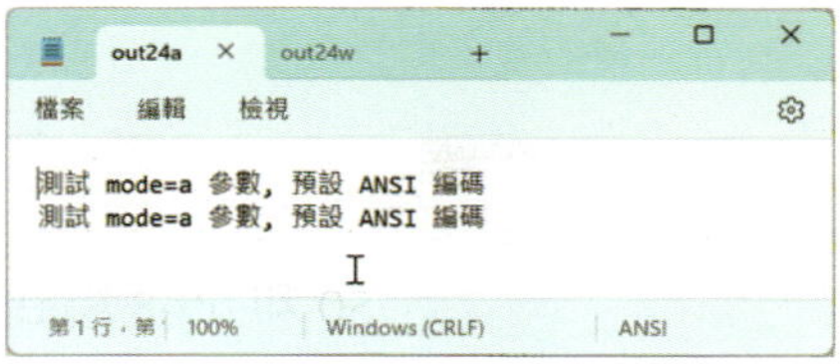

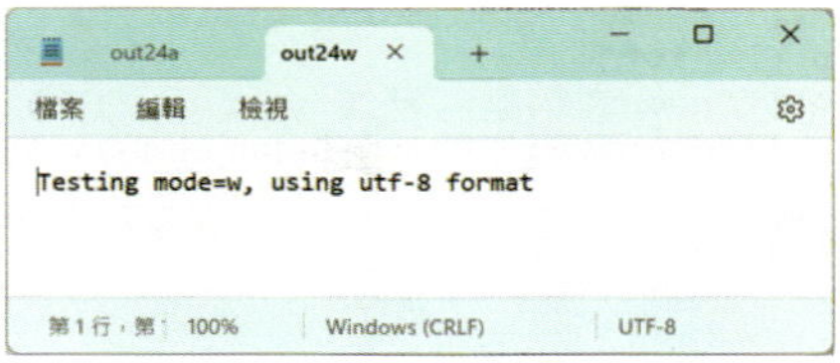

程式實例 ch4_25.py：開啟檔案供輸出時，直接設定輸出編碼格式。

```
# ch4_25.py
fobj1 = open("out25w.txt", mode="w", encoding="utf-8")
print("Testing mode=w, using utf-8 format", file=fobj1)
fobj1.close( )
fobj2 = open("out25a.txt", mode="a", encoding="cp950")
print("測試 mode=a 參數, 預設 ANSI 編碼", file=fobj2)
fobj2.close( )
```

執行結果 其他細節與 ch4_24.py 相同。

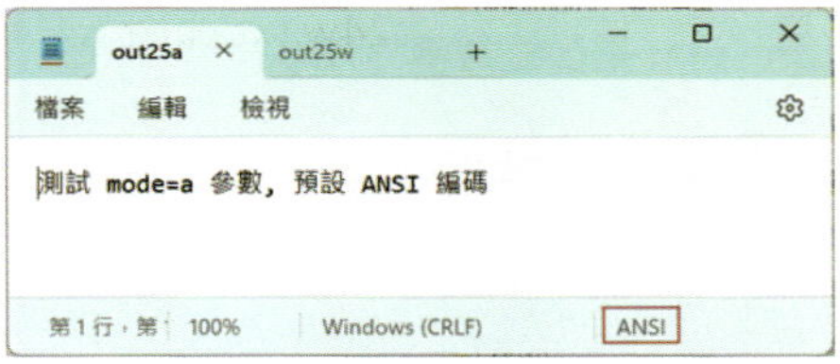

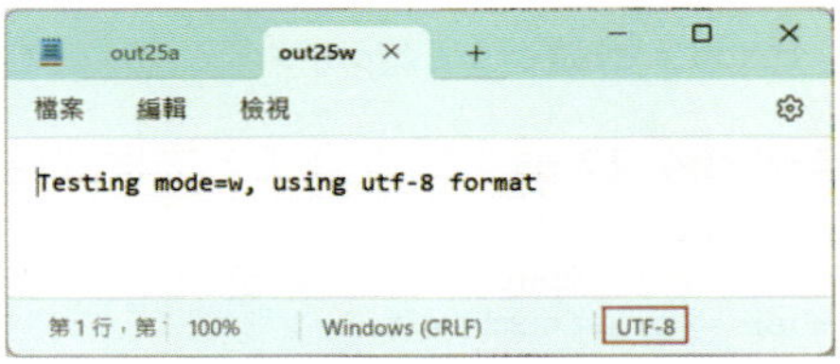

從上方左圖可以看到使用 "cp950" 編碼時，可以得到 ANSI 的編碼檔案。

4-3 資料輸入 input( )

這個 input( ) 函數功能與 print( ) 函數功能相反，這個函數會從螢幕讀取使用者從鍵盤輸入的資料，它的使用格式如下：

value = input("prompt: ")　　　　# prompt 是提示訊息

value 是變數，所輸入的資料會儲存在此變數內，特別需注意的是所輸入的資料不論是字串或是數值資料一律回傳到 value 時是字串資料，如果要執行整數學運算需要用 int( ) 函數轉換為整數。

程式實例 ch4_26.py：基本資料輸入與認識輸入資料類型。

```
# ch4_26.py
print("歡迎使用成績輸入系統")
name = input("請輸入姓名：")
engh = input("請輸入英文成績：")
math = input("請輸入數學成績：")
total = int(engh) + int(math)
```

```
print(f"{name} 你的總分是 {total}")
print("="*60)
print(f"name資料型態是 {type(name)}")
print(f"engh資料型態是 {type(engh)}")
```

執行結果

```
====================== RESTART: D:\Python\ch4\ch4_26.py ======================
歡迎使用成績輸入系統
請輸入姓名：洪錦魁
請輸入英文成績：96
請輸入數學成績：99
洪錦魁 你的總分是 195
============================================================
name資料型態是 <class 'str'>
engh資料型態是 <class 'str'>
```

4-4 處理字串的數學運算 eval( )

Python 內有一個非常好用的計算數學表達式的函數 eval( )，這個函數可以直接傳回字串內數學表達式的計算結果。

```
result = eval(expression)          # expression 是公式運算字串
```

程式實例 ch4_27.py：輸入公式，本程式可以列出計算結果。

```
# ch4_27.py
numberStr = input("請輸入數值公式 : ")
number = eval(numberStr)
print(f"計算結果 : {number:5.2f}")
```

執行結果

```
====================== RESTART: D:\Python\ch4\ch4_27.py ======================
請輸入數值公式 : 5 * 9 + 10
計算結果 : 55.00

====================== RESTART: D:\Python\ch4\ch4_27.py ======================
請輸入數值公式 : 5*9+10
計算結果 : 55.00
```

由上述執行結果可以發現，第一個執行結果中輸入是 "5*9+10" 字串，eval( ) 函數可以處理此字串的數學表達式，然後將計算結果傳回，同時也可以發現即使此數學表達式之間有空字元也可以正常處理。

Windows 作業系統有小算盤程式，當我們使用小算盤輸入運算公式時，可以將所輸入的公式用字串儲存，然後使用 eval( ) 方法就可以得到運算結果。我們知道 input( ) 所輸入的資料是字串，當使用 int( ) 將字串轉成整數處理，其實也可以用 eval( ) 配合 input( )，直接傳回整數資料。

程式實例 ch4_28.py：使用 eval( ) 重新設計 ch4_26.py。

```
# ch4_28.py
print("歡迎使用成績輸入系統")
name = input("請輸入姓名：")
engh = eval(input("請輸入英文成績："))
```

```
math = eval(input("請輸入數學成績："))
total = engh + math
print(f"{name} 你的總分是 {total}")
```

執行結果 可以參考 ch4_26.py 的執行結果。

一個 input( ) 可以讀取一個輸入字串，我們可以靈活運用多重指定在 eval( ) 與 input( ) 函數上，然後產生一列輸入多個數值資料的效果。

程式實例 ch4_29.py： 輸入 3 個數字，本程式可以輸出平均值，注意輸入時各數字間要用 "," 隔開。

```
# ch4_29.py
n1, n2, n3 = eval(input("請輸入3個數字："))
average = (n1 + n2 + n3) / 3
print(f"3個數字平均是 {average:6.2f}")
```

執行結果

```
===================== RESTART: D:\Python\ch4\ch4_29.py =====================
請輸入3個數字：2, 4, 6
3個數字平均是   4.00

===================== RESTART: D:\Python\ch4\ch4_29.py =====================
請輸入3個數字：2, 4, 8
3個數字平均是   4.67
```

註 eval( ) 也可以應用在計算數學的多項式，可以參考下列實例。

```
>>> x = 10
>>> y = '5 * x**2 + 6 * x + 10'
>>> print(eval(y))
570
```

4-5 專題 - 溫度轉換 / 房貸問題 / 雞兔同籠 / 經緯度距離 / 高斯數學

4-5-1 設計攝氏溫度和華氏溫度的轉換

攝氏溫度 (Celsius，簡稱 C) 的由來是在標準大氣壓環境，純水的凝固點是 0 度、沸點是 100 度，中間劃分 100 等份，每個等份是攝氏 1 度。這是紀念瑞典科學家安德斯．攝爾修斯 (Anders Celsius) 對攝氏溫度定義的貢獻，所以稱攝氏溫度 (Celsius)。

華氏溫度 (Fahrenheit，簡稱 F) 的由來是在標準大氣壓環境，水的凝固點是 32 度、水的沸點是 212 度，中間劃分 180 等份，每個等份是華氏 1 度。這是紀念德國科學家丹尼爾．加布里埃爾．華倫海特 (Daniel Gabriel Fahrenheit) 對華氏溫度定義的貢獻，所以稱華氏溫度 (Fahrenheit)。

攝氏和華氏溫度互轉的公式如下：

攝氏溫度 = (華氏溫度 – 32) * 5 / 9
華氏溫度 = 攝氏溫度 * (9 / 5) + 32

程式實例 ch4_30.py：請輸入華氏溫度，這個程式會輸出攝氏溫度。

```
# ch4_30.py
f = input("請輸入華氏溫度：")
c = ( int(f) - 32 ) * 5 / 9
print(f"華氏 {f} 等於攝氏 {c:4.1f}")
```

執行結果

```
======================= RESTART: D:\Python\ch4\ch4_30.py =======================
請輸入華氏溫度：104
華氏 104 等於攝氏 40.0
```

4-5-2　房屋貸款問題實作

每個人在成長過程可能會經歷買房子，第一次住在屬於自己的房子是一個美好的經歷，大多數的人在這個過程中可能會需要向銀行貸款。這時我們會思考需要貸款多少錢？貸款年限是多少？銀行利率是多少？然後我們可以利用上述已知資料計算每個月還款金額是多少？同時我們會好奇整個貸款結束究竟還了多少貸款本金和利息。在做這個專題實作分析時，我們已知的條件是：

貸款金額：用 loan 當變數

貸款年限：用 year 當變數

年利率：用 rate 當變數

然後我們需要利用上述條件計算下列結果：

每月還款金額：用 monthlyPay 當變數

總共還款金額：用 totalPay 當變數

處理這個貸款問題的數學公式如下：

$$\text{每月還款金額} = \frac{\text{貸款金額} * \text{月利率}}{1 - \dfrac{1}{(1 + \text{月利率})^{\text{貸款年限}*12}}}$$

在銀行的貸款術語習慣是用年利率，所以碰上這類問題我們需將所輸入的利率先除以 100，這是轉成百分比，同時要除以 12 表示是月利率。可以用下列方式計算月利率，用 monthrate 當作變數。

```
monthrate = rate / (12*100)                # 第 5 列
```

為了不讓計算每月還款金額的數學式變的複雜，將分子 (第 8 列) 與分母 (第 9 列) 分開計算，第 10 列則是計算每月還款金額，第 11 列是計算總共還款金額。

```
# ch4_31.py
loan = eval(input("請輸入貸款金額："))
year = eval(input("請輸入年限："))
rate = eval(input("請輸入年利率："))
monthrate = rate / (12*100)            # 改成百分比的月利率

# 計算每月還款金額
molecules = loan * monthrate
denominator = 1 - (1 / (1 + monthrate) ** (year * 12))
monthlyPay = molecules / denominator   # 每月還款金額
totalPay = monthlyPay * year * 12      # 總共還款金額

print(f"每月還款金額 {int(monthlyPay)}")
print(f"總共還款金額 {int(totalPay)}")
```

執行結果

```
===================== RESTART: D:\Python\ch4\ch4_31.py =====================
請輸入貸款金額：6000000
請輸入年限：20
請輸入年利率：2.0
每月還款金額 30353
總共還款金額 7284720
```

4-5-3 使用 math 模組與經緯度計算地球任意兩點的距離

math 是標準函數庫模組，由於沒有內建在 Python 直譯器內，所以使用前需要匯入此模組，匯入方式是使用 import，可以參考下列語法。

import math

當匯入模組後，我們可以在 Python 的 IDLE 環境使用 dir(math) 了解此模組提供那些屬性或函數 (或稱方法) 可以呼叫使用。

```
>>> import math
>>> dir(math)
['__doc__', '__loader__', '__name__', '__package__', '__spec__', 'acos', 'acosh'
, 'asin', 'asinh', 'atan', 'atan2', 'atanh', 'ceil', 'copysign', 'cos', 'cosh',
'degrees', 'e', 'erf', 'erfc', 'exp', 'expm1', 'fabs', 'factorial', 'floor', 'fm
od', 'frexp', 'fsum', 'gamma', 'gcd', 'hypot', 'inf', 'isclose', 'isfinite', 'is
inf', 'isnan', 'ldexp', 'lgamma', 'log', 'log10', 'log1p', 'log2', 'modf', 'nan'
, 'pi', 'pow', 'radians', 'remainder', 'sin', 'sinh', 'sqrt', 'tan', 'tanh', 'ta
u', 'trunc']
```

下列是常用 math 模組的屬性與函數：

- pi：PI 值 (3.141592653589753)，直接設定值稱屬性。使用 math 模組時必須在前面加 math，例如：math.pi，此觀念應用在所有模組函數或是屬性運算。
- e：e 值 (2.718281828459045)，直接設定值稱屬性。
- inf：極大值，直接設定值稱屬性。
- ceil(x)：傳回大於 x 的最小整數，例如：ceil(3.5) = 4。
- floor(x)：傳回小於 x 的最大整數，例如：floor(3.9) = 3。
- trunc(x)：刪除小數位數。例如：trunc(3.5) = 3。

- pow(x,y)：可以計算 x 的 y 次方，相當於 x**y。例如：pow(2,3) = 8.0。
- sqrt(x)：開根號，相當於 x**0.5，例如：sqrt(4) = 2.0。
- radians( )/degrees( )：將角度轉成弧度 / 將弧度轉成角度。

```
>>> import math
>>> angle_degree = 45
>>> angle_radians = math.radians(angle_degree)
>>> print(angle_radians)
0.7853981633974483
```

```
>>> import math
>>> angle_radians = math.pi / 4
>>> angle_degrees = math.degrees(angle_radians)
>>> print(angle_degrees)
45.0
```

- 最大公因數與最小公倍數：gcd( ) 和 lcm( )，可以有多個參數。

```
>>> import math
>>> print(math.gcd(24, 36, 60))
12
>>> print(math.lcm(3, 4, 5))
60
```

- 三角函數：sin( )、cos( )、tan( ), …參數是弧度。其實 acos(-1) 是可以計算圓周率，可參考下方右邊的程式片段。

```
>>> import math
>>> angle_radians = math.pi / 6
>>> sin_value = math.sin(angle_radians)
>>> cos_value = math.cos(angle_radians)
>>> print(f"{sin_value}, {cos_value}")
0.49999999999999994, 0.8660254037844387
```

```
>>> import math
>>> print(math.acos(-1))
3.141592653589793
```

- 指數函數 log( )：如果是 1 個參數則以 e 為底數。如果是 2 個參數，第 1 個是要計算對數的值，第 2 個是對數的底數。

```
>>> import math
>>> value = 10
>>> natural_log = math.log(value)
>>> base = 2
>>> logarithm = math.log(value, base)
>>> print(f"natural_log = {natural_log}, logarithm = {logarithm}")
natural_log = 2.302585092994046, logarithm = 3.3219280948873626
```

- 指數函數 log2( )、log10( )：分別是以 2 為底數、以 10 為底數。

```
>>> import math
>>> value1 = 8
>>> log_base_2 = math.log2(value1)
>>> value2 = 1000
>>> log_base_10 = math.log10(value2)
>>> print(f"log_base_2 = {log_base_2}, log_base_10 = {log_base_10}")
log_base_2 = 3.0, log_base_10 = 3.0
```

地球是圓的，我們使用經度和緯度單位瞭解地球上每一個點的位置。有了 2 個地點的經緯度後，可以使用下列公式計算彼此的距離。

distance = r*acos(sin(x1)*sin(x2)+cos(x1)*cos(x2)*cos(y1-y2))

上述 r 是地球的半徑約 6371 公里，由於 Python 的三角函數參數皆是弧度 (radians)，我們使用上述公式時，需使用 math.radian( ) 函數將經緯度角度轉成弧度。上述公式西經和北緯是正值，東經和南緯是負值。

經度座標是介於 -180 和 180 度間，緯度座標是在 -90 和 90 度間，雖然我們是習慣稱經緯度，在用小括號表達時 (緯度 , 經度)，也就是第一個參數是放緯度，第二個參數放經度)。

最簡單獲得經緯度的方式是開啟 Google 地圖，其實我們開啟後 Google 地圖後就可以在網址列看到我們目前所在地點的經緯度，點選地點就可以在網址列看到所選地點的經緯度資訊，可參考下方左圖：

由上圖可以知道台北車站的經緯度是 (25.0452909, 121.5168704)，以上觀念可以應用查詢世界各地的經緯度，上方右圖是香港紅磡車站的經緯度 (22.2838912, 114.173166)，程式為了簡化筆者小數取 4 位。

程式實例 ch4_32.py：香港紅磡車站的經緯度資訊是 (22.2839, 114.1731)，台北車站的經緯度是 (25.0452, 121.5168)，請計算台北車站至香港紅磡車站的距離。

```
# ch4_32.py
import math

r = 6371                          # 地球半徑
x1, y1 = 22.2838, 114.1731        # 香港紅磡車站經緯度
x2, y2 = 25.0452, 121.5168        # 台北車站經緯度

d = r*math.acos(math.sin(math.radians(x1))*math.sin(math.radians(x2))+
                math.cos(math.radians(x1))*math.cos(math.radians(x2))*
                math.cos(math.radians(y1-y2)))

print(f"distance = {d:6.1f}")
```

執行結果

```
======================= RESTART: D:\Python\ch4\ch4_32.py =======================
distance =  808.3
```

4-5-4 雞兔同籠 – 解聯立方程式

古代孫子算經有一句話，「今有雞兔同籠，上有三十五頭，下有百足，問雞兔各幾何？」，這是古代的數學問題，表示有 35 個頭，100 隻腳，然後籠子裡面有幾隻雞與幾隻兔子。雞有 1 隻頭、2 隻腳，兔子有 1 隻頭、4 隻腳。我們可以使用基礎數學解此題目，也可以使用迴圈解此題目，這一小節筆者將使用基礎數學的聯立方程式解此問題。

如果使用基礎數學，將 x 代表 chicken，y 代表 rabbit，可以用下列公式推導。

chicken + rabbit = 35　　相當於---- >　　x + y = 35
2 * chicken + 4 * rabbit = 100　　相當於---- >　　2x + 4y = 100

經過推導可以得到下列結果：

x(chicken) = 20　　# 雞的數量
y(rabbit) = 15　　# 兔的數量

整個公式推導，假設 f 是腳的數量，h 代表頭的數量，可以得到下列公式：

x(chicken) = 2h – f / 2
y(rabbit) = f / 2 – h

程式實例 ch4_33.py：請輸入頭和腳的數量，本程式會輸出雞的數量和兔的數量。

```
# ch4_33.py
h = int(input("請輸入頭的數量："))
f = int(input("請輸入腳的數量："))
chicken = int(2 * h - f / 2)
rabbit = int(f / 2 - h)
print(f'雞有 {chicken} 隻, 兔有 {rabbit} 隻')
```

執行結果

```
==================== RESTART: D:\Python\ch4\ch4_33.py ====================
請輸入頭的數量：35
請輸入腳的數量：100
雞有 20 隻, 兔有 15 隻
```

註 並不是每個輸入皆可以獲得解答，必須是合理的數字。

4-5-5 高斯數學 – 計算等差數列和

約翰 – 卡爾 – 佛里德里希 – 高斯 (Johann Karl Friedrich GauB)(1777 – 1855) 是德國數學家，被認為是歷史上最重要的數學家之一。他在 9 歲時就發明了等差數列求和的計算技巧，他在很短的時間內計算了 1 到 100 的整數和。使用的方法是將第 1 個數字與最後 1 個數字相加得到 101，將第 2 個數字與倒數第 2 個數字相加得到 101，然後依此類推，可以得到 50 個 101，然後執行 50 * 101，最後得到解答。

程式實例 ch4_34.py：使用等差數列計算 1 – 100 的總和。

```
# ch4_34.py
starting = 1
ending = 100
d = 1                          # 等差數列的間距
sum = int((starting + ending) * (ending - starting + d) / (2 * d))
print(f'1 到 100的總和是 {sum}')
```

執行結果

```
==================== RESTART: D:\Python\ch4\ch4_34.py ====================
1 到 100的總和是 5050
```

第 5 章
程式的流程控制使用 if 敘述

一個程式如果是按部就班從頭到尾，中間沒有轉折，其實是無法完成太多工作。程式設計過程難免會需要轉折，這個轉折在程式設計的術語稱流程控制，本章將完整講解有關 if 敘述的流程控制。另外，與程式流程設計有關的關係運算子與邏輯運算子也將在本章做說明，因為這些是 if 敘述流程控制的基礎。

這一章起逐步進入程式設計的核心，讀者要留意，Python 官方文件建議 Python 程式碼不要超過 80 列，雖然超過程式不會錯誤，但會造成程式不易閱讀，所以如果超過時，建議修改程式設計。

5-1 關係運算子

Python 語言所使用的關係運算子表：

關係運算子	說明	實例	說明
>	大於	a > b	檢查是否 a 大於 b
>=	大於或等於	a >= b	檢查是否 a 大於或等於 b
<	小於	a < b	檢查是否 a 小於 b
<=	小於或等於	a <= b	檢查是否 a 小於或等於 b
==	等於	a == b	檢查是否 a 等於 b
!=	不等於	a != b	檢查是否 a 不等於 b

上述運算如果是真會傳回 True，如果是偽會傳回 False。

實例 1： 下列左邊程式碼會回傳 True，下列右邊程式碼會回傳 False。

```
>>> x = 10 > 8
>>> x
True
>>> x = 8 <= 10
>>> x
True
```

```
>>> x = 10 > 20
>>> x
False
>>> x = 10 < 5
>>> x
False
```

5-2 邏輯運算子

Python 所使用的邏輯運算子：

- and　--- 相當於邏輯符號 AND
- or　--- 相當於邏輯符號 OR
- not　--- 相當於邏輯符號 NOT

下列是邏輯運算子 and 的圖例說明。

and	True	False
True	True	False
False	False	False

實例 1： 下列左邊程式碼會回傳 True，下列右邊程式碼會回傳 False。

```
>>> x = (10 > 8) and (20 >= 10)
>>> x
True
```

```
>>> x = (10 > 8) and (10 > 20)
>>> x
False
```

下列是邏輯運算子 or 的圖例說明。

or	True	False
True	True	True
False	True	False

實例 2： 下列左邊程式碼會回傳 True，下列右邊程式碼會回傳 False。

```
>>> x = (10 > 8) or (20 > 10)
>>> x
True
```

```
>>> x = (10 < 8) or (10 > 20)
>>> x
False
```

下列是邏輯運算子 not 的圖例說明。

not	True	False
	False	True

如果是 True 經過 not 運算會傳回 False，如果是 False 經過 not 運算會傳回 True。

實例 3： 下列左邊程式碼會回傳 True，下列右邊程式碼會回傳 False。

```
>>> x = not(10 < 8)
>>> x
True
```

```
>>> x = not(10 > 8)
>>> x
False
```

在 Python 的邏輯運算中 0 被視為 False，其他值當作 True，下列將以實例驗證，下方左邊程式碼是以 False 開始的 and 運算將返回前項值。下方右邊程式碼是以 True 開始的 and 運算將返回後項值。

```
>>> False and True
False
>>> False and 5
False
>>> 0 and 1
0
```

```
>>> True and False
False
>>> True and 5
5
>>> -5 and 5
5
```

下方左邊程式碼是以 False 開始的 or 運算將返回後項值。下方右邊程式碼是以 True 開始的 or 運算將返回前項值。

```
>>> False or True
True
>>> False or 5
5
>>> 0 or 5
5
```

```
>>> True or 0
True
>>> 5 or 10
5
>>> -10 or 0
-10
```

not 運算傳回相反的布林值。

```
>>> not 5
False
>>> not -5
False
>>> not 0
True
```

5-3 if 敘述

這個 if 敘述的基本語法如下：

```
if (條件判斷) :              # 條件判斷外的小括號可有可無
    程式碼區塊
```

上述觀念是如果條件判斷是 True，則執行程式碼區塊，如果條件判斷是 False，則不執行程式碼區塊。如果程式碼區塊只有一道指令，可將上述語法寫成下列格式。

```
if (條件判斷) : 程式碼區塊
```

可以用下列流程圖說明這個 if 敘述：

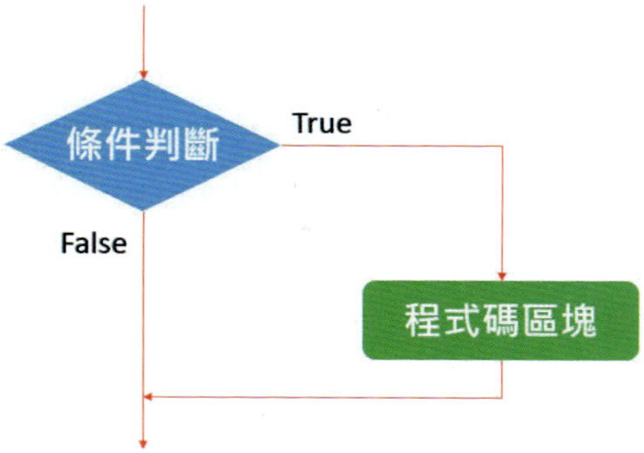

Python 是使用內縮方式區隔 if 敘述的程式碼區塊，編輯程式時可以用 Tab 鍵內縮或是直接內縮 4 個字元空間，表示這是 if 敘述的程式碼區塊。

```
if ( age < 20 ):                              # 程式碼區塊 1
    print( '你年齡太小' )                      # 程式碼區塊 2
    print( '須年滿20歲才可購買菸酒' )           # 程式碼區塊 2
```

在 Python 中內縮程式碼是有意義的，相同的程式碼區塊，必須有相同的內縮，否則會產生錯誤。

實例 1：正確的 if 敘述程式碼。

```
>>> age = 18
>>> if (age < 20):
        print("你年齡太小")
        print("需年滿20歲才可以購買菸酒")
```

插入點在此時請按Enter鍵

```
>>> age = 18
>>> if (age < 20):
        print("你年齡太小")
        print("需年滿20歲才可以購買菸酒")

你年齡太小
需年滿20歲才可以購買菸酒
>>>
```

實例 2：不正確的 if 敘述程式碼，下列因為任意內縮造成錯誤。

任意內縮造成錯誤

```
>>> age = 18
>>> if (age < 20):
        print("你年齡太小")
         print("需年滿20歲才可以購買菸酒")

SyntaxError: unexpected indent
>>>
```

上述筆者講解 if 敘述是 True 時需內縮 4 個字元空間，這是 Python 預設，讀者可能會問可不可以內縮 5 個字元空間，答案是可以的但是記得相同程式區塊必須有相同的內縮空間。不過如過你是使用 Python 的 IDLE 編輯環境，當輸入 if 敘述後，只要按 Enter 鍵，編輯程式會自動內縮 4 個字元空間。

程式實例 ch5_1.py：if 敘述的基本應用。

```
# ch5_1.py
age = input("請輸入年齡: ")
if (int(age) < 20):
    print("你年齡太小")
    print("需年滿20歲才可以購買菸酒")
```

執行結果

```
==================== RESTART: D:/Python/ch5/ch5_1.py ====================
請輸入年齡: 18
你年齡太小
需年滿20歲才可以購買菸酒
>>>
==================== RESTART: D:/Python/ch5/ch5_1.py ====================
請輸入年齡: 21
>>>
```

程式實例 ch5_2.py：輸出絕對值的應用。

```
# ch5_2.py
print("輸出絕對值")
num = input("請輸入任意整數值: ")
```

```
4  x = int(num)
5  if (int(x) < 0): x = -x
6  print(f"絕對值是 {x}")
```

執行結果

```
==================== RESTART: D:\Python\ch5\ch5_2.py ====================
輸出絕對值
請輸入任意整數值: 98
絕對值是 98
>>>
==================== RESTART: D:\Python\ch5\ch5_2.py ====================
輸出絕對值
請輸入任意整數值: -30
絕對值是 30
```

對於上述 ch5_2.py 而言，由於 if 敘述只有一道指令，所以可以將第 5 列的 if 敘述用一列表示，當然也可以類似 ch5_1.py 方式處理。

❑ Python 寫作風格 (Python Enhancement Proposals) - PEP 8

Python 風格建議內縮 4 個字母空格，不要使用 Tab 鍵產生空格。

5-4 if … else 敘述

程式設計時更常用的功能是條件判斷為 True 時執行某一個程式碼區塊，當條件判斷為 False 時執行另一段程式碼區塊，此時可以使用 if … else 敘述，它的語法格式如下：

```
if (條件判斷):          # 條件判斷外的小括號可有可無
    程式碼區塊 1
else:
    程式碼區塊 2
```

上述觀念是如果條件判斷是 True，則執行程式碼區塊 1，如果條件判斷是 False，則執行程式碼區塊 2。可以用下列流程圖說明這個 if … else 敘述：

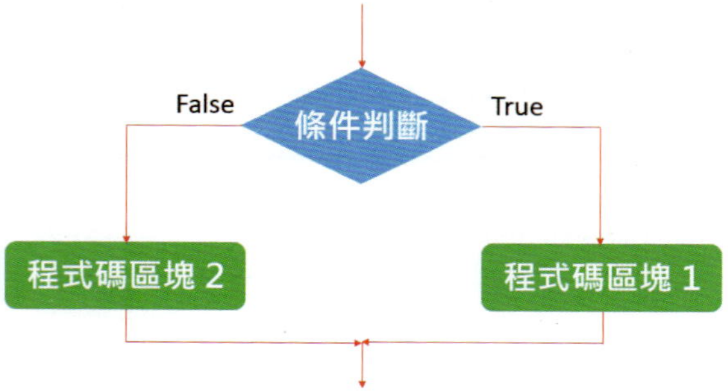

程式實例 ch5_3.py：重新設計 ch5_1.py，多了年齡滿 20 歲時的輸出。

```python
# ch5_3.py
age = input("請輸入年齡: ")
if (int(age) < 20):
    print("你年齡太小")
    print("需年滿20歲才可以購買菸酒")
else:
    print("歡迎購買菸酒")
```

執行結果

```
==================== RESTART: D:/Python/ch5/ch5_3.py ====================
請輸入年齡: 18
你年齡太小
需年滿20歲才可以購買菸酒
>>>
==================== RESTART: D:/Python/ch5/ch5_3.py ====================
請輸入年齡: 30
歡迎購買菸酒
```

❑ Python 寫作風格 (Python Enhancement Proposals) - PEP 8

Python 風格建議不使用 if xx == ture 判斷 True 或 False，可以直接使用 if xx。

程式實例 ch5_4.py：奇數偶數的判斷，下列第 5 ~ 8 列是傳統用法，第 10 ~ 13 是符合 PEP 8 用法，第 15 列是 Python 高手用法。

```python
1   # ch5_4.py
2   print("奇數偶數判斷")
3   num = eval(input("請輸入任意整值: "))
4   rem = num % 2
5   if (rem == 0):
6       print(f"{num} 是偶數")
7   else:
8       print(f"{num} 是奇數")
9   # PEP 8
10  if rem:
11      print(f"{num} 是奇數")
12  else:
13      print(f"{num} 是偶數")
14  # 高手用法
15  print(f"{num} 是奇數" if rem else f"{num} 是偶數")
```

執行結果

```
==================== RESTART: D:\Python\ch5\ch5_4.py ====================
奇數偶數判斷
請輸入任意整值: 2
2 是偶數
2 是偶數
2 是偶數
>>>
==================== RESTART: D:\Python\ch5\ch5_4.py ====================
奇數偶數判斷
請輸入任意整值: 1
1 是奇數
1 是奇數
1 是奇數
```

Python 精神可以簡化上述 if 語法，例如：下列是求 x, y 之最大值或最小值。

```
max_ = x if x > y else y          # 取 x, y 之最大值
min_ = x if x < y else x          # 取 x, y 之最小值
```

Python 是非常靈活的程式語言，上述也可以使用內建函數寫成下列方式：

```
max_ = max(x, y)                  # max 是內建函數，變數用後面加底線區隔
min_ = min(x, y)                  # min 是內建函數，變數用後面加底線區隔
```

註 max 是內建函數，當變數名稱與內建函數名稱相同時，可以在變數用後面加底線做區隔。

程式實例 ch5_5.py：請輸入 2 個數字，這個程式會用 Python 精神語法，列出最大值與最小值。

```python
# ch5_5.py
x, y = eval(input("請輸入2個數字："))
max_ = x if x > y else y
print(f"方法 1 最大值是 : {max_}")
max_ = max(x, y)
print(f"方法 2 最大值是 : {max_}")

min_ = x if x < y else y
print(f"方法 1 最小值是 : {min_}")
min_ = min(x, y)
print(f"方法 2 最小值是 : {min_}")
```

執行結果

```
==================== RESTART: D:/Python/ch5/ch5_5.py ====================
請輸入2個數字：8, 5
方法 1 最大值是 : 8
方法 2 最大值是 : 8
方法 1 最小值是 : 5
方法 2 最小值是 : 5
```

Python 語言在執行網路爬蟲存取資料時，常會遇上不知道可以獲得多少筆資料，例如可能 0 – 100 筆間，如果我們想要最多只取 10 筆當作我們的數據，如果小於 10 筆則取得多少皆可當作我們的數據，如果使用傳統程式語言的語法，設計觀念應該如下：

```
if items >= 10:
    items = 10
else:
    items = items
```

在 Python 語法精神，我們可以用下列語法表達。

```
items = 10 if items >= 10 else items
```

程式實例 ch5_6.py：隨意輸入數字，如果大於等於 10，輸出 10。如果小於 10，輸出所輸入的數字。

```
# ch5_6.py
items = eval(input("請輸入 1 個數字："))
items = 10 if items >= 10 else items
print(items)
```

執行結果

```
======================= RESTART: D:/Python/ch5/ch5_6.py =======================
請輸入 1 個數字：8
8
>>>
======================= RESTART: D:/Python/ch5/ch5_6.py =======================
請輸入 1 個數字：123
10
```

5-5 if … elif … else 敘述

這是一個多重判斷，程式設計時需要多個條件作比較時就比較有用，例如：在美國成績計分是採取 A、B、C、D、F … 等，通常 90-100 分是 A，80-89 分是 B，70-79 分是 C，60-69 分是 D，低於 60 分是 F。若是使用 Python 可以用這個敘述，很容易就可以完成這個工作。這個敘述的基本語法如下：

```
if (條件判斷 1) :                # 條件判斷外的小括號可有可無
    程式碼區塊 1
elif( 條件判斷 2 ) :
    程式碼區塊 2
...
else:
    程式碼區塊 n
```

上述觀念是，如果條件判斷 1 是 True 則執行程式碼區塊 1，然後離開條件判斷。否則檢查條件判斷 2，如果是 True 則執行程式碼區塊 2，然後離開條件判斷。如果條件判斷是 False 則持續進行檢查，上述 elif 的條件判斷可以不斷擴充，如果所有條件判斷是 False 則執行程式碼 n 區塊。下列流程圖是假設只有 2 個條件判斷說明這個 if … elif … else 敘述。

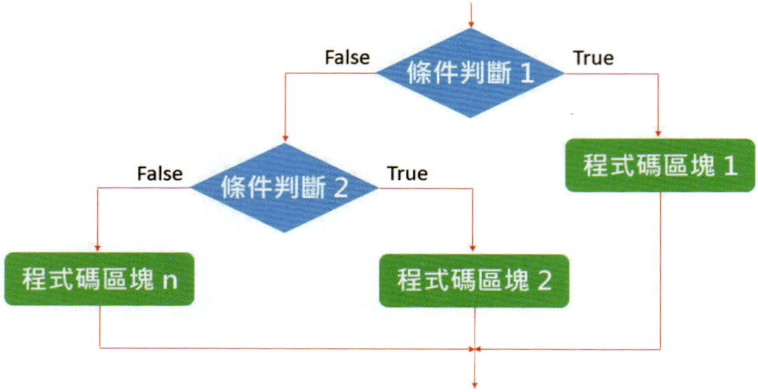

程式實例 ch5_7.py：請輸入數字分數，程式將回應 A、B、C、D 或 F 等級。

```
# ch5_7.py
print("計算最終成績")
score = input("請輸入分數 : ")
sc = int(score)
if (sc >= 90):
    print(" A")
elif (sc >= 80):
    print(" B")
elif (sc >= 70):
    print(" C")
elif (sc >= 60):
    print(" D")
else:
    print(" F")
```

執行結果

```
======================= RESTART: D:/Python/ch5/ch5_7.py =======================
計算最終成績
請輸入分數 : 97
 A
>>>
======================= RESTART: D:/Python/ch5/ch5_7.py =======================
計算最終成績
請輸入分數 : 59
 F
```

程式實例 ch5_8.py：這個程式會要求輸入字元，然後會告知所輸入的字元是大寫字母、小寫字母、阿拉伯數字或特殊字元。

```
# ch5_8.py
print("判斷輸入字元類別")
ch = input("請輸入字元 : ")
if ord(ch) >= ord("A") and ord(ch) <= ord("Z"):
    print("這是大寫字元")
elif ord(ch) >= ord("a") and ord(ch) <= ord("z"):
    print("這是小寫字元")
elif ord(ch) >= ord("0") and ord(ch) <= ord("9"):
    print("這是數字")
else:
    print("這是特殊字元")
```

執行結果

```
======================= RESTART: D:/Python/ch5/ch5_8.py =======================
判斷輸入字元類別
請輸入字元 : K
這是大寫字元
>>>
======================= RESTART: D:/Python/ch5/ch5_8.py =======================
判斷輸入字元類別
請輸入字元 : a
這是小寫字元
>>>
======================= RESTART: D:/Python/ch5/ch5_8.py =======================
判斷輸入字元類別
請輸入字元 : 9
這是數字
```

5-6 尚未設定的變數值 None

有人在程式設計時，喜歡將所有變數一次先予以定義，在尚未用到此變數時先設定這個變數的值是 None，如果此時用 type( ) 函數了解它的類別時將顯示 "NoneType"，如下所示：

```
>>> x = None
>>> print(x)
None
>>> type(x)
<class 'NoneType'>
>>>
```

通常在程式設計時，可使用下列方式自我測試。

程式設計 ch5_9.py：if 敘述與 None 的應用，不過要注意的是，None 在布林值運算時會被當作 False。

```
# ch5_9.py
flag = None
if not flag:
    print("尚未定義flag")
if flag:
    print("有定義")
else:
    print("尚未定義flag")
```

執行結果

```
======================= RESTART: D:/Python/ch5/ch5_9.py =======================
尚未定義flag
尚未定義flag
```

5-7 流程控制的新功能

5-7-1　if 的新功能

BMI(Body Mass Index) 指數又稱身高體重指數 (也稱身體質量指數)，是由比利時的科學家凱特勒 (Lambert Quetelet) 最先提出，這也是世界衛生組織認可的健康指數，它的計算方式如下：

BMI = 體重 (Kg) / 身高 ^{2}(公尺)

如果 BMI 在 18.5 ~ 23.9 之間，表示這是健康的 BMI 值。請輸入自己的身高和體重，然後列出是否在健康的範圍，中國官方針對 BMI 指數公布更進一步資料如下：

分類	BMI
體重過輕	BMI < 18.5
正常	18.5 <= BMI and BMI < 24
超重	24 <= BMI and BMI < 28
肥胖	BMI >= 28

程式實例 ch5_10.py：人體健康體重指數判斷程式，這個程式會要求輸入身高與體重，然後計算 BMI 指數，由這個 BMI 指數判斷體重是否肥胖。

```
1  # ch5_10.py
2  height = eval(input("請輸入身高(公分)："))
3  weight = eval(input("請輸入體重(公斤)："))
4  bmi = weight / (height / 100) ** 2
5  if bmi >= 28:
6      print(f"體重肥胖")
7  else:
8      print(f"體重不肥胖")
```

執行結果

```
======================= RESTART: D:\Python\ch5\ch5_10.py =======================
請輸入身高(公分)：170
請輸入體重(公斤)：100
體重肥胖
```

上述程式第 4 行 " (height/100)"，主要是將身高由公分改為公尺，Python 3.8 起的 if 用法可以擴充如下：

```
if x := expression …                    # x 是布林值
```

程式實例 ch5_11.py：用新的 if 用法重新設計上述程式，將上述第 4 和 5 行合併。

```
# ch5_11.py
height = eval(input("請輸入身高(公分)："))
weight = eval(input("請輸入體重(公斤)："))
if bmi := weight / ( height / 100) ** 2 >= 28:      # Python 3.8
    print(f"體重肥胖")
else:
    print(f"體重不肥胖")
```

執行結果 與 ch5_10.py 相同。

5-7-2 Python 的 match-case 流程控制

Python 3.10 正式推出全新的流程控制語法：「match-case」，它為傳統的「if-elif-else」提供了更清晰、更有結構性的選擇敘述。這種語法類似於其他程式語言（例如 C 或 Java）中的 switch-case 敘述，但更具彈性及強大功能。其語法如下：

```
match 變數或表達式:
    case 模式 1:
        # 如果模式 1 符合時執行此區塊
        程式敘述
    case 模式 2:
        # 如果模式 2 符合時執行此區塊
        程式敘述
    case _:
        # 如果上述模式都不符合，則執行此預設區塊
        程式敘述
```

在上述語法中：

- match 後面緊接著一個變數或表示式，這是我們要判斷的值。
- 每個 case 則是想要匹配的條件模式（pattern）。
- 若無任何匹配的模式，則最後一個「 case _ 」是可選擇的 default 情況，符號「 _ 」是代表其他所有情況。

程式實例 ch5_11_1.py：match-case 指令的應用。

```
# ch5_11_1.py
command = input("請輸入狀態 ： ")

```

```
match command:
    case "start":
        print("系統啟動中")
    case "stop":
        print("系統停止中")
    case "pause":
        print("系統暫停")
    case _:
        print("無效的指令")
```

執行結果

```
請輸入狀態 ： stop
系統停止中
```

```
請輸入狀態 ： start
系統啟動中
```

```
請輸入狀態 ： info
無效的指令
```

match-case 不只可做簡單值匹配，更支援多種高階匹配模式：

- 多值模式（multiple literals）
- OR 模式（使用 | ）

程式實例 ch5_11_2.py：多值模式的應用。

```
# ch5_11_2.py
response = eval(input("請輸入系統回應 ： "))

match response:
    case 200:
        print("請求成功")
    case 400 | 401 | 403:
        print("客戶端錯誤")
    case 404:
        print("找不到資源")
    case 500:
        print("伺服器錯誤")
    case _:
        print("未知錯誤")
```

執行結果

```
請輸入系統回應 ： 200
請求成功
```

```
請輸入系統回應 ： 403
客戶端錯誤
```

```
請輸入系統回應 ： 100
未知錯誤
```

使用 match-case 時需知道：

- Python 中的 match-case 語法從 Python 3.10 起才支援，若使用舊版 Python，請改用 if-elif-else 或其他方法。
- match-case 非常強大，但需注意模式（pattern）必須與資料結構相容，否則可能匹配失敗。

下列是 match-case 與 if-elif-else 的比較：

特點	match-case	if-elif-else
語法結構	結構化清楚	相對直覺但較冗長
可讀性	更佳，結構明確	較低，冗長時易混淆
複雜條件處理	較適合資料結構解構、型態匹配	適合簡單數值或邏輯判斷
Python 版本	限 Python 3.10+	所有版本

Python 的 match-case 敘述提供了優雅的語法與更豐富的功能性，尤其在資料匹配與結構化資料的處理上具備極佳的彈性。學會善用此語法，將有效提升程式碼的可讀性與維護性，這也展現出 Python 語言不斷精進、與時俱進的設計哲學。

5-8 專題 - BMI/ 猜數字 / 生肖 / 方程式 / 聯立方程式 / 火箭升空 / 閏年

5-8-1 設計人體體重健康判斷程式

程式實例 ch5_12.py： 人體健康體重指數判斷程式，這個程式會要求輸入身高與體重，然後計算 BMI 指數，同時列印 BMI，由這個 BMI 指數判斷體重是否正常。

```
# ch5_12.py
height = eval(input("請輸入身高(公分)："))
weight = eval(input("請輸入體重(公斤)："))
bmi = weight / (height / 100) ** 2
if bmi >= 18.5 and bmi < 24:
    print(f"{bmi = :5.2f}體重正常")

else:
    print(f"{bmi = :5.2f}體重不正常")
```

執行結果

```
==================== RESTART: D:/Python/ch5/ch5_12.py ====================
請輸入身高(公分)：170
請輸入體重(公斤)：60
bmi = 20.76體重正常
>>>
==================== RESTART: D:/Python/ch5/ch5_12.py ====================
請輸入身高(公分)：170
請輸入體重(公斤)：70
bmi = 24.22體重不正常
```

上述專題程式可以擴充為輸入身高體重，程式可以列出中國官方公佈的各 BMI 分類敘述，這將是各位的習題 ex5_9.py。

5-8-2 猜出 0 ~ 7 之間的數字

程式實例 ch5_13.py： 讀者心中先預想一個 0 ~ 7 之間的數字，這個專題會問讀者 3 個問題，請讀者真心回答，然後這個程式會回應讀者心中的數字。

第 5 章　程式的流程控制使用 if 敘述

```
1   # ch5_13.py
2   ans = 0                                # 讀者心中的數字
3   print("猜數字遊戲,請心中想一個 0 – 7之間的數字，然後回答問題")
4
5   truefalse = "輸入y或Y代表有，其它代表無 : "
6   # 檢測2進位的第1位是否含1
7   q1 = "有沒有看到心中的數字 : \n" + \
8         "1, 3, 5, 7 \n"
9   num = input(q1 + truefalse)
10  print(num)
11  if num == "y" or num == "Y":
12      ans += 1
13  # 檢測2進位的第2位是否含1
14  truefalse = "輸入y或Y代表有，其它代表無 : "
15  q2 = "有沒有看到心中的數字 : \n" + \
16        "2, 3, 6, 7 \n"
17  num = input(q2 + truefalse)
18  if num == "y" or num == "Y":
19      ans += 2
20  # 檢測2進位的第3位是否含1
21  truefalse = "輸入y或Y代表有，其它代表無 : "
22  q3 = "有沒有看到心中的數字 : \n" + \
23        "4, 5, 6, 7 \n"
24  num = input(q3 + truefalse)
25  if num == "y" or num == "Y":
26      ans += 4
27
28  print("讀者心中所想的數字是 : ", ans)
```

執行結果

```
================== RESTART: D:/Python/ch5/ch5_13.py ==================
猜數字遊戲,請心中想一個 0 – 7之間的數字，然後回答問題
有沒有看到心中的數字 :
1, 3, 5, 7
輸入y或Y代表有，其它代表無 : n
n
有沒有看到心中的數字 :
2, 3, 6, 7
輸入y或Y代表有，其它代表無 : y
有沒有看到心中的數字 :
4, 5, 6, 7
輸入y或Y代表有，其它代表無 : y
讀者心中所想的數字是 :  6
```

　　0 – 7 之間的數字基本上可用 3 個 2 進位表示，000 – 111 之間。其實所問的 3 個問題，基本上只是了解特定位元是否為 1。

第3組數據	這是10進位	第2組數據	這是10進位	第1組數據	這是10進位
100	4	010	2	001	1
101	5	011	3	011	3
110	6	110	6	101	5
111	7	111	7	111	7

檢查第3個位元是否含1　　檢查第2個位元是否含1　　檢查第1個位元是否含1

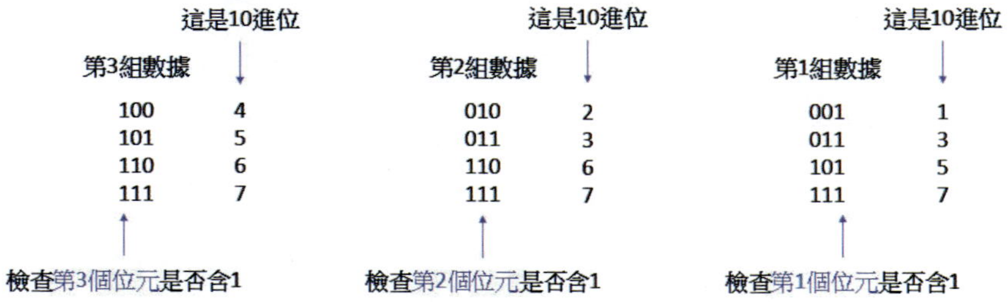

了解了以上觀念，我們可以再進一步擴充上述實例猜測一個人的出生日期，這將是讀者的習題。

5-8-3 12 生肖系統

在中國除了使用西元年份代號，也使用鼠、牛、虎、兔、龍、蛇、馬、羊、猴、雞、狗、豬，當作十二生肖，每 12 年是一個週期，1900 年是鼠年。

程式實例 ch5_14.py：請輸入你出生的西元年 19xx 或 20xx，本程式會輸出相對應的生肖年。

```
# ch5_14.py
year = eval(input("請輸入西元出生年 : "))
year -= 1900
zodiac = year % 12
if zodiac == 0:
    print("你是生肖是 : 鼠")
elif zodiac == 1:
    print("你是生肖是 : 牛")
elif zodiac == 2:
    print("你是生肖是 : 虎")
elif zodiac == 3:
    print("你是生肖是 : 兔")
elif zodiac == 4:
    print("你是生肖是 : 龍")
elif zodiac == 5:
    print("你是生肖是 : 蛇")
elif zodiac == 6:
    print("你是生肖是 : 馬")
elif zodiac == 7:
    print("你是生肖是 : 羊")
elif zodiac == 8:
    print("你是生肖是 : 猴")
elif zodiac == 9:
    print("你是生肖是 : 雞")
elif zodiac == 10:
    print("你是生肖是 : 狗")
else:
    print("你是生肖是 : 豬")
```

執行結果

```
====================== RESTART: D:/Python/ch5/ch5_14.py ======================
請輸入西元出生年 : 1961
你是生肖是 : 牛
>>>
====================== RESTART: D:/Python/ch5/ch5_14.py ======================
請輸入西元出生年 : 1975
你是生肖是 : 兔
```

註 以上是用西元日曆，十二生肖年是用農曆年，所以年初或年尾會有一些差異。

5-8-4 求一元二次方程式的根

在國中數學中，我們可以看到下列一元二次方程式：

$ax^2 + bx + c = 0$

上述可以用下列方式獲得根。

$$r1 = \frac{-b+\sqrt{b^2-4ac}}{2a} \qquad r2 = \frac{-b-\sqrt{b^2-4ac}}{2a}$$

上述方程式有 3 種狀況，如果上述 $b^2 - 4ac$ 是正值，那麼這個一元二次方程式有 2 個實數根。如果上述 $b^2 - 4ac$ 是 0，那麼這個一元二次方程式有 1 個實數根。如果上述 $b^2 - 4ac$ 是負值，那麼這個一元二次方程式沒有實數根。

實數根的幾何意義是與 x 軸交叉點的座標。

程式實例 ch5_15.py：有一個一元二次方程式如下：

$3x^2 + 5x + 1 = 0$

求這個方程式的根。

```
# ch5_15.py
a = 3
b = 5
c = 1

r1 = (-b + (b**2-4*a*c)**0.5)/(2*a)
r2 = (-b - (b**2-4*a*c)**0.5)/(2*a)
print(f"{r1 = :6.4f},     {r2 = :6.4f}")
```

執行結果

```
====================== RESTART: D:/Python/ch5/ch5_15.py ======================
r1 = -0.2324,     r2 = -1.4343
```

5-8-5 求解聯立線性方程式

假設有一個聯立線性方程式如下：

$ax + by = e$

$cx + dy = f$

可以用下列方式獲得 x 和 y 值。

$$x = \frac{e*d-b*f}{a*d-b*c} \qquad y = \frac{a*f-e*c}{a*d-b*c}$$

在上述公式中，如果 "a*d – b*c" 等於 0，則此聯立線性方程式無解。

程式實例 ch5_16.py：計算下列聯立線性方程式的值。

$$2x + 3y = 13$$

$$x - 2y = -4$$

```python
# ch5_16.py
a = 2
b = 3
c = 1
d = -2
e = 13
f = -4

x = (e*d - b*f) / (a*d - b*c)
y = (a*f - e*c) / (a*d - b*c)
print(f"{x = :6.4f},    {y = :6.4f}")
```

執行結果

```
======================= RESTART: D:/Python/ch5/ch5_16.py =======================
x = 2.0000,    y = 3.0000
```

5-8-6 火箭升空

地球的天空有許多人造衛星，這些人造衛星是由火箭發射，由於地球有地心引力、太陽也有引力，火箭發射要可以到達人造衛星繞行地球、脫離地球進入太空，甚至脫離太陽系必須要達到宇宙速度方可脫離，所謂的宇宙速度觀念如下：

- 第一宇宙速度

所謂的第一宇宙速度可以稱環繞地球速度，這個速度是 7.9km/s，當火箭到達這個速度後，人造衛星即可環繞著地球做圓形移動。當火箭速度超過 7.9km/s 時，但是小於 11.2km/s，人造衛星可以環繞著地球做橢圓形移動。

- 第二宇宙速度

所謂的第二宇宙速度可以稱脫離速度，這個速度是 11.2km/s，當火箭到達這個速度尚未超過 16.7km/s 時，人造衛星可以環繞太陽，成為一顆類似地球的人造行星。

- 第三宇宙速度

所謂的第三宇宙速度可以稱脫逃速度，這個速度是 16.7km/s，當火箭到達這個速度後，就可以脫離太陽引力到太陽系的外太空。

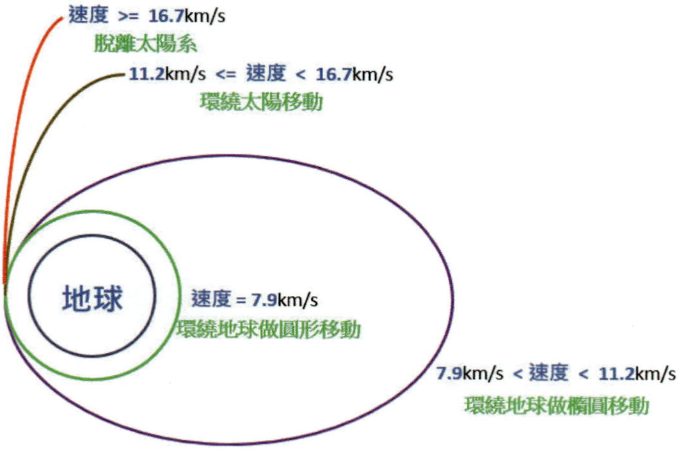

程式實例 ch5_17.py：請輸入火箭速度 (km/s)，這個程式會輸出人造衛星飛行狀態。

```
# ch5_17.py
v = eval(input("請輸入火箭速度 : "))
if (v < 7.9):
    print("人造衛星無法進入太空")
elif (v == 7.9):
    print("人造衛星可以環繞地球作圓形移動")
elif (v > 7.9 and v < 11.2):
    print("人造衛星可以環繞地球作橢圓形移動")
elif (v >= 11.2 and v < 16.7):
    print("人造衛星可以環繞太陽移動")
else:
    print("人造衛星可以脫離太陽系")
```

執行結果

```
====================== RESTART: D:/Python/ch5/ch5_17.py ======================
請輸入火箭速度 : 7.5
人造衛星無法進入太空
>>>
====================== RESTART: D:/Python/ch5/ch5_17.py ======================
請輸入火箭速度 : 7.9
人造衛星可以環繞地球作圓形移動
>>>
====================== RESTART: D:/Python/ch5/ch5_17.py ======================
請輸入火箭速度 : 9.9
人造衛星可以環繞地球作橢圓形移動
>>>
====================== RESTART: D:/Python/ch5/ch5_17.py ======================
請輸入火箭速度 : 11.8
人造衛星可以環繞太陽移動
>>>
====================== RESTART: D:/Python/ch5/ch5_17.py ======================
請輸入火箭速度 : 16.7
人造衛星可以脫離太陽系
```

5-8-7 計算潤年程式

有時候在設計程式時會在 if 敘述內有其他 if 敘述，我們可以稱之為巢狀 if 敘述，下列將直接用實例解說。

程式實例 ch5_18.py：測試某一年是否潤年，潤年的條件是首先可以被 4 整除 (相當於沒有餘數)，這個條件成立時，還必須符合，它除以 100 時餘數不為 0 或是除以 400 時餘數為 0，當 2 個條件皆符合才算潤年。

```
# ch5_18.py
print("判斷輸入年份是否潤年")
year = input("請輸入年分: ")
rem4 = int(year) % 4
rem100 = int(year) % 100
rem400 = int(year) % 400
if rem4 == 0:
    if rem100 != 0 or rem400 == 0:
        print(f"{year} 是潤年")

    else:
        print(f"{year} 不是潤年")
else:
    print(f"{year} 不是潤年")
```

執行結果

```
==================== RESTART: D:/Python/ch5/ch5_18.py ====================
判斷輸入年份是否潤年
請輸入年分: 2018
2018 不是潤年
>>>
==================== RESTART: D:/Python/ch5/ch5_18.py ====================
判斷輸入年份是否潤年
請輸入年分: 2020
2020 是潤年
```

其實 Python 允許加上許多層，不過層次一多時，未來程式維護會變得比較困難，所以未來在實務上必須考量。

5-8-8 if 敘述潛在應用

這一章說明了 if 敘述的應用，受限於篇幅，無法完整的解釋所有的應用，其實還可以將此章內容應用在下列領域：

❑ 折扣資格檢查

商店可能會提供特定的折扣給學生、老年人或軍人。if 指令可以用來檢查是否滿足這些條件。

```
is_student = True            # 這是使用者輸入
if is_student:
        print("你有資格獲得學生折扣。")
```

❑ 溫度警告系統

一個智慧家庭系統可能會使用 if 指令來檢查溫度是否超出了安全範圍，並發出警告。

```
temperature = 90          # 從溫度感測器獲取安全溫度
if temperature > 85:
        print("溫度過高，請小心！")
```

❑ 庫存檢查

一個零售系統可能會使用 if 指令來檢查產品的庫存是否低於一個特定的閾值，並提醒重新訂購。

```
inventory = 5             # 從資料庫獲取或是設定安全庫存量
if inventory < 10:
        print("庫存不足，請重新訂購。")
```

❑ 密碼強度檢查

系統可以使用 if 指令來檢查使用者選擇的密碼是否符合強度要求，例如是否包含大寫字母、小寫字母和數字。註：isalnum( ) 是檢查字元是不是由數字和英文字母組成，如果是回傳 True，否則回傳 False。

```
password = "P@ssw0rd"    # 使用者設定密碼
if len(password) >= 8 and password.isalnum():
        print("密碼強度良好。")
else:
        print("密碼太弱。")
```

❑ 登入驗證

在很多應用中，if 指令用來檢查使用者的登入資訊是否正確，並根據檢查結果提供相應的回應。

```
username = 'user123'        # 設定帳號
password = 'password'    # 設定密碼
if username == 'user123' and password == 'password':
        print("登入成功！")
else:
        print("用戶名或密碼錯誤，請重試。")
```

第 6 章

串列 (List)

串列 (list) 是 Python 一種可以更改內容的資料型態，它是由一系列元素所組成的序列。如果現在我們要設計班上同學的成績表，班上有 50 位同學，可能需要設計 50 個變數，這是一件麻煩的事。如果學校單位要設計所有學生的資料庫，學生人數有 1000 人，需要 1000 個變數，這似乎是不可能的事。Python 的串列資料型態，可以只用一個變數，解決這方面的問題，要存取時可以用串列名稱加上索引值即可，這也是本章的主題。

相信閱讀至此章節，讀者已經對 Python 有一些基礎知識了，這章筆者也將講解簡單的物件導向 (Object Oriented) 觀念，同時教導讀者學習利用 Python 所提供的內建資源，未來將一步一步帶領讀者邁向高手之路。

6-1 認識串列 (list)

其實在其它程式語言，相類似的功能是稱陣列 (array)，例如：C 語言。不過，Python 的串列功能除了可以儲存相同資料型態，例如：整數、浮點數、字串，我們將每一筆資料稱元素。一個串列也可以儲存不同資料型態，例如：串列內同時含有整數、浮點數和字串。甚至一個串列也可以有其它串列、元組 (tuple，第 8 章內容) 或是字典 (dict，第 9 章內容) … 等當作是它的元素，因此，Python 可以工作的能力，將比其它程式語言強大。

串列可以有不同元素, 可以用索引取得串列元素內容

6-1-1 串列基本定義

定義串列的語法格式如下：

```
x = [ 元素 1, … , 元素 n,]          # x 是假設的串列名稱
```

基本上串列的每一筆資料稱元素，這些元素放在中括號 [ ] 內，彼此用逗號 "," 隔開，上述最後一個元素，元素 n 右邊的 "," 可有可無，這是 Python 設計編譯程式人員的貼心設計，因為當元素內容資料量夠長時，我們可能會一列放置一個元素，如下所示：

```
sc = [['洪錦魁', 80, 95, 88, 0],
      ['洪冰儒', 98, 97, 96, 0],  ← 可有可無
     ]
```

有的設計師設計對於比較長的元素，習慣是一列放置一個元素，同時習慣元素末端加上 "," 符號，處理最後一個元素 n 時，也習慣加上此逗號，這個觀念可以應用在 Python 的其它類似的資料結構，例如：元組 (第 8 章)、字典 (第 9 章)、集合 (第 10 章)。

如果要列印串列內容，可以用 print( ) 函數，將串列名稱當作變數名稱即可。

實例 1：NBA 球員 James 前 5 場比賽得分，分別是 23、19、22、31、18，可以用下列方式定義串列。

```
james = [23, 19, 22, 31, 18]
```

實例 2：為所銷售的水果，apple、banana、orange 建立串列元素，可以用下列方式定義串列。註：在定義串列時，元素內容也可以使用中文。

```
fruits = ['apple', 'banana', 'orange']
```

或是

```
fruits = ['蘋果', '香蕉', '橘子']
```

實例 3：串列內可以有不同的資料型態，例如：修改實例 1 的 james 串列，最開始的位置，增加 1 筆元素，放他的全名。

```
James = ['Lebron James', 23, 19, 22, 31, 18]
```

程式實例 ch6_1.py：定義串列同時列印，最後使用 type( ) 列出串列資料型態。

```
# ch6_1.py
james = [23, 19, 22, 31, 18]                    # 定義james串列
print("列印james串列", james)
James = ['Lebron James',23, 19, 22, 31, 18]     # 定義James串列
print("列印James串列", James)
fruits = ['apple', 'banana', 'orange']          # 定義fruits串列
print("列印fruits串列", fruits)
cfruits = ['蘋果', '香蕉', '橘子']              # 定義cfruits串列
print("列印cfruits串列", cfruits)
ielts = [5.5, 6.0, 6.5]                         # 定義IELTS成績串列
print("列印IELTS成績", ielts)
# 列出串列資料型態
print("串列james資料型態是: ",type(james))
```

執行結果

```
===================== RESTART: D:\Python\ch6\ch6_1.py =====================
列印james串列 [23, 19, 22, 31, 18]
列印James串列 ['Lebron James', 23, 19, 22, 31, 18]
列印fruits串列 ['apple', 'banana', 'orange']
列印cfruits串列 ['蘋果', '香蕉', '橘子']
列印IELTS成績 [5.5, 6.0, 6.5]
串列james資料型態是:  <class 'list'>
```

6-1-2　讀取串列元素

我們可以用串列名稱與索引讀取串列元素的內容，在 Python 中元素是從索引值 0 開始配置。所以如果是串列的第一筆元素，索引值是 0，第二筆元素索引值是 1，其它依此類推，如下所示：

```
x[i]                          # 讀取索引 i 的串列元素
```

程式實例 ch6_2.py：讀取串列元素的應用。

```
1 # ch6_2.py
2 james = [23, 19, 22, 31, 18]                    # 定義james串列
3 print("列印james第1場得分", james[0])
4 print("列印james第2場得分", james[1])
5 print("列印james第3場得分", james[2])
6 print("列印james第4場得分", james[3])
7 print("列印james第5場得分", james[4])
```

執行結果

```
======================== RESTART: D:\Python\ch6\ch6_2.py ========================
列印james第1場得分 23
列印james第2場得分 19
列印james第3場得分 22
列印james第4場得分 31
列印james第5場得分 18
```

上述程式經過第 2 列的定義後，串列索引值的觀念如下：

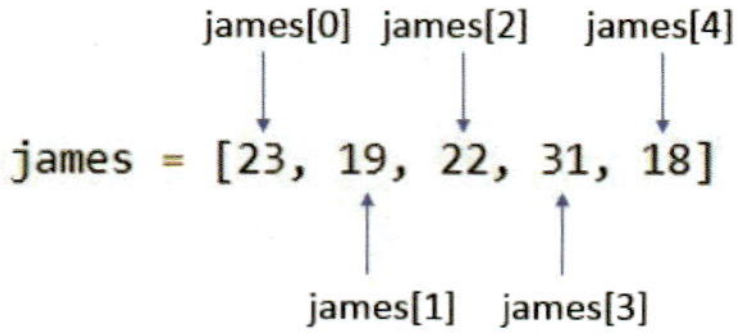

所以程式第 3 列至第 7 列，可以得到上述執行結果。其實我們也可以將 2-8 節等號多重指定觀念應用在串列。

程式實例 ch6_3.py：一個傳統處理串列元素內容方式，與 Python 多重指定觀念的應用。

```
# ch6_3.py
james = [23, 19, 22, 31, 18]                    # 定義james串列
# 傳統設計方式

game1 = james[0]
game2 = james[1]
game3 = james[2]
game4 = james[3]
game5 = james[4]
print("列印james各場次得分", game1, game2, game3, game4, game5)
# Python高手好的設計方式
game1, game2, game3, game4, game5 = james
print("列印james各場次得分", game1, game2, game3, game4, game5)
```

執行結果

```
======================== RESTART: D:\Python\ch6\ch6_3.py ========================
列印james各場次得分 23 19 22 31 18
列印james各場次得分 23 19 22 31 18
```

上述程式第 11 列讓整個 Python 設計簡潔許多，這是 Python 高手常用的程式設計方式，這個方式又稱串列解包，在上述設計中第 11 列的多重指定變數的數量需與串列元素的個數相同，否則會有錯誤產生。其實懂得用這種方式設計，才算是真正了解 Python 語言的基本精神。

Python 風格

在處理索引時，上述程式第 4 列是好語法。

```
james[0]                    # 變數名與左中括號間沒有空格，好語法
```

下列是不好的語法。

```
james [0]                   # 變數名與左中括號間有空格，不好語法
```

6-1-3 串列切片 (list slices)

在設計程式時，常會需要取得串列前幾個元素、後幾個元素、某區間元素或是依照一定規則排序的元素，所取得的系列元素稱子串列，這個觀念稱串列切片 (list slices)，用串列切片取得元素內容的公式觀念如下。

[start : end : step]

上述 start、end 是索引值，此索引值可以是正值或是負值，下列是正值或是負值的索引說明圖。其中索引 0 代表串列第 1 個元素，索引 -1 是代表串列最後一個元素。

正值索引	0	1	2	3	4	5	6	7	8	9
陣列內容	0	1	2	3	4	5	6	7	8	9
負值索引	-10	-9	-8	-7	-6	-5	-4	-3	-2	-1

切片的參數意義如下：

- start：起始索引，如果省略表示從 0 開始的所有元素。
- end：終止索引，如果省略表示到末端的所有元素，如果有索引則是不含此索引的元素。
- step：用 step 作為每隔多少區間再讀取。

在上述觀念下，假設串列名稱是 x，相關的應用解說如下：

```
x[start:end]          # 讀取從索引 start 到 end-1 索引的串列元素
x [:end]              # 取得串列最前面到 end-1 名
x [:-n]               # 取得串列前面，不含最後 n 名
x [start:]            # 取得串列索引 start 到最後
x [-n:]               # 取得串列後 n 名
x [:]                 # 取得所有元素，可以參考下列程式實例第 11 列
x[::-1]               # 反向排序串列元素
```

下列是讀取區間，但是用 step 作為每隔多少區間再讀取。

```
x [start:end:step]  # 每隔 step，讀取從索引 start 到 (end-1) 索引的串列
```

程式實例 ch6_4.py：串列切片的應用。

```
1  # ch6_4.py
2  x = [0, 1, 2, 3, 4, 5, 6, 7, 8, 9]
3  print(f"串列元素如下 : {x} ")
4  print(f"x[2:]        = {x[2:]}")
5  print(f"x[:2]        = {x[:2]}")
6  print(f"x[0:3]       = {x[0:3]}")
7  print(f"x[1:4]       = {x[1:4]}")
8  print(f"x[0:9:2]     = {x[0:9:2]}")
9  print(f"x[::2]       = {x[::2]}")
10 print(f"x[2::3]      = {x[2::3]}")
11 print(f"x[:]         = {x[:]}")
12 print(f"x[::-1]      = {x[::-1]}")
13 print(f"x[-3:-7:-1] = {x[-3:-7:-1]}")
14 print(f"x[-1]        = {x[-1]}")       # 這是取單一元素
```

執行結果

```
======================== RESTART: D:\Python\ch6\ch6_4.py ========================
串列元素如下 : [0, 1, 2, 3, 4, 5, 6, 7, 8, 9]
x[2:]        = [2, 3, 4, 5, 6, 7, 8, 9]
x[:2]        = [0, 1]
x[0:3]       = [0, 1, 2]
x[1:4]       = [1, 2, 3]
x[0:9:2]     = [0, 2, 4, 6, 8]
x[::2]       = [0, 2, 4, 6, 8]
x[2::3]      = [2, 5, 8]
x[:]         = [0, 1, 2, 3, 4, 5, 6, 7, 8, 9]
x[::-1]      = [9, 8, 7, 6, 5, 4, 3, 2, 1, 0]
x[-3:-7:-1] = [7, 6, 5, 4]
x[-1]        = 9
```

上述實例為了方便解說，所以串列元素使用 0 ~ 9，實務應用元素可以是任意內容。此外。程式第 14 列是讓讀者了解負索引的意義，回傳是單一元素。

程式實例 ch6_5.py：列出球隊前 3 名隊員、從索引 1 到最後隊員與後 3 名隊員子串列。

```
# ch6_5.py
warriors = ['Curry','Durant','Iquodala','Bell','Thompson']
first3 = warriors[:3]
print("前3名球員",first3)
```

```
n_to_last = warriors[1:]
print("球員索引1到最後",n_to_last)
last3 = warriors[-3:]
print("後3名球員",last3)
```

執行結果

```
======================= RESTART: D:\Python\ch6\ch6_5.py =======================
前3名球員 ['Curry', 'Durant', 'Iquodala']
球員索引1到最後 ['Durant', 'Iquodala', 'Bell', 'Thompson']
後3名球員 ['Iquodala', 'Bell', 'Thompson']
```

6-1-4 串列統計資料函數

Python 有內建一些執行統計運算的函數，如果串列內容全部是數值則可以使用這個函數：

max( ) 函數：獲得串列的最大值。

min( ) 函數：可以獲得串列的最小值。

sum( ) 函數：可以獲得串列的總和。

len( ) 函數：回傳串列元素個數。

如果串列內容全部是字元或字串則可以使用 max( ) 函數獲得串列的 unicode 碼值的最大值，min( ) 函數可以獲得串列的 unicode 碼值最小值。sum( ) 則不可使用在串列元素為非數值情況。

程式實例 ch6_6.py：計算 james 球員本季至今比賽場次，這些場次的最高得分、最低得分和得分總計。

```
# ch6_6.py
james = [23, 19, 22, 31, 18]          # 定義james的得分
print(f"James比賽場次 = {len(james)}")
print(f"最高得分 = {max(james)}")
print(f"最低得分 = {min(james)}")
print(f"得分總計 = {sum(james)}")
```

執行結果

```
======================= RESTART: D:\Python\ch6\ch6_6.py =======================
James比賽場次 = 5
最高得分 = 31
最低得分 = 18
得分總計 = 113
```

上述我們很快的獲得了統計資訊，各位可能會想，如果我們在串列內含有字串，這個串列索引 0 元素是字串，如果這時仍然直接用 max(James) 會有錯誤的。

```
>>> James = ['Lebron James', 23, 19, 22, 31, 18]
>>> x = max(James)
Traceback (most recent call last):
  File "<pyshell#83>", line 1, in <module>
    x = max(James)
TypeError: '>' not supported between instances of 'int' and 'str'
>>>
```

碰上這類的字串我們可以使用切片方式處理，如下所示。

程式實例 ch6_7.py：重新設計 ch6_6.py，但是使用含字串元素的 James 串列。

```
# ch6_7.py
James = ['Lebron James', 23, 19, 22, 31, 18]     # 比賽得分
print(f"James比賽場次 = {len(James[1:])}")
print(f"最高得分 = {max(James[1:])}")
print(f"最低得分 = {min(James[1:])}")
print(f"得分總計 = {sum(James[1:])}")
```

執行結果

```
======================= RESTART: D:\Python\ch6\ch6_7.py ======================
James比賽場次 = 5
最高得分 = 31
最低得分 = 18
得分總計 = 113
```

6-1-5　更改串列元素的內容

可以使用串列名稱和索引值更改串列元素的內容，這個觀念可以用在更改整數資料也可以修改字串資料。

程式實例 ch6_8.py：一家汽車經銷商原本可以銷售 Toyota、Nissan、Honda，現在 Nissan 銷售權被回收，改成銷售 Ford，可用下列方式設計銷售品牌。

```
# ch6_8.py
cars = ['Toyota', 'Nissan', 'Honda']
print("舊汽車銷售品牌", cars)
cars[1] = 'Ford'                 # 更改第二筆元素內容
print("新汽車銷售品牌", cars)
```

執行結果

```
======================= RESTART: D:\Python\ch6\ch6_8.py ======================
舊汽車銷售品牌 ['Toyota', 'Nissan', 'Honda']
新汽車銷售品牌 ['Toyota', 'Ford', 'Honda']
```

6-1-6　串列的相加

Python 是允許 "+" 和 "+=" 執行串列相加，相當於將串列元素結合，如果有相同的元素內容，則元素會重複出現。

程式實例 ch6_9.py：一家汽車經銷商原本可以銷售 Toyota、Nissan、Honda，現在併購一家銷售 Audi、BMW 的經銷商，可用下列方式設計銷售品牌。

```
# ch6_9.py
cars1 = ['Toyota', 'Nissan', 'Honda']
print("舊汽車銷售品牌", cars1)
cars2 = ['Audi', 'BMW']
cars1 += cars2
print("新汽車銷售品牌", cars1)
```

執行結果

```
======================= RESTART: D:\Python\ch6\ch6_9.py ======================
舊汽車銷售品牌 ['Toyota', 'Nissan', 'Honda']
新汽車銷售品牌 ['Toyota', 'Nissan', 'Honda', 'Audi', 'BMW']
```

程式實例 ch6_10.py：整數串列相加，結果元素重複出現實例。

```
# ch6_10.py
num1 = [1, 3, 5]
num2 = [1, 2, 4, 6]
num3 = num1 + num2
print(num3)
```

執行結果

```
====================== RESTART: D:\Python\ch6\ch6_10.py ======================
[1, 3, 5, 1, 1, 2, 4, 6]
```

註 如果要做串列元素相加，可以用索引取得元素值，再執行相加。

6-1-7 串列乘以一個數字

如果將串列乘以一個數字，這個數字相當於是串列元素重複次數。

程式實例 ch6_11.py：將串列乘以數字的應用。

```
1  # ch6_11.py
2  cars = ['Benz', 'BMW', 'Honda']
3  nums = [1, 3, 5]
4  carslist = cars * 3              # 串列乘以數字
5  print(carslist)
6  numslist = nums * 5              # 串列乘以數字
7  print(numslist)
```

執行結果

```
====================== RESTART: D:\Python\ch6\ch6_11.py ======================
['Benz', 'BMW', 'Honda', 'Benz', 'BMW', 'Honda', 'Benz', 'BMW', 'Honda']
[1, 3, 5, 1, 3, 5, 1, 3, 5, 1, 3, 5, 1, 3, 5]
```

註 Python 的串列不支援串列加上數字，例如：第 6 列改成下列：

```
numslist = nums + 5                    # 串列加上數字將造成錯誤
```

6-1-8 刪除串列元素

可以使用下列方式刪除指定索引的串列元素：

```
del x[i]                    # 刪除索引 i 的元素
```

下列是刪除串列區間元素。

```
del x[start:end]            # 刪除從索引 start 到 (end-1) 索引的元素
```

下列是刪除區間，但是用 step 作為每隔多少區間再刪除。

```
del x[start:end:step]       # 每隔 step 刪除索引 start 到 (end-1) 索引的元素
```

程式實例 ch6_12.py：如果 NBA 勇士隊主將陣容有 5 名，其中一名隊員 Bell 離隊了，可用下列方式設計。

```
# ch6_12.py
warriors = ['Curry','Durant','Iquodala','Bell','Thompson']
print("2025年初NBA勇士隊主將陣容", warriors)
del warriors[3]                    # 不明原因離隊
print("2025年末NBA勇士隊主將陣容", warriors)
```

執行結果

```
====================== RESTART: D:\Python\ch6\ch6_12.py ======================
2025年初NBA勇士隊主將陣容 ['Curry', 'Durant', 'Iquodala', 'Bell', 'Thompson']
2025年末NBA勇士隊主將陣容 ['Curry', 'Durant', 'Iquodala', 'Thompson']
```

程式實例 ch6_13.py：刪除串列元素的應用。

```
# ch6_13.py
nums1 = [1, 3, 5]
print(f"刪除nums1串列索引1元素前     = {nums1}")
del nums1[1]
print(f"刪除nums1串列索引1元素後     = {nums1}")
nums2 = [1, 2, 3, 4, 5, 6]
print(f"刪除nums2串列索引[0:2]前     = {nums2}")
del nums2[0:2]
print(f"刪除nums2串列索引[0:2]後     = {nums2}")
nums3 = [1, 2, 3, 4, 5, 6]
print(f"刪除nums3串列索引[0:6:2]前 = {nums3}")
del nums3[0:6:2]
print(f"刪除nums3串列索引[0:6:2]後 = {nums3}")
```

執行結果

```
====================== RESTART: D:\Python\ch6\ch6_13.py ======================
刪除nums1串列索引1元素前     = [1, 3, 5]
刪除nums1串列索引1元素後     = [1, 5]
刪除nums2串列索引[0:2]前     = [1, 2, 3, 4, 5, 6]
刪除nums2串列索引[0:2]後     = [3, 4, 5, 6]
刪除nums3串列索引[0:6:2]前 = [1, 2, 3, 4, 5, 6]
刪除nums3串列索引[0:6:2]後 = [2, 4, 6]
```

以這種方式刪除串列元素最大的缺點是，元素刪除後我們無法得知刪除的是什麼內容。有時我們設計網站時，可能想將某個人從 VIP 客戶降為一般客戶，採用上述方式刪除元素時，我們就無法再度取得所刪除的元素資料，未來在 6-4-3 節會介紹另一種方式刪除資料，刪除後我們還可善加利用所刪除的資料。又或者你設計一個遊戲，敵人是放在串列內，採用上述方式刪除所殺死的敵人時，我們就無法再度取得所刪除的敵人元素資料，如果我們可以取得的話，可以在殺死敵人座標位置也許放置慶祝動畫 … 等。

6-1-9　串列為空串列的判斷

如果想建立一個串列，可是暫時不放置元素，可使用下列方式宣告。

```
x = [ ]                          # 這是空的串列
```

程式實例 ch6_14.py：刪除串列元素的應用，這個程式基本上會用 len( ) 函數判斷串列內是否有元素資料，如果有則刪除索引為 0 的元素，如果沒有則列出串列內沒有元素了。讀者可以比較第 4 和 12 列的 if 敘述寫法，第 12 列是比較符合 PEP 8 風格。

```
1  # ch6_14.py
2  cars = ['Toyota', 'Nissan', 'Honda']
3  print(f"cars串列長度是 = {len(cars)}")
4  if len(cars) != 0:                # 一般寫法
5      del cars[0]
6      print("刪除cars串列元素成功")
7      print(f"cars串列長度是 = {len(cars)}")
8  else:
9      print("cars串列內沒有元素資料")
10 nums = []
11 print(f"nums串列長度是 = {len(nums)}")
12 if len(nums):                     # 更好的寫法
13     del nums[0]
14     print("刪除nums串列元素成功")
15 else:
16     print("nums串列內沒有元素資料")
```

執行結果

```
====================== RESTART: D:\Python\ch6\ch6_14.py ======================
cars串列長度是 = 3
刪除cars串列元素成功
cars串列長度是 = 2
nums串列長度是 = 0
nums串列內沒有元素資料
```

6-1-10 刪除串列

Python 也允許我們刪除整個串列，串列一經刪除後就無法復原，同時也無法做任何操作了，下列是刪除串列的方式：

```
del x                          # 刪除串列 x
```

實例 1：建立串列、列印串列、刪除串列，然後嘗試再度列印串列結果出現錯誤訊息，因為串列經刪除後已經不存在了。

```
>>> x = [1,2,3]
>>> print(x)
[1, 2, 3]
>>> del x
>>> print(x)
Traceback (most recent call last):
  File "<pyshell#25>", line 1, in <module>
    print(x)
NameError: name 'x' is not defined
>>>
```

6-1-11 補充多重指定與串列

在多重指定中，如果等號左邊的變數較少，可以用 "* 變數 " 方式，將多餘的右邊內容用串列方式打包給含 "*" 的變數。

實例 1：將多的內容打包給 c。

```
>>> a, b, *c = 1, 2, 3, 4, 5
>>> print(a, b, c)
1 2 [3, 4, 5]
```

變數內容打包時，不一定要在最右邊，可以在任意位置。

實例 2：將多的內容打包給 b。

```
>>> a, *b, c = 1, 2, 3, 4, 5
>>> print(a, b, c)
1 [2, 3, 4] 5
```

6-2 Python 物件導向觀念與方法

在物件導向的程式設計 (Object Oriented Programming) 觀念裡，所有資料皆算是一個物件 (Object)，例如，整數、浮點數、字串或是本章所提的串列皆是一個物件。我們可以為所建立的物件設計一些方法 (method)，供這些物件使用，在這裡所提的方法表面是函數，但是這函數是放在類別 (第 12 章會介紹類別) 內，我們稱之為方法，它與函數呼叫方式不同。目前 Python 有為一些基本物件，提供預設的方法，要使用這些方法可以在物件後先放小數點，再放方法名稱，基本語法格式如下：

物件 . 方法 ( )

❑ 串列內容是字串的常用方法

- lower( )：將字串轉成小寫字。(6-3-1 節)
- upper( )：將字串轉成大寫字。(6-3-1 節)
- title( )：將字串轉成第一個字母大寫，其它是小寫。(6-3-1 節)
- swapcase( )：將字串所有大寫改小寫，所有小寫改大寫。(6-3-1 節)
- rstrip( )：刪除字串尾端多餘的空白。(6-3-2 節)
- lstrip( )：刪除字串開始端多餘的空白。(6-3-2 節)
- strip( )：刪除字串頭尾兩邊多餘的空白。(6-3-2 節)
- center( )：字串在指定寬度置中對齊。(6-3-3 節)
- rjust( ) ：字串在指定寬度靠右對齊。(6-3-3 節)
- ljust( )：字串在指定寬度靠左對齊。(6-3-3 節)
- zfill( )：可以設定字串長度，原字串靠右對齊，左邊多餘空間補 0。(6-3-3 節)

❑ 增加與刪除串列元素方法

- append( )：在串列末端直接增加元素。(6-4-1 節)
- insert( )：在串列任意位置插入元素。(6-4-2 節)
- pop( )：刪除串列末端或是指定的元素。(6-4-3 節)
- remove( )：刪除串列指定的元素。(6-4-4 節)

❑ 串列的排序

- reverse( )：顛倒排序串列元素。(6-5-1 節)
- sort( )：將串列元素排序。(6-5-2 節)
- sorted( )：新串列儲存新的排序串列。(6-5-3 節)

❑ 進階串列操作

- index( )：傳回特定元素內容第一次出現的索引值。(6-6-1 節)
- count( )：傳回特定元素內容出現的次數。(6-6-2 節)

6-2-1 取得串列的方法

如果想獲得字串串列的方法，可以使用 dir( ) 函數。

實例 1：列出串列元素是數字的方法。

```
>>> x = [1, 2, 3]
>>> dir(x)
['__add__', '__class__', '__contains__', '__delattr__', '__delitem__', '__dir__'
, '__doc__', '__eq__', '__format__', '__ge__', '__getattribute__', '__getitem__'
, '__gt__', '__hash__', '__iadd__', '__imul__', '__init__', '__init_subclass__',
 '__iter__', '__le__', '__len__', '__lt__', '__mul__', '__ne__', '__new__', '__r
educe__', '__reduce_ex__', '__repr__', '__reversed__', '__rmul__', '__setattr__'
, '__setitem__', '__sizeof__', '__str__', '__subclasshook__', 'append', 'clear',
 'copy', 'count', 'extend', 'index', 'insert', 'pop', 'remove', 'reverse', 'sort
']
```

實例 2：列出串列元素是字串的方法。

```
>>> x = "ABC"
>>> dir(x)
['__add__', '__class__', '__contains__', '__delattr__', '__dir__', '__doc__', '_
_eq__', '__format__', '__ge__', '__getattribute__', '__getitem__', '__getnewargs
__', '__gt__', '__hash__', '__init__', '__init_subclass__', '__iter__', '__le__'
, '__len__', '__lt__', '__mod__', '__mul__', '__ne__', '__new__', '__reduce__',
'__reduce_ex__', '__repr__', '__rmod__', '__rmul__', '__setattr__', '__sizeof__'
, '__str__', '__subclasshook__', 'capitalize', 'casefold', 'center', 'count', 'e
ncode', 'endswith', 'expandtabs', 'find', 'format', 'format_map', 'index', 'isal
num', 'isalpha', 'isascii', 'isdecimal', 'isdigit', 'isidentifier', 'islower', '
isnumeric', 'isprintable', 'isspace', 'istitle', 'isupper', 'join', 'ljust', 'lo
wer', 'lstrip', 'maketrans', 'partition', 'replace', 'rfind', 'rindex', 'rjust',
 'rpartition', 'rsplit', 'rstrip', 'split', 'splitlines', 'startswith', 'strip',
 'swapcase', 'title', 'translate', 'upper', 'zfill']
```

6-2-2　了解特定方法的使用說明

看到前一小節密密麻麻的方法，不用緊張，也不用想要一次學會，需要時再學即可。如果想要了解上述特定方法可以使用 4-1 節所介紹的 help( ) 函數，可以用下列方式：

help(物件 . 方法名稱)

實例 1：列出物件 x，內建 isupper( ) 方法的使用說明。

```
>>> x = "ABC"
>>> help(x.isupper)
Help on built-in function isupper:

isupper() method of builtins.str instance
    Return True if the string is an uppercase string, False otherwise.

    A string is uppercase if all cased characters in the string are uppercase and
    there is at least one cased character in the string.
```

由上述說明可知，isupper( ) 可以傳回物件是否是大寫，如果字串物件全部是大寫將傳回 True，否則傳回 False。在上述實例，由於 x 物件的內容是 "ABC"，全部是大寫，所以傳回 True。

上述觀念同樣可以延伸應用在查詢整數物件的方法。

實例 2：列出整數物件的方法，同樣可以先設定一個整數變數，再列出此整數變數的方法 (method)。

```
>>> num = 5
>>> dir(num)
['__abs__', '__add__', '__and__', '__bool__', '__ceil__', '__class__', '__delattr
__', '__dir__', '__divmod__', '__doc__', '__eq__', '__float__', '__floor__', '__f
loordiv__', '__format__', '__ge__', '__getattribute__', '__getnewargs__', '__gt__
', '__hash__', '__index__', '__init__', '__init_subclass__', '__int__', '__invert
__', '__le__', '__lshift__', '__lt__', '__mod__', '__mul__', '__ne__', '__neg__',
'__new__', '__or__', '__pos__', '__pow__', '__radd__', '__rand__', '__rdivmod__',
'__reduce__', '__reduce_ex__', '__repr__', '__rfloordiv__', '__rlshift__', '__rmo
d__', '__rmul__', '__ror__', '__round__', '__rpow__', '__rrshift__', '__rshift__'
, '__rsub__', '__rtruediv__', '__rxor__', '__setattr__', '__sizeof__', '__str__',
'__sub__', '__subclasshook__', '__truediv__', '__trunc__', '__xor__', 'bit_length
', 'conjugate', 'denominator', 'from_bytes', 'imag', 'numerator', 'real', 'to_byt
es']
```

上述 bit_length( ) 是可以計算出要多少位元以 2 進位方式儲存此變數。

實例 3：列出需要多少位元，儲存整數變數 num。

```
>>> num = 5
>>> y = num.bit_length()
>>> y
3
>>> num = 31
>>> y = num.bit_length()
>>> y
5
```

6-3 串列元素是字串的常用方法

6-3-1 更改字串大小寫 lower( )/upper( )/title( )/swapcase( )

如果串列內的元素字串資料是小寫，例如：輸出的車輛名稱是 "benz"，其實我們可以使用前一小節的 title( ) 讓車輛名稱的第一個字母大寫，可能會更好。

程式實例 ch6_15.py：將 upper( ) 和 title( ) 應用在字串。

```
1 # ch6_15.py
2 cars = ['bmw', 'benz', 'audi']
3 carF = "我開的第一部車是 " + cars[1].title( )
4 carN = "我現在開的車子是 " + cars[0].upper( )
5 print(carF)
6 print(carN)
```

執行結果

```
====================== RESTART: D:\Python\ch6\ch6_15.py ======================
我開的第一部車是 Benz
我現在開的車子是 BMW
```

上述第 3 列是將 benz 改為 Benz，第 4 列是將 bmw 改為 BMW。下列是使用 lower( ) 將字串改為小寫的實例。

```
>>> x = 'ABC'
>>> x.lower( )
'abc'
```

使用 title( ) 時需留意，如果字串內含多個單字，所有的單字均是第一個字母大寫。

```
>>> x = "i love python"
>>> x.title()
'I Love Python'
```

下列是 swapcase( ) 的實例。

```
>>> x = 'DeepMind'
>>> x.swapcase( )
'dEEPmIND'
```

6-3-2 刪除空白字元 rstrip( )/lstrip( )/strip( )

刪除字串開始或結尾多餘空白是一個很好用的方法 (method)，特別是系統要求讀者輸入資料時，一定會有人不小心多輸入了一些空白字元，此時可以用這個方法刪除多餘的空白。

程式實例 ch6_16.py：刪除開始端與結尾端多餘空白的應用。

```
# ch6_16.py
strN = " DeepWisdom         "
strL = strN.lstrip( )        # 刪除字串左邊多餘空白
strR = strN.rstrip( )        # 刪除字串右邊多餘空白
strB = strN.strip( )         # 一次刪除頭尾端多餘空白
```

```
print(f"/{strN}/")
print(f"/{strL}/")
print(f"/{strR}/")
print(f"/{strB}/")
```

執行結果

```
====================== RESTART: D:\Python\ch6\ch6_16.py ======================
/ DeepWisdom        /
/DeepWisdom        /
/ DeepWisdom/
/DeepWisdom/
```

刪除前後空白字元常常應用在讀取螢幕輸入，除了上述，下列將用實例說明整個影響。

程式實例 ch6_17.py：沒有使用 strip( ) 與有使用 strip( ) 方法處理讀取字串的觀察。

```
# ch6_17.py
string = input("請輸入名字 : ")
print("/%s/" % string)
string = input("請輸入名字 : ")
print("/%s/" % string.strip())
```

執行結果　下列是筆者第一筆資料的輸入，同時不使用 strip( ) 方法。

```
==================== RESTART: D:\Python\ch6\ch6_17.py ====================
請輸入名字 :            洪錦魁    |
```

插入點

上述按 Enter 鍵後可以得到下列輸出。

```
==================== RESTART: D:\Python\ch6\ch6_17.py ====================
請輸入名字 :            洪錦魁
/           洪錦魁      /
請輸入名字 : |
```

下列是第 2 筆資料的輸入，有使用 strip( ) 方法。

```
==================== RESTART: D:\Python\ch6\ch6_17.py ====================
請輸入名字 :            洪錦魁
/           洪錦魁      /
請輸入名字 :            洪錦魁    |
```

插入點

上述按 Enter 鍵後可以得到下列輸出。

```
==================== RESTART: D:\Python\ch6\ch6_17.py ====================
請輸入名字 :            洪錦魁
/           洪錦魁      /
請輸入名字 :            洪錦魁
/洪錦魁/
```

Python 是一個可以活用的程式語言，下列是使用 input( ) 函數時，直接呼叫 strip( ) 和 title( ) 方法的實例。

程式實例 ch6_18.py：活用 Python 的應用。

```
# ch6_18.py
name = input("請輸入英文名字 : ")
print(f"/{name}/")
name = input("請輸入英文名字 : ").strip()
print(f"/{name}/")
name = input("請輸入英文名字 : ").strip().title()
print(f"/{name}/")
```

執行結果

```
==================== RESTART: D:\Python\ch6\ch6_18.py ====================
請輸入英文名字 : peter
/peter/
請輸入英文名字 :      peter
/peter/
請輸入英文名字 :          peter
/Peter/
```

6-3-3 格式化字串位置 center( )/ljust( )/rjust( )/zfill( )

這幾個是格式化字串位置的功能，我們可以給一定的字串長度空間，然後可以看到字串分別置中 (center)、靠左 (ljust)、靠右 rjust( ) 對齊。

程式實例 ch6_19.py：格式化字串位置的應用。

```
# ch6_19.py
title = "Ming-Chi Institute of Technology"
print(f"/{title.center(50)}/")
dt = "Department of ME"
print(f"/{dt.ljust(50)}/")
site = "JK Hung"
print(f"/{site.rjust(50)}/")
print(f"/{title.zfill(50)}/")
```

執行結果

```
===================== RESTART: D:\Python\ch6\ch6_19.py =====================
/         Ming-Chi Institute of Technology         /
/Department of ME                                  /
/                                           JK Hung/
/000000000000000000Ming-Chi Institute of Technology/
```

6-4 增加與刪除串列元素

6-4-1 在串列末端增加元素 append( )

程式設計時常常會發生需要增加串列元素的情況，如果目前元素個數是 3 個，如果想要增加第 4 個元素，讀者可能會想可否使用下列傳統方式，直接設定新增的值：

x[3] = value

實例 1：使用索引方式，為串列增加元素，但是發生索引值超過串列長度的錯誤。

```
>>> car = ['Honda', 'Toyata', 'Ford']
>>> print(car)
['Honda', 'Toyata', 'Ford']
>>> car[3] = 'Nissan'
Traceback (most recent call last):
  File "<pyshell#31>", line 1, in <module>
    car[3] = 'Nissan'
IndexError: list assignment index out of range
>>>
```

讀者可能會想可以增加一個新串列，將欲新增的元素放在新串列，然後再將原先串列與新串列相加，就達到增加串列元素的目的了。這個方法理論是可以，可是太麻煩了。Python 為串列內建了新增元素的方法 append( )，這個方法可以在串列末端直接增加元素。

x.append(' 新增元素 ')

程式實例 ch6_20.py：先建立一個空串列，然後分別使用 append( ) 增加 2 筆元素內容。

```
# ch6_20.py
cars = []
print(f"目前串列內容 = {cars}")
cars.append('Honda')
print(f"目前串列內容 = {cars}")
cars.append('Toyota')
print(f"目前串列內容 = {cars}")
```

執行結果

```
====================== RESTART: D:\Python\ch6\ch6_20.py ======================
目前串列內容 = []
目前串列內容 = ['Honda']
目前串列內容 = ['Honda', 'Toyota']
```

有時候在程式設計時需預留串列空間，未來再使用賦值方式將數值存入串列，可以使用下列方式處理。

```
>>> x = [None] * 3
>>> x[0] = 1
>>> x[1] = 2
>>> x[2] = 3
>>> x
[1, 2, 3]
```

6-4-2 插入串列元素 insert( )

append( ) 方法是固定在串列末端插入元素，insert( ) 方法則是可以在任意位置插入元素，它的使用格式如下：

insert(索引 , 元素內容)　　　　# 索引是插入位置，元素內容是插入內容

程式實例 ch6_21.py：使用 insert( ) 插入串列元素的應用。

```
# ch6_21.py
cars = ['Honda','Toyota','Ford']
print(f"目前串列內容 = {cars}")
print("在索引1位置插入Nissan")
cars.insert(1,'Nissan')
print(f"新的串列內容 = {cars}")
print("在索引0位置插入BMW")
cars.insert(0,'BMW')
print(f"最新串列內容 = {cars}")
```

執行結果

```
====================== RESTART: D:\Python\ch6\ch6_21.py ======================
目前串列內容 = ['Honda', 'Toyota', 'Ford']
在索引1位置插入Nissan
新的串列內容 = ['Honda', 'Nissan', 'Toyota', 'Ford']
在索引0位置插入BMW
最新串列內容 = ['BMW', 'Honda', 'Nissan', 'Toyota', 'Ford']
```

6-4-3 刪除串列元素 pop( )

6-1-8 節筆者有介紹使用 del 刪除串列元素，在該節筆者同時指出最大缺點是，資料刪除了就無法取得相關資訊。使用 pop( ) 方法刪除元素最大的優點是，刪除後將回傳所刪除的值，使用 pop( ) 時若是未指明所刪除元素的位置，一律刪除串列末端的元素。pop( ) 的使用方式如下：

```
value = x.pop( )     # 沒有索引參數是刪除串列末端元素
value = x.pop(i)     # 是刪除指定索引值 i 位置的串列元素
```

程式實例 ch6_22.py：使用 pop( ) 刪除串列元素的應用，這個程式第 5 列未指明刪除的索引值，所以刪除了串列的最後一個元素。程式第 9 列則是刪除索引 1 位置的元素。

```
1  # ch6_22.py
2  cars = ['Honda','Toyota','Ford','BMW']
3  print("目前串列內容 = ",cars)
4  print("使用pop( )刪除串列元素")
5  popped_car = cars.pop( )          # 刪除串列末端值
6  print(f"所刪除的串列內容是 : {popped_car}")
7  print("新的串列內容 = ",cars)
8  print("使用pop(1)刪除串列元素")
9  popped_car = cars.pop(1)          # 刪除串列索引為1的值
10 print(f"所刪除的串列內容是 : {popped_car}")
11 print("新的串列內容 = ",cars)
```

執行結果

```
====================== RESTART: D:\Python\ch6\ch6_22.py ======================
目前串列內容 =  ['Honda', 'Toyota', 'Ford', 'BMW']
使用pop( )刪除串列元素
所刪除的串列內容是 : BMW
新的串列內容 =  ['Honda', 'Toyota', 'Ford']
使用pop(1)刪除串列元素
所刪除的串列內容是 : Toyota
新的串列內容 =  ['Honda', 'Ford']
```

6-4-4　刪除指定的元素 remove( )

在刪除串列元素時，有時可能不知道元素在串列內的位置，此時可以使用 remove( ) 方法刪除指定的元素，它的使用方式如下：

x.remove(想刪除的元素內容)

如果串列內有相同的元素，則只刪除第一個出現的元素，如果想要刪除所有相同的元素，必須使用迴圈，下一章將會講解迴圈的觀念。

程式實例 ch6_23.py：刪除串列中第一次出現的元素 bmw，這個串列有 2 筆 bmw 字串，最後只刪除索引 1 位置的 bmw 字串。

```
# ch6_23.py
cars = ['Honda','bmw','Toyota','Ford','bmw']
print(f"目前串列內容 = {cars}")
print("使用remove( )刪除串列元素")
expensive = 'bmw'
cars.remove(expensive)        # 刪除第一次出現的元素bmw
print(f"所刪除的內容是 : {expensive.upper()} 因為重複了")
print(f"新的串列內容 = {cars}")
```

執行結果

```
======================= RESTART: D:\Python\ch6\ch6_23.py =======================
目前串列內容 = ['Honda', 'bmw', 'Toyota', 'Ford', 'bmw']
使用remove( )刪除串列元素
所刪除的內容是 : BMW 因為重複了
新的串列內容 = ['Honda', 'Toyota', 'Ford', 'bmw']
```

6-5 串列的排序

6-5-1　顛倒排序 reverse( )

reverse( ) 可以顛倒排序串列元素，它的使用方式如下：

x.reverse( )　　　　# 顛倒排序 x 串列元素

串列經顛倒排放後，就算永久性更改了，如果要復原，可以再執行一次 reverse( ) 方法。

其實在 6-1-3 節的切片應用中，也可以用 [::-1] 方式取得串列顛倒排序，這個方式會傳回新的顛倒排序串列，原串列順序未改變。

程式實例 ch6_24.py：使用 2 種方式執行顛倒排序串列元素。

```
# ch6_24.py
cars = ['Honda','bmw','Toyota','Ford','bmw']
print(f"目前串列內容 = {cars}")
# 直接列印cars[::-1]顛倒排序,不更改串列內容
print(f"列印使用[::-1]顛倒排序\n{cars[::-1]}")
# 更改串列內容
print("使用reverse( )顛倒排序串列元素")
cars.reverse()                # 顛倒排序串列
print(f"新的串列內容 = {cars}")
```

執行結果

```
======================= RESTART: D:\Python\ch6\ch6_24.py =======================
目前串列內容 = ['Honda', 'bmw', 'Toyota', 'Ford', 'bmw']
列印使用[::-1]顛倒排序
['bmw', 'Ford', 'Toyota', 'bmw', 'Honda']
使用reverse( )顛倒排序串列元素
新的串列內容 = ['bmw', 'Ford', 'Toyota', 'bmw', 'Honda']
```

6-5-2 sort( ) 排序

sort( ) 方法可以對串列元素排序，這個方法可以同時對純數值元素與純英文字串元素有非常好的效果。要留意的是，經排序後原串列的元素順序會被永久更改。它的使用格式如下：

```
x.sort(key=None, reverse=False)                # 由小到大排序 x 串列
```

- key：是選項，可以指定一個函數，用於從每個元素中提取一個比較鍵，預設值是 None。
- reverse：是選項，一個布林值，預設是 False，表示串列元素將由小到大排序。如果設置為 True，將由大到小排序。

程式實例 ch6_25.py：串列元素排序的應用。

```
# ch6_25.py
# 基本排序
numbers = [3, 5, 1, 4, 2]
numbers.sort()
print(numbers)              # 輸出：[1, 2, 3, 4, 5]

# 降序排序
numbers = [3, 5, 1, 4, 2]
numbers.sort(reverse=True)
print(numbers)              # 輸出：[5, 4, 3, 2, 1]

# 使用函數定義排序
words = ["banana", "apple", "strawberry"]
words.sort(key=len)
print(words)                # 輸出：['apple', 'banana', 'strawberry]
```

執行結果

```
======================= RESTART: D:/Python/ch6/ch6_25.py =======================
[1, 2, 3, 4, 5]
[5, 4, 3, 2, 1]
['apple', 'banana', 'strawberry']
```

6-5-3　sorted( ) 排序

前一小節的 sort( ) 排序將造成串列元素順序永久更改，如果你不希望更改串列元素順序，可以使用另一種排序 sorted( )，使用這個排序可以獲得想要的排序結果，我們可以用新串列儲存新的排序串列，同時原先串列的順序將不更改。它的使用格式如下：

newx = sorted(iterable, key=None, reverse=False)

- iterable：必需，要排序的可迭代物件，例如：串列、元組或字串。
- key：是選項，可以指定一個函數，用於從每個元素中提取一個比較鍵，預設值是 None。
- reverse：是選項，一個布林值，預設是 False，表示串列元素將由小到大排序。如果設置為 True，將由大到小排序。

程式實例 ch6_26.py：sorted( ) 排序的應用，小到大、大到小、用 Key 函數，依字串長度排序、對字串排序。

```
# ch6_26.py
# 基本排序
numbers = [3, 5, 1, 4, 2]
sorted_numbers = sorted(numbers)
print(sorted_numbers)        # 輸出：[1, 2, 3, 4, 5]

# 按降序排序
sorted_numbers_desc = sorted(numbers, reverse=True)
print(sorted_numbers_desc)  # 輸出：[5, 4, 3, 2, 1]

# 使用 key 函數排序
words = ["banana", "apple", "strawberry"]
sorted_words = sorted(words, key=len)
print(sorted_words)          # 輸出：['apple', 'banana', 'strawberry]

# 對字串排序
string = "hello"
sorted_chars = sorted(string)
print(sorted_chars)          # 輸出：['e', 'h', 'l', 'l', 'o']
```

執行結果

```
======================= RESTART: D:/Python/ch6/ch6_26.py =======================
[1, 2, 3, 4, 5]
[5, 4, 3, 2, 1]
['apple', 'banana', 'strawberry']
['e', 'h', 'l', 'l', 'o']
```

6-6 進階串列操作

6-6-1 index( )

這個方法用於找到指定元素在串列 (或元組，可以參考第 8 章) 中的第一個匹配的索引，如果搜尋值不在串列中會出現錯誤，它的使用格式如下：

索引值 = 串列 (或元組) 名稱 .index(value, start=0, end=len(list))

- value：必需，要搜索的元素值。
- start：可選，搜索的起始索引，預設值是 0。
- end：可選，搜索的結束索引 (不包括)，預設值是長度。

程式實例 ch6_27.py：傳回搜尋索引值的應用。

```
# ch6_27.py
# 在串列中使用 index()
fruits = ["apple", "banana", "cherry", "date"]
index = fruits.index("cherry")
print(index)                        # 輸出：2

# 指定搜索範圍，搜尋的起始索引是 1
fruits = ["apple", "banana", "cherry", "date", "apple"]
index_range = fruits.index("apple", 1)
print(index_range)                  # 輸出：4
```

執行結果

```
======================= RESTART: D:/Python/ch6/ch6_27.py =======================
2
4
```

如果搜尋值不在串列會出現錯誤，所以在使用前建議可以先使用 in 運算式 (未來 6-10 節會介紹 in 運算式)，先判斷搜尋值是否在串列內，如果是在串列內，再執行 index( ) 方法。

程式實例 ch6_28.py：程式第 2 列定義 James 串列，此串列有 Lebron James 一系列比賽得分，請計算他在第幾場得最高分，同時列出所得分數。

```
1 # ch6_28.py
2 James = ['Lebron James',23, 19, 22, 31, 18] # 定義James串列
3 games = len(James)                          # 求元素數量
4 score_Max = max(James[1:games])             # 最高得分
5 i = James.index(score_Max)                  # 場次
6 print(f"{James[0]} 在第 {i} 場得最高分 {score_Max}")
```

執行結果

```
======================= RESTART: D:\Python\ch6\ch6_28.py =======================
Lebron James 在第 4 場得最高分 31
```

6-6-2　count( )

這個方法可以傳回特定元素在串列 (或元組)、字串內出現的次數，如果搜尋值不在串列會傳回 0，它的使用格式如下：

次數 = 串列 (或元組) 名稱 .count(搜尋值)
次數 = 字串名稱 .count(子字串 , start=0, end=len(字串名稱))

上述 start 和 end 是可選參數，用於指定搜尋的起始和結束位置。

程式實例 ch6_29.py：傳回搜尋值出現的次數的應用。

```
# ch6_29.py
# 在串列中使用 count()
fruits = ["apple", "banana", "cherry", "apple", "cherry"]

apple_count = fruits.count("apple")
print(apple_count)                    # 輸出：2

# 在字串中使用 count()
text = "Hello, how are you? How can I help you?"
how_count = text.count("how")
print(how_count)                      # 輸出：1

# 在字串中指定搜索範圍
how_count_range = text.count("how", 0, 15)
print(how_count_range)                # 輸出：1
```

執行結果

```
====================== RESTART: D:/Python/ch6/ch6_29.py ======================
2
1
1
```

如果搜尋值不在串列會傳回 0。

```
>>> x = [1,2,3]
>>> x.count(4)
0
```

6-7 嵌套串列 - 串列內含串列

串列內含串列稱作嵌套串列。

6-7-1　基礎觀念與實作

嵌套串列的基本實例如下：

num = [1, 2, 3, 4, 5, [6, 7, 8]]

對上述而言，num 是一個串列，在這個串列內有另一個串列 [7, 8, 9]，因為內部串列的索引值是 5，所以可以用 num[5]，獲得這個元素串列的內容。

```
>>> num = [1, 2, 3, 4, 5, [6, 7, 8]]
>>> num[5]
[6, 7, 8]
>>>
```

如果想要存取串列內的串列元素，可以使用下列格式：

num[索引 1][索引 2]

索引 1 是元素串列原先索引位置，索引 2 是元素串列內部的索引。

實例 1：列出串列內的串列元素值。

```
>>> num = [1, 2, 3, 4, 5, [6, 7, 8]]
>>> print(num[5][0])
6
>>> print(num[5][1])
7
>>> print(num[5][2])
8
>>>
```

串列內含串列可以應用的範圍很廣，例如：可以用這個資料格式儲存 NBA 球員 Lebron James 的數據如下所示：

James = [['Lebron James', 'SF','12/30/1984'], 23, 19, 22, 31, 18]

其中第一個元素是串列，用於儲存 Lebron James 個人資料，其它則是儲存每場得分資料。

程式實例 ch6_30.py：擴充 ch6_28.py 先列出 Lebron James 個人資料再計算那一個場次得到最高分。程式第 2 列 'SF' 全名是 Small Forward 小前鋒。

```
1  # ch6_30.py
2  James = [['Lebron James','SF','12/30/84'],23,19,22,31,18] # 定義James串列
3  games = len(James)                                          # 求元素數量
4  score_Max = max(James[1:games])                             # 最高得分
5  i = James.index(score_Max)                                  # 場次
6  name, position, born = James[0]
7  print("姓名     : ", name)
8  print("位置     : ", position)
9  print("出生日期 : ", born)
10 print(f"在第 {i} 場得最高分 {score_Max}")
```

執行結果

```
===================== RESTART: D:\Python\ch6\ch6_30.py =====================
姓名     :  Lebron James
位置     :  SF
出生日期 :  12/30/84
在第 4 場得最高分 31
```

上述程式關鍵是第 6 列，這是精通 Python 工程師常用方式，相當於下列指令：

```
name = James[0][0]
position = James[0][1]
born = James[0][2]
```

6-7-2　再談 append( )

在 6-4-1 節我們有提過可以使用 append( ) 方法，將元素插入串列的末端，其實也可以使用 append( ) 函數將某一串列插入另一串列，成為被插入串列的末端元素，方法與插入元素方式相同，這時就會產生串列中有串列的效果。它的使用格式如下：

```
串列 A.append( 串列 B)                # 串列 B 成為串列 A 的末端元素
```

程式實例 ch6_31.py：使用 append( ) 將串列插入另一串列內成為末端元素。

```
# ch6_31.py
cars1 = ['toyota', 'nissan', 'honda']
cars2 = ['ford', 'audi']
print("原先cars1串列內容 = ", cars1)
print("原先cars2串列內容 = ", cars2)
cars1.append(cars2)
print(f"執行append()後串列cars1內容 = {cars1}")
print(f"執行append()後串列cars2內容 = {cars2}")
```

執行結果

```
======================= RESTART: D:\Python\ch6\ch6_31.py =======================
原先cars1串列內容 =  ['toyota', 'nissan', 'honda']
原先cars2串列內容 =  ['ford', 'audi']
執行append()後串列cars1內容 = ['toyota', 'nissan', 'honda', ['ford', 'audi']]
執行append()後串列cars2內容 = ['ford', 'audi']
```

6-7-3　extend( )

這也是 2 個串列連接的方法，與 append( ) 類似，不過這個方法只適用 2 個串列連接，不能用在一般元素。同時在連接後，extend( ) 會將串列分解成元素，一一插入串列。它的使用格式如下：

```
串列 A.extend( 串列 B)                # 串列 B 將分解成元素插入串列 A 末端
```

程式實例 ch6_32.py：使用 extend( ) 方法取代 ch6_31.py，並觀察執行結果。

```
# ch6_32.py
cars1 = ['toyota', 'nissan', 'honda']
cars2 = ['ford', 'audi']
cars1.extend(cars2)
print(f"執行extend()後串列cars1內容 = {cars1}")
print(f"執行extend()後串列cars2內容 = {cars2}")
```

執行結果

```
======================= RESTART: D:\Python\ch6\ch6_32.py =======================
執行extend( )後串列cars1內容 = ['toyota', 'nissan', 'honda', 'ford', 'audi']
執行extend( )後串列cars2內容 = ['ford', 'audi']
```

上述執行後 cars1 將是含有 5 個元素的串列，每個元素皆是字串。註：也可以參考使用 "+=" 完成相同操作，可以複習 ch6_9.py。

6-7-4 二維串列

所謂的二維串列 (two dimension list) 可以想成是二維空間，下列是一個考試成績系統的表格：

姓名	國文	英文	數學	總分
洪錦魁	80	95	88	0
洪冰儒	98	97	96	0
洪雨星	91	93	95	0
洪冰雨	92	94	90	0
洪星宇	92	97	80	0

上述總分先放 0，筆者會教導讀者如何處理這個部分，假設串列名稱是 sc，在 Python 我們可以用下列方式記錄成績系統。

```
sc = [[' 洪錦魁 ', 80, 95, 88, 0],
      [' 洪冰儒 ', 98, 97, 96, 0],
      [' 洪雨星 ', 91, 93, 95, 0],
      [' 洪冰雨 ', 92, 94, 90, 0],
      [' 洪星宇 ', 92, 97, 80, 0],
]
```

上述最後一筆串列元素 [' 洪星宇 ', 92, 97, 80, 0] 右邊的 "," 可有可無，6-1-1 節已有說明。假設我們先不考慮表格的標題名稱，當我們設計程式時可以使用下列方式處理索引。

姓名	國文	英文	數學	總分
[0][0]	[0][1]	[0][2]	[0][3]	[0][4]
[1][0]	[1][1]	[1][2]	[1][3]	[1][4]
[2][0]	[2][1]	[2][2]	[2][3]	[2][4]
[3][0]	[3][1]	[3][2]	[3][3]	[3][4]
[4][0]	[4][1]	[4][2]	[4][3]	[4][4]

上述表格最常見的應用是，我們使用迴圈計算每個學生的總分，這將在下一章補充說明，在此我們將用現有的知識處理總分問題，為了簡化筆者只用 2 個學生姓名為實例說明。

程式實例 ch6_33.py：二維串列的成績系統總分計算。

```
# ch6_33.py
sc = [['洪錦魁', 80, 95, 88, 0],
      ['洪冰儒', 98, 97, 96, 0],
     ]
sc[0][4] = sum(sc[0][1:4])
sc[1][4] = sum(sc[1][1:4])
print(sc[0])
print(sc[1])
```

執行結果

```
====================== RESTART: D:\Python\ch6\ch6_33.py ======================
['洪錦魁', 80, 95, 88, 263]
['洪冰儒', 98, 97, 96, 291]
```

6-7-5 嵌套串列的其他應用

嵌套串列除了前幾小節的應用外，還可以應用在下列領域：

❑ 多維數據集

當需要表示多維數據集時，嵌套串列非常有用。例如，可以用來存儲三維空間中的數據點集。

```
points = [
    [1, 2, 3],
    [4, 5, 6],
    [7, 8, 9]
]
```

❑ 組織層次結構數據

嵌套串列可以用來組織具有層次結構的數據，例如文件系統的目錄結構。

```
directory_structure = [
    ["Documents", [
        "file1.txt",
        "file2.txt"
    ]],
    ["Pictures", [
        "pic1.jpg",
        "pic2.png"
    ]]
]
```

❑ 表格數據

嵌套串列可以用來存儲和操作表格數據，其中每個內部串列代表一組數據，並且每個元素代表一個單元格的值。

```
table_data = [
    ["Name", "Age", "City"],
    ["Alice", 25, "New York"],
    ["Bob", 30, "Los Angeles"]
]
```

❑ 棋盤表示

在開發棋類遊戲，例如：國際象棋或五子棋時，可以使用嵌套串列來表示棋盤的狀態。

```
chessboard = [
    ["R", "N", "B", "Q", "K", "B", "N", "R"],
    ["P", "P", "P", "P", "P", "P", "P", "P"],
    ["", "", "", "", "", "", "", ""],
    ["", "", "", "", "", "", "", ""],
    ["", "", "", "", "", "", "", ""],
    ["", "", "", "", "", "", "", ""],
    ["p", "p", "p", "p", "p", "p", "p", "p"],
    ["r", "n", "b", "q", "k", "b", "n", "r"]
]
```

❑ 圖形表示 (Graph Representation)

在計算機科學中，圖是由節點 (或頂點) 和邊組成的結構。嵌套串列可以用來表示圖，其中每個元素代表一個節點，並且內部串列包含與該節點相連的其他節點。

```
graph = [
    [1, 2],          # Node 0 連接到 Node 1 and 2
    [0, 3],          # Node 1 連接到 Node 0 and 3
    [0, 3, 4],       # Node 2 連接到 Node 0, 3, and 4
    [1, 2],          # Node 3 連接到 Node 1 and 2
    [2]              # Node 4 連接到 Node 2
]
```

在這個例子中，graph 是一個嵌套串列，其中每個內部串列代表與該節點相連的其他節點的串列。這是一種稱為「鄰接串列」的圖形表示法，它是表示圖形的一種緊湊而高效的方式。這種表示法對於圖形遍歷和搜尋演算法，例如：深度優先搜尋或廣度優先搜尋非常有用。

6-8 串列的賦值與切片拷貝

在 Python 中串列是可變物件，這意味著你可以更改串列的內容。然而，當你將一個串列賦值給另一個變數時，你只是建立一個變數物件指向同一個串列物件，而不是建立了一個新的串列。對於拷貝，則會建立一個新的串列物件，其中包含原始串列中的所有元素。

6-8-1　串列賦值

假設我喜歡的運動是，籃球與棒球，可以用下列方式設定串列：

mysports = ['basketball', 'baseball']

如果我的朋友也是喜歡這 2 種運動，讀者可能會想用下列方式設定串列。

friendsports = mysports

程式實例 ch6_34.py：列出我和朋友所喜歡的運動。

```
# ch6_34.py
mysports = ['basketball', 'baseball']
friendsports = mysports
print(f"我喜歡的運動      = {mysports}")
print(f"我朋友喜歡的運動 = {friendsports}")
```

執行結果

```
======================= RESTART: D:\Python\ch6\ch6_34.py =======================
我喜歡的運動      = ['basketball', 'baseball']
我朋友喜歡的運動 = ['basketball', 'baseball']
```

初看上述執行結果好像沒有任何問題，可是如果我想加入美式足球 football 當作喜歡的運動，我的朋友想加入傳統足球 soccer 當作喜歡的運動，這時我喜歡的運動如下：

basketball、baseball、football

我朋友喜歡的運動如下：

basketball、baseball、soccer

程式實例 ch6_35.py：繼續使用 ch6_34.py，加入美式足球 football 當作我喜歡的運動，我的朋友想加入傳統足球 soccer 當作喜歡的運動，同時列出執行結果。

```
# ch6_35.py
mysports = ['basketball', 'baseball']
friendsports = mysports
print(f"我喜歡的運動      = {mysports}")
print(f"我朋友喜歡的運動 = {friendsports}")
mysports.append('football')
friendsports.append('soccer')
print(f"我喜歡的最新運動      = {mysports}")
print(f"我朋友喜歡的最新運動 = {friendsports}")
```

執行結果

```
======================= RESTART: D:\Python\ch6\ch6_35.py =======================
我喜歡的運動      = ['basketball', 'baseball']
我朋友喜歡的運動 = ['basketball', 'baseball']
我喜歡的最新運動      = ['basketball', 'baseball', 'football', 'soccer']
我朋友喜歡的最新運動 = ['basketball', 'baseball', 'football', 'soccer']
```

這時獲得的結果，不論是我和我的朋友喜歡的運動皆相同，football 和 soccer 皆是變成 2 人共同喜歡的運動。類似這種只要有一個串列更改元素會影響到另一個串列同步更改，這是賦值的特性，所以使用上要小心。

6-8-2 位址的觀念

在 2-2-2 節筆者有介紹過變數位址的意義，該節觀念也可以應用在 Python 的其它資料型態，對於串列而言，如果使用下列方式設定 2 個串列變數相等，相當於只是將變數位址拷貝給另一個變數。

```
friendsports = mysports
```

上述相當於是將 mysports 變數位址拷貝給 friendsport。所以程式實例 ch6_35.py 在執行時，2 個串列變數所指的位址相同，當新增運動項目時，皆是將運動項目加在同一變數位址，可參考下列實例。

程式實例 ch6_36.py：重新設計 ch6_35.py，增加列出串列變數的位址。

```
1  # ch6_36.py
2  mysports = ['basketball', 'baseball']
3  friendsports = mysports
4  print(f"列出mysports位址      = {id(mysports)}")
5  print(f"列出friendsports位址 = {id(friendsports)}")
6  print(f"我喜歡的運動       = {mysports}")
7  print(f"我朋友喜歡的運動 = {friendsports}")
8  mysports.append('football')
9  friendsports.append('soccer')
10 print(" -- 新增運動項目後 -- ")
11 print(f"列出mysports位址      = {id(mysports)}")
12 print(f"列出friendsports位址 = {id(friendsports)}")
13 print(f"我喜歡的最新運動      = {mysports}")
14 print(f"我朋友喜歡的最新運動 = {friendsports}")
```

執行結果

```
====================== RESTART: D:\Python\ch6\ch6_36.py ======================
列出mysports位址      = 2449022481408
列出friendsports位址 = 2449022481408
我喜歡的運動      = ['basketball', 'baseball']
我朋友喜歡的運動 = ['basketball', 'baseball']
 -- 新增運動項目後 --
列出mysports位址      = 2449022481408
列出friendsports位址 = 2449022481408
我喜歡的最新運動      = ['basketball', 'baseball', 'football', 'soccer']
我朋友喜歡的最新運動 = ['basketball', 'baseball', 'football', 'soccer']
```

由上述執行結果可以看到，使用程式第 3 列設定串列變數相等時，實際只是將串列位址拷貝給另一個串列變數。

6-8-3　串列的切片拷貝

切片拷貝 (copy) 觀念是，執行拷貝後產生新串列物件，當一個串列改變後，不會影響另一個串列的內容，這是本小節的重點。方法應該如下：

friendsports = mysports[:]　　　　　　　# 切片拷貝

程式實例 ch6_37.py：使用拷貝方式重新設計 ch6_36.py。下列是與 ch6_36.py 之間，唯一不同的程式碼。

```
3  friendsports = mysports[:]
```

執行結果

```
======================= RESTART: D:\Python\ch6\ch6_37.py =======================
列出mysports位址      = 1916798923648
列出friendsports位址 = 1916755227776
我喜歡的運動      = ['basketball', 'baseball']
我朋友喜歡的運動 = ['basketball', 'baseball']
 -- 新增運動項目後 --
列出mysports位址      = 1916798923648
列出friendsports位址 = 1916755227776
我喜歡的最新運動      = ['basketball', 'baseball', 'football']
我朋友喜歡的最新運動 = ['basketball', 'baseball', 'soccer']
```

由上述執行結果可知，我們已經獲得了 2 個不同位址的串列，同時也得到了想要的結果，或是將第 3 列改為下列 copy( ) 方法，也可以得到相同的結果。

firendsports = mysports.copy( )

讀者可以自行練習，上述程式儲存在 ch6_37_1.py。

6-8-4　淺拷貝 (copy) 與深拷貝 (deepcopy)

在程式設計時，要複製另一個串列時，除了賦值 (6-8-1) 觀念，其實嚴格說可以將拷貝分成淺拷貝 (copy 有時也可以寫成 shallow copy) 與深拷貝 (deepcopy)，觀念如下：

❑ **賦值**

假設 b=a，a 和 b 位址相同，指向一物件彼此會連動，可以參考 6-8-1 節。

❑ **淺拷貝**

假設 b=a.copy( )，a 和 b 是獨立的物件，但是它們的子物件元素是指向同一物件，也就是物件的子物件會連動。

實例 1：淺拷貝的應用，a 增加元素觀察結果。

```
>>> a = [1, 2, 3, [4, 5, 6]]
>>> b = a.copy()            ← 淺拷貝
>>> id(a), id(b)            ← 位址不同
(15518056, 49414872)
>>> a, b
([1, 2, 3, [4, 5, 6]], [1, 2, 3, [4, 5, 6]])
>>> a.append(7)             ← A增加元素
>>> a, b
([1, 2, 3, [4, 5, 6], 7], [1, 2, 3, [4, 5, 6]])
```

a有更改, b沒有更改

實例 2：淺拷貝的應用，a 的子物件增加元素觀察結果。

```
>>> a = [1, 2, 3, [4, 5, 6]]
>>> b = a.copy()
>>> a[3].append(7)
>>> a, b
([1, 2, 3, [4, 5, 6, 7]], [1, 2, 3, [4, 5, 6, 7]])
```

從上述執行結果可以發現 a 子物件因為指向同一位址，所以同時增加 7。

❑ 深拷貝

假設 b=deepcopy(a)，a 和 b 以及其子物件皆是獨立的物件，所以未來不受干擾，使用前需要 "import copy" 模組，這是引用外部模組，未來會講更多相關的應用。

實例 3：深拷貝的應用，並觀察執行結果。

```
>>> import copy
>>> a = [1, 2, 3, [4, 5, 6]]
>>> b = copy.deepcopy(a)
>>> id(a), id(b)
(10293936, 15518496)
>>> a[3].append(7)
>>> a.append(8)
>>> a, b
([1, 2, 3, [4, 5, 6, 7], 8], [1, 2, 3, [4, 5, 6]])
```

由上述可以得到 b 完全不會受到 a 影響，深拷貝是得到完全獨立的物件。

6-9 再談字串

3-4 節筆者介紹了字串 (str) 的觀念，在 Python 的應用中可以將單一字串當作是一個序列，這個序列是由字元 (character) 所組成，可想成字元序列。不過字串與串列不同的是，字串內的單一元素內容是不可更改的。

6-9-1 字串的索引

可以使用索引值的方式取得字串內容，索引方式則與串列相同。

程式實例 ch6_38.py：使用正值與負值的索引列出字串元素內容。

```
# ch6_38.py
string = "Abc"
# 正值索引
print(f" {string[0] = }",
      f"\n {string[1] = }",
      f"\n {string[2] = }")
# 負值索引
print(f" {string[-1] = }",
      f"\n {string[-2] = }",
      f"\n {string[-3] = }")
# 多重指定觀念
s1, s2, s3 = string
print(f"多重指定觀念的輸出測試 {s1}{s2}{s3}")
```

執行結果

```
====================== RESTART: D:\Python\ch6\ch6_38.py ======================
 string[0] = 'A'
 string[1] = 'b'
 string[2] = 'c'
 string[-1] = 'c'
 string[-2] = 'b'
 string[-3] = 'A'
多重指定觀念的輸出測試 Abc
```

6-9-2　islower()/isupper()/isdigit()/isalpha()/isalnum( )

實例 1：列出字串是否全部大寫 isupper( )？是否全部小寫 islower( )？是否全部數字 isdigit( )？是否全部英文字母 isalpha( )？可以參考下方左圖。

```
>>> s = 'abc'
>>> s.isupper()
False
>>> s.islower()
True
>>> s.isdigit()
False
>>> n = '123'
>>> n.isdigit()
True
>>> s.isalpha()
True
>>> n.isalpha()
False
```

```
>>> s = 'Abc'
>>> s.isupper()
False
>>> s.islower()
False
```

```
>>> x = '123abc'
>>> x.isalnum()
True
>>> x = '123@#'
>>> x.isalnum()
False
```

留意，上述必須全部符合才會傳回 True，否則傳回 False，可參考右上方圖。函數 isalnum( ) 則可以判斷字串是否只有字母或是數字，可以參考上面右下方圖。

6-9-3　字串切片

6-1-3 節串列切片的觀念可以應用在字串，下列將直接以實例說明。

程式實例 ch6_39.py：字串切片的應用。

```
# ch6_39.py
string = "Deep Learning"                    # 定義字串
```

```
3  print(f"列印string第0-2元素      = {string[0:3]}")
4  print(f"列印string第1-3元素      = {string[1:4]}")
5  print(f"列印string第1,3,5元素    = {string[1:6:2]}")
6  print(f"列印string第1到最後元素 = {string[1:]}")
7  print(f"列印string前3元素        = {string[0:3]}")
8  print(f"列印string後3元素        = {string[-3:]}")
9  print("="*60)
10 print(f"列印string第1-3元素      = {'Deep Learning'[1:4]}")
```

執行結果

```
====================== RESTART: D:\Python\ch6\ch6_39.py ======================
列印string第0-2元素     = Dee
列印string第1-3元素     = eep
列印string第1,3,5元素   = epL
列印string第1到最後元素 = eep Learning
列印string前3元素       = Dee
列印string後3元素       = ing
============================================================
列印string第1-3元素     = eep
```

程式設計時有時候也可以看到不使用變數，直接用字串做切片，讀者可以參考比較第 4 和 10 列。

6-9-4 將字串轉成串列

list( ) 函數可以將參數內字串轉成串列，下列是字串轉為串列的實例，以及使用切片更改串列內容了。

```
>>> x = list('Deepmind')
>>> x
['D', 'e', 'e', 'p', 'm', 'i', 'n', 'd']
>>> y = x[4:]
>>> y
['m', 'i', 'n', 'd']
```

字串本身無法用切片方式更改內容，但是將字串改為串列後，就可以了。

6-9-5 使用 split( ) 分割字串

這個方法 (method)，可以將字串以空格或其它符號為分隔符號，將字串拆開，變成一個串列。

```
str1.split( )        # 以空格當做分隔符號將字串拆開成串列
str2.split(ch)       # 以 ch 字元當做分隔符號將字串拆開成串列
```

變成串列後我們可以使用 len( ) 獲得此串列的元素個數，這個相當於可以計算字串是由多少個英文字母組成，由於中文字之間沒有空格，所以本節所述方法只適用在純英文文件。如果我們可以將一篇文章或一本書讀至一個字串變數後，可以使用這個方法獲得這一篇文章或這一本書的字數。

程式實例 ch6_40.py：將 2 種不同類型的字串轉成串列，其中 str1 使用空格當做分隔符號，str2 使用 "\" 當做分隔符號 (因為這是逸出字元，所以使用 \\)，同時這個程式會列出這 2 個串列的元素數量。

```
# ch6_40.py
str1 = "Silicon Stone Education"
str2 = "D:\Python\ch6"

sList1 = str1.split()                        # 字串轉成串列
sList2 = str2.split("\\")                    # 字串轉成串列
print(f"{str1} 串列內容是 {sList1}")          # 列印串列
print(f"{str1} 串列字數是 {len(sList1)}")     # 列印字數
print(f"{str2} 串列內容是 {sList2}")          # 列印串列
print(f"{str2} 串列字數是 {len(sList2)}")     # 列印字數
```

執行結果

```
======================= RESTART: D:\Python\ch6\ch6_40.py =======================
Silicon Stone Education 串列內容是 ['Silicon', 'Stone', 'Education']
Silicon Stone Education 串列字數是 3
D:\Python\ch6 串列內容是 ['D:', 'Python', 'ch6']
D:\Python\ch6 串列字數是 3
```

6-9-6　串列元素的組合 join( )

在網路爬蟲設計的程式應用中，我們可能會常常使用 join( ) 方法將所獲得的路徑與檔案名稱組合，它的語法格式如下：

連接字串 .join(串列)

基本上串列元素會用連接字串組成一個字串。

程式實例 ch6_41.py：將串列內容連接。

```
# ch6_41.py
path = ['D:','ch6','ch6_41.py']
connect = '\\'                          # 路徑分隔字元
print(connect.join(path))
connect = '*'                          # 普通字元
print(connect.join(path))
```

執行結果

```
======================= RESTART: D:\Python\ch6\ch6_41.py =======================
D:\ch6\ch6_41.py
D:*ch6*ch6_41.py
```

6-9-7　子字串搜尋與索引

相關函數如下：

find( )：從頭找尋子字串如果找到回傳第一次出現索引，如果沒找到回傳 -1。

rfind( )：從尾找尋子字串如果找到回傳最後出現索引，如果沒找到回傳 -1。

index( )：從頭找尋子字串如果找到回傳第一次出現索引，如果沒找到產生例外錯誤。

rindex( )：從尾找尋子字串如果找到回傳最後出現索引，如果沒找到產生例外錯誤。

count( )：列出子字串出現次數。

實例 1：find( ) 和 index( ) 的應用。

```
>>> mystr = 'Deepmind mean Deepen your mind'
>>> s = 'mind'
>>> mystr.find(s)
4
>>> mystr.index(s)
4
```

實例 2：rfind( ) 和 rindex( ) 的應用。

```
>>> mystr.rfind(s)
26
>>> mystr.rindex(s)
26
```

實例 3：count( ) 的應用。

```
>>> mystr.count(s)
2
```

實例 4：如果找不到時，find( ) 和 index( ) 的差異。

```
>>> mystr.find('book')
-1
>>> mystr.index('book')
Traceback (most recent call last):
  File "<pyshell#65>", line 1, in <module>
    mystr.index('book')
ValueError: substring not found
```

6-9-8 字串的其它方法

本節將講解下列字串方法，startswith( ) 和 endswith( ) 如果是真則傳回 True，如果是偽則傳回 False。

- startswith( )：可以列出字串起始文字是否是特定子字串。
- endswith( )：可以列出字串結束文字是否是特定子字串。
- replace(ch1,ch2)：將 ch1 字串由另一字串 ch2 取代。
- removeprefix( )：Python 3.9 新增功能，可以輕鬆移除字串的前綴。
- removesuffix( )：Python 3.9 新增功能，可以輕鬆移除字串的後綴。

程式實例 ch6_42.py：列出字串 "CIA" 是不是起始或結束字串，以及出現次數。最後這個程式會將 Linda 字串用 Lxx 字串取代，這是一種保護情報員名字不外洩的方法。

```
# ch6_42.py
msg = '''CIA Mark told CIA Linda that the secret USB had given to CIA Peter'''
print(f"字串開頭是CIA : {msg.startswith('CIA')}")
print(f"字串結尾是CIA : {msg.endswith('CIA')}")
print(f"CIA出現的次數 : {msg.count('CIA')}")
msg = msg.replace('Linda','Lxx')
print(f"新的msg內容 : {msg}")
```

執行結果

```
====================== RESTART: D:\Python\ch6\ch6_42.py ======================
字串開頭是CIA : True
字串結尾是CIA : False
CIA出現的次數 : 3
新的msg內容 : CIA Mark told CIA Lxx that the secret USB had given to CIA Peter
```

當有一本小說時，可以由此觀念計算各個人物出現次數，也可由此判斷那些人是主角那些人是配角。

下列是新增 removeprefix( ) 與 removesuffix( ) 方法的應用。

```
>>> text = "HelloWorld.py"
>>> # 移除前綴 "Hello"
... print(text.removeprefix("Hello"))        # World.py
World.py
>>> # 移除後綴 ".py"
... print(text.removesuffix(".py"))          # HelloWorld
HelloWorld
```

過去若要達成相同的效果，需要搭配 startswith( )、endswith( ) 與切片處理，現在直接內建，更方便易讀。

6-10 in 和 not in 運算式

主要是用於判斷一個物件是否屬於另一個物件，物件可以是字串 (string)、串列 (list)、元祖 (Tuple) (第 8 章介紹)、字典 (Dict) (第 9 章介紹)。它的語法格式如下：

```
boolean = obj in A              # 物件 obj 在物件 A 內會傳回 True
boolean = obj not A             # 物件 obj 不在物件 A 內會傳回 True
```

其實這個功能比較常見是用在偵測某元素是否存在串列中，例如：以 ch6_27.py 的實例而言，如果元素不在串列會產生程式錯誤，這時就可以先用 in 做偵測，當元素存在才使用 index( ) 函數，如下所示：

```
fruits = ["apple", "banana", "cherry", "date"]
if "cherry" in fruits:
    index = fruits.index("cherry")
    print(index)
```

程式實例 ch6_43.py：這個程式基本上會要求輸入一個水果，如果串列內目前沒有這個水果，就將輸入的水果加入串列內。

```
# ch6_43.py
fruits = ['apple', 'banana', 'watermelon']
fruit = input("請輸入水果 = ")
if fruit in fruits:
    print("這個水果已經有了")
else:
    fruits.append(fruit)
    print("謝謝提醒已經加入水果清單: ", fruits)
```

執行結果

```
==================== RESTART: D:\Python\ch6\ch6_43.py ====================
請輸入水果 = apple
這個水果已經有了
>>>
==================== RESTART: D:\Python\ch6\ch6_43.py ====================
請輸入水果 = orange
謝謝提醒已經加入水果清單:  ['apple', 'banana', 'watermelon', 'orange']
```

6-11 is 或 is not 運算式

可以用於比較兩個物件是否相同，在此所謂相同並不只是內容相同，而是指物件變數指向相同的記憶體，物件可以是變數、字串、串列、元組 (Tuple) (第 8 章介紹)、字典 (Dict) (第 9 章介紹)。它的語法格式如下：

```
boolean = obj1 is obj2          # 物件 obj1 等於物件 obj2 會回傳 True
boolean = obj1 is not obj2      # 物件 obj1 不等於物件 obj2 會回傳 True
```

程式實例 ch6_44.py：is 和 is not 的實例。

```
# ch6_44.py
# 比較兩個指向相同物件的變數
a = [1, 2, 3]
b = a
print(a is b)              # 輸出: True

# 比較兩個指向不同物件的變數，即使它們的值相等
c = [1, 2, 3]
print(a is c)              # 輸出: False

# 比較兩個指向不同物件的變數
d = [4, 5, 6]
e = [4, 5, 6]
print(d is not e)          # 輸出: True

# 比較兩個指向相同物件的變數
f = d
print(d is not f)          # 輸出: False
```

執行結果

```
==================== RESTART: D:/Python/ch6/ch6_44.py ====================
True
False
True
False
```

6-11-1　觀察整數變數在記憶體位址

在 2-2-2 節已經簡單說明 id( ) 可以獲得變數的位址，在 6-8-2 節已經講解可以使用 id( ) 函數獲得串列變數位址，其實這個函數也可以獲得整數 (或浮點數) 變數在記憶體中的位址，當我們在 Python 程式中設立變數時，如果兩個整數 (或浮點數) 變數內容相同，它們會使用相同的記憶體位址儲存此變數。

程式實例 ch6_45.py：整數變數在記憶體位址的觀察，這個程式比較特別的是，程式執行初，變數 x 和 y 值是 10，所以可以看到經過 id( ) 函數後，彼此有相同的記憶體位置。變數 z 和 r 由於值與 x 和 y 不相同，所以有不同的記憶體位址，經過第 8 列運算後 r 的值變為 10，最後得到 x、y 和 r 不僅值相同，同時也指向相同的記憶體位址。

```
1  # ch6_45.py
2  x = 10
3  y = 10
4  z = 15
5  r = 20
6  print("x = %d, y = %d, z = %d, r = %d" % (x, y, z, r))
7  print(f"x位址={id(x)}, y位址={id(y)}, z位址={id(z)}, r位址={id(r)}")
8  r = x                            # r的值將變為10
9  print(f"{x = }, {y = }, {z = }, {r = }")
10 print(f"x位址={id(x)}, y位址={id(y)}, z位址={id(z)}, r位址={id(r)}")
```

執行結果

```
====================== RESTART: D:/Python/ch6/ch6_45.py ======================
x = 10, y = 10, z = 15, r = 20
x位址=140716297221192, y位址=140716297221192, z位址=140716297221352, r位址=140716297221512
x = 10, y = 10, z = 15, r = 10
x位址=140716297221192, y位址=140716297221192, z位址=140716297221352, r位址=140716297221192
```

當 r 變數值變為 10 時，它所指的記憶體位址與 x 和 y 變數相同了。

6-11-2　驗證 is 和 is not 是依據物件位址回傳布林值

程式實例 ch6_46.py：is 和 is not 運算式應用在整數變數。

```
# ch6_46.py
x = 10
y = 10
z = 15
r = z - 5
print("is測試")
boolean = x is y
print(f"x位址 = {id(x)}, y位址 = {id(y)}")
print(f"{x = }, {y = }, {boolean}")
boolean = x is z
print(f"x位址 = {id(x)}, z位址 = {id(z)}")
print(f"{x = }, {z = }, {boolean}")
boolean = x is r
print(f"x位址 = {id(x)}, r位址 = {id(r)}")
print(f"{x = }, {r = }, {boolean}")
print("="*60)
```

```
print("is not測試")
boolean = x is not y
print(f"x位址 = {id(x)}, y位址 = {id(y)}")
print(f"{x = }, {y = }, {boolean}")
boolean = x is not z
print(f"x位址 = {id(x)}, z位址 = {id(z)}")
print(f"{x = }, {z = }, {boolean}")
boolean = x is not r
print(f"x位址 = {id(x)}, r位址 = {id(r)}")
print(f"{x = }, {r = }, {boolean}")
```

執行結果

```
====================== RESTART: D:/Python/ch6/ch6_46.py ======================
is測試
x位址 = 140716297221192, y位址 = 140716297221192
x = 10, y = 10, True
x位址 = 140716297221192, z位址 = 140716297221352
x = 10, z = 15, False
x位址 = 140716297221192, r位址 = 140716297221192
x = 10, r = 10, True
================================================================
is not測試
x位址 = 140716297221192, y位址 = 140716297221192
x = 10, y = 10, False
x位址 = 140716297221192, z位址 = 140716297221352
x = 10, z = 15, True
x位址 = 140716297221192, r位址 = 140716297221192
x = 10, r = 10, False
```

6-12 enumerate 物件

enumerate( ) 方法可以將 iterable(迭代) 類數值的元素用索引值與元素配對方式傳回，返回的數據稱 enumerate 物件，特別是用這個方式可以為可迭代物件的每個元素增加索引值，這對未來數據科學的應用是有幫助的。其中 iterable 類數值可以是串列 (list)，元組 (tuple)(第 8 章說明)，集合 (set) (第 10 章說明) … 等。它的語法格式如下：

obj = enumerate(iterable[, start = 0]) # 若省略 start = 設定，預設索引值是 0

註 下一章筆者介紹完迴圈的觀念，會針對可迭代物件 (iterable object) 做更進一步說明。

未來我們可以使用 list( ) 將 enumerate 物件轉成串列，使用 tuple( ) 將 enumerate 物件轉成元組 (第 8 章說明)。

程式實例 ch6_47.py： 將串列資料轉成 enumerate 物件，再將 enumerate 物件轉成串列的實例，start 索引起始值分別為 0 和 10。

```
# ch6_47.py
drinks = ["coffee", "tea", "wine"]
enumerate_drinks = enumerate(drinks)                # 數值初始是0
print("轉成串列輸出, 初始索引值是 0 = ",list(enumerate_drinks))

enumerate_drinks = enumerate(drinks, start = 10)    # 數值初始是10
print("轉成串列輸出, 初始索引值是10 = ",list(enumerate_drinks))
```

執行結果

```
======================= RESTART: D:/Python/ch6/ch6_47.py =======================
轉成串列輸出, 初始索引值是 0 =  [(0, 'coffee'), (1, 'tea'), (2, 'wine')]
轉成串列輸出, 初始索引值是10 =  [(10, 'coffee'), (11, 'tea'), (12, 'wine')]
```

上述程式第 4 列的 list( ) 函數可以將 enumerate 物件轉成串列，從列印的結果可以看到每個串列物件元素已經增加索引值了。在下一章筆者介紹完迴圈基本觀念後，7-5 節還將繼續使用迴圈解析 enumerate 物件。

6-13 專題 - 大型串列 / 認識凱薩密碼 / 使用者帳號管理

6-13-1　製作大型的串列資料

有時我們想要製作更大型的串列資料結構，例如：串列的元素是串列，可以參考下列實例。

實例 1：串列的元素是串列。

```
>>> asia = ['Beijing', 'Hongkong', 'Tokyo']
>>> usa = ['Chicago', 'New York', 'Hawaii', 'Los Angeles']
>>> europe = ['Paris', 'London', 'Zurich']
>>> world = [asia, usa, europe]
>>> type(world)
<class 'list'>
>>> world
[['Beijing', 'Hongkong', 'Tokyo'], ['Chicago', 'New York', 'Hawaii', 'Los Angele
s'], ['Paris', 'London', 'Zurich']]
```

6-13-2　凱薩密碼

公元前約 50 年凱薩被公認發明了凱薩密碼，主要是防止部隊傳送的資訊遭到敵方讀取。

凱薩密碼的加密觀念是將每個英文字母往後移，對應至不同字母，只要記住所對應的字母，未來就可以解密。例如：將每個英文字母往後移 3 個次序，實例是將 A 對應 D、B 對應 E、C 對應 F，原先的 X 對應 A、Y 對應 B、Z 對應 C 整個觀念如下所示：

A	B	C	D	…	V	W	X	Y	Z
D	E	F	G	…	Y	Z	A	B	C

所以現在我們需要的就是設計 " ABC … XYZ" 字母可以對應 " DEF … ABC"，可以參考下列實例完成。

實例 1：建立 ABC … Z 字母的字串，然後使用切片取得前 3 個英文字母，與後 23 個英文字母。最後組合，可以得到新的字母排序。註：第 9 章還會擴充此觀念。

```
>>> abc = 'ABCDEFGHIJKLMNOPQRSTUVWYZ'
>>> front3 = abc[:3]
>>> end23 = abc[3:]
>>> subText = end23 + front3
>>> print(subText)
DEFGHIJKLMNOPQRSTUVWYZABC
```

6-13-3 使用者帳號管理系統

一個公司或學校的電腦系統，一定有一個帳號管理，要進入系統需要登入帳號，如果你是這個單位設計帳號管理系統的人，可以將帳號儲存在串列內。然後未來可以使用 in 功能判斷使用者輸入帳號是否正確。

程式實例 ch6_48.py：設計一個帳號管理系統，這個程式分成 2 個部分，第一個部分是建立帳號，讀者的輸入將會存在 accounts 串列。第 2 個部分是要求輸入帳號，如果輸入正確會輸出 " 歡迎進入深智系統 "，如果輸入錯誤會輸出 " 帳號錯誤 "。

```
# ch6_48.py
accounts = []                           # 建立空帳號串列
account = input("請輸入新帳號 = ")
accounts.append(account)                # 將輸入加入帳號串列

print("深智公司系統")
ac = input("請輸入帳號 = ")
if ac in accounts:
    print("歡迎進入深智系統")
else:
    print("帳號錯誤")
```

執行結果

```
===================== RESTART: D:\Python\ch6\ch6_48.py =====================
請輸入新帳號 = deep
深智公司系統
請輸入帳號 = deep
歡迎進入深智系統

===================== RESTART: D:\Python\ch6\ch6_48.py =====================
請輸入新帳號 = deep
深智公司系統
請輸入帳號 = kwei
帳號錯誤
```

6-13-4　大型串列應用實例

以下是大型串列可以的應用實例，以下部分程式碼尚未講解語法，讀者可以先有概念即可。另外，在大型數據運算、機器學習、圖像處理，雖然可以用串列儲存資料，但是通常會用更有效率的數學模組 Numpy，未來會做說明。

❑ 數據分析

```
# 假設有一個大型串列，儲存了來自某個資料庫的數據
data = [23, 45, 67, 89, 12, 34, 56, 78] * 1000  # 重複串列以建立大型串列

# 計算平均值
average_value = sum(data) / len(data)
print(average_value)                            # 輸出平均值
```

❑ 機器學習和人工智慧

```
# 假設有一個大型串列，儲存了訓練數據集，重複串列建立大型串列
training_data = [[0.1, 0.2], [0.2, 0.3], [0.3, 0.4]] * 1000

# 假設有一個簡單的線性迴歸模型
def simple_linear_model(x, w, b):
    return w * x + b

# 計算模型在所有訓練數據上的預測
predictions = [simple_linear_model(x[0], 1.5, 0.5) for x in training_data]
```

❑ 網絡爬蟲

```
# 假設有一個大型串列，儲存了爬取的URL，建立包含10000個URL的串列
urls = ["http://example.com/page" + str(i) for i in range(1, 10001)]

# 進行網絡爬取，示範網站上進行爬取
# for url in urls:
#     response = requests.get(url)
#     # ...進一步處理
```

❑ 科學計算和模擬

```
# 假設有一個大型串列，儲存了模擬的時間序列數據
time_series_data = [i * 0.1 for i in range(10000)]

# 計算每個時間點的正弦值
sine_values = [math.sin(value) for value in time_series_data]
```

❑ 圖形和影像處理

```
# 假設有一個大型串列，存儲了一個影像的像素值
image_data = [[150, 200, 255] * 1000] * 1000  # 建立含1000x1000個像素的串列

# 進行影像處理，例如將所有像素值減半
processed_image_data = [[pixel // 2 for pixel in row] for row in image_data]
```

第 7 章

迴圈設計

7-1 基本 for 迴圈

7-2 range( ) 函數

7-3 進階的 for 迴圈應用

7-4 while 迴圈

7-5 enumerate 物件使用 for 迴圈解析

7-6 專題 - 購物車 / 成績 / 圓周率 / 雞兔同籠 / 國王麥粒 / 電影院劃位

假設現在筆者要求讀者設計一個 1 加到 10 的程式，然後列印結果，讀者可能用下列方式設計這個程式。

程式實例 ch7_1.py：從 1 加到 10，同時列印結果。

```
# ch7_1.py
sum = 1+2+3+4+5+6+7+8+9+10
print("總和 = ", sum)
```

執行結果

```
======================= RESTART: D:\Python\ch7\ch7_1.py =======================
總和 =  55
```

如果現在筆者要求各位從 1 加到 100 或 1000，此時，若是仍用上述方法設計程式，就顯得很不經濟。

另一種狀況，一個資料庫串列內含 1000 客戶的名字，如果現在要舉辦晚宴，所以要列印客戶姓名，用下列方式設計，將是很不實際的行為。

程式實例 ch7_2.py：一個不完整且不切實際的程式。

```
# ch7_2.py -- 不完整的程式
vipNames = ['James','Linda','Peter', ... , 'Kevin']
print("客戶1 = ", vipNames[0])
print("客戶2 = ", vipNames[1])
print("客戶3 = ", vipNames[2])
...
...
print("客戶999 = ", vipNames[999])
```

你的程式可能要寫超過 1000 列，當然碰上這類問題，是不可能用上述方法處理的，不過幸好 Python 語言提供我們解決這類問題的方式，可以輕鬆用迴圈解決，這也是本章的主題。

7-1 基本 for 迴圈

for 迴圈可以讓程式將整個物件內的元素遍歷 (也可以稱迭代)，在遍歷期間，同時可以紀錄或輸出每次遍歷的狀態或稱軌跡。例如：第 2 章的專題計算銀行複利問題，在該章節由於尚未介紹迴圈的觀念，我們無法紀錄每一年的本金和，有了本章的觀念我們可以輕易記錄每一年的本金和變化，for 迴圈基本語法格式如下：

```
for var in 可迭代物件 :                # 可迭代物件英文是 iterable object
    程式碼區塊
```

可迭代物件 (iterable object) 可以是串列、元組、字典與集合或 range( )，在資訊科學中迭代 (iteration) 可以解釋為重複執行敘述，上述語法可以解釋為將可迭代物件的元素當作 var，重複執行，直到每個元素皆被執行一次，整個迴圈才會停止。

設計上述程式碼區塊時，必需要留意縮排的問題，可以參考 if 敘述觀念。由於目前筆者只有介紹串列 (list)，所以讀者可以想像這個可迭代物件 (iterable) 是串列 (list)，第 8 章筆者會講解元組 (Tuple)，第 9 章會講解字典 (Dict)，第 10 章會講解集合 (Set)。另外，上述 for 迴圈的可迭代物件也常是 range( ) 函數產生的可迭代物件，將在 7-2 節說明。

7-1-1　for 迴圈基本運作

例如：如果一個 NBA 球隊有 5 位球員，分別是 Curry、Jordan、James、Durant、Obama，現在想列出這 5 位球員，那麼就很適合使用 for 迴圈執行這個工作。

程式實例 ch7_3.py：列出球員名稱。

```
# ch7_3.py
players = ['Curry', 'Jordan', 'James', 'Durant', 'Obama']
for player in players:
    print(player)
```

執行結果

```
======================= RESTART: D:\Python\ch7\ch7_3.py =======================
Curry
Jordan
James
Durant
Obama
```

上述程式執行的觀念是，當第一次執行下列敘述時：

for player in players:

player 的內容是 'Curry'，然後執行 print(player)，所以會印出 'Curry'，我們也可以將此稱第一次迭代。由於串列 players 內還有其它的元素尚未執行，所以會執行第二次迭代，當執行第二次迭代下列敘述時：

for player in players:

player 的內容是 'Jordan'，然後執行 print(player)，所以會印出 'Jordan'。由於串列 players 內還有其它的元素尚未執行，所以會執行第三次迭代，…，當執行第五次迭代下列敘述時：

for player in players:

player 的內容是 'Obama'，然後執行 print(player)，所以會印出 'Obama'。第六次要執行 for 迴圈時，由於串列 players 內所有元素已經執行，所以這個迴圈就算執行結束。下列是迴圈的流程示意圖。

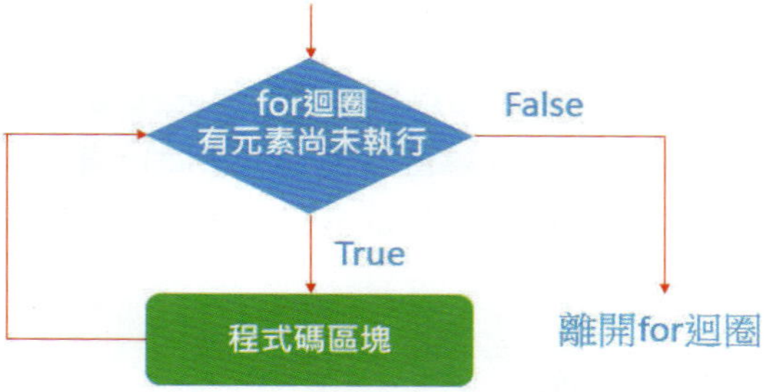

7-1-2　如果程式碼區塊只有一列

使用 for 迴圈時，如果程式碼區塊只有一列，它的語法格式可以用下列方式表達：

for var in 可迭代物件：程式碼區塊

程式實例 ch7_4.py：重新設計 ch7_3.py。

```
# ch7_4.py
players = ['Curry', 'Jordan', 'James', 'Durant', 'Obama']
for player in players:print(player)
```

執行結果　與 ch7_3.py 相同。

7-1-3　有多列的程式碼區塊

如果 for 迴圈的程式碼區塊有多列程式敘述時，要留意這些敘述同時需要做縮排處理，它的語法格式可以用下列方式表達：

```
for var in 可迭代物件：
    程式碼
    ……
```

程式實例 ch7_5.py：這個程式在設計時，首先筆者將串列的元素英文名字全部設定為小寫，然後 for 迴圈的程式碼區塊是有 2 列，這 2 列 (第 4 和 5 列) 皆需內縮處理，編輯程式會預設內縮 4 格，player.title( ) 的 title( ) 方法可以處理第一個字母以大寫顯示。

```
1  # ch7_5.py
2  players = ['curry', 'jordan', 'james', 'durant', 'obama']
3  for player in players:
```

```
    print(f"{player.title()}, it was a great game.")
    print(f"我迫不及待想看下一場比賽 {player.title()}")
```

執行結果

```
======================= RESTART: D:\Python\ch7\ch7_5.py =======================
Curry, it was a great game.
我迫不及待想看下一場比賽 Curry
Jordan, it was a great game.
我迫不及待想看下一場比賽 Jordan
James, it was a great game.
我迫不及待想看下一場比賽 James
Durant, it was a great game.
我迫不及待想看下一場比賽 Durant
Obama, it was a great game.
我迫不及待想看下一場比賽 Obama
```

7-1-4 將 for 迴圈應用在串列區間元素

Python 也允許將 for 迴圈應用在 6-1-3 節串列切片上。

程式實例 ch7_6.py：列出串列前 3 位和後 3 位的球員名稱。

```
# ch7_6.py
players = ['Curry', 'Jordan', 'James', 'Durant', 'Obama']
print("列印前3位球員")
for player in players[:3]:
    print(player)
print("列印後3位球員")
for player in players[-3:]:
    print(player)
```

執行結果

```
======================= RESTART: D:\Python\ch7\ch7_6.py =======================
列印前3位球員
Curry
Jordan
James
列印後3位球員
James
Durant
Obama
```

這個觀念其實很有用，例如：如果你設計一個學習網站，想要每天列出前 3 名學生基本資料同時表揚，可以將每個人的學習成果放在串列內，同時用降冪排序方式處理，最後可用本節觀念列出前 3 名學生資料。

註 升冪是指由小到大排列。降冪是指由大到小排列。

7-1-5 將 for 迴圈應用在資料類別的判斷

程式實例 ch7_7.py：有一個 files 串列內含一系列檔案名稱，請將 ".py" 的 Python 程式檔案另外建立到 py 串列，然後列印。

```
# ch7_7.py
files = ['da1.c','da2.py','da3.py','da4.java']
```

```
py = []
for file in files:
    if file.endswith('.py'):        # 以.py為副檔名
        py.append(file)             # 加入串列
print(py)
```

執行結果

```
======================== RESTART: D:\Python\ch7\ch7_7.py ========================
['da2.py', 'da3.py']
```

7-1-6 活用 for 迴圈

在 6-2-1 節實例 2 筆者列出了字串的相關方法，其實也可以使用 for 迴圈列出所有 Python 內建字串的方法。

實例 1：列出 Python 內建字串的方法，下列只顯示部分方法。

```
>>> string = 'abc'
>>> for i in dir(string):
        print(i)


__add__
__class__
__contains__
```

7-2 range( ) 函數

Python 可以使用 range( ) 函數產生一個等差級序列，我們又稱這等差級序列為可迭代物件 (iterable object)，也可以稱是 range 物件。由於 range( ) 是產生等差級序列，我們可以直接使用，將此等差級序列當作迴圈的計數器。

在前一小節我們使用 "for var in 可迭代物件 " 當作迴圈，這時會使用可迭代物件元素當作迴圈指標，如果是要迭代物件內的元素，這是好方法。但是如果只是要執行普通的迴圈迭代，由於可迭代物件佔用一些記憶體空間，所以這類迴圈需要用較多系統資源。這時我們應該直接使用 range( ) 物件，這類迭代只有迭代時的計數指標需要記憶體，所以可以省略記憶體空間，range( ) 的用法與串列的切片 (slice) 類似。

range(start, stop, step)

上述 stop 是唯一必須的值，等差級序列是產生 stop 的前一個值。例如：如果省略 start，所產生等差級序列範圍是從 0 至 stop-1。step 的預設是 1，所以預設等差序列是遞增 1。如果將 step 設為 2，等差序列是遞增 2。如果將 step 設為 -1，則是產生遞減的等差序列。

下列是沒有 start 和有 start 列印 range( ) 物件內容。

```
>>> for x in range(3):
        print(x)


0
1
2
```

```
>>> for x in range(0,3):
        print(x)


0
1
2
```

上述執行迴圈迭代時，即使是執行 3 圈，但是系統不用一次預留 3 個整數空間儲存迴圈計數指標，而是每次迴圈用 1 個整數空間儲存迴圈計數指標，所以可以節省系統資源。下列是 range( ) 含 step 參數的應用，左邊是建立 1-10 之間的奇數序列，右邊是建立每次遞減 2 的序列。

```
>>> for x in range(1,10,2):
        print(x)


1
3
5
7
9
```

```
>>> for x in range(3,-3,-2):
        print(x)


3
1
-1
```

7-2-1 只有一個參數的 range( ) 函數的應用

當 range(n) 函數搭配一個參數時：

range(n)　　　　# n 是 stop，它將產生 0, 1, … , n-1 的可迭代物件內容

下列是測試 range( ) 方法。

程式實例 ch7_8.py：輸入數字，本程式會將此數字當作列印星星的數量。

```
1  # ch7_8.py
2  n = int(input("請輸入星號數量 : "))  # 定義星號的數量
3  for number in range(n):              # for迴圈
4      print("*",end="")                # 列印星號
```

執行結果

```
===================== RESTART: D:\Python\ch7\ch7_8.py =====================
請輸入星號數量 : 3
***
>>>
===================== RESTART: D:\Python\ch7\ch7_8.py =====================
請輸入星號數量 : 10
**********
```

在上述實例第 3 列的 for 迴圈，其中變數 number 沒有使用，表示迴圈只是固定輸出星號數量，這時可以使用「_」(底線) 代替 number，所以程式第 3 列可以用下列語法取代 (程式實例可以參考 ch7_8_1.py)：

for _ in range(n):

7-2-2　擴充專題銀行存款複利的軌跡

在 2-10-1 節筆者有設計了銀行複利的計算，當時由於 Python 所學語法有限所以無法看出每年本金和的變化，這一節將以實例解說。

程式實例 ch7_9.py：參考 ch2_5.py 的利率與本金，以及年份，本程式會列出每年的本金和的軌跡。

```
# ch7_9.py
money = 50000
rate = 0.015
n = 5
for i in range(n):
    money *= (1 + rate)
    print(f"第 {i+1} 年本金和 : {int(money)}")
```

執行結果

```
======================= RESTART: D:\Python\ch7\ch7_9.py =======================
第 1 年本金和 : 50749
第 2 年本金和 : 51511
第 3 年本金和 : 52283
第 4 年本金和 : 53068
第 5 年本金和 : 53864
```

7-2-3　有 2 個參數的 range( ) 函數

當 range( ) 函數搭配 2 個參數時，它的語法格式如下：

range(start, stop))　# start 是起始值，stop-1 是終止值

上述可以產生 start 起始值到 stop-1 終止值之間每次遞增 1 的序列，start 或 stop 可以是負整數，如果終止值小於起始值則是產生空序列或稱空 range 物件，可參考下列左圖的程式實例。

```
>>> for x in range(10,2):
        print(x)

>>>
```

```
>>> for x in range(-1,2):
        print(x)

-1
0
1
```

上方右圖是迴圈設計時使用負值當作起始值。

程式實例 ch7_10.py：輸入正整數值 n，這個程式會計算從 1 加到 n 之值。

```
# ch7_10.py
n = int(input("請輸入n值 : "))
sum_ = 0      # sum是內建函數，不適合當作變數，所以加上 _
for num in range(1,n+1):
```

```
    sum_ += num
print("總和 = ", sum_)
```

執行結果

```
====================== RESTART: D:\Python\ch7\ch7_10.py ======================
請輸入n值 : 10
總和 =  55
```

7-2-4 有 3 個參數的 range( ) 函數

當 range( ) 函數搭配 3 個參數時，它的語法格式如下：

range(start, stop, step)   # start 是起始值，stop-1 是終止值，step 是間隔值

然後會從起始值開始產生等差級數，每次間隔 step 時產生新數值元素，到 stop-1 為止，下列左圖是產生 2-10 間的偶數。

```
>>> for x in range(2,11,2):
        print(x)


2
4
6
8
10
```

```
>>> for x in range(10,0,-2):
        print(x)


10
8
6
4
2
```

此外，step 值也可以是負值，此時起始值必須大於終止值，可以參考上述右圖。

7-2-5 活用 range( ) 應用

程式設計時我們也可以直接應用 range( )，可以產生程式精簡的效果。

程式實例 ch7_11.py：輸入一個正整數 n，這個程式會列出從 1 加到 n 的總和。

```
# ch7_11.py
n = int(input("請輸入整數:"))
sum_ = sum(range(n + 1))
print(f"從1到{n}的總和是 = {sum_}")
```

執行結果

```
====================== RESTART: D:\Python\ch7\ch7_11.py ======================
請輸入整數:10
從1到10的總和是 = 55
```

上述程式筆者使用了可迭代物件的內建函數 sum 執行總和的計算，它的工作原理並不是一次預留儲存 1, 2, … 10 的記憶體空間，然後執行運算。而是只有一個記憶體空間，每次將迭代的指標放在此空間，然後執行 sum( ) 運算，可以增加工作效率與節省系統記憶體空間。

程式實例 ch7_12.py：建立一個整數平方的串列，為了避免數值太大，若是輸入大於 10，此大於 10 的數值將被設為 10。

```
# ch7_12.py
squares = []                          # 建立空串列
n = int(input("請輸入整數:"))
if n > 10 : n = 10                    # 最大值是10
for num in range(1, n+1):
    squares.append(num ** 2)          # 加入串列
print(squares)
```

執行結果

```
======================= RESTART: D:\Python\ch7\ch7_12.py =======================
請輸入整數:12
[1, 4, 9, 16, 25, 36, 49, 64, 81, 100]
>>>
======================= RESTART: D:\Python\ch7\ch7_12.py =======================
請輸入整數:10
[1, 4, 9, 16, 25, 36, 49, 64, 81, 100]
>>>
======================= RESTART: D:\Python\ch7\ch7_12.py =======================
請輸入整數:5
[1, 4, 9, 16, 25]
```

7-2-6　串列生成 (list generator) 的應用

生成式 (generator) 是一種使用迭代方式產生 Python 數據資料的方式，例如：可以產生串列、字典、集合等。這是結合迴圈與條件運算式的精簡程式碼的方法，如果讀者會用此觀念設計程式，表示讀者的 Python 功力已跳脫初學階段，如果你是有其它程式語言經驗的讀者，表示你已經逐漸跳脫其它程式語言的枷鎖，逐步蛻變成真正 Python 程式設計師。

程式實例 ch7_13.py：從觀念說起，建立 0-5 的串列，讀者最初可能會用下列方法。

```
# ch7_13.py
xlst = []
xlst.append(0)
xlst.append(1)
xlst.append(2)
xlst.append(3)
xlst.append(4)
xlst.append(5)
print(xlst)
```

執行結果

```
======================= RESTART: D:\Python\ch7\ch7_13.py =======================
[0, 1, 2, 3, 4, 5]
```

如果要讓程式設計更有效率，讀者可以使用一個 for 迴圈和 range( )。

程式實例 ch7_14.py：使用一個 for 迴圈和 range( ) 重新設計上述程式。

```
# ch7_14.py
xlst = []
```

```
for n in range(6):
    xlst.append(n)
print(xlst)
```

執行結果 與 ch7_13.py 相同。

或是直接使用 list( ) 將 range(n) 當作是參數。

程式實例 ch7_15.py：直接使用 list( ) 將 range(n) 當作是參數，重新設計上述程式。

```
# ch7_15.py
xlst = list(range(6))
print(xlst)
```

執行結果 與 ch7_13.py 相同。

上述方法均可以完成工作，但是如果要成為真正的 Python 工程師，建議是使用串列生成式 (list generator) 的觀念。在說明實例前先看串列生成式的語法：

新串列 = [運算式 for 項目 in 可迭代物件]

上述語法觀念是，將每個可迭代物件套入運算式，每次產生一個串列元素。如果將串列生成式的觀念應用在上述實例，整個內容如下：

xlst = [n for n in range(6)]

上述第 1 個 n 是產生串列的值，也可以想成迴圈結果的值，第 2 個 n 是 for 迴圈的一部份，用於迭代 range(6) 內容。

程式實例 ch7_16.py：用串列生成式產生串列。

```
# ch7_16.py
xlst = [ n for n in range(6)]
print(xlst)
```

執行結果 與 ch7_13.py 相同。

讀者需記住，第 1 個 n 是產生串列的值，其實這部份也可以是一個運算式，

如果將上述觀念應用在改良 ch7_12.py，可以將該程式第 5-6 列轉成串列生成語法，此時內容可以修改如下：

square = [num ** 2 for num in range(1, n+1)]

此外，用這種方式設計時，相較於 ch7_12.py，我們可以省略第 2 列建立空串列。

程式實例 ch7_17.py：重新設計 ch7_12.py，進階串列生成的應用。

```
# ch7_17.py
n = int(input("請輸入整數:"))
if n > 10 : n = 10              # 最大值是10
squares = [num ** 2 for num in range(1, n+1)]
print(squares)
```

執行結果 與 ch7_12.py 相同。

程式實例 ch7_17_1.py：有一個攝氏溫度串列 celsius，這個程式會利用此串列生成華氏溫度串列 fahrenheit。

```
# ch7_17_1.py
celsius = [21, 25, 29]
fahrenheit = [(x * 9 / 5 + 32) for x in celsius]
print(fahrenheit)
```

執行結果

```
===================== RESTART: D:\Python\ch7\ch7_17_1.py =====================
[69.8, 77.0, 84.2]
```

程式實例 ch7_17_2.py：畢達哥拉斯直角三角形 (A Pythagorean triple) 定義，其實這是我們國中數學所學的畢氏定理，基本觀念是直角三角形兩邊長的平方和等於斜邊的平方，如下：

$a^2 + b^2 = c^2$ # c 是斜邊長

這個定理我們可以用 (a, b, c) 方式表達，最著名的實例是 (3,4,5)，小括號是元組的表達方式，由於我們尚未介紹元組，所以本節使用 [a,b,c] 串列表示。這個程式會生成 0 ~ 19 間符合定義的 a、b、c 串列值。

```
# ch7_17_2.py
x = [[a, b, c] for a in range(1,20) for b in range(a,20) for c in range(b,20)
      if a ** 2 + b ** 2 == c **2]
print(x)
```

執行結果

```
===================== RESTART: D:\Python\ch7\ch7_17_2.py =====================
[[3, 4, 5], [5, 12, 13], [6, 8, 10], [8, 15, 17], [9, 12, 15]]
```

程式實例 ch7_17_3.py：在數學的使用中可能會碰上下列數學定義。

A * B = {(a, b)}：a 屬於 A 元素，b 屬於 B 元素

我們可以用下列程式生成這類的串列。

```
# ch7_17_3.py
colors = ["Red","Green","Blue"]
shapes = ["Circle","Square","Line"]
result = [[color,shape] for color in colors for shape in shapes]
print(result)
```

執行結果

```
===================== RESTART: D:\Python\ch7\ch7_17_3.py =====================
[['Red', 'Circle'], ['Red', 'Square'], ['Red', 'Line'], ['Green', 'Circle'], ['G
reen', 'Square'], ['Green', 'Line'], ['Blue', 'Circle'], ['Blue', 'Square'], ['B
lue', 'Line']]
```

程式實例 ch7_18.py：簡化上一個程式，這個程式會從每個串列中拉出 color 和 shape 的串列元素值。然後列出串列內每個元素串列值，這個觀念稱 list unpacking。

```
# ch7_18.py
colors = ["Red", "Green", "Blue"]
shapes = ["Circle", "Square"]
result = [[color, shape] for color in colors for shape in shapes]
for color, shape in result:
    print(color, shape)
```

執行結果

```
====================== RESTART: D:\Python\ch7\ch7_18.py ======================
Red Circle
Red Square
Green Circle
Green Square
Blue Circle
Blue Square
```

7-2-7 含有條件式的串列生成

多了 if 條件的串列生成，其語法如下：

新串列 = [運算式 for 項目 in 可迭代物件 if 條件式]

實例 1：用傳統方式建立 1, 3, … , 9 的串列：

```
>>> for num in range(1,10):
        if num % 2 == 1:
            oddlist.append(num)


>>> oddlist
[1, 3, 5, 7, 9]
```

實例 2：使用 Python 精神，設計含有條件式的串列生成程式。

```
>>> oddlist = [num for num in range(1,10) if num % 2 == 1]
>>> oddlist
[1, 3, 5, 7, 9]
```

實例 3： 多個條件的串列生成，建立 0 ~ 100 間可以被 3 和 5 整除的串列。

```
>>> y = [x for x in range(100) if x % 3 == 0 and x % 5 == 0]
>>> print(y)
[0, 15, 30, 45, 60, 75, 90]
```

實例 4： if … else 條件的應用，建立 0 ~ 10 間，偶數保持不變，奇數乘以 -1 的串列。

```
>>> y = [x if x % 2 == 0 else -x for x in range(10)]
>>> print(y)
[0, -1, 2, -3, 4, -5, 6, -7, 8, -9]
```

7-2-8 列出 ASCII 碼值或 Unicode 碼值的字元

學習程式語言重要是活用，在 3-5-1 節筆者介紹了 ASCII 碼，下列是列出碼值 32 至 127 間的 ASCII 字元。

```
>>> for x in range(32,128):
        print(chr(x),end='')

 !"#$%&'()*+,-./0123456789:;<=>?@ABCDEFGHIJKLMNOPQRSTUVWXYZ[\]^_`abcdefghijklmno
pqrstuvwxyz{|}~
```

在 3-5-2 節筆者介紹了 Unicode 碼，下列是產生 Unicode 字元 0x6d2a 至 0x6e29 之間的字元。

```
>>> for x in range(0x6d2a, 0x6e2a):
        print(chr(x),end='')

洪洫洬洭洮洯洰洱洲洳洴洵洶洷洸洹洺活洼洽派洿浀流浂浃浄浅浆浇浈浉浊测浌浍济浏浐浑
浒浓浔浕浖浗浘浙浚浛浜浝浞浟浠浡浢浣浤浥浦浧浨浩浪浫浬浭浮浯浰浱浲浳浴浵浶海浸浹
浺浻浼浽浾浿涀涁涂涃涄涅涆涇消涉涊涋涌涍涎涏涐涑涒涓涔涕涖涗涘涙涚涛涜涝涞涟涠涡
涢涣涤涥润涧涨涩涪涫涬涭涮涯涰涱液涳涴涵涶涷涸涹涺涻涼涽涾涿淀淁淂淃淄淅淆淇淈淉
淊淋淌淍淎淏淐淑淒淓淔淕淖淗淘淙淚淛淜淝淞淟淠淡淢淣淤淥淦淧淨淩淪淫淬淭淮淯淰深
淲淳淴淵淶混淸淹淺添淼淽淾淿渀渁渂渃渄清渆渇済渉渊渋渌渍渎渏渐渑渒渓渔渕渖渗渘渙
渚減渜渝渞渟渠渡渢渣渤渥渦渧渨温
```

程式實例 ch7_18_1.py： 在 3-5-2 節筆者介紹了 Unicode 碼，羅馬數字 1 – 10 的 Unicode 字元是 0x2160 至 0x2169 之間，如下所示。

```
# ch7_18_1.py
for x in range(0x2160, 0x216a):
    print(chr(x), end=' ')
```

執行結果

```
==================== RESTART: D:/Python/ch7/ch7_18_1.py ====================
Ⅰ Ⅱ Ⅲ Ⅳ Ⅴ Ⅵ Ⅶ Ⅷ Ⅸ Ⅹ
```

有關更多阿拉伯數字與 Unicode 字元碼的對照表，讀者可以參考下列 Unicode 字符百科的網址。

https://unicode-table.com/cn/sets/arabic-numerals/

7-2-9 設計刪除串列內所有元素

程式實例 ch7_18_2.py：刪除串列內所有元素，Python 沒有提供刪除整個串列元素的方法，不過我們可以使用 for 迴圈完成此工作。

```python
# ch7_18_2.py
fruits = ['蘋果', '香蕉', '西瓜']
print("目前fruits串列 : ", fruits)

for fruit in fruits[:]:
    fruits.remove(fruit)
    print(f"刪除 {fruit}")
    print("目前fruits串列 : ", fruits)
```

執行結果

```
===================== RESTART: D:\Python\ch7\ch7_18_2.py =====================
目前fruits串列 :  ['蘋果', '香蕉', '西瓜']
刪除 蘋果
目前fruits串列 :  ['香蕉', '西瓜']
刪除 香蕉
目前fruits串列 :  ['西瓜']
刪除 西瓜
目前fruits串列 :  []
```

7-3 進階的 for 迴圈應用

7-3-1 巢狀 for 迴圈

一個迴圈內有另一個迴圈，我們稱這是巢狀迴圈。如果外層迴圈要執行 n 次，內層迴圈要執行 m 次，則整個迴圈執行的次數是 n*m 次，設計這類迴圈時要特別注意下列事項：

- 外層迴圈的索引值變數與內層迴圈的索引值變數建議是不要相同，以免混淆。
- 程式碼的內縮一定要小心。

下列是巢狀迴圈基本語法：

```
for var1 in 可迭代物件 :                # 外層 for 迴圈
  …
    for var2 in 可迭代物件 :            # 內層 for 迴圈
        ....
```

程式實例 ch7_19.py：列印 9*9 的乘法表。

```
1 # ch7_19.py
2 for i in range(1, 10):
3     for j in range(1, 10):
4         result = i * j
5         print(f"{i}*{j}={result:<3d}", end=" ")
6     print()              # 換列輸出
```

執行結果

```
====================== RESTART: D:\Python\ch7\ch7_19.py ======================
1*1=1   1*2=2   1*3=3   1*4=4   1*5=5   1*6=6   1*7=7   1*8=8   1*9=9
2*1=2   2*2=4   2*3=6   2*4=8   2*5=10  2*6=12  2*7=14  2*8=16  2*9=18
3*1=3   3*2=6   3*3=9   3*4=12  3*5=15  3*6=18  3*7=21  3*8=24  3*9=27
4*1=4   4*2=8   4*3=12  4*4=16  4*5=20  4*6=24  4*7=28  4*8=32  4*9=36
5*1=5   5*2=10  5*3=15  5*4=20  5*5=25  5*6=30  5*7=35  5*8=40  5*9=45
6*1=6   6*2=12  6*3=18  6*4=24  6*5=30  6*6=36  6*7=42  6*8=48  6*9=54
7*1=7   7*2=14  7*3=21  7*4=28  7*5=35  7*6=42  7*7=49  7*8=56  7*9=63
8*1=8   8*2=16  8*3=24  8*4=32  8*5=40  8*6=48  8*7=56  8*8=64  8*9=72
9*1=9   9*2=18  9*3=27  9*4=36  9*5=45  9*6=54  9*7=63  9*8=72  9*9=81
```

上述程式第 5 列「%<3d」主要是供 result 使用，表示每一個輸出預留 3 格，同時靠左輸出。同一列 end=" " 則是設定，輸出完空一格，下次輸出不換列輸出。當內層迴圈執行完一次，則執行第 6 列，這是外層迴圈敘述，主要是設定下次換列輸出，相當於下次再執行內層迴圈時換列輸出。

程式實例 ch7_20.py：繪製直角三角形。

```
# ch7_20.py
for i in range(1, 10):
    for j in range(1, 10):
        if j <= i:
            print("aa", end="")
    print()                # 換列輸出
```

執行結果

```
====================== RESTART: D:\Python\ch7\ch7_20.py ======================
aa
aaaa
aaaaaa
aaaaaaaa
aaaaaaaaaa
aaaaaaaaaaaa
aaaaaaaaaaaaaa
aaaaaaaaaaaaaaaa
aaaaaaaaaaaaaaaaaa
```

上述程式實例主要是訓練讀者雙層迴圈的邏輯觀念，其實也可以使用單層迴圈繪製上述直角三角形，讀者可以當作習題練習。

7-3-2 強制離開 for 迴圈 - break 指令

在設計 for 迴圈時，如果期待某些條件發生時可以離開迴圈，可以在迴圈內執行 break 指令，即可立即離開迴圈，這個指令通常是和 if 敘述配合使用。下列是常用的語法格式：

```
for var in 可迭代物件：
    程式碼區塊 1
    if 條件運算式：          # 判斷條件運算式
        程式碼區塊 2
        break               # 如果條件運算式是 True 則離開 for 迴圈
    程式碼區塊 3
```

下列是流程圖，其中在 for 迴圈內的 if 條件判斷，也許前方有程式碼區塊 1、if 條件內有程式碼區塊 2 或是後方有程式碼區塊 3，只要 if 條件判斷是 True，則執行 if 條件內的程式碼區塊 2 後，可立即離開迴圈。

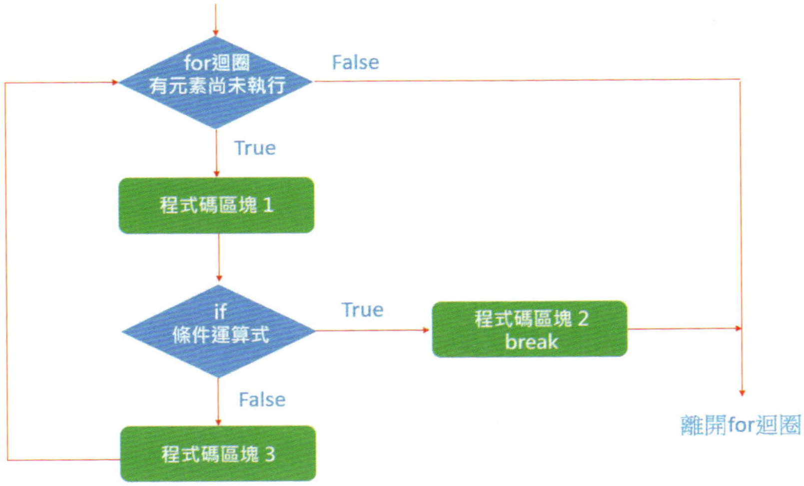

例如：如果你設計一個比賽，可以將參加比賽者的成績列在串列內，如果想列出前 20 名參加決賽，可以設定 for 迴圈當選取 20 名後，即離開迴圈，此時就可以使用 break 功能。

程式實例 ch7_21.py：列出球員名稱，螢幕輸球員人數，這個程式同時設定，如果螢幕輸入的人數大於串列的球員數時，自動將所輸入的人數降為串列的球員數。

```
# ch7_21.py
players = ['Curry','Jordan','James','Durant','Obama','Kevin','Lin']
n = int(input("請輸入人數 = "))
if n > len(players) : n = len(players)  # 列出人數不大於串列元素數
index = 0                               # 索引
for player in players:
    if index == n:
        break
    print(player, end=" ")
    index += 1                          # 索引加1
```

執行結果

```
===================== RESTART: D:\Python\ch7\ch7_21.py =====================
請輸入人數 = 5
Curry Jordan James Durant Obama
>>>
===================== RESTART: D:\Python\ch7\ch7_21.py =====================
請輸入人數 = 9
Curry Jordan James Durant Obama Kevin Lin
```

程式實例 ch7_22.py：一個串列 scores 內含有 10 個分數元素，請列出最高分的前 5 個成績。

```
# ch7_22.py
scores = [94, 82, 60, 91, 88, 79, 61, 93, 99, 77]
scores.sort(reverse = True)         # 從大到小排列
count = 0
for sc in scores:
    count += 1
    print(sc, end=" ")
    if count == 5:                  # 取前5名成績
        break                       # 離開for迴圈
```

執行結果

```
====================== RESTART: D:\Python\ch7\ch7_22.py ======================
99 94 93 91 88
```

7-3-3　for 迴圈暫時停止不往下執行 – continue 指令

在設計 for 迴圈時，如果期待某些條件發生時可以不往下執行迴圈內容，此時可以用 continue 指令，這個指令通常是和 if 敘述配合使用。下列是常用的語法格式：

```
for var in 可迭代物件：
    程式碼區塊 1
    if 條件運算式：   # 如果條件運算式是 True 則不執行程式碼區塊 3
        程式碼區塊 2
        continue
    程式碼區塊 3
```

下列是流程圖，相當於如果發生 if 條件判斷是 True 時，則不執行程式碼區塊 3 內容。

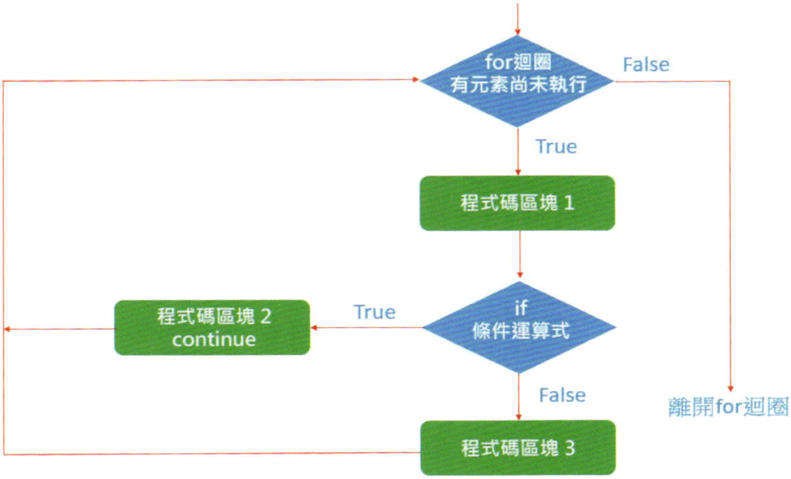

程式實例 ch7_23.py：有一個串列 scores 紀錄 James 的比賽得分，設計一個程式可以列出 James 有多少場次得分大於或等於 30 分。

```
# ch7_23.py
scores = [33, 22, 41, 25, 39, 43, 27, 38, 40]
games = 0
for score in scores:
    if score < 30:              # 小於30則不往下執行
        continue
    games += 1                  # 場次加1
print(f"有{games}場得分超過30分")
```

執行結果

```
======================== RESTART: D:\Python\ch7\ch7_23.py ========================
有6場得分超過30分
```

程式實例 ch7_24.py：有一個串列 players，這個串列的元素也是串列，包含球員名字和身高資料，列出所有身高是 200(含) 公分以上的球員資料。

```
# ch7_24.py
players = [['James', 202],
           ['Curry', 193],
           ['Durant', 205],
           ['Jordan', 199],
           ['David', 211]]
for player in players:
    if player[1] < 200:
        continue
    print(player)
```

執行結果

```
======================== RESTART: D:\Python\ch7\ch7_24.py ========================
['James', 202]
['Durant', 205]
['David', 211]
```

對於上述 for 迴圈而言，每次執行第 7 列時，player 的內容是 players 的一個元素，而這個元素是一個串列，例如：第一次執行時 player 內容是如下：

['James', 202]

執行第 8 列時，player[1] 的值是 202。由於 if 判斷的結果是 False，所以會執行第 10 列的 print(player) 指令，其他可依此類推。

7-3-4　for … else 迴圈

在設計 for 迴圈時，如果期待所有的 if 敘述條件是 False 時，在最後一次迴圈後，可以執行特定程式區塊指令，可使用這個敘述，這個指令通常是和 if 和 break 敘述配合使用。下列是常用的語法格式：

```
for var in 可迭代物件：
    if 條件運算式：              # 如果條件運算式是 True 則離開 for 迴圈
        程式碼區塊 1
        break
else:
    程式碼區塊 2                 # 最後一次迴圈條件運算式是 False 則執行
```

其實這個語法很適合傳統數學中測試某一個數字 n 是否是質數 (Prime Number)，質數的條件是：

- 2 是質數。
- n 不可被 2 至 n-1 的數字整除。

程式實例 ch7_25.py：質數測試的程式，如果所輸入的數字是質數則列出是質數，否則列出不是質數。

```
# ch7_25.py
num = int(input("請輸入大於1的整數做質數測試 = "))
if num == 2:                            # 2是質數所以直接輸出
    print(f"{num}是質數")
else:
    for n in range(2, num):             # 用2 .. num-1當除數測試
        if num % n == 0:                # 如果整除則不是質數
            print(f"{num}不是質數")
            break                       # 離開迴圈
    else:                               # 否則是質數
        print(f"{num}是質數")
```

執行結果

```
===================== RESTART: D:\Python\ch7\ch7_25.py =====================
請輸入大於1的整數做質數測試 = 12
12不是質數
>>>
===================== RESTART: D:\Python\ch7\ch7_25.py =====================
請輸入大於1的整數做質數測試 = 13
13是質數
```

註 質數的英文是 Prime number，prime 的英文有強者的意義，所以許多有名的職業球員喜歡用質數當作背號，例如：Lebron James 是 23，Michael Jordan 是 23，Kevin Durant 是 7。

7-4 while 迴圈

這也是一個迴圈，基本上迴圈會一直執行直到條件運算為 False 才會離開迴圈，所以設計 while 迴圈時一定要設計一個條件可以離開迴圈，相當於讓迴圈結束。程式設計時，如果忘了設計條件可以離開迴圈，程式造成無限迴圈狀態，此時可以同時按 Ctrl+C，中斷程式的執行離開無限迴圈的陷阱。

一般 while 迴圈使用的語意上是條件控制迴圈，在符合特定條件下執行。for 迴圈則是算一種計數迴圈，會重複執行特定次數。

```
while 條件運算：
    程式碼區塊
```

下列是 while 迴圈語法流程圖。

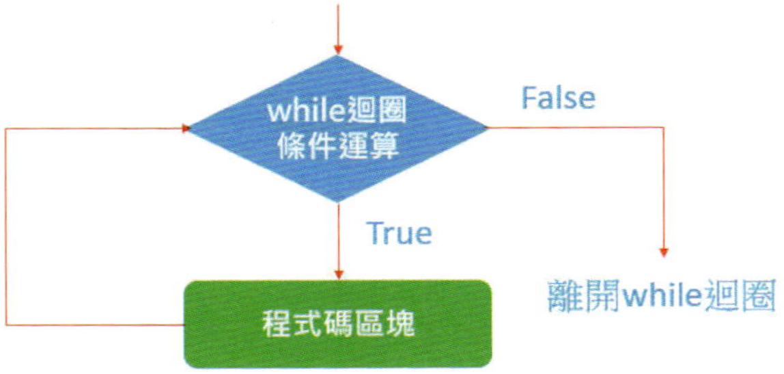

7-4-1 基本 while 迴圈

程式實例 ch7_26.py：這個程式會輸出你所輸入的內容，當輸入 q 時，程式才會執行結束。

```python
# ch7_26.py
msg1 = '人機對話專欄,告訴我心事吧,我會重複你告訴我的心事!'
msg2 = '輸入 q 可以結束對話'
msg = msg1 + '\n' + msg2 + '\n' + '= '
input_msg = ''                          # 預設為空字串
while input_msg != 'q':
    input_msg = input(msg)
    if input_msg != 'q':                # 如果輸入不是q才輸出訊息
        print(input_msg)
```

執行結果

```
===================== RESTART: D:\Python\ch7\ch7_26.py =====================
人機對話專欄,告訴我心事吧,我會重複你告訴我的心事!
輸入 q 可以結束對話
= I love you
I love you
人機對話專欄,告訴我心事吧,我會重複你告訴我的心事!
輸入 q 可以結束對話
= q
```

上述程式儘管可以完成工作，但是當我們在設計大型程式時，如果可以有更明確的標記，記錄程式是否繼續執行將更佳，下列筆者將用一個布林變數值 active 當作標記，如果是 True 則 while 迴圈繼續，否則 while 迴圈結束。

程式實例 ch7_27.py：改良 ch7_26.py 程式的可讀性，使用標記 active 紀錄是否迴圈繼續。

```python
# ch7_27.py
msg1 = '人機對話專欄,告訴我心事吧,我會重複你告訴我的心事!'
msg2 = '輸入 q 可以結束對話'
msg = msg1 + '\n' + msg2 + '\n' + '= '
active = True
while active:                       # 迴圈進行直到active是False
    input_msg = input(msg)
    if input_msg != 'q':            # 如果輸入不是q才輸出訊息
        print(input_msg)
    else:
        active = False              # 輸入是q所以將active設為False
```

執行結果 與 ch7_26.py 相同。

7-4-2 認識哨兵值 (Sentinel value)

在程式設計時，我們可以在 while 迴圈中設定一個輸入數值當作迴圈執行結束的值，這個值稱哨兵值 (Sentinel value)。

程式實例 ch7_28.py：計算輸入值的總和，哨兵值是 0，如果輸入 0 則程式結束。

```python
# ch7_28.py
n = int(input("請輸入一個值 : "))
sum = 0
while n:
    sum += n
```

```
    n = int(input("請輸入一個值 : "))
print("輸入總和 = ", sum)
```

執行結果

```
==================== RESTART: D:\Python\ch7\ch7_28.py ====================
請輸入一個值 : 5
請輸入一個值 : 8
請輸入一個值 : 10
請輸入一個值 : 0
輸入總和 =  23
```

7-4-3 巢狀 while 迴圈

while 迴圈也允許巢狀迴圈，此時的語法格式如下：

```
while 條件運算：                # 外層 while 迴圈
    …
    while 條件運算：            # 內層 while 迴圈
        …
```

下列是我們已經知道 while 迴圈會執行幾次的應用。

程式實例 ch7_29.py：使用 while 迴圈重新設計 ch7_19.py，列印 9*9 乘法表。

```
# ch7_29.py
i = 1                          # 設定i初始值
while i <= 9:                  # 當i大於9跳出外層迴圈
    j = 1                      # 設定j初始值
    while j <= 9:              # 當j大於9跳出內層迴圈
        result = i * j
        print(f"{i}*{j}={result:<3d}", end=" ")
        j += 1                 # 內層迴圈加1
    print()                    # 換列輸出
    i += 1                     # 外層迴圈加1
```

執行結果 與 ch7_19.py 相同。

7-4-4 強制離開 while 迴圈 - break 指令

7-3-2 節所介紹的 break 指令與觀念，也可以應用在 while 迴圈。在設計 while 迴圈時，如果期待某些條件發生時可以離開迴圈，可以在迴圈內執行 break 指令，就可以立即離開迴圈，這個指令通常是和 if 敘述配合使用。下列是常用的語法格式：

```
while 條件運算式 A：
    程式碼區塊 1
    if 條件運算式 B：          # 判斷條件運算式 B
        程式碼區塊 2
        break                  # 如果條件運算式 B 是 True 則離開 while 迴圈
    程式碼區塊 3
```

程式實例 ch7_30.py：這個程式會先建立 while 無限迴圈，如果輸入 q，則可跳出這個 while 無限迴圈。程式內容主要是要求輸入水果，然後輸出此水果。

```
# ch7_30.py
msg1 = '人機對話專欄,請告訴我妳喜歡吃的水果!'
msg2 = '輸入 q 可以結束對話'
msg = msg1 + '\n' + msg2 + '\n' + '= '
while True:                          # 這是while無限迴圈
    input_msg = input(msg)
    if input_msg == 'q':             # 輸入q可用break跳出迴圈
        break
    else:
        print(f"我也喜歡吃 {input_msg.title()}")
```

執行結果

```
===================== RESTART: D:\Python\ch7\ch7_30.py =====================
人機對話專欄,請告訴我妳喜歡吃的水果!
輸入 q 可以結束對話
= apple
我也喜歡吃 Apple
人機對話專欄,請告訴我妳喜歡吃的水果!
輸入 q 可以結束對話
= q
```

程式實例 ch7_31.py：使用 while 迴圈重新設計 ch7_21.py。

```
1  # ch7_31.py
2  players = ['Curry','Jordan','James','Durant','Obama','Kevin','Lin']
3  n = int(input("請輸入人數 = "))
4  if n > len(players) : n = len(players)  # 列出人數不大於串列元素數
5  index = 0                               # 索引index
6  while index < len(players):             # 是否index在串列長度範圍
7      if index == n:                      # 是否達到想列出的人數
8          break
9      print(players[index], end=" ")
10     index += 1                          # 索引index加1
```

執行結果　與 ch7_24.py 相同。

上述程式第 6 列的 "index < len(players)" 相當於是語法格式的條件運算式 A，控制迴圈是否終止。程式第 7 列的 "index == n" 相當於是語法格式的條件運算式 B，可以控制是否中途離開 while 迴圈。

7-4-5　while 迴圈暫時停止不往下執行 – continue 指令

在設計 while 迴圈時，如果期待某些條件發生時可以不往下執行迴圈內容，此時可以用 continue 指令，這個指令通常是和 if 敘述配合使用。下列是常用的語法格式：

```
while 條件運算 A：
    程式碼區塊 1
    if 條件運算式 B：# 如果條件運算式 B 是 True 則不執行程式碼區塊 3
        程式碼區塊 2
        continue
    程式碼區塊 3
```

程式實例 ch7_32.py：列出 1 至 10 之間的偶數。

```
# ch7_32.py
index = 0
while index <= 10:
    index += 1
    if index % 2:             # 測試是否奇數
        continue              # 不往下執行
    print(index)              # 輸出偶數
```

執行結果

```
====================== RESTART: D:\Python\ch7\ch7_32.py ======================
2
4
6
8
10
```

7-4-6 while 迴圈條件運算式與可迭代物件

while 迴圈的條件運算式也可與可迭代物件配合使用，此時它的語法格式觀念 1 如下：

```
while var in 可迭代物件：              # 如果 var in 可迭代物件是 True 則繼續
    程式區塊
```

語法格式觀念 2 如下：

```
while 可迭代物件：                     # 迭代物件是空的才結束
    程式區塊
```

程式實例 ch7_33.py：刪除串列內的 apple 字串，程式第 5 列，只要在 fruits 串列內可以找到變數 fruit 內容是 apple，就會傳回 True，迴圈將繼續。

```
1 # ch7_33.py
2 fruits = ['apple', 'orange', 'apple', 'banana', 'apple']
3 fruit = 'apple'
4 print("刪除前的fruits", fruits)
5 while fruit in fruits:        # 只要串列內有apple迴圈就繼續
6     fruits.remove(fruit)
7 print("刪除後的fruits", fruits)
```

執行結果

```
====================== RESTART: D:\Python\ch7\ch7_33.py ======================
刪除前的fruits ['apple', 'orange', 'apple', 'banana', 'apple']
刪除後的fruits ['orange', 'banana']
```

程式實例 ch7_34.py：有一個串列 buyers，此串列內含購買者和消費金額，如果購買金額超過或達到 1000 元，則歸類為 VIP 買家 vipbuyers 串列。否則是 Gold 買家 goldbuyers 串列。

```
1  # ch7_34.py
2  buyers = [['James', 1030],                    # 建立買家購買紀錄
3             ['Curry', 893],
4             ['Durant', 2050],
5             ['Jordan', 990],
6             ['David', 2110]]
7  goldbuyers = []                                # Gold買家串列
8  vipbuyers =[]                                  # VIP買家串列
9  while buyers:                                  # 買家分類完成,迴圈才會結束
10     index_buyer = buyers.pop()
11     if index_buyer[1] >= 1000:                 # 用1000圓執行買家分類條件
12         vipbuyers.append(index_buyer)          # 加入VIP買家串列
13     else:
14         goldbuyers.append(index_buyer)         # 加入Gold買家串列
15 print("VIP 買家資料", vipbuyers)
16 print("Gold買家資料", goldbuyers)
```

執行結果

```
====================== RESTART: D:\Python\ch7\ch7_34.py ======================
VIP 買家資料 [['David', 2110], ['Durant', 2050], ['James', 1030]]
Gold買家資料 [['Jordan', 990], ['Curry', 893]]
```

上述程式第 9 列只要串列不是空串列，while 迴圈就會一直執行。

7-4-7　無限迴圈與 pass

pass 指令是什麼事也不做，如果我們想要建立一個無限迴圈可以使用下列寫法。

```
while True:
    pass
```

也可以將 True 改為阿拉伯數字 1，如下所示：

```
while 1:
    pass
```

不過不建議這麼做，這會讓程式進入無限迴圈。這個指令有時候會用在設計一個迴圈或函數 (將在第 11-10 節解說) 尚未完成時，先放 pass，未來再用完整程式碼取代。

程式實例 ch7_35.py： pass 應用在迴圈的實例，這個程式的迴圈尚未設計完成，所以筆者先用 pass 處理。

```
# ch7_35.py
schools = ['明志科大', '台灣科大', '台北科大']
for school in schools:
    pass
```

執行結果 沒有任何資料輸出。

7-5 enumerate 物件使用 for 迴圈解析

延續 6-12 節的 enumerate 物件可知，這個物件是由索引值與元素值配對出現。我們使用 for 迴圈迭代一般物件 (例如：串列) 時，無法得知每個物件元素的索引，但是可以利用 enumerate( ) 方法建立 enumerate 物件，建立原物件的索引資訊。

然後我們可以使用 for 迴圈將每一個物件的索引值與元素值解析出來。

程式實例 ch7_36.py：繼續設計 ch6_47.py，將 enumerate 物件的索引值與元素值解析出來。

```
1  # ch7_36.py
2  drinks = ["coffee", "tea", "wine"]
3  # 解析enumerate物件
4  for drink in enumerate(drinks):                # 數值初始是0
5      print(drink)
6  for count, drink in enumerate(drinks):
7      print(count, drink)
8  print("****************")
9  # 解析enumerate物件
10 for drink in enumerate(drinks, 10):            # 數值初始是10
11     print(drink)
12 for count, drink in enumerate(drinks, 10):
13     print(count, drink)
```

執行結果

```
===================== RESTART: D:\Python\ch7\ch7_36.py =====================
(0, 'coffee')
(1, 'tea')
(2, 'wine')
0 coffee
1 tea
2 wine
****************
(10, 'coffee')
(11, 'tea')
(12, 'wine')
10 coffee
11 tea
12 wine
```

上述程式第 6 列觀念如下：

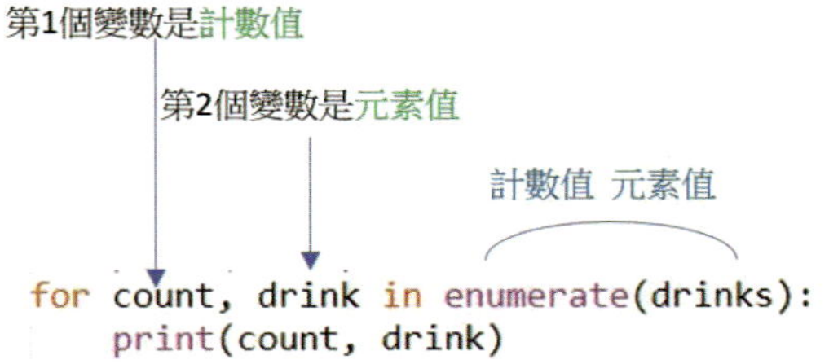
第1個變數是計數值
第2個變數是元素值
計數值 元素值
for count, drink in enumerate(drinks):
print(count, drink)

由於 enumerate(drinks) 產生的 enumerate 物件是配對存在，可以用 2 個變數遍歷這個物件，只要仍有元素尚未被遍歷迴圈就會繼續。為了讓讀者了解 enumerate 物件的奧妙。下列是重新設計 ch7_23.py 這個程式將更有效率，也是 Python 高手的用法。

程式實例 ch7_37.py：以下是某位 NBA 球員的前 10 場的得分數據，可參考程式第 2 列，使用 emuerate( ) 觀念列出那些場次得分超過 20 分 (含)。註：場次從第 1 場開始。

```
1  # ch7_37.py
2  scores = [21,29,18,33,12,17,26,28,15,19]
3  # 解析enumerate物件
4  for count, score in enumerate(scores, 1):    # 初始值是 1
5      if score >= 20:
6          print(f"場次 {count} : 得分 {score}")
```

執行結果

```
===================== RESTART: D:\Python\ch7\ch7_37.py =====================
場次 1 : 得分 21
場次 2 : 得分 29
場次 4 : 得分 33
場次 7 : 得分 26
場次 8 : 得分 28
```

7-6 專題 - 購物車 / 成績 / 圓周率 / 雞兔同籠 / 國王麥粒 / 電影院劃位

7-6-1 設計購物車系統

程式實例 ch7_38.py：簡單購物車的設計，這個程式執行時會列出所有商品，讀者可以選擇商品，如果所輸入商品在商品串列則加入購物車，如果輸入 Q 或 q 則購物結束，輸出所購買商品。

```
# ch7_38.py
store = 'DeepMind購物中心'
products = ['電視','冰箱','洗衣機','電扇','冷氣機']
cart = []                                   # 購物車
print(store)
print(products,"\n")
while True:                                 # 這是while無限迴圈
    msg = input("請輸入購買商品(q=quit) : ")
    if msg == 'q' or msg=='Q':
        break
    else:
        if msg in products:
            cart.append(msg)
print("今天購買商品", cart)
```

執行結果

```
===================== RESTART: D:\Python\ch7\ch7_38.py =====================
DeepMind購物中心
['電視', '冰箱', '洗衣機', '電扇', '冷氣機']

請輸入購買商品(q=quit) : 電視
請輸入購買商品(q=quit) : 冰箱
請輸入購買商品(q=quit) : q
今天購買商品 ['電視', '冰箱']
```

7-6-2 建立真實的成績系統

在 6-7-4 節筆者介紹了成績系統的計算，如下所示：

姓名	國文	英文	數學	總分
洪錦魁	80	95	88	0
洪冰儒	98	97	96	0
洪雨星	91	93	95	0
洪冰雨	92	94	90	0
洪星宇	92	97	80	0

其實更真實的成績系統應該如下所示：

座號	姓名	國文	英文	數學	總分	平均	名次
1	洪錦魁	80	95	88	0	0	0
2	洪冰儒	98	97	96	0	0	0
3	洪雨星	91	93	95	0	0	0
4	洪冰雨	92	94	90	0	0	0
5	洪星宇	92	97	80	0	0	0

在上述成績系統表格中，我們使用各科考試成績然後必需填入每個人的總分、平均、名次。要處理上述成績系統，關鍵是學會二維串列的排序，如果想針對串列內第 n 個元素值排序，使用方法如下：

二維串列 .sort(key=lambda x:x[n])

上述函數方法參數有 lambda 關鍵字，讀者可以不理會直接參考輸入，即可獲得排序結果，未來介紹函數時，在 11-9 節筆者會介紹此關鍵字。

程式實例 ch7_39.py：設計真實的成績系統排序。

```
# ch7_39.py
sc = [[1, '洪錦魁', 80, 95, 88, 0, 0, 0],
      [2, '洪冰儒', 98, 97, 96, 0, 0, 0],
      [3, '洪雨星', 91, 93, 95, 0, 0, 0],
      [4, '洪冰雨', 92, 94, 90, 0, 0, 0],
      [5, '洪星宇', 92, 97, 80, 0, 0, 0],
     ]
# 計算總分與平均
print("填入總分與平均")
for i in range(len(sc)):
    sc[i][5] = sum(sc[i][2:5])                # 填入總分
```

```
    sc[i][6] = round((sc[i][5] / 3), 1)       # 填入平均
    print(sc[i])
sc.sort(key=lambda x:x[5],reverse=True)       # 依據總分高往低排序
# 以下填入名次
print("填入名次")
for i in range(len(sc)):                      # 填入名次
    sc[i][7] = i + 1
    print(sc[i])
# 以下依座號排序
sc.sort(key=lambda x:x[0])                    # 依據座號排序
print("最後成績單")
for i in range(len(sc)):
    print(sc[i])
```

執行結果

```
==================== RESTART: D:\Python\ch7\ch7_39.py ====================
填入總分與平均
[1, '洪錦魁', 80, 95, 88, 263, 87.7, 0]
[2, '洪冰儒', 98, 97, 96, 291, 97.0, 0]
[3, '洪雨星', 91, 93, 95, 279, 93.0, 0]
[4, '洪冰雨', 92, 94, 90, 276, 92.0, 0]
[5, '洪星宇', 92, 97, 80, 269, 89.7, 0]
填入名次
[2, '洪冰儒', 98, 97, 96, 291, 97.0, 1]
[3, '洪雨星', 91, 93, 95, 279, 93.0, 2]
[4, '洪冰雨', 92, 94, 90, 276, 92.0, 3]
[5, '洪星宇', 92, 97, 80, 269, 89.7, 4]
[1, '洪錦魁', 80, 95, 88, 263, 87.7, 5]
最後成績單
[1, '洪錦魁', 80, 95, 88, 263, 87.7, 5]
[2, '洪冰儒', 98, 97, 96, 291, 97.0, 1]
[3, '洪雨星', 91, 93, 95, 279, 93.0, 2]
[4, '洪冰雨', 92, 94, 90, 276, 92.0, 3]
[5, '洪星宇', 92, 97, 80, 269, 89.7, 4]
```

我們成功的建立了成績系統，其實上述成績系統還不是完美，如果發生 2 個人的成績相同時，座號屬於後面的人名次將往下掉一名。

程式實例 ch7_40.py：筆者修改成績報告，如下所示：

座號	姓名	國文	英文	數學	總分	平均	名次
1	洪錦魁	80	95	88	0	0	0
2	洪冰儒	98	97	96	0	0	0
3	洪雨星	91	93	95	0	0	0
4	洪冰雨	92	94	90	0	0	0
5	洪星宇	92	97	90	0	0	0

請注意洪星宇的數學成績是 90 分，下列是程式實例 ch7_40.py 的執行結果：

```
====================== RESTART: D:\Python\ch7\ch7_40.py ======================
填入總分與平均
[1, '洪錦魁', 80, 95, 88, 263, 87.7, 0]
[2, '洪冰儒', 98, 97, 96, 291, 97.0, 0]
[3, '洪雨星', 91, 93, 95, 279, 93.0, 0]
[4, '洪冰雨', 92, 94, 90, 276, 92.0, 0]
[5, '洪星宇', 92, 97, 90, 279, 93.0, 0]
填入名次
[2, '洪冰儒', 98, 97, 96, 291, 97.0, 1]
[3, '洪雨星', 91, 93, 95, 279, 93.0, 2]
[5, '洪星宇', 92, 97, 90, 279, 93.0, 3]
[4, '洪冰雨', 92, 94, 90, 276, 92.0, 4]
[1, '洪錦魁', 80, 95, 88, 263, 87.7, 5]
最後成績單
[1, '洪錦魁', 80, 95, 88, 263, 87.7, 5]
[2, '洪冰儒', 98, 97, 96, 291, 97.0, 1]
[3, '洪雨星', 91, 93, 95, 279, 93.0, 2]
[4, '洪冰雨', 92, 94, 90, 276, 92.0, 4]
[5, '洪星宇', 92, 97, 90, 279, 93.0, 3]
```

很明顯洪星宇與洪雨星總分相同，但是洪星宇的座號比較後面造成名次是第 3 名，相同成績的洪雨星是第 2 名。要解決這類的問題，有 2 個方法，一是在填入名次時檢查分數是否和前一個分數相同，如果相同則採用前一個序列的名次。另一個方法是在填入名次後我們必須增加一個迴圈，檢查是否有成績總分相同，相當於每個總分與前一個總分做比較，如果與前一個總分相同，必須將名次調整與前一個元素名次相同，這將是讀者的習題。

7-6-3 計算圓周率

在第 2 章的習題 7 筆者有說明計算圓周率的知識，筆者使用了萊布尼茲公式，當時筆者也說明了此級數收斂速度很慢，這一節我們將用迴圈處理這類的問題。我們可以用下列公式說明萊布尼茲公式：

$$\mathbf{pi} = 4\left(1 - \frac{1}{3} + \frac{1}{5} - \frac{1}{7} + \cdots + \frac{(-1)^{i+1}}{2i-1}\right)$$

程式實例 ch7_41.py：使用萊布尼茲公式計算圓周率，這個程式會計算到 1 百萬次，同時每 10 萬次列出一次圓周率的計算結果。

```python
# ch7_41.py
x = 1000000
pi = 0
for i in range(1,x+1):
    pi += 4*((-1)**(i+1) / (2*i-1))
    if i % 100000 == 0:      # 隔100000執行一次
        print(f"當 {i = :7d} 時 PI = {pi:20.19f}")
```

執行結果

```
==================== RESTART: D:\Python\ch7\ch7_41.py ====================
當 i =  100000 時 PI = 3.1415826535897197758
當 i =  200000 時 PI = 3.1415876535897617750
當 i =  300000 時 PI = 3.1415893202564642017
當 i =  400000 時 PI = 3.1415901535897439167
當 i =  500000 時 PI = 3.1415906535896920282
當 i =  600000 時 PI = 3.1415909869230147500
當 i =  700000 時 PI = 3.1415912250182609355
當 i =  800000 時 PI = 3.1415914035897172241
當 i =  900000 時 PI = 3.1415915424786509114
當 i = 1000000 時 PI = 3.1415916535897743245
```

從上述可以得到當迴圈到 40 萬次後，此圓周率才進入我們熟知的 3.14159xx。

7-6-4　雞兔同籠 – 使用迴圈計算

程式實例 ch7_42.py：4-5-5 節筆者介紹了雞兔同籠的問題，該問題可以使用迴圈計算，我們可以先假設雞 (chicken) 有 0 隻，兔子 (rabbit) 有 35 隻，然後計算腳的數量，如果所獲得腳的數量不符合，可以每次增加 1 隻雞。

```python
# ch7_42.py
chicken = 0
while True:
    rabbit = 35 - chicken                    # 頭的總數
    if 2 * chicken + 4 * rabbit == 100:     # 腳的總數
        print(f'雞有 {chicken} 隻, 兔有 {rabbit} 隻')
        break
    chicken += 1
```

執行結果

```
==================== RESTART: D:\Python\ch7\ch7_42.py ====================
雞有 20 隻, 兔有 15 隻
```

7-6-5　國王的麥粒

程式實例 ch7_43.py：古印度有一個國王很愛下棋，打片全國無敵手，昭告天下只要能打贏他，即可以協助此人完成一個願望。有一位大臣提出挑戰，結果國王真的輸了，國王也願意信守承諾，滿足此位大臣的願望。結果此位大臣提出想要麥粒：

第 1 個棋盤格子要 1 粒---- 其實相當於 2^0

第 2 個棋盤格子要 2 粒---- 其實相當於 2^1

第 3 個棋盤格子要 4 粒---- 其實相當於 2^2

第 4 個棋盤格子要 8 粒---- 其實相當於 2^3

第 5 個棋盤格子要 16 粒---- 其實相當於 2^4

....

第 64 個棋盤格子要 xx 粒---- 其實相當於 2^{63}

國王聽完哈哈大笑的同意了，管糧的大臣一聽大驚失色，不過也想出一個辦法，要贏棋的大臣自行到糧倉計算麥粒和運送，結果國王沒有失信天下，贏棋的大臣無法取走天文數字的所有麥粒，這個程式會計算到底這位大臣要取走多少麥粒。

```python
# ch7_43.py
sum = 0
for i in range(64):
    if i == 0:
        wheat = 1
    else:
        wheat = 2 ** i
    sum += wheat
print(f'麥粒總共 = {sum}')
```

執行結果

```
==================== RESTART: D:\Python\ch7\ch7_43.py ====================
麥粒總共 = 18446744073709551615
```

7-6-6 電影院劃位系統設計

程式實例 ch7_44.py：設計電影院劃位系統，這個程式會先輸出目前座位表，然後可以要求輸入座位，最後輸出座位表。

```python
# ch7_44.py
print("電影院劃位系統")
sc = [[' ', ' 1', ' 2', ' 3', ' 4'],
      ['A', '□','□','□','□'],
      ['B', '■','□','□','□'],
      ['C', '□','■','■','□'],
      ['D', '□','□','□','□'],
     ]
for seatrow in sc:            # 輸出目前座位表
    for seat in seatrow:
        print(seat, end='  ')
    print()
row = input("請輸入 A - D 排 : ")
r = int(row,16) - 9
col = int(input("請輸入 1 - 4 號 : "))
sc[r][col] = '■'
print("="*60)
for seatrow in sc:            # 輸出最後座位表
    for seat in seatrow:
        print(seat, end='  ')
    print()
```

執行結果

```
==================== RESTART: D:/Python/ch7/ch7_44.py ====================
電影院劃位系統
   1  2  3  4
A  □  □  □  □
B  ■  □  □  □
C  □  ■  ■  □
D  □  □  □  □
請輸入 A - D 排 : A
請輸入 1 - 4 號 : 2
============================================================
   1  2  3  4
A  □  ■  □  □
B  ■  □  □  □
C  □  ■  ■  □
D  □  □  □  □
```

7-6-7 Fibonacci 數列

Fibonacci 數列的起源最早可以追朔到 1150 年印度數學家 Gopala，在西方最早研究這個數列的是費波納茲李奧納多 (Leonardo Fibonacci)，費波納茲李奧納多是義大利的數學家 (約 1170 – 1250)，出生在比薩，為了計算兔子成長率的問題，求出各代兔子的個數可形成一個數列，此數列就是費波納茲 (Fibonacci) 數列，他描述兔子生長的數目時的內容如下：

1：最初有一對剛出生的小兔子。

2：小兔子一個月後可以成為成兔。

3：一對成兔每個月後可以生育一對小兔子。

4：兔子永不死去。

下列是上述兔子繁殖的圖例說明。

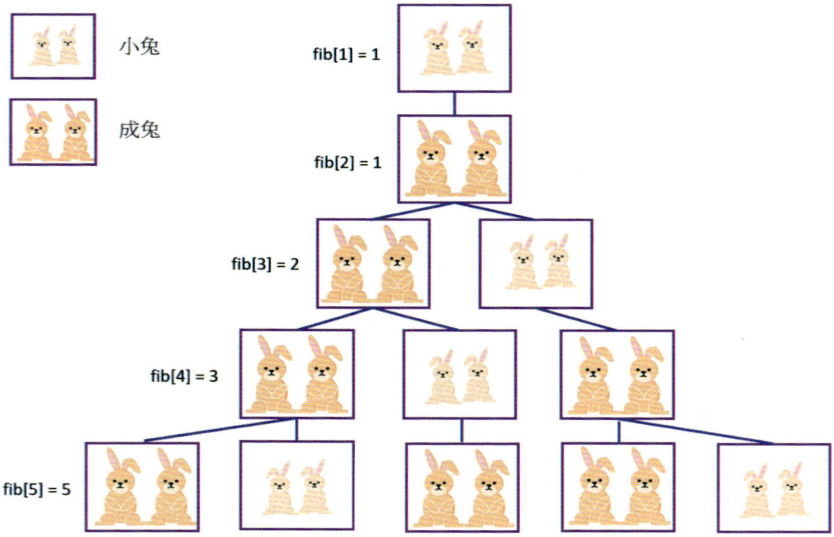

後來人們將此兔子繁殖數列稱費式數列，經過上述解說，可以得到費式數列數字的規則如下：

1：　此數列的第一個值是 0，第二個值是 1，如下所示：

fib[0] = 0
fib[1] = 1

2： 其它值則是前二個數列值的總和

fib[n] = fib[n-1] + fib[n-2]，for n> = 2

最後費式數列值應該是 0, 1, 1, 2, 3, 5, 8, 13, 21, 34, …

程式實例 ch7_45.py：用迴圈產生前 0 – 9 的費式數列數字。

```
# ch7_45.py
fib = []
n = 9
fib.append(0)                       # fib[0] = 0
fib.append(1)                       # fib[1] = 1
for i in range(2,n+1):
    f = fib[i-1] + fib[i-2]         # fib[i] = fib[i-1]+fib[i-2]
    fib.append(f)                   # 加入費式數列
for i in range(n+1):
    print(fib[i], end=', ')         # 輸出費式數列
```

執行結果

```
==================== RESTART: D:/Python/ch7/ch7_45.py ====================
0, 1, 1, 2, 3, 5, 8, 13, 21, 34,
```

第 8 章

元組 (Tuple)

在大型的商業或遊戲網站設計中，串列 (list) 是非常重要的資料型態，因為記錄各種等級客戶、遊戲角色 … 等，皆需要使用串列，串列資料可以隨時變動更新。Python 提供另一種資料型態稱元組 (tuple)，這種資料型態結構與串列完全相同，元組與串列最大的差異是，它的元素值與元素個數不可更動，有時又可稱不可改變的串列，這也是本章的主題。

8-1 元組的定義

串列在定義時是將元素放在中括號內，元組的定義則是將元素放在小括號 "( )" 內，下列是元組的語法格式。

```
mytuple = ( 元素 1, … , 元素 n,)                    # mytuple 是假設的元組名稱
```

基本上元組的每一筆資料稱元素，元素可以是整數、字串或串列… 等，這些元素放在小括號 ( ) 內，彼此用逗號 "," 隔開，最右邊的元素 n 的 "," 可有可無。如果要列印元組內容，可以使用 print( ) 函數，將元組名稱當作變數名稱即可。

如果元組內的元素只有一個，在定義時需在元素右邊加上逗號 (",")。

```
mytuple = ( 元素 1,)                                # 有一個元素的元組
```

程式實例 ch8_1.py：定義與列印元組，最後使用 type( ) 列出元組資料型態。

```python
# ch8_1.py
numbers1 = (1, 2, 3, 4, 5)            # 定義元組元素是整數
fruits = ('apple', 'orange')          # 定義元組元素是字串
mixed = ('James', 50)                 # 定義元組元素是不同型態資料
val_tuple = (10,)                     # 只有一個元素的元祖
print(numbers1)
print(fruits)
print(mixed)
print(val_tuple)
# 列出元組資料型態
print("元組mixed資料型態是: ",type(mixed))
```

執行結果

```
===================== RESTART: D:/Python/ch8/ch8_1.py =====================
(1, 2, 3, 4, 5)
('apple', 'orange')
('James', 50)
(10,)
元組mixed資料型態是:  <class 'tuple'>
```

另外一個簡便建立元組有多個元素的方法是，用等號 ("=")，右邊有一系列元素，元素彼此用逗號隔開。

實例 1：簡便建立元組的方法。

```
>>> x = 5, 6
>>> type(x)
<class 'tuple'>
>>> x
(5, 6)
```

8-2 讀取元組元素

定義元組時是使用小括號 "( )"，如果想要讀取元組內容和串列是一樣的用中括號 "[ ]"。在 Python 中元組元素和串列一樣是從索引值 0 開始配置。所以如果是元組的第一筆元素，索引值是 0，第二筆元素索引值是 1，其他依此類推，如下所示：

```
mytuple[i]                          # 讀取索引 i 的元組元素
```

程式實例 ch8_2.py：讀取元組元素，與一次指定多個變數值的應用。

```
# ch8_2.py
numbers1 = (1, 2, 3, 4, 5)          # 定義元組元素是整數
fruits = ('apple', 'orange')        # 定義元組元素是字串
val_tuple = (10,)                   # 只有一個元素的元祖
print(numbers1[0])                  # 以中括號索引值讀取元素內容
print(numbers1[4])
print(fruits[0],fruits[1])
print(val_tuple[0])
x, y = ('apple', 'orange')
print(x,y)
x, y = fruits
print(x,y)
```

執行結果

```
======================== RESTART: D:\Python\ch8\ch8_2.py ========================
1
5
apple orange
10
apple orange
apple orange
```

8-3 遍歷所有元組元素

在 Python 可以使用 for 迴圈遍歷所有元組元素，用法與串列相同。

程式實例 ch8_3.py：假設元組是由字串和數值組成，這個程式會列出元組所有元素內容。

```
# ch8_3.py
keys = ('magic', 'xaab', 9099)       # 定義元組元素是字串與數字
for key in keys:
    print(key)
```

執行結果

```
====================== RESTART: D:/Python/ch8/ch8_3.py ======================
magic
xaab
9099
```

8-4 修改元組內容產生錯誤的實例

元組元素內容是不可更改的，下列是嘗試更改元組元素內容的錯誤實例。

程式實例 ch8_4.py：修改元組內容產生錯誤的實例。

```
1  # ch8_4.py
2  fruits = ('apple', 'orange')           # 定義元組元素是字串
3  print(fruits[0])                       # 列印元組fruits[0]
4  fruits[0] = 'watermelon'               # 將元素內容改為watermelon
5  print(fruits[0])                       # 列印元組fruits[0]
```

執行結果 下列是列出錯誤的畫面。

```
====================== RESTART: D:/Python/ch8/ch8_4.py ======================
apple
Traceback (most recent call last):
  File "D:/Python/ch8/ch8_4.py", line 4, in <module>
    fruits[0] = 'watermelon'            # 將元素內容改為watermelon
TypeError: 'tuple' object does not support item assignment
```

上述出現錯誤訊息，指出第 4 列錯誤，TypeError 指出 tuple 物件不支援賦值，相當於不可更改它的元素值。

8-5 可以使用全新定義方式修改元組元素

如果我們想修改元組元素，可以使用重新定義元組方式處理。

程式實例 ch8_5.py：用重新定義方式修改元組元素內容。

```
# ch8_5.py
fruits = ('apple', 'orange')          # 定義元組元素是水果
print("原始fruits元組元素")
for fruit in fruits:
    print(fruit)

fruits = ('watermelon', 'grape')      # 定義新的元組元素
print("\n新的fruits元組元素")
for fruit in fruits:
    print(fruit)
```

執行結果

```
==================== RESTART: D:/Python/ch8/ch8_5.py ====================
原始fruits元組元素
apple
orange

新的fruits元組元素
watermelon
grape
```

8-6 元組切片 (tuple slices)

元組切片觀念與 6-1-3 節串列切片觀念相同，下列將直接用程式實例說明。

程式實例 ch8_6.py：元組切片的應用。

```
# ch8_6.py
fruits = ('apple', 'orange', 'banana', 'watermelon', 'grape')
print(fruits[1:3])
print(fruits[:2])
print(fruits[1:])
print(fruits[-2:])
print(fruits[0:5:2])
```

執行結果

```
==================== RESTART: D:/Python/ch8/ch8_6.py ====================
('orange', 'banana')
('apple', 'orange')
('orange', 'banana', 'watermelon', 'grape')
('watermelon', 'grape')
('apple', 'banana', 'grape')
```

8-7 方法與函數

應用在串列上的方法或函數如果不會更改元組內容，則可以將它應用在元組，例如：len( )、index( ) 和 count( )。如果會更改元組內容，則不可以將它應用在元組，例如：append( )、insert( ) 或 pop( )。

程式實例 ch8_7.py：列出元組元素長度 (個數)、元素索引位置和出現次數。

```
# ch8_7.py
fruits = ("apple", "banana", "cherry", "date", "cherry")
print(f"fruits 元組長度是 {len(fruits)}")    # 輸出 5

index = fruits.index("cherry")
print(f"cherry 索引位置是 {index}")          # 輸出 2

cherry_count = fruits.count("cherry")
print(f"cherry 出現次數是 {cherry_count}")   # 輸出 2
```

執行結果

```
======================== RESTART: D:\Python\ch8\ch8_7.py ========================
fruits 元組長度是 5
cherry 索引位置是 2
cherry 出現次數是 2
```

程式實例 ch8_8.py：誤用會減少元組元素的方法 pop( )，產生錯誤的實例。

```
1  # ch8_8.py
2  keys = ('magic', 'xaab', 9099)       # 定義元組元素是字串與數字
3  key = keys.pop( )                    # 錯誤
```

執行結果

```
===================== RESTART: D:/Python/ch8/ch8_8.py =====================
Traceback (most recent call last):
  File "D:/Python/ch8/ch8_8.py", line 3, in <module>
    key = keys.pop( )          # 錯誤
AttributeError: 'tuple' object has no attribute 'pop'
```

上述指出第 3 列錯誤是不支援 pop( )，這是因為 pop( ) 將造成元組元素減少。

程式實例 ch8_9.py：誤用會增加元組元素的方法 append( )，產生錯誤的實例。

```
# ch8_9.py
keys = ('magic', 'xaab', 9099)       # 定義元組元素是字串與數字
keys.append('secret')                # 錯誤
```

執行結果

```
===================== RESTART: D:/Python/ch8/ch8_9.py =====================
Traceback (most recent call last):
  File "D:/Python/ch8/ch8_9.py", line 3, in <module>
    keys.append('secret')          # 錯誤
AttributeError: 'tuple' object has no attribute 'append'
```

8-8 串列與元組資料互換

程式設計過程，也許會有需要將其他資料型態轉成串列 (list) 與元組 (tuple)，或是串列與元組資料型態互換，可以使用下列指令。

list(data)：將元組或其他資料型態改為串列。

tuple(data)：將串列或其他資料型態改為元組

程式實例 ch8_10.py：重新設計 ch8_9.py，將元組改為串列的測試。

```
1  # ch8_10.py
2  keys = ('magic', 'xaab', 9099)          # 定義元組元素是字串與數字
3  list_keys = list(keys)                  # 將元組改為串列
4  list_keys.append('secret')              # 增加元素
5  print("列印元組", keys)
6  print("列印串列", list_keys)
```

執行結果

```
==================== RESTART: D:/Python/ch8/ch8_10.py ====================
列印元組 ('magic', 'xaab', 9099)
列印串列 ['magic', 'xaab', 9099, 'secret']
```

上述第 4 列由於 list_keys 已經是串列，所以可以使用 append( ) 方法。

程式實例 ch8_11.py：將串列改為元組的測試。

```
1  # ch8_11.py
2  keys = ['magic', 'xaab', 9099]          # 定義串列元素是字串與數字
3  tuple_keys = tuple(keys)                # 將串列改為元組
4  print("列印串列", keys)
5  print("列印元組", tuple_keys)
6  tuple_keys.append('secret')             # 增加元素 --- 錯誤錯誤
```

執行結果

```
==================== RESTART: D:/Python/ch8/ch8_11.py ====================
列印串列 ['magic', 'xaab', 9099]
列印元組 ('magic', 'xaab', 9099)
Traceback (most recent call last):
  File "D:/Python/ch8/ch8_11.py", line 6, in <module>
    tuple_keys.append('secret')          # 增加元素 --- 錯誤錯誤
AttributeError: 'tuple' object has no attribute 'append'
```

上述前 5 列程式是正確的，所以可以看到有分別列印串列和元組元素，程式第 6 列的錯誤是因為 tuple_keys 是元組，不支援使用 append( ) 增加元素。

8-9 其它常用的元組方法

方法	說明
max(tuple)	獲得元組內容最大值
min(tuple)	獲得元組內容最小值

程式實例 ch8_12.py：元組內建方法 max( )、min( ) 的應用。

```
# ch8_12.py
tup = (1, 3, 5, 7, 9)
print("tup最大值是", max(tup))
print("tup最小值是", min(tup))
```

執行結果

```
==================== RESTART: D:/Python/ch8/ch8_12.py ====================
tup最大值是 9
tup最小值是 1
```

8-10 enumerate 物件使用在元組

在 6-12 與 7-5 節皆已有說明 enumerate( ) 的用法，有一點筆者當時沒有提到，當我們將 enumerate( ) 方法產生的 enumerate 物件轉成串列時，其實此串列的配對元素是元組，在此筆者直接以實例解說。

程式實例 ch8_13.py：測試 enumerate 物件轉成串列後，原先的元素變成元組資料型態。

```
# ch8_13.py
drinks = ["coffee", "tea", "wine"]
enumerate_drinks = enumerate(drinks)                 # 數值初始是0
lst = list(enumerate_drinks)
print("轉成串列輸出, 初始索引值是 0 = ", lst)
print(type(lst[0]))
```

執行結果

```
===================== RESTART: D:/Python/ch8/ch8_13.py =====================
轉成串列輸出, 初始索引值是 0 =  [(0, 'coffee'), (1, 'tea'), (2, 'wine')]
<class 'tuple'>
```

程式實例 8_14.py：分別將元組轉成初始索引值是 0 和 10 的 enumerate 物件。

```
# ch8_14.py
drinks = ("coffee", "tea", "wine")
enumerate_drinks = enumerate(drinks)                 # 數值初始是0
print("轉成元組輸出, 初始值是 0 = ", tuple(enumerate_drinks))

enumerate_drinks = enumerate(drinks, start = 10)     # 數值初始是10
print("轉成元組輸出, 初始值是10 = ", tuple(enumerate_drinks))
```

執行結果

```
===================== RESTART: D:/Python/ch8/ch8_14.py =====================
轉成元組輸出, 初始值是 0 =  ((0, 'coffee'), (1, 'tea'), (2, 'wine'))
轉成元組輸出, 初始值是10 =  ((10, 'coffee'), (11, 'tea'), (12, 'wine'))
```

程式實例 ch8_15.py：將元組轉成 enumerate 物件，再解析這個 enumerate 物件。

```
# ch8_15.py
drinks = ("coffee", "tea", "wine")
# 解析enumerate物件
for drink in enumerate(drinks):                 # 數值初始是0
    print(drink)
for count, drink in enumerate(drinks):
    print(count, drink)
print("****************")
# 解析enumerate物件
for drink in enumerate(drinks, 10):             # 數值初始是10
    print(drink)
for count, drink in enumerate(drinks, 10):
    print(count, drink)
```

執行結果

```
==================== RESTART: D:/Python/ch8/ch8_15.py ====================
(0, 'coffee')
(1, 'tea')
(2, 'wine')
0 coffee
1 tea
2 wine
****************
(10, 'coffee')
(11, 'tea')
(12, 'wine')
10 coffee
11 tea
12 wine
```

8-11 使用 zip( ) 打包多個物件

這是一個內建函數，參數內容主要是 2 個或更多個可迭代 (iterable) 的物件，如果有存在多個物件 (例如：串列或元組)，可以用 zip( ) 將多個物件打包成 zip 物件，然後未來視需要將此 zip 物件轉成串列 (使用 list( )) 或元組 (使用 tuple( ))。不過讀者要知道，這時物件的元素將是元組。

程式實例 ch8_16.py：zip( ) 的應用。

```
# ch8_16.py
fields = ['Name', 'Age', 'Hometown']
info = ['Peter', '30', 'Chicago']
zipData = zip(fields, info)          # 執行zip
print(type(zipData))                 # 列印zip資料類型
player = list(zipData)               # 將zip資料轉成串列
print(player)                        # 列印串列
```

執行結果

```
==================== RESTART: D:/Python/ch8/ch8_16.py ====================
<class 'zip'>
[('Name', 'Peter'), ('Age', '30'), ('Hometown', 'Chicago')]
```

如果放在 zip( ) 函數的串列參數，長度不相等，由於多出的元素無法匹配，轉成串列物件後 zip 物件元素數量將是較短的數量。

程式實例 ch8_17.py：重新設計 ch8_16.py，fields 串列元素數量個數是 3 個，info 串列數量元素個數只有 2 個，最後 zip 物件元素數量是 2 個。

```
# ch8_17.py
fields = ['Name', 'Age', 'Hometown']
info = ['Peter', '30']
zipData = zip(fields, info)          # 執行zip
print(type(zipData))                 # 列印zip資料類型
player = list(zipData)               # 將zip資料轉成串列
print(player)                        # 列印串列
```

執行結果

```
==================== RESTART: D:/Python/ch8/ch8_17.py ====================
<class 'zip'>
[('Name', 'Peter'), ('Age', '30')]
```

如果在 zip( ) 函數內增加 "*" 符號，相當於可以 unzip( ) 串列。

程式實例 ch8_18.py：擴充設計 ch8_16.py，恢復 zip 前的串列。

```
# ch8_18.py
fields = ['Name', 'Age', 'Hometown']
info = ['Peter', '30', 'Chicago']
zipData = zip(fields, info)              # 執行zip
print(type(zipData))                     # 列印zip資料類型
player = list(zipData)                   # 將zip資料轉成串列
print(player)                            # 列印串列

f, i = zip(*player)                      # 執行unzip
print("fields = ", f)
print("info   = ", i)
```

執行結果

```
==================== RESTART: D:/Python/ch8/ch8_18.py ====================
<class 'zip'>
[('Name', 'Peter'), ('Age', '30'), ('Hometown', 'Chicago')]
fields =  ('Name', 'Age', 'Hometown')
info   =  ('Peter', '30', 'Chicago')
```

上述實例 zip( ) 函數內的參數是串列，其實參數也可以是元組或是混合不同的資料型態，甚至是 3 個或更多個資料。下列是將 zip( ) 應用在 3 個元組的實例。

```
>>> x1 = (1,2,3)
>>> x2 = (4,5,6)
>>> x3 = (7,8,9)
>>> a = zip(x1,x2,x3)
>>> tuple(a)
((1, 4, 7), (2, 5, 8), (3, 6, 9))
```

8-12 生成式 (generator)

在 7-2-6 和 7-2-7 節有說明串列生成式，當時的語法是左右兩邊是中括號 "[" 、"]"，讀者可能會想是否可以用小括號 "(" 、")"，就可以產生元組生成式 (tuple generator)，此時語法如下：

```
num = (n for n in range(6))
```

其實上述並不是產生元組生成式，而是產生生成式 (generator) 物件，這是一個可迭代物件，你可以用迭代方式取出內容，也可以用 list( ) 將此生成式變為串列，或是用 tuple( ) 將此生成式變為元組，但是只能使用一次，因為這個生成式物件不會記住所擁有的內容，如果想要第 2 次使用，將得到空串列。

實例 1：建立生成式，同時用迭代輸出。

```
>>> x = (n for n in range(3))
>>> type(x)
<class 'generator'>
>>> for n in x:
        print(n)


0
1
2
```

實例 2：建立生成式，同時轉成串列，第二次轉成元組，結果元組內容是空的。

```
>>> x = (n for n in range(3))
>>> xlst = list(x)
>>> print(xlst)
[0, 1, 2]
>>> xtup = tuple(x)
>>> print(xtup)
()
```

實例 3：建立生成式，同時轉成元組，第二次轉成串列，結果串列內容是空的。

```
>>> x = (n for n in range(3))
>>> xtup = tuple(x)
>>> print(xtup)
(0, 1, 2)
>>> xlst = list(x)
>>> print(xlst)
[]
```

8-13 製作大型的串列資料

有時我們想要製作更大型的串列資料結構，串列的元素是元組，可以參考下列實例。

實例 1：串列的元素是元組。

```
>>> asia = ('Beijing', 'HongKong', 'Tokyo')                    } ← 建立元組方法1
>>> usa = ('Chicago', 'New York', 'Hawaii', 'Los Angeles')     }
>>> europe = 'Paris', 'London', 'Zurich'  ← 建立元組方法2
>>> type(asia)
<class 'tuple'>
>>> type(europe)
<class 'tuple'>
>>> world = [asia, usa, europe]  ← 建立串列
>>> type(world)
<class 'list'>
>>> world
[('Beijing', 'HongKong', 'Tokyo'), ('Chicago', 'New York', 'Hawaii', 'Los Angele
s'), ('Paris', 'London', 'Zurich')]
```

8-14 元組的功能

讀者也許好奇，元組的資料結構與串列相同，但是元組有不可更改元素內容的限制，為何 Python 要有類似但功能卻受限的資料結構存在？原因是元組有下列優點。

❑ 可以更安全的保護資料

程式設計中可能會碰上有些資料是永遠不會改變的事實，將它儲存在元組 (tuple) 內，可以安全地被保護。例如：影像處理時物件的長、寬或每一像素的色彩資料，很多都是以元組為資料類型。

❑ 增加程式執行速度

元組 (tuple) 結構比串列 (list) 簡單，佔用較少的系統資源，程式執行時速度比較快。

當瞭解了上述元組的優點後，其實未來設計程式時，如果確定資料可以不更改，就儘量使用元組資料類型吧！下列是元組的可能應用，部分語法尚未介紹，讀者可以參考即可：

❑ 字串格式化

```
# 使用元組來格式化字串
name = "Alice"
age = 25
info = "Name: %s, Age: %d" % (name, age)
print(info)           # 輸出: Name: Alice, Age: 25
```

❑ 儲存不可變的數據集

```
# 定義一個元組來存儲一個不可變的數據集
# 圓周率 π, 自然常數 e, 黃金比例Golden Ratio的近似值 φ (phi)
constants = (3.14159, 2.71828, 1.61803)      #
print(constants)         # 輸出: (3.14159, 2.71828, 1.61803)
```

❑ 儲存大量座標數據

```
# 假設有一個串列，每個元素是一個座標點
coordinates_list = [(x, y) for x in range(100) for y in range(100)]

# 轉換成元組以保護數據不被修改
coordinates_tuple = tuple(coordinates_list)
print(coordinates_tuple[:5])             # 輸出前 5 個座標點
```

❑ 函數返回多個值

```
# 定義一個函數, 返回多個值, 使用格式是元組
def get_min_max(numbers):
    return min(numbers), max(numbers)

numbers = [5, 1, 9, 3, 7, 6]
min_value, max_value = get_min_max(numbers)
print(f'Min: {min_value}, Max: {max_value}')     # 輸出: Min: 1, Max: 9
```

❑ 字典的項目

```
# 使用元組作為字典的鍵或值
coordinate_data = {
    (35.6895, 139.6917): 'Tokyo',
    (34.0522, -118.2437): 'Los Angeles',
    (40.7128, -74.0060): 'New York'
}
print(coordinate_data)  # 輸出座標和相應的城市名
```

8-15 專題 - 認識元組 / 統計 / 打包與解包 /bytes 與 bytearray

8-15-1 認識元組

元組由於具有安全、內容不會被串竄改、資料結構單純、執行速度快等優點，所以其實被大量應用在系統程式設計師，程式設計師喜歡將設計程式所保留的資料以元組儲存。

在 2-8 節和 3-7-1 節筆者有介紹使用 divmod( ) 函數，我們知道這個函數的傳回值是商和餘數，當時筆者用下列公式表達這個函數的用法。

商 , 餘數 = divmod(被除數 , 除數)　　　　　# 函數方法

更嚴格說，divmod( ) 的傳回值是元組，所以我們可以使用元組解包 (tuple unpacking) 方式取得商和餘數。註：下一節會解釋元組解包。

程式實例 ch8_19.py：使用元組觀念重新設計 ch3_18.py，計算地球到月球的時間。

```
1  # ch8_19.py
2  dist = 384400                    # 地球到月亮距離
3  speed = 1225                     # 馬赫速度每小時1225公里
4  total_hours = dist // speed      # 計算小時數
5  data = divmod(total_hours, 24)   # 商和餘數
6  print("divmod傳回的資料型態是 : ", type(data))
7  print(f"總共需要 {data[0]} 天")
8  print(f"{data[1]} 小時")
```

執行結果

```
====================== RESTART: D:\Python\ch8\ch8_19.py ======================
divmod傳回的資料型態是 :  <class 'tuple'>
總共需要 13 天
1 小時
```

從上述第 6 列的執行結果可以看到傳回值 data 的資料型態是元組 tuple。若是我們再看 divmod( ) 函數公式，可以得到第一個參數 " 商 " 相當於是索引 0 的元素，第二個參數 " 餘數 " 相當於是索引 1 的元素。

8-15-2 多重指定、打包與解包

在前面章節筆者已經說明多重指定，也有實例說明多重指定應用在元組，在程式開發的專業術語我們可以將串列、元組、字典、集合 … 等稱容器，在多重指定中，等號左右 2 邊也可以是容器，只要它們的結構相同即可。有一個指令如下：

x, y = (10, 20)

這在專業程式設計的術語稱元組解包 (tuple unpacking)，然後將元素內容設定給對應的變數。在 6-1-11 筆者有說明下列實例：

a, b, *c = 1,2,3,4,5

上述我們稱多的 3,4,5 將打包 (packing) 成串列給 c。

在多重指定中等號兩邊可以是容器，可參考下列實例。

實例 1：等號兩邊是容器的應用。

```
>>> [a, b, c] = (1, 2, 3)
>>> print(a, b, c)
1 2 3
```

上述並不是更改將 1, 2, 3 設定給串列造成更改串列內容，而是將兩邊都解包，所以可以得到 a, b, c 分別是 1, 2, 3。Python 處理解包時，也可以將此解包應用在多維度的容器，只要兩邊容器的結構相同即可。

實例 2：解包多維度的容器。

```
>>> [a, [b, c]] = (1, (2, 3))
>>> print(a, b, c)
1 2 3
```

容器的解包主要是可以在程式設計時避免多重索引造成程式閱讀困難，我們可以用更容易了解方式閱讀程式。

```
>>> x = ('Tom', (90, 95))
>>> print('name='+ str(x[0]) + ' math=' + str(x[1][0]) + ' eng=' + str(x[1][1]))
name=Tom math=90 eng=95
```

上述由索引了解成績是複雜的，若是改用下列方式將簡潔許多。

```
>>> (name, (math, eng)) = ('Tom', (90, 95))
>>> print('name='+ name + ' math=' + str(math) + ' eng=' + str(eng))
name=Tom math=90 eng=95
```

程式實例 ch8_20.py：for 迴圈解包物件的應用。

```
# ch8_20.py
fields = ['台北', '台中', '高雄']
info = [80000, 50000, 60000]
zipData = zip(fields, info)                # 執行zip
sold_info = tuple(zipData)                 # 將zip資料轉成元組
for city, sales in sold_info:
    print(f'{city} 銷售金額是 {sales}')
```

執行結果

```
==================== RESTART: D:/Python/ch8/ch8_21.py ====================
台北 銷售金額是 80000
台中 銷售金額是 50000
高雄 銷售金額是 60000
```

8-15-3 再談 bytes 與 bytearray

在 3-6 節筆者有介紹 bytes 資料，其實這是二進制的資料格式，使用 8 位元儲存整數序列。更進一步說二進制資料格式有 bytes 和 bytearray 等 2 種：

bytes：內容是不可變，可以想成是串列，可以使用 bytes( ) 將串列內容轉成 bytes 資料。

實例 1：將串列 [1, 3, 5, 255] 或是元組 (1, 3, 5, 255) 轉成 bytes 資料。

```
>>> x = [1, 3, 5, 255]
>>> x_bytes = bytes(x)
>>> x_bytes
b'\x01\x03\x05\xff'
```

```
>>> x = (1, 3, 5, 255)
>>> x_bytes = bytes(x)
>>> x_bytes
b'\x01\x03\x05\xff'
```

下列是先顯示 x_bytes[0] 的內容，然後嘗試更改 x_bytes[0] 資料造成錯誤。

```
>>> x_bytes[0]
1
>>> x_bytes[0] = 50
Traceback (most recent call last):
  File "<pyshell#11>", line 1, in <module>
    x_bytes[0] = 50
TypeError: 'bytes' object does not support item assignment
```

bytearray：內容是可變，可以想成是元組，可以使用 bytearray( ) 將串列內容轉成 bytearray 資料。

實例 2：將串列 [1, 3, 5, 255] 或是元組 (1, 3, 5, 255) 轉成 bytearray 資料。

```
>>> x = [1, 3, 5, 255]
>>> x_bytearray = bytearray(x)
>>> x_bytearray
bytearray(b'\x01\x03\x05\xff')
```

```
>>> x = (1, 3, 5, 255)
>>> x_bytearray = bytearray(x)
>>> x_bytearray
bytearray(b'\x01\x03\x05\xff')
```

下列是先顯示 x_bytearray[0] 的內容，然後嘗試更改 x_bytearray[0] 資料成功。

```
>>> x_bytearray[0]
1
>>> x_bytearray[0] = 50
>>> x_bytearray[0]
50
```

8-15-4 match-case 應用在序列

5-7-2 節介紹了 match-case 觀念，此指令也可以直接對序列型態（例如： 元組、串列）進行解構，非常方便，本節將直接用實例解說。

程式實例 ch8_21.py： match-case 應用在元組，解析座標點的實例。

```
# ch8_21.py
point = (3, 0)

match point:
    case (0, 0):
        print("原點位置")
    case (x, 0):
        print(f"在 X 軸上, X 座標是{x}")
    case (0, y):
        print(f"在 Y 軸上, Y 座標是{y}")
    case (x, y):
        print(f"一般座標點, X座標是{x}, Y座標是{y}")
    case _:
        print("無效點")
```

執行結果

```
====================== RESTART: D:\Python\ch8\ch8_21.py ======================
在 X 軸上, X 座標是3
```

在上述範例中，match-case 直接將點的座標自動分解並取得 x 與 y 的值。

第 9 章
字典 (Dict)

9-1 字典基本操作
9-2 遍歷字典
9-3 match-case 與字典的結合
9-4 字典內鍵的值是串列
9-5 字典內鍵的值是字典
9-6 字典常用的函數和方法
9-7 製作大型的字典資料
9-8 專題 - 文件分析 / 字典生成式 / 星座 / 凱薩密碼 / 摩斯密碼

串列 (list) 與元組 (tuple) 是依序排列可稱是序列資料結構，只要知道元素的特定位置，即可使用索引觀念取得元素內容。這一章的重點是介紹字典 (dict)，它並不是依序排列的資料結構，通常可稱是非序列資料結構，所以無法使用類似串列的索引 [0, 1, … n] 觀念取得元素內容。

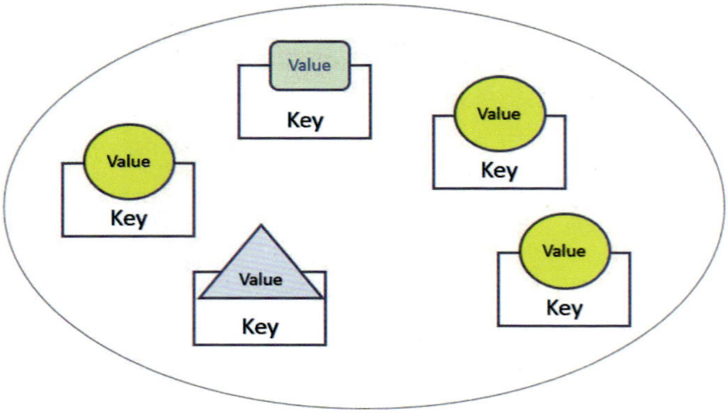

9-1 字典基本操作

字典是一個非序列的資料結構，它的元素是用 " 鍵 : 值 " 方式配對儲存，在操作時是用鍵 (key) 取得值 (value) 的內容，在真實的應用中我們是可以將字典資料結構當作正式的字典使用，查詢鍵時，就可以列出相對應的值內容。這一節主要是講解建立、刪除、複製、合併相關函數與知識。

方法	說明	參考
pop( )	刪除指定的字典元素	9-1-7 節
popitem( )	後進先出方式刪除元素	9-1-8 節
clear( )	刪除所有字典元素	9-1-9 節
copy( )	複製字典	9-1-11 節
len( )	獲得字典元素數量	9-1-12 節
update( )	合併字典	9-1-14 節
dict( )	建立字典	9-1-15 節

9-1-1　定義字典

定義字典時，是將 " 鍵 : 值 " 放在大括號 "{ }" 內，字典的語法如下：

x = { 鍵 1: 值 1, … , 鍵 n: 值 n, }　　　　　　# x 是字典變數名稱

字典的鍵 (key) 一般常用的是字串或數字當作是鍵，在一個字典中不可有重複的鍵 (key) 出現。字典的值 (value) 可以是任何 Python 的資料物件，所以可以是數值、字串、串列、字典 … 等。最右邊的 " 鍵 n: 值 n" 的 "," 可有可無。

程式實例 ch9_1.py：以水果行和麵店為例定義一個字典，同時列出字典。下列字典是設定水果一斤的價格、麵一碗的價格，最後使用 type( ) 列出字典資料型態。

```
# ch9_1.py
fruits = {'西瓜':15, '香蕉':20, '水蜜桃':25}
noodles = {'牛肉麵':100, '肉絲麵':80, '陽春麵':60}
print(fruits)
print(noodles)
# 列出字典資料型態
print("字典fruits資料型態是: ",type(fruits))
```

執行結果

```
======================= RESTART: D:\Python\ch9\ch9_1.py =======================
{'西瓜': 15, '香蕉': 20, '水蜜桃': 25}
{'牛肉麵': 100, '肉絲麵': 80, '陽春麵': 60}
字典fruits資料型態是:  <class 'dict'>
```

9-1-2 列出字典元素的值

字典的元素是 " 鍵 : 值 " 配對設定，如果想要取得元素的值，可以將鍵當作是索引方式處理，下列實例 ch9_3.py 的第 4 列，可傳回 fruits 字典水蜜桃鍵的值。

fruits[' 水蜜桃 ']　　　　　　# 用字典變數 [' 鍵 '] 取得值

程式實例 ch9_2.py：分別列出 ch9_1.py，水果店水蜜桃一斤的價格和麵店牛肉麵一碗的價格。

```
1  # ch9_2.py
2  fruits = {'西瓜':15, '香蕉':20, '水蜜桃':25}
3  noodles = {'牛肉麵':100, '肉絲麵':80, '陽春麵':60}
4  print("水蜜桃一斤 = ", fruits['水蜜桃'], "元")
5  print("牛肉麵一碗 = ", noodles['牛肉麵'], "元")
```

執行結果

```
======================= RESTART: D:\Python\ch9\ch9_2.py =======================
水蜜桃一斤 =  25 元
牛肉麵一碗 =  100 元
```

有趣的活用 " 鍵 : 值 "，如果有一字典如下：

fruits = {0:' 西瓜 ', 1:' 香蕉 ', 2:' 水蜜桃 '}

上述字典鍵是整數時，也可以使用下列方式取得值：

fruits[0]　　　　# 取得鍵是 0 的值

程式實例 ch9_3.py：列出特定鍵的值。

```
# ch9_3.py
fruits = {0:'西瓜', 1:'香蕉', 2:'水蜜桃'}
print(fruits[0], fruits[1], fruits[2])
```

執行結果

```
======================= RESTART: D:\Python\ch9\ch9_3.py =======================
西瓜 香蕉 水蜜桃
```

9-1-3　增加字典元素

可使用下列語法格式增加字典元素：

x[鍵] = 值　　　　　# x 是字典變數

程式實例 ch9_4.py：為 fruits 字典增加橘子一斤 18 元。

```
# ch9_4.py
fruits = {'西瓜':15, '香蕉':20, '水蜜桃':25}
fruits['橘子'] = 18
print(fruits)
print("橘子一斤 = ", fruits['橘子'], "元")
```

執行結果

```
======================= RESTART: D:\Python\ch9\ch9_4.py =======================
{'西瓜': 15, '香蕉': 20, '水蜜桃': 25, '橘子': 18}
橘子一斤 =  18 元
```

9-1-4　更改字典元素內容

市面上的水果價格是浮動的，如果發生價格異動可以使用本節觀念更改。

程式實例 ch9_5.py：將 fruits 字典的香蕉一斤改成 12 元。

```
# ch9_5.py
fruits = {'西瓜':15, '香蕉':20, '水蜜桃':25}
print("舊價格香蕉一斤 = ", fruits['香蕉'], "元")
fruits['香蕉'] = 12
print("新價格香蕉一斤 = ", fruits['香蕉'], "元")
```

執行結果

```
======================= RESTART: D:\Python\ch9\ch9_5.py =======================
舊價格香蕉一斤 =  20 元
新價格香蕉一斤 =  12 元
```

9-1-5 驗證元素是否存在

可以用下列語法驗證元素是否存在。

```
鍵 in mydict                    # 可驗證鍵元素是否存在
```

程式實例 ch9_6.py：這個程式會要求輸入 " 鍵 : 值 "，然後由字典的鍵判斷此元素是否在 fruits 字典，如果不在此字典則將此 " 鍵 : 值 " 加入字典。

```python
# ch9_6.py
fruits = {'西瓜':15, '香蕉':20, '水蜜桃':25}
key = input("請輸入鍵(key) = ")
if key in fruits:
    print(f"{key}已經在字典了")
else:
    value = input("請輸入值(value) = ")
    fruits[key] = value
    print("新的fruits字典內容 = ", fruits)
```

執行結果

```
======================= RESTART: D:\Python\ch9\ch9_6.py =======================
請輸入鍵(key) = 西瓜
西瓜已經在字典了

======================= RESTART: D:\Python\ch9\ch9_6.py =======================
請輸入鍵(key) = 蘋果
請輸入值(value) = 18
新的fruits字典內容 =  {'西瓜': 15, '香蕉': 20, '水蜜桃': 25, '蘋果': '18'}
```

9-1-6 刪除字典特定元素

如果想要刪除字典的特定元素，它的語法格式如下：

```
del x[ 鍵 ]          # 假設 x 是字典，可刪除特定鍵的元素
del x                # 假設 x 是字典，可刪除字典 x
```

上述刪除時，如果字典元素 (或是字典) 不存在會產生刪除錯誤，程式會異常中止，所以一般會事先使用 in 關鍵字測試元素是否在字典內。

註 筆者將在第 15 章講解程式異常中止。

程式實例 ch9_7.py：刪除 fruits 字典的西瓜元素。

```python
# ch9_7.py
fruits = {'西瓜':15, '香蕉':20, '水蜜桃':25}
print("水果字典:", fruits)
fruit = input("請輸入要刪除的水果 : ")
if fruit in fruits:
    del fruits[fruit]
    print("新水果字典:", fruits)
else:
    print(f"{fruit} 不在水果字典內")
```

執行結果　下列是測試「西瓜」存在然後刪除的實例。

```
======================= RESTART: D:/Python/ch9/ch9_7.py =======================
水果字典: {'西瓜': 15, '香蕉': 20, '水蜜桃': 25}
請輸入要刪除的水果 : 西瓜
新水果字典: {'香蕉': 20, '水蜜桃': 25}
```

下列是測試「蘋果」不存在的實例。

```
======================= RESTART: D:/Python/ch9/ch9_7.py =======================
水果字典: {'西瓜': 15, '香蕉': 20, '水蜜桃': 25}
請輸入要刪除的水果 : 蘋果
蘋果 不在水果字典內
```

程式實例 ch9_8.py：刪除字典的測試，這個程式前 4 列是沒有任何問題，第 5 列嘗試列印已經被刪除的字典，所以產生錯誤，錯誤原因是沒有定義 fruits 字典。

```
1  # ch9_8.py
2  fruits = {'西瓜':15, '香蕉':20, '水蜜桃':25}
3  print("舊fruits字典內容:", fruits)
4  del fruits
5  print("新fruits字典內容:", fruits)        # 錯誤! 錯誤!
```

執行結果

```
======================= RESTART: D:/Python/ch9/ch9_8.py =======================
舊fruits字典內容: {'西瓜': 15, '香蕉': 20, '水蜜桃': 25}
Traceback (most recent call last):
  File "D:/Python/ch9/ch9_8.py", line 5, in <module>
    print("新fruits字典內容:", fruits)        # 錯誤! 錯誤!
NameError: name 'fruits' is not defined
```

上述程式設計最大的缺點是當字典不存在時，程式會有錯誤產生。函數 locals( ) 可以使用字典方式列出所有的變數，更進一步說明會在 11-8-4 節，我們可以利用 locals( ) 函數的特性，用下列方式測試變數是否存在。

變數 in locals( )

程式實例 ch9_8_1.py：輸入要刪除的變數，如果變數存在就刪除，如果變數不存在則輸出變數不存在。

```
# ch9_8_1.py
fruits = {'西瓜':15, '香蕉':20, '水蜜桃':25}
var_dict = input("請輸入要刪除的變數 : ")
if var_dict in locals():    # 檢查變數是否存在
    print(f"{var_dict} 變數存在")
    del fruits
    print(f"刪除 {var_dict} 變數成功")
else:
    print(f"{var_dict} 變數不存在")
```

執行結果 下列是測試變數存在與不存在的實例。

```
==================== RESTART: D:/Python/ch9/ch9_8_1.py ====================
請輸入要刪除的變數 : fruits
fruits 變數存在
刪除 fruits 變數成功
>>>
==================== RESTART: D:/Python/ch9/ch9_8_1.py ====================
請輸入要刪除的變數 : apple
apple 變數不存在
```

Python 有提供函數 isinstance(var, type)，可以讓我們測試 var 是否是 type 資料類型，例如：下列指令可以測試 var 變數是否是字典變數：

isinstance(var, dict)

在上述函數使用時，var 必需是經過 eval( ) 函數轉換為正式 Python 資料類型，然後 isinstance(var, dict) 可以測試 var 是不是字典類型。

程式實例 ch9_8_2.py：我們可以擴充前一個程式，驗證變數是否存在？如果變數存在，則更進一步驗證變數是不是字典，如果是字典才刪除此變數。

```
# ch9_8_2.py
fruits = {'西瓜':15, '香蕉':20, '水蜜桃':25}
var = input("請輸入要刪除的字典變數 : ")
if var in locals():
    var = eval(var)
    if isinstance(var, dict):
        print(f"'fruits' 字典變數存在")
        del fruits
        print(f"刪除字典變數成功")
    else:
        print(f"字典變數不存在")
else:
    print(f"{var} 變數不存在")
```

執行結果

```
==================== RESTART: D:/Python/ch9/ch9_8_2.py ====================
請輸入要刪除的字典變數 : fruits
'fruits' 字典變數存在
刪除字典變數成功
>>>
==================== RESTART: D:/Python/ch9/ch9_8_2.py ====================
請輸入要刪除的字典變數 : apple
apple 變數不存在
```

9-1-7 字典的 pop( ) 方法

Python 字典的 pop() 方法也可以刪除字典內特定的元素，同時傳回所刪除元素的值，它的語法格式如下：

ret_value = dictObj.pop(key[, default])　　# dictObj 是欲刪除元素的字典

上述 key 是要搜尋刪除的元素的鍵，找到時就將該元素從字典內刪除，同時將刪除鍵的值回傳。當找不到 key 時則傳回 default 設定的內容，如果沒有設定則導致 KeyError，程式異常終止。

程式實例 ch9_9.py：刪除字典元素同時可以傳回所刪除字典元素的應用。

```
# ch9_9.py
fruits = {'西瓜':15, '香蕉':20, '水蜜桃':25}
print("舊fruits字典內容:", fruits)
objKey = '西瓜'
value = fruits.pop(objKey)
print("新fruits字典內容:", fruits)
print("刪除內容:", objKey + ":" + str(value))
```

執行結果

```
======================== RESTART: D:\Python\ch9\ch9_9.py ========================
舊fruits字典內容: {'西瓜': 15, '香蕉': 20, '水蜜桃': 25}
新fruits字典內容: {'香蕉': 20, '水蜜桃': 25}
刪除內容: 西瓜:15
```

實例 1：所刪除的元素不存在，導致 "KeyError"，程式異常終止。

```
>>> num = {1:'a',2:'b'}
>>> value = num.pop(3)
Traceback (most recent call last):
  File "<pyshell#229>", line 1, in <module>
    value = num.pop(3)
KeyError: 3
```

實例 2：所刪除的元素不存在，列印 "does not exist" 字串。

```
>>> num = {1:'a',2:'b'}
>>> value = num.pop(3, 'does no exist')
>>> value
'does no exist'
```

9-1-8　字典的 popitem( ) 方法

Python 字典的 popitem() 方法可以用後進先出 (Last In First Out, LIFO) 刪除字典內的元素，同時傳回所刪除的元素，所傳回的是元組 (key, value)，它的語法格式如下：

```
valueTup = dictObj.popitem()          # 可後進先出方式刪除字典的元素
```

如果字典是空的，會有錯誤異常產生。

程式實例 ch9_10.py：以後進先出方式刪除字典的元素。

```
# ch9_10.py
fruits = {'西瓜':15, '香蕉':20, '水蜜桃':25}
print("舊fruits字典內容:", fruits)
valueTup = fruits.popitem()
print("新fruits字典內容:", fruits)
print("刪除內容:", valueTup)
```

執行結果

```
====================== RESTART: D:\Python\ch9\ch9_10.py ======================
舊fruits字典內容: {'西瓜': 15, '香蕉': 20, '水蜜桃': 25}
新fruits字典內容: {'西瓜': 15, '香蕉': 20}
刪除內容: ('水蜜桃', 25)
```

9-1-9 刪除字典所有元素

Python 有提供方法 clear( ) 可以將字典的所有元素刪除，此時字典仍然存在，不過將變成空的字典。

程式實例 ch9_11.py：使用 clear( ) 方法刪除 fruits 字典的所有元素。

```
# ch9_11.py
fruits = {'西瓜':15, '香蕉':20, '水蜜桃':25}
print("舊fruits字典內容:", fruits)
fruits.clear()
print("新fruits字典內容:", fruits)
```

執行結果

```
====================== RESTART: D:\Python\ch9\ch9_11.py ======================
舊fruits字典內容: {'西瓜': 15, '香蕉': 20, '水蜜桃': 25}
新fruits字典內容: {}
```

9-1-10 建立一個空字典

在程式設計時，也允許先建立一個空字典，建立空字典的語法如下：

```
mydict = { }                          # mydict 是字典名稱
```

上述建立完成後，可以用 9-1-3 節增加字典元素的方式為空字典建立元素。

程式實例 ch9_12.py：建立 week 空字典，然後為 week 字典建立元素。

```
# ch9_12.py
week = {}               # 建立空字典
print("星期字典", week)
week['Sunday'] = '星期日'
week['Monday'] = '星期一'
print("星期字典", week)
```

執行結果

```
====================== RESTART: D:\Python\ch9\ch9_12.py ======================
星期字典 {}
星期字典 {'Sunday': '星期日', 'Monday': '星期一'}
```

9-1-11 字典的拷貝

在大型程式開發過程，也許為了要保護原先字典內容，所以常會需要將字典拷貝，此時可以使用此方法。

```
new_dict = mydict.copy( )                # mydict 會被複製至 new_dict
```

上述所複製的字典是獨立存在新位址的字典。

程式實例 ch9_13.py：複製字典的應用，同時列出新字典所在位址，如此可以驗證新字典與舊字典是不同的字典。

```
# ch9_13.py
fruits = {'西瓜':15, '香蕉':20, '水蜜桃':25, '蘋果':18}
cfruits = fruits.copy( )
print("位址 = ", id(fruits), "  fruits元素 = ", fruits)
print("位址 = ", id(cfruits), "  fruits元素 = ", cfruits)
```

執行結果

```
===================== RESTART: D:\Python\ch9\ch9_13.py =======================
位址 =  2467012697024   fruits元素 =  {'西瓜': 15, '香蕉': 20, '水蜜桃': 25, '蘋果': 18}
位址 =  2467048174208   fruits元素 =  {'西瓜': 15, '香蕉': 20, '水蜜桃': 25, '蘋果': 18}
```

請留意上述說明的是淺拷貝，筆者在 6-8-4 節介紹的淺拷貝 (copy 或稱 shallow copy) 與深拷貝 (deep copy) 的觀念一樣可以應用在字典觀念。如果字典內容有包含子物件時，也許建議使用深拷貝，這樣可以更加保護原物件內容。

實例 1：淺拷貝在更改字典子物件內容時，造成原字典子物件內容被修改。

```
>>> a = {'a':[1, 2, 3]}
>>> b = a.copy()
>>> a, b
({'a': [1, 2, 3]}, {'a': [1, 2, 3]})
>>> b['a'].append(4)
>>> a, b
({'a': [1, 2, 3, 4]}, {'a': [1, 2, 3, 4]})
```

上述程式的重點是碰上修改子物件時，原物件內容也被更改了。此外，上述是字典內鍵的值是串列，更多相關知識在 9-4 節會說明。

所以如果要更安全保護原字典，建議可以使用深拷貝，

實例 2：深拷貝在更改字典子物件內容時，原字典子物件內容可以不改變。

```
>>> import copy
>>> a = {'a':[1, 2, 3]}
>>> b = copy.deepcopy(a)
>>> a, b
({'a': [1, 2, 3]}, {'a': [1, 2, 3]})
>>> b['a'].append(4)
>>> a, b
({'a': [1, 2, 3]}, {'a': [1, 2, 3, 4]})
```

9-1-12 取得字典元素數量

在串列 (list) 或元組 (tuple) 使用的方法 len( ) 也可以應用在字典，它的語法如下：

```
length = len(mydict)                # 將傳會 mydict 字典的元素數量給 length
```

程式實例 ch9_14.py：列出空字典和一般字典的元素數量，本程式第 4 列由於是建立空字典，所以第 7 列印出元素數量是 0。

```
1  # ch9_14.py
2  fruits = {'西瓜':15, '香蕉':20, '水蜜桃':25, '蘋果':18}
3  noodles = {'牛肉麵':100, '肉絲麵':80, '陽春麵':60}
4  empty_dict = {}
5  print("fruits字典元素數量      = ", len(fruits))
6  print("noodles字典元素數量     = ", len(noodles))
7  print("empty_dict字典元素數量 = ", len(empty_dict))
```

執行結果

```
============================ RESTART: D:\Python\ch9\ch9_14.py ============================
fruits字典元素數量      =  4
noodles字典元素數量     =  3
empty_dict字典元素數量 =  0
```

9-1-13 設計字典的可讀性技巧

設計大型程式的實務上，字典的元素內容很可能是由長字串所組成，碰上這類情況建議從新的一列開始安置每一個元素，如此可以大大增加字典內容的可讀性。例如，有一個 players 字典，元素是由 " 鍵 (球員名字): 值 (球隊名稱)" 所組成。如果，我們使用傳統方式設計，將讓整個字典定義變得很複雜，如下所：

```
players = {'Stephen Curry':'Golden State Warriors','Kevin Durant':'Golden State Warriors',
'Lebron James':'Cleveland Cavaliers','James Harden':'Houston Rockets','Paul Gasol':'San Antonio Spurs'}
```

碰上這類字典，建議是使用符合 PEP 8 的 Python 風格設計，每一列定義一筆元素，如下所示：

```
players = {'Stephen Curry':'Golden State Warriors',
           'Kevin Durant':'Golden State Warriors',
           'Lebron James':'Cleveland Cavaliers',
           'James Harden':'Houston Rockets',
           'Paul Gasol':'San Antonio Spurs'}
```

或是：

```
players = {
    'Stephen Curry':'Golden State Warriors',
    'Kevin Durant':'Golden State Warriors',
    'Lebron James':'Cleveland Cavaliers',
    'James Harden':'Houston Rockets',
    'Paul Gasol':'San Antonio Spurs',
}
```

程式實例 ch9_15.py：字典元素是長字串的應用。

```
# ch9_15.py
players = {
    'Stephen Curry':'Golden State Warriors',
    'Kevin Durant':'Golden State Warriors',
    'Lebron James':'Cleveland Cavaliers',
    'James Harden':'Houston Rockets',
    'Paul Gasol':'San Antonio Spurs',
}
print(f"Stephen Curry是 {players['Stephen Curry']} 的球員")
print(f"Kevin Durant是 {players['Kevin Durant']} 的球員")
print(f"Paul Gasol是 {players['Paul Gasol']} 的球員")
```

執行結果

```
======================= RESTART: D:\Python\ch9\ch9_15.py =======================
Stephen Curry是 Golden State Warriors 的球員
Kevin Durant是 Golden State Warriors 的球員
Paul Gasol是 San Antonio Spurs 的球員
```

9-1-14　合併字典 update( ) 與使用 ** 新方法

如果想要將 2 個字典合併可以使用 update( ) 方法。

程式實例 ch9_16.py：字典合併的應用，經銷商 A(dealerA) 銷售 Nissan、Toyota 和 Lexus 等 3 個品牌的車子，經銷商 B(dealerB) 銷售 BMW、Benz 等 2 個品牌的車子，設計程式當經銷商 A 併購了經銷商 B 後，列出經銷商 A 所銷售的車子。

```
# ch9_16.py
dealerA = {1:'Nissan', 2:'Toyota', 3:'Lexus'}
dealerB = {11:'BMW', 12:'Benz'}
dealerA.update(dealerB)
print(dealerA)
```

執行結果

```
======================= RESTART: D:\Python\ch9\ch9_16.py =======================
{1: 'Nissan', 2: 'Toyota', 3: 'Lexus', 11: 'BMW', 12: 'Benz'}
```

在合併字典時，特別需注意的是，如果發生鍵 (key) 相同則第 2 個字典的值可以取代原先字典的值，所以設計字典合併時要特別注意。

程式實例 ch9_16_1.py：重新設計 ch9_16.py，經銷商 A 和經銷商 B 所銷售的汽車品牌發生鍵相同，造成經銷商 A 併購經銷商 B 時，原先經銷商 A 銷售的汽車品牌被覆蓋，這個程式原先經銷商 A 銷售的 Lexus 品牌將被覆蓋。

```
# ch9_16_1.py
dealerA = {1:'Nissan', 2:'Toyota', 3:'Lexus'}
dealerB = {3:'BMW', 4:'Benz'}
dealerA.update(dealerB)
print(dealerA)
```

執行結果

```
====================== RESTART: D:\Python\ch9\ch9_16_1.py ======================
{1: 'Nissan', 2: 'Toyota', 3: 'BMW', 4: 'Benz'}
```

在 Python 3.5 以後的版本，合併字典新方法是使用 {**a, **b}。

實例 1：合併字典新方法。

```
>>> a = {1:'Nissan', 2:'Toyota'}
>>> b = {2:'Lexus', 3:'BMW'}
>>> {**a, **b}
{1: 'Nissan', 2: 'Lexus', 3: 'BMW'}
```

實例 2：這個觀念也可以應用在 2 個以上的字典合併。

```
>>> c = {4:'Benz'}
>>> {**a, **b, **c}
{1: 'Nissan', 2: 'Lexus', 3: 'BMW', 4: 'Benz'}
```

在 Python 3.9 以後的版本，增加了合併字典運算子「|」和更新運算子「|=」。

```
>>> dict1 = {'a': 1, 'b': 2}
>>> dict2 = {'b': 3, 'c': 4}
>>> # 使用 | 運算子合併字典, 產生新的字典
>>> merged_dict = dict1 | dict2
>>> print(merged_dict)
    {'a': 1, 'b': 3, 'c': 4}
>>> # 使用 |= 更新既有字典
>>> dict1 |= dict2
>>> print(dict1)
    {'a': 1, 'b': 3, 'c': 4}
>>>
```

9-1-15 dict( )

在資料處理中我們可能會碰上雙值序列的串列資料，如下所示：

[[' 日本 ',' 東京 '], [' 泰國 ',' 曼谷 '], [' 英國 ',' 倫敦 ']]

上述是普通的鍵 / 值序列，我們可以使用 dict( ) 將此序列轉成字典，其中雙值序列的第一個是鍵，第二個是值。

程式實例 ch9_16_2.py：將雙值序列的串列轉成字典。

```
# ch9_16_2.py
nation = [['日本','東京'],['泰國','曼谷'],['英國','倫敦']]
nationDict = dict(nation)
print(nationDict)
```

執行結果

```
===================== RESTART: D:\Python\ch9\ch9_16_2.py =====================
{'日本': '東京', '泰國': '曼谷', '英國': '倫敦'}
```

如果上述元素是元組 (tuple)，例如：(' 日本 ',' 東京 ') 也可以完成相同的工作。

實例 1：將將雙值序列的串列轉成字典，其中元素是元組 (tuple)。

```
>>> x = [('a','b'), ('c','d')]
>>> y = dict(x)
>>> y
{'a': 'b', 'c': 'd'}
```

實例 2： 下列是雙值序列是元組 (tuple) 的其它實例。

```
>>> x = ('ab', 'cd', 'ed')
>>> y = dict(x)
>>> y
{'a': 'b', 'c': 'd', 'e': 'd'}
```

9-1-16 再談 zip( )

在 8-11 節筆者已經說明 zip( ) 的用法，其實我們也可以使用 zip( ) 快速建立字典。

實例 1： zip( ) 應用 1。

```
>>> mydict = dict(zip('abcde', range(5)))
>>> print(mydict)
{'a': 0, 'b': 1, 'c': 2, 'd': 3, 'e': 4}
```

實例 2： zip( ) 應用 2。

```
>>> mydict = dict(zip(['a', 'b', 'c'], range(3)))
>>> print(mydict)
{'a': 0, 'b': 1, 'c': 2}
```

9-2 遍歷字典

大型程式設計中，字典用久了會產生相當數量的元素，也許是幾千筆或幾十萬筆 … 或更多。本節將使用函數，說明如何遍歷字典的「鍵」、「值」、「鍵 : 值」對。

9-2-1 items( ) 遍歷字典的「鍵 : 值」

Python 有提供方法 items( )，會回傳元組格式的「(鍵 , 值)」配對元素，我們可用元組解包方式取得個別內容，例如：若是以 ch9_17.py 的 players 字典為實例，可以使用 for 迴圈加上 items( ) 方法，如下所示：

第 1 個變數是鍵

第 2 個變數是值

傳回鍵 – 值對

```
for name, team in players.items( ):
    print(f"姓名:{name}")
    print(f"隊名:{team}")
```

上述只要尚未完成遍歷字典，for 迴圈將持續進行，如此就可以完成遍歷字典，同時傳回所有的「鍵 : 值」。

程式實例 ch9_17.py：列出 players 字典所有元素，相當於所有球員資料。

```
# ch9_17.py
players = {'Stephen Curry':'Golden State Warriors',
           'Kevin Durant':'Golden State Warriors',
           'Lebron James':'Cleveland Cavaliers'}
for name, team in players.items( ):
    print(f"姓名:{name}")
    print(f"隊名:{team}")
```

執行結果

```
====================== RESTART: D:\Python\ch9\ch9_17.py ======================
姓名:Stephen Curry
隊名:Golden State Warriors
姓名:Kevin Durant
隊名:Golden State Warriors
姓名:Lebron James
隊名:Cleveland Cavaliers
```

早期字典 (dict) 是一個無序的資料結構，Python 只會保持「鍵：值」不會關注元素的排列順序。但是 Python 3.7 以後，字典會保留元素插入順序。

讀者需留意 items( ) 方法所傳回其實是一個元組，我們只是使用 name, team 分別取得所傳回的元組內容，可參考下列實例。

```
>>> d = {1:'a', 2:'b'}
>>> for x in d.items():
        print(type(x))
        print(x)


<class 'tuple'>
(1, 'a')
<class 'tuple'>
(2, 'b')
```

9-2-2 keys( ) 遍歷字典的「鍵」

有時候我們不想要取得字典的值 (value)，只想要鍵 (keys)，Python 有提供方法 keys( )，可以讓我們取得字典的鍵內容，若是以 ch9_17.py 的 players 字典為實例，我們可以直接使用下方左邊的程式碼取得字典的鍵內容。

```
for name in players:          for name in players.keys():
    print(name)                   print(name)
```

此外，Python 有提供方法 keys( )，可以參考右邊程式碼的方法，讓我們取得字典的鍵內容。

程式實例 ch9_18.py：列出 players 字典所有的鍵 (keys)，此例是所有球員名字。

```
# ch9_18.py
players = {'Stephen Curry':'Golden State Warriors',
           'Kevin Durant':'Golden State Warriors',
           'Lebron James':'Cleveland Cavaliers'}
```

```
5   for name in players:
6       print(name)
7       print(f"Hi! {name} 我喜歡看你在 {players[name]} 的表現")
```

執行結果

```
===================== RESTART: D:/Python/ch9/ch9_18.py =====================
Stephen Curry
Hi! Stephen Curry 我喜歡看你在 Golden State Warriors 的表現
Kevin Durant
Hi! Kevin Durant 我喜歡看你在 Golden State Warriors 的表現
Lebron James
Hi! Lebron James 我喜歡看你在 Cleveland Cavaliers 的表現
```

上述實例第 5 列改為 players.keys( ) 也可以得到一樣的結果，可參考 ch9_18_1.py。

```
5   for name in players.keys():
```

程式實例 ch9_19.py：將串列生成式應用在獲得字典的鍵。

```
# ch9_19.py
players = {'Stephen Curry':'Golden State Warriors',
           'Kevin Durant':'Golden State Warriors',
           'Lebron James':'Cleveland Cavaliers'}
keys_list = [key for key in players]
print(keys_list)
```

執行結果

```
===================== RESTART: D:\Python\ch9\ch9_19.py =====================
['Stephen Curry', 'Kevin Durant', 'Lebron James']
```

9-2-3 values( ) 遍歷字典的「值」

如果我們想取得字典值列表，可以將鍵變為字典的索引，若是以前面實例的 players 字典為實例，可以參考 ch9_20.py。

此外，Python 有提供方法 values( )，可以讓我們取得字典值列表，若是以前面實例的 players 字典為實例，可以參考 ch9_20_1.py。

程式實例 ch9_20.py 和 ch9_20_1.py：ch9_20.py 是省略 values ( ) 方法，這個方法 team 變成字典的索引。ch9_20_1.py 使用 values( ) 方法列出 players 字典的值列表。

```
for team in players:
    print(players[team])
```

```
for team in players.values():
    print(team)
```

執行結果

```
===================== RESTART: D:\Python\ch9\ch9_20.py =====================
Golden State Warriors
Golden State Warriors
Cleveland Cavaliers
```

9-2-4 sorted( ) 依鍵排序與遍歷字典

Python 的字典功能並不會處理排序，如果想要遍歷字典同時列出排序結果，可以使用方法 sorted( )。

程式實例 ch9_21.py：重新設計程式實例 ch9_19.py，但是名字將以排序方式列出結果，這個程式的重點是第 5 列。

```
5 for name in sorted(players):
6     print(name)
7     print(f"Hi! {name} 我喜歡看你在 {players[name]} 的表現")
```

執行結果

```
====================== RESTART: D:\Python\ch9\ch9_21.py ======================
Kevin Durant
Hi! Kevin Durant 我喜歡看你在 Golden State Warriors 的表現
Lebron James
Hi! Lebron James 我喜歡看你在 Cleveland Cavaliers 的表現
Stephen Curry
Hi! Stephen Curry 我喜歡看你在 Golden State Warriors 的表現
```

9-2-5 sorted( ) 依值排序與遍歷字典的值

在 Python 中 sorted( ) 函數可以用來對各種可迭代物件進行排序，包括字典。當使用 sorted( ) 對字典進行排序時，需要特別注意的是，sorted( ) 預設情況下僅會對字典的鍵 (key) 進行排序，返回的是一個包含已排序鍵的串列，而不是一個已排序的字典 (因為字典本身是無序的數據結構，在 Python 3.7 中雖然字典保持了插入順序，但仍然不被視為有序) 。

❑ 字典依「鍵」排序回傳串列

程式實例 ch9_21_1.py：字典依據鍵排序，回傳串列。

```
# ch9_21_1.py
my_dict = {'Orange':60, 'Apple':100, 'Grape':80}
sorted_keys = sorted(my_dict)
print(f"依據 key 排序 = {sorted_keys}")
```

執行結果

```
====================== RESTART: D:\Python\ch9\ch9_21_1.py ======================
依據 key 排序 = ['Apple', 'Grape', 'Orange']
```

❑ 生成依「鍵」排序效果的新字典

如果你想要在遍歷時或以其他方式獲取一個按鍵排序的字典結構，可以結合使用 sorted( ) 和字典推導式。

程式實例 ch9_22.py：生成依鍵排序效果的新字典。

```
# ch9_22.py
my_dict = {'Orange':60, 'Apple':100, 'Grape':80}
sorted_dict_by_key = {k: my_dict[k] for k in sorted(my_dict)}
print(f"依據 key 排序的新字典 = {sorted_dict_by_key}")
```

執行結果

```
======================= RESTART: D:\Python\ch9\ch9_22.py =======================
依據 key 排序的新字典 = {'Apple': 100, 'Grape': 80, 'Orange': 60}
```

❑ 生成元素是字典的排序串列

sorted( ) 函數可以對字典進行排序，排序結果用串列回傳，此時其語法如下：

sorted_list = sorted(my_dict.items( ), key=lambda x: x[n], reverse=True)

上述 my_dict 是要排序的字典，items( ) 方法用於將字典轉換為一個包含「(鍵 , 值)」配對元素的元組。key 參數是一個排序的參考鍵，lambda x: x[n] 公式，n 是配對元素的索引，如果 n 是 0 表示對 (鍵 , 值) 配對的鍵排序，如果 n 是 1 表示對 (鍵 , 值) 配對的值排序。reverse 參數表示排序的方式，如果為 True 表示降序，否則表示升序，預設是 False 表示升序。

註 未來 11-9 節筆者還會介紹 lambda 匿名函數。

此方法回傳的 sorted_list，其資料類型是串列，元素是元組，元組內有 2 個元素分別是原先字典的鍵和值。

程式實例 ch9_23.py：將水果字典分別依鍵與值排序，回傳是串列。

```
# ch9_23.py
fruits = {'Orange':60, 'Apple':100, 'Grape':80}
print(f"原始水果字典 : {fruits}")

# 依據字典的鍵排序的串列 -- 水果名稱
fruits_key = sorted(fruits.items(), key=lambda item:item[0])
print(f"依據字典的鍵排序的串列 : {fruits_key}")
print(" 品項     價格")
for i in range(len(fruits_key)):
    print(f"{fruits_key[i][0]:6}    {fruits_key[i][1]}")

# 依據字典的值排序的串列 -- 售價
fruits_value = sorted(fruits.items(), key=lambda item:item[1])
print(f"依據字典的值排序的串列 : {fruits_value}")
print(" 品項     價格")
for i in range(len(fruits_value)):
    print(f"{fruits_value[i][0]:6}    {fruits_value[i][1]}")
```

執行結果

```
====================== RESTART: D:\Python\ch9\ch9_23.py ======================
原始水果字典 : {'Orange': 60, 'Apple': 100, 'Grape': 80}
依據字典的鍵排序的串列 : [('Apple', 100), ('Grape', 80), ('Orange', 60)]
 品項    價格
Apple     100
Grape     80
Orange    60
依據字典的值排序的串列 : [('Orange', 60), ('Grape', 80), ('Apple', 100)]
 品項    價格
Orange    60
Grape     80
Apple     100
```

❑ 生成依「值」排序效果的新字典

這時需使用字典生成式的觀念，字典生成式語法觀念如下：

新字典 = { 鍵運算式 : 值運算式 for 運算式 in 可迭代物件 }

下列是基本應用，假設有 2 列指令如下：

```
servers = ['Server1', 'Server2', 'Server3']
requests = {server:0 for server in servers}
```

上述相當於可以得到下列結果。

```
requests = {'Server1': 0, 'Server2': 0, 'Server3': 0}
```

程式實例 ch9_24.py：生成依值排序的新字典。

```
1   # ch9_24.py
2   fruits = {'Orange':60, 'Apple':100, 'Grape':80}
3
4   # 按值排序字典並創建一個新的字典
5   fruits_sort = {k: v for k, v in sorted(fruits.items(), key=lambda item: item[1])}
6   print(f"依據字典的值排序的字典 : {fruits_sort}")
```

執行結果

```
====================== RESTART: D:\Python\ch9\ch9_24.py ======================
依據字典的值排序的字典 : {'Orange': 60, 'Grape': 80, 'Apple': 100}
```

上述第 5 列是字典生成式，其程式碼是由以下幾部分組成：

- {k: v ...}：這指明了新字典的結構，其中 k 代表鍵，v 代表值。這表明對於每個迭代的元素，我們將建立一個「鍵值對」，鍵為 k，值為 v。
- for k, v in ...：這是一個迭代語句，用於遍歷提供給字典生成式的可迭代物件。在這個例子中，迭代的是由 sorted( ) 函數回傳排序後的「鍵值對」串列。k, v 是元組解包，用於從每個元組中提取鍵和值。

- sorted(my_dict.items(), key=lambda item: item[1])：這是提供給迭代語句的可迭代物件，它是一個排序後的鍵值對串列，可以參考前一個實例解說。

總之這個程式碼中的字典生成式透過對原字典的「鍵值對」依值進行排序，然後為排序後的每個鍵值對建立一個新的字典項目，最終組成一個全新的字典，其實這是 Python 高手才會用的方法。

9-3 match-case 與字典的結合

9-3-1 match-case 在字典基礎應用

5-7 節筆者介紹了 match-case 的基本觀念，8-14-4 節介紹了 match-case 在序列數據的應用，我們也可以將 match-case 應用在字典結構。

程式實例 ch9_24_1.py：match-case 在字典匹配的應用。

```
# ch9_24_1.py
user = {"name": "Alice", "age": 30}

match user:
    case {"name": "Alice", "age": age}:
        print(f"Alice 的年齡是 {age}")
    case {"name": "Bob", "age": age}:
        print(f"Bob 的年齡是 {age}")
    case _:
        print("未知使用者")
```

執行結果

```
===================== RESTART: D:/Python/ch9/ch9_24_1.py =====================
Alice 的年齡是 30
```

9-3-2 創意應用：AI 客服智慧回覆系統

在人工智慧客服系統中，我們常需要根據使用者的詢問，迅速提供相對應的回覆。利用 match-case 語法搭配字典資料結構，我們可以輕易地設計出一套簡單又有效的「智慧客服回覆系統」。

註 這一節的程式會使用函數設計觀念，建議可以閱讀完第 11 章，再來閱讀此創意程式。

程式實例 ch9_24_2.py：假設有一間咖啡廳推出了一個 AI 智慧客服機器人，可回答顧客的常見問題，例如詢問營業時間、特色商品、推薦餐點等等。這時候，我們可以用字典來儲存問題類型與相關資訊，並使用 match-case 快速比對顧客的詢問來給出適合的回覆。

```python
# ch9_24_2.py
# AI客服機器人的資料庫
faq_db = {
    "營業時間": "我們營業時間為每天早上 8:00 至晚上 9:00",
    "地址": "本店位於台北市大安區敦化南路二段 46 號",
    "招牌商品": "我們的招牌是「經典手沖咖啡」以及「藍莓起司蛋糕」",
    "推薦飲品": "推薦您試試我們的拿鐵咖啡, 口感滑順濃郁!",
}

def ai_customer_service(question: str):
    # 使用match-case判斷問題的關鍵字
    match question:
        case {"intent": "詢問", "type": "營業時間"}:
            return faq_db["營業時間"]
        case {"intent": "詢問", "type": "地址"}:
            return faq_db["地址"]
        case {"intent": "推薦", "category": "甜點"}:
            return faq_db["招牌商品"]
        case {"intent": "推薦", "category": "飲料"}:
            return faq_db["推薦飲品"]
        case _:
            return "很抱歉, 我不太明白您的問題, 您可以換個方式再問一次嗎?"

# 模擬顧客的詢問
user_question_1 = {"intent": "詢問", "type": "營業時間"}
user_question_2 = {"intent": "推薦", "category": "甜點"}
user_question_3 = {"intent": "詢問", "type": "地址"}
user_question_4 = {"intent": "其他"}

# 回覆顧客
print(ai_customer_service(user_question_1))
print(ai_customer_service(user_question_2))
print(ai_customer_service(user_question_3))
print(ai_customer_service(user_question_4))
```

執行結果

```
===================== RESTART: D:/Python/ch9/ch9_24_2.py =====================
我們營業時間為每天早上 8:00 至晚上 9:00
我們的招牌是「經典手沖咖啡」以及「藍莓起司蛋糕」
本店位於台北市大安區敦化南路二段 46 號
很抱歉, 我不太明白您的問題, 您可以換個方式再問一次嗎?
```

這個程式設計說明與創意點如下：

- 巧妙結合 match-case 與字典：我們透過 match-case 的高階模式匹配功能，將顧客問題以字典形式比對，快速定位問題類型。
- 可擴充性佳：未來若有更多問題類型或答案，只需在 faq_db 中加入新項目，並簡單調整 match-case 即可，方便維護與更新。
- 易讀且具語意性：程式結構清晰明瞭，未來擴充更多情境也能輕易掌握，不僅可用於客服系統，也可延伸至智慧居家或語音助理等多種應用領域。

9-4 字典內鍵的值是串列

在 Python 的應用中也允許將串列放在字典內，這時串列將是字典某鍵的值。如果想要遍歷這類資料結構，需要使用巢狀迴圈和字典的方法 items( )，外層迴圈是取得字典的鍵，內層迴圈則是將含串列的值拆解。下列是定義 sports 字典的實例：

```
3  sports = {'Curry':['籃球', '美式足球'],
4            'Durant':['棒球'],
5            'James':['美式足球', '棒球', '籃球']}
```

上述 sports 字典內含 3 個 " 鍵 : 值 " 配對元素，其中值的部分皆是串列。程式設計時外層迴圈配合 items( ) 方法，設計如下：

```
7  for name, favorite_sport in sports.items( ):
8      print(f"{name} 喜歡的運動是: ")
```

上述設計後，鍵內容會傳給 name 變數，值內容會傳給 favorite_sport 變數，所以第 8 列將可列印鍵內容。內層迴圈主要是將 favorite_sport 串列內容拆解，它的設計如下：

```
10     for sport in favorite_sport:
11         print(f"    {sport}")
```

上述串列內容會隨迴圈傳給 sport 變數，所以第 11 列可以列出結果。

程式實例 ch9_25.py：字典內含串列元素的應用，本程式會先定義內含字串的字典，然後再拆解列印。

```
1  # ch9_25.py
2  # 建立內含字串的字典
3  sports = {'Curry':['籃球', '美式足球'],
4            'Durant':['棒球'],
5            'James':['美式足球', '棒球', '籃球']}
6  # 列印key名字 + 字串'喜歡的運動'
7  for name, favorite_sport in sports.items( ):
8      print(f"{name} 喜歡的運動是: ")
9  # 列印value,這是串列
10     for sport in favorite_sport:
11         print(f"    {sport}")
```

執行結果

```
======================= RESTART: D:\Python\ch9\ch9_25.py =======================
Curry 喜歡的運動是:
    籃球
    美式足球
Durant 喜歡的運動是:
    棒球
James 喜歡的運動是:
    美式足球
    棒球
    籃球
```

9-5 字典內鍵的值是字典

在 Python 的應用中也允許將字典放在字典內，這時字典將是字典某鍵的值。假設微信 (wechat_account) 帳號是用字典儲存，鍵有 2 個值是由另外字典組成，這個內部字典另有 3 個鍵，分別是 last_name、first_name 和 city，下列是設計實例。

```
wechat_account = {'cshung':{
                            'last_name':'洪',
                            'first_name':'錦魁',
                            'city':'台北'},
                  'kevin':{
                            'last_name':'鄭',
                            'first_name':'義盟',
                            'city':'北京'}}
```

至於列印方式一樣需使用 items( ) 函數，可參考下列實例。

程式實例 ch9_26.py：列出字典內含字典的內容。

```
# ch9_26.py
# 建立內含字典的字典
wechat_account = {'cshung':{
                            'last_name':'洪',
                            'first_name':'錦魁',
                            'city':'台北'},
                  'kevin':{
                            'last_name':'鄭',
                            'first_name':'義盟',
                            'city':'北京'}}
# 列印內含字典的字典
for account, account_info in wechat_account.items( ):
    print("使用者帳號 = ", account)                          # 列印鍵(key)
    name = account_info['last_name'] + " " + account_info['first_name']
    print(f"姓名       = {name}")                           # 列印值(value)
    print(f"城市       = {account_info['city']}")           # 列印值(value)
```

執行結果

```
===================== RESTART: D:\Python\ch9\ch9_26.py =====================
使用者帳號 =  cshung
姓名       = 洪 錦魁
城市       = 台北
使用者帳號 =  kevin
姓名       = 鄭 義盟
城市       = 北京
```

9-6 字典常用的函數和方法

這一節主要是講解下列進階應用字典的方法。

方法	說明	參考
fromkeys( )	使用序列建立字典	9-6-2 節
get( )	搜尋字典的鍵	9-6-3 節
setdefault( )	搜尋字典的鍵，如果不存在則加入此鍵	9-6-4 節

9-6-1 len( )

前面已經介紹過 len( )，這個觀念也可以應用在列出字典內的字典元素的個數。

程式實例 ch9_27.py：列出字典以及字典內的字典元素的個數。

```
# ch9_27.py
# 建立內含字典的字典
wechat = {'cshung':{
                    'last_name':'洪',
                    'first_name':'錦魁',
                    'city':'台北'},
          'kevin':{
                    'last_name':'鄭',
                    'first_name':'義盟',
                    'city':'北京'}}
# 列印字典元素個數
print(f"wechat字典元素個數       {len(wechat)}")
print(f"wechat['cshung']元素個數 {len(wechat['cshung'])}")
print(f"wechat['kevin']元素個數  {len(wechat['kevin'])}")
```

執行結果

```
======================= RESTART: D:\Python\ch9\ch9_27.py =======================
wechat字典元素個數       2
wechat['cshung']元素個數 3
wechat['kevin']元素個數  3
```

9-6-2 fromkeys( )

這是建立字典的一個方法，它的語法格式如下：

mydict = dict.fromkeys(seq[, value])　　　　# 使用 seq 序列建立字典

上述會使用 seq 序列建立字典，序列內容將是字典的鍵，如果沒有設定 value 則用 none 當字典鍵的值。

程式實例 ch9_28.py：分別使用串列和元組建立字典。

```
# ch9_28.py
# 將串列轉成字典
seq1 = ['name', 'city']          # 定義串列
list_dict1 = dict.fromkeys(seq1)
print(f"字典1 {list_dict1}")
list_dict2 = dict.fromkeys(seq1, 'Chicago')
print(f"字典2 {list_dict2}")
# 將元組轉成字典
seq2 = ('name', 'city')          # 定義元組
tup_dict1 = dict.fromkeys(seq2)
print(f"字典3 {tup_dict1}")
tup_dict2 = dict.fromkeys(seq2, 'New York')
print(f"字典4 {tup_dict2}")
```

執行結果

```
======================== RESTART: D:\Python\ch9\ch9_28.py ========================
字典1 {'name': None, 'city': None}
字典2 {'name': 'Chicago', 'city': 'Chicago'}
字典3 {'name': None, 'city': None}
字典4 {'name': 'New York', 'city': 'New York'}
```

9-6-3 get( )

搜尋字典的鍵，如果鍵存在則傳回該鍵的值，如果不存在則傳回預設值。

ret_value = mydict.get(key[, default=none])　　　# mydict 是欲搜尋的字典

key 是要搜尋的鍵，如果找不到 key 則傳回 default 的值 (如果沒設 default 值就傳回 none)。

程式實例 ch9_29.py：get( ) 方法的應用。

```
# ch9_29.py
fruits = {'Apple':20, 'Orange':25}
ret_value1 = fruits.get('Orange')
print(f"Value = {ret_value1}")
ret_value2 = fruits.get('Grape')
print(f"Value = {ret_value2}")
ret_value3 = fruits.get('Grape', 10)
print(f"Value = {ret_value3}")
```

執行結果

```
======================== RESTART: D:\Python\ch9\ch9_29.py ========================
Value = 25
Value = None
Value = 10
```

9-6-4 setdefault( )

這個方法基本上與 get( ) 相同，不同之處在於 get( ) 方法不會改變字典內容。使用 setdefault( ) 方法時若所搜尋的鍵不在，會將 " 鍵 : 值 " 加入字典，如果有設定預設值則將鍵 : 預設值加入字典，如果沒有設定預設值則將鍵 :none 加入字典。

ret_value = mydict.setdefault(key[, default=none])　　　# mydict 是欲搜尋的字典

程式實例 ch9_30.py：setdefault( ) 方法，鍵在字典內的應用。

```
# ch9_30.py
# key在字典內
my_dict = {'apple': 1, 'banana': 2}

# 使用 setdefault() 獲取 'apple' 的值
value1 = my_dict.setdefault('apple', 0)
print(value1)
```

```python

# 使用 setdefault() 獲取 'orange' 的值
value2 = my_dict.setdefault('orange', 3)
print(value2)

# 輸出更新後的字典
print(my_dict)
```

執行結果

```
===================== RESTART: D:\Python\ch9\ch9_30.py =====================
1
3
{'apple': 1, 'banana': 2, 'orange': 3}
```

程式實例 ch9_31.py：setdefault( ) 方法，鍵不在字典內的應用。

```python
# ch9_31.py
person = {'name':'John'}
print("原先字典內容", person)

# 'age'鍵不存在
age = person.setdefault('age')
print(f"增加age鍵 {person}")
print(f"age = {age}")
# 'sex'鍵不存在
sex = person.setdefault('sex', 'Male')
print(f"增加sex鍵 {person}")
print(f"sex = {sex}")
```

執行結果

```
===================== RESTART: D:\Python\ch9\ch9_31.py =====================
原先字典內容 {'name': 'John'}
增加age鍵 {'name': 'John', 'age': None}
age = None
增加sex鍵 {'name': 'John', 'age': None, 'sex': 'Male'}
sex = Male
```

9-7 製作大型的字典資料

9-7-1 基礎觀念

有時我們想要製作更大型的字典資料結構，例如：字典的鍵是地球的洲名，鍵的值是元組，元組元素是該洲幾個城市名稱，可以參考下列實例。

實例 1：字典元素的值是元組。

```
>>> asia = ('Beijing', 'Hongkong', 'Tokyo')
>>> usa = ('Chicago', 'New York', 'Hawaii', 'Los Angeles')
>>> europe = ('Paris', 'London', 'Zurich')
>>> world = {'Asia':asia, 'Usa':usa, 'Europe':europe}
>>> type(world)
<class 'dict'>
>>> world
{'Asia': ('Beijing', 'Hongkong', 'Tokyo'), 'Usa': ('Chicago', 'New York', 'Hawai
i', 'Los Angeles'), 'Europe': ('Paris', 'London', 'Zurich')}
```

在設計大型程式時，必需記住字典的鍵是不可變的，所以不可以將串列、字典或是下一章將介紹的集合當作字典的鍵，不過你是可以將元組當作字典的鍵，例如：我們在 4-5-3 節可以知道地球上每個位置是用 (緯度 , 經度) 當做標記，所以我們可以使用經緯度當作字典的鍵。

實例 2：使用經緯度當作字典的鍵，值是地點名稱。

```
>>> loc = {
        (25.0452, 121.5168):'台北車站',
        (22.2838, 114.1731):'紅磡車站'
        }
>>> type(loc)
<class 'dict'>
>>> loc
{(25.0452, 121.5168): '台北車站', (22.2838, 114.1731): '紅磡車站'}
```

9-7-2 進階排序 Sorted() 的應用

在演算法的經典應用中有一個貪婪演算法問題，此問題敘述是，有一個小偷帶了一個背包可以裝下 1 公斤的貨物不被發現，現在到一個賣場，有下列物件可以選擇：

1： Acer 筆電：價值 40000 元，重 0.8 公斤。

2： Asus 筆電：價值 35000 元，重 0.7 公斤。

3： iPhone 手機：價值 38000 元，重 0.3 公斤。

4： iWatch 手錶：價值 15000 元，重 0.1 公斤。

5： Go Pro 攝影：價值 12000 元，重 0.1 公斤。

要處理這類問題，首先是使用適當的資料結構儲存上述資料，我們可以使用字典儲存上述資料，然後使用鍵 (key) 儲存貨物名稱，鍵的值 (value) 使用元組，所以整個字典結構將如下所示 (筆者故意打亂順序)：

```
things = {'iWatch手錶':(15000, 0.1),     # 定義商品
          'Asus  筆電':(35000, 0.7),
          'iPhone手機':(38000, 0.3),
          'Acer  筆電':(40000, 0.8),
          'Go Pro攝影':(12000, 0.1),
         }
```

如果現在我們想要執行商品價值排序，同樣是使用 9-2-5 節的 sorted( ) 方法，這時的語法將如下：

```
sorted_dict = sorted(my_dict.items(), key=lambda x: x[1][0], reverse=True)
```

上述重點是 lambda x:x[1][0]，[1] 代表字典的值也就是元組，[0] 代表元組的第 1 個元素，此例是商品價值。註：上述 sorted( ) 方法與 lambda 表達式的用法未來 11-9 節會有更詳細的解說。

程式實例 ch9_31_1.py：將商品依價值排序。

```
# ch9_31_1.py
things = {'iWatch手錶':(15000, 0.1),       # 定義商品
          'Asus   筆電':(35000, 0.7),
          'iPhone手機':(38000, 0.3),
          'Acer   筆電':(40000, 0.8),
          'Go Pro攝影':(12000, 0.1),
         }

# 商品依價值排序
th = sorted(things.items(), key=lambda item:item[1][0])
print('所有商品依價值排序如下')
print('商品', '          商品價格 ', '  商品重量')
for i in range(len(th)):
    print(f"{th[i][0]:8s}{th[i][1][0]:10d}{th[i][1][1]:10.2f}")
```

執行結果

```
==================== RESTART: D:\Python\ch9\ch9_31_1.py ====================
所有商品依價值排序如下
商品          商品價格     商品重量
Go Pro攝影     12000        0.10
iWatch手錶     15000        0.10
Asus   筆電    35000        0.70
iPhone手機     38000        0.30
Acer   筆電    40000        0.80
```

有關貪婪演算法的進一步學習，讀者可以參考筆者所著「演算法 – 圖解邏輯思維 + Python 程式實作」。

9-8 專題 - 文件分析 / 字典生成式 / 星座 / 凱薩密碼 / 摩斯密碼

9-8-1 傳統方式分析文章的文字與字數

程式實例 ch9_32.py：這個專案主要是設計一個程式，可以記錄一段英文文字，或是一篇文章所有單字以及每個單字的出現次數，這個程式會用單字當作字典的鍵 (key)，用值 (value) 當作該單字出現的次數。

```
# ch9_32.py
song = """Are you sleeping, are you sleeping, Brother John, Brother John?
Morning bells are ringing, morning bells are ringing.
Ding ding dong, Ding ding dong."""
mydict = {}                         # 空字典未來儲存單字計數結果
print("原始歌曲")
print(song)

# 以下是將歌曲大寫字母全部改成小寫
songLower = song.lower()            # 歌曲改為小寫
```

```
11 print("小寫歌曲")
12 print(songLower)
13
14 # 將歌曲的標點符號用空字元取代
15 for ch in songLower:
16         if ch in ".,?":
17             songLower = songLower.replace(ch,'')
18 print("不再有標點符號的歌曲")
19 print(songLower)
20
21 # 將歌曲字串轉成串列
22 songList = songLower.split()
23 print("以下是歌曲串列")
24 print(songList)                          # 列印歌曲串列
25
26 # 將歌曲串列處理成字典
27 for wd in songList:
28         if wd in mydict:                 # 檢查此字是否已在字典內
29             mydict[wd] += 1              # 累計出現次數
30         else:
31             mydict[wd] = 1               # 第一次出現的字建立此鍵與值
32
33 print("以下是最後執行結果")
34 print(mydict)                            # 列印字典
```

執行結果

```
======================= RESTART: D:\Python\ch9\ch9_32.py =======================
原始歌曲
Are you sleeping, are you sleeping, Brother John, Brother John?
Morning bells are ringing, morning bells are ringing.
Ding ding dong, Ding ding dong.
小寫歌曲
are you sleeping, are you sleeping, brother john, brother john?
morning bells are ringing, morning bells are ringing.
ding ding dong, ding ding dong.
不再有標點符號的歌曲
are you sleeping are you sleeping brother john brother john
morning bells are ringing morning bells are ringing
ding ding dong ding ding dong
以下是歌曲串列
['are', 'you', 'sleeping', 'are', 'you', 'sleeping', 'brother', 'john', 'brother
', 'john', 'morning', 'bells', 'are', 'ringing', 'morning', 'bells', 'are', 'rin
ging', 'ding', 'ding', 'dong', 'ding', 'ding', 'dong']
以下是最後執行結果
{'are': 4, 'you': 2, 'sleeping': 2, 'brother': 2, 'john': 2, 'morning': 2, 'bell
s': 2, 'ringing': 2, 'ding': 4, 'dong': 2}
```

上述程式註解非常清楚，整個程式依據下列方式處理。

1： 將歌曲全部改成小寫字母同時列印，可參考 10-12 列。

2： 將歌曲的標點符號 ",.?" 全部改為空白同時列印，可參考 15-19 列。

3： 將歌曲字串轉成串列同時列印串列，可參考 22-24 列。

4： 將歌曲串列處理成字典同時計算每個單字出現次數，可參考 27-31 列。

5： 最後列印字典。

9-8-2 字典生成式

在 7-2-6 節筆者有介紹串列生成的觀念，我們可以將該觀念應用在字典生成式，此時語法如下：

新字典 = { 鍵運算式 : 值運算式 for 運算式 in 可迭代物件 }

假設有 2 列指令如下：

```
servers = ['Server1', 'Server2', 'Server3']
requests = {server:0 for server in servers}
```

上述相當於可以得到下列結果。

```
requests = {'Server1': 0, 'Server2': 0, 'Server3': 0}
```

程式實例 ch9_33.py：使用字典生成式記錄單字 deepmind，每個字母出現的次數。

```
1  # ch9_33.py
2  word = 'deepmind'
3  alphabetCount = {alphabet:word.count(alphabet) for alphabet in word}
4  print(alphabetCount)
```

執行結果

```
====================== RESTART: D:\Python\ch9\ch9_33.py ======================
{'d': 2, 'e': 2, 'p': 1, 'm': 1, 'i': 1, 'n': 1}
```

很不可思議，只需一列程式碼 (第 3 列) 就將一個單字每個字母的出現次數列出來，坦白說這就是 Python 奧妙的地方。上述程式的執行原理是將每個單字出現的次數當作是鍵的值，其實這是真正懂 Python 的程式設計師會使用的方式。當然如果硬要挑出上述程式的缺點，就在於對字母 e 而言，在 for 迴圈中會被執行 3 次，下一章筆者會介紹集合 (set)，筆者會改良這個程式，讓讀者邁向 Python 高手之路。

當你了解了上述 ch9_33.py 後，若是再看 ch9_32.py 可以發現第 27 至 31 列是將串列改為字典同時計算每個單字的出現次數，該程式花了 5 列處理這個功能，其實我們可以使用 1 列就取代原先需要 5 行處理這個功能。

程式實例 ch9_34.py：使用字典生成方式重新設計 ch9_32.py，這個程式的重點是第 27 列取代了原先的第 27 至 31 列。

```
27  mydict = {wd:songList.count(wd) for wd in songList}
```

另外可以省略第 5 列設定空字典。

```
5  #mydict = {}                         # 省略,空字典未來儲存單字計數結果
```

執行結果 與 ch9_32.py 相同。

9-8-3 設計星座字典

程式實例 ch9_35.py：星座字典的設計，這個程式會要求輸入星座，如果所輸入的星座正確則輸出此星座的時間區間和本月運勢，如果所輸入的星座錯誤，則輸出星座輸入錯誤。

```
# ch9_35.py
season = {'水瓶座':'1月20日 - 2月18日, 需警惕小人',
          '雙魚座':'2月19日 - 3月20日, 凌亂中找立足',
          '白羊座':'3月21日 - 4月19日, 運勢比較低迷',
          '金牛座':'4月20日 - 5月20日, 財運較佳',
          '雙子座':'5月21日 - 6月21日, 運勢好可錦上添花',
          '巨蟹座':'6月22日 - 7月22日, 不可鬆懈大意',
          '獅子座':'7月23日 - 8月22日, 會有成就感',
          '處女座':'8月23日 - 9月22日, 會有挫折感',
          '天秤座':'9月23日 - 10月23日, 運勢給力',
          '天蠍座':'10月24日 - 11月22日, 中規中矩',
          '射手座':'11月23日 - 12月21日, 可羨煞眾人',
          '魔羯座':'12月22日 - 1月19日, 需保有謙虛',
          }

wd = input("請輸入欲查詢的星座 : ")
if wd in season:
    print(wd, " 本月運勢 : ", season[wd])
else:
    print("星座輸入錯誤")
```

執行結果

```
==================== RESTART: D:\Python\ch9\ch9_35.py ====================
請輸入欲查詢的星座 : 獅子座
獅子座  本月運勢 :  7月23日 - 8月22日, 會有成就感
```

9-8-4 文件加密 – 凱薩密碼實作

延續 6-13-2 節的內容，在 Python 資料結構中，要執行加密可以使用字典的功能，觀念是將原始字元當作鍵 (key)，加密結果當作值 (value)，這樣就可以達到加密的目的，若是要讓字母往後移 3 個字元，相當於要建立下列字典。

encrypt = {'a':'d', 'b':'e', 'c':'f', 'd':'g', … , 'x':'a', 'y':'b', 'z':'c'}

程式實例 ch9_36.py：設計一個加密程式，使用 "python" 做測試。

```
# ch9_36.py
abc = 'abcdefghijklmnopqrstuvwxyz'
encry_dict = {}
front3 = abc[:3]
end23 = abc[3:]
subText = end23 + front3
encry_dict = dict(zip(abc, subText))    # 建立字典
print("列印編碼字典\n", encry_dict)      # 列印字典

msgTest = input("請輸入原始字串 : ")
```

```
cipher = []
for i in msgTest:                        # 執行每個字元加密
    v = encry_dict[i]                    # 加密
    cipher.append(v)                     # 加密結果
ciphertext = ''.join(cipher)             # 將串列轉成字串

print("原始字串 ", msgTest)
print("加密字串 ", ciphertext)
```

執行結果

```
===================== RESTART: D:\Python\ch9\ch9_36.py =====================
列印編碼字典
 {'a': 'd', 'b': 'e', 'c': 'f', 'd': 'g', 'e': 'h', 'f': 'i', 'g': 'j', 'h': 'k'
, 'i': 'l', 'j': 'm', 'k': 'n', 'l': 'o', 'm': 'p', 'n': 'q', 'o': 'r', 'p': 's'
, 'q': 't', 'r': 'u', 's': 'v', 't': 'w', 'u': 'x', 'v': 'y', 'w': 'z', 'x': 'a'
, 'y': 'b', 'z': 'c'}
請輸入原始字串 : python
原始字串  python
加密字串  sbwkrq
```

9-8-5　摩斯密碼 (Morse code)

摩斯密碼是美國人艾爾菲德 維爾 (Alfred Vail, 1807 – 1859) 與布里斯 摩絲 (Breese Morse, 1791 – 1872) 在 1836 年發明的，這是一種時通時斷訊號代碼，可以使用無線電訊號傳遞，透過不同的排列組合表達不同的英文字母、數字和標點符號。

其實也可以稱此為一種密碼處理方式，下列是英文字母的摩斯密碼表。

A：.-	B：-...	C：-.-.	D：-..	E：.
F：..-.	G：--.	H：....	I：..	J：.---
K：-.-	L：.-..	M：--	N：-.	O：---
P：.--.	Q：--.-	R：.-.	S：...	T：-
U：..-	V：...-	W：.--	X：-..-	Y：-.--
Z：--..				

下列是阿拉伯數字的摩斯密碼表。

1：.----	2：..---	3：...--	4：....-	5：.....
6：-....	7：--...	8：---..	9：----.	10：-----

註 摩斯密碼由一個點 (•) 和一劃 (-) 組成，其中點是一個單位，劃是三個單位。程式設計時，點 (•) 用 . 代替，劃 (-) 用 - 代替。

處理摩斯密碼可以建立字典，再做轉譯。也可以為摩斯密碼建立一個串列或元組，直接使用英文字母 A 的 Unicode 碼值是 65 的特性，將碼值減去 65，就可以獲得此摩斯密碼。

程式實例 ch9_37.py：使用字典建立摩斯密碼，然後輸入一個英文字，這個程式可以輸出摩斯密碼。

```
# ch9_37.py
morse_code = {'A':'.-', 'B':'-...', 'C':'-.-.','D':'-..','E':'.',
              'F':'..-.', 'G':'--.', 'H':'....', 'I':'..', 'J':'.---',
              'K':'-.-', 'L':'.-..','M':'--', 'N':'-.','O':'---',
              'P':'.--.','Q':'--.-','R':'.-.','S':'...','T':'-',
              'U':'..-','V':'...-','W':'.--','X':'-..-','Y':'-.--',
              'Z':'--..'}

wd = input("請輸入大寫英文字: ")
for c in wd:
    print(morse_code[c])
```

執行結果

```
==================== RESTART: D:\Python\ch9\ch9_37.py ====================
請輸入大寫英文字: ABC
.-
-...
-.-.
```

9-8-6 字典的潛在應用

下列是元組的可能應用，讀者可以參考：

❑ 儲存與查詢配置設定

```
config = {
    "api_url": "https://api.example.com",
    "api_key": "your_api_key_here",
    "timeout": 30
}

print(config["api_url"])  # 輸出: https://api.example.com
```

❑ 儲存與查詢人員資訊

```
employees = {
    "Alice": {"age": 25, "department": "HR"},
    "Bob": {"age": 30, "department": "Engineering"}
}

print(employees["Alice"]["department"])  # 輸出: HR
```

❑ 記錄項目的計數

```
words = ["apple", "banana", "cherry", "apple", "cherry", "banana", "apple"]
word_counts = {}

for word in words:
    word_counts[word] = word_counts.get(word, 0) + 1

print(word_counts)          # 輸出: {'apple': 3, 'banana': 2, 'cherry': 2}
```

❑ 建立索引

```
items = ["apple", "banana", "cherry"]
index_dict = {item: index for index, item in enumerate(items)}

print(index_dict)   # 輸出: {'apple': 0, 'banana': 1, 'cherry': 2}
```

❑ 儲存多個狀態

```
status_dict = {
    "is_connected": True,
    "last_sync": "2023-08-30 08:30:00",
    "sync_interval": 3600
}

print(status_dict["last_sync"]) # 輸出: 2023-08-30 08:30:00
```

第 10 章

集合 (Set) 實戰
高效數據處理的關鍵技術

集合的基本觀念是無序且每個元素是唯一的，其實也可以將集合看成是字典的鍵，每個鍵皆是唯一的，集合元素的值是不可變的 (immutable)，常見的元素有整數 (intger)、浮點數 (float)、字串 (string)、元組 (tuple) … 等。至於可變 (mutable) 內容串列 (list)、字典 (dict)、集合 (set) … 等不可以是集合元素。但是集合本身是可變的 (mutable)，我們可以增加或刪除集合的元素。

集合主要用途是成員測試和消除重複的元素。

10-1 建立集合

集合是由元素組成，基本觀念是無序且每個元素是唯一的。例如：一個骰子有 6 面，每一面是一個數字，每個數字是一個元素，我們可以使用集合代表這 6 個數字。

{1, 2, 3, 4, 5, 6}

10-1-1　使用 { } 建立集合

Python 可以使用大括號 "{ }" 建立集合，下列是建立 lang 集合，此集合元素是 'Python'、'C'、'Java'。

```
>>> lang = {'Python', 'C', 'Java'}
>>> lang
{'Python', 'Java', 'C'}
```

下列是建立 A 集合，集合元素是自然數 1, 2, 3, 4, 5。

```
>>> A = {1, 2, 3, 4, 5}
>>> A
{1, 2, 3, 4, 5}
```

10-1-2　集合元素是唯一

因為集合元素是唯一，所以即使建立集合時有元素重複，也只有一份會被保留。

```
>>> A = {1, 1, 2, 2, 3, 3, 3}
>>> A
{1, 2, 3}
```

10-1-3　使用 set( ) 建立集合

Python 內建的 set( ) 函數也可以建立集合，set( ) 函數參數只能有一個元素，此元素的內容可以是字串 (string)、串列 (list)、元組 (tuple)、字典 (dict) … 等。下列是使用 set( ) 建立集合，元素內容是字串。

```
>>> A = set('Deepmind')
>>> A
{'i', 'm', 'd', 'D', 'n', 'e', 'p'}
```

從上述運算我們可以看到原始字串 e 有 2 個，但是在集合內只出現一次，因為集合元素是唯一的。此外，雖然建立集合時的字串是 'Deepmind'，但是在集合內字母順序完全被打散了，因為集合是無序的。

下列是使用串列建立集合的實例。

```
>>> A = set(['Python', 'Java', 'C'])
>>> A
{'Python', 'Java', 'C'}
```

10-1-4 集合的基數 (cardinality)

所謂集合的基數 (cardinality) 是指集合元素的數量，可以使用 len( ) 函數取得。

```
>>> A = {1, 3, 5, 7, 9}
>>> len(A)
5
```

10-1-5 建立空集合要用 set( )

如果使用 { }，將是建立空字典。建立空集合必須使用 set( )。

程式實例 ch10_1.py：建立空字典與空集合。

```
# ch10_1.py
empty_dict = {}                                # 這是建立空字典
print("列印類別 = ", type(empty_dict))
empty_set = set()                              # 這是建立空集合
print("列印類別 = ", type(empty_set))
```

執行結果

```
====================== RESTART: D:\Python\ch10\ch10_1.py ======================
列印類別 =  <class 'dict'>
列印類別 =  <class 'set'>
```

10-1-6 大數據資料與集合的應用

筆者的朋友在某知名企業工作，收集了海量資料使用串列保存，這裡面有些資料是重複出現，他曾經詢問筆者應如何將重複的資料刪除，筆者告知如果使用 C 語言可能需花幾小時解決，但是如果了解 Python 的集合觀念，只要花約 1 分鐘就解決了。其實只要將串列資料使用 set( ) 函數轉為集合資料，再使用 list( ) 函數將集合資料轉為串列資料就可以了。

程式實例 ch10_2.py：將串列內重複性的資料刪除。

```
# ch10_2.py
fruits1 = ['apple', 'orange', 'apple', 'banana', 'orange']
x = set(fruits1)                    # 將串列轉成集合
fruits2 = list(x)                   # 將集合轉成串列
print("原先串列資料fruits1 = ", fruits1)
print("新的串列資料fruits2 = ", fruits2)
```

執行結果

```
======================= RESTART: D:\Python\ch10\ch10_2.py ======================
原先串列資料fruits1 =  ['apple', 'orange', 'apple', 'banana', 'orange']
新的串列資料fruits2 =  ['banana', 'apple', 'orange']
```

10-2 集合的操作

10-2-1　交集 (intersection)

有 A 和 B 兩個集合，如果想獲得相同的元素，則可以使用交集。例如：你舉辦了數學 (可想成 A 集合) 與物理 (可想成 B 集合)2 個夏令營，如果想統計有那些人同時參加這 2 個夏令營，可以使用此功能。

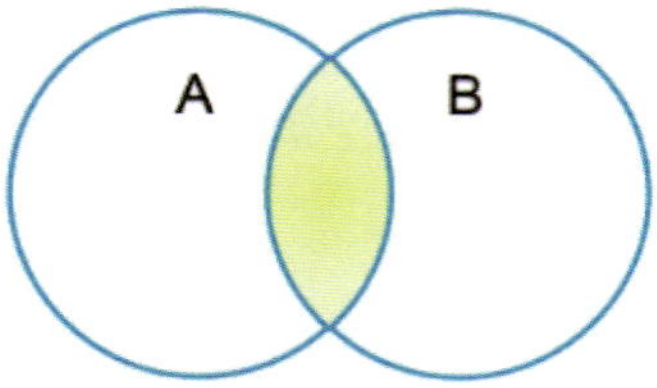

交集的數學符號是 $\cap$，若是以上圖而言就是：$A \cap B$。

在 Python 語言的交集符號是 "&"，另外，也可以使用 intersection( ) 方法完成這個工作。

程式實例 ch10_3.py：有數學與物理 2 個夏令營，這個程式會列出同時參加這 2 個夏令營的成員。

```
# ch10_3.py
math = {'Kevin', 'Peter', 'Eric'}          # 設定參加數學夏令營成員
physics = {'Peter', 'Nelson', 'Tom'}       # 設定參加物理夏令營成員
both1 = math & physics
print("同時參加數學與物理夏令營的成員 ",both1)
both2 = math.intersection(physics)
print("同時參加數學與物理夏令營的成員 ",both2)
```

執行結果

```
======================= RESTART: D:\Python\ch10\ch10_3.py ======================
同時參加數學與物理夏令營的成員  {'Peter'}
同時參加數學與物理夏令營的成員  {'Peter'}
```

10-2-2　聯集 (union)

有 A 和 B 兩個集合，如果想獲得所有的元素，則可以使用聯集。例如：你舉辦了數學 (可想成 A 集合) 與物理 (可想成 B 集合)2 個夏令營，如果想統計有參加數學或物理夏令營的全部成員，可以使用此功能。

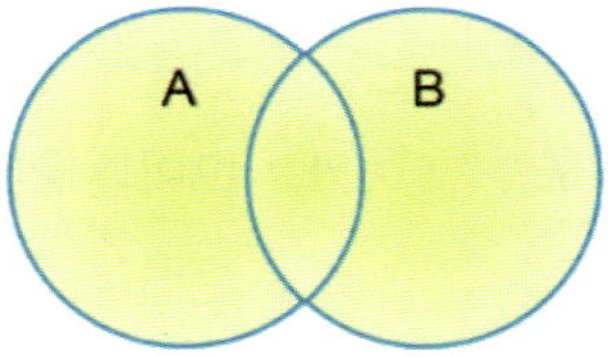

聯集的數學符號是 $\cup$，若是以上圖而言就是 $A \cup B$。

在 Python 語言的聯集符號是 "|"，另外，也可以使用 union( ) 方法完成這個工作。

程式實例 ch10_4.py：有數學與物理 2 個夏令營，這個程式會列出有參加數學或物理夏令營的所有成員。

```
# ch10_4.py
math = {'Kevin', 'Peter', 'Eric'}          # 設定參加數學夏令營成員
physics = {'Peter', 'Nelson', 'Tom'}       # 設定參加物理夏令營成員
allmember1 = math | physics
print("參加數學或物理夏令營的成員 ",allmember1)
allmember2 = math.union(physics)
print("參加數學或物理夏令營的成員 ",allmember2)
```

執行結果

```
======================= RESTART: D:\Python\ch10\ch10_4.py =======================
參加數學或物理夏令營的成員  {'Nelson', 'Kevin', 'Eric', 'Peter', 'Tom'}
參加數學或物理夏令營的成員  {'Nelson', 'Kevin', 'Eric', 'Peter', 'Tom'}
```

10-2-3　差集 (difference)

有 A 和 B 兩個集合，如果想獲得屬於 A 集合元素，同時不屬於 B 集合則可以使用差集 (A-B)。如果想獲得屬於 B 集合元素，同時不屬於 A 集合則可以使用差集 (B-A)。例如：你舉辦了數學 (可想成 A 集合) 與物理 (可想成 B 集合)2 個夏令營，如果想瞭解參加數學夏令營但是沒有參加物理夏令營的成員，可以使用此功能。

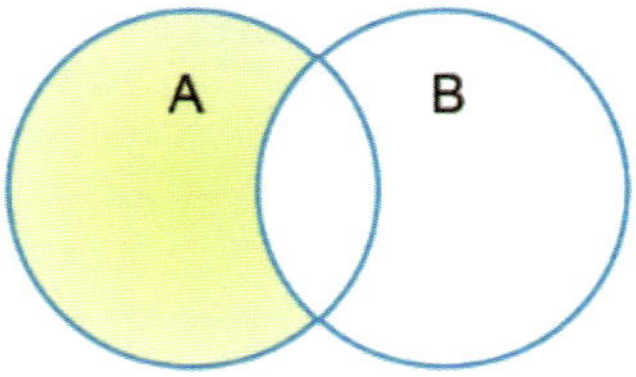

如果想統計參加物理夏令營但是沒有參加數學夏令營的成員，也可以使用此功能。

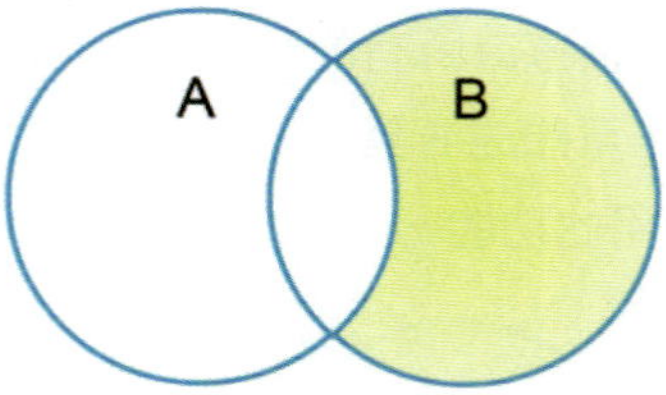

在 Python 語言的差集符號是 "-"，另外，也可以使用 difference( ) 方法完成這個工作。

程式實例 ch10_5.py：有數學與物理 2 個夏令營，這個程式會列出參加數學夏令營但是沒有參加物理夏令營的所有成員。另外也會列出參加物理夏令營但是沒有參加數學夏令營的所有成員。

```
# ch10_5.py
math = {'Kevin', 'Peter', 'Eric'}          # 設定參加數學夏令營成員
physics = {'Peter', 'Nelson', 'Tom'}       # 設定參加物理夏令營成員
math_only1 = math - physics
print("參加數學夏令營同時沒有參加物理夏令營的成員 ",math_only1)
math_only2 = math.difference(physics)
print("參加數學夏令營同時沒有參加物理夏令營的成員 ",math_only2)
physics_only1 = physics - math
print("參加物理夏令營同時沒有參加數學夏令營的成員 ",physics_only1)
physics_only2 = physics.difference(math)
print("參加物理夏令營同時沒有參加數學夏令營的成員 ",physics_only2)
```

執行結果

```
====================== RESTART: D:\Python\ch10\ch10_5.py ======================
參加數學夏令營同時沒有參加物理夏令營的成員  {'Kevin', 'Eric'}
參加數學夏令營同時沒有參加物理夏令營的成員  {'Kevin', 'Eric'}
參加物理夏令營同時沒有參加數學夏令營的成員  {'Tom', 'Nelson'}
參加物理夏令營同時沒有參加數學夏令營的成員  {'Tom', 'Nelson'}
```

10-2-4 是成員 in

Python 的關鍵字 in 可以測試元素是否是集合的元素成員。

程式實例 ch10_6.py：關鍵字 in 的應用。

```
# ch10_6.py
# 方法1
fruits = set("orange")
print("字元a是屬於fruits集合?", 'a' in fruits)
print("字元d是屬於fruits集合?", 'd' in fruits)
# 方法2
cars = {"Nissan", "Toyota", "Ford"}
boolean = "Ford" in cars
print("Ford in cars", boolean)
boolean = "Audi" in cars
print("Audi in cars", boolean)
```

執行結果

```
======================= RESTART: D:\Python\ch10\ch10_6.py ======================
字元a是屬於fruits集合? True
字元d是屬於fruits集合? False
Ford in cars True
Audi in cars False
```

程式實例 ch10_7.py：使用迴圈列出所有參加數學夏令營的學生。

```
# ch10_7.py
math = {'Kevin', 'Peter', 'Eric'}        # 設定參加數學夏令營成員
print("列印參加數學夏令營的成員")
for name in math:
    print(name)
```

執行結果

```
======================= RESTART: D:\Python\ch10\ch10_7.py ======================
列印參加數學夏令營的成員
Eric
Kevin
Peter
```

10-2-5 不是成員 not in

Python 的關鍵字 not in 可以測試元素是否不是集合的元素成員。

程式實例 ch10_8.py：關鍵字 not in 的應用。

```
# ch10_8.py
# 方法1
fruits = set("orange")
print("字元a是不屬於fruits集合?", 'a' not in fruits)
print("字元d是不屬於fruits集合?", 'd' not in fruits)
# 方法2
cars = {"Nissan", "Toyota", "Ford"}
boolean = "Ford" not in cars
print("Ford not in cars", boolean)
boolean = "Audi" not in cars
print("Audi not in cars", boolean)
```

執行結果

```
======================= RESTART: D:\Python\ch10\ch10_8.py ======================
字元a是不屬於fruits集合? False
字元d是不屬於fruits集合? True
Ford not in cars False
Audi not in cars True
```

10-3 適用集合的方法

10-3-1 add( )

add( ) 可以增加一個元素，它的語法格式如下：

集合 A.add(新增元素)

上述會將 add( ) 參數的新增元素加到呼叫此方法的集合 A 內。

程式實例 ch10_9.py：在集合內新增元素的應用。

```
1    # ch10_9.py
2    cities = { 'Taipei', 'Beijing', 'Tokyo'}
3    # 增加一般元素
4    cities.add('Chicago')
5    print('cities集合內容 ', cities)
6    # 增加已有元素並觀察執行結果
7    cities.add('Beijing')
8    print('cities集合內容 ', cities)
9    # 增加元組元素並觀察執行結果
10   tup = (1, 2, 3)
11   cities.add(tup)
12   print('cities集合內容 ', cities)
```

執行結果

```
======================= RESTART: D:\Python\ch10\ch10_9.py =======================
cities集合內容  {'Tokyo', 'Chicago', 'Beijing', 'Taipei'}
cities集合內容  {'Tokyo', 'Chicago', 'Beijing', 'Taipei'}
cities集合內容  {'Tokyo', (1, 2, 3), 'Beijing', 'Taipei', 'Chicago'}
```

上述第 7 列，由於集合已經有 'Beijing' 字串，將不改變集合 cities 內容。另外，集合是無序的，你可能獲得不同的排列結果。

10-3-2 remove( )

如果指定刪除的元素存在集合內 remove( ) 可以刪除這個集合元素，如果指定刪除的元素不存在集合內，將有 KeyError 產生。它的語法格式如下：

集合 A.remove(欲刪除的元素)

上述會將集合 A 內，remove( ) 參數指定的元素刪除。

程式實例 ch10_10.py：使用 remove( ) 刪除集合元素成功的應用。

```
# ch10_10.py
countries = {'Japan', 'China', 'France'}
print("刪除前的countries集合 ", countries)
country = input("請輸入國家 : ")
if country in countries:
    countries.remove('Japan')
    print("刪除後的countries集合 ", countries)
else:
    print(f"{country} 不存在")
```

執行結果

```
======================= RESTART: D:\Python\ch10\ch10_10.py =======================
刪除前的countries集合  {'Japan', 'France', 'China'}
請輸入國家 : Japan
刪除後的countries集合  {'France', 'China'}
```

10-3-3 pop( )

pop( ) 是用隨機方式刪除集合元素，所刪除的元素將被傳回，如果集合是空集合則程式會產生 TypeError 錯誤。

ret_element = 集合 A.pop( )

上述會隨機刪除集合 A 內的元素，所刪除的元素將被傳回 ret_element。

程式實例 ch10_11.py：使用 pop( ) 刪除集合元素的應用。

```
# ch10_11.py
animals = {'dog', 'cat', 'bird'}
print("刪除前的animals集合 ", animals)
ret_element = animals.pop( )
print("刪除後的animals集合 ", animals)
print("所刪除的元素是       ", ret_element)
```

執行結果

```
===================== RESTART: D:\Python\ch10\ch10_11.py =====================
刪除前的animals集合  {'cat', 'dog', 'bird'}
刪除後的animals集合  {'dog', 'bird'}
所刪除的元素是        cat
```

10-3-4 update( )

可以將一個集合的元素加到呼叫此方法的集合內，它的語法格式如下：

集合 A.update(集合 B)

上述是將集合 B 的元素加到集合 A 內。

程式實例 ch10_12.py：update( ) 的應用。

```
# ch10_12.py
cars1 = {'Audi', 'Ford', 'Toyota'}
cars2 = {'Nissan', 'Toyota'}
print("執行update( )前列出cars1和cars2內容")
print("cars1 = ", cars1)
print("cars2 = ", cars2)
cars1.update(cars2)
print("執行update( )後列出cars1和cars2內容")
print("cars1 = ", cars1)
print("cars2 = ", cars2)
```

執行結果

```
===================== RESTART: D:\Python\ch10\ch10_12.py =====================
執行update( )前列出cars1和cars2內容
cars1 =  {'Audi', 'Ford', 'Toyota'}
cars2 =  {'Toyota', 'Nissan'}
執行update( )後列出cars1和cars2內容
cars1 =  {'Ford', 'Nissan', 'Toyota', 'Audi'}
cars2 =  {'Toyota', 'Nissan'}
```

10-4 適用集合的基本函數操作

函數名稱	說明
len( )	元素數量
max( )	最大值
min( )	最小值
sorted( )	傳回已經排序的串列，集合本身則不改變
sum( )	總合

程式實例 ch10_13.py：集合函數的應用。

```
# ch10_13.py
# 創建一個集合
myset = {5, 3, 8, 1, 2}

print(f"集合元素數量   : {len(myset)}")
print(f"集合元素最大值 : {max(myset)}")
print(f"集合元素最小值 : {min(myset)}")
print(f"集合元素總和   : {sum(myset)}")

# 使用 sorted() 函數對集合進行排序
sorted_list = sorted(myset)
print(f"小到大排序 : {sorted_list}")          # 輸出: [1, 2, 3, 5, 8]
sorted_list_desc = sorted(myset, reverse=True)
print(f"大到小排序 : {sorted_list_desc}")     # 輸出: [8, 5, 3, 2, 1]
```

執行結果

```
==================== RESTART: D:\Python\ch10\ch10_13.py ====================
集合元素數量   : 5
集合元素最大值 : 8
集合元素最小值 : 1
集合元素總和   : 19
小到大排序 : [1, 2, 3, 5, 8]
大到小排序 : [8, 5, 3, 2, 1]
```

10-5 凍結集合 frozenset

set 是可變集合，frozenset 是不可變集合也可直譯為凍結集合，這是一個新的類別 (class)，只要設定元素後，這個凍結集合就不能再更改了。如果將元組 (tuple) 想成不可變串列 (immutable list)，凍結集合就是不可變集合 (immutable set)。

凍結集合的不可變特性優點是可以用它作字典的鍵 (key)，也可以作為其它集合的元素。凍結集合的建立方式是使用 frozenset( ) 函數，凍結集合建立完成後，不可使用 add( ) 或 remove( ) 更動凍結集合的內容。但是可以執行 intersection( )、union( )、 difference( )... 等方法。

程式實例 ch10_14.py：建立凍結集合與操作。

```
# ch10_14.py
X = frozenset([1, 3, 5])
Y = frozenset([5, 7, 9])
print(X)
print(Y)
print("交集  = ", X & Y)
print("聯集  = ", X | Y)
A = X & Y
print("交集A = ", A)
A = X.intersection(Y)
print("交集A = ", A)
```

執行結果

```
===================== RESTART: D:\Python\ch10\ch10_14.py =====================
frozenset({1, 3, 5})
frozenset({9, 5, 7})
交集  =  frozenset({5})
聯集  =  frozenset({1, 3, 5, 7, 9})
交集A =  frozenset({5})
交集A =  frozenset({5})
```

10-6 專題 - 夏令營程式 / 程式效率 / 集合生成式 / 雞尾酒實例

10-6-1 夏令營程式設計

程式實例 ch10_15.py：有一個班級有 10 個人，其中有 3 個人參加了數學夏令營，另外有 3 個人參加了物理夏令營，這個程式會列出參加數學或物理夏令營的人，同時也會列出有那些人沒有參加暑期夏令營。

```
# ch10_15.py
# students是學生名單集合
students = {'Peter', 'Norton', 'Kevin', 'Mary', 'John',
            'Ford', 'Nelson', 'Damon', 'Ivan', 'Tom'
           }

Math = {'Peter', 'Kevin', 'Damon'}              # 數學夏令營參加人員
Physics = {'Nelson', 'Damon', 'Tom' }           # 物理夏令營參加人員

MorP = Math | Physics
print("有 %d 人參加數學或物理夏令營名單  : " % len(MorP), MorP )
unAttend = students - MorP
print("沒有參加任何夏令營有 %d 人名單是 : " % len(unAttend), unAttend)
```

執行結果

```
===================== RESTART: D:\Python\ch10\ch10_15.py =====================
有 5 人參加數學或物理夏令營名單  :  {'Nelson', 'Peter', 'Kevin', 'Tom', 'Damon'}
沒有參加任何夏令營有 5 人名單是 :  {'John', 'Mary', 'Ivan', 'Norton', 'Ford'}
```

10-6-2　集合生成式

我們在先前的章節已經看過串列和字典的生成式了，其實集合也有生成式，語法如下：

新集合 = { 運算式 for 運算式 in 可迭代項目 }

程式實例 ch10_16.py：產生 1,3, …, 99 的集合。

```
# ch10_16.py
A = {n for n in range(1,100,2)}
print(type(A))
print(A)
```

執行結果

```
====================== RESTART: D:\Python\ch10\ch10_16.py ======================
<class 'set'>
{1, 3, 5, 7, 9, 11, 13, 15, 17, 19, 21, 23, 25, 27, 29, 31, 33, 35, 37, 39, 41,
43, 45, 47, 49, 51, 53, 55, 57, 59, 61, 63, 65, 67, 69, 71, 73, 75, 77, 79, 81,
83, 85, 87, 89, 91, 93, 95, 97, 99}
```

在集合的生成式中，我們也可以增加 if 測試句 (可以有多個)。

程式實例 ch10_17.py：產生 11,33, …, 99 的集合。

```
# ch10_17.py
A = {n for n in range(1,100,2) if n % 11 == 0}
print(type(A))
print(A)
```

執行結果

```
====================== RESTART: D:\Python\ch10\ch10_17.py ======================
<class 'set'>
{33, 99, 11, 77, 55}
```

集合生成式可以讓程式設計變得很簡潔，例如：過去我們要建立一系列有規則的序列，先要使用串列生成式，然後將串列改為集合，現在可以直接用集合生成式完成此工作。

10-6-3　集合增加程式效率

在 ch9_33.py 程式第 3 列的 for 迴圈如下：

for alphabet in word

word 的內容是 'deepmind'，在上述迴圈中將造成字母 e 會處理 2 次，其實只要將集合觀念應用在 word，由於集合不會有重複的元素，所以只要處理一次即可，此時可以將上述迴圈改為：

for alphabet in set(word)

經上述處理字母 e 將只執行一次，所以可以增進程式效率。

程式實例 ch10_18.py：使用集合觀念重新設計 ch9_33.py。

```
# ch10_18.py
word = 'deepmind'
alphabetCount = {alphabet:word.count(alphabet) for alphabet in set(word)}
print(alphabetCount)
```

執行結果

```
==================== RESTART: D:\Python\ch10\ch10_18.py ====================
{'e': 2, 'm': 1, 'i': 1, 'p': 1, 'n': 1, 'd': 2}
```

10-6-4 雞尾酒的實例

雞尾酒是酒精飲料，由基酒和一些飲料調製而成，下列是一些常見的雞尾酒飲料以及它的配方。

- 藍色夏威夷佬 (Blue Hawaiian)：蘭姆酒 (rum)、甜酒 (sweet wine)、椰奶 (coconut cream)、鳳梨汁 (pineapple juice)、檸檬汁 (lemon juice)。
- 薑味莫西多 (Ginger Mojito)：蘭姆酒 (rum)、薑 (ginger)、薄荷葉 (mint leaves)、萊姆汁 (lime juice)、薑汁汽水 (ginger soda)。
- 紐約客 (New Yorker)：威士忌 (whiskey)、紅酒 (red wine)、檸檬汁 (lemon juice)、糖水 (sugar syrup)。
- 血腥瑪莉 (Bloody Mary)：伏特加 (vodka)、檸檬汁 (lemon juice)、番茄汁 (tomato juice)、酸辣醬 (tabasco)、少量鹽 (little salt)。

程式實例 ch10_19.py：為上述雞尾酒建立一個字典，上述字典的鍵 (key) 是字串，也就是雞尾酒的名稱，字典的值是集合，內容是各種雞尾酒的材料配方。這個程式會列出含有伏特加配方的酒，和含有檸檬汁的酒、含有蘭姆酒但沒有薑的酒。

```
# ch10_19.py
cocktail = {
    'Blue Hawaiian':{'Rum','Sweet Wine','Cream','Pineapple Juice','Lemon Juice'},
    'Ginger Mojito':{'Rum','Ginger','Mint Leaves','Lime Juice','Ginger Soda'},
    'New Yorker':{'Whiskey','Red Wine','Lemon Juice','Sugar Syrup'},
```

```
6        'Bloody Mary':{'Vodka','Lemon Juice','Tomato Juice','Tabasco','little Sale'}
7        }
8    # 列出含有Vodka的酒
9    print("含有Vodka的酒 : ")
10   for name, formulas in cocktail.items():
11       if 'Vodka' in formulas:
12           print(name)
13   # 列出含有Lemon Juice的酒
14   print("含有Lemon Juice的酒 : ")
15   for name, formulas in cocktail.items():
16       if 'Lemon Juice' in formulas:
17           print(name)
18   # 列出含有Rum但是沒有薑的酒
19   print("含有Rum但是沒有薑的酒 : ")
20   for name, formulas in cocktail.items():
21       if 'Rum' in formulas and not ('Ginger' in formulas):
22           print(name)
23   # 列出含有Lemon Juice但是沒有Cream或是Tabasco的酒
24   print("含有Lemon Juice但是沒有Cream或是Tabasco的酒 : ")
25   for name, formulas in cocktail.items():
26       if 'Lemon Juice' in formulas and not formulas & {'Cream', 'Tabasco'}:
27           print(name)
```

執行結果

```
==================== RESTART: D:\Python\ch10\ch10_19.py ====================
含有Vodka的酒 :
Bloody Mary
含有Lemon Juice的酒 :
Blue Hawaiian
New Yorker
Bloody Mary
含有Rum但是沒有薑的酒 :
Blue Hawaiian
含有Lemon Juice但是沒有Cream或是Tabasco的酒 :
New Yorker
```

上述程式用 in 測試指定的雞尾酒材料配方是否在所傳回字典值 (value) 的 formulas 集合內，另外程式第 26 列則是將 formulas 與集合元素 'Cream'、'Tabasco' 做交集 (&)，如果 formulas 內沒有這些配方結果會是 False，經過 not 就會是 True，則可以列印 name。

10-6-5 集合的潛在應用

❑ 檢查兩個產品列表中的共同和獨特產品

假設你正在管理一個零售商店，並且有兩個供應商提供產品列表。你想知道哪些產品是由兩個供應商共同提供的，以及哪些產品是獨特的。

```
# ch10_20.py
# 供應商 A 和 B 的產品列表
supplier_a_products = {"apple", "banana", "cherry", "date", "elderberry"}
supplier_b_products = {"banana", "cherry", "fig", "grape"}

```

```
# 找到共同產品
common_products = supplier_a_products.intersection(supplier_b_products)
print(f"共同產品 : {common_products}")

# 找到只由供應商 A 提供的獨特產品
unique_to_a = supplier_a_products - supplier_b_products
print(f"供應商 A 的獨特產品 : {unique_to_a}")

# 找到只由供應商 B 提供的獨特產品
unique_to_b = supplier_b_products - supplier_a_products
print(f"供應商 B 的獨特產品 : {unique_to_b}")

# 所有提供的產品
all_products = supplier_a_products.union(supplier_b_products)
print(f"所有產品 : {all_products}")
```

執行結果

```
====================== RESTART: D:\Python\ch10\ch10_20.py ======================
共同產品 : {'cherry', 'banana'}
供應商 A 的獨特產品 : {'elderberry', 'date', 'apple'}
供應商 B 的獨特產品 : {'grape', 'fig'}
所有產品 : {'elderberry', 'cherry', 'grape', 'fig', 'banana', 'date', 'apple'}
```

❑ 建立一個簡單的飛行路線查詢系統

在這個實例中，我們將使用凍結集合 (frozenset) 來表示飛行路線，並使用字典來儲存每條路線的相關資訊。註：這個實例有用到下一章要介紹的函數，建議完成下一章閱讀，再回頭看此實例。

```
# ch10_21.py
# 定義飛行路線
routes = {
    frozenset({"Los Angeles", "New York"}): {"距離": 2451, "時間": "5h 15m"},
    frozenset({"New York", "Chicago"}): {"距離": 713, "時間": "2h 5m"},
    frozenset({"Chicago", "Los Angeles"}): {"距離": 1744, "時間": "4h 5m"},
    frozenset({"New York", "San Francisco"}): {"距離": 2572, "時間": "5h 30m"}
}

def get_route_info(city1, city2):
    # 使用 frozenset 確保無論城市的順序如何, 都可以正確查詢路線
    route = frozenset({city1, city2})
    if route in routes:
        info = routes[route]
        print(f"距離 : {info['距離']:5d} miles, 時間 : {info['時間']}")
    else:
        print(f"No route found between {city1} and {city2}")

# 查詢路線資訊
get_route_info("New York", "Los Angeles")
get_route_info("Los Angeles", "New York")
get_route_info("New York", "Chicago")
get_route_info("San Francisco", "New York")
```

執行結果

```
===================== RESTART: D:\Python\ch10\ch10_21.py =====================
距離 :  2451 miles, 時間 : 5h 15m
距離 :  2451 miles, 時間 : 5h 15m
距離 :   713 miles, 時間 : 2h 5m
距離 :  2572 miles, 時間 : 5h 30m
```

在這個實例中，我們首先定義了一個 routes 字典，其中的每個鍵都是一個由起點和終點城市組成的固定集合，而每個值都是一個包含該路線距離和飛行時間的字典。然後，我們定義了一個 get_route_info( ) 函數，該函數接受兩個城市名作為參數，並查詢和輸出他們之間的路線資訊。由於我們使用了固定集合作為字典的鍵，所以無論城市的順序如何，我們都可以正確地查詢到路線資訊。

第 11 章

函數設計

所謂的函數 (function) 其實就是一系列指令敘述所組成，它的目的有兩個。

1： 當我們在設計一個大型程式時，若是能將這個程式依功能，將其分割成較小的功能，然後依這些較小功能要求撰寫函數程式，如此，不僅使程式簡單化，同時最後程式偵錯也變得容易。另外，撰寫大型程式時應該是團隊合作，每一個人負責一個小功能，可以縮短程式開發的時間。

2： 在一個程式中，也許會發生某些指令被重複書寫在許多不同的地方，若是我們能將這些重複的指令撰寫成一個函數，需要用時再加以呼叫，如此，不僅減少編輯程式的時間，同時更可使程式精簡、清晰、明瞭。

下列是呼叫函數的基本流程圖。

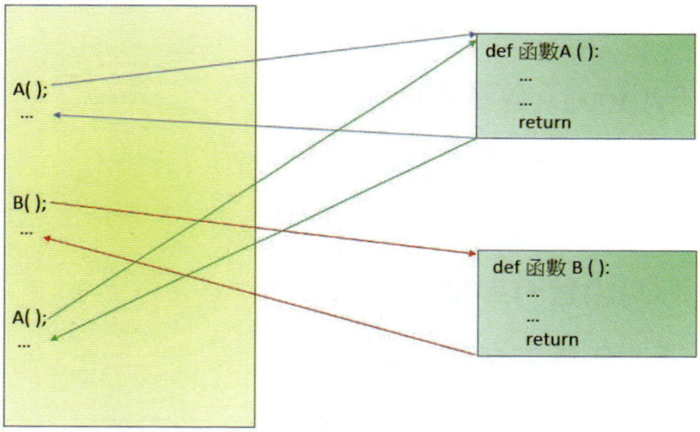

當一個程式在呼叫函數時，Python 會自動跳到被呼叫的函數上執行工作，執行完後，會回到原先程式執行位置，然後繼續執行下一道指令。

11-1 Python 函數基本觀念

從前面的學習相信讀者已經熟悉使用 Python 內建的函數了，例如：len( )、add( )、remove( ) … 等。有了這些函數，我們可以隨時呼叫使用，讓程式設計變得很簡潔，這一章主題將是如何設計這類的函數。

11-1-1 函數的定義

函數的語法格式如下：

```
def 函數名稱 ( 參數值 1[, 參數值 2, … ]):
    """ 函數註解 (docstring) """
    程式碼區塊                                  # 需要內縮
    return [ 回傳值 1, 回傳值 2 , … ]           # 中括號可有可無
```

❑ 函數名稱

名稱必需是唯一的，程式未來可以呼叫引用，它的命名規則與一般變數相同，不過在 PEP 8 的 Python 風格下建議第一個英文字母用小寫。

❑ 參數值

這是可有可無，完全視函數設計需要，可以接收呼叫函數傳來的變數，各參數值之間是用逗號 "," 隔開。

❑ 函數註解

這是可有可無，不過如果是參與大型程式設計計畫，當負責一個小程式時，建議所設計的函數需要加上註解，可以方便自己或他人閱讀。主要是註明此函數的功能，由於可能是有多列註解所以可以用 3 個雙引號 (或單引號) 包夾。許多英文 Python 資料將此稱 docstring(document string 的縮寫)。

筆者將在 11-6 節說明如何引用此函數註解。

❑ return [回傳值 1, 回傳值 2 , …]

不論是 return 或接續右邊的回傳值皆是可有可無，如果有回傳多個資料彼此需以逗號 "," 隔開。

11-1-2 沒有傳入參數也沒有傳回值的函數

程式實例 ch11_1.py：第一次設計 Python 函數。

```
# ch11_1.py
def greeting():
    """我的第一個Python函數設計"""
    print("Python歡迎你")
    print("祝福學習順利")
    print("謝謝")

# 以下的程式碼也可稱主程式
greeting()
greeting()
greeting()
```

執行結果

```
====================== RESTART: D:\Python\ch11\ch11_1.py ======================
Python歡迎你
祝福學習順利
謝謝
Python歡迎你
祝福學習順利
謝謝
Python歡迎你
祝福學習順利
謝謝
```

在程式設計的觀念中，有時候我們也可以將第 8 列以後的程式碼稱主程式。讀者可以想想看，如果沒有函數功能我們的程式設計將如下所示：

程式實例 ch11_2.py：重新設計 ch11_1.py，但是不使用函數設計。

```
# ch11_2.py
print("Python歡迎你")
print("祝福學習順利")
print("謝謝")
print("Python歡迎你")
print("祝福學習順利")
print("謝謝")
print("Python歡迎你")
print("祝福學習順利")
print("謝謝")
```

執行結果　與 ch11_1.py 相同。

上述程式雖然也可以完成工作，但是可以發現重複的語句太多了，這不是一個好的設計。同時如果發生要將 "Python 歡迎你 " 改成 "Python 歡迎你們 "，程式必需修改 3 次相同的語句。經以上講解讀者應可以了解函數對程式設計的好處了吧！

11-1-3　在 Python Shell 執行函數

當程式執行完 ch11_1.py 時，在 Python Shell 視窗可以看到執行結果，此時我們也可以在 Python 提示訊息 (Python prompt) 直接輸入 ch11_1.py 程式所建的函數啟動與執行。下列是在 Python 提示訊息輸入 greeting( ) 函數的實例。

```
===================== RESTART: D:\Python\ch11\ch11_1.py =====================
Python歡迎你
祝福學習順利
謝謝
Python歡迎你
祝福學習順利
謝謝
Python歡迎你
祝福學習順利
謝謝
>>> greeting()
Python歡迎你
祝福學習順利
謝謝
```

11-2 函數的參數設計

11-1 節的程式實例沒有傳遞任何參數，在真實的函數設計與應用中大多是需要傳遞一些參數的。例如：在前面章節當我們呼叫 Python 內建函數時，例如：len( )、print( ) … 等，皆需要輸入參數，接下來將講解這方面的應用與設計。

11-2-1 傳遞一個參數

程式實例 ch11_3.py：函數內有參數的應用。

```
1  # ch11_3.py
2  def greeting(name):
3      """Python函數需傳遞名字name"""
4      print("Hi,", name, "Good Morning!")
5  greeting('Nelson')
```

執行結果

```
==================== RESTART: D:\Python\ch11\ch11_3.py ====================
Hi, Nelson Good Morning!
```

上述執行時，第 5 列呼叫函數 greeting( ) 時，所放的參數是 Nelson，這個字串將傳給函數括號內的 name 參數，所以程式第 4 列會將 Nelson 字串透過 name 參數列印出來。

在 Python 應用中，有時候也常會將第 4 列寫成下列語法，可參考 ch11_3_1.py，執行結果是相同的。

```
4      print("Hi, " + name + " Good Morning!")
```

特別留意由於我們可以在 Python Shell 環境呼叫函數，所以在設計與使用者 (user) 交流的程式時，也可以先省略第 5 列的呼叫，讓呼叫留到 Python 提示訊息 (prompt) 環境。

程式實例 ch11_4.py：程式設計時不做呼叫，在 Python 提示訊息環境呼叫。

```
1  # ch11_4.py
2  def greeting(name):
3      """Python函數需傳遞名字name"""
4      print("Hi, " + name + " Good Morning!")
```

執行結果

```
==================== RESTART: D:\Python\ch11\ch11_4.py ====================
>>> greeting('Nelson')
Hi, Nelson Good Morning!
>>> greeting('Tina')
Hi, Tina Good Morning!
```

上述程式最大的特色是 greeting('Nelson') 與 greeting('Tina')，皆是從 Python 提示訊息環境做輸入。

11-2-2　多個參數傳遞

當所設計的函數需要傳遞多個參數，呼叫此函數時就需要特別留意傳遞參數的位置需要正確，最後才可以獲得正確的結果。最常見的傳遞參數是數值或字串資料，在進階的程式應用中有時也會需要傳遞串列、元組、字典或函數。

程式實例 ch11_5.py：設計減法的函數 subtract( )，第一個參數會減去第二個參數，然後列出執行結果。

```
1  # ch11_5.py
2  def subtract(x1, x2):
3      """ 減法設計 """
4      result = x1 - x2
5      print(result)                   # 輸出減法結果
6  print("本程式會執行 a - b 的運算")
7  a = eval(input("a = "))
8  b = eval(input("b = "))
9  print("a - b = ", end="")          # 輸出a-b字串,接下來輸出不跳行
10 subtract(a, b)
```

執行結果

```
===================== RESTART: D:\Python\ch11\ch11_5.py =====================
本程式會執行 a - b 的運算
a = 10
b = 5
a - b = 5
```

上述函數功能是減法運算，所以需要傳遞 2 個參數，然後執行第一個數值減去第 2 個數值。呼叫這類的函數時，就必需留意參數的位置，否則會有錯誤訊息產生。對於上述程式而言，變數 a 和 b 皆是從螢幕輸入，執行第 10 列呼叫 subtract( ) 函數時，a 將傳給 x1，b 將傳給 x2。

程式實例 ch11_6.py：這也是一個需傳遞 2 個參數的實例，第一個是興趣 (interest)，第二個是主題 (subject)。

```
# ch11_6.py
def interest(interest_type, subject):
    """ 顯示興趣和主題 """
    print("我的興趣是 " + interest_type )
    print("在 " + interest_type + " 中, 最喜歡的是 " + subject)
    print()

interest('旅遊', '敦煌')
interest('程式設計', 'Python')
```

執行結果

```
===================== RESTART: D:\Python\ch11\ch11_6.py =====================
我的興趣是 旅遊
在 旅遊 中, 最喜歡的是 敦煌

我的興趣是 程式設計
在 程式設計 中, 最喜歡的是 Python
```

上述程式第 8 列呼叫 interest( ) 時，' 旅遊 ' 會傳給 interest_type、' 敦煌 ' 會傳給 subject。第 9 列呼叫 interest( ) 時，' 程式設計 ' 會傳給 interest_type、'Python' 會傳給 subject。對於上述的實例，相信讀者應該了解呼叫需要傳遞多個參數的函數時，所傳遞參數的位置很重要否則會有不可預期的錯誤。

11-2-3 關鍵字參數　參數名稱 = 值

所謂的關鍵字參數 (keyword arguments) 是指呼叫函數時，參數是用「參數名稱 = 值」配對方式呈現，這個時候參數的位置就不重要了。

程式實例 ch11_7.py：這個程式基本上是重新設計 ch11_6.py，但是傳遞參數時，直接用「參數名稱 = 值」配對方式傳送。

```
1  # ch11_7.py
2  def interest(interest_type, subject):
3      """ 顯示興趣和主題 """
4      print(f"我的興趣是 {interest_type}")
5      print(f"在 {interest_type} 中, 最喜歡的是 {subject}")
6      print()
7
8  interest(interest_type = '旅遊', subject = '敦煌')   # 位置正確
9  interest(subject = '敦煌', interest_type = '旅遊')   # 位置更動
```

執行結果

```
==================== RESTART: D:\Python\ch11\ch11_7.py ====================
我的興趣是 旅遊
在 旅遊 中, 最喜歡的是 敦煌

我的興趣是 旅遊
在 旅遊 中, 最喜歡的是 敦煌
```

讀者可以留意程式第 8 列和第 9 列的「interest_type = ' 旅遊 '」，當呼叫函數用配對方式傳送參數時，即使參數位置不同，程式執行結果也會相同，因為在呼叫時已經明確指出所傳遞的值是要給那一個參數了。另外，第 4 和 5 列則是筆者使用最新的 f-strings 字串處理方式做輸出，讀者可以體會不一樣的設計方式，其實簡潔許多，但是各位未來在職場可以看到各式不同設計，所以這本書盡量也用多元方式做解說。

11-2-4 參數預設值的處理

在設計函數時也可以給參數預設值，如果呼叫這個函數沒有給參數值時，函數的預設值將派上用場。特別需留意：函數設計時含有預設值的參數，必需放置在參數列的最右邊，請參考下列程式第 2 列，如果將「subject = ' 敦煌 '」與「interest_type」位置對調，程式會有錯誤產生。

程式實例 ch11_8.py：重新設計 ch11_7.py，這個程式會將 subject 的預設值設為「敦煌」。程式用不同方式呼叫，讀者可以從中體會參數預設值的意義。

```
1  # ch11_8.py
2  def interest(interest_type, subject = '敦煌'):
3      """ 顯示興趣和主題 """
4      print(f"我的興趣是 {interest_type}")
5      print(f"在 {interest_type}  中，最喜歡的是 {subject}")
6      print()
7
8  interest('旅遊')                                        # 傳遞一個參數
9  interest(interest_type='旅遊')                          # 傳遞一個參數
10 interest('旅遊', '張家界')                              # 傳遞二個參數
11 interest(interest_type='旅遊', subject='張家界') # 傳遞二個參數
12 interest(subject='張家界', interest_type='旅遊') # 傳遞二個參數
13 interest('閱讀', '旅遊類')                   # 傳遞二個參數,不同的主題
```

執行結果

```
==================== RESTART: D:\Python\ch11\ch11_8.py ====================
我的興趣是 旅遊
在 旅遊 中，最喜歡的是 敦煌

我的興趣是 旅遊
在 旅遊 中，最喜歡的是 敦煌

我的興趣是 旅遊
在 旅遊 中，最喜歡的是 張家界

我的興趣是 旅遊
在 旅遊 中，最喜歡的是 張家界

我的興趣是 旅遊
在 旅遊 中，最喜歡的是 張家界

我的興趣是 閱讀
在 閱讀 中，最喜歡的是 旅遊類
```

上述程式第 8 列和 9 列只傳遞一個參數，所以 subject 就會使用預設值「敦煌」，第 10 列、11 列和 12 列傳送了 2 個參數，其中第 11 和 12 列筆者用「參數名稱 = 值」用配對方式呼叫傳送，可以獲得一樣的結果。第 13 列主要說明使用不同類的參數一樣可以獲得正確語意的結果。

11-3 函數傳回值

在前面的章節實例我們有執行呼叫許多內建的函數，有時會傳回一些有意義的資料，例如：len( ) 回傳元素數量。有些沒有回傳值，此時 Python 會自動回傳 None，例如：clear( )。為何會如此？本節會完整解說函數回傳值的知識。

11-3-1 傳回 None

前 2 個小節所設計的函數全部沒有 "return [回傳值]"，Python 在直譯時會自動將

回傳處理成 "return None"，相當於回傳 None，None 在 Python 中獨立成為一個資料型態 NoneType，下列是實例觀察。

程式實例 ch11_9.py：重新設計 ch11_3.py，這個程式會並沒有做傳回值設計，不過筆者將列出 Python 回傳 greeting( ) 函數的資料是否是 None，同時列出傳回值的資料型態。

```
1 # ch11_9.py
2 def greeting(name):
3     """Python函數需傳遞名字name"""
4     print("Hi, ", name, " Good Morning!")
5
6 ret_value = greeting('Nelson')
7 print(f"greeting()傳回值 = {ret_value}")
8 print(f"{ret_value} 的 type  = {type(ret_value)}")
```

執行結果

```
===================== RESTART: D:\Python\ch11\ch11_9.py =====================
Hi,  Nelson  Good Morning!
greeting( )傳回值 =  None
None  的 type  =  <class 'NoneType'>
```

上述函數 greeting( ) 沒有 return，Python 將自動處理成 return None。其實即使函數設計時有 return 但是沒有傳回值，Python 也將自動處理成 return None，可參考下列實例第 5 列。

程式實例 ch11_10.py：重新設計 ch11_9.py，函數末端增加 return。

```
5     return        # Python自動回傳 None
```

執行結果 與 ch11_9.py 相同。

11-3-2 簡單回傳數值資料

參數具有回傳值功能，將可以大大增加程式的可讀性，回傳的基本方式可參考下列程式第 5 列：

```
return result                    # result 就是回傳的值
```

程式實例 ch11_11.py：利用函數的回傳值，重新設計 ch11_5.py 減法的運算。

```
1 # ch11_11.py
2 def subtract(x1, x2):
3     """ 減法設計 """
4     result = x1 - x2
5     return result                  # 回傳減法結果
6 print("本程式會執行 a - b 的運算")
7 a = int(input("a = "))
8 b = int(input("b = "))
9 print("a - b = ", subtract(a, b))   # 輸出a-b字串和結果
```

執行結果

```
==================== RESTART: D:\Python\ch11\ch11_11.py ====================
本程式會執行 a - b 的運算
a = 10
b = 5
a - b =  5
```

一個程式常常是由許多函數所組成，下列是程式含 2 個函數的應用。

程式實例 ch11_12.py：設計加法和減法器。

```
# ch11_12.py
def subtract(x1, x2):
    """ 減法設計 """
    return x1 - x2                        # 回傳減法結果
def addition(x1, x2):
    """ 加法設計 """
    return x1 + x2                        # 回傳加法結果

# 使用者輸入
print("請輸入運算")
print("1:加法")
print("2:減法")
op = int(input("輸入1/2: "))
a = int(input("a = "))
b = int(input("b = "))

# 程式運算
if op == 1:
    print("a + b = ", addition(a, b))    # 輸出a-b字串和結果
elif op == 2:
    print("a - b = ", subtract(a, b))    # 輸出a-b字串和結果
else:
    print("運算方法輸入錯誤")
```

執行結果

```
==================== RESTART: D:\Python\ch11\ch11_12.py ====================
請輸入運算
1:加法
2:減法
輸入1/2: 1
a = 5
b = 3
a + b =  8
>>>
==================== RESTART: D:\Python\ch11\ch11_12.py ====================
請輸入運算
1:加法
2:減法
輸入1/2: 2
a = 5
b = 3
a - b =  2
```

11-3-3　傳回多筆資料的應用 – 實質是回傳 tuple

使用 return 回傳函數資料時，也允許回傳多筆資料，各筆資料間只要以逗號隔開即可，讀者可參考下列實例第 8 列。

程式實例 ch11_13.py：請設定「x1=x2=10」變數，此函數將傳回加法、減法、乘法、除法的執行結果。

```
1  # ch11_13.py
2  def mutifunction(x1, x2):
3      """ 加, 減, 乘, 除四則運算 """
4      addresult = x1 + x2
5      subresult = x1 - x2
6      mulresult = x1 * x2
7      divresult = x1 / x2
8      return addresult, subresult, mulresult, divresult
9
10 x1 = x2 = 10
11 add, sub, mul, div = mutifunction(x1, x2)
12 print("加法結果 = ", add)
13 print("減法結果 = ", sub)
14 print("乘法結果 = ", mul)
15 print("除法結果 = ", div)
```

執行結果

```
==================== RESTART: D:\Python\ch11\ch11_13.py ====================
加法結果 =  20
減法結果 =  0
乘法結果 =  100
除法結果 =  1.0
```

上述函數 mutifunction( ) 第 8 列回傳了加法、減法、乘法與除法的運算結果，其實 Python 會將此打包為元組 (tuple) 物件，所以真正的回傳值只有一個，程式第 11 列則是 Python 將回傳的元組 (tuple) 解包，更多打包與解包的觀念可以參考 8-15-2 節。

程式實例 ch11_13_1.py：重新設計前一個程式，驗證函數回傳多個數值，其實是回傳元組物件 (tuple)，同時列出結果。

```
# ch11_13_1.py
def mutifunction(x1, x2):
    """ 加, 減, 乘, 除四則運算 """
    addresult = x1 + x2
    subresult = x1 - x2
    mulresult = x1 * x2
    divresult = x1 / x2
    return addresult, subresult, mulresult, divresult

x1 = x2 = 10
ans = mutifunction(x1, x2)
print("資料型態 : ", type(ans))
print("加法結果 = ", ans[0])
print("減法結果 = ", ans[1])
print("乘法結果 = ", ans[2])
print("除法結果 = ", ans[3])
```

執行結果

```
=================== RESTART: D:/Python/ch11/ch11_13_1.py ===================
資料型態 :  <class 'tuple'>
加法結果 =  20
減法結果 =  0
乘法結果 =  100
除法結果 =  1.0
```

從上述第 11 列我們可以知道回傳的資料型態是元組 (tuple)，所以我們在第 13-16 列可以用輸出元組 (tuple) 索引方式列出運算結果。

11-3-4　簡單回傳字串資料

回傳字串的方法與 11-3-2 節回傳數值的方法相同。

程式實例 ch11_14.py：一般中文姓名是 3 個字，筆者將中文姓名拆解為第一個字是姓 lastname，第二個字是中間名 middlename，第三個字是名 firstname。這個程式內有一個函數 guest_info( )，參數意義分別是名 firstname、中間名 middlename 和姓 lastname，以及性別 gender 組織起來，同時加上問候語回傳。

```
# ch11_14.py
def guest_info(firstname, middlename, lastname, gender):
    """ 整合客戶名字資料 """
    if gender == "M":
        welcome = lastname + middlename + firstname + '先生歡迎你'
    else:
        welcome = lastname + middlename + firstname + '小姐歡迎妳'
    return welcome

info1 = guest_info('宇', '星', '洪', 'M')
info2 = guest_info('雨', '冰', '洪', 'F')
print(info1)
print(info2)
```

執行結果

```
===================== RESTART: D:\Python\ch11\ch11_14.py =====================
洪星宇先生歡迎你
洪冰雨小姐歡迎妳
```

如果讀者是處理外國人的名字，則需在 lastname、middlename 和 firstname 之間加上空格，同時外國人名字處理方式順序是 firstname middlename lastname，這將是讀者的習題。

11-3-5　再談參數預設值

雖然大多數國人的名字是 3 個字所組成，但是偶爾也會遇上 2 個字的狀況，例如：著名影星劉濤。其實外國人的名字中，有些人也是只有 2 個字，因為沒有中間名 middlename。如果要讓 ch11_14.py 更完美，可以在函數設計時將 middlename 預設為空字串，這樣就可以處理沒有中間名的問題，參考 ch11_8.py 可知，設計時必需將預設為空字串的參數放函數參數列的最右邊。

程式實例 ch11_15.py：重新設計 ch11_14.py，這個程式會將 middlename 預設為空字串，這樣就可以處理沒有中間名 middlename 的問題，請留意函數設計時需將此參數預設放在最右邊，可以參考第 2 列。

```
1  # ch11_15.py
2  def guest_info(firstname, lastname, gender, middlename = ''):
3      """ 整合客戶名字資料 """
4      if gender == "M":
5          welcome = f"{lastname}{middlename}{firstname}先生歡迎你"
6      else:
7          welcome = f"{lastname}{middlename}{firstname}小姐歡迎妳"
8      return welcome
9
10 info1 = guest_info('濤', '劉', 'M')
11 info2 = guest_info('雨', '洪', 'F', '冰')
12 print(info1)
13 print(info2)
```

執行結果

```
==================== RESTART: D:\Python\ch11\ch11_15.py ====================
劉濤先生歡迎你
洪冰雨小姐歡迎妳
```

上述第 5 列和 7 列筆者使用 f-strings 方式設計，第 10 列呼叫 guest_info( ) 函數時只有 3 個參數，middlename 就會使用預設的空字串。第 11 列呼叫 guest_info( ) 函數時有 4 個參數，middlename 就會使用呼叫函數時所設的字串 ' 冰 '。

11-3-6 函數回傳字典資料

函數除了可以回傳數值或字串資料外，也可以回傳比較複雜的資料，例如：字典或串列 … 等。

程式實例 ch11_16.py：這個程式會呼叫 build_vip 函數，在呼叫時會傳入 VIP_ID 編號和 Name 姓名資料，函數將回傳所建立的字典資料。

```
# ch11_16.py
def build_vip(id, name):
    """ 建立VIP資訊 """
    vip_dict = {'VIP_ID':id, 'Name':name}
    return vip_dict

member = build_vip('101', 'Nelson')
print(member)
```

執行結果

```
==================== RESTART: D:\Python\ch11\ch11_16.py ====================
{'VIP_ID': '101', 'Name': 'Nelson'}
```

上述字典資料只是一個簡單的應用，在真正的企業建立 VIP 資料的案例中，可能還需要性別、電話號碼、年齡、電子郵件、地址 … 等資訊。在建立 VIP 資料過程，也許有些人會樂意提供手機號碼，有些人不樂意提供，函數設計時我們也可以將 Tel 電話號碼當作預設為空字串，但是如果有提供電話號碼時，程式也可以將它納入字典內容。

程式實例 ch11_17.py：擴充 ch11_16.py，增加電話號碼，呼叫時若沒有提供電話號碼則字典不含此欄位，呼叫時若有提供電話號碼則字典含此欄位。

```
1  # ch11_17.py
2  def build_vip(id, name, tel = ''):
3      """ 建立VIP資訊 """
4      vip_dict = {'VIP_ID':id, 'Name':name}
5      if tel:
6          vip_dict['Tel'] = tel
7      return vip_dict
8
9  member1 = build_vip('101', 'Nelson')
10 member2 = build_vip('102', 'Henry', '0952222333')
11 print(member1)
12 print(member2)
```

執行結果

```
==================== RESTART: D:\Python\ch11\ch11_17.py ====================
{'VIP_ID': '101', 'Name': 'Nelson'}
{'VIP_ID': '102', 'Name': 'Henry', 'Tel': '0952222333'}
```

程式第 10 列呼叫 build_vip( ) 函數時，由於有提供電話號碼欄位，所以上述程式第 5 列會得到 if 敘述的 tel 是 True，所以在第 6 列會將此欄位增加到字典中。

11-3-7　將迴圈應用在建立 VIP 會員字典

我們可以將迴圈的觀念應用在 VIP 會員字典的建立。

程式實例 ch11_18.py：這個程式在執行時基本上是用無限迴圈的觀念，但是當一筆資料建立完成時，會詢問是否繼續，如果輸入非 'y' 字元，程式將執行結束。

```
# ch11_18.py
def build_vip(id, name, tel = ''):
    """ 建立VIP資訊 """
    vip_dict = {'VIP_ID':id, 'Name':name}
    if tel:
        vip_dict['Tel'] = tel
    return vip_dict

while True:
    print("建立VIP資訊系統")
    idnum = input("請輸入ID: ")
    name = input("請輸入姓名: ")
    tel = input("請輸入電話號碼: ")          # 如果直接按Enter可不建立此欄位
    member = build_vip(idnum, name, tel)    # 建立字典
    print(member, '\n')
    repeat = input("是否繼續(y/n)? 輸入非y字元可結束系統: ")
    if repeat != 'y':
        break

print("歡迎下次再使用")
```

執行結果

```
==================== RESTART: D:\Python\ch11\ch11_18.py ====================
建立VIP資訊系統
請輸入ID: 100
請輸入姓名: James
請輸入電話號碼: 0911223344
{'VIP_ID': '100', 'Name': 'James', 'Tel': '0911223344'}

是否繼續(y/n)? 輸入非y字元可結束系統: y
建立VIP資訊系統
請輸入ID: 101
請輸入姓名: Kevin
請輸入電話號碼:
{'VIP_ID': '101', 'Name': 'Kevin'}

是否繼續(y/n)? 輸入非y字元可結束系統: n
歡迎下次再使用
```

筆者在上述輸入第 2 筆資料時，在電話號碼欄位沒有輸入直接按 Enter 鍵，這個動作相當於不做輸入，此時將造成可以省略此欄位。

11-4 呼叫函數時參數是串列

11-4-1 基本傳遞串列參數的應用

在呼叫函數時，也可以將串列 (此串列可以是由數值、字串或字典所組成) 當參數傳遞給函數的，然後可以設計函數遍歷串列內容，執行更進一步的運作。

程式實例 ch11_19.py：傳遞串列給 product_msg( ) 函數，函數會遍歷串列，然後列出一封產品發表會的信件。

```python
# ch11_19.py
def product_msg(customers):
    str1 = '親愛的: '
    str2 = '本公司將在2023年12月20日夏威夷舉行產品發表會'
    str3 = '總經理:深智公司敬上'
    for customer in customers:
        msg = str1 + customer + '\n' + str2 + '\n' + str3
        print(msg, '\n')

members = ['Damon', 'Peter', 'Mary']
product_msg(members)
```

執行結果

```
===================== RESTART: D:\Python\ch11\ch11_19.py =====================
親愛的: Damon
本公司將在2023年12月20日夏威夷舉行產品發表會
總經理:深智公司敬上

親愛的: Peter
本公司將在2023年12月20日夏威夷舉行產品發表會
總經理:深智公司敬上

親愛的: Mary
本公司將在2023年12月20日夏威夷舉行產品發表會
總經理:深智公司敬上
```

11-4-2　觀察傳遞一般變數與串列變數到函數的區別

在正式講解下一節修訂串列內容前，筆者先用 2 個簡單的程式說明傳遞整數變數與傳遞串列變數到函數的差別。如果傳遞的是一般整數變數，其實只是將此變數值傳給函數，此變數內容在函數更改時原先主程式的變數值不會改變。

程式實例 ch11_19_1.py：主程式呼叫函數時傳遞整數變數，這個程式會在主程式以及函數中列出此變數的值與位址的變化。

```
1  # ch11_19_1.py
2  def mydata(n):
3      print("副程式 id(n) = : ", id(n), "\t", n)
4      n = 5
5      print("副程式 id(n) = : ", id(n), "\t", n)
6
7  x = 1
8  print("主程式 id(x) = : ", id(x), "\t", x)
9  mydata(x)
10 print("主程式 id(x) = : ", id(x), "\t", x)
```

執行結果

```
==================== RESTART: D:\Python\ch11\ch11_19_1.py ====================
主程式 id(x) = :  1614727296      1
副程式 id(n) = :  1614727296      1
副程式 id(n) = :  1614727360      5
主程式 id(x) = :  1614727296      1
```

從上述程式可以發現主程式在呼叫 mydata( ) 函數時傳遞了參數 x，在 mydata( ) 函數中將變數設為 n，當第 4 列變數 n 內容更改為 5 時，這個變數在記憶體的地址也更改了，所以函數 mydata( ) 執行結束時回到主程式，第 10 列可以得到原先主程式的變數 x 仍然是 1。

如果主程式呼叫函數所傳遞的是串列變數，其實是將此串列變數的位址參照傳給函數，如果在函數中此串列變數位址參照的內容更改時，原先主程式串列變數內容會隨著改變。

程式實例 ch11_19_2.py：主程式呼叫函數時傳遞串列變數，這個程式會在主程式以及函數中列出此串列變數的值與位址的變化。

```
# ch11_19_2.py
def mydata(n):
    print(f"函  數 id(n) = :  {id(n)} \t {n}")
    n[0] = 5
    print(f"函  數 id(n) = :  {id(n)} \t {n}")

x = [1, 2]
print("主程式 id(x) = : ", id(x), "\t", x)
mydata(x)
print("主程式 id(x) = : ", id(x), "\t", x)
```

執行結果

```
==================== RESTART: D:/Python/ch11/ch11_19_2.py ====================
主程式 id(x) = :  45533704       [1, 2]
函  數 id(n) = :  45533704       [1, 2]
函  數 id(n) = :  45533704       [5, 2]
主程式 id(x) = :  45533704       [5, 2]
```

從上述執行結果可以得到，串列變數的位址不論是在主程式或是函數皆保持一致，所以第 4 列函數 mydata( ) 內串列內容改變時，函數執行結束回到主程式可以看到主程式串列內容也更改了。

11-4-3 在函數內修訂串列的內容

由前一小節可以知道 Python 允許主程式呼叫函數時，傳遞的參數是串列名稱，這時在函數內直接修訂串列的內容，同時串列經過修正後，主程式的串列也將隨著永久性更改結果。

程式實例 ch11_20.py：設計一個麥當勞的點餐系統，顧客在麥當勞點餐時，可以將所點的餐點放入 unserved 串列，服務完成後將已服務餐點放入 served 串列。

```python
# ch11_20.py
def kitchen(unserved, served):
    """ 將未服務的餐點轉為已經服務 """
    print("\n廚房處理顧客所點的餐點")
    while unserved:
        current_meal = unserved.pop( )
        # 模擬出餐點過程
        print(f"菜單: {current_meal}")
        # 將已出餐點轉入已經服務串列
        served.append(current_meal)
    print()

def show_unserved_meal(unserved):
    """ 顯示尚未服務的餐點 """
    print("=== 下列是尚未服務的餐點 ===")
    if not unserved:
        print("*** 沒有餐點 ***")
    for unserved_meal in unserved:
        print(unserved_meal)

def show_served_meal(served):
    """ 顯示已經服務的餐點 """
    print("=== 下列是已經服務的餐點 ===")
    if not served:
        print("*** 沒有餐點 ***")
    for served_meal in served:
        print(served_meal)

unserved = ['大麥克', '可樂', '麥克雞塊']    # 所點餐點
served = []                                 # 已服務餐點
# 列出餐廳處理前的點餐內容
show_unserved_meal(unserved)                # 列出未服務餐點
show_served_meal(served)                    # 列出已服務餐點
```

```
34  # 餐廳服務過程
35  kitchen(unserved, served)                  # 餐廳處理過程
36  # 列出餐廳處理後的點餐內容
37  show_unserved_meal(unserved)               # 列出未服務餐點
38  show_served_meal(served)                   # 列出已服務餐點
```

執行結果

```
===================== RESTART: D:\Python\ch11\ch11_20.py =====================
=== 下列是尚未服務的餐點 ===
大麥克
可樂
麥克雞塊
=== 下列是已經服務的餐點 ===
*** 沒有餐點 ***

廚房處理顧客所點的餐點
菜單: 麥克雞塊
菜單: 可樂
菜單: 大麥克

=== 下列是尚未服務的餐點 ===
*** 沒有餐點 ***
=== 下列是已經服務的餐點 ===
麥克雞塊
可樂
大麥克
```

這個程式的主程式從第 29 列開始，基本上將所點的餐點放 unserved 串列，第 30 列將已經處理的餐點放在 served 串列，程式剛開始是設定空串列。為了瞭解所做的設定，所以第 32 和 33 列是列出尚未服務的餐點和已經服務的餐點。

程式第 35 列是呼叫 kitchen( ) 函數，這個程式主要是列出餐點，同時將已經處理的餐點從尚未服務串列 unserved，轉入已經服務的串列 served。

程式第 37 和 38 列再執行一次列出尚未服務餐點和已經服務餐點，以便驗證整個執行過程。

對於上述程式而言，讀者可能會好奇，主程式部分與函數部分是使用相同的串列變數 served 與 unserved，所以經過第 35 列呼叫 kitchen( ) 後造成串列內容的改變，是否設計這類欲更改串列內容的程式，函數與主程式的變數名稱一定要相同？答案是否定的。

程式實例 ch11_21.py：重新設計 ch11_20.py，但是主程式的尚未服務串列改為 order_list，已經服務串列改為 served_list，下列只列出主程式內容。

```
29  order_list = ['大麥克', '可樂', '麥克雞塊']  # 所點餐點
30  served_list = []                           # 已服務餐點
31  # 列出餐廳處理前的點餐內容
32  show_unserved_meal(order_list)             # 列出未服務餐點
33  show_served_meal(served_list)              # 列出已服務餐點
34  # 餐廳服務過程
35  kitchen(order_list, served_list)           # 餐廳處理過程
36  # 列出餐廳處理後的點餐內容
37  show_unserved_meal(order_list)             # 列出未服務餐點
38  show_served_meal(served_list)              # 列出已服務餐點
```

執行結果：與 ch11_20.py 相同。

上述結果最主要原因是，當傳遞串列給函數時，即使函數內的串列與主程式串列是不同的名稱，但是函數串列 unserved/served 與主程式串列 order_list/served_list 是指向相同的記憶體位置，所以在函數更改串列內容時主程式串列內容也隨著更改。

11-4-4 使用副本傳遞串列

有時候設計餐廳系統時，可能想要保存餐點內容，但是經過先前程式設計可以發現 order_list 串列已經變為空串列了，為了避免這樣的情形發生，可以在呼叫 kitchen( ) 函數時傳遞副本串列，處理方式如下：

```
kitchen(order_list[:], served_list)                # 傳遞副本串列 ( 可以參考 6-8-3 節 )
```

程式實例 ch11_22.py：重新設計 ch11_21.py，但是保留原 order_list 的內容，整個程式主要是在第 36 列，筆者使用副本傳遞串列，其它只是程式語意註解有一些小調整，例如：原先函數 show_unserved_meal( ) 改名為 show_order_meal( )。

```
1  # ch11_22.py
2  def kitchen(unserved, served):
3      """ 將未服務的餐點轉為已經服務 """
4      print("\n廚房處理顧客所點的餐點")
5      while unserved:
6          current_meal = unserved.pop( )
7          # 模擬出餐點過程
8          print(f"菜單: {current_meal}")
9          # 將已出餐點轉入已經服務串列
10         served.append(current_meal)
11     print()
12
13 def show_order_meal(unserved):
14     """ 顯示所點的餐點 """
15     print("=== 下列是所點的餐點 ===")
16     if not unserved:
17         print("*** 沒有餐點 ***")
18     for unserved_meal in unserved:
19         print(unserved_meal)
20
21 def show_served_meal(served):
22     """ 顯示已經服務的餐點 """
23     print("=== 下列是已經服務的餐點 ===")
24     if not served:
25         print("*** 沒有餐點 ***")
26     for served_meal in served:
27         print(served_meal)
28
29 order_list = ['大麥克', '可樂', '麥克雞塊']  # 所點餐點
30 served_list = []                           # 已服務餐點
31 # 列出餐廳處理前的點餐內容
32 show_order_meal(order_list)                # 列出所點的餐點
```

```
show_served_meal(served_list)                # 列出已服務餐點
# 餐廳服務過程
kitchen(order_list[:], served_list)          # 餐廳處理過程
# 列出餐廳處理後的點餐內容
show_order_meal(order_list)                  # 列出所點的餐點
show_served_meal(served_list)                # 列出已服務餐點
```

執行結果

```
===================== RESTART: D:\Python\ch11\ch11_22.py =====================
=== 下列是所點的餐點 ===
大麥克
可樂
麥克雞塊
=== 下列是已經服務的餐點 ===
*** 沒有餐點 ***

廚房處理顧客所點的餐點
菜單:  麥克雞塊
菜單:  可樂
菜單:  大麥克

=== 下列是所點的餐點 ===
大麥克
可樂
麥克雞塊
=== 下列是已經服務的餐點 ===
麥克雞塊
可樂
大麥克
```

由上述執行結果可以發現，原先儲存點餐的 order_list 串列經過 kitchen( ) 函數後，此串列的內容沒有改變。

11-5 傳遞任意數量的參數

11-5-1 基本傳遞處理任意數量的參數

在設計 Python 的函數時，有時候可能會碰上不知道會有多少個參數會傳遞到這個函數，此時可以用下列方式設計。

程式實例 ch11_23.py：建立一個冰淇淋的配料程式，一般冰淇淋可以在上面加上配料，這個程式在呼叫製作冰淇淋函數 make_icecream( ) 時，可以傳遞 0 到多個配料，然後 make_icecream( ) 函數會將配料結果的冰淇淋列出來。

```
# ch11_23.py
def make_icecream(*toppings):
    """ 列出製作冰淇淋的配料 """
    print("這個冰淇淋所加配料如下")
    for topping in toppings:
        print("--- ", topping)

make_icecream('草莓醬')
make_icecream('草莓醬', '葡萄乾', '巧克力碎片')
```

執行結果

```
==================== RESTART: D:\Python\ch11\ch11_23.py ====================
這個冰淇淋所加配料如下
---  草莓醬
這個冰淇淋所加配料如下
---  草莓醬
---  葡萄乾
---  巧克力碎片
```

上述程式最關鍵的是第 2 列 make_icecream( ) 函數的參數 "*toppings"，這個加上 "*" 符號的參數代表可以有 0 到多個參數將傳遞到這個函數內。這個參數 "*toppings" 另一個特色是，它可以將所傳遞的參數轉成元組 (tuple)，讀者可以自行練習，在第 7 列增加 print(type(toppings)) 指令，驗證傳遞的參數資料型態是元組，筆者將此測試結果儲存至 ch11_23_1.py 檔案內。

程式 ch11_23.py 另一個重要觀念是，如果呼叫 make_icecream( ) 時沒有傳遞參數，第 5 列的 for 迴圈將不會執行第 6 列的內容，讀者可以自行練習，筆者將此測試結果儲存至 ch11_23_2.py 檔案內。

11-5-2 設計含有一般參數與任意數量參數的函數

程式設計時有時會遇上需要傳遞一般參數與任意數量參數，碰上這類狀況，任意數量的參數必需放在最右邊。

程式實例 ch11_24.py：重新設計 ch11_23.py，傳遞參數時第一個參數是冰淇淋的種類，然後才是不同數量的冰淇淋的配料。

```python
# ch11_24.py
def make_icecream(icecream_type, *toppings):
    """ 列出製作冰淇淋的配料 """
    print("這個 ", icecream_type, " 冰淇淋所加配料如下")
    for topping in toppings:
        print("--- ", topping)

make_icecream('香草', '草莓醬')
make_icecream('芒果', '草莓醬', '葡萄乾', '巧克力碎片')
```

執行結果

```
==================== RESTART: D:\Python\ch11\ch11_24.py ====================
這個  香草  冰淇淋所加配料如下
---  草莓醬
這個  芒果  冰淇淋所加配料如下
---  草莓醬
---  葡萄乾
---  巧克力碎片
```

11-5-3　設計含有一般參數與任意數量的關鍵字參數

在 11-2-3 節筆者有介紹呼叫函數的參數是關鍵字參數 (參數是用參數名稱 = 值配對方式呈現)，其實我們也可以設計含任意數量關鍵字參數的函數，方法是在函數內使用 **kwargs(kwargs 是程式設計師可以自行命名的參數，可以想成 key word arguments)，這時關鍵字參數將會變成任意數量的字典元素，其中引數是鍵，對應的值是字典的值。

程式實例 ch11_25.py：這個程式基本上是用 build_dict( ) 函數建立一個球員的字典資料，主程式會傳入一般參數與任意數量的關鍵字參數，最後可以列出執行結果。

```
1  # ch11_25.py
2  def build_dict(name, age, **players):
3      """ 建立NBA球員的字典資料 """
4      info = {}                  # 建立空字典
5      info['Name'] = name
6      info['Age'] = age
7      for key, value in players.items( ):
8          info[key] = value
9      return info                # 回傳所建的字典
10
11 player_dict = build_dict('James', '32',
12                          City = 'Cleveland',
13                          State = 'Ohio')
14
15 print(player_dict)             # 列印所建字典
```

執行結果

```
====================== RESTART: D:\Python\ch11\ch11_25.py ======================
{'Name': 'James', 'Age': '32', 'City': 'Cleveland', 'State': 'Ohio'}
```

上述最關鍵的是第 2 列 build_dict( ) 函數內的參數 "**players"，這是可以接受任意數量關鍵字參數，它可以將所傳遞的關鍵字參數群組化成字典 (dict)。

11-6 進一步認識函數

在 Python 中所有東西皆是物件，例如：字串、串列、字典、… 、甚至函數也是物件，我們可以將函數賦值給一個變數，也可以將函數當作參數傳送，甚至將函數回傳，當然也可以動態建立或是銷毀。這讓 Python 使用起來非常有彈性，也可以做其它程式語言無法做到的事情，但是其實也多了一些理解的難度。

在程式設計中，函數和其他物件，例如：數字、字串和串列等，享有相同的地位，所以函數又稱為「第一類物件 (First-Class Objects)」。

11-6-1 函數文件字串 Docstring

請再看一次 ch11_3.py 程式：

```
# ch11_3.py
def greeting(name):
    """Python函數需傳遞名字name"""
    print("Hi,", name, "Good Morning!")
greeting('Nelson')
```

上述函數 greeting( ) 名稱下方是 """Python 函數需傳遞名字 name """ 字串，Python 語言將此函數註解稱文件字串 docstring(document string 的縮寫)。一個公司設計大型程式時，常常將工作分成很多小程式，每個人的工作將用函數完成，為了要讓其他團隊成員可以了解你所設計的函數，所以必需用文件字串註明此函數的功能與用法。

我們可以使用 help(函數名稱) 列出此函數的文件字串，可以參考下列實例。假設程式已經執行了 ch11_3.py 程式，下列是列出此程式的 greeting( ) 函數的文件字串。

```
>>> help(greeting)
Help on function greeting in module __main__:

greeting(name)
    Python函數需傳遞名字name
```

如果我們只是想要看函數註解，可以使用下列方式。

```
>>> print(greeting.__doc__)
Python函數需傳遞名字name
```

上述奇怪的 greeting.__doc__ 就是 greeting( ) 函數文件字串的變數名稱，__ 其實是 2 個底線，這是系統保留名稱的方法，未來筆者會介紹這方面的知識。

11-6-2 函數是一個物件

其實在 Python 中函數也是一個物件，假設有一個函數如下：

```
>>> def upperStr(text):
        return text.upper()

>>> upperStr('deepstone')
'DEEPSTONE'
```

我們可以使用物件賦值方式處理此物件，或是說將函數設定給一個變數。

```
>>> upperLetter = upperStr
```

經上述執行後 upperLetter 也變成了一個函數，所以可以執行下列操作。

```
>>> upperLetter('deepstone')
'DEEPSTONE'
```

從上述執行可以知道 upperStr 和 upperLetter 指的是同一個函數物件。此外，一個函數若是拿掉小括號 ( )，這個函數就是一個記憶體內的位址，可參考下列驗證，由於 upperStr 和 upperLetter 是指相同物件，所以它們的記憶體位址相同。

```
>>> upperStr
<function upperStr at 0x0040F150>
>>> upperLetter
<function upperStr at 0x0040F150>
```

如果我們用 type( ) 觀察，可以得到 upperStr 和 upperLetter 皆是函數物件。

```
>>> type(upperStr)
<class 'function'>
>>> type(upperLetter)
<class 'function'>
```

11-6-3　函數可以是資料結構成員

函數既然可以是一個物件，我們就可以將函數當作資料結構 (例如：串列、元組 …) 的元素，自然我們也可以迭代這些函數，這個觀念可以應用在自建函數或內建函數。

程式實例 ch11_25_1.py：將所定義的函數 total 與 Python 內建的函數 min( )、max( )、sum( ) 等，當作是串列的元素，然後迭代，內建函數會列出 <built-in …>，非內建函數則列出記憶體位址。

```
# ch11_25_1.py
def total(data):
    return sum(data)

x = (1,5,10)
myList = [min, max, sum, total]
for f in myList:
    print(f)
```

執行結果

```
=================== RESTART: D:/Python/ch11/ch11_25_1.py ===================
<built-in function min>
<built-in function max>
<built-in function sum>
<function total at 0x00A9C618>
```

程式實例 ch11_25_2.py：用 for 迴圈迭代串列內的元素，這些元素是函數，這次有傳遞參數 (1, 5, 10)。

```
# ch11_25_2.py
def total(data):
    return sum(data)

x = (1,5,10)
myList = [min, max, sum, total]
for f in myList:
    print(f, f(x))
```

執行結果

```
==================== RESTART: D:\Python\ch11\ch11_25_2.py ====================
<built-in function min> 1
<built-in function max> 10
<built-in function sum> 16
<function total at 0x04155BB8> 16
```

11-6-4 函數可以當作參數傳遞給其它函數

在 Python 中函數也可以當作參數被傳遞給其它函數，當函數當作參數傳遞時，可以不用加上 ( ) 符號，這樣 Python 就可以將函數當作物件處理。如果加上括號，會被視為呼叫這個函數。

程式實例 ch11_25_3.py：函數當作是傳遞參數的基本應用。

```
1  # ch11_25_3.py
2  def add(x, y):
3      return x+y
4  
5  def mul(x, y):
6      return x*y
7  
8  def running(func, arg1, arg2):
9      return func(arg1, arg2)
10 
11 result1 = running(add, 5, 10)        # add函數當作參數
12 print(result1)
13 result2 = running(mul, 5, 10)        # mul函數當作參數
14 print(result2)
```

執行結果

```
==================== RESTART: D:/Python/ch11/ch11_25_3.py ====================
15
50
```

上述第 8 列 running( ) 函數的第 1 個參數是函數，第 2 和 3 個參數是一般數值，這個 running 函數會依所傳遞的第一個參數，才會知道要呼叫 add( ) 或 mul( )，然後才將 arg1 和 arg2 傳遞給指定的函數。在上述程式中，running( ) 函數可以接受其它函數當作參數的函數又稱此為高階函數 (Higher-order function)。

11-6-5 函數當參數與 *args 不定量的參數

前面已經解說可以將函數當傳遞參數使用，其實也可以配合 *args 共同使用。

程式實例 ch11_25_4.py：函數當參數與 *args 不定量參數配合使用。

```
# ch11_25_4.py
def mysum(*args):
    return sum(args)

def run_with_multiple_args(func, *args):
    return func(*args)
```

```
7
8 print(run_with_multiple_args(mysum,1,2,3,4,5))
9 print(run_with_multiple_args(mysum,6,7,8,9))
```

執行結果

```
==================== RESTART: D:/Python/ch11/ch11_25_4.py ====================
15
30
```

第 5 列 run_with_multiple_args( ) 函數可以接受一個函數，與一系列的參數。

11-6-6　嵌套函數

所謂的嵌套函數是指函數內部也可以有函數，有時候可以利用這個特性執行複雜的運算。或是嵌套函數也具有可重複使用、封裝，隱藏數據的效果。

程式實例 ch11_25_5.py：計算 2 個座標點之距離，外層函數是第 2 ~ 7 列的 dist( )，此函數第 3-4 列是內層 mySqrt( ) 函數。註：程式標註執行順序。

```
1 # ch11_25_5.py
2 def dist(x1,y1,x2,y2):              # 計算2點之距離函數
3     def mySqrt(z):                  # 計算開根號值
4         return z ** 0.5
5     dx = (x1 - x2) ** 2
6     dy = (y1 - y2) ** 2
7     return mySqrt(dx+dy)
8
9 print(dist(0,0,1,1))
```

執行結果

```
==================== RESTART: D:/Python/ch11/ch11_25_5.py ====================
1.4142135623730951
```

上述程式執行第 9 列後會進入第 2 ~ 7 列的 dist( ) 函數，然後先執行第 5 和 6 列分別計算 dx 和 dy，當執行第 7 列 return mySqrt(dx+dy) 時，會先執行內部函數 mySqrt(dx+dy)，mySqrt(dx+dy) 計算完成，最後再執行 return mySqrt(dx+dy)。

11-6-7　函數也可以當作傳回值

在嵌套函數的應用中，常常會應用到將一個內層函數當作傳回值，這時所傳回的是內層函數的記憶體位址。

程式實例 ch11_25_5a.py：這是計算「1 + 2 + … + (n-1)」的總和，觀察函數當作傳回值的應用，這個程式的第 2 ~ 6 列是 outer( ) 函數，第 6 列的傳回值是不含 ( ) 的 inner。

```
1  # ch11_25_5a.py
2  def outer():
3      def inner(n):
4          print('inner running')
5          return sum(range(n))
6      return inner
7
8  f = outer()              # outer()傳回inner位址
9  print(f)                 # 列印inner記憶體
10 print(f(5))              # 實際執行的是inner()
11
12 y = outer()
13 print(y)
14 print(y(10))
```

執行結果

```
==================== RESTART: D:\Python\ch11\ch11_25_5a.py ====================
<function outer.<locals>.inner at 0x000001D6F06AD300>
inner running
10
<function outer.<locals>.inner at 0x000001D6F06AD440>
inner running
45
```

這個程式在執行第 8 列時，outer( ) 會傳回 inner 的記憶體位址，所以對於 f 而言所獲得的只是內層函數 inner( ) 的記憶體位址，因此第 9 列可以列出 inner( ) 的記憶體位址。當執行第 10 列 f(5) 時，才是真正執行計算總和。

由於 inner( ) 是在執行期間被定義，所以第 12 列時會產生新的 inner( ) 位址，因此主程式 2 次呼叫，會有不同的 inner( )。最後讀者必需了解，我們無法在主程式直接呼叫內部函數，這會產生錯誤。

程式實例 ch11_25_5b.py：函數當作回傳值的實例。

```
# ch11_25_5b.py
def create_multiplier(multiplier):
    def multiplier_function(number):
        return number * multiplier

    return multiplier_function

# 建立一個將數字乘以2的函數
double_function = create_multiplier(2)

result = double_function(5)      # 返回值是 10
print(result)                    # 輸出: 10

# 建立一個將數字乘以3的函數
triple_function = create_multiplier(3)

result = triple_function(5)      # 返回值是 15
print(result)                    # 輸出: 15
```

執行結果

```
==================== RESTART: D:/Python/ch11/ch11_25_5b.py ====================
10
15
```

11-6-8 閉包 closure

內部函數是一個動態產生的程式，當它可以記住函數以外的程式所建立的環境變數值時，我們可以稱這個內部函數是閉包 (closure)。

程式實例 ch11_25_5c.py：一個線性函數「ax + b」的閉包說明。

```
1  # ch11_25_5c.py
2  def outer():
3      b = 10                    # inner所使用的變數值
4      def inner(x):
5          return 5 * x + b      # 引用第3列的b
6      return inner
7
8  b = 2
9  f = outer()
10 print(f(b))
```

執行結果

```
=================== RESTART: D:\Python\ch11\ch11_25_5c.py ===================
20
```

上述第 3 列 b 是一個環境變數，這也是定義在 inner( ) 以外的變數，由於第 6 列使用 inner 當作傳回值，inner( ) 內的 b 其實就是第 3 列所定義的 b，其實變數 b 和 inner( ) 就構成了一個 closure。 程式第 10 列 f(b)，其實這個 b 將是 Inner(x) 的 x 參數，所以最後可以得到 5 * 2 + 10，結果是 20。

其實 __closure__ 內是一個元組，環境變數 b 就是存在 cell_contents 內。

```
>>> print(f)
<function outer.<locals>.inner at 0x0357F150>
>>> print(f.__closure__)
(<cell at 0x039D72D0: int object at 0x5B8EC910>,)
>>> print(f.__closure__[0].cell_contents)
10
```

程式實例 ch11_25_5d.py：閉包 closure 的另一個應用，這也是線性函數 ax+b，不過環境變數是 outer( ) 的參數。

```
# ch11_25_5d.py
def outer(a, b):
    ''' a 和 b 將是inner()的環境變數 '''
    def inner(x):
        return a * x + b
    return inner

f1 = outer(1, 2)
f2 = outer(3, 4)
print(f1(1), f2(3))
```

執行結果

```
=================== RESTART: D:\Python\ch11\ch11_25_5d.py ===================
3 13
```

這個程式第 8 列相當於建立了 x+2，第 9 列建立了 3x+4，相當於使用了 closure 將最終線性函數確定下來，第 10 列傳遞適當的值，就可以獲得結果。在這裡我們發現程式碼可以重複使用，此外如果沒有 closure，我們需要傳遞 a、b、x 參數，所以 closure 可以讓程式設計更有效率，同時未來擴充時程式碼可以更容易移植。

上述實例是閉包最基礎的應用，稱做是建立配置化函數，除此，還可以將閉包的觀念應用在延遲計算或是狀態保持，可以參考下列實例。

程式實例 ch11_25_5e.py：閉包應用在延遲計算，當需要時才執行計算。

```
# ch11_25_5e.py
def lazy_evaluation(expression):
    def evaluate():
        print(f'評估 : {expression}')
        return eval(expression)
    return evaluate

lazy_sum = lazy_evaluation('1 + 2 + 3 + 4')      # 這裡不會立即計算總和

result = lazy_sum()                               # 這裡將計算並返回總和
print(result)
```

執行結果

```
==================== RESTART: D:/Python/ch11/ch11_25_5e.py ====================
評估 : 1 + 2 + 3 + 4
10
```

程式實例 ch11_25_5f.py：閉包應用在狀態保持，這個程式即使在外部函數執行完畢後，也可以在後續調用中保留狀態。

```
# ch11_25_5f.py
def counter(start=0):
    count = [start]
    def increment():
        count[0] += 1
        return count[0]
    return increment

count_from_5 = counter(5)
print(count_from_5())          # 輸出: 6
print(count_from_5())          # 輸出: 7
```

執行結果

```
==================== RESTART: D:/Python/ch11/ch11_25_5f.py ====================
6
7
```

11-6-9 綜合進階函數觀念總結

11-6 節前面各小節，筆者講解了進階函數應用細節，簡單的說這類程式設計，可以稱為高階函數（Higher-order functions）或函數式程式設計 (Functional Programming)，具有多種目的和優點：

- 模組化和重用：通過將函數作為參數傳遞或返回值，可以建立更通用和可重用的程式碼。這可以幫助減少重複程式碼並使程式碼更容易理解和維護。
- 抽象和分離關注點：高階函數可以幫助抽象出計算的某些方面，使得主要的業務邏輯更清晰，並且分離了不同的關注點。
- 靈活性和擴展性：能夠將函數作為參數傳遞或作為返回值，提供了很高的靈活性，使得程式碼能夠以更模組化和可擴展的方式組織。
- 延遲計算：通過返回函數，可以延遲某些計算，直到它們真正需要時再進行，這有助於提高效率並避免不必要的計算。
- 函數組合和管道：高階函數允許函數組合和管道操作，這可以建立一個清晰，簡潔和表達力強的程式碼風格。
- 狀態封裝和控制：通過閉包 (closures)，可以封裝狀態，這有助於保護數據並控制變數的作用域和生命週期。

11-7 遞迴式函數設計 recursive

坦白說遞迴觀念很簡單，但是不容易學習，本節將從最簡單說起。一個函數本身，可以呼叫本身的動作，稱遞迴式的呼叫，遞迴函數呼叫有下列特性。

1： 遞迴函數在每次處理時，都會使問題的範圍縮小。

2： 必須有一個終止條件來結束遞迴函數。

遞迴函數可以使程式變得很簡潔，但是設計這類程式如果一不小心很容易掉入無限迴圈的陷阱，所以使用這類函數時一定要特別小心。

11-7-1 從掉入無限遞迴說起

如前所述一個函數可以呼叫自己，這個工作稱遞迴，設計遞迴最容易掉入無限遞迴的陷阱。

程式實例 ch11_25_6.py：設計一個遞迴函數，因為這個函數沒有終止條件，所以變成一個無限迴圈，這個程式會一直輸出 5, 4, 3, … 。為了讓讀者看到輸出結果，這個程式會每隔 1 秒輸出一次數字。

```
# ch11_25_6.py
import time
def recur(i):
    print(i, end='\t')
```

```
5         time.sleep(1)          # 休息 1 秒
6         return recur(i-1)
7 
8     recur(5)
```

執行結果

```
==================== RESTART: D:\Python\ch11\ch11_25_6.py ====================
5	4	3	2	1	0	-1	-2
```

註 上述第 5 列呼叫 time 模組的 sleep( ) 函數，參數是 1，可以休息 1 秒。

上述會一直輸出，在 Spyder 環境必須執行 Interrupt kernel 才可以停止，在 Python Shell 環境可以按 Ctrl + C 件讓程式停止。上述第 6 列雖然是用 recur(i-1)，讓數字範圍縮小，但是最大的問題是沒有終止條件，所以造成了無限遞迴。為此，我們在設計遞迴時需要使用 if 條件敘述，註明終止條件。

程式實例 ch11_25_7.py：這是最簡單的遞迴函數，列出 5, 4, … 1 的數列結果，這個問題很清楚了，結束條件是 1，所以可以在 recur( ) 函數內撰寫結束條件。

```
1   # ch11_25_7.py
2   import time
3   def recur(i):
4       print(i, end='\t')
5       time.sleep(1)             # 休息 1 秒
6       if (i <= 1):              # 結束條件
7           return 0
8       else:
9           return recur(i-1)     # 每次呼叫讓自己減 1
10  
11  recur(5)
```

執行結果

```
==================== RESTART: D:\Python\ch11\ch11_25_7.py ====================
5	4	3	2	1
```

上述當第 9 列 recur(i-1)，當參數是 i-1 是 1 時，進入 recur( ) 函數後會執行第 7 列的 return 0，所以遞迴條件就結束了。

程式實例 ch11_25_8.py：設計遞迴函數輸出 1, 2, …, 5 的結果。

```
# ch11_25_8.py
def recur(i):
    if (i < 1):               # 結束條件
        return 0
    else:
        recur(i-1)            # 每次呼叫讓自己減 1
    print(i, end='\t')

recur(5)
```

執行結果

```
==================== RESTART: D:\Python\ch11\ch11_25_8.py ====================
1	2	3	4	5
```

Python 語言或是說一般有提供遞迴功能的程式語言，是採用堆疊方式儲存遞迴期間尚未執行的指令，所以上述程式在每一次遞迴期間皆會將第 7 列先儲存在堆疊，一直到遞迴結束，再一一取出堆疊的資料執行。

這個程式第 1 次進入 recur( ) 函數時，因為 i 等於 5，所以會先執行第 6 列 recur(i-1)，這時會將尚未執行的第 7 列 printf( ) 推入 (push) 堆疊。第 2 次進入 recur( ) 函數時，因為 i 等於 4，所以會先執行第 6 列 recur(i-1)，這時會將尚未執行的第 7 列 printf( ) 推入堆疊。其他依此類推，所以可以得到下列圖形。

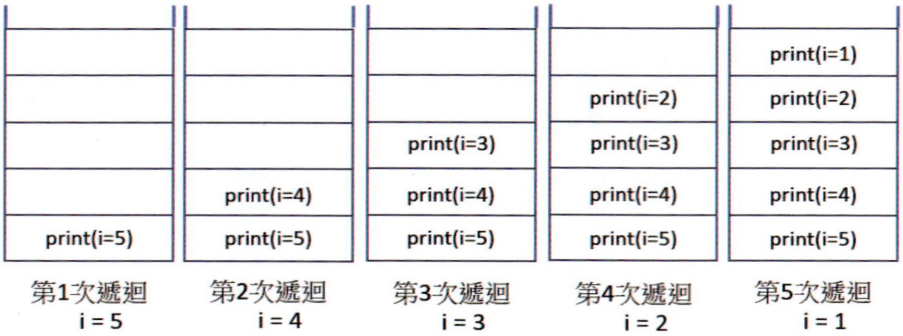

這個程式第 6 次進入 recur( ) 函數時，因為 i 等於 0，因為 i < 0 這時會執行第 4 列，所以執行第 4 列 return 0，這時函數終止。接著函數會將儲存在堆疊的指令一一取出執行，執行時是採用後進先出，也就是從上往下取出執行，整個圖例說明如下。

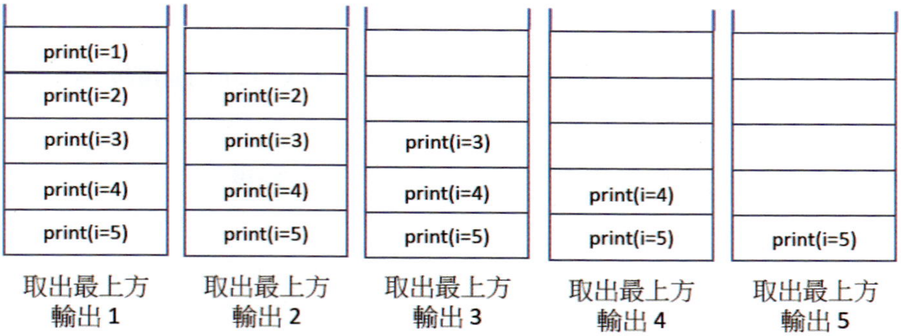

註　上圖取出英文是 pop。

上述由左到右，所以可以得到 1, 2, …, 5 的輸出。下一個實例是計算累加總和，比上述實例稍微複雜，讀者可以逐步推導，累加的基本觀念如下：

$$\text{sum}(n) = \underbrace{1 + 2 + \ldots + (n-1)}_{\text{sum}(n-1)} + n = n + \text{sum}(n-1)$$

將上述公式轉成遞迴公式觀念如下：

$$\text{sum}(n) = \begin{cases} 1 & n = 1 \\ n+\text{sum}(n-1) & n >= 1 \end{cases}$$

程式實例 ch11_25_9.py：使用遞迴函數計算 1 + 2 + … + 5 之總和。

```
# ch11_25_9.py
def sum(n):
    if (n <= 1):                    # 結束條件
        return 1
    else:
        return n + sum(n-1)

print(f"total(5) = {sum(5)}")
```

執行結果

```
==================== RESTART: D:\Python\ch11\ch11_25_9.py ====================
total(5) = 15
```

11-7-2 非遞迴式設計階乘數函數

這一節將以階乘數作解說，階乘數觀念是由法國數學家克里斯蒂安．克蘭普 (Christian Kramp, 1760-1826) 所發表，他是學醫但是卻同時對數學感興趣，發表許多數學文章。在數學中，正整數的階乘 (factorial) 是所有小於及等於該數的正整數的積，假設 n 的階乘，表達式如下：

n!

同時也定義 0 和 1 的階乘是 1。

0! = 1
1! = 1

實例 1：n 是 3，下列是階乘數的計算方式。

n! = 1 * 2 * 3

結果是 6

實例 2：列出 5 的階乘的結果。

5! = 5 * 4 * 3 * 2 * 1 = 120

我們可以使用下列定義階乘公式。

$$factorial(n) = \begin{cases} 1 & n = 0 \\ 1*2* \ldots n & n >= 1 \end{cases}$$

程式實例 ch11_25_10.py：設計非遞迴式的階乘函數，計算當 n = 5 的值。

```python
# ch11_25_10.py
def factorial(n):
    """ 計算n的階乘, n 必須是正整數 """
    fact = 1
    for i in range(1,n+1):
        fact *= i
    return fact

value = 3
print(f"{value} 的階乘結果是 = {factorial(value)}")
value = 5
print(f"{value} 的階乘結果是 = {factorial(value)}")
```

執行結果

```
==================== RESTART: D:\Python\ch11\ch11_25_10.py ====================
3 的階乘結果是 = 6
5 的階乘結果是 = 120
```

11-7-3　從一般函數進化到遞迴函數

如果針對階乘數 n >= 1 的情況，我們可以將階乘數用下列公式表示：

$$factorial(n) = \underbrace{1*2* \ldots *(n-1)}_{factorial(n-1)}*n=n*factorial(n-1)$$

有了上述觀念後，可以將階乘公式改成下列公式。

$$factorial(n) = \begin{cases} 1 & n = 0 \\ n*factorial(n-1) & n >= 1 \end{cases}$$

上述每一步驟傳遞 fcatorial(n-1)，會將問題變小，這就是遞迴式的觀念。

程式實例 ch11_26.py：使用遞迴函數執行階乘 (factorial) 運算。

```
1  # ch11_26.py
2  def factorial(n):
3      """ 計算n的階乘, n 必須是正整數 """
4      if n == 1:
5          return 1
6      else:
7          return (n * factorial(n-1))
8
9  value = 3
10 print(f"{value} 的階乘結果是 = {factorial(value)}")
11 value = 5
12 print(f"{value} 的階乘結果是 = {factorial(value)}")
```

執行結果

```
==================== RESTART: D:\Python\ch11\ch11_26.py ====================
3 的階乘結果是 =  6
5 的階乘結果是 =  120
```

上述 factorial( ) 函數的終止條件是參數值為 1 的情況，由第 4 列判斷然後傳回 1，下列是正整數為 3 時遞迴函數的情況解說。

上述程式筆者介紹了遞迴式呼叫 (Recursive call) 計算階乘問題，上述程式中雖然沒有很明顯的說明記憶體儲存中間數據，不過實際上是有使用記憶體，筆者將詳細解說，下列是遞迴式呼叫的過程。

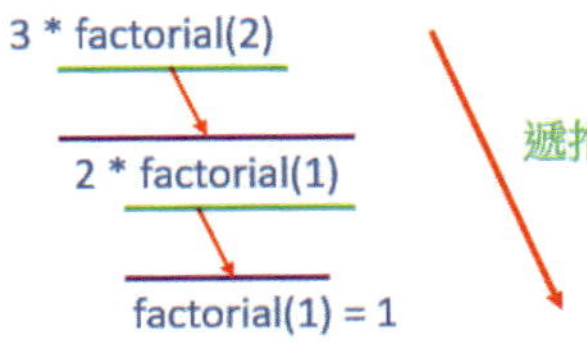

3的階乘遞推過程

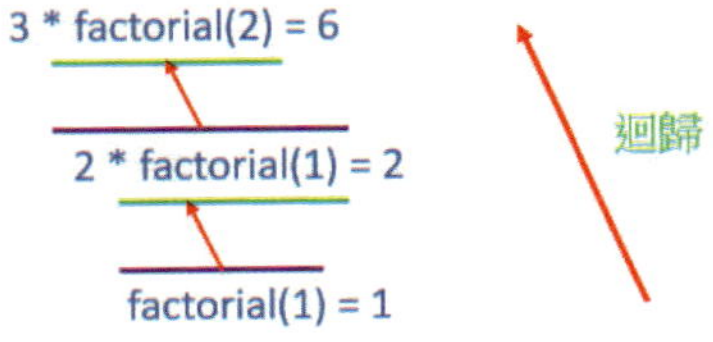

3的階乘迴歸過程

在編譯程式是使用堆疊 (stack) 處理上述遞迴式呼叫，這是一種後進先出 (last in first out) 的資料結構，下列是編譯程式實際使用堆疊方式使用記憶體的情形。

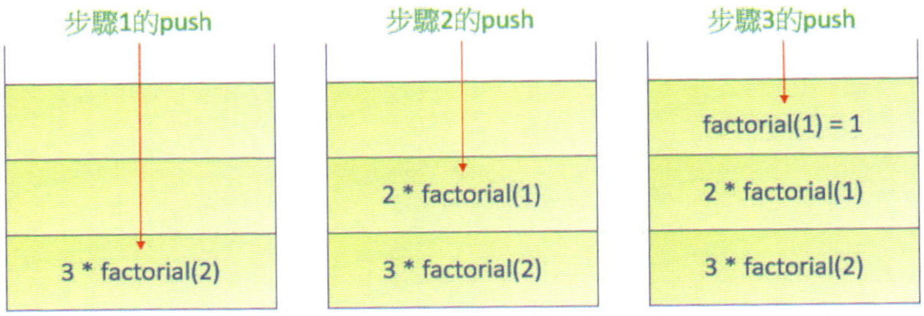

階乘計算使用堆疊(stack)的說明，這是由左到右進入堆疊push操作過程

在計算機術語又將資料放入堆疊稱堆入 (push)。上述 3 的階乘，編譯程式實際迴歸處理過程，其實就是將數據從堆疊中取出，此動作在計算機術語稱取出 (pop)，整個觀念如下：

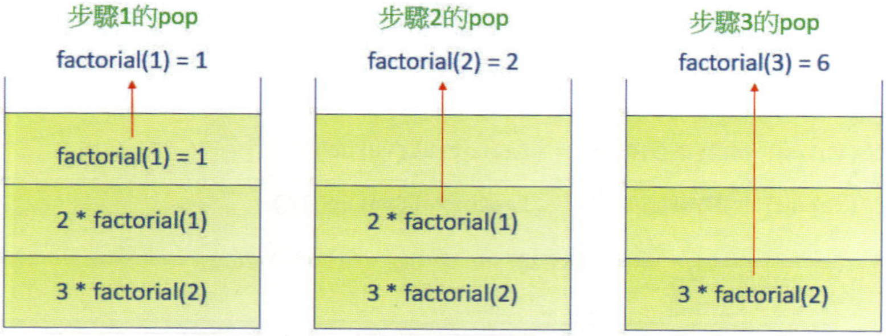

階乘計算使用堆疊(stack)的說明，這是由左到右離開堆疊的pop過程

階乘數的觀念，最常應用的是業務員旅行問題。業務員旅行是演算法裡面一個非常著名的問題，許多人在思考業務員如何從拜訪不同的城市中，找出最短的拜訪路徑，下列將逐步分析。

❑ 2 個城市

假設有新竹、竹東，2 個城市，拜訪方式有 2 個選擇。

❑ 3 個城市

假設現在多了一個城市竹北，從竹北出發，從 2 個城市可以知道有 2 條路徑。從新竹或竹東出發也可以有 2 條路徑，所以可以有 6 條拜訪方式。

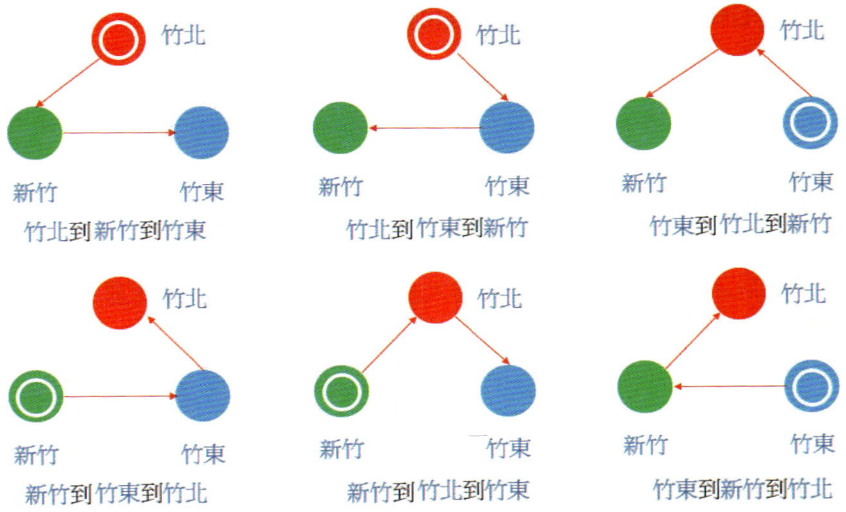

如果再細想，2 個城市的拜訪路徑有 2 種，3 個城市的拜訪路徑有 6 種，其實符合階乘公式：

2! = 1 * 2 = 2
3! = 1 * 2 * 3 = 6

❑ 4 個城市

比 3 個城市多了一個城市，所以拜訪路徑選擇總數如下：

4! = 1 * 2 * 3 * 4 = 24

總共有 24 條拜訪路徑，如果有 5 個或 6 個城市要拜訪，拜訪路徑選擇總數如下：

5! = 1 * 2 * 3 * 4 * 5 = 120
6! = 1 * 2 * 3 * 4 * 5 * 6 = 720

相當於假設拜訪 N 個城市，業務員旅行的演算法時間複雜度是 N!，N 值越大拜訪路徑就越多，而且以階乘方式成長。假設當拜訪城市達到 30 個，假設超級電腦每秒可以處理 10 兆個路徑，若想計算每種可能路徑需要 8411 億年，讀者可能會覺得不可思議，其實筆者也覺得不可思議，這將是讀者的習題。

11-7-4　Python 的遞迴次數限制

Python 預設最大遞迴次數 1000 次，我們可以先導入 sys 模組，未來第 13 章筆者會介紹導入模組更多知識。讀者可以使用 sys.getrecursionlimit( ) 列出 Python 預設或目前遞迴的最大次數。

```
>>> import sys
>>> sys.getrecursionlimit()
1000
```

sys.setrecursionlimit(x) 則可以設定最大遞迴次數，參數 x 就是遞迴次數。

```
>>> import sys
>>> sys.setrecursionlimit(100)
>>> sys.getrecursionlimit()
100
```

11-8 區域變數與全域變數

在設計函數時，另一個重點是適當的使用變數名稱，某個變數只有在該函數內使用，影響範圍限定在這個函數內，這個變數稱區域變數 (local variable)。如果某個變數的影響範圍是在整個程式，則這個變數稱全域變數 (global variable)。

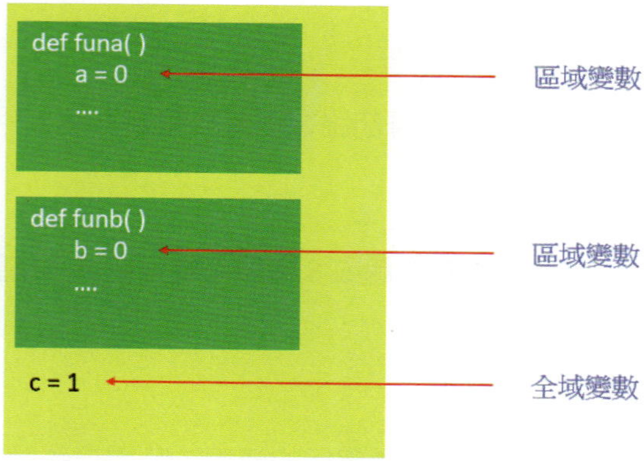

Python 程式在呼叫函數時會建立一個記憶體工作區間，在這個記憶體工作區間可以處理屬於這個函數的變數，當函數工作結束，返回原先呼叫程式時，這個記憶體工作區間就被收回，原先存在的變數也將被銷毀，這也是為何區域變數的影響範圍只限定在所屬的函數內。

對於全域變數而言，一般是在主程式內建立，程式在執行時，不僅主程式可以引用，所有屬於這個程式的函數也可以引用，所以它的影響範圍是整個程式，直到整個程式執行結束。

11-8-1 全域變數可以在所有函數使用

一般在主程式內建立的變數稱全域變數，這個變數可以供主程式內與本程式的所有函數引用。

程式實例 ch11_27.py：這個程式會設定一個全域變數，然後函數也可以呼叫引用。

```
# ch11_27.py
def printmsg( ):
    """ 函數本身沒有定義變數, 只有執行列印全域變數功能 """
    print("函數列印: ", msg)     # 列印全域變數

msg = 'Global Variable'          # 設定全域變數
print("主程式列印: ", msg)        # 列印全域變數
printmsg( )                      # 呼叫函數
```

執行結果

```
==================== RESTART: D:\Python\ch11\ch11_27.py ====================
主程式列印:  Global Variable
函數列印:  Global Variable
```

11-8-2 區域變數與全域變數使用相同的名稱

在程式設計時建議全域變數與函數內的區域變數不要使用相同的名稱，因為對新手而言很容易造成混淆。如果發生全域變數與函數內的區域變數使用相同的名稱時，Python 會將相同名稱的區域與全域變數視為不同的變數，在區域變數所在的函數是使用區域變數內容，其它區域則是使用全域變數的內容。

程式實例 ch11_28.py：區域變數與全域變數定義了相同的變數 msg，但是內容不相同。然後執行列印，可以發現在函數與主程式所列印的內容有不同的結果。

```
# ch11_28.py
def printmsg( ):
    """ 函數本身有定義變數, 將執行列印區域變數功能 """
    msg = 'Local Variable'       # 設定區域變數
    print("函數列印: ", msg)     # 列印區域變數

msg = 'Global Variable'          # 這是全域變數
print("主程式列印: ", msg)        # 列印全域變數
printmsg( )                      # 呼叫函數
```

執行結果

```
==================== RESTART: D:\Python\ch11\ch11_28.py ====================
主程式列印:  Global Variable
函數列印:  Local Variable
```

11-8-3 程式設計需注意事項

一般程式設計時有關使用區域變數需注意下列事項，否則程式會有錯誤產生。

- 區域變數內容無法在其它函數引用。
- 區域變數內容無法在主程式引用。
- 如果要在函數內要存取或修改全域變數值，需在函數內使用 global 宣告此變數。

程式實例 ch11_29.py：使用 global 在函數內宣告全域變數。

```
# ch11_29.py
def printmsg():
    global msg
    msg = "Java"          # 更改全域變數
    print(f"函數列印  :更改後: {msg}")
msg = "Python"
print(f"主程式列印:更改前: {msg}")
printmsg()
print(f"主程式列印:更改後: {msg}")
```

執行結果

```
==================== RESTART: D:\Python\ch11\ch11_29.py ====================
主程式列印:更改前: Python
函數列印  :更改後: Java
主程式列印:更改後: Java
```

11-8-4 locals( ) 和 globals( )

Python 有提供函數讓我們了解目前變數名稱與內容。

locals( )：可以用字典方式列出所有的區域變數名稱與內容。

globals( )：可以用字典方式列出所有的全域變數名稱與內容。

程式實例 ch11_30.py：列出所有區域變數與全域變數的內容。

```
# ch11_30.py
def printlocal():
    lang = "Java"
    print(f"語言 : {lang}")
    print(f"區域變數 : {locals()}")
msg = "Python"
printlocal()
print(f"語言 : {msg}")
print(f"全域變數 : {globals()}")
```

執行結果

```
==================== RESTART: D:\Python\ch11\ch11_30.py ====================
語言 : Java
區域變數 : {'lang': 'Java'}
語言 : Python
全域變數 : {'__name__': '__main__', '__doc__': None, '__package__': None, '__loa
der__': <class '_frozen_importlib.BuiltinImporter'>, '__spec__': None, '__annota
tions__': {}, '__builtins__': <module 'builtins' (built-in)>, '__file__': 'D:\\P
ython\\ch11\\ch11_30.py', 'printlocal': <function printlocal at 0x036867C8>, 'ms
g': 'Python'}
```

請留意在上述全域變數中，除了最後一筆 'msg':'Python' 是我們程式設定，其它均是系統內建，未來我們會針對此部分做說明。

11-9 匿名函數 lambda

所謂的匿名函數 (anonymous function) 是指一個沒有名稱的函數，適合使用在程式中只存在一小段時間的情況。Python 是使用 def 定義一般函數，匿名函數則是使用 lambda 來定義，有的人稱之為 lambda 表達式，也可以將匿名函數稱 lambda 函數。有時會將匿名函數與 Python 的內建函數 filter( )、map( )、reduce( )… 等共同使用，此時匿名函數將只是這些函數的參數，筆者未來將以實例做解說。

11-9-1 匿名函數 lambda 的語法

匿名函數最大特色是可以有許多的參數，但是只能有一個程式碼表達式，然後可以將執行結果傳回。

```
lambda arg1[, arg2, … argn]:expression            # arg1 是參數，可以有多個參數
```

上述 expression 就是匿名函數 lambda 表達式的內容。

程式實例 ch11_31.py：使用一般函數設計回傳平方值。

```python
# ch11_31.py
# 使用一般函數
def square(x):
    value = x ** 2
    return value

# 輸出平方值
print(square(10))
```

執行結果

```
==================== RESTART: D:/Python/ch11/ch11_31.py ====================
100
```

程式實例 ch11_32.py：這是單一參數的匿名函數應用，可以傳回平方值。

```
# ch11_32.py
# 定義lambda函數
square = lambda x: x ** 2

# 輸出平方值
print(square(10))
```

執行結果 與 ch11_31.py 相同。

下列是匿名函數含有多個參數的應用。

程式實例 ch11_33.py：含 2 個參數的匿名函數應用，可以傳回參數的積 (相乘的結果)。

```
# ch11_33.py
# 定義lambda函數
product = lambda x, y: x * y

# 輸出相乘結果
print(product(5, 10))
```

執行結果

```
==================== RESTART: D:\Python\ch11\ch11_33.py ====================
50
```

11-9-2 使用 lambda 匿名函數的理由

一個 lambda 更佳的使用時機是存在一個函數的內部，可以參考下列實例。

程式實例 ch11_33_1.py：這是一個 2x+b 方程式，有 2 個變數，第 5 列定義 linear 時，才確定 lambda 方程式是 2x+5，所以第 6 列可以得到 25。

```
1  # ch11_33_1.py
2  def func(b):
3      return lambda x : 2 * x + b
4
5  linear  = func(5)          # 5將傳給lambda的 b
6  print(linear(10))          # 10是lambda的 x
```

執行結果

```
=================== RESTART: D:/Python/ch11/ch11_33_1.py ===================
25
```

程式實例 ch11_33_2.py：重新設計 ch11_33_1.py，使用一個函數但是有 2 個方程式。

```
# ch11_33_2.py
def func(b):
    return lambda x : 2 * x + b

linear  = func(5)          # 5將傳給lambda的 b
print(linear(10))          # 10是lambda的 x

linear2 = func(3)
print(linear2(10))
```

執行結果

```
==================== RESTART: D:/Python/ch11/ch11_33_2.py ====================
25
23
```

11-9-3 匿名函數應用在高階函數的參數

匿名函數一般是用在不需要函數名稱的場合，例如：一些高階函數 (Higher-order function) 的部分參數是函數，這時就很適合使用匿名函數，同時讓程式變得更簡潔。在正式以實例講解前，我們先舉一個使用一般函數當作函數參數的實例。

程式實例 ch11_33_3.py：以一般函數當作函數參數的實例。

```
1  # ch11_33_3.py
2  def mycar(cars,func):
3      for car in cars:
4          print(func(car))
5  def wdcar(carbrand):
6      return "My dream car is " + carbrand.title()
7
8  dreamcars = ['porsche','rolls royce','maserati']
9  mycar(dreamcars, wdcar)
```

執行結果

```
==================== RESTART: D:\Python\ch11\ch11_33_3.py ====================
My dream car is Porsche
My dream car is Rolls Royce
My dream car is Maserati
```

上述第 9 列呼叫 mycar( ) 使用 2 個參數，第 1 個參數是 dreamcars 字串，第 2 個參數是 wdcar( ) 函數，wdcar( ) 函數的功能是結合字串 "My dream car is " 和將 dreamcars 串列元素的字串第 1 個字母用大寫。

其實上述 wdcar( ) 函數就是使用匿名函數的好時機。

程式實例 ch11_33_4.py：重新設計 ch11_33_3.py，使用匿名函數取代 wdcar( )。

```
# ch11_33_4.py
def mycar(cars,func):
    for car in cars:
        print(func(car))

dreamcars = ['porsche','rolls royce','maserati']
mycar(dreamcars, lambda carbrand:"My dream car is " + carbrand.title())
```

執行結果 與 ch11_33_3.py 相同。

未來 18-4-3 節筆者還會以實例解說使用 lambda 表達式的好時機。

11-9-4 匿名函數使用與 filter( )

有一個內建函數 filter( )，主要是篩選序列，它的語法格式如下：

filter(func, iterable)

上述函數將依次對 iterable(可以重複執行，例如：字串 string、串列 list 或元組 tuple) 的元素 (item) 放入 func(item) 內，然後將 func( ) 函數執行結果是 True 的元素 (item) 組成新的篩選物件 (filter object) 傳回。

程式實例 ch11_34.py：使用傳統函數定義方式將串列元素內容是奇數的元素篩選出來。

```
1  # ch11_34.py
2  def oddfn(x):
3      return x if (x % 2 == 1) else None
4
5  mylist = [5, 10, 15, 20, 25, 30]
6  filter_object = filter(oddfn, mylist)      # 傳回filter object
7
8  # 輸出奇數串列
9  print("奇數串列: ",[item for item in filter_object])
```

執行結果

```
==================== RESTART: D:\Python\ch11\ch11_34.py ====================
奇數串列:  [5, 15, 25]
```

上述第 9 列筆者使用 item for item in filter_object，這是可以取得 filter object 元素的方式，這個操作方式與下列 for 迴圈類似。

```
for item in filter_object:
    print(item)
```

若是想要獲得串列結果，可以使用下列方式：

```
oddlist = [item for item in filter_object]
```

程式實例 ch11_35.py：重新設計 ch11_34.py，將 filter object 轉為串列，下列只列出與 ch11_34.py 不同的程式碼。

```
7  oddlist = [item for item in filter_object]
8  # 輸出奇數串列
9  print("奇數串列: ",oddlist)
```

執行結果 與 ch11_34.py 相同。

匿名函數的最大優點是可以讓程式變得更簡潔，可參考下列程式實例。

程式實例 ch11_36.py：使用匿名函數重新設計 ch11_35.py。

```
1 # ch11_36.py
2 mylist = [5, 10, 15, 20, 25, 30]
3
4 oddlist = list(filter(lambda x: (x % 2 == 1), mylist))
5
6 # 輸出奇數串列
7 print("奇數串列: ",oddlist)
```

執行結果 與 ch11_35.py 相同。

上述程式第 4 列筆者直接使用 list( ) 函數將傳回的 filter object 轉成串列了。

11-9-5 匿名函數使用與 map( )

Google 有一篇大數據領域著名的論文 MapReduce:Simplified Data Processing on Large Clusters，接下來的 2 節筆者將介紹 map( ) 和 reduce( ) 函數。

有一個內建函數 map( )，它的語法格式如下：

map(func, iterable)

上述函數將依次對 iterable 重複執行，例如：字串 string、串列 list 或元組 tuple) 的元素 (item) 放入 func(item) 內，然後將 func( ) 函數執行結果傳回。

程式實例 ch11_37.py：使用匿名函數對串列元素執行計算平方運算。

```
# ch11_37.py
mylist = [5, 10, 15, 20, 25, 30]

squarelist = list(map(lambda x: x ** 2, mylist))

# 輸出串列元素的平方值
print("串列的平方值: ",squarelist)
```

執行結果

```
==================== RESTART: D:\Python\ch11\ch11_37.py ====================
串列的平方值:  [25, 100, 225, 400, 625, 900]
```

11-9-6 匿名函數使用與 reduce( )

內建函數 reduce( )，它的語法格式如下：

reduce(func, iterable)　　　　　# func 必需有 2 個參數

它會先對可迭代物件的第 1 和第 2 個元素操作，結果再和第 3 個元素操作，直到最後一個元素。假設 iterable 有 4 個元素，可以用下列方式解說。

reduce(f, [a, b, c, d]) = f(f(f(a, b), c), d)

早期 reduce( ) 是內建函數，現在被移至 funtools 模組，所以在使用前需在程式前方加上下列 import。

```
from functools import reduce                # 導入 reduce( )
```

程式實例 ch11_37_1.py：設計字串轉整數的函數，為了驗證轉整數正確，筆者將此字串加 10，最後再輸出。

```
1  # ch11_37_1.py
2  from functools import reduce
3  def strToInt(s):
4      def func(x, y):
5          return 10*x+y
6      def charToNum(s):
7          print("s = ", type(s), s)
8          mydict = {'0':0,'1':1,'2':2,'3':3,'4':4,'5':5,'6':6,'7':7,'8':8,'9':9}
9          n = mydict[s]
10         print("n = ", type(n), n)
11         return n
12     return reduce(func,map(charToNum,s))
13
14 string = '5487'
15 x = strToInt(string) + 10
16 print("x = ", x)
```

執行結果

```
==================== RESTART: D:/Python/ch11/ch11_37_1.py ====================
s =  <class 'str'> 5
n =  <class 'int'> 5
s =  <class 'str'> 4
n =  <class 'int'> 4
s =  <class 'str'> 8
n =  <class 'int'> 8
s =  <class 'str'> 7
n =  <class 'int'> 7
x =  5497
```

這本書是以教學為目的，所以筆者會講解程式演變過程，上述程式第 8 和第 9 列可以簡化如下：

```
8          n = {'0':0,'1':1,'2':2,'3':3,'4':4,'5':5,'6':6,'7':7,'8':8,'9':9}[s]
```

上述可以參考 ch11_37_2.py，當然我們可以進一步簡化 charToNum( ) 函數如下：

```
6      def charToNum(s):
7          return {'0':0,'1':1,'2':2,'3':3,'4':4,'5':5,'6':6,'7':7,'8':8,'9':9}[s]
8      return reduce(func,map(charToNum,s))
```

上述可以參考 ch11_37_3.py。

程式實例 ch11_37_4.py： 使用 lambda 簡化前一個程式設計。

```
# ch11_37_4.py
from functools import reduce
def strToInt(s):
    def charToNum(s):
        return {'0':0,'1':1,'2':2,'3':3,'4':4,'5':5,'6':6,'7':7,'8':8,'9':9}[s]
    return reduce(lambda x,y:10*x+y, map(charToNum,s))

string = '5487'
x = strToInt(string) + 10
print("x = ", x)
```

執行結果 與 ch11_37_1.py 相同。

11-9-7 深度解釋串列的排序 sort( )

6-5-2 節筆者介紹了串列的排序，更完整串列排序的語法如下：

x.sort(key=None, reverse=False)

其中，x 是要排序的串列，key 參數是一個排序的鍵，如果不提供 key 參數，則 sort() 方法會按照串列元素的大小進行排序。當初省略了使用參數 key，因為使用預設。

從 lambda 表達式可知，我們可以使用下列方式定義字串長度。

```
>>> str_len = lambda x:len(x)
>>> print(str_len('abc'))
3
```

有了上述觀念，我們可以使用下列方式獲得串列內每個字串元素的長度。

```
>>> str_len = lambda x:len(x)
>>> strs = ['abc', 'ab', 'abcde']
>>> print([str_len(e) for e in strs])
[3, 2, 5]
```

程式實例 ch11_37_5.py： 使用 sort( ) 函數執行字串長度排序。

```
# ch11_37_5.py
str_len = lambda x:len(x)
strs = ['abc', 'ab', 'abcde']
strs.sort(key = str_len)
print(strs)
```

執行結果

```
===================== RESTART: D:/Python/ch11/ch11_37_5.py =====================
['ab', 'abc', 'abcde']
```

我們可以直接將 lambda 表達式寫入 sort( ) 函數內，可以得到相結果。

程式實例 ch11_37_6.py：將 lambda 寫入 sort( ) 函數內。

```
# ch11_37_6.py
strs = ['abc', 'ab', 'abcde']
strs.sort(key = lambda x:len(x))
print(strs)
```

執行結果　與 ch11_37_5.py 相同。

請觀察一個二維陣列的排序而言，假設使用預設可以看到下列結果。

```
>>> sc = [['John', 80],['Tom', 90], ['Kevin', 77]]
>>> sc.sort()
>>> print(sc)
[['John', 80], ['Kevin', 77], ['Tom', 90]]
```

從執行結果可以看到是使用二維陣列元素的第 0 個索引位置的人名排序，參考前面 lambda 表達式觀念，我們可以使用下列方式表達。

```
>>> sc = [['John', 80],['Tom', 90], ['Kevin', 77]]
>>> sc.sort(key = lambda x:x[0])
>>> print(sc)
[['John', 80], ['Kevin', 77], ['Tom', 90]]
```

上述 x[0] 就是索引 0，我們可以指定索引位置排序。

程式實例 ch11_37_7.py：假設索引 1 是分數，執行分數排序。

```
# ch11_37_7.py
sc = [['John', 80],['Tom', 90], ['Kevin', 77]]
sc.sort(key = lambda x:x[1])
print(sc)
```

執行結果

```
===================== RESTART: D:/Python/ch11/ch11_37_7.py =====================
[['Kevin', 77], ['John', 80], ['Tom', 90]]
```

11-9-8　深度解釋排序 sorted( )

sorted( ) 排序的語法如下：

sorted_obj = sorted(iterable, key=None, reverse=False)

參數 iterable 是可以排序的物件，最後可以得到新的排序物件 (sorted_obj)。其實 sort( ) 與 sorted( ) 是觀念類似，sort( ) 是用可以排序的物件呼叫 sort( ) 函數，最後會更改可以排序的物件結果。sorted( ) 是將可以排序的物件當作第 1 個參數，最後排序結果回傳，不更改原先可以排序的物件。9-2-5 節筆者使用字典的鍵排序，也可以應用在一般二維陣列排序，下列是預設的排序，如下：

```
>>> sc = [['John', 80],['Tom', 90], ['Kevin', 77]]
>>> newsc = sorted(sc)
>>> print(newsc)
[['John', 80], ['Kevin', 77], ['Tom', 90]]
```

程式實例 ch11_37_8.py：採用元素索引 1 的分數排序。

```
# ch11_37_8.py
sc = [['John', 80],['Tom', 90], ['Kevin', 77]]
newsc = sorted(sc, key = lambda x:x[1])
print(newsc)
```

執行結果 與 ch11_37_7.ipynb 相同。

9-2-5 節筆者介紹了字典的鍵排序，當時介紹了第 1 個參數是 my_dict.items( )，這個參數其實就是 iterable 物件，字典的鍵是索引 0，值是索引 1。

程式實例 ch11_37_9.py：字典成績依照人名 (鍵) 與分數 (值) 排序。

```
# ch11_37_9.py
sc = {'John':80, 'Tom':90, 'Kevin':77}
newsc1 = sorted(sc.items(), key = lambda x:x[0])  # 依照key排序
print("依照人名排序")
print(newsc1)

newsc2 = sorted(sc.items(), key = lambda x:x[1])  # 依照value排序
print("依照分數排序")
print(newsc2)
```

執行結果

```
==================== RESTART: D:/Python/ch11/ch11_37_9.py ====================
依照人名排序
[('John', 80), ('Kevin', 77), ('Tom', 90)]
依照分數排序
[('Kevin', 77), ('John', 80), ('Tom', 90)]
```

在 9-7-2 節有更進一步的排序，字典的值 (value) 是由元組 (產品價值 , 重量) 組成，這時 sorted( ) 函數的第 2 個參數 key 的設定如下：

key = lambda x:x[1][n]

上述 x[1] 是字典的值，索引 n 則是元組的索引，該節實例是使用產品價值排序，所以 n = 0，整個參數使用如下：

key = lambda x:x[1][0]　　　　　　　　　# n = 0

如果要用重量排序則 n = 1。

key = lambda x:x[1][1]　　　　　　　　　# n = 1

程式實例 ch11_37_10.py：重新設計 ch9_31_1.py 使用產品重量排序。

```
# ch11_37_10.py
things = {'iWatch手錶':(15000, 0.1),     # 定義商品
          'Asus  筆電':(35000, 0.7),
          'iPhone手機':(38000, 0.3),
          'Acer  筆電':(40000, 0.8),
          'Go Pro攝影':(12000, 0.1),
         }

# 商品依價值排序
th = sorted(things.items(), key=lambda item:item[1][1])
print('所有商品依價值排序如下')
print('商品', '          商品價格 ', ' 商品重量')
for i in range(len(th)):
    print(f"{th[i][0]:8s}{th[i][1][0]:10d}{th[i][1][1]:10.2f}")
```

執行結果

```
==================== RESTART: D:/Python/ch11/ch11_37_10.py ====================
所有商品依價值排序如下
商品          商品價格    商品重量
iWatch手錶     15000      0.10
Go Pro攝影     12000      0.10
iPhone手機     38000      0.30
Asus  筆電     35000      0.70
Acer  筆電     40000      0.80
```

11-10 pass 與函數

在 7-4-7 節已經有對 pass 指令做介紹，其實當我們在設計大型程式時，可能會先規劃各個函數的功能，然後逐一完成各個函數設計，但是在程式完成前我們可以先將尚未完成的函數內容放上 pass。

程式實例 ch11_38.py：將 pass 應用在函數設計。

```
# ch11_38.py
def fun(arg):
    pass
```

執行結果 程式沒有執行結果。

11-11 type 關鍵字應用在函數

關鍵字 type 可以列出函數的資料型態。

程式實例 ch11_39.py：輸出函數與匿名函數的資料類型。

```
# ch11_39.py
def fun(arg):
    pass

print("列出fun的type類型    :       ", type(fun))
print("列出lambda的type類型:        ", type(lambda x:x))
print("列出內建函數abs的type類型: ", type(abs))
```

執行結果

```
==================== RESTART: D:\Python\ch11\ch11_39.py ====================
列出fun的type類型    :       <class 'function'>
列出lambda的type類型:        <class 'function'>
列出內建函數abs的type類型:   <class 'builtin_function_or_method'>
```

11-12 設計生成式函數與建立迭代器

在數據處理過程，如果數據是由計算產生，同時數據量龐大(例如：上百萬筆資料)，需要一次載入記憶體，如果使用可迭代物件(例如：串列、元組、集合、字典等)方式處理，會耗用大量記憶體，造成程式執行速度變慢，這時可以使用建立生成器函數(Generator)，然後由此函數建立迭代器(Iterator)方式設計，這種方式最大特色是每次只取一筆資料，需要時再產生此資料即可。

11-12-1 建立與遍歷迭代器

本章前面筆者已經介紹過可迭代物件(例如：串列、元組、集合、字典等)的觀念，在 Python 中可以使用 iter( ) 函數為這些物件建立迭代器 (iterator)。

在 Python 中，next( ) 是一個內建函數，用於從迭代器中獲取下一個元素。當 next( ) 函數在迭代器上被調用時，它將返回迭代器的下一個值。

程式實例 ch11_39_1a.py：用串列建立迭代器，然後使用 next( ) 函數輸出迭代器內容。

```
# ch11_39_1a.py
# 創建一個簡單的串列
my_list = [1, 3, 5]

# 建立串列的迭代器
my_iterator = iter(my_list)

# 使用 next() 函數遍歷迭代器並列印元素
print(next(my_iterator))
print(next(my_iterator))
print(next(my_iterator))
```

執行結果

```
==================== RESTART: D:/Python/ch11/ch11_39_1a.py ====================
1
3
5
```

使用 next( ) 函數時，如果迭代器中沒有更多的元素，則 next( ) 函數將引發 StopIteration 異常 (可以參考 15-2-1 節)。

在上述實例中，我們首先創建了一個簡單的串列 my_list。然後使用 iter( ) 函數建立串列的迭代器物件，接著使用 next( ) 函數來遍歷迭代器並列印元素。其實在實際應用中，通常使用 for 迴圈來遍歷可迭代對象。實際上使用 for 迴圈遍歷可迭代物件時，Python 在內部會自動呼叫 iter( ) 函數以獲取迭代器物件。因此在大多數情況下，程式設計師無需直接呼叫 iter() 函數。

程式實例 ch11_39_1b.py：重新設計 ch11_39_1a，使用 for 迴圈遍歷串列，然後輸出結果。

```
# ch11_39_1b.py
my_list = [1, 3, 5]

for item in my_list:
    print(item)
```

執行結果 與 ch11_39_1a 相同。

11-12-2 yield 和生成器函數

程式設計時，我們也可以自行建立生成器 (Generator) 函數，然後由此建立迭代器 (Iterator)，這時的函數語法如下：

```
def 生成器名稱 ( 參數 1, … , 參數 n):
    程式碼區塊
    yield 回傳值
    ....
```

在上述語法中，yield 可以回傳資料，與 return 不一樣的是，一般函數在執行 return 後，函數就執行結束。上述生成器函數，在執行到 yield 後，會回傳右邊的值，然後所有區域變數值被保留，同時生成器函數會暫時停止執行，直到透過迭代器要取得下一個數值，又才會繼續往下執行。

程式實例 ch11_39_1c.py：建立一個生成器，然後用此生成器 (Generator) 產生迭代器 (Iterator)，接著一步一步取出資料。

```
# ch11_39_1c.py
def iter_data():
    x = 10
    yield x
    x = x * x
```

```
        yield x
        x = 2 * x
        yield x

myiter = iter_data()        # 建立迭代器
print(next(myiter))
print(next(myiter))
print(next(myiter))
```

執行結果

```
==================== RESTART: D:/Python/ch11/ch11_39_1c.py ====================
10
100
200
```

11-12-3 使用 for 迴圈遍歷迭代器

程式實例 ch11_39_1d.py：使用 for 迴圈遍歷迭代器。

```
1  # ch11_39_1d.py
2  def iter_data():
3      x = 10
4      yield x
5      x = x * x
6      yield x
7      x = 2 * x
8      yield x
9
10 myiter = iter_data()        # 建立迭代器
11 for data in myiter:
12     print(data)
```

執行結果 與 ch11_39_1c 相同。

上述程式重要的是第 10 ~ 12 列。

11-12-4 生成器與迭代器的優點

生成器與迭代器最大的優點是可以節省記憶體空間，如果我們使用串列儲存 1 ~ 5 的平方，則需要 5 個元素空間，可以參考下列實例。

程式實例 ch11_39_e.py：使用串列建立 1 ~ 5 的平方的元素。

```
# ch11_39_1e.py
def list_square(n):
    mylist = []
    for data in range(1, n+1):
        mylist.append(data ** 2)
    return mylist

print(list_square(5))
```

執行結果

```
==================== RESTART: D:/Python/ch11/ch11_39_1e.py ====================
[1, 4, 9, 16, 25]
```

上述程式的串列需要 5 個元素空間。

程式實例 ch11_39_1f.py：使用迭代器重新設計 ch11_39_1e。

```
# ch11_39_1f.py
def iter_square(n):
    for data in range(1, n+1):
        yield data ** 2

myiter = iter_square(5)      # 建立迭代器
for data in myiter:
    print(data)
```

執行結果

```
==================== RESTART: D:/Python/ch11/ch11_39_1f.py ====================
1
4
9
16
25
```

上述程式的已經不需要 5 個元素空間，讀者可以思考，如果要計算 100 萬個元素的平方，使用串列要建立可以容納 100 個萬元素的串列，但是自行建立產生器和迭代器只要一個元素空間即可。

11-12-5　迭代生成

7-2-6 節筆者有介紹串列生成 (list generator)，我們可以使用下列方式建立元素是平方的串列生成。

程式實例 ch11_39_1g.py：使用串列生成方式，重新設計 ch11_39_1e.py。

```
# ch11_39_1g.py
list_square = [n ** 2 for n in range(1, 6)]
print(list_square)
```

執行結果　與 ch11_39_1e.py 相同。

上述實例如果使用生成器與迭代器生成，可以將中括號改為小括號即可。

程式實例 ch11_39_1h.py：使用生成器與迭代器生成，重新設計 ch11_39_1f.py。

```
# ch11_39_1h.py
list_square = (n ** 2 for n in range(1, 6))
for data in list_square:
    print(data)
```

執行結果　與 ch11_39_1f.py 相同。

11-12-6 綜合應用

在 Python 2 版本，range( ) 所傳回的是串列，在 Python 3 版本所傳回的則是 range 物件，range 物件最大的特色是它不需要預先儲存所有序列範圍的值，因此可以節省記憶體與增加程式效率，每次迭代時，它會記得上次呼叫的位置同時傳回下一個位置，這是一般函數做不到的。

程式實例 ch11_39_1i.py：設計自己的 range( ) 函數，此函數名稱是 myRange( )。

```
1  # ch11_39_1i.py
2  def myRange(start=0, stop=100, step=1):
3      n = start
4      while n < stop:
5          yield n
6          n += step
7
8  print(type(myRange))
9  for x in myRange(0,5):
10     print(x)
```

執行結果

```
==================== RESTART: D:/Python/ch11/ch11_39_1i.py ====================
<class 'function'>
0
1
2
3
4
```

上述我們設計的 myRange( ) 函數，它的資料類型是 function，所執行的功能與 range( ) 類似，不過當我們呼叫此函數時，它的傳回值不是使用 return，而是使用 yield，同時整個函數內部不是立即執行。第一次 for 迴圈執行時會執行到 yield 關鍵字，然後傳回 n 值，同時所有局部變數的值會被保留。下一次 for 迴圈迭代時會繼續執行此函數的第 6 行 "n += step"，然後回到函數起點再執行到 yield，循環直到沒有值可以傳回。

我們又將此 myRange( ) 觀念稱生成器 (generator)，這使得生成器成為一種懶惰求值（lazy evaluation）的機制，允許您在需要時生成值，而無需一次性生成整個數列。

程式實例 ch11_39_1j.py：使用生成器函數觀念，建立前 10 個 Fibonacci 數值。

```
# ch11_39_1j.py
def fibonacci(n):
    a, b = 0, 1
    count = 0
    while count < n:
        yield a
        a, b = b, a + b
        count += 1

# 呼叫生成器函數，建立迭代器
fib = fibonacci(10)
```

```
12
13 # for 迴圈遍歷迭代器，輸出前 10 個 Fib 數
14 for num in fib:
15     print(num, end='  ')
```

執行結果

```
==================== RESTART: D:/Python/ch11/ch11_39_1j.py ====================
0  1  1  2  3  5  8  13  21  34
```

註 筆者一直將上述第 11 列的設定，fib 稱迭代器，網路上也有些人稱此為生成器物件。

11-13 裝飾器 (Decorator)

Python 裝飾器的核心語法如下：

```
def decorator(func):
    def wrapper(*args, **kwargs):
        # 前置處理
        result = func(*args, **kwargs)
        # 後置處理
        return result
    return wrapper
```

我們將運用此基礎架構，完整解說裝飾器的基礎知識與應用。

11-13-1 基礎應用

在程式設計時我們會設計一些函數，有時候我們想在函數內增加一些功能，但是又不想更改原先的函數，這時可以使用 Python 所提供的裝飾器 (decorator)。裝飾器其實也是一種函數，基本上此函數會接收一個函數，然會回傳另一個函數。下列是一個簡單列印所傳遞的字串然後輸出的實例：

```
>>> def greeting(string):
        return string

>>> greeting('Hello! iPhone')
'Hello! iPhone'
```

假設我們不想更改 greeting( ) 函數內容，但是希望可以將輸出改成大寫，此時就是使用裝飾器的時機。

程式實例 ch11_39_2.py：裝飾器函數的基本操作，這個程式將設計一個 upper( ) 裝飾器，這個程式除了將所輸入字串改成大寫，同時也列出所裝飾的函數名稱，以及函數所傳遞的參數。

```python
1   # ch11_39_2.py
2   def upper(func):                    # 裝飾器
3       def wrapper(args):
4           oldresult = func(args)
5           result = oldresult.upper()
6           print('函數名稱 : ', func.__name__)
7           print('函數參數 : ', args)
8           return result
9       return wrapper
10
11  def greeting(string):               # 問候函數
12      return string
13
14  mygreeting = upper(greeting)        # 手動裝飾器
15  print(mygreeting('Hello! iPhone'))
```

執行結果

```
==================== RESTART: D:/Python/ch11/ch11_39_2.py ====================
函數名稱 :  greeting
函數參數 :  Hello! iPhone
HELLO! IPHONE
```

上述程式第 14 列是手動設定裝飾器，第 15 列是呼叫裝飾器和列印。

裝飾器設計的原則是有一個函數當作參數，然後在裝飾器內重新定義一個含有裝飾功能的新函數，可參考第 3 ~ 8 列。第 4 列是獲得原函數 greeting( ) 的結果，第 5 列是將 greeting( ) 的結果裝修成新的結果，也就是將字串轉成大寫。第 6 列是列印原函數的名稱，在這裡我們使用了 func.__name__，這是函數名稱變數。第 7 列是列印所傳遞參數內容，第 8 列是傳回新的結果。

上述第 14 列是手動設定裝飾器，在 Python 可以在欲裝飾的函數前面加上 @decorator，decorator 是裝飾器名稱，下列實例是用 @upper 直接定義裝飾器。

程式實例 ch11_39_3.py：第 10 列直接使用 @upper 定義裝飾器方式，取代手動定義裝飾器，重新設計 ch11_39_2.py，程式第 14 列可以直接呼叫 greeting( ) 函數。

```python
1   # ch11_39_3.py
2   def upper(func):                    # 裝飾器
3       def wrapper(args):
4           oldresult = func(args)
5           result = oldresult.upper()
6           print('函數名稱 : ', func.__name__)
7           print('函數參數 : ', args)
8           return result
9       return wrapper
10  @upper                              # 設定裝飾器
11  def greeting(string):               # 問候函數
12      return string
13
14  print(greeting('Hello! iPhone'))
```

執行結果 與 ch11_39_2.py 相同。

裝飾器另一個常用觀念是為一個函數增加除錯的檢查功能，例如有一個除法函數如下：

```
>>> def mydiv(x,y):
        return x/y

>>> mydiv(6,2)
3.0
>>> mydiv(6,0)
Traceback (most recent call last):
  File "<pyshell#22>", line 1, in <module>
    mydiv(6,0)
  File "<pyshell#20>", line 2, in mydiv
    return x/y
ZeroDivisionError: division by zero
```

很明顯若是 div( ) 的第 2 個參數是 0 時，將造成除法錯誤，不過我們可以使用裝飾器編修此除法功能。

程式實例 ch11_39_4.py：設計一個裝飾器 @errcheck，為一個除法增加除數為 0 的檢查功能。

```
1    # ch11_39_4.py
2    def errcheck(func):                 # 裝飾器
3        def wrapper(*args):
4            if args[1] != 0:
5                result = func(*args)
6            else:
7                result = "除數不可為0"
8            print('函數名稱 : ', func.__name__)
9            print('函數參數 : ', args)
10           print('執行結果 : ', result)
11           return result
12       return wrapper
13   @errcheck                           # 設定裝飾器
14   def mydiv(x, y):                    # 函數
15       return x/y
16
17   print(mydiv(6,2))
18   print(mydiv(6,0))
```

執行結果

```
==================== RESTART: D:\Python\ch11\ch11_39_4.py ====================
函數名稱 :  mydiv
函數參數 :  (6, 2)
執行結果 :  3.0
3.0
函數名稱 :  mydiv
函數參數 :  (6, 0)
執行結果 :  除數不可為0
除數不可為0
```

在上述程式第 3 列的 newFunc(*args) 中出現 *args，這會接收所傳遞的參數同時以元組 (tuple) 方式儲存，第 4 列是檢查除數是否為 0，如果不為 0 則執行第 5 列除法運算，

設定除法結果在 result 變數。如果第 4 列檢查除數是 0 則執行第 7 列，設定 result 變數內容是 " 除數不可為 0"。

一個函數可以有 2 個以上的裝飾器，方法是在函數上方設定裝飾器函數即可，當有多個裝飾器函數時，會由下往上次序一次執行裝飾器，這個觀念又稱裝飾器堆疊 (decorator stacking)。

程式實例 ch11_39_5.py：擴充設計 ch11_39_3.py 程式，主要是為 greeting( ) 函數增加 @bold 裝飾器函數，這個函數會在字串前後增加 bold 字串。另一個需注意的是，@bold 裝飾器是在 @upper 裝飾器的上方。

```
1    # ch11_39_5.py
2    def upper(func):                    # 大寫裝飾器
3        def wrapper_upper(args):
4            oldresult = func(args)
5            result = oldresult.upper()
6            return result
7        return wrapper_upper
8    def bold(func):                     # 加粗體字串裝飾器
9        def wrapper_bold(args):
10           return 'bold' + func(args) + 'bold'
11       return wrapper_bold
12
13   @bold                               # 設定加粗體字串裝飾器
14   @upper                              # 設定大寫裝飾器
15   def greeting(string):               # 問候函數
16       return string
17
18   print(greeting('Hello! iPhone'))
```

執行結果

```
==================== RESTART: D:/Python/ch11/ch11_39_5.py ====================
boldHELLO! IPHONEbold
```

上述程式會先執行下方的 @upper 裝飾器，這時可以得到字串改為大寫，然後再執行 @bold 裝飾器，最後得到字串前後增加 bold 字串。裝飾器位置改變也將改變執行結果，可參考下列實例。程式實例 ch11_39_6.py 是更改 @upper 和 @bold 次序，重新設計 ch11_39_5.py，並觀察執行結果。

```
13   @upper                              # 設定大寫裝飾器
14   @bold                               # 設定加粗體字串大寫裝飾器
```

執行結果

```
==================== RESTART: D:/Python/ch11/ch11_39_6.py ====================
BOLDHELLO! IPHONEBOLD
```

11-13-2　創意應用 - AI 智慧型函數執行計時裝飾器

在現代程式設計與效能分析中，經常需要測量函數執行的時間，以找出程式效能的瓶頸或改進點。

程式實例 ch11_39_7.py：運用 Python 的裝飾器（Decorator）設計一個創意又實用的「智慧型函數執行計時裝飾器」，此裝飾器能夠自動：

- 計算函數的執行時間。
- 提供易讀的計時輸出格式。
- 自動提示函數是否需要進行效能改善（如執行時間超過設定標準）。

```
# ch11_39_7.py
import time
# 創意裝飾器 - 智慧型執行計時
def smart_timer(threshold=1.0):
    def decorator(func):
        def wrapper(*args, **kwargs):
            start_time = time.time()          # 計時開始
            result = func(*args, **kwargs)
            end_time = time.time()            # 計時結束

            duration = end_time - start_time
            print(f"函數 '{func.__name__}' 執行時間:{duration:.4f} 秒")

            # 智慧提示 - 超過時間閾值時提醒
            if duration > threshold:
                print(f"'{func.__name__}' 執行時間超過建議值 {threshold:.2f} 秒,建議優化")
            else:
                print(f"'{func.__name__}' 執行效率良好")

            return result
        return wrapper
    return decorator

# 測試函數1 - 快速執行的函數
@smart_timer(threshold=0.5)
def fast_function():
    time.sleep(0.3)
    return "快速函數完成"
# 測試函數2 - 較慢的函數
@smart_timer(threshold=0.5)
def slow_function():
    time.sleep(0.8)
    return "慢速函數完成"
# 執行測試
print(fast_function())
print('-'*30)
print(slow_function())
```

執行結果

```
==================== RESTART: D:/Python/ch11/ch11_39_7.py ====================
函數 'fast_function' 執行時間:0.3013 秒
'fast_function' 執行效率良好
快速函數完成
------------------------------
函數 'slow_function' 執行時間:0.8007 秒
'slow_function' 執行時間超過建議值 0.50 秒,建議優化
慢速函數完成
```

這個程式設計說明與未來應用如下：

- 智慧提醒功能：裝飾器透過「時間閾值（threshold）」自動提示是否需要改善效能，能協助開發人員快速發現效能瓶頸。
- 客製化閾值設計：提供了自由調整的閾值參數（threshold），讓開發者可依照需求設定適合自己的執行標準。
- 易擴充性：可進一步整合至 AI 分析系統或日誌系統中，進一步記錄與分析函數效能。
- 通用性高：此裝飾器不受函數內容限制，適用於任何 Python 函數。

透過這個裝飾器的應用設計，我們不僅有效利用 Python 的裝飾器語法，更融入實務需求，讓程式設計更智慧且具備高效能監控能力。這種設計模式同時提供開發人員直觀、有趣且可擴充的工具，是 Python 裝飾器靈活運用的絕佳範例。

11-14 專題 - 單字次數 / 質數 / 歐幾里德演算法 / 函數應用

11-14-1 用函數重新設計記錄一篇文章每個單字出現次數

程式實例 ch11_40.py：這個程式主要是設計 2 個函數，modifySong( ) 會將所傳來的字串有標點符號部分用空白字元取代。wordCount( ) 會將字串轉成串列，同時將串列轉成字典，最後遍歷字典然後記錄每個單字出現的次數。

```
# ch11_40.py
def modifySong(songStr):              # 將歌曲的標點符號用空字元取代
    for ch in songStr:
        if ch in ".,?":
            songStr = songStr.replace(ch,'')
    return songStr                    # 傳回取代結果

def wordCount(songCount):
    global mydict
    songList = songCount.split()      # 將歌曲字串轉成串列
```

```python
    print("以下是歌曲串列")
    print(songList)
    mydict = {wd:songList.count(wd) for wd in set(songList)}

data = """Are you sleeping, are you sleeping, Brother John, Brother John?
Morning bells are ringing, morning bells are ringing.
Ding ding dong, Ding ding dong."""

mydict = {}                         # 空字典未來儲存單字計數結果
print("以下是將歌曲大寫字母全部改成小寫同時將標點符號用空字元取代")
song = modifySong(data.lower())
print(song)

wordCount(song)                     # 執行歌曲單字計數
print("以下是最後執行結果")
print(mydict)                       # 列印字典
```

執行結果

```
===================== RESTART: D:/Python/ch11/ch11_40.py =====================
以下是將歌曲大寫字母全部改成小寫同時將標點符號用空字元取代
are you sleeping are you sleeping brother john brother john
morning bells are ringing morning bells are ringing
ding ding dong ding ding dong
以下是歌曲串列
['are', 'you', 'sleeping', 'are', 'you', 'sleeping', 'brother', 'john', 'brother
', 'john', 'morning', 'bells', 'are', 'ringing', 'morning', 'bells', 'are', 'rin
ging', 'ding', 'ding', 'dong', 'ding', 'ding', 'dong']
以下是最後執行結果
{'dong': 2, 'ding': 4, 'ringing': 2, 'brother': 2, 'you': 2, 'are': 4, 'john': 2
, 'bells': 2, 'sleeping': 2, 'morning': 2}
```

11-14-2　質數 Prime Number

在 7-3-4 節筆者有說明質數的觀念與演算法，這節將講解設計質數的函數 isPrime( )。

程式實例 ch11_41.py：設計 isPrime( ) 函數，這個函數可以回應所輸入的數字是否質數，如果是傳回 True，否則傳回 False。

```python
# ch11_41.py
def isPrime(num):
    """ 測試num是否質數 """
    for n in range(2, num):
        if num % n == 0:
            return False
    return True

num = int(input("請輸入大於1的整數做質數測試 = "))
if isPrime(num):
    print(f"{num} 是質數")
else:
    print(f"{num} 不是質數")
```

執行結果

```
===================== RESTART: D:/Python/ch11/ch11_41.py =====================
請輸入大於1的整數做質數測試 = 12
12不是質數
>>>
===================== RESTART: D:/Python/ch11/ch11_41.py =====================
請輸入大於1的整數做質數測試 = 13
13是質數
```

上述實例是從 2 到 (n-1) 做測試，其實任一數字可以從 n 到平方根的數字間找尋即可知道是否質數，這樣可以大幅度縮減搜尋時間，特別是應用到大數字的質數搜尋時，可以減少許多搜尋時間。

程式實例 ch11_41_1.py：改良 ch11_41.py，這個程式最重要是第 5 行。

```
1  # ch11_41_1.py
2  import math
3  def isPrime(num):
4      """ 測試num是否質數 """
5      for n in range(2, int(math.sqrt(num))+1):
6          if num % n == 0:
7              return False
8      return True
9
10 num = int(input("請輸入大於1的整數做質數測試 = "))
11 if isPrime(num):
12     print(f"{num} 是質數")
13 else:
14     print(f"{num} 不是質數")
```

執行結果 與 ch11_41.py 相同。

11-14-3 歐幾里德演算法

歐幾里德是古希臘的數學家，在數學中歐幾里德演算法主要是求最大公因數的方法，這個方法就是我們在國中時期所學的輾轉相除法，這個演算法最早是出現在歐幾里德的幾何原本。這一節筆者除了解釋此演算法也將使用 Python 完成此演算法。

11-14-3-1 土地區塊劃分

假設有一塊土地長是 40 公尺寬是 16 公尺，如果我們想要將此土地劃分成許多正方形土地，同時不要浪費土地，則最大的正方形土地邊長是多少？

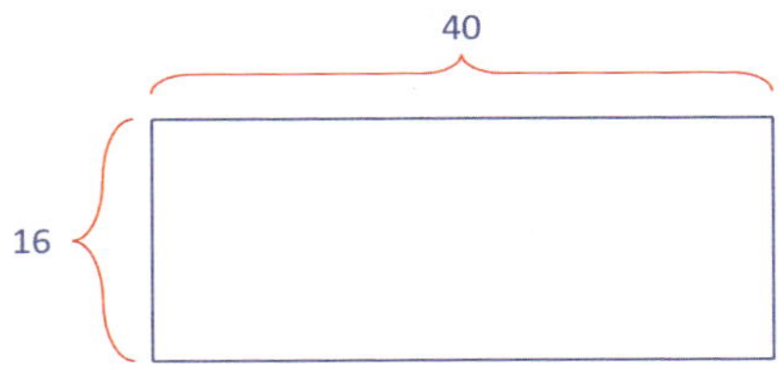

其實這類問題在數學中就是最大公因數的問題，土地的邊長就是任意 2 個要計算最大公因數的數值。上述我們可以將較長邊除以短邊，相當於 40 除以 16，可以得到餘數是 8，此時土地劃分如下：

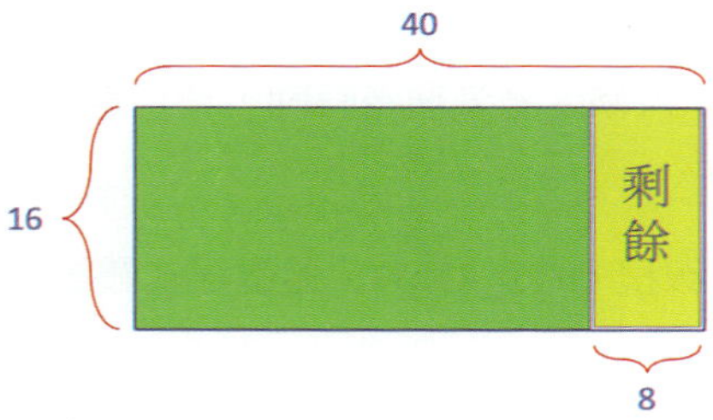

如果餘數不是 0，將剩餘土地執行較長邊除以較短邊，相當於 16 除以 8，可以得到商是 2，餘數是 0。

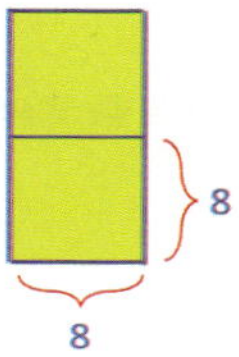

現在餘數是 0，這時的商是 8，這個 8 就是最大公因數，也就是土地的邊長，如果劃分土地可以得到下列結果。

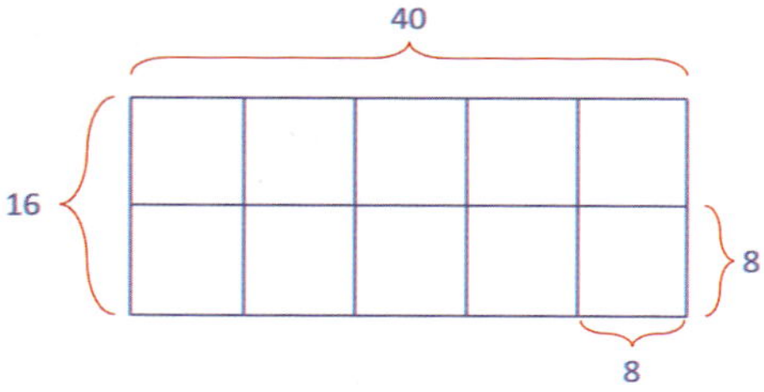

也就是說 16 x 48 的土地，用邊長 8(8 是最大公因數) 劃分，可以得到不浪費土地條件下的最大土地區塊。

11-14-3-2　最大公因數 (Greatest Common Divisor)

有 2 個數字分別是 n1 和 n2，所謂的公因數是可以被 n1 和 n2 整除的數字，1 是它們的公因數，但不是最大公因數。假設最大公因數是 gcd，找尋最大公因數可以從 n=2, 3, … 開始，每次找到比較大的公因數時將此 n 設給 gcd，直到 n 大於 n1 或 n2，最後的 gcd 值就是最大公因數。

程式實例 ch11_42.py：設計最大公因數 gcd 函數，然後輸入 2 筆數字做測試。

```
# ch11_42.py
def gcd(n1, n2):
    g = 1                                   # 最初化最大公因數
    n = 2                                   # 從2開始檢測
    while n <= n1 and n <= n2:
        if n1 % n == 0 and n2 % n == 0:
            g = n                           # 新最大公因數
        n += 1
    return g

n1, n2 = eval(input("請輸入2個整數值 : "))
print("最大公因數是 : ", gcd(n1,n2))
```

執行結果

```
==================== RESTART: D:\Python\ch11\ch11_42.py ====================
請輸入2個整數值 : 16, 40
最大公因數是 :  8

==================== RESTART: D:\Python\ch11\ch11_42.py ====================
請輸入2個整數值 : 99, 33
最大公因數是 :  33
```

上述是先設定最大公因數 gcd 是 1，用 n 等於 2 當除數開始測試，每次迴圈加 1 方式測試是否是最大公因數。註：Python 內建 math 模組可用 gcd( ) 計算最大公因數，可以參考 4-5-3 節。

11-14-3-3 輾轉相除法

輾轉相除法就是歐幾里德演算法的原意，有 2 個數使用輾轉相除法求最大公因數，步驟如下：

1： 計算較大的數。

2： 讓較大的數當作被除數，較小的數當作除數。

3： 兩數相除。

4： 兩數相除的餘數當作下一次的除數，原除數變被除數，如此循環直到餘數為 0，當餘數為 0 時，這時的除數就是最大公因數。

假設兩個數字分別是 40 和 16，則最大公因數的計算方式如下：

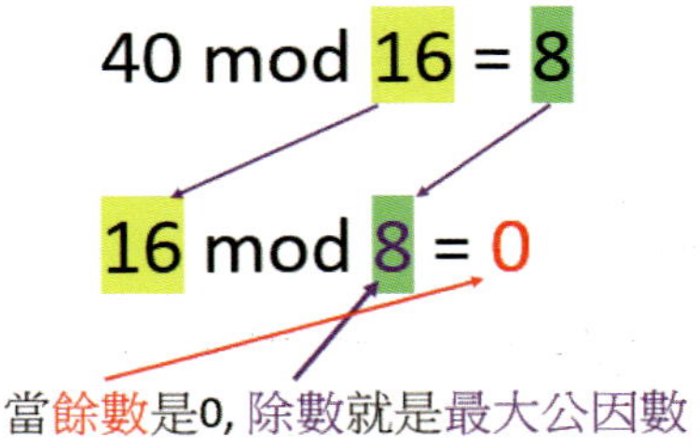

40 mod 16 = 8
16 mod 8 = 0
當餘數是0, 除數就是最大公因數

程式實例 ch11_43 .py：使用輾轉相除法，計算輸入 2 個數字的最大公因數 (GCD)。

```
# ch11_43.py
def gcd(a, b):
    if a < b:
        a, b = b, a
    while b != 0:
        tmp = a % b
        a = b
        b = tmp
    return a

a, b = eval(input("請輸入2個整數值 : "))
print("最大公因數是 : ", gcd(a, b))
```

執行結果　與 ch11_42.py 相同。

11-14-3-4　遞迴式函數設計處理歐幾里德算法

其實如果讀者更熟練 Python，可以使用遞迴式函數設計，函數只要一列。

程式實例 ch11_44.py：使用遞迴式函數設計歐幾里德演算法。

```
# ch11_44.py
def gcd(a, b):
    return a if b == 0 else gcd(b, a % b)

a, b = eval(input("請輸入2個整數值 : "))
print("最大公因數是 : ", gcd(a, b))
```

執行結果　與 ch11_42.py 相同。

11-14-3-5　最小公倍數 (Least Common Multiple)

其實最小公倍數 (英文簡稱 lcm) 就是兩數相乘除以最大公因數 (gcd)，公式如下：

a * b / gcd

程式實例 ch11_45.py：擴充 ch11_44.py 功能，同時計算最小公倍數。

```
# ch11_45.py

def gcd(a, b):
    return a if b == 0 else gcd(b, a % b)

def lcm(a, b):
    return a * b // gcd(a, b)

a, b = eval(input("請輸入2個整數值 : "))
print("最大公因數是 : ", gcd(a, b))
print("最小公倍數是 : ", lcm(a, b))
```

執行結果

```
====================== RESTART: D:\Python\ch11\ch11_45.py ======================
請輸入2個整數值 : 8, 12
最大公因數是 :  4
最小公倍數是 :  24
```

註 Python 內建 math 模組可用 lcm( ) 計算最小公倍數，可以參考 4-5-3 節。

11-14-4 函數潛在的進階應用

這一節筆者敘述進階函數設計可能的應用，部分語法可能尚未介紹，讀者可以自行參考，未來了解語法後，可以重讀這些程式：

❑ 建立高階函數 (Higher-order functions)

```
# ch11_46.py
def create_multiplier(multiplier):
    def multiplier_function(number):
        return number * multiplier

    return multiplier_function

# 建立一個將數字乘以2的函數
double_function = create_multiplier(2)

# 使用返回的函數
result = double_function(5)                 # 返回值是 10
print(result)                               # 輸出: 10

# 建立一個將數字乘以3的函數
triple_function = create_multiplier(3)

# 使用返回的函數
result = triple_function(5)                 # 返回值是 15
print(result)                               # 輸出: 15
```

在上述實例中，create_multiplier( ) 函數接受一個參數 multiplier，並定義了一個內嵌函數 multiplier_function( )，該函數將其參數 number 乘以 multiplier，然後 create_multiplier( ) 函數回傳 multiplier_function 函數物件然後。

我們可以呼叫 create_multiplier( ) 來建立新的函數，例如 double_function 和 triple_function，它們分別將其參數乘以 2 和 3。這展示了如何使用高階函數來動態建立並返回其他函數，最後顯示了函數可以作為回傳值的概念。

❑ 建立事件處理程式 (Event Handler)

```
# ch11_47.py
def event_handler(event):
    def register_handler(handler_function):
        print(f"處理(Handling) {event} with {handler_function.__name__}")
        handler_function(event)
    return register_handler

def on_click(event):                    # 按一下
    print(f"按一下 : {event}")

```

```
def on_hover(event):                        # 懸停留
    print(f"懸停留 : {event}")

# 創建事件處理器
click_handler = event_handler("按一下事件")
hover_handler = event_handler("懸停留事件")

# 註冊和觸發事件
click_handler(on_click)
hover_handler(on_hover)
```

上述實例 event_handler( ) 函數接受一個事件，並返回一個可以註冊事件處理函數的函數，然後使用返回的函數來註冊和觸發事件。

❑ 測量函數執行時間的裝飾器

```
# ch11_48.py
import time

def timing_decorator(func):
    def wrapper(*args, **kwargs):
        start_time = time.perf_counter()    # 獲取函數開始執行的時間
        result = func(*args, **kwargs)      # 調用原始函數
        end_time = time.perf_counter()      # 獲取函數結束執行的時間
        duration = end_time - start_time    # 計算函數執行時間
        print(f'{func.__name__} 執行需 : {duration:.7f} 秒')
        return result
    return wrapper

@timing_decorator
def slow_function(duration):
    time.sleep(duration)                    # 使函數暫停指定的秒數

# 調用裝飾器函數
slow_function(3)               # 輸出 slow_function 執行需 : 3.000xxxx 秒
```

這個程式定義了一個名為 timing_decorator( ) 的裝飾器，它接受一個函數 func 作為參數。在 timing_decorator( ) 內，我們定義了一個名為 wrapper( ) 的新函數，它保存了 func 的參數，並在調用 func 之前和之後測量時間，然後計算和輸出 func 的執行時間。

我們使用 @timing_decorator 語法將 timing_decorator 應用於 slow_function( ) 函數，使得每次調用 slow_function( ) 時，它都會報告其執行時間。

這個裝飾器為我們提供了一個簡單且清晰的方法來測量任何函數的執行時間，而無需修改函數本身的程式碼。

第 12 章

類別與物件導向
打造模組化與可擴充程式

Python 其實是一種物件導向 (Object Oriented Programming) 語言，在 Python 中所有的資料類型皆是物件，Python 也允許程式設計師自創資料類型，這種自創的資料類型就是本章的主題類別 (class)。

12-1 類別的定義與使用

在學習 Python 的過程中，「類別」是一個相當重要的觀念。透過類別的設計方式，程式可以更加結構化，並且更容易管理與擴充。

12-1-1 什麼是類別與物件？

在 Python 中，「類別」可以想像成一種「藍圖（blueprint）」，用來定義某一種物件的屬性（attributes）與方法（methods）。例如，如果我們將「銀行」想像成一個類別，銀行的屬性可能包含「銀行品牌」、「存款者」和「帳上金額」，而方法可能包含「存款」、「提款」和「結匯」。

當我們根據類別來建立出一個實際存在的個體，這個個體就稱作「物件（Object）」，也稱為「實例（Instance）」。例如，根據銀行類別建立出來的每一個存款者就是這個類別的「物件」。

簡單來說：

- 類別：是抽象的定義（例如：台北銀行）。
- 物件：是具體的實體（例如：存款者）。

在學習 Python 的過程中，「類別」是一個相當重要的觀念。透過類別的設計方式，程式可以更加結構化，並且更容易管理與擴充。

12-1-2 為什麼要使用類別？

使用類別有以下幾個重要的好處：

- 程式碼重複使用：類別允許程式設計師一次定義通用的屬性和方法，然後多次使用。例如定義好銀行類別後，就可以創建多位具有相同特性但屬性不同的存款者。
- 程式結構清晰易懂：類別讓程式碼組織更清楚，易於維護及擴充。透過適當的分類，程式碼可以有更清晰的邏輯結構。

- 模組化開發：使用類別能將大型程式拆分為許多獨立的元件，每個元件都可獨立開發、測試和維護。
- 抽象化與封裝：類別將複雜的內部細節封裝起來，外界只需透過清晰的介面來使用，增加程式安全性和穩定性。

12-1-3 類別與物件的關係

當一個類別被定義後，必須透過建立「物件」來使用這個類別。類別是一個抽象的概念，定義了物件的特性與行為。

以銀行類別為例：

- Bank 類別（Bank Class）定義類別應具備的特性（例如：品牌）與行為（例如：存款、提款、結匯）。
- 銀行物件（Bank Object）則是根據此定義而產生的具體，例如：「存款者」，每個物件可以有不同的屬性值。

簡言之，類別是抽象定義，而物件則是該定義下的具體實體。每個物件都有自己獨立的屬性資料，但共享類別中定義的方法。

12-1-4 定義類別

類別的語法定義如下：

```
class Classname( ):    # 類別名稱第一個字母 Python 風格建議使用大寫
    statement 1
    ...
    statement n
```

本節將以銀行為例，說明最基本的類別觀念。

程式實例 ch12_1.py：Banks 的類別定義。

```python
# ch12_1.py
class Banks():
    ''' 定義銀行類別 '''
    bankname = 'Taipei Bank'          # 定義屬性
    def motto(self):                  # 定義方法
        return "以客為尊"
```

執行結果　這個程式沒有輸出結果。

對上述程式而言，Banks 是類別名稱，在這個類別中筆者定義了一個屬性 (attribute) bankname 與一個方法 (method)motto。

在類別內定義方法 (method) 的方式與第 11 章定義函數的方式相同，但是一般不稱之為函數 (function) 而是稱之為方法 (method)，在程式設計時我們可以隨時呼叫函數，但是只有屬於該類別的物件 (object) 才可調用相關的方法。

12-1-5　操作類別的屬性與方法

若是想操作類別的屬性與方法首先需宣告該類別的物件 (object) 變數，可以簡稱物件，然後使用下列方式操作。

object. 類別的屬性
object. 類別的方法 ( )

程式實例 ch12_2.py：擴充 ch12_1.py，列出銀行名稱與服務宗旨。

```
1  # ch12_2.py
2  class Banks():
3      ''' 定義銀行類別 '''
4      bankname = 'Taipei Bank'      # 定義屬性
5      def motto(self):              # 定義方法
6          return "以客為尊"
7  
8  userbank = Banks()                # 定義物件userbank
9  print("目前服務銀行是 ", userbank.bankname)
10 print("銀行服務理念是 ", userbank.motto())
```

執行結果

```
=================== RESTART: D:\Python\ch12\ch12_2.py ===================
目前服務銀行是  Taipei Bank
銀行服務理念是  以客為尊
```

從上述執行結果可以發現我們成功地存取了 Banks 類別內的屬性與方法了。上述程式觀念是，程式第 8 列定義了 userbank 當作是 Banks 類別的物件，然後使用 userbank 物件讀取了 Banks 類別內的 bankname 屬性與 motto( ) 方法。這個程式主要是列出 bankname 屬性值與 motto( ) 方法傳回的內容。

當我們建立一個物件後，這個物件就可以向其它 Python 物件一樣，可以將這個物件當作串列、元組、字典或集合元素使用，也可以將此物件當作函數的參數傳送，或是將此物件當作函數的回傳值。

12-1-6 類別的建構方法

建立類別很重要的一個工作是初始化整個類別，所謂的初始化類別是類別內建立一個初始化方法 (method)，這是一個特殊方法，當在程式內宣告這個類別的物件時將自動執行這個方法。初始化方法有一個固定名稱是 "__init__( )",，寫法是 init 左右皆是 2 個底線字元，init 其實是 initialization 的縮寫，通常又將這類初始化的方法稱建構方法 (constructor)。在這初始化的方法內可以執行一些屬性變數設定，下列筆者先用一個實例做解說。

程式實例 ch12_3.py：重新設計 ch12_2.py，設定初始化方法，同時存第一筆開戶的錢 100 元入銀行，然後列出存款金額。

```
1  # ch12_3.py
2  class Banks():
3      ''' 定義銀行類別 '''
4      bankname = 'Taipei Bank'                    # 定義屬性
5      def __init__(self, uname, money):           # 初始化方法
6          self.name = uname                       # 設定存款者名字
7          self.balance = money                    # 設定所存的錢
8  
9      def get_balance(self):                      # 獲得存款餘額
10         return self.balance
11 
12 hungbank = Banks('hung', 100)                   # 定義物件hungbank
13 print(hungbank.name.title(), " 存款餘額是 ", hungbank.get_balance())
```

執行結果

```
==================== RESTART: D:\Python\ch12\ch12_3.py ====================
Hung  存款餘額是  100
```

上述在程式 12 列定義 Banks 類別的 hungbank 物件時，Banks 類別會自動啟動 __init__( ) 初始化函數，在這個定義中 self 是必需的，同時需放在所有參數的最前面 (相當於最左邊)，Python 在初始化時會自動傳入這個參數 self，代表的是類別本身的物件，未來在類別內想要參照各屬性與函數執行運算皆要使用 self，可參考第 6、7 和 10 列。

在這個 Banks 類別的 __init__(self, uname, money) 方法中，有另外 2 個參數 uname 和 money，未來我們在定義 Banks 類別的物件時 (第 12 列) 需要傳遞 2 個參數，分別給 uname 和 money。至於程式第 6 和 7 列內容如下：

```
self.name = uname            # name 是 Banks 類別的屬性
self.balance = money         # balance 是 Banks 類別的屬性
```

讀者可能會思考既然 __init__ 這麼重要，為何 ch12_2.py 沒有這個初始化函數仍可運行，其實對 ch12_2.py 而言是使用預設沒有參數的 __init__( ) 方法。

在程式第 9 列另外有一個 get_balance(self) 方法，在這個方法內只有一個參數 self，所以呼叫時可以不用任何參數，可以參考第 13 列。這個方法目的是傳回存款餘額。

程式實例 ch12_4.py：擴充 ch12_3.py，主要是增加執行存款與提款功能，同時在類別內可以直接列出目前餘額。

```
1  # ch12_4.py
2  class Banks():
3      ''' 定義銀行類別 '''
4      bankname = 'Taipei Bank'                      # 定義屬性
5      def __init__(self, uname, money):             # 初始化方法
6          self.name = uname                         # 設定存款者名字
7          self.balance = money                      # 設定所存的錢
8
9      def save_money(self, money):                  # 設計存款方法
10         self.balance += money                     # 執行存款
11         print("存款 ", money, " 完成")             # 列印存款完成
12
13     def withdraw_money(self, money):              # 設計提款方法
14         self.balance -= money                     # 執行提款
15         print("提款 ", money, " 完成")             # 列印提款完成
16
17     def get_balance(self):                        # 獲得存款餘額
18         print(self.name.title(), " 目前餘額: ", self.balance)
19
20 hungbank = Banks('hung', 100)                     # 定義物件hungbank
21 hungbank.get_balance()                            # 獲得存款餘額
22 hungbank.save_money(300)                          # 存款300元
23 hungbank.get_balance()                            # 獲得存款餘額
24 hungbank.withdraw_money(200)                      # 提款200元
25 hungbank.get_balance()                            # 獲得存款餘額
```

執行結果

```
==================== RESTART: D:\Python\ch12\ch12_4.py ====================
Hung  目前餘額:  100
存款  300  完成
Hung  目前餘額:  400
提款  200  完成
Hung  目前餘額:  200
```

類別建立完成後，我們隨時可以使用多個物件引用這個類別的屬性與函數，可參考下列實例。

程式實例 ch12_5.py：使用與 ch12_4.py 相同的 Banks 類別，然後定義 2 個物件使用操作這個類別。下列是與 ch12_4.py，不同的程式碼內容。

```
20 hungbank = Banks('hung', 100)                     # 定義物件hungbank
21 johnbank = Banks('john', 300)                     # 定義物件johnbank
22 hungbank.get_balance()                            # 獲得hung存款餘額
23 johnbank.get_balance()                            # 獲得john存款餘額
24 hungbank.save_money(100)                          # hung存款100
25 johnbank.withdraw_money(150)                      # john提款150
26 hungbank.get_balance()                            # 獲得hung存款餘額
27 johnbank.get_balance()                            # 獲得john存款餘額
```

執行結果

```
==================== RESTART: D:\Python\ch12\ch12_5.py ====================
Hung 目前餘額: 100
John 目前餘額: 300
存款 100 完成
提款 150 完成
Hung 目前餘額: 200
John 目前餘額: 150
```

12-1-7 屬性初始值的設定

在先前程式的 Banks 類別中第 4 列 bankname 是設為 "Taipei Bank"，其實這是初始值的設定，通常 Python 在設初始值時是將初始值設在 __init__( ) 方法內，下列這個程式同時將定義 Banks 類別物件時，省略開戶金額，相當於定義 Banks 類別物件時只要 2 個參數。

程式實例 ch12_6.py：設定開戶 (定義 Banks 類別物件) 只要姓名，同時設定開戶金額是 0 元，讀者可留意第 7 和 8 列的設定。

```
1  # ch12_6.py
2  class Banks():
3      ''' 定義銀行類別 '''
4  
5      def __init__(self, uname):               # 初始化方法
6          self.name = uname                    # 設定存款者名字
7          self.balance = 0                     # 設定開戶金額是0
8          self.bankname = "Taipei Bank"        # 設定銀行名稱
9  
10     def save_money(self, money):             # 設計存款方法
11         self.balance += money                # 執行存款
12         print("存款 ", money, " 完成")       # 列印存款完成
13 
14     def withdraw_money(self, money):         # 設計提款方法
15         self.balance -= money                # 執行提款
16         print("提款 ", money, " 完成")       # 列印提款完成
17 
18     def get_balance(self):                   # 獲得存款餘額
19         print(self.name.title(), " 目前餘額: ", self.balance)
20 
21 hungbank = Banks('hung')                     # 定義物件hungbank
22 print("目前開戶銀行 ", hungbank.bankname)    # 列出目前開戶銀行
23 hungbank.get_balance()                       # 獲得hung存款餘額
24 hungbank.save_money(100)                     # hung存款100
25 hungbank.get_balance()                       # 獲得hung存款餘額
```

執行結果

```
==================== RESTART: D:\Python\ch12\ch12_6.py ====================
目前開戶銀行  Taipei Bank
Hung 目前餘額: 0
存款 100 完成
Hung 目前餘額: 100
```

12-2 類別的訪問權限 – 封裝 (encapsulation)

學習類別至今可以看到我們可以從程式直接引用類別內的屬性 (可參考 ch12_6.py 的第 22 列) 與方法 (可參考 ch12_6.py 的第 23 列)，像這種類別內的屬性可以讓外部引用的稱公有 (public) 屬性，而可以讓外部引用的方法稱公有方法。前面所使用的 Banks 類別內的屬性與方法皆是公有屬性與方法。但是程式設計時可以發現，外部直接引用時也代表可以直接修改類別內的屬性值，這將造成類別資料不安全。

精神上，Python 提供一個私有屬性與方法的觀念，這個觀念的主要精神是類別外無法直接更改類別內的私有屬性，類別外也無法直接呼叫私有方法，這個觀念又稱封裝 (encapsulation)。

實質上，Python 是沒有私有屬性與方法的觀念的，因為高手仍可使用其它方式取得所謂的私有屬性與方法。

12-2-1 私有屬性

為了確保類別內的屬性的安全，其實有必要限制外部無法直接存取類別內的屬性值。

程式實例 ch12_7.py：外部直接存取屬性值，造成存款餘額不安全的實例。

```
21  hungbank = Banks('hung')                      # 定義物件hungbank
22  hungbank.get_balance()
23  hungbank.balance = 10000                      # 類別外直接竄改存款餘額
24  hungbank.get_balance()
```

執行結果

```
==================== RESTART: D:\Python\ch12\ch12_7.py ====================
Hung  目前餘額:  0
Hung  目前餘額:  10000
```

上述程式第 23 列筆者直接在類別外就更改了存款餘額了，當第 24 列輸出存款餘額時，可以發現在沒有經過 Banks 類別內的 save_money( ) 方法存錢動作，整個餘額就從 0 元增至 10000 元。為了避免這種現象產生，Python 對於類別內的屬性增加了私有屬性 (private attribute) 的觀念，應用方式是宣告時在屬性名稱前面增加 __(2 個底線)，宣告為私有屬性後，類別外的程式就無法引用了。

程式實例 ch12_8.py：重新設計 ch12_7.py，主要是將 Banks 類別的屬性宣告為私有屬性，這樣就無法由外部程式修改了。

```
1  # ch12_8.py
2  class Banks():
3      ''' 定義銀行類別 '''
4
5      def __init__(self, uname):                # 初始化方法
6          self.__name = uname                   # 設定私有存款者名字
7          self.__balance = 0                    # 設定私有開戶金額是0
8          self.__bankname = "Taipei Bank"       # 設定私有銀行名稱
9
10     def save_money(self, money):              # 設計存款方法
11         self.__balance += money               # 執行存款
12         print("存款 ", money, " 完成")        # 列印存款完成
13
14     def withdraw_money(self, money):          # 設計提款方法
15         self.__balance -= money               # 執行提款
16         print("提款 ", money, " 完成")        # 列印提款完成
17
18     def get_balance(self):                    # 獲得存款餘額
19         print(self.__name.title(), " 目前餘額: ", self.__balance)
20
21 hungbank = Banks('hung')                      # 定義物件hungbank
22 hungbank.get_balance()
23 hungbank.__balance = 10000                    # 類別外直接竄改存款餘額
24 hungbank.get_balance()
```

執行結果

```
==================== RESTART: D:\Python\ch12\ch12_8.py ====================
Hung   目前餘額:  0
Hung   目前餘額:  0
```

請讀者留意第 6、7 和 8 列筆者設定私有屬性的方式，上述程式第 23 列筆者嘗試修改存款餘額，但可從輸出結果可以知道修改失敗，因為執行結果的存款餘額是 0。對上述程式而言，存款餘額只會依存款 (save_money( )) 和提款 (withdraw_money( )) 方法被觸發時，依參數金額更改。

❑ 破解私有屬性

下列是執行完 ch12_8.py 後，筆者嘗試設定私有屬性結果失敗的實例。

```
>>> hungbank.__balance = 12000
>>> hungbank.get_balance()
Hung   目前餘額:  0
```

其實 Python 的高手可以用其它方式設定或取得私有屬性，若是以執行完 ch12_8.py 之後為例，可以使用下列觀念存取私有屬性：

物件名稱._類別名稱私有屬性　　　　# 此例相當於 hungbank._Banks__balance

下列是執行結果。

```
>>> hungbank._Banks__balance = 12000
>>> hungbank.get_balance()
Hung   目前餘額:  12000
```

實質上私有屬性因為可以被外界調用，所以設定私有屬性名稱時就需小心。

12-2-2 私有方法

既然類別有私有的屬性，其實也有私有方法 (private method)，它的觀念與私有屬性類似，基本精神是類別外的程式無法調用，留意實質上類別外依舊可以調用此私有方法。至於宣告定義方式與私有屬性相同，只要在方法前面加上 __(2 個底線) 符號即可。若是延續上述程式實例，我們可能會遇上換匯的問題，通常銀行在換匯時會針對客戶對銀行的貢獻訂出不同的匯率與手續費，這個部分是客戶無法得知的，碰上這類的應用就很適合以私有方法處理換匯程式，為了簡化問題，下列是在初始化類別時，先設定美金與台幣的匯率以及換匯的手續費，其中匯率 (__rate) 與手續費率 (__service_charge) 皆是私有屬性。

```
        self.__rate = 30                      # 預設美金與台幣換匯比例
        self.__service_charge = 0.01          # 換匯的服務費
```

下列是使用者可以呼叫的公有方法，在這裡只能輸入換匯率的金額。

```
    def usa_to_taiwan(self, usa_d):           # 美金兌換台幣方法
        self.result = self.__cal_rate(usa_d)
        return self.result
```

在上述公有方法中呼叫了 __cal_rate(usa_d)，這是私有方法，類別外無法呼叫使用，下列是此私有方法的內容。

```
    def __cal_rate(self,usa_d):               # 計算換匯這是私有方法
        return int(usa_d * self.__rate * (1 - self.__service_charge))
```

在上述私有方法中可以看到內部包含比較敏感且不適合給外部人參與的數據。

程式實例 ch12_9.py：下列是私有方法應用的完整程式碼實例。

```
# ch12_9.py
class Banks():
    ''' 定義銀行類別 '''

    def __init__(self, uname):                  # 初始化方法
        self.__name = uname                     # 設定私有存款者名字
        self.__balance = 0                      # 設定私有開戶金額是0
        self.__bankname = "Taipei Bank"         # 設定私有銀行名稱
        self.__rate = 30                        # 預設美金與台幣換匯比例
        self.__service_charge = 0.01            # 換匯的服務費

    def save_money(self, money):                # 設計存款方法
        self.__balance += money                 # 執行存款
        print("存款 ", money, " 完成")          # 列印存款完成

    def withdraw_money(self, money):            # 設計提款方法
        self.__balance -= money                 # 執行提款
        print("提款 ", money, " 完成")          # 列印提款完成

    def get_balance(self):                      # 獲得存款餘額
```

```
            print(self.__name.title(), " 目前餘額: ", self.__balance)

    def usa_to_taiwan(self, usa_d):              # 美金兌換台幣方法
        self.result = self.__cal_rate(usa_d)
        return self.result

    def __cal_rate(self,usa_d):                  # 計算換匯這是私有方法
        return int(usa_d * self.__rate * (1 - self.__service_charge))

hungbank = Banks('hung')                         # 定義物件hungbank
usdallor = 50
print(usdallor, " 美金可以兌換 ", hungbank.usa_to_taiwan(usdallor), " 台幣")
```

執行結果

```
==================== RESTART: D:\Python\ch12\ch12_9.py ====================
50  美金可以兌換  1485  台幣
```

❑ 破解私有方法

如果類別外直接呼叫私有屬性會產生錯誤，當執行完 ch12_9.py 後，請執行下列指令。

```
>>> hungbank.__cal_rate(50)
Traceback (most recent call last):
  File "<pyshell#9>", line 1, in <module>
    hungbank.__cal_rate(50)
AttributeError: 'Banks' object has no attribute '__cal_rate'
```

破解私有方法方式類似破解私有屬性，當執行完 ch12_9.py 後，可以執行下列指令，直接計算匯率。

```
>>> hungbank._Banks__cal_rate(50)
1485
```

12-2-3 從存取屬性值看 Python 風格 property( )

經過前 2 節的說明，相信讀者對於 Python 的物件導向程式封裝設計有一些基礎了，這一節將講解偏向 Python 風格的操作。為了容易說明與瞭解，這一節將用簡單的實例解說。

程式實例 ch12_9_1.py：定義成績類別 Score，這時外部可以列印與修改成績。

```
# ch12_9_1.py
class Score():
    def __init__(self, score):
        self.score = score

stu = Score(50)
print(stu.score)
stu.score = 100
print(stu.score)
```

執行結果

```
==================== RESTART: D:/Python/ch12/ch12_9_1.py ====================
50
100
```

由於外部可以隨意更改成績，所以這是有風險、不恰當的。為了保護成績，我們可以將分數設為私有屬性，同時未來改成 getter 和 setter 的觀念存取這個私有屬性。

程式實例 ch12_9_2.py：將 score 設為私有屬性，設計含 getter 觀念的 getscore( ) 和 setter 觀念的 setscore( ) 存取分數，這時外部無法直取存取 score。

```
# ch12_9_2.py
class Score():
    def __init__(self, score):
        self.__score = score
    def getscore(self):
        print("inside the getscore")
        return self.__score
    def setscore(self, score):
        print("inside the setscore")
        self.__score = score

stu = Score(0)
print(stu.getscore())
stu.setscore(80)
print(stu.getscore())
```

執行結果

```
==================== RESTART: D:/Python/ch12/ch12_9_2.py ====================
inside the getscore
0
inside the setscore
inside the getscore
80
```

如果外部強制修訂私有屬性 score，將不會得逞，下面想在外部更改 score 為 100，但是結果失敗。

```
>>> stu.score = 100
>>> stu.getscore()
inside the getscore
80
```

上述雖然可以運行，但是新式 Python 設計風格是使用 property( ) 方法，這個方法使用觀念如下：

新式屬性 = property(getter[,setter[,fdel[,doc]]])

getter 是獲取屬性值函數，setter 是設定屬性值函數，fdel 是刪除屬性值函數，doc 是屬性描述，傳回的是新式屬性，未來可以由此新式屬性存取私有屬性內容。

程式實例 ch12_9_3.py：使用 Python 風格重新設計 ch12_9_2.py，讀者需留意第 11 列的 property( )，在這裡設定 sc 當作 property( ) 的傳回值，未來可以直接由 sc 存取私有屬性 __score。

```
1  # ch12_9_3.py
2  class Score():
3      def __init__(self, score):
4          self.__score = score
5      def getscore(self):
6          print("inside the getscore")
7          return self.__score
8      def setscore(self, score):
9          print("inside the setscore")
10         self.__score = score
11     sc = property(getscore, setscore)    # Python 風格
12 
13 stu = Score(0)
14 print(stu.sc)
15 stu.sc = 80
16 print(stu.sc)
```

執行結果

```
==================== RESTART: D:/Python/ch12/ch12_9_3.py ====================
inside the getscore
0
inside the setscore
inside the getscore
80
```

上述執行第 14 列時相當於執行 getscore( )，執行第 15 列時相當於執行 setscore( )。此外，我們雖然改用 property( ) 讓工作呈現 Python 風格，但是在主程式仍可以使用 getscore( ) 和 setscore( ) 方法的。

12-2-4 裝飾器 @property

延續前一節的討論，我們可以使用裝飾器 @property，首先可以將 getscore( ) 和 setscore( ) 方法的名稱全部改為 sc( )，然後在 sc( ) 方法前加上下列裝飾器：

- @property：放在 getter 方法前。
- @sc.setter：放在 setter 方法前。

程式實例 ch12_9_4.py：使用裝飾器重新設計 ch12_9_3.py。

```
# ch12_9_4.py
class Score():
    def __init__(self, score):
        self.__score = score
    @property
    def sc(self):
        print("inside the getscore")
        return self.__score
    @sc.setter
    def sc(self, score):
        print("inside the setscore")
        self.__score = score

stu = Score(0)
print(stu.sc)
stu.sc = 80
print(stu.sc)
```

執行結果 與 ch12_9_3.py 相同。

經上述設計後未來無法存取私有屬性。

```
>>> stu.__score
Traceback (most recent call last):
  File "<pyshell#71>", line 1, in <module>
    stu.__score
AttributeError: 'Score' object has no attribute '__score'
```

上述我們只是將 sc 特性應用在 Score 類別內的屬性 __score，其實這個觀念可以擴充至一般程式設計，例如：計算面積。

程式實例 ch12_9_5.py：計算正方形的面積。

```
# ch12_9_5.py
class Square():
    def __init__(self, sideLen):
        self.__sideLen = sideLen
    @property
    def area(self):
        return self.__sideLen ** 2

obj = Square(10)
print(obj.area)
```

執行結果

```
==================== RESTART: D:/Python/ch12/ch12_9_5.py ====================
100
```

12-2-5 方法與屬性的類型

嚴格區分設計 Python 物件導向程式時，又可將類別的方法區分為實例方法 (屬性) 與類別方法 (屬性)。

實例方法與屬性的特色是有 self，屬性開頭是 self，同時所有方法的第一個參數是 self，這些是建立類別物件時，屬於物件的一部份。先前所述的皆是實例方法與屬性，使用時需建立此類別的物件，然後由物件調用。

類別方法前面則是 @classmethod，所不同的是第一個參數習慣是用 cls。類別方法與屬性不需要實例化，它們可以由類別本身直接調用。另外，類別屬性會隨時被更新。

程式實例 ch12_9_6.py：類別方法與屬性的應用，這個程式執行時，每次建立 Counter( ) 類別物件 (11-13 列)，類別屬性值會更新，此外，這個程式使用類別名稱就可以直接調用類別屬性與方法。

```
# ch12_9_6.py
class Counter():
    counter = 0                              # 類別屬性,可由類別本身調用
    def __init__(self):
        Counter.counter += 1                 # 更新指標
    @classmethod
    def show_counter(cls):                   # 類別方法,可由類別本身調用
        print("class method")
        print("counter = ", cls.counter)     # 也可使用Counter.counter調用
        print("counter = ", Counter.counter)

one = Counter()
two = Counter()
three = Counter()
Counter.show_counter()
```

執行結果

```
==================== RESTART: D:/Python/ch12/ch12_9_6.py ====================
class method
counter =  3
counter =  3
```

12-2-6 靜態方法

靜態方法是由 @staticmethod 開頭，不需原先的 self 或 cls 參數，這只是碰巧存在類別的函數，與類別方法和實例方法沒有綁定關係，這個方法也是由類別名稱直接調用。

程式實例 ch12_9_7.py：靜態方法的調用實例。

```
# ch12_9_7.py
class Pizza():
    @staticmethod
    def demo():
        print("I like Pizza")

Pizza.demo()
```

執行結果

```
==================== RESTART: D:/Python/ch12/ch12_9_7.py ====================
I like Pizza
```

12-3 類別的繼承

在程式設計時有時我們感覺某些類別已經大致可以滿足我們的需求，這時我們可以修改此類別完成我們的工作，可是這樣會讓程式顯得更複雜。或是我們可以重新寫新的類別，可是這樣會讓我們需要維護更多程式。

碰上這類問題解決的方法是使用繼承，也就是延續使用舊類別，設計子類別繼承此類別，然後在子類別中設計新的屬性與方法，這也是本節的主題。

在物件導向程式設計中類別是可以繼承的，其中被繼承的類別稱父類別 (parent class)、基底類別 (base class) 或超類別 (superclass)，繼承的類別稱子類別 (child class) 或衍生類別 (derived class)。類別繼承的最大優點是許多父類別的公有方法或屬性，在子類別中不用重新設計，可以直接引用。

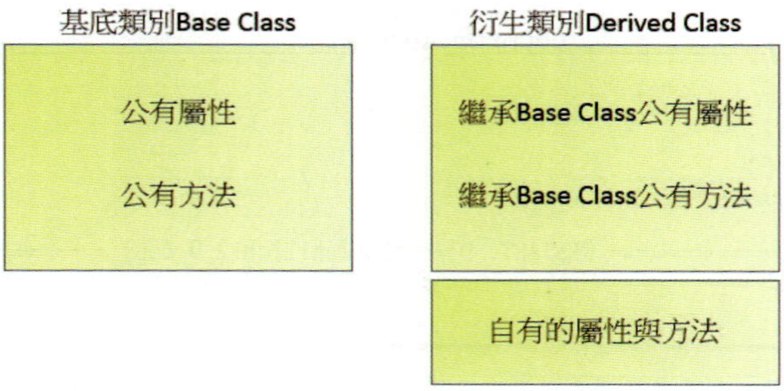

在程式設計時，基底類別 (base class) 必需在衍生類別 (derived class) 前面，整個程式碼結構如下：

```
class BaseClassName( ):                          # 先定義基底類別
    Base Class 的內容
class DerivedClassName(BaseClassName):           # 再定義衍生類別
    Derived Class 的內容
```

衍生類別繼承了基底類別的公有屬性與方法，同時也可以有自己的屬性與方法。

12-3-1　衍生類別繼承基底類別的實例應用

在延續先前說明的 Banks 類別前，筆者先用簡單的範例做說明。

程式實例 ch12_9_8.py：設計 Father 類別，也設計 Son 類別，Son 類別繼承了 Father 類別，Father 類別有 hometown( ) 方法，然後 Father 類別和 Son 類別物件皆會呼叫 hometown( ) 方法。

```
# ch12_9_8.py
class Father():
    def hometown(self):
        print('我住在台北')

class Son(Father):
    pass

hung = Father()
ivan = Son()
hung.hometown()
ivan.hometown()
```

執行結果

```
==================== RESTART: D:\Python\ch12\ch12_9_8.py ====================
我住在台北
我住在台北
```

上述 Son 類別繼承了 Father 類別，所以第 12 列可以呼叫 Father 類別然後可以列印相同的字串。

程式實例 ch12_10.py：延續 Banks 類別建立一個分行 Shilin_Banks，這個衍生類別沒有任何資料，直接引用基底類別的公有函數，執行銀行的存款作業。下列是與 ch12_9.py 不同的程式碼。

```
30 class Shilin_Banks(Banks):
31     # 定義士林分行
32     pass
33
34 hungbank = Shilin_Banks('hung')              # 定義物件hungbank
35 hungbank.save_money(500)
36 hungbank.get_balance()
```

執行結果

```
==================== RESTART: D:\Python\ch12\ch12_10.py ====================
存款 500 完成
Hung 目前餘額: 500
```

上述第 35 和 36 列所引用的方法就是基底類別 Banks 的公有方法。

12-3-2 如何取得基底類別的私有屬性

基於保護原因，基本上類別定義外是無法直接取得類別內的私有屬性，即使是它的衍生類別也無法直接讀取，如果真是要取得可以使用 return 方式，傳回私有屬性內容。

在延續先前的 Banks 類別前，筆者先用短小易懂的程式講解這個觀念。

程式實例 ch12_10_1.py：設計一個子類別 Son 的物件存取父類別私有屬性的應用。

```
# ch12_10_1.py
class Father():
    def __init__(self):
        self.__address = '台北市羅斯福路';
    def getaddr(self):
        return self.__address

class Son(Father):
    pass

hung = Father()
ivan = Son()
print('父類別 : ',hung.getaddr())
print('子類別 : ',ivan.getaddr())
```

執行結果

```
==================== RESTART: D:/Python/ch12/ch12_10_1.py ====================
父類別 :  台北市羅斯福路
子類別 :  台北市羅斯福路
```

從上述第 14 列我們可以看到子類別物件 ivan 順利的取得父類別的 address 私有屬性 address。

程式實例 ch12_11.py：衍生類別物件取得基底類別的銀行名稱 bankname 的屬性。

```
    def bank_title(self):                       # 獲得銀行名稱
        return self.__bankname

class Shilin_Banks(Banks):
    # 定義士林分行
    pass

hungbank = Shilin_Banks('hung')                 # 定義物件hungbank
print("我的存款銀行是: ", hungbank.bank_title())
```

執行結果

```
==================== RESTART: D:\Python\ch12\ch12_11.py ====================
我的存款銀行是:  Taipei Bank
```

12-3-3 衍生類別與基底類別有相同名稱的屬性

程式設計時，衍生類別也可以有自己的初始化 __init__( ) 方法，同時也有可能衍生類別的屬性與方法名稱和基底類別重複，碰上這個狀況 Python 會先找尋衍生類別是否有這個名稱，如果有則先使用，如果沒有則使用基底類別的名稱內容。

程式實例 ch12_11_1.py：衍生類別與基底類別有相同名稱的簡單說明。

```
# ch12_11_1.py
class Person():
    def __init__(self,name):
        self.name = name
class LawerPerson(Person):
    def __init__(self,name):
        self.name = name + "律師"

hung = Person("洪錦魁")
lawer = LawerPerson("洪錦魁")
print(hung.name)
print(lawer.name)
```

執行結果

```
=================== RESTART: D:/Python/ch12/ch12_11_1.py ===================
洪錦魁
洪錦魁律師
```

上述衍生類別與基底類別有相同的屬性 name，但是衍生類別物件將使用自己的屬性。下列是 Banks 類別的應用說明。

程式實例 ch12_12.py：這個程式主要是將 Banks 類別的 bankname 屬性改為公有屬性，但是在衍生類別中則有自己的初始化方法，主要是基底類別與衍生類別均有 bankname 屬性，不同類別物件將呈現不同的結果，下列是第 8 列的內容。

```
        self.bankname = "Taipei Bank"       # 設定公有銀行名稱
```

下列是修改部分程式碼內容。

```
class Shilin_Banks(Banks):
    # 定義士林分行
    def __init__(self, uname):
        self.bankname = "Taipei Bank - Shilin Branch"  # 定義分行名稱

jamesbank = Banks('James')                          # 定義Banks類別物件
print("James's banks = ", jamesbank.bankname)       # 列印銀行名稱
hungbank = Shilin_Banks('Hung')                     # 定義Shilin_Banks類別物件
print("Hung's banks  = ", hungbank.bankname)        # 列印銀行名稱
```

執行結果

```
==================== RESTART: D:\Python\ch12\ch12_12.py ====================
James's banks =  Taipei Bank
Hung's banks  =  Taipei Bank - Shilin Branch
```

從上述可知 Banks 類別物件 James 所使用的 bankname 屬性是 Taipei Bank，Shilin_Banks 物件 Hung 所使用的 bankname 屬性是 Taipei Bank – Shilin Branch。

12-3-4 衍生類別與基底類別有相同名稱的方法

程式設計時，衍生類別也可以有自己的方法，同時也有可能衍生類別的方法名稱和基底類別方法名稱重複，碰上這個狀況 Python 會先找尋衍生類別是否有這個名稱，如果有則先使用，如果沒有則使用基底類別的名稱內容。

程式實例 ch12_12_1.py：衍生類別的方法名稱和基底類別方法名稱重複的應用。

```
# ch12_12_1.py
class Person():
    def job(self):
        print("我是老師")

class LawerPerson(Person):
    def job(self):
        print("我是律師")

hung = Person()
ivan = LawerPerson()
hung.job()
ivan.job()
```

執行結果

```
=================== RESTART: D:/Python/ch12/ch12_12_1.py ===================
我是老師
我是律師
```

程式實例 ch12_13.py：衍生類別與基底類別名稱重複的實例，這個程式的基底類別與衍生類別均有 bank_title( ) 函數，Python 會由觸發 bank_title( ) 方法的物件去判別應使用那一個方法執行。

```
30      def bank_title(self):                      # 獲得銀行名稱
31          return self.__bankname
32
33  class Shilin_Banks(Banks):
34      # 定義士林分行
35      def __init__(self, uname):
36          self.bankname = "Taipei Bank - Shilin Branch"  # 定義分行名稱
37      def bank_title(self):                      # 獲得銀行名稱
38          return self.bankname
39
40  jamesbank = Banks('James')                     # 定義Banks類別物件
41  print("James's banks = ", jamesbank.bank_title())  # 列印銀行名稱
42  hungbank = Shilin_Banks('Hung')                # 定義Shilin_Banks類別物件
43  print("Hung's banks  = ", hungbank.bank_title())   # 列印銀行名稱
```

執行結果

```
==================== RESTART: D:\Python\ch12\ch12_13.py ====================
James's banks =  Taipei Bank
Hung's banks  =  Taipei Bank - Shilin Branch
```

上述程式的觀念如下：

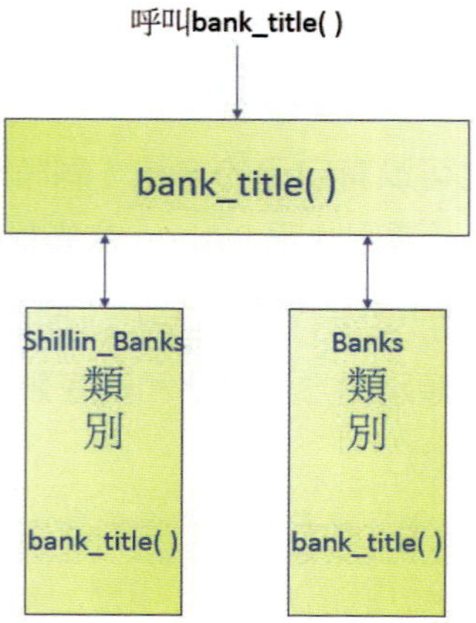

上述第 30 列的 bank_title( ) 是屬於 Banks 類別，第 37 列的 bank_title( ) 是屬於 Shilin_Banks 類別。第 40 列是 Banks 物件，所以 41 列會觸發第 30 列的 bank_title( ) 方法。第 42 列是 Shilin_Banks 物件，所以 42 列會觸發第 37 列的 bank_title( ) 方法。其實上述方法就是物件導向的多型 (polymorphism)，但是多型不一定需要是有父子關係的類別。讀者可以將以上想成方法多功能化，相同的函數名稱，放入不同類型的物件可以產生不同的結果。至於使用者可以不必需要知道是如何設計，隱藏在內部的設計細節交由程式設計師負責。12-4 節筆者還會舉實例說明。

12-3-5 衍生類別引用基底類別的方法

衍生類別引用基底類別的方法時需使用 super( )，下列將使用另一類的類別了解這個觀念。

程式實例 ch12_14.py：這是一個衍生類別呼叫基底類別方法的實例，筆者首先建立一個 Animals 類別，然後建立這個類別的衍生類別 Dogs，Dogs 類別在初始化中會使用 super( ) 呼叫 Animals 類別的初始化方法，可參考第 14 列，經過初始化處理後，mydog.name 將由 "lily" 變為 "My pet lily"。

```
1  # ch12_14.py
2  class Animals():
3      """Animals類別, 這是基底類別 """
4      def __init__(self, animal_name, animal_age ):
5          self.name = animal_name # 紀錄動物名稱
6          self.age = animal_age   # 紀錄動物年齡
7
8      def run(self):              # 輸出動物 is running
9          print(self.name.title(), " is running")
10
11 class Dogs(Animals):
12     """Dogs類別, 這是Animal的衍生類別 """
13     def __init__(self, dog_name, dog_age):
14         super().__init__('My pet ' + dog_name.title(), dog_age)
15
16 mycat = Animals('lucy', 5)      # 建立Animals物件以及測試
17 print(mycat.name.title(), ' is ', mycat.age, " years old.")
18 mycat.run()
19
20 mydog = Dogs('lily', 6)         # 建立Dogs物件以及測試
21 print(mydog.name.title(), ' is ', mydog.age, " years old.")
22 mydog.run()
```

執行結果

```
==================== RESTART: D:\Python\ch12\ch12_14.py ====================
Lucy  is  5  years old.
Lucy  is running
My Pet Lily  is  6  years old.
My Pet Lily  is running
```

12-3-6 衍生類別有自己的方法

物件導向設計很重要的一環是衍生類別有自己的方法。

程式實例 ch12_14_1.py：擴充 ch12_14.py，讓 Dogs 類別有自己的方法 sleeping( )。

```
# ch12_14_1.py
class Animals():
    """Animals類別, 這是基底類別 """
    def __init__(self, animal_name, animal_age ):
        self.name = animal_name # 紀錄動物名稱
        self.age = animal_age   # 紀錄動物年齡
```

```
7
8       def run(self):                  # 輸出動物 is running
9           print(self.name.title(), " is running")
10
11  class Dogs(Animals):
12      """Dogs類別, 這是Animal的衍生類別 """
13      def __init__(self, dog_name, dog_age):
14          super().__init__('My pet ' + dog_name.title(), dog_age)
15      def sleeping(self):
16          print("My pet", "is sleeping")
17
18  mycat = Animals('lucy', 5)          # 建立Animals物件以及測試
19  print(mycat.name.title(), ' is ', mycat.age, " years old.")
20  mycat.run()
21
22  mydog = Dogs('lily', 6)             # 建立Dogs物件以及測試
23  print(mydog.name.title(), ' is ', mydog.age, " years old.")
24  mydog.run()
25  mydog.sleeping()
```

執行結果

```
==================== RESTART: D:/Python/ch12/ch12_14_1.py ====================
Lucy  is  5  years old.
Lucy  is running
My Pet Lily  is  6  years old.
My Pet Lily  is running
My pet is sleeping
```

上述 Dogs 子類別有一個自己的方法 sleep( )，第 25 列則是呼叫自己的子方法。

12-3-7 三代同堂的類別與取得基底類別的屬性 super( )

在繼承觀念裡，我們也可以使用 Python 的 super( ) 方法取得基底類別的屬性，這對於設計三代同堂的類別是很重要的。

下列是一個三代同堂的程式，在這個程式中有祖父 (Grandfather) 類別，它的子類別是父親 (Father) 類別，父親類別的子類別是 Ivan 類別。其實 Ivan 要取得父親類別的屬性很容易，可是要取得祖父類別的屬性時就會碰上困難，解決方式是使用在 Father 類別與 Ivan 類別的 __init__( ) 方法中增加下列設定：

```
super( ).__init__( )          # 將父類別的屬性複製
```

這樣就可以解決 Ivan 取得祖父 (Grandfather) 類別的屬性了。

程式實例 ch12_15.py：這個程式會建立一個 Ivan 類別的物件 ivan，然後分別呼叫 Father 類別和 Grandfather 類別的方法列印資訊，接著分別取得 Father 類別和 Grandfather 類別的屬性。

```
# ch12_15
class Grandfather():
    """ 定義祖父的資產 """
    def __init__(self):
        self.grandfathermoney = 10000
    def get_info1(self):
        print("Grandfather's information")

class Father(Grandfather):        # 父類別是Grandfather
    """ 定義父親的資產 """
    def __init__(self):
        self.fathermoney = 8000
        super().__init__()
    def get_info2(self):
        print("Father's information")

class Ivan(Father):               # 父類別是Father
    """ 定義Ivan的資產 """
    def __init__(self):
        self.ivanmoney = 3000
        super().__init__()
    def get_info3(self):
        print("Ivan's information")
    def get_money(self):          # 取得資產明細
        print("\nIvan資產: ", self.ivanmoney,
              "\n父親資產: ", self.fathermoney,
              "\n祖父資產: ", self.grandfathermoney)

ivan = Ivan()
ivan.get_info3()                  # 從Ivan中獲得
ivan.get_info2()                  # 流程 Ivan -> Father
ivan.get_info1()                  # 流程 Ivan -> Father -> Grandtather
ivan.get_money()                  # 取得資產明細
```

執行結果

```
===================== RESTART: D:\Python\ch12\ch12_15.py =====================
Ivan's information
Father's information
Grandfather's information

Ivan資產:  3000
父親資產:  8000
祖父資產:  10000
```

上述程式各類別的相關圖形如下：

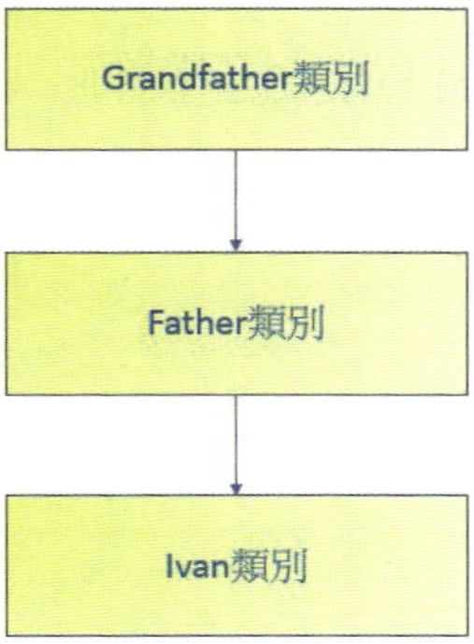

12-3-8　兄弟類別屬性的取得

假設有一個父親 (Father) 類別，這個父親類別有 2 個兒子分別是 Ivan 類別和 Ira 類別，如果 Ivan 類別想取得 Ira 類別的屬性 iramoney，可以使用下列方法。

```
Ira( ).iramoney                # Ivan 取得 Ira 的屬性 iramoney
```

程式實例 ch12_16.py： 設計 3 個類別，Father 類別是 Ivan 和 Ira 類別的父類別，所以 Ivan 和 Ira 算是兄弟類別，這個程式可以從 Ivan 類別分別讀取 Father 和 Ira 類別的資產屬性。這個程式最重要的是第 21 列，請留意取得 Ira 屬性的寫法。

```
1   # ch12_16.py
2   class Father():
3       """ 定義父親的資產 """
4       def __init__(self):
5           self.fathermoney = 10000
6
7   class Ira(Father):                                    # 父類別是Father
8       """ 定義Ira的資產 """
9       def __init__(self):
10          self.iramoney = 8000
11          super().__init__()
12
13  class Ivan(Father):                                   # 父類別是Father
14      """ 定義Ivan的資產 """
15      def __init__(self):
16          self.ivanmoney = 3000
17          super().__init__()
18      def get_money(self):                              # 取得資產明細
19          print("Ivan資產: ", self.ivanmoney,
20                "\n父親資產: ", self.fathermoney,
21                "\nIra資產 : ", Ira().iramoney)        # 注意寫法
22
23  ivan = Ivan()
24  ivan.get_money()                                      # 取得資產明細
```

執行結果

```
==================== RESTART: D:\Python\ch12\ch12_16.py ====================
Ivan資產:  3000
父親資產:  10000
Ira資產 :  8000
```

上述程式各類別的相關圖形如下：

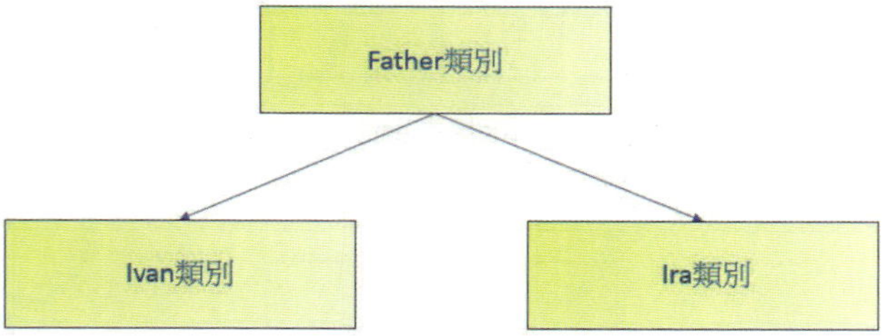

12-3-9 認識 Python 類別方法的 self 參數

如果讀者懂 Java 可以知道類別的方法沒有 self 參數，這一節將用一個簡單的實例，講解 self 參數的觀念。

程式實例 ch12_16_1.py：建立類別物件與呼叫類別方法。

```
1  # ch12_16_1.py
2  class Person():
3      def interest(self):
4          print("Smiling is my interest")
5
6  hung = Person()
7  hung.interest()
```

執行結果

```
==================== RESTART: D:/Python/ch12/ch12_16_1.py ====================
Smiling is my interest
```

其實上述第 7 列相當於將 hung 當作是 self 參數，然後傳遞給 Person 類別的 interest( ) 方法。甚至各位也可以用下列方式，獲得相同的輸出。

```
>>> Person.interest(hung)
Smiling is my interest
```

上述只是好玩，不建議如此。

12-4 多型 (polymorphism)

在 12-3-4 節筆者已經有說明基底類別與衍生類別有相同方法名稱的實例，其實那就是本節欲說明的多型 (polymorphism) 的基本觀念，但是在多型 (polymorphism) 的觀念中是不侷限在必需有父子關係的類別。

程式實例 ch12_17.py：這個程式有 3 個類別，Animals 類別是基底類別，Dogs 類別是 Animals 類別的衍生類別，基於繼承的特性所以 2 個類別皆有 which( ) 和 action( ) 方法，另外設計了一個與上述無關的類別 Monkeys，這個類別也有 which( ) 和 action( ) 方法，然後程式分別呼叫 which( ) 和 action( ) 方法，程式會由物件類別判斷應該使用那一個方法回應程式。

```
# ch12_17.py
class Animals():
    """Animals類別, 這是基底類別 """
    def __init__(self, animal_name):
        self.name = animal_name            # 紀錄動物名稱
    def which(self):                       # 回傳動物名稱
        return 'My pet ' + self.name.title()
```

```
8       def action(self):                       # 動物的行為
9           return ' sleeping'
10
11  class Dogs(Animals):
12      """Dogs類別, 這是Animal的衍生類別 """
13      def __init__(self, dog_name):           # 紀錄動物名稱
14          super().__init__(dog_name.title())
15      def action(self):                       # 動物的行為
16          return ' running in the street'
17
18  class Monkeys():
19      """猴子類別, 這是其他類別 """
20      def __init__(self, monkey_name):        # 紀錄動物名稱
21          self.name = 'My monkey ' + monkey_name.title()
22      def which(self):                        # 回傳動物名稱
23          return self.name
24      def action(self):                       # 動物的行為
25          return ' running in the forest'
26
27  def doing(obj):                             # 列出動物的行為
28      print(obj.which(), "is", obj.action())
29
30  my_cat = Animals('lucy')                    # Animals物件
31  doing(my_cat)
32  my_dog = Dogs('gimi')                       # Dogs物件
33  doing(my_dog)
34  my_monkey = Monkeys('taylor')               # Monkeys物件
35  doing(my_monkey)
```

執行結果

```
==================== RESTART: D:\Python\ch12\ch12_17.py ====================
My pet Lucy is  sleeping
My pet Gimi is  running in the street
My monkey Taylor is  running in the forest
```

上述程式各類別的相關圖形如下：

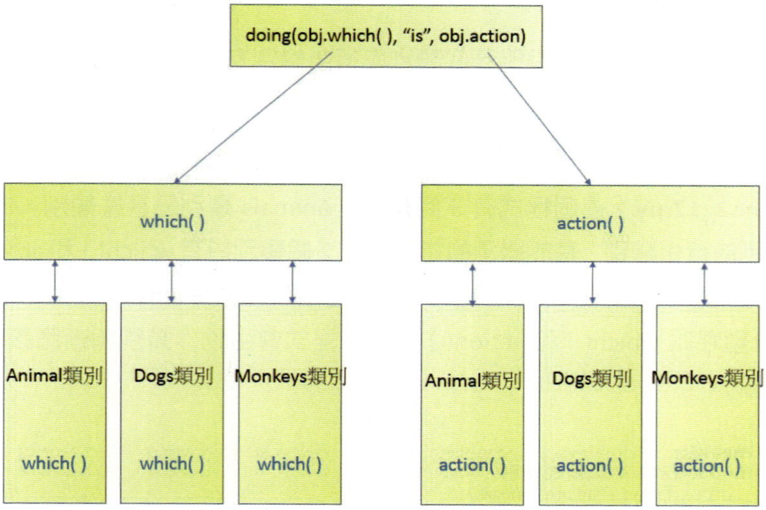

對上述程式而言，第 30 列的 my_cat 是 Animal 類別物件，所以在 31 列的物件會觸發 Animal 類別的 which( ) 和 action( ) 方法。第 32 列的 my_dog 是 Dogs 類別物

件，所以在 33 列的物件會觸發 Dogs 類別的 which( ) 和 action( ) 方法。第 34 列的 my_monkey 是 Monkeys 類別物件，所以在 35 列的物件會觸發 Monkeys 類別的 which( ) 和 action( ) 方法。

12-5 多重繼承

12-5-1 基本觀念

在物件導向的程式設計中，也常會發生一個類別繼承多個類別的應用，此時子類別也同時繼承了多個類別的方法。在這個時候，讀者應該了解發生多個父類別擁有相同名稱的方法時，應該先執行那一個父類別的方法。在程式中可用下列語法代表繼承多個類別。

```
class 類別名稱 ( 父類別 1, 父類別 2, … , 父類別 n):
    類別內容
```

程式實例 ch12_18.py：這個程式 Ivan 類別繼承了 Father 和 Uncle 類別，Grandfather 類別則是 Father 和 Uncle 類別的父類別。在這個程式中筆者只設定一個 Ivan 類別的物件 ivan，然後由這個類別分別呼叫 action3( )、action2( ) 和 action1( )，其中 Father 和 Uncle 類別同時擁有 action2( ) 方法，讀者可以觀察最後是執行那一個 action2( ) 方法。

```
# ch12_18.py
class Grandfather():
    """ 定義祖父類別 """
    def action1(self):
        print("Grandfather")

class Father(Grandfather):
    """ 定義父親類別 """
    def action2(self):        # 定義action2()
        print("Father")

class Uncle(Grandfather):
    """ 定義叔父類別 """
    def action2(self):        # 定義action2()
        print("Uncle")

class Ivan(Father, Uncle):
    """ 定義Ivan類別 """
    def action3(self):
        print("Ivan")

ivan = Ivan()
ivan.action3()                # 順序 Ivan
ivan.action2()                # 順序 Ivan -> Father
ivan.action1()                # 順序 Ivan -> Father -> Grandfather
```

執行結果

```
===================== RESTART: D:\Python\ch12\ch12_18.py =====================
Ivan
Father
Grandfather
```

上述程式各類別的相關圖形如下：

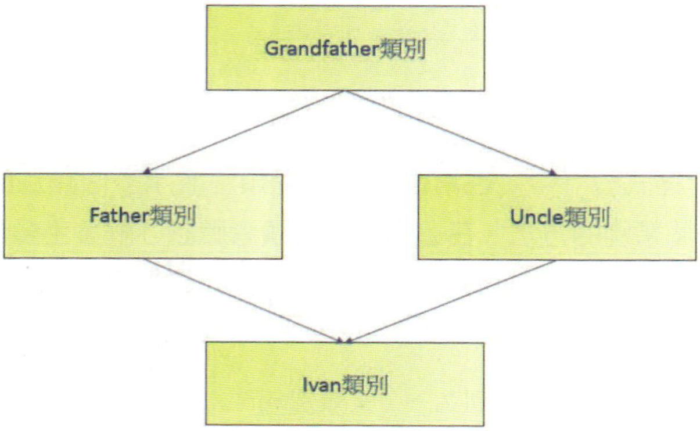

程式實例 ch12_19.py：這個程式基本上是重新設計 ch12_18.py，主要是 Father 和 Uncle 類別的方法名稱是不一樣，Father 類別是 action3( ) 和 Uncle 類別是 action2( )，這個程式在建立 Ivan 類別的 ivan 物件後，會分別啟動各類別的 actionX( ) 方法。

```
# ch12_19.py
class Grandfather():
    """ 定義祖父類別 """
    def action1(self):
        print("Grandfather")

class Father(Grandfather):
    """ 定義父親類別 """
    def action3(self):          # 定義action3()
        print("Father")

class Uncle(Grandfather):
    """ 定義叔父類別 """
    def action2(self):          # 定義action2()
        print("Uncle")

class Ivan(Father, Uncle):
    """ 定義Ivan類別 """
    def action4(self):
        print("Ivan")

ivan = Ivan()
ivan.action4()                  # 順序 Ivan
ivan.action3()                  # 順序 Ivan -> Father
ivan.action2()                  # 順序 Ivan -> Father -> Uncle
ivan.action1()                  # 順序 Ivan -> Father -> Uncle -> Grandfather
```

執行結果

```
==================== RESTART: D:\Python\ch12\ch12_19.py ====================
Ivan
Father
Uncle
Grandfather
```

12-5-2 super( ) 應用在多重繼承的問題

我們知道 super( ) 可以繼承父類別的方法，我們先看看可能產生的問題。

程式實例 ch12_19_1.py：一般常見 super( ) 應用在多重繼承的問題。

```
1  # ch12_19_1.py
2  class A():
3      def __init__(self):
4          print('class A')
5
6  class B():
7      def __init__(self):
8          print('class B')
9
10 class C(A,B):
11     def __init__(self):
12         super().__init__()
13         print('class C')
14
15 x = C()
```

執行結果

```
=================== RESTART: D:/Python/ch12/ch12_19_1.py ===================
class A
class C
```

上述第 10 列我們設定類別 C 繼承類別 A 和 B，可是當我們設定物件 x 是類別 C 的物件時，可以發現第 10 列 C 類別的第 2 個參數 B 類別沒有被啟動。其實 Python 使用 super( ) 的多重繼承，在此算是協同作業 (co-operative)，我們必需在基底類別也增加 super( ) 設定，才可以正常作業。

程式實例 ch12_19_2.py：重新設計 ch12_19_1.py，增加第 4 和第 9 列，解決一般常見 super( ) 應用在多重繼承的問題。

```
1  # ch12_19_2.py
2  class A():
3      def __init__(self):
4          super().__init__()
5          print('class A')
6
7  class B():
8      def __init__(self):
9          super().__init__()
10         print('class B')
11
```

```
class C(A,B):
    def __init__(self):
        super().__init__()
        print('class C')

x = C()
```

執行結果

```
=================== RESTART: D:/Python/ch12/ch12_19_2.py ===================
class B
class A
class C
```

上述我們得到所有類別的最初化方法 (__init__()) 均被啟動了，這個觀念很重要，因為我們如果在最初化方法中想要子類別繼承所有父類別的屬性時，必需要全部的父類別均被啟動，例如可以參考 ex12_9.py。

12-6 type 與 isinstance

一個大型程式設計可能是由許多人合作設計，有時我們想了解某個物件變數的資料類型，或是所屬類別關係，可以使用本節所述的方法。

12-6-1 type( )

這個函數先前已經使用許多次了，可以使用 type( ) 函數得到某一物件變數的類別名稱。

程式實例 ch12_20.py：列出類別物件與物件內方法的資料類型。

```
# ch12_20.py
class Grandfather():
    """ 定義祖父類別 """
    pass

class Father(Grandfather):
    """ 定義父親類別 """
    pass

class Ivan(Father):
    """ 定義Ivan類別 """
    def fn(self):
        pass

grandfather = Grandfather()
father = Father()
ivan = Ivan()
print("grandfather物件類型: ", type(grandfather))
print("father物件類型       : ", type(father))
print("ivan物件類型         : ", type(ivan))
print("ivan物件fn方法類型 : ", type(ivan.fn))
```

執行結果

```
==================== RESTART: D:\Python\ch12\ch12_20.py ====================
grandfather物件類型:  <class '__main__.Grandfather'>
father物件類型     :  <class '__main__.Father'>
ivan物件類型       :  <class '__main__.Ivan'>
ivan物件fn方法類型 :  <class 'method'>
```

由上圖可以得到類別的物件類型是 class，同時會列出「__main__. 類別的名稱」。如果是類別內的方法同時也列出 "method" 方法。

12-6-2 isinstance( )

isinstance( ) 函數可以傳回物件的類別是否屬於某一類別，它包含 2 個參數，它的語法如下：

```
isinstance( 物件 , 類別 )                # 可傳回 True 或 False
```

如果物件的類別是屬於第 2 個參數類別或屬於第 2 個參數的子類別，則傳回 True，否則傳回 False。

程式實例 ch12_21.py：一系列 isinstance( ) 函數的測試。

```python
# ch12_21.py
class Grandfather():
    """ 定義祖父類別 """
    pass

class Father(Grandfather):
    """ 定義父親類別 """
    pass

class Ivan(Father):
    """ 定義Ivan類別 """
    def fn(self):
        pass

grandfa = Grandfather()
father = Father()
ivan = Ivan()
print("ivan屬於Ivan類別: ", isinstance(ivan, Ivan))
print("ivan屬於Father類別: ", isinstance(ivan, Father))
print("ivan屬於GrandFather類別: ", isinstance(ivan, Grandfather))
print("father屬於Ivan類別: ", isinstance(father, Ivan))
print("father屬於Father類別: ", isinstance(father, Father))
print("father屬於Grandfather類別: ", isinstance(father, Grandfather))
print("grandfa屬於Ivan類別: ", isinstance(grandfa, Ivan))
print("grandfa屬於Father類別: ", isinstance(grandfa, Father))
print("grandfa屬於Grandfather類別: ", isinstance(grandfa, Grandfather))
```

執行結果

```
==================== RESTART: D:\Python\ch12\ch12_21.py ====================
ivan屬於Ivan類別:  True
ivan屬於Father類別:  True
ivan屬於GrandFather類別:  True
father屬於Ivan類別:  False
father屬於Father類別:  True
father屬於Grandfather類別:  True
grandfa屬於Ivan類別:  False
grandfa屬於Father類別:  False
grandfa屬於Grandfather類別:  True
```

12-7 特殊屬性

設計或是看到別人設計的 Python 程式時，若是看到「__xx__」類的字串就要特別留意了，這是系統保留的變數或屬性參數，我們可以使用 dir( ) 列出 Python 目前環境的變數、屬性、方法。

```
>>> dir()
['__annotations__', '__builtins__', '__doc__', '__loader__', '__name__', '__pack
age__', '__spec__']
```

下列幾小節筆者將簡要說明幾個重要常見的屬性。

12-7-1 文件字串 __doc__

在 11-6-1 節筆者已經有一些說明，本節將以程式實例解說。文件字串的英文原意是文件字串 (docstring)，Python 鼓勵程式設計師在設計函數或類別時，盡量為函數或類別增加文件的註解，未來可以使用「__doc__」特殊屬性列出此文件註解。

程式實例 ch12_22.doc：將文件註解應用在函數。

```
# ch12_22.py
def getMax(x, y):
    '''文件字串實例
建議x, y是整數
這個函數將傳回較大值'''
    if int(x) > int(y):
        return x
    else:
        return y

print(getMax(2, 3))          # 列印較大值
print(getMax.__doc__)        # 列印文件字串docstring
```

執行結果

```
==================== RESTART: D:\Python\ch12\ch12_22.py ====================
3
文件字串實例
建議x, y是整數
這個函數將傳回較大值
```

程式實例 ch12_23.doc：將文件註解應用在類別與類別內的方法。

```
# ch12_23.py
class Myclass:
    '''文件字串實例
Myclass類別的應用'''
    def __init__(self, x):
        self.x = x
    def printMe(self):
        '''文字檔字串實例
Myclass類別內printMe方法的應用'''
        print("Hi", self.x)

data = Myclass(100)
data.printMe()
print(data.__doc__)                  # 列印Myclass文件字串docstring
print(data.printMe.__doc__)          # 列印printMe文件字串docstring
```

執行結果

```
==================== RESTART: D:\Python\ch12\ch12_23.py ====================
Hi 100
文件字串實例
Myclass類別的應用
文字檔字串實例
Myclass類別內printMe方法的應用
```

了解以上觀念後，如果讀者看到有一個程式碼如下：

```
>>> x = 'abc'
>>> print(x.__doc__)
str(object='') -> str
str(bytes_or_buffer[, encoding[, errors]]) -> str

Create a new string object from the given object. If encoding or
errors is specified, then the object must expose a data buffer
that will be decoded using the given encoding and error handler.
Otherwise, returns the result of object.__str__() (if defined)
or repr(object).
encoding defaults to sys.getdefaultencoding().
errors defaults to 'strict'.
>>>
```

以上只是列出 Python 系統內部有關字串的 docstring。

12-7-2 __name__ 屬性

如果你是 Python 程式設計師，常在網路上看別人寫的程式，一定會經常在程式末端看到下列敘述：

```
if __name__ == '__main__':
    doSomething( )
```

初學 Python 時，筆者照上述撰寫，程式一定可以執行，當時不曉得意義，覺得應該要告訴讀者。如果上述程式是自己執行，那麼「__name__」就一定是「__main__」。

程式實例 ch12_24.py：一個程式只有一列，就是列印「__name__」。

```
# ch12_24.py
print('ch12_24.py module name = ', __name__)
```

執行結果

```
==================== RESTART: D:\Python\ch12\ch12_24.py ====================
ch12_24.py module name =  __main__
```

經過上述實例，所以我們知道，如果程式如果是自己執行時，「__name__」就是「__main__」，所以下列程式實例可以列出結果。

程式實例 ch12_25.py：「__name__ == __main__」的應用。

```
# ch12_25.py
def myFun():
    print("__name__ == __main__")
if __name__ == '__main__':
    myFun()
```

執行結果

```
==================== RESTART: D:\Python\ch12\ch12_25.py ====================
__name__ == __main__
```

如果 ch12_24.py 是被 import 到另一個程式時，則「__name__」是本身的檔案名稱。下一章筆者會介紹關於 import 的知識，它的用途是將模組導入，方便程式呼叫使用。

程式實例 ch12_26.py：這個程式 import 導入 ch12_24.py，結果「__name__」變成了 ch12_24。

```
# ch12_26.py
import ch12_24
```

執行結果

```
==================== RESTART: D:\Python\ch12\ch12_26.py ====================
ch12_24.py module name =  ch12_24
```

程式實例 ch12_27.py：這個程式 import 導入 ch12_25.py，由於「__name__」已經不再是「__main__」，所以程式沒有任何輸出。

```
# ch12_27.py
import ch12_25
```

執行結果

```
==================== RESTART: D:\Python\ch12\ch12_27.py ====================
```

所以總結「__name__ 是可以判別這個程式是自己執行或是被其他程式 import 導入當成模組使用，其實學到這裡讀者可能仍然感覺不出「__main__」與「__name__」的好處，沒關係，筆者會在 13-2-7 節講解這種設計的優點。

12-8 類別的特殊方法

12-8-1 __str__( ) 方法

這是類別的特殊方法，可以協助返回易讀取的字串。

程式實例 ch12_28.py：在沒有定義「__str__( )」方法情況下，列出類別的物件。

```python
# ch12_28.py
class Name:
    def __init__(self, name):
        self.name = name

a = Name('Hung')
print(a)
```

執行結果

```
==================== RESTART: D:\Python\ch12\ch12_28.py ====================
<__main__.Name object at 0x03624830>
```

上述在沒有定義「__str__( )」方法下，我們獲得了一個不太容易閱讀的結果。

程式實例 ch12_29.py：在定義「__str__( )」方法下，重新設計上一個程式。

```python
# ch12_29.py
class Name:
    def __init__(self, name):
        self.name = name
    def __str__(self):
        return f"{self.name}"

a = Name('Hung')
print(a)
```

執行結果

```
==================== RESTART: D:\Python\ch12\ch12_29.py ====================
Hung
```

上述定義了「__str__( )」方法後，就得到一個適合閱讀的結果了。對於程式 ch12_29.py 而言，如果我們在 Python Shell 視窗輸入 a，將一樣獲得不容易閱讀的結果。

```
==================== RESTART: D:\Python\ch12\ch12_29.py ====================
Hung
>>> a
<__main__.Name object at 0x04204850>
```

12-8-2 __repr__( ) 方法

上述原因是，如果只是在 Python Shell 視窗讀入類別變數 a，系統是呼叫「__repr__( )」方法做回應，為了要獲得容易閱讀的結果，我們也需定義此方法。

程式實例 ch12_30.py：定義「__repr__( )」方法，其實此方法內容與「__str__( )」相同所以可以用等號取代。

```python
# ch12_30.py
class Name:
    def __init__(self, name):
        self.name = name
    def __str__(self):
        return f"{self.name}"
    __repr__ = __str__

a = Name('Hung')
print(a)
```

執行結果

```
==================== RESTART: D:\Python\ch12\ch12_30.py ====================
Hung
>>> a
Hung
```

12-8-3　__iter__( ) 方法

建立類別的時候也可以將類別定義成一個迭代物件，類似 list 或 tuple，供 for … in 循環內使用，這時類別需設計 next( ) 方法，取得下一個值，直到達到結束條件，可以使用 raise StopIteration(第 15 章會解說，raise) 終止繼續。

程式實例 ch12_31.py：Fib 序列數的設計。

```python
# ch12_31.py
class Fib():
    def __init__(self, max):
        self.max = max

    def __iter__(self):
        self.a = 0
        self.b = 1
        return self

    def __next__(self):
        fib = self.a
        if fib > self.max:
            raise StopIteration
        self.a, self.b = self.b, self.a + self.b
        return fib
for i in Fib(100):
    print(i)
```

執行結果

```
==================== RESTART: D:\Python\ch12\ch12_31.py ====================
0
1
1
2
3
5
8
13
21
34
55
89
```

12-8-4 __eq__( ) 方法

假設我們想要了解 2 個字串或其它內容是否相同，依照我們的知識可以使用 equals( ) 方法。

程式實例 ch12_32.py：設計檢查字串是否相等。

```
1  # ch12_32.py
2  class City():
3      def __init__(self, name):
4          self.name = name
5      def equals(self, city2):
6          return self.name.upper() == city2.name.upper()
7
8  one = City("Taipei")
9  two = City("taipei")
10 three = City("myhome")
11 print(one.equals(two))
12 print(one.equals(three))
```

執行結果

```
==================== RESTART: D:/Python/ch12/ch12_32.py ====================
True
False
```

上述第 11 列 one.equals(two)，如果 one 等於 two 回傳 True，否則回傳 False。現在我們將 equals( ) 方法改為 __eq( )__，可以參考下列實例。

程式實例 ch12_33.py：使用 __eq( )__ 取代 equals( ) 方法，結果可以得到和 ch12_32.py 相同的結果。

```
# ch12_33.py
class City():
    def __init__(self, name):
        self.name = name
    def __eq__(self, city2):
        return self.name.upper() == city2.name.upper()

one = City("Taipei")
two = City("taipei")
three = City("myhome")
print(one == two)
print(one == three)
```

執行結果 與 ch12_32.py 相同。

上述是類別的特殊方法，主要是了解內容是否相同，下列是擁有這類特色的其它系統方法。

邏輯方法	說明
__eq__(self, other)	self == other # 等於
__ne__(self, other)	self != other # 不等於
__lt__(self, other)	self < other # 小於
__gt__(self, other)	self > other # 大於
__le__(self, other)	self <= other # 小於或等於
__ge__(self, other)	self >= other # 大於或等於

數學方法	說明
__add__(self, other)	self + other # 加法
__sub__(self, other)	self – other # 減法
__mul__(self, other)	self * other # 乘法
__floordiv__(self, other)	self / /other # 整數除法
__truediv__(self, other)	self / other # 除法
__mod__(self, other)	self % other # 餘數
__pow__(self, other)	self ** other # 次方

12-9 專題 - 幾何資料 / 類別設計的潛在應用

12-9-1 幾何資料

程式實例 ch12_34.py： 設計一個 Geometric 類別，這個類別主要是設定 color 是 Green。另外設計一個 Circle 類別，這個類別有 getRadius( ) 可以獲得半徑，setRadius( ) 可以設定半徑，getDiameter( ) 可以取得直徑，getPerimeter( ) 可以取得圓周長，getArea( ) 可以取得面積，getColor( ) 可以取得顏色。

```
# ch12_34.py
class Geometric():
    def __init__(self):
        self.color = "Green"
class Circle(Geometric):
    def __init__(self,radius):
        super().__init__()
        self.PI = 3.14159
        self.radius = radius
    def getRadius(self):
        return self.radius
    def setRadius(self,radius):
        self.radius = radius
    def getDiameter(self):
```

```
            return self.radius * 2
        def getPerimeter(self):
            return self.radius * 2 * self.PI
        def getArea(self):
            return self.PI * (self.radius ** 2)
        def getColor(self):
            return color

A = Circle(5)
print("圓形的顏色 : ", A.color)
print("圓形的半徑 : ", A.getRadius())
print("圓形的直徑 : ", A.getDiameter())
print("圓形的圓周 : ", A.getPerimeter())
print("圓形的面積 : ", A.getArea())
A.setRadius(10)
print("圓形的直徑 : ", A.getDiameter())
```

執行結果

```
==================== RESTART: D:\Python\ch12\ch12_34.py ====================
圓形的顏色 :  Green
圓形的半徑 :  5
圓形的直徑 :  10
圓形的圓周 :  31.4159
圓形的面積 :  78.53975
圓形的直徑 :  20
```

12-9-2 類別設計的潛在應用

這一節筆者敘述類別設計可能的應用，部分語法可能尚未介紹，讀者可以自行參考，未來了解語法後，可以重讀這些程式：

❑ 商品庫存管理類別

```
# ch12_35.py
# 定義 Inventory 類別來管理商品庫存
class Inventory:
    # 初始化方法，建立一個空的商品字典
    def __init__(self):
        self.items = {}          # 商品字典，鍵是商品名，值是商品數量

    # 庫存中添加商品,如果商品存在則更新其數量；如果不存在則添加到字典中
    def add_item(self, item, quantity):
        self.items[item] = self.items.get(item, 0) + quantity

    # 庫存中移除商品
    def remove_item(self, item, quantity):
        # 檢查商品是否存在且數量充足，然後從庫存中移除指定數量的商品
        if item in self.items and self.items[item] >= quantity:
            self.items[item] -= quantity
            # 如果商品數量為0，從字典中移除該商品
            if self.items[item] == 0:
                del self.items[item]

# 使用 Inventory 類別來管理庫存
inventory = Inventory()                  # 建立 Inventory 物件
inventory.add_item('apple', 10)          # 向庫存中添加10個蘋果
inventory.remove_item('apple', 3)        # 從庫存中移除3個蘋果
```

```

# 查看庫存的目前狀態
print(inventory.items)                      # 輸出：{'apple': 7}
```

這是一個名為 Inventory 的類別來管理商品庫存，在 Inventory 類別的初始化方法 __init__ 中，建立了一個空的字典 items 來存儲商品的名稱和數量。

add_item( ) 方法允許我們向庫存中添加指定數量的商品，如果商品已經存在於庫存中，它會更新商品的數量；如果商品不存在，它會添加新商品到庫存中。

remove_item( ) 方法允許我們從庫存中移除指定數量的商品，如果商品存在且庫存數量充足，它會減少商品的數量；如果商品數量減少到 0，它會從庫存中完全移除該商品。

❑ 車輛類別的程式設計

```
# ch12_36.py
# 定義 Vehicle 類別來表示車輛
class Vehicle:
    # 初始化方法，設置車輛的製造商、型號和生產年份
    def __init__(self, make, model, year):
        self.make = make                        # 車輛的製造商
        self.model = model                      # 車輛的型號
        self.year = year                        # 車輛的生產年份

    # 方法回傳車輛的基本資料
    def get_info(self):
        # 回傳格式化的車輛資料字串
        return f'{self.year} {self.make} {self.model}'

# 使用 Vehicle 類別來建立車輛物件並獲取車輛資料
car = Vehicle('Lexus', 'ES 300h', 2025)     # 建立一個 Vehicle 對象
info = car.get_info()                       # get_info方法獲取車輛資料
print(info)                                 # 輸出：'2025 ES 300h'
```

這個程式定義了一個名為 Vehicle 的類別來表示車輛。在 Vehicle 類別的初始化方法 __init__ 中，設定了三個屬性：make(製造商)、model(型號) 和 year(生產年份) 來儲存車輛的基本信息。我們定義了一個 get_info( ) 方法來回傳車輛的基本資料。這個方法使用 f-string 格式化字串來組合和返回一個包含車輛製造商、型號和生產年份的字符串。

最後建立了一個 Vehicle 物件 car，並呼叫 get_info( ) 方法來獲取並輸出車輛的資料。

❑ 學生管理類別的程式

```
# ch12_37.py
# 定義 StudentManager 類別來管理學生資料
class StudentManager:
    # 初始化方法, 建立一個空的學生字典
    def __init__(self):
        self.students = {}          # 學生字典,鍵是學生ID,值是學生名字

    # 方法用於添加新學生到字典中
    def add_student(self, id, name):
        self.students[id] = name    # 添加學生

    # 移除指定ID的學生, 檢查學生ID是否存在，如果存在則移除
    def remove_student(self, id):
        if id in self.students:
            del self.students[id]

# 使用 StudentManager 類別來管理學生
manager = StudentManager()          # 建立 StudentManager 物件
manager.add_student(1, 'Hung')      # 添加學生 Hung
manager.remove_student(1)           # 移除學生ID為 1 的學生

# 用 print(manager.students) 來查看學生字典的當前狀態
print(manager.students)             # 輸出：{}
```

上述程式定義了一個名為 StudentManager 的類別來管理學生資料。此類別的初始化方法 __init__ 中，我們建立了一個空的字典 students 來存儲學生的 ID 和名字。

add_student( ) 方法允許我們添加新學生到字典中，它接受兩個參數，學生的 ID 和名字，並將它們添加到 students 字典中。

remove_student( ) 方法允許我們從字典中移除指定 ID 的學生，它檢查指定的 ID 是否存在於字典中，如果存在，則從字典中移除該學生。

第 13 章

設計與應用模組

第 11 章介紹了函數 (function)，第 12 章說明了類別 (class)，其實在大型計畫的程式設計中，每個人可能只是負責一小功能的函數或類別設計，為了可以讓團隊其他人可以互相分享設計成果，最後每個人所負責的功能函數或類別將儲存在模組 (module) 中，然後供團隊其他成員使用。在網路上或國外的技術文件常可以看到有的文章將模組 (module) 稱為套件 (package)，意義是一樣的。

通常我們將模組分成 3 大類：

1： 我們自己程式建立的模組，本章 13-1 節至 13-4 節會做說明。

2： Python 內建的模組，下列是 Python 常用的模組：

模組名稱	功能	本書出現章節
calendar	日曆	13-9 節
csv	csv 檔案	22 章
datetime	日期與時間	22-6-4 節
json	Json 檔案	21 章
keyword	關鍵字	13-8 節
logging	程式日誌	15-7 節
math	常用數學	4-7-4 節
os	作業系統	14-1 節
os.path	路徑管理	14-1 節
random	隨機數	13-5 節
re	正則表達式	16-2 節
statistics	統計	24-4-4 節
sys	系統	13-7 節
time	時間	13-6 節
zipfile	壓縮與解壓縮	14-6 節

3： 外部模組，需使用 pip 安裝，未來章節會在使用時說明，可參考附錄 E。

本章主要講解將自己所設計的函數或類別儲存成模組然後加以引用，最後也將說明 Python 常用的內建模組。Python 最大的優勢是免費資源，因此有許多公司使用它開發了許多功能強大的模組，這些模組稱外部模組或第三方模組，未來章節筆者會逐步說明使用外部模組執行更多有意義的工作。

13-1 將自建的函數儲存在模組中

一個大型程式一定是由許多的函數或類別所組成，為了讓程式的工作可以分工以及增加程式的可讀性，我們可以將所建的函數或類別儲存成「模組」(module)，未來再加以呼叫引用。

13-1-1 先前準備工作

假設有一個程式內容是用於建立冰淇淋 (ice cream) 與飲料 (drink)，如下所示：

程式實例 ch13_1.py：這個程式基本上是擴充 ch11_23.py，再增加建立飲料的函數 make_drink( )。

```
# ch13_1.py
def make_icecream(*toppings):
    # 列出製作冰淇淋的配料
    print("這個冰淇淋所加配料如下")
    for topping in toppings:
        print("--- ", topping)

def make_drink(size, drink):
    # 輸入飲料規格與種類,然後輸出飲料
    print("所點飲料如下")
    print("--- ", size.title())
    print("--- ", drink.title())

make_icecream('草莓醬')
make_icecream('草莓醬', '葡萄乾', '巧克力碎片')
make_drink('large', 'coke')
```

執行結果

```
===================== RESTART: D:\Python\ch13\ch13_1.py =====================
這個冰淇淋所加配料如下
---  草莓醬
這個冰淇淋所加配料如下
---  草莓醬
---  葡萄乾
---  巧克力碎片
所點飲料如下
---  Large
---  Coke
```

假設我們會常常需要在其它程式呼叫 make_icecream( ) 和 make_drink( )，此時可以考慮將這 2 個函數建立成模組 (module)，未來可以供其它程式呼叫使用。

13-1-2 建立函數內容的模組

模組的副檔名與 Python 程式檔案一樣是 py，對於程式實例 ch13_1.py 而言，我們可以只保留 make_icecream( ) 和 make_drink( )。

程式實例 makefood.py：使用 ch13_1.py 建立一個模組，此模組名稱是 makefood.py。

```
# makefood.py
# 這是一個包含2個函數的模組(module)
def make_icecream(*toppings):
    ''' 列出製作冰淇淋的配料 '''
    print("這個冰淇淋所加配料如下")
    for topping in toppings:
        print("--- ", topping)

def make_drink(size, drink):
    ''' 輸入飲料規格與種類,然後輸出飲料 '''
    print("所點飲料如下")
    print("--- ", size.title())
    print("--- ", drink.title())
```

執行結果　由於這不是一般程式所以沒有任何執行結果。

現在我們已經成功地建立模組 makefood.py 了。

13-2 應用自己建立的函數模組

有幾種方法可以應用函數模組，下列將分成 6 小節說明。

13-2-1　import 模組名稱

要導入 13-1-2 節所建的模組，只要在程式內加上下列簡單的語法即可：

```
import makefood
```

程式中要引用模組的函數語法如下：

模組名稱 . 函數名稱　　# 模組名稱與函數名稱間有小數點 "."

程式實例 ch13_2.py：實際導入模組 makefood.py 的應用。

```
# ch13_2.py
import makefood          # 導入模組makefood.py

makefood.make_icecream('草莓醬')
makefood.make_icecream('草莓醬', '葡萄乾', '巧克力碎片')
makefood.make_drink('large', 'coke')
```

執行結果　與 ch13_1.py 相同。

13-2-2　導入模組內特定單一函數

如果只想導入模組內單一特定的函數，可以使用下列語法：

from 模組名稱 import 函數名稱

未來程式引用所導入的函數時可以省略模組名稱。

程式實例 ch13_3.py：這個程式只導入 makefood.py 模組的 make_icecream( ) 函數，所以程式第 4 和 5 列執行沒有問題，但是執行程式第 6 列時就會產生錯誤。

```
1 # ch13_3.py
2 from makefood import make_icecream   # 導入模組makefood.py的函數make_icecream
3
4 make_icecream('草莓醬')
5 make_icecream('草莓醬', '葡萄乾', '巧克力碎片')
6 make_drink('large', 'coke')          # 因為沒有導入此函數所以會產生錯誤
```

執行結果

```
==================== RESTART: D:\Python\ch13\ch13_3.py ====================
這個冰淇淋所加配料如下
---   草莓醬
這個冰淇淋所加配料如下
---   草莓醬
---   葡萄乾
---   巧克力碎片
Traceback (most recent call last):
  File "D:\Python\ch13\ch13_3.py", line 6, in <module>
    make_drink('large', 'coke')          # 因為沒有導入此函數所以會產生錯誤
NameError: name 'make_drink' is not defined
```

13-2-3 導入模組內多個函數

如果想導入模組內多個函數時，函數名稱間需以逗號隔開，語法如下：

from 模組名稱 import 函數名稱 1, 函數名稱 2, … , 函數名稱 n

程式實例 ch13_4.py：重新設計 ch13_3.py，增加導入 make_drink( ) 函數。

```
# ch13_4.py
# 導入模組makefood.py的make_icecream和make_drink函數
from makefood import make_icecream, make_drink

make_icecream('草莓醬')
make_icecream('草莓醬', '葡萄乾', '巧克力碎片')
make_drink('large', 'coke')
```

執行結果 與 ch13_1.py 相同。

13-2-4 導入模組所有函數

如果想導入模組內所有函數時，語法如下：

from 模組名稱 import *

程式實例 ch13_5.py：導入模組所有函數的應用。

```
# ch13_5.py
from makefood import *        # 導入模組makefood.py所有函數

make_icecream('草莓醬')
make_icecream('草莓醬', '葡萄乾', '巧克力碎片')
make_drink('large', 'coke')
```

執行結果　與 ch13_1.py 相同。

13-2-5　使用 as 給函數指定替代名稱

有時候會碰上你所設計程式的函數名稱與模組內的函數名稱相同，或是感覺模組的函數名稱太長，此時可以自行給模組的函數名稱一個替代名稱，未來可以使用這個替代名稱代替原先模組的名稱。語法格式如下：

from 模組名稱 import 函數名稱 as 替代名稱

程式實例 ch13_6.py：使用替代名稱 icecream 代替 make_icecream，重新設計 ch13_3.py。

```
# ch13_6.py
# 使用icecream替代make_icecream函數名稱
from makefood import make_icecream  as icecream

icecream('草莓醬')
icecream('草莓醬', '葡萄乾', '巧克力碎片')
```

執行結果

```
===================== RESTART: D:\Python\ch13\ch13_6.py =====================
這個冰淇淋所加配料如下
---  草莓醬
這個冰淇淋所加配料如下
---  草莓醬
---  葡萄乾
---  巧克力碎片
```

13-2-6　使用 as 給模組指定替代名稱

Python 也允許給模組替代名稱，未來可以使用此替代名稱導入模組，其語法格式如下：

import 模組名稱 as 替代名稱

程式實例 ch13_7.py：使用 m 當作模組替代名稱，重新設計 ch13_2.py。

```
# ch13_7.py
import makefood as m          # 導入模組makefood.py的替代名稱m

m.make_icecream('草莓醬')
m.make_icecream('草莓醬', '葡萄乾', '巧克力碎片')
m.make_drink('large', 'coke')
```

執行結果 與 ch13_1.py 相同。

13-2-7 將主程式放在 main( ) 與 __name__ 搭配的好處

在 ch13_1.py 中筆者為了不希望將此程式當成模組被引用時，執行了主程式的內容，所以將此程式的主程式部分刪除另外建立了 makefood 程式，其實我們可以將 ch13_1.py 的主程式部分使用下列方式設計，未來可以直接導入模組，不用改寫程式。

程式實例 new_makefood.py： 重新設計 ch13_1.py，讓程式可以當作模組使用。

```
1  # new_makefood.py
2  def make_icecream(*toppings):
3      # 列出製作冰淇淋的配料
4      print("這個冰淇淋所加配料如下")
5      for topping in toppings:
6          print("--- ", topping)
7
8  def make_drink(size, drink):
9      # 輸入飲料規格與種類,然後輸出飲料
10     print("所點飲料如下")
11     print("--- ", size.title())
12     print("--- ", drink.title())
13
14 def main():
15     make_icecream('草莓醬')
16     make_icecream('草莓醬', '葡萄乾', '巧克力碎片')
17     make_drink('large', 'coke')
18
19 if __name__ == '__main__':
20     main()
```

執行結果 與 ch13_1.py 相同。

上述程式我們將原先主程式內容放在第 14 ~ 17 列的 main( ) 內，然後在第 19 ~ 20 列筆者增加下列敘述：

```
if __name__ == '__main__':
    main( )
```

上述表示，如果自己獨立執行 new_makefood.py，會去調用 main( )，執行 main( ) 的內容。如果這個程式被當作模組引用 import new_makefood，則不執行 main( )。

程式實例 new_ch13_2_1.py： 重新設計 ch13_2.py，導入 ch13_1.py 模組，並觀察執行結果。

```
# new_ch13_2_1.py
import ch13_1            # 導入模組ch13_1.py

ch13_1.make_icecream('草莓醬')
ch13_1.make_icecream('草莓醬', '葡萄乾', '巧克力碎片')
ch13_1.make_drink('large', 'coke')
```

執行結果

```
================== RESTART: D:/Python/ch13/new_ch13_2_1.py ==================
這個冰淇淋所加配料如下
---   草莓醬
這個冰淇淋所加配料如下
---   草莓醬
---   葡萄乾
---   巧克力碎片
所點飲料如下
---   Large
---   Coke
這個冰淇淋所加配料如下
---   草莓醬
這個冰淇淋所加配料如下
---   草莓醬
---   葡萄乾
---   巧克力碎片
所點飲料如下
---   Large
---   Coke
```

從上述可以發現 ch13_1.py 被當模組導入時已經執行了一次原先 ch13_1.py 的內容，new_ch13_2_1.py 呼叫方法時再執行一次，所以可以得到上述結果。

程式實例 new_ch13_2_2.py： 重新設計 ch13_2.py，導入 new_makefood.py 模組，並觀察執行結果。

```
# new_ch13_2_2.py
import new_makefood          # 導入模組new_makefood.py

new_makefood.make_icecream('草莓醬')
new_makefood.make_icecream('草莓醬', '葡萄乾', '巧克力碎片')
new_makefood.make_drink('large', 'coke')
```

執行結果

```
================== RESTART: D:\Python\ch13\new_ch13_2_2.py ==================
這個冰淇淋所加配料如下
---   草莓醬
這個冰淇淋所加配料如下
---   草莓醬
---   葡萄乾
---   巧克力碎片
所點飲料如下
---   Large
---   Coke
```

上述由於 new_makefood.py 被當模組導入時，不執行 main( )，所以我們獲得了正確結果。

13-3 將自建的類別儲存在模組內

第 12 章筆者介紹了類別，當程式設計越來越複雜時，可能我們也會建立許多類別，Python 也允許我們將所建立的類別儲存在模組內，這將是本節的重點。

13-3-1 先前準備工作

筆者將使用第 12 章的程式實例，說明將類別儲存在模組方式。

程式實例 ch13_8.py：筆者修改了 ch12_13.py，簡化了 Banks 類別，同時讓程式有 2 個類別，至於程式內容讀者應該可以輕易了解。

```
# ch13_8.py
class Banks():
    ''' 定義銀行類別 '''

    def __init__(self, uname):                  # 初始化方法
        self.__name = uname                     # 設定私有存款者名字
        self.__balance = 0                      # 設定私有開戶金額是0
        self.__title = "Taipei Bank"            # 設定私有銀行名稱

    def save_money(self, money):                # 設計存款方法
        self.__balance += money                 # 執行存款
        print("存款 ", money, " 完成")           # 列印存款完成

    def withdraw_money(self, money):            # 設計提款方法
        self.__balance -= money                 # 執行提款
        print("提款 ", money, " 完成")           # 列印提款完成

    def get_balance(self):                      # 獲得存款餘額
        print(self.__name.title(), " 目前餘額: ", self.__balance)

    def bank_title(self):                       # 獲得銀行名稱
        return self.__title

class Shilin_Banks(Banks):
    ''' 定義士林分行 '''
    def __init__(self, uname):
        self.title = "Taipei Bank - Shilin Branch"  # 定義分行名稱
    def bank_title(self):                       # 獲得銀行名稱
        return self.title

jamesbank = Banks('James')                      # 定義Banks類別物件
print("James's banks = ", jamesbank.bank_title())  # 列印銀行名稱
jamesbank.save_money(500)                       # 存錢
jamesbank.get_balance()                         # 列出存款金額
hungbank = Shilin_Banks('Hung')                 # 定義Shilin_Banks類別物件
print("Hung's banks  = ", hungbank.bank_title())   # 列印銀行名稱
```

執行結果

```
==================== RESTART: D:\Python\ch13\ch13_8.py ====================
James's banks =  Taipei Bank
存款  500  完成
James  目前餘額:  500
Hung's banks  =  Taipei Bank - Shilin Branch
```

13-3-2 建立類別內容的模組

模組的副檔名與 Python 程式檔案一樣是 py，對於程式實例 ch13_8.py 而言，我們可以只保留 Banks 類別和 Shilin_Banks 類別。

程式實例 banks.py：使用 ch13_8.py 建立一個模組，此模組名稱是 banks.py。

```
# banks.py
# 這是一個包含2個類別的模組(module)
class Banks():
    ''' 定義銀行類別 '''
    def __init__(self, uname):                  # 初始化方法
        self.__name = uname                     # 設定私有存款者名字
        self.__balance = 0                      # 設定私有開戶金額是0
        self.__title = "Taipei Bank"            # 設定私有銀行名稱

    def save_money(self, money):                # 設計存款方法
        self.__balance += money                 # 執行存款
        print("存款 ", money, " 完成")          # 列印存款完成

    def withdraw_money(self, money):            # 設計提款方法
        self.__balance -= money                 # 執行提款
        print("提款 ", money, " 完成")          # 列印提款完成

    def get_balance(self):                      # 獲得存款餘額
        print(self.__name.title(), " 目前餘額: ", self.__balance)

    def bank_title(self):                       # 獲得銀行名稱
        return self.__title

class Shilin_Banks(Banks):
    ''' 定義士林分行 '''
    def __init__(self, uname):
        self.title = "Taipei Bank - Shilin Branch"  # 定義分行名稱
    def bank_title(self):                       # 獲得銀行名稱
        return self.title
```

執行結果 由於這不是程式所以沒有任何執行結果。

現在我們已經成功地建立模組 banks.py 了。

13-4 應用自己建立的類別模組

其實導入模組內的類別與導入模組內的函數觀念是一致的，下列將分成各小節說明。

13-4-1 導入模組的單一類別

觀念與 13-2-2 節相同，它的語法格式如下：

from 模組名稱 import 類別名稱

程式實例 ch13_9.py：使用導入模組方式，重新設計 ch13_8.py。由於這個程式只導入 Banks 類別，所以此程式不執行原先 35 和 36 列。

```
# ch13_9.py
from banks import Banks                                  # 導入banks模組的Banks類別

jamesbank = Banks('James')                               # 定義Banks類別物件
print("James's banks = ", jamesbank.bank_title())        # 列印銀行名稱
jamesbank.save_money(500)                                # 存錢
jamesbank.get_balance()                                  # 列出存款金額
```

執行結果

```
==================== RESTART: D:\Python\ch13\ch13_9.py ====================
James's banks =  Taipei Bank
存款  500  完成
James  目前餘額:  500
```

由執行結果讀者應該體會，整個程式變得非常簡潔了。

13-4-2 導入模組的多個類別

觀念與 13-2-3 節相同，如果模組內有多個類別，我們也可以使用下列方式導入多個類別，所導入的類別名稱間需以逗號隔開。

from 模組名稱 import 類別名稱 1, 類別名稱 2, … , 類別名稱 n

程式實例 ch13_10.py：以同時導入 Banks 類別和 Shilin_Banks 類別方式，重新設計 ch13_8.py。

```
# ch13_10.py
# 導入banks模組的Banks和Shilin_Banks類別
from banks import Banks, Shilin_Banks

jamesbank = Banks('James')                               # 定義Banks類別物件
print("James's banks = ", jamesbank.bank_title())        # 列印銀行名稱
jamesbank.save_money(500)                                # 存錢
jamesbank.get_balance()                                  # 列出存款金額
hungbank = Shilin_Banks('Hung')                          # 定義Shilin_Banks類別物件
print("Hung's banks  = ", hungbank.bank_title())         # 列印銀行名稱
```

執行結果 與 ch13_8.py 相同。

13-4-3 導入模組內所有類別

觀念與 13-2-4 節相同，如果想導入模組內所有類別時，語法如下：

from 模組名稱 import *

程式實例 ch13_11.py：使用導入模組所有類別方式重新設計 ch13_8.py。

```
# ch13_11.py
from banks import *                                  # 導入banks模組所有類別

jamesbank = Banks('James')                           # 定義Banks類別物件
print("James's banks = ", jamesbank.bank_title())   # 列印銀行名稱
jamesbank.save_money(500)                            # 存錢
jamesbank.get_balance()                              # 列出存款金額
hungbank = Shilin_Banks('Hung')                      # 定義Shilin_Banks類別物件
print("Hung's banks  = ", hungbank.bank_title())    # 列印銀行名稱
```

執行結果 與 ch13_8.py 相同。

13-4-4　import 模組名稱

觀念與 13-2-1 節相同，要導入 13-3-2 節所建的模組，只要在程式內加上下列簡單的語法即可：

import banks

程式中要引用模組的類別，語法如下：

模組名稱 . 類別名稱　　　# 模組名稱與類別名稱間有小數點 "."

程式實例 ch13_12.py：使用 import 模組名稱方式，重新設計 ch13_8.py，讀者應該留意第 2、4 和 8 列的設計方式。

```
1 # ch13_12.py
2 import banks                                         # 導入banks模組
3
4 jamesbank = banks.Banks('James')                     # 定義Banks類別物件
5 print("James's banks = ", jamesbank.bank_title())   # 列印銀行名稱
6 jamesbank.save_money(500)                            # 存錢
7 jamesbank.get_balance()                              # 列出存款金額
8 hungbank = banks.Shilin_Banks('Hung')                # 定義Shilin_Banks類別物件
9 print("Hung's banks  = ", hungbank.bank_title())    # 列印銀行名稱
```

執行結果 與 ch13_8.py 相同。

13-4-5　模組內導入另一個模組的類別

有時候可能一個模組內有太多類別了，此時可以考慮將一系列的類別分成 2 個或更多個模組儲存。如果拆成類別的模組彼此有衍生關係，則子類別也需將父類別導入，執行時才不會有錯誤產生。下列是將 Banks 模組拆成 2 個模組的內容。

程式實例 banks1.py：這個模組含父類別 Banks 的內容。

```
# banks1.py
# 這是一個包含Banks類別的模組(module)
class Banks():
    # 定義銀行類別
    def __init__(self, uname):                  # 初始化方法
        self.__name = uname                     # 設定私有存款者名字
        self.__balance = 0                      # 設定私有開戶金額是0
        self.__title = "Taipei Bank"            # 設定私有銀行名稱

    def save_money(self, money):                # 設計存款方法
        self.__balance += money                 # 執行存款
        print("存款 ", money, " 完成")          # 列印存款完成

    def withdraw_money(self, money):            # 設計提款方法
        self.__balance -= money                 # 執行提款
        print("提款 ", money, " 完成")          # 列印提款完成

    def get_balance(self):                      # 獲得存款餘額
        print(self.__name.title(), " 目前餘額: ", self.__balance)

    def bank_title(self):                       # 獲得銀行名稱
        return self.__title
```

程式實例 shilin_banks.py：這個模組含子類別 Shilin_Banks 的內容，讀者應留意第 3 列，筆者在這的模組內導入了 banks1.py 模組的 Banks 類別。

```
1  # shilin_banks.py
2  # 這是一個包含Shilin_Banks類別的模組(module)
3  from banks1 import Banks                      # 導入Banks類別
4
5  class Shilin_Banks(Banks):
6      # 定義士林分行
7      def __init__(self, uname):
8          self.title = "Taipei Bank - Shilin Branch"  # 定義分行名稱
9      def bank_title(self):                     # 獲得銀行名稱
10         return self.title
```

程式實例 ch13_13.py：在這個程式中，筆者在第 2 和 3 列分別導入 2 個模組，至於整個程式的執行結果與 ch13_8.py 相同。

```
1  # ch13_13.py
2  from banks1 import Banks                  # 導入banks模組的Banks類別
3  from shilin_Banks import Shilin_Banks     # 導入Shilin_Banks模組的Shilin_Banks類別
4
5  jamesbank = Banks('James')                # 定義Banks類別物件
6  print("James's banks = ", jamesbank.bank_title())  # 列印銀行名稱
7  jamesbank.save_money(500)                 # 存錢
8  jamesbank.get_balance()                   # 列出存款金額
9  hungbank = Shilin_Banks('Hung')           # 定義Shilin_Banks類別物件
10 print("Hung's banks  = ", hungbank.bank_title())   # 列印銀行名稱
```

執行結果 與 ch13_8.py 相同。

13-5 隨機數 random 模組

所謂的隨機數是指平均散佈在某區間的數字，隨機數其實用途很廣，最常見的應用是設計遊戲時可以控制輸出結果，其實賭場的吃角子老虎機器就是靠它賺錢。這節筆者將介紹幾個 random 模組中最有用的 7 個方法，同時也會分析賭場賺錢的利器。

函數名稱	說明
randint(x, y)	產生 x(含) 到 y(含) 之間的隨機整數 (13-5-1 節)
random( )	產生 0(含) 到 1(不含) 之間的隨機浮點數 (13-5-2 節)
uniform(x, y)	產生 x(含) 到 y(含) 之間的隨機浮點數 (13-5-3 節)
choice(串列)	可以在串列中隨機傳回一個元素 (13-5-4 節)
shuffle(串列)	將串列元素重新排列 (13-5-5 節)
sample(串列 , 數量)	隨機傳回第 2 個參數數量不重複的串列元素 (13-5-6 節)
seed(x)	x 是種子值，未來每次可以產生相同的隨機數 (13-5-7 節)

程式執行前需要先導入此模組。

```
import random
```

13-5-1 randint( )

這個方法可以隨機產生指定區間的整數，它的語法如下：

```
randint(min, max)          # 可以產生 min( 含 ) 與 max( 含 ) 之間的整數值
```

實例 1：列出在 1-100、500-1000 的隨機數字。

```
>>> import random
>>> n = 3
>>> for i in range(n):
        print(f"1 - 100 : {random.randint(1,100)}")

1 - 100 : 81
1 - 100 : 48
1 - 100 : 24
```

```
>>> import random
>>> n = 3
>>> for i in range(n):
        print(f"500 - 1000 : {random.randint(500,1000)}")

500 - 1000 : 553
500 - 1000 : 743
500 - 1000 : 880
```

程式實例 ch13_14.py：猜數字遊戲，這個程式首先會用 randint( ) 方法產生一個 1 到 10 之間的數字，然後如果猜的數值太小會要求猜大一些，然後如果猜的數值太大會要求猜小一些。

```
# ch13_14.py
import random                          # 導入模組random

min, max = 1, 10
ans = random.randint(min, max)         # 隨機數產生答案
```

```
while True:
    yourNum = int(input("請猜1-10之間數字: "))
    if yourNum == ans:
        print("恭喜!答對了")
        break
    elif yourNum < ans:
        print("請猜大一些")
    else:
        print("請猜小一些")
```

執行結果

```
==================== RESTART: D:\Python\ch13\ch13_14.py ====================
請猜1-10之間數字: 5
請猜小一些
請猜1-10之間數字: 3
恭喜!答對了
```

一般賭場的機器其實可以用隨機數控制輸贏，例如：某個猜大小機器，一般人以為猜對率是 50%，但是只要控制隨機數賭場可以直接控制輸贏比例，這將是讀者的習題。

13-5-2 random( )

random( ) 可以隨機產生 0.0(含)- 1.0(不含) 之間的隨機浮點數。

程式實例 ch13_15.py：產生 5 筆 0.0 – 1.0 之間的隨機浮點數。

```
# ch13_15.py
import random

for i in range(5):
    print(random.random())
```

執行結果

```
==================== RESTART: D:\Python\ch13\ch13_15.py ====================
0.3340460627789491
0.1390031649087078
0.3329062294553633
0.6536495727386593
0.6654772243763364
```

13-5-3 uniform( )

uniform( ) 可以隨機產生 (x,y) 之間的浮點數，它的語法格式如下。

uniform(x,y)

x 是隨機數最小值，包含 x 值。Y 是隨機數最大值，不包含該值。

程式實例 ch13_16.py：產生 5 筆 1-10 之間隨機浮點數的應用。

```
# ch13_16.py
import random                            # 導入模組random

for i in range(5):
    print("uniform(1,10) : ", random.uniform(1, 10))
```

執行結果

```
==================== RESTART: D:\Python\ch13\ch13_16.py ====================
uniform(1,10) :  5.637137664182962
uniform(1,10) :  8.284893862678931
uniform(1,10) :  7.362813167954998
uniform(1,10) :  3.49437118325869
uniform(1,10) :  9.76260746624548
```

13-5-4 choice( )

這個方法可以讓我們在一個串列 (list) 中隨機傳回一個元素。

程式實例 ch13_17.py：有一個水果串列，使用 choice( ) 方法隨機選取一個水果。

```
# ch13_17.py
import random                          # 導入模組random

fruits = ['蘋果', '香蕉', '西瓜', '水蜜桃', '百香果']
print(random.choice(fruits))
```

執行結果 下列是程式執行 2 次的執行結果。

```
==================== RESTART: D:\Python\ch13\ch13_17.py ====================
蘋果
>>>
==================== RESTART: D:\Python\ch13\ch13_17.py ====================
香蕉
```

程式實例 ch13_17_1.py：骰子有 6 面點數是 1-6 區間，這個程式會產生 10 次 1-6 之間的值。

```
# ch13_17_1.py
import random                          # 導入模組random

for i in range(10):
    print(random.choice([1,2,3,4,5,6]), end=",")
```

執行結果

```
==================== RESTART: D:/Python/ch13/ch13_17_1.py ====================
5,5,2,6,4,6,1,2,6,1,
```

13-5-5 shuffle( )

這個方法可以將串列元素重新排列，如果你欲設計撲克牌 (Poker) 遊戲，在發牌前可以使用這個方法將牌打亂重新排列。

程式實例 ch13_18.py：將串列內的撲克牌次序打亂，然後重新排列。

```
# ch13_18.py
import random                          # 導入模組random

porker = ['2', '3', '4', '5', '6', '7', '8',
          '9', '10', 'J', 'Q', 'K', 'A']
for i in range(3):
    random.shuffle(porker)             # 將次序打亂重新排列
    print(porker)
```

執行結果

```
==================== RESTART: D:\Python\ch13\ch13_18.py ====================
['7', '5', '10', '8', '2', 'A', '9', '3', 'Q', 'J', '4', 'K', '6']
['Q', '4', 'A', 'K', '10', '5', '6', '2', '3', '9', '7', '8', 'J']
['5', 'Q', '7', '8', '4', 'K', '2', '3', '9', '6', 'A', 'J', '10']
```

將串列元素打亂，很適合老師出防止作弊的考題，例如：如果有 50 位學生，為了避免學生有偷窺鄰座的考卷，建議可以將出好的題目處理成串列，然後使用 for 迴圈執行 50 次 shuffle( )，這樣就可以得到 50 份考題相同但是次序不同的考卷。

13-5-6 sample( )

sample( ) 它的語法如下：

sample(串列 , 數量)

可以隨機傳回第 2 個參數數量，不重複的串列元素。

程式實例 ch13_19.py：設計大樂透彩卷號碼，大樂透號碼是由 6 個 1-49 數字組成，然後外加一個特別號，這個程式會產生 6 個號碼以及一個特別號。

```
# ch13_19.py
import random                                # 導入模組random

lotterys = random.sample(range(1,50), 7)     # 7組號碼
specialNum = lotterys.pop()                  # 特別號

print("第xxx期大樂透號碼 ", end="")
for lottery in sorted(lotterys):             # 排序列印大樂透號碼
    print(lottery, end=" ")
print(f"\n特別號:{specialNum}")                # 列印特別號
```

執行結果

```
==================== RESTART: D:\Python\ch13\ch13_19.py ====================
第xxx期大樂透號碼 2 10 19 21 23 49
特別號:17
```

13-5-7 seed( )

使用 random.randint( ) 方法每次產生的隨機數皆不相同，例如：若是重複執行 ch13_15.py，可以看到每次皆是不一樣的 5 個隨機數。

```
==================== RESTART: D:\Python\ch13\ch13_15.py ====================
0.7616811105609169
0.5354693387875408
0.217459731378704
0.44772803622241797
0.3795560630926311
>>>
==================== RESTART: D:\Python\ch13\ch13_15.py ====================
0.31533213772888724
0.6509061227489719
0.8822413770228371
0.6234330361805784
0.0426809187678574
```

在人工智慧應用，我們希望每次執行程式皆可以產生相同的隨機數做測試， 此時可以使用 random 模組的 seed(x) 方法，其中參數 x 是種子值，例如設定 x=5，當設此種子值後，未來每次使用隨機函數，例如：randint( )、random( )，產生隨機數時，都可以得到相同的隨機數。

程式實例 ch13_20.py：改良 ch13_15.py，在第 3 列增加 random.seed(5) 種子值設定，每次執行皆可以產生相同系列的隨機數。

```
1  # ch13_20.py
2  import random
3  random.seed(5)
4  for i in range(5):
5      print(random.random())
```

執行結果

```
==================== RESTART: D:\Python\ch13\ch13_20.py ====================
0.6229016948897019
0.7417869892607294
0.7951935655656966
0.9424502837770503
0.7398985747399307
>>>
==================== RESTART: D:\Python\ch13\ch13_20.py ====================
0.6229016948897019
0.7417869892607294
0.7951935655656966
0.9424502837770503
0.7398985747399307
```

13-6 時間 time 模組

程式設計時常需要時間資訊，例如：計算某段程式執行所需時間或是獲得目前系統時間，下表是時間模組常用的函數說明。

函數名稱	說明
time( )	回傳自 1970 年 1 月 1 日 00:00:00AM 以來的秒數 (13-6-1 節)
sleep(n)	可以讓工作暫停 n 秒 (11-7-1 節)
asctime( )	列出可以閱讀方式的目前系統時間 (13-6-2 節)
ctime(n)	n 是要轉換成時間字串的秒數，n 省略則與 asctime( ) 相同 (13-6-3 節)
localtime( )	可以返回目前時間的結構資料 (13-6-4 節)
clock( )	取得程式執行的時間 --- 舊版，未來不建議使用
process_time( )	取得程式執行的時間 --- 新版 (13-6-5 節)
strftime( )	格式化時間的方法 (13-6-6 節)

使用上述時間模組時，需要先導入此模組。

```
import time
```

13-6-1 time( )

time( ) 方法可以傳回自 1970 年 1 月 1 日 00:00:00AM 以來的秒數，初看好像用處不大，其實如果你想要掌握某段工作所花時間則是很有用，例如：若應用在程式實例 ch13_14.py，你可以用它計算猜數字所花時間。

實例 1：計算自 1970 年 1 月 1 日 00:00:00AM 以來的秒數。

```
>>> import time
>>> int(time.time())
1657200593
```

讀者的執行結果將和筆者不同，因為我們是在不同的時間點執行這個程式。

程式實例 ch13_21.py：擴充 ch13_14.py 的功能，主要是增加計算花多少時間猜對數字。

```
1  # ch13_21.py
2  import random                          # 導入模組random
3  import time                            # 導入模組time
4
5  min, max = 1, 10
6  ans = random.randint(min, max)         # 隨機數產生答案
7  yourNum = int(input("請猜1-10之間數字: "))
8  starttime = int(time.time())           # 起始秒數
9  while True:
10     if yourNum == ans:
11         print("恭喜!答對了")
12         endtime = int(time.time())  # 結束秒數
13         print("所花時間: ", endtime - starttime, " 秒")
14         break
15     elif yourNum < ans:
16         print("請猜大一些")
17     else:
18         print("請猜小一些")
19     yourNum = int(input("請猜1-10之間數字: "))
```

執行結果

```
==================== RESTART: D:\Python\ch13\ch13_21.py ====================
請猜1-10之間數字: 5
請猜小一些
請猜1-10之間數字: 3
恭喜!答對了
所花時間:  1  秒
```

❑ Python 寫作風格 (Python Enhancement Proposals) - PEP 8

上述程式第 2 和 3 列導入模組 random 和 time，筆者分兩列導入，這是符合 PEP 8 的風格，如果寫成一列就不符合 PEP 8 風格。

```
import random, time                # 不符合 PEP 8 風格
```

13-6-2 asctime( )

這個方法會以可以閱讀方式輸出目前系統時間，回傳的字串是用英文表達，星期與月份是英文縮寫。

實例 1：列出目前系統時間。

```
>>> import time
>>> time.asctime()
'Thu Jul  7 21:44:00 2022'
```

13-6-3　ctime(n)

參數 n 是要轉換為時間字串的秒數 (13-6-1 節)，如果省略 n 則與 asctime( ) 相同。

實例 1：省略 n 和設定 n(可參考 13-6-1 節的實例 1) 的結果。

```
>>> import time
>>> time.ctime()
'Thu Jul  7 22:04:30 2022'
>>> time.ctime(1657200600)
'Thu Jul  7 21:30:00 2022'
```

13-6-4　localtime( )

這個方法可以返回元組 (tuple) 的日期與時間結構資料，所返回的結構可以用索引方式獲得個別內容。

索引	名稱	說明
0	tm_year	西元的年，例如：2020
1	tm_mon	月份，值在 1 – 12 間
2	tm_mday	日期，值在 1 – 31 間
3	tm_hour	小時，值在 0 – 23 間
4	tm_min	分鐘，值在 0 – 59 間
5	tm_sec	秒鐘，值在 0 – 59 間
6	tm_wday	星期幾的設定，0 代表星期一，1 代表星期 2
7	tm_yday	代表這是一年中的第幾天
8	tm_isdst	夏令時間的設定，0 代表不是，1 代表是

程式實例 ch13_22.py：是使用 localtime( ) 方法列出目前時間的結構資料，同時使用索引列出個別內容，第 7 列則是用物件名稱方式顯示西元年份。

```
1  # ch13_22.py
2  import time                          # 導入模組time
3
4  xtime = time.localtime()
5  print(xtime)                         # 列出目前系統時間
6  print("年 ", xtime[0])
7  print("年 ", xtime.tm_year)          # 物件設定方式顯示
8  print("月 ", xtime[1])
9  print("日 ", xtime[2])
10 print("時 ", xtime[3])
```

```
11 print("分 ", xtime[4])
12 print("秒 ", xtime[5])
13 print("星期幾    ", xtime[6])
14 print("第幾天    ", xtime[7])
15 print("夏令時間 ", xtime[8])
```

執行結果

```
=================== RESTART: D:\Python\ch13\ch13_22.py ===================
time.struct_time(tm_year=2022, tm_mon=7, tm_mday=7, tm_hour=21, tm_min=47, tm_se
c=29, tm_wday=3, tm_yday=188, tm_isdst=0)
年  2022
年  2022
月  7
日  7
時  21
分  47
秒  29
星期幾     3
第幾天     188
夏令時間  0
```

上述索引第 13 列 [6] 是代表星期幾的設定，0 代表星期一，1 代表星期 2。上述第 14 列索引 [7] 是第幾天的設定，代表這是一年中的第幾天。上述第 15 列索引 [8] 是夏令時間的設定，0 代表不是，1 代表是。

13-6-5 process_time( )

取得程式執行的時間，第一次呼叫時是傳回程式開始執行到執行 process_time( ) 歷經的時間，第二次以後的呼叫則是說明與前一次呼叫 process_time( ) 間隔的時間。這個 process_time( ) 的時間計算會排除 CPU 沒有運作時的時間，例如：在等待使用者輸入的時間就不會被計算。

程式實例 ch13_23.py：擴充設計 ch7_41.py 計算圓周率，增加每 10 萬次，列出所需時間，讀者需留意，每台電腦所需時間不同。

```
# ch13_23.py
import time
x = 1000000
pi = 0
time.process_time()
for i in range(1,x+1):
    pi += 4*((-1)**(i+1) / (2*i-1))
    if i != 1 and i % 100000 == 0:       # 隔100000執行一次
        e_time = time.process_time()
        print(f"當 {i=:7d} 時 PI={pi:8.7f}, 所花時間={e_time}")
```

執行結果

```
===================== RESTART: D:\Python\ch13\ch13_23.py =====================
當 i= 100000 時 PI=3.1415827, 所花時間=0.203125
當 i= 200000 時 PI=3.1415877, 所花時間=0.265625
當 i= 300000 時 PI=3.1415893, 所花時間=0.3125
當 i= 400000 時 PI=3.1415902, 所花時間=0.375
當 i= 500000 時 PI=3.1415907, 所花時間=0.421875
當 i= 600000 時 PI=3.1415910, 所花時間=0.484375
當 i= 700000 時 PI=3.1415912, 所花時間=0.546875
當 i= 800000 時 PI=3.1415914, 所花時間=0.59375
當 i= 900000 時 PI=3.1415915, 所花時間=0.640625
當 i=1000000 時 PI=3.1415917, 所花時間=0.6875
```

13-6-6　strftime( )

格式化時間的方法，可以將一個時間元組或 struct_time 物件轉換為一個格式化的時間字串，此方法的語法如下：

strftime(format[, t])

其中 format 是一個字串，表示時間的格式，而 t 是一個可選的時間元組，如果省略，將使用當前時間，下面是一些常見的格式化代碼：

%Y：年份，4 位數字。

%m：月份，4 位數字。

%d：日，2 位數字。

%H：小時 (24 小時制)，2 位數字。

%M：分鐘，2 位數字。

%S：秒，2 位數字。

程式實例 ch13_23_1.py：輸出目前時間。

```
# ch13_23_1.py
import time
formatted_time = time.strftime("%Y-%m-%d %H:%M:%S", time.localtime())
print(formatted_time)
```

執行結果

```
==================== RESTART: D:/Python/ch13/ch13_23_1.py ====================
2023-11-06 17:10:43
```

13-7 系統 sys 模組

這個模組可以了解 Python Shell 系統訊息。

13-7-1　version 和 version_info 屬性

這兩個屬性皆可以列出目前所使用 Python 的版本訊息，但它們的格式和用途不同。sys.version 是一個包含 Python 解釋器版本號、構建號和編譯器資訊的字串，通常在交互式解釋器啟動時顯示。而 sys.version_info 是一個包含五個組件 (主版本號、次版本號、微版本號、發布級別和序列號) 的元組，其中除了發布級別是字符串 ('alpha'、'beta'、'candidate' 或 'final')，其他都是整數，總之 sys.version_info 提供了一種更結構化的方式來獲取和使用版本信息。

實例 1：列出目前所使用 Python 的版本訊息。

```
>>> import sys
>>> print(sys.version)
3.11.2 (tags/v3.11.2:878ead1, Feb  7 2023, 16:38:35) [MSC v.1934 64 bit (AMD64)]
>>> print(sys.version_info)
sys.version_info(major=3, minor=11, micro=2, releaselevel='final', serial=0)
```

13-7-2 stdin 物件

這是一個物件，stdin 是 standard input 的縮寫，是指從螢幕輸入 (可想成 Python Shell 視窗)，這個物件可以搭配 readline( ) 方法，然後可以讀取螢幕輸入直到按下鍵盤 Enter 的字串。

程式實例 ch13_24.py：讀取螢幕輸入。

```
# ch13_24.py
import sys
print("請輸入字串, 輸入完按Enter = ", end = "")
msg = sys.stdin.readline()
print(msg)
```

執行結果

```
===================== RESTART: D:\Python\ch13\ch13_24.py =====================
請輸入字串, 輸入完按Enter = Python王者歸來
Python王者歸來
```

在 readline( ) 方法內可以加上正整數參數，例如：readline(n)，這個 n 代表所讀取的字元數，其中一個中文字或空格也是算一個字元數。

程式實例 ch13_25.py：從螢幕讀取 8 個字元數的應用。

```
# ch13_25.py
import sys
print("請輸入字串, 輸入完按Enter = ", end = "")
msg = sys.stdin.readline(8)          # 讀8個字
print(msg)
```

執行結果

```
===================== RESTART: D:\Python\ch13\ch13_25.py =====================
請輸入字串, 輸入完按Enter = Python王者歸來
Python王者

===================== RESTART: D:\Python\ch13\ch13_25.py =====================
請輸入字串, 輸入完按Enter = I like Python
I like P
```

13-7-3 stdout 物件

這是一個物件，stdout 是 standard ouput 的縮寫，是指從螢幕輸出 (可想成 Python Shell 視窗)，這個物件可以搭配 write( ) 方法，然後可以從螢幕輸出資料。

程式實例 ch13_26.py：使用 stdout 物件輸出資料。

```
# ch13_26.py
import sys

sys.stdout.write("I like Python")
```

執行結果

```
===================== RESTART: D:\Python\ch13\ch13_26.py =====================
I like Python
```

其實這個物件若是使用 Python Shell 視窗，最後會同時列出輸出的字元數。

```
>>> import sys
>>> sys.stdout.write("I like Python")
I like Python13
>>>
```

13-7-4 platform 屬性

可以傳回目前 Python 的使用平台。

```
>>> import sys
>>> print(sys.platform)
win32
```

13-7-5 path 屬性

Python 的 sys.path 參數是一個串列資料，這個串列紀錄模組所在的目錄，當我們使用 import 匯入模組時，Python 會到此串列目錄找尋檔案，然後匯入。

程式實例 ch13_27.py：列出筆者電腦目前環境變數 path 的值。

```
# ch13_27.py
import sys
for dirpath in sys.path:
    print(dirpath)
```

執行結果

```
===================== RESTART: D:\Python\ch13\ch13_27.py =====================
D:\Python\ch13
C:\Users\User\AppData\Local\Programs\Python\Python311\Lib\idlelib
C:\Users\User\AppData\Local\Programs\Python\Python311\python311.zip
C:\Users\User\AppData\Local\Programs\Python\Python311\DLLs
C:\Users\User\AppData\Local\Programs\Python\Python311\Lib
C:\Users\User\AppData\Local\Programs\Python\Python311
C:\Users\User\AppData\Local\Programs\Python\Python311\Lib\site-packages
```

讀者可以看到筆者電腦所列出 sys.path 的內容，當我們匯入模組時 Python 會依上述順序往下搜尋所匯入的模組，當找到第一筆時就會匯入。上述 sys.path 第 0 個元素是 D:\Python\ch13，這是筆者所設計模組的目錄，如果筆者不小心設計了相同系統模組，例如：time，同時它的搜尋路徑在標準 Python 程式庫的模組路徑前面，將造成程式無法存取標準程式庫的模組。

13-7-6 getwindowsversion( )

傳回目前 Python 安裝環境的 Windows 作業系統版本。

```
>>> import sys
>>> print(sys.getwindowsversion())
sys.getwindowsversion(major=10, minor=0, build=22621, platform=2, service_pack='')
```

13-7-7 executable

列出目前所使用 Python 可執行檔案路徑。

```
>>> import sys
>>> print(sys.executable)
C:\Users\User\AppData\Local\Programs\Python\Python311\pythonw.exe
```

13-7-8 DOS 命令列引數

有時候設計一些程式必需在 DOS 命令列執行，命令列上所輸入的引數會以串列形式記錄在 sys.argv 內。

程式實例 ch13_28.py：列出命令列引數。

```
# ch13_28.py
import sys
print("命令列參數 : ", sys.argv)
```

執行結果

```
C:\Users\User>python d:\Python\ch13\ch13_28.py
命令列參數 :  ['d:\\Python\\ch13\\ch13_28.py']

C:\Users\User>python d:\Python\ch13\ch13_28.py Hi! Good-by
命令列參數 :  ['d:\\Python\\ch13\\ch13_28.py', 'Hi!', 'Good-by']
```

13-8 keyword 模組

這個模組有一些 Python 關鍵字的功能。

13-8-1 kwlist 屬性

這個屬性含所有 Python 的關鍵字。

```
>>> import keyword
>>> print(keyword.kwlist)
['False', 'None', 'True', 'and', 'as', 'assert', 'async', 'await', 'break', 'cla
ss', 'continue', 'def', 'del', 'elif', 'else', 'except', 'finally', 'for', 'from
', 'global', 'if', 'import', 'in', 'is', 'lambda', 'nonlocal', 'not', 'or', 'pas
s', 'raise', 'return', 'try', 'while', 'with', 'yield']
```

13-8-2 iskeyword( )

這個方法可以傳回參數的字串是否是關鍵字，如果是傳回 True，如果否傳回 False。

程式實例 ch13_29.py：檢查串列內的字是否是關鍵字。

```
# ch13_29.py
import keyword

keywordLists = ['as', 'while', 'break', 'sse', 'Python']
for x in keywordLists:
    print(f"{x:>8s} {keyword.iskeyword(x)}")
```

執行結果

```
==================== RESTART: D:/Python/ch13/ch13_29.py ====================
      as  True
   while  True
   break  True
     sse  False
  Python  False
```

13-9 日期 calendar 模組

日期模組有一些日曆資料，可很方便使用，本節將分成幾個小節介紹常用的方法，使用此模組前需要先導入 "import calendar"。

13-9-1 列出某年是否潤年 isleap( )

如果是潤年傳回 True，否則傳回 False。下列是分別列出 2020 年和 2025 年是否潤年。

```
>>> import calendar
>>> print(calendar.isleap(2020))
True
>>> print(calendar.isleap(2025))
False
```

13-9-2 印出月曆 month( )

這個方法完整的參數是 month(year,month)，可以列出指定年份月份的月曆，下列是輸出 2025 年 1 月的月曆。

```
>>> import calendar
>>> print(calendar.month(2025,1))
    January 2025
Mo Tu We Th Fr Sa Su
       1  2  3  4  5
 6  7  8  9 10 11 12
13 14 15 16 17 18 19
20 21 22 23 24 25 26
27 28 29 30 31
```

13-9-3 印出年曆 calendar( )

這個方法完整的參數是 calendar(year)，可以列出指定年份的年曆，下列是輸出 2025 年的月曆。

```
>>> import calendar
>>> print(calendar.calendar(2025))
                                  2025

      January                   February                   March
Mo Tu We Th Fr Sa Su      Mo Tu We Th Fr Sa Su      Mo Tu We Th Fr Sa Su
       1  2  3  4  5                      1  2                      1  2
 6  7  8  9 10 11 12       3  4  5  6  7  8  9       3  4  5  6  7  8  9
13 14 15 16 17 18 19      10 11 12 13 14 15 16      10 11 12 13 14 15 16
20 21 22 23 24 25 26      17 18 19 20 21 22 23      17 18 19 20 21 22 23
27 28 29 30 31            24 25 26 27 28            24 25 26 27 28 29 30
                                                    31

       April                      May                       June
Mo Tu We Th Fr Sa Su      Mo Tu We Th Fr Sa Su      Mo Tu We Th Fr Sa Su
    1  2  3  4  5  6                1  2  3  4                         1
 7  8  9 10 11 12 13       5  6  7  8  9 10 11       2  3  4  5  6  7  8
14 15 16 17 18 19 20      12 13 14 15 16 17 18       9 10 11 12 13 14 15
21 22 23 24 25 26 27      19 20 21 22 23 24 25      16 17 18 19 20 21 22
28 29 30                  26 27 28 29 30 31         23 24 25 26 27 28 29
                                                    30

        July                     August                  September
Mo Tu We Th Fr Sa Su      Mo Tu We Th Fr Sa Su      Mo Tu We Th Fr Sa Su
    1  2  3  4  5  6                   1  2  3       1  2  3  4  5  6  7
 7  8  9 10 11 12 13       4  5  6  7  8  9 10       8  9 10 11 12 13 14
14 15 16 17 18 19 20      11 12 13 14 15 16 17      15 16 17 18 19 20 21
21 22 23 24 25 26 27      18 19 20 21 22 23 24      22 23 24 25 26 27 28
28 29 30 31               25 26 27 28 29 30 31      29 30

      October                   November                  December
Mo Tu We Th Fr Sa Su      Mo Tu We Th Fr Sa Su      Mo Tu We Th Fr Sa Su
       1  2  3  4  5                      1  2       1  2  3  4  5  6  7
 6  7  8  9 10 11 12       3  4  5  6  7  8  9       8  9 10 11 12 13 14
13 14 15 16 17 18 19      10 11 12 13 14 15 16      15 16 17 18 19 20 21
20 21 22 23 24 25 26      17 18 19 20 21 22 23      22 23 24 25 26 27 28
27 28 29 30 31            24 25 26 27 28 29 30      29 30 31
```

13-9-4 其它方法

實例 1：列出 2000 年至 2022 年間有幾個潤年。

```
>>> calendar.leapdays(2000, 2022)
6
```

實例 2：列出 2019 年 12 月的月曆。

```
>>> calendar.monthcalendar(2019, 12)
[[0, 0, 0, 0, 0, 0, 1], [2, 3, 4, 5, 6, 7, 8], [9, 10, 11, 12, 13, 14, 15], [16, 17
, 18, 19, 20, 21, 22], [23, 24, 25, 26, 27, 28, 29], [30, 31, 0, 0, 0, 0, 0]]
```

上述每週被當作串列的元素，元素也是串列，元素是從星期一開始計數，非月曆日期用 0 填充，所以可以知道 12 月 1 日是星期日。

實例 3：列出某年某月 1 日是星期幾，以及該月天數。

```
>>> calendar.monthrange(2019, 12)
(6, 31)
```

上述指出 2019 年 12 月有 31 天，12 月 1 日是星期日 (星期一的傳回值是 0)。

13-10 pprint 和 string 模組

13-10-1 pprint 模組

先前所有程式皆是使用 print( ) 做輸出，它的輸出原則是在 Python Shell 輸出，一列滿了才跳到下一列輸出，pprint 模組的 pprint( ) 用法與 print( ) 基本觀念相同，不過 pprint( ) 會執行一列輸出一個元素，輸出結果比較容易閱讀。

程式實例 ch13_30.py：程式 ch13_27.py 輸出 sys.path 的數據，當時為了執行結果清爽，筆者使用 for 迴圈方式一次輸出一筆數據，其實我們使用 pprint( ) 可以獲得幾乎同樣的結果。下列是比較 print( ) 與 pprint( ) 的結果。

```
# ch13_30.py
import sys
from pprint import pprint
print("使用print")
print(sys.path)
print("使用pprint")
pprint(sys.path)
```

執行結果

```
===================== RESTART: D:\Python\ch13\ch13_30.py =====================
使用print
['D:\\Python\\ch13', 'C:\\Users\\User\\AppData\\Local\\Programs\\Python\\Python3
11\\Lib\\idlelib', 'C:\\Users\\User\\AppData\\Local\\Programs\\Python\\Python311
\\python311.zip', 'C:\\Users\\User\\AppData\\Local\\Programs\\Python\\Python311\
\DLLs', 'C:\\Users\\User\\AppData\\Local\\Programs\\Python\\Python311\\Lib', 'C:
\\Users\\User\\AppData\\Local\\Programs\\Python\\Python311', 'C:\\Users\\User\\A
ppData\\Local\\Programs\\Python\\Python311\\Lib\\site-packages']
使用pprint
['D:\\Python\\ch13',
 'C:\\Users\\User\\AppData\\Local\\Programs\\Python\\Python311\\Lib\\idlelib',
 'C:\\Users\\User\\AppData\\Local\\Programs\\Python\\Python311\\python311.zip',
 'C:\\Users\\User\\AppData\\Local\\Programs\\Python\\Python311\\DLLs',
 'C:\\Users\\User\\AppData\\Local\\Programs\\Python\\Python311\\Lib',
 'C:\\Users\\User\\AppData\\Local\\Programs\\Python\\Python311',
 'C:\\Users\\User\\AppData\\Local\\Programs\\Python\\Python311\\Lib\\site-packag
es']
```

13-10-2 string 模組

在 6-13-2 節實例 1 筆者曾經設定字串 abc='AB .... YZ'，當讀者懂了本節觀念，可以輕易使用本節觀念處理這類問題。這是字串模組，在這個模組內有一系列程式設計有關字串，可以使用 strings 的屬性讀取這些字串，使用前需要 import string。

string.digits：'0123456789'。

string.hexdigits：'0123456789abcdefABCDEF'。

string.octdigits：'01234567'

string.ascii_letters：'abcdefghijklmnopqrstuvwxyzABCEDFGHIJKLMNOPQRSTUVWXYZ'

string.ascii_lowercase：'abcdefghijklmnopqrstuvwxyz'

string.ascii_uppercase：'ABCEDFGHIJKLMNOPQRSTUVWXYZ'

下列是實例驗證。

```
>>> import string
>>> string.digits
'0123456789'
>>> string.hexdigits
'0123456789abcdefABCDEF'
>>> string.octdigits
'01234567'
>>> string.ascii_letters
'abcdefghijklmnopqrstuvwxyzABCDEFGHIJKLMNOPQRSTUVWXYZ'
>>> string.ascii_lowercase
'abcdefghijklmnopqrstuvwxyz'
>>> string.ascii_uppercase
'ABCDEFGHIJKLMNOPQRSTUVWXYZ'
```

另外：string.whitespace 則是空白字元。

```
>>> string.whitespace
' \t\n\r\x0b\x0c'
```

上述符號可以參考 3-4-3 節。

13-11 專題設計 - 賭場遊戲騙局 / 蒙地卡羅模擬 / 文件加密

13-11-1 賭場遊戲騙局

全球每一家賭場皆裝潢得很漂亮，各種噱頭讓我們想一窺內部。其實絕大部份的賭場有關電腦控制的機台皆是可以作弊的，讀者可以想想如果是依照 1:1 的比例輸贏，賭場那來的費用支付員工薪資、美麗的裝潢、 … 。其實每一台機器皆可以設定莊家的輸贏比例，在這種狀況玩家以為自己手氣背，其實非也，只是機台已被控制。

程式實例 ch13_31.py：這是一個猜大小的遊戲，程式執行初可以設定莊家的輸贏比例，剛開始玩家有 300 美金賭本，每次賭注是 100 美金，如果猜對賭金增加 100 美金，如果猜錯賭金減少 100 美金，賭金沒了，或是按 Q 或 q 則程式結束。

```
1  # ch13_31.py
2  import random                          # 導入模組random
3  money = 300                            # 賭金總額
4  bet = 100                              # 賭注
5  min, max = 1, 100                      # 隨機數最小與最大值設定
6  winPercent = int(input("請輸入莊家贏的比率(0-100)之間 :"))
7
8  while True:
9      print(f"歡迎光臨 : 目前籌碼金額 {money} 美金 ")
10     print(f"每次賭注 {bet} 美金 ")
11     print("猜大小遊戲: L或l表示大,  S或s表示小, Q或q則程式結束")
12     customerNum = input("= ")          # 讀取玩家輸入
13     if customerNum == 'Q' or customerNum == 'q':    # 若輸入Q或q
14         break                                       # 程式結束
15     num = random.randint(min, max)     # 產生是否讓玩家答對的隨機數
16     if num > winPercent:               # 隨機數在此區間回應玩家猜對
17         print("恭喜!答對了\n")
18         money += bet                   # 賭金總額增加
19     else:                              # 隨機數在此區間回應玩家猜錯
20         print("答錯了!請再試一次\n")
21         money -= bet                   # 賭金總額減少
22     if money <= 0:
23         break
24
25 print("歡迎下次再來")
```

執行結果

```
===================== RESTART: D:\Python\ch13\ch13_31.py =====================
請輸入莊家贏的比率(0-100)之間 :90
歡迎光臨 : 目前籌碼金額 300 美金
每次賭注 100 美金
猜大小遊戲: L或l表示大,  S或s表示小, Q或q則程式結束
= l
答錯了!請再試一次

歡迎光臨 : 目前籌碼金額 200 美金
每次賭注 100 美金
猜大小遊戲: L或l表示大,  S或s表示小, Q或q則程式結束
= l
答錯了!請再試一次

歡迎光臨 : 目前籌碼金額 100 美金
每次賭注 100 美金
猜大小遊戲: L或l表示大,  S或s表示小, Q或q則程式結束
= s
答錯了!請再試一次

歡迎下次再來
```

這個程式的關鍵點 1 是程式第 6 列，莊家可以在程式起動時先設定贏的比率。第 2 個關鍵點是程式第 15 列產生的隨機數，由 1-100 的隨機數決定玩家是贏或輸，猜大小只是晃子。例如：莊家剛開始設定贏的機率是 90%，相當於如果隨機數是在 91-100 間算玩家贏，如果隨機數是 1-90 算玩家輸。

13-11-2　蒙地卡羅模擬

我們可以使用蒙地卡羅模擬計算 PI 值，首先繪製一個外接正方形的圓，圓的半徑是 1。

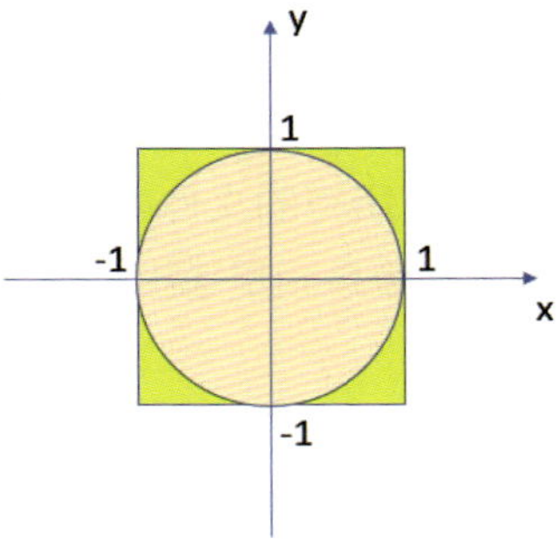

由上圖可以知道矩形面積是 4，圓面積是 PI。

如果我們現在要產生 1000000 個點落在方形內的點，可以由下列公式計算點落在圓內的機率：

圓面積 / 矩形面積 = PI / 4

落在圓內的點個數 (Hits) = 1000000 * PI / 4

如果落在圓內的點個數用 Hits 代替，則可以使用下列方式計算 PI。

PI = 4 * Hits / 1000000

程式實例 ch13_32.py：蒙地卡羅模擬隨機數計算 PI 值，這個程式會產生 100 萬個隨機點。

```
# ch13_32.py
import random

trials = 1000000
Hits = 0
for i in range(trials):
    x = random.random() * 2 - 1        # x軸座標
    y = random.random() * 2 - 1        # y軸座標
    if x * x + y * y <= 1:             # 判斷是否在圓內
        Hits += 1
PI = 4 * Hits / trials

print("PI = ", PI)
```

執行結果

```
===================== RESTART: D:\Python\ch13\ch13_32.py =====================
PI =  3.141616
```

13-11-3 再談文件加密

在 9-8-4 節筆者已經講解文件加密的觀念，有一個模組 string，這個模組有一個屬性是 printable，這個屬性可以列出所有 ASCII 的可以列印字元。

```
>>> import string
>>> string.printable
'0123456789abcdefghijklmnopqrstuvwxyzABCDEFGHIJKLMNOPQRSTUVWXYZ!"#$%&\'()*+,-./:
;<=>?@[\\]^_`{|}~ \t\n\r\x0b\x0c'
```

上述字串最大的優點是可以處理所有的文件內容，所以我們在加密編碼時已經可以應用在所有文件。在上述字元中最後幾個是逸出字元，可以參考 3-4-3 節，在做編碼加密時我們可以將這些字元排除。

```
>>> abc = string.printable[:-5]
>>> abc
'0123456789abcdefghijklmnopqrstuvwxyzABCDEFGHIJKLMNOPQRSTUVWXYZ!"#$%&\'()*+,-./:
;<=>?@[\\]^_`{|}~ '
```

程式實例 ch13_33.py：設計一個加密函數，然後為字串執行加密，所加密的字串在第 16 列設定，取材自 1-8 節 Python 之禪的內容。

```
1  # ch13_33.py
2  import string
3
4  def encrypt(text, encryDict):                  # 加密文件
5      cipher = []
6      for i in text:                             # 執行每個字元加密
7          v = encryDict[i]                       # 加密
8          cipher.append(v)                       # 加密結果
9      return ''.join(cipher)                     # 將串列轉成字串
10
11 abc = string.printable[:-5]                    # 取消不可列印字元
12 subText = abc[-3:] + abc[:-3]                  # 加密字串
13 encry_dict = dict(zip(subText, abc))           # 建立字典
14 print("列印編碼字典\n", encry_dict)             # 列印字典
15
16 msg = 'If the implementation is easy to explain, it may be a good idea.'
17 ciphertext = encrypt(msg, encry_dict)
18
19 print("原始字串 ", msg)
20 print("加密字串 ", ciphertext)
```

執行結果

```
===================== RESTART: D:\Python\ch13\ch13_33.py =====================
列印編碼字典
 {'}': '0', '~': '1', ' ': '2', '0': '3', '1': '4', '2': '5', '3': '6', '4': '7'
, '5': '8', '6': '9', '7': 'a', '8': 'b', '9': 'c', 'a': 'd', 'b': 'e', 'c': 'f'
, 'd': 'g', 'e': 'h', 'f': 'i', 'g': 'j', 'h': 'k', 'i': 'l', 'j': 'm', 'k': 'n'
, 'l': 'o', 'm': 'p', 'n': 'q', 'o': 'r', 'p': 's', 'q': 't', 'r': 'u', 's': 'v'
, 't': 'w', 'u': 'x', 'v': 'y', 'w': 'z', 'x': 'A', 'y': 'B', 'z': 'C', 'A': 'D'
, 'B': 'E', 'C': 'F', 'D': 'G', 'E': 'H', 'F': 'I', 'G': 'J', 'H': 'K', 'I': 'L'
, 'J': 'M', 'K': 'N', 'L': 'O', 'M': 'P', 'N': 'Q', 'O': 'R', 'P': 'S', 'Q': 'T'
, 'R': 'U', 'S': 'V', 'T': 'W', 'U': 'X', 'V': 'Y', 'W': 'Z', 'X': '!', 'Y': '"'
, 'Z': '#', '!': '$', '"': '%', '#': '&', '$': "'", '%': '(', '&': ')', "'": '*'
, '(': '+', ')': ',', '*': '-', '+': '.', ',': '/', '-': ':', '.': ';', '/': '<'
, ':': '=', ';': '>', '<': '?', '=': '@', '>': '[', '?': '\\', '@': ']', '[': '^
', '\\': '_', ']': '`', '^': '{', '_': '|', '`': '}', '{': '~', '|': ' '}
原始字串  If the implementation is easy to explain, it may be a good idea.
加密字串  Li2wkh2lpsohphqwdwlrq2lv2hdvB2wr2hAsodlq/2lw2pdB2eh2d2jrrg2lghd;
```

可以加密就可以解密，解密的字典基本上是將加密字典的鍵與值對調即可，如下所示：至於完整的程式設計將是讀者的習題。

decry_dict = dict(zip(abc, subText))

13-11-4 全天下只有你可以解的加密程式？你也可能無法解？

上述加密字元間有一定規律，所以若是碰上高手是可以解此加密規則，如果你想設計一個只有你自己可以解的加密程式，在程式實例 ch13_33.py 第 12 列可以使用下列方式處理。

```
newAbc = abc[:]                         # 產生新字串拷貝
abllist = list(newAbc)                  # 字串轉成串列
random.shuffle(abclist)                 # 重排串列內容
subText = ''.join(abclist)              # 串列轉成字串
```

上述相當於打亂字元的對應順序，如果你這樣做就必需將上述 subText 儲存至資料庫內，也就是保存字元打亂的順序，否則連你未來也無法解此加密結果。

程式實例 ch13_34.py：無法解的加密程式，這個程式每次執行皆會有不同的加密效果。

```
# ch13_34.py
import string
import random
def encrypt(text, encryDict):                # 加密文件
    cipher = []
    for i in text:                           # 執行每個字元加密
        v = encryDict[i]                     # 加密
        cipher.append(v)                     # 加密結果
    return ''.join(cipher)                   # 將串列轉成字串

abc = string.printable[:-5]                  # 取消不可列印字元
newAbc = abc[:]                              # 產生新字串拷貝
abclist = list(newAbc)                       # 轉成串列
random.shuffle(abclist)                      # 打亂串列順序
subText = ''.join(abclist)                   # 轉成字串
encry_dict = dict(zip(subText, abc))         # 建立字典
print("列印編碼字典\n", encry_dict)            # 列印字典

msg = 'If the implementation is easy to explain, it may be a good idea.'
ciphertext = encrypt(msg, encry_dict)

print("原始字串 ", msg)
print("加密字串 ", ciphertext)
```

執行結果 下列是兩次執行顯示不同的結果。

```
=================== RESTART: D:\Python\ch13\ch13_34.py ===================
列印編碼字典
 {'%': '0', '~': '1', '3': '2', '|': '3', 'Z': '4', 'e': '5', '!': '6', ']': '7'
, 'o': '8', '`': '9', '$': 'a', 'm': 'b', 'K': 'c', 'F': 'd', 'i': 'e', 'p': 'f'
, 'P': 'g', 'B': 'h', 'x': 'i', 'Q': 'j', 'U': 'k', '1': 'l', 'V': 'm', '(': 'n'
, '>': 'o', 'T': 'p', '-': 'q', 'f': 'r', '^': 's', 'M': 't', 'r': 'u', 't': 'v'
, '6': 'w', 'R': 'x', '/': 'y', 'I': 'z', 'E': 'A', 'Y': 'B', '<': 'C', '=': 'D'
, ';': 'E', 'c': 'F', '4': 'G', 'N': 'H', "'": 'I', 'A': 'J', 'k': 'K', '+': 'L'
, 'J': 'M', 'j': 'N', '}': 'O', 'D': 'P', 'L': 'Q', 'd': 'R', 'v': 'S', '0': 'T'
, '[': 'U', 'O': 'V', ':': 'W', '7': 'X', '\\': 'Y', ' ': 'Z', 'H': '!', '#': '"
', '&': '#', '.': '$', '9': '%', '5': '&', '1': "'", 'C': '(', '@': ')', '{': '*
', '"': '+', 'W': ',', 'n': '-', 'w': '.', 'y': '/', 'q': ':', 'g': ';', '8': '<
', 's': '=', 'u': '>', ')': '?', 'S': '@', 'G': '[', 'X': '\\', '2': ']', ',': '
^', '*': '_', '?': '`', 'a': '{', 'z': '|', 'h': '}', 'b': '~', '_': ' '}
原始字串  If the implementation is easy to explain, it may be a good idea.
加密字串  zrZv}5Zebf15b5-v{ve8-Ze=Z5{=/Zv8Z5ifl{e-^ZevZb{/Z~5Z{Z;88RZeR5{$
```

```
原始字串  If the implementation is easy to explain, it may be a good idea.
加密字串  X[r>gTr0IUkTIT|>D>0j|r0/rTD/_r>jrTbUkD0|Kr0>rID_rWTrDrAjj(r0(TD*
```

坦白說由上述執行結果可以發現加密結果更亂、更難理解，如何驗證上述加密是正確，這將是讀者的習題。

13-11-5　應用模組的潛在應用

讀者需留意，下列所述的潛在應用，部份超出本節內容，部份不是完整的程式，主要是列出本節內容的潛在應用。

❑　隨機且公平的廣告信件發送

這段程式碼模擬了如何隨機分配用戶接收不同的廣告設計，以便進行廣告 A 與廣告 B 的測試。這是市場研究和用戶行為分析中常見的應用，有助於公司了解哪種廣告更能吸引用戶。在這裡使用 random.choice( ) 來隨機選擇廣告設計，然後檢查並平衡兩組的大小，以確保測試是公平的。

```python
# ch13_35.py
import random

# 假設一家公司想要測試兩種不同的廣告設計，以看哪一種效果更好
ad_designs = ['Design A', 'Design B']

# 公司有一個1000人的郵件列表，想要隨機選擇一半接收A廣告，一半接收B廣告
recipients = {'Design A': [], 'Design B': []}

# 隨機分配郵件
for i in range(1, 1001):
    chosen_design = random.choice(ad_designs)          # 隨機選擇一種設計
    recipients[chosen_design].append(f'user_{i}')

# 確保每種設計都有500個用戶
while len(recipients['Design A']) != 500:
    if len(recipients['Design A']) > 500:
```

```
        user_to_move = recipients['Design A'].pop()
        recipients['Design B'].append(user_to_move)
    else:
        user_to_move = recipients['Design B'].pop()
        recipients['Design A'].append(user_to_move)

# 假設這裡會發送郵件，然後根據用戶反饋進行分析

# 輸出每種設計的接收者數量，確保它們是平均分配的
print(f"A 廣告接收者數量 : {len(recipients['Design A'])}")
print(f"B 廣告接收者數量 : {len(recipients['Design B'])}")
```

❑ 負載均衡器模擬 - 在開發階段模擬請求分配不同伺服器

```
# ch13_36.py
import random

# 假設有一組伺服器
servers = ['Server1', 'Server2', 'Server3', 'Server4']

# 模擬1000次請求，隨機分配到這些伺服器
requests = {server:0 for server in servers}
for _ in range(1000):
    selected_server = random.choice(servers)
    requests[selected_server] += 1

print(requests)          # 顯示每個伺服器獲得的請求數
```

❑ 產品質量控制 - 隨機抽檢生產線上的產品

```
# ch13_37.py
import random

# 假設生產線上有一批產品序列號
product_serials = list(range(1000, 2000))

# 抽檢10個產品進行品質檢查
samples = random.sample(product_serials, 10)

for serial in samples:
    # 這裡會有一個品質檢查的函數
    print(f"檢查序列號 : {serial}")
```

❑ 日誌時間戳記錄 - 在企業應用程序中記錄事件發生的確切時間

```python
# ch13_38.py
import time

def log_event(event):
    timestamp = time.strftime("%Y-%m-%d %H:%M:%S", time.localtime())
    print(f"{timestamp} : {event}")

# 假設發生了一個事件
log_event("User login")
```

❑ 工作排程 - 執行定期任務，例如資料庫備份

```python
# ch13_39.py
import time

def database_backup():
    # 執行備份邏輯
    print("資料庫備份 ... ")

# 每天凌晨1點執行備份
while True:
    current_time = time.strftime("%H:%M", time.localtime())
    if current_time == "01:00":
        database_backup()
    time.sleep(60)                  # 每分鐘檢查一次
```

第 14 章

檔案輸入 / 輸出與目錄的管理

14-1　資料夾與檔案路徑

14-2　os 模組

14-3　os.path 模組

14-4　獲得特定工作目錄內容 glob

14-5　讀取檔案

14-6　寫入檔案

14-7　讀取和寫入二進位檔案

14-8　shutil 模組

14-9　安全刪除檔案或目錄 send2trash( )

14-10　檔案壓縮與解壓縮 zipFile

14-11　再談編碼格式 encoding

14-12　剪貼簿的應用

14-13　專題設計 - 分析檔案 / 加密檔案 / 潛在應用

本章筆者將講解使用 Python 處理 Windows 作業系統內檔案的完整相關知識，例如：檔案路徑的管理、檔案的讀取與寫入、目錄的管理、檔案壓縮與解壓縮、認識編碼規則與剪貼簿的相關應用。

14-1 資料夾與檔案路徑

有一個檔案路徑圖形如下：

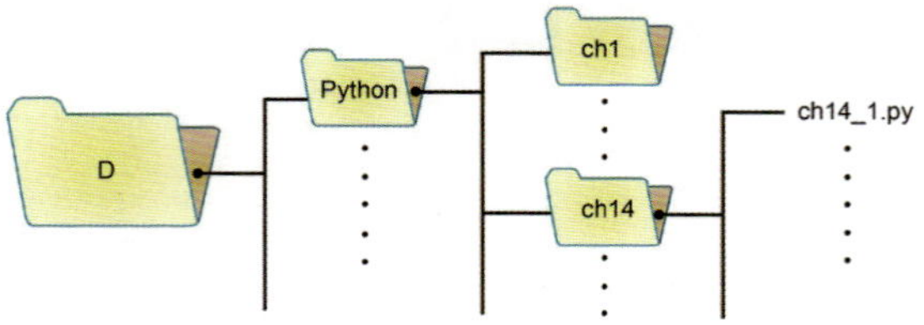

對於 ch14_1.py 而言，它的檔案路徑名稱是：

D:\Python\ch14\ch14_1.py

對於 ch14_1.py 而言，它的目前工作資料夾 (也可稱目錄) 名稱是：

D:\Python\ch14

Windows 作業系統可以使用 2 種方式表達檔案路徑，下列是以 ch14_1.py 為例：

1： 絕對路徑：路徑從根目錄開始表達，例如：若以 14-1 節的檔案路徑圖為例，它的絕對路徑是：

D:\Python\ch14\ch14_1.py

2： 相對路徑：是指相對於目前工作目錄的路徑，例如：若以 14-1 節的檔案路徑圖為例，若是目前工作目錄是 D:\Python\ch14，它的相對路徑是：

ch14_1.py

另外，在作業系統處理資料夾的觀念中會使用 2 個特殊符號 "." 和 ".."，"." 指的是目前資料夾，".." 指的是上一層資料夾。但是在使用上，當指目前資料夾時也可以省略 ".\"。所以使用 ".\ch14_1.py" 與 "ch14_1.py" 意義相同。

14-2 os 模組

在 Python 內有關檔案路徑的模組是 os，所以在本節實例最前面均需導入此模組。

```
import os                                  # 導入 os 模組
```

函數名稱	功能說明
os.getcwd( )	取得目前工作目錄 (14-2-1 節)
os.listdir( )	取得目前工作目錄的內容 (14-2-2 節)
os.walk( )	遍歷目錄內容 (14-2-3 節)

14-2-1 取得目前工作目錄 os.getcwd( )

os 模組內的 getcwd( ) 可以取得目前工作目錄。

實例 1.py：列出目前工作目錄。

```
# ch14_1.py
import os

print(os.getcwd())                    # 列出目前工作目錄
```

執行結果

```
===================== RESTART: D:\Python\ch14\ch14_1.py =====================
D:\Python\ch14
```

14-2-2 獲得特定工作目錄的內容 os.listdir( )

這個方法將以串列方式列出特定工作目錄的內容。

程式實例 ch14_2.py：以 2 種方式列出 D:\Python\ch14 的工作目錄內容。

```
# ch14_2.py
import os

print(os.listdir("D:\\Python\\ch14"))
print(os.listdir("."))        # 這代表目前工作目錄
```

執行結果

```
====================== RESTART: D:\Python\ch14\ch14_2.py ======================
['ch14_1.py', 'ch14_2.py']
['ch14_1.py', 'ch14_2.py']
```

14-2-3 遍歷目錄樹 os.walk( )

在 os 模組內有提供一個 os.walk( ) 方法可以讓我們遍歷目錄樹，這個方法每次執行迴圈時將傳回 3 個值：

1： 目前工作目錄名稱 (dirName)。

2：　目前工作目錄底下的子目錄串列 (sub_dirNames)。

3：　目前工作目錄底下的檔案串列 (fileNames)。

下列是語法格式：

```
for dirName, sub_dirNames, fileNames in os.walk( 目錄路徑 ):
    程式區塊
```

上述 dirName, sub_dirNames, fileNames 名稱可以自行命名，順序則不可以更改，至於目錄路徑可以使用絕對位址或相對位址，可以使用 os.walk('.') 代表目前工作目錄。

程式實例 ch14_3.py：在筆者範例 D:\Python\ch14 目錄下有一個 oswalk 目錄，此目錄內容如下：

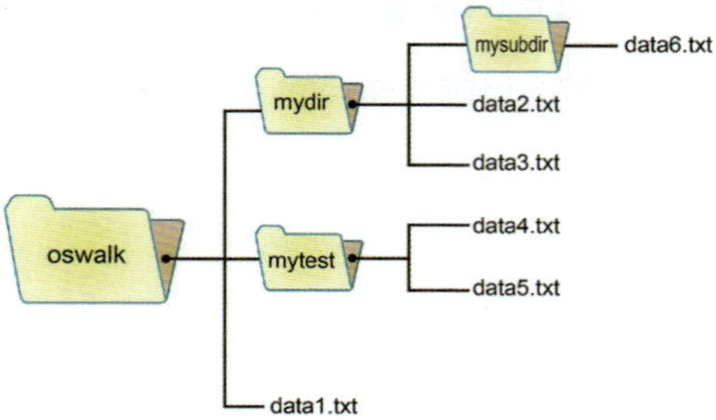

本程式將遍歷此 oswalk 目錄，同時列出內容。

```python
# ch14_3.py
import os

for dirName, sub_dirNames, fileNames in os.walk('oswalk'):
    print("目前工作目錄名稱:    ", dirName)
    print("目前子目錄名稱串列: ", sub_dirNames)
    print("目前檔案名稱串列:    ", fileNames, "\n")
```

執行結果

```
====================== RESTART: D:\Python\ch14\ch14_3.py ======================
目前工作目錄名稱:    oswalk
目前子目錄名稱串列:  ['mydir', 'mytest']
目前檔案名稱串列:    ['data1.txt']

目前工作目錄名稱:    oswalk\mydir
目前子目錄名稱串列:  ['mysubdir']
目前檔案名稱串列:    ['data2.txt', 'data3.txt']

目前工作目錄名稱:    oswalk\mydir\mysubdir
目前子目錄名稱串列:  []
目前檔案名稱串列:    ['data6.txt']

目前工作目錄名稱:    oswalk\mytest
目前子目錄名稱串列:  []
目前檔案名稱串列:    ['data4.txt', 'data5.txt']
```

從上述執行結果可以看到，os.walk( ) 將遍歷指定目錄底下的子目錄同時傳回子目錄串列和檔案串列，如果所傳回的子目錄串列是 [ ] 代表底下沒有子目錄。

14-3 os.path 模組

在 os 模組內有另一個常用模組 os.path，講解與檔案路徑有關的資料夾知識，由於 os.path 是在 os 模組內，所以導入 os 模組後不用再導入 os.path 模組。

函數名稱	功能說明
os.path.abspath( )	取得絕對路徑 (14-3-1 節)
os.path.relpath( )	取得相對路徑 (14-3-2 節)
os.path.exists( )	檢查路徑是否存在 (14-3-3 節)
os.path.isabs( )	檢查是否絕對路徑 (14-3-3 節)
os.path.isdir( )	檢查路徑是否資料夾 (14-3-3 節)
os.path.isfile( )	檢查路徑是否檔案 (14-3-3 節)
os.path.mkdir( )	建立資料夾 (14-3-4 節)
os.path.rmdir( )	刪除資料夾 (14-3-4 節)
os.path.remove( )	刪除檔案 (14-3-4 節)
os.path.chdir( )	更改目前工作目錄 (14-3-4 節)
os.path.rename( )	更改檔案路徑 (14-3-4 節)
os.path.join( )	回傳結合的檔案路徑 (14-3-4 節)
os.path.getsize( )	取得特定檔案的大小 (14-3-4 節)

14-3-1 取得絕對路徑 os.path.abspath

os.path 模組的 abspath(path) 會傳回 path 的絕對路徑，通常我們可以使用這個方法將檔案或資料夾的相對路徑轉成絕對路徑。

程式實例 ch14_4.py：取得絕對路徑的應用。

```
# ch14_4.py
import os

print(os.path.abspath('.'))              # 列出目前目錄的絕對路徑
print(os.path.abspath('..'))             # 列出上一層目錄的絕對路徑
print(os.path.abspath('ch14_4.py'))      # 列出檔案的絕對路徑
```

執行結果

```
==================== RESTART: D:\Python\ch14\ch14_4.py ====================
D:\Python\ch14
D:\Python
D:\Python\ch14\ch14_4.py
```

註 '.' 代表目前目錄，'..' 代表父目錄或稱上一層目錄。

14-3-2　傳回相對路徑 os.path.relpath( )

os.path 模組的 relpath(path, start) 會傳回從 start 到 path 的相對路徑，如果省略 start，則傳回目前工作目錄至 path 的相對路徑。

程式實例 ch14_5.py：傳回特定路徑相對路徑的應用。

```
# ch14_5.py
import os

print(os.path.relpath('D:\\'))                    # 目前目錄至D:\的相對路徑
print(os.path.relpath('D:\\Python\\ch13'))  # 目前目錄至特定path的相對路徑
print(os.path.relpath('D:\\', 'ch14_5.py')) # 目前檔案至D:\的相對路徑
```

執行結果

```
===================== RESTART: D:\Python\ch14\ch14_5.py =====================
..\..
..\ch13
..\..\..
```

14-3-3　檢查路徑方法 exists/isabs/isdir/isfile

下列是常用檢查路徑的 os.path 模組方法。

exists(path)：如果 path 的存在傳回 True 否則傳回 False。

isabs(path)：如果 path 是絕對路徑傳回 True 否則傳回 False。

isdir(path)：如果 path 是資料夾傳回 True 否則傳回 False。

isfile(path)：如果 path 是檔案傳回 True 否則傳回 False。

實例 1：主要是使用 ch14_1.py 檔案測試上述方法。

```
import os
print(os.path.exists('ch14_1.py'))
True
print(os.path.exists('test.py'))
False
print(os.path.isabs('ch14_1.py'))
False
print(os.path.isdir('ch14_1.py'))
False
print(os.path.isfile('ch14_1.py'))
True
```

上述比較常使用的方法是 os.path.exists( )，例如：在網路爬蟲的應用中，可以將爬取的檔案儲存在特定資料夾，這時可以先用 exists( ) 方法檢查資料夾是否存在，如果不存在可以先建立資料夾，再將檔案儲存在資料內，讀者可以參考下一節的 ch14_6.py 實例。

14-3-4 檔案與目錄的操作 mkdir/rmdir/remove/chdir/rename

這幾個方法是在os模組內，建議執行下列操作前先用os.path.exists( )檢查是否存在。

- mkdir(path)：建立 path 目錄。例如：下列是建立 test 目錄。

  mkdir('test')

- rmdir(path)：刪除 path 目錄，限制只能是空的目錄。如果要刪除底下有檔案的目錄需參考 14-8 節使用 rmtree( )。例如：下列是刪除 test1 目錄。

  mkdir('test1')

- remove(path)：刪除 path 檔案。例如：下列是刪除 test.py。

  remove('test.py')

- chdir(path)：將目前工作資料夾改至 path。例如：下列是將目前工作目錄移至 D:\\Python。

  chdir('D:\\Python')

- rename(old_name, new_name)：將檔案由 old_name 改為 new_name。

程式實例 ch14_6.py：使用 mkdir 建立資料夾的應用。

```
# ch14_6.py
import os

mydir = 'test'
# 如果mydir不存在就建立此資料夾
if os.path.exists(mydir):
    print(f"{mydir} 已經存在")
else:
    os.mkdir(mydir)
    print(f"建立 {mydir} 資料夾成功")
```

執行結果

```
======================= RESTART: D:\Python\ch14\ch14_6.py =======================
建立 test 資料夾成功
```

程式實例 ch14_7.py：使用 rmdir 刪除資料夾的應用。

```
# ch14_7.py
import os

mydir = 'test'
# 如果mydir存在就刪除此資料夾
if os.path.exists(mydir):
    os.rmdir(mydir)
    print(f"刪除 {mydir} 資料夾成功")
else:
    print(f"{mydir} 資料夾不存在")
```

執行結果

```
====================== RESTART: D:\Python\ch14\ch14_7.py ======================
刪除 test 資料夾成功
```

14-3-5　傳回檔案路徑 os.path.join( )

網路爬蟲的應用中，因為爬取的資料有許多，這時不同類型的資料需儲存在不同的資料夾，這個方法可以將 os.path.join( ) 參數內的字串結合為一個資料夾，讀者也可以想成是檔案路徑，此方法的參數可以有 2 個到多個。

程式實例 ch14_8.py：os.path.join( ) 方法的應用，這個程式會用 2、3、4 個參數測試這個方法。

```
# ch14_8.py
import os

print(os.path.join('D:\\','Python','ch14','ch14_8.py')) # 4個參數
print(os.path.join('D:\\Python','ch14','ch14_8.py'))    # 3個參數
print(os.path.join('D:\\Python\\ch14','ch14_8.py'))     # 2個參數
```

執行結果

```
====================== RESTART: D:\Python\ch14\ch14_8.py ======================
D:\Python\ch14\ch14_8.py
D:\Python\ch14\ch14_8.py
D:\Python\ch14\ch14_8.py
```

14-3-6　獲得特定檔案的大小 os.path.getsize( )

這個方法可以獲得特定檔案的大小。

實例 1：獲得 ch14_1.py 的檔案大小，從執行結果可以知道是 92 位元組。

```
import os
print(os.path.getsize("D:\\Python\\ch14\\ch14_1.py"))
92
```

14-4　獲得特定工作目錄內容 glob

Python 內還有一個模組 glob 可用於列出特定工作目錄內容 (不含子目錄)，當導入這個模組後可以使用 glob 方法獲得特定工作目錄的內容，這個方法最大特色是可以使用萬用字元 "*"，例如：可用 "*.txt" 獲得所有 txt 副檔名的檔案。"?" 可以任意字元、"[abc]" 必需是 abc 字元。更多應用可參考下列實例。

程式實例 ch14_9.py：方法 1 是列出所有工作目錄的檔案，方法 2 是列出 ch14_1 開頭的副檔名是 py 檔案，方法 3 是列出 ch14_2 開頭的所有檔案。

```
# ch14_9.py
import os
import glob

print("方法1:列出\\Python\\ch14工作目錄的所有檔案與大小")
for file in glob.glob('D:\\Python\\ch14\\*.*'):
    print(f"{file} : {os.path.getsize(file)} bytes")

print("方法2:列出目前工作目錄的特定檔案")
for file in glob.glob('ch14_1*.py'):
    print(file)

print("方法3:列出目前工作目錄的特定檔案")
for file in glob.glob('ch14_2*.*'):
    print(file)
```

執行結果

```
====================== RESTART: D:\Python\ch14\ch14_9.py =====================
方法1:列出\Python\ch14工作目錄的所有檔案與大小
D:\Python\ch14\ch14_1.py : 92 bytes
D:\Python\ch14\ch14_2.py : 150 bytes
D:\Python\ch14\ch14_3.py : 262 bytes
D:\Python\ch14\ch14_4.py : 266 bytes
D:\Python\ch14\ch14_5.py : 288 bytes
D:\Python\ch14\ch14_6.py : 240 bytes
D:\Python\ch14\ch14_7.py : 231 bytes
D:\Python\ch14\ch14_8.py : 244 bytes
D:\Python\ch14\ch14_9.py : 477 bytes
方法2:列出目前工作目錄的特定檔案
ch14_1.py
方法3:列出目前工作目錄的特定檔案
ch14_2.py
```

目前 ch14 資料夾檔案不多，當檔案變多時，方法 2 和方法 3 將會看到更多輸出。

14-5 讀取檔案

Python 處理讀取或寫入檔案首先需將檔案開啟，然後可以接受一次讀取所有檔案內容或是逐列讀取檔案內容，常用讀取檔案相關方法可以參考下表。

方法	說明
open( )	開啟檔案，可以參考 4-2-1 節。
read( )	讀取檔案可以參考 14-5-1 和 14-5-5 節。
readline( )	讀取一列資料，可以參考 14-5-6 節。
readlines( )	讀取多列資料，用串列回傳，可以參考 14-5-4 節。
tell( )	回傳讀寫指針的位置，可以參考 14-5-5 節。

14-5-1 讀取整個檔案 read(n)

檔案開啟後，可以使用 read(n) 讀取所開啟的檔案，n 是代表要讀取的文字數量，若是省略 n，可以讀取整個檔案，使用 read( ) 讀取時，所有的檔案內容將以一個字串方式被讀取然後存入字串變數內，未來只要印此字串變數相當於可以列印整個檔案內容。

註 14-5-5 節會說明 read(n) 的用法。

本書資料夾的 ch14 資料夾有下列 data14_10.txt 檔案。

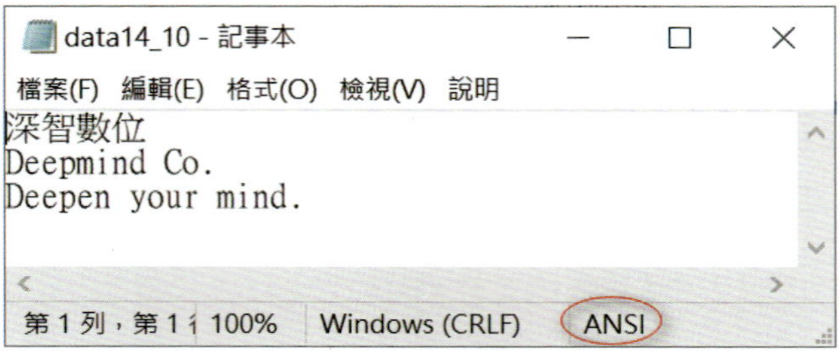

程式實例 ch14_10.py：讀取 data14_10.txt 檔案然後輸出，請讀者留意程式第 6 列，筆者使用列印一般變數方式就列印了整個檔案了。

```
1  # ch14_10.py
2  fn = 'data14_10.txt'       # 設定欲開啟的檔案
3  fObj = open(fn, 'r', encoding='cp950')
4  data = fObj.read()         # 讀取檔案到變數data
5  fObj.close()               # 關閉檔案物件
6  print(data)                # 輸出變數data相當於輸出檔案
```

執行結果

```
===================== RESTART: D:/Python/ch14/ch14_10.py =====================
深智數位
Deepmind Co.
Deepen your mind.

>>>
```

上述使用 open( ) 開啟檔案時，建議使用 close( ) 將檔案關閉可參考第 5 列，若是沒有關閉也許未來檔案內容會有不可預期的損害。

另外，上述程式第 3 和 4 列所開啟的檔案 data14_10.txt 沒有檔案路徑，表示這個檔案是在目前工作資料夾，也就是 ch14 資料夾。另外，因為開啟 dat14_10.txt 時，可以看到檔案格式是 ANSI，所以上述 open( ) 函數開啟檔案時需要加註「encoding='cp950'」。

14-5-2 with 關鍵字

Python 提供一個關鍵字 with，在開啟檔案與建立檔案物件時使用方式如下：

with open(欲開啟的檔案) as 檔案物件 :
    相關系列指令

真正懂 Python 的使用者皆是使用這種方式開啟檔案，最大特色是可以不必在程式中關閉檔案，with 指令會在區塊指令結束後自動將檔案關閉，檔案經 "with open( ) as 檔案物件 " 開啟後會有一個檔案物件，就可以使用前一節的 read( ) 讀取此檔案物件的內容。

程式實例 ch14_11.py：使用 with 關鍵字重新設計 ch14_10.py。

```
# ch14_11.py
fn = 'data14_10.txt'            # 設定欲開啟的檔案
with open(fn, 'r', encoding='cp950') as fObj:
    data = fObj.read()          # 讀取檔案到變數data
print(data)                     # 輸出變數data
```

執行結果 與 ch14_10.py 相同。

14-5-3 逐列讀取檔案內容

在 Python 若想逐列讀取檔案內容，可以使用下列迴圈：

for line in fObj: # line 和 fObj 可以自行取名，fObj 是檔案物件
    迴圈相關系列指令

程式實例 ch14_12.py：逐列讀取和輸出檔案。

```
# ch14_12.py
fn = 'data14_10.txt'            # 設定欲開啟的檔案
with open(fn, 'r', encoding='cp950') as fObj:
    for line in fObj:           # 相當於逐列讀取
        print(line)             # 輸出line
```

執行結果

```
====================== RESTART: D:/Python/ch14/ch14_12.py ======================
深智數位

Deepmind Co.

Deepen your mind.

>>>
```

因為以記事本編輯的 data14_10.txt 文字檔每列末端有換列符號，同時 print( ) 在輸出時也有一個換列輸出的符號，所以才會得到上述每列輸出後有空一列的結果。

程式實例 ch14_13.py：重新設計 ch14_12.py，但是刪除每列末端的換列符號。

```
# ch14_13.py
fn = 'data14_10.txt'                # 設定欲開啟的檔案
with open(fn, 'r', encoding='cp950') as fObj:
    for line in fObj:               # 相當於逐列讀取
        print(line.rstrip())        # 輸出line
```

執行結果

```
===================== RESTART: D:/Python/ch14/ch14_13.py =====================
深智數位
Deepmind Co.
Deepen your mind.
>>>
```

讀取整列也可以使用 readline( )，可以參考下列實例。

程式實例 ch14_14.py：使用 readline( ) 讀取整列資料。

```
# ch14_14.py
fn = 'data14_10.txt'              # 設定欲開啟的檔案
with open(fn, 'r', encoding='cp950') as fObj:
    txt1 = fObj.readline()
    print(txt1)                   # 輸出txt1
    txt2 = fObj.readline()
    print(txt2)                   # 輸出txt2
```

執行結果

```
===================== RESTART: D:/Python/ch14/ch14_14.py =====================
深智數位

Deepmind Co.

>>>
```

14-5-4　逐列讀取使用 readlines( )

使用 with 關鍵字配合 open( ) 時，所開啟的檔案物件目前只在 with 區塊內使用，適用在特別是想要遍歷此檔案物件時。Python 另外有一個方法 readlines( ) 可以採用逐列讀取方式，一次讀取全部 txt 的內容，同時以串列方式儲存，另一個特色是讀取時每列的換列字元皆會儲存在串列內，同時一列資料是一個串列元素。當然更重要的是我們可以在 with 區塊外遍歷原先檔案物件內容。

在本書所附資料夾的 ch14 資料夾有下列 data14_7.txt 檔案。

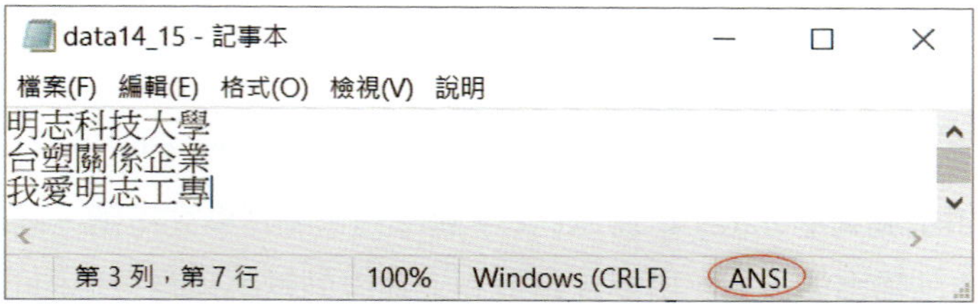

程式實例 ch14_15.py：使用 readlines( ) 逐列讀取 data14_15.txt，存入串列，然後列印此串列的結果。

```
# ch14_15.py
fn = 'data14_15.txt'            # 設定欲開啟的檔案
with open(fn, 'r', encoding='cp950') as fObj:
    mylist = fObj.readlines()
print(mylist)
```

執行結果

```
===================== RESTART: D:/Python/ch14/ch14_15.py =====================
['明志科技大學\n', '台塑關係企業\n', '我愛明志工專\n']
>>>
```

由上述執行結果可以看到在 txt 檔案的換列字元也出現在串列元素內，如果想要逐列輸出所保存的串列內容，可以使用 for 迴圈。

程式實例 ch14_16.py：擴充 ch14_15.py，逐列輸出 ch14_15.py 所保存的串列內容。

```
for line in mylist:
    print(line.rstrip())     # 列印串列
```

執行結果

```
===================== RESTART: D:/Python/ch14/ch14_16.py =====================
明志科技大學
台塑關係企業
我愛明志工專
```

14-5-5 認識讀取指針與指定讀取文字數量

在真實的檔案讀取應用中，我們可能要分批讀取檔案資料，這時的 read( ) 使用觀念如下：

fObj.read(n)　　　　　　　# 註：在 cp950 開啟檔案時 n 是要讀取的文字數量

使用這種方式讀取檔案時，可以使用 tell( ) 獲得目前讀取檔案指針的位置，單位是位元組，要讀取的檔案 data14_17.data 內容如下：

程式實例 ch14_17.py：讀取 3 個文字數量，同時列出讀取後的指針位置。

```
# ch14_17.py
fn = 'data14_17.txt'            # 設定欲開啟的檔案
with open(fn, 'r', encoding='cp950') as fObj:
    print(f"指針位置 {fObj.tell()}")
```

```python
    txt1 = fObj.read(3)
    print(f"{txt1}, 指針位置 {fObj.tell()}")
    txt2 = fObj.read(3)
    print(f"{txt2}, 指針位置 {fObj.tell()}")
    txt3 = fObj.read(3)
    print(f"{txt3}, 指針位置 {fObj.tell()}")
```

執行結果

```
===================== RESTART: D:/Python/ch14/ch14_17.py =====================
指針位置 0
Min, 指針位置 3
gCh, 指針位置 6
i是明, 指針位置 11
```

14-5-6　分批讀取檔案資料

在真實的檔案讀取應用中，如果檔案很大時，我們可能要分批讀取檔案資料，下列是 data14_18.txt 檔案內容。

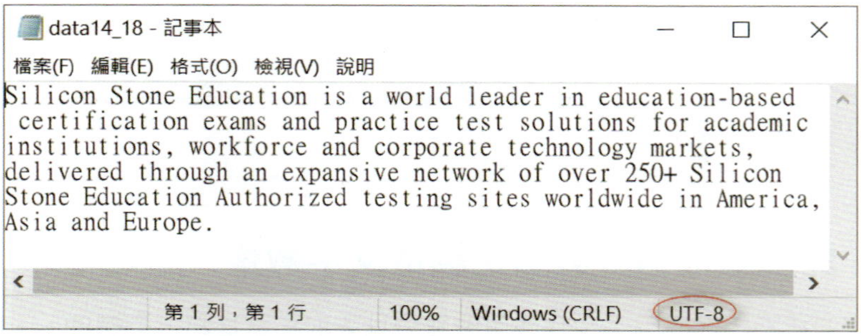
data14_18 - 記事本
檔案(F) 編輯(E) 格式(O) 檢視(V) 說明
Silicon Stone Education is a world leader in education-based
certification exams and practice test solutions for academic
institutions, workforce and corporate technology markets,
delivered through an expansive network of over 250+ Silicon
Stone Education Authorized testing sites worldwide in America,
Asia and Europe.
第 1 列，第 1 行
100%
Windows (CRLF)
UTF-8

程式實例 ch14_18.py：用一次讀取 100 字元方式，讀取 data14_18.txt 檔案。

```python
# ch14_18.py
fn = 'data14_18.txt'              # 設定欲開啟的檔案
chunk = 100
msg = ''
with open(fn, 'r', encoding='utf-8') as fObj:
    while True:

        txt = fObj.read(chunk)    # 一次讀取chunk數量
        if not txt:
            break
        msg += txt
print(msg)
```

執行結果

```
===================== RESTART: D:/Python/ch14/ch14_18.py =====================
Silicon Stone Education is a world leader in education-based
 certification exams and practice test solutions for academic
institutions, workforce and corporate technology markets,
delivered through an expansive network of over 250+ Silicon
Stone Education Authorized testing sites worldwide in America,
Asia and Europe.
```

14-6 寫入檔案

程式設計時一定會碰上要求將執行結果保存起來，此時就可以將執行結果存入檔案內，寫入檔案常用的方法可以參考下表。

方法	說明
write(str)	將字串 str 資料寫入檔案，可以參考 14-6-1 節。
writelines([s1, s2, … sn])	將串列資料寫入檔案，可以參考 14-6-6 節。

14-6-1 將執行結果寫入空的文件內

開啟檔案 open( ) 函數使用時預設是 mode='r' 讀取檔案模式，因此如果開啟檔案是供讀取可以省略 mode='r'。若是要供寫入，那麼就要設定寫入模式 mode='w'，程式設計時可以省略 mode，直接在 open( ) 函數內輸入 'w'。如果所開啟的檔案可以讀取或寫入可以使用 'r+'。如果所開啟的檔案不存在 open( ) 會建立該檔案物件，如果所開啟的檔案已經存在，原檔案內容將被清空。

至於輸出到檔案可以使用 write( ) 方法，語法格式如下：

len = 檔案物件 .write(欲輸出資料)　　　　# 可將資料輸出到檔案物件

上述方法會傳回輸出資料的資料長度。

程式實例 ch14_19.py：輸出資料到檔案的應用，同時輸出寫入的檔案長度。

```
# ch14_19.py
fn = 'out14_19.txt'
string = 'I love Python.'

with open(fn, 'w', encoding='cp950') as fObj:
    print(fObj.write(string))
```

執行結果

```
===================== RESTART: D:/Python/ch14/ch14_19.py =====================
14
```

在 ch14 資料夾可以看到 out14_19.txt 檔案，開啟可以得到 I love Python.。

14-6-2 寫入數值資料

write( ) 輸出時無法寫入數值資料，可參考下列錯誤範例。

程式實例 ch14_20.py：使用 write( ) 寫入數值資料產生錯誤的實例。

```
# ch14_20.py
fn = 'out14_20.txt'
x = 100

with open(fn, 'w') as file_Obj:
    file_Obj.write(x)        # 直接寫入數值x產生錯誤
```

執行結果

```
==================== RESTART: D:/Python/ch14/ch14_20.py ====================
Traceback (most recent call last):
  File "D:/Python/ch14/ch14_20.py", line 6, in <module>
    file_Obj.write(x)        # 直接寫入數值x產生錯誤
TypeError: write() argument must be str, not int
```

如果想要使用 write( ) 將數值資料寫入檔案，必需使用 str( ) 將數值資料轉成字串資料，讀者可以自我練習，筆者將這個練習儲存至 ch14_20_1.py。

```
    file_Obj.write(str(x))        # 使用str(x)輸出
```

14-6-3　輸出多列資料的實例

如果多列資料輸出到檔案，設計程式時需留意各列間的換列符號問題，write( ) 不會主動在列的末端加上換列符號，如果有需要需自己處理。

程式實例 ch14_21.py：使用 write( ) 輸出多列資料的實例。

```
# ch14_21.py
fn = 'out14_21.txt'
str1 = 'I love Python.'
str2 = '洪錦魁著'

with open(fn, 'w', encoding='cp950') as fObj:
    fObj.write(str1)
    fObj.write(str2)
```

執行結果

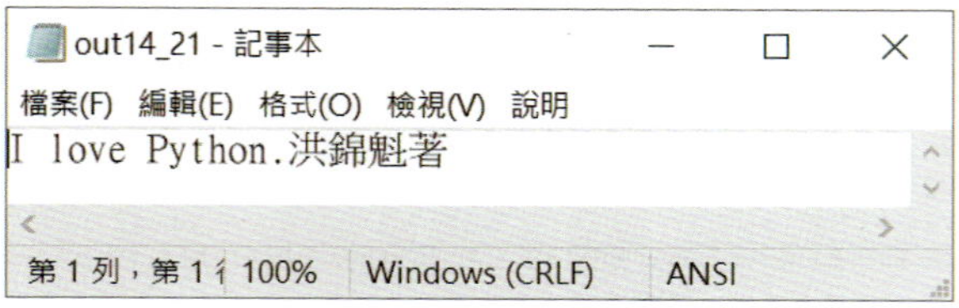

14-6-4　建立附加文件

建立附加文件主要是可以將文件輸出到所開啟的檔案末端，當以 open( ) 開啟時，需增加參數 mode='a' 或是用 'a'，其實 a 是 append 的縮寫。如果用 open( ) 開啟檔案使用 'a' 參數時，若是所開啟的檔案不存在，Python 會開啟空的檔案供寫入，如果所開啟的檔案存在，Python 在執行寫入時不會清空原先的文件內容，而是將所寫資料附加在原檔案末端。

程式實例 ch14_21_1.py：建立附加文件的應用。

```
# ch14_21_1.py
fn = 'out14_21_1.txt'
str1 = 'I love Python.'
str2 = 'Learn Python from the best book.'

with open(fn, 'a') as file_Obj:
    file_Obj.write(str1 + '\n')
    file_Obj.write(str2 + '\n')
```

執行結果 本書 ch14 工作目錄沒有 out14_21_1.txt 檔案，所以執行第 1 次時，可以建立 out14_21_1.txt 檔案，然後得到下方左視窗，第 2 次時可以得到下方右視窗。

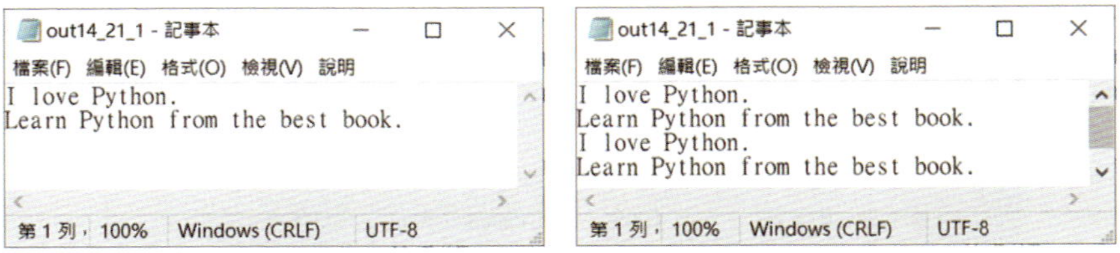

上述只要持續執行，out14_21_1.txt 資料將持續累積。

14-6-5 檔案很大時的分段寫入

有時候檔案或字串很大時，我們也可以用分批寫入方式處理。

程式實例 ch14_22.py：將一個字串用每次 100 字元方式寫入檔案，這個程式也會紀錄每次寫入的字元數，第 2-11 列的文字取材自「Python 之禪」的內容。

```
1  # ch14_22.py
2  zenofPython = '''Beautiful is better than ugly.
3  Explicit is better than implicits.
4  Simple is better than complex.
5  Flat is better than nested.
6  Sparse is better than desse.
7  Readability counts.
8  Special cases aren't special enough to break the rules.
9  ...
10 ...
11 By Tim Peters'''
12
13 fn = 'out14_22.txt'
14 size = len(zenofPython)
15 offset = 0
16 chunk = 100                          # 每次寫入的單位
17 with open(fn, 'w', encoding='cp950') as fObj:
18     while True:
```

```
        if offset > size:
            break
        print(fObj.write(zenofPython[offset:offset+chunk]))
        offset += chunk
```

執行結果

```
===================== RESTART: D:/Python/ch14/ch14_22.py =====================
100
100
51
```

在 ch14 資料夾有 out14_22.txt，此檔案內容如下：

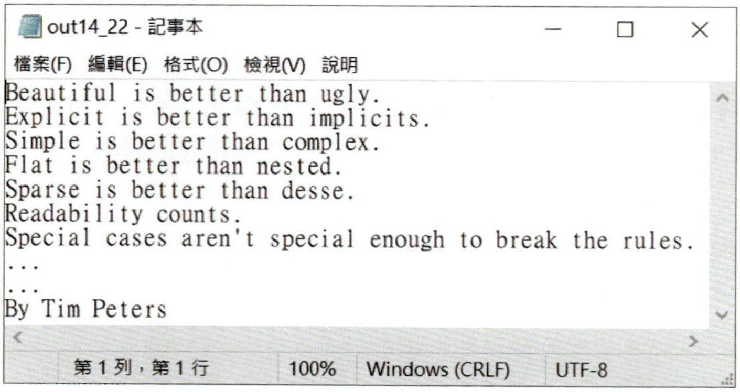

從上述執行結果可以看到寫了 3 次，第 3 次是 51 個字元。

14-6-6 writelines( )

這個方法可以將串列內的元素寫入檔案。

程式實例 ch14_23.py：writelines( ) 使用實例。

```
# ch14_23.py
fn = 'out14_23.txt'
mystr = ['相見時難別亦難\n', '東風無力百花殘\n', '春蠶到死絲方盡']

with open(fn, 'w', encoding='cp950') as fObj:
    fObj.writelines(mystr)
```

執行結果

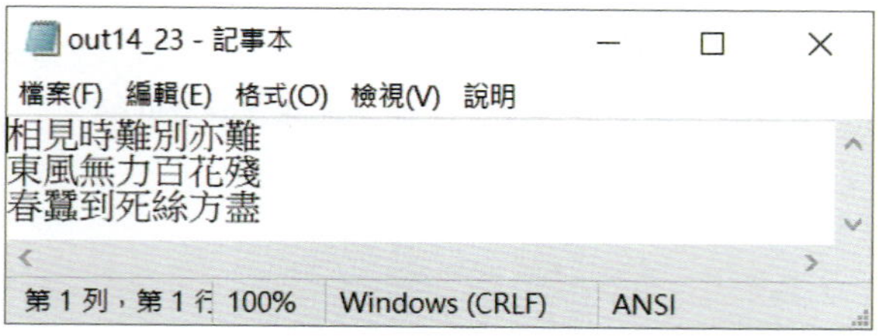

14-7 讀取和寫入二進位檔案

14-7-1 拷貝二進位檔案

一般圖檔、語音檔…等皆是二進位檔案，如果要開啟二進位檔案在 open( ) 檔案時需要使用 'rb'，要寫入二進位檔案在 open( ) 檔案時需要使用 'wb'。

程式實例 ch14_24.py：圖片檔案的拷貝，圖片檔案是二進位檔案，這個程式會拷貝 hung.jpg，新拷貝的檔案是 hung1.jpg。

```
# ch14_24.py
src = 'hung.jpg'
dst = 'hung1.jpg'
tmp = ''

with open(src, 'rb') as file_rd:
    tmp = file_rd.read()
    with open(dst, 'wb') as file_wr:
        file_wr.write(tmp)
```

執行結果：可以在 ch14 資料夾看到 hung.jpg 和 hung1.jpg(這是新的複製檔案)。

hung.jpg

hun1.jpg

14-7-2 隨機讀取二進位檔案

在使用 Python 讀取二進位檔案時，是可以隨機控制讀寫指針的位置，也就是我們可以不必從頭開始讀取，讀了每個 byte 資料才可以讀到檔案最後位置。整個觀念是使用 tell( ) 和 seek( ) 方法，tell( ) 可以傳回從檔案開頭算起，目前讀寫指針的位置，以 byte 為單位。seek( ) 方法可以讓目前讀寫指針跳到指定位置，seek( ) 方法的語法如下：

offsetValue = seek(offset, origin)

整個 seek( ) 方法會傳回目前讀寫指針相對整體資料的位移值，至於 origrin 的意義如下：

origin 是 0(預設)，讀寫指針移至開頭算起的第 offset 的 byte 位置。

origin 是 1，讀寫指針移至目前位置算起的第 offset 的 byte 位置。

origin 是 2，讀寫指針移至相對結尾的第 offset 的 byte 位置。

程式實例 ch14_25.py：建立一個 0-255 的二進位檔案。

```
# ch14_25.py
dst = 'bdata'
bytedata = bytes(range(0,256))
with open(dst, 'wb') as file_dst:
    file_dst.write(bytedata)
```

執行結果 這只是建立一個 bdata 二進位檔案。

程式實例 ch14_26.py：隨機讀取二進位檔案的應用。

```
# ch14_26.py
src = 'bdata'

with open(src, 'rb') as file_src:
    print("目前位移 : ", file_src.tell())
    file_src.seek(10)
    print("目前位移 : ", file_src.tell())
    data = file_src.read()
    print("目前內容 : ", data[0])
    file_src.seek(255)
    print("目前位移 : ", file_src.tell())
    data = file_src.read()
    print("目前內容 : ", data[0])
```

執行結果

```
===================== RESTART: D:\Python\ch14\ch14_26.py =====================
目前位移 :  0
目前位移 :  10
目前內容 :  10
目前位移 :  255
目前內容 :  255
```

14-8 shutil 模組

這個模組有提供一些方法可以讓我們在 Python 程式內執行檔案或目錄的複製、刪除、更動位置和更改名稱。當然在使用前需加上下列載入模組指令。

```
import shutil                # 載入模組指令
```

下列是此模組常用的方法。

語法	說明
shutil.copy(src, dst)	檔案的複製
shutil.copytree(src, dst)	目錄 (含子目錄) 的複製
shutil.move(src, dst)	檔案 (或目錄) 移動或是更改檔案 (或目錄) 名稱
shutil.rmtree(dir)	刪除含有資料的目錄

其實上述檔案或目錄的管理功能與 os.path 模組功能類似，比較特別的是 rmtree( ) 可以刪除含檔案的目錄，os.path 模組的 rmdir( ) 只能刪除空的目錄，如果要刪除含資料檔案的目錄需使用本節所述的 rmtree( )。

程式實例 ch14_27.py：刪除 dir27 目錄，這個目錄底下有資料檔 data27.txt。

```
# ch14_27.py
import shutil

shutil.rmtree('dir27')
```

執行結果 D:\Python\ch14\dir27 將被刪除。

14-9 安全刪除檔案或目錄 send2trash( )

Python 內建的 shutil 模組在刪除檔案後就無法復原了，目前有一個第三方的模組 send2trash，執行刪除檔案或資料夾後是將被刪除的檔案放在資源回收筒，如果後悔可以救回。不過在使用此模組前需先下載這個外部模組。可以進入安裝 Python 的資料夾，然後在 DOS 環境安裝此模組，安裝指令如下：

```
pip install send2trash
```

有關安裝第 3 方模組的方法可參考附錄 E，安裝完成後就可以使用下列方式刪除檔案或目錄了。

```
import   send2trash                          # 導入 send2trash 模組
send2trash.send2trash( 檔案或資料夾 )        # 語法格式
```

程式實例 ch14_28.py：刪除檔案 data14_28.txt，未來可以在資源回收筒找到此檔案。

```
# ch14_28.py
import send2trash

send2trash.send2trash('data14_28.txt')
```

執行結果　下列是資源回收筒的找到此 data14_28.txt 的結果。

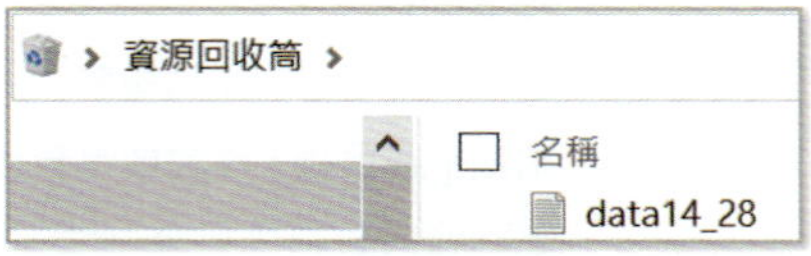

14-10 檔案壓縮與解壓縮 zipfile

Windows 作業系統有提供功能將一般檔案或目錄執行壓縮，壓縮後的副檔名是 zip，Python 內有 zipfile 模組也可以將檔案或目錄執行壓縮以及解壓縮。當然程式開頭需要加上下列指令導入此模組。

```
import  zipfile
```

14-10-1 執行檔案或目錄的壓縮

執行檔案壓縮前首先要使用 ZipFile( ) 方法建立一份壓縮後的檔名，在這個方法中另外要加上 'w' 參數，註明未來是供 write( ) 方法寫入。

```
fileZip = zipfile.ZipFile('out.zip', 'w')            # out.zip 是未來儲存壓縮結果
```

上述 fileZip 和 out.zip 皆可以自由設定名稱，fileZip 是壓縮檔物件代表的是 out.zip，未來將被壓縮的檔案資料寫入此物件，就可以執行將結果存入 out.zip。由於 ZipFile( ) 無法執行整個目錄的壓縮，不過可用迴圈方式將目錄底下的檔案壓縮，即可達到壓縮整個目錄的目的。

程式實例 ch14_29.py：這個程式會將目前工作目錄底下的 zipdir29 目錄壓縮，壓縮結果儲存在 out29.zip 內。這個程式執行前的 zipdir29 內容如下：

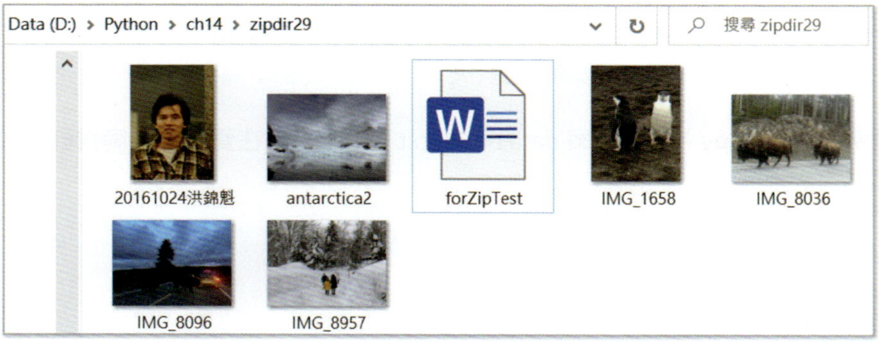

下列是程式內容，其中 zipfile.ZIP_DEFLATED 是註明壓縮方式。

```
# ch14_29.py
import zipfile
import glob, os

fileZip = zipfile.ZipFile('out29.zip', 'w')
for name in glob.glob('zipdir29/*'):        # 遍歷zipdir29目錄
    fileZip.write(name, os.path.basename(name), zipfile.ZIP_DEFLATED)

fileZip.close()
```

執行結果 可以在相同目錄得到下列壓縮檔案 out29.zip。

14-10-2　讀取 zip 檔案

ZipFile 物件有 namelist( ) 方法可以傳回 zip 檔案內所有被壓縮的檔案或目錄名稱，同時以串列方式傳回此物件。這個傳回的物件可以使用 infolist( ) 方法傳回各元素的屬性，檔案名稱 filename、檔案大小 file_size、壓縮結果大小 compress_size、檔案時間 data_time。

程式實例 ch14_30.py：將 ch14_29.py 所建的 zip 檔案解析，列出所有被壓縮的檔案，以及檔案名稱、檔案大小和壓縮結果大小。

```
# ch14_30.py
import zipfile

listZipInfo = zipfile.ZipFile('out29.zip', 'r')
print(listZipInfo.namelist())        # 以列表列出所有壓縮檔案
print("\n")
for info in listZipInfo.infolist():
    print(info.filename, info.file_size, info.compress_size)
```

執行結果

```
==================== RESTART: D:\Python\ch14\ch14_30.py ====================
['20161024洪錦魁.jpg', 'antarctica2.jpg', 'forZipTest.docx', 'IMG_1658.jpg', 'IM
G_8036.jpg', 'IMG_8096.jpg', 'IMG_8957.JPG', 'Thumbs.db']


20161024洪錦魁.jpg 166763 166531
antarctica2.jpg 1440258 1430105
forZipTest.docx 1266045 1252488
IMG_1658.jpg 1478242 1475740
IMG_8036.jpg 2885322 2877251
IMG_8096.jpg 1473764 1471145
IMG_8957.JPG 129424 126337
Thumbs.db 89088 81337
```

14-10-3　解壓縮 zip 檔案

解壓縮 zip 檔案可以使用 extractall( ) 方法。

程式實例 ch14_31.py：將程式實例 ch14_29.py 所建的 out29.zip 解壓縮，同時將壓縮結果存入 out31 目錄。

```
# ch14_31.py
import zipfile

fileUnZip = zipfile.ZipFile('out29.zip')
fileUnZip.extractall('out31')
fileUnZip.close()
```

執行結果

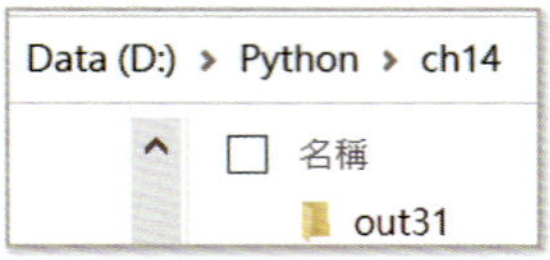

14-11 再談編碼格式 encoding

14-11-1　中文 Windows 作業系統記事本預設的編碼

請開啟中文 Windows 作業系統的記事本建立下列檔案，註：新版的記事本是使用「utf-8」當作預設的編碼。

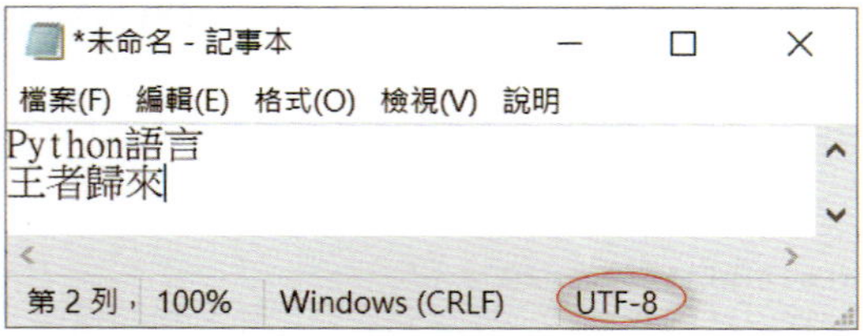

請執行檔案 / 另存新檔指令。

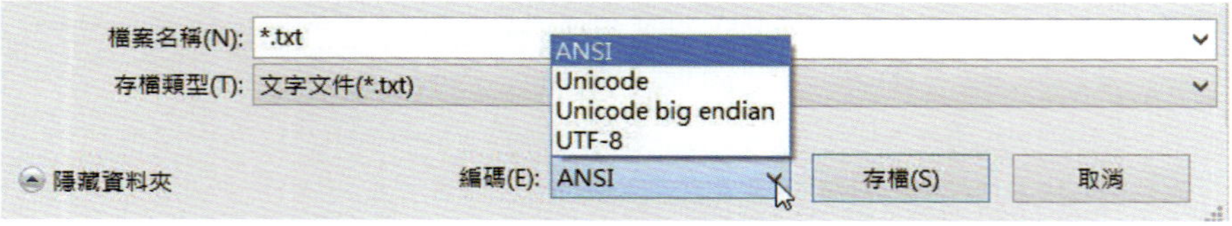

上述請將編碼改為「ANSI」，在這個編碼格式下，在 Python 的 open( ) 內可以使用 encoding="cp950" 編碼的方式開啟檔案，請將上述檔案存至 data14_32.txt。

程式實例 ch14_32.py：使用 encoding="cp950" 執行開啟 data14_32.txt，然後輸出。

```
# ch14_32.py

fn = 'data14_32.txt'                        # 設定欲開啟的檔案
file_Obj =  open(fn, encoding='cp950')      # 預設encoding='cp950'開檔案
data = file_Obj.read()                      # 讀取檔案到變數data
file_Obj.close()                            # 關閉檔案物件
print(data)                                 # 輸出變數data相當於輸出檔案
```

執行結果

```
==================== RESTART: D:\Python\ch14\ch14_32.py ====================
Python語言
王者歸來
```

14-11-2 utf-8 編碼

utf-8 英文全名是 8-bit Unicode Transformation Format，這是一種適合多語系的編碼規則，主要精神是使用可變長度位元組方式儲存字元，以節省記憶體空間。例如，對於英文字母而言是使用 1 個位元組空間儲存即可，對於含有附加符號的希臘文、拉丁文或阿拉伯文 … 等則用 2 個位元組空間儲存字元，兩岸華人所使用的中文字則是以 3 個位元組空間儲存字元，只有極少數的平面輔助文字需要 4 個位元組空間儲存字元。也就是說這種編碼規則已經包含了全球所有語言的字元了，所以採用這種編碼方式設計網頁時，其他國家的瀏覽器只要有支援 utf-8 編碼皆可顯示。例如，美國人即使使用英文版的 Internet Explorer 瀏覽器，也可以正常顯示中文字。

另外，有時我們在網路世界瀏覽其它國家的網頁時，發生顯示亂碼情況，主要原因就是對方網頁設計師並沒有將此屬性設為 "utf-8"。例如，早期最常見的是，大陸簡體中文的編碼是 "gb2312"，這種編碼方式是以 2 個字元組儲存一個簡體中文字，由於這種編碼方式不是適用多語系，無法在繁體中文 Windows 環境中使用，如果大陸的網頁設計師採用此編碼，將造成港、澳或台灣繁體中文 Widnows 的使用者在繁體中文視窗環境瀏覽此網頁時出現亂碼。

其實 utf-8 是國際通用的編碼，如果你使用 Linux 或 Max OS，一般也是用國際編碼，所以如果開啟檔案發生錯誤，請先檢查文件的編碼格式。ch14 資料夾有「utf-8」編碼的 data14_33.txt 檔案。

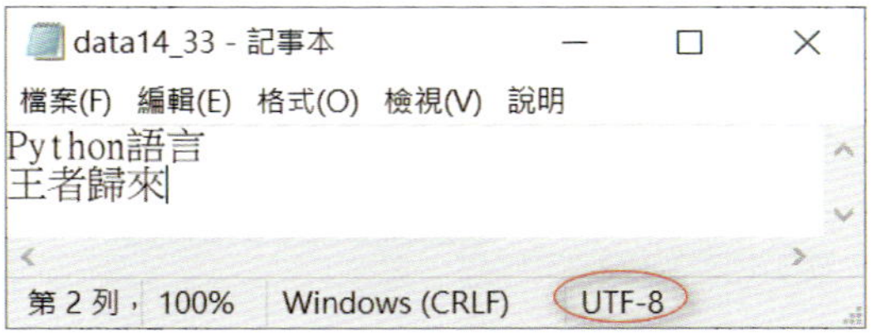

註 建議編輯簡體中文時使用 utf-8 編碼儲存，可以保存完整內容，未來再用 utf-8 編碼格式開啟。

程式實例 ch14_33.py： 重新設計 ch14_32.py，用 encoding='950' 開啟 data14_33.txt 檔案發生錯誤的實例。

```python
# ch14_33.py

fn = 'data14_33.txt'                             # 設定欲開啟的檔案
file_Obj =  open(fn, encoding='cp950')          # 預設encoding='cp950'開檔案
data = file_Obj.read()                           # 讀取檔案到變數data
file_Obj.close()                                 # 關閉檔案物件
print(data)                                      # 輸出變數data相當於輸出檔案
```

執行結果

```
==================== RESTART: D:\Python\ch14\ch14_33.py ====================
Traceback (most recent call last):
  File "D:\Python\ch14\ch14_33.py", line 5, in <module>
    data = file_Obj.read()                  # 讀取檔案到變數data
UnicodeDecodeError: 'cp950' codec can't decode byte 0x9e in position 8: illegal
multibyte sequence
```

上述很明顯指出是解碼 decode 錯誤。

程式實例 ch14_34.py： 重新設計 ch14_33.py，使用「encoding='utf-8'」。

```python
# ch14_34.py

fn = 'data14_33.txt'                             # 設定欲開啟的檔案
file_Obj =  open(fn, encoding='utf-8')          # 預設encoding='utf-8'開檔案
data = file_Obj.read()                           # 讀取檔案到變數data
file_Obj.close()                                 # 關閉檔案物件
print(data)                                      # 輸出變數data相當於輸出檔案
```

執行結果 可以得到 ch14_32.py 的結果。

14-11-3 認識 utf-8 編碼的 BOM

使用中文 Windows 作業系統的記事本儲存檔案時，也可以選擇「具有 BOM 的 UTF-8」格式儲存，如下所示：

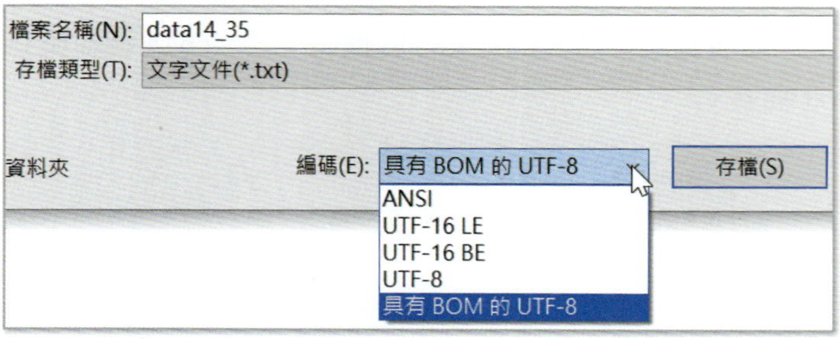

儲存後可以得到下列 ch14_35.txt 的結果。

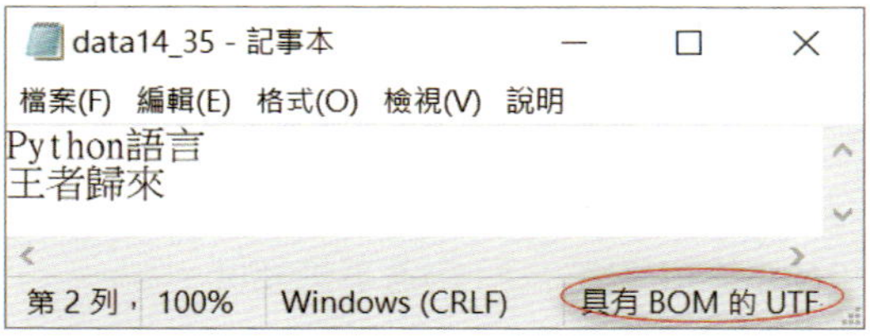

上述檔案會讓作業系統會在文件前端增加位元組順序記號 (Byte Order Mark, 簡稱 BOM)，俗稱文件前端代碼，主要功能是判斷文字以 Unicode 表示時，位元組的排序方式。

程式實例 ch14_35.py：使用逐列讀取方式讀取 utf-8 編碼格式的 data14_33.txt 檔案，驗證 BOM 的存在。

```
# ch14_35.py

fn = 'data14_33.txt'                                # 設定欲開啟的檔案
with open(fn, encoding='utf-8') as file_Obj:        # 開啟utf-8檔案
    obj_list = file_Obj.readlines()                 # 每次讀一列

print(obj_list)                                     # 列印串列
```

執行結果

```
==================== RESTART: D:\Python\ch14\ch14_35.py ====================
['\ufeffPython語言\n', '王者歸來\n']
```

從上述執行結果可以看到 \ufeff 字元，其實 u 代表這是 Unicode 編碼格式，fe 和 ff 是 16 進位的編碼格式，這是代表編碼格式。在 utf-8 的編碼中有 2 種編碼格式主張，有一派主張數值較大的 byte 要放在前面，這種方式稱 Big Endian(BE) 系統。另一派主張數值較小的 byte 要放在前面，這種方式稱 Little Endian(LE) 系統。目前 Windows 系統的編法是 LE 系統，它的 BOM 內容是 \ufeff，由於目前沒有所謂的 \ufffe 內容，所以一般就用 BOM 內容是 \ufeff 時代表這是 LE 的編碼系統。這 2 個字元在 Unicode 中是不佔空間，所以許多時候是不感覺它們的存在。

open( ) 函數使用時，也可以很明確的使用 encoding='utf-8-sig' 格式，這時即使是逐列讀取也可以將 BOM 去除。

程式實例 ch14_36.py：重新設計 ch14_35.py，使用 encoding=「utf-8-sig」格式。

```
# ch14_36.py

fn = 'data14_33.txt'                                    # 欲開啟的檔案
with open(fn, encoding='utf-8-sig') as file_Obj:        # utf-8-sig
    obj_list = file_Obj.readlines()                     # 每次讀一列

print(obj_list)                                         # 列印串列
```

執行結果 從執行結果可以看到 \ufeff 字元沒有了。

```
===================== RESTART: D:/Python/ch14/ch14_36.py =====================
['Python語言\n', '王者歸來\n']
```

另外有一些專業的文字編輯軟體也有提供在存檔時，使用「utf-8」格式但是去除 BOM 方式存檔。例如：NotePad 軟體，可參考下列畫面。

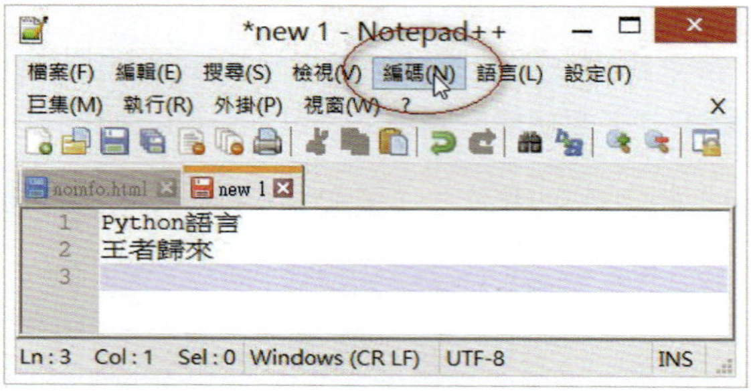

請執行編碼 / 編譯成 UTF-8 碼 (檔首無 BOM)。

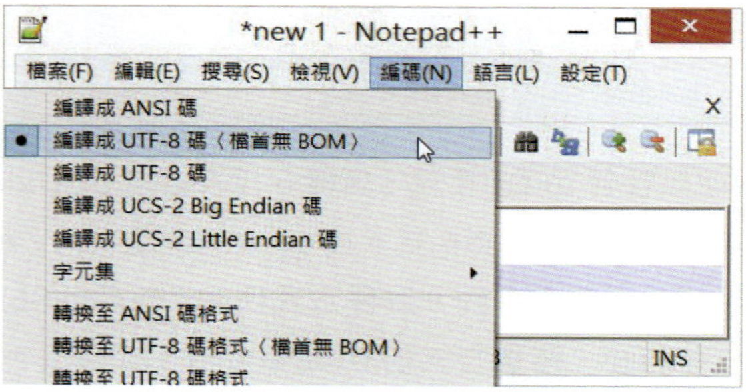

請將執行結果存入 data14_37.txt。

程式實例 ch14_37.py： 重新設計 ch14_35.jpy，這次改讀取 data14_37.txt，並觀察執行結果，可以看到 \ufeff 字元不見了。

```
# ch14_37.py

fn = 'data14_37.txt'                                  # 設定欲開啟的檔案
with open(fn, encoding='utf-8') as file_Obj:          # 開啟utf-8檔案
    obj_list = file_Obj.readlines()                   # 每次讀一列

print(obj_list)                                       # 列印串列
```

執行結果

```
===================== RESTART: D:/Python/ch14/ch14_37.py =====================
['Python語言\n', '王者歸來\n']
```

14-12 剪貼簿的應用

剪貼簿的功能是屬第三方 pyperclip 模組內，使用前需使用下列方式安裝此模組，更多知識可參考附錄 E：

```
pip install pyperclip
```

或是，如果電腦安裝多個 python 版本，請在前方增加「pv-v-m」，「v」是版本編號，例如，假設要將模組安裝在 3.11 版，則語法如下：

```
py -3.11-m pip install pyp
```

然後程式前面加上下列導入 pyperclip 模組功能。

```
import pyperclip
```

安裝完成後就可以使用下列 2 個方法：

- copy( )：可將串列資料拷貝至剪貼簿。
- paste( )：將剪貼簿資料拷貝回字串變數。

程式實例 ch14_38.py：將資料拷貝至剪貼簿，再將剪貼簿資料拷貝回字串變數 string，同時列印 string 字串變數。

```
1  # ch14_38.py
2  import pyperclip
3
4  pyperclip.copy('明志科大-勤勞樸實')         # 將字串拷貝至剪貼簿
5  string = pyperclip.paste()                 # 從剪貼簿拷貝回string
6  print(string)                              # 列印
```

執行結果

```
==================== RESTART: D:\Python\ch14\ch14_38.py ====================
明志科大-勤勞樸實
```

其實上述執行第 4 列後，如果你開啟剪貼簿 (可開啟 Word 再進入剪貼簿功能) 可以看到 " 明志科大 - 勤勞樸實 " 字串已經出現在剪貼簿。程式第 5 列則是將剪貼簿資料拷貝至 string 字串變數，第 6 列則是列印 string 字串變數。

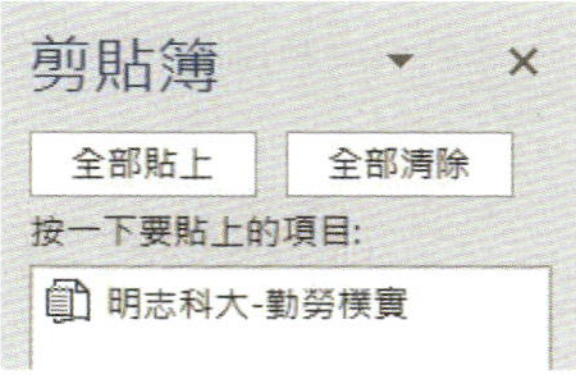

14-13 專題設計 - 分析檔案 / 加密檔案 / 潛在應用

14-13-1　以讀取檔案方式處理分析檔案

我們有學過字串、串列、字典、設計函數、檔案開啟與讀取檔案，這一節將舉一個實例可以應用上述觀念。

程式實例 ch14_39.py：有一首兩隻老虎的兒歌放在 data14_39.txt 檔案內，其實這首耳熟能詳的兒歌是法國歌曲，原歌詞如下：

```
data14_39 - 記事本
檔案(F)　編輯(E)　格式(O)　檢視(V)　說明
Are you sleeping, are you sleeping, Brother John, Broth
Morning bells are ringing, morning bells are ringing.
Ding ding dong, Ding ding dong.
第 1 列，第 1 行    100%    Windows (CRLF)    UTF-8
```

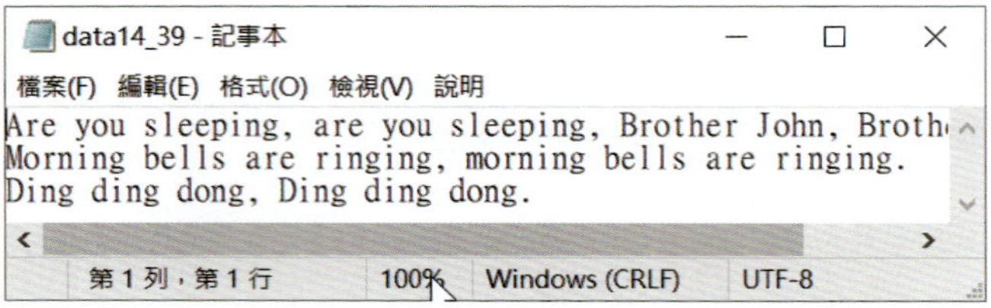

這個程式主要是列出每個歌詞出現的次數，為了單純全部單字改成小寫顯示，這個程式將用字典保存執行結果，字典的鍵是單字、字典的值是單字出現次數。為了讓讀者了解本程式的每個步驟，筆者輸出每一個階段的變化。

```
# ch14_39.py
def modifySong(songStr):                # 將歌曲的標點符號用空字元取代
    for ch in songStr:
        if ch in ".,?":
            songStr = songStr.replace(ch,'')
    return songStr                      # 傳回取代結果

def wordCount(songCount):
    global mydict
    songList = songCount.split()        # 將歌曲字串轉成串列
    print("以下是歌曲串列")
    print(songList)
    mydict = {wd:songList.count(wd) for wd in set(songList)}

fn = "data14_39.txt"
with open(fn) as file_Obj:              # 開啟歌曲檔案
    data = file_Obj.read()              # 讀取歌曲檔案
    print("以下是所讀取的歌曲")
    print(data)                         # 列印歌曲檔案

mydict = {}                             # 空字典未來儲存單字計數結果
print("以下是將歌曲大寫字母全部改成小寫同時將標點符號用空字元取代")
song = modifySong(data.lower())
print(song)

wordCount(song)                         # 執行歌曲單字計數
print("以下是最後執行結果")
print(mydict)                           # 列印字典
```

執行結果

```
==================== RESTART: D:\Python\ch14\ch14_39.py ====================
以下是所讀取的歌曲
Are you sleeping, are you sleeping, Brother John, Brother John?
Morning bells are ringing, morning bells are ringing.
Ding ding dong, Ding ding dong.
以下是將歌曲大寫字母全部改成小寫同時將標點符號用空字元取代
are you sleeping are you sleeping brother john brother john
morning bells are ringing morning bells are ringing
ding ding dong ding ding dong
以下是歌曲串列
['are', 'you', 'sleeping', 'are', 'you', 'sleeping', 'brother', 'john', 'brother
', 'john', 'morning', 'bells', 'are', 'ringing', 'morning', 'bells', 'are', 'rin
ging', 'ding', 'ding', 'dong', 'ding', 'ding', 'dong']
以下是最後執行結果
{'john': 2, 'morning': 2, 'ringing': 2, 'you': 2, 'ding': 4, 'are': 4, 'bells':
2, 'sleeping': 2, 'brother': 2, 'dong': 2}
```

14-13-2 加密檔案

13-11-3 筆者已經介紹加密文件的觀念了，但是那只是為一個字串執行加密，更進一步我們可以設計為一個檔案加密，一般檔案有 '\n' 或 '\t' 字元，所以我們必需在加密與解密字典內增加考慮這 2 個字元。

程式實例 ch14_40.py：這個程式筆者將加密由 Tim Peters 所寫的 "Python 之禪 "，當然首先筆者將此 "Python 之禪 " 建立在 ch14 資料夾內檔名是 zenofPython.txt，然後讀取此檔案，最後列出加密結果。讀者需留意第 11 列，不可列印字元只刪除最後 3 個字元。

```
1  # ch14_40.py
2  import string
3
4  def encrypt(text, encryDict):                # 加密文件
5      cipher = []
6      for i in text:                           # 執行每個字元加密
7          v = encryDict[i]                     # 加密
8          cipher.append(v)                     # 加密結果
9      return ''.join(cipher)                   # 將串列轉成字串
10
11 abc = string.printable[:-3]                  # 取消不可列印字元
12 subText = abc[-3:] + abc[:-3]                # 加密字串字串
13 encry_dict = dict(zip(subText, abc))         # 建立字典
14
15 fn = "zenofPython.txt"
16 with open(fn) as file_Obj:                   # 開啟檔案
17     msg = file_Obj.read()                    # 讀取檔案
18
19 ciphertext = encrypt(msg, encry_dict)
20
21 print("原始字串")
22 print(msg)
23 print("加密字串")
24 print(ciphertext)
```

執行結果

```
==================== RESTART: D:\Python\ch14\ch14_40.py ====================
原始字串
The Zen of Python, by Tim Peters

Beautiful is better than ugly.
Explicit is better than implicit.
Simple is better than complex.
Complex is better than complicated.
Flat is better than nested.
Sparse is better than dense.
Readability counts.
Special cases aren't special enough to break the rules.
Although practicality beats purity.
Errors should never pass silently.
Unless explicitly silenced.
In the face of ambiguity, refuse the temptation to guess.
There should be one-- and preferably only one --obvious way to do it.
Although that way may not be obvious at first unless you're Dutch.
Now is better than never.
Although never is often better than *right* now.
If the implementation is hard to explain, it's a bad idea.
If the implementation is easy to explain, it may be a good idea.
Namespaces are one honking great idea -- let's do more of those!
加密字串
Wkh0#hq0ri0SBwkrq/0eB0W1p0Shwhuv22Ehdxw1ixo01v0ehwwhu0wkdq0xjoB;2HAsolflw01v0ehw
whu0wkdq01psolflw;2V1psoh01v0ehwwhu0wkdq0frpsohA;2FrpsohA01v0ehwwhu0wkdq0frpsolf
dwhg;2Iodw01v0ehwwhu0wkdq0qhvwhg;2Vsduvh01v0ehwwhu0wkdq0ghqvh;2Uhdgdelo1wB0frxqw
v;2Vshfldo0fdvhv0duhq*w0vshfldo0hqrxjk0wr0euhdn0wkh0uxohv;2Dowkrxjk0sudfw1fdolwB
0ehdwv0sxulwB;2Huuruv0vkrxog0qhyhu0sdvv0vlohqwoB;2XqohvvOhAsolflwoB0vlohqfhg;2Lq
0wkh0idfh0ri0dpeljx1wB/0uhixvh0wkh0whpswdw1rq0wr0jxhvv;2Wkhuh0vkrxog0eh0rqh::0dq
g0suhihudeoB0rqoB0rqh0::reylrxv0zdB0wr0gr01w;2Dowkrxjk0wkdw0zdB0pdB0qrw0eh0reylr
xv0dw0iluvw0xqohvv0Brx*uh0Gxwfk;2Qrz01v0ehwwhu0wkdq0qhyhu;2Dowkrxjk0qhyhu01v0riw
hq0ehwwhu0wkdq0-uljkw-0qrz;2Li0wkh01psohphqwdw1rq01v0kdug0wr0hAsod1q/01w*v0d0edg
01ghd;2Li0wkh01psohphqwdw1rq01v0hdvB0wr0hAsod1q/01w0pdB0eh0d0jrrg01ghd;2Qdphvsdf
hv0duh0rqh0krqnlqj0juhdw01ghd0::0ohw*v0gr0pruh0ri0wkrvh$
```

如何驗證上述加密正確，最好的方式是為上述加密結果解密，這將是讀者的習題。

14-13-3　檔案輸入與輸出的潛在應用

這一節所述重點是描述潛在應用，部分觀念尚未介紹或是無法執行，讀者可以參考即可。

❑ 資料保存 - 自動將重要資料保存到文件中

```python
# ch14_41.py
with open('backup.csv', 'w') as file:
    for data in database_data:
        file.write(','.join(data) + '\n')
```

❑ 日誌文件寫入 - 記錄應用活動到日誌文件中

```python
# ch14_42.py
with open('app.log', 'a') as log_file:
    log_file.write(f'{time.strftime("%Y-%m-%d %H:%M:%S")} - 工作項目 1\n')
```

❑ 自動備份系統日誌 - 定期從系統目錄讀取日誌並將其備份到另一個位置

```python
# ch14_43.py
import shutil
import glob
import time

log_files = glob.glob('/path/to/logs/*.log')
backup_path = '/path/to/backup/'

for log_file in log_files:
    shutil.copy(log_file, backup_path + time.strftime("%Y%m%d_%H%M%S_") + log_file.split('/')[-1])
```

第 15 章
程式除錯與異常處理

15-1 程式異常

有時也可以將程式錯誤 (error) 稱作程式異常 (exception)，相信每一位寫程式的人一定會常常碰上程式錯誤，過去碰上這類情況程式將終止執行，同時出現錯誤訊息，錯誤訊息內容通常是顯示 Traceback，然後列出異常報告。Python 提供功能可以讓我們捕捉異常和撰寫異常處理程序，當發生異常被我們捕捉時會去執行異常處理程序，然後程式可以繼續執行。

15-1-1　一個除數為 0 的錯誤

本節將以一個除數為 0 的錯誤開始說明。

程式實例 ch15_1.py：建立一個除法運算的函數，這個函數將接受 2 個參數，然後執行第一個參數除以第二個參數。

```
1  # ch15_1.py
2  def division(x, y):
3      return x / y
4
5  print(division(10, 2))      # 列出10/2
6  print(division(5, 0))       # 列出5/0
7  print(division(6, 3))       # 列出6/3
```

執行結果

```
==================== RESTART: D:\Python\ch15\ch15_1.py ====================
5.0
Traceback (most recent call last):
  File "D:\Python\ch15\ch15_1.py", line 6, in <module>
    print(division(5, 0))        # 列出5/0
  File "D:\Python\ch15\ch15_1.py", line 3, in division
    return x / y
ZeroDivisionError: division by zero
```

上述程式在執行第 5 列時，一切還是正常。但是到了執行第 6 列時，因為第 2 個參數是 0，導致發生 ZeroDivisionError: division by zero 的錯誤，所以整個程式就執行終止了。其實對於上述程式而言，若是程式可以執行第 7 列，是可以正常得到執行結果的，可是程式第 6 列已經造成程式終止了，所以無法執行第 7 列。

15-1-2　撰寫異常處理程序 try...except

這一小節筆者將講解如何捕捉異常與設計異常處理程序，發生異常被捕捉時程式會執行異常處理程序，然後跳開異常位置，再繼續往下執行。這時要使用 try...except 指令，它的語法格式如下：

try:
　　指令　　　　　　　# 預先設想可能引發錯誤異常的指令
except 異常物件 :　　　# 若以 ch15_1.py 而言，異常物件就是指 ZeroDivisionError
　　異常處理程序　　　# 通常是指出異常原因，方便修正

上述會執行「try:」(未來敘述會省略「:」符號，用 try 表示) 下面的指令，如果正常則跳離 except 部分，如果指令有錯誤異常，則檢查此異常是否是異常物件所指的錯誤，如果是代表異常被捕捉了，則執行此異常物件下面的異常處理程序。

程式實例 ch15_2.py：重新設計 ch15_1.py，增加異常處理程序。

```
1  # ch15_2.py
2  def division(x, y):
3      try:                          # try - except指令
4          return x / y
5      except ZeroDivisionError:     # 除數為0時執行
6          print("除數不可為0")
7
8  print(division(10, 2))            # 列出10/2
9  print(division(5, 0))             # 列出5/0
10 print(division(6, 3))             # 列出6/3
```

執行結果

```
==================== RESTART: D:\Python\ch15\ch15_2.py ====================
5.0
除數不可為0
None
2.0
```

上述程式執行第 8 列時，會將參數 (10, 2) 帶入 division( ) 函數，由於執行 try 的指令的 "x / y" 沒有問題，所以可以執行 "return x / y"，這時 Python 將跳過 except 的指令。當程式執行第 9 列時，會將參數 (5, 0) 帶入 division( ) 函數，由於執行 try 的指令的 "x / y" 產生了除數為 0 的 ZeroDivisionError 異常，這時 Python 會找尋是否有處理這類異常的 except ZeroDivisionError 存在，如果有就表示此異常被捕捉，就去執行相關的錯誤處理程序，此例是執行第 6 列，輸出 " 除數不可為 0" 的錯誤。函數回返然後印出結果 None，None 是一個物件表示結果不存在，最後返回程式第 10 列，繼續執行相關指令。

從上述可以看到，程式增加了 try...except 後，若是異常被 except 捕捉，出現的異常訊息比較友善了，同時不會有程式中斷的情況發生。

特別需留意的是在 try...except 的使用中，如果在 try 後面的指令產生異常時，這個異常不是我們設計的 except 異常物件，表示異常沒被捕捉到，這時程式依舊會像 ch15_1.py 一樣，直接出現錯誤訊息，然後程式終止。

程式實例 ch15_2_1.py：重新設計 ch15_2.py，但是程式第 9 列使用字元呼叫除法運算，造成程式異常。

```
1  # ch15_2_1.py
2  def division(x, y):
3      try:                          # try - except指令
4          return x / y
5      except ZeroDivisionError:     # 除數為0時執行
6          print("除數不可為0")
7
8  print(division(10, 2))            # 列出10/2
9  print(division('a', 'b'))         # 列出'a' / 'b'
10 print(division(6, 3))             # 列出6/3
```

執行結果

```
==================== RESTART: D:\Python\ch15\ch15_2_1.py ====================
5.0
Traceback (most recent call last):
  File "D:\Python\ch15\ch15_2_1.py", line 9, in <module>
    print(division('a', 'b'))        # 列出'a' / 'b'
  File "D:\Python\ch15\ch15_2_1.py", line 4, in division
    return x / y
TypeError: unsupported operand type(s) for /: 'str' and 'str'
```

由上述執行結果可以看到異常原因是 TypeError，由於我們在程式中沒有設計 except TypeError 的異常處理程序，所以程式會終止執行。更多相關處理將在 15-2 節說明。

15-1-3　try - except - else

Python 在 try – except 中又增加了 else 指令，這個指令存放的主要目的是 try 內的指令正確時，可以執行 else 內的指令區塊，我們可以將這部分指令區塊稱正確處理程序，這樣可以增加程式的可讀性。此時語法格式如下：

```
try:
    指令                    # 預先設想可能引發異常的指令
except 異常物件：           # 若以 ch15_1.py 而言，異常物件就是指 ZeroDivisionError
    異常處理程序            # 通常是指出異常原因，方便修正
else:
    正確處理程序            # 如果指令正確實執行此區塊指令
```

程式實例 ch15_3.py：使用 try – except – else 重新設計 ch15_2.py。

```
# ch15_3.py
def division(x, y):
    try:                          # try - except指令
        ans =  x / y
```

```
    except ZeroDivisionError:       # 除數為0時執行
        print("除數不可為0")
    else:
        return ans                  # 傳回正確的執行結果

print(division(10, 2))              # 列出10/2
print(division(5, 0))               # 列出5/0
print(division(6, 3))               # 列出6/3
```

執行結果 與 ch15_2.py 相同。

15-1-4 找不到檔案的錯誤 FileNotFoundError

程式設計時另一個常常發生的異常是開啟檔案時找不到檔案，這時會產生 FileNotFoundError 異常。

程式實例 ch15_4.py：開啟一個不存在的檔案 ch15_4.txt 產生異常的實例，這個程式會有一個異常處理程序，如果檔案找不到則輸出 " 找不到檔案 "。如果檔案存在，則列印檔案內容。

```
# ch15_4.py

fn = 'data15_4.txt'                 # 設定欲開啟的檔案
try:
    with open(fn) as file_Obj:      # 預設mode=r開啟檔案
        data = file_Obj.read()      # 讀取檔案到變數data
except FileNotFoundError:
    print(f"找不到 {fn} 檔案")
else:
    print(data)                     # 輸出變數data
```

執行結果

```
==================== RESTART: D:\Python\ch15\ch15_4.py ====================
找不到 data15_4.txt 檔案
```

程式實例 ch15_5.py：與 ch15_4.txt 內容基本上相同，只是開啟已經存在的檔案。

```
fn = 'data15_5.txt'                 # 設定欲開啟的檔案
```

執行結果

```
==================== RESTART: D:\Python\ch15\ch15_5.py ====================
深智數位科技
深度學習滴水穿石
Deepen your mind.
```

15-1-5 分析單一文件的字數

有時候在讀一篇文章時，可能會想知道這篇文章的字數，這時我們可以採用下列方式分析。在正式分析前，可以先來看一個簡單的程式應用。

程式實例 ch15_6.py：分析一個文件內有多少個單字。

```
# ch15_6.py

fn = 'data15_6.txt'              # 設定欲開啟的檔案
try:
    with open(fn) as file_Obj:   # 用預設mode=r開啟檔案
        data = file_Obj.read()   # 讀取檔案到變數data
except FileNotFoundError:
    print(f"找不到 {fn} 檔案")
else:
    wordList = data.split()      # 將文章轉成串列
    print(f"{fn} 文章的字數是 {len(wordList)}")    # 列印文章字數
```

執行結果

```
==================== RESTART: D:\Python\ch15\ch15_6.py ====================
data15_6.txt 文章的字數是 43
```

如果程式設計時常常有需要計算某篇文章的字數，可以考慮將上述計算文章的字數處理成一個函數，這個函數的參數是文章的檔名，然後函數直接印出文章的字數。

程式實例 ch15_7.py：設計一個計算文章字數的函數 wordsNum，只要傳遞文章檔案名稱，就可以獲得此篇文章的字數。

```
# ch15_7.py
def wordsNum(fn):
    """適用英文文件, 輸入文章的檔案名稱,可以計算此文章的字數"""
    try:
        with open(fn) as file_Obj:   # 用預設mode=r開啟檔案
            data = file_Obj.read()   # 讀取檔案到變數data
    except FileNotFoundError:
        print(f"找不到 {fn} 檔案")
    else:
        wordList = data.split()      # 將文章轉成串列
        print(f"{fn} 文章的字數是 {len(wordList)}")    # 文章字數

file = 'data15_6.txt'                # 設定欲開啟的檔案
wordsNum(file)
```

執行結果　與 ch15_6.py 相同。

15-1-6　分析多個文件的字數

程式設計時你可能需設計讀取許多檔案做分析，部分檔案可能存在，部分檔案可能不存在，這時就可以使用本節的觀念做設計了。在接下來的程式實例分析中，筆者將欲讀取的檔案名稱放在串列內，然後使用迴圈將檔案分次傳給程式實例 ch15_7.py 建立的 wordsNum 函數，如果檔案存在將印出字數，如果檔案不存在將列出找不到此檔案。

程式實例 ch15_8.py：分析 data1.txt、data2.txt、data3.txt 這 3 個檔案的字數，同時筆者在 ch15 資料夾沒有放置 data2.txt，所以程式遇到分析此檔案時，將列出找不到此檔案。

```python
# ch15_8.py
def wordsNum(fn):
    """適用英文文件, 輸入文章的檔案名稱,可以計算此文章的字數"""
    try:
        with open(fn) as file_Obj:   # 用預設mode=r開啟檔案
            data = file_Obj.read()   # 讀取檔案到變數data
    except FileNotFoundError:
        print(f"找不到 {fn} 檔案")
    else:
        wordList = data.split()      # 將文章轉成串列
        print(f"{fn} 文章的字數是 {len(wordList)}")    # 文章字數

files = ['data1.txt', 'data2.txt', 'data3.txt']       # 檔案串列
for file in files:
    wordsNum(file)
```

執行結果

```
===================== RESTART: D:\Python\ch15\ch15_8.py =====================
data1.txt  文章的字數是  43
找不到 data2.txt 檔案
data3.txt  文章的字數是  39
```

15-2 設計多組異常處理程序

在程式實例 ch15_1.py、ch15_2.py 和 ch15_2_1.py 的實例中，我們很清楚瞭解了程式設計中有太多各種不可預期的異常發生，所以我們需要瞭解設計程式時可能需要同時設計多個異常處理程序。

15-2-1 常見的異常物件

異常物件名稱	說明
AttributeError	通常是指物件沒有這個屬性
Exception	一般錯誤皆可使用
FileNotFoundError	找不到 open( ) 開啟的檔案
IOError	在輸入或輸出時發生錯誤
IndexError	索引超出範圍區間
KeyError	在映射中沒有這個鍵
MemoryError	需求記憶體空間超出範圍
NameError	物件名稱未宣告
StopIteration	迭代器沒有更多元素了
SyntaxError	語法錯誤
SystemError	直譯器的系統錯誤
TypeError	資料型別錯誤
ValueError	傳入無效參數
ZeroDivisionError	除數為 0

在 ch15_2_1.py 的程式應用中可以發現，異常發生時如果 except 設定的異常物件不是發生的異常，相當於 except 沒有捕捉到異常，所設計的異常處理程序變成無效的異常處理程序。Python 提供了一個通用型的異常物件 Exception，它可以捕捉各式的基礎異常。

程式實例 ch15_9.py：重新設計 ch15_2_1.py，異常物件設為 Exception。

```
1  # ch15_9.py
2  def division(x, y):
3      try:                            # try - except指令
4          return x / y
5      except Exception:               # 通用錯誤使用
6          print("通用錯誤發生")
7
8  print(division(10, 2))              # 列出10/2
9  print(division(5, 0))               # 列出5/0
10 print(division('a', 'b'))           # 列出'a' / 'b'
11 print(division(6, 3))               # 列出6/3
```

執行結果

```
==================== RESTART: D:\Python\ch15\ch15_9.py ====================
5.0
通用錯誤發生
None
通用錯誤發生
None
2.0
```

從上述可以看到第 9 列除數為 0 或是第 10 列字元相除所產生的異常皆可以使用 except Exception 予以捕捉，然後執行異常處理程序。甚至這個通用型的異常物件也可以應用在取代 FileNotFoundError 異常物件。

程式實例 ch15_10.py：使用 Exception 取代 FileNotFoundError，重新設計 ch15_8.py。

```
    except Exception:
        print(f"Exception找不到 {fn} 檔案")
```

執行結果

```
==================== RESTART: D:\Python\ch15\ch15_10.py ====================
data1.txt  文章的字數是  43
Exception找不到 data2.txt 檔案
data3.txt  文章的字數是  39
```

15-2-2　設計捕捉多個異常

在 try...except 的使用中，可以設計多個 except 捕捉多種異常，此時語法如下：

```
try:
    指令                          # 預先設想可能引發錯誤異常的指令
except 異常物件 1:                # 如果指令發生異常物件 1 執行
    異常處理程序 1
```

except 異常物件 2: # 如果指令發生異常物件 2 執行

  異常處理程序 2

當然也可以視情況設計更多異常處理程序。

程式實例 ch15_11.py：重新設計 ch15_9.py 設計捕捉 2 個異常物件，可參考第 5 和 7 列。

```
1  # ch15_11.py
2  def division(x, y):
3      try:                           # try - except指令
4          return x / y
5      except ZeroDivisionError:      # 除數為0使用
6          print("除數為0發生")
7      except TypeError:              # 資料型別錯誤
8          print("使用字元做除法運算異常")
9
10 print(division(10, 2))             # 列出10/2
11 print(division(5, 0))              # 列出5/0
12 print(division('a', 'b'))          # 列出'a' / 'b'
13 print(division(6, 3))              # 列出6/3
```

執行結果

```
==================== RESTART: D:/Python/ch15/ch15_11.py ====================
5.0
除數為0發生
None
使用字元做除法運算異常
None
2.0
```

15-2-3 使用一個 except 捕捉多個異常

Python 也允許設計一個 except，捕捉多個異常，此時語法如下：

try:

  指令 # 預先設想可能引發錯誤異常的指令

except (異常物件 1, 異常物件 2, …): # 指令發生其中所列異常物件執行

  異常處理程序

程式實例 ch15_12.py：重新設計 ch15_11.py，用一個 except 捕捉 2 個異常物件，下列程式讀者需留意第 5 列的 except 的寫法。

```
1  # ch15_12.py
2  def division(x, y):
3      try:                           # try - except指令
4          return x / y
5      except (ZeroDivisionError, TypeError):   # 2個異常
6          print("除數為0發生 或 使用字元做除法運算異常")
7
8  print(division(10, 2))             # 列出10/2
9  print(division(5, 0))              # 列出5/0
10 print(division('a', 'b'))          # 列出'a' / 'b'
11 print(division(6, 3))              # 列出6/3
```

執行結果

```
==================== RESTART: D:\Python\ch15\ch15_12.py ====================
5.0
除數為0發生 或 使用字元做除法運算異常
None
除數為0發生 或 使用字元做除法運算異常
None
2.0
```

15-2-4 處理異常但是使用 Python 內建的錯誤訊息

在先前所有實例，當發生異常同時被捕捉時皆是使用我們自建的異常處理程序，Python 也支援發生異常時使用系統內建的異常處理訊息。此時語法格式如下：

```
try:
    指令                          # 預先設想可能引發錯誤異常的指令
except 異常物件 as e:             # 使用 as e
    print(e)                      # 輸出 e
```

上述 e 是系統內建的異常處理訊息，e 可以是任意字元，筆者此處使用 e 是因為代表 error 的內涵。當然上述 except 語法也接受同時處理多個異常物件，可參考下列程式實例第 5 列。

程式實例 ch15_13.py：重新設計 ch15_12.py，使用 Python 內建的錯誤訊息。

```
1  # ch15_13.py
2  def division(x, y):
3      try:                              # try - except指令
4          return x / y
5      except (ZeroDivisionError, TypeError) as e:    # 2個異常
6          print(e)
7
8  print(division(10, 2))                # 列出10/2
9  print(division(5, 0))                 # 列出5/0
10 print(division('a', 'b'))             # 列出'a' / 'b'
11 print(division(6, 3))                 # 列出6/3
```

執行結果

```
==================== RESTART: D:\Python\ch15\ch15_13.py ====================
5.0
division by zero
None
unsupported operand type(s) for /: 'str' and 'str'
None
2.0
```

上述執行結果的錯誤訊息皆是 Python 內部的錯誤訊息。

15-2-5 捕捉所有異常

程式設計許多異常是我們不可預期的，很難一次設想周到，Python 提供語法讓我們可以一次捕捉所有異常，此時 try – except 語法如下：

```
try:
    指令                    # 預先設想可能引發錯誤異常的指令
except:                     # 捕捉所有異常
    異常處理程序            # 通常是 print 輸出異常說明
```

程式實例 ch15_14.py：一次捕捉所有異常的設計。

```
# ch15_14.py
def division(x, y):
    try:                          # try - except指令
        return x / y
    except:                       # 捕捉所有異常
        print("異常發生")

print(division(10, 2))            # 列出10/2
print(division(5, 0))             # 列出5/0
print(division('a', 'b'))         # 列出'a' / 'b'
print(division(6, 3))             # 列出6/3
```

執行結果

```
==================== RESTART: D:\Python\ch15\ch15_14.py ====================
5.0
異常發生
None
異常發生
None
2.0
```

15-3 丟出異常

前面所介紹的異常皆是 Python 直譯器發現異常時，自行丟出異常物件，如果我們不處理程式就終止執行，如果我們使用 try...except 處理程式可以在異常中回復執行。這一節要探討的是，我們設計程式時如果發生某些狀況，我們自己將它定義為異常然後丟出異常訊息，程式停止正常往下執行，同時讓程式跳到自己設計的 except 去執行。它的指令是 raise，語法如下：

```
raise Exception('msg')              # 呼叫 Exception，msg 是傳遞錯誤訊息
...
...
try:
    指令
except Exception as err:            # err 是任意取的變數名稱，內容是 msg
    print("message", + str(err))    # 列印錯誤訊息
```

程式實例 ch15_15.py：目前有些金融機構在客戶建立網路帳號時，會要求密碼長度必需在 5 到 8 個字元間，接下來我們設計一個程式，這個程式內有 passWord( ) 函數，這個函數會檢查密碼長度，如果長度小於 5 或是長度大於 8 皆拋出異常。在第 11 列會有一系列密碼供測試，然後以迴圈方式執行檢查。

```
1  # ch15_15.py
2  def passWord(pwd):
3      """檢查密碼長度必須是5到8個字元"""
4      pwdlen = len(pwd)                          # 密碼長度
5      if pwdlen < 5:                             # 密碼長度不足
6          raise Exception('密碼長度不足')
7      if pwdlen > 8:                             # 密碼長度太長
8          raise Exception('密碼長度太長')
9      print('密碼長度正確')
10
11 for pwd in ('aaabbbccc', 'aaa', 'aaabbb'):   # 測試系列密碼值
12     try:
13         passWord(pwd)
14     except Exception as err:
15         print("密碼長度檢查異常發生: ", str(err))
```

執行結果

```
===================== RESTART: D:\Python\ch15\ch15_15.py =====================
密碼長度檢查異常發生:  密碼長度太長
密碼長度檢查異常發生:  密碼長度不足
密碼長度正確
```

上述當密碼長度不足或密碼長度太長，皆會拋出異常，這時 passWord( ) 函數回傳的是 Exception 物件 (第 6 和 8 列)，這時原先 Exception( ) 內的字串 (' 密碼長度不足 ' 或 ' 密碼長度太長 ') 會透過第 14 列傳給 err 變數，然後執行第 15 列內容。

15-4 紀錄 Traceback 字串

相信讀者學習至今，已經經歷了許多程式設計的錯誤，每次錯誤螢幕皆出現 Traceback 字串，在這個字串中指出程式錯誤的原因。例如，請參考程式實例 ch15_2_1.py 的執行結果，該程式使用 Traceback 列出了錯誤。

如果我們導入 traceback 模組，就可以使用 traceback.format_exc( ) 記錄這個 Traceback 字串。

程式實例 ch15_16.py：重新設計程式實例 ch15_15.py，增加紀錄 Traceback 字串，這個紀錄將被記錄在 errch15_16.txt 內。

```
1  # ch15_16.py
2  import traceback                               # 導入taceback
3
4  def passWord(pwd):
5      """檢查密碼長度必須是5到8個字元"""
6      pwdlen = len(pwd)                          # 密碼長度
7      if pwdlen < 5:                             # 密碼長度不足
8          raise Exception('密碼長度不足')
9      if pwdlen > 8:                             # 密碼長度太長
10         raise Exception('密碼長度太長')
11     print('密碼長度正確')
12
13 for pwd in ('aaabbbccc', 'aaa', 'aaabbb'):    # 測試系列密碼值
14     try:
15         passWord(pwd)
16     except Exception as err:
17         errlog = open('errch15_16.txt', 'a')   # 開啟錯誤檔案
18         errlog.write(traceback.format_exc())  # 寫入錯誤檔案
19         errlog.close()                         # 關閉錯誤檔案
20         print("將Traceback寫入錯誤檔案errch15_16.txt完成")
21         print("密碼長度檢查異常發生: ", str(err))
```

執行結果

```
===================== RESTART: D:\Python\ch15\ch15_16.py =====================
將Traceback寫入錯誤檔案errch15_16.txt完成
密碼長度檢查異常發生:  密碼長度太長
將Traceback寫入錯誤檔案errch15_16.txt完成
密碼長度檢查異常發生:  密碼長度不足
密碼長度正確
```

如果使用記事本開啟 errch15_16.txt，可以得到下列結果。

```
errch15_16 - 記事本
檔案(F) 編輯(E) 格式(O) 檢視(V) 說明(H)
Traceback (most recent call last):
  File "D:/Python/ch15/ch15_16.py", line 15, in <module>
    passWord(pwd)
  File "D:/Python/ch15/ch15_16.py", line 10, in passWord
    raise Exception('密碼長度太長')
Exception: 密碼長度太長
Traceback (most recent call last):
  File "D:/Python/ch15/ch15_16.py", line 15, in <module>
    passWord(pwd)
  File "D:/Python/ch15/ch15_16.py", line 8, in passWord
    raise Exception('密碼長度不足')
Exception: 密碼長度不足
```

上述程式第 17 列筆者使用 'a' 附加檔案方式開啟檔案，主要是程式執行期間可能有多個錯誤，為了必需記錄所有錯誤所以使用這種方式開啟檔案。上述程式最關鍵的地方是第 17 至 19 列，在這裡我們開啟了記錄錯誤的 errch15_16.txt 檔案，然後將錯誤寫入此檔案，最後關閉此檔案。這個程式紀錄的錯誤是我們拋出的異常錯誤，其實在 15-1 和 15-2 節中我們設計了異常處理程序，避免錯誤造成程式中斷，實務上 Python 還是有紀錄錯誤，可參考下一個實例。

程式實例 ch15_17.py： 重新設計 ch15_14.py，主要是將程式異常的訊息保存在 errch15_17.txt 檔案內，本程式的重點是第 8 至 10 列。

```
1  # ch15_17.py
2  import traceback
3
4  def division(x, y):
5      try:                          # try - except指令
6          return x / y
7      except:                       # 捕捉所有異常
8          errlog = open('errch15_17.txt', 'a')   # 開啟錯誤檔案
9          errlog.write(traceback.format_exc())   # 寫入錯誤檔案
10         errlog.close()                         # 關閉錯誤檔案
11         print("將Traceback寫入錯誤檔案errch15_17.txt完成")
12         print("異常發生")
13
14 print(division(10, 2))            # 列出10/2
15 print(division(5, 0))             # 列出5/0
16 print(division('a', 'b'))         # 列出'a' / 'b'
17 print(division(6, 3))             # 列出6/3
```

執行結果

```
==================== RESTART: D:\Python\ch15\ch15_17.py ====================
5.0
將Traceback寫入錯誤檔案errch15_17.txt完成
異常發生
None
將Traceback寫入錯誤檔案errch15_17.txt完成
異常發生
None
2.0
```

如果使用記事本開啟 errch15_17.txt，可以得到下列結果。

```
errch15_17 - 記事本
檔案(F) 編輯(E) 格式(O) 檢視(V) 說明(H)
Traceback (most recent call last):
  File "D:/Python/ch15/ch15_17.py", line 6, in division
    return x / y
ZeroDivisionError: division by zero
Traceback (most recent call last):
  File "D:/Python/ch15/ch15_17.py", line 6, in division
    return x / y
TypeError: unsupported operand type(s) for /: 'str' and 'str'
```

15-5 finally

Python 的關鍵字 finally 功能是和 try 配合使用，在 try 之後可以有 except 或 else，這個 finally 關鍵字是必需放在 except 和 else 之後，同時不論是否有異常發生一定會執行這個 finally 內的程式碼。這個功能主要是用在 Python 程式與資料庫連接時，輸出連接相關訊息。

程式實例 ch15_18.py：重新設計 ch15_14.py，增加 finally 關鍵字。

```
# ch15_18.py
def division(x, y):
    try:                                     # try - except指令
        return x / y
    except:                                  # 捕捉所有異常
        print("異常發生")
    finally:                                 # 離開函數前先執行此程式碼
        print("階段任務完成")

print(division(10, 2),"\n")                  # 列出10/2
print(division(5, 0),"\n")                   # 列出5/0
print(division('a', 'b'),"\n")               # 列出'a' / 'b'
print(division(6, 3),"\n")                   # 列出6/3
```

執行結果

```
==================== RESTART: D:\Python\ch15\ch15_18.py ====================
階段任務完成
5.0

異常發生
階段任務完成
None

異常發生
階段任務完成
None

階段任務完成
2.0
```

上述程式執行時，如果沒有發生異常，程式會先輸出字串 " 階段任務完成 " 然後返回主程式，輸出 division( ) 的回傳值。如果程式有異常會先輸出字串 " 異常發生 "，再執行 finally 的程式碼輸出字串 " 階段任務完成 " 然後返回主程式輸出 "None"。

15-6 程式斷言 assert

15-6-1 設計斷言

Python 的 assert 關鍵字主要功能是協助程式設計師在程式設計階段，對整個程式的執行狀態做一個全面性的安全檢查，以確保程式不會發生語意上的錯誤。例如，我們在第 12 章設計銀行的存款程式時，我們沒有考慮到存款或提款是負值的問題，我們也沒有考慮到如果提款金額大於存款金額的情況。

程式實例 ch15_19.py：重新設計 ch12_4.py，這個程式主要是將第 22 列的存款金額改為 -300 和第 24 列提款金額大於存款金額，接著觀察執行結果。

```
1  # ch15_19.py
2  class Banks():
3      # 定義銀行類別
4      title = 'Taipei Bank'                     # 定義屬性
```

```
    def __init__(self, uname, money):           # 初始化方法
        self.name = uname                       # 設定存款者名字
        self.balance = money                    # 設定所存的錢

    def save_money(self, money):                # 設計存款方法
        self.balance += money                   # 執行存款
        print("存款 ", money, " 完成")          # 列印存款完成

    def withdraw_money(self, money):            # 設計提款方法
        self.balance -= money                   # 執行提款
        print("提款 ", money, " 完成")          # 列印提款完成

    def get_balance(self):                      # 獲得存款餘額
        print(self.name.title(), " 目前餘額: ", self.balance)

hungbank = Banks('hung', 100)                   # 定義物件hungbank
hungbank.get_balance()                          # 獲得存款餘額
hungbank.save_money(-300)                       # 存款-300元
hungbank.get_balance()                          # 獲得存款餘額
hungbank.withdraw_money(700)                    # 提款700元
hungbank.get_balance()                          # 獲得存款餘額
```

執行結果

```
==================== RESTART: D:\Python\ch15\ch15_19.py ====================
Hung  目前餘額:  100
存款  -300  完成
Hung  目前餘額:  -200
提款  700  完成
Hung  目前餘額:  -900
```

上述程式語法上是沒有錯誤，但是犯了 2 個程式語意上的設計錯誤，分別是存款金額出現了負值和提款金額大於存款金額的問題。所以我們發現存款餘額出現了負值 -200 和 -900 的情況。接下來筆者將講解如何解決上述問題。

斷言 (assert) 主要功能是確保程式執行的某個階段，必須符合一定的條件，如果不符合這個條件時程式主動拋出異常，讓程式終止同時程式主動印出異常原因，方便程式設計師偵錯。它的語法格式如下：

```
assert 條件 , ' 字串 '
```

上述意義是程式執行至此階段時測試條件，如果條件回應是 True，程式不理會逗號 "," 右邊的字串正常往下執行。如果條件回應是 False，程式終止同時將逗號 "," 右邊的字串輸出到 Traceback 的字串內。對上述程式 ch15_19.py 而言，很明顯我們重新設計 ch15_20.py 時必須讓 assert 關鍵字做下列 2 件事：

1：　確保存款與提款金額是正值，否則輸出錯誤，可參考第 10 和 15 列。

2：　確保提款金額小於等於存款金額，否則輸出錯誤，可參考第 16 列。

程式實例 ch15_20.py：重新設計 ch15_19.py，在這個程式第 27 列我們先測試存款金額小於 0 的狀況。

```
1  # ch15_20.py
2  class Banks():
3      # 定義銀行類別
4      title = 'Taipei Bank'                        # 定義屬性
5      def __init__(self, uname, money):            # 初始化方法
6          self.name = uname                        # 設定存款者名字
7          self.balance = money                     # 設定所存的錢
8
9      def save_money(self, money):                 # 設計存款方法
10         assert money > 0, '存款money必需大於0'
11         self.balance += money                    # 執行存款
12         print("存款 ", money, " 完成")           # 列印存款完成
13
14     def withdraw_money(self, money):             # 設計提款方法
15         assert money > 0, '提款money必需大於0'
16         assert money <= self.balance, '存款金額不足'
17         self.balance -= money                    # 執行提款
18         print("提款 ", money, " 完成")           # 列印提款完成
19
20     def get_balance(self):                       # 獲得存款餘額
21         print(self.name.title(), " 目前餘額: ", self.balance)
22
23 hungbank = Banks('hung', 100)                    # 定義物件hungbank
24 hungbank.get_balance()                           # 獲得存款餘額
25 hungbank.save_money(300)                         # 存款300元
26 hungbank.get_balance()                           # 獲得存款餘額
27 hungbank.save_money(-300)                        # 存款-300元
28 hungbank.get_balance()                           # 獲得存款餘額
```

執行結果

```
==================== RESTART: D:\Python\ch15\ch15_20.py ====================
Hung  目前餘額:  100
存款  300  完成
Hung  目前餘額:  400
Traceback (most recent call last):
  File "D:\Python\ch15\ch15_20.py", line 27, in <module>
    hungbank.save_money(-300)                        # 存款-300元
  File "D:\Python\ch15\ch15_20.py", line 10, in save_money
    assert money > 0, '存款money必需大於0'
AssertionError: 存款money必需大於0
```

上述執行結果很清楚程式第 27 列將存款金額設為負值 -300 時，呼叫 save_money( ) 方法結果在第 10 列的 assert 斷言地方出現 False，所以設定的錯誤訊息 '存款必需大於 0' 的字串被印出來，這種設計方便我們在真實的環境做最後程式語意檢查。

程式實例 ch15_21.py：重新設計 ch15_20.py，這個程式我們測試了當提款金額大於存款金額的狀況，可參考第 27 列，下列只列出主程式內容。

```
23 hungbank = Banks('hung', 100)          # 定義物件hungbank
24 hungbank.get_balance()                 # 獲得存款餘額
25 hungbank.save_money(300)               # 存款300元
26 hungbank.get_balance()                 # 獲得存款餘額
27 hungbank.withdraw_money(700)           # 提款700元
28 hungbank.get_balance()                 # 獲得存款餘額
```

執行結果

```
==================== RESTART: D:\Python\ch15\ch15_21.py ====================
Hung  目前餘額:  100
存款  300  完成
Hung  目前餘額:  400
Traceback (most recent call last):
  File "D:\Python\ch15\ch15_21.py", line 27, in <module>
    hungbank.withdraw_money(700)              # 提款700元
  File "D:\Python\ch15\ch15_21.py", line 16, in withdraw_money
    assert money <= self.balance, '存款金額不足'
AssertionError: 存款金額不足
```

上述當提款金額大於存款金額時，這個程式將造成第 16 列的 assert 斷言條件是 False，所以觸發了列印 ' 存款金額不足 ' 的訊息。由上述的執行結果，我們就可以依據需要修正程式的內容。

15-6-2　停用斷言

斷言 assert 一般是用在程式開發階段，如果整個程式設計好了以後，想要停用斷言 assert，可以在 Windows 的命令提示環境，執行程式時使用 "-O" 選項停用斷言。筆者在 Windows 11 作業系統是安裝 Python 3.11 版，在這個版本可以用 python.exe 執行所設計的 Python 程式，若以 ch15_21.py 為實例，如果我們要停用斷言可以使用下列指令停用斷言。

```
python.exe -O D:\Python\ch15\ch15_21.py
```

執行結果將看到不再有 Traceback 錯誤訊息產生，因為斷言被停用了。

```
命令提示字元
Microsoft Windows [版本 10.0.22621.2428]
(c) Microsoft Corporation. 著作權所有，並保留一切權利。

C:\Users\User>python -O d:\Python\ch15\ch15_21.py
Hung  目前餘額:  100
存款  300  完成
Hung  目前餘額:  400
提款  700  完成
Hung  目前餘額:  -300

C:\Users\User>
```

15-7 程式日誌模組 logging

程式設計階段難免會有錯誤產生，沒有得到預期的結果，在產生錯誤期間到底發生什麼事情？程式碼執行順序是否有誤或是變數值如何變化？這些都是程式設計師想知道的事情。筆者過去碰上這方面的問題，常常是在程式碼幾個重要節點增加 print( ) 函數輸出關鍵變數，以了解程式的變化，程式修訂完成後再將這幾個 print( ) 刪除，坦白說是有一點麻煩。

Python 有程式日誌 logging 功能，這個功能可以協助我們執行程式的除錯，有了這個功能我們可以自行設定關鍵變數在每一個程式階段的變化，由這個關鍵變數的變化可方便我們執行程式的除錯，同時未來不想要顯示這些關鍵變數資料時，可以不用刪除，只要適度加上指令就可隱藏它們，這將是本節個主題。

15-7-1 logging 模組

Python 內有提供 logging 模組，這個模組有提供方法可以讓我們使用程式日誌 logging 功能，在使用前須先使用 import 導入此模組。

```
import logging
```

15-7-2 logging 的等級

logging 模組共分 5 個等級，從最低到最高等級順序如下：

DEBUG 等級

使用 logging.debug( ) 顯示程式日誌內容，所顯示的內容是程式的小細節，最低層級的內容，感覺程式有問題時可使用它追蹤關鍵變數的變化過程。

INFO 等級

使用 logging.info( ) 顯示程式日誌內容，所顯示的內容是紀錄程式一般發生的事件。

WARNING 等級

使用 logging.warning( ) 顯示程式日誌內容，所顯示的內容雖然不會影響程式的執行，但是未來可能導致問題的發生。

ERROR 等級

用 logging.error( ) 顯示程式日誌內容，會顯示程式在某些狀態引發錯誤的緣由。

CRITICAL 等級

使用 logging.critical( ) 顯示程式日誌內容，這是最重要的等級，通常是顯示將讓整個系統當掉或中斷的錯誤。

程式設計時，可以使用下列函數設定顯示資訊的等級：

```
logging.basicConfig(level=logging.DEBUG)        # 假設是設定 DEBUG 等級
```

當設定 logging 為某一等級時，未來只有此等級或更高等級的 logging 會被顯示。

程式實例 ch15_22.py：顯示所有等級的 logging 訊息。

```
# ch15_22.py
import logging

logging.basicConfig(level=logging.DEBUG)      # 等級是DEBUG
logging.debug('logging message, DEBUG')
logging.info('logging message, INFO')
logging.warning('logging message, WARNING')
logging.error('logging message, ERROR')
logging.critical('logging message, CRITICAL')
```

執行結果

```
===================== RESTART: D:\Python\ch15\ch15_22.py =====================
DEBUG:root:logging message, DEBUG
INFO:root:logging message, INFO
WARNING:root:logging message, WARNING
ERROR:root:logging message, ERROR
CRITICAL:root:logging message, CRITICAL
```

上述每一個輸出前方有「DEBUG(或 INFO 其他等級):root:(其他依此類推) 前導訊息」，這是該 logging 輸出模式預設的輸出訊息註明輸出 logging 模式。

程式實例 ch15_23.py：顯示 WARNING 等級或更高等級的輸出。

```
# ch15_23.py
import logging

logging.basicConfig(level=logging.WARNING)      # 等級是WARNING
logging.debug('logging message, DEBUG')
logging.info('logging message, INFO')
logging.warning('logging message, WARNING')
logging.error('logging message, ERROR')
logging.critical('logging message, CRITICAL')
```

執行結果

```
===================== RESTART: D:\Python\ch15\ch15_23.py =====================
WARNING:root:logging message, WARNING
ERROR:root:logging message, ERROR
CRITICAL:root:logging message, CRITICAL
```

當我們設定 logging 的輸出等級是 WARNING 時，較低等級的 logging 輸出就被隱藏了。當瞭解了上述 logging 輸出等級的特性後，筆者通常在設計大型程式時，程式設計初期階段會將 logging 等級設為 DEBUG，如果確定程式大致沒問題後，就將 logging 等級設為 WARNING，最後再設為 CRITICAL。這樣就可以不用再像過去一樣程式設計初期使用 print( ) 紀錄關鍵變數的變化，當程式確定完成後，需要一個一個檢查 print( ) 然後將它刪除。

15-7-3 格式化 logging 訊息輸出 format

從 ch15_22.py 和 ch15_23.py 可以看到輸出訊息前方有前導輸出訊息，我們可以使用在 logging.basicConfig( ) 方法內增加 format 格式化輸出訊息為空字串 ' ' 方式，取消顯示前導輸出訊息。

```
logging.basicConfig(level=logging.DEBUG, format = ' ')
```

程式實例 ch15_24.py： 重新設計 ch15_22.py，取消顯示 logging 的前導輸出訊息。

```
# ch15_24.py
import logging

logging.basicConfig(level=logging.DEBUG, format='')
logging.debug('logging message, DEBUG')
logging.info('logging message, INFO')
logging.warning('logging message, WARNING')
logging.error('logging message, ERROR')
logging.critical('logging message, CRITICAL')
```

執行結果

```
==================== RESTART: D:\Python\ch15\ch15_24.py ====================
logging message, DEBUG
logging message, INFO
logging message, WARNING
logging message, ERROR
logging message, CRITICAL
```

從上述執行結果很明顯，模式前導的輸出訊息沒有了。

15-7-4 時間資訊 asctime

我們可以在 format 內配合 asctime 列出系統時間，這樣可以列出每一重要階段關鍵變數發生的時間。

程式實例 ch15_25.py： 列出每一個 logging 輸出時的時間。

```
# ch15_25.py
import logging

logging.basicConfig(level=logging.DEBUG, format='%(asctime)s')
logging.debug('logging message, DEBUG')
```

```
logging.info('logging message, INFO')
logging.warning('logging message, WARNING')
logging.error('logging message, ERROR')
logging.critical('logging message, CRITICAL')
```

執行結果

```
==================== RESTART: D:\Python\ch15\ch15_25.py ====================
2022-07-10 18:03:25,168
2022-07-10 18:03:25,213
2022-07-10 18:03:25,220
2022-07-10 18:03:25,230
2022-07-10 18:03:25,238
```

我們的確獲得了每一個 logging 的輸出時間，但是經過 format 處理後原先 logging.xxx( ) 內的輸出資訊卻沒有了，這是因為我們在 format 內只有留時間字串訊息。

15-7-5　format 內的 message

如果想要輸出原先 logging.xxx( ) 的輸出訊息，必須在 format 內增加 message 格式。

程式實例 ch15_26.py：增加 logging.xxx( ) 的輸出訊息。

```
# ch15_26.py
import logging

logging.basicConfig(level=logging.DEBUG, format='%(asctime)s : %(message)s')
logging.debug('logging message, DEBUG')
logging.info('logging message, INFO')
logging.warning('logging message, WARNING')
logging.error('logging message, ERROR')
logging.critical('logging message, CRITICAL')
```

執行結果

```
==================== RESTART: D:\Python\ch15\ch15_26.py ====================
2022-07-10 18:04:39,212 : logging message, DEBUG
2022-07-10 18:04:39,240 : logging message, INFO
2022-07-10 18:04:39,244 : logging message, WARNING
2022-07-10 18:04:39,251 : logging message, ERROR
2022-07-10 18:04:39,256 : logging message, CRITICAL
```

15-7-6　列出 levelname

levelname 屬性是記載目前 logging 的顯示層級是那一個等級。

程式實例 ch15_27.py：列出目前 level 所設定的等級。

```
# ch15_27.py
import logging

logging.basicConfig(level=logging.DEBUG,
                    format='%(asctime)s - %(levelname)s : %(message)s')
logging.debug('logging message.')
logging.info('logging message.')
logging.warning('logging message')
logging.error('logging message')
logging.critical('logging message')
```

執行結果

```
===================== RESTART: D:\Python\ch15\ch15_27.py =====================
2022-07-10 18:06:14,602 - DEBUG : logging message.
2022-07-10 18:06:14,618 - INFO : logging message.
2022-07-10 18:06:14,623 - WARNING : logging message
2022-07-10 18:06:14,629 - ERROR : logging message
2022-07-10 18:06:14,634 - CRITICAL : logging message
```

15-7-7 使用 logging 列出變數變化的應用

這一節將說明使用 logging 追蹤變數的變化，下列是追蹤索引值的變化。

程式實例 ch15_28.py：追蹤索引值變化的實例。

```
1 # ch15_28.py
2 import logging
3
4 logging.basicConfig(level=logging.DEBUG,
5                     format='%(asctime)s - %(levelname)s : %(message)s')
6 logging.debug("程式開始")
7 for i in range(5):
8     logging.debug(f"目前索引 {i}")
9 logging.debug("程式結束")
```

執行結果

```
===================== RESTART: D:\Python\ch15\ch15_28.py =====================
2022-07-10 18:07:22,504 - DEBUG : 程式開始
2022-07-10 18:07:22,520 - DEBUG : 目前索引 0
2022-07-10 18:07:22,527 - DEBUG : 目前索引 1
2022-07-10 18:07:22,533 - DEBUG : 目前索引 2
2022-07-10 18:07:22,539 - DEBUG : 目前索引 3
2022-07-10 18:07:22,543 - DEBUG : 目前索引 4
2022-07-10 18:07:22,549 - DEBUG : 程式結束
```

上述程式紀錄了整個索引值的變化過程，讀者需留意第 8 列的輸出，它的輸出結果是在「%(message)s」定義。

15-7-8 正式追蹤 factorial 數值的應用

在程式 ch11_26.py 筆者曾經使用遞迴函數計算階乘 factorial，接下來筆者想用一般迴圈方式追蹤階乘計算的過程。

程式實例 ch15_29.py：使用 logging 追蹤階 factorial 階乘計算的過程。

```
# ch15_29.py
import logging

logging.basicConfig(level=logging.DEBUG,
                    format='%(asctime)s - %(levelname)s : %(message)s')
logging.debug("程式開始")

def factorial(n):
    logging.debug(f"factorial {n} 計算開始")
    ans = 1
    for i in range(n + 1):
```

```
        ans *= i
        logging.debug('i = ' + str(i) + ', ans = ' + str(ans))
    logging.debug(f"factorial {n} 計算結束")
    return ans

num = 5
print(f"factorial({num}) = {factorial(num)}")
logging.debug("程式結束")
```

執行結果

```
==================== RESTART: D:\Python\ch15\ch15_29.py ====================
2022-07-10 18:10:07,187 - DEBUG : 程式開始
2022-07-10 18:10:07,224 - DEBUG : factorial 5 計算開始
2022-07-10 18:10:07,232 - DEBUG : i = 0, ans = 0
2022-07-10 18:10:07,239 - DEBUG : i = 1, ans = 0
2022-07-10 18:10:07,249 - DEBUG : i = 2, ans = 0
2022-07-10 18:10:07,257 - DEBUG : i = 3, ans = 0
2022-07-10 18:10:07,265 - DEBUG : i = 4, ans = 0
2022-07-10 18:10:07,271 - DEBUG : i = 5, ans = 0
2022-07-10 18:10:07,278 - DEBUG : factorial 5 計算結束
factorial(5) = 0
2022-07-10 18:10:07,289 - DEBUG : 程式結束
```

在上述使用 logging 的 DEBUG 過程可以發現階乘數從 0 開始，造成所有階段的執行結果皆是 0，程式的錯誤，下列程式第 11 列，筆者更改此項設定為從 1 開始。

程式實例 ch15_30.py：修訂 ch15_29.py 的錯誤，讓階乘從 1 開始。

```
1  # ch15_30.py
2  import logging
3
4  logging.basicConfig(level=logging.DEBUG,
5                      format='%(asctime)s - %(levelname)s : %(message)s')
6  logging.debug('程式開始')
7
8  def factorial(n):
9      logging.debug(f"factorial {n} 計算開始")
10     ans = 1
11     for i in range(1, n + 1):
12         ans *= i
13         logging.debug('i = ' + str(i) + ', ans = ' + str(ans))
14     logging.debug(f"factorial {n} 計算結束")
15     return ans
16
17 num = 5
18 print(f"factorial({num}) = {factorial(num)}")
19 logging.debug('程式結束')
```

執行結果

```
==================== RESTART: D:\Python\ch15\ch15_30.py ====================
2022-07-10 18:11:14,553 - DEBUG : 程式開始
2022-07-10 18:11:14,577 - DEBUG : factorial 5 計算開始
2022-07-10 18:11:14,582 - DEBUG : i = 1, ans = 1
2022-07-10 18:11:14,589 - DEBUG : i = 2, ans = 2
2022-07-10 18:11:14,594 - DEBUG : i = 3, ans = 6
2022-07-10 18:11:14,600 - DEBUG : i = 4, ans = 24
2022-07-10 18:11:14,605 - DEBUG : i = 5, ans = 120
2022-07-10 18:11:14,610 - DEBUG : factorial 5 計算結束
factorial(5) = 120
2022-07-10 18:11:14,620 - DEBUG : 程式結束
```

15-7-9 將程式日誌 logging 輸出到檔案

程式很長時，若將 logging 輸出在螢幕，其實不太方便逐一核對關鍵變數值的變化，此時我們可以考慮將 logging 輸出到檔案，方法是在 logging.basicConfig( ) 增加 filename=" 檔案名稱 "，這樣就可以將 logging 輸出到指定的檔案內。

程式實例 ch15_31.py：將程式實例的 logging 輸出到 out15_31.txt。

```
logging.basicConfig(filename='out15_31.txt', level=logging.DEBUG,
                    format='%(asctime)s - %(levelname)s : %(message)s')
```

執行結果

```
================== RESTART: D:\Python\ch15\ch15_31.py ==================
factorial(5) = 120
```

這時在目前工作資料夾可以看到 out15_31.txt，開啟後可以得到下列結果。

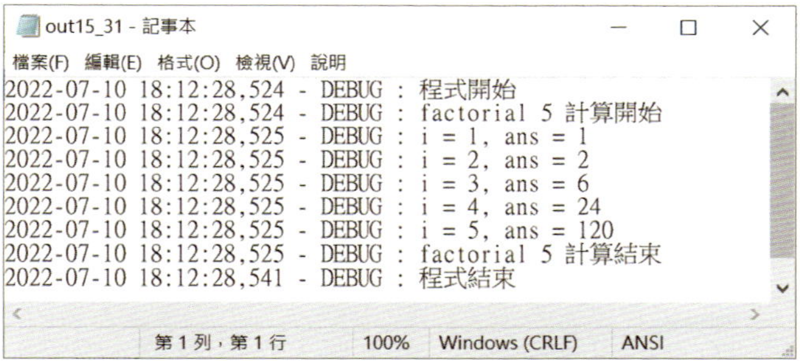

out15_31 - 記事本
檔案(F) 編輯(E) 格式(O) 檢視(V) 說明
2022-07-10 18:12:28,524 - DEBUG : 程式開始
2022-07-10 18:12:28,524 - DEBUG : factorial 5 計算開始
2022-07-10 18:12:28,525 - DEBUG : i = 1, ans = 1
2022-07-10 18:12:28,525 - DEBUG : i = 2, ans = 2
2022-07-10 18:12:28,525 - DEBUG : i = 3, ans = 6
2022-07-10 18:12:28,525 - DEBUG : i = 4, ans = 24
2022-07-10 18:12:28,525 - DEBUG : i = 5, ans = 120
2022-07-10 18:12:28,525 - DEBUG : factorial 5 計算結束
2022-07-10 18:12:28,541 - DEBUG : 程式結束
第 1 列，第 1 行
100%
Windows (CRLF)
ANSI

15-7-10 隱藏程式日誌 logging 的 DEBUG 等級使用 CRITICAL

先前筆者有說明 logging 有許多等級，只要設定高等級，Python 就會忽略低等級的輸出，所以如果我們程式設計完成，也確定沒有錯誤，其實可以將 logging 等級設為最高等級，所有較低等級的輸出將被隱藏。

程式實例 ch15_32.py：重新設計 ch15_30.py，將程式內 DEBUG 等級的 logging 隱藏。

```
logging.basicConfig(level=logging.CRITICAL,
                    format='%(asctime)s - %(levelname)s : %(message)s')
```

執行結果

```
================== RESTART: D:\Python\ch15\ch15_32.py ==================
factorial(5) = 120
```

15-7-11 停用程式日誌 logging

可以使用下列方法停用日誌 logging。

```
logging.disable(level)          # level 是停用 logging 的等級
```

上述可以停用該程式碼後指定等級以下的所有等級，如果想停用全部參數可以使用 logging.CRITICAL 等級，這個方法一般是放在 import 下方，這樣就可以停用所有的 logging。

程式實例 ch15_33.py：重新設計 ch15_30.py，這個程式只是在原先第 3 列空白列加上下列程式碼。

```
3  logging.disable(logging.CRITICAL)        # 停用所有logging
```

執行結果 與 ch15_32.py 相同。

15-8 程式除錯的典故

通常我們又將程式除錯稱 Debug，De 是除去的意思，bug 是指小蟲，其實這是有典故的。1944 年 IBM 和哈佛大學聯合開發了 Mark I 電腦，此電腦重 5 噸，有 8 英呎高，51 英呎長，內部線路加總長是 500 英哩，沒有中斷使用了 15 年，下列是此電腦圖片。

本圖片轉載自 http://www.computersciencelab.com

在當時有一位女性程式設計師 Grace Hopper，發現了第一個電腦蟲 (bug)，一隻死的蛾 (moth) 的雙翅卡在繼電器 (relay)，促使資料讀取失敗，下列是當時 Grace Hopper 記錄此事件的資料。

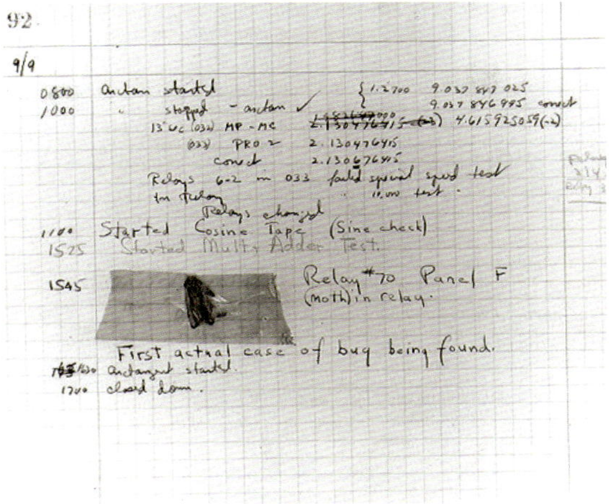

本圖片轉載自 http://www.computersciencelab.com

當時 Grace Hopper 寫下了下列兩句話。

> Relay #70 Panel F (moth) in relay.
> First actual case of bug being found.

大意是編號 70 的繼電器出問題 (因為蛾)，這是真實電腦上所發現的第一隻蟲。自此，電腦界認定用 debug 描述「找出及刪除程式錯誤」應歸功於 Grace Hopper。

15-9 程式除錯與異常處理的潛在應用

這一節所提供的潛在應用方向，語法或模組有目前所學的超出範圍，片段程式不一定可以執行，讀者可以參考，只要繼續閱讀本書，未來就可以重返學習。

❑ 資料庫操作異常處理

```python
# ch15_34.py
import sqlite3

try:
    # 嘗試連接到資料庫
    conn = sqlite3.connect('example.db')
    cursor = conn.cursor()
    # 嘗試執行查詢，可能會引發異常
    cursor.execute('SELECT * FROM non_existent_table')
except sqlite3.Error as e:
    # 捕獲並處理 SQLite 特定的異常
    print(f"Database error: {e}")
except Exception as e:
```

```
        # 捕獲並處理其他所有異常
        print(f"Exception occurred: {e}")
finally:
    # 確保資料庫連接被關閉
    conn.close()
```

❑ 文件讀取與寫入異常處理

```
# ch15_35.py
try:
    # 嘗試打開一個不存在的檔案
    with open('non_existent_file.txt', 'r') as f:
        data = f.read()
except FileNotFoundError:
    # 如果文件不存在，捕獲異常
    print("The file was not found")
except IOError:
    # 處理 I/O 錯誤，例如:讀取錯誤
    print("An I/O error occurred")
```

❑ 網絡請求錯誤處理

```
# ch15_36.py
import requests

try:
    # 嘗試發出網絡請求
    response = requests.get('http://example.com')
    # 如果請求返回了錯誤響應，會引發 HTTPError
    response.raise_for_status()
except requests.exceptions.HTTPError as e:
    # 處理 HTTP 錯誤
    print(f"HTTP Error: {e}")
except requests.exceptions.ConnectionError as e:
    # 處理連接錯誤
    print(f"Connection Error: {e}")
except requests.exceptions.Timeout as e:
    # 處理請求超時錯誤
    print(f"Timeout Error: {e}")
```

❑ 使用者輸入驗證

```
# ch15_37.py
user_input = input("Please enter a number: ")

try:
    # 嘗試將使用者輸入轉換為整數
    val = int(user_input)
    print(f"Valid number entered: {val}")
except ValueError:
    # 如果輸入不能轉換為整數，處理 ValueError
    print("That's not a number!")
```

第 16 章 正則表達式 Regular Expression

16-1 使用 Python 硬功夫搜尋文字

16-2 正則表達式的基礎

16-3 更多搜尋比對模式

16-4 貪婪與非貪婪搜尋

16-5 正則表達式的特殊字元

16-6 MatchObject 物件

16-7 搶救 CIA 情報員 -sub( ) 方法

16-8 處理比較複雜的正則表示法

16-9 正則表達式的潛在應用

正則表達式 (Regular Expression) 主要功能是執行模式的比對與搜尋，甚至 Word 文件也可以使用正則表達式處理搜尋 (search) 與取代 (replace) 功能，本章首先會介紹如果沒用正則表達式，如何處理搜尋文字功能，再介紹使用正則表達式處理這類問題，讀者會發現整個工作變得更簡潔容易。

16-1 使用 Python 硬功夫搜尋文字

如果現在打開手機的聯絡資訊可以看到，台灣手機號碼的格式如下：

0952-282-020 # 可以表示為 xxxx-xxx-xxx，每個 x 代表一個 0-9 數字

從上述可以發現手機號碼格式是 4 個數字，1 個連字符號，3 個數字，1 個連字符號，3 個數字所組成。

程式實例 ch16_1.py：用傳統知識設計一個程式，然後判斷字串是否有含台灣的手機號碼格式。

```
# ch16_1.py
def taiwanPhoneNum(string):
    """檢查是否有含手機聯絡資訊的台灣手機號碼格式"""
    if len(string) != 12:           # 如果長度不是12
        return False                # 傳回非手機號碼格式

    for i in range(0, 4):           # 如果前4個字出現非數字字元
        if string[i].isdecimal() == False:
            return False            # 傳回非手機號碼格式

    if string[4] != '-':            # 如果不是'-'字元
        return False                # 傳回非手機號碼格式

    for i in range(5, 8):           # 如果中間3個字出現非數字字元
        if string[i].isdecimal() == False:
            return False            # 傳回非手機號碼格

    if string[8] != '-':            # 如果不是'-'字元
        return False                # 傳回非手機號碼格式

    for i in range(9, 12):          # 如果最後3個字出現非數字字元
        if string[i].isdecimal() == False:
            return False            # 傳回非手機號碼格
    return True                     # 通過以上測試

print("I love Ming-Chi: 是台灣手機號碼", taiwanPhoneNum('I love Ming-Chi'))
print("0932-999-199:    是台灣手機號碼", taiwanPhoneNum('0932-999-199'))
```

執行結果

```
==================== RESTART: D:\Python\ch16\ch16_1.py ====================
I love Ming-Chi: 是台灣手機號碼 False
0932-999-199:    是台灣手機號碼 True
```

上述程式第 4 和 5 列是判斷字串長度是否 12，如果不是則表示這不是手機號碼格式。程式第 7 至 9 列是判斷字串前 4 碼是不是數字，如果不是則表示這不是手機號碼格式，註：如果是數字字元 isdecimal( ) 會傳回 True。程式第 11 至 12 列是判斷這個字元是不是 '-'，如果不是則表示這不是手機號碼格式。程式第 14 至 16 列是判斷字串索引 [5][6][7] 碼是不是數字，如果不是則表示這不是手機號碼格式。程式第 18 至 19 列是判斷這個字元是不是 '-'，如果不是則 表示這不是手機號碼格式。程式第 21 至 23 列是判斷字串索引 [9][10][11] 碼是不是數字，如果不是則表示這不是手機號碼格式。如果通過了以上所有測試，表示這是手機號碼格式，程式第 24 列傳回 True。

在真實的環境應用中，我們可能需面臨一段文字，這段文字內穿插一些數字，然後我們必需將手機號碼從這段文字抽離出來。

程式實例 ch16_2.py：將電話號碼從一段文字抽離出來。

```
1  # ch16_2.py
2  def taiwanPhoneNum(string):
3      """檢查是否有含手機聯絡資訊的台灣手機號碼格式"""
4      if len(string) != 12:          # 如果長度不是12
5          return False               # 傳回非手機號碼格式
6  
7      for i in range(0, 4):          # 如果前4個字出現非數字字元
8          if string[i].isdecimal() == False:
9              return False           # 傳回非手機號碼格式
10 
11     if string[4] != '-':           # 如果不是'-'字元
12         return False               # 傳回非手機號碼格式
13 
14     for i in range(5, 8):          # 如果中間3個字出現非數字字元
15         if string[i].isdecimal() == False:
16             return False           # 傳回非手機號碼格
17 
18     if string[8] != '-':           # 如果不是'-'字元
19         return False               # 傳回非手機號碼格式
20 
21     for i in range(9, 12):         # 如果最後3個字出現非數字字元
22         if string[i].isdecimal() == False:
23             return False           # 傳回非手機號碼格
24     return True                    # 通過以上測試
25 
26 def parseString(string):
27     """解析字串是否含有電話號碼"""
28     notFoundSignal = True          # 註記沒有找到電話號碼為True
29     for i in range(len(string)):  # 用迴圈逐步抽取12個字元做測試
30         msg = string[i:i+12]
31         if taiwanPhoneNum(msg):
32             print(f"電話號碼是: {msg}")
33             notFoundSignal = False
34     if notFoundSignal:             # 如果沒有找到電話號碼則列印
35         print(f"{string} 字串不含電話號碼")
36 
37 msg1 = 'Please call my secretary using 0930-919-919 or 0952-001-001'
38 msg2 = '請明天17:30和我一起參加明志科大教師節晚餐'
39 msg3 = '請明天17:30和我一起參加明志科大教師節晚餐, 可用0933-080-080聯絡我'
40 parseString(msg1)
41 parseString(msg2)
42 parseString(msg3)
```

執行結果

```
==================== RESTART: D:\Python\ch16\ch16_2.py ====================
電話號碼是: 0930-919-919
電話號碼是: 0952-001-001
請明天17:30和我一起參加明志科大教師節晚餐 字串不含電話號碼
電話號碼是: 0933-080-080
```

從上述執行結果可以得到我們成功的從一個字串分析，然後將電話號碼分析出來了。分析方式的重點是程式第 26 列到 35 列的 parseString 函數，這個函數重點是第 29 至 33 列，這個迴圈會逐步抽取字串的 12 個字元做比對，將比對字串放在 msg 字串變數內，下列是各迴圈次序的 msg 字串變數內容。

```
msg = 'Please call '            # 第 1 次 [0:12]
msg = 'lease call m'            # 第 2 次 [1:13]
msg = 'ease call my'            # 第 3 次 [2:14]
…
msg = '0930-939-939'            # 第 31 次 [30:42]
…
msg = '0952-001-001'            # 第 48 次 [47:59]
```

程式第 28 列將沒有找到電話號碼 notFoundSignal 設為 True，如果有找到電話號碼程式 33 列將 notFoundSignal 標示為 False，當 parseString( ) 函數執行完，notFoundSignal 仍是 True，表示沒找到電話號碼，所以第 35 列列印字串不含電話號碼。

上述使用所學的 Python 硬功夫雖然解決了我們的問題，但是若是將電話號碼改成中國手機號 (xxx-xxxx-xxxx)、美國手機號 (xxx-xxx-xxxx) 或是一般公司行號的電話，整個號碼格式不一樣，要重新設計可能需要一些時間。不過不用擔心，接下來筆者將講解 Python 的正則表達式可以輕鬆解決上述困擾。

16-2 正則表達式的基礎

Python 有關正則表達式的方法是在 re 模組內，所以使用正則表達式需要導入 re 模組。

```
import re                        # 導入 re 模組
```

16-2-1 建立搜尋字串模式 pattern

在前一節我們使用 isdecimal( ) 方法判斷字元是否 0-9 的數字。

正則表達式是一種文字模式的表達方法，在這個方法中使用 \d 表示 0-9 的數字字元，採用這個觀念我們可以將前一節的手機號碼 xxxx-xxx-xxx 改用下列正則表達方式表示：

```
'\d\d\d\d-\d\d\d-\d\d\d'
```

由逸出字元的觀念可知，將上述表達式當字串放入函數內需增加 '\'，所以整個正則表達式的使用方式如下：

'\\d\\d\\d\\d-\\d\\d\\d-\\d\\d\\d'

在 3-4-8 節筆者有介紹字串前加 r 可以防止字串內的逸出字元被轉譯，所以又可以將上述正則表達式簡化為下列格式：

r'\d\d\d\d-\d\d\d-\d\d\d'

16-2-2 search( ) 方法

Regex 是 Regular expression 的簡稱，模組名稱是 re，在 re 模組內有 search( ) 方法，可以執行字串搜尋，此方法的語法格式如下：

rtn_match = re.search(pattern, string, flags)

若是以台灣的手機號碼為例，pattern 內容如下：

pattern = r'\d\d\d\d-\d\d\d-\d\d\d'

string 是所搜尋的字串，flags 可以省略，未來會介紹幾個 flags 常用相關參數的應用。使用 search( ) 函數可以回傳 rtn_match 物件，這是 re.Match 物件，這個物件可以使用 group( ) 函數得到所要的資訊，若是以 ch16_3.py 為實例，就是手機號碼，可以參考下列實例第 13 列。

程式實例 ch16_3.py：使用正則表達式重新設計 ch16_2.py。

```
1  # ch16_3.py
2  import re
3
4  msg1 = 'Please call my secretary using 0930-919-919 or 0952-001-001'
5  msg2 = '請明天17:30和我一起參加明志科大教師節晚餐'
6  msg3 = '請明天17:30和我一起參加明志科大教師節晚餐, 可用0933-080-080聯絡我'
7
8  def parseString(string):
9      """解析字串是否含有電話號碼"""
10     pattern = r'\d\d\d\d-\d\d\d-\d\d\d'
11     phoneNum = re.search(pattern, string)
12     if phoneNum != None:          # 如果phoneNum不是None表示取得號碼
13         print(f"電話號碼是: {phoneNum.group()}")
14     else:
15         print(f"{string} 字串不含電話號碼")
16
17 parseString(msg1)
18 parseString(msg2)
19 parseString(msg3)
```

執行結果

```
===================== RESTART: D:\Python\ch16\ch16_3.py =====================
電話號碼是: 0930-919-919
請明天17:30和我一起參加明志科大教師節晚餐 字串不含電話號碼
電話號碼是: 0933-080-080
```

在程式實例 ch16_2.py，使用了 taiwanPhoneNum( ) 函數共 23 列程式碼做字串解析，當我們使用 Python 的正則表達式時，只用第 10 和 11 列共 2 列就解析了字串是否含手機號碼了，整個程式變的簡單許多。不過上述 msg1 字串內含 2 組手機號碼，使用 search( ) 只傳回第一個發現的號碼，下一節將改良此方法。

16-2-3 findall( ) 方法

從方法的名字就可以知道，這個方法可以傳回所有找到的手機號碼。這個方法會將搜尋到的手機號碼用串列方式傳回，這樣就不會有只顯示第一筆搜尋到手機號碼的缺點，如果沒有比對相符的號碼就傳回 [ ] 空串列。要使用這個方法的關鍵指令如下：

rtn_list = re.findall(pattern, string, flags)

上述函數 pattern、string 和 flags 參數用法與 search( ) 函數相同，回傳的物件 rtn_list 是串列，若是以 ch16_4.py 為例，回傳的就是所找到的電話串列。

程式實例 ch16_4.py：使用 re.findall( ) 重新設計 ch16_3.py，可以找到所有的手機號碼。

```
 8 def parseString(string):
 9     """解析字串是否含有電話號碼"""
10     pattern = r'\d\d\d\d-\d\d\d-\d\d\d'
11     phoneNum = re.findall(pattern, string)
12     if phoneNum != None:            # 如果phoneNum不是None表示取得號碼
13         print(f"電話號碼是: {phoneNum}")
14     else:
15         print(f"{string} 字串不含電話號碼")
```

執行結果

```
===================== RESTART: D:/Python/ch16/ch16_4.py =====================
電話號碼是: ['0930-919-919', '0952-001-001']
電話號碼是: []
電話號碼是: ['0933-080-080']
```

16-2-4 再看正則表達式

下列是我們目前的正則表達式所搜尋的字串模式：

r'\d\d\d\d-\d\d\d-\d\d\d'

其中可以看到 \d 重複出現，對於重複出現的字串可以用大括號內部加上重複次數方式表達，所以上述可以用下列方式表達。

r'\d{4}-\d{3}-\d{3}'

程式實例 ch16_5.py：使用本節觀念重新設計 ch16_4.py，下列只列出不一樣的程式內容。

```
10      pattern = r'\d{4}-\d{3}-\d{3}'
```

執行結果 與 ch16_4.py 相同。

16-3 更多搜尋比對模式

先前我們所用的實例是手機號碼，試想想看如果我們改用市區電話號碼的比對，台北市的電話號碼如下：

02-26669999 # 可用 xx-xxxxxxxx 表達

下列將以上述電話號碼模式說明。

16-3-1 使用小括號分組

依照 16-2 節的觀念，可以用下列正則表示法表達上述市區電話號碼。

r'\d\d-\d\d\d\d\d\d\d\d'

所謂括號分組是以連字號 "-" 區別，然後用小括號隔開群組，可以用下列方式重新規劃上述表達式。

r'(\d\d)-(\d\d\d\d\d\d\d\d')

也可簡化為：

r'(\d{2})-(\d{8})'

當使用 re.search( ) 執行比對時，未來可以使用 group( ) 傳回比對符合的不同分組，例如：group( ) 或 group(0) 傳回第一個比對相符的文字與 ch16_3.py 觀念相同。如果 group(1) 則傳回括號的第一組文字，group(2) 則傳回括號的第二組文字。

程式實例 ch16_6.py：使用小括號分組的觀念，將各分組內容輸出。

```
# ch16_6.py
import re

msg = 'Please call my secretary using 02-26669999'
pattern = r'(\d{2})-(\d{8})'
phoneNum = re.search(pattern, msg)          # 傳回搜尋結果

print(f"完整號碼是: {phoneNum.group()}")     # 顯示完整號碼
print(f"完整號碼是: {phoneNum.group(0)}")    # 顯示完整號碼
print(f"區域號碼是: {phoneNum.group(1)}")    # 顯示區域號碼
print(f"電話號碼是: {phoneNum.group(2)}")    # 顯示電話號碼
```

執行結果

```
==================== RESTART: D:\Python\ch16\ch16_6.py ====================
完整號碼是: 02-26669999
完整號碼是: 02-26669999
區域號碼是: 02
電話號碼是: 26669999
```

如果所搜尋比對的正則表達式字串有用小括號分組時，若是使用 findall( ) 方法處理，會傳回元素是元組 (tuple) 的串列 (list)，元組內的每個元素就是搜尋的分組內容。

程式實例 ch16_7.py：使用 findall( ) 重新設計 ch16_6.py，這個實例會多增加一組電話號碼。

```
# ch16_7.py
import re

msg = 'Please call my secretary using 02-26669999 or 02-11112222'
pattern = r'(\d{2})-(\d{8})'
phoneNum = re.findall(pattern, msg)          # 傳回搜尋結果
print(phoneNum)
```

執行結果

```
==================== RESTART: D:\Python\ch16\ch16_7.py ====================
[('02', '26669999'), ('02', '11112222')]
```

16-3-2 groups( )

注意這是 groups( )，有在 group 後面加上 s，當我們使用 re.search( ) 搜尋字串時，可以使用這個方法取得分組的內容。這時還可以使用 2-8 節的多重指定的觀念，例如：若以 ch16_8.py 為例，在第 7 列我們可以使用下列多重指定獲得區域號碼和當地電話號碼。

```
areaNum, localNum = phoneNum.groups( )            # 多重指定
```

程式實例 ch16_8.py：重新設計 ch16_6.py，分別列出區域號碼與電話號碼。

```
# ch16_8.py
import re

msg = 'Please call my secretary using 02-26669999'
pattern = r'(\d{2})-(\d{8})'
phoneNum = re.search(pattern, msg)          # 傳回搜尋結果
areaNum, localNum = phoneNum.groups()       # 留意是groups()
print(f"區域號碼是: {areaNum}")              # 顯示區域號碼
print(f"電話號碼是: {localNum}")             # 顯示電話號碼
```

執行結果

```
==================== RESTART: D:\Python\ch16\ch16_8.py ====================
區域號碼是: 02
電話號碼是: 26669999
```

16-3-3 區域號碼是在小括號內

在一般電話號碼的使用中，常看到區域號碼是用小括號包夾，如下所示：

(02)-26669999

在處理小括號時，方式是 \(和 \)，可參考下列實例。

程式實例 ch16_9.py：重新設計 ch16_8.py，第 4 列的區域號碼是 (02)，讀者需留意第 4 列和第 5 列的設計。

```
1  # ch16_9.py
2  import re
3
4  msg = 'Please call my secretary using (02)-26669999'
5  pattern = r'(\(\d{2}\))-(\d{8})'
6  phoneNum = re.search(pattern, msg)          # 傳回搜尋結果
7  areaNum, localNum = phoneNum.groups()       # 留意是groups()
8  print(f"區域號碼是: {areaNum}")              # 顯示區域號碼
9  print(f"電話號碼是: {localNum}")             # 顯示電話號碼
```

執行結果

```
==================== RESTART: D:\Python\ch16\ch16_9.py ====================
區域號碼是: (02)
電話號碼是: 26669999
```

16-3-4 使用管道 |

「|(pipe)」在正則表示法稱管道，使用管道我們可以同時搜尋比對多個字串，例如：如果想要搜尋 Mary 和 Tom 字串，可以使用下列表示。

```
pattern = 'Mary|Tom'          # 注意單引號 ' 或 | 旁不可留空白
```

程式實例 ch16_10.py：管道搜尋多個字串的實例。

```
# ch16_10.py
import re

msg = 'John and Tom will attend my party tonight. John is my best friend.'
pattern = 'John|Tom'                # 搜尋John和Tom
txt = re.findall(pattern, msg)      # 傳回搜尋結果
print(txt)
pattern = 'Mary|Tom'                # 搜尋Mary和Tom
txt = re.findall(pattern, msg)      # 傳回搜尋結果
print(txt)
```

執行結果

```
==================== RESTART: D:\Python\ch16\ch16_10.py ====================
['John', 'Tom', 'John']
['Tom']
```

16-3-5　搜尋時忽略大小寫

搜尋時若是在 search( ) 或 findall( ) 內增加第三個參數 re.I 或 re.IGNORECASE，搜尋時就會忽略大小寫，至於列印輸出時將以原字串的格式顯示。

程式實例 ch16_11.py：以忽略大小寫方式執行找尋相符字串。

```
# ch16_11.py
import re

msg = 'john and TOM will attend my party tonight. JOHN is my best friend.'
pattern = 'John|Tom'                        # 搜尋John和Tom
txt = re.findall(pattern, msg, re.I)        # 傳回搜尋忽略大小寫的結果
print(txt)
pattern = 'Mary|tom'                        # 搜尋Mary和tom
txt = re.findall(pattern, msg, re.I)        # 傳回搜尋忽略大小寫的結果
print(txt)
```

執行結果

```
==================== RESTART: D:\Python\ch16\ch16_11.py ====================
['john', 'TOM', 'JOHN']
['TOM']
```

16-4 貪婪與非貪婪搜尋

16-4-1　搜尋時使用大括號設定比對次數

在 16-2-4 節我們有使用過大括號，當時講解「\d{4}」代表重複 4 次，也就是大括號的數字是設定重複次數。可以將這個觀念應用在搜尋一般字串，例如：「(son){3}」

代表所搜尋的字串是 'sonsonson'，如果有一字串是 'sonson'，則搜尋結果是不符。大括號除了可以設定重複次數，也可以設定指定範圍，例如：「(son){3,5}」代表所搜尋的字串如果是 'sonsonson'、'sonsonsonson' 或 'sonsonsonsonson' 皆算是相符合的字串。「(son){3,5}」正則表達式相當於下列表達式：

((son)(son)(son))|((son)(son)(son)(son))|((son)(son)(son)(son)(son))

程式實例 ch16_12.py：設定搜尋 son 字串重複 3-5 次皆算搜尋成功。

```
# ch16_12.py
import re

def searchStr(pattern, msg):
    txt = re.search(pattern, msg)
    if txt == None:              # 搜尋失敗
        print("搜尋失敗 ",txt)
    else:                        # 搜尋成功
        print("搜尋成功 ",txt.group())

msg1 = 'son'
msg2 = 'sonson'
msg3 = 'sonsonson'
msg4 = 'sonsonsonson'
msg5 = 'sonsonsonsonson'
pattern = '(son){3,5}'
searchStr(pattern,msg1)
searchStr(pattern,msg2)
searchStr(pattern,msg3)
searchStr(pattern,msg4)
searchStr(pattern,msg5)
```

執行結果

```
==================== RESTART: D:\Python\ch16\ch16_12.py ====================
搜尋失敗  None
搜尋失敗  None
搜尋成功  sonsonson
搜尋成功  sonsonsonson
搜尋成功  sonsonsonsonson
```

使用大括號時，也可以省略第一或第二個數字，這相當於不設定最小或最大重複次數。例如：「(son){3,}」代表重複 3 次以上皆符合，「(son){,10}」代表重複 10 次以下皆符合。有關這方面的實作，將留給讀者練習，可參考習題 3。

16-4-2 貪婪與非貪婪搜尋

在講解貪婪與非貪婪搜尋前，筆者先簡化程式實例 ch16_12.py，使用相同的搜尋模式 '(son){3,5}'，搜尋字串是 'sonsonsonsonson'，看看結果。

程式實例 ch16_13.py：使用搜尋模式「(son){3,5}」，搜尋字串 'sonsonsonsonson'。

```
1  # ch16_13.py
2  import re
3  
4  def searchStr(pattern, msg):
5      txt = re.search(pattern, msg)
6      if txt == None:          # 搜尋失敗
7          print("搜尋失敗 ",txt)
8      else:                    # 搜尋成功
9          print("搜尋成功 ",txt.group())
10 
11 msg = 'sonsonsonsonson'
12 pattern = '(son){3,5}'
13 searchStr(pattern,msg)
```

執行結果

```
==================== RESTART: D:\Python\ch16\ch16_13.py ====================
搜尋成功  sonsonsonsonson
```

其實由上述程式所設定的搜尋模式可知 3、4 或 5 個 son 重複就算找到了，可是 Python 執行結果是列出最多重複的字串，5 次重複，這是 Python 的預設模式，這種模式又稱貪婪 (greedy) 模式。

另一種是列出最少重複的字串，以這個實例而言是重複 3 次，這稱非貪婪模式，方法是在正則表達式的搜尋模式右邊增加 ? 符號。

程式實例 ch16_14.py：以非貪婪模式重新設計 ch16_13.py，請讀者留意第 12 列的正則表達式的搜尋模式最右邊的「?」符號。

```
12 pattern = '(son){3,5}?'      # 非貪婪模式
```

執行結果

```
==================== RESTART: D:\Python\ch16\ch16_14.py ====================
搜尋成功  sonsonson
```

16-5 正則表達式的特殊字元

為了不讓一開始學習正則表達式太複雜，在前面 4 個小節筆者只介紹了 \d，同時穿插介紹一些字串的搜尋。我們知道 \d 代表的是數字字元，也就是從 0-9 的阿拉伯數字，如果使用管道 | 的觀念，\d 相當於是下列正則表達式：

(0|1|2|3|4|5|6|7|8|9)

這一節將針對正則表達式的特殊字元做一個完整的說明。

16-5-1 特殊字元表

字元	使用說明
\d	0-9 之間的整數字元
\D	除了 0-9 之間的整數字元以外的其他字元
\s	空白、定位、Tab 鍵、換行、換頁字元
\S	除了空白、定位、Tab 鍵、換行、換頁字元以外的其他字元
\w	數字、字母和底線 _ 字元，[A-Za-z0-9_]
\W	除了數字、字母和底線 _ 字元，[a-Za-Z0-9_]，以外的其他字元

上述特殊字元表有時會和下列特殊符號一起使用：

- "+"：表示左邊或是括號的字元可以重複 1 至多次。
- "*"：表示左邊或是括號的字元可以重複 0 至多次。
- "?"：表示左邊或是括號的字元可有可無。

下列是一些使用上述表格觀念的正則表達式的實例說明。

程式實例 ch16_15.py：將一段英文句子的單字分離，同時將英文單字前 4 個字母是 John 的單字分離。筆者設定如下：

```
pattern = '\w+'           # 不限長度的數字、字母和底線字元當作符合搜尋
pattern = 'John\w*'       # John 開頭後面接 0- 多個數字、字母和底線字元
```

```
# ch16_15.py
import re
# 測試1將字串從句子分離
msg = 'John, Johnson, Johnnason and Johnnathan will attend my party tonight.'
pattern = '\w+'                        # 不限長度的單字
txt = re.findall(pattern,msg)          # 傳回搜尋結果
print(txt)
# 測試2將John開始的字串分離
msg = 'John, Johnson, Johnnason and Johnnathan will attend my party tonight.'
pattern = 'John\w*'                    # John開頭的單字
txt = re.findall(pattern,msg)          # 傳回搜尋結果
print(txt)
```

執行結果

```
==================== RESTART: D:\Python\ch16\ch16_15.py ====================
['John', 'Johnson', 'Johnnason', 'and', 'Johnnathan', 'will', 'attend', 'my', 'p
arty', 'tonight']
['John', 'Johnson', 'Johnnason', 'Johnnathan']
```

程式實例 ch16_16.py：正則表達式的應用，下列程式重點是第 5 列。

\d+：表示不限長度的數字。

\s：表示空格。

\w+：表示不限長度的數字、字母和底線字元連續字元。

```
1  # ch16_16.py
2  import re
3
4  msg = '1 cat, 2 dogs, 3 pigs, 4 swans'
5  pattern = '\d+\s\w+'
6  txt = re.findall(pattern,msg)      # 傳回搜尋結果
7  print(txt)
```

執行結果

```
==================== RESTART: D:\Python\ch16\ch16_16.py ====================
['1 cat', '2 dogs', '3 pigs', '4 swans']
```

16-5-2 字元分類

Python 可以使用中括號來設定字元，可參考下列範例。

[a-z]：代表 a-z 的小寫字元。

[A-Z]：代表 A-Z 的大寫字元。

[aeiouAEIOU]：代表英文發音的母音字元。

[2-5]：代表 2-5 的數字。

在字元分類中，中括號內可以不用放上正則表示法的反斜線 \ 執行，".、?、*、(、) 等字元的轉譯。例如：[2-5.] 會搜尋 2-5 的數字和句點，這個語法不用寫成 [2-5\.]。

程式實例 ch16_17.py：搜尋字元的應用，這個程式首先將搜尋 [aeiouAEIOU]，然後將搜尋 [2-5.]。

```
# ch16_17.py
import re
# 測試1搜尋[aeiouAEIOU]字元
msg = 'John, Johnson, Johnnason and Johnnathan will attend my party tonight.'
pattern = '[aeiouAEIOU]'
txt = re.findall(pattern,msg)      # 傳回搜尋結果
print(txt)
# 測試2搜尋[2-5.]字元
msg = '1. cat, 2. dogs, 3. pigs, 4. swans'
pattern = '[2-5.]'
txt = re.findall(pattern,msg)      # 傳回搜尋結果
print(txt)
```

執行結果

```
==================== RESTART: D:\Python\ch16\ch16_17.py ====================
['o', 'o', 'o', 'o', 'a', 'o', 'a', 'o', 'a', 'a', 'i', 'a', 'e', 'a', 'o', 'i']
['.', '2', '.', '3', '.', '4', '.']
```

16-5-3 字元分類的 ^ 字元

在 16-5-2 節字元的處理中，如果在中括號內的左方加上 ^ 字元，意義是搜尋不在這些字元內的所有字元。

程式實例 ch16_18.py：使用字元分類的 ^ 字元重新設計 ch16_17.py。

```
# ch16_18.py
import re
# 測試1搜尋不在[aeiouAEIOU]的字元
msg = 'John, Johnson, Johnnason and Johnnathan will attend my party tonight.'
pattern = '[^aeiouAEIOU]'
txt = re.findall(pattern,msg)       # 傳回搜尋結果
print(txt)
# 測試2搜尋不在[2-5.]的字元
msg = '1. cat, 2. dogs, 3. pigs, 4. swans'
pattern = '[^2-5.]'
txt = re.findall(pattern,msg)       # 傳回搜尋結果
print(txt)
```

執行結果

```
==================== RESTART: D:\Python\ch16\ch16_18.py ====================
['J', 'h', 'n', ',', ' ', 'J', 'h', 'n', 's', 'n', ',', ' ', 'J', 'h', 'n', 'n',
 's', 'n', ' ', 'n', 'd', ' ', 'J', 'h', 'n', 'n', 't', 'h', 'n', ' ', 'w', 'l',
 'l', ' ', 't', 't', 'n', 'd', ' ', 'm', 'y', ' ', 'p', 'r', 't', 'y', ' ', 't',
 'n', 'g', 'h', 't', '.']
['1', ' ', 'c', 'a', 't', ',', ' ', ' ', 'd', 'o', 'g', 's', ',', ' ', ' ', 'p',
 'i', 'g', 's', ',', ' ', ' ', 's', 'w', 'a', 'n', 's']
```

上述第一個測試結果不會出現 [aeiouAEIOU] 字元，第二個測試結果不會出現 [2-5.] 字元。

16-5-4 正則表示法的 ^ 字元

這個 ^ 字元與 16-5-3 節的 ^ 字元完全相同，但是用在不一樣的地方，意義不同。在正則表示法中起始位置加上 ^ 字元，表示是正則表示法的字串必須出現在被搜尋字串的起始位置，如果搜尋成功才算成功。

程式實例 ch16_19.py：正則表示法 ^ 字元的應用，測試 1 字串 John 是在最前面所以可以得到搜尋結果，測試 2 字串 John 不是在最前面，結果搜尋失敗傳回空字串。

```
# ch16_19.py
import re
# 測試1搜尋John字串在最前面
msg = 'John will attend my party tonight.'
pattern = '^John'
txt = re.findall(pattern,msg)       # 傳回搜尋結果
print(txt)
# 測試2搜尋John字串不是在最前面
msg = 'My best friend is John'
pattern = '^John'
txt = re.findall(pattern,msg)       # 傳回搜尋結果
print(txt)
```

執行結果

```
==================== RESTART: D:\Python\ch16\ch16_19.py ====================
['John']
[]
```

16-5-5　正則表示法的 $ 字元

正則表示法的末端放置 $ 字元時，表示是正則表示法的字串必須出現在被搜尋字串的最後位置，如果搜尋成功才算成功。

程式實例 ch16_20.py： 正則表示法 $ 字元的應用，測試 1 是搜尋字串結尾是非英文字元、數字和底線字元，由於結尾字元是 "."，所以傳回所搜尋到的字元。測試 2 是搜尋字串結尾是非英文字元、數字和底線字元，由於結尾字元是 "8"，所以傳回搜尋結果是空字串。測試 3 是搜尋字串結尾是數字字元，由於結尾字元是 "8"，所以傳回搜尋結果傳回 "8"。測試 4 是搜尋字串結尾是數字字元，由於結尾字元是 "."，所以傳回搜尋結果是空字串。

```
# ch16_20.py
import re
# 測試1搜尋最後字元是非英文字母數字和底線字元
msg = 'John will attend my party 28 tonight.'
pattern = '\W$'
txt = re.findall(pattern,msg)       # 傳回搜尋結果
print(txt)
# 測試2搜尋最後字元是非英文字母數字和底線字元
msg = 'I am 28'
pattern = '\W$'
txt = re.findall(pattern,msg)       # 傳回搜尋結果
print(txt)
# 測試3搜尋最後字元是數字
msg = 'I am 28'
pattern = '\d$'
txt = re.findall(pattern,msg)       # 傳回搜尋結果
print(txt)
# 測試4搜尋最後字元是數字
msg = 'I am 28 year old.'
pattern = '\d$'
txt = re.findall(pattern,msg)       # 傳回搜尋結果
print(txt)
```

執行結果

```
==================== RESTART: D:\Python\ch16\ch16_20.py ====================
['.']
[]
['8']
[]
```

我們也可以將 16-5-4 節的 ^ 字元和 $ 字元混合使用，這時如果既要符合開始字串也要符合結束字串。

程式實例 ch16_21.py：搜尋開始到結束皆是數字的字串，字串內容只要有非數字字元就算搜尋失敗。測試 2 中由於中間有非數字字元，所以搜尋失敗。讀者應留意程式第 5 列的正則表達式的寫法。

```
1  # ch16_21.py
2  import re
3  # 測試1搜尋開始到結尾皆是數字的字串
4  msg = '09282028222'
5  pattern = '^\d+$'
6  txt = re.findall(pattern,msg)        # 傳回搜尋結果
7  print(txt)
8  # 測試2搜尋開始到結尾皆是數字的字串
9  msg = '0928tuyr990'
10 pattern = '^\d+$'
11 txt = re.findall(pattern,msg)        # 傳回搜尋結果
12 print(txt)
```

執行結果

```
==================== RESTART: D:\Python\ch16\ch16_21.py ====================
['09282028222']
[]
```

16-5-6 單一字元使用萬用字元 "."

萬用字元 (wildcard)"." 表示可以搜尋除了換列字元以外的所有字元，但是只限定一個字元。

程式實例 ch16_22.py：萬用字元的應用，搜尋一個萬用字元加上 at，在下列輸出中第 4 筆，由於 at 符合，Python 自動加上空白字元。第 6 筆由於只能加上一個字元，所以搜尋結果是 lat。

```
# ch16_22.py
import re
msg = 'cat hat sat at matter flat'
pattern = '.at'
txt = re.findall(pattern,msg)        # 傳回搜尋結果
print(txt)
```

執行結果

```
==================== RESTART: D:\Python\ch16\ch16_22.py ====================
['cat', 'hat', 'sat', ' at', 'mat', 'lat']
```

如果搜尋的是真正的 "." 字元，須使用反斜線 "\."。

16-5-7 所有字元使用萬用字元 ".*"

若是將前一小節所介紹的 "." 字元與 "*" 組合，可以搜尋所有字元，意義是搜尋 0 到多個萬用字元 (換列字元除外)。

程式實例 ch16_23.py：搜尋所有字元 ".*" 的組合應用。

```
# ch16_23.py
import re

msg = 'Name: Jiin-Kwei Hung Address: 8F, Nan-Jing E. Rd, Taipei'
pattern = 'Name: (.*) Address: (.*)'
txt = re.search(pattern,msg)        # 傳回搜尋結果
Name, Address = txt.groups()
print("Name:     ", Name)
print("Address: ", Address)
```

執行結果

```
==================== RESTART: D:\Python\ch16\ch16_23.py ====================
Name:     Jiin-Kwei Hung
Address:  8F, Nan-Jing E. Rd, Taipei
```

16-5-8　換列字元的處理

使用 16-5-7 節觀念用 ".*" 搜尋時碰上換列字元，搜尋就停止。Python 的 re 模組提供參數 re.DOTALL，功能是包括搜尋換列字元，可以將此參數放在 search( ) 或 findall( ) 函數內當作是第 3 個參數的 flags。

程式實例 ch16_24.py：測試 1 是搜尋換列字元以外的字元，測試 2 是搜尋含換列字元的所有字元。由於測試 2 有包含換列字元，所以輸出時，換列字元主導分 2 列輸出。

```
# ch16_24.py
import re
#測試1搜尋除了換列字元以外字元
msg = 'Name: Jiin-Kwei Hung \nAddress: 8F, Nan-Jing E. Rd, Taipei'
pattern = '.*'
txt = re.search(pattern,msg)              # 傳回搜尋不含換列字元結果
print("測試1輸出: ", txt.group())
#測試2搜尋包括換列字元
msg = 'Name: Jiin-Kwei Hung \nAddress: 8F, Nan-Jing E. Rd, Taipei'
pattern = '.*'
txt = re.search(pattern,msg,re.DOTALL) # 傳回搜尋含換列字元結果
print("測試2輸出: ", txt.group())
```

執行結果

```
==================== RESTART: D:\Python\ch16\ch16_24.py ====================
測試1輸出:  Name: Jiin-Kwei Hung
測試2輸出:  Name: Jiin-Kwei Hung
Address: 8F, Nan-Jing E. Rd, Taipei
```

16-6 MatchObject 物件

16-2-2 節已經講解使用 re.search( ) 搜尋字串，搜尋成功時可以產生 MatchObject 物件，這裡將先介紹另一個搜尋物件的方法 re.match( )，這個方法的搜尋成功後也將產生 MatchObject 物件。接著本節會分成幾個小節，再講解 MatchObject 幾個重要的方法 (method)。

16-6-1 re.match( )

這本書已經講解了搜尋字串中最重要的 2 個方法 re.search( ) 和 re.findall( )，re 模組另一個方法是 re.match( )，這個方法其實和 re.search( ) 相同，差異是 re.match( ) 是只搜尋比對字串開始的字，如果失敗就算失敗。re.search( ) 則是搜尋整個字串。至於 re.match( ) 搜尋成功會傳回 MatchObject 物件，若是搜尋失敗會傳回 None，這部分與 re.search( ) 相同。

程式實例 ch16_25.py：re.match( ) 的應用。測試 1 是將 John 放在被搜尋字串的最前面，測試 2 沒有將 John 放在被搜尋字串的最前面。

```
# ch16_25.py
import re
#測試1搜尋使用re.match()
msg = 'John will attend my party tonight.'   # John是第一個字串
pattern = 'John'
txt = re.match(pattern,msg)                 # 傳回搜尋結果
if txt != None:
    print("測試1輸出: ", txt.group())
else:
    print("測試1搜尋失敗")
#測試2搜尋使用re.match()
msg = 'My best friend is John.'             # John不是第一個字串
txt = re.match(pattern,msg,re.DOTALL)       # 傳回搜尋結果
if txt != None:
    print("測試2輸出: ", txt.group())
else:
    print("測試2搜尋失敗")
```

執行結果

```
===================== RESTART: D:\Python\ch16\ch16_25.py =====================
測試1輸出:  John
測試2搜尋失敗
```

16-6-2 MatchObject 幾個重要的方法

當使用 re.search( ) 或 re.match( ) 搜尋成功時，會產生 MatchOjbect 物件。

程式實例 ch16_26.py：看看 MatchObject 物件是什麼。

```
# ch16_26.py
import re
#測試1搜尋使用re.match()
msg = 'John will attend my party tonight.'
pattern = 'John'
txt = re.match(pattern,msg)                 # re.match()
if txt != None:
    print("使用re.match()輸出MatchObject物件:  ", txt)
else:
    print("測試1搜尋失敗")
#測試1搜尋使用re.search()
```

```
txt = re.search(pattern,msg)                    # re.search()
if txt != None:
    print("使用re.search()輸出MatchObject物件: ", txt)
else:
    print("測試1搜尋失敗")
```

執行結果

```
==================== RESTART: D:\Python\ch16\ch16_26.py ====================
使用re.match()輸出MatchObject物件:   <re.Match object; span=(0, 4), match='John'>
使用re.search()輸出MatchObject物件:  <re.Match object; span=(0, 4), match='John'>
```

從上述可知當使用 re.match( ) 和 re.search( ) 皆搜尋成功時，2 者的 MatchObject 物件內容是相同的。span 是註明成功搜尋字串的起始位置和結束位置，從此處可以知道起始索引位置是 0，結束索引位置是 4。match 則是註明成功搜尋的字串內容。

Python 提供下列取得 MatchObject 物件內容的重要方法。

方法	說明
group( )	可傳回搜尋到的字串，本章已有許多實例說明。
end( )	可傳回搜尋到字串的結束位置。
start( )	可傳回搜尋到字串的起始位置。
span( )	可傳回搜尋到字串的 (起始 , 結束) 位置。

程式實例 ch16_27.py：分別使用 re.match( ) 和 re.search( ) 搜尋字串 John，獲得成功搜尋字串時，分別用 start( )、end( ) 和 span( ) 方法列出字串出現的位置。

```
# ch16_27.py
import re
#測試1搜尋使用re.match()
msg = 'John will attend my party tonight.'
pattern = 'John'
txt = re.match(pattern,msg)                     # re.match()
if txt != None:
    print("搜尋成功字串的起始索引位置 :  ", txt.start())
    print("搜尋成功字串的結束索引位置 :  ", txt.end())
    print("搜尋成功字串的結束索引位置 :  ", txt.span())
#測試2搜尋使用re.search()
msg = 'My best friend is John.'
txt = re.search(pattern,msg)                    # re.search()
if txt != None:
    print("搜尋成功字串的起始索引位置 :  ", txt.start())
    print("搜尋成功字串的結束索引位置 :  ", txt.end())
    print("搜尋成功字串的結束索引位置 :  ", txt.span())
```

執行結果

```
==================== RESTART: D:\Python\ch16\ch16_27.py ====================
搜尋成功字串的起始索引位置 :   0
搜尋成功字串的結束索引位置 :   4
搜尋成功字串的結束索引位置 :   (0, 4)
搜尋成功字串的起始索引位置 :   18
搜尋成功字串的結束索引位置 :   22
搜尋成功字串的結束索引位置 :   (18, 22)
```

16-7 搶救 CIA 情報員 -sub( ) 方法

Python re 模組內的 sub( ) 方法可以用新的字串取代原本字串的內容。

16-7-1 一般的應用

sub( ) 方法的基本使用語法如下：

```
result = re.sub(pattern, newstr, msg)          # msg 是整個欲處理的字串或句子
```

pattern 是欲搜尋的字串，如果搜尋成功則用 newstr 取代，同時成功取代的結果回傳給 result 變數，如果搜尋到多筆相同字串，這些字串將全部被取代，需留意原先 msg 內容將不會改變。如果搜尋失敗則將 msg 內容回傳給 result 變數，當然 msg 內容也不會改變。

程式實例 ch16_28.py：這是字串取代的應用，測試 1 是發現 2 個字串被成功取代 (Eli Nan 被 Kevin Thomson 取代)，同時列出取代結果。測試 2 是取代失敗，所以 txt 與原 msg 內容相同。

```python
# ch16_28.py
import re
#測試1取代使用re.sub()結果成功
msg = 'Eli Nan will attend my party tonight. My best friend is Eli Nan'
pattern = 'Eli Nan'                     # 欲搜尋字串
newstr = 'Kevin Thomson'                # 新字串
txt = re.sub(pattern,newstr,msg)        # 如果找到則取代
if txt != msg:                          # 如果txt與msg內容不同表示取代成功
    print("取代成功: ", txt)            # 列出成功取代結果
else:
    print("取代失敗: ", txt)            # 列出失敗取代結果
#測試2取代使用re.sub()結果失敗
pattern = 'Eli Thomson'                 # 欲搜尋字串
txt = re.sub(pattern,newstr,msg)        # 如果找到則取代
if txt != msg:                          # 如果txt與msg內容不同表示取代成功
    print("取代成功: ", txt)            # 列出成功取代結果
else:
    print("取代失敗: ", txt)            # 列出失敗取代結果
```

執行結果

```
==================== RESTART: D:\Python\ch16\ch16_28.py ====================
取代成功:  Kevin Thomson will attend my party tonight. My best friend is Kevin Thomson
取代失敗:  Eli Nan will attend my party tonight. My best friend is Eli Nan
```

16-7-2 搶救 CIA 情報員

社會上有太多需要保護當事人隱私權利的場合，例如：情報機構在內部文件不可直接將情報員的名字列出來，歷史上太多這類實例造成情報員的犧牲，這時可以使用「***」代替原本的「姓名」。使用 Python 的正則表示法，可以輕鬆協助我們執行這方面的工作。這一節將先用程式碼，然後解析此程式。

程式實例 ch16_29.py：將 CIA 情報員名字，用名字「第一個字母」和「***」取代。

```
1  # ch16_29.py
2  import re
3  # 使用隱藏文字執行取代
4  msg = 'CIA Mark told CIA Linda that secret USB had given to CIA Peter.'
5  pattern = r'CIA (\w)\w*'                # 欲搜尋CIA + 空一格後的名字
6  newstr = r'\1***'                       # 新字串使用隱藏文字
7  txt = re.sub(pattern,newstr,msg)        # 執行取代
8  print("取代成功: ", txt)                # 列出取代結果
```

執行結果

```
==================== RESTART: D:\Python\ch16\ch16_29.py ====================
取代成功:  M*** told L*** that secret USB had given to P***.
```

上述程式第一個關鍵是第 5 列，這一列將搜尋 CIA 字串外加空一格後出現不限長度的字串 (可以是英文大小寫或數字或底線所組成)。觀念是括號內的「(\w)」代表必須只有一個字元，同時小括號代表這是一個分組 (group)，由於整列只有一個括號所以知道這是第一分組，同時只有一個分組，括號外的「\w*」表示可以有 0 到多個字元。所以「(\w)\w*」相當於是「1 ~ 多個字元」組成的單字，同時存在分組 1。

上述程式第 6 列的 \1 代表用分組 1 找到的第 1 個字母當作字串開頭，後面 *** 則是接在第 1 個字母後的字元。對 CIA Mark 而言所找到的第一個字母是 M，所以取代的結果是 M***。對 CIA Linda 而言所找到的第一個字母是 L，所以取代的結果是 L***。對 CIA Peter 而言所找到的第一個字母是 P，所以取代的結果是 P***。

16-8 處理比較複雜的正則表示法

有一個正則表示法內容如下：

```
pattern = r((\d{2}|\(\d{2}\))?(\s|-)?\d{8}(\s*(ext|x|ext.)\s*\d{3,5})?)
```

其實相信大部分的讀者看到上述正則表示法，就想棄械投降了，坦白說的確是複雜，不過不用擔心，筆者將一步一步解析讓事情變簡單。

16-8-1 將正則表達式拆成多列字串

在 3-4-2 節筆者有介紹可以使用 3 個單引號 (或是雙引號) 將過長的字串拆成多列表達，這個觀念也可以應用在正則表達式，當我們適當的拆解後，可以為每一列加上註解，整個正則表達式就變得簡單了。若是將上述 pattern，拆解成下列表示法，整個就變得簡單了。

```
pattern = r'''(
    (\d{2}|\(\d{2}\))?              # 區域號碼
    (\s|-)?                         # 區域號碼與電話號碼的分隔符號
    \d{8}                           # 電話號碼
    (\s*(ext|ext.)\s*\d{2,4})?      # 2-4位數的分機號碼
    )'''
```

接下來筆者分別解釋相信讀者就可以瞭解了，第一列區域號碼是 2 位數，可以接受有括號的區域號碼，也可以接受沒有括號的區域號碼，例如：02 或 (02) 皆可以。第二列是設定區域號碼與電話號碼間的字元，可以接受空白字元或 – 字元當作分隔符號。第三列是設定 8 位數數字的電話號碼。第四列是分機號碼，分機號碼可以用 ext 或 ext. 當作起始字元，空一定格數，然後接受 2-4 位數的分機號碼。

16-8-2 re.VERBOSE

使用 Python 時，如果想在正則表達式中加上註解，可參考 16-8-1 節，必須配合使用 re.VERBOSE 參數，然後將此參數放在 search( ) 或 findall( )。

程式實例 ch16_30.py：搜尋市區電話號碼的應用，這個程式可以搜尋下列格式的電話號碼。

```
12345678                 # 沒有區域號碼
02 12345678              # 區域號碼與電話號碼間沒有空格
02-12345678              # 區域號碼與電話號碼間使用 - 分隔
(02)-12345678            # 區域號碼有小括號
02-12345678 ext 123      # 有分機號
02-12345678 ext. 123     # 有分機號，ext. 右邊有 .
```

```
# ch16_30.py
import re

msg = '''02-88223349,
        (02)-26669999,
        02-29998888 ext 123,
        1234567899999,
        02 33887766 ext. 1234,
        02 33887799 ext. 12345,
        12345,
        123'''
pattern = r'''(
    (\d{2}|\(\d{2}\))?              # 區域號碼
    (\s|-)?                         # 區域號碼與電話號碼的分隔符號
    \d{8}                           # 電話號碼
    (\s*(ext|ext.)\s*\d{2,4})?      # 2-4位數的分機號碼
    )'''
phoneNum = re.findall(pattern, msg, re.VERBOSE)     # 傳回搜尋結果
print("以下是符合的電話號碼")
for num in phoneNum:
    print(num[0])
```

```
以下是符合的電話號碼
02-88223349
(02)-26669999
02-29998888 ext 123
12345678
02 33887766 ext. 1234
02 33887799 ext. 1234
```

由於搜尋時回傳的串列元素是元組，此元組的索引 0 是所搜尋到的電話號碼，所以第 21 列取 num[0] 做輸出即可。上述程式最大的缺點是，如果電話號碼輸入錯誤，例如第 7 列輸入「123456789999」，很明顯超出電話號碼的 8 位數字原則，程式會取前 8 位數字「12345678」當作是符合的電話號碼。分機號碼也是，如果輸入錯誤，分機號碼輸入「12345」，超出分機號碼最多 4 位數的原則，程式會取前 4 個數字「1234」當作是符合的分機號碼。

在正則表達式中為了處理這類問題，需使用「\b」，這稱「單詞邊界 (word boundary)」。這意味著它匹配的是單詞字元與非單詞字元之間的位置，而不是實際的字符本身。在這裡所謂的「單詞字元」指的是字母、數字或底線之字元，例如：數字、大小寫英文字母和底線 (_)，即符合 16-5-1 節所述「\w」的字元。而「非單詞字元」是指任何不是字母、數字或底線的字元，即符合 16-5-1 節所述「\W」的字元，包括空格、標點符號或字串的開始和結束位置。

以下是一些使用「\b」的實例及其匹配的說明：

- \bhi\b：匹配獨立的單詞 "hi"，不會匹配 "highlight" 中的 "hi"。
- \b7\b：匹配獨立的數字 "7"，不會匹配 "8675309" 中的 "7"。
- @\b：匹配 "@" 符號後面直接跟著非單詞字元或字串結束的位置。

程式實例 ch16_31.py：改良 ch16_30.py，超出電話號碼或是分機號碼不算符合。

```
1  # ch16_31.py
2  import re
3
4  msg = '''02-88223349,
5            (02)-26669999,
6            02-29998888 ext 123,
7            1234567899999,
8            02 33887766 ext. 1234,
9            02 33887799 ext. 12345,
10           12345,
11           123'''
12 pattern = r'''(
13     (\d{2}|\(\d{2}\))?                    # 區域號碼
14     (\s|-)?                               # 區域號碼與電話號碼的分隔符號
15     \b\d{8}\b                             # 電話號碼
16     (\s*(ext|ext.)\s*\d{2,4}\b)?          # 2-4位數的分機號碼
17     )'''
18 phoneNum = re.findall(pattern, msg, re.VERBOSE)      # 傳回搜尋結果
19 print("以下是符合的電話號碼")
20 for num in phoneNum:
21     print(num[0])
```

執行結果

```
==================== RESTART: D:/Python/ch16/ch16_31.py ====================
以下是符合的電話號碼
02-88223349
(02)-26669999
02-29998888 ext 123
02 33887766 ext. 1234
02 33887799
```

上述第 12 ~ 16 列定義一個名為 pattern 的多列正則表達式，並使用了 re.VERBOSE 參數，這允許正則表達式以更加可讀的方式呈現，可以包含空白和註解。

- (\d{2}|\(\d{2}\))?：這是選項，匹配兩位數字的區域代碼，區域代碼可以用括號包圍，也可以沒有括號。
- (\s|-)?：匹配區域代碼與電話號碼之間的分隔符號，可以是空格或短橫線，這部分也是可選的選項。
- \b\d{8}\b：匹配正好 8 位數字的電話號碼，「\b」確保前後是單詞邊界，所以這些數字前後不能直接連接其他數字。
- (\s*(ext|ext.)\s*\d{2,4}\b)?：匹配 2 到 4 位數字的分機號碼，前面可以有 "ext" 或 "ext."，以及前後可能的空白。分機號碼的結尾也被「\b」所限定，防止其後直接連接其他數字。

使用 re.findall( ) 函數與定義的正則表達式 pattern 在 msg 字串中尋找所有匹配的結果。最後，告知使用者將顯示符合的電話號碼。

根據這段程式碼，它會找出 msg 字串中所有格式正確的電話號碼 (包括區域碼、電話號碼及可選的分機號碼)，並將它們輸出。不符合上述正則表達式模式的字串，如單獨的 "12345" 或是超過 8 位數的 "1234567899999"，將不會被匹配。需留意的是第 9 列的電話號碼，因為前面的「02 33887799」電話號碼符合匹配原則，即使分機號碼不符合，此程式也會輸出符合的部分。

16-8-3 電子郵件地址的搜尋

在文書處理過程中，也很常見必須在文件內將電子郵件地址解析出來，下列是這方面的應用。下列是 Pattern 內容。

```
pattern = r'''(
    [a-zA-Z0-9_.]+                  # 使用者帳號
    @                               # @符號
    [a-zA-Z0-9-.]+                  # 主機域名domain
    [\.]                            # .符號
    [a-zA-Z]{2,4}\b                 # 可能是com或edu或其它
    ([\.])?                         # .符號, 也可能無特別是美國
    ([a-zA-Z]{2,4}\b)?              # 國別
    )'''
```

第 1 列使用者帳號常用的有 a-z 字元、A-Z 字元、0-9 數字、底線 _、點 .。第 2 列是 @ 符號。第 3 列是主機域名，常用的有 a-z 字元、A-Z 字元、0-9 數字、分隔符號 -、點 .。第 4 列是點 . 符號。第 5 列最常見的是 com 或 edu，也可能是 cc 或其它，這通常由，常用的有 a-z 字元、A-Z 字元，同時加上「\b」，限制須由 2 至 4 個字元組成。第 6 列是點 . 符號，在美國通常只要前 5 列就夠了，但是在其他國家則常常需要此欄位，所以此欄位後面是 ? 字元。第 7 列通常是國別，例如：台灣是 tw、中國是 cn、日本是 ja，常用的有 a-z 字元、A-Z 字元，同時加上「\b」，限制須由 2 至 4 個字元組成。

程式實例 ch16_32.py：電子郵件地址的搜尋。

```
# ch16_32.py
import re

msg = '''txt@deepwisdom.comyyy.twkkk,
        ser@deepmind.com.tw,
        aaa@gmail.comcomkk,
        kkk@gmail.com,
        abc@aa,
        abcdefg'''
pattern = r'''(
    [a-zA-Z0-9_.]+                    # 使用者帳號
    @                                 # @符號
    [a-zA-Z0-9-.]+                    # 主機域名domain
    [\.]                              # .符號
    [a-zA-Z]{2,4}\b                   # 可能是com或edu或其它
    ([\.])?                           # .符號, 也可能無特別是美國
    ([a-zA-Z]{2,4}\b)?                # 國別
    )'''
eMail = re.findall(pattern, msg, re.VERBOSE)      # 傳回搜尋結果
print("以下是符合的電子郵件地址")
for mail in eMail:
    print(mail[0])
```

執行結果

```
==================== RESTART: D:/Python/ch16/ch16_32.py ====================
以下是符合的電子郵件地址
ser@deepmind.com.tw
kkk@gmail.com
```

16-8-4 re.IGNORECASE/re.DOTALL/re.VERBOSE

在 16-3-5 節筆者介紹了 re.IGNORECASE 參數，在 16-5-8 節筆者介紹了 re.DOTALL 參數，在 16-8-2 節筆者介紹了 re.VERBOSE 參數，我們可以分別在 re.search( )、re.findall( ) 或是 re.match( ) 方法內使用它們，可是一次只能放置一個參數，如果我們想要一次放置多個參數特性，應如何處理？方法是使用 16-3-4 節的管道 | 觀念，例如：可以使用下列方式：

```
datastr = re.search(pattern, msg, re.IGNORECASE|re.DOTALL|re.VERBOSE)
```

其實這一章已經講解了相當多的正則表達式的知識了，未來各位在寫論文、做研究或職場上相信會有相當幫助。如果仍覺不足，可以自行到 Python 官網獲得更多正則表達式的知識。

16-9 正則表達式的潛在應用

❑ 解析和轉換檔案名稱 – 將底線 (_) 改為 "-"

```
# ch16_33.py
import re

# 定義一個函數用於重命名檔案串列
def rename_files(files):
    # 定義正則表達式模式匹配檔案名的一部分
    # (\w+)   匹配一個或多個單詞字元(字母、數字或底線)
    # (\d{4}) 匹配四位數字 (代表年份)
    # (\d{2}) 匹配兩位數字 (代表月份)
    pattern = r"(\w+)_(\d{4})_(\d{2})"
    for file in files:                              # 遍歷檔案串列
        # 使用 sub() 函數替換匹配的名稱
        # \1, \2, \3 分別對應第一、第二、第三個捕獲組匹配的內容
        # 這裡將 底線( _ ) 替換為 ( - )
        new_name = re.sub(pattern, r"\1-\2-\3", file)
        print(f"Old : {file},   New: {new_name}")   # 輸出舊和新檔名

# 檔案名稱串列
files = [
    "report_2023_04.pdf",
    "report_2023_05.pdf",
    "summary_2023_04.docx"
]

rename_files(files)  # 呼叫函數, 傳入檔案名稱串列

# 輸出
# Old: report_2023_04.pdf,  New: report-2023-04.pdf
# Old: report_2023_05.pdf,  New: report-2023-05.pdf
# Old: summary_2023_04.docx,  New: summary-2023-04.docx
```

上述程式定義了一個名為 rename_files( ) 的函數，它接收一個 files 串列，其中包含了需要重命名的檔案名稱。在函數內部，定義了一個正則表達式 pattern。這個模式用於匹配檔案名稱中的三部分：文件類型前綴，例如："report"，年份和月份。這三部分分別被圓括號包圍，這意味著它們會被作為「捕獲組」保存下來，以便後續引用。

函數遍歷 files 串列中的每個檔案名稱。對於每個檔案名稱，它使用 re.sub 函數來進行替換操作。re.sub( ) 函數的第一個參數是正則表達式 pattern，第二個參數是替換模式，其中「\1」、「\2 」和「\3」分別引用第一、第二和第三個捕獲組匹配到的字串。

替換模組將底線 (_) 替換為 (-)，例如：將檔案名稱的格式從 "report_2023_04.pdf" 變為 "report-2023-04.pdf"。每次替換後，函數都會輸出原始的檔案名稱和新的檔案名稱，方便讀者對比。

❑ 驗證和格式化信用卡號碼

```
# ch16_34.py
import re

def validate_and_format_credit_card(number):
    # 定義Visa信用卡號碼的正則表達式，Visa卡號以4開頭，並有16位數字
    pattern = r"^(?:4[0-9]{12}(?:[0-9]{3})?)$"

    # 使用match方法檢查提供的卡號是否符合正則表達式模式。
    match = re.match(pattern, number)
    if match:
        # 如果匹配成功，使用findall方法分組每四位數字
        # 然後用join方法將這些組用 "-" 連接成一個格式化的字串
        formatted = "-".join(re.findall(r"....", number))
        return True, formatted  # 返回一個元組和驗證成功格式化的卡號
    return False, None          # 如果匹配不成功，返回False和None

# 測試卡號
card_number = "4111111111111111"
is_valid, formatted = validate_and_format_credit_card(card_number)
print(is_valid, formatted)      # 輸出結果應該為True和格式化後的卡號
```

❑ 數據清洗 - 移除或替換字串中的特殊字元

```
# ch16_35.py
import re

def clean_text(text):
    # 刪除不可列印字元和特殊符號，只保留字母、數字和空格
    pattern = r"[^\w\s]"
    cleaned_text = re.sub(pattern, "", text)
    return cleaned_text

dirty_data = "Name: John Doe; Age: 30; %Salary: $5000"
print(clean_text(dirty_data))
# 輸出: Name John Doe Age 30 Salary 5000
```

第 17 章

用 Python 處理影像檔案

在 2023 年代，高畫質的手機已經成為個人標準配備，也許你可以使用許多影像軟體處理手機所拍攝的相片，本章筆者將教導您以 Python 處理這些相片。本章將使用 Pillow 模組，所以請先導入此模組。

pip install pillow

注意在程式設計中需導入的是 PIL 模組，主要原因是要向舊版 Python Image Library 相容，如下所示：

from PIL import Image 或是 from PIL import ImageColor

上述 Image 是 Pillow 模組的核心，可以操作和保存不同格式的影像。ImageColor 則是提供方法，用於處理圖像色彩。

17-1 認識 Pillow 模組的 RGBA

在 Pillow 模組中 RGBA 分別代表紅色 (Red)、綠色 (Green)、藍色 (Blue) 和透明度 (Alpha)，這 4 個與顏色有關的數值組成元組 (tuple)，每個數值是在 0-255 之間。如果 Alpha 的值是 255 代表完全不透明，值越小透明度越高。其實它的色彩使用方式與 HTML 相同，其他有關顏色的細節可參考附錄 F。

17-1-1 getrgb( )

這個函數可以將顏色符號或字串轉為元組，在這裡可以使用英文名稱 (例如："red")、色彩數值 (例如：#ff0000)、rgb 函數 (例如：rgb(255, 0, 0) 或 rgb 函數以百分比代表顏色 (例如：rgb(100%, 0%, 0%))。這個函數在使用時，如果字串無法被解析判別，將造成 ValueError 異常。這個函數的使用語法如下：

(r, g, b) = getrgb(color)　　　　　　# 返回色彩元組

程式實例 ch17_1.py：使用 getrgb( ) 方法傳回色彩的元組。

```
# ch17_1.py
from PIL import ImageColor

print(ImageColor.getrgb("#0000ff"))
print(ImageColor.getrgb("rgb(0, 0, 255)"))
print(ImageColor.getrgb("rgb(0%, 0%, 100%)"))
print(ImageColor.getrgb("Blue"))
print(ImageColor.getrgb("red"))
```

執行結果

```
==================== RESTART: D:\Python\ch17\ch17_1.py ====================
(0, 0, 255)
(0, 0, 255)
(0, 0, 255)
(0, 0, 255)
(255, 0, 0)
```

17-1-2 getcolor( )

功能基本上與 getrgb( ) 相同，它的使用語法如下：

(r, g, b) = getcolor(color, "mode")　　　　# 返回色彩元組

(r, g, b, a) = getcolor(color, "mode")　　　# 返回色彩元組

mode 若是填寫 "RGBA" 則可返回 RGBA 元組，如果填寫 "RGB" 則返回 RGB 元組。

程式實例 ch17_2.py：測試使用 getcolor( ) 函數，了解返回值。

```python
# ch17_2.py
from PIL import ImageColor

print(ImageColor.getcolor("#0000ff", "RGB"))
print(ImageColor.getcolor("rgb(0, 0, 255)", "RGB"))
print(ImageColor.getcolor("Blue", "RGB"))
print(ImageColor.getcolor("#0000ff", "RGBA"))
print(ImageColor.getcolor("rgb(0, 0, 255)", "RGBA"))
print(ImageColor.getcolor("Blue", "RGBA"))
```

執行結果

```
==================== RESTART: D:\Python\ch17\ch17_2.py ====================
(0, 0, 255)
(0, 0, 255)
(0, 0, 255)
(0, 0, 255, 255)
(0, 0, 255, 255)
(0, 0, 255, 255)
```

17-2 Pillow 模組的盒子元組 (Box tuple)

17-2-1 基本觀念

下圖是 Pillow 模組的影像座標的觀念。

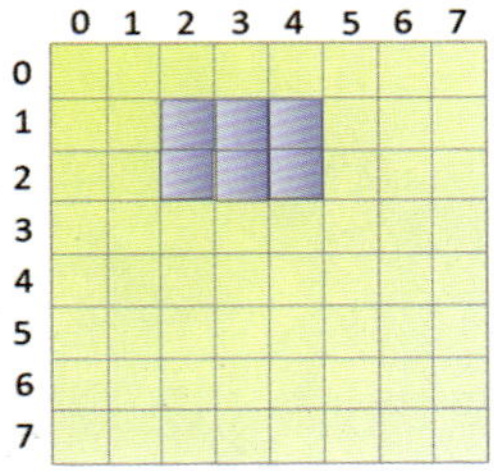

最左上角的像素座標 (x,y) 是 (0,0)，x 軸像素值往右遞增，y 軸像素值往下遞增。盒子元組的參數是，(left, top, right, bottom)，意義如下：

left：盒子左上角的 x 軸座標。

top：盒子左上角的 y 軸座標。

right：盒子右下角的 x 軸座標。

bottom：盒子右下角的 y 軸座標。

若是上圖藍底是一張圖片，則可以用 (2, 1, 4, 2) 表示它的盒子元組 (box tuple)，可想成它的影像座標。

17-2-2　計算機眼中的影像

上述影像座標格子的列數和行數稱解析度 (resolution)，例如：我們說某個影像是 1280x720，表示寬度的格子數有 1280，高度的格子數有 720。

影像座標的每一個像素可以用顏色值代表，如果是灰階色彩，可以用 0-255 的數字表示，0 是最暗的黑色，255 代表白色。也就是說我們可以用一個矩陣 (matirix) 代表一個灰階的圖。

如果是彩色的圖，每個像素是用 (R,G,B) 代表，R 是 Red、G 是 Green、B 是 Blue，每個顏色也是 0-255 之間，我們所看到的色彩其實就是由這 3 個原色所組成。如果矩陣每個位置可以存放 3 個元素的元組，我們可以用含 3 個顏色值 (R, G, B) 的元組代表這個像素，這時可以只用一個陣列 (matrix) 代表此彩色圖像。如果我們堅持一個陣列只放一個顏色值，我們可以用 3 個矩陣 (matrix) 代表此彩色圖像。

在人工智慧的圖像識別中，很重要的是找出圖像特徵，所使用的卷積 (convolution) 運算就是使用這些圖像的矩陣數字，執行更進一步的運算。

17-3 影像的基本操作

本節使用的影像檔案是 rushmore.jpg，在 ch17 資料夾可以找到，此圖片內容如下。

17-3-1 開啟影像物件

可以使用 open( ) 方法開啟一個影像物件，參數是放置欲開啟的影像檔案。

17-3-2 影像大小屬性

可以使用 size 屬性獲得影像大小，這個屬性可傳回影像寬 (width) 和高 (height)。

程式實例 ch17_3.py：在 ch17 資料夾有 rushmore.jpg 檔案，這個程式會列出此影像檔案的寬和高。

```
# ch17_3.py
from PIL import Image

rushMore = Image.open("rushmore.jpg")          # 建立Pillow物件
print("列出物件型態 : ", type(rushMore))
width, height = rushMore.size                  # 獲得影像寬度和高度
print("寬度 = ", width)
print("高度 = ", height)
```

執行結果

```
====================== RESTART: D:\Python\ch17\ch17_3.py ======================
列出物件型態 :  <class 'PIL.JpegImagePlugin.JpegImageFile'>
寬度 =  270
高度 =  161
```

17-3-3 取得影像物件檔案名稱

可以使用 filename 屬性獲得影像的原始檔案名稱。

程式實例 ch17_4.py：獲得影像物件的檔案名稱。

```
# ch17_4.py
from PIL import Image

rushMore = Image.open("rushmore.jpg")          # 建立Pillow物件
print("列出物件檔名 : ", rushMore.filename)
```

執行結果

```
====================== RESTART: D:\Python\ch17\ch17_4.py ======================
列出物件檔名 :  rushmore.jpg
```

17-3-4 取得影像物件的檔案格式

可以使用 format 屬性獲得影像檔案格式 (可想成影像檔案的副檔名)，此外，可以使用 format_description 屬性獲得更詳細的檔案格式描述。

程式實例 ch17_5.py：獲得影像物件的副檔名與描述。

```
# ch17_5.py
from PIL import Image

rushMore = Image.open("rushmore.jpg")        # 建立Pillow物件
print("列出物件副檔名 : ", rushMore.format)
print("列出物件描述    : ", rushMore.format_description)
```

執行結果

```
===================== RESTART: D:\Python\ch17\ch17_5.py =====================
列出物件副檔名 :  JPEG
列出物件描述    :  JPEG (ISO 10918)
```

17-3-5 儲存檔案

可以使用 save( ) 方法儲存檔案，甚至我們也可以將 jpg 檔案轉存成不同影像格式，例如：tif、png…等，相當於圖檔以不同格式儲存。

程式實例 ch17_6.py：將 rushmore.jpg 轉存成 out17_6.png。

```
# ch17_6.py
from PIL import Image

rushMore = Image.open("rushmore.jpg")        # 建立Pillow物件
rushMore.save("out17_6.png")
```

執行結果 在 ch17 資料夾將可以看到所建的 out17_6.png。

17-3-6 螢幕顯示影像

可以使用 show( ) 方法直接顯示影像，在 Windows 作業系統下可以使用此方法呼叫 Windows 相片檢視器顯示影像畫面。

程式實例 ch17_6_1.py：在螢幕顯示 rushmore.jpg 影像。

```
# ch17_6_1.py
from PIL import Image

rushMore = Image.open("rushmore.jpg")        # 建立Pillow物件
rushMore.show()
```

執行結果

17-3-7 建立新的影像物件

可以使用 new( ) 方法建立新的影像物件，它的語法格式如下：

new(mode, size, color=0)

mode 可以有多種設定，一般建議用 "RGBA"(建立 png 檔案) 或 "RGB"(建立 jpg 檔案) 即可。size 參數是一個元組 (tuple)，可以設定新影像的寬度和高度。color 預設是黑色，不過我們可以參考附錄 F 建立不同的顏色。

程式實例 ch17_7.py：建立一個水藍色 (aqua) 的影像檔案 out17_7.jpg。

```
# ch17_7.py
from PIL import Image

pictObj = Image.new("RGB", (300, 180), "aqua")  # 建立aqua顏色影像
pictObj.save("out17_7.jpg")
```

執行結果 在 ch17 資料夾可以看到下列 out17_7.jpg 檔案。

程式實例 ch17_8.py：建立一個透明的黑色影像檔案 out17_8.png。

```
# ch17_8.py
from PIL import Image

pictObj = Image.new("RGBA", (300, 180))      # 建立完全透明影像
pictObj.save("out17_8.png")
```

執行結果 檔案開啟後因為透明，看不出任何效果。

17-4 影像的編輯

17-4-1 更改影像大小

Pillow 模組提供 resize( ) 方法可以調整影像大小，它的使用語法如下：

resize((width, heigh), Image.BILINEAR)　　　# 雙線取樣法，也可以省略

第一個參數是新影像的寬與高，以元組表示，這是整數。第二個參數主要是設定更改影像所使用的方法，常見的有上述方法外，也可以設定 Image.NEAREST 最低品質，Image.ANTIALIAS 最高品質，Image.BISCUBIC 三次方取樣法，一般可以省略。

程式實例 ch17_9.py：分別將圖片寬度與高度增加為原先的 2 倍，

```
# ch17_9.py
from PIL import Image

pict = Image.open("rushmore.jpg")              # 建立Pillow物件
width, height = pict.size
newPict1 = pict.resize((width*2, height))    # 寬度是2倍
newPict1.save("out17_9_1.jpg")
newPict2 = pict.resize((width, height*2))    # 高度是2倍
newPict2.save("out17_9_2.jpg")
```

執行結果　下列分別是 out17_9_1.jpg(左) 與 out17_9_2.jpg(右) 的執行結果。

17-4-2　影像的旋轉

Pillow 模組提供 rotate( ) 方法可以逆時針旋轉影像，如果旋轉是 90 度或 270 度，影像的寬度與高度會有變化，圖像本身比率不變，多的部分以黑色影像替代，如果是其他角度則影像維持不變。

程式實例 ch17_10.py：將影像分別旋轉 90 度、180 度和 270 度。

```
# ch17_10.py
from PIL import Image

pict = Image.open("rushmore.jpg")              # 建立Pillow物件
pict.rotate(90).save("out17_10_1.jpg")         # 旋轉90度
pict.rotate(180).save("out17_10_2.jpg")        # 旋轉180度
pict.rotate(270).save("out17_10_3.jpg")        # 旋轉270度
```

執行結果　下列分別是旋轉 90、180、270 度的結果。

在使用 rotate( ) 方法時也可以增加第 2 個參數 expand=True，如果有這個參數會放大影像，讓整個影像顯示，多餘部分用黑色填滿。

程式實例 ch17_11.py：沒有使用 expand=True 參數與有使用此參數的比較。

```
# ch17_11.py
from PIL import Image

pict = Image.open("rushmore.jpg")                          # 建立Pillow物件
pict.rotate(45).save("out17_11_1.jpg")                     # 旋轉45度
pict.rotate(45, expand=True).save("out17_11_2.jpg")        # 旋轉45度圖像擴充
```

執行結果 下列分別是 out17_11_1.jpg 與 out17_11_2.jpg 影像內容。

17-4-3 影像的翻轉

可以使用 transpose( ) 讓影像翻轉，這個方法使用語法如下：

transpose(Image.FLIP_LEFT_RIGHT) # 影像左右翻轉
transpose(Image.FLIP_TOP_BOTTOM) # 影像上下翻轉

程式實例 ch17_12.py：影像左右翻轉與上下翻轉的實例。

```
# ch17_12.py
from PIL import Image

pict = Image.open("rushmore.jpg")                                   # 建立Pillow物件
pict.transpose(Image.FLIP_LEFT_RIGHT).save("out17_12_1.jpg")    # 左右
pict.transpose(Image.FLIP_TOP_BOTTOM).save("out17_12_2.jpg")    # 上下
```

執行結果　下列分別是左右翻轉與上下翻轉的結果。

17-4-4　影像像素的編輯

Pillow 模組的 getpixel( ) 方法可以取得影像某一位置像素 (pixel) 的色彩。

getpixel((x,y))　　　　　# 參數是元組 (x,y)，這是像素位置

程式實例 ch17_13.py：先建立一個影像，大小是 (300,100)，色彩是 Yellow，然後列出影像中心點的色彩。最後將影像儲存至 out17_13.png。

```
# ch17_13.py
from PIL import Image

newImage = Image.new('RGBA', (300, 100), "Yellow")
print(newImage.getpixel((150, 50)))        # 列印中心點的色彩
newImage.save("out17_13.png")
```

執行結果　下列是執行結果與 out17_13.png 內容。

```
===================== RESTART: D:\Python\ch17\ch17_13.py =====================
(255, 255, 0, 255)
```

Pillow 模組的 putpixel( ) 方法可以在影像的某一個位置填入色彩，常用的語法如下：

putpixel((x,y), (r, g, b, a))　　　　　# 2 個參數分別是位置與色彩元組

上述色彩元組的值是在 0-255 間，若是省略 a 代表是不透明。另外我們也可以用 17-1-2 節的 getcolor( ) 當做第 2 個參數，用這種方法可以直接用附錄 F 的色彩名稱填入指定像素位置，例如：下列是填入藍色 (blue) 的方法。

putpixel((x,y), ImageColor.getcolor("Blue", "RGBA"))　# 需先導入 ImageColor

程式實例 ch17_14.py：建立一個 300*300 的影像底色是黃色 (Yellow)，然後 (50, 50, 250, 150) 是填入青色 (Cyan)，此時將上述執行結果存入 out17_14_1.png。然後將藍色 (Blue) 填入 (50, 151, 250, 250)，最後將結果存入 out17_14_2.png。

```
# ch17_14.py
from PIL import Image
from PIL import ImageColor

newImage = Image.new('RGBA', (300, 300), "Yellow")
for x in range(50, 251):                                # x軸區間在50-250
    for y in range(50, 151):                            # y軸區間在50-150
        newImage.putpixel((x, y), (0, 255, 255, 255))   # 填青色
newImage.save("out17_14_1.png")                         # 第一階段存檔
for x in range(50, 251):                                # x軸區間在50-250
    for y in range(151, 251):                           # y軸區間在151-250
        newImage.putpixel((x, y), ImageColor.getcolor("Blue", "RGBA"))
newImage.save("out17_14_2.png")                         # 第一階段存檔
```

執行結果 下列分別是第一階段與第二階段的執行結果。

17-5 裁切、複製與影像合成

17-5-1 裁切影像

Pillow 模組有提供 crop( ) 方法可以裁切影像，其中參數是一個元組，元組內容是 (左 , 上 , 右 , 下) 的區間座標。

程式實例 ch17_15.py：裁切 (80, 30, 150, 100) 區間。

```
# ch17_15.py
from PIL import Image

pict = Image.open("rushmore.jpg")             # 建立Pillow物件
cropPict = pict.crop((80, 30, 150, 100))      # 裁切區間
cropPict.save("out17_15.jpg")
```

執行結果　下列是 out17_15.jpg 的裁切結果。

17-5-2　複製影像

假設我們想要執行影像合成處理，為了不要破壞原影像內容，建議可以先保存影像，再執行合成動作。Pillow 模組有提供 copy( ) 方法可以複製影像。

程式實例 ch17_16.py： 複製影像，再將所複製的影像儲存。

```
# ch17_16.py
from PIL import Image

pict = Image.open("rushmore.jpg")              # 建立Pillow物件
copyPict = pict.copy()                         # 複製
copyPict.save("out17_16.jpg")
```

執行結果　下列是 out17_16.jpg 的執行結果。

17-5-3　影像合成

Pillow 模組有提供 paste( ) 方法可以影像合成，它的語法如下：

底圖影像 .paste(插入影像 , (x,y))　　　　　# (x,y) 元組是插入位置

程式實例 ch17_17.py： 使用 rushmore.jpg 影像，為這個影像複製一份 copyPict，裁切一份 cropPict，將 cropPict 合成至 copyPict 內 2 次，將結果存入 out17_17.jpg。

```
# ch17_17.py
from PIL import Image

pict = Image.open("rushmore.jpg")                     # 建立Pillow物件
copyPict = pict.copy()                                # 複製
cropPict = copyPict.crop((80, 30, 150, 100))          # 裁切區間
copyPict.paste(cropPict, (20, 20))                    # 第一次合成
copyPict.paste(cropPict, (20, 100))                   # 第二次合成
copyPict.save("out17_17.jpg")                         # 儲存
```

執行結果

17-5-4 將裁切圖片填滿影像區間

在 Windows 作業系統使用中常看到圖片填滿某一區間，其實我們可以用雙層迴圈完成這個工作。

程式實例 ch17_18.py：將一個裁切的圖片填滿某一個影像區間，最後儲存此影像，在這個影像設計中，筆者也設定了留白區間，這區間是影像建立時的顏色。

```
# ch17_18.py
from PIL import Image

pict = Image.open("rushmore.jpg")                   # 建立Pillow物件
copyPict = pict.copy()                              # 複製
cropPict = copyPict.crop((80, 30, 150, 100))        # 裁切區間
cropWidth, cropHeight = cropPict.size               # 獲得裁切區間的寬與高

width, height = 600, 320                            # 新影像寬與高
newImage = Image.new('RGB', (width, height), "Yellow")  # 建立新影像
for x in range(20, width-20, cropWidth):              # 雙層迴圈合成
    for y in range(20, height-20, cropHeight):
        newImage.paste(cropPict, (x, y))            # 合成

newImage.save("out17_18.jpg")                       # 儲存
```

執行結果

17-6 影像濾鏡

Pillow 模組內有 ImageFilter 模組，使用此模組可以增加 filter( ) 方法為圖片加上濾鏡效果。此方法的參數意義如下：

- BLUR 模糊
- CONTOUR 輪廓
- DETAIL 細節增強
- EDGE_ENHANCE 邊緣增強
- EDGE_ENHANCE_MORE 深度邊緣增強
- EMBOSS 浮雕效果
- FIND_EDGES 邊緣訊息
- SMOOTH 平滑效果
- SMOOTH_MORE 深度平滑效果
- SHARPEN 銳利化效果

程式實例 ch17_19.py：使用濾鏡處理圖片。

```
# ch17_19.py
from PIL import Image
from PIL import ImageFilter
rushMore = Image.open("rushmore.jpg")        # 建立Pillow物件
filterPict = rushMore.filter(ImageFilter.BLUR)
filterPict.save("out17_19_BLUR.jpg")
filterPict = rushMore.filter(ImageFilter.CONTOUR)
filterPict.save("out17_19_CONTOUR.jpg")
filterPict = rushMore.filter(ImageFilter.EMBOSS)
filterPict.save("out17_19_EMBOSS.jpg")
filterPict = rushMore.filter(ImageFilter.FIND_EDGES)
filterPict.save("out17_19_FIND_EDGES.jpg")
```

執行結果

BLUR

CONTOUR

EMBOSS

FIND_EDGES

17-7 在影像內繪製圖案

Pillow 模組內有一個 ImageDraw 模組，可以利用此模組繪製點 (Points)、線 (Lines)、矩形 (Rectangles)、橢圓 (Ellipses)、多邊形 (Polygons)。

在影像內建立圖案物件方式如下：

```
from PIL import Image, ImageDraw
newImage = Image.new('RGBA', (300, 300), "Yellow")  # 建立300*300黃色底的影像
drawObj = ImageDraw.Draw(newImage)
```

17-7-1 繪製點

ImageDraw 模組的 point( ) 方法可以繪製點，語法如下：

```
point([(x1,y1), … (xn,yn)], fill)                # fill 是設定顏色
```

第一個參數是由元組 (tuple) 組成的串列，(x,y) 是欲繪製的點座標。fill 可以是 RGBA( ) 或是直接指定顏色。

17-7-2 繪製線條

ImageDraw 模組的 line( ) 方法可以繪製線條，語法如下：

```
line([(x1,y1), … (xn,yn)], width, fill)          # width 是寬度，預設是 1
```

第一個參數是由元組 (tuple) 組成的串列，(x,y) 是欲繪製線條的點座標，如果多於 2 個點，則這些點會串接起來。fill 可以是 RGBA( ) 或是直接指定顏色。

程式實例 ch17_20.py：繪製點和線條的應用。

```
# ch17_20.py
from PIL import Image, ImageDraw

newImage = Image.new('RGBA', (300, 300), "Yellow")  # 建立300*300黃色底的影像
drawObj = ImageDraw.Draw(newImage)

# 繪製點
for x in range(100, 200, 3):
    for y in range(100, 200, 3):
        drawObj.point([(x,y)], fill='Green')

# 繪製線條, 繪外框線
drawObj.line([(0,0), (299,0), (299,299), (0,299), (0,0)], fill="Black")
# 繪製右上角美工線
for x in range(150, 300, 10):
    drawObj.line([(x,0), (300,x-150)], fill="Blue")
# 繪製左下角美工線
for y in range(150, 300, 10):
    drawObj.line([(0,y), (y-150,300)], fill="Blue")
newImage.save("out17_20.png")
```

執行結果

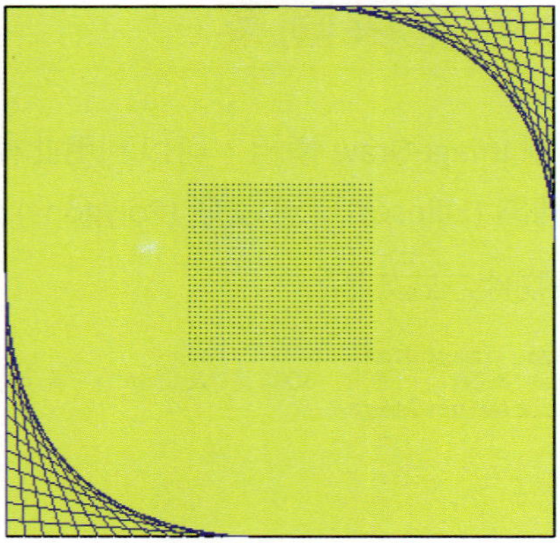

17-7-3　繪製圓或橢圓

ImageDraw 模組的 ellipse( ) 方法可以繪製圓或橢圓，語法如下：

```
ellipse((left,top,right,bottom), fill, outline)          # outline 是外框顏色
```

第一個參數是由元組 (tuple) 組成的，(left,top,right,bottom) 是包住圓或橢圓的矩形左上角與右下角的座標。fill 可以是 RGBA( ) 或是直接指定顏色，outline 是可選擇是否加上。

17-7-4　繪製矩形

ImageDraw 模組的 rectangle( ) 方法可以繪製矩形，語法如下：

```
rectangle((left,top,right,bottom), fill, outline)# outline 是外框顏色
```

第一個參數是由元組 (tuple) 組成的，(left,top,right,bottom) 是矩形左上角與右下角的座標。fill 可以是 RGBA( ) 或是直接指定顏色，outline 是可選擇是否加上。

17-7-5　繪製多邊形

ImageDraw 模組的 polygon( ) 方法可以繪製多邊形，語法如下：

```
polygon([(x1,y1), … (xn,yn)], fill, outline)          # outline 是外框顏色
```

第一個參數是由元組 (tuple) 組成的串列，(x,y) 是欲繪製多邊形的點座標，在此需填上多邊形各端點座標。fill 可以是 RGBA( ) 或是直接指定顏色，outline 是可選擇是否加上。

程式實例 ch17_21.py：設計一個圖案。

```
# ch17_21.py
from PIL import Image, ImageDraw

newImage = Image.new('RGBA', (300, 300), 'Yellow')  # 建立300*300黃色底的影像
drawObj = ImageDraw.Draw(newImage)

drawObj.rectangle((0,0,299,299), outline='Black')   # 影像外框線
drawObj.ellipse((30,60,130,100),outline='Black')    # 左眼外框
drawObj.ellipse((65,65,95,95),fill='Blue')          # 左眼
drawObj.ellipse((170,60,270,100),outline='Black')   # 右眼外框
drawObj.ellipse((205,65,235,95),fill='Blue')        # 右眼
drawObj.polygon([(150,120),(180,180),(120,180),(150,120)],fill='Aqua') # 鼻子
drawObj.rectangle((100,210,200,240), fill='Red')    # 嘴
newImage.save("out17_21.png")
```

執行結果

17-8 在影像內填寫文字

ImageDraw 模組也可以用於在影像內填寫英文或中文，所使用的函數是 text( )，語法如下：

text((x,y), text, fill, font)　　　　　　# text 是想要寫入的文字

如果要使用預設方式填寫文字，可以省略 font 參數，可以參考 ch17_22.py 第 8 列。如果想要使用其它字型填寫文字，需呼叫 ImageFont 模組的 truetype( ) 方法選用字型，完整的寫法是 ImageFont.truetype( )，同時設定字型大小。在使用 ImageFont.truetype( ) 方法前需在程式前方導入 ImageFont 模組，可參考 ch17_22.py 第 2 列，這個方法的語法如下：

text(字型路徑 , 字型大小)

Windows 系統字型是放在 C:\Windows\Fonts 資料夾內，在此你可以選擇想要的字型。

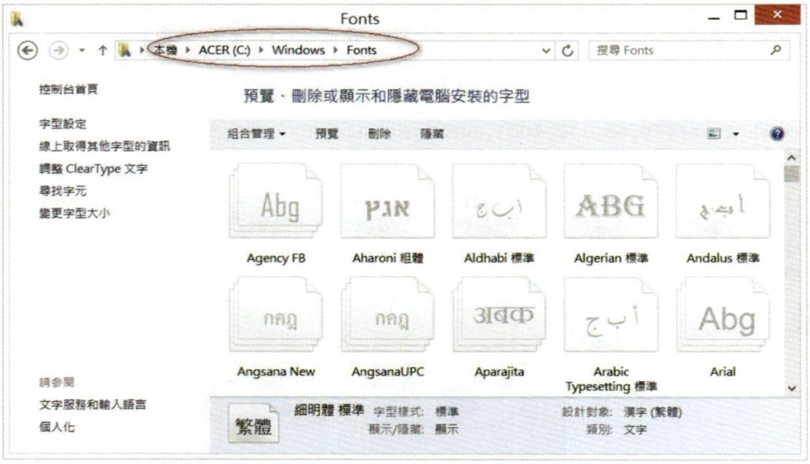

點選字型，按滑鼠右鍵，執行內容，再選安全性標籤可以看到此字型的檔案名稱。下列是點選 Old English Text 的示範輸出。

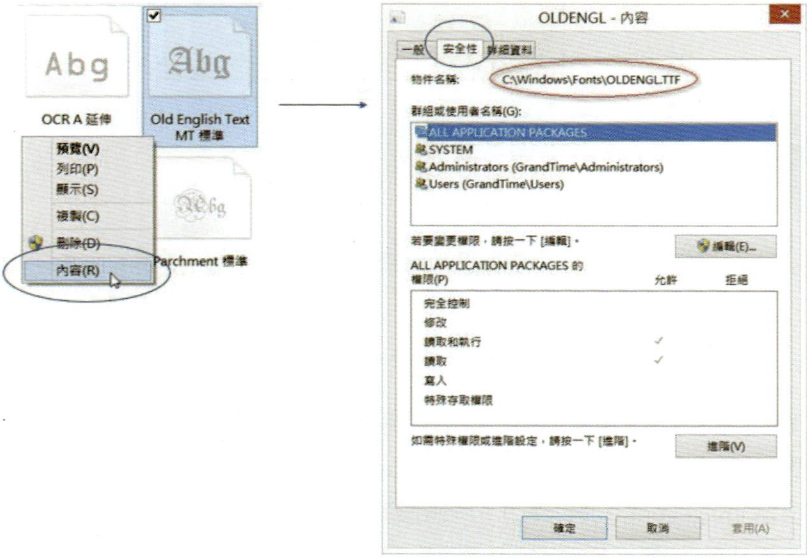

讀者可以用複製方式獲得字型的路徑，有了字型路徑後，就可以輕鬆在影像內輸出各種字型了。

程式實例 ch17_22.py： 在影像內填寫文字，第 7-8 列是使用預設字型，執行英文字串 "Ming-Chi Institute of Technology" 的輸出。第 10-11 列是設定字型為 Old English Text，字型大小是 36，輸出相同的字串。第 13-15 列是設定字型為華康新綜藝體，字型大小是 48，輸出中文字串 " 明志科技大學 "。

註 如果你的電腦沒有華康新綜藝體，執行這個程式會有錯誤，所以筆者有附一個 ch17_22_1.py 是使用 Microsoft 的新細明體字型，你可以自行體會中文的輸出。

```
1  # ch17_22.py
2  from PIL import Image, ImageDraw, ImageFont
3
4  newImage = Image.new('RGBA', (600, 300), 'Yellow')  # 建立300*300黃色底的影像
5  drawObj = ImageDraw.Draw(newImage)
6
7  strText = 'Ming-Chi Institute of Technology'          # 設定欲列印英文字串
8  drawObj.text((50,50), strText, fill='Blue')           # 使用預設字型與字型大小
9  # 使用古老英文字型, 字型大小是36
10 fontInfo = ImageFont.truetype('C:\Windows\Fonts\OLDENGL.TTF', 36)
11 drawObj.text((50,100), strText, fill='Blue', font=fontInfo)
12 # 處理中文字體
13 strCtext = '明志科技大學'                                # 設定欲列印中文字串
14 fontInfo = ImageFont.truetype('C:\Windows\Fonts\DFZongYiStd-W9.otf', 48)
15 drawObj.text((50,180), strCtext, fill='Blue', font=fontInfo)
16 newImage.save("out17_22.png")
```

執行結果

17-9 專題 – 建立 QR code/ 辨識車牌與建立停車場管理系統

17-9-1 建立 QR code

QR code 是目前最流行的二維掃描碼，1994 年日本 Denso-Wave 公司發明的，英文字 QR 所代表的意義是 Quick Response 意義是快速反應。QR code 最早是應用在汽車

製造商為了追蹤零件，目前已經應用在各行各業。它的最大特色是可以儲存比普通條碼更多資料，同時也不需對準掃描器。

17-9-1-1　QR code 的應用

下列是常見的 QR code 應用：

❑ 顯示網址資訊

使用掃描時可以進入此 QR code 的網址。

❑ 行動支付

這方面感覺大陸比我們快速，消費者掃描店家的 QR code 即可完成支付。或是店家掃描消費者手機的 QR code 也可以完成支付。部分地區的停車場，也是採用司機掃描出口的 QR code 完成停車支付。

❑ 電子票卷

參展票、高鐵票、電影票 … 等，將消費者所購買的票卷資訊使用 QR code 傳輸給消費者的手機，只要出示此 QR code，相當於可以進場了。

❑ 文字資訊

QR code 可以儲存的資訊很多，常看到有的人名片上有 QR code，當掃描後就可以獲得該名片主人的資訊，例如：姓名、電話號碼、地址、電子郵件地址 … 等。

17-9-1-2　QR code 的結構

QR code 是由邊框區和資料區所組成，資料區內有定位標記、校正圖塊、版本資訊、原始資訊、容錯資訊所組成，這些資訊經過編碼後產生二進位字串，白色格子代表 0，黑色格子代表 1，這些格子一般又稱作是模塊。其實經過編碼後，還會使用遮罩 (masking) 方法將原始二進位字串與遮罩圖案 (Mask Pattern) 做 XOR 運算，產生實際的編碼，經過處理後的 QR code 辨識率將更高。下列是 QR code 基本外觀如下：

❑ 邊框區

這也可以稱是非資料區，至少需有 4 個模塊，主要是避免 QR code 周遭的圖影響辨識。

❑ 定位標記

在上述外觀中，左上、左下、右上是定位標記，外型是 ' 回 '，在使用 QR code 掃描時我們可以發現不用完全對準也可以，主要是這 3 個定位標記幫助掃描定位。

❑ 校正圖塊

主要是校正辨識。

❑ 容錯功能

QR code 有容錯功能，所以如果 QR code 有破損，有時仍然可以讀取，一般 QR code 的面積越大，容錯能力越強。

級別	容錯率
L 等級	7% 的字碼可以修正
M 等級	15% 的字碼可以修正
Q 等級	25% 的字碼可以修正
H 等級	30% 的字碼可以修正

17-9-1-3 QR code 的容量

目前有 40 個不同版本，版本 1 是 21x21 模塊，模塊是 QR code 最小的單位，每增加一個版本，長寬各增加 4 個模塊，所以版本 40 是由 177x177 模塊組成，下列是以版本 40 為例做容量解說。

資料型別	最大資料容量
數字	最多 7089 個字元
字母	最多 4296 個字元
二進位數字	最多 2953 個位元組
日文漢字 / 片假名	最多 1817 個字元 (採用 Shift JIS)
中文漢字	最多 984 個字元 (utf-8), 最多 1800 個字元 (big5/gb2312)

17-9-1-4　建立 QR code 基本知識

使用前需安裝模組：

pip install qrcode

常用的幾個方法如下：

```
img = qrcode.make(" 網址資料 ")          # 產生網址資料的 QR code 物件 img
img.save("filename")                    # filename 是儲存 QR code 的檔名
```

程式實例 ch17_23.py：建立 https://deepwisdom.com.tw/ 的 QR code，這個程式會先列出 img 物件的資料型態，同時將此物件存入 out17_23.jpg 檔案內。

```python
# ch17_23.py
import qrcode

codeText = 'http://deepwisdom.com.tw'
img = qrcode.make(codeText)                    # 建立QR code 物件
print("檔案格式", type(img))
img.save("out17_23.jpg")
```

執行結果　下列分別是執行結果與 out17_23.jpg 的 QR code 結果。

```
===================== RESTART: D:\Python\ch17\ch17_23.py =====================
檔案格式 <class 'qrcode.image.pil.PilImage'>
```

程式實例 ch17_23_1.py：建立 "Python 王者歸來 " 字串的 QR code。

```python
# ch17_23_1.py
import qrcode

codeText = 'Python王者歸來'
img = qrcode.make(codeText)                    # 建立QR code 物件
print("檔案格式", type(img))
img.save("out17_23_1.jpg")
```

執行結果　掃描後可以得到下方右圖的字串。

17-9-1-5 細看 qrcode.make( ) 方法

從上述我們使用 qrcode.make( ) 方法建立 QR code，這是使用預設方法建立 QR code，實際 qrcode.make( ) 方法內含 3 個子方法，整個方法原始碼如下：

```
def make(data=None, **kwargs):
    qr =qrcode. QRCode(**kwargs)                # 設定條碼格式
    qr.add_data(data)                           # 設定條碼內容
    return qr.make_image( )                     # 建立條碼圖檔
```

❑ 設定條碼格式

它的內容如下：

```
qr = qrcode.QRCode(version, error_correction, box_size, border, image_factory,
    mask_pattern)
```

下列是此參數解說。

version：QR code 的版次，可以設定 1 – 40 間的版次。

error_correction：從容錯率 7%、15%、25%、30%，參數如下：

qrcode.constants.ERROR_CORRECT_L：7%

qrcode.constants.ERROR_CORRECT_M：15%(預設)

qrcode.constants.ERROR_CORRECT_Q：25%

qrcode.constants.ERROR_CORRECT_H：30%

box_size：每個模塊的像素個數。

border：這是邊框區的厚度，預設是 4。

image_factory：圖片格式，預設是 PIL。

mask_pattern：mask_pattern 參數是 0 – 7，如果省略會自行使用最適當方法。

❑ 設定條碼內容

```
qr.add_data(data)                # data 是所設定的條碼內容
```

❑ 建立條碼圖檔

img = qr.make_image([fill_color], [back_color], [image_factory])

預設前景是黑色，背景是白色，可以使用 fill_color 和 back_color 分別更改前景和背景顏色，最後建立 qrcode.image.pil.PilImage 物件。

程式實例 ch17_23_2.py：建立 '明志科技大學 ' 黃底藍字的 QR code。

```
# ch17_23_2.py
import qrcode

qr = qrcode.QRCode(version=1,
                   error_correction=qrcode.constants.ERROR_CORRECT_M,
                   box_size=10,
                   border=4)
qr.add_data("明志科技大學")
img = qr.make_image(fill_color='blue', back_color='yellow')
img.save("out17_23_2.jpg")
```

執行結果 掃描後可以得到下方右圖的字串。

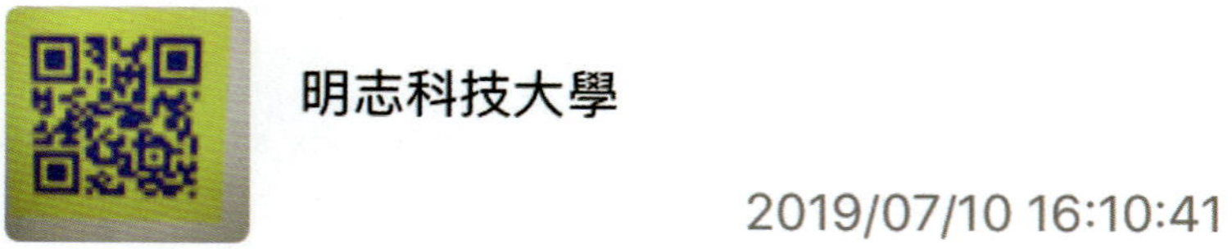

17-9-1-6　QR code 內有圖案

有時候有些場合可以看到建立 QR code 時在中央位置有圖案，掃描時仍然可以獲得正確的結果，這是因為 QR code 有容錯能力。其實我們可以使用 17-5-3 節影像合成的觀念處理。

程式實例 ch17_23_3.py：筆者將自己的圖像當做 QR code 的圖案，然後不影響掃描結果。在這個實例中，筆者使用藍色白底的 QR code，同時使用 version=5。

```
# ch17_23_3.py
import qrcode
from PIL import Image

qr = qrcode.QRCode(version=5,
                   error_correction=qrcode.constants.ERROR_CORRECT_M,
                   box_size=10,
                   border=4)
qr.add_data("明志科技大學")
img = qr.make_image(fill_color='blue')
width, height = img.size                       # QR code的寬與高
with Image.open('jhung.jpg') as obj:
    obj_width, obj_height = obj.size
    img.paste(obj, ((width-obj_width)//2, (height-obj_height)//2))
img.save("out17_23_3.jpg")
```

執行結果 讀者可以自行掃描然後得到正確的結果。

17-9-1-7 建立含 QR code 的名片

有時候可以看到有些人的名片上有 QR code，使用手機掃描後此名片的資訊會被帶入聯絡人的欄位。為了要完成此工作，我們必須 vCard(virtual card) 格式。它的資料格式如下：

```
BEGIN:VCARD
…
特定屬性資料
…
END:VCARD
```

上述資料必須建在一個字串上，未來只要將此字串當作 QR code 資料即可。下列是常用的屬性：

屬性	使用說明	實例
FN	名字	FN: 洪錦魁
ORG	公司抬頭	ORG: 深智公司
TITLE	職務名稱	TITLE: 作者
TEL	電話 ; 類型 CELL: 手機號 FAX: 傳真號 HOME: 住家號 WORK: 公司號	TEL;CELL:0900123123 TEL;WORK:02-22223333
ADR	公司地址	ADR: 台北市基隆路
EMAIL	電子郵件信箱	EMAIL:jiinkwei@me.com
URL	公司網址	URL:https://deepmind.com.tw

程式實例 ch17_23_4.py：建立個人名片資訊。

```
# ch17_23_4.py
import qrcode

vc_str = '''
BEGIN:VCARD
FN:洪錦魁
TEL;CELL:0900123123
TEL;FAX:02-27320553
ORG:深智公司
TITLE:作者
EMAIL:jiinkwei@me.com
URL:https://deepmind.com.tw
ADR:台北市基隆路
END:VCARD
'''

img = qrcode.make(vc_str)
img.save("out17_23_4.jpg")
```

執行結果 下列左圖是此程式產生的 QR code，如果讀者使用微信掃描，可以讀取所建的 VCARD 資料可以參考下列右圖。

BEGIN:VCARD
FN:洪錦魁
TEL;CELL:0900123123
TEL;FAX:02-27320553
ORG:深智公司
TITLE:作者
EMAIL:jiinkwei@me.com
URL:https://www.deepmind.-
com.tw
ADR:台北市基隆路
END:VCARD

17-9-2　文字辨識與停車場管理系統

Tesseract OCR 是一個文字辨識 (OCR, Optical Character Recognition) 的系統，可以在多個平台上運作，目前這是一個開放資源的免費軟體。1985-1994 年間由惠普 (HP) 實驗室開發，1996 年開發為適用 Windows 系統。有接近十年期間，這個軟體沒有太大進展，在 2005 年惠普公司將這個軟體釋出為免費使用 (open source)，2006 年起這個軟體改由 Google 贊助與維護。

這一節筆者將簡單介紹使用 Python 處理文字辨識，以及應用在車牌的辨識，同時設計簡單的停車管理系統。

17-9-2-1 安裝 pytesseract 模組

pytesseract 是一個 Python 與 Tesseract-OCR 之間的介面程式，這個程式的官網就自稱是 Tesseract-OCR 的 wrapper，它會自行呼叫 Tesseract-OCR 的內部程式執行辨識功能，我們可以呼叫 pytesseract 的方法，就可以完成辨識工作，可以使用下列方式安裝這個模組。

pip install pytesseract

17-9-2-2 文字辨識程式設計

安裝完 Tesseract-OCR 後，預設情況下是可以執行英文和阿拉伯數字的辨識，下列是數字與英文字的圖檔辨識，並將結果印出和儲存，在使用 pytesseract 前，需要導入 pytesseract 模組。

import pytesseract

程式實例 ch17_24.py：這個程式會辨識車牌，所使用的車牌圖檔 atq9305.jpg 如下。

```python
# ch17_24.py
from PIL import Image
import pytesseract

text = pytesseract.image_to_string(Image.open('d:\\Python\\ch17\\atq9305.jpg'))
print(type(text), "   ", text)
```

執行結果 這個程式無法在 Python 的 IDLE 下執行，需在命令提示環境執行。

```
PS C:\Users\User> python d:\Python\ch17\ch17_24.py
<class 'str'>      ATQ9305
```

註 如果車牌拍的角度不好，有可能會造成辨識錯誤。

程式實例 ch17_25.py：這個程式會辨識車牌，同時列出車子進場時間和出場時間。如果是初次進入車輛，程式會列出車輛進場時間，同時將此車輛與進場時間用 carDict 字典儲存。如果車輛已經入場，再次掃描時，系統會輸出車號和此車的出場時間。

```python
# ch17_25.py
from PIL import Image
import pytesseract
import time

carDict = {}
myPath = "d:\\Python\\ch17\\"
while True:
    carPlate = input("請掃描或輸入車牌(Q/q代表結束) : ")
    if carPlate == 'Q' or carPlate == 'q':
        break
    carPlate = myPath + carPlate
    keyText = pytesseract.image_to_string(Image.open(carPlate))
    if keyText in carDict:
        exitTime = time.asctime()
        print("車輛出場時間 : ", keyText, ":", exitTime)
        del carDict[keyText]
    else:
        entryTime = time.asctime()
        print("車輛入場時間 : ", keyText, ":", entryTime)
        carDict[keyText] = entryTime
```

執行結果

```
PS C:\Users\User> python d:\Python\ch17\ch17_25.py
請掃描或輸入車牌(Q/q代表結束) : atq9305.jpg
車輛入場時間 :  ATQ9305

 : Mon Jul 11 15:44:48 2022
請掃描或輸入車牌(Q/q代表結束) : atq9305.jpg
車輛出場時間 :  ATQ9305

 : Mon Jul 11 15:45:10 2022
請掃描或輸入車牌(Q/q代表結束) : q
PS C:\Users\User>
```

17-9-2-3　辨識繁體中文

Tesseract-OCR 也可以辨識繁體中文，下列將以實例說明識別 data17_26.jpg 繁體中文的圖檔。

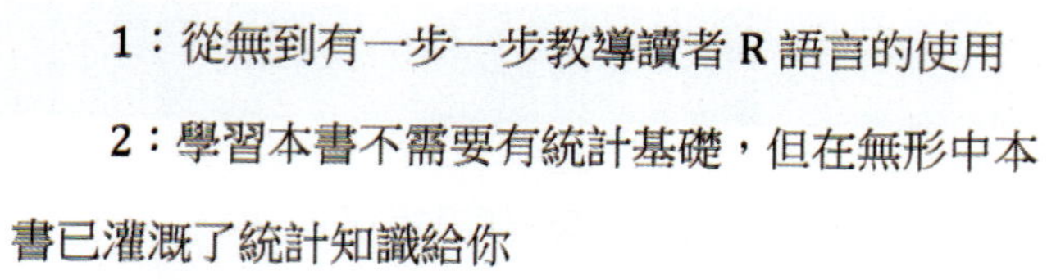
1：從無到有一步一步教導讀者 R 語言的使用
2：學習本書不需要有統計基礎，但在無形中本
書已灌溉了統計知識給你

程式實例 ch17_26.py： 執行繁體中文圖片文字的辨識，這個程式最重要的是筆者在 image_to_string( ) 方法內增加了第 2 個參數 lang='chi_tra' 參數，這個參數會引導程式使用，繁體中文資料檔「chi_tra.traineddata」做辨識。

```python
# ch17_26.py
from PIL import Image
import pytesseract

text  = pytesseract.image_to_string(Image.open('d:\\Python\\ch17\\data17_26.jpg'),
                                    lang='chi_tra')
print(text)
with open('d:\\Python\\ch17\\out17_26.txt', 'w') as fn:
    fn.write(text)
```

執行結果

```
PS C:\Users\User> python d:\Python\ch17\ch17_26.py
1 : 從 無 到 有 一 步 一 步 教 導 讀 者 R 語 言 的 使 用
2 : 學 習 本 書 不 需 要 有 統 計 基 礎 , 但 在 無 形 中 本
書 已 灌 溉 了 統 計 知 識 給 你
```

在上述辨識處理中，沒有錯誤，這是一個非常好的辨識結果。不過筆者在使用時發現，如果圖檔的字比較小，會有較多辨識錯誤情況。註：上述是早期 Python 3.7 的執行結果，筆者使用 Python 3.11 測試，雖然可以辨識，但是產生許多空格與空的段落，這個情況也會發生在簡體中文圖檔的測試。

17-9-2-4 辨識簡體中文

辨識簡體中文和繁體中文步驟相同，下列將以實例說明識別 data17_27.jpg 簡體中文的圖檔。

1：从无到有一步一步教导读者 R 语言的使用

2：学习本书不需要有统计基础，但在无形中本

书已灌溉了统计知识给你

程式實例 ch17_27.py：執行簡體中文圖片文字的辨識，這個程式最重要的是在 image_to_string( ) 方法內增加了第 2 個參數 lang='chi_sim' 參數，這個參數會引導程式使用語言檔案，簡體中文資料檔「chi_sim.traineddata」做辨識。這個程式另外需留意的是，第 8 列在開啟檔案時需要增加 encoding='utf-8'，這是為了將簡體中文寫入檔案。

```python
1  # ch17_27.py
2  from PIL import Image
3  import pytesseract
4
5  text  = pytesseract.image_to_string(Image.open('d:\\Python\\ch17\\data17_27.jpg'),
6                                      lang='chi_sim')
7  print(text)
8  with open('d:\\Python\\ch17\\out17_27.txt', 'w', encoding='utf-8') as fn:
9      fn.write(text)
```

執行結果

```
PS C:\Users\User> python d:\Python\ch17\ch17_27.py
1: 从无到有一步一步教导读者R语言的使用
2: 学习本书不需要有统计基础，但在无形中本
书已灌漏了统计知识给你
```

在使用時，筆者也發現如果發生無法辨識情況，程式將回應空白。

17-9-3 影像處理的潛在應用

這一節是規劃企業如何使用影像處理，程式可能因為素材缺乏，無法執行，讀者需自行在指定資料夾放置圖片。

❑ 圖像批次重新調整大小 (用於網站優化)

假設一家公司需要批量處理圖片，以便在其網站上加載得更快。以下程式將一個文件夾中的所有圖片的尺寸調整為統一的較小尺寸。

```python
# ch17_28.py
from PIL import Image
import os

def batch_resize_images(input_folder, output_folder, size=(300, 300)):
    # 確保輸出資料夾存在
    if not os.path.exists(output_folder):
        os.makedirs(output_folder)

    # 遍歷輸入資料夾中的所有影像檔案
    for filename in os.listdir(input_folder):
        if filename.endswith(('.jpg', '.png')):
            # 打開影像
            img = Image.open(os.path.join(input_folder, filename))
            # 調整影像尺寸
            img = img.resize(size, Image.ANTIALIAS)
            # 保存調整尺寸後的影像到輸出資料夾
            img.save(os.path.join(output_folder, filename))

# 假設有一個包含原始圖片的資料夾 'input_images' 和
# 一個用於存放調整後圖片的資料夾 'output_images'
input_folder = 'input_images'
output_folder = 'output_images'

# 呼叫函數，將所有圖片調整為300x300大小
batch_resize_images(input_folder, output_folder)
```

函數 batch_resize_images( ) 首先檢查輸出資料夾是否存在，如果不存在則建立它。接著遍歷輸入資料夾中的所有檔案，尋找以「.jpg」或「.png」結尾的圖像文件。對於每個圖像，它使用 Pillow 打開它，將其大小調整為指定的 size(在這個例子中是 300x300 像素)，並使用 Image.ANTIALIAS 模式來保持圖像品質。調整大小後的圖像被保存在輸出資料夾中，文件名與原始文件相同。

這個程式可以幫助企業快速地為網站優化圖像，提高頁面加載速度，改善用戶體驗。Pillow 的應用非常廣泛，除了上述例子，還可以用於生成縮小圖、添加浮水印、進行圖像分析和處理等多種場景。

❑ 批次調整圖像格式

將企業內部或網站上的影像批量轉換成更有效的格式，例如：PNG 轉換為 JPEG，以減少文件大小並加快加載速度。

```
# ch17_29.py
from PIL import Image
import os

def batch_convert_images(directory, target_format='.jpg'):
    for filename in os.listdir(directory):
        if filename.endswith('.png'):
            path = os.path.join(directory, filename)
            img = Image.open(path)
            rgb_im = img.convert('RGB')  # 轉換為RGB模式以便保存為JPEG
            rgb_im.save(path.replace('.png', target_format), quality=95)

# 呼叫批次更改函數
batch_convert_images('images_directory')
```

❑ 自動生成產品圖像

企業可以使用 Pillow 來自動生成產品影像，例如：將產品放在不同的背景之上，或者將產品影像與促銷訊息結合。

```
# ch17_30.py
from PIL import Image, ImageDraw, ImageFont

def generate_product_image(product_img_path, background_img_path, promo_text):
    # 加載產品和背景影像
    product_img = Image.open(product_img_path).resize((200, 200))
    background_img = Image.open(background_img_path)
    # 在背景影像上放置產品影像
    background_img.paste(product_img, (50, 50), product_img)
    # 在影像上添加促銷文字
    draw = ImageDraw.Draw(background_img)
    font = ImageFont.truetype("arial.ttf", size=45)
    draw.text((50, 260), promo_text, font=font, fill="white")
    # 保存或返回影像
    background_img.save('output_promo_image.jpg')

generate_product_image('product.png', 'background.jpg', '特價促銷!')
```

第 18 章

開發 GUI 程式使用 tkinter

18-1　建立視窗

18-2　標籤 Label

18-3　視窗元件配置管理員 Layout Management

18-4　功能鈕 Button

18-5　變數類別

18-6　文字方塊 Entry

18-7　文字區域 Text

18-8　捲軸 Scrollbar

18-9　選項鈕 Radiobutton

18-10　核取方塊 Checkboxes

18-11　對話方塊 messagebox

18-12　圖形 PhotoImage

18-13　尺度 Scale 的控制

18-14　功能表 Menu 設計

18-15　專題 – 設計小算盤 / 報告生成器 / 監控儀表板

GUI 英文全名是 Graphical User Interface，中文可以翻譯為圖形使用者介面，本章將介紹使用 tkinter 模組設計這方面的程式。

Tk 是一個開放原始碼 (open source) 的圖形介面的開發工具，最初發展是從 1991 年開始，具有跨平台的特性，可以在 Linux、Windows、Mac OS … 等作業系統上執行，這個工具提供許多圖形介面，例如：功能表 (Menu)、按鈕 (Button) … 等。目前這個工具已經移植到 Python 語言，在 Python 語言稱 tkinter 模組。

在安裝 Python 時，就已經同時安裝此模組了，在使用前只需宣告導入此模組即可，如下所示：

```
from tkinter import *
```

註 在 Python 2 版本模組名稱是 Tkinter，Python 3 版本的模組名稱改為 tkinter。

18-1 建立視窗

可以使用下列方法建立視窗。

```
window = Tk( )              # 這是自行定義的 Tk 物件名稱，也可以取其它名稱
window.mainloop( )          # 放在程式最後一列
```

通常我們將使用 Tk( ) 方法建立的視窗稱根視窗 (root window)，未來可以在此根視窗建立許多元件 (widget)，甚至也可以在此根視窗建立上層視窗，此例筆者用 window 當做物件名稱，你也可以自行取其它名稱。上述 mainloop( ) 方法可以讓程式繼續執行，同時進入等待與處理視窗事件，若是按視窗右上方的關閉鈕，此程式才會結束。

程式實例 ch18_1.py：建立空白視窗。

```python
# ch18_1.py
from tkinter import *

window = Tk()
window.mainloop()
```

執行結果

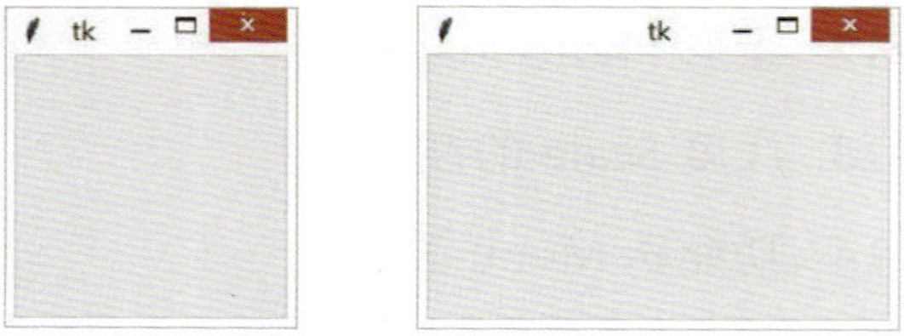

上述視窗產生時，我們可以拖曳移動視窗或更改視窗大小，下列是與視窗相關的方法：

title( )：視窗標題。

geometry("widthxheight")：視窗的寬與高，單位是像素。

maxsize(width,height)：拖曳時可以設定視窗最大的寬 (width) 與高 (height)。

resizeable(True,True)：可設定可否更改視窗大小，第一個參數是寬，第二個參數是高，如果要固定視窗寬與高，可以使用 resizeable(0,0)

程式實例 ch18_2.py：建立視窗標題 MyWindow，同時設定寬是 300，高是 160。

```
# ch18_2.py
from tkinter import *

window = Tk()
window.title("MyWindow")      # 視窗標題
window.geometry("300x160")    # 視窗大小

window.mainloop()
```

執行結果

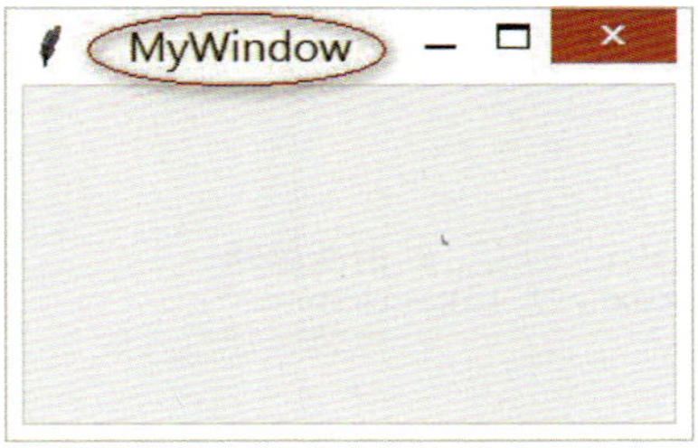

18-2 標籤 Label

Label( ) 方法可以用於在視窗內建立文字或圖形標籤，有關圖形標籤將在 18-12 節討論，它的使用格式如下：

Label(父物件 ,options, …)

Label( ) 方法的第一個參數是父物件，表示這個標籤將建立在那一個父物件 (可想成父視窗或稱容器) 內。下列是 Label( ) 方法內其它常用的 options 參數：

text ：標籤內容，如果有 "\n" 則可創造多列文字。

width ：標籤寬度，單位是字元。

height：標籤高度，單位是字元。

bg 或 background：背景色彩。

fg 或 foreground：字型色彩。

font( )：可選擇字型與大小，可參考 ch18_4_1.py。

textvariable：可以設定標籤以變數方式顯示，可參考 ch18_14.py。

image：標籤以圖形方式呈現，將在 18-12 節解說。

relief：預設是 relief=flat，可由此控制標籤的外框，有下列選項：

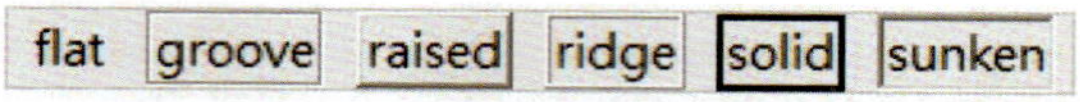

justify：在多列文件時最後一列的對齊方式 LEFT/CENTER/RIGHT(靠左/置中/靠右)，預設是置中對齊。

程式實例 ch18_3.py：建立一個標籤，內容是 I like tkinter。

```
1  # ch18_3.py
2  from tkinter import *
3
4  window = Tk()
5  window.title("ch18_3")              # 視窗標題
6  label = Label(window,text="I like tkinter")
7  label.pack()                        # 包裝與定位元件
8
9  window.mainloop()
```

執行結果 下方右圖示滑鼠拖曳增加視窗寬度的結果，可以看到完整視窗標題。

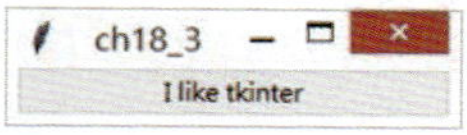

上述第 7 列的 pack( ) 方法主要是包裝視窗的元件和定位視窗的物件，所以可以在視窗內見到上述視窗元件，此例視窗元件是標籤。對上述第 6 列和第 7 列，我們也可以組合成一列，可參考下列程式實例。

程式實例 ch18_3_1.py：使用 Label( ).pack( ) 方式重新設計 ch18_3.py。

```
6  label = Label(window,text="I like tkinter").pack()
```

執行結果 與 ch18_3.py 相同。

程式實例 ch18_4.py：擴充 ch18_3.py，標籤寬度是 15，背景是淺黃色。

```
# ch18_4.py
from tkinter import *

window = Tk()
window.title("ch18_4")                  # 視窗標題
label = Label(window,text="I like tkinter",
              bg="lightyellow",         # 標籤背景是淺黃色
              width=15)                 # 標籤寬度是15
label.pack()                            # 包裝與定位元件

window.mainloop()
```

執行結果

程式實例 ch18_4_1.py：重新設計 ch18_4.py，使用 font 更改字型與大小的應用。

```
1  # ch18_4_1.py
2  from tkinter import *
3
4  window = Tk()
5  window.title("ch18_4_1")                # 視窗標題
6  label = Label(window,text="I like tkinter",
7                bg="lightyellow",         # 標籤背景是淺黃色
8                width=15,                 # 標籤寬度是15
9                font="Helvetica 16 bold italic")
10 label.pack()                            # 包裝與定位元件
11
12 window.mainloop()
```

執行結果

上述最重要是第 9 列，Helvetica 是字型名稱，16 是字型大小，bold、italic 則是粗體與斜體，如果不設定則使用預設一般字體。

18-3 視窗元件配置管理員 Layout Management

在設計 GUI 程式時，可以使用 3 種方法包裝和定位各元件的位置，這 3 個方法又稱視窗元件配置管理員 (Layout Management)，下列將分成 3 小節說明。

18-3-1 pack( ) 方法

在正式講解 pack( ) 方法前，請先參考下列程式實例。

程式實例 ch18_5.py：一個視窗含 3 個標籤的應用。

```
# ch18_5.py
from tkinter import *

window = Tk()
window.title("ch18_5")                    # 視窗標題
lab1 = Label(window,text="明志科技大學",
             bg="lightyellow",            # 標籤背景是淺黃色
             width=15)                    # 標籤寬度是15
lab2 = Label(window,text="長庚大學",
             bg="lightgreen",             # 標籤背景是淺綠色
             width=15)                    # 標籤寬度是15
lab3 = Label(window,text="長庚科技大學",
             bg="lightblue",              # 標籤背景是淺藍色
             width=15)                    # 標籤寬度是15
lab1.pack()                               # 包裝與定位元件
lab2.pack()                               # 包裝與定位元件
lab3.pack()                               # 包裝與定位元件

window.mainloop()
```

執行結果

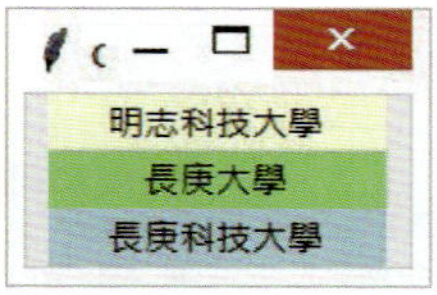

由上圖可以看到當視窗有多個元件時，使用 pack( ) 可以讓元件由上往下排列然後顯示，其實這也是系統的預設環境。使用 pack( ) 方法時，也可以增加 side 參數設定元件的排列方式，此參數的值如下：

TOP：這是預設，由上往下排列。

BOTTOM：由下往上排列。

LEFT：由左往右排列。

RIGHT：由右往左排列。

另外，使用 pack( ) 方法時，視窗元件間的距離是 1 像素，如果期待有適度間距，可以增加參數 padx/pady，代表水平間距 / 垂直間距，可以分別在元件間增加間距。

程式實例 ch18_6.py：在 pack( ) 方法內增加 "side=BOTTOM" 重新設計 ch18_5.py。

```
lab1.pack(side=BOTTOM)                    # 包裝與定位元件
lab2.pack(side=BOTTOM)                    # 包裝與定位元件
lab3.pack(side=BOTTOM)                    # 包裝與定位元件
```

執行結果

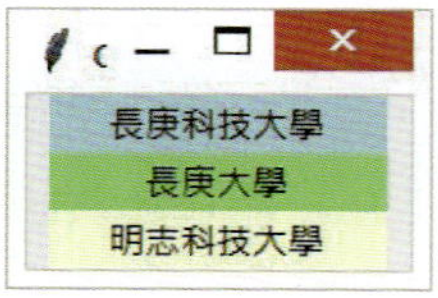

程式實例 ch18_6_1.py：重新設計 ch18_6.py，在長庚大學標籤上下增加 5 像素間距。

```
lab1.pack(side=BOTTOM)                # 包裝與定位元件
lab2.pack(side=BOTTOM,pady=5)         # 包裝與定位元件,增加y軸間距
lab3.pack(side=BOTTOM)                # 包裝與定位元件
```

執行結果

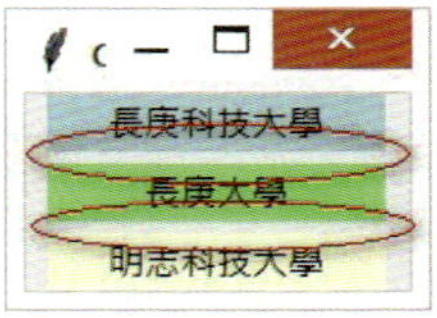

程式實例 ch18_7.py：在 pack( ) 方法內增加 "side=LEFT" 重新設計 ch18_5.py。

```
lab1.pack(side=LEFT)                  # 包裝與定位元件
lab2.pack(side=LEFT)                  # 包裝與定位元件
lab3.pack(side=LEFT)                  # 包裝與定位元件
```

執行結果

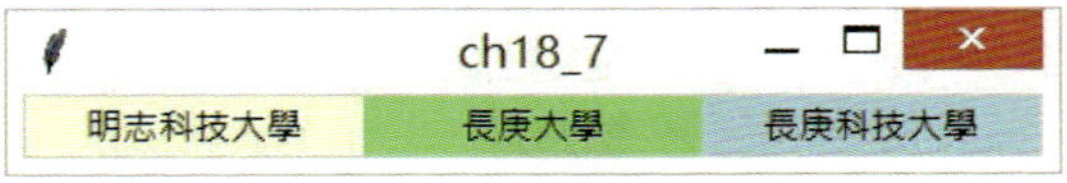

程式實例 ch18_7_1.py：重新設計 ch18_5.py，在長庚大學標籤左右增加 5 像素間距。

```
lab1.pack(side=LEFT)                  # 包裝與定位元件
lab2.pack(side=LEFT,padx=5)           # 包裝與定位元件,增加x軸間距
lab3.pack(side=LEFT)                  # 包裝與定位元件
```

執行結果

程式實例 ch18_8.py：在 pack( ) 方法內混合使用 side 參數重新設計 ch18_5.py。

```
lab1.pack()                           # 包裝與定位元件
lab2.pack(side=RIGHT)                 # 包裝與定位元件
lab3.pack(side=LEFT)                  # 包裝與定位元件
```

執行結果

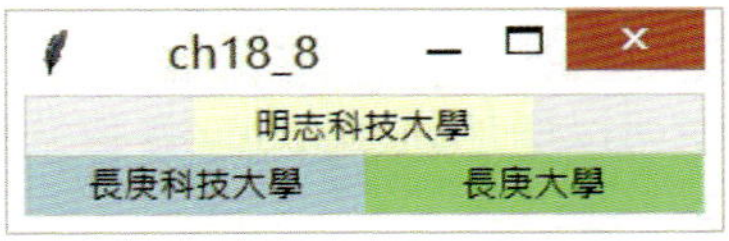

18-3-2 grid( ) 方法

18-3-2-1 基本觀念

這是一種格狀或是想成是 Excel 試算表方式，包裝和定位視窗元件的方法，觀念是使用 row 和 column 參數，下列是此格狀方法的觀念。

row=0,column=0	row=0,column=1	..	row=0,column=n
row=1,column=0	row=1,column=1	..	row=1,column=n
:	:		:
row=n,column=0	row=n,column=1	..	row=n,column=n

註 上述也可以將最左上角的 row 和 column 從 1 開始計數。

可以適度調整 grid( ) 方法內的 row 和 column 值，即可包裝視窗元件的位置。

程式實例 ch18_9.py：使用 grid( ) 方法取代 pack( ) 方法重新設計 ch18_5.py。

```
lab1.grid(row=0,column=0)              # 格狀包裝
lab2.grid(row=1,column=0)              # 格狀包裝
lab3.grid(row=1,column=1)              # 格狀包裝
```

執行結果

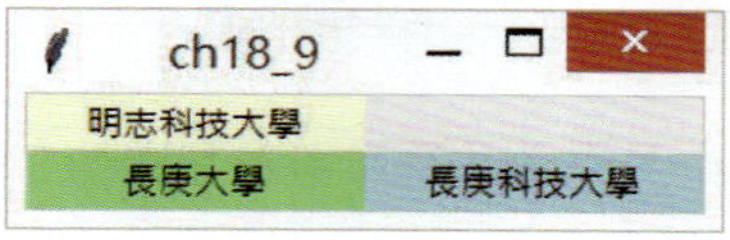

程式實例 ch18_10.py：格狀包裝的另一個應用。

```
lab1.grid(row=0,column=0)              # 格狀包裝
lab2.grid(row=1,column=2)              # 格狀包裝
lab3.grid(row=2,column=1)              # 格狀包裝
```

執行結果

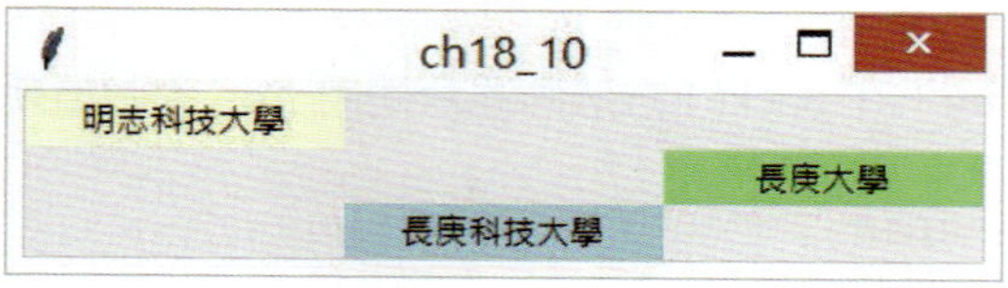

在 grid( ) 方法內也可以增加 sticky 參數，可以用此參數設定 N/S/W/E 意義是上 / 下 / 左 / 右對齊。此外，也可以增加 padx/pady 參數分別設定元件與相鄰元件的 x 軸間距 /y 軸間距。

18-3-2-2　columnspan 參數

可以設定控件在 column 方向的合併數量，在正式講解 columnspan 參數功能前，筆者先介紹建立一個含 8 個標籤的應用。

程式實例 ch18_10_1.py：使用 grid 方法建立含 8 個標籤的應用。

```
# ch18_10_1.py
from tkinter import *

window = Tk()
window.title("ch18_10_1")                    # 視窗標題
lab1 = Label(window,text="標籤1",relief="raised")
lab2 = Label(window,text="標籤2",relief="raised")
lab3 = Label(window,text="標籤3",relief="raised")
lab4 = Label(window,text="標籤4",relief="raised")
lab5 = Label(window,text="標籤5",relief="raised")
lab6 = Label(window,text="標籤6",relief="raised")
lab7 = Label(window,text="標籤7",relief="raised")
lab8 = Label(window,text="標籤8",relief="raised")
lab1.grid(row=0,column=0)
lab2.grid(row=0,column=1)
lab3.grid(row=0,column=2)
lab4.grid(row=0,column=3)
lab5.grid(row=1,column=0)
lab6.grid(row=1,column=1)
lab7.grid(row=1,column=2)
lab8.grid(row=1,column=3)

window.mainloop()
```

執行結果

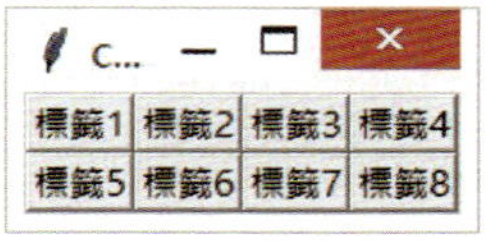

如果發生了標籤 2 和標籤 3 的區間是被一個標籤佔用，此時就是使用 columnspan 參數的場合。

程式實例 ch18_10_2.py：重新設計 ch18_10_1.py，將標籤 2 和標籤 3 合併成一個標籤。

```
# ch18_10_2.py
from tkinter import *

window = Tk()
window.title("ch18_10_2")                    # 視窗標題
lab1 = Label(window,text="標籤1",relief="raised")
lab2 = Label(window,text="標籤2",relief="raised")
lab4 = Label(window,text="標籤4",relief="raised")
lab5 = Label(window,text="標籤5",relief="raised")
lab6 = Label(window,text="標籤6",relief="raised")
lab7 = Label(window,text="標籤7",relief="raised")
lab8 = Label(window,text="標籤8",relief="raised")
lab1.grid(row=0,column=0)
lab2.grid(row=0,column=1,columnspan=2)
lab4.grid(row=0,column=3)
lab5.grid(row=1,column=0)
lab6.grid(row=1,column=1)
lab7.grid(row=1,column=2)
lab8.grid(row=1,column=3)

window.mainloop()
```

執行結果

18-3-2-3　rowspan 參數

可以設定控件在 row 方向的合併數量，若是看程式實例 ch18_10_1.py，如果發生了標籤 2 和標籤 6 的區間是被一個標籤佔用，此時就是使用 rowspan 參數的場合。

程式實例 ch18_10_3.py：重新設計 ch18_10_1.py，將標籤 2 和標籤 6 合併成一個標籤。

```
# ch18_10_3.py
from tkinter import *

window = Tk()
window.title("ch18_10_3")                 # 視窗標題
lab1 = Label(window,text="標籤1",relief="raised")
lab2 = Label(window,text="標籤2",relief="raised")
lab3 = Label(window,text="標籤3",relief="raised")
lab4 = Label(window,text="標籤4",relief="raised")
lab5 = Label(window,text="標籤5",relief="raised")
lab7 = Label(window,text="標籤7",relief="raised")
lab8 = Label(window,text="標籤8",relief="raised")
lab1.grid(row=0,column=0)
lab2.grid(row=0,column=1,rowspan=2)
lab3.grid(row=0,column=2)
lab4.grid(row=0,column=3)
lab5.grid(row=1,column=0)
lab7.grid(row=1,column=2)
lab8.grid(row=1,column=3)

window.mainloop()
```

執行結果

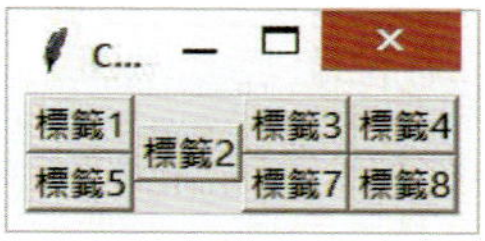

18-3-3　place( ) 方法

這是使用 place( ) 方法內的 x 和 y 參數直接設定視窗元件的左上方位置，單位是像素，視窗顯示區的左上角是 (x=0,y=0)，x 是往右遞增，y 是往下遞增。同時使用這種方法時，視窗將不會自動調整大小而是使用預設的大小顯示，可參考 ch18_11.py 的執行結果。

程式實例 ch18_11.py：使用 place( ) 方法直接設定標籤的位置，重新設計 ch18_5.py。

```
# ch18_11.py
from tkinter import *

window = Tk()
window.title("ch18_11")                  # 視窗標題
lab1 = Label(window,text="明志科技大學",
             bg="lightyellow",           # 標籤背景是淺黃色
             width=15)                   # 標籤寬度是15
lab2 = Label(window,text="長庚大學",
             bg="lightgreen",            # 標籤背景是淺綠色
             width=15)                   # 標籤寬度是15
lab3 = Label(window,text="長庚科技大學",
             bg="lightblue",             # 標籤背景是淺藍色
             width=15)                   # 標籤寬度是15
lab1.place(x=0,y=0)                      # 直接定位
lab2.place(x=30,y=50)                    # 直接定位
lab3.place(x=60,y=100)                   # 直接定位

window.mainloop()
```

執行結果

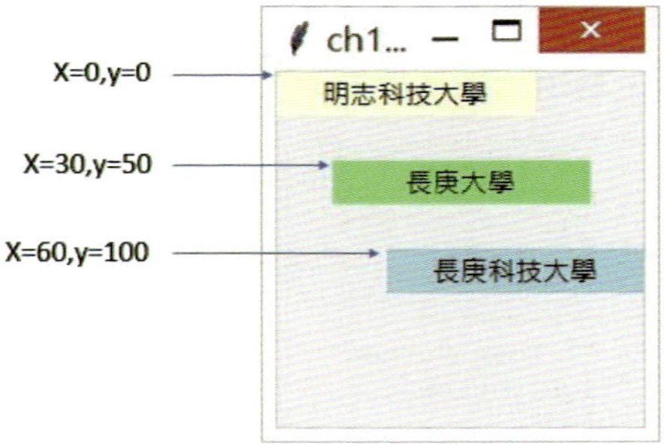

18-3-4 視窗元件位置的總結

我們使用 tkinter 模組設計 GUI 程式時，雖然可以使用 place( ) 方法定位元件的位置，不過筆者建議盡量使用 pack( ) 和 grid( ) 方法定位元件的位置，因為當視窗元件一多時，使用 place( ) 需計算元件位置較不方便，同時若有新增或減少元件時又需重新計算設定元件位置，這樣會比較不方便。

18-4 功能鈕 Button

18-4-1 基本觀念

功能鈕也可稱是按鈕，在視窗元件中我們可以設計按一下功能鈕時，執行某一個特定的動作。它的使用格式如下：

Button(父物件 , options, …)

Button( ) 方法的第一個參數是父物件，表示這個功能鈕將建立在那一個視窗內。下列是 Button( ) 方法內其它常用的 options 參數：

text：功能鈕名稱。

width：寬，單位是字元寬。

height：高，單位是字元高。

bg 或 background：背景色彩。

fg 或 foreground：字型色彩。

image：功能鈕上的圖形，可參考 18-12-2 節。

command：按一下功能鈕時，執行此所指定的方法。

程式實例 ch18_12.py：當按一下功能鈕時可以顯示字串 I love Python，底色是淺黃色，字串顏色是藍色。

```
# ch18_12.py
from tkinter import *

def msgShow():
    label["text"] = "I love Python"
    label["bg"] = "lightyellow"
    label["fg"] = "blue"

window = Tk()
window.title("ch18_12")              # 視窗標題
label = Label(window)                # 標籤內容
btn = Button(window,text="Message",command=msgShow)

label.pack()
btn.pack()

window.mainloop()
```

執行結果

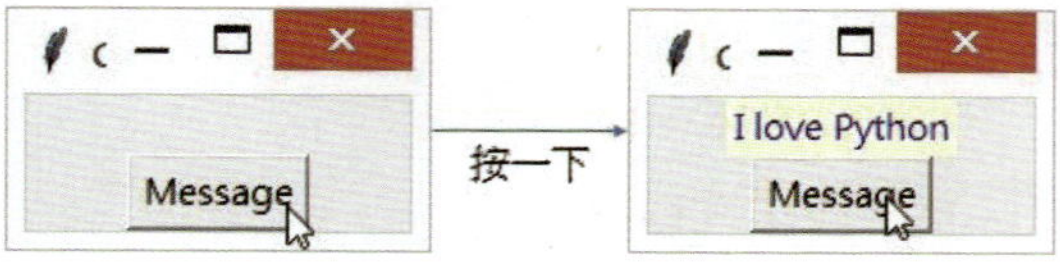

程式實例 ch18_13.py：擴充設計 ch18.12.py，若按 Exit 鈕，視窗可以結束。

```
# ch18_13.py
from tkinter import *

def msgShow():
    label["text"] = "I love Python"
```

```
6         label["bg"] = "lightyellow"
7         label["fg"] = "blue"
8
9     window = Tk()
10    window.title("ch18_13")                  # 視窗標題
11    label = Label(window)                    # 標籤內容
12    btn1 = Button(window,text="Message",width=15,command=msgShow)
13    btn2 = Button(window,text="Exit",width=15,command=window.destroy)
14    label.pack()
15    btn1.pack(side=LEFT)                     # 按鈕1
16    btn2.pack(side=RIGHT)                    # 按鈕2
17
18    window.mainloop()
```

執行結果

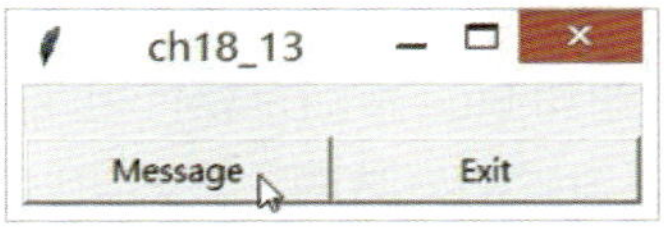

上述第 13 列的 window.destroy 可以關閉 window 視窗物件，同時程式結束。另一個常用的是 window.quit，可以讓 Python Shell 內執行的程式結束，但是 window 視窗則繼續執行，未來 ch18_16.py 會做實例說明。

18-4-2 設定視窗背景 config( )

config(option=value) 其實是視窗元件的共通方法，透過設定 option 為 bg 參數時，可以設定視窗元件的背景顏色。

程式實例 ch18_13_1.py：在視窗右下角有 3 個鈕，按 Yellow 鈕可以將視窗背景設為黃色，按 Blue 按鈕可以將視窗背景設為藍色，按 Exit 按鈕可以結束程式。

```
# ch18_13_1.py
from tkinter import *

def yellow():                           # 設定視窗背景是黃色
    window.config(bg="yellow")
def blue():                             # 設定視窗背景是藍色
    window.config(bg="blue")

window = Tk()
window.title("ch18_13_1")
window.geometry("300x200")              # 固定視窗大小
# 依次建立3個鈕
exitbtn = Button(window,text="Exit",command=window.destroy)
bluebtn = Button(window,text="Blue",command=blue)
yellowbtn = Button(window,text="Yellow",command=yellow)
# 將3個鈕包裝定位在右下方
exitbtn.pack(anchor=S,side=RIGHT,padx=5,pady=5)
bluebtn.pack(anchor=S,side=RIGHT,padx=5,pady=5)
yellowbtn.pack(anchor=S,side=RIGHT,padx=5,pady=5)

window.mainloop()
```

執行結果

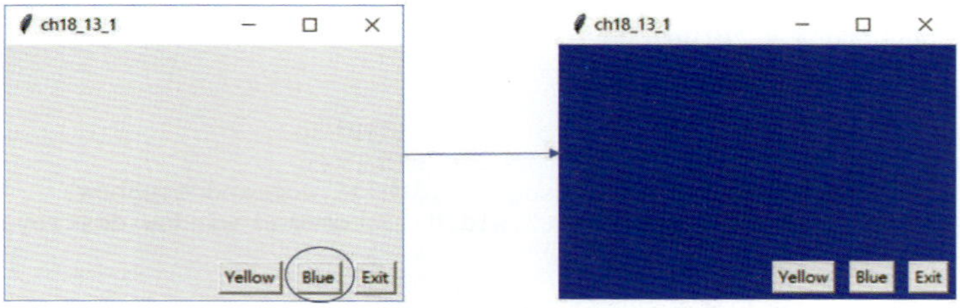

18-4-3　使用 lambda 表達式的好時機

在 ch18_13_1.py 設計過程，Yellow 按鈕和 Blue 按鈕是執行相同工作，但是所傳遞的顏色參數不同，其實這是使用 lambda 表達式的好時機，我們可以透過 lambda 表達式呼叫相同方法，但是傳遞不同參數方式簡化設計。

程式實例 ch18_13_2.py：使用 lambda 表達式重新設計 ch18_13_1.py。

```
1   # ch18_13_2.py
2   from tkinter import *
3
4   def bColor(bgColor):            # 設定視窗背景顏色
5       window.config(bg=bgColor)
6
7   window = Tk()
8   window.title("ch18_13_2")
9   window.geometry("300x200")          # 固定視窗大小
10  # 依次建立3個鈕
11  exitbtn = Button(window,text="Exit",command=window.destroy)
12  bluebtn = Button(window,text="Blue",command=lambda:bColor("blue"))
13  yellowbtn = Button(window,text="Yellow",command=lambda:bColor("yellow"))
14  # 將3個鈕包裝定位在右下方
15  exitbtn.pack(anchor=S,side=RIGHT,padx=5,pady=5)
16  bluebtn.pack(anchor=S,side=RIGHT,padx=5,pady=5)
17  yellowbtn.pack(anchor=S,side=RIGHT,padx=5,pady=5)
18
19  window.mainloop()
```

上述也可以省略第 4-5 列的 bColor( ) 函數，此時第 12 和 13 列的 lambda 將改成下列。

```
command=lambda:window.config(bg="blue")
command=lambda:window.config(bg="yellow")
```

讀者可以自我練習，筆者將練習結果放在 ch18_13_3.py。

18-5 變數類別

有些視窗元件在執行時會更改內容，此時可以使用 tkinter 模組內的變數類別 (Variable Classes)，它的使用方式如下：

```
x = IntVar( )          # 整數變數，預設是 0
x = DoubleVar( )       # 浮點數變數，預設是 0.0
x = StringVar( )       # 字串變數，預設是 ""
x = BooleanVar( )      # 布林值變數，True 是 1，False 是 0
```

可以使用 get( ) 方法取得變數內容，可以使用 set( ) 方法設定變數內容。

程式實例 ch18_14.py：這個程式在執行時若按 Hit 鈕可以顯示 "I like tkinter" 字串，如果已經顯示此字串則改成不顯示此字串。這個程式第 17 列是將標籤內容設為變數 x，第 8 列是設定顯示標籤時的標籤內容，第 11 列則是將標籤內容設為空字串如此可以達到不顯示標籤內容。

```
1  # ch18_14.py
2  from tkinter import *
3
4  def btn_hit():                           # 處理按鈕事件
5      global msg_on                        # 這是全域變數
6      if msg_on == False:
7          msg_on = True
8          x.set("I like tkinter")          # 顯示文字
9      else:
10         msg_on = False
11         x.set("")                        # 不顯示文字
12
13 window = Tk()
14 window.title("ch18_14")                  # 視窗標題
15
16 msg_on = False                           # 全域變數預設是False
17 x = StringVar()                          # Label的變數內容
18
19 label = Label(window,textvariable=x,        # 設定Label內容是變數x
20               fg="blue",bg="lightyellow", # 淺黃色底藍色字
21               font="Verdana 16 bold",     # 字型設定
22               width=25,height=2).pack()   # 標籤內容
23 btn = Button(window,text="Hit",command=btn_hit).pack()
24
25 window.mainloop()
```

執行結果

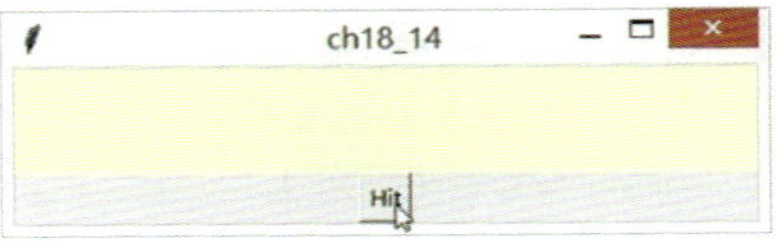

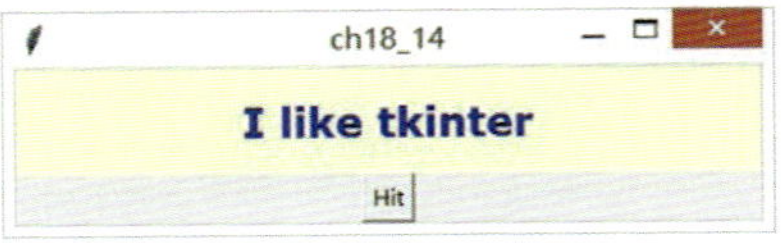

18-6 文字方塊 Entry

所謂的文字方塊 Entry，通常是指單一列的文字方塊，它的使用格式如下：

Entry(父物件 , options, …)

Entry( ) 方法的第一個參數是父物件，表示這個文字方塊將建立在那一個視窗內。下列是 Entry( ) 方法內其它常用的 options 參數：

width：寬，單位是字元寬。

height：高，單位是字元高。

bg 或 background：背景色彩。

fg 或 froeground：字型色彩。

state：輸入狀態，預設是 NORMAL 表示可以輸入，DISABLE 則是無法輸入。

textvariable：文字變數。

show：顯示輸入字元，例如：show='*' 表示顯示星號，常用在密碼欄位輸入。

程式實例 ch18_15.py：在視窗內建立標籤和文字方塊，讀者也可以在文字方塊內執行輸入，其中第 2 個文字方塊物件 e2 有設定 show='*'，所以輸入時所輸入的字元用 '*' 顯示。

```
# ch18_15.py
from tkinter import *

window = Tk()
window.title("ch18_15")          # 視窗標題

lab1 = Label(window,text="Account ").grid(row=0)
lab2 = Label(window,text="Password").grid(row=1)

e1 = Entry(window)               # 文字方塊1
e2 = Entry(window,show='*')      # 文字方塊2
e1.grid(row=0,column=1)          # 定位文字方塊1
e2.grid(row=1,column=1)          # 定位文字方塊2

window.mainloop()
```

執行結果

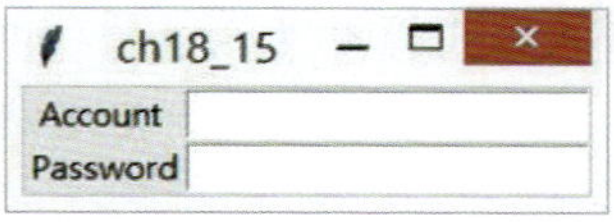

上述第 7 列筆者設定 grid(row=0)，在沒有設定 "column=x" 的情況，系統將自動設定 "column=0"，第 8 列的觀念相同。

程式實例 ch18_16.py：擴充上述程式，增加 Print 按鈕和 Quit 按鈕，若是按 Print 按鈕，可以在 Python Shell 視窗看到所輸入的 Account 和 Password。若是按 Quit 按鈕，可以看到在 Python Shell 視窗執行的程式結束，但是螢幕上仍可以看到此 ch18_16 視窗在執行。

```python
# ch18_16.py
from tkinter import *
def printInfo():                            # 列印輸入資訊
    print("Account: %s\nPassword: %s" % (e1.get(),e2.get()))

window = Tk()
window.title("ch18_16")                     # 視窗標題

lab1 = Label(window,text="Account ").grid(row=0)
lab2 = Label(window,text="Password").grid(row=1)

e1 = Entry(window)                          # 文字方塊1
e2 = Entry(window,show='*')                 # 文字方塊2
e1.grid(row=0,column=1)                     # 定位文字方塊1
e2.grid(row=1,column=1)                     # 定位文字方塊2

btn1 = Button(window,text="Print",command=printInfo)
btn1.grid(row=2,column=0)
btn2 = Button(window,text="Quit",command=window.quit)
btn2.grid(row=2,column=1)

window.mainloop()
```

執行結果

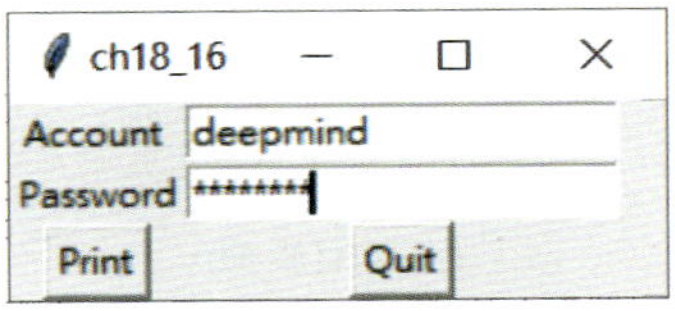

下列是先按 Print 鈕，再按 Quit 鈕，在 Python Shell 視窗的執行結果。

```
=================== RESTART: D:\Python\ch18\ch18_16.py ===================
Account: deepmind
Password: deepmind
```

從上述執行結果可以看到，Print 鈕和 Quit 鈕並沒有切齊上方的標籤和文字方塊，我們可以在 grid( ) 方法內增加 sticky 參數，同時將此參數設為 W，即可靠左對齊欄位。另外，也可以使用 pady 設定物件上下的間距，padx 則是可以設定左右的間距。

程式實例 ch18_17.py：使用 sticky=W 參數和 pady=10 參數，重新設計 ch18_16.py。

```
btn1 = Button(window,text="Print",command=printInfo)
# sticky=W可以設定物件與上面的Label切齊, pady設定上下間距是10
btn1.grid(row=2,column=0,sticky=W,pady=10)
btn2 = Button(window,text="Quit",command=window.quit)
# sticky=W可以設定物件與上面的Entry切齊, pady設定上下間距是10
btn2.grid(row=2,column=1,sticky=W,pady=10)
```

執行結果

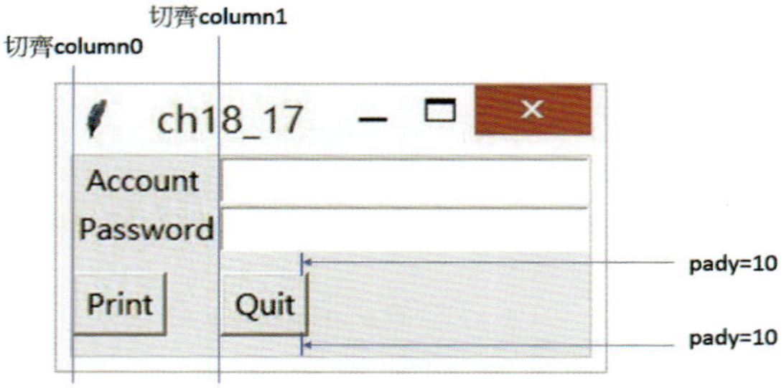

❑ 在 Entry 插入字串

在 tkinter 模組的應用中可以使用 insert(index,s) 方法插入字串，s 是所插入的字串，字串會插入在 index 位置前。程式設計時可以使用這個方法為文字方塊建立預設的文字，通常會將它放在 Entry( ) 方法建立完文字方塊後，可參考下列實例第 14 和 15 列。

程式實例 ch18_18.py：擴充 ch18_17.py，為程式建立預設的 Account 為 "kevin"，Password 為 "pwd"。相較於 ch18_17.py 這個程式增加第 14 和 15 列。

```
12  e1 = Entry(window)                    # 文字方塊1
13  e2 = Entry(window,show='*')           # 文字方塊2
14  e1.insert(1,"Kevin")                  # 預設文字方塊1內容
15  e2.insert(1,"pwd")                    # 預設文字方塊2內容
```

執行結果

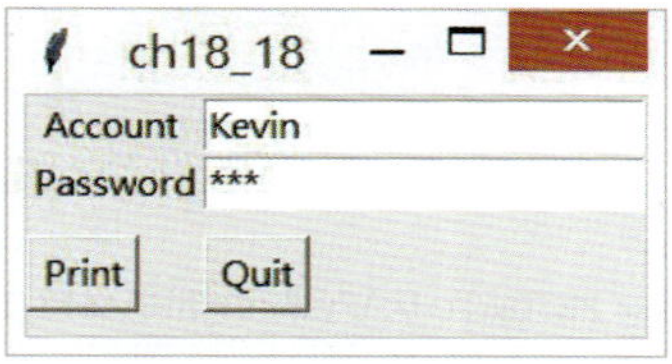

❑ 在 Entry 刪除字串

在 tkinter 模組的應用中可以使用 delete(first,last=None) 方法刪除 Entry 內的字串，如果要刪除整個字串可以使用 delete(0,END)。

程式實例 ch18_19.py：擴充程式實例 ch18_18.py，當按 Print 按鈕後，清空文字方塊 Entry 的內容。

```
# ch18_19.py
from tkinter import *
def printInfo():                        # 列印輸入資訊
    print("Account: %s\nPassword: %s" % (e1.get(),e2.get()))
    e1.delete(0,END)                    # 刪除文字方塊1
    e2.delete(0,END)                    # 刪除文字方塊2

window = Tk()
window.title("ch18_19")                 # 視窗標題

lab1 = Label(window,text="Account ").grid(row=0)
lab2 = Label(window,text="Password").grid(row=1)

e1 = Entry(window)                      # 文字方塊1
e2 = Entry(window,show='*')             # 文字方塊2
e1.insert(1,"Kevin")                    # 預設文字方塊1內容
e2.insert(1,"pwd")                      # 預設文字方塊2內容
e1.grid(row=0,column=1)                 # 定位文字方塊1
e2.grid(row=1,column=1)                 # 定位文字方塊2

btn1 = Button(window,text="Print",command=printInfo)
# sticky=W可以設定物件與上面的Label切齊, pady設定上下間距是10
btn1.grid(row=2,column=0,sticky=W,pady=10)
btn2 = Button(window,text="Quit",command=window.quit)
# sticky=W可以設定物件與上面的Entry切齊, pady設定上下間距是10
btn2.grid(row=2,column=1,sticky=W,pady=10)

window.mainloop()
```

執行結果

Entry 的應用

在結束本節前，筆者將講解標籤、文字方塊、按鈕的綜合應用，當讀者徹底瞭解本程式後，其實應該有能力設計小算盤程式。

程式實例 ch18_20.py：設計可以執行加法運算的程式。

```
# ch18_20.py
from tkinter import *
def add():                              # 加法運算
    n3.set(n1.get()+n2.get())

window = Tk()
window.title("ch18_20")                 # 視窗標題

n1 = IntVar()
n2 = IntVar()
n3 = IntVar()

```

```
13  e1 = Entry(window,width=8,textvariable=n1)  # 文字方塊1
14  label = Label(window,width=3,text='+')      # 加號
15  e2 = Entry(window,width=8,textvariable=n2)  # 文字方塊2
16  btn = Button(window,width=5,text='=',command=add)   # =按鈕
17  e3 = Entry(window,width=8,textvariable=n3)  # 儲存結果文字方塊
18
19  e1.grid(row=0,column=0)                     # 定位文字方塊1
20  label.grid(row=0,column=1,padx=5)           # 定位加號
21  e2.grid(row=0,column=2)                     # 定位文字方塊2
22  btn.grid(row=1,column=1,pady=5)             # 定位=按鈕
23  e3.grid(row=2,column=1)                     # 定位儲存結果
24
25  window.mainloop()
```

執行結果　下列分別是程式執行初、輸入數值、按等號鈕的結果。

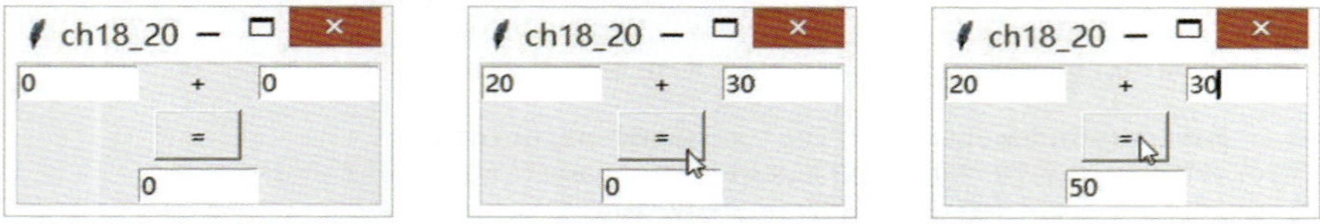

上述第 20 列內有 "padx=5" 相當於設定加號標籤左右間距是 5 像素，第 22 列 "pady=5" 是設定等號按鈕上下間距是 5。當我們按等號鈕時，程式會執行第 3 列的 add( ) 函數執行加法運算，在此函數的 n1.get( ) 可以取得 n1 變數值，n3.set( ) 則是設定 n3 變數值。

18-7 文字區域 Text

可以想成是 Entry 的擴充，可以在此輸入多列資料，甚至也可以使用此區域建立簡單的文字編輯程式或是利用它設計網頁瀏覽程式。它的使用格式如下：

Text(父物件 , options, …)

Text( ) 方法的第一個參數是父物件，表示這個文字區域將建立在那一個視窗內。下列是 Text( ) 方法內其它常用的 options 參數：

width：寬，單位是字元寬。

height：高，單位是字元高。

bg 或 background：背景色彩。

fg 或 foreground：字型色彩。

state：輸入狀態，預設是 NORMAL 表示可以輸入，DISABLE 則是無法輸入。

xcrollbarcommand：水平捲軸的連結。

ycrollbarcommand：垂直捲軸的連結，可參考下一節的實例。

wrap：這是換列參數，預設是 CHAR，如果輸入資料超出列寬度時，必要時會將單字依拼音拆成不同列輸出。如果是 WORD 則不會將單字拆成不同列輸出。如果是 NONE，則不換列，這時將有水平捲軸。

程式實例 ch18_21.py：文字區域 Text 的基本應用。

```
# ch18_21.py
from tkinter import *

window = Tk()
window.title("ch18_21")                  # 視窗標題

text = Text(window,height=2,width=30)
text.insert(END,"我懷念\n我的明志工專生活點滴")
text.pack()

window.mainloop()
```

執行結果

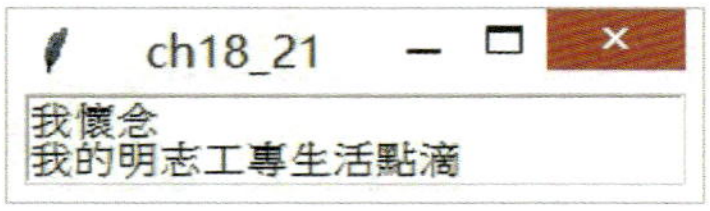

上述 insert( ) 方法的第一個參數 END 表示插入文字區域末端，由於目前文字區域是空的，所以就插在前面。

程式實例 ch18_22.py：插入多筆字串，發生文字區域不夠使用，造成部分字串無法顯示。

```
# ch18_22.py
from tkinter import *

window = Tk()
window.title("ch18_22")                  # 視窗標題

text = Text(window,height=2,width=30)
text.insert(END,"我懷念\n一個人的極境旅行")
str = """2016年12月,我一個人訂了機票和船票,
開始我的南極旅行,飛機經杜拜再往阿根廷的烏斯懷雅,
在此我登上郵輪開始我的南極之旅"""
text.insert(END,str)
text.pack()

window.mainloop()
```

執行結果

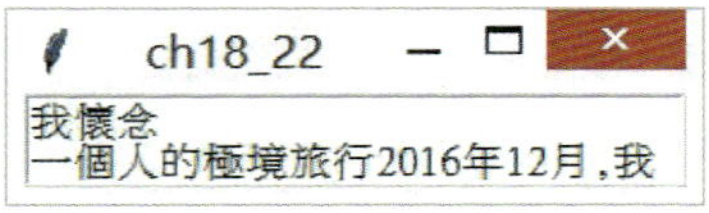

由上述執行結果可以發現字串 str 許多內容沒有顯示，此時可以增加文字區域 Text 的列數，另一種方法是可以使用捲軸，其實這也是比較高明的方法。

18-8 捲軸 Scrollbar

對前一節的實例而言，視窗內只有文字區域 Text，所以捲軸在設計時，可以只有一個參數，就是視窗物件，過去實例我們均使用 window 當作視窗物件，此時可以用下列指令設計捲軸。

```
scrollbar = Scrollbar(window)                # scrollbar 是捲軸物件
```

程式實例 ch18_23.py：擴充程式實例 ch18_22.py，主要是增加捲軸功能。

```
1  # ch18_23.py
2  from tkinter import *
3
4  window = Tk()
5  window.title("ch18_23")                     # 視窗標題
6  scrollbar = Scrollbar(window)               # 卷軸物件
7  text = Text(window,height=2,width=30)       # 文字區域物件
8  scrollbar.pack(side=RIGHT,fill=Y)           # 靠右安置與父物件高度相同
9  text.pack(side=LEFT,fill=Y)                 # 靠左安置與父物件高度相同
10 scrollbar.config(command=text.yview)
11 text.config(yscrollcommand=scrollbar.set)
12 text.insert(END,"我懷念\n一個人的極境旅行")
13 str = """2016年12月,我一個人訂了機票和船票,
14 開始我的南極旅行,飛機經杜拜再往阿根廷的烏斯懷雅,
15 在此我登上郵輪開始我的南極之旅"""
16 text.insert(END,str)
17
18 window.mainloop()
```

執行結果

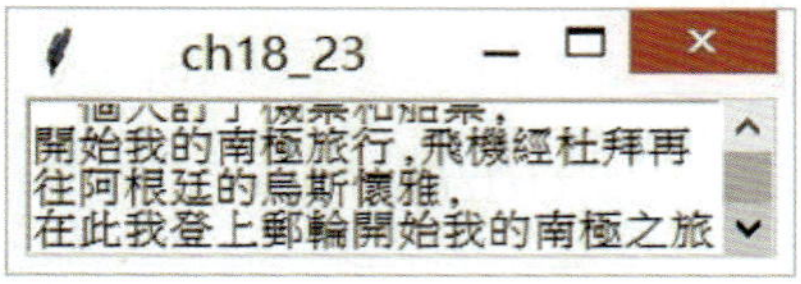

上述程式第 8 和 9 列的 fill=Y 主要是設定此物件高度與父物件相同，第 10 列 scrollbar.config( ) 方法主要是為 scrollbar 物件設定選擇性參數內容，此例是設定 command 參數，它的用法與下列觀念相同。

```
scrollbar["command"] = text.yview    # 設定執行方法
```

也就是當移動捲軸時，會去執行所指定的方法，此例是執行 yview( ) 方法。第 11 列是將文字區域的選項參數 yscrollcommand 設定為 scrollbar.set，表示將文字區域與捲軸做連結。

18-9 選項鈕 Radiobutton

選項鈕 Radio Button 名稱的由來是無線電的按鈕，在收音機時代可以用無線電的按鈕選擇特定頻道。選項鈕最大的特色可以用滑鼠按一下方式選取此選項，同時一次只能有一個選項被選取，例如：在填寫學歷欄時，如果一系列選項是：高中、大學、碩士、博士，此時你只能勾選一個項目。我們可以使用 Radiobutton( ) 方法建立選項鈕，它的使用方法如下：

Radiobutton(父物件 , options, …)

Radiobutton( ) 方法的第一個參數是父物件，表示這個選項鈕將建立在那一個視窗內。下列是 Radiobutton( ) 方法內其它常用的 options 參數：

text：選項鈕旁的文字。

font：字型。

height：選項鈕的文字有幾列，預設是 1 列。

width：選項鈕的文字區間有幾個字元寬，省略時會自行調整為實際寬度。

padx：預設是 1，可設定選項鈕與文字的間隔。

pady：預設是 1，可設定選項鈕的上下間距。

value：選項鈕的值，可以區分所選取的選項鈕。

indicatoron：當此值為 0 時，可以建立盒子選項鈕。

command：當使用者更改選項時，會自動執行此函數。

variable：設定或取得目前選取的選項按鈕，它的值型態通常是 IntVar 或 StringVar。

程式實例 ch18_24.py：這是一個簡單選項鈕的應用，程式剛執行時預設選項是男生此時視窗上方顯示尚未選擇，然後我們可以點選男生或女生，點選完成後可以顯示你是男生或你是女生。

```
# ch18_24.py
from tkinter import *
def printSelection():
    label.config(text="你是" + var.get())

window = Tk()
window.title("ch18_24")                    # 視窗標題

var = StringVar()
```

```
10 var.set("男生")                                # 預設選項
11 label = Label(window,text="尚未選擇", bg="lightyellow",width=30)
12 label.pack()
13
14 rb1 = Radiobutton(window,text="男生",
15                   variable=var,value='男生',
16                   command=printSelection).pack()
17 rb2 = Radiobutton(window,text="女生",
18                   variable=var,value='女生',
19                   command=printSelection).pack()
20
21 window.mainloop()
```

執行結果

上述第 9 列是設定 var 變數是 StringVar( ) 物件，也是字串物件。第 10 列是設定預設選項是男生，第 11 和 12 列是設定標籤資訊。第 14-16 列是建立男生選項鈕，第 17-19 列是建立女生選項鈕。當有按鈕產生時，會執行第 3-4 列的函數，這個函數會由 var.get( ) 獲得目前選項鈕，然後將此選項鈕對應的 value 值設定給標籤物件 label 的 text，所以可以看到所選的結果。

上述建立選項鈕方法雖然好用，但是當選項變多時程式就會顯得比較複雜，此時可以考慮使用字典儲存選項，然後用遍歷字典方式建立選項鈕，可參考下列實例。

程式實例 ch18_25.py：為字典內的城市資料建立選項鈕，當我們點選最喜歡的城市時，Python Shell 視窗將列出所選的結果。

```
# ch18_25.py
from tkinter import *
def printSelection():
    print(cities[var.get()])                 # 列出所選城市

window = Tk()
window.title("ch18_25")                      # 視窗標題
cities = {0:"東京",1:"紐約",2:"巴黎",3:"倫敦",4:"香港"}

var = IntVar()
var.set(0)                                   # 預設選項
label = Label(window,text="選擇最喜歡的城市",
              fg="blue",bg="lightyellow",width=30).pack()

for val, city in cities.items():             # 建立選項紐
    Radiobutton(window,
                text=city,
                variable=var,value=val,
                command=printSelection).pack()

window.mainloop()
```

執行結果 下列左邊是最初畫面，右邊是選擇紐約。

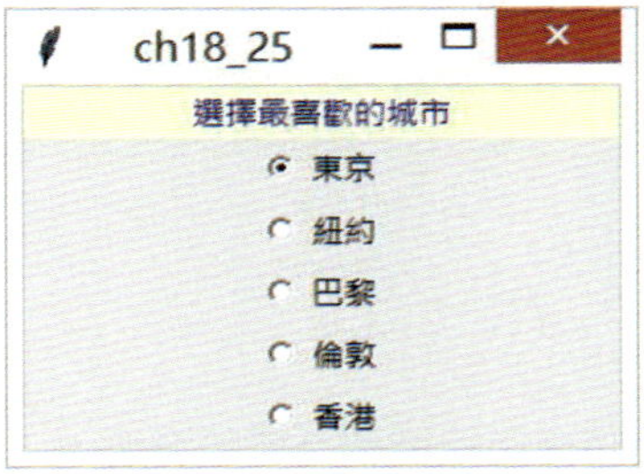

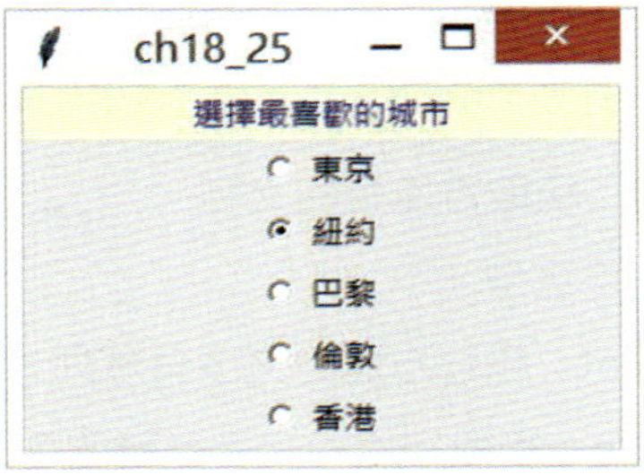

當選擇紐約選項鈕時，可以在 Python Shell 視窗看到下列結果。

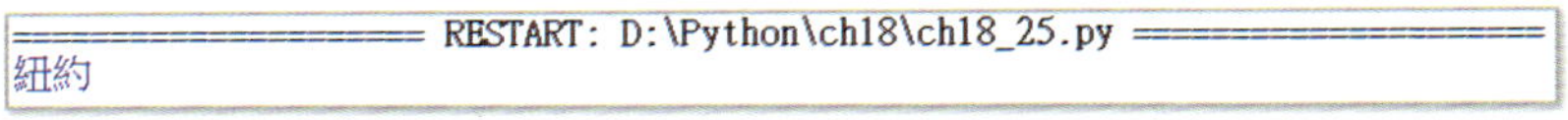

此外，tkinter 也提供盒子選項鈕的觀念，可以在 Radiobutton 方法內使用 indicatoron(意義是 indicator on) 參數，將它設為 0。

程式實例 ch18_26.py：使用盒子選項鈕重新設計 ch18_25.py，重點是第 18 列。

```
15 for val, city in cities.items():          # 建立選項紐
16     Radiobutton(window,
17                 text=city,
18                 indicatoron = 0,           # 用盒子取代選項紐
19                 width=30,
20                 variable=var,value=val,
21                 command=printSelection).pack()
```

執行結果

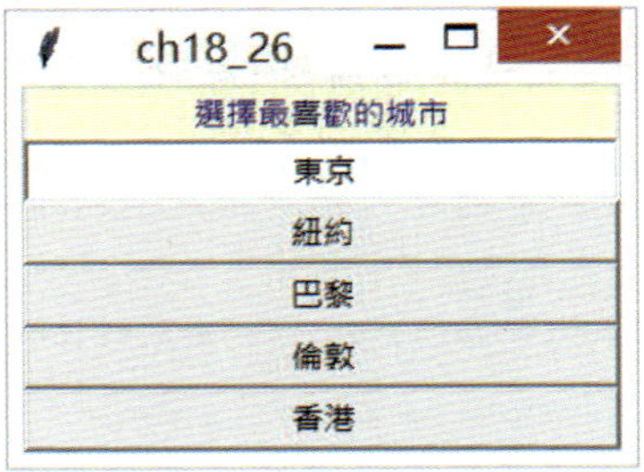

18-10 核取方塊 Checkbutton

核取方塊在螢幕上是一個方框，它與選項鈕最大的差異在它是複選。我們可以使用 Checkbutton( ) 方法建立核取方塊，它的使用方法如下：

Checkbutton(父物件 , options, …)

Checkbutton( ) 方法的第一個參數是父物件，表示這個核取方塊將建立在那一個視窗內。下列是 Checkbutton( ) 方法內其它常用的 options 參數：

text：核取方塊旁的文字。

font：字型。

height：核取方塊的文字有幾列，預設是 1 列。

width：核取方塊的文字有幾個字元寬，省略時會自行調整為實際寬度。

padx：預設是 1，可設定核取方塊與文字的間隔。

pady：預設是 1，可設定核取方塊的上下間距。

command：當使用者更改選項時，會自動執行此函數。

variable：設定或取得目前選取的核取方塊，它的值型態通常是 IntVar 或 StringVar。

程式實例 ch18_27.py：建立核取方塊的應用。

```
# ch18_27.py
from tkinter import *

window = Tk()
window.title("ch18_27")                         # 視窗標題

Label(window,text="請選擇喜歡的運動",
      fg="blue",bg="lightyellow",width=30).grid(row=0)

var1 = IntVar()
Checkbutton(window,text="美式足球",
            variable=var1).grid(row=1,sticky=W)
var2 = IntVar()
Checkbutton(window,text="棒球",
            variable=var2).grid(row=2,sticky=W)
var3 = IntVar()
Checkbutton(window,text="籃球",
            variable=var3).grid(row=3,sticky=W)

window.mainloop()
```

執行結果 下方左圖是程式執行出畫面，右圖是筆者嘗試勾選的畫面。

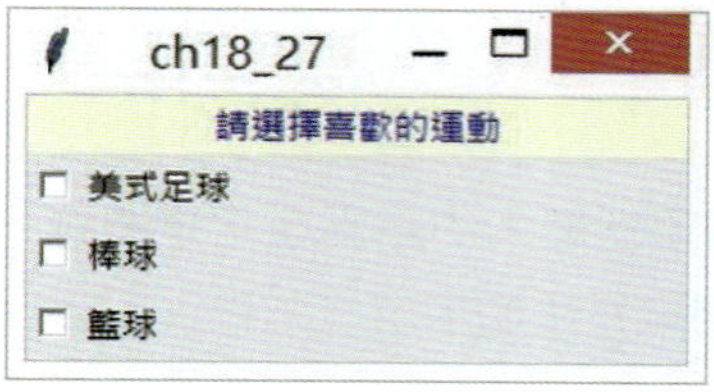

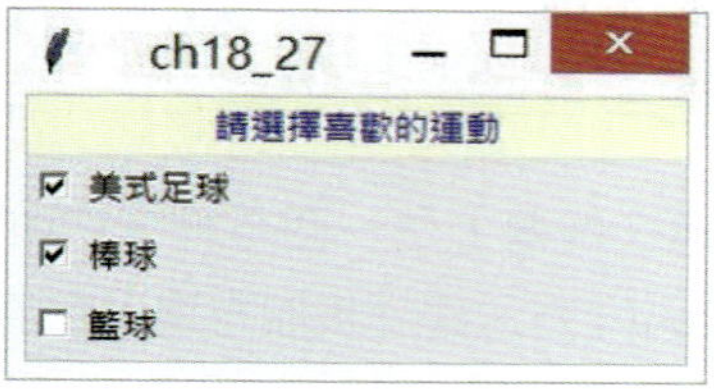

如果核取方塊項目不多時，可以參考上述實例使用 Checkbutton( ) 方法一步一步建立核取方塊的項目，如果項目很多時可以將項目組織成字典，然後使用迴圈觀念建立這個核取項目，可參考下列實例。

程式實例 ch18_28.py：以 sports 字典方式儲存運動核取方塊項目，然後建立此核取方塊，當有選擇項目時，若是按確定鈕可以在 Python Shell 視窗列出所選的項目。

```
# ch18_28.py
from tkinter import *

def printInfo():
    selection = ''
    for i in checkboxes:                          # 檢查此字典
        if checkboxes[i].get() == True:           # 被選取則執行
            selection = selection + sports[i] + "\t"
    print(selection)

window = Tk()
window.title("ch18_28")                           # 視窗標題


Label(window,text="請選擇喜歡的運動",
      fg="blue",bg="lightyellow",width=30).grid(row=0)

sports = {0:"美式足球",1:"棒球",2:"籃球",3:"網球"}      # 運動字典
checkboxes = {}                                   # 字典存放被選取項目
for i in range(len(sports)):                      # 將運動字典轉成核取方塊
    checkboxes[i] = BooleanVar()                  # 布林變數物件
    Checkbutton(window,text=sports[i],
                variable=checkboxes[i]).grid(row=i+1,sticky=W)

Button(window,text="確定",width=10,command=printInfo).grid(row=i+2)

window.mainloop()
```

執行結果

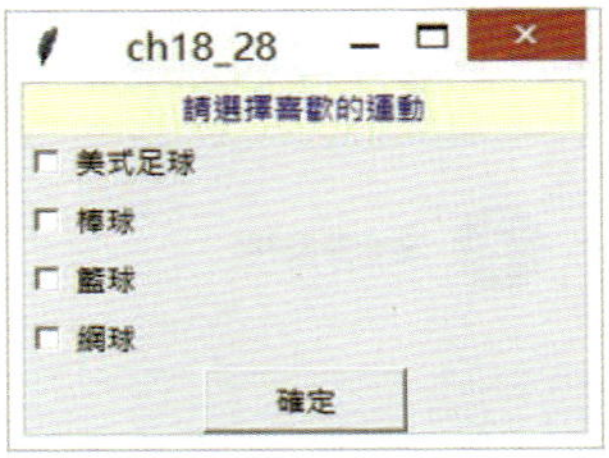

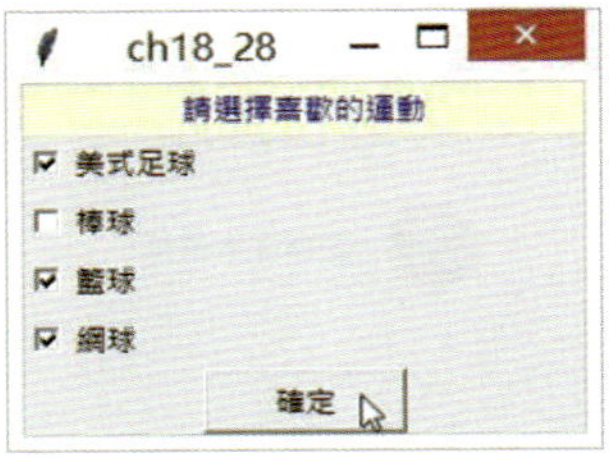

上述右方若是按確定鈕，可以在 Python Shell 視窗看到下列結果。

```
==================== RESTART: D:\Python\ch18\ch18_28.py ====================
美式足球        籃球    網球
```

上述第 17 列的 sports 字典是儲存核取方塊的運動項目，第 18 列的 checkboxes 字典則是儲存核取按鈕是否被選取，第 19-22 列是迴圈會將 sports 字典內容轉成核取方塊，其中第 20 列是將 checkboxes 內容設為 BooleanVar 物件，經過這樣設定未來第 7 列才可以用 get( ) 方法取得它的內容。第 24 列是建立確定按鈕，當按此鈕時會執行第 4-9 列的 printInfo( ) 函數，這個函數主要是將被選取的項目列印出來。

18-11 對話方塊 messagebox

Python 的 tkinter 模組內有 messagebox 模組，這個模組提供了 8 個對話方塊，這些對話方塊有不同場合的使用時機，本節將做說明。

- showinfo(title,message,options)：顯示一般提示訊息，可參考下方左圖。

- showwarning(title,message,options)：顯示警告訊息，可參考上方右圖。
- showerror(title,message,options)：顯示錯誤訊息，可參考下方左圖。

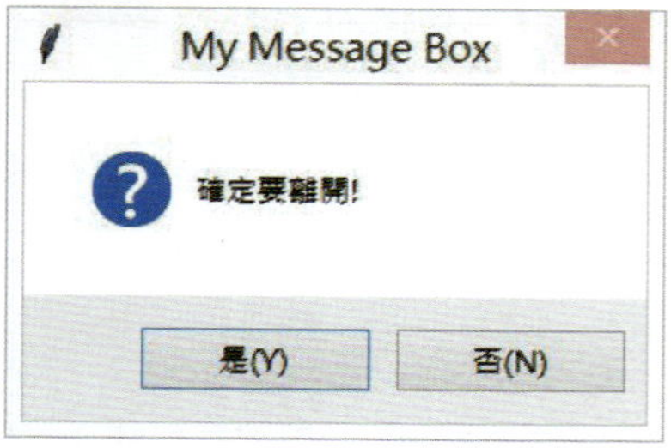

- askquestion(title,message,options)：顯示詢問訊息。若按是或 Yes 鈕回傳回 "yes"，若按否或 No 鈕會傳回 "no"，可參考上方右圖。

- ❑ askokcancel(title,message,options)：顯示確定或取消訊息。若按確定或 OK 鈕會傳回 True，若按取消或 Cancel 鈕會傳回 False，可參考下方左圖。

- ❑ askyesno(title,message,options)：顯示是或否訊息。若按是或 Yes 鈕會傳回 True，若按否或 No 鈕會傳回 False，可參考上方右圖。
- ❑ askyesnocancel(title,message,options)：顯示是或否或取消訊息，可參考下方左圖。

- ❑ askretrycancel(title,message,options)：顯示重試或取消訊息。若按重試或 Retry 鈕會傳回 True，若按取消或 Cancel 鈕會傳回 False，可參考上方右圖。

上述對話方塊方法內的參數大致相同，title 是對話方塊的名稱，message 是對話方塊內的文字。options 是選擇性參數可能值有下列 3 種：

- ❑ default constant：預設按鈕是 OK(確定)、Yes(是)、Retry(重試) 在前面，也可更改此設定。
- ❑ icon(constant)：可設定所顯示的圖示，有 INFO、ERROR、QUESTION、WARNING 等 4 種圖示可以設定。
- ❑ parent(widget)：指出當對話方塊關閉時，焦點視窗將返回此父視窗。

程式實例 ch18_29.py：對話方塊設計的基本應用。

```
# ch18_29.py
from tkinter import *
from tkinter import messagebox

def myMsg():                        # 按Good Morning按鈕時執行
    messagebox.showinfo("My Message Box","Python tkinter早安")

window = Tk()
window.title("ch18_29")             # 視窗標題
window.geometry("300x160")          # 視窗寬300高160

Button(window,text="Good Morning",command=myMsg).pack()

window.mainloop()
```

執行結果

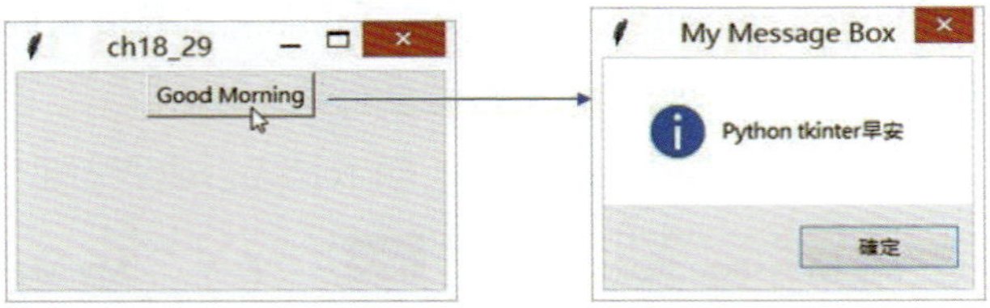

18-12 圖形 PhotoImage

圖片功能可以應用在許多地方，例如：標籤、功能鈕、選項鈕、文字區域 … 等。在使用前可以用 PhotoImage( ) 方法建立此圖形物件，然後再將此物件適度應用在其它視窗元件。它的語法如下：

PhotoImage(file="xxx.gif")　　　　# 副檔名 gif

需留意 PhotoImage( ) 方法早期只支援 gif 檔案格式，不接受常用的 jpg 或 png 格式的圖檔，筆者發現目前已可以支援 png 檔案了。為了單純建議可以將 gif 檔案放在程式所在資料夾。

程式實例 ch18_30.py：視窗顯示 ma.gif 圖檔的基本應用。

```
# ch18_30.py
from tkinter import *

window = Tk()
window.title("ch18_30")             # 視窗標題

html_gif = PhotoImage(file="ma.gif")
Label(window,image=html_gif).pack()

window.mainloop()
```

執行結果

18-12-1 圖形與標籤的應用

程式實例 ch18_31.py：視窗內同時有文字標籤和圖形標籤的應用。

```
# ch18_31.py
from tkinter import *

window = Tk()
window.title("ch18_31")            # 視窗標題

sselogo = PhotoImage(file="sse.gif")
lab1 = Label(window,image=sselogo).pack(side="right")

sseText = """SSE全名是Silicon Stone Education,這家公司在美國,
這是國際專業證照公司,產品多元與豐富."""
lab2 = Label(window,text=sseText,bg="lightyellow",
             padx=10).pack(side="left")

window.mainloop()
```

執行結果

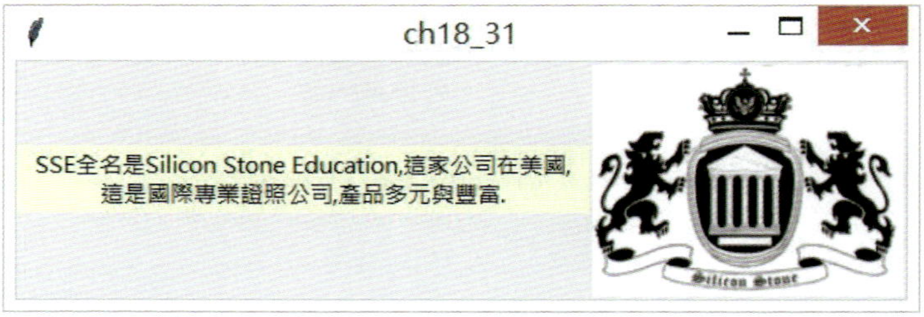

由上圖執行結果可以看到文字標籤第 2 列輸出時，是預設置中對齊。我們可以在 Label( ) 方法內增加 justify=LEFT 參數，讓第 2 列資料可以靠左輸出。

程式實例 ch18_32.py：重新設計 ch18_31.py，讓文字標籤的第 2 列資料靠左輸出，主要是第 13 列增加 justify=LEFT 參數。

```
12 lab2 = Label(window,text=sseText,bg="lightyellow",
13              justify=LEFT,padx=10).pack(side="left")
```

執行結果

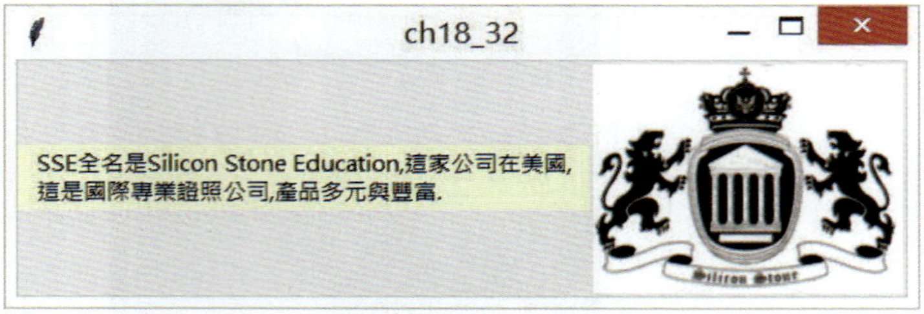

18-12-2　圖形與功能鈕的應用

一般功能鈕是用文字當作按鈕名稱，我們也可以用圖形當按鈕名稱，若是我們要使用圖形當作按鈕，在 Button( ) 內可以省略 text 參數設定按鈕名稱，但是在 Button( ) 內要增加 image 參數設定圖形物件。若是要圖形和文字並存在功能鈕，需增加參數 "compund=xx"，xx 可以是 LEFT、TOP、RIGHT、BOTTOM、CENTER，分別代表圖形在文字的左、上、右、下、中央。

程式實例 ch18_33.py：重新設計 ch18_12.py，使用 sun.gif 圖形取代 Message 名稱按鈕。

```
# ch18_33.py
from tkinter import *

def msgShow():
    label["text"] = "I love Python"
    label["bg"] = "lightyellow"
    label["fg"] = "blue"

window = Tk()
window.title("ch18_33")                 # 視窗標題
label = Label(window)                   # 標籤內容

sun_gif = PhotoImage(file="sun.gif")
btn = Button(window,image=sun_gif,command=msgShow)

label.pack()
btn.pack()

window.mainloop()
```

執行結果

程式實例 ch18_33_1.py：將圖形放在文字的上方，可參考上方第 3 張圖。

```
btn = Button(window,image=sun_gif,command=msgShow,
             text="Click me",compound=TOP)
```

程式實例 ch18_33_2.py：將圖形放在文字的中央，可參考上方第 4 張圖。

```
btn = Button(window,image=sun_gif,command=msgShow,
             text="Click me",compound=CENTER)
```

18-13 尺度 Scale 的控制

Scale 可以翻譯為尺度，Python 的 tkinter 模組有提供尺度 Scale( ) 功能，我們可以移動尺度盒產生某一範圍的數字。建立尺度方法是 Scale( )，它的語法格式如下：

Scale(父物件 , options, …)

Scale( ) 方法的第一個參數是父物件，表示這個尺度控制將建立在那一個視窗內。下列是 Scale( ) 方法內其它常用的 options 參數：

from_ ：尺度範圍值的初值。

to ：尺度範圍值的末端值。

orient ：預設是水平尺度，可以設定水平 HORIZONTAL 或垂直 VERTICAL。

command ：當使用者更改選項時，會自動執行此函數。

length ：尺度長度，預設是 100。

程式實例 ch18_34.py：一個簡單產生水平尺度與垂直尺度的應用，尺度值的範圍在 0-10 之間，垂直尺度使用預設長度，水平尺度則設為 300。

```
# ch18_34.py
from tkinter import *

window = Tk()
window.title("ch18_34")                 # 視窗標題

slider1 = Scale(window,from_=0,to=10).pack()
slider2 = Scale(window,from_=0,to=10,
                length=300,orient=HORIZONTAL).pack()

window.mainloop()
```

執行結果

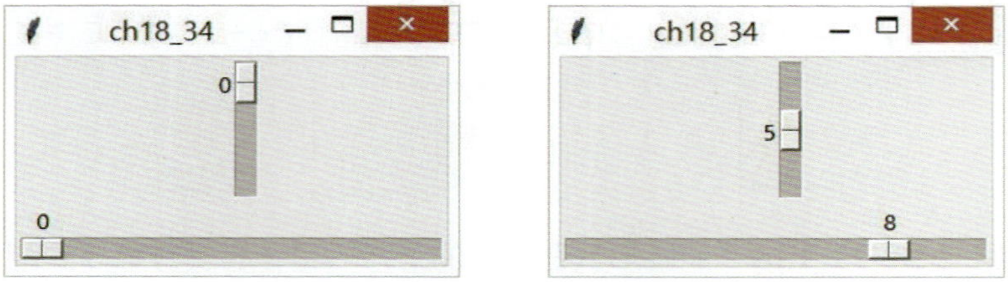

使用尺度時可以用 set( ) 方法設定尺度的值，get( ) 方法取得尺度的值。

程式實例 ch18_35.py：重新設計 ch18_34.py，這個程式會將水平尺度的初值設為 3，同時按 Print 鈕可以在 Python Shell 視窗列出尺度值。

```
# ch18_35.py
from tkinter import *

def printInfo():
    print(slider1.get(),slider2.get())

window = Tk()
window.title("ch18_35")              # 視窗標題

slider1 = Scale(window,from_=0,to=10)
slider1.pack()
slider2 = Scale(window,from_=0,to=10,
                length=300,orient=HORIZONTAL)
slider2.set(3)                       # 設定水平尺度值
slider2.pack()
Button(window,text="Print",command=printInfo).pack()

window.mainloop()
```

執行結果 下方左圖是最初視窗，右圖是調整結果。

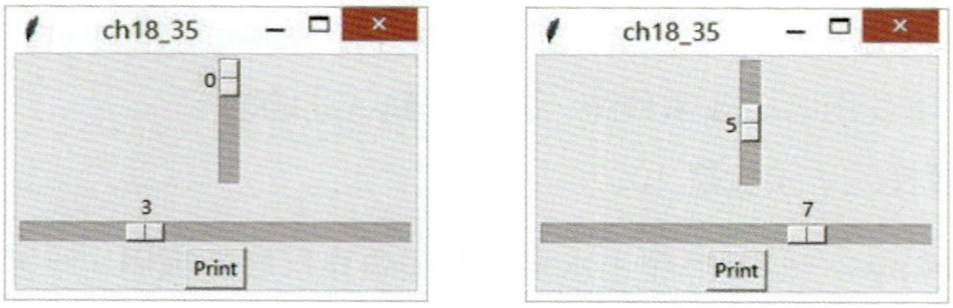

上述右邊圖按 Print 鈕，可以得到下列尺度值的結果。

```
================== RESTART: D:\Python\ch18\ch18_35.py ==================
5 7
```

18-14 功能表 Menu 設計

視窗一般均會有功能表設計，功能表是一種下拉式的表單，在這表單中我們可以設計功能表項目。建立功能表的方法是 Menu( )，它的語法格式如下：

Menu(父物件 , options, …)

Menu( ) 方法的第一個參數是父物件，表示這個功能表將建立在那一個視窗內。下列是 Menu( ) 方法內其它常用的 options 參數：

activebackground：當滑鼠移置此功能表項目時的背景色彩。

bg：功能表項目未被選取時的背景色彩。

fg：功能表項目未被選取時的前景色彩。

image：功能表項目的圖示。

tearoff：功能表上方的分隔線，有分隔線時 tearoff 等於 1，此時功能表項目從 1 位置開始放置。如果將 tearoff 設為 0 時，此時不會顯示分隔線，但是功能表項目將從 0 位置開始存放。

下列是其它相關的方法：

- add_cascade( )：建立階層式功能表，同時讓此子功能項目與父功能表建立連結。
- add_command( )：增加功能表項目。
- add_separator( )：增加分隔線。

程式實例 ch18_36.py：功能表的設計，這個程式設計了檔案與說明功能表，在檔案功能表內有開新檔案、儲存檔案與結束功能表項目。在說明功能表內有程式說明項目。

```
# ch18_36.py
from tkinter import *
from tkinter import messagebox

def newfile():
    messagebox.showinfo("開新檔案","可在此撰寫開新檔案程式碼")

def savefile():
    messagebox.showinfo("儲存檔案","可在此撰寫儲存檔案程式碼")

def about():
    messagebox.showinfo("程式說明","作者:洪錦魁")

window = Tk()
window.title("ch18_36")
window.geometry("300x160")          # 視窗寬300高160

```

```
18 menu = Menu(window)                      # 建立功能表物件
19 window.config(menu=menu)
20
21 filemenu = Menu(menu)                    # 建立檔案功能表
22 menu.add_cascade(label="檔案",menu=filemenu)
23 filemenu.add_command(label="開新檔案",command=newfile)
24 filemenu.add_separator()                 # 增加分隔線
25 filemenu.add_command(label="儲存檔案",command=savefile)
26 filemenu.add_separator()                 # 增加分隔線
27 filemenu.add_command(label="結束",command=window.destroy)
28
29 helpmenu = Menu(menu)                    # 建立說明功能表
30 menu.add_cascade(label="說明",menu=helpmenu)
31 helpmenu.add_command(label="程式說明",command=about)
32
33 mainloop()
```

執行結果

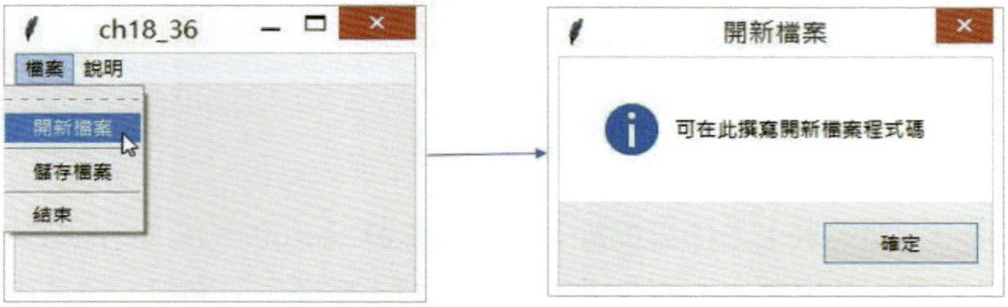

上述第 18 ~ 19 列是建立功能表物件。第 21 ~ 27 列是建立檔案功能表，此功能表內有開新檔案、儲存檔案、結束功能表項目，當執行開新檔案時會去執行第 5 ~ 6 列的 newfile( ) 函數，當執行儲存檔案時會去執行第 8 ~ 9 列的 savefile( ) 函數，當執行結束時會結束程式。

上述第 29 ~ 31 列是建立說明功能表，此功能表內有說明功能表項目，當執行說明功能時會去執行第 11 ~ 12 列的 about( ) 函數。

18-15 專題 - 設計小算盤 / 報告生成器 / 監控儀表板

18-15-1 設計小算盤

在此筆者再介紹一個視窗控件的共通屬性錨 anchor，如果應用在標籤所謂的錨 anchor 其實是指標籤文字在標籤區域輸出位置的設定，在預設情況 Widget 控件是上下與左右置中對齊，我們可以使用 anchor 選項設定元件的對齊，它的觀念如下圖：

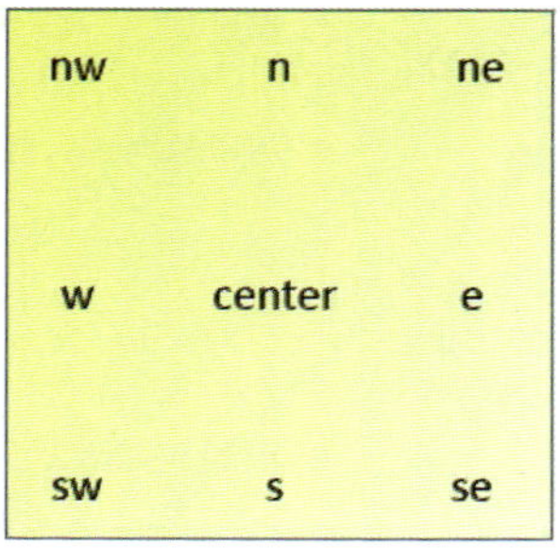

程式實例 ch18_36_1.py：讓字串在標籤右下方空間輸出。

```
# ch18_36_1.py
from tkinter import *

root = Tk()
root.title("ch18_36_1")
label=Label(root,text="I like tkinter",
            fg="blue",bg="yellow",
            height=3,width=15,

            height=3,width=15,
            anchor="se")
label.pack()

root.mainloop()
```

執行結果

學會本章內容，其實就可以設計簡單的小算盤了，下列將介紹完整的小算盤設計。

程式實例 ch18_37.py：設計簡易的計算器，這個程式筆者在按鈕設計中大量使用 lambda，主要是數字鈕與算術運算式鈕使用相同的函數，只是傳遞的參數不一樣，使用 lambda 可以簡化設計。

```
# ch18_37.py
from tkinter import *
def calculate():                          # 執行計算並顯示結果
    result = eval(equ.get())
    equ.set(equ.get() + "=\n" + str(result))

def show(buttonString):                   # 更新顯示區的計算公式
    content = equ.get()
    if content == "0":
        content = ""
    equ.set(content + buttonString)

```

```
def backspace():                             # 刪除前一個字元
    equ.set(str(equ.get()[:-1]))

def clear():                                 # 清除顯示區,放置0
    equ.set("0")

root = Tk()
root.title("計算器")

equ = StringVar()
equ.set("0")                                 # 預設是顯示0

# 設計顯示區
label = Label(root,width=25,height=2,relief="raised",anchor=SE,
              textvariable=equ)
label.grid(row=0,column=0,columnspan=4,padx=5,pady=5)

# 清除顯示區按鈕
clearButton = Button(root,text="C",fg="blue",width=5,command=clear)
clearButton.grid(row = 1, column = 0)
# 以下是row1的其它按鈕
Button(root,text="DEL",width=5,command=backspace).grid(row=1,column=1)
Button(root,text="%",width=5,command=lambda:show("%")).grid(row=1,column=2)
Button(root,text="/",width=5,command=lambda:show("/")).grid(row=1,column=3)
# 以下是row2的其它按鈕
Button(root,text="7",width=5,command=lambda:show("7")).grid(row=2,column=0)
Button(root,text="8",width=5,command=lambda:show("8")).grid(row=2,column=1)
Button(root,text="9",width=5,command=lambda:show("9")).grid(row=2,column=2)
Button(root,text="*",width=5,command=lambda:show("*")).grid(row=2,column=3)
# 以下是row3的其它按鈕
Button(root,text="4",width=5,command=lambda:show("4")).grid(row=3,column=0)
Button(root,text="5",width=5,command=lambda:show("5")).grid(row=3,column=1)
Button(root,text="6",width=5,command=lambda:show("6")).grid(row=3,column=2)
Button(root,text="-",width=5,command=lambda:show("-")).grid(row=3,column=3)
# 以下是row4的其它按鈕
Button(root,text="1",width=5,command=lambda:show("1")).grid(row=4,column=0)
Button(root,text="2",width=5,command=lambda:show("2")).grid(row=4,column=1)
Button(root,text="3",width=5,command=lambda:show("3")).grid(row=4,column=2)
Button(root,text="+",width=5,command=lambda:show("+")).grid(row=4,column=3)
# 以下是row5的其它按鈕
Button(root,text="0",width=12,
       command=lambda:show("0")).grid(row=5,column=0,columnspan=2)
Button(root,text=".",width=5,
       command=lambda:show(".")).grid(row=5,column=2)
Button(root,text="=",width=5,bg ="yellow",
       command=lambda:calculate()).grid(row=5,column=3)

root.mainloop()
```

執行結果

18-15-2 GUI 程式的潛在應用

這一節程式主要是規劃發展方向，程式並不完整。

❑ 簡易報告生成器 - 企業可能需要生成報告，可用 GUI 設計介面與生成

```python
# ch18_38.py
import tkinter as tk
from tkinter.filedialog import asksaveasfilename    # 導入文件保存對話框函數

def generate_report():
    # 生成報告的函數，從文本框中獲取報告內容
    report_content = text_report.get("1.0", tk.END)
    # 打開一個對話框讓使用者選擇保存報告的路徑
    file_path = asksaveasfilename(
        defaultextension=".txt",                      # 預設副檔名為.txt
        filetypes=[("Text documents", ".txt")],       # 文件類型過濾
    )
    # 如果使用者選擇了文件路徑，則將報告內容寫入文件
    if file_path:
        with open(file_path, "w") as file:
            file.write(report_content)

root = tk.Tk()
root.title("報告生成器")                                # 視窗標題
text_report = tk.Text(root)                         # 建立文字區域用於編輯報告內容
text_report.pack()                                  # 將文本區域添加到視窗中
# 建一個按鈕，點擊時會呼叫generate_report()函數
button_generate = tk.Button(root, text="生成報告", command=generate_report)
button_generate.pack()                              # 將按鈕添加到視窗中
root.mainloop()
```

❑ 即時數據監控儀表板

```python
# ch18_39.py
import tkinter as tk
import random

def update_data():
    # 更新標籤顯示的數據為1到100的隨機數
    label_data.config(text=str(random.randint(1, 100)))
    # 每1000毫秒(即1秒)後再次調用update_data函數更新數據
    root.after(1000, update_data)

root = tk.Tk()
root.title("數據監控")                              # 視窗標題
# 建立一個標籤用於顯示數據，初始值為0，字體設置為Helvetica，大小為48
label_data = tk.Label(root, text="0", font=("Helvetica", 48))
label_data.pack()                                   # 將標籤添加到視窗中
update_data()            # 呼叫update_data( )函數以開始數據更新過程
root.mainloop()
```

第 19 章

詞雲設計

在企業環境中，wordcloud 模組可以幫助完成以下工作用詞雲表達：

- 市場研究：分析社交媒體貼文或產品評論，了解消費者關注點。
- 客戶反饋分析： 從客戶反饋中提取關鍵詞，幫助企業識別服務或產品的優勢和不足。
- 員工反饋： 生成員工調查或反饋會議文字記錄的詞雲，洞察員工的主要關切。
- 內容策略： 分析網站內容或臉書貼文，優化 SEO 和內容行銷策略。
- 品牌監控： 監控品牌評論，評估大眾對品牌的看法。

19-1 安裝 wordcloud

可以用下列方式安裝 wordcloud 模組。

```
pip install wordcloud
```

19-2 我的第一個詞雲程式

要建立詞雲程式，首先是導入 wordcloud 模組，可以使用下列語法：

```
from wordcloud import WordCloud
```

除此，我們必需為詞雲建立一個 txt 文字檔案，未來此檔案的文字將出現在詞雲內，下列是筆者所建立的 data19_1.txt 檔案。

產生詞雲的步驟如下：

1： 讀取詞雲的文字檔。

2： 詞雲使用 WordCloud( ) 此方法不含參數表示使用預設環境，然後使用 generate( ) 建立步驟 1 文字檔的詞雲物件。

3： 詞雲物件使用 to_image( ) 建立詞雲影像檔。

4： 使用 show( ) 顯示詞雲影像檔。

程式實例 ch19_1.py：我的第一個詞雲程式。

```
1  # ch19_1.py
2  from wordcloud import WordCloud
3
4  with open("data19_1.txt") as fp:      # 英文字的文字檔
5      txt = fp.read()                   # 讀取檔案
6
7  wd = WordCloud().generate(txt)        # 由txt文字產生WordCloud物件
8  imageCloud = wd.to_image()            # 由WordCloud物件建立詞雲影像檔
9  imageCloud.show()                     # 顯示詞雲影像檔
```

執行結果

其實螢幕顯示的是一個圖片框檔案，筆者此例只列出詞雲圖片，每次執行皆看到不一樣字詞排列的詞雲圖片，如上方所示，上述背景預設是黑色，未來筆者會介紹使用 background_color 參數更改背景顏色。上述第 8 列是使用詞雲物件的 to_image( ) 方法產生詞雲圖片的影像檔，第 9 列則是使用詞雲物件的 show( ) 方法顯示詞雲圖片。

其實也可以使用 matplotlib 模組的方法產生詞雲圖片的影像檔案，與顯示詞雲圖片的影像檔案，未來會做說明。

19-3 建立含中文字詞雲結果失敗

使用程式實例 ch19_1.py，但是使用中文字的 txt 檔案時，將無法正確顯示詞雲，可參考 ch19_2.py。

程式實例 ch19_2.py：無法正確顯示中文字的詞雲程式，本程式的中文詞雲檔案 data19_2.txt 如下：

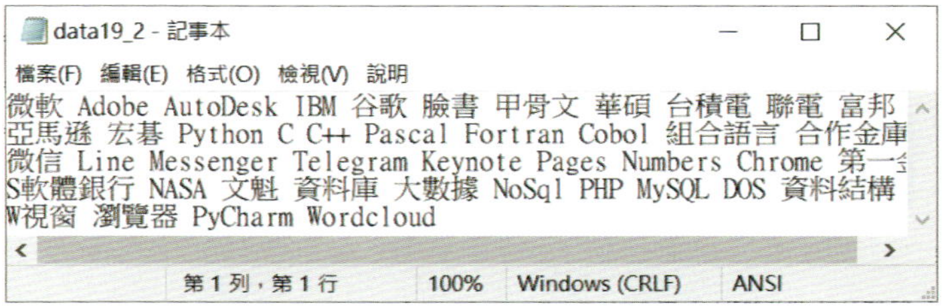

下列是程式碼內容。

```
# ch19_2.py
from wordcloud import WordCloud

with open("data19_2.txt") as fp:        # 含中文的文字檔
    txt = fp.read()                     # 讀取檔案

wd = WordCloud().generate(txt)          # 由txt文字產生WordCloud物件
imageCloud = wd.to_image()              # 由WordCloud物件建立詞雲影像檔
imageCloud.show()                       # 顯示詞雲影像檔
```

執行結果

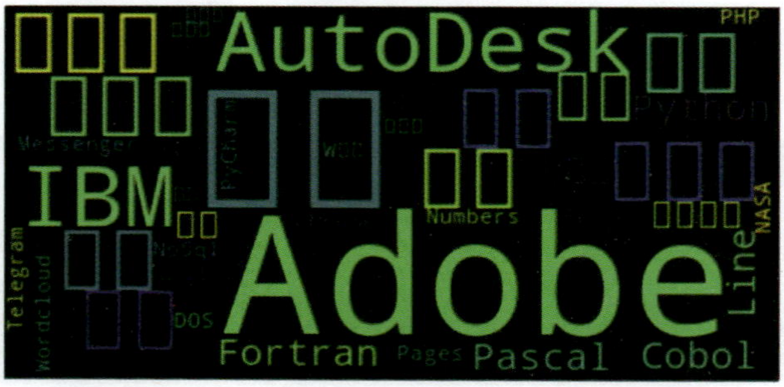

從上述結果很明顯，中文字無法正常顯示，用方框代表。

19-4 建立含中文字的詞雲

首先需要安裝中文分詞函數庫模組 jieba(也有人翻譯為結巴)，這個模組可以用於句子與詞的分割、標註，可以進入下列網站：

https://pypi.org/project/jieba/#files

然後請下載 jieba-0.39.zip 檔案。

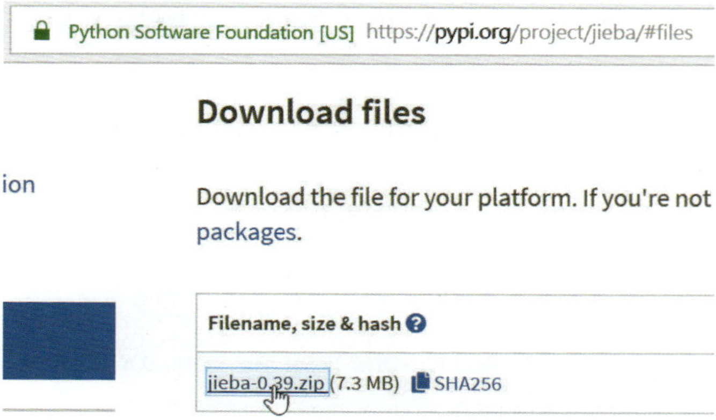

下載完成後，需要解壓縮，筆者是將此檔案儲存在 d:\Python\ch19，然後筆者進入此解壓縮檔案的資料夾 ch19，然後輸入 "python setup.py install" 進行安裝 jieba 模組。

```
python setup.py install
```

jieba 模組內有 cut( ) 方法，這個方法可以將所讀取的文件檔案執行分詞，英文文件由於每個單字空一格所以比較單純，中文文件則是借用 jieba 模組的 cut( ) 方法。由於我們希望所斷的詞可以空一格，所以可以採用下列敘述執行。

```
cut_text = ' '.join(jieba.cut(txt))          # 產生分詞的字串
```

此外，我們需要為詞雲建立物件，所採用方法是 generate( )，整個敘述如下：

```
wordcloud = WordCloud(                        # 建立詞雲物件
    font_path="C:/Windows/Fonts\mingliu",
    background_color="white",width=1000,height=880).generate(cut_text)
```

在上述建立含中文字的詞雲物件時，需要在 WorldCloud( ) 方法內增加 font_path 參數，這是設定中文字所使用的字型，另外筆者也增加 background_color 參數設定詞雲的背景顏色，width 是設定單位是像素的寬度，height 是設定單位是像素的高度，若是省略 background_color、width、height 則使用預設。

在正式講解建立中文字的詞雲影像前，我們可以先使用 jieba 測試此模組的分詞能力。

實例 1： jieba 模組 cut( ) 方法的測試。

```
>>> import jieba
>>> words = jieba.cut('我最喜歡的學校是台塑企業集團的明志工專')
>>> for word in words:
        print(word)


Building prefix dict from the default dictionary ...
Dumping model to file cache C:\Users\User\AppData\Local\Temp\jieba.cache
Loading model cost 1.021 seconds.
Prefix dict has been built succesfully.
我
最
喜歡
的
學校
是
台塑
企業
集團
的
明志
工專
```

從上述測試可以看到 jieba 的確有很好的分詞能力。

程式實例 ch19_3.py：建立含中文字的詞雲影像。

```
# ch19_3.py
from wordcloud import WordCloud
import jieba

with open("data19_2.txt") as fp:                  # 含中文的文字檔
    txt = fp.read()                               # 讀取檔案

cut_text = ' '.join(jieba.cut(txt))               # 產生分詞的字串

wd = WordCloud(                                   # 建立詞雲物件
    font_path="C:/Windows/Fonts\mingliu",
    background_color="white",width=1000,height=880).generate(cut_text)

imageCloud = wd.to_image()               # 由WordCloud物件建立詞雲影像檔
imageCloud.show()                        # 顯示詞雲影像檔
```

執行結果

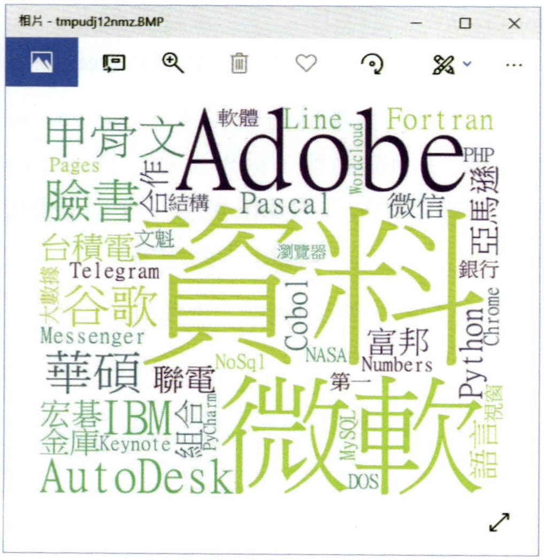

在建立詞雲影像檔案時，也可以使用 matplotlib 模組 (第 20 章會做更完整的說明)，使用此模組的 imshow( ) 建立詞雲影像檔，然後使用 show( ) 顯示詞雲影像檔。

程式實例 ch19_4.py：使用 matplotlib 模組建立與顯示詞雲影像，同時將寬設為 800，高設為 600。

```
# ch19_4.py
from wordcloud import WordCloud
import matplotlib.pyplot as plt
import jieba

with open("data19_2.txt") as fp:              # 含中文的文字檔
    txt = fp.read()                           # 讀取檔案

cut_text = ' '.join(jieba.cut(txt))           # 產生分詞的字串

```

```
wd = WordCloud(                                    # 建立詞雲物件
    font_path="C:/Windows/Fonts\mingliu",
    background_color="white",width=800,height=600).generate(cut_text)

plt.imshow(wd)                                     # 由WordCloud物件建立詞雲影像檔
plt.show()                                         # 顯示詞雲影像檔
```

執行結果

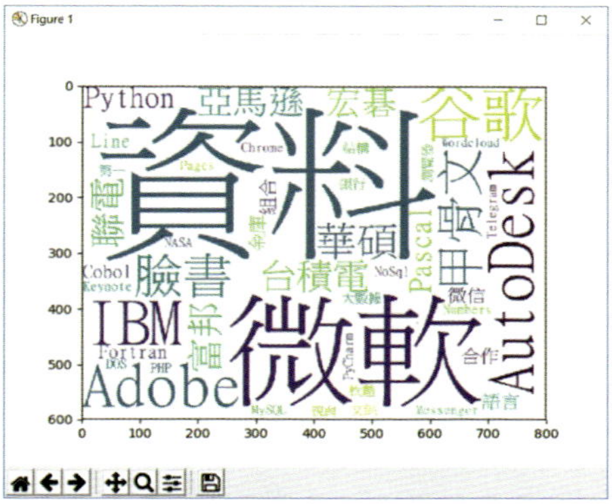

通常以 matplotlib 模組顯示詞雲影像檔案時，可以增加 axis("off") 關閉軸線。

程式實例 ch19_5.py：關閉顯示軸線，同時背景顏色改為黃色。

```
# ch19_5.py
from wordcloud import WordCloud
import matplotlib.pyplot as plt
import jieba

with open("data19_2.txt") as fp:                   # 含中文的文字檔
    txt = fp.read()                                # 讀取檔案

cut_text = ' '.join(jieba.cut(txt))                # 產生分詞的字串

wd = WordCloud(                                    # 建立詞雲物件
    font_path="C:/Windows/Fonts\mingliu",
    background_color="yellow",width=800,height=400).generate(cut_text)

plt.imshow(wd)                                     # 由WordCloud物件建立詞雲影像檔
plt.axis("off")                                    # 關閉顯示軸線
plt.show()                                         # 顯示詞雲影像檔
```

執行結果

註 中文分詞是人工智慧應用在中文語意分析 (semantic analysis) 的一門學問，對於英文字而言由於每個單字用空格或標點符號分開，所以可以很容易執行分詞。所有中文字之間沒有空格，所以要將一段句子內有意義的詞語解析，比較困難，一般是用匹配方式或統計學方法處理，目前精準度已經達到 97% 左右，細節則不在本書討論範圍。

19-5 進一步認識 jieba 模組的分詞

前面所使用的文字檔，中文字部分均是一個公司名稱的名詞，檔案內容有適度空一格了，我們也可以將詞雲應用在一整段文字，這時可以看到 jieba 模組 cut( ) 方法自動分割整段中文的功力，其實正確率高達 97%。

程式實例 ch19_6.py：使用 data19_6.txt 應用在 ch19_5.py。

```
with open("data19_6.txt") as fp:          # 含中文的文字檔
```

執行結果

19-6 建立含圖片背景的詞雲

在先前所產生的詞雲外觀是矩形，建立詞雲時，另一個特色是可以依據圖片的外型產生詞雲，如果有一個透明背景的圖片，可以依據此圖片產生相同外型的詞雲。一般圖片如果要建立透明背景可以進入 https://www.remove.bg/zh，將圖片拖曳至此網頁的特定區，就可以自動產生透明背景圖，然後下載即可。

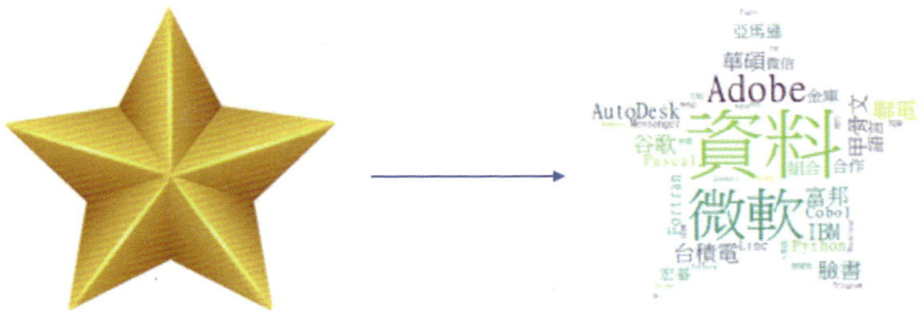

欲建立這類的詞雲需增加使用 Numpy 模組，可參考下列敘述：

```
bgimage = np.array(Image.open("star.gif"))
```

上述 np.array( ) 是建立陣列所使用的參數是 Pillow 物件，這時可以將圖片用大型矩陣表示，然後在有顏色的地方填詞。最後在 WordCloud( ) 方法內增加 mask 參數，執行遮罩限制圖片形狀，如下所示：

```
wordcloud = WordCloud(
    font_path="C:/Windows/Fonts\mingliu",
    background_color="white",
    mask=bgimage).generate(cut_text)
```

需留意當使用 mask 參數後，width 和 height 的參數設定就會失效，所以此時可以省略設定這 2 個參數。本程式所使用的星圖 star.gif 是一個星狀的無背景圖。

程式實例 ch19_7.py：建立星狀的詞雲圖，所使用的背景圖檔是 star.gif，所使用的文字檔是 data19_6.txt。

```
# ch19_7.py
from wordcloud import WordCloud
from PIL import Image
import matplotlib.pyplot as plt
import jieba
import numpy as np

with open("data19_6.txt") as fp:                   # 含中文的文字檔
    txt = fp.read()                                # 讀取檔案
cut_text = ' '.join(jieba.cut(txt))                # 產生分詞的字串

bgimage = np.array(Image.open("star.gif"))         # 背景圖

wd = WordCloud(                                    # 建立詞雲物件
    font_path="C:/Windows/Fonts\mingliu",
    background_color="white",
    mask=bgimage).generate(cut_text)               # mask設定

plt.imshow(wd)                                     # 由WordCloud物件建立詞雲影像檔
plt.axis("off")                                    # 關閉顯示軸線
plt.show()                                         # 顯示詞雲影像檔
```

執行結果

程式實例 ch19_8.py：建立人外型的詞雲圖，所使用的背景圖檔是 hung.gif，所使用的文字檔是 data19_1.txt，所使用的字型是 C:\Windows\Fonts\OLDENGL.TTF。

```
# ch19_8.py
from wordcloud import WordCloud
from PIL import Image
import matplotlib.pyplot as plt
import numpy as np

with open("data19_1.txt") as fp:                  # 文字檔
    txt = fp.read()                               # 讀取檔案

bgimage = np.array(Image.open("hung.gif"))        # 背景圖

wd = WordCloud(                                   # 建立詞雲物件
    font_path="C:/Windows/Fonts\OLDENGL.TTF",
    background_color="white",
    mask=bgimage).generate(txt)                   # mask設定

plt.imshow(wd)                                    # 由WordCloud物件建立詞雲影像檔
plt.axis("off")                                   # 關閉顯示軸線
plt.show()                                        # 顯示詞雲影像檔
```

執行結果

hung.gif

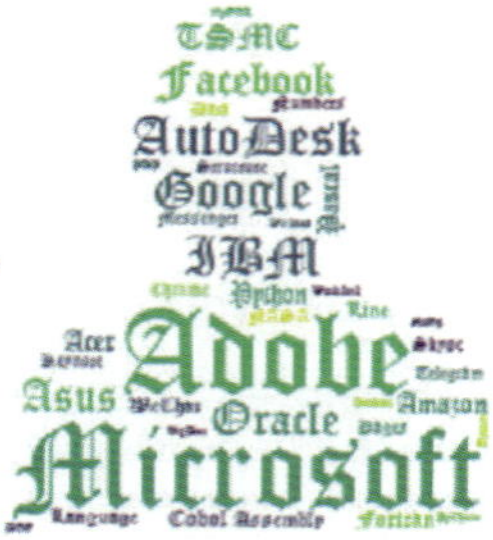

19-7 詞雲對企業的潛在應用

❑ 客戶評論詞雲 - 有助於了解客戶的看法和需求

```
# ch19_9.py
from wordcloud import WordCloud
import matplotlib.pyplot as plt
import jieba

with open("data19_6.txt") as fp:      # 含中文的文字檔
    txt = fp.read()                   # 讀取檔案

txt = '''這個產品非常易用，性價比高，客服回應速度慢。
設計很時尚，但運送過程中有輕微損壞。'''

cut_text = ' '.join(jieba.cut(txt)) # 產生分詞的字串

wd = WordCloud(                       # 建立詞雲物件
    font_path="C:/Windows/Fonts\mingliu",
    background_color="yellow",width=600,height=400).generate(cut_text)

plt.imshow(wd)                        # 由WordCloud物件建立詞雲影像檔
plt.axis("off")                       # 關閉顯示軸線
plt.show()                            # 顯示詞雲影像檔
```

❑ 社交媒體認知大眾對品牌的看法的詞雲

```
txt = '''產品性能卓越，Good，客戶服務得到了很多正面評價，
Top，Excellent，新產品線也獲得了市場的熱烈反應'''
```

❑ 產品特點突顯詞雲

```
# ch19_11.py
from wordcloud import WordCloud
from PIL import Image
import matplotlib.pyplot as plt
import jieba
import numpy as np

```

```
txt = '''我們的智慧手機有著卓越的電池壽命和出色的相機功能。
它的超高解析度顯示螢幕讓視覺體驗更上一層樓。'''
cut_text = ' '.join(jieba.cut(txt))          # 產生分詞的字串
bgimage = np.array(Image.open("star.gif"))  # 背景圖

wd = WordCloud(                              # 建立詞雲物件
    font_path="C:/Windows/Fonts\mingliu",
    background_color="white",
    mask=bgimage).generate(cut_text)         # mask設定

plt.imshow(wd)                               # 由WordCloud物件建立詞雲影像檔
plt.axis("off")                              # 關閉顯示軸線
plt.show()                                   # 顯示詞雲影像檔
```

第 20 章

數據圖表的設計

進階的 Python 或數據科學的應用過程，許多時候需要將資料視覺化，方便可以直覺以圖表方式看目前的數據，本章將解說數據圖形的繪製，所使用的工具是 matplotlib 繪圖庫模組，使用前需先安裝：

```
pip install matplotlib
```

matplotlib 是一個龐大的繪圖庫模組，本章我們只導入其中的 pyplot 子模組就可以完成許多圖表繪製。

```
import matplotlib.pyplot as plt
```

當導入上述 matplotlib.pyplot 模組後，系統會建立一個畫布 (Figure)，同時預設會將畫布當作一個軸物件 (axes)，所謂的軸物件可以想像成一個座標軸空間，這個軸物件的預設名稱是 plt，我們可以使用 plt 呼叫相關的繪圖方法，就可以在畫布 (Figure) 內繪製圖表。註：未來筆者會介紹一個畫布內有多個子圖的應用。

本章將敘述 matplotlib 的重點，更完整使用說明可以參考下列網站。

http://matplotlib.org

註 如果想要了解完整的 matplotlib，可以參考筆者所著：Python 資料視覺化王者歸來。

20-1 認識 matplotlib.pyplot 模組的主要函數

下列是繪製圖表常用函數：

函數名稱	說明
plot(系列資料)	繪製折線圖 (20-2 節)
scatter(系列資料)	繪製散點圖 (20-3 節)
bar(系列資料)	繪製長條圖 (20-8-1 節)
hist(系列資料)	繪製直方圖 (20-8-2 節)
pie(系列資料)	繪製圓餅圖 (20-9 節)

下列是座標軸設定的常用函數。

函數名稱	說明
axis( )	可以設定座標軸的最小和最大刻度範圍 (20-2-1 節)
xlim(x_Min, x_Max)	設定 x 軸的刻度範圍
ylim(y_Min, y_Max)	設定 y 軸的刻度範圍
title(標題)	設定座標軸的標題 (20-2-3 節)
xlabel(名稱)	設定 x 軸的名稱 (20-2-3 節)
ylabel(名稱)	設定 y 軸的名稱 (20-2-3 節)
xticks(刻度值)	設定 x 軸刻度值 (20-2-6 節)
yticks(刻度值)	設定 y 軸刻度值 (20-2-6 節)
legend( )	設定座標的圖例 (20-2-7 節)
text( )	在座標軸指定位置輸出字串 (20-11-2 節)
grid( )	圖表增加格線 (20-2-1 節)
show( )	顯示圖表，每個程式末端皆有此函數 (20-2-1 節)
cla( )	清除圖表

下列是圖片的讀取與儲存函數。

函數名稱	說明
imread(檔案名稱)	讀取圖片檔案 (20-2-8 節)
savefig(檔案名稱)	將圖片存入檔案 (20-2-8 節)
save(檔案名稱 , 儲存方法)	儲存動態圖表 (20-10-2 節)

20-2 繪製簡單的折線圖 plot( )

這一節將從最簡單的折線圖開始解說，常用語法格式如下：

```
plot(x, y, lw=x, ls='x', label='xxx', color)
```

x：x 軸系列值，如果省略系列自動標記 0, 1, …，可參考 20-2-1 節。

y：y 軸系列值，可參考 20-2-1 節。

lw：lw 是 linewidth 的縮寫，折線圖的線條寬度，可參考 20-2-2 節。

ls：ls 是 linestyle 的縮寫，折線圖的線條樣式，可參考 20-2-5 節。

color：縮寫是 c，可以設定色彩，可參考 20-2-5 節。

label：圖表的標籤，可參考 20-2-3 節。

20-2-1 畫線基礎實作

我們可以將含數據的串列當參數傳給 plot( )，串列內的數據會被視為 y 軸的值，x 軸的值會依串列值的索引位置自動產生。

程式實例 ch20_1.py：繪製折線的應用，square[ ] 串列有 9 筆資料代表 y 軸值，這個實例使用串列生成式建立 x 軸數據。第 7 列 show( ) 方法，可以顯示圖表。

```
1  # ch20_1.py
2  import matplotlib.pyplot as plt
3
4  x = [x for x in range(9)]        # 產生0, 1, ... 8串列
5  squares = [0, 1, 4, 9, 16, 25, 36, 49, 64]
6  plt.plot(x, squares)             # 串列squares數據是y軸的值
7  plt.show()
```

執行結果

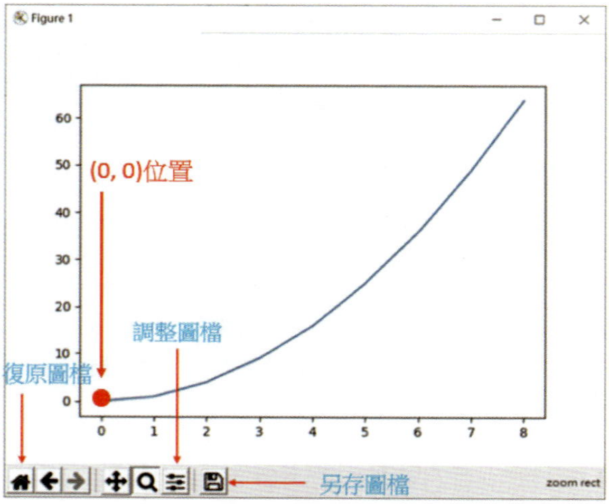

上圖中左上方可以看到 Figure 1，這就是畫布的預設名稱，1 代表目前的畫布編號，內部的圖表就是建立畫布後自動建立的軸物件 (axes)。第 6 列用畫布預設的軸物件 plt 呼叫 plot( ) 函數繪製線條，預設顏色是藍色，更多相關設定 20-2-6 節會解說。如果 x 軸的數據是 0, 1, … n 時，在使用 plot( ) 時省略 x 軸數據 (第 4 列)，可以得到一樣的結果，讀者可以自己練習，筆者將練習結果放在 ch20_1_1.py。

從上述執行結果可以看到左下角的軸刻度不是 (0,0)，我們可以使用 axis( ) 設定 x,y 軸的最小和最大刻度，這個函數的語法如下：

axis([xmin, xmax, ymin, ymax])

axis( ) 函數的參數是元組 [xmin, xmax, ymin, ymax]，分別代表 x 和 y 軸的最小和最大座標。

程式實例 ch20_2.py：將軸刻度 x 軸設為 0 ~ 8，y 軸刻度設為 0 ~ 70。

```
1  # ch20_2.py
2  import matplotlib.pyplot as plt
3
4  squares = [0, 1, 4, 9, 16, 25, 36, 49, 64]
5  plt.plot(squares)              # 串列squares數據是y軸的值
6  plt.axis([0, 8, 0, 70])        # x軸刻度0-8, y軸刻度0-70
7  plt.show()
```

執行結果 可以參考下方左圖。

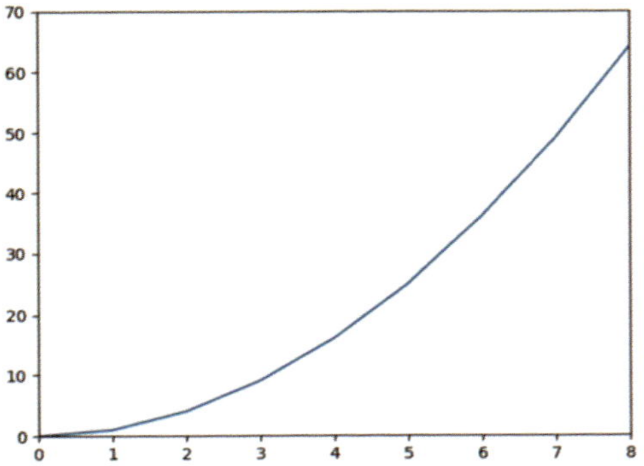

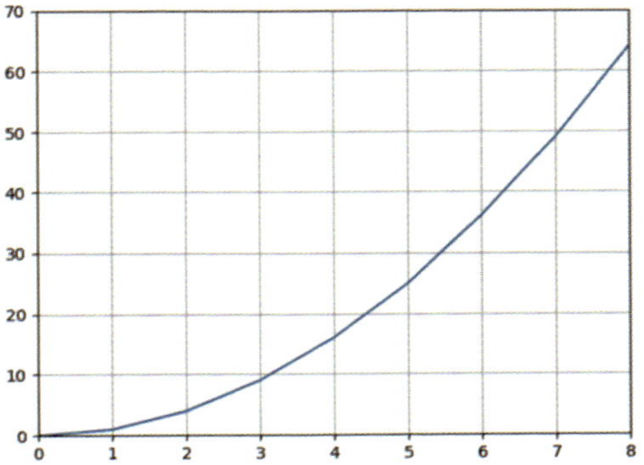

在做資料分析時，有時候會想要在圖表內增加格線，這可以讓整個圖表 x 軸對應的 y 軸值更加清楚，可以使用 grid( ) 函數。本書所附 ch20_2_1.py 是增加格線重新設計 ch20_2.py，此程式的重點是增加第 7 列，如下所示，執行結果可以參考上方右圖。

```
7  plt.grid()
```

20-2-2 線條寬度 linewidth

使用 plot( ) 時預設線條寬度是 1，可以多加一個 linewidth(縮寫是 lw) 參數設定線條的粗細，相關實例將在下一小節。

20-2-3 標題的顯示

目前 matplotlib 模組預設不支援中文顯示，筆者將在 20-6-1 節講解更改字型，讓圖表可以顯示中文，下列是幾個與圖表標題有關的方法。

```
title( 標題名稱 , fontsize= 字型大小 )        # 圖表標題
xlabel( 標題名稱 , fontsize= 字型大小 )       # x 軸標題
ylabel( 標題名稱 , fontsize= 字型大小 )       # y 軸標題
```

預設標題字型大小是 12 點字，但是可以使用 fontsize 參數更改字型大小。

程式實例 ch20_3.py：將線條寬度設為 10(lw = 10)，標題字型大小是 24，x 軸標題字型大小是 16，y 軸字型大小是使用預設 12，讀者可以比較彼此的差異。

```
# ch20_3.py
import matplotlib.pyplot as plt

squares = [0, 1, 4, 9, 16, 25, 36, 49, 64]
plt.plot(squares, lw=10)          # 線條寬度是10
plt.title('Test Chart', fontsize=24)
plt.xlabel('Value', fontsize=16)
plt.ylabel('Square')
plt.show()
```

執行結果 可以參考下方左圖。

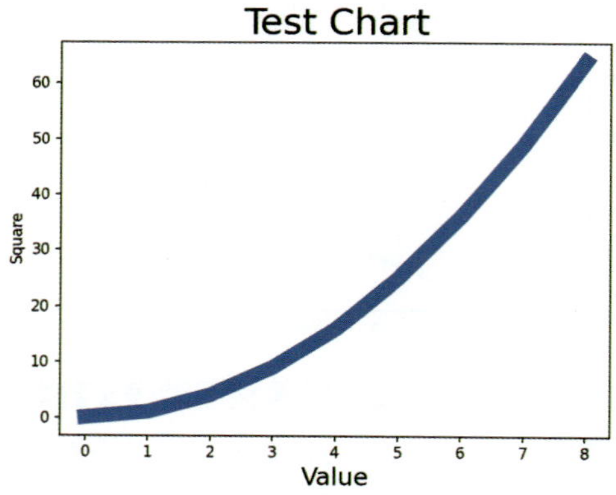

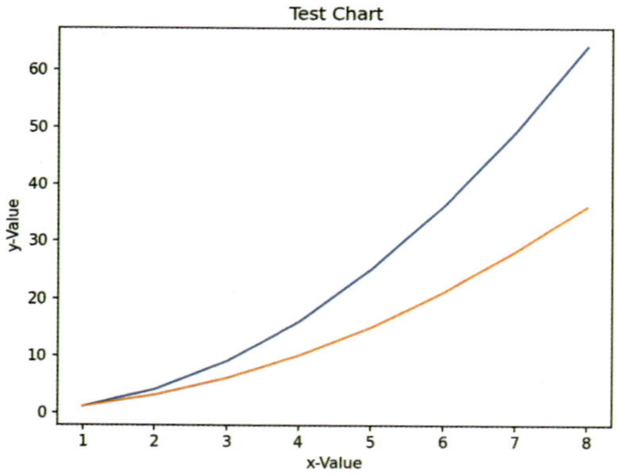

20-2-4　多組數據的應用

目前所有的圖表皆是只有一組數據，其實可以擴充多組數據，只要在 plot( ) 內增加數據串列參數即可，此時 plot( ) 的參數如下：

plot(seq, 第一組數據 , seq, 第二組數據 , …)　　　　# seq 是 x 軸串列值

程式實例 ch20_4.py：設計多組數據圖的應用。

```
# ch20_4.py
import matplotlib.pyplot as plt

data1 = [1, 4, 9, 16, 25, 36, 49, 64]        # data1線條
data2 = [1, 3, 6, 10, 15, 21, 28, 36]        # data2線條
seq = [1,2,3,4,5,6,7,8]
plt.plot(seq, data1, seq, data2)             # data1&2線條
plt.title("Test Chart")                      # 字型大小是預設
plt.xlabel("x-Value")                        # 字型大小是預設
plt.ylabel("y-Value")                        # 字型大小是預設
plt.show()
```

執行結果 可以參考上方右圖。

上述以不同顏色顯示線條是系統預設，我們也可以自訂線條色彩。

20-2-5 線條色彩與樣式

如果想設定線條色彩，可以在 plot( ) 內增加下列 color 顏色參數設定，下列是常見的色彩表。

色彩字元	色彩說明	色彩字元	色彩說明
'b'	blue(藍色)	'm'	magenta(品紅)
'c'	cyan(青色)	'r'	red(紅色)
'g'	green(綠色)	'w'	white(白色)
'k'	black(黑色)	'y'	yellow(黃色)

下列是常見的樣式表。

字元	說明	字元	說明
'-' 或 ''solid'	這是預設實線	'>'	右三角形
'- -' 或 'dashed'	虛線	's'	方形標記
'-.' 或 'dashdot'	虛點線	'p'	五角標記
':' 或 'dotted'	點線	'*'	星星標記
'.'	點標記	'+'	加號標記
','	像素標記	'-'	減號標記
'o'	圓標記	'x'	X 標記
'v'	反三角標記	'H'	六邊形 1 標記
'^'	三角標記	'h'	六邊形 2 標記
'<'	左三角形		

色彩和樣式可以混合使用，例如：'r-.' 代表紅色虛點線。

程式實例 ch20_5.py：採用不同色彩與線條樣式繪製圖表。

```
# ch20_5.py
import matplotlib.pyplot as plt

data1 = [1, 2, 3, 4, 5, 6, 7, 8]                  # data1線條
data2 = [1, 4, 9, 16, 25, 36, 49, 64]             # data2線條
data3 = [1, 3, 6, 10, 15, 21, 28, 36]             # data3線條
data4 = [1, 7, 15, 26, 40, 57, 77, 100]           # data4線條

seq = [1, 2, 3, 4, 5, 6, 7, 8]
```

```
10 plt.plot(seq,data1,'g--',seq,data2,'r-.',seq,data3,'y:',seq,data4,'k.')
11 plt.title("Test Chart", fontsize=24)
12 plt.xlabel("x-Value", fontsize=14)
13 plt.ylabel("y-Value", fontsize=14)
14 plt.show()
```

執行結果 可以參考下方左圖。

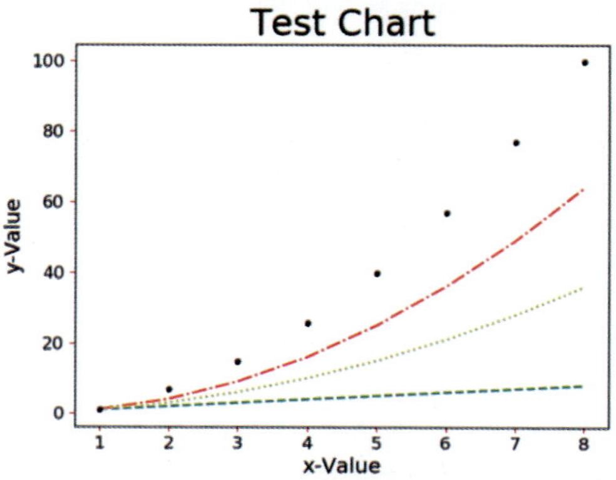

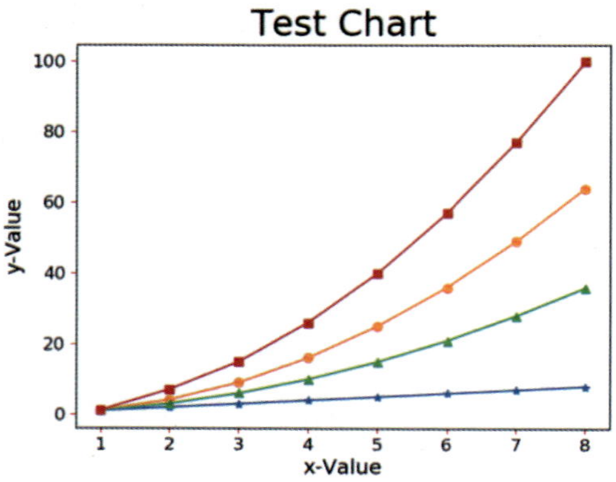

在上述第 10 列最右邊 'k.' 代表繪製黑點而不是繪製線條，由這個觀念讀者應該了解，可以使用不同顏色繪製散點圖 (20-3 節會介紹另一個方法 scatter( ) 繪製散點圖)。上述格式應用是很活的，如果我們使用 '-*' 可以繪製線條，同時在指定點加上星星標記。註：如果沒有設定顏色，系統會自行配置顏色。程式實例 ch20_5_1.py 是重新設計 ch20_5.py 繪製線條，同時為各個點加上標記，程式重點是第 10 列。執行結果：可以參考上方右圖。

```
10 plt.plot(seq,data1,'-*',seq,data2,'-o',seq,data3,'-^',seq,data4,'-s')
```

20-2-6　刻度設計

目前所有繪製圖表 x 軸和 y 軸的刻度皆是 plot( ) 方法針對所輸入的參數採用預設值設定，請先參考下列實例。

程式實例 ch20_6.py：假設 3 大品牌車輛 2021-2023 的銷售數據如下：

Benz	3367	4120	5539
BMW	4000	3590	4423
Lexus	5200	4930	5350

請使用上述方法將上述資料繪製成圖表。

```
1  # ch20_6.py
2  import matplotlib.pyplot as plt
3
4  Benz = [3367, 4120, 5539]                 # Benz線條
5  BMW = [4000, 3590, 4423]                  # BMW線條
6  Lexus = [5200, 4930, 5350]                # Lexus線條
7  seq = [2021, 2022, 2023]                  # 年度
8
9  plt.plot(seq, Benz, '-*', seq, BMW, '-o', seq, Lexus, '-^')
10 plt.title("Sales Report", fontsize=24)
11 plt.xlabel("Year", fontsize=14)
12 plt.ylabel("Number of Sales", fontsize=14)
13 plt.show()
```

執行結果 可以參考下方左圖。

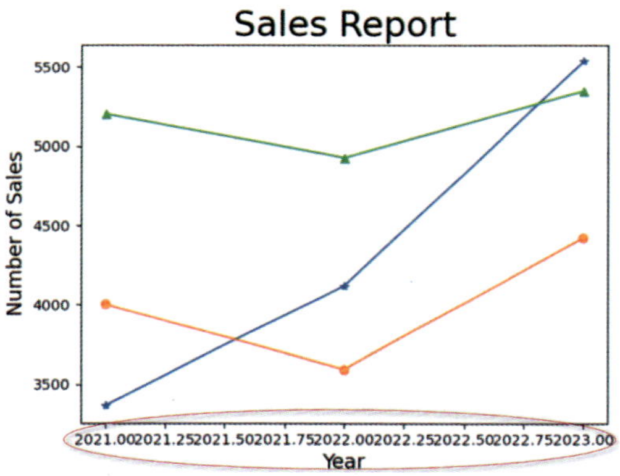

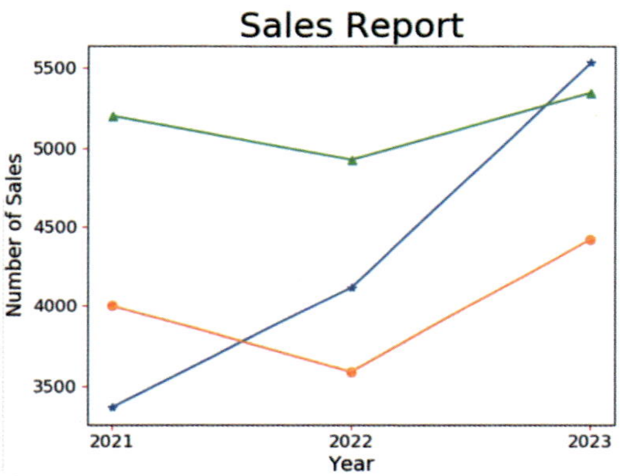

上述程式最大的遺憾是 x 軸的刻度，對我們而言，其實只要有 2021 ~ 2023 這 3 個年度的刻度即可，還好可以使用 pyplot 模組的 xticks( )/yticks( ) 分別設定 x/y 軸刻度。

程式實例 ch20_6_1.py：是重新設計 ch20_6.py，自行設定刻度，這個程式的重點是增加第 8 列，將 seq 串列當參數放在 plt.xticks( ) 內。執行結果：可以參考上方右圖。

```
8  plt.xticks(seq)
```

20-2-7 圖例 legend( )

本章至今所建立的圖表，坦白說已經很好了，缺點是缺乏各種線條代表的意義，在 Excel 中稱圖例 (legend)，下列筆者將直接以實例說明。

程式實例 ch20_7.py：為 ch20_6_1.py 建立圖例。

```
1  # ch20_7.py
2  import matplotlib.pyplot as plt
3
```

```
4  Benz = [3367, 4120, 5539]                       # Benz線條
5  BMW = [4000, 3590, 4423]                        # BMW線條
6  Lexus = [5200, 4930, 5350]                      # Lexus線條
7
8  seq = [2021, 2022, 2023]                        # 年度
9  plt.xticks(seq)                                 # 設定x軸刻度
10 plt.plot(seq, Benz, '-*', label='Benz')
11 plt.plot(seq, BMW, '-o', label='BMW')
12 plt.plot(seq, Lexus, '-^', label='Lexus')
13 plt.legend(loc='best')
14 plt.title("Sales Report", fontsize=24)
15 plt.xlabel("Year", fontsize=14)
16 plt.ylabel("Number of Sales", fontsize=14)
17 plt.show()
```

執行結果

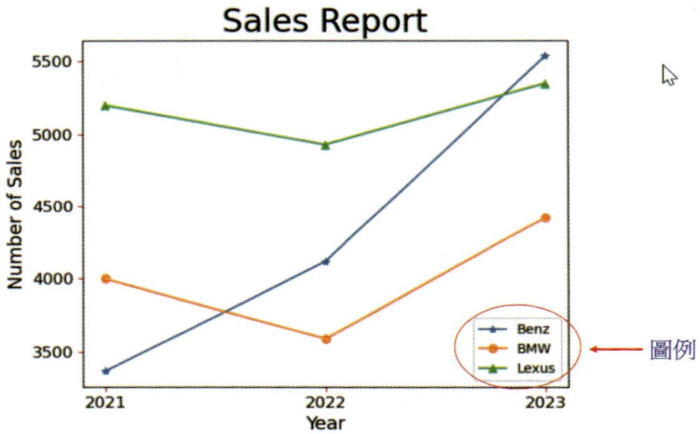

這個程式最大不同在第 10 ~ 12 列，下列是以第 10 列解說。

plt.plot(seq, Benz, '-*', label='Benz')

上述呼叫 plt.plot( ) 時需同時設定 label，最後使用第 13 列方式執行 legend( ) 圖例的呼叫。其中參數 loc 可以設定圖例的位置，可以有下列設定方式：

'best'：0
'upper right'：1
'upper left'：2
'lower left'：3
'lower right'：4
'right'：5　（與 'center right' 相同）
'center left'：6
'center right'：7
'lower center'：8
'upper center'：9
'center'：10

如果省略 loc 設定，則使用預設 'best'。在應用時可以參考上面使用整數值，例如：設定 loc=0 與上述效果相同。若是顧慮程式可讀性建議使用文字串方式設定。本書 ch20

資料夾內有 ch20_7_1.py ~ ch20_7_4.py，這些檔案的第 13 列設定分別如下，讀者可以執行了解差異。

程式實例 ch20_7_1.py：省略 loc 設定，結果與 ch20_7.py 相同。

```
13 plt.legend()
```

程式實例 ch20_7_2.py：設定 loc=0，結果與 ch20_7.py 相同。

```
13 plt.legend(loc=0)
```

程式實例 ch20_7_3.py：設定圖例在右上角。

```
13 plt.legend(loc='upper right')
```

程式實例 ch20_7_4.py：設定圖例在左邊中央。

```
13 plt.legend(loc=6)
```

20-2-8 保存與開啟圖檔

圖表設計完成，可以使用 savefig( ) 保存圖檔，這個方法需放在 show( ) 的前方，表示先儲存再顯示圖表。

程式實例 ch20_8.py：擴充 ch20_7.py，在螢幕顯示圖表前，先將圖表存入目前資料夾的 out20_8.jpg。

```
plt.savefig('out20_8.jpg')
plt.show()
```

執行結果 讀者可以在 ch20 資料夾看到 out20_8.jpg 檔案。

要開啟圖檔可以使用 matplotlib.image 模組的 imread( )，可以參考下列實例。

程式實例 ch20_9.py：開啟 out20_8.jpg 檔案。

```
# ch20_9.py
import matplotlib.pyplot as plt
import matplotlib.image as img

fig = img.imread('out20_8.jpg')
plt.imshow(fig)
plt.show()
```

執行結果 上述程式可以順利開啟 out20_8.jpg 檔案。

20-3 繪製散點圖 scatter( )

儘管我們可以使用 plot( ) 繪製散點圖，不過本節仍將介紹繪製散點圖常用的方法 scatter( )。

20-3-1　基本散點圖的繪製

繪製散點圖可以使用 scatter( )，最基本語法應用如下：

```
scatter(x, y, s, marker, color, cmap)          # 更多參數應用未來幾小節會解説
```

x, y：上述相當於可以在 (x,y) 位置繪圖。

s：是繪圖點的大小，預設是 20。

marker：點的樣式，可以參考 20-2-5 節。

color(或 c)：是顏色，可以參考 20-2-5 節。

cmap：彩色圖表，可以參考 20-4-5 節。

如果我們想繪製系列點，可以將系列點的 x 軸值放在一個串列，y 軸值放在另一個串列，然後將這 2 個串列當參數放在 scatter( ) 即可。

程式實例 ch20_10.py：繪製系列點的應用。

```
# ch20_10.py
import matplotlib.pyplot as plt

xpt = [1,2,3,4,5]
ypt = [1,4,9,16,25]
plt.scatter(xpt, ypt)
plt.show()
```

執行結果　可以參考下方左圖。

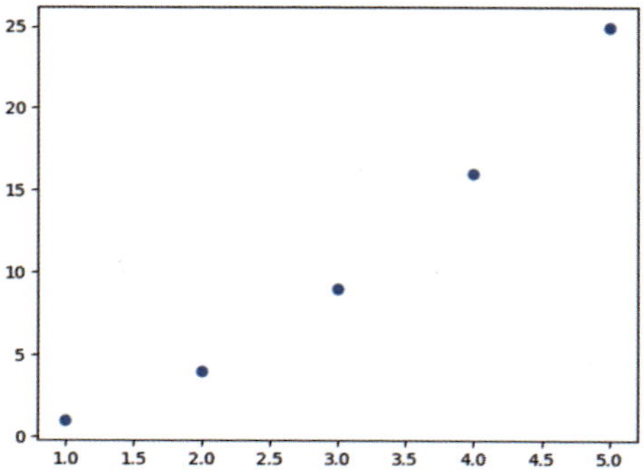

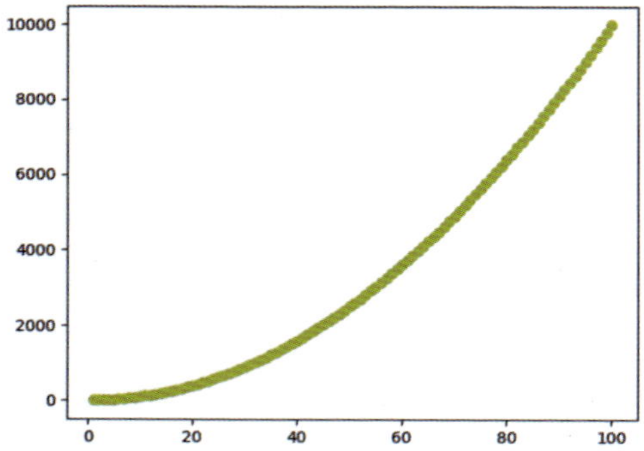

20-3-2 系列點的繪製

在程式設計時，有些系列點的座標可能是由程式產生，其實應用方式是一樣的。另外，可以在 scatter( ) 內增加 color(也可用 c) 參數，可以設定點的顏色。

程式實例 ch20_11.py： 繪製黃色的系列點，這個系列點有 100 個點，x 軸的點由 range(1,101) 產生，相對應 y 軸的值則是 x 的平方值。

```
# ch20_11.py
import matplotlib.pyplot as plt

xpt = list(range(1,101))     # 建立1-100序列x座標點
ypt = [x**2 for x in xpt]    # 以x平方方式建立y座標點
plt.scatter(xpt, ypt, color='y')
plt.show()
```

執行結果 可以參考上方右圖，因為點密集存在，看起來像是線條。

20-4 Numpy 模組基礎知識

Numpy 是 Python 的一個擴充模組，主要是可以高速度的支援多維度空間的陣列與矩陣運算，以及一些數學運算，本節筆者將使用其最簡單產生陣列功能做解說，這個功能可以擴充到加速生成數據圖表的設計。Numpy 模組的第一個字母模組名稱 n 是小寫，使用前我們需導入 numpy 模組，如下所示：

```
import numpy as np
```

20-4-1 建立一個簡單的陣列 linspace( ) 和 arange( )

在 Numpy 模組中最基本的就是 linspace( ) 方法，這個方法可以產生相同等距的陣列，它的語法如下：

```
linspace(start, end, num)            # 這是最常用簡化的語法
```

start 是起始值，end 是結束值，num 是設定產生多少個等距點的陣列值，num 的預設值是 50。

另一個常看到產生陣列的方法是 arange( )，語法如下：

```
arange(start, stop, step)            # start 和 step 是可以省略
```

arange( ) 函數的 arange 其實是 array range 的縮寫，意義是陣列範圍。start 是起始值如果省略預設值是 0，stop 是結束值但是所產生的陣列不包含此值，step 是陣列相鄰元素的間距如果省略預設值是 1。

程式實例 ch20_12.py： 建立 0, 1, …, 9, 10 的陣列。

```
# ch20_12.py
import numpy as np

x1 = np.linspace(0, 10, num=11)      # 使用linspace()產生陣列
print(type(x1), x1)
x2 = np.arange(0,11,1)               # 使用arange()產生陣列
print(type(x2), x2)
x3 = np.arange(11)                   # 簡化語法產生陣列
print(type(x3), x3)
```

執行結果

```
====================== RESTART: D:/Python/ch20/ch20_12.py ======================
<class 'numpy.ndarray'> [ 0.  1.  2.  3.  4.  5.  6.  7.  8.  9. 10.]
<class 'numpy.ndarray'> [ 0  1  2  3  4  5  6  7  8  9 10]
<class 'numpy.ndarray'> [ 0  1  2  3  4  5  6  7  8  9 10]
```

20-4-2 繪製波形

在國中數學中我們有學過 sin( ) 和 cos( ) 觀念，其實有了陣列數據，我們可以很方便繪製 sin 和 cos 的波形變化。

程式實例 ch20_13.py： 繪製 sin( ) 和 cos( ) 的波形，在這個實例中呼叫 plt.scatter( ) 方法 2 次，相當於也可以繪製 2 次波形圖表。

```
# ch20_13.py
import matplotlib.pyplot as plt
import numpy as np

xpt = np.linspace(0, 10, 500)    # 建立含500個元素的陣列
ypt1 = np.sin(xpt)               # y陣列的變化
ypt2 = np.cos(xpt)
plt.scatter(xpt, ypt1)           # 用預設顏色
plt.scatter(xpt, ypt2)           # 用預設顏色
plt.show()
```

執行結果 可以參考下方左圖。

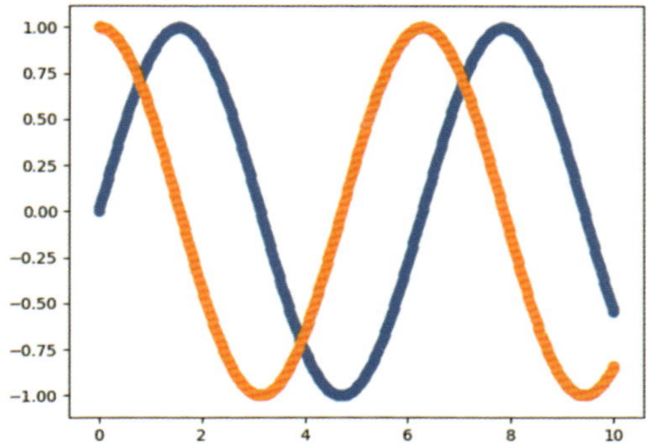

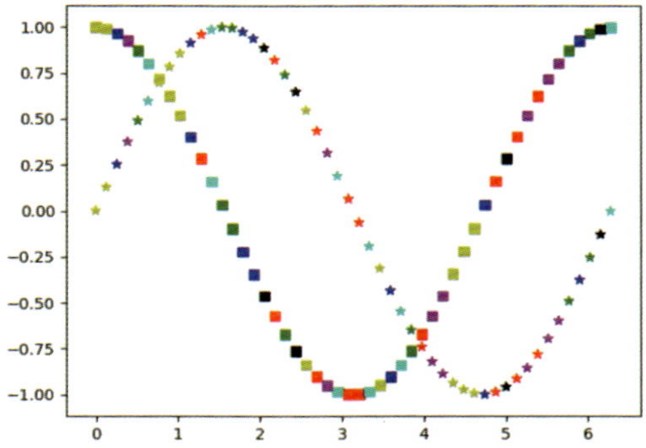

上述實例雖然是繪製點，但是 x 軸在 0 ~ 10 之間就有 500 個點 (可以參考第 5 列)，會產生好像繪製線條的效果。

20-4-3 點樣式與色彩的應用

程式實例 ch20_14.py：使用 scatter( ) 函數時可以用 marker 設定點的樣式，也可以建立色彩數列，相當於為每一個點建立一個色彩，可以參考第 6 ~ 9 列。這是在 0 ~ 2 π 之間建立 50 個點，所以可以看到虛線的效果。

```
1  # ch20_14.py
2  import matplotlib.pyplot as plt
3  import numpy as np
4
5  N = 50                                          # 色彩數列的點數
6  colorused = ['b','c','g','k','m','r','y']       # 定義顏色
7  colors = []                                     # 建立色彩數列
8  for i in range(N):                              # 隨機設定顏色
9      colors.append(np.random.choice(colorused))
10 x = np.linspace(0.0, 2*np.pi, N)                # 建立 50 個點
11 y1 = np.sin(x)
12 plt.scatter(x, y1, c=colors, marker='*')        # 繪製 sine
13 y2 = np.cos(x)
14 plt.scatter(x, y2, c=colors, marker='s')        # 繪製 cos
15 plt.show()
```

執行結果 可以參考上方右圖。

20-4-4 使用 plot( ) 繪製波形

其實一般在繪製波形時，比較常用的還是 plot( ) 方法。

程式實例 ch20_15.py：使用系統預設顏色，繪製不同波形的應用。

```
# ch20_15.py
import matplotlib.pyplot as plt
import numpy as np

left = -2 * np.pi
right = 2 * np.pi
x = np.linspace(left, right, 100)
f1 = 2 * np.sin(x)              # 波形 1
f2 = np.sin(2*x)                # 波形 2
f3 = 0.5 * np.sin(x)            # 波形 3
plt.plot(x, f1)
plt.plot(x, f2)
plt.plot(x, f3)
plt.show()
```

執行結果　可以參考下方左圖。

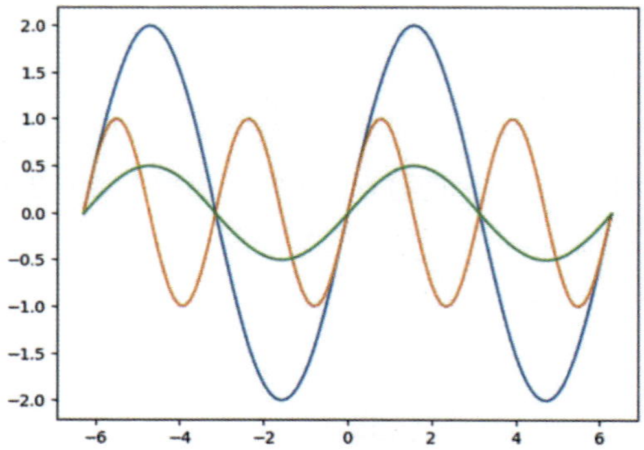

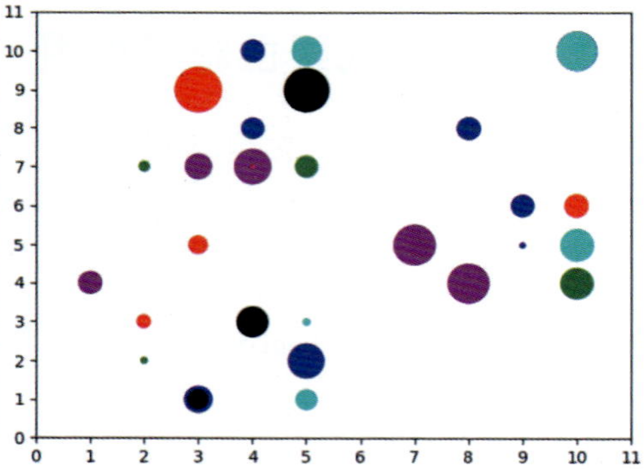

20-4-5　建立不等大小的散點圖

在 scatter( ) 方法中，(x,y) 的資料可以是串列也可以是矩陣，預設所繪製點大小 s 的值是 20，這個 s 可以是一個值也可以是一個陣列資料，當它是一個陣列資料時，利用更改陣列值的大小，我們就可以建立不同大小的散點圖。

程式實例 ch20_16.py：繪製大小不一的散點，可以參考第 12 列。

```
1  # ch20_16.py
2  import matplotlib.pyplot as plt
3  import numpy as np
4
5  points = 30
6  colorused = ['b','c','g','k','m','r','y']    # 定義顏色
7  colors = []                                   # 建立色彩數列
8  for i in range(points):                       # 隨機設定顏色
9      colors.append(np.random.choice(colorused))
10 x = np.random.randint(1,11,points)            # 建立 x
```

```
11  y = np.random.randint(1,11,points)             # 建立 y
12  size = (points * np.random.rand(points))**2  # 散點大小數列
13  plt.scatter(x, y, s=size, c=colors)            # 繪製散點
14  plt.xticks(np.arange(0,12,step=1.0))           # x 軸刻度
15  plt.yticks(np.arange(0,12,step=1.0))           # y 軸刻度
16  plt.show()
```

執行結果 可以參考上方右圖。

上述程式第 12 列 np.random.rand(points) 是建立 30(第 5 列有設定 points 等於 30) 個 0 ~ 1 之間的隨機數。程式另一個重點是第 14 和 15 列，使用了 np.arange( ) 函數建立 x 和 y 軸的刻度。上述第 9 列呼叫了 np.random.choice( ) 函數，雖然是 Numpy 模組，但是用法觀念和 13-5-4 節的 choice( ) 函數相同，可以從色彩串列 colorused 參數中隨機選擇一種色彩。

20-4-6 填滿區間 Shading Regions

在繪製波形時，有時候想要填滿區間，此時可以使用 matplotlib 模組的 fill_between( ) 方法，基本語法如下：

```
fill_between(x, y1, y2, color, alpha, options, … )          # options 是其它參數
```

上述函數會填滿所有相對 x 軸數列 y1 和 y2 的區間，如果不指定填滿顏色會使用預設的線條顏色填滿，通常填滿顏色會用較淡的顏色，所以可以設定 alpha 參數將顏色調淡。

程式實例 ch20_17.py：填滿「0 ~ y」區間的應用，所使用的 y 軸值函數是 sin(3x)。

```
# ch20_17.py
import matplotlib.pyplot as plt
import numpy as np

left = -np.pi
right = np.pi
x = np.linspace(left, right, 100)
y = np.sin(3*x)                    # y陣列的變化

plt.plot(x, y)
plt.fill_between(x, 0, y, color='green', alpha=0.1)
plt.show()
```

執行結果 可以參考下方左圖。

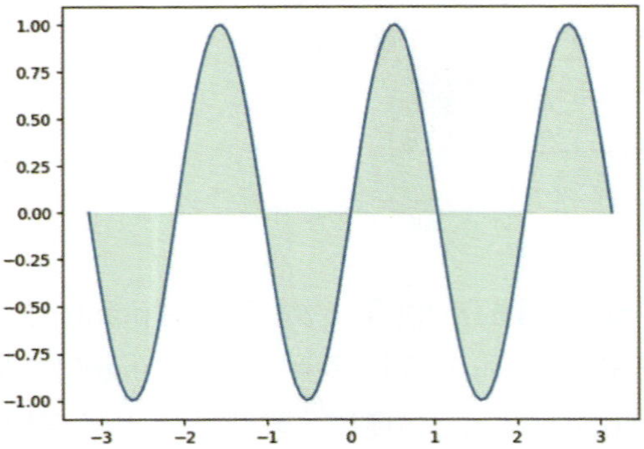

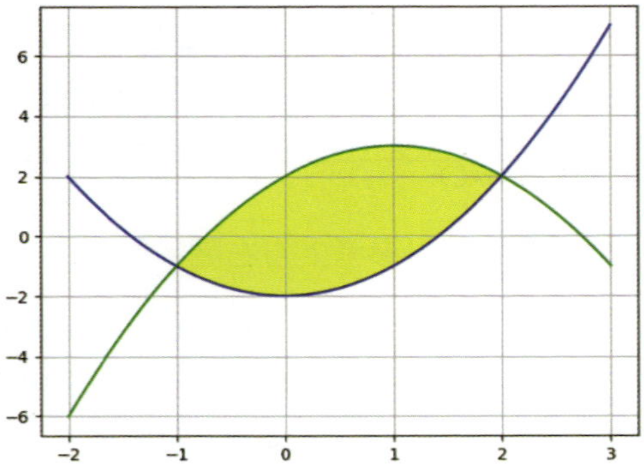

使用 fill_between( ) 函數時也可以增加 where 參數設定 x 軸資料顯示的空間。

程式實例 ch20_18.py：假設有 2 個函數分別如下，請繪製$f(x)$和$g(x)$函數圍住的區間。

$$f(x) = x^2 - 2$$

$$g(x) = -x^2 + 2x + 2$$

```
# ch20_18.py
import matplotlib.pyplot as plt
import numpy as np

# 函數f(x)的係數
a1 = 1
c1 = -2
x = np.linspace(-2, 3, 1000)
y1 = a1*x**2 + c1
plt.plot(x, y1, color='b')        # 藍色是 f(x)

# 函數g(x)的係數
a2 = -1
b2 = 2
c2 = 2
x = np.linspace(-2, 3, 1000)
y2 = a2*x**2 + b2*x + c2
plt.plot(x, y2, color='g')        # 綠色是 g(x)

# 繪製區間
plt.fill_between(x, y1=y1, y2=y2, where=(x>=-1)&(x<=2),
                 facecolor='yellow')

plt.grid()
plt.show()
```

執行結果 可以參考上方右圖。

20-5 色彩映射 color mapping

在前面的實例，為了要產生數列內有不同的色彩必須建立色彩串列。在色彩的使用中是允許色彩也是陣列 (或串列) 隨著數據而做變化，此時色彩的變化是根據所設定的色彩映射值 (color mapping) 而定，例如有一個色彩映射值是 rainbow 內容如下：

在陣列 (或串列) 中，數值低的值顏色在左邊，會隨者數值變高顏色往右邊移動。當然在程式設計中，我們需在 scatter( ) 中增加 c 參數設定，這時可以設定數值顏色是依據 x 軸或 y 軸變化，c 就變成一個色彩陣列 (或串列)。然後我們需增加參數 cmap(英文是 color map)，這個參數主要是指定使用那一種色彩映射值。

程式實例 ch20_19.py：使用 rainbow 色彩映射表，將色彩改為依 x 軸值變化，繪製下列公式，固定點的寬度為 50 的線條。

$$y = 1 - 0.5|(x - 2)|$$

```
# ch20_19.py
import matplotlib.pyplot as plt
import numpy as np

x = np.linspace(0, 5, 500)                  # 含500個元素的陣列
y = 1 - 0.5*np.abs(x-2)                     # y陣列的變化
plt.scatter(x,y,s=50,c=x,cmap='rainbow')    # 色彩隨 x 軸值變化
plt.show()
```

執行結果 可以參考下方左圖。

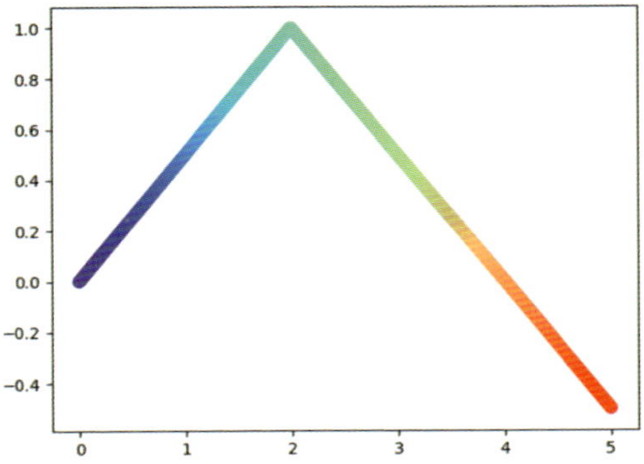

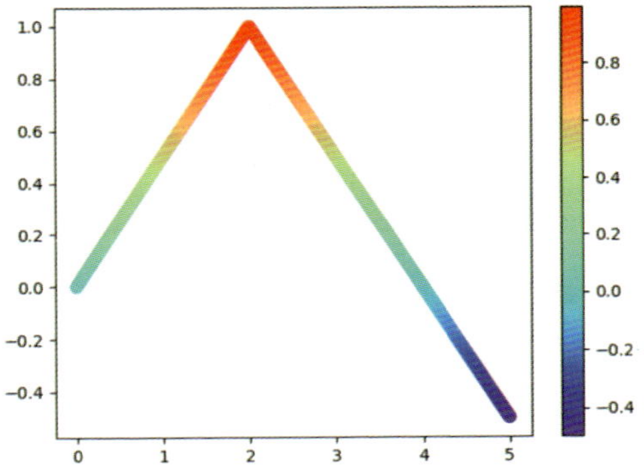

函數 colorbar( ) 可以建立色彩條，色彩條可以標記色彩的變化。

程式實例 ch20_20.py： 重新設計 ch20_19.py，主要是將將色彩改為依 y 軸值變化，同時使用不同的色彩條。

```
plt.scatter(x,y,s=50,c=y,cmap='rainbow')  # 色彩隨 y 軸值變化
plt.colorbar()                            # 色彩條
plt.show()
```

執行結果　如上方右圖。

目前 matplotlib 協會所提供的色彩映射內容如下：

- 序列色彩映射表：可以參考下方左圖。

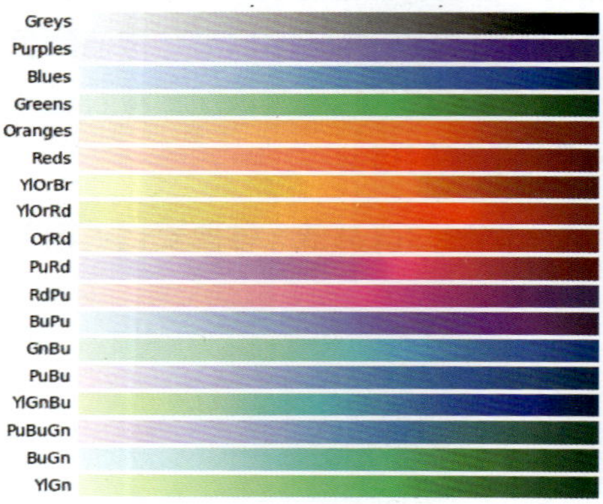

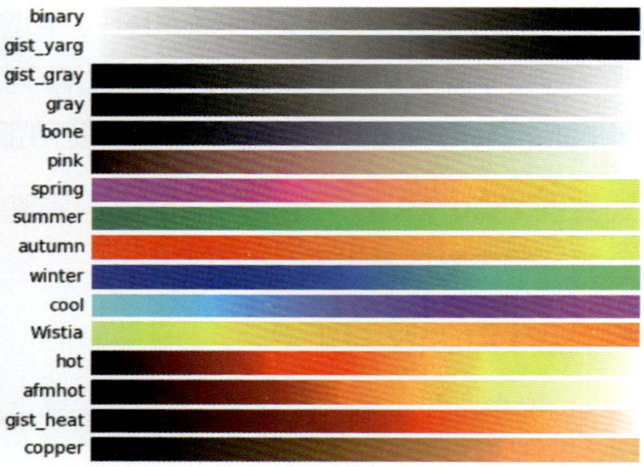

- 序列 2 色彩映射表：可以參考上方右圖。
- 直覺一致的色彩映射表：可以參考下方左圖。

- 發散式的色彩映射表：可以參考上方右圖。
- 定性色彩映射表：可以參考下方左圖。

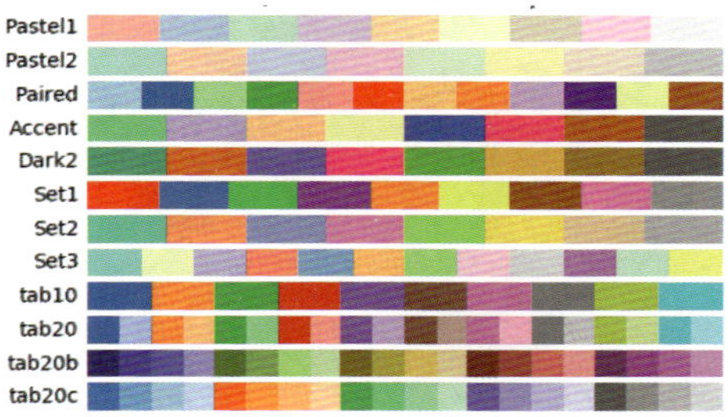

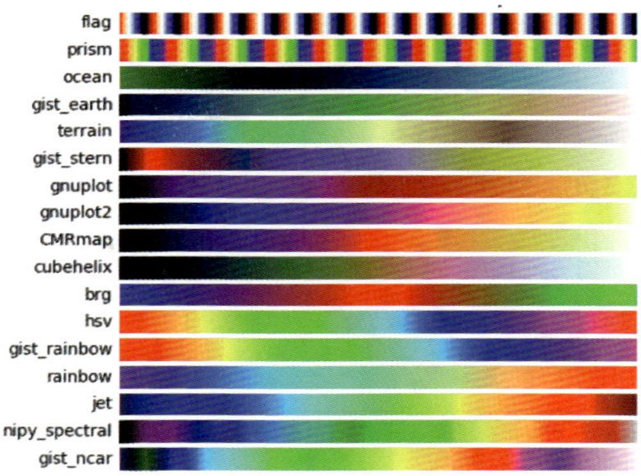

- 雜項色彩映射表：可以參考上方右圖。

資料來源 matplotlib 協會
http://matplotlib.org/examples/color/colormaps_reference.html

如果有一天你做大數據研究時，當收集了無數的數據後，可以將數據以圖表顯示，然後用色彩判斷整個數據趨勢。

程式實例 ch20_21.py：產生 100 個 0.0 至 1.0 之間的隨機數，第 9 列的 cmp='brg' 意義是使用 brg 色彩映射表繪出這個圖表，基本觀念色彩會隨 x 軸變化。當關閉圖表時，會詢問是否繼續，如果輸入 n/N 則結束。其實因為數據是隨機數，所以每次皆可產生不同的效果。

```
1   # ch20_21.py
2   import matplotlib.pyplot as plt
3   import numpy as np
4
5   num = 100
6   while True:
7       x = np.random.random(100)            # 建立x軸100個隨機數字
8       y = np.random.random(100)            # 建立y軸100個隨機數字
9       plt.scatter(x,y,s=100,c=x,cmap='brg')   # 繪製散點圖
10      plt.show()
11      yORn = input("是否繼續 ?(y/n) ")      # 詢問是否繼續
12      if yORn == 'n' or yORn == 'N':       # 輸入n或N則程式結束
13          break
```

執行結果 可以參考下方左圖，註：每次執行皆有不一樣的結果。

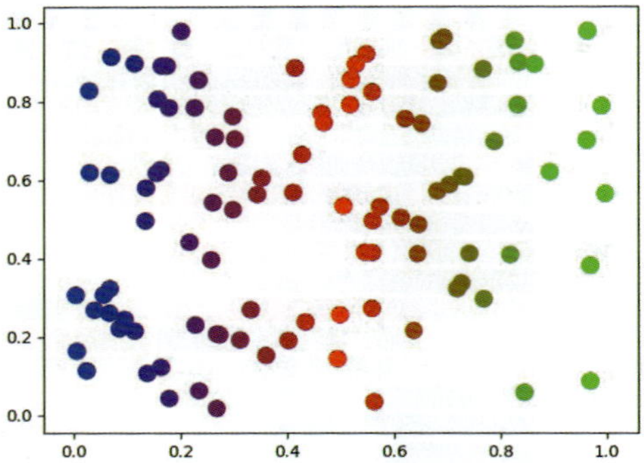

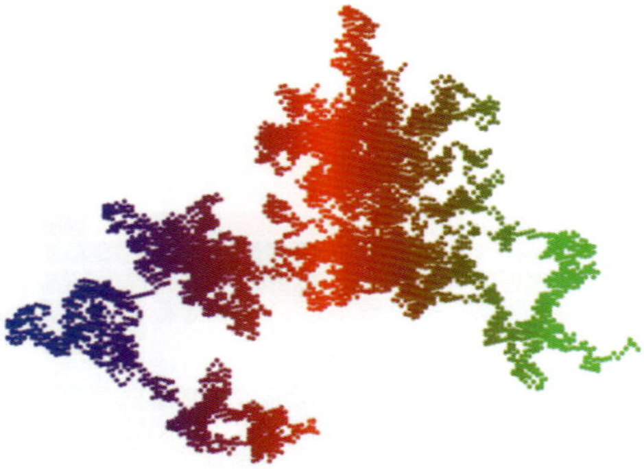

上述程式筆者使用第 5 列的 num 控制產生隨機數的數量，其實讀者可以自行修訂，增加或減少隨機數的數量，以體會本程式的運作。

我們也可以針對隨機數的特性，讓每個點隨著隨機數的變化產生有序列的隨機移動，經過大量值的運算後，每次均可產生不同但有趣的圖形。

程式實例 ch20_22.py：隨機數移動的程式設計，這個程式在設計時，最初點的起始位置是 (0,0)，程式第 7 列可以設定下一個點的 x 軸是往右移動 3 或是往左移動 3，程式第 9 列可以設定下一個點的 y 軸是往上移動 1 或 5 或是往下移動 1 或 5。每此執行完 10000 點的測試後，會詢問是否繼續。如果繼續先將上一回合的終點座標當作新回合的起點座標 (28 至 29 列)，然後清除串列索引 x[0] 和 y[0] 以外的元素 (30 至 31 列)。

```
1  # ch20_22.py
2  import matplotlib.pyplot as plt
3  import random
4
5  def loc(index):
6      ''' 處理座標的移動 '''
7      x_mov = random.choice([-3, 3])                # 隨機x軸移動值
8      xloc = x[index-1] + x_mov                     # 計算x軸新位置
9      y_mov = random.choice([-5, -1, 1, 5])         # 隨機y軸移動值
10     yloc = y[index-1] + y_mov                     # 計算y軸新位置
11     x.append(xloc)                                # x軸新位置加入串列
12     y.append(yloc)                                # y軸新位置加入串列
13
14 num = 10000                                       # 設定隨機點的數量
15 x = [0]                                           # 設定第一次執行x座標
16 y = [0]                                           # 設定第一次執行y座標
17 while True:
18     for i in range(1, num):                       # 建立點的座標
19         loc(i)
20     t = x                                         # 色彩隨x軸變化
21     plt.scatter(x, y, s=2, c=t, cmap='brg')
22     plt.axis('off')                               # 隱藏座標
23     plt.show()
24     yORn = input("是否繼續 ?(y/n) ")               # 詢問是否繼續
```

```
25      if yORn == 'n' or yORn == 'N':                # 輸入n或N則程式結束
26          break
27      else:
28          x[0] = x[num-1]                 # 上次結束x座標成新的起點x座標
29          y[0] = y[num-1]                 # 上次結束y座標成新的起點y座標
30          del x[1:]                                 # 刪除舊串列x座標元素
31          del y[1:]                                 # 刪除舊串列y座標元素
```

執行結果 可以參考上方右圖，註：每次執行皆有不一樣的結果。

上述第 22 列 plt.axis('off') 可以隱藏座標。

20-6 繪製多個圖表

20-6-1 圖表顯示中文

在程式內增加 rcParams( ) 方法配置中文字型參數，就可以顯示中文了。

```
plt.rcParams['font.family'] = ['Microsoft JhengHei']      # 設定中文字體
plt.rcParams['axes.unicode_minus'] = False                # 可以顯示負號
```

這時所有圖表文字皆會改成上述微軟正黑體 (Microsoft JhengHei)，讀者可以任選 C:\Windows\Fonts 內的字型名稱。

20-6-2 subplot( ) 語法

函數 subplot( ) 可以在視窗圖表 (Figure) 內建立子圖表 (axes)，也可稱此為子圖或軸物件，此函數基本語法如下：

```
plt.subplot(nrows, ncols, index)
```

上述函數會回傳一個子圖表物件，函數內參數預設是 (1, 1, 1)，相關意義如下：

- (nrows, ncols, index)：這是 3 個整數，nrows 是代表上下 (垂直要繪幾張子圖)，ncols 是代表左右 (水平要繪幾張子圖)，index 代表是第幾張子圖。如果規劃是一個 Figure 繪製上下 2 張子圖，那麼 subplot( ) 的應用如下：

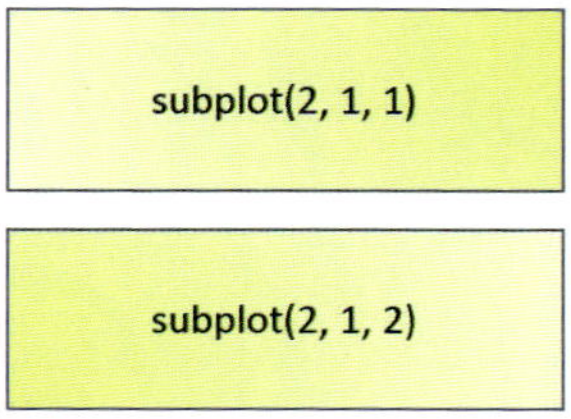

如果規劃是一個 Figure 繪製左右 2 張子圖，那麼 subplot( ) 的應用如下：

subplot(1, 2, 1)	subplot(1, 2, 2)

如果規劃是一個 Figure 繪製上下 2 張子圖，左右 3 張子圖，那麼 subplot( ) 的應用如下：

subplot(2, 3, 1)	subplot(2, 3, 2)	subplot(2, 3, 3)
subplot(2, 3, 4)	subplot(2, 3, 5)	subplot(2, 3, 6)

- 3 個連續數字：可以是分開或連續的數字，例如：subplot(231) 相當於 subplot(2, 3, 1)。subplot(111) 相當於 subplot(1, 1, 1)，這個更完整的寫法是 subplot(nrows=1, ncols=1, index=1)。

20-6-3　含子圖表的基礎實例

程式實例 ch20_23.py：在一個 Figure 內繪製上下子圖的應用。

```python
# ch20_23.py
import matplotlib.pyplot as plt
import numpy as np

plt.rcParams["font.family"] = ["Microsoft JhengHei"]
plt.rcParams["axes.unicode_minus"] = False
# 建立衰減數列.
x1 = np.linspace(0.0, 5.0, 50)
y1 = np.cos(3 * np.pi * x1) * np.exp(-x1)
# 建立非衰減數列
x2 = np.linspace(0.0, 2.0, 50)
y2 = np.cos(3 * np.pi * x2)

plt.subplot(2,1,1)
plt.title('衰減數列')
plt.plot(x1, y1, 'go-')
plt.ylabel('衰減值')

plt.subplot(2,1,2)
plt.plot(x2, y2, 'm.-')
plt.xlabel('時間(秒)')
plt.ylabel('非衰減值')

plt.show()
```

執行結果 可以參考下方左圖。

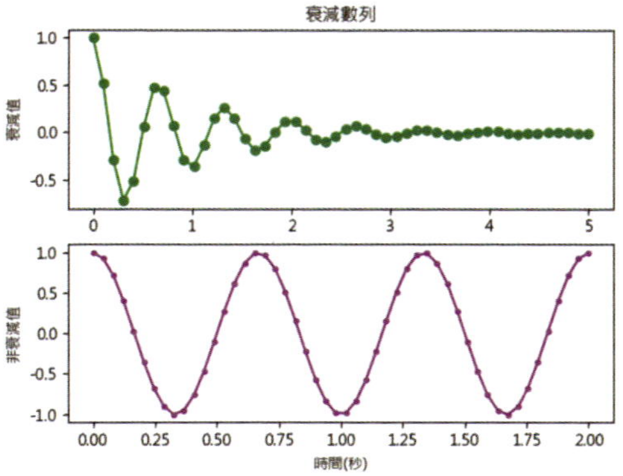

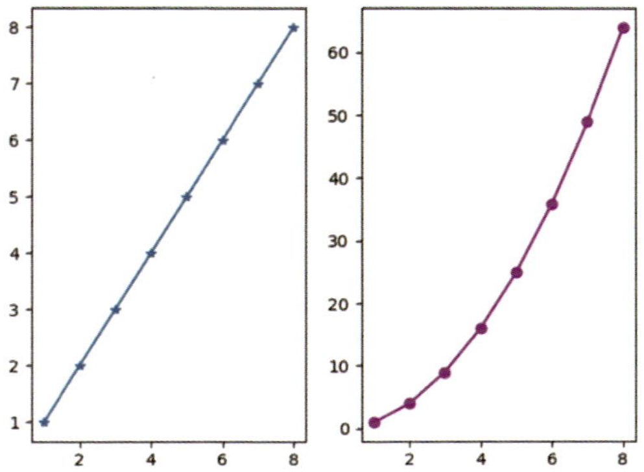

程式實例 ch20_24.py：在一個 Figure 內繪製左右子圖的應用。

```
# ch20_24.py
import matplotlib.pyplot as plt

data1 = [1, 2, 3, 4, 5, 6, 7, 8]          # data1線條
data2 = [1, 4, 9, 16, 25, 36, 49, 64]     # data2線條
seq = [1, 2, 3, 4, 5, 6, 7, 8]
plt.subplot(1, 2, 1)                      # 子圖1
plt.plot(seq, data1, '-*')
plt.subplot(1, 2, 2)                      # 子圖2
plt.plot(seq, data2, 'm-o')
plt.show()
```

執行結果 可以參考上方右圖。

20-6-4 子圖配置的技巧

程式實例 ch20_25.py：使用 2 列繪製 3 個子圖的技巧。

```
# ch20_25.py
import numpy as np
import matplotlib.pyplot as plt

def f(t):
    return np.exp(-t) * np.sin(2*np.pi*t)

plt.rcParams["font.family"] = ["Microsoft JhengHei"]
plt.rcParams["axes.unicode_minus"] = False
x = np.linspace(0.0, np.pi, 100)
plt.subplot(2,2,1)            # 子圖 1
plt.plot(x, f(x))
plt.title('子圖 1')
plt.subplot(2,2,2)            # 子圖 2
plt.plot(x, f(x))
plt.title('子圖 2')
```

```
17  plt.subplot(2,2,3)          # 子圖 3
18  plt.plot(x, f(x))
19  plt.title('子圖 3')
20  plt.show()
```

執行結果

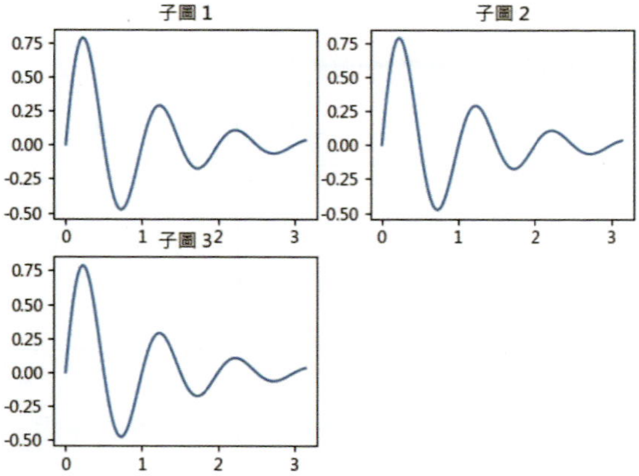

上述我們完成了使用 2 列顯示 3 個子圖的目的，請留意第 17 列 subplot( ) 函數的第 3 個參數。此外，也可以將上述第 11、14、17 列改為 3 位連續數字格式，分別是 (221)、(222)、(223)，讀者可以參考程式實例 ch20_25_1.py，可以得到一樣的結果。

程式實例 ch20_26.py：修訂 ch20_25.py 設定第 3 個子圖可以佔據整個列，讀者可以留意第 17 列 subplot( ) 函數的參數設定。

```
17  plt.subplot(2,1,2)          # 子圖 3
```

執行結果 可以參考下方左圖。

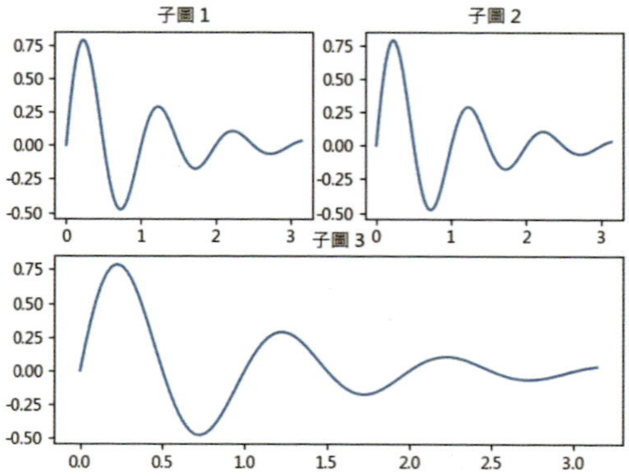

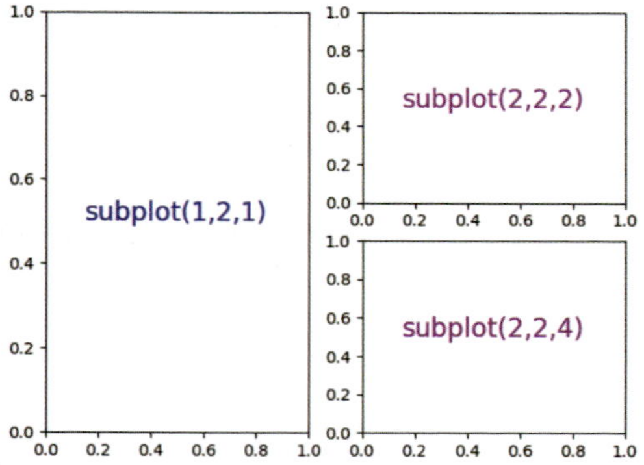

程式實例 ch20_27.py：第一個子圖表佔據第 1 行，第 2 行則有上下 2 個子圖表。

```
# ch20_27.py
import matplotlib.pyplot as plt

plt.subplot(1,2,1)        # 建立子圖表 1,2,1
plt.text(0.15,0.5,'subplot(1,2,1)',fontsize='16',c='b')
plt.subplot(2,2,2)        # 建立子圖表 2,2,2
plt.text(0.15,0.5,'subplot(2,2,2)',fontsize='16',c='m')
plt.subplot(2,2,4)        # 建立子圖表 2,2,4
plt.text(0.15,0.5,'subplot(2,2,4)',fontsize='16',c='m')
plt.show()
```

執行結果 可以參考上方右圖。

20-7 建立畫布與子圖表物件

至今筆者所述建立圖表皆是使用預設的 plt 畫布物件，其實 matplotlib 模組也提供自建畫布與子圖表 (或稱軸物件) 的功能。

函數名稱	說明
fig = plt.figure(figsize=(w, h))	建立寬是 w(預設是 6.4)、高是 h(預設是 4.8) 的畫布物件 fig，單位是英寸
ax = fig.add_subplot(nrow, ncol, index)	建立 nrow x ncol 個畫布，子圖是 index
fig, ax = plt.subplots(nrows, ncols)	建立 nrows x ncols 個畫布 fig，有 ax 多維個子圖。

20-7-1 pyplot 的 API 與 OO API

20-6 節 (含) 以前使用的繪圖函數皆算是 pyplot 模組的 API 函數，matplotlib 模組另外提供了物件導向 (Object Oritented) 的 API 函數可以供我們使用。下表是建立圖表常用的 API 函數，不過 OO API 是使用圖表物件調用。

Pyplot API	OO API	說明
text	text	在座標任意位置增加文字
annotate	annotate	在座標任意位置增加文字和箭頭
xlabel	set_xlabel	設定 x 軸標籤
ylabel	set_ylabel	設定 y 軸標籤
xlim	set_xlim	設定 x 軸範圍
ylim	set_ylim	設定 y 軸範圍

Pyplot API	OO API	說明
title	set_title	設定圖表標題
figtext	text	在圖表任意位置增加文字
suptitle	suptitle	在圖表增加標題
axis	set_axis_off	關閉圖表標記
axis('equal')	set_aspect('equal')	定義 x 和 y 軸的單位長度相同
xticks( )	xaxis.set_ticks( )	設定 x 軸刻度
yticks( )	yaxis.set_ticks( )	設定 y 軸刻度

20-7-2　自建畫布與建立子圖表

程式實例 ch20_28.py：使用自建畫布觀念繪製 sin 波形。

```
# ch20_28.py
import matplotlib.pyplot as plt
import numpy as np

plt.rcParams["font.family"] = ["Microsoft JhengHei"]
plt.rcParams["axes.unicode_minus"] = False
N = 50                                          # 色彩數列的點數
colorused = ['b','c','g','k','m','r','y']      # 定義顏色
colors = []                                     # 建立色彩數列
for i in range(N):                              # 隨機設定顏色
    colors.append(np.random.choice(colorused))
x = np.linspace(0.0, 2*np.pi, N)                # 建立 50 個點
y = np.sin(x)
fig = plt.figure()                              # 建立畫布物件
ax = fig.add_subplot()                          # 建立子圖(或稱軸物件)ax
ax.scatter(x, y, c=colors, marker='*')          # 繪製 sin
ax.set_title("建立畫布與軸物件,使用OO API繪圖", fontsize=16)
plt.show()
```

執行結果　可以參考下方左圖。

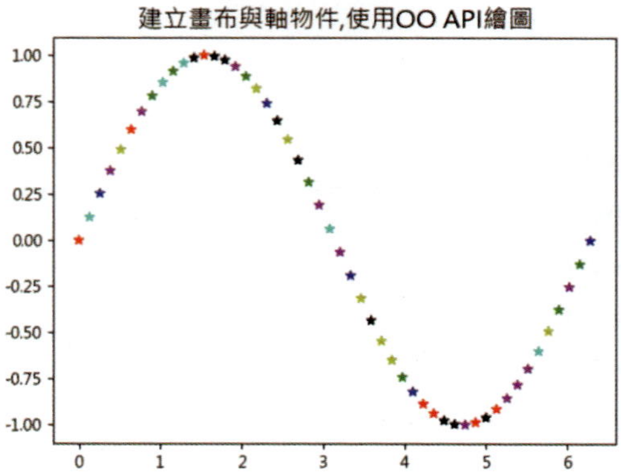

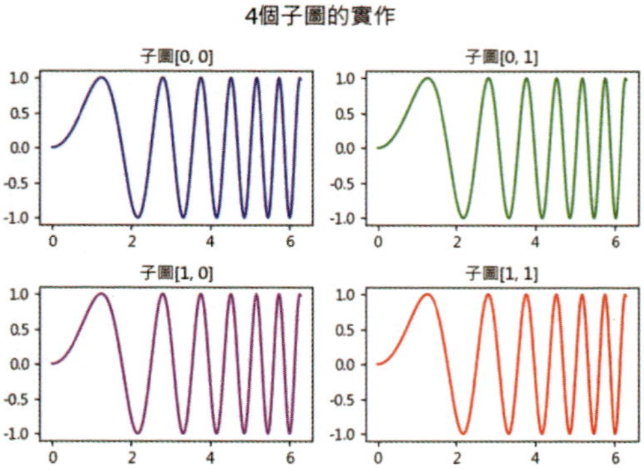

上述第 15 列的 add_subplot( ) 函數內沒有參數，表示只有一個子圖物件。其實上述程式第 14 列的 figure( ) 和第 15 列的 add_subplot( ) 函數，也可以直接使用 subplots( ) 函數取代，這個函數右邊有 s，表示可以回傳多個子圖，這時可以使用索引方式繪製子圖。

程式實例 ch20_29.py：使用 OO API 函數繪製 4 個子圖的實例。

```
1  # ch20_29.py
2  import matplotlib.pyplot as plt
3  import numpy as np
4
5  plt.rcParams["font.family"] = ["Microsoft JhengHei"]
6  plt.rcParams["axes.unicode_minus"] = False
7  fig, ax = plt.subplots(2, 2)                # 建立4個子圖
8  x = np.linspace(0, 2*np.pi, 300)
9  y = np.sin(x**2)
10 ax[0, 0].plot(x, y,'b')                     # 子圖索引 0,0
11 ax[0, 0].set_title('子圖[0, 0]')
12 ax[0, 1].plot(x, y,'g')                     # 子圖索引 0,1
13 ax[0, 1].set_title('子圖[0, 1]')
14 ax[1, 0].plot(x, y,'m')                     # 子圖索引 1,0
15 ax[1, 0].set_title('子圖[1, 0]')
16 ax[1, 1].plot(x, y,'r')                     # 子圖索引 1,1
17 ax[1, 1].set_title('子圖[1, 1]')
18 fig.suptitle("4個子圖的實作",fontsize=16) # 圖表主標題
19 plt.tight_layout()                          # 緊縮佈局
20 plt.show()
```

執行結果　可以參考上方右圖。

上述第 18 列的 suptitle( ) 函數可以繪製圖表物件標題。第 19 列的 tight_layout( ) 函數則是可以緊縮佈局，可以避免子圖間的標題重疊。

20-7-3　建立寬高比

使用 matplotlib 模組時，圖表會自行調整長與寬，有時我們想要調整寬高比，可以使用 axis( ) 或是 ast_aspect( ) 函數，使用 'equal' 參數，例如：函數 axis("equal") 或是 set_aspect('equal') 可以建立圖表的寬高單位長度相同。

程式實例 ch20_30.py：繪製半徑是 5 個圓，(0,0) 子圖是使用預設，其他皆有設定寬高比相同，觀察執行結果。

```
# ch20_30.py
import matplotlib.pyplot as plt
import numpy as np

plt.rcParams["font.family"] = ["Microsoft JhengHei"]
plt.rcParams["axes.unicode_minus"] = False
# 繪製半徑 5 的圓
```

```
8  angle = np.linspace(0, 2*np.pi, 100)
9  fig, ax = plt.subplots(2, 2)     # 建立 2 x 2 子圖
10
11 ax[0, 0].plot(5 * np.cos(angle), 5 * np.sin(angle))
12 ax[0, 0].set_title('繪圓形, 看起來像橢圓')
13 ax[0, 1].plot(5 * np.cos(angle), 5 * np.sin(angle))
14 ax[0, 1].axis('equal')
15 ax[0, 1].set_title('寬高比相同, 是圓形')
16 ax[1, 0].plot(5 * np.cos(angle), 5 * np.sin(angle))
17 ax[1, 0].axis('equal')
18 ax[1, 0].set(xlim=(-5, 5), ylim=(-5, 5))
19 ax[1, 0].set_title('設定寬和高相同區間')
20 ax[1, 1].plot(5 * np.cos(angle), 5 * np.sin(angle))
21 ax[1, 1].set_aspect('equal', 'box')
22 ax[1, 1].set_title('設定寬高比相同')
23 fig.tight_layout()
24 plt.show()
```

執行結果 可以參考下方左圖。

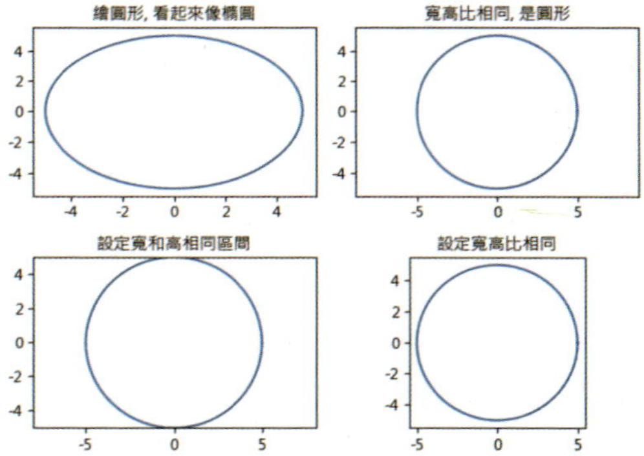

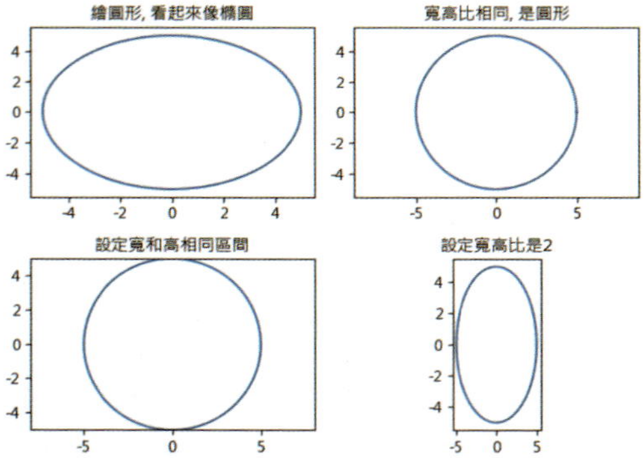

上述 (1,1) 子圖，因為第 21 列增加 'box' 參數，子圖以正方形盒子顯示。現在上述參數是使用 'equal'，如果改為數值，則此數值代表寬高比。例如：若是將第 21 列程式碼函數改為 set_aspect(2)，表示寬度 1 單位相當於高度 2 單位，這時將得到上方右圖的結果，筆者將此實例存至 ch20_31.py。

20-8 長條圖的製作

20-8-1 bar( )

在長條圖的製作中，我們可以使用 bar( ) 方法，常用的語法如下：

bar(x, y, width)

x 是一個串列主要是長條圖 x 軸位置，y 是串列代表 y 軸的值，width 是長條圖的寬度，預設是 0.85。

程式實例 ch20_32.py： 有一個選舉，James 得票 135、Peter 得票 412、Norton 得票 397，用長條圖表示。

```
# ch20_32.py
import numpy as np
import matplotlib.pyplot as plt

plt.rcParams["font.family"] = ["Microsoft JhengHei"]
votes = [135, 412, 397]              # 得票數
N = len(votes)                       # 計算長度
x = np.arange(N)                     # 長條圖x軸座標
width = 0.35                         # 長條圖寬度
plt.bar(x, votes, width)             # 繪製長條圖

plt.ylabel('得票數')
plt.title('選舉結果')
plt.xticks(x, ('James', 'Peter', 'Norton')) # x 軸刻度
plt.yticks(np.arange(0, 450, 30))           # y 軸刻度
plt.show()
```

執行結果 可以參考下方左圖。

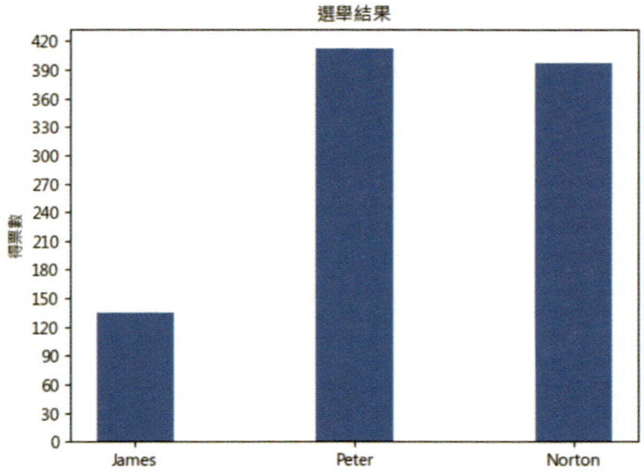

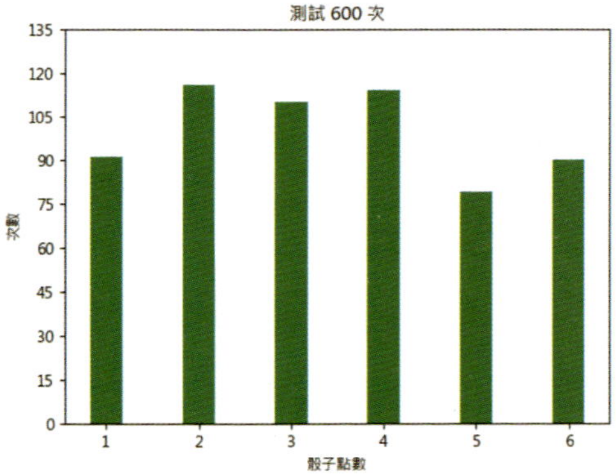

程式實例 ch20_33.py： 擲骰子的機率設計，一個骰子有 6 面分別記載 1, 2, 3, 4, 5, 6，這個程式會用隨機數計算 600 次，每個數字出現的次數，同時用直條圖表示，為了讓讀者有不同體驗，筆者將圖表顏色改為綠色。

```
# ch20_33.py
import numpy as np
import matplotlib.pyplot as plt
from random import randint

def dice_generator(times, sides):
    ''' 處理隨機數 '''
```

```
8       for i in range(times):
9           ranNum = randint(1, sides)      # 產生1-6隨機數
10          dice.append(ranNum)
11  def dice_count(sides):
12      '''計算1-6個出現次數'''
13      for i in range(1, sides+1):
14          frequency = dice.count(i)       # 計算i出現在dice串列的次數
15          frequencies.append(frequency)
16
17  plt.rcParams["font.family"] = ["Microsoft JhengHei"]
18  times = 600                             # 擲骰子次數
19  sides = 6                               # 骰子有幾面
20  dice = []                               # 建立擲骰子的串列
21  frequencies = []                        # 儲存每一面骰子出現次數串列
22  dice_generator(times, sides)            # 產生擲骰子的串列
23  dice_count(sides)                       # 將骰子串列轉成次數串列
24  x = np.arange(6)                        # 長條圖x軸座標
25  width = 0.35                            # 長條圖寬度
26  plt.bar(x, frequencies, width, color='g')   # 繪製長條圖
27  plt.ylabel('次數')
28  plt.xlabel('骰子點數')
29  plt.title('測試 600 次')
30  plt.xticks(x, ('1', '2', '3', '4', '5', '6'))
31  plt.yticks(np.arange(0, 150, 15))
32  plt.show()
```

執行結果　可以參考上方右圖。

上述程式最重要的是第 11 ~ 15 列的 dice_count( ) 函數，這個函數主要是將含 600 個元素的 dice 串列，分別計算 1, 2, 3, 4, 5, 6 各出現的次數，然後將結果儲存至 frequencies 串列。

20-8-2　hist( )

這也是一個直方圖的製作，特別適合在統計分佈數據繪圖，它的基本語法如下：

```
h = hist(x, bins, color)          # 傳回值 h 可有可無
```

在此只介紹常用的參數，x 是一個串列或陣列 (23 章會解說陣列) 是每個 bins 分佈的數據。bins 則是箱子 (可以想成長條) 的個數或是可想成組別個數。color 則是設定長條顏色。

傳回值 h 是元組，可以不理會，如果有設定傳回值，則 h 值所傳回的 h[0] 是 bins 的數量陣列，每個索引記載這個 bins 的 y 軸值，由索引數量也可以知道 bins 的數量，相當於是直方長條數。h[1] 也是陣列，此陣列記載 bins 的 x 軸 bin 的切割位置值。

程式實例 ch20_34.py：以 hist 長條圖列印擲骰子 10000 次的結果，需留意由於是隨機數產生骰子的 6 個面，所以每次執行結果皆會不相同，這個程式同時列出 hist( ) 的傳回值，也就是骰子出現的次數。

```
1  # ch20_34.py
2  import matplotlib.pyplot as plt
3  from random import randint
4
5  def dice_generator(times, sides):
6      ''' 處理隨機數 '''
7      for i in range(times):
8          ranNum = randint(1, sides)      # 產生1-6隨機數
9          dice.append(ranNum)
10
11 plt.rcParams["font.family"] = ["Microsoft JhengHei"]
12 times = 10000                           # 擲骰子次數
13 sides = 6                               # 骰子有幾面
14 dice = []                               # 建立擲骰子的串列
15 dice_generator(times, sides)            # 產生擲骰子的串列
16 h = plt.hist(dice,sides)                # 繪製hist圖
17 print("bins的y軸 ",h[0])
18 print("bins的x軸 ",h[1])
19 plt.ylabel('次數')
20 plt.title('測試 10000 次')
21 plt.show()
```

執行結果 可以參考下方左圖。

```
===================== RESTART: D:/Python/ch20/ch20_34.py =====================
bins的y軸  [1643. 1672. 1613. 1721. 1670. 1681.]
bins的x軸  [1.         1.83333333 2.66666667 3.5        4.33333333 5.16666667
 6.        ]
```

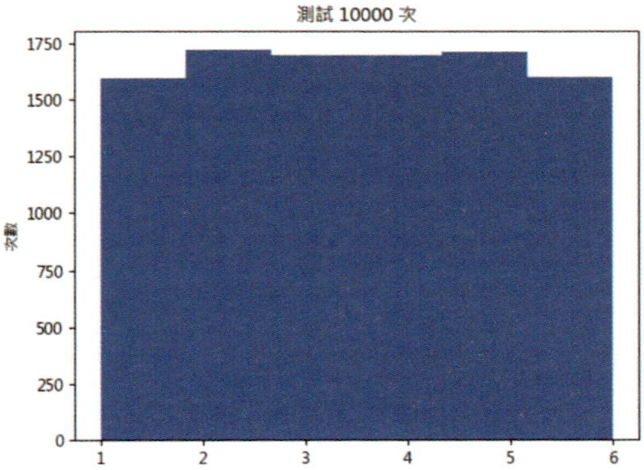

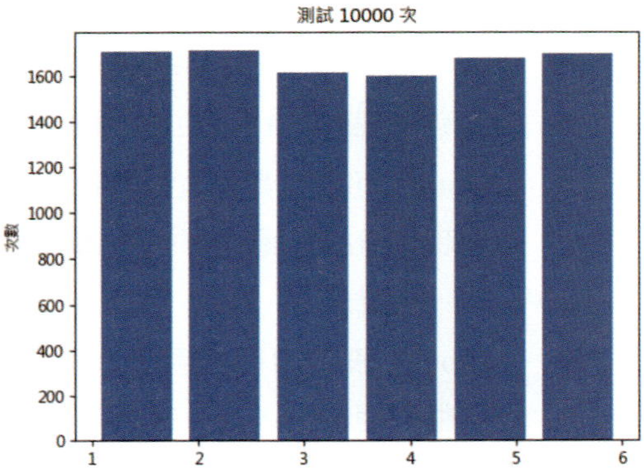

上述直方圖的長條彼此連接，如果在第 16 列的 plt.hist( ) 函數內增加 rwidth=0.8，可以設定寬度是 8 成，則可以建立各直方長條間有間距，可以參考上方右圖，讀者可以自我練習，筆者將結果存入 ch20_35.py。如果在 hist( ) 函數內設定 cumulative=True，

可以讓直方長條具有累加效果，下列是同時設定 rwidth=0.5，可以得到下列結果，細節讀者可以參考 ch20_36.py。

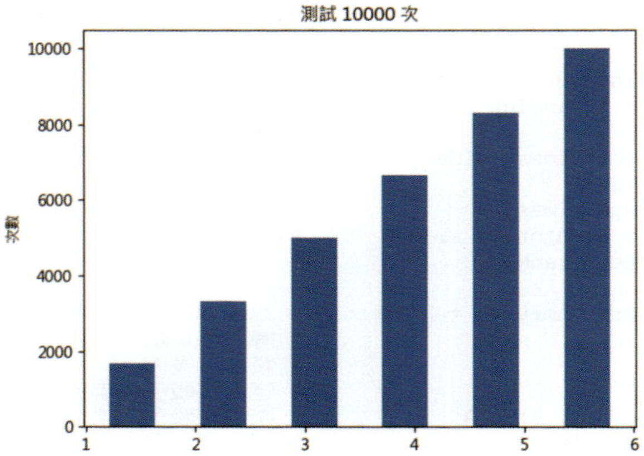

20-9 圓餅圖的製作 pie( )

在圓餅圖的製作中，我們可以使用 pie( ) 方法，常用的語法如下：

pie(x, options, …)

x 是一個串列，主要是圓餅圖 x 軸的資料，options 代表系列選擇性參數，可以是下列參數內容。

- labels：圓餅圖項目所組成的串列。
- colors：圓餅圖項目顏色所組成的串列，如果省略則用預設顏色。
- explode：可設定是否從圓餅圖分離的串列，0 表示不分離，一般可用 0.1 分離，數值越大分離越遠，例如：讀者在程式實例 ch20_39.py 可改用 0.2 測試，效果不同，預設是 0。
- autopct：表示項目的百分比格式，基本語法是 "% 格式 %%"，例如："%d%%" 表示整數百分比，"%1.2f%%" 表示整數 1 位數，小數 2 位數，當整數部分不足時會自動擴充。
- labeldistance：項目標題與圓餅圖中心的距離是半徑的多少倍，預設是 1.1 倍。
- center：圓中心座標，預設是 0。

- shadow：True 表示圓餅圖形有陰影，False 表圓餅圖形沒有陰影，預設是 False。

20-9-1 國外旅遊調查表設計

程式實例 ch20_37.py：國外旅遊調查表。

```
# ch20_37.py
import matplotlib.pyplot as plt

plt.rcParams["font.family"] = ["Microsoft JhengHei"]
area = ['大陸','東南亞','東北亞','美國','歐洲','澳紐']
people = [10000,12600,9600,7500,5100,4800]
plt.pie(people,labels=area)
plt.title('五月份國外旅遊調查表',fontsize=16,color='b')
plt.show()
```

執行結果

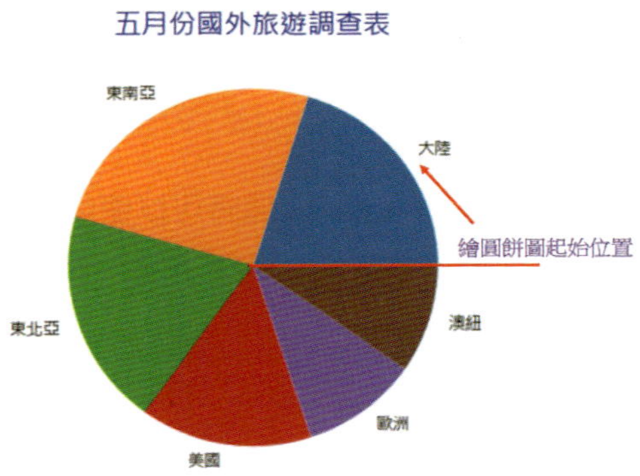

上述讀者可以看到旅遊地點標籤在圓餅圖外，這是因為預設 labeldistance 是 1.1，如果要將旅遊地點標籤放在圓餅圖內需設定此值是小於 1.0。

20-9-2 增加百分比的國外旅遊調查表

參數 autopct 可以增加百分比，一般百分比是設定到小數 2 位。

程式實例 ch20_38.py：使用含 2 位小數的百分比，重新設計 ch20_37.py。

```
# ch20_38.py
import matplotlib.pyplot as plt

plt.rcParams["font.family"] = ["Microsoft JhengHei"]
area = ['大陸','東南亞','東北亞','美國','歐洲','澳紐']
people = [10000,12600,9600,7500,5100,4800]
plt.pie(people,labels=area,autopct="%1.2f%%")
plt.title('五月份國外旅遊調查表',fontsize=16,color='b')
plt.show()
```

執行結果　可以參考下方左圖。

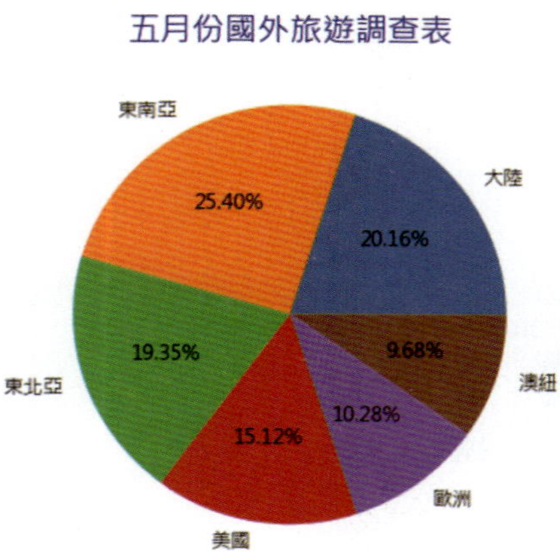

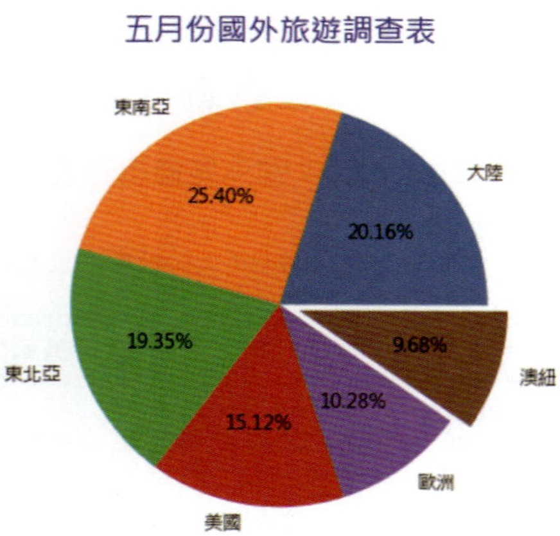

20-9-3 突出圓餅區塊的數據分離

設計圓餅圖時可以將需要特別關注的圓餅區塊分離，這時可以使用 explode 參數，不分離的區塊設為 0.0，要分離的區塊可以設定小數值，例如：可以設定 0.1，數值越大分離越大。

程式實例 ch20_39.py：設定澳紐圓餅區塊分離 0.1。

```
# ch20_39.py
import matplotlib.pyplot as plt

plt.rcParams["font.family"] = ["Microsoft JhengHei"]
area = ['大陸','東南亞','東北亞','美國','歐洲','澳紐']
people = [10000,12600,9600,7500,5100,4800]
exp = [0.0,0.0,0.0,0.0,0.0,0.1]
plt.pie(people,labels=area,explode=exp,autopct="%1.2f%%")
plt.title('五月份國外旅遊調查表',fontsize=16,color='b')
plt.show()
```

執行結果　可以參考上方右圖。

20-10 設計 2D 動畫

使用 matplotlib 模組除了可以繪製靜態圖表，也可以繪製動態圖表，這一節將講解繪製動態圖表常用的 animation 模組。

20-10-1 FuncAnimation( ) 函數

FuncAnimation 函數名稱其實是 Function+Animation 的縮寫，他的工作原理是在一定時間間隔不斷地調用動畫參數，以達到動畫的效果，為了要使用 FuncAnimation( ) 函數，需要導入 animation 模組，如下所示：

```
import matplotlib.animation as animation
```

未來 FuncAnimation( ) 需使用 animation.FuncAnimaiton( ) 方式調用。或是使用下列方式直接導入 FuncAnimation( ) 函數。

```
from matplotlib.animation import FuncAnimation
```

導入上述模組後，就可以直接使用 FuncAnimation( ) 函數設計動態圖表，此函數語法如下：

```
animation.FuncAnimation(fig, func, frames=None, init_func=None,
                        save_count=None)
```

上述動畫的運作規則，主要是重複調用 func 函數參數來製作動畫，各參數意義如下：

- fig：用於顯示動態圖形物件。
- func：每一個幀調用的函數，透過第一個參數給幀的下一個值，程式設計師習慣用 animate( ) 或是 update( ) 為函數名稱，當做 func 參數。
- frames：可選參數，這是可以迭代的，主要是傳遞給 func 的動畫數據來源。如果所給的是整數，系統會使用 range(frames) 方式處理。
- init_func：這是起始函數，會在第一個幀之前被調用一次，主要是繪製清晰的框架。這個函數必須回傳物件，以便重新繪製。
- save_count：這是可選參數，這是從幀到緩存的後備，只有在無法推斷幀數時使用，預設是 100。
- interval：這是可選參數，每個幀之間的延遲時間，預設是 100，相當於 0.1 秒。
- repeat：當串列內的系列幀顯示完成時，是否繼續，預設是 True。
- blit：是否優化繪圖，預設是 False。

下列各節主要是使用各種實例介紹 matplotlib 模組各類動畫的應用。

20-10-2 設計移動的 sin 波

程式實例 ch20_40.py：設計會移動的 sin 波形，同時將此 sin 波動畫存至 sin.gif 檔案內。

```
1  # ch20_40.py
2  import matplotlib.pyplot as plt
3  import numpy as np
4  from matplotlib.animation import FuncAnimation
5
6  # 建立最初化的 line 資料 (x, y)
7  def init():
8      line.set_data([], [])
9      return line,
10 # 繪製 sin 波形, 這個函數將被重複調用
11 def animate(i):
12     x = np.linspace(0, 2*np.pi, 500)        # 建立 sin 的 x 值
13     y = np.sin(2 * np.pi * (x - 0.01 * i))  # 建立 sin 的 y 值
14     line.set_data(x, y)                     # 更新波形的資料
15     return line,
16
17 # 建立動畫需要的 Figure 物件
18 fig = plt.figure()
19 # 建立軸物件與設定大小
20 ax = plt.axes(xlim=(0, 2*np.pi), ylim=(-2, 2))
21 # 最初化線條 line, 變數, 須留意變數 line 右邊的逗號','是必須的
22 line, = ax.plot([], [], lw=3, color='g')
23 # interval = 20, 相當於每隔 20 毫秒執行 animate()動畫
24 ani = FuncAnimation(fig, animate,
25                     frames = 200,
26                     init_func = init,
27                     interval = 20)          # interval是控制速度
28 ani.save('sin.gif', writer='pillow')        # 儲存 sin.gif 檔案
29 plt.show()
```

執行結果 可以參考下方左圖。

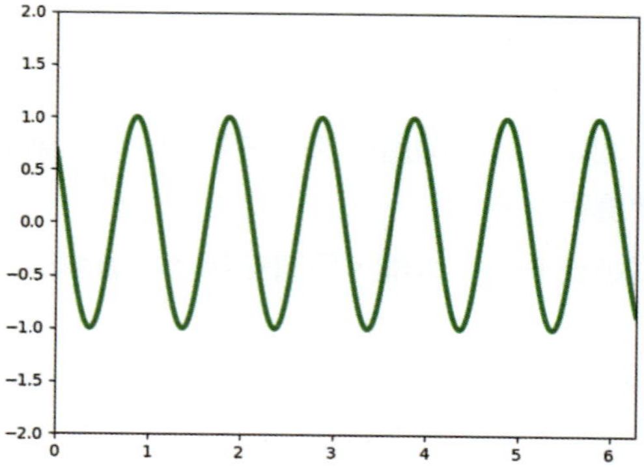

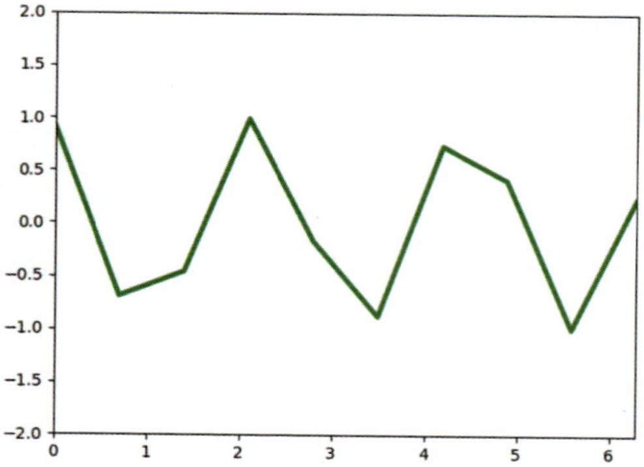

上述程式第 18 列 figure( ) 函數是建立 Figure 物件，然後第 20 列 axes( ) 函數是在此 Figure 物件內建立軸物件，此函數內的 xlim( ) 是設定軸物件的 x 軸寬度，ylim( ) 是設定軸物件 y 軸的高度。

程式第 22 列內容如下：

```
line, = ax.plot([ ], [ ], lw=3, color='g')
```

這個 line 右邊的「,」不可省略，我們可以將此 line 視為是變數，未來只要填上參數 [ ],[ ] 值，這個動畫就會執行。動畫的基礎是 animate( ) 函數，這個函數會被重複調用，第 11 列是 animate(i) 函數名稱，其中 i 的值第一次被呼叫時是 0，第二次被呼叫時是 1，其餘可依此類推遞增，因為 FuncAnimation( ) 函數內的參數 frames 值是 200，相當於會重複調用函數 animati(i)200 次，超過 200 次後 i 計數又會重新開始。在第 12 列會設定變數 line 所需的 x，第 13 列是設定變數所需的 y 值，需留意在 y 值公式中有使用變數 i，這也是造成每一次調用會產生新的 y 值。第 14 列會使用 line.set_data( ) 函數，這個函數會將 x 和 y 資料填入變數 line，因為 y 值不一樣了所以會產生新的波形。

```
line.set_data(x, y)
```

第 28 列則是使用 save( ) 函數將 sin 波動畫存至 sin.gif 檔案內，此函數第一個參數是所存的檔案名稱，第 2 個參數是寫入的方法，預設是 'ffmpeg'，此例是使用 pillow 方法。

程式實例 ch20_41.py：上述程式 ch20_40.py 第 12 列筆者採用 x 軸 $0-2\pi$ 區間有 500 個點，如果點數不足，例如：10 個點，將無法建立完整的 sin 波形，但是也將產生有趣的動畫，此動畫將存入 sin2.gif 檔案內。

```
12      x = np.linspace(0, 2*np.pi, 10)          # 建立 sin 的 x 值
```

執行結果 可以參考上方右圖。

20-10-3 設計球沿著 sin 波形移動

程式實例 ch20_42.py：設計紅色球在 sin 波形上移動。

```
# ch20_42.py
import numpy as np
import matplotlib.pyplot as plt
from matplotlib.animation import FuncAnimation

# 建立最初化點的位置
def init():
    dot.set_data([], [])                  # 更新紅色點的資料
    return dot,
# 繪製 sin 波形, 這個函數將被重複調用
def animate(i):
```

```
12          dot.set_data([x[i]], [y[i]])     # 更新紅色點的資料
13          return dot,
14
15      # 建立動畫需要的 Figure 物件
16      fig = plt.figure()
17      N = 200
18      # 建立軸物件與設定大小
19      ax = plt.axes(xlim=(0, 2*np.pi), ylim=(-1.5, 1.5))
20      # 建立和繪製 sin 波形
21      x = np.linspace(0, 2*np.pi, N)
22      y = np.sin(x)
23      line, = ax.plot(x, y, color='g',linestyle='-',linewidth=3)
24      # 建立和繪製紅點
25      dot, = ax.plot([],[],color='red',marker='o',
26                     markersize=15,linestyle='')
27      # interval = 20, 相當於每隔 20 毫秒執行 animate()動畫
28      ani = FuncAnimation(fig=fig, func=animate,
29                          frames=N,
30                          init_func=init,
31                          interval=20,
32                          blit=True,
33                          repeat=True)
34      plt.show()
```

執行結果　可以參考下方左圖。

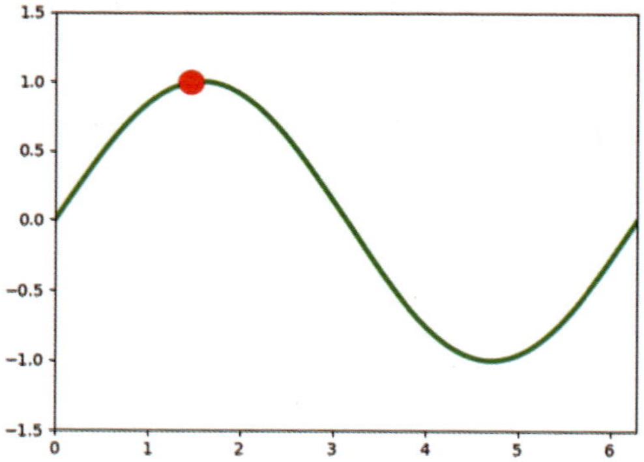

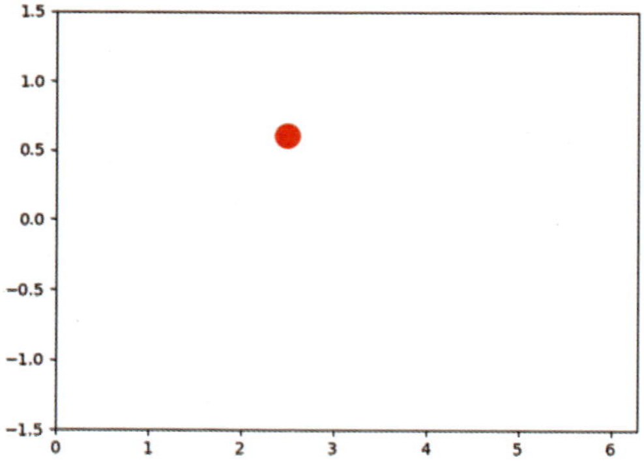

如果我們現在想要設計紅色球沿著 sin 波的軌跡移動，同時隱藏波形，可以刪除第 23 列的繪製 sin 波的線即可。

程式實例 ch20_43.py：隱藏 sin 波，程式只要取消第 23 列功能即可。

```
23  #line, = ax.plot(x, y, color='g',linestyle='-',linewidth=3)
```

執行結果　可以參考上方右圖。

20-11 數學表達式 / 輸出文字 / 圖表註解

20-11-1 圖表的數學表達式

在建立圖表過程，我們很可能需要表達一些數學符號：

$$\propto \quad \beta \quad \pi \quad \mu \quad \frac{2}{5x} \quad \sqrt{x}$$

- 圓周率的表達方式是 \pi。
- 如果數學表達式內有數字，數字需使用大括號 { } 包夾。
- 鍵盤上的英文字母或是數學符號，可以直接放在金錢符號 "$" 內即可。
- 符號 "^" 可以建立上標。
- 符號 "_" 可以建立下標。
- 分數符號表達方式是 \frac{ }{ }，其中左邊 { } 是分子，右邊 { } 是分母。
- 開根號可以使用 \sqrt[ ]{ } 表示，[ ] 是開根號的次方，如果是開平方根則此 [ ] 符號可以省略，{ } 則是根號內容。

下列是建立數學符號會需要的小寫希臘字母撰寫方式。

α \alpha	β \beta	χ \chi	δ \delta	ε \digamma	ε \epsilon
η \eta	γ \gamma	我 \iota	κ \kappa	λ \lambda	μ \mu
ν \nu	ω \omega	φ \phi	π \pi	ψ \psi	ρ \rho
σ \sigma	τ \tau	θ \theta	υ \upsilon	ε \varepsilon	ε \varkappa
φ \varphi	ϖ \varpi	ϱ \varrho	ε \varsigma	ϑ \vartheta	ξ \xi
ζ \zeta					

上述符號表取材自 matplotlib 官方網站

程式實例 ch20_44.py：建立衰減函數的標題，這個函數取材自 ch20_23.py。

```
# ch20_44.py
import matplotlib.pyplot as plt
import numpy as np
```

```
plt.rcParams["font.family"] = ["Microsoft JhengHei"]
plt.rcParams["axes.unicode_minus"] = False
# 建立衰減數列.
x = np.linspace(0.0, 5.0, 50)
y = np.cos(3 * np.pi * x) * np.exp(-x)

plt.title(r'衰減數列 cos($3\pi x * e^{x})$',fontsize=20)
plt.plot(x, y, 'go-')
plt.ylabel('衰減值')
plt.show()
```

執行結果

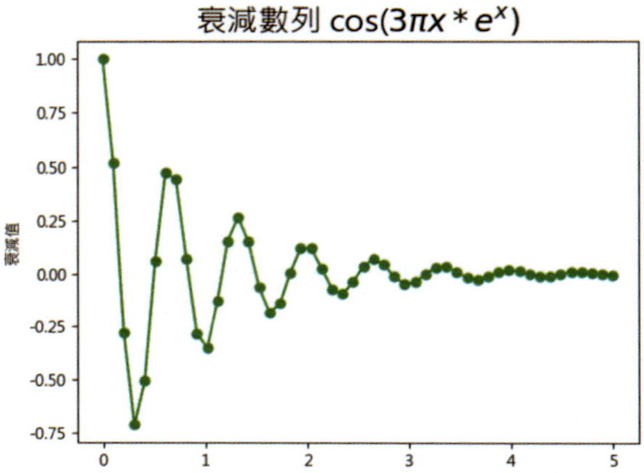

程式實例 ch20_45.py：在圖表內建立數學符號的應用。

```
# ch20_45.py
import matplotlib.pyplot as plt

plt.title(r'$\frac{7}{9}+\sqrt{7}+\alpha\beta$',fontsize=20)
plt.show()
```

執行結果 $\frac{7}{9}+\sqrt{7}+\alpha\beta$

20-11-2 在圖表內輸出文字 text( )

在繪製圖表過程有時需要在圖上標記文字，這時可以使用 text( ) 函數，此函數基本使用格式如下：

plt.text(x, y, s)

- x, y：是文字輸出的左下角座標，x, y 不是絕對刻度，這是相對座標刻度，大小會隨著座標刻度增減。
- s：是輸出的字串。

程式實例 ch20_46.py：圖表 (1, 0) 位置輸出文字 sin(x) 的應用。

```
# ch20_46.py
import matplotlib.pyplot as plt
import numpy as np

x = np.linspace(0, 2*np.pi, 100)
y = np.sin(x)
plt.plot(1,0,'bo')                      # 輸出藍點
plt.text(1,0,'sin(x)',fontsize=20)  # 輸出公式
plt.plot(x,y)
plt.grid()
plt.show()
```

執行結果

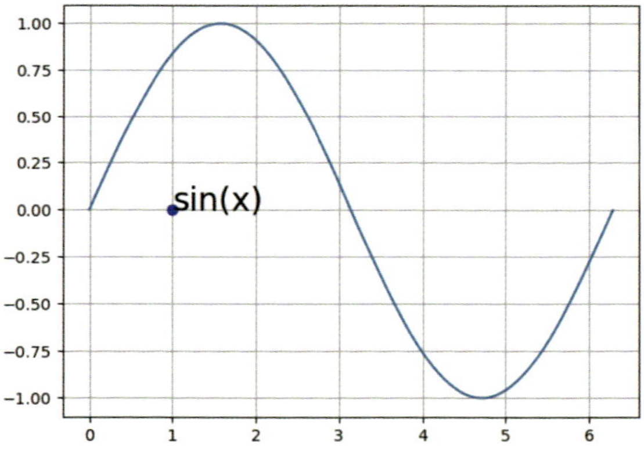

20-11-3 增加圖表註解

模組 matplotlib 的 annotate( ) 函數除了可以在圖表上增加文字註解，也可以支援箭頭之類的工具，此函數基本語法如下：

plt.annotate(text, xy, xytext, xycoords)

上述函數最簡單的格式是在 xy 座標位置輸出 text 文字，也可以從文字位置加上箭頭指向特定位置。上述參數意義如下：

- text：註解文字。
- xy：文字箭頭指向的座標點，這是元組 (x, y)。
- xytext：在 (x, y) 輸出文字註解。
- arrowprops：箭頭樣式，預設顏色參數 facecolor 是 black(黑色)。

程式實例 ch20_47.py：建立圖表註解的應用。

```
1  # ch20_47.py
2  import matplotlib.pyplot as plt
3  import numpy as np
4
5  plt.rcParams["font.family"] = ["Microsoft JhengHei"]
6  plt.rcParams["axes.unicode_minus"] = False
7  x = np.linspace(0.0, np.pi, 500)
8  y = np.cos(2 * np.pi * x)
9  plt.plot(x, y, 'm', lw=2)
10 plt.annotate('局部極大值',
11              xy=(2, 1),
12              xytext=(2.5, 1.2),
13              arrowprops=dict(arrowstyle='->',
14                              facecolor='black'))
15 plt.annotate('局部極小值',
16              xy=(1.5, -1),
17              xytext=(2.0, -1.25),
18              arrowprops=dict(arrowstyle='-'))
19 plt.text(0.8,1.2,'Annotate的應用',fontsize=20,color='b')
20 plt.ylim(-1.5, 1.5)
21 plt.show()
```

執行結果

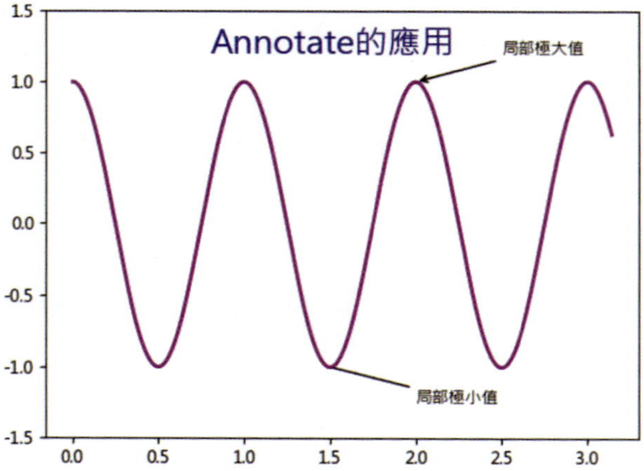

上述實例重點是第 10 ~ 14 列建立了有含箭頭 (->) 的線條與註解文字，文字內容是局部極大值。第 15 ~ 18 列是建立不含箭頭 (-) 的線條與註解文字，文字內容是局部極小值。

20-11-4 極座標繪圖

極坐標 (Polar coordinate system) 是一個二維的座標系統，在這個座標系統，每一個點的位置使用夾角和相對原點的距離表示：

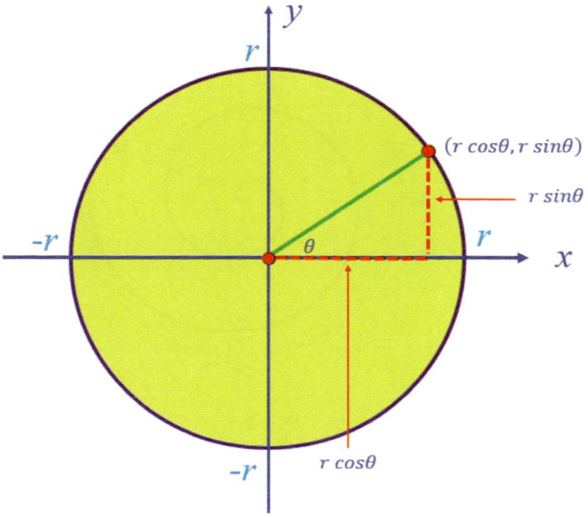

假設有一個圓上的點(x, y)，這個圓的半徑是r，則在極坐標系統下這個點的座標將如下所示：

$$x = r\,cos\theta$$

$$y = r\,sin\theta$$

要建立極座標圖，可以使用下列函數：

subplot(⋯, projection='polar')

add_subplot(⋯, projection='polar')

subplots(⋯, subplot_kw=dict(projection='polar'))

程式實例 ch20_48.py：繪製下列極座標圖形，第 11 列增加 tight_layout( ) 可以控制標題不要太靠近上邊界。

$$r = 0 - 1$$

$$angle = 2\pi r$$

```
1  # ch20_48.py
2  import matplotlib.pyplot as plt
3  import numpy as np
4
5  plt.rcParams["font.family"] = ["Microsoft JhengHei"]
6  ax = plt.subplot(projection='polar')
7  r = np.arange(0, 1, 0.001)
8  theta = 2 * 2*np.pi * r
9  ax.plot(theta, r, 'm', lw=3)
10 plt.title("極座標圖表",fontsize=16)
11 plt.tight_layout()        # 圖表標題可以緊縮佈局
12 plt.show()
```

執行結果

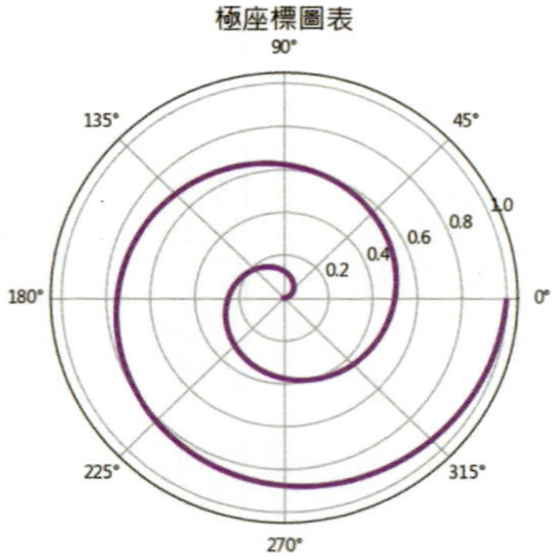

20-12 3D 繪圖到 3D 動畫

20-12-1　3D 繪圖的基礎觀念

3D 繪圖是一種在 2D 平面上繪製 3D 曲面的方法，其觀念是在一個 x-y 平面上依據一個公式，產生 z 軸值。

z = f(x,y)

也就是我們需先有平面上所有點的 (x,y) 座標，這個工作可以使用 Numpy 模組的 meshgrid( ) 函數完成，然後依據 z = f(x,y) 公式建立 z 軸值，最後再將 x、y 和 z 軸值代入 3D 繪圖函數即可。例如：假設 3D 圖形的 z 座標公式是 z = x + 5y，如果 3D 圖形的 x 座標是從 0 到 5，y 座標是從 0 到 3，間距是 1，這時可以用串列建立 x 和 y 的值。註：如果點比較多可以使用串列生成式的觀念。

```
>>> x = [0, 1, 2, 3, 4, 5]
>>> y = [0, 1, 2, 3]
```

這時可以使用 meshgrid( ) 建立，所有平面點的 (x,y) 座標。

```
>>> XX, YY = np.meshgrid(x,y)
>>> print(XX)
[[0 1 2 3 4 5]
 [0 1 2 3 4 5]
 [0 1 2 3 4 5]
 [0 1 2 3 4 5]]
>>> print(YY)
[[0 0 0 0 0 0]
 [1 1 1 1 1 1]
 [2 2 2 2 2 2]
 [3 3 3 3 3 3]]
```

有了上述 (x,y) 座標，可以使用下列方式建立每一個點的 z 座標。

```
>>> ZZ = XX + 5 * YY
>>> print(ZZ)
[[ 0  1  2  3  4  5]
 [ 5  6  7  8  9 10]
 [10 11 12 13 14 15]
 [15 16 17 18 19 20]]
```

現在只要將上述 XX、YY 和 ZZ 座標值代入 3D 繪圖函數即可產生 3D 繪圖。

20-12-2 建立 3D 等高線

等高線 (contour) 又稱輪廓線，常用函數如下：

contour(xx,yy,zz,level)：建立等高線，level 可以設定層次。

contourf(xx,yy,zz.level)：建立等高線同時填充，level 可以設定層次。

clabels(cs)：標記等高線的標記，參數是等高線的物件。

程式實例 ch20_49.py：指數函數應用在輪廓線，建立 x 和 y 座標皆是 -3 至 3，這個程式同時將標註高度，指數函數的公式如下：

$$z = f(x, y) = (1.2 - x^2 + y^5) * \left(e^{(-x^2)} - y^2\right)$$

```
# ch20_49.py
import matplotlib.pyplot as plt
import numpy as np

def f(x, y):
    return (1.2-x**2+y**5)*np.exp(-x**2-y**2)

plt.rcParams["font.family"] = ["Microsoft JhengHei"]
plt.rcParams["axes.unicode_minus"] = False
x = np.linspace(-3.0, 3.0, 100)
y = np.linspace(-3.0, 3.0, 100)
X, Y = np.meshgrid(x, y)
Z = f(X, Y)
# 建立 2 個子圖
fig, ax = plt.subplots(1,2, figsize=(8,4))
# 繪製左圖 level 是預設
con = ax[0].contourf(X,Y,Z,cmap='Greens') # 填充輪廓圖
plt.colorbar(con,ax=ax[0])
oval = ax[0].contour(X,Y,Z,colors='b')     # 輪廓圖
ax[0].clabel(oval,colors='b')              # 增加高度標記
ax[0].set_title('指數函數等高圖level是預設',fontsize=16,color='b')
# 繪製右圖 level=12
ax[1].contourf(X,Y,Z,12,cmap='Greens')     # 填充輪廓圖
oval = ax[1].contour(X,Y,Z,12,colors='b') # 輪廓圖
ax[1].clabel(oval,colors='b')              # 增加高度標記
ax[1].set_title('指數函數等高圖level=12',fontsize=16,color='b')
plt.show()
```

執行結果

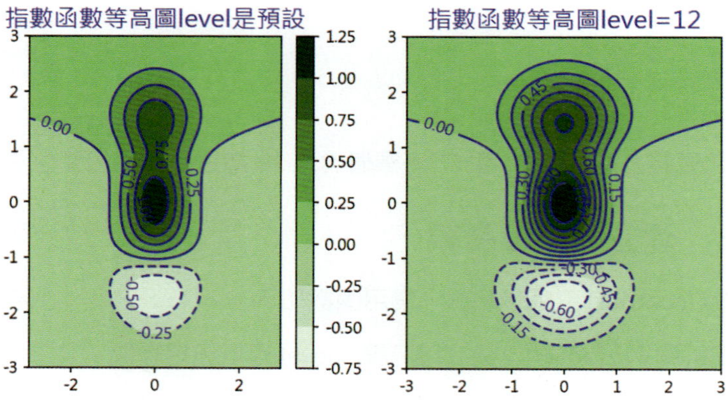

上述有 2 個子圖，彼此唯一差異是左邊 level 層次使用預設，右邊 level=12 層次，所以可以看到右邊子圖有比較多的層次環圈，同時第 17 列在左邊子圖建立一個個色彩條。程式第 18 列在建立等高圖的線條有回傳物件 oval，這個物件主要是供第 19 列呼叫 clabel( ) 函數當做第一個參數，指出標記是應用在這個物件，同時第 2 個參數 colors='b' 是註明標記是藍色。

20-12-3 使用官方數據繪製 3D 圖

matplotlib 官方模組有提供測試數據，可以使用下列方式取得。

```
from mpl_toolkits.mplot3d import axes3d
...
X, Y, Z = axes3d.get_test_data(0.05)
```

這一節將用 plot_surface( ) 函數可以用 X, Y, Z 三維資料繪製 3D 空間的曲面圖。plot_wireframe( ) 函數可以用 X, Y, Z 三維資料繪製 3D 空間的曲面框線做說明。要繪製 3D 圖，使用 subplots( ) 函數時需要增加下列參數：

```
subplot_kw={'projection':'3d'}
```

如果使用 add_subplot( ) 函數建立子圖則需使用下列參數：

```
projection='3d'
```

程式實例 ch20_49_1.py： 使用測試數據和 plot_surface( ) 函數繪製曲面，plot_wireframe( ) 函數可以繪製曲線框線做說明。

```
# ch20_49_1.py
from mpl_toolkits.mplot3d import axes3d
import matplotlib.pyplot as plt
import numpy as np

plt.rcParams["font.family"] = ["Microsoft JhengHei"]
plt.rcParams["axes.unicode_minus"] = False
# 取得測試資料
X, Y, Z = axes3d.get_test_data(0.05)
# 建立 2 個子圖
fig,ax = plt.subplots(1,2,figsize=(8,4),subplot_kw={'projection':'3d'})
# 繪製曲線表面圖
ax[0].plot_surface(X, Y, Z, cmap="bwr")
ax[0].set_title('繪製曲線表面圖',fontsize=16,color='b')

# 繪製曲線框面圖
#ax = fig.add_subplot(111, projection='3d')
ax[1].plot_wireframe(X, Y, Z, color='g')
ax[1].set_title('繪製曲線框線圖',fontsize=16,color='b')
plt.show()
```

執行結果

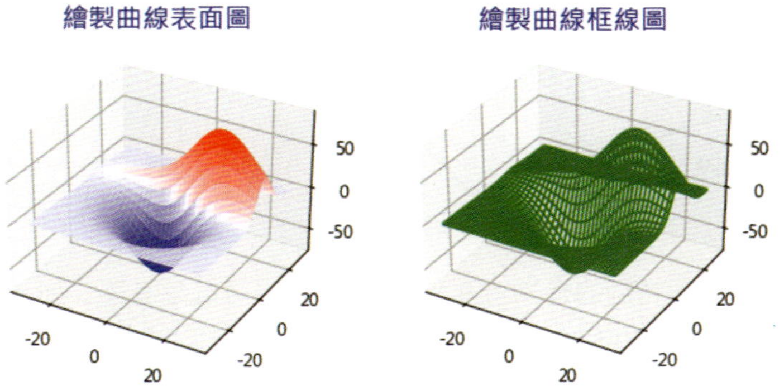

20-12-4 使用 scatter( ) 函數繪製 3D 圖

我們也可以使用簡單的 scatter( ) 函數繪製 3D 圖形，這時需有 x、y 和 z 三維數據當作參數。

程式實例 ch20_50.py：這是螺旋值，x、y 和 z 軸公式可以參考 5 ~ 7 列。

```
1  # ch20_50.py
2  import matplotlib.pyplot as plt
3  import numpy as np
4
5  z = np.linspace(0,1,300)            # z 軸值
6  x = z * np.sin(30*z)                # x 軸值
7  y = z * np.cos(30*z)                # y 軸值
8  colors = x + y                      # 色彩是沿 x + y 累增
9
10 # 建立 2 個子圖
11 fig,ax = plt.subplots(1,2,figsize=(8,4),subplot_kw={'projection':'3d'})
12 ax[0].scatter(x, y, z, c = colors)                 # 繪製左子圖
13 ax[1].scatter(x, y, z, c = colors, cmap='hsv')     # 繪製右子圖
14 ax[1].set_axis_off()                # 關閉軸
15 plt.show()
```

執行結果

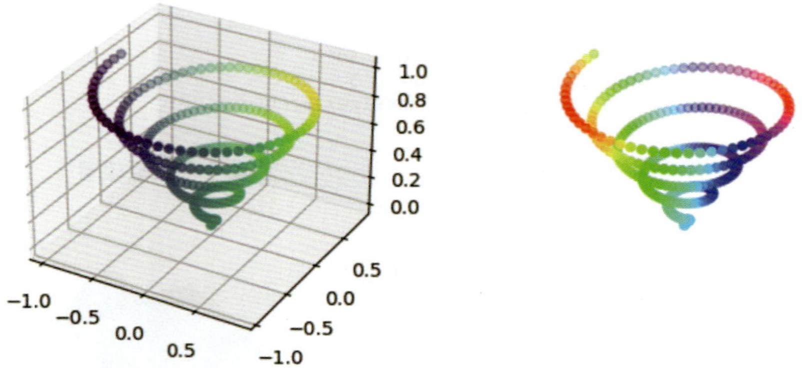

這個實例比較特別的是先有 0 ~ 1 的 z 軸值，可以參考第 5 列，然後由此值計算 x 和 y 的值，計算方式如下：

x = z * sin(30z)　　　　# 第 6 列
y = z * cos(30z)　　　　# 第 7 列

因此產生螺旋效果，其中左邊使用預設色彩。右邊是 cmap='hsv'，同時關閉顯示軸。

20-12-5　繪製 3D 圖增加視角

視角函數是 view_init(elev,azim)，elev 是仰角，azim 是方位角，假設物件是 ax，未來也可以使用 ax.elev 和 ax.axim 取得此仰角值和方位角值。

程式實例 ch20_51.py：使用 scatter 繪製 3D 圖，這個程式有 3 個圖，其中第 2 個和第 3 個圖公式相同，但是第 3 個圖用不同角度觀察。

```
1  # ch20_51.py
2  import matplotlib.pyplot as plt
3  import numpy as np
4  
5  def f1(x, y):                                   # 左邊曲面函數
6      return np.exp(-(0.5*X**2+0.5*Y**2))
7  def f2(x, y):                                   # 右邊曲面函數
8      return np.exp(-(0.1*X**2+0.1*Y**2))
9  
10 plt.rcParams["font.family"] = ["Microsoft JhengHei"]
11 plt.rcParams["axes.unicode_minus"] = False
12 N = 50
13 x = np.linspace(-5, 5, N)
14 y = np.linspace(-5, 5, N)
15 X, Y = np.meshgrid(x, y)                  # 建立 X 和 Y 資料
16 np.random.seed(10)
17 c = np.random.rand(N, N)                  # 取隨機色彩值
18 # 建立子圖
19 fig,ax = plt.subplots(1,3,figsize=(8,4),subplot_kw={'projection':'3d'})
20 # 左邊子圖呼叫 f1
21 sc = ax[0].scatter(X, Y, f1(X,Y), c=c, marker='o', cmap='hsv')
22 # 中間子圖呼叫 f2
23 sc = ax[1].scatter(X, Y, f2(X,Y), c=c, marker='o', cmap='hsv')
24 ax[1].set_axis_off()
25 # 右邊子圖呼叫 f2, 但是用不同的仰角和方位角
26 sc = ax[2].scatter(X, Y, f2(X,Y), c=c, marker='o', cmap='hsv')
27 ax[2].set_axis_off()
28 ax[2].view_init(60,-30)
29 ax[2].set_title(f"仰角={ax[2].elev},方位角={ax[2].azim}",color='b')
30 
31 plt.show()
```

執行結果

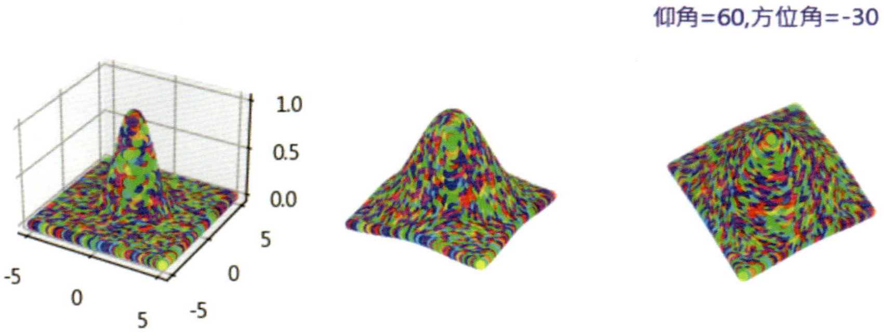

這個程式另一個特色是，雖然使用 cmap='hsv'，但是每一個點的色彩值是在第 17 列隨機產生，所以可以看到這個色彩不是依據一個座標軸刻度大小對應色彩。

20-12-6　3D 動畫設計

20-10 節筆者介紹了 2D 動畫，當讀者了解前一小節視角函數 view_init(elev,azim) 的功能後，我們可以每經過一段時間更改 azim 方位角的值就可以產生 3D 動畫效果。

程式實例 ch20_52.py：使用更改方位角繪製 3D 動畫。

```
# ch20_52.py
import matplotlib.pyplot as plt
import numpy as np
from matplotlib.animation import FuncAnimation

def f(x, y):                                        # 左邊曲面函數
    return (4 - x**2 - y**2)
def animate(i):
    ax.view_init(60,i)

X = np.arange(-3, 3, 0.1)                           # 曲面 X 區間
Y = np.arange(-3, 3, 0.1)                           # 曲面 Y 區間
X, Y = np.meshgrid(X, Y)                            # 建立 XY 座標
# 建立子圖
fig,ax = plt.subplots(subplot_kw={'projection':'3d'})
ax.plot_surface(X, Y, f(X,Y), cmap='hsv')           # 繪製 3D 圖
ax.set_axis_off()

ani = FuncAnimation(fig,func=animate,frames=np.arange(0,360,3),
                    interval=60)
plt.show()
```

執行結果　下列是 3 個不同角度的動畫效果。

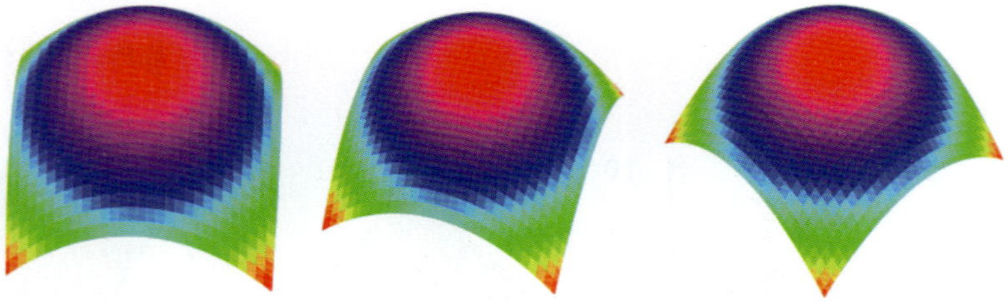

第 21 章

JSON 資料與繪製世界地圖

21-1 JSON 資料格式前言

JSON 是由美國程式設計師 Douglas Crockford 創建的，JSON(JavaScript Object Notation) 文件是一種輕量級的數據交換格式，由 JSON 英文全文字義我們可以推敲 JSON 的緣由，最初是為 JavaScript 開發的，易於人閱讀和編寫，同時也易於機器解析和生成。它是以文字格式為基礎，可以用於任何可以存儲文字的地方。這裡有一些常見的 JSON 文件應用場景：

- Web 開發：JSON 是 Web 應用程序中前後端通信的標準格式，它通常用於發送和接收結構化數據。例如：我們可以將 JavaScript 物件轉成 JSON，然後將 JSON 傳送到伺服器。也可以從伺服器接收 JSON，然後將 JSON 轉成 JavaScript 物件。
- APIs：大多數網絡 API 都使用 JSON 格式來提供數據，因為它與多種程式語言兼容。
- 配置文件：許多應用程序和服務使用 JSON 文件來存儲配置設置。
- 資料儲存：一些資料庫，例如：MongoDB，支持 JSON 格式來儲存數據。
- 行動應用開發：行動應用程序使用 JSON 來處理數據，這樣可以輕鬆的在不同平台之間共享數據。
- 插件和擴展：瀏覽器插件和某些應用程序擴展使用 JSON 文件來存儲設置或信息。
- 數據交換：不同應用程序之間的數據交換常常使用 JSON，因為它比 XML 輕量，且易於解析。
- 物聯網 (IoT)：由於 JSON 的輕量級特性，它非常適合用於物聯網設備，這些設備通常對資源和頻寬有限制。

這些只是 JSON 應用的一些例子，實際上它的使用非常廣泛，涵蓋了各種不同的技術領域。註：json 檔案可以用記事本開啟。

下列是 Facebook 將個人貼文以 JSON 格式儲存的實例。

```
{
  "data": [
    {
      "message": "Python最強入門邁向頂尖高手之路
王者歸來
今天正式預購
全彩印刷1046頁，訂價1000元",
      "created_time": "2019-07-18T16:30:18+0000",
      "id": "1116138285252667_1129971143869381"
    },
    {
      "message": "Python 邁向頂尖高手之路
王者歸來
使用Python 建立了有個人風格的QR code,
利用QR code有容錯率特性，我在建立母校網頁的QR code時，同時將母校logo嵌入了在此QR code內。
使用微信掃瞄可以直接進入母校網頁。",
      "created_time": "2019-07-11T17:28:53+0000",
      "id": "1116138285252667_1125256707674158"
    }
  ],
  "paging": {
    "previous": "https://graph.facebook.com/v3.3/1116138285252667/posts?limit=2&format=j
    "next": "https://graph.facebook.com/v3.3/1116138285252667/posts?limit=2&format=json&
  }
}
```


Python 程式設計時需使用 import json 導入 json 模組，由於 JSON 的模組是 json，所以又常用小寫 json 稱此資料格式。

21-2 認識 json 資料格式

json 的資料格式有 2 種，分別是：

物件 (object)：一般用大括號 { } 表示。

陣列 (array)：一般用中括號 [ ] 表示。

21-2-1 物件 (object)

在 json 中物件就是用「鍵 : 值 (key:value)」方式配對儲存，物件內容用左大括號 "{" 開始，右大括號 "}" 結束，鍵 (key) 和值 (value) 用 ":" 區隔，每一組鍵 : 值間以逗號 "," 隔開，以下是取材自 json.org 的官方圖說明。

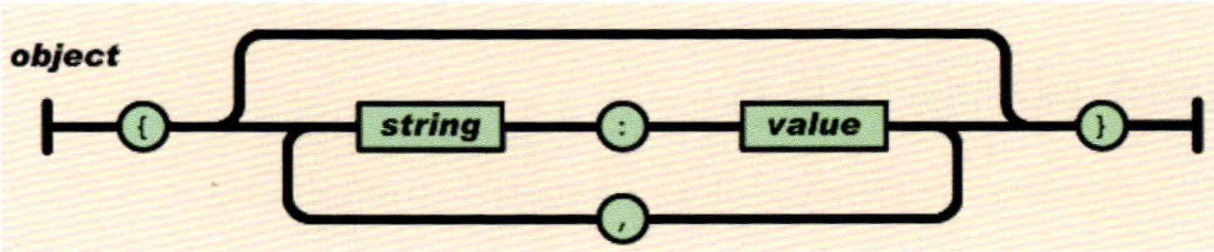

在 json 格式中鍵 (key) 是一個字串 (string)。值可以是數值 (number)、字串 (string)、布林值 (bool) 、陣列 (array) 或是 null 值。

例如：下列是 json 物件的實例。

```
{"Name":"Hung", "Age":25}
```

使用 json 時需留意，鍵 (key) 必須是文字，例如下列是錯誤的實例。

```
{"Name":"Hung", 25:"Key"}
```

在 json 格式中字串需用雙引號，同時在 json 文件內不可以有註解。

21-2-2　陣列 (array)

陣列基本上是一系列的值 (value) 所組成，用左中括號 "[" 開始，右中括號 "]" 結束。各值之間用逗號 "," 隔開，以下是取材自 json.org 的官方圖說明。

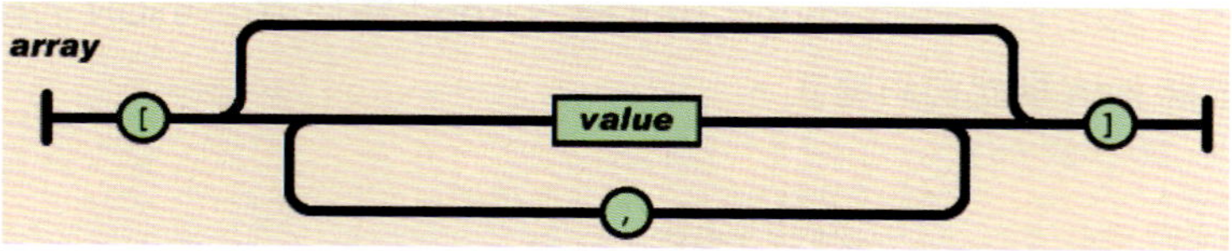

陣列的值可以是數值 (number)、字串 (string)、布林值 (bool) 、陣列 (array) 或是 null 值。

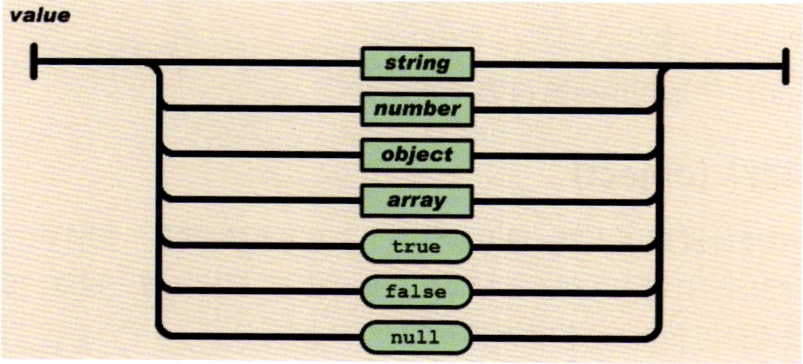

21-2-3　json 資料存在方式

前 2 小節所述是 json 的資料格式定義，但是在 Python 中它存在方式是字串 (string)。

```
'json 資料 '                          # 可參考程式實例 ch21_1.py 的第 3 筆輸出
```

使用 json 模組執行將 Python 資料轉成 json 字串類型資料或是 json 檔案，是使用不同方法，下列 21-3 和 21-4 節將分別說明。

21-3 將 Python 應用在 json 字串形式資料

本節主要說明 json 資料以字串形式存在時的應用。

21-3-1 使用 dumps( ) 將 Python 資料轉成 json 格式

在 json 模組內有 dumps( )，可以將 Python 資料轉成 json 字串格式，下列是轉化對照表。

Python 資料	JSON 資料
dict	object
list, tuple	array
str, unicode	string
int, float, long	number
True	true
False	false
None	null

程式實例 ch21_1.py：將 Python 的串列與元組資料轉成 json 的陣列資料的實例。

```
1  # ch21_1.py
2  import json
3
4  listNumbers = [5, 10, 20, 1]               # 串列資料
5  tupleNumbers = (1, 5, 10, 9)               # 元組資料
6  jsonData1 = json.dumps(listNumbers)        # 將串列資料轉成json資料
7  jsonData2 = json.dumps(tupleNumbers)       # 將串列資料轉成json資料
8  print("串列轉換成json的陣列", jsonData1)
9  print("元組轉換成json的陣列", jsonData2)
10 print("json陣列在Python的資料類型 ", type(jsonData1))
```

執行結果

```
===================== RESTART: D:\Python\ch21\ch21_1.py =====================
串列轉換成json的陣列 [5, 10, 20, 1]
元組轉換成json的陣列 [1, 5, 10, 9]
json陣列在Python的資料類型  <class 'str'>
```

特別留意，上述第 10 列輸出最終 json 在 Python 的資料類型，結果是用字串方式存在。若以 jsonData1 為例，從上述執行結果我們可以了解，在 Python 內它的資料是如下：

'[5, 10, 20, 1]'

程式實例 ch21_2.py：將 Python 由字典元素所組成的串列轉成 json 陣列，轉換後原先字典元素變為 json 的物件。

```
# ch21_2.py
import json

listObj = [{'Name':'Peter', 'Age':25, 'Gender':'M'}]     # 串列元素是字典
jsonData = json.dumps(listObj)                           # 串列轉成json
print("串列轉換成json的陣列", jsonData)
print("json陣列在Python的資料類型 ", type(jsonData))
```

執行結果

```
==================== RESTART: D:\Python\ch21\ch21_2.py ====================
串列轉換成json的陣列 [{"Name": "Peter", "Age": 25, "Gender": "M"}]
json陣列在Python的資料類型  <class 'str'>
```

讀者應留意 json 物件的字串是用雙引號。

21-3-2　dumps( ) 的 sort_keys 參數

Python 的字典是無序的資料，使用 dumps( ) 將 Python 資料轉成 json 物件時，可以增加使用 sort_keys=True，則可以將轉成 json 格式的物件排序。

程式實例 ch21_3.py：將字典轉成 json 格式的物件，分別是未使用排序與有使用排序。最後將未使用排序與有使用排序的物件做比較是否相同，得到是被視為不同物件。

```
# ch21_3.py
import json

players = {'Stephen Curry':'Golden State Warriors',
           'Kevin Durant':'Golden State Warriors',
           'Lebron James':'Cleveland Cavaliers',
           'James Harden':'Houston Rockets',
           'Paul Gasol':'San Antonio Spurs',
          }
jsonObj1 = json.dumps(players)                   # 未用排序將字典轉成json
jsonObj2 = json.dumps(players, sort_keys=True)   # 有用排序將字典轉成json
print("未用排序將字典轉換成json的物件", jsonObj1)
print("使用排序將字典轉換成json的物件", jsonObj2)
print("有排序與未排序物件是否相同      ", jsonObj1 == jsonObj2 )
print("json物件在Python的資料類型 ", type(jsonObj1))
```

執行結果

```
====================== RESTART: D:\Python\ch21\ch21_3.py ======================
未用排序將字典轉換成json的物件 {"Stephen Curry": "Golden State Warriors", "Kevin
 Durant": "Golden State Warriors", "Lebron James": "Cleveland Cavaliers", "James
 Harden": "Houston Rockets", "Paul Gasol": "San Antonio Spurs"}
使用排序將字典轉換成json的物件 {"James Harden": "Houston Rockets", "Kevin Durant
": "Golden State Warriors", "Lebron James": "Cleveland Cavaliers", "Paul Gasol":
 "San Antonio Spurs", "Stephen Curry": "Golden State Warriors"}
有排序與未排序物件是否相同      False
json物件在Python的資料類型  <class 'str'>
```

從上述執行結果 json 物件在 Python 的存放方式也是字串。

21-3-3 dumps( ) 的 indent 參數

從 ch21_3.py 的執行結果可以看到資料是不太容易閱讀，特別是資料量如果是更多的時候。所以一般將 Python 的字典資料轉成 json 格式的物件時，可以加上 indent 設定縮排 json 物件的「鍵：值」，讓 json 物件可以更容易顯示。

程式實例 ch21_4.py：將 Python 的字典轉成 json 格式物件時，設定縮排 4 個字元寬度。

```
# ch21_4.py
import json

players = {'Stephen Curry':'Golden State Warriors',
           'Kevin Durant':'Golden State Warriors',
           'Lebron James':'Cleveland Cavaliers',
           'James Harden':'Houston Rockets',
           'Paul Gasol':'San Antonio Spurs',
          }
jsonObj = json.dumps(players, sort_keys=True, indent=4)
print(jsonObj)
```

執行結果

```
==================== RESTART: D:/Python/ch21/ch21_4.py ====================
{
    "James Harden": "Houston Rockets",
    "Kevin Durant": "Golden State Warriors",
    "Lebron James": "Cleveland Cavaliers",
    "Paul Gasol": "San Antonio Spurs",
    "Stephen Curry": "Golden State Warriors"
}
```

21-3-4 使用 loads( ) 將 json 格式資料轉成 Python 的資料

在 json 模組內有 loads( )，可以將 json 格式資料轉成 Python 資料，下列是轉化對照表。

JSON 資料	Python 資料
object	dict
array	list
string	unicode
number(int)	int, long
Number(real)	float
true	True
false	False
null	None

程式實例 ch21_5.py：將 json 的物件資料轉成 Python 資料的實例，需留意在建立 json 資料時，需加上引號，因為 json 資料在 Python 內是以字串形式存在。

```
# ch21_5.py
import json

jsonObj = '{"b":80, "a":25, "c":60}'     # json物件
dictObj = json.loads(jsonObj)            # 轉成Python物件
print(dictObj)
print(type(dictObj))
```

執行結果

```
==================== RESTART: D:\Python\ch21\ch21_5.py ====================
{'b': 80, 'a': 25, 'c': 60}
<class 'dict'>
```

從上述可以看到 json 物件轉回 Python 資料時的資料類型。

21-3-5 一個 json 文件只能放一個 json 物件？

有一點要注意的是一個 json 文件只能放一個 json 物件，例如：下列是無效的。

```
{"Japan":"Tokyo"}
{"China":"Beijing"}
```

如果要放多個 json 物件，可以用一個父 json 物件處理，上述可以更改成下列方式。

```
{"Asia":
   [ {"Japan":"Tokyo"},
     {"China":"Beijing"} ]
}
```

Asia 是父 json，相當於 " 國家 : 首都 "json 物件保存在陣列中，未來用 "Asia" 存取此 json 資料。實務上這是一般 json 檔案的配置方式，例如：本章一開始所述的 Facebook 內部資料，就是用這種方式處理。

程式實例 ch21_5_1.py：建立一個父 json 物件，此父 json 物件內有 2 個 json 子物件。

```
# ch21_5_1.py
import json

obj = '{"Asia":[{"Japan":"Tokyo"},{"China":"Beijing"}]}'
json_obj = json.loads(obj)
print(json_obj)
print(json_obj["Asia"])
print(json_obj["Asia"][0])
print(json_obj["Asia"][1])
print(json_obj["Asia"][0]["Japan"])
print(json_obj["Asia"][1]["China"])
```

執行結果

```
==================== RESTART: D:/Python/ch21/ch21_5_1.py ====================
{'Asia': [{'Japan': 'Tokyo'}, {'China': 'Beijing'}]}
[{'Japan': 'Tokyo'}, {'China': 'Beijing'}]
{'Japan': 'Tokyo'}
{'China': 'Beijing'}
Tokyo
Beijing
```

上述程式可以執行，但是最大的缺點是第 4 列不容易閱讀，此時我們可以用程式實例 ch21_5_2.py 方式改良。

程式實例 ch21_5_2.py：改良建立 json 資料的方法，程式比較容易閱讀，本程式使用 4 ~ 7 列改良原先的第 4 列。讀者須留意實務上，4 ~ 6 列每列末端需加上 "\"，表示這是一個字串。

```
4  obj = '{"Asia":\
5              [{"Japan":"Tokyo"},\
6               {"China":"Beijing"}]\
7          }'
```

執行結果 與 ch21_5_1.py 相同。

21-4 將 Python 應用在 json 檔案

我們在程式設計時，更重要的是將 Python 的資料以 json 格式的檔案儲存，未來可以供其它不同的程式語言讀取。或是使用 Python 讀取其他語言資料，然後以 json 格式儲存的資料。

21-4-1 使用 dump( ) 將 Python 資料轉成 json 檔案

在 json 模組內有 dump( )(註：沒有 s)，可以將 Python 資料轉成 json 檔案格式，這個檔案格式的副檔名是 json，下列將直接以程式實例解說 dump( ) 的用法。

程式實例 ch21_6.py：將一個字典資料，使用 json 格式儲存在 out21_6.json 檔案內。在這個程式實例中，dump( ) 方法的第一個參數是欲儲存成 json 格式的資料，第二個參數是欲儲存的檔案物件。

```
# ch21_6.py
import json

obj = {"Asia":\
        [{"Japan":"Tokyo"},\
         {"China":"Beijing"}]\
```

```
        }
fn = 'out21_6.json'
with open(fn, 'w') as fnObj:
    json.dump(obj, fnObj)
```

執行結果　在目前工作資料夾可以新增 json 檔案，檔名是 out21_6.json。如果用記事本開啟，可以得到下列結果。

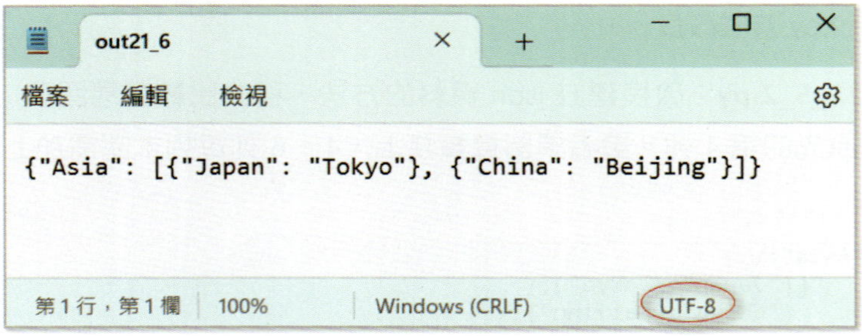

從上述可以看到儲存英文資料時，系統自動用 UTF-8 格式儲存。

21-4-2　將中文字典資料轉成 json 檔案

如果想要儲存的字典資料含中文字時，使用上一小節方式，將造成開啟此 json 檔案時，以 16 進位碼值方式顯示 (\uxxxx)，用記事本開啟時造成文件不易閱讀。

程式實例 ch21_7.py：用中文資料重新設計 ch21_6.py。

```
# ch21_7.py
import json

objlist = [{"日本":"Japan", "首都":"Tykyo"},
           {"美州":"USA", "首都":"Washington"}]

fn = 'out21_7.json'
with open(fn, 'w') as fnObj:
    json.dump(objlist, fnObj)
```

執行結果

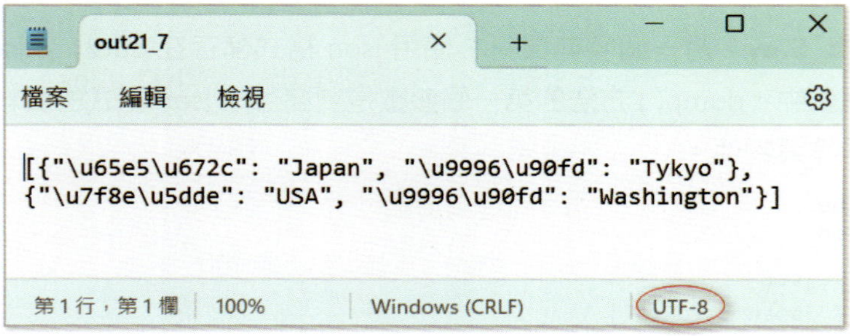

可以得到上述文件不易閱讀的結果。上述可以看到，當用 16 進位碼寫入中文時，系統仍是用 UTF-8 格式儲存。如果我們想要順利顯示所儲存的中文資料，在使用 json.dump( ) 時，增加 "ensure_ascii=False"，意義是中文字以中文方式寫入，如果沒有或是 ensure_ascii 是 True 時，中文以 \uxxxx 格式寫入。此外，我們一般會在 json.dump( ) 內增加 indent 參數，這是設定字典元素內縮字元數，常見是設為 "indent=2"。

程式實例 ch21_8.py：使用 ensure_ascii=False 參數寫入中文字典資料，同時設定 "indent=2"，請將結果儲存至 out21_8.json。

```
# ch21_8.py
import json

objlist = [{"日本":"Japan", "首都":"Tykyo"},
           {"美州":"USA", "首都":"Washington"}]

fn = 'out21_8.json'
with open(fn, 'w') as fnObj:
    json.dump(objlist, fnObj, indent=2, ensure_ascii=False)
```

執行結果

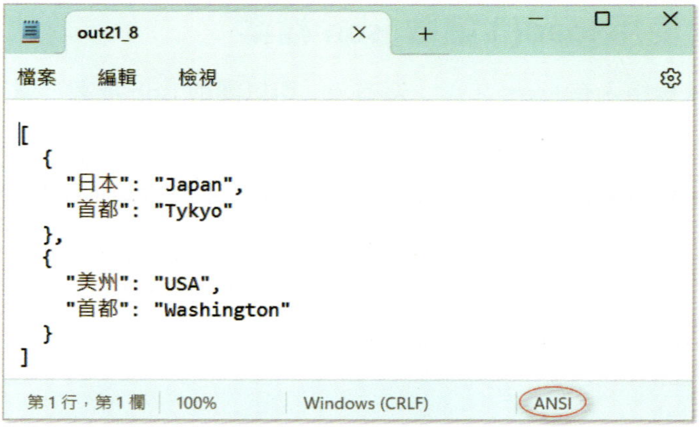

上述可以得到當寫入中文時，中文格式是 ANSI 格式。如果想要使用 UTF-8 格式儲存 json 檔案，在開啟 open 檔案時，需增加使用 "encoding=utf-8" 參數。

程式實例 ch21_9.py：使用 "encoding=utf-8" 參數重新設計 ch21_8.py，請將結果儲存至 out21_9.json。

```
# ch21_9.py
import json

objlist = [{"日本":"Japan", "首都":"Tykyo"},
           {"美州":"USA", "首都":"Washington"}]

fn = 'out21_9.json'
with open(fn, 'w', encoding='utf-8') as fnObj:
    json.dump(objlist, fnObj, indent=2, ensure_ascii=False)
```

執行結果 下列是使用記事本開啟的結果。

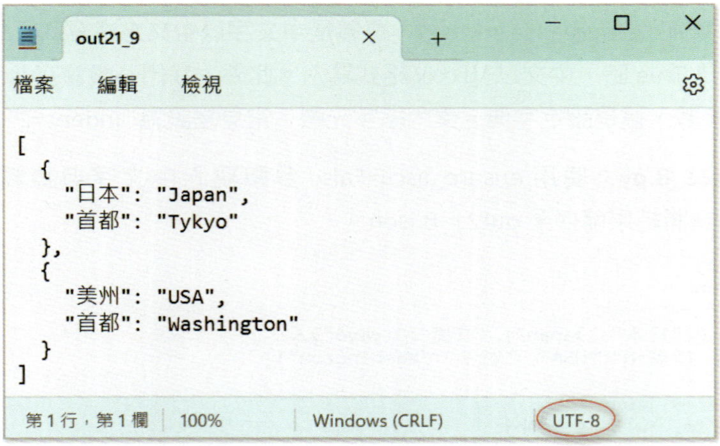

21-4-3 使用 load( ) 讀取 json 檔案

在 json 模組內有 load( )(註：沒有 s)，可以讀取 json 檔案，讀完後這個 json 檔案將被轉換成 Python 的資料格式，下列將直接以程式實例解說 load( ) 的用法。

程式實例 ch21_10.py：讀取 json 檔案 out21_9.json，同時列出結果。

```
1  # ch21_10.py
2  import json
3
4  fn = 'out21_9.json'
5  with open(fn, 'r', encoding='utf-8') as fnObj:
6      data = json.load(fnObj)
7
8  print(data)
9  print(type(data))
```

執行結果

```
===================== RESTART: D:\Python\ch21\ch21_10.py =====================
[{'日本': 'Japan', '首都': 'Tykyo'}, {'美州': 'USA', '首都': 'Washington'}]
<class 'list'>
```

註 如果是讀取純英文資料，第 5 列可以省略 encoding='utf-8'。

21-5 世界人口數據的 json 檔案

21-5-1 JSON 數據檢視器

在本書 ch21 資料夾內有 populations.json 檔案，這是一個非官方在 2000 年和 2010 年的人口統計數據，這一節筆者將一步一步講解如何使用 json 資料檔案。

若是將這個檔案用記事本開啟，內容如下：

在網路上任何一個號稱是真實統計的 json 數據，在用記事本開啟後，初看一定是複雜的，讀者碰上這個問題首先不要慌。有一個網址如下，提供了 JSON 數據檢視器，可以很清楚的檢視 JSON 數據，請參考下列網址：

https://www.bejson.com/jsonviewernew/

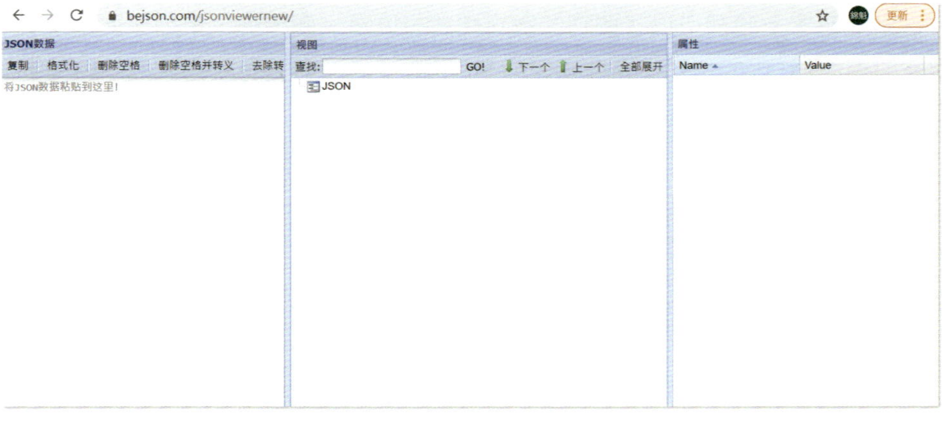

只要將 JSON 數據複製到左邊窗格，然後點選中間窗格的 JSON，再展開就可以很清楚的看到此 JSON 數據格式。

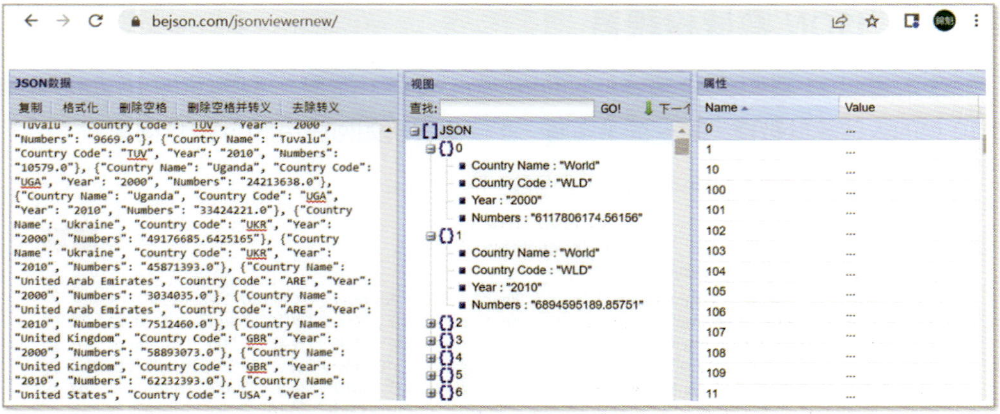

上述左邊點選格式化，可以看到更清楚的「鍵：值」json 資料。

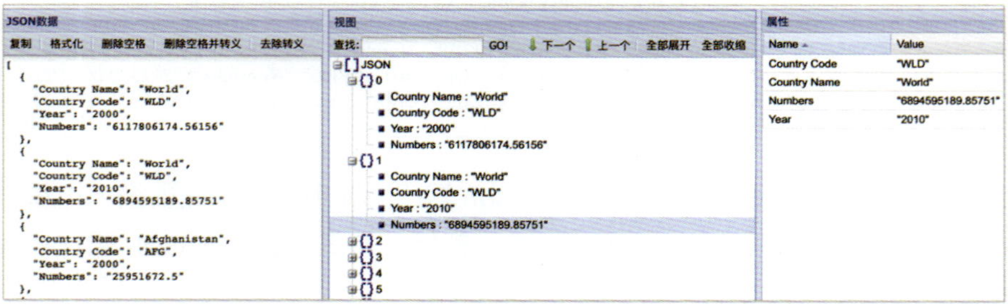

21-5-2　認識人口統計的 json 檔案

從上圖基本上我們可以了解它的資料格式，這是一個串列，串列元素是字典，有些國家只有 2000 年的資料，有些國家只有 2010 年的資料，有些國家則同時有這 2 個年度的資料，每個字典內有 4 個鍵：值，如下所示：

```
{
    "Country Name":"World",
    "Country Code":"WLD",
    "Year":"2000",
    "Numbers":"6117806174.56156"
}
```

上述欄位分別是國家名稱 (Country Name)、國家代碼 (Country Code)、年份 (Year) 和人口數 (Numbers)。從上述檔案我們應該注意到，人口數在我們日常生活理解應該是整數，可是這個數據資料是用字串表達，另外，在非官方的統計數據中，難免會有錯誤，例如：上述 World 國家 (這是全球人口統計) 的 2010 年人口數資料出現了小數點，這個需要我們用程式處理。

程式實例 ch21_11.py：列出 populations.json 資料中，各國的代碼，以及列出 2000 年各國人口數據。

```
1  # ch21_11.py
2  import json
3
4  fn = 'populations.json'
5  with open(fn) as fnObj:
6      getDatas = json.load(fnObj)                       # 讀json檔案
7
8  for getData in getDatas:
9      if getData['Year'] == '2000':                     # 篩選2000年的數據
10         countryName = getData['Country Name']         # 國家名稱
11         countryCode = getData['Country Code']         # 國家代碼
12         population = int(float(getData['Numbers']))  # 人口數據
13         print('國家代碼 =', countryCode,
14               '國家名稱 =', countryName,
15               '人口數 =', population)
```

執行結果

```
===================== RESTART: D:\Python\ch21\ch21_11.py =====================
國家代碼 = WLD 國家名稱 = World 人口數 = 6117806174
國家代碼 = AFG 國家名稱 = Afghanistan 人口數 = 25951672
國家代碼 = ALB 國家名稱 = Albania 人口數 = 3072478
國家代碼 = DZA 國家名稱 = Algeria 人口數 = 30534041
國家代碼 = ASM 國家名稱 = American Samoa 人口數 = 57995
國家代碼 = AND 國家名稱 = Andorra 人口數 = 65258
國家代碼 = AGO 國家名稱 = Angola 人口數 = 13926705
國家代碼 = ATG 國家名稱 = Antigua and Barbuda 人口數 = 78536
國家代碼 = ARG 國家名稱 = Argentina 人口數 = 36931013
國家代碼 = ARM 國家名稱 = Armenia 人口數 = 3076653
國家代碼 = ABW 國家名稱 = Aruba 人口數 = 91031
國家代碼 = AUS 國家名稱 = Australia 人口數 = 19153581
```

上述重點是第 12 列，當我們碰上含有小數點的字串時，需先將這個字串轉成浮點數，然後再將浮點數轉成整數。

21-5-3 認識 pygal.maps.world 的國碼資訊

前一節有關 populations.json 國家代碼是 3 個英文字母，如果我們想要使用這個 json 資料繪製世界人口地圖，需要配合 pygal.maps.world 模組的方法，這個模組的國家代碼是 2 個英文字母，所以需要將 populations.json 國家代碼轉成 2 個英文字母。這裡本節先介紹 2 個英文字的國碼資訊，pygal.maps.world 模組內有 COUNTRIES 字典，在這個字典中國碼是 2 個英文字元，從這裡我們可以列出相關國家與代碼的列表。使用 pygal.maps.world 模組前需先安裝此模組，如下所示：

pip install pygal_maps_world

程式實例 ch21_12.py：列出 pygal.maps.world 模組 COUNTRIES 字典的 2 個英文字元的國家代碼與完整的國家名稱列表。

```
# ch21_12.py
from pygal.maps.world import COUNTRIES

for countryCode in sorted(COUNTRIES.keys()):
    print("國家代碼 :",countryCode,"  國家名稱 = ",COUNTRIES[countryCode])
```

執行結果

```
==================== RESTART: D:\Python\ch21\ch21_12.py ====================
國家代碼 : ad   國家名稱 =  Andorra
國家代碼 : ae   國家名稱 =  United Arab Emirates
國家代碼 : af   國家名稱 =  Afghanistan
國家代碼 : al   國家名稱 =  Albania
國家代碼 : am   國家名稱 =  Armenia
國家代碼 : ao   國家名稱 =  Angola
國家代碼 : aq   國家名稱 =  Antarctica
國家代碼 : ar   國家名稱 =  Argentina
國家代碼 : at   國家名稱 =  Austria
國家代碼 : au   國家名稱 =  Australia
```

接著筆者將講解，輸出 2 個字母的國家代碼時，同時輸出此國家，這個程式相當於是將 2 個不同來源的數據作配對。

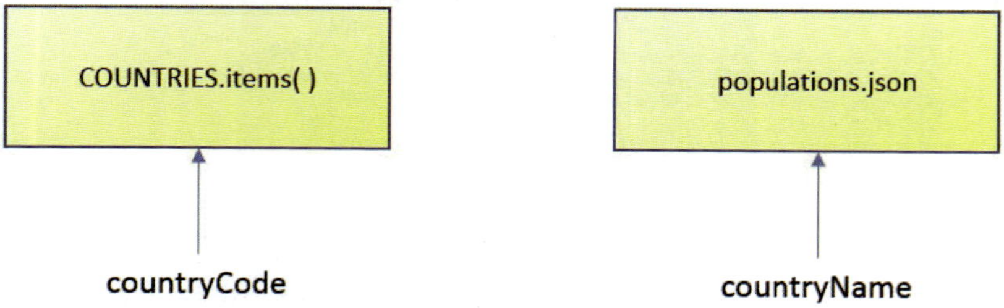

程式實例 ch21_13.py：從 populations.json 取每個國家名稱資訊，然後將每一筆國家名稱放入 getCountryCode( ) 方法中找尋相關國家代碼，如果有找到則輸出相對應的國家代碼，如果找不到則輸出「名稱不吻合」。

```
# ch21_13.py
import json
from pygal.maps.world import COUNTRIES

def getCountryCode(countryName):
    '''輸入國家名稱回傳國家代碼'''
    for dictCode, dictName in COUNTRIES.items():     # 搜尋國家與國家代碼字典
        if dictName == countryName:
```

```
                return dictCode                     # 如果找到則回傳國家代碼
        return None                                 # 找不到則回傳None

fn = 'populations.json'
with open(fn) as fnObj:
    getDatas = json.load(fnObj)                     # 讀取人口數據json檔案

for getData in getDatas:
    if getData['Year'] == '2000':                   # 篩選2000年的數據
        countryName = getData['Country Name']       # 國家名稱
        countryCode = getCountryCode(countryName)
        population = int(float(getData['Numbers'])) # 人口數
        if countryCode != None:
            print(countryCode, ":", population)     # 國家名稱相符
        else:
            print(countryName," 名稱不吻合:")        # 國家名稱不吻合
```

執行結果

```
==================== RESTART: D:\Python\ch21\ch21_13.py ====================
World  名稱不吻合:
af : 25951672
al : 3072478
dz : 30534041
American Samoa  名稱不吻合:
ad : 65258
ao : 13926705
Antigua and Barbuda  名稱不吻合:
```

上述會有「名稱不吻合」輸出是因為這是 2 個不同單位的數據，例如：在 Arab World 在 populations.json 是一筆記錄，在 pygal.maps.world 模組的 COUNTRIES 字典中沒有這個紀錄。至於有關上述的更深層應用，將在下一節解說。

21-6 繪製世界地圖

21-6-1 基本觀念

其實 pygal.maps.world 模組，最重要的功能是繪製世界地圖。它有一個世界地圖的圖表類型是 Worldmap，可以使用它建立世界地圖。首先須呼叫 World( ) 宣告繪製世界地圖物件，下列是示範程式碼。

```
worldMap = pygal.maps.world.World( )   # worldMap 是自行定義的物件名稱
```

有了世界地圖物件後可以利用 title 屬性，語法是 worldMap.title=" 標題名稱 "，設定圖表標題，更多相關細節筆者將以程式實例做解說。建立地圖內容是使用 add( ) 方法，這個方法的第一個參數是標籤，第二個參數是串列 (list)，串列內容是國家代碼，可參考 ch21_12.py 的輸出，相同串列的國家會用相同顏色顯示。

程式實例 ch21_14.py：建立一個世界地圖，同時標記中國 (cn)。

```
1  # ch21_14.py
2  import pygal.maps.world
3
4  worldMap = pygal.maps.world.World()                 # 建立世界地圖物件
5  worldMap.title = 'China in the Map'                 # 世界地圖標題
6  worldMap.add('China',['cn'])                        # 標記中國
7  worldMap.render_to_file('out21_14.svg')             # 儲存地圖檔案
```

執行結果　可參考下方左圖。

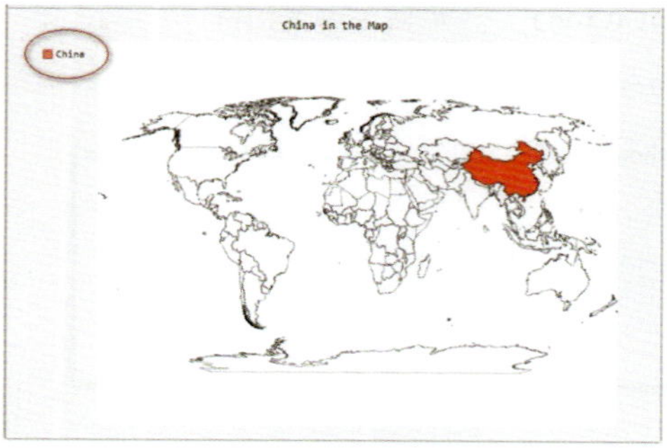

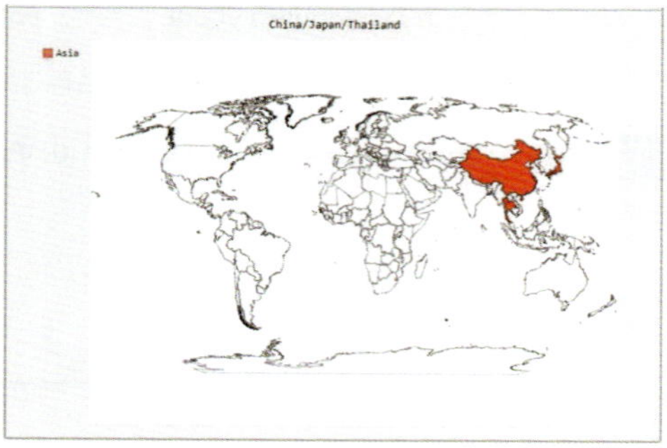

上述程式第 6 列的第一個參數 'China' 標籤，將出現在上圖圈起來的地方，第二個串列參數內的元素 'cn' 將讓此代碼的國家 (此例是中國) 以不同顏色顯示，相當於每一個國家代碼在地圖上的位置已經被標註了。第 7 列 render_to_file( ) 方法主要是將地圖輸出至指定檔案內，這是 svg 檔案，可以用瀏覽器開啟。

程式實例 ch21_15.py：標記 Asia，同時串列內容有中國 (cn)、日本 (ja) 與泰國 (th)。

```
# ch21_15.py
import pygal.maps.world

worldMap = pygal.maps.world.World()                 # 建立世界地圖物件
worldMap.title = 'China/Japan/Thailand'             # 世界地圖標題
worldMap.add('Asia',['cn', 'jp', 'th'])             # 標記Asia
worldMap.render_to_file('out21_15.svg')             # 儲存地圖檔案
```

執行結果　可參考上方右圖。

程式實例 ch21_16.py：標記 Asia, Europe, Africa 和 North America，同時各洲又標記 3 個國家。

```
# ch21_16.py
import pygal.maps.world

worldMap = pygal.maps.world.World()                                   # 建立世界地圖物件
worldMap.title = ' Asia, Europe, Africa, and North America'           # 世界地圖標題
```

```
worldMap.add('Asia',['cn', 'jp', 'th'])                           # 標記Asia
worldMap.add('Europe',['fr', 'de', 'it'])                         # 標記Europe
worldMap.add('Africa',['eg', 'ug', 'ng'])                         # 標記Africa
worldMap.add('North America',['ca', 'us', 'mx'])                  # 標記北美洲
worldMap.render_to_file('out21_16.svg')                           # 儲存地圖檔案
```

執行結果 可參考下方左圖。

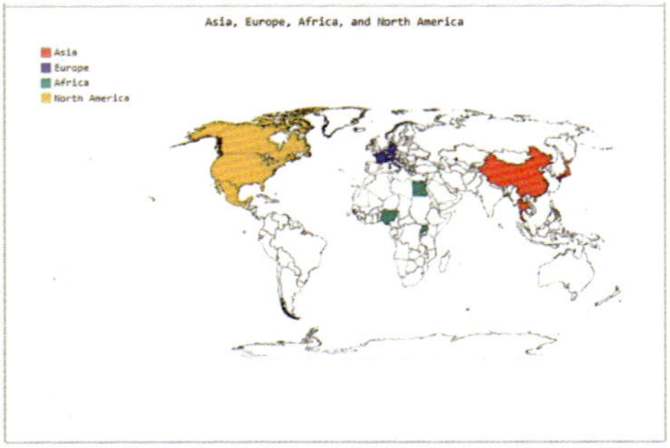

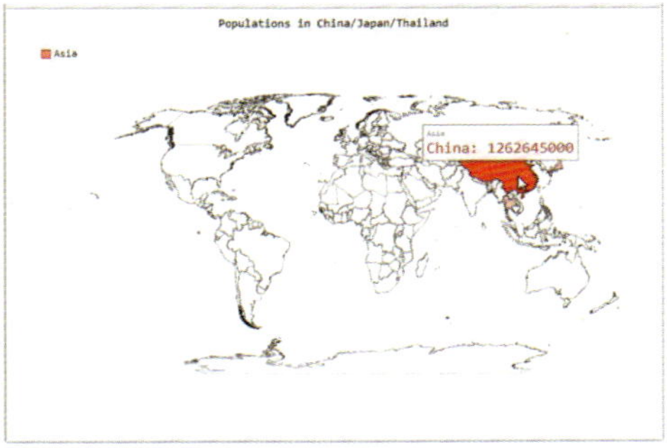

21-6-2 讓地圖呈現數據

先前實例在 add( ) 方法的第 2 個參數的元素是國家代碼字串，所以地圖顯示的是國家區塊。如果我們設計地圖時，在 add( ) 方法的第 2 個參數的元素改為字典，此字典的鍵：值是國家代碼：數據，則未來將滑鼠游標移至國家區塊時可以浮現數據。

程式實例 ch21_17.py：重新設計 ch21_15.py，列出中國、泰國和日本的人口。

```
# ch21_17.py
import pygal.maps.world

worldMap = pygal.maps.world.World()                         # 建立世界地圖物件
worldMap.title = 'Populations in China/Japan/Thailand'      # 世界地圖標題
worldMap.add('Asia',{'cn':1262645000,
                     'jp':126870000,
                     'th':63155029})                         # 標記人口資訊
worldMap.render_to_file('out21_17.svg')                     # 儲存地圖檔案
```

執行結果 可參考上方右圖。

21-6-3 繪製世界人口地圖

經過以上說明，相信各位應該可以逐步了解程式 ch21_13.py，筆者設計一個程式嘗試將有關人口數的國家代碼由 3 為字元轉換成 2 個字元的用心，因為這個模組是用 2 個字元代表國家的地圖區塊。

程式實例 ch21_18.py：本程式基本上是擴充 ch21_13.py，將 populations.json 的 2000 年的人口數據，放在地圖內，相當於繪製 2000 年的世界人口地圖。設計時需留意，首先需將國家代碼與人口數據以字典 dictData 方式儲存，可參考第 24 列。再將字典 dictData 放入 add( ) 方法內，可以參考第 28 列。

```
1  # ch21_18.py
2  import json
3  import pygal.maps.world
4  from pygal.maps.world import COUNTRIES
5
6  def getCountryCode(countryName):
7      '''輸入國家名稱回傳國家代碼'''
8      for dictCode, dictName in COUNTRIES.items():     # 搜尋國家與國家代碼字典
9          if dictName == countryName:
10             return dictCode                          # 如果找到則回傳國家代碼
11     return None                                      # 找不到則回傳None
12
13 fn = 'populations.json'
14 with open(fn) as fnObj:
15     getDatas = json.load(fnObj)                      # 讀取人口數據json檔案
16
17 dictData = {}                                        # 定義地圖使用的字典
18 for getData in getDatas:
19     if getData['Year'] == '2000':                    # 篩選2000年的數據
20         countryName = getData['Country Name']        # 國家名稱
21         countryCode = getCountryCode(countryName)
22         population = int(float(getData['Numbers'])) # 人口數
23         if countryCode != None:
24             dictData[countryCode] = population       # 代碼:人口數據加入字典
25
26 worldMap = pygal.maps.world.World()
27 worldMap.title = "World Population in 2000"
28 worldMap.add('Year 2000', dictData)
29 worldMap.render_to_file('out21_18.svg')              # 儲存地圖檔案
```

執行結果　可參考下方左圖。

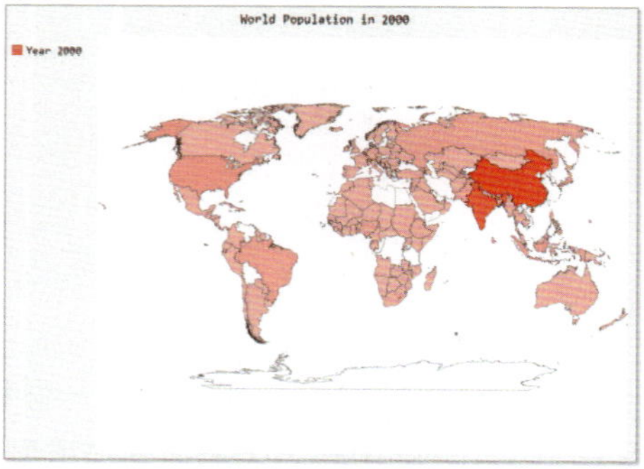

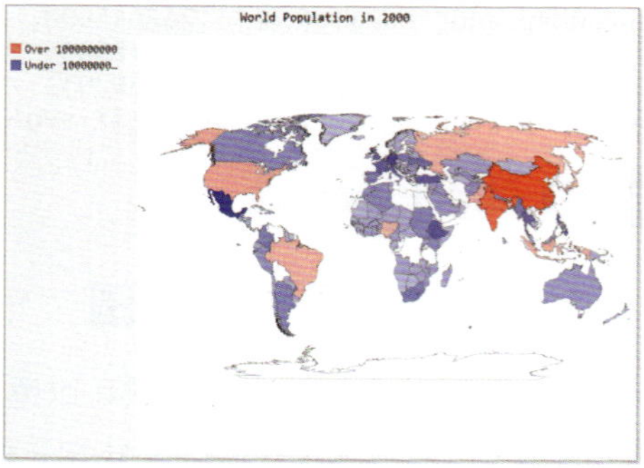

其實我們也可以使用上述觀念將世界人口地圖依據人口數做分類。

程式實例 ch21_19.py：將世界人口地圖依據 1 億人作為國家分類。

```
1   # ch21_19.py
2   import json
3   import pygal.maps.world
4   from pygal.maps.world import COUNTRIES
5
6   def getCountryCode(countryName):
7       '''輸入國家名稱回傳國家代碼'''
8       for dictCode, dictName in COUNTRIES.items():     # 搜尋國家與國家代碼字典
9           if dictName == countryName:
10              return dictCode                          # 如果找到則回傳國家代碼
11      return None                                      # 找不到則回傳None
12
13  fn = 'populations.json'
14  with open(fn) as fnObj:
15      getDatas = json.load(fnObj)                      # 讀取人口數據json檔案
16
17  dictData = {}                                        # 定義地圖使用的字典
18  for getData in getDatas:
19      if getData['Year'] == '2000':                    # 篩選2000年的數據
20          countryName = getData['Country Name']        # 國家名稱
21          countryCode = getCountryCode(countryName)
22          population = int(float(getData['Numbers'])) # 人口數
23          if countryCode != None:
24              dictData[countryCode] = population       # 代碼:人口數據加入字典
25
26  dict1, dict2 = {}, {}                                # 定義人口數分級的字典
27  for code, population in dictData.items():
28      if population > 100000000:
29          dict1[code] = population                     # 人口數大於1000000000
30      else:
31          dict2[code] = population                     # 人口數小於1000000000
32
33  worldMap = pygal.maps.world.World()
34  worldMap.title = "World Population in 2000"
35  worldMap.add('Over 1000000000', dict1)
36  worldMap.add('Under 1000000000', dict2)
37  worldMap.render_to_file('out21_19.svg')              # 儲存地圖檔案
```

執行結果 可參考上方右圖。

上述程式最重要的地方是第 26 至 31 列，dict1 是定義未來存放人口數超過 1 億的國家字典，dict2 是定義人口數小於 1 億的國家。

21-7 專題 - 環境部空氣品質 / 企業應用

21-7-1 環境部空氣品質 json 檔案實作

❑ 下載與儲存 json 檔案

筆者有說明網站有許多資料是使用 json 檔案，下列是環境部空氣品質下載網頁資訊。

上述可以看到 JSON 按鈕，請點選可以看到空氣品質指標 (aqi) 的 json 檔案的網頁。但是上述空氣品質下載網址或網頁經常改變，所以筆者使用已經下載的空氣品質檔案 aqi.json 當作實例解說，此檔案在 ch21 資料夾。

❑ json 檔案的數據清洗

環境部的空氣品質 json 檔案，這個數據是複雜的，如果我們想要清洗數據只保留城市名稱、站台名稱、站台 ID、PM2.5 的值，可以使用下列方式處理。

程式實例 ch21_20.py：讀取環境部的空氣品質 json 檔案 aqi.json，這個程式會列出城市名稱、站台名稱、站台 ID、PM2.5 的值。

```
# ch21_20.py
import json

fn = 'aqi.json'
with open(fn) as fnObj:
    getDatas = json.load(fnObj)                        # 讀json檔案

for getData in getDatas:
    county = getData['County']                         # 城市名稱
    sitename = getData['SiteName']                     # 站台名稱
    siteid = getData['SiteId']                         # 站台ID
    pm25 = getData['PM2.5']                            # PM2.5值
    print('城市名稱 =%4s  站台ID =%3s  PM2.5值 =%3s  站台名稱 = %s ' %
          (county, siteid, pm25, sitename))
```

執行結果

```
==================== RESTART: D:\Python\ch21\ch21_20.py ====================
城市名稱 = 彰化縣  站台ID = 35  PM2.5值 =  5  站台名稱 = 二林
城市名稱 = 新北市  站台ID = 67  PM2.5值 = 19  站台名稱 = 三重
城市名稱 = 苗栗縣  站台ID = 27  PM2.5值 =  2  站台名稱 = 三義
城市名稱 = 新北市  站台ID =  5  PM2.5值 = 21  站台名稱 = 土城
城市名稱 = 臺北市  站台ID = 11  PM2.5值 = 20  站台名稱 = 士林
```

註 筆者此節篩選了 PM2.5，這是細懸浮粒，是指空氣中懸浮的顆粒物，其直徑小於或等於 2.5 微米，來源可能是工業污染、汽機車廢氣、或是沙塵暴或是其它污染物，由於直徑小可以穿越呼吸道直接進入肺部，造成可怕的肺部疾病，目前 WHO 將此認定是癌症重要來源之一。同時 PM2.5 數值如果太高，也直接代表空氣污染嚴重，目前環保署標準比照美國、日本、新加坡將 PM2.5 日平均設為 35 微克 / 立方公尺，全年平均為 15 微克 / 立方公尺。

21-7-2 json 資料格式在企業的潛在應用

本節將說明 json 在企業中可能的應用，並將結果存儲到了 json 檔案中。

- 客戶資料管理：處理客戶資料，例如：名稱、電子郵件和購買次數，並將資料保存在 customers.json。
- 庫存管理：管理庫存資料，例如：產品 ID、名稱和存貨量，並將資料保存在 inventory.json。
- 員工資料錄：維護員工的資料錄，例如：員工 ID、名稱和職位，並將這些資料錄保存在 employees.json。
- 銷售數據分析：處理和存儲銷售數據，例如：每月的總銷售額，並將這些數據保存在 sales_data.json。
- 商業應用設定：使用 json 儲存和管理商業應用的設定，例如：應用版本和功能，並將設定保存在 config_settings.json。

程式實例 ch21_21.py：用 json 實作有效管理和存儲各種企業資料，從客戶資料、庫存、員工資料錄、銷售數據以及商業應用設置。

```
# ch21_21.py
import json

# 客戶數據管理
customer_data = [
    {"id":1, "name":"Tom", "email":"tom@example.com", "purchases":3},
    {"id":2, "name":"Bob", "email":"bob@example.com", "purchases":5}
]
with open('customers.json', 'w') as file:
    json.dump(customer_data, file)

# 庫存管理
inventory = {
    "products": [
        {"id":101, "name":"Laptop", "stock":40},
        {"id":102, "name":"Smartphone", "stock":100}
    ]
```

```
}
with open('inventory.json', 'w') as file:
    json.dump(inventory, file)

# 員工記錄
employees = [
    {"id":"E01", "name":"John Doe", "position":"Manager"},
    {"id":"E02", "name":"Jane Smith", "position":"Developer"}
]
with open('employees.json', 'w') as file:
    json.dump(employees, file)

# 銷售數據分析
sales_data = {
    "year": 2023,
    "sales": [
        {"month":"January", "total_sales":5000},
        {"month":"February", "total_sales":7000}
    ]
}
with open('sales_data.json', 'w') as file:
    json.dump(sales_data, file)

# 商業應用設定
config_settings = {
    "application":"Accounting Software",
    "version":"1.2.0",
    "features": {
        "auto_backup":True,
        "cloud_sync":True
    }
}
with open('config_settings.json', 'w') as file:
    json.dump(config_settings, file)
```

第 22 章

使用 Python 處理 CSV/Pickle/Shelve/Excel 文件

CSV 是一個縮寫，它的英文全名是 Comma-Seperated Values，由字面意義可以解說是逗號分隔值，當然逗號是主要資料欄位間的分隔值，不過目前也有非逗號的分隔值。這是一個純文字格式的文件，沒有圖片、不用考慮字型、大小、顏色 … 等。

簡單的說，CSV 數據是指同一列 (row) 的資料彼此用逗號 (或其它符號) 隔開，同時每一列 (row) 數據是一筆 (record) 資料，幾乎所有試算表 (Excel)、文字編輯器與資料庫檔案均支援這個文件格式。本章將講解操作此檔案的基本知識，同時也將講解如何將 Excel 的工作表改存成 CSV 檔案、將 CSV 檔案內容改成用 Excel 儲存，以及講解讀取與輸出 Excel 檔案的方法。

註　其實目前網路開放資訊大都有提供 CSV 檔案的下載，未來讀者在工作時也可以將 Excel 工作表改用 CSV 格式儲存。

22-1 建立一個 CSV 文件

為了更詳細解說，筆者先用 ch22 資料夾的 report.xlsx 檔案產生一個 CSV 文件，未來再用這個文件做說明。目前視窗內容是 report.xlsx，如下所示：

	A	B	C	D	E	F	G
1	名字	年度	產品	價格	數量	業績	城市
2	Diana	2025年	Black Tea	10	600	6000	New York
3	Diana	2025年	Green Tea	7	660	4620	New York
4	Diana	2026年	Black Tea	10	750	7500	New York
5	Diana	2026年	Green Tea	7	900	6300	New York
6	Julia	2025年	Black Tea	10	1200	12000	New York

請執行檔案 / 另存新檔 / 瀏覽，然後選擇目前 D:\Python\ch22 資料夾。CSV 檔案一樣有「utf-8」和「cp950」格式，未來開啟檔案時，需選擇適合的格式才可以開啟該檔案，在存檔類型欄位有下列 2 種 CSV 格式可以選擇：

CSV UTF-8(逗號分隔)：這是「utf-8」格式的 CSV 檔案。

CSV (逗號分隔)：這是「cp950」(ANSI) 格式的 CSV 檔案。

此例，請在存檔類型選 CSV UTF-8(逗號分隔)，然後將檔案名稱改為 csvReport。

按儲存鈕後，可以得到下列結果。

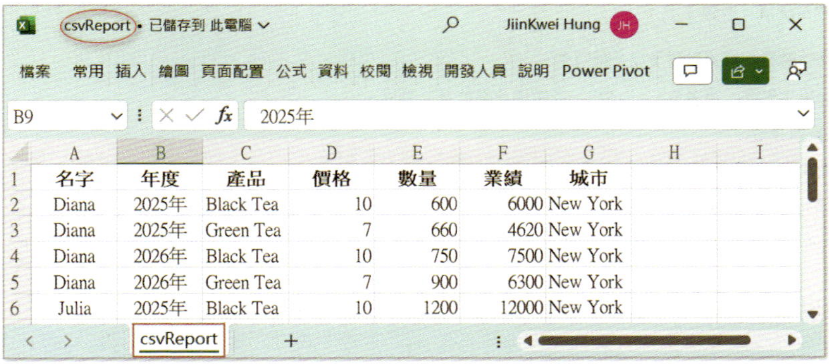

我們已經成功的建立一個 CSV 檔案了，檔名是 csvReport.csv，可以關閉上述 Excel 視窗了。

22-2 開啟「utf-8」格式 CSV 檔案

22-2-1 使用記事本開啟

CSV 檔案的特色是幾乎可以在所有不同的試算表內編輯，當然也可以在一般的文字編輯程式內查閱使用，如果我們現在使用記事本開啟這個 CSV 檔案，可以看到這個檔案的原貌。

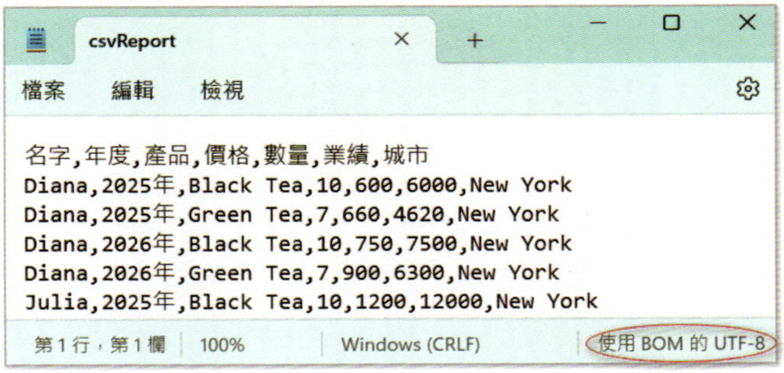

請留意檔案格式是「具有 BOM 的 UTF」，這類格式又和「UTF 不一樣」，讀者可以複習 14-11-3 節。

22-2-2　使用 Excel 開啟

對於「utf-8」格式的 CSV 檔案，使用 Excel 開啟時會出現匯入字串精靈對話方塊。

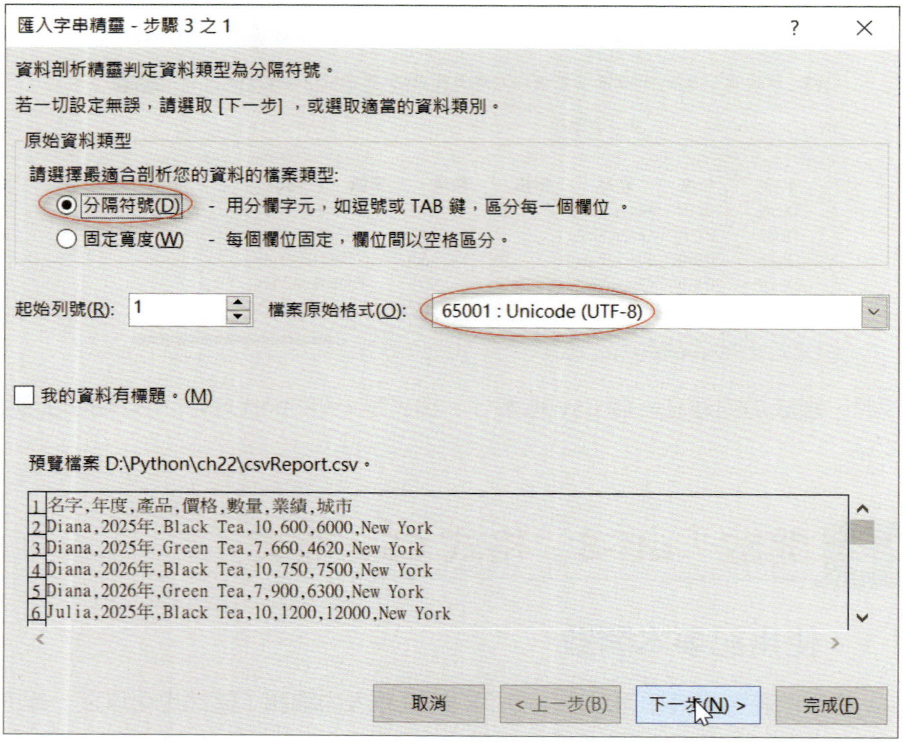

上述請選擇預設環境，如上所示，然後按下一步鈕。

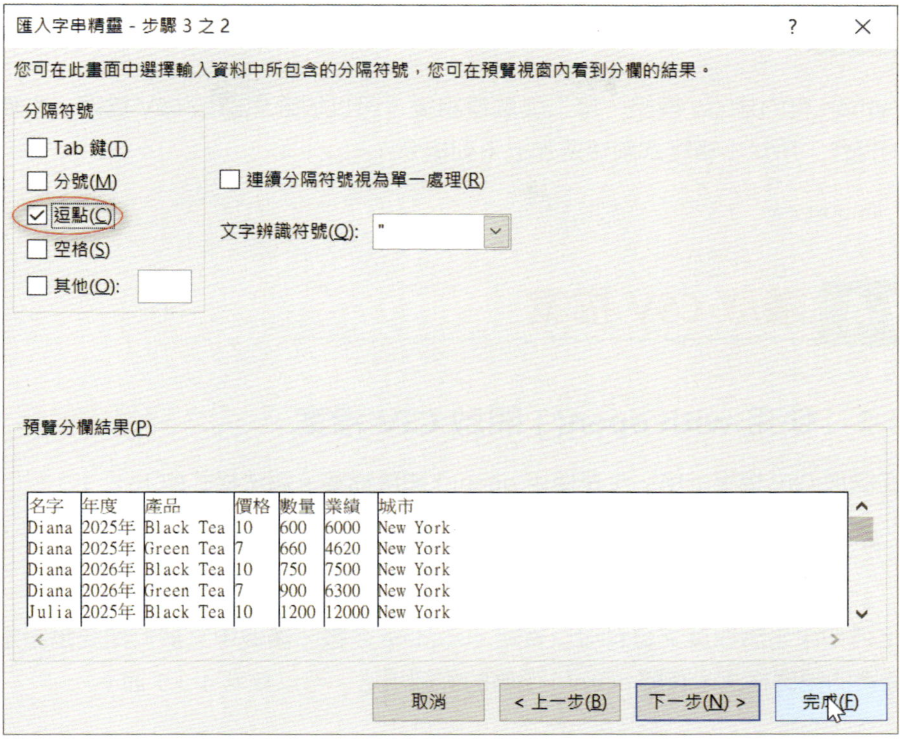

上述請在分隔符號選擇「逗點」，然後按完成鈕，就可以開啟「utf-8」格式的 CSV 檔案，同時不會有亂碼。

	A	B	C	D	E	F	G
1	名字	年度	產品	價格	數量	業績	城市
2	Diana	2025年	Black Tea	10	600	6000	New York
3	Diana	2025年	Green Tea	7	660	4620	New York
4	Diana	2026年	Black Tea	10	750	7500	New York
5	Diana	2026年	Green Tea	7	900	6300	New York
6	Julia	2025年	Black Tea	10	1200	12000	New York

在第 14 章筆者也是使用「cp950」(ANSI) 方式開啟與寫入檔案，但是未來讀者可能會在國際網站讀取 CSV 檔案，所碰上的大部分會是「utf-8」格式的檔案，這一章筆者會交叉使用「utf-8」或「cp950」方式開啟與寫入檔案。

22-3 csv 模組

Python 有內建 csv 模組，導入這個模組後，可以很輕鬆讀取 CSV 檔案，方便未來程式的操作，所以本章程式前端要加上下列指令。

```
import csv
```

22-4 讀取 CSV 檔案

22-4-1　使用 with open( ) 開啟 CSV 檔案

在讀取 CSV 檔案前第一步是使用 open( ) 開啟檔案，語法格式如下：

```
with open( 檔案名稱 , encoding='xx') as csvFile
        相關系列指令
```

上述如果是讀取英文資料可以省略 encoding 參數，讀取中文資料建議是設定開啟中文檔案的編碼格式，有關 open( ) 函數的詳細用法，可以參考 4-3-1 節。

22-4-2　建立 Reader 物件

有了 CSV 檔案物件後，下一步是可以使用 csv 模組的 reader( ) 建立 Reader 物件，Python 可以使用 list( ) 將這個 Reader 物件轉換成串列 (list)，我們就可以很輕鬆的使用這個串列資料了。

程式實例 ch22_1.py：開啟 csvReport.csv 檔案，讀取 csv 檔案可以建立 Reader 物件 csvReader，再將 csvReader 物件轉成串列資料，然後輸出串列資料。

```
# ch22_1.py
import csv

fn = 'csvReport.csv'
with open(fn,encoding='utf-8') as csvFile:  # 開啟csv檔案
    csvReader = csv.reader(csvFile)        # 建立Reader物件
    listReport = list(csvReader)           # 將資料轉成串列
for row in listReport:                     # 迴圈輸出串列內容
    print(row)
```

執行結果

```
======================= RESTART: D:\Python\ch22\ch22_1.py ======================
['\ufeff名字', '年度', '產品', '價格', '數量', '業績', '城市']
['Diana', '2025年', 'Black Tea', '10', '600', '6000', 'New York']
['Diana', '2025年', 'Green Tea', '7', '660', '4620', 'New York']
['Diana', '2026年', 'Black Tea', '10', '750', '7500', 'New York']
['Diana', '2026年', 'Green Tea', '7', '900', '6300', 'New York']
['Julia', '2025年', 'Black Tea', '10', '1200', '12000', 'New York']
['Julia', '2026年', 'Black Tea', '10', '1260', '12600', 'New York']
['Steve', '2025年', 'Black Tea', '10', '1170', '11700', 'Chicago']
['Steve', '2025年', 'Green Tea', '7', '1260', '8820', 'Chicago']
['Steve', '2026年', 'Black Tea', '10', '1350', '13500', 'Chicago']
['Steve', '2026年', 'Green Tea', '7', '1440', '10080', 'Chicago']
```

上述程式需留意是，程式第 6 列所建立的 Reader 物件 csvReader，只能在 with 關鍵區塊內使用，此例是 5 ~ 7 列，未來我們要繼續操作這個 CSV 檔案內容，需使用第 7 列所建的串列 listReport 或是重新開檔與讀檔。

如果再仔細看輸出的內容，可以看到這是串列資料，串列內的元素也是串列，也就是原始 csvReport.csv 內的一列資料是一個元素。

註 上述執行結果可以看到，原先數值資料在轉換成串列時變成了字串，所以未來要讀取 CSV 檔案時，必需要將數值字串轉換成數值格式。

22-4-3 使用串列索引讀取 CSV 內容

我們也可以使用串列索引知識，讀取 CSV 內容。

程式實例 ch22_2.py：使用索引列出串列內容。

```
# ch22_2.py
import csv

fn = 'csvReport.csv'
with open(fn,encoding='utf-8') as csvFile:  # 開啟csv檔案
    csvReader = csv.reader(csvFile)     # 建立Reader物件
    listReport = list(csvReader)        # 將資料轉成串列

print(listReport[0][1], listReport[0][2])
print(listReport[1][2], listReport[1][5])
print(listReport[2][3], listReport[2][6])
```

執行結果

```
======================= RESTART: D:\Python\ch22\ch22_2.py ======================
年度 產品
Black Tea 6000
7 New York
```

22-4-4　DictReader( )

這也是一個讀取 CSV 檔案的方法，不過傳回的是排序字典 (OrderedDict) 類型，所以可以用欄位名稱當索引方式取得資料。在美國許多文件以 CSV 檔案儲存時，常常人名的 Last Name(姓) 與 First Name(名) 是分開以不同欄位儲存，讀取時可以使用這個方法，可參考 ch22 資料夾的 csvPeople.csv 檔案。

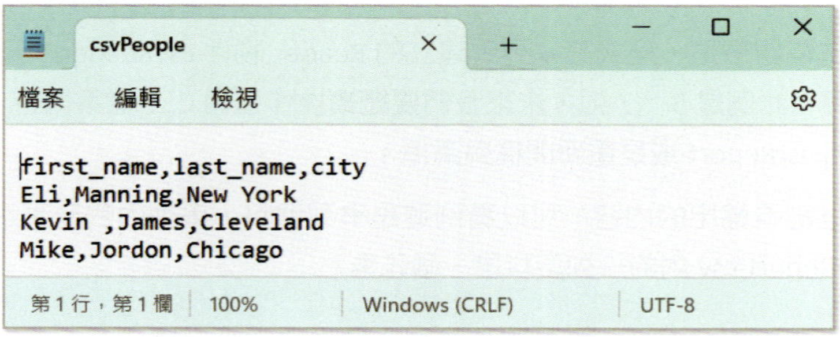

程式實例 ch22_3.py：使用 DictReader( ) 讀取 csv 檔案，然後列出 DictReader 物件內容。

```
1  # ch22_3.py
2  import csv
3
4  fn = 'csvPeople.csv'
5  with open(fn) as csvFile:                          # 開啟csv檔案
6      csvDictReader = csv.DictReader(csvFile) # 讀檔案建立DictReader物件
7      for row in csvDictReader:                   # 列出DictReader各列內容
8          print(row)
```

執行結果

```
====================== RESTART: D:\Python\ch22\ch22_3.py ======================
{'first_name': 'Eli', 'last_name': 'Manning', 'city': 'New York'}
{'first_name': 'Kevin ', 'last_name': 'James', 'city': 'Cleveland'}
{'first_name': 'Mike', 'last_name': 'Jordon', 'city': 'Chicago'}
```

程式實例 ch22_4.py：上述輸出是字典資料，將 csvPeople.csv 檔案的 last_name 與 first_name 解析出來，這個程式只有修改第 8 列。

```
8          print(row['first_name'], row['last_name'])
```

執行結果

```
====================== RESTART: D:/Python/ch22/ch22_4.py ======================
Eli Manning
Kevin  James
Mike Jordon
```

22-5 寫入 CSV 檔案

22-5-1 開啟欲寫入的檔案 with open( )

想要將資料寫入 CSV 檔案，首先是要開啟一個檔案供寫入，使用 with 關鍵字時，語法如下所示：

```
with open(' 檔案名稱 ', 'w', newline= ' ',encoding='xx') as csvFile:
     ...
```

如果開啟的檔案只能寫入，則可以加上參數 'w'，這表示是 write only 模式，只能寫入。

22-5-2 建立 writer 物件

如果應用前一節的 csvFile 物件，接下來需建立 writer 物件，語法如下：

```
with open(' 檔案名稱 ', 'w', newline= ' ', encoding='xx') as csvFile:
     outWriter = csv.writer(csvFile)
     ...
```

上述開啟檔案時多加參數 newline=' '，可避免輸出時每列之間多空一列。

22-5-3 輸出串列 writerow( )

writerow( ) 可以輸出串列資料。

程式實例 ch22_5.py：輸出串列資料的應用。

```
# ch22_5.py
import csv

fn = 'out22_5.csv'
with open(fn,'w',newline='',encoding="utf-8") as csvFile: # 開啟csv檔案
    csvWriter = csv.writer(csvFile)                       # 建立Writer物件
    csvWriter.writerow(['姓名', '年齡', '城市'])
    csvWriter.writerow(['Hung', '35', 'Taipei'])
    csvWriter.writerow(['James', '40', 'Chicago'])
```

執行結果 下列是用記事本開啟檔案的結果。

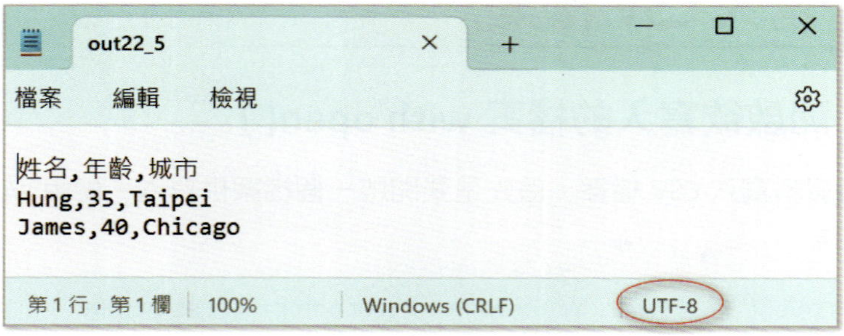

請留意上述檔案格式是「UTF-8」，而不是 22-2-1 節的「具有 BOM 的 UTF」CSV 格式，上述如果用 Excel 的檔案 / 開啟指令，會出現亂碼。或是使用 Excel 的資料標籤，從「取得資料 / 從檔案 / 文字 /CSV 匯入」，選擇要開啟的 CSV 檔案，然後可以看到下列對話方塊。

上述再按「載入」鈕即可以載入此「utf-8」格式的 CSV 檔案。

程式實例 ch22_6.py：複製 CSV 檔案，這個程式會讀取檔案，然後將檔案寫入另一個檔案方式，達成拷貝的目的。

```
# ch22_6.py
import csv

infn = 'csvReport.csv'                                  # 來源檔案
outfn = 'out22_6.csv'                                   # 目的檔案
with open(infn,encoding='utf-8') as csvRFile:           # 開啟csv檔案供讀取
    csvReader = csv.reader(csvRFile)                    # 讀檔案建立Reader物件
    listReport = list(csvReader)                        # 將資料轉成串列

```

```
with open(outfn,'w',newline='',encoding="utf-8") as csvOFile:
    csvWriter = csv.writer(csvOFile)                    # 建立Writer物件
    for row in listReport:                              # 將串列寫入
        csvWriter.writerow(row)
```

執行結果 讀者可以開啟 out22_6.csv 檔案，內容將和 csvReport.csv 檔案相同。

22-5-4 delimiter 關鍵字

delimiter 是分隔符號，這個關鍵字是用在 writer( ) 方法內，將資料寫入 CSV 檔案時預設同一列區隔欄位是逗號，用這個符號將區隔欄位的分隔符號改為逗號。

程式實例 ch22_7.py：將分隔符號改為定位點字元 (\t)。

```
# ch22_7.py
import csv

fn = 'out22_7.csv'
with open(fn, 'w', newline = '') as csvFile:                # 開啟csv檔案
    csvWriter = csv.writer(csvFile, delimiter='\t') # 建立Writer物件
    csvWriter.writerow(['Name', 'Age', 'City'])
    csvWriter.writerow(['Hung', '35', 'Taipei'])
    csvWriter.writerow(['James', '40', 'Chicago'])
```

執行結果 下列是用記事本開啟 out22_7.csv 的結果。

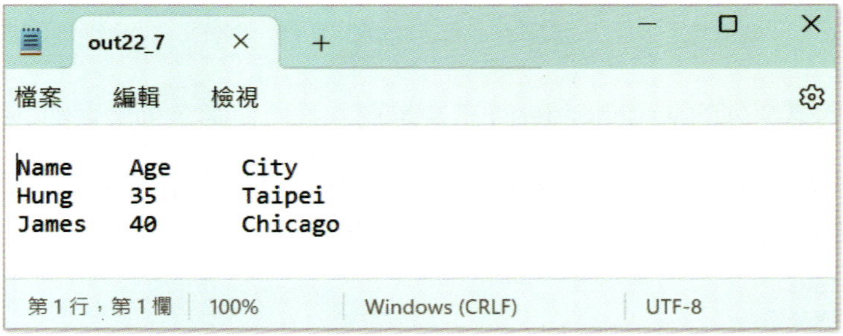

當用 '\t' 字元取代逗號後，Excel 視窗開啟這個檔案時，會將每列資料擠在一起，所以最好方式是用記事本開啟這類的 CSV 檔案。

22-5-5 寫入字典資料 DictWriter( )

DictWriter( ) 可以寫入字典資料，其語法格式如下：

dictWriter = csv.DictWriter(csvFile, fieldnames=fields)

上述 dictWriter 是字典的 Writer 物件，在上述指令前我們需要先設定 fields 串列，這個串列將包含未來字典內容的鍵 (key)。

程式實例 ch22_8.py：使用 DictWriter( ) 將字典資料寫入 CSV 檔案。

```
1  # ch22_8.py
2  import csv
3
4  fn = 'out22_8.csv'
5  with open(fn, 'w', newline = '') as csvFile:                 # 開啟csv檔案
6      fields = ['Name', 'Age', 'City']
7      dictWriter = csv.DictWriter(csvFile,fieldnames=fields)  # 建立Writer物件
8
9      dictWriter.writeheader()                                 # 寫入標題
10     dictWriter.writerow({'Name':'Hung', 'Age':'35', 'City':'Taipei'})
11     dictWriter.writerow({'Name':'James', 'Age':'40', 'City':'Chicago'})
```

執行結果　下方左圖是用 Excel 開啟 out22_8.csv 的結果。

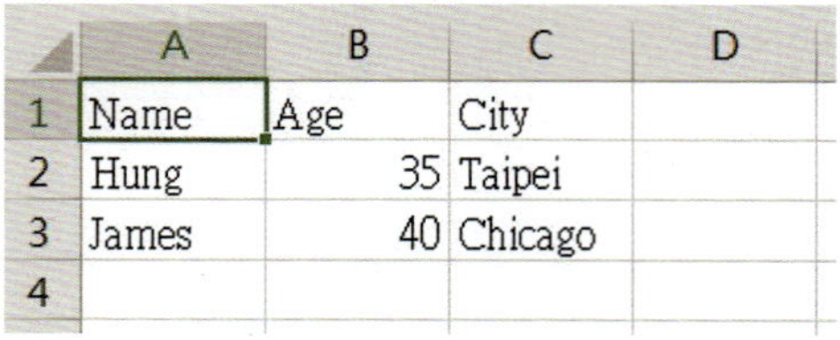

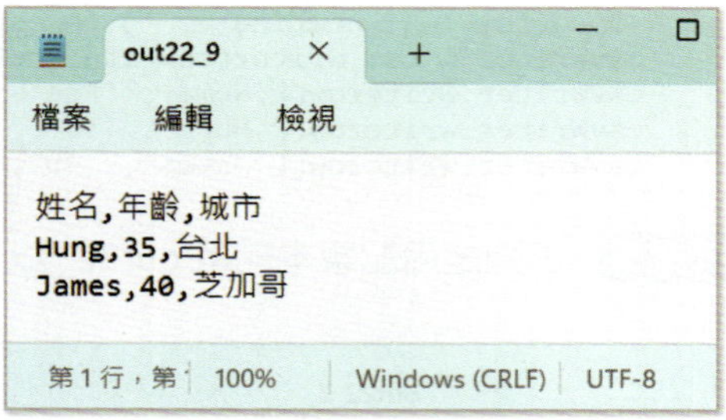

上述程式第 9 列的 writeheader( ) 主要是寫入我們在第 7 列設定的 fieldname。

程式實例 ch22_9.py：使用中文資料改寫程式實例 ch22_8.py，同時將欲寫入 CSV 檔案的資料改成串列資料，此串列資料的元素是字典。

```
# ch22_9.py
import csv

# 定義串列,元素是字典
dictList = [{'姓名':'Hung','年齡':'35','城市':'台北'},
            {'姓名':'James', '年齡':'40', '城市':'芝加哥'}]

fn = 'out22_9.csv'
with open(fn, 'w', newline = '', encoding = 'utf-8') as csvFile:
    fields = ['姓名', '年齡', '城市']
    dictWriter = csv.DictWriter(csvFile,fieldnames=fields)  # 建立Writer物件
    dictWriter.writeheader()                                 # 寫入標題
    for row in dictList:                                     # 寫入內容
        dictWriter.writerow(row)
```

執行結果　開啟 out22_9.csv 的結果可以參考上方右圖。

22-6 專題 - 使用 CSV 檔案繪製氣象圖表

其實網路上有許多 CSV 檔案，原始的檔案有些複雜，不過我們可以使用 Python 讀取檔案，然後篩選我們要的欄位，整個工作就變得比較簡單了。本節主要是用實例介紹將圖表設計應用在 CSV 檔案。

22-6-1 台北 2025 年 1 月氣象資料

在 ch22 資料夾內有 TaipeiWeatherJan.csv 檔案，這是 2025 年 1 月份台北市的氣象資料，這個檔案的 Excel 內容如下：

	A	B	C	D	E	F
1	Date	HighTemperature	MeanTemperature	LowTemperature		
2	2025/1/1	26	23	20		
3	2025/1/2	25	22	18		
4	2025/1/3	22	20	19		
5	2025/1/4	27	24	20		
6	2025/1/5	25	22	19		

TaipeiWeatherJan

程式實例 ch22_10.py：讀取 TaipeiWeatherJan.csv 檔案，然後用串列方式輸出標題列，同時也使用 enumerate( ) 方式輸出索引和標題列。

```
1  # ch22_10.py
2  import csv
3
4  fn = 'TaipeiWeatherJan.csv'
5  with open(fn) as csvFile:
6      csvReader = csv.reader(csvFile)
7      headerRow = next(csvReader)      # 讀取文件下一列
8  print(headerRow)
9
10 for i, header in enumerate(headerRow):
11     print(i, header)
```

執行結果

```
===================== RESTART: D:\Python\ch22\ch22_10.py =====================
['Date', 'HighTemperature', 'MeanTemperature', 'LowTemperature']
0 Date
1 HighTemperature
2 MeanTemperature
3 LowTemperature
```

從上圖我們可以得到 TaipeiWeatherJan.csv 有 4 個欄位，分別是記載日期 (Date) 、當天最高溫 (HighTemperature) 、平均溫度 (MeanTemperature) 、最低溫度 (LowTemperature)。上述第 7 列的 next( ) 可以讀取下一列。

22-6-2 讀取最高溫與最低溫

程式實例 ch22_11.py：讀取 TaipeiWeatherJan.csv 檔案的最高溫與最低溫。這個程式會將一月份的最高溫放在 highTemps 串列，最低溫放在 lowTemps 串列。

```python
# ch22_11.py
import csv

fn = 'TaipeiWeatherJan.csv'
with open(fn) as csvFile:
    csvReader = csv.reader(csvFile)
    headerRow = next(csvReader)                 # 讀取文件下一列
    highTemps, lowTemps = [], []                # 設定空串列
    for row in csvReader:
        highTemps.append(row[1])                # 儲存最高溫
        lowTemps.append(row[3])                 # 儲存最低溫

print("最高溫 : ", highTemps)
print("最低溫 : ", lowTemps)
```

執行結果

```
===================== RESTART: D:\Python\ch22\ch22_11.py =====================
最高溫 :  ['26', '25', '22', '27', '25', '25', '26', '22', '18', '20', '21', '22
', '18', '15', '15', '16', '23', '23', '22', '18', '15', '17', '16', '17', '18',
 '19', '24', '26', '25', '27', '18']
最低溫 :  ['20', '18', '19', '20', '19', '20', '20', '18', '16', '16', '18', '18
', '14', '12', '13', '13', '16', '18', '18', '12', '12', '12', '13', '14', '13',
 '13', '13', '16', '17', '14', '14']
```

22-6-3 繪製最高溫

其實這一節內容不複雜，所有繪圖方法前面各小節已有說明。

程式實例 ch22_12.py：繪製 2025 年 1 月份，台北每天氣溫的最高溫，請注意第 12 列儲存溫度時使用 int(row[1])，相當於用整數儲存。

```python
1  # ch22_12.py
2  import csv
3  import matplotlib.pyplot as plt
4
5  plt.rcParams["font.family"] = ["Microsoft JhengHei"]
6  fn = 'TaipeiWeatherJan.csv'
7  with open(fn) as csvFile:
8      csvReader = csv.reader(csvFile)
9      headerRow = next(csvReader)                  # 讀取文件下一列
10     highTemps = []                               # 設定空串列
11     for row in csvReader:
12         highTemps.append(int(row[1]))            # 儲存最高溫
13 plt.figure(figsize=(12, 8))                      # 設定繪圖區大小
14 plt.plot(highTemps)
15 plt.title("2025年1月台北天氣報告", fontsize=24)
16 plt.ylabel(r'溫度 $C^{o}$', fontsize=14)
17 plt.show()
```

執行結果

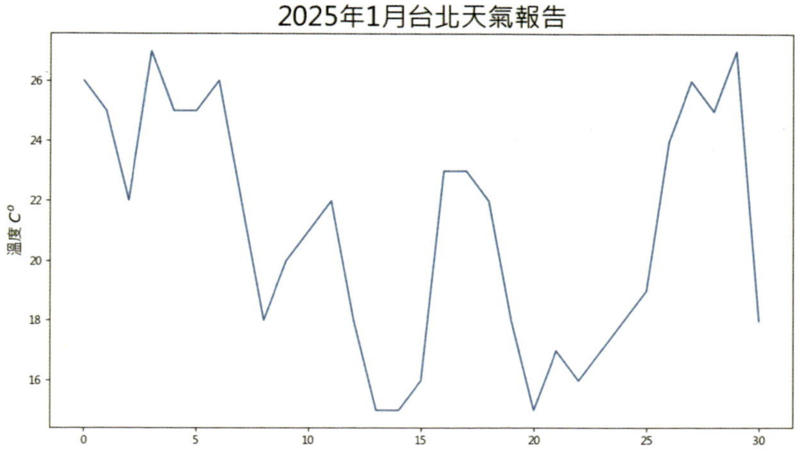

上述如果省略第 13 列，則是用預設大小的畫布，繪製最高溫。

22-6-4 天氣報告增加日期刻度

天氣圖表建立過程，我們可能想加上日期在 x 軸的刻度上，這時我們需要使用 Python 內建的 datetime 模組，在使用前請用下列方式導入模組。

```
from datetime import datetime
```

然後可以使用下列方法將日期字串解析為日期物件：

```
strptime(string, format)
```

string 是要解析的日期字串，format 是該日期字串目前格式，下表是日期格式參數的意義。

參數	說明	參數	說明
%Y	4 位數年份，例如：2017	%H	24 小時 (0-23)
%y	2 位數年份，例如：17	%I	12 小時 (1-12)
%m	月份 (1-12)	%p	AM 或 PM
%B	月份名稱，例如：January	%M	分鐘 (0-59)
%A	星期名稱，例如：Sunday	%S	秒 (0-59)
%d	日期 (1-31)		

程式實例 ch22_13.py：將字串轉成日期物件。

```
# ch22_13.py
from datetime import datetime

dateObj = datetime.strptime('2025/1/1', '%Y/%m/%d')
print(dateObj)
```

執行結果

```
==================== RESTART: D:\Python\ch22\ch22_13.py ====================
2025-01-01 00:00:00
```

我們可以在 plot( ) 方法內增加日期串列參數時，就可以在圖表增加日期刻度。

程式實例 ch22_14.py：為圖表增加日期刻度。

```
# ch22_14.py
import csv
import matplotlib.pyplot as plt
from datetime import datetime

plt.rcParams["font.family"] = ["Microsoft JhengHei"]
fn = 'TaipeiWeatherJan.csv'
with open(fn) as csvFile:
    csvReader = csv.reader(csvFile)
    headerRow = next(csvReader)                    # 讀取文件下一列
    dates, highTemps = [], []                      # 設定空串列
    for row in csvReader:
        highTemps.append(int(row[1]))              # 儲存最高溫
        currentDate = datetime.strptime(row[0], "%Y/%m/%d")
        dates.append(currentDate)

plt.figure(figsize=(12, 8))                        # 設定繪圖區大小
plt.plot(dates, highTemps)                         # 圖標增加日期刻度
plt.title("2025年1月台北天氣報告", fontsize=24)
plt.ylabel(r'溫度 $C^{o}$', fontsize=14)
plt.show()
```

執行結果

這個程式的第一個重點是第 14 和 15 列，主要是將日期字串轉成物件，然後存入 dates 日期串列。第二個重點是第 18 列，在 plot( ) 方法中第一個參數是放 dates 日期串列。上述缺點是如果圖表寬度不足容易造成日期重疊，可以參考下一節將日期旋轉改良。

22-6-5 日期位置的旋轉

上一節的執行結果可以發現日期是水平放置，autofmt_xdate( ) 設定日期旋轉，語法如下：

```
fig = plt.figure( xxx )                    # xxx 是相關設定資訊，回傳 fig 物件
...
fig.autofmt_xdate(rotation=xx)             # xx 是角度，rotation 若省略則系統使用最佳化
```

程式實例 ch22_15.py：重新設計 ch22_14.py，增加將日期旋轉。

```
18  plt.plot(dates, highTemps)                      # 圖標增加日期刻度
19  fig.autofmt_xdate()                             # 預設最佳化角度旋轉
20  plt.title("2025年1月台北天氣報告", fontsize=24)
```

執行結果

程式實例 ch22_16.py：將日期字串調整為旋轉 60 度。

```
19  fig.autofmt_xdate(rotation=60)                  # 日期旋轉60度
```

執行結果

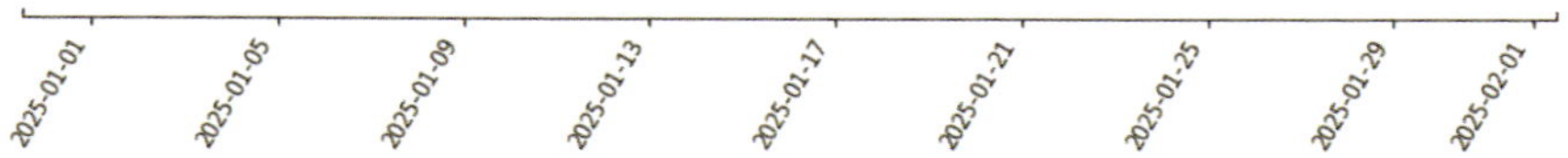

22-6-6　繪製最高溫與最低溫

在 TaipeiWeatherJan.csv 檔案內有最高溫與最低溫的欄位，下列將繪製最高、最低溫以及填滿區間溫度。

程式實例 ch22_17.py：繪製最高溫與最低溫，這個程式有 2 個重點：

- 程式第 13 至 22 列使用異常處理方式，因為讀者在讀取真實的網路數據時，常常會有不可預期的資料發生，例如：資料少了或是資料格式錯誤，往往造成程式中斷，為了避免程式因數據不良，所以使用異常處理方式。
- 第 25 和 26 列是分別繪製最高溫與最低溫，第 27 列是填滿最高溫度和最低溫度區間。

```
1  # ch22_17.py
2  import csv
3  import matplotlib.pyplot as plt
4  from datetime import datetime
5
6  plt.rcParams["font.family"] = ["Microsoft JhengHei"]
7  fn = 'TaipeiWeatherJan.csv'
8  with open(fn) as csvFile:
9      csvReader = csv.reader(csvFile)
10     headerRow = next(csvReader)              # 讀取文件下一列
11     dates, highTemps, lowTemps = [], [], [] # 設定空串列
12     for row in csvReader:
13         try:
14             currentDate = datetime.strptime(row[0], "%Y/%m/%d")
15             highTemp = int(row[1])           # 設定最高溫
16             lowTemp = int(row[3])            # 設定最低溫
17         except Exception:
18             print('有缺值')
19         else:
20             highTemps.append(highTemp)       # 儲存最高溫
21             lowTemps.append(lowTemp)         # 儲存最低溫
22             dates.append(currentDate)        # 儲存日期
23
24 fig = plt.figure(figsize=(12, 8))            # 設定繪圖區大小
25 plt.plot(dates, highTemps)                   # 繪製最高溫
26 plt.plot(dates, lowTemps)                    # 繪製最低溫
27 plt.fill_between(dates,highTemps,lowTemps,color='y',alpha=0.2) # 填滿
28 fig.autofmt_xdate()                          # 日期旋轉
29 plt.title("2025年1月台北天氣報告", fontsize=24)
30 plt.ylabel(r'溫度 $C^{o}$', fontsize=14)
31 plt.show()
```

執行結果

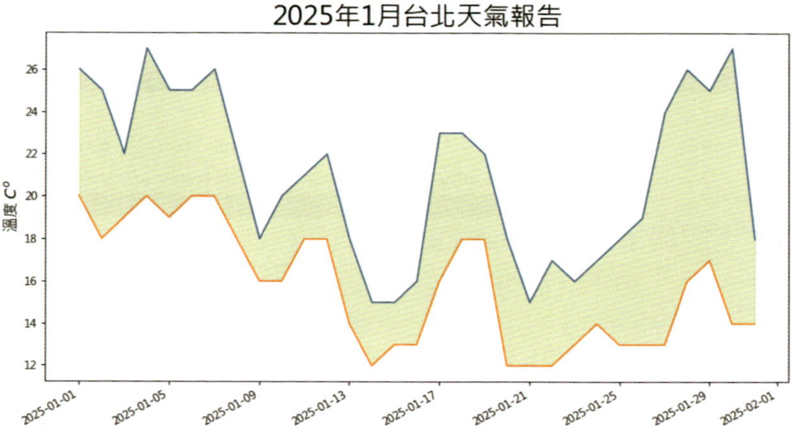

22-7 CSV 真實案例實作

22-7-1 認識台灣股市的 CSV 的檔案

台灣上櫃與上市股票皆是以 CSV 檔案儲存交易紀錄，這一節筆者將簡單說明上櫃股票資訊取的與實務應用。請使用下列網址進入證券櫃檯買賣中心網頁：

https://www.tpex.org.tw/

可以進入此網站。

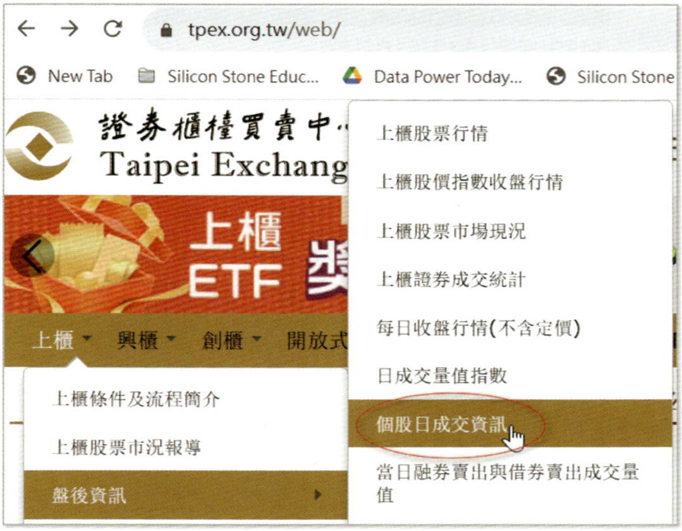

請點選上櫃 / 盤後資訊 / 個股日成交資訊，可以看到下列畫面：

讀者可以參考上述圈選欄位自行輸入股票代碼和資料年月就可以看到特定股票在特定年月份的成交盤後資訊。下列是筆者填選 112/10 月份、股票代碼是 3479 安勤公司的盤後資訊。

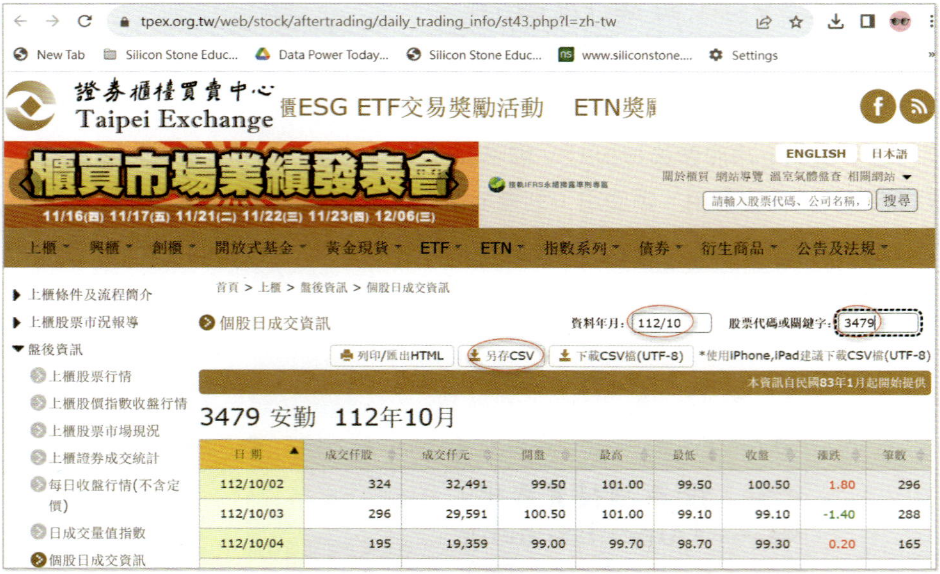

上述可以看到另存 CSV，或是下載 CSV 檔 (UTF-8) 鈕，點選就可以下載。為了方便檢視 CSV 內容，請點選另存 CSV 鈕，就可以下載，在本書 ch22 資料夾已經有這個檔案「ST43_3479_202310.csv」，內容如下：

	A	B	C	D	E	F	G	H	I
1	個股日成交資訊								
2	股票代號:3479								
3	股票名稱:安勤								
4	資料日期:112/10								
5	日 期	成交仟股	成交仟元	開盤	最高	最低	收盤	漲跌	筆數
6	112/10/02	324	32,491	99.5	101	99.5	100.5	1.8	296
7	112/10/03	296	29,591	100.5	101	99.1	99.1	-1.4	288
8	112/10/04	195	19,359	99	99.7	98.7	99.3	0.2	165
9	112/10/05	184	18,408	99.5	100.5	99.5	100.5	1.2	171
10	112/10/06	326	32,525	100.5	101	99.3	99.9	-0.6	256

...

24	112/10/30	238	23,030	95.5	97.5	95.2	97	1.6	240
25	112/10/31	374	36,062	97	98	94.3	94.6	-2.4	390
26	共20筆								

22-7-2 繪製股市最高價、最低價與收盤價日線圖

22-6 節筆者介紹了繪製氣象圖表，雖然讀取了 CSV 檔案，但那是簡化後的檔案，真實的 CSV 檔案，應該是類似前一小節，特定股票的盤後資訊 CSV 檔案。在這裡我們碰上 3 個問題：

1：CSV 檔案前幾列是介紹此檔案的相關資訊，這與要繪製的圖表無關。

2：日期是民國格式，我們需要將民國日期格式改為西元日期格式。

3：CSV 檔案末端列是此檔案的統計資訊，這也是和要繪製的圖表無關。

程式實例 ch22_18.py：繪製安勤公司股票最高價、最低價與收盤價日線圖。

```
# ch22_18.py
import csv
import matplotlib.pyplot as plt
from datetime import datetime

def convert_tw_date_to_ad(tw_date):
    # 分割日期為年、月、日
    year, month, day = map(int, tw_date.split('/'))
    # 將民國年轉換為西元年
    year += 1911
    # 重組日期並返回
    return f"{year}-{month:02d}-{day:02d}"

plt.rcParams["font.family"] = ["Microsoft JhengHei"]
```

```python
fn = 'ST43_3479_202310.csv'
with open(fn) as csvFile:
    csvReader = csv.reader(csvFile)
    for _ in range(5):                                     # 跳過前5列
        next(csvReader)
    all_rows = list(csvReader)
    data_without_last_row = all_rows[:-1]                  # 跳過最後一列

    mydates, highPrices, lowPrices, closePrices = [], [], [], []

    for row in data_without_last_row:
        try:
            # 將日期轉換為西元年格式
            converted_date = convert_tw_date_to_ad(row[0])
            # 使用 strptime 解析轉換後的日期字串
            parseDate = datetime.strptime(converted_date, "%Y-%m-%d")
            currentDate = parseDate.strftime("%Y-%m-%d") # 轉換後日期
            highPrice = eval(row[4])                       # 設定最高價
            lowPrice = eval(row[5])                        # 設定最低價
            closePrice = eval(row[6])                      # 設定收盤價
        except Exception:
            print(f'有缺值 {row}')
        else:
            highPrices.append(highPrice)                   # 儲存最高價
            lowPrices.append(lowPrice)                     # 儲存最低價
            closePrices.append(closePrice)                 # 儲存收盤價
            mydates.append(currentDate)                    # 儲存日期

fig = plt.figure(figsize=(12, 8))                          # 設定繪圖區大小
plt.plot(mydates, highPrices, '-*', label='最高價')        # 繪製最高價
plt.plot(mydates, lowPrices, '-o', label='最低價')         # 繪製最低價
plt.plot(mydates, closePrices, '-^', label='收盤價')       # 繪製收盤價
plt.legend()
fig.autofmt_xdate()                                        # 日期旋轉
plt.title("2023年10月安勤公司日線圖", fontsize=24)
plt.ylabel('價格', fontsize=14)
plt.show()
```

執行結果

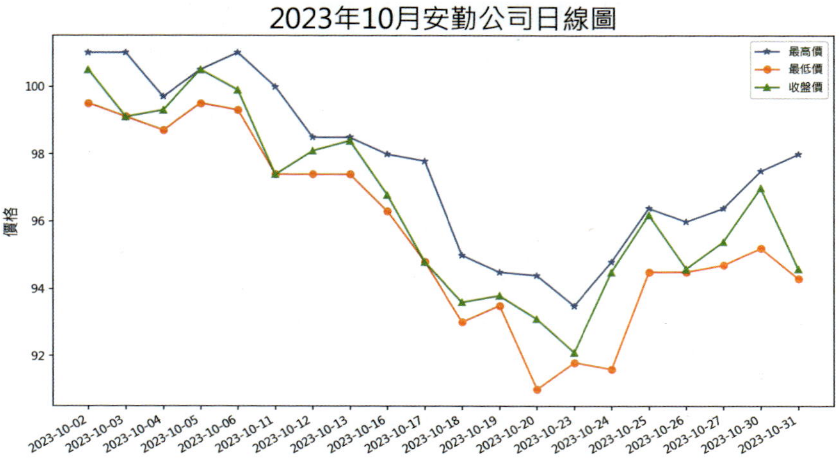

這個程式第 18 ~ 19 列可以跳過 CSV 檔案的前 5 列。第 20 ~ 21 列是將所有列轉成串列，然後切片去除最後一列。第 18 ~ 21 列也可以用切片 [5:-1] 簡化，細節可以參考 ch22_18_1.py。第 6 ~ 12 列則是將民國日期格式處理成西元格式。程式第 28 列呼叫 convert_tw_to_ad( ) 後可以得到西元格式的日期，程式第 30 列轉換後的日期格式會有「時：分：秒」，第 31 列則是轉成不含「時：分：秒」格式。

22-7-3 CSV 檔案的潛在應用

這一節將提供片段程式碼解釋 CSV 檔案的潛在應用。

❑ 銷售記錄更新

假設需要將銷售數據寫入 CSV 檔案，這些數據可能來自於銷售系統或手動記錄。

```
def write_sales_data(file_path, sales_data):
    # 指定 CSV 檔案的欄位名稱
    fieldnames = ['Date', 'Product', 'Quantity', 'Price']
    with open(file_path, 'w', newline='', encoding='utf-8') as file:
        # 使用 DictWriter 寫入數據，包括標題列
        writer = csv.DictWriter(file, fieldnames=fieldnames)
        writer.writeheader()
        for data in sales_data:
            # 寫入每一條銷售數據
            writer.writerow(data)
```

❑ 庫存檢查

從一個包含庫存訊息的 CSV 檔案中讀取數據，並檢查特定商品的庫存情況。

```
def check_inventory(file_path, product_id):
    with open(file_path, 'r', newline='', encoding='utf-8') as file:
        reader = csv.DictReader(file)
        for row in reader:
            # 檢查每一列的產品ID是否匹配
            if row['ProductID'] == product_id:
                # 回傳匹配產品的庫存數量
                return row['Stock']
    return "產品不存在"          # 如果沒有找到產品, 回傳 - 產品不存在
```

❑ 財務報表分析

您有一個包含公司財務數據的 CSV 檔案，需要分析特定期間的收入和支出。

```
def analyze_financial_report(file_path, start_date, end_date):
    financial_data = []
    with open(file_path, 'r', newline='', encoding='utf-8') as file:
        reader = csv.DictReader(file)
        for row in reader:
            # 檢查每條資料錄的日期是否在指定的範圍內
            if start_date <= row['Date'] <= end_date:
                # 將符合條件的財務數據添加到串列中
                financial_data.append(row)
    return financial_data                # 回傳篩選後的財務數據
```

22-8 Pickle 模組

讀者已經了解網路上常使用的 JSON 和 CSV 文件了，此節筆者想說明 Python 內部也常使用但是許多程式設計師感到陌生的文件型態 pickle。

pickle 原意是醃菜，也是 Python 的一種原生資料型態，pickle 文件內部是以二進位格式將資料儲存，當資料以二進位方式儲存時是不方便人類的閱讀習慣，但是這種資料格式最大的優點是方便保存，以及方便未來調用。

程式設計師可以很方便將所建立的資料 (例如：字典、串列 … 等) 直接以 pickle 文件儲存，未來也可以很方便直接讀取此 pickle 文件。使用 pickle 文件時需要先 import pickle 模組，然後使用下列 2 個方法將 Python 物件轉成 pickle 文件，以及將 pickle 文件複原為原先的 Python 物件。

```
pickle.dump(raw_data, save_file)          # 將 raw_data 轉成 pickle 文件 save_file
raw_data = pickle.load(load_file)         # 將 pickle 文件 load_file 轉成 raw_data
```

我們又將 dump( ) 的過程稱序列化 (serialize)，將 load( ) 的過程稱反序列化 (deserialize)。

程式實例 ch22_19.py：建立一個字典格式的遊戲資料，然後使用 pickle.dump( ) 將此字典遊戲資料存入 pickle 格式的 data19.dat 文件內。

```python
# ch22_19.py
import pickle
game_info = {
    "position_X":"100",
    "position_Y":"200",
    "money":300,
    "pocket":["黃金", "鑰匙", "小刀"]
}

fn = "ch22_19.dat"
fn_obj = open(fn, 'wb')           # 二進位開啟
pickle.dump(game_info, fn_obj)
fn_obj.close()
```

執行結果 下列是以記事本開啟 ch22_19.dat 與左右捲動的結果。

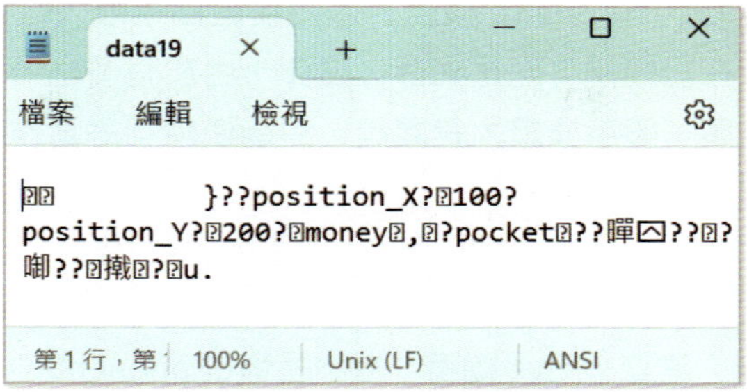

由於 data19.dat 是二進位檔案，所以使用記事本開啟結果是亂碼，可以得到我們將字典資料序列化成功了。

程式實例 ch22_20.py：將前一個程式所建立 pickle 格式的 ch22_19.dat 文件。開啟然後列印，同時驗證是否是 ch22_19.py 所建立的字典檔案。

```
# ch22_20.py
import pickle

fn = "data19.dat"
fn_obj = open(fn, 'rb')          # 二進位開啟
game_info = pickle.load(fn_obj)
fn_obj.close()
print(game_info)
```

執行結果

```
===================== RESTART: D:\Python\ch22\ch22_20.py =====================
{'position_X': '100', 'position_Y': '200', 'money': 300, 'pocket': ['黃金', '鑰匙', '小刀']}
```

從上圖可以得到我們將此 pickle 格式的文件反序列化成功了。

註1 其實 Pickle 使用上也有缺點，例如：當資料量大時速度不特別快，此外，如果此 Pickle 檔案含有病毒之類，可能會危害你的電腦系統。

註2 在機器學習領域，也可以將機器學習模型用 pickle 格式文件儲存。

22-9 shelve 模組

22-9-1 基礎觀念與實作

Python 在處理字典資料時，字典是儲存在記憶體，所以如果字典資料很大，會造成程式執行速度變慢。

在 Python 內建模組中有 shelve 模組，這個模組檔案最大特色是字典型態，但是開啟後資料不是儲存在記憶體，而是儲存在磁碟，由於有優化所以即使是存取磁碟，存取速度還是很快，與一般字典最大差異是，只能使用字串當作鍵。使用前需要導入 shelve。

import shelve

程式實例 ch22_21.py：建立 shelve 檔案，檔案名稱是 phonebook，主要是電話簿。

```
# ch22_21.py
import shelve

with shelve.open('phonebook') as phone:
    phone['Tom'] = ('Tom', '0912-112112', '台北市')
    phone['John'] = ('John', '0928-888888', '台中市')
```

執行結果　檔案 phonebook 是存在此 ch22 資料夾。

程式實例 ch22_22.py：列出前一個實例所建的 shelve 檔案 phonebook。

```
# ch22_22.py
import shelve

with shelve.open('phonebook') as phone:
    print(phone['Tom'])
    print(phone['John'])
```

執行結果

```
===================== RESTART: D:\Python\ch22\ch22_22.py ======================
('Tom', '0912-112112', '台北市')
('John', '0928-888888', '台中市')
```

程式實例 ch22_23.py：使用 for .. in，列出電話簿 phonebook 的內容。

```
# ch22_23.py
import shelve

with shelve.open('phonebook') as phone:
    for name in phone:
        print(phone[name])
```

執行結果

```
===================== RESTART: D:\Python\ch22\ch22_23.py ======================
('Tom', '0912-112112', '台北市')
('John', '0928-888888', '台中市')
```

22-9-2　shelve 模組的潛在應用

這一節將提供片段程式碼解釋 CSV 檔案的潛在應用。

❑ 用戶環境設定和偏好儲存

shelve 可用於存儲用戶的設定和偏好，這在許多桌面應用程式中非常有用，特別是用戶的選項和設定需要在多次執行之間保持一致。

```
with shelve.open('user_settings') as settings:
    settings['theme'] = 'dark'
    settings['notifications_enabled'] = True
```

❑ 會話數據存儲

在 Web 應用程序中，shelve 可用於儲存會話數據，如用戶的登錄狀態、購物車內容等。

```
with shelve.open('session_data') as session:
    session['user_id'] = user_id
    session['cart'] = [{'product_id': 1, 'quantity': 2}]
```

❑ 遊戲狀態保存

在開發遊戲時，可以使用 shelve 來保存玩家的遊戲進度和設定，從而在下次遊戲時可以從上次離開的地方繼續。

```
with shelve.open('game_save') as save:
    save['level'] = current_level
    save['player_stats'] = player.get_stats()
```

22-10 Python 與 Microsoft Excel

Python 在數據處理時，也可以將數據儲存在 Microsoft Office 家族的 Excel，若是將 Excel 和 CSV 做比較，Excel 多了可以為數據增加字型格式與樣式的處理。這一節筆者將分別介紹寫入 Excel 的模組與讀取 Excel 的模組。本節所介紹的模組非常簡單，可以直接以 xls 當作副檔名儲存 Excel 檔案。

註 有關更完整 Python 操作 Excel 知識可以參考筆者所著，深智公司出版，Python 操作 Excel 最強入門邁向辦公室自動化之路王者歸來。

22-10-1 將資料寫入 Excel 的模組

首先必須使用下列方法安裝模組。

```
pip install xlwt
```

幾個將資料寫入 Excel 的重要的功能如下：

❑ 建立活頁簿

活頁簿物件 = xlwt.Workbook( )

上述傳回活頁簿物件。

❑ 建立工作表

工作表物件 = 活頁簿物件 .add_sheet(sheet, cell_overwrite_ok=True)

上述第 2 個參數設為 True，表示可以重設 Excel 的儲存格內容。

❑ 將資料寫入儲存格

工作表物件 .write(row, col, data)

上述表示將 data 寫入工作表 (row, col) 位置。

❑ 儲存活頁簿

將資料儲存後，可以使用下列方式儲存活頁簿為 Excel 檔案。

程式實例 ch22_24.py：建立 Excel 檔案 out24.xls。

```
# ch22_24.py
import xlwt

fn = 'out24.xls'
datahead = ['Phone', 'TV', 'Notebook']
price = ['35000', '18000', '28000']
wb = xlwt.Workbook()
sh = wb.add_sheet('sheet1', cell_overwrite_ok=True)
for i in range(len(datahead)):
    sh.write(0, i, datahead[i])      # 寫入datahead list
for j in range(len(price)):
    sh.write(1, j, price[j])         # 寫入price list

wb.save(fn)
```

執行結果 下列是開啟 out24.xls 的畫面。

	A	B	C
1	Phone	TV	Notebook
2	35000	18000	28000
3			

22-10-2 讀取 Excel 的模組

首先必須使用下列方法安裝模組。

pip install xlrd

幾個讀取 Excel 檔案的重要的功能如下：

❑ 開啟 Excel 檔案供讀取

活頁簿物件 = xlrd.open_workbook( )

上述可以傳回活頁簿物件。

❑ 建立工作表物件

工作表物件 = 活頁簿物件 .sheets( )[index]

上述傳回指定工作表的物件。

❑ 傳回工作表 row 數

rows = 工作表物件 .nrows

❑ 傳回工作表 col 數

cols = 工作表物件 .ncols

❑ 讀取某 rows 的數據

list_data = 工作表物件 .row_values(rows)

將指定工作表 rows 的值以串列格式傳回給 list_data。

程式實例 ch22_25.py：讀取 out24.xls 檔案，同時列印。

```
# ch22_25.py
import xlrd

fn = 'out24.xls'
wb = xlrd.open_workbook(fn)
sh = wb.sheets()[0]
rows = sh.nrows
for row in range(rows):
    print(sh.row_values(row))
```

執行結果

```
===================== RESTART: D:\Python\ch22\ch22_25.py =====================
['Phone', 'TV', 'Notebook']
['35000', '18000', '28000']
```

第 23 章

網路爬蟲

網路爬蟲 (Web Crawler) 是一種自動化的程式，其主要目的是從網站上系統性地瀏覽和下載數據，可以用於各種不同的應用。過去我們瀏覽網頁是使用瀏覽器，例如：Microsoft 公司的 Edge、Google 公司的 Chrome、Apple 公司的 Safari … 等。現在學了 Python，我們也可以不再需要透過瀏覽器檢視網頁內容，此外，本章也將講解從網站下載有用的資訊。

註 一些著名的搜尋引擎公司就是不斷地送出網路爬蟲搜尋網路最新訊息，以保持搜尋引擎的熱度。

23-1 上網不再需要瀏覽器了

這一節將介紹 webbrowser 模組瀏覽網頁，在程式前方需導入此模組。

import webbrowser

23-1-1 webbrowser 模組

Python 有提供 webbrowser 模組，可以呼叫這個模組的 open( ) 方法，就可以開啟指定的網頁了。

程式實例 ch23_1.py：開啟明志科大 (http://www.mcut.edu.tw) 網頁。

```
# ch23_1.py
import webbrowser
webbrowser.open('http://www.mcut.edu.tw')
```

執行結果 下列網頁也有網址區，可以在此輸入網址瀏覽其它網頁。

23-1-2 認識 Google 地圖

筆者約 8 年前一個人到南極，登船往南極的港口是阿根廷的烏斯懷亞，當時使用 Google 地圖搜尋這個港口，得到下列結果。

上述筆者將網址區分成 3 大塊：

1： https://www.google.com.tw/maps/place/ 阿根廷火地省烏斯懷亞

2： -54.806843,-68.3728428

3： 12z/data=!3m1!4b1!4m5!3m4!1s0xbc4c22b5bad109bf:0x5498473dba43ebfc!8m2!3d-54.8019121!4d-68.3029511

其中第 2 區塊是地圖位置的地理經緯度資訊，第 3 塊是則是 Google 公司追縱紀錄瀏覽者的一些資訊，基本上我們可以先忽略這 2 ~ 3 區塊。下列是筆者使用 Google 地圖列出台北市南京東路二段 98 號地址的資訊的結果。

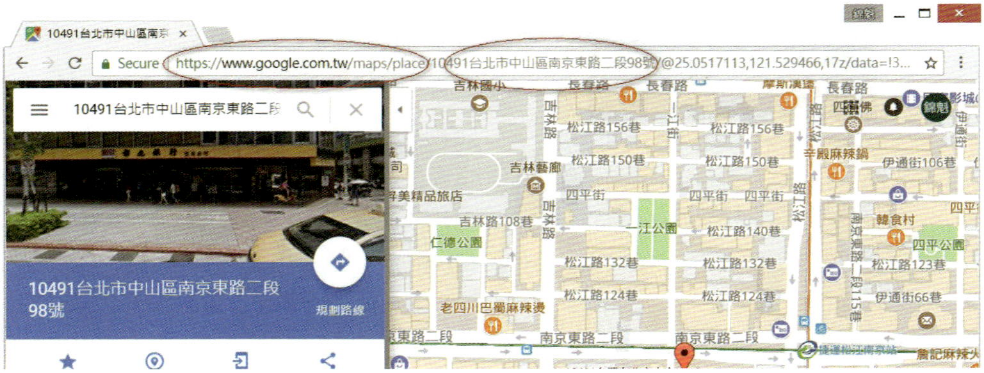

比對了烏斯懷亞與台北市南京東路地點的網頁，在第一塊中前半部分我們發現下列是 Google 地圖固定的內容。

https://www.google.com.tw/maps/place/

上述內容後面 (第一塊的後半部分) 是我們輸入的地址，由上述分析我們獲得了結論是如果我們將上述網址與地址相連接成一個字串，然後將此字串當 webbrowser.open( ) 方法的參數，這樣就可以利用 Python 程式，使用 Google 地圖瀏覽我們想要查詢的地點了。

23-1-3　用地址查詢地圖的程式設計

其實設計這個程式也非常簡單，只要讀取地址資訊，然後放在 open( ) 參數內與上一節獲得的網址連接就可以了。

程式實例 ch23_2.py：設計由螢幕輸入地址，然後可以開啟 Google 地圖服務，最後列出地圖內容。

```
# ch23_2.py
import webbrowser

address = input("請輸入地址 : ")
webbrowser.open('http://www.google.com.tw/maps/place/' + address)
```

執行結果　下列是筆者輸入地址畫面，按 Enter 鍵後的結果。

```
======================= RESTART: D:\Python\ch23\ch23_2.py =======================
請輸入地址 : 台北市南京東路二段98號
```

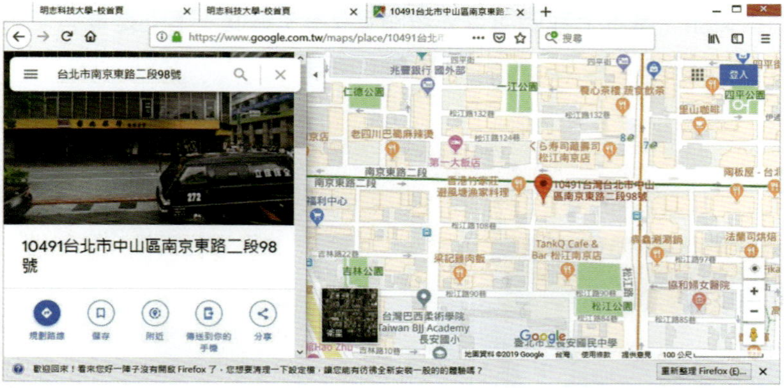

23-2 下載網頁資訊使用 requests 模組

requests 是第三方模組，請使用下列指令安裝此模組。

pip install requests

23-2-1 下載網頁使用 requests.get( ) 方法

requests.get( ) 方法內需放置欲下載網頁資訊的網址當參數，這個方法可以傳回網頁的 HTML 原始檔案物件，資料型態是稱 Response 物件，Response 物件內有下列幾個重要屬性：

status_code：如果值是 requests.codes.ok，表示獲得的網頁內容成功。

text：網頁內容。

程式實例 ch23_3.py：列出是否取得網頁成功，如果成功則輸出網頁內容大小。

```
# ch23_3.py
import requests

url = 'http://www.mcut.edu.tw'
htmlfile = requests.get(url)
print(f"回傳資料型態 : {type(htmlfile)}")
if htmlfile.status_code == requests.codes.ok:
    print("取得網頁內容成功")
    print("網頁內容大小 = ", len(htmlfile.text))
else:
    print("取得網頁內容失敗")
```

執行結果

```
====================== RESTART: D:/Python/ch23/ch23_3.py ======================
回傳資料型態 : <class 'requests.models.Response'>
取得網頁內容成功
網頁內容大小 =  59818
```

程式實例 ch23_4.py：重新設計 ch23_3.py，列印網頁的原始碼，然後可以看到密密麻麻的網頁內容。註：主要是刪除回傳資料型態，將輸出網頁內容大小改為網頁內容。

```
8       print(htmlfile.text)                # 列印網頁內容
```

執行結果 請連按兩下 Squeezed text 字串 (如果資料太多時會出現此字串)。

```
====================== RESTART: D:\Python\ch23\ch23_4.py ======================
取得網頁內容成功
Squeezed text (2781 lines).
```

```
====================== RESTART: D:\Python\ch23\ch23_4.py ======================
取得網頁內容成功
<!DOCTYPE html>
<html lang="zh-tw">
<head>


<meta http-equiv="Content-Type" content="text/html; charset=utf-8">
<meta http-equiv="X-UA-Compatible" content="IE=edge,chrome=1" />
<meta name="viewport" content="initial-scale=1.0, user-scalable=1, minimum-scale
=1.0, maximum-scale=3.0">
<meta name="apple-mobile-web-app-capable" content="yes">
<meta name="apple-mobile-web-app-status-bar-style" content="black">
<meta name="keywords" content="請填寫網站關鍵記事，用半角逗號(,)隔開" />
<meta name="description" content="明志科技大學，是一所位於臺灣北部的技職院校，地
點在新北市泰山區。 前身為「明志工業專科學校」，由台塑企業創辦人王永慶先生於1963
年11月11日設立。入學生均需住宿。明志科技大學設有工程、環資及管設等三個學院，其下
共有十個系及十一個研究所，另設有七個研究中心、一個通識教育中心以及一個語言中心。
" />
```

23-2-2 搜尋網頁特定內容

繼續先前的內容，網頁內容下載後，如果我們想要搜尋特定字串，可以使用許多方法，下列將簡單的用 2 個方法處理。

程式實例 ch23_6.py：搜尋字串 " 洪錦魁 " 使用方法 1，使用方法 2 不僅搜尋，如果找到同時列出執行結果。這個程式執行時，如果網頁內容下載成功，會要求輸入欲搜尋的字串，將此字串放入 pattern 變數。使用 2 種方法搜尋，方法 1 會列出搜尋成功或失敗，方法 2 會列出搜尋到此字串的次數。

```
# ch23_5.py
import requests
import re

url = 'http://www.mcut.edu.tw'
htmlfile = requests.get(url)
if htmlfile.status_code == requests.codes.ok:
    pattern = input("請輸入欲搜尋的字串 : ")     # 讀取字串
# 使用方法1
    if pattern in htmlfile.text:                # 方法1
        print(f"搜尋 {pattern} 成功")
    else:
        print(f"搜尋 {pattern} 失敗")
    # 使用方法2, 如果找到放在串列name內
    name = re.findall(pattern, htmlfile.text)   # 方法2
    if name:
        print(f"{pattern} 出現 {len(name)} 次")
    else:
        print(f"{pattern} 出現 0 次")
else:
    print("網頁下載失敗")
```

執行結果

```
======================= RESTART: D:\Python\ch23\ch23_5.py =======================
請輸入欲搜尋的字串 : 洪錦魁
搜尋 洪錦魁 失敗
洪錦魁 出現 0 次

======================= RESTART: D:\Python\ch23\ch23_5.py =======================
請輸入欲搜尋的字串 : 王永慶
搜尋 王永慶 成功
王永慶 出現 1 次
```

23-2-3 下載網頁失敗的異常處理

有時候我們輸入網址錯誤或是有些網頁有反爬蟲機制，造成下載網頁失敗，其實建議可以使用第 15 章程式除錯與異常處理觀念處理這類問題。Response 物件有 raise_for_status( )，可以針對網址正確但是後續檔案名稱錯誤的狀況產生異常處理。下列將直接以實例解說。

程式實例 ch23_6.py：下載網頁錯誤的異常處理，由於不存在 (file_not_existed) 造成這個程式異常發生。

```python
# ch23_6.py
import requests

url = 'http://mcut.edu.tw/file_not_existed' # 不存在的內容
try:
    htmlfile = requests.get(url)
    htmlfile.raise_for_status()                  # 異常處理
    print("下載成功")
except Exception as err:                         # err是系統內建的錯誤訊息
    print(f"網頁下載失敗: {err}")
print("程式繼續執行 ... ")
```

執行結果

```
======================= RESTART: D:\Python\ch23\ch23_6.py =======================
網頁下載失敗: HTTPConnectionPool(host='mcut.edu.tw', port=80): Max retries excee
ded with url: /file_not_existed (Caused by NewConnectionError('<urllib3.connecti
on.HTTPConnection object at 0x0000014CF6348A10>: Failed to establish a new conne
ction: [Errno 11001] getaddrinfo failed'))
程式繼續執行 ...
```

從上述可以看到，即使網址錯誤，程式還是依照我們設計的邏輯執行。

23-2-4 網頁伺服器阻擋造成讀取錯誤

現在有些網頁也許基於安全理由，或是不想讓太多網路爬蟲造訪造成網路流量增加，因此會設計程式阻擋網路爬蟲擷取資訊，碰上這類問題就會產生 400 或 406 的錯誤，如下所示：

程式實例 ch23_7.py：網頁伺服器阻擋造成編號 400 錯誤，無法擷取網頁資訊。

```
1  # ch23_7.py
2  import requests
3
4  url = 'https://www.kingstone.com.tw/'
5  htmlfile = requests.get(url)
6  htmlfile.raise_for_status()
```

執行結果

```
====================== RESTART: D:\Python\ch23\ch23_7.py ======================
Traceback (most recent call last):
  File "D:\Python\ch23\ch23_7.py", line 6, in <module>
    htmlfile.raise_for_status()
  File "C:\Users\User\AppData\Local\Programs\Python\Python311\Lib\site-packages\
requests\models.py", line 1021, in raise_for_status
    raise HTTPError(http_error_msg, response=self)
requests.exceptions.HTTPError: 400 Client Error: Bad Request for url: https://ww
w.kingstone.com.tw/
```

上述程式第 6 列的 raise_for_status( ) 主要是如果 Response 物件 htmlfile 在前一列擷取網頁內容有錯誤碼時，將可以列出錯誤原因，400 錯誤就是網頁伺服器阻擋。用這列程式碼，可以快速中斷協助我們偵錯程式的錯誤。註：另外常看到的錯誤是 406 錯誤。

23-2-5　爬蟲程式偽成裝瀏覽器

其實我們使用 requests.get( ) 方法到網路上讀取網頁資料，這類的程式就稱網路爬蟲程式，甚至你也可以將各大公司所設計的搜尋引擎稱為網路爬蟲程式。為了解決爬蟲程式被伺服器阻擋的困擾，我們可以將所設計的爬蟲程式偽裝成瀏覽器，方法是在程式前端加上 headers 內容。

程式實例 ch23_8.py：使用偽裝瀏覽器方式，重新設計 ch23_7.py。

```
1  # ch23_8.py
2  import requests
3
4  headers = { 'User-Agent':'Mozilla/5.0 (Windows NT 6.1; WOW64)\
5              AppleWebKit/537.36 (KHTML, like Gecko) Chrome/45.0.2454.101\
6              Safari/537.36', }
7  url = 'https://www.kingstone.com.tw/'
8  htmlfile = requests.get(url, headers=headers)
9  htmlfile.raise_for_status()
10 print("偽裝瀏覽器擷取網路資料成功")
```

執行結果

```
====================== RESTART: D:/Python/ch23/ch23_8.py ======================
偽裝瀏覽器擷取網路資料成功
```

上述的重點是第 4 ~ 6 列的敘述，其實這是一個標題 (headers) 宣告，第 4 和 5 列末端的反斜線 "\" 主要表達下一列與這一列是相同敘述，也就是處理同一敘述太長時分列撰寫的方法，Python 會將 4 ~ 6 列視為同一敘述。然後第 8 列呼叫 requests.get( ) 時，第 2 個參數需要加上 "headers=headers"，這樣這個程式就可以偽裝成瀏覽器，可以順利取得網頁資料了。

將 Pythont 程式偽裝成瀏覽器比想像的複雜，上述 headers 宣告碰上安全機制強大的網頁也可能失效，更詳細的解說超出本書範圍。

23-2-6　儲存下載的網頁

使用 requests.get( ) 獲得網頁內容時，是儲存在 Response 物件類型內，如果要將這類型的物件存入硬碟內，需使用 Response 物件的 iter_content( ) 方法，這個方法是採用重複迭代方式將 Response 物件內容寫入指定的檔案內，每次寫入指定磁區大小是以 Bytes 為單位，一般可以設定 1024*5 或 1024*10 或更多。

程式實例 ch23_9.py：下載天瓏書局網頁，同時將網頁內容存入 out23_9.txt。

```
1  # ch23_9.py
2  import requests
3
4  url = 'http://www.tenlong.com.tw'                    # 天瓏書局網址
5  try:
6      htmlfile = requests.get(url)
7      print("下載成功")
8  except Exception as err:
9      print(f"網頁下載失敗: {err}")
10 # 儲存網頁內容
11 fn = 'out23_9.txt'
12 with open(fn, 'wb') as file_Obj:                     # 以二進位儲存
13     for diskStorage in htmlfile.iter_content(10240): # Response物件處理
14         size = file_Obj.write(diskStorage)           # Response物件寫入
15         print(size)                                  # 列出每次寫入大小
16     print(f"以 {fn} 儲存網頁HTML檔案成功")
```

執行結果　下列執行結果太長，筆者分兩頁擷取畫面。

```
====================== RESTART: D:/Python/ch23/ch23_9.py ======================
下載成功
10240
```

....

```
10240
5418
以 out23_9.txt 儲存網頁HTML檔案成功
```

由於這個網頁檔案內容比較大，所以筆者將每次寫入檔案大小設為 10240bytes，程式第 12 列所開啟的是以二進位可寫入 "wb" 方式開啟，這是為了怕網頁內有 Unicode 碼。程式第 13 ~ 15 列是一個迴圈，這個迴圈會將 Response 物件 htmlfile 以迴圈方式寫

入所開啟的 file_Obj，最後是存入第 11 列設定的 out28_9.txt 檔案內。程式第 14 列每次使用 write( ) 寫入 Response 物件時會回傳所寫入網頁內容的大小，所以 15 列會列出當次迴圈所寫入的大小。

23-3 檢視網頁原始檔

前一節筆者講解使用 requests.get( ) 取得網頁內容的原始 HTML 檔，也可以使用瀏覽器取得網頁內容的原始檔。檢視網頁的原始檔目的不是要模仿設計相同的網頁，主要是掌握幾個關鍵重點，然後擷取我們想要的資料。

23-3-1 建議閱讀書籍

也許你不必徹底了解 HTML 網頁設計，但是若有 HTML、CSS 等相關知識更佳，下列是筆者所著的跨平台網頁設計書籍，以 821 個程式實例講解網頁設計，可供讀者參考。

23-3-2 以 Chrome 瀏覽器為實例

此例是使用 Chrome 開啟深智數位公司網頁，在網頁內按一下滑鼠右鍵，出現快顯功能表時，執行檢視網頁原始碼 (View page source) 指令。

就可以看到此網頁的原始 HTML 檔案。

23-3-3　檢視原始檔案的重點

如果我們現在要下載某個網頁的所有圖片檔案，可以進入該網頁，例如：如果想要下載深智公司網頁 (http://deepwisdom.com.tw) 的圖檔，可以開啟該網頁的 HTML 檔案，請點選右上方的 ⋮ 圖示，然後執行 Find(尋找)，再輸入 '<img'，就可以了解該網頁圖檔的狀況。

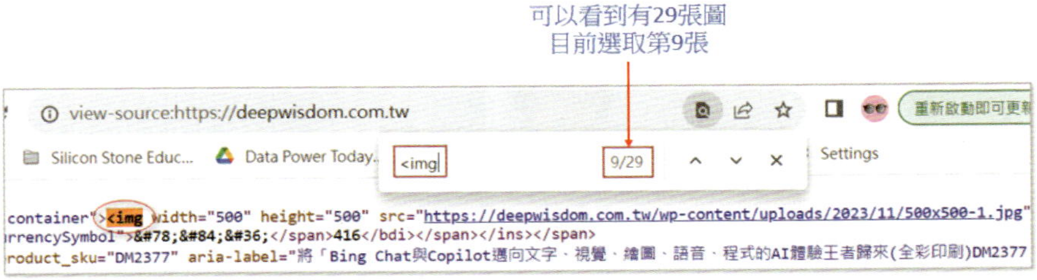

由上圖可以看到圖檔是在 "~wp-content/uploads/2023/11/" 資料夾內，其實我們也可以使用 " 網址 + 檔案路徑 "，列出圖檔的內容。

23-3-4　列出重點網頁內容

假設讀者進入 "http://www.xzw.com/fortune/" 網頁，可以針對要了解的網頁內容按一下滑鼠右鍵，再執行檢查，可以在視窗右邊看到 HTML 格式的網頁的內容，如下所示：

從上述右邊小視窗可以看到一些網頁設計的訊息，這些訊息可以讓我們設計相關爬蟲程式，未來 23-5 節會進一步解說上述訊息。

23-4 解析網頁使用 BeautifulSoup 模組

從前面章節讀者應該已經瞭解了如何下載網頁 HTML 原始檔案，也應該對網頁的基本架構有基本認識，本節要介紹的是使用 BeautifulSoup 模組解析 HTML 文件。目前這個模組是第 4 版，模組名稱是 beautifulsoup4，可以用下列方式安裝：

```
pip install beautifulsoup4
```

雖然安裝是 beautifulsoup4，但是導入模組時是用下列方式：

```
import bs4
```

23-4-1 建立 BeautifulSoup 物件

可以使用下列語法建立 BeautifulSoup 物件。

```
htmlFile = requests.get('http://www.tenlong.com.tw')       # 下載天瓏書局網頁內容
objSoup = bs4.BeautifulSoup(htmlFile.text, 'lxml')         # lxml 是解析 HTML 文件方式
```

上述是以下載天瓏書局網頁為例，當網頁下載後，將網頁內容的 Response 物件傳給 bs4.BeautifulSoup( ) 方法，就可以建立 BeautifulSoup 物件。至於另一個參數 "lxml" 目的是註明解析 HTML 文件的方法，常用的有下列方法。

'html.parser'：這是老舊的方法 (3.2.3 版本前)，相容性比較不好。

'lxml'：速度快，相容性佳，這是本書採用的方法。

'html5lib'：速度比較慢，但是解析能力強，需另外安裝 html5lib。

```
pip install html5lib
```

程式實例 ch23_10.py：解析深智公司網頁 http://deepwisdom.com.tw，主要是列出資料型態。

```python
1 # ch23_10.py
2 import requests, bs4
3
4 htmlFile = requests.get('https://deepwisdom.com.tw')
5 objSoup = bs4.BeautifulSoup(htmlFile.text, 'lxml')
6 print(f"列印BeautifulSoup物件資料型態 {type(objSoup)}")
```

執行結果

```
====================== RESTART: D:\Python\ch23\ch23_10.py ======================
列印BeautifulSoup物件資料型態  <class 'bs4.BeautifulSoup'>
```

從上述我們獲得了 BeautifulSoup 的資料類型了，表示我們獲得初步成果了。

23-4-2　基本 HTML 文件解析 - 從簡單開始

真實世界的網頁是很複雜的，所以筆者想先從一簡單的 HTML 文件開始解析網頁。在 ch23_10.py 程式第 5 列第一個參數 htmlFile.text 是網頁內容的 Response 物件，我們可以在 ch23 資料夾放置一個簡單的 HTML 文件，然後先學習使用 BeautifulSoup 解析此 HTML 文件。

程式實例 myhtml.html：在 ch23 資料夾有 myhtml.html 文件，這個文件內容如下：

```html
<!doctype html>
<html>
<head>
    <meta charset="utf-8">
    <title>洪錦魁著作</title>
    <style>
        h1#author { width:400px; height:50px; text-align:center;
            background:linear-gradient(to right,yellow,green);
        }
        h1#content { width:400px; height:50px;
            background:linear-gradient(to right,yellow,red);
        }
        section { background:linear-gradient(to right bottom,yellow,gray); }
    </style>
</head>
<body>
<h1 id="author">洪錦魁</h1>
<img src="hung.jpg" width="100">
<section>
    <h1 id="content">一個人的極境旅行 - 南極大陸北極海</h1>
    <p>2015/2016年<strong>洪錦魁</strong>一個人到南極</p>
    <img src="travel.jpg" width="300">
</section>
<section>
    <h1 id="content">HTML5+CSS3王者歸來</h1>
    <p>本書講解網頁設計使用HTML5+CSS3</p>
    <img src="html5.jpg" width="300">
</section>
</body>
</html>
```

執行結果

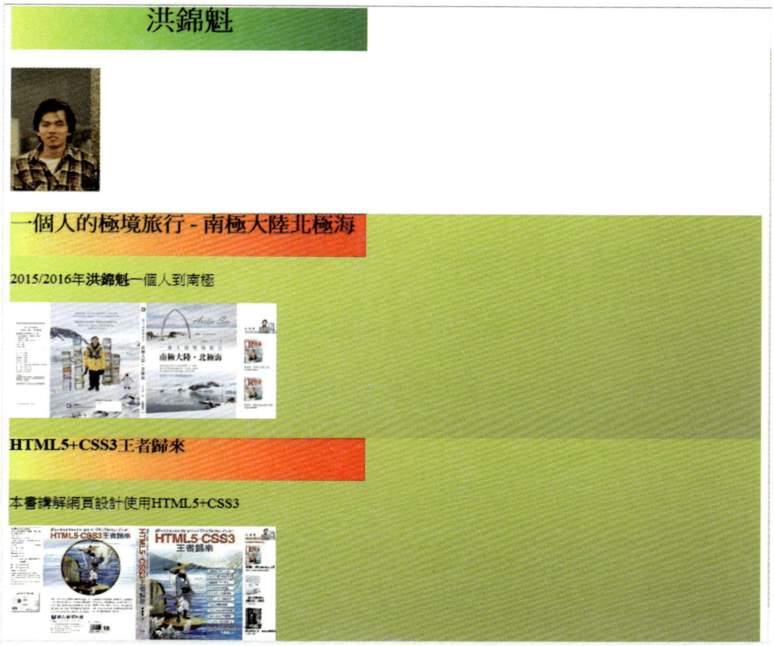

下列幾個小節將會解析此份 HTML 文件，如果將 myhtml.html 文件的相關屬性用節點表示，上述 HTML 文件可以用下圖顯示：

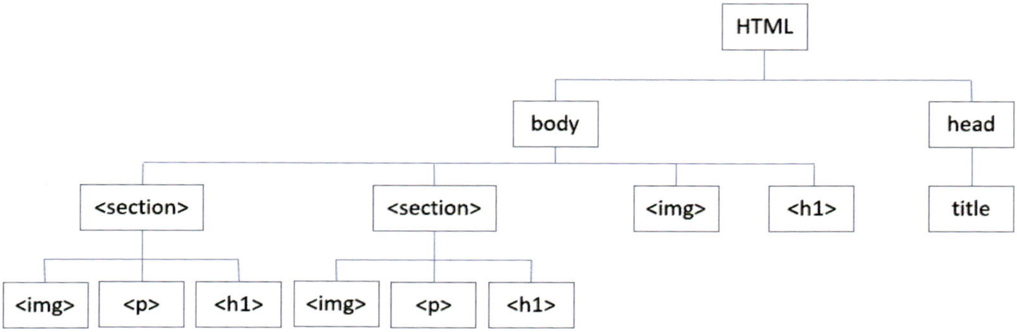

Beautiful Soup 解析上述 HTML 文件時是用相對位置觀念解析，上述由右到左表示程式碼從上到下，接下來會詳細說明，相關指令所獲得的結果。

程式實例 ch23_11.py：解析本書 ch23 資料夾的 myhtml.html 檔案，列出物件類型。

```
# ch23_11.py
import bs4

```

```
htmlFile = open('myhtml.html', encoding='utf-8')
objSoup = bs4.BeautifulSoup(htmlFile, 'lxml')
print(f"列印BeautifulSoup物件資料型態 {type(objSoup)}")
```

執行結果

```
==================== RESTART: D:\Python\ch23\ch23_11.py ====================
列印BeautifulSoup物件資料型態  <class 'bs4.BeautifulSoup'>
```

上述可以看到解析 ch23 資料夾的 myhtml.html 檔案初步是成功的。

23-4-3 網頁標題 title 屬性

BeautifulSoup 物件的 title 屬性可以傳回網頁標題的 <title> 標籤內容。

程式實例 ch23_12.py：使用 title 屬性解析 myhtml.html 檔案的網頁標題，本程式會列出物件類型與內容。

```
# ch23_12.py
import bs4

htmlFile = open('myhtml.html', encoding='utf-8')
objSoup = bs4.BeautifulSoup(htmlFile, 'lxml')
print(f"物件類型  = {type(objSoup.title)}")
print(f"列印title = {objSoup.title}")
```

執行結果

```
==================== RESTART: D:\Python\ch23\ch23_12.py ====================
物件類型  =  <class 'bs4.element.Tag'>
列印title =  <title>洪錦魁著作</title>
```

從上述執行結果可以看到所解析的 objSoup.title 是一個 HTML 標籤物件，若是用 HTML 節點圖顯示，可以知道 objSoup.title 所獲得的節點如下：

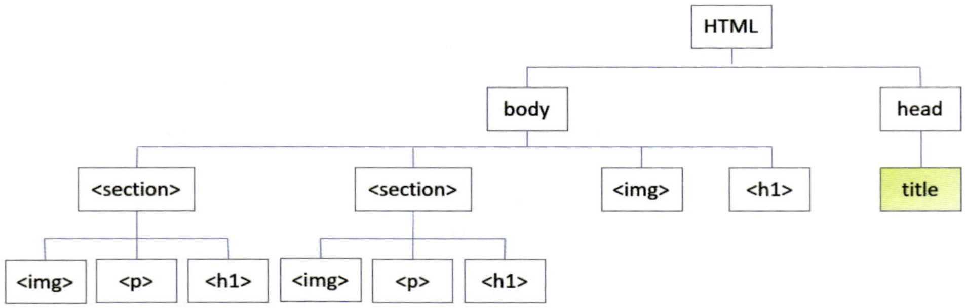

23-4-4 去除標籤傳回文字 text 屬性

前一節實例的確解析了 myhtml.html 文件，傳回解析的結果是一個 HTML 的標籤，不過我們可以使用 text 屬性獲得此標籤的內容。

程式實例 ch23_13.py：擴充 ch23_12.py，列出解析的標籤內容。

```
# ch23_13.py
import bs4

htmlFile = open('myhtml.html', encoding='utf-8')
objSoup = bs4.BeautifulSoup(htmlFile, 'lxml')
print(f"列印title = {objSoup.title}")
print(f"title內容 = {objSoup.title.text}")
```

執行結果

```
===================== RESTART: D:\Python\ch23\ch23_13.py =====================
列印title =  <title>洪錦魁著作</title>
title內容 =  洪錦魁著作
```

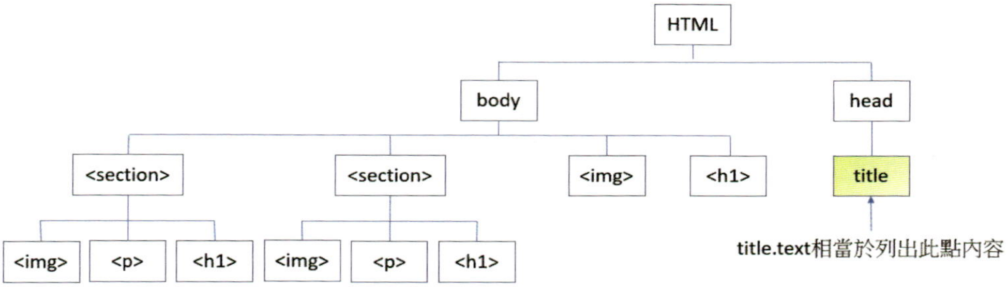

23-4-5 傳回所找尋第一個符合的標籤 find( )

這個函數可以找尋 HTML 文件內第一個符合的標籤內容，例如：find('h1') 是要找第一個 h1 的標籤。如果找到了就傳回該標籤字串我們可以使用 text 屬性獲得內容，如果沒找到就傳回 None。

程式實例 ch23_14.py：傳回第一個 <h1> 標籤。

```
# ch23_14.py
import bs4

htmlFile = open('myhtml.html', encoding='utf-8')
objSoup = bs4.BeautifulSoup(htmlFile, 'lxml')
objTag = objSoup.find('h1')
print(f"資料型態         = {type(objTag)}")
print(f"列印Tag          = {objTag}")
print(f"Text屬性內容     = {objTag.text}")
print(f"String屬性內容 = {objTag.string}")
```

執行結果

```
===================== RESTART: D:\Python\ch23\ch23_14.py =====================
資料型態        =  <class 'bs4.element.Tag'>
列印Tag         =  <h1 id="author">洪錦魁</h1>
Text屬性內容    =  洪錦魁
String屬性內容 =  洪錦魁
```

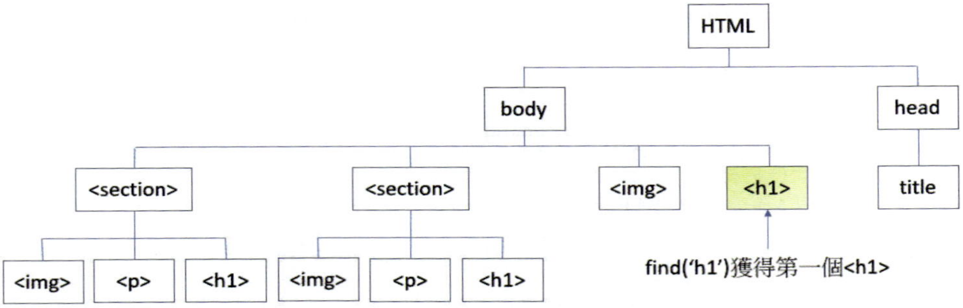

23-4-6　傳回所找尋所有符合的標籤 find_all( )

這個函數可以找尋 HTML 文件內所有符合的標籤內容，例如：find_all('h1') 是要找所有 h1 的標籤。如果找到了就傳回該標籤串列，如果沒找到就傳回空串列。

程式實例 ch23_15.py：傳回所有的 <h1> 標籤。

```
# ch23_15.py
import bs4

htmlFile = open('myhtml.html', encoding='utf-8')
objSoup = bs4.BeautifulSoup(htmlFile, 'lxml')
objTag = objSoup.find_all('h1')
print(f"資料型態     = {type(objTag)}")       # 列印資料型態
print(f"列印Tag串列 = {objTag}")              # 列印串列
print(f"以下是列印串列元素 : ")
for data in objTag:                           # 列印串列元素內容
    print(data.text)
```

執行結果

```
====================== RESTART: D:\Python\ch23\ch23_15.py ======================
資料型態     =  <class 'bs4.element.ResultSet'>
列印Tag串列 =  [<h1 id="author">洪錦魁</h1>, <h1 id="content">一個人的極境旅行 -
 南極大陸北極海</h1>, <h1 id="content">HTML5+CSS3王者歸來</h1>]
以下是列印串列元素 :
洪錦魁
一個人的極境旅行 - 南極大陸北極海
HTML5+CSS3王者歸來
```

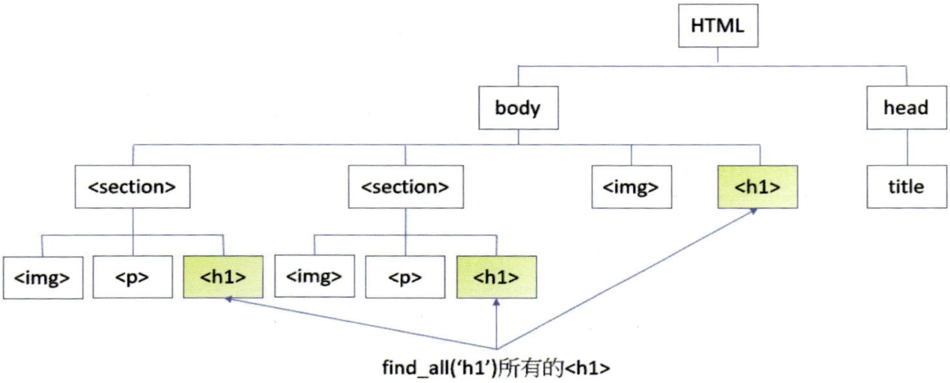

此外 find_all( ) 基本上是使用迴圈方式找尋所有符合的標籤節點，也可以使用下列參數限制找尋的點數量：

limit = n　　　　　　　　　# 限制找尋最多 n 個標籤節點
recursive = False　　　　　# 限制找尋次一層次的節點

程式實例 ch23_16.py：使用 limit 參數，限制最多找尋 2 個節點。

```
# ch23_16.py
import bs4

htmlFile = open('myhtml.html', encoding='utf-8')
objSoup = bs4.BeautifulSoup(htmlFile, 'lxml')
objTag = objSoup.find_all('h1', limit=2)
for data in objTag:                              # 列印串列元素內容
    print(data.text)
```

執行結果

```
==================== RESTART: D:\Python\ch23\ch23_16.py ====================
洪錦魁
一個人的極境旅行 - 南極大陸北極海
```

23-4-7 認識 HTML 元素內容屬性與 getText( )

HTML 元素內容的屬性有下列 3 種。

textContent：內容，不含任何標籤碼。

innerHTML：元素內容，含子標籤碼，但是不含本身標籤碼。

outerHTML：元素內容，含子標籤碼，也含本身標籤碼。

如果有一個元素內容如下：

<p>Marching onto the path of <b>Web Design Expert</b></p>

則上述 3 個屬性的觀念與內容分別如下：

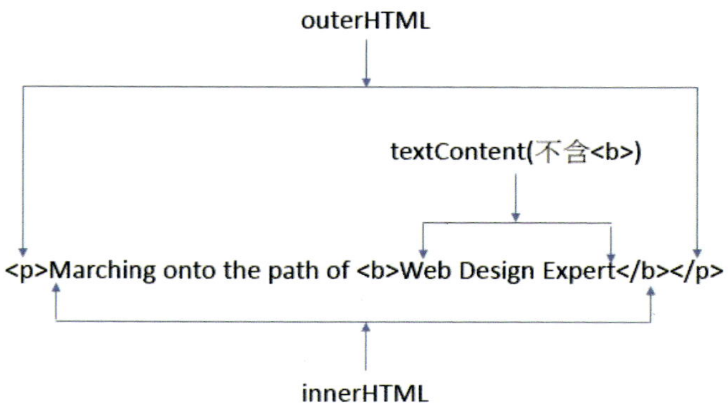

textContent：Web Design Expert

innerHTML：Marching onto the path of <b>Web Design Expert</b>

outerHTML：<p>Marching onto the path of <b>Web Design Expert</b></p>

當使用 BeautifulSoup 模組解析 HTML 文件，如果傳回是串列時，也可以配合索引應用 getText( ) 取得串列元素內容，所取得的內容是 textContent。意義與 23-4-4 節的 text 屬性相同。

程式實例 ch23_17.py：使用 getText( ) 重新擴充設計 ch23_16.py。

```
# ch23_17.py
import bs4

htmlFile = open('myhtml.html', encoding='utf-8')
objSoup = bs4.BeautifulSoup(htmlFile, 'lxml')
objTag = objSoup.find_all('h1')
print(f"資料型態      = {type(objTag)}")       # 列印資料型態
print(f"列印Tag串列 = {objTag}")               # 列印串列
print("\n使用Text屬性列印串列元素 : ")
for data in objTag:                            # 列印串列元素內容
    print(data.text)
print("\n使用getText()方法列印串列元素 : ")
for data in objTag:
    print(data.getText())
```

執行結果

```
====================== RESTART: D:\Python\ch23\ch23_17.py ======================
資料型態      = <class 'bs4.element.ResultSet'>
列印Tag串列 = [<h1 id="author">洪錦魁</h1>, <h1 id="content">一個人的極境旅行 - 
南極大陸北極海</h1>, <h1 id="content">HTML5+CSS3王者歸來</h1>]

使用Text屬性列印串列元素 :
洪錦魁
一個人的極境旅行 - 南極大陸北極海
HTML5+CSS3王者歸來

使用getText()方法列印串列元素 :
洪錦魁
一個人的極境旅行 - 南極大陸北極海
HTML5+CSS3王者歸來
```

23-4-8　HTML 屬性的搜尋

我們可以根據 HTML 標籤屬性執行搜尋，可以參考下列實例。

程式實例 ch23_18.py：搜尋第一個含 id='author' 的節點。

```
# ch23_18.py
import bs4

htmlFile = open('myhtml.html', encoding='utf-8')
objSoup = bs4.BeautifulSoup(htmlFile, 'lxml')
objTag = objSoup.find(id='author')
print(objTag)
print(objTag.text)
```

執行結果

```
===================== RESTART: D:\Python\ch23\ch23_18.py =====================
<h1 id="author">洪錦魁</h1>
洪錦魁
```

程式實例 ch23_19.py：搜尋含所有 id='content' 的節點。

```
# ch23_19.py
import bs4

htmlFile = open('myhtml.html', encoding='utf-8')
objSoup = bs4.BeautifulSoup(htmlFile, 'lxml')
objTag = objSoup.find_all(id='content')
for tag in objTag:
    print(tag)
    print(tag.text)
```

執行結果

```
===================== RESTART: D:\Python\ch23\ch23_19.py =====================
<h1 id="content">一個人的極境旅行 - 南極大陸北極海</h1>
一個人的極境旅行 - 南極大陸北極海
<h1 id="content">HTML5+CSS3王者歸來</h1>
HTML5+CSS3王者歸來
```

23-4-9 select( )

select( ) 主要是以 CSS 選擇器 (selector) 的觀念尋找元素，如果找到回傳的是串列 (list)，如果找不到則傳回空串列。下列是使用實例：

objSoup.select('p')：找尋所有 <p> 標籤的元素。

objSoup.select ('img')：找尋所有 <img> 標籤的元素。

objSoup.select ('.happy')：找尋所有 CSS class 屬性為 happy 的元素。

objSoup.select ('#author')：找尋所有 CSS id 屬性為 author 的元素。

objSoup.select ('p #author')：找尋所有 <p> 且 id 屬性為 author 的元素。

objSoup.select ('p .happy')：找尋所有 <p> 且 class 屬性為 happy 的元素。

objSoup.select ('div strong')：找尋所有在 <section> 元素內的 <strong> 元素。

objSoup.select ('div > strong')：所有在 <section> 內的 <strong> 元素，中間沒有其他元素。

objSoup.select ('input[name]')：找尋所有 <input> 標籤且有 name 屬性的元素。

程式實例 ch23_20.py：找尋 id 屬性是 author 的內容。

```
# ch23_20.py
import bs4

htmlFile = open('myhtml.html', encoding='utf-8')
objSoup = bs4.BeautifulSoup(htmlFile, 'lxml')
```

```
objTag = objSoup.select('#author')
print(f"資料型態       = {type(objTag)}")          # 列印資料型態
print(f"串列長度       = {len(objTag)}")           # 列印串列長度
print(f"元素資料型態 = {type(objTag[0])}")       # 列印元素資料型態
print(f"元素內容       = {objTag[0].getText()}")  # 列印元素內容
```

執行結果

```
===================== RESTART: D:\Python\ch23\ch23_20.py =====================
資料型態       = <class 'bs4.element.ResultSet'>
串列長度       = 1
元素資料型態 = <class 'bs4.element.Tag'>
元素內容       = 洪錦魁
```

上述在使用時如果將元素內容當作參數傳給 str( )，將會傳回含開始和結束標籤的字串。

程式實例 ch23_21.py：將解析的串列元素傳給 str( )，同時列印執行結果。

```
1  # ch23_21.py
2  import bs4
3
4  htmlFile = open('myhtml.html', encoding='utf-8')
5  objSoup = bs4.BeautifulSoup(htmlFile, 'lxml')
6  objTag = objSoup.select('#author')
7  print(f"列出串列元素的資料型態     = {type(objTag[0])}")
8  print(objTag[0])
9  print(f"列出str()轉換過的資料型態 = {type(str(objTag[0]))}")
10 print(str(objTag[0]))
```

執行結果

```
===================== RESTART: D:\Python\ch23\ch23_21.py =====================
列出串列元素的資料型態     = <class 'bs4.element.Tag'>
<h1 id="author">洪錦魁</h1>
列出str( )轉換過的資料型態 = <class 'str'>
<h1 id="author">洪錦魁</h1>
```

儘管上述第 8 列與第 10 列輸出的結果是相同，但是第 10 列是純字串，第 8 列是標籤字串，意義不同，更多觀念將在 23-4-10 節說明。

串列元素有 attrs 屬性，如果使用此屬性可以得到一個字典結果。

程式實例 ch23_22.py：將 attrs 屬性應用在串列元素，列出字典結果。

```
# ch23_22.py
import bs4

htmlFile = open('myhtml.html', encoding='utf-8')
objSoup = bs4.BeautifulSoup(htmlFile, 'lxml')
objTag = objSoup.select('#author')
print(str(objTag[0].attrs))
```

執行結果

```
===================== RESTART: D:\Python\ch23\ch23_22.py =====================
{'id': 'author'}
```

在 HTML 文件中常常可以看到標籤內有子標籤，如果查看 myhtml.html 的第 21 列，可以看到 <p> 標籤內有 <strong> 標籤，碰上這種狀況若是列印串列元素內容時，可以看到子標籤存在。但是，若是使用 getText( ) 取得元素內容，可以得到沒有子標籤的字串內容。

程式實例 ch23_23.py：搜尋 <p> 標籤，最後列出串列內容與不含子標籤的元素內容。

```
# ch23_23.py
import bs4

htmlFile = open('myhtml.html', encoding='utf-8')
objSoup = bs4.BeautifulSoup(htmlFile, 'lxml')
pObjTag = objSoup.select('p')
print("含<p>標籤的串列長度 = ", len(pObjTag))
for pObj in pObjTag:
    print(str(pObjTag))          # 內部有子標籤<strong>字串
    print(pObj.getText())        # 沒有子標籤
    print(pObj.text)             # 沒有子標籤
```

執行結果

```
===================== RESTART: D:\Python\ch23\ch23_23.py =====================
含<p>標籤的串列長度 =  2
[<p>2015/2016年<strong>洪錦魁</strong>一個人到南極</p>, <p>本書講解網頁設計使用H
TML5+CSS3</p>]
2015/2016年洪錦魁一個人到南極
2015/2016年洪錦魁一個人到南極
[<p>2015/2016年<strong>洪錦魁</strong>一個人到南極</p>, <p>本書講解網頁設計使用H
TML5+CSS3</p>]
本書講解網頁設計使用HTML5+CSS3
本書講解網頁設計使用HTML5+CSS3
```

23-4-10 標籤字串的 get( )

假設我們現在搜尋 <img> 標籤，請參考下列實例。

程式實例 ch23_24.py：搜尋 <img> 標籤，同時列出結果。

```
# ch23_24.py
import bs4

htmlFile = open('myhtml.html', encoding='utf-8')
objSoup = bs4.BeautifulSoup(htmlFile, 'lxml')
imgTag = objSoup.select('img')
print(f"含<img>標籤的串列長度 = {len(imgTag)}")
for img in imgTag:
    print(img)
```

執行結果

```
===================== RESTART: D:\Python\ch23\ch23_24.py =====================
含<img>標籤的串列長度 = 3
<img src="hung.jpg" width="100"/>
<img src="travel.jpg" width="300"/>
<img src="html5.jpg" width="300"/>
```

<img> 是一個插入圖片的標籤，沒有結束標籤，所以沒有內文，如果讀者嘗試使用 text 屬性列印內容 "print(imgTag[0].text)" 將看不到任何結果。<img> 對網路爬蟲設計是很重要，因為可以由此獲得網頁的圖檔資訊。從上述執行結果可以看到對我們而言很重要的是 <img> 標籤內的屬性 src，這個屬性設定了圖片路徑。這個時候我們可以使用標籤字串的 img.get( ) 取得或是 img['src'] 方式取得。

程式實例 ch23_25.py：擴充 ch23_24.py，取得 myhtml.html 的所有圖檔。

```
1  # ch23_25.py
2  import bs4
3
4  htmlFile = open('myhtml.html', encoding='utf-8')
5  objSoup = bs4.BeautifulSoup(htmlFile, 'lxml')
6  imgTag = objSoup.select('img')
7  print(f"含<img>標籤的串列長度 = {len(imgTag)}")
8  for img in imgTag:
9      print(f"列印標籤串列 = {img}")
10     print(f"列印圖檔     = {img.get('src')}")
11     print(f"列印圖檔     = {img['src']}")
```

執行結果

```
====================== RESTART: D:\Python\ch23\ch23_25.py ======================
含<img>標籤的串列長度 = 3
列印標籤串列 = <img src="hung.jpg" width="100"/>
列印圖檔     = hung.jpg
列印圖檔     = hung.jpg
列印標籤串列 = <img src="travel.jpg" width="300"/>
列印圖檔     = travel.jpg
列印圖檔     = travel.jpg
列印標籤串列 = <img src="html5.jpg" width="300"/>
列印圖檔     = html5.jpg
列印圖檔     = html5.jpg
```

上述程式最重要是第 10 列的 img.get('src')，這個方法可以取得標籤字串的 src 屬性內容。在程式實例 ch23_21.py，筆者曾經說明標籤字串與純字串 (str) 不同就是在這裡，純字串無法呼叫 get( ) 方法執行上述將圖檔字串取出。

23-5 網路爬蟲實戰

其實筆者已經用 HTML 文件解說網路爬蟲的基本原理了，在真實的網路世界一切比上述實例複雜與困難。

延續 23-3-4 節，若是放大網頁內容，在每個星座描述的 <div> 內有 <dt> 標籤，這個 <dt> 標籤內有星座圖片的網址，我們可以經由取得網址，再將此圖片下載至我們指定的目錄內。

```
▼<div id="list">
  ▶<h1>…</h1>
  ▼<div class="alb">
    ▼<div class="al al1">
        <i style="display: none;"></i>
      ▼<dl>
        ▼<dt>
          ▼<a href="/fortune/aries/">
              <img src="/static/public/images/fortune/image/
              s_1.gif" alt="'.$v[2].'">
            </a>
          </dt>
```

圖片網址是由 2 個部分組成：

http://www.xzw.com

和

/static/public/images/fortune/image/s_1.gif

上述是以白羊座為例，有了上述觀念，就可以設計下載十二星座的圖片了。

程式實例 ch23_26.py：下載十二星座所有圖片，所下載的圖片將放置在 out23_26 資料夾內。

```
# ch23_26.py
import requests, bs4, os

url = 'http://www.xzw.com/fortune/'
htmlfile = requests.get(url)
objSoup = bs4.BeautifulSoup(htmlfile.text, 'lxml')       # 取得物件
constellation = objSoup.find('div', id='list')
cons = constellation.find('div', 'alb').find_all('div')

pict_url = 'http://www.xzw.com'
photos = []
for con in cons:
    pict = con.a.img['src']
    photos.append(pict_url+pict)

destDir = 'out23_26'
if os.path.exists(destDir) == False:               # 如果沒有此資料夾就建立
    os.mkdir(destDir)
print("搜尋到的圖片數量 = ", len(photos))          # 列出搜尋到的圖片數量
for photo in photos:                               # 迴圈下載圖片與儲存
    picture = requests.get(photo)                  # 下載圖片
    picture.raise_for_status()                     # 驗證圖片是否下載成功
    print("%s 圖片下載成功" % photo)
# 先開啟檔案, 再儲存圖片
    pictFile = open(os.path.join(destDir, os.path.basename(photo)), 'wb')
    for diskStorage in picture.iter_content(10240):
        pictFile.write(diskStorage)
    pictFile.close()                               # 關閉檔案
```

執行結果　讀者可以在 out23_26 子資料夾看到所下載的圖片。

```
====================== RESTART: D:\Python\ch23\ch23_26.py ======================
搜尋到的圖片數量 =  12
http://www.xzw.com/static/public/images/fortune/image/s_1.gif 圖片下載成功
http://www.xzw.com/static/public/images/fortune/image/s_2.gif 圖片下載成功
http://www.xzw.com/static/public/images/fortune/image/s_3.gif 圖片下載成功
http://www.xzw.com/static/public/images/fortune/image/s_4.gif 圖片下載成功
http://www.xzw.com/static/public/images/fortune/image/s_5.gif 圖片下載成功
http://www.xzw.com/static/public/images/fortune/image/s_6.gif 圖片下載成功
http://www.xzw.com/static/public/images/fortune/image/s_7.gif 圖片下載成功
http://www.xzw.com/static/public/images/fortune/image/s_8.gif 圖片下載成功
http://www.xzw.com/static/public/images/fortune/image/s_9.gif 圖片下載成功
http://www.xzw.com/static/public/images/fortune/image/s_10.gif 圖片下載成功
http://www.xzw.com/static/public/images/fortune/image/s_11.gif 圖片下載成功
http://www.xzw.com/static/public/images/fortune/image/s_12.gif 圖片下載成功
```

程式實例 ch23_27.py：找出台灣彩券公司最新一期期威力彩開獎結果。這個程式在設計時，第 12 列我們列出先找尋 Class 是 "contents_box02"，因為我們發現這裡會記錄威力彩最新一期的開獎結果。

```
http://www.taiwanlottery.com.tw/ - 原先的原始檔
檔案(F)  編輯(E)  格式(O)
626     <div class="dotted01"></div>
627     <!--****************威力彩區塊****************-->
628     <div class="contents_box02">
629       <div id="contents_logo_02"></div><div class="contents_mine_tx02"><span
class="font_black15">106/10/23 第106000085期 </span><span class="font_red14"><a
href="Result_all.aspx#01">開獎結果</a></span></div><div class="contents_mine_tx04">開出順序<br>大小順
序<br>第二區</div><div class="ball_tx ball_green">11 </div><div class="ball_tx ball_green">35 </div>
<div class="ball_tx ball_green">17 </div><div class="ball_tx ball_green">33 </div><div class="ball_tx
ball_green">30 </div><div class="ball_tx ball_green">10 </div><div class="ball_tx ball_green">10
</div><div class="ball_tx ball_green">11 </div><div class="ball_tx ball_green">17 </div><div
class="ball_tx ball_green">30 </div><div class="ball_tx ball_green">33 </div><div class="ball_tx
ball_green">35 </div><div class="ball_red">08 </div>
630       </div>
631     <div class="dotted02"></div>
632     <!--****************38樂合彩區塊****************-->
633     <div class="contents_box02">
```

結果程式第 13 列發現有 4 組 Class 是 "contents_box02"，程式第 14 ~ 15 列則列出這 4 組串列。

```
1   # ch23_27.py
2   import bs4, requests
3
4   url = 'http://www.taiwanlottery.com.tw'
5   html = requests.get(url)
6   print("網頁下載中 ...")
7   html.raise_for_status()                          # 驗證網頁是否下載成功
8   print("網頁下載完成")
9
10  objSoup = bs4.BeautifulSoup(html.text, 'lxml')  # 建立BeautifulSoup物件
11
12  dataTag = objSoup.select('.contents_box02')      # 尋找class是contents_box02
```

```
13  print("串列長度", len(dataTag))
14  for i in range(len(dataTag)):                       # 列出含contents_box02的串列
15      print(dataTag[i])
16
17  # 找尋開出順序與大小順序的球
18  balls = dataTag[0].find_all('div', {'class':'ball_tx ball_green'})
19  print("開出順序 : ", end='')
20  for i in range(6):                                  # 前6球是開出順序
21      print(balls[i].text, end='   ')
22
23  print("\n大小順序 : ", end='')
24  for i in range(6,len(balls)):                       # 第7球以後是大小順序
25      print(balls[i].text, end='   ')
26
27  # 找出第二區的紅球
28  redball = dataTag[0].find_all('div', {'class':'ball_red'})
29  print("\n第二區   :", redball[0].text)
```

執行結果

```
==================== RESTART: D:\Python\ch23\ch23_27.py ====================
網頁下載中 ...
網頁下載完成
串列長度 4
<div class="contents_box02">
<div id="contents_logo_02"></div><div class="contents_mine_tx02"><span class="font_black15">112/11/13 第112000091期 </span><span class=
"font_red14"><a href="Result_all.aspx#01">開獎結果</a></span></div><div class="contents_mine_tx04">開出順序<br/>大小順序<br/>第二區</di
v><div class="ball_tx ball_green">16 </div><div class="ball_tx ball_green">23 </div><div class="ball_tx ball_green">28 </div><div class
="ball_tx ball_green">25 </div><div class="ball_tx ball_green">12 </div><div class="ball_tx ball_green">01 </div><div class="ball_tx ba
ll_green">01 </div><div class="ball_tx ball_green">12 </div><div class="ball_tx ball_green">16 </div><div class="ball_tx ball_green">23
 </div><div class="ball_tx ball_green">25 </div><div class="ball_tx ball_green">28 </div><div class="ball_red">07 </div>
</div>
<div class="contents_box02">
<div id="contents_logo_03"></div><div class="contents_mine_tx02"><span class="font_black15">112/11/13 第112000091期 </span><span class=
"font_red14"><a href="Result_all.aspx#07">開獎結果</a></span></div><div class="contents_mine_tx04">開出順序<br/>大小順序</div><div clas
s="ball_tx ball_green">16 </div><div class="ball_tx ball_green">23 </div><div class="ball_tx ball_green">28 </div><div class="ball_tx b
all_green">25 </div><div class="ball_tx ball_green">12 </div><div class="ball_tx ball_green">01 </div><div class="ball_tx ball_green">0
1 </div><div class="ball_tx ball_green">12 </div><div class="ball_tx ball_green">16 </div><div class="ball_tx ball_green">23 </div><div
 class="ball_tx ball_green">25 </div><div class="ball_tx ball_green">28 </div>
</div>
<div class="contents_box02">
<div id="contents_logo_04"></div><div class="contents_mine_tx02"><span class="font_black15">112/11/10 第112000102期 </span><span class=
"font_red14"><a href="Result_all.aspx#02">開獎結果</a></span></div><div class="contents_mine_tx04">開出順序<br/>大小順序<br/>特別號</di
v><div class="ball_tx ball_yellow">31 </div><div class="ball_tx ball_yellow">06 </div><div class="ball_tx ball_yellow">11 </div><div cl
ass="ball_tx ball_yellow">04 </div><div class="ball_tx ball_yellow">08 </div><div class="ball_tx ball_yellow">02 </div><div class="ball
_tx ball_yellow">02 </div><div class="ball_tx ball_yellow">04 </div><div class="ball_tx ball_yellow">06 </div><div class="ball_tx ball_
yellow">08 </div><div class="ball_tx ball_yellow">11 </div><div class="ball_tx ball_yellow">31 </div><div class="ball_red">26 </div>
</div>
<div class="contents_box02">
<div id="contents_logo_05"></div><div class="contents_mine_tx02"><span class="font_black15">112/11/10 第112000102期 </span><span class=
"font_red14"><a href="Result_all.aspx#08">開獎結果</a></span></div><div class="contents_mine_tx04">開出順序<br/>大小順序</div><div clas
s="ball_tx ball_yellow">31 </div><div class="ball_tx ball_yellow">06 </div><div class="ball_tx ball_yellow">11 </div><div class="ball_t
x ball_yellow">04 </div><div class="ball_tx ball_yellow">08 </div><div class="ball_tx ball_yellow">02 </div><div class="ball_tx ball_ye
llow">02 </div><div class="ball_tx ball_yellow">04 </div><div class="ball_tx ball_yellow">06 </div><div class="ball_tx ball_yellow">08
</div><div class="ball_tx ball_yellow">11 </div><div class="ball_tx ball_yellow">31 </div>
</div>
開出順序 : 16    23    28    25    12    01
大小順序 : 01    12    16    23    25    28
第二區   : 07
```

由於我們發現最新一期威力彩是在第一個串列，所以程式第 18 列，使用下列指令。

```
balls = dataTag[0].find_all('div', {'class':ball_tx ball_green'})
```

dataTag[0] 代表找尋第 1 組串列元素，find_all( ) 是找尋所有標籤是 'div'，此標籤類別 class 是 "ball_tx ball_green" 的結果。經過這個搜尋可以得到 balls 串列，然後第 20 ~ 21 列輸出開球順序。程式第 24 ~ 25 列是輸出號碼球的大小順序。

程式第 28 列也可以改用 find( )，因為只有一個紅球是特別號。這是找尋所有標籤是 'div'，此標籤類別 class 是 "ball_red" 的結果。

23-6 命令提示字元視窗

13-7-8 節筆者有介紹命令提示視窗的觀念了，這裡再做更完整的說明。

其實一般的電腦使用者是不會用到命令提示字元視窗，這是最早期 DOS(Disk Operating System) 作業系統時的環境，現在大多數情況應用程式在安裝時，已經將應用程式打包成一個圖示，只要點選圖示即可操作。但是，如果想要成為電腦高手，常會發生需要額外安裝一些應用軟體，這些應用軟體需要在命令提示字元視窗安裝或設定，本節筆者將講解 Python 程式在命令提示字元視窗執行的方法，以及說明程式執行的參數。

我們除了可以在 Python 的 IDLE 視窗執行程式，也可以在命令提示字元視窗執行 Python 程式，假設要執行的程式是 d:\Python\ch23\ch23_28.py(這是筆者目前程式所在位置)，方法如下：

python d:\Python\ch23\ch23_28.py

如果有程式執行時有參數，則參數在空一格後，放在右邊，如下所示：

python d:\Python\ch23\ch23_28.py 參數 1 … 參數 n

其實在 Python 程式設計中「d:\Python\ch23\ch23_28.py」會被當作命令提示串列的第 0 個元素，如果有其它參數存在，則會依次當作第 1 個元素，… 等。了解這個特性，我們在程式執行初輸入地址，可以省去使用 input 讀取地址。

程式實例 ch23_28.py：重新設計 ch23_2.py，直接在命令提示字元視窗輸入地址。

```
# ch23_28.py
import sys, webbrowser

print(sys.argv[0])
if len(sys.argv) > 1:
    address = " ".join(sys.argv[1:])
webbrowser.open('http://www.google.com.tw/maps/place/' + address)
```

執行結果

```
命令提示字元

C:\Users\User>python d:\Python\ch23\ch23_28.py 台北市南京東路二段98號
d:\Python\ch23\ch23_28.py

C:\Users\User>
```

至於瀏覽器開啟的結果，可以參考 ch23_2.py 的結果。上述輸入時，sys.argv 的串列內容如下：

['d:\Python\ch23\ch23_28.py', ' 台北市南京東路二段 98 號 ']

中文地址由於中間沒有空格，所以會被視為是一個元素，如果是輸入英文地址，只要有空格皆會被視為不同元素，例如：如果輸入如下：

d:\Python\ch23\ch23_28.py 98 NanJing East Rd Taipei

則 sys.argv 的串列內容如下：

['d:\Python\ch23\ch23_29.py', '98', 'NanJing', 'East', 'Rd', ' Taipei']

23-7 網路爬蟲的潛在應用

這一節會提供一些片段的程式碼，讀者可以參考了解網路爬蟲的潛在應用。

❑ 市場研究

企業可以使用網路爬蟲來收集關於特定市場的訊息，例如：競爭對手的價格、產品評價或市場趨勢，這些訊息對於制定市場策略和產品定價非常有用。

```
def fetch_competitor_pricing(url):
    response = requests.get(url)                                # 發送 HTTP 請求
    soup = BeautifulSoup(response.content, 'html.parser')      # 解析網頁內容
    prices = soup.find_all('span', class_='product-price')     # 尋找所有包含價格的標籤
    return [price.get_text() for price in prices]              # 獲得價格資料並回傳
```

❑ 社交媒體監控

通過對社交媒體網站的爬取，企業可以監控品牌聲譽、客戶反饋和市場趨勢，這有助於及時回應客戶意見和市場變化。

```
import tweepy

def fetch_tweets(api, brand_name):
    tweets = api.search(q=brand_name, count=100)     # 使用推特 API 搜索推文
    return [tweet.text for tweet in tweets]          # 提取並回傳推文內容
```

❑ 新聞彙總和監控

企業可以使用網路爬蟲來自動收集和彙總行業相關的新聞，從而保持對最新市場動態和行業趨勢的了解。

```
def fetch_news_headlines(url):
    response = requests.get(url)                                  # 發送 HTTP 請求
    soup = BeautifulSoup(response.content, 'html.parser')         # 解析網頁內容
    headlines = soup.find_all('h2', class_='news-headline') # 尋找所有新聞標題
    return [headline.get_text() for headline in headlines]  # 提取新聞標題並返回
```

❑ 產品評論和消費者意見挖掘

爬取電商網站上的用戶評論，可以幫助企業理解消費者對產品的看法和需求。

```
def fetch_product_info(url):
    response = requests.get(url)                                  # 發送 HTTP 請求
    soup = BeautifulSoup(response.content, 'html.parser')         # 解析網頁內容
    product_info = soup.find('div', class_='product-info')        # 尋找產品資訊區塊
    return product_info.get_text()                                # 獲得產品資訊並回傳
```

❑ 徵人訊息收集

企業可以通過爬取人力銀行網站來分析行業就業趨勢和職位要求，從而優化自身的徵人策略。

```
def fetch_job_listings(url):
    response = requests.get(url)                                      # 發送 HTTP 請求
    soup = BeautifulSoup(response.content, 'html.parser')             # 解析網頁內容
    job_listings = soup.find_all('div', class_='job-listing')         # 尋找所有職位列表
    return [job.get_text() for job in job_listings]                   # 獲得職位資訊並回傳
```

第 24 章
Selenium 網路爬蟲的王者

在 23-2-4 節筆者有介紹有些網頁伺服器會阻擋網路爬蟲讀取網頁內容，我們可以使用 headers 的宣告將爬蟲程式偽裝成瀏覽器，這樣我們克服了讀取網頁內容的障礙。

Selenium 功能可以控制瀏覽器，所以當使用 Selenium 當爬蟲工具時，網路伺服器會認為來讀取資料的是瀏覽器，所以不會有被阻擋無法讀取網頁 HTML 原始檔的問題。當然 Selenium 功能不僅如此，可以使用它按連結，填寫登入資訊，甚至訂票系統、搶購系統 … 等。由於篇幅限制本章將只介紹最基本部分，更多功能可以參考深智公司出版的「自動化測試 + 網路爬蟲至尊王者 Selenium」。

24-1 順利使用 Selenium 工具前的安裝工作

如果想要在 Windows 系統內順利使用 Selenium 執行工作，必須安裝下列 3 項工具以及一個設定。

1：Selenium 工具。

2：瀏覽器：使用 Selenium 市面上最見是安裝 Firefox，也可以是 Chrome 或 Edge，本書將以 Firefox 為主要說明。

3：驅動程式：這是指 Selenium 驅動瀏覽器的程式，其實這部分資訊很重要，卻是目前極少文件有說明，因此常造成讀者學習上的障礙。

24-1-1 安裝 Selenium

這個部分相對單純，可以使用下列方式安裝 Selenium:

```
pip install selenium
```

未來程式導入的宣告稍微不一樣如下所示：

```
from selenium import webdriver
```

24-1-2 安裝瀏覽器

這部分也相對單純，可以至 https://www.mozilla.org 網頁下載 Firefox。

24-1-3　驅動程式的安裝

驅動程式的安裝分成下列步驟：

1. 安裝驅動程式與解壓縮。
2. 將驅動程式路徑放在 Python 程式內。

註 1 驅動程式需和瀏覽器版本相符。

註 2 新的 Python 版本不一定有支援瀏覽程式和驅動程式，筆者先在 Python 3.12 測試，因為不支援因素，後來又回到 Python 3.8 測試本章程式。

目前絕大部分的使用者皆是使用 Python + Selenium 驅動 Firefox 瀏覽器，這時需要的驅動程式是 geckodriver.exe，這個程式可以至下列網址下載。

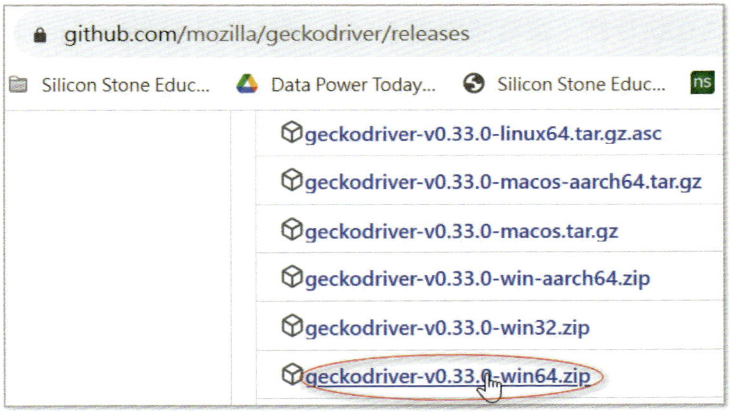

v 是版本訊息，右邊是適用作業系統的說明，由上述 Windows 作業系統訊息可知，所下載的檔案是壓縮檔 zip，因此壓縮後需解壓縮，讀者可以自行依環境選擇。

筆者將上述解壓縮之後的 geckodriver.exe 放在 D:/geckodriver 內，未來只要將這個檔案路徑配合參數設定放在 webdriver.Firefox( ) 內，就可以正確執行了。此外，讀者須留意，筆者寫此章節內容時 geckodriver.exe 最新版本是 0.33，讀者購買此書時版本可能已經更新，此時請下載最新版本，同時 Firefox 瀏覽器也請下載最新版本，否則執行本書程式時可能會有錯誤訊息產生。

24-2 獲得 webdriver 的物件型態

使用 Selenium 的第一步是獲得 webdriver 物件。

24-2-1 以 Firefox 瀏覽器為實例

程式實例 ch24_1.py：列出 webdriver 物件型態。

```
1  # ch24_1.py
2  from selenium import webdriver
3
4  driverPath = 'D:\geckodriver\geckodriver.exe'
5  browser = webdriver.Firefox(executable_path=driverPath)
6  print(type(browser))
```

執行結果

```
====================== RESTART: D:\Python\ch24\ch24_1.py ======================
<class 'selenium.webdriver.firefox.webdriver.WebDriver'>
```

這個程式在執行時，螢幕將出現 D:\geckodriver\geckodriver.exe(這是筆者放置 geckodriver.exe 的檔案路徑) 視窗，讀者可以不必理會。接著會看到 Firefox 視窗，因為我們沒有設定找尋任何網頁，所以視窗是空白。不過，在 Python Shell 視窗可以看到程式的執行結果。

上述程式的重點是第 5 列，筆者將參數 "executable_path=driverPath" 當作參數設在 webdriver.Firefox( ) 內，dirverPath 主要是設定驅動程式的位置，此例是在第 4 列設定，最後程式輸出變數 browser 的物件類別。

24-2-2 以 Chrome 瀏覽器為實例

Chrome 瀏覽器的驅動程式是 chromedriver.exe，讀者可以到下列網址下載：

https//google.com/chromium.org/driver/downloads

註 下載 chromedriver.exe 時，需要下載與所用 Chrome 瀏覽器相符合的驅動程式，讀者可以點選瀏覽器右上方的 ⋮ 圖示，再執行說明 / 關於 Google Chrome 了解目前瀏覽器的版本。

程式實例 ch24_2.py：列出 webdriver 物件型態。

```
# ch24_2.py
from selenium import webdriver

dirverPath = 'D:\geckodriver\chromedriver.exe'
browser = webdriver.Chrome(dirverPath)
print(type(browser))
```

執行結果

```
======================= RESTART: D:/Python/ch24/ch24_2.py =======================
<class 'selenium.webdriver.chrome.webdriver.WebDriver'>
```

這個程式在執行時，螢幕將出現 D:\geckodriver\chromedriver.exe(這是筆者放置 chromedriver.exe 的檔案路徑) 視窗，讀者可以不必理會。接著會啟動 Chrome 視窗，因為我們沒有設定找尋任何網頁，所以視窗是空白。不過，在 Python Shell 視窗可以看到程式的執行結果。

上述程式的重點是第 5 列，筆者將參數 "driverPath" 當作參數設在 webdriver.Chrome( ) 內，dirverPath 主要是設定驅動程式的檔案路徑在第 4 列設定。最後程式印出了變數 browser 的物件類別。

24-3 擷取網頁

獲得 browser 物件後，可以使用 get( ) 讓瀏覽器連上網頁。

程式實例 ch24_3.py：讓瀏覽器連上網頁與列印網頁標題。

```
# ch24_3.py
from selenium import webdriver

driverPath = 'D:\geckodriver\geckodriver.exe'
browser = webdriver.Firefox(executable_path=driverPath)
url = 'http://aaa.24ht.com.tw'
browser.get(url)                    # 網頁下載至瀏覽器
```

執行結果

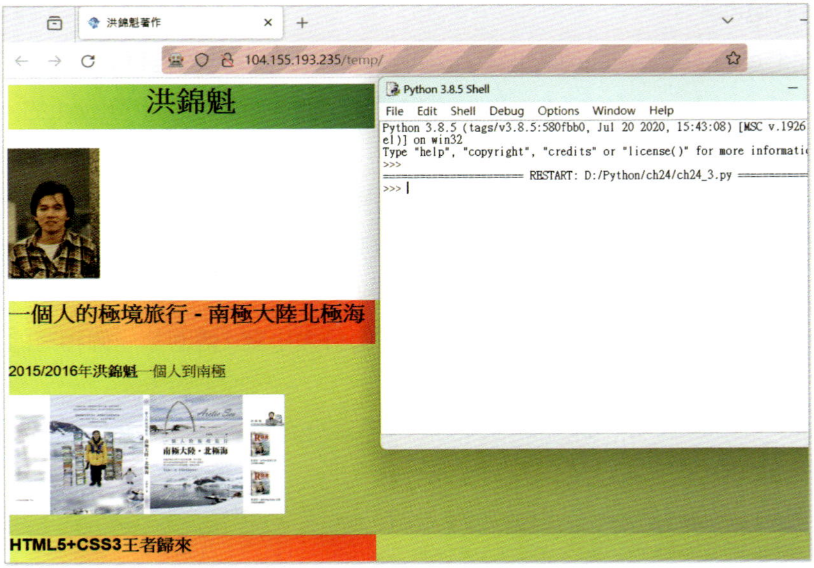

由於上述程式沒有輸出任何資料，所以 Python Shell 視窗沒有任何結果，另外，由 webbrowser 物件啟動的 Firefox 視窗將可以看到所載入的網頁。

24-4 尋找 HTML 文件的元素

使用 Selenium 建立 browser 物件時，可以使用下列方法獲得 HTML 文件的元素 (WebElement)，在下列方法中 find_element_* 可以找到第一個符合的元素，find_elements_* 則可以找到所有相符的元素同時用串列傳回。

find_element_by_id(id)：傳回第一個相符 id 的元素。

find_elements_by_id(id)：傳回所有相符的 id 的元素，以串列方式傳回。

find_element_by_class_name(name)：傳回第一個相符 Class 的元素。

find_elements_by_class_name(name)：傳回所有相符的的 Class 元素，以串列方式傳回。

find_element_by_name(name)：傳回第一個相符的 name 屬性元素。

find_elements_by_name(name)：傳回所有相符的 name 屬性元素，以串列方式傳回。

find_element_by_css_selector(selector)：傳回第一個相符的 CSS selector 元素。

find_elements_by_css_selector(selector)：傳回所有相符的 CSS selector 元素，以串列方式傳回。

find_element_by_partial_link_text(text)：傳回第一個內含有 text 的 <a> 元素。

find_elements_by_ partial_link_text(text)：傳回所有內含相符 text 的 <a> 元素，以串列方式傳回。

find_element_by_link_text(text)：傳回第一個完全相同 text 的 <a> 元素。

find_elements_by_link_text(text)：傳回所有完全相同 text 的 <a> 元素，以串列方式傳回。

find_element_by_tag_name(name)：不區分大小寫，傳回第一個相符的 name 元素，例如：<p> 與 <P> 是一樣。

find_elements_by_tag_name(name)：不區分大小寫，傳回所有相符的 name 元素，以串列方式傳回，例如：<p> 與 <P> 是一樣。

上述方法如果沒有找到相符，會產生 NoSuchElement 異常，如果我們期待沒找到時程式不要列出錯誤而結束，可以使用 try … except 執行例外處理。

找到 HTML 元素物件後，可以使用下列方式方法或屬性獲得 HTML 元素物件的內容。

tag_name：元素名稱。

text：元素內容。

location：這是字典，內含有 x 和 y 鍵值，表示元素在頁面上的座標。

clear( )：可以刪除在文字 (text) 欄位或文字區域 (textarea) 欄位的文字。

get_attribute(name)：可以獲得這個元素 name 屬性的值。

is_displayed( )：如果元素可以看到傳回 True，否則傳回 False。

is_enabled( )：如果元素是可以立即使用則傳回 True，否則傳回 False。

is_selected( )：如果元素的核取方塊有勾選則傳回 True，否則傳回 False。

程式實例 ch24_4.py：以 http://aaa.24ht.com.tw 網站為例，抓取不同元素的應用。

```
# ch24_4.py
from selenium import webdriver

driverPath = 'D:\geckodriver\geckodriver.exe'
browser = webdriver.Firefox(executable_path=driverPath)
url  = 'http://aaa.24ht.com.tw'
browser.get(url)                    # 網頁下載至瀏覽器

print(f"網頁標題內容是 = {browser.title}")

tag1 = browser.find_element_by_id('author')              # 傳回<h1>
print(f"\n標籤名稱 = {tag1.tag_name}, 內容是 = {tag1.text}")

print()
tag2 = browser.find_elements_by_id('content')            # 傳回<h1>
for i in range(len(tag2)):
    print(f"標籤名稱 = {tag2[i].tag_name}, 內容是 = {tag2[i].text}")

print()
tag3 = browser.find_elements_by_tag_name('p')            # 傳回<p>
for i in range(len(tag3)):
    print(f"標籤名稱 = {tag3[i].tag_name}, 內容是 = {tag3[i].text}")

print()
tag4 = browser.find_elements_by_tag_name('img')          # 傳回<img>
for i in range(len(tag4)):
    print(f"標籤名稱 = {tag4[i].tag_name}, 內容是 = {tag4[i].get_attribute('src')}")
```

執行結果

```
======================= RESTART: D:/Python/ch24/ch24_4.py =======================
網頁標題內容是 = 洪錦魁著作

標籤名稱 = h1, 內容是 = 洪錦魁

標籤名稱 = h1, 內容是 = 一個人的極境旅行 - 南極大陸北極海
標籤名稱 = h1, 內容是 = HTML5+CSS3王者歸來

標籤名稱 = p, 內容是 = 2015/2016年洪錦魁一個人到南極
標籤名稱 = p, 內容是 = 本書講解網頁設計使用HTML5+CSS3

標籤名稱 = img, 內容是 = http://104.155.193.235/temp/hung.jpg
標籤名稱 = img, 內容是 = http://104.155.193.235/temp/travel.jpg
標籤名稱 = img, 內容是 = http://104.155.193.235/temp/html5.jpg
標籤名稱 = img, 內容是 = http://104.155.193.235/bitnami/images/close.png
標籤名稱 = img, 內容是 = http://104.155.193.235/bitnami/images/corner-logo.png
```

24-5 用 Python 控制點選超連結

使用 24-4 節傳回 WebElement 元素時，可以使用 click( ) 方法，如果執行此方法相當於我們再點選這個傳回的元素。如果傳回的元素是超連結的文字，這樣可以產生按此超連結的結果。

程式實例 ch24_5.py：進入深智數位 (https://deepwisdom.com.tw) 網頁，經過 5 秒後 (第 12 列)，設計程式自動點選「深智數位緣起」超連結。筆者設計程式暫停 5 秒，主要是讓讀者可以體會網頁的變化。

```
1  # ch24_5.py
2  from selenium import webdriver
3  import time
4
5  driverPath = 'D:\geckodriver\geckodriver.exe'
6  browser = webdriver.Firefox(executable_path=driverPath)
7  url = 'https://deepwisdom.com.tw'
8  browser.get(url)                      # 網頁下載至瀏覽器
9
10 eleLink = browser.find_element_by_link_text('深智數位緣起')
11 print(type(eleLink))                  # 列印eleLink資料類別
12 time.sleep(5)                         # 暫停5秒
13 eleLink.click()
```

執行結果

```
======================= RESTART: D:/Python/ch24/ch24_5.py =======================
<class 'selenium.webdriver.firefox.webelement.FirefoxWebElement'>
```

下列是經過 5 秒後，Python 自行點選認證考試超連結的結果，如果瀏覽器開的視窗高度比較小，需適度捲動視窗。

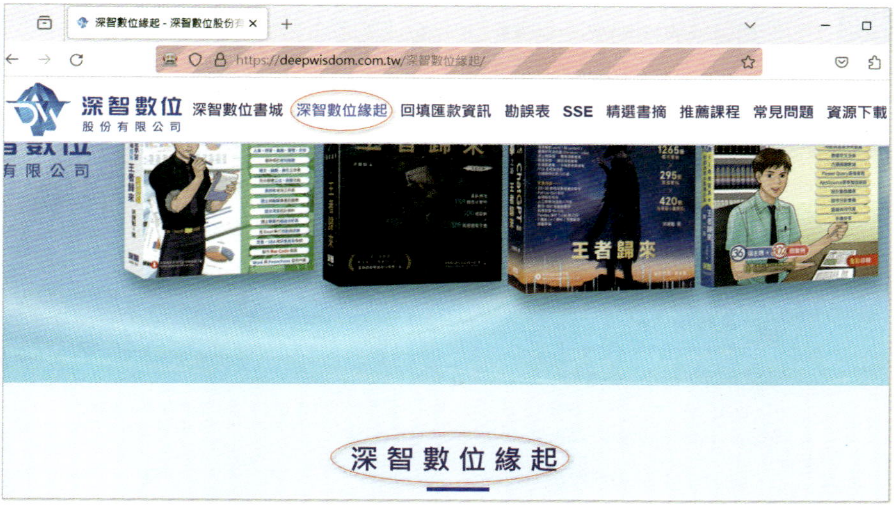

24-6 用 Python 填寫表單和送出

我們可以找尋 <input> 元素 type 是 "text" 或是找尋 <textarea> 元素，然後使用 send_keys( ) 方法，就可以填寫表單。填寫完成後可以使用 submit( ) 方法，將表單送出。

程式實例 ch24_6.py：用 Python 填寫 Google 搜尋表單，所填寫的表單是搜尋「明志科技大學」，本程式會經過 5 秒自動送出。

```
# ch24_6.py
from selenium import webdriver
import time

driverPath = 'D:\geckodriver\geckodriver.exe'
browser = webdriver.Firefox(executable_path=driverPath)
url = 'http://www.google.com'
browser.get(url)                          # 網頁下載至瀏覽器

txtBox = browser.find_element_by_name('q')
txtBox.send_keys('明志科技大學')           # 輸入表單資料
time.sleep(5)                             # 暫停5秒
txtBox.submit()                           # 送出表單
```

執行結果

了解上述自動填寫表單和送出功能，未來熱門的演唱會門票、過年搶破頭的高鐵票就讓 Python 處理吧！

24-7 用 Python 處理使用網頁的特殊按鍵

在欣賞網頁時，有時候我們可能需要捲動網頁或是使用一些特殊鍵，這些特殊鍵無法用 Python 輸入，不過 Python 有提供下列模組，可方便我們操作。

```
selenium.webdriver.common.keys
```

使用這個模組前需在程式前方導入，語法如下：

```
from selenium.webdriver.common.keys import Keys
```

經上述宣告後未來可以用 Keys 呼叫相關屬性，下列是常用屬性內容。

- ENTER/RETURN：相當於鍵盤的 Enter 和 Return 按鍵。
- PAGE_DOWN/PAGE_UP/HOME/END：相當於鍵盤的 PAGE_DOWN、PAGE_UP、HOME、END。
- UP/DOWN/LEFT/RIGHT：相當於鍵盤的上、下、左、右方向鍵。

上述使用方式是在前方加上 "Keys."，例如：Keys.HOME。

程式實例 ch24_7.py：這個程式在執行時，首先顯示最上方的網頁內容，過 3 秒後會往下捲動一頁，再過 3 秒會捲動到最下方。經過 3 秒可以往上捲動，再過 3 秒可以將網頁捲動到最上方。程式第 10 列先搜尋 'body'，這是網頁設計網頁主體的開始標籤，相當於在網頁的最上方。

```
1   # ch24_7.py
2   from selenium import webdriver
3   from selenium.webdriver.common.keys import Keys
4   import time
5
6   driverPath = 'D:\geckodriver\geckodriver.exe'
7   browser = webdriver.Firefox(executable_path=driverPath)
8   url = 'http://www.mcut.edu.tw'
9   browser.get(url)                    # 網頁下載至瀏覽器
10
11  ele = browser.find_element_by_tag_name('body')
12  time.sleep(3)
13  ele.send_keys(Keys.PAGE_DOWN)       # 網頁捲動到下一頁
14  time.sleep(3)
15  ele.send_keys(Keys.END)             # 網頁捲動到最底端
16  time.sleep(3)
17  ele.send_keys(Keys.PAGE_UP)         # 網頁捲動到上一頁
18  time.sleep(3)
19  ele.send_keys(Keys.HOME)            # 網頁捲動到最上端
```

執行結果 每次間隔 3 秒，讀者可以觀察頁面內容的捲動。

24-8 用 Python 處理瀏覽器運作

常見的運作有下列方法：

- forward( )：往前一頁。
- back( )：往回一頁。
- refresh( )：更新網頁。
- quit( )：關閉網頁，相當於關閉瀏覽器。

上述必須用 Firefox 瀏覽器物件啟動，也就是我們本章的變數 browser，例如：browser.refresh( ) 可更新網頁，browser.quit( ) 可以關閉網頁。

程式實例 ch24_8.py：更新網頁與關閉網頁的應用。

```
# ch24_8.py
from selenium import webdriver
from selenium.webdriver.common.keys import Keys
import time
```

```

driverPath = 'D:\geckodriver\geckodriver.exe'
browser = webdriver.Firefox(executable_path=driverPath)
url = 'https://deepwisdom.com.tw'
browser.get(url)                          # 網頁下載至瀏覽器

time.sleep(3)
browser.refresh()                         # 更新網頁
time.sleep(3)
browser.quit()                            # 關閉網頁
```

執行結果 網頁下載後 3 秒鐘可以更新網頁內容，再過 3 秒可以關閉瀏覽器。

第 25 章

用 Python 傳送手機簡訊

本章主要內容是敘述如何使用 Python 傳送手機簡訊，主要是以美國 Twilio 公司所提供的服務為實例說明。當然本書的重點是教導讀者使用免費的試用帳號，它的功能是受限的，如果讀者覺得好用，想要將這個功能應用在商業用途，可以使用升級，相關作業可以參考網站說明。

全球這類通信公司很多，可以用關鍵字 free sms gateway 查詢，sms 全名是 short message service 短簡訊服務，這是目前電信公司很普遍的一個服務。

25-1 安裝 twilio 模組

為了要用 Python 設計與 Twilio 公司有關的網路服務，首先請安裝 twilio 模組。

```
pip install twilio
```

25-2 到 Twilio 公司註冊帳號

為了要使用 Twilio 公司所提供的簡訊服務，您需要到 Twilio 公司註冊帳號，以取得下列資訊：

Account SID：Twilio API key 帳號

Auth TOKEN：Twilio 帳號的圖騰 (TOKEN)

Twilio Number：Twilio 電話號碼

上述資訊我們可以稱之為 API key(密鑰)，有了上述密鑰，您就可以使用 Python 程式發送簡訊了。

25-2-1 申請帳號

首先請進入 https://www.twilio.com 網站。

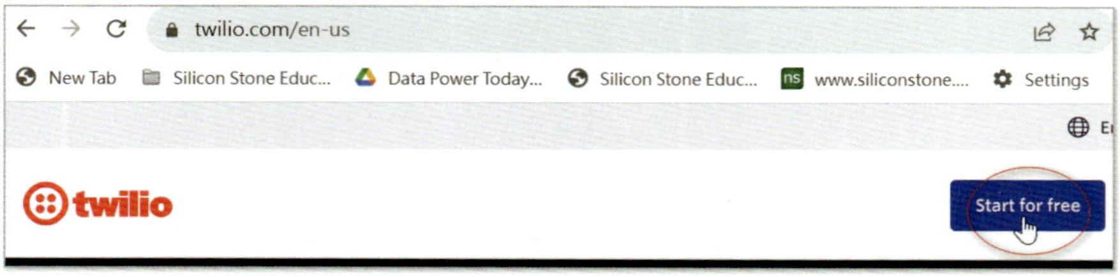

請點選 Start for free，然後將看到下列空白表單。

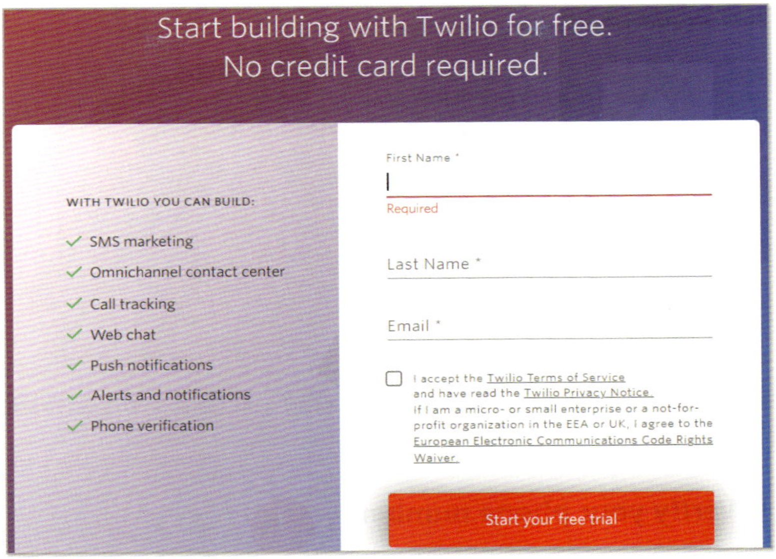

上述請分別輸入 First Name(名字)、Last Name(姓) 和 Email(電子郵件) 欄位，輸入完請點選 Start your free trial 鈕。接著會看到下面，要求輸入建立帳號的密碼。註：密碼必須 16 個字元。

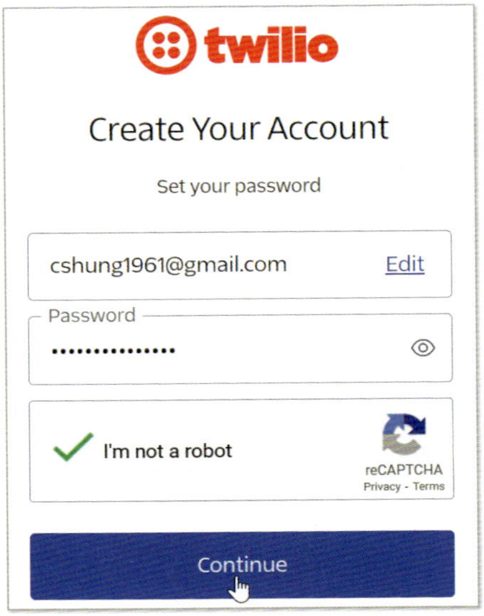

填寫完成後，請按 Continue 鈕，然後進行電子郵件驗證。

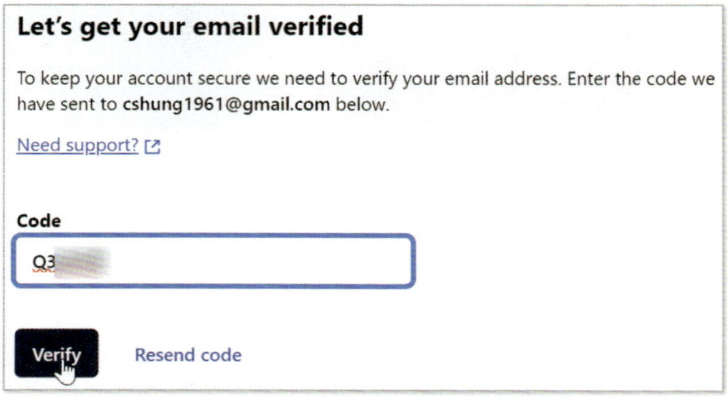

你必須將電子郵件收到的碼，輸入在 Code 欄位，然後按 Verify 鈕做驗證。下一步是做手機號碼驗證，會要求輸入手機號碼。

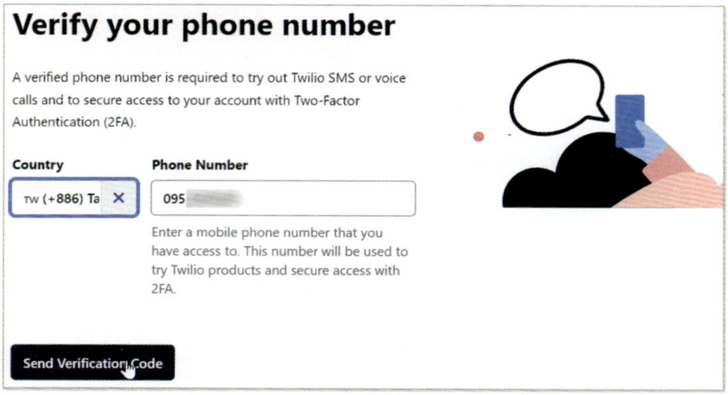

輸入完手機號碼，請按 Send Verification Code，Twilio 公司會發送驗證碼到你的手機號，請參考下方左圖。

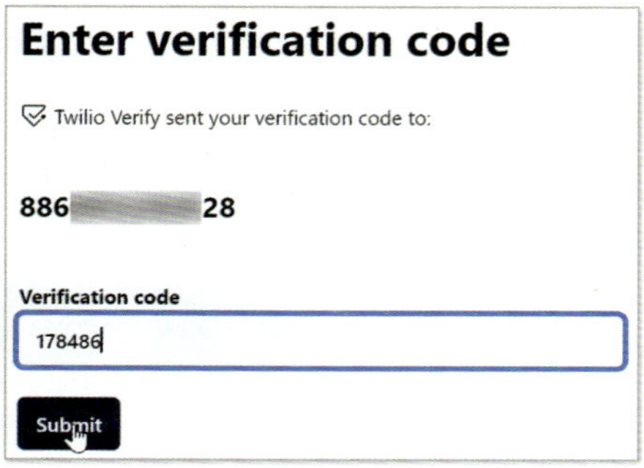

請參考上述收到的驗證碼「178486」輸入，可以參考上方右圖，請按 Submit 鈕。

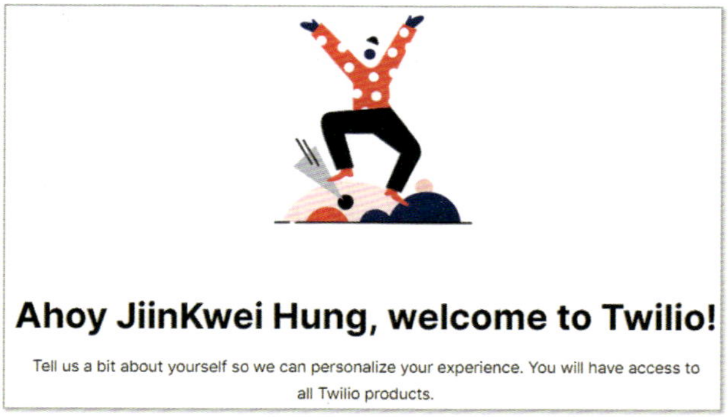

上述表示申請帳號大致完成，下一步是做調查使用 Twilio 的目的，筆者輸入如下：

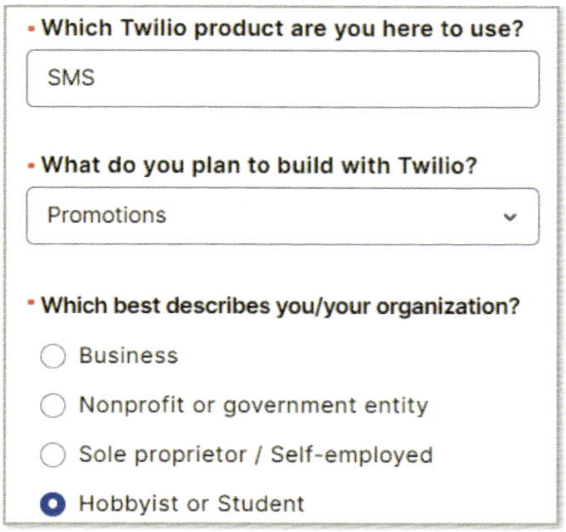

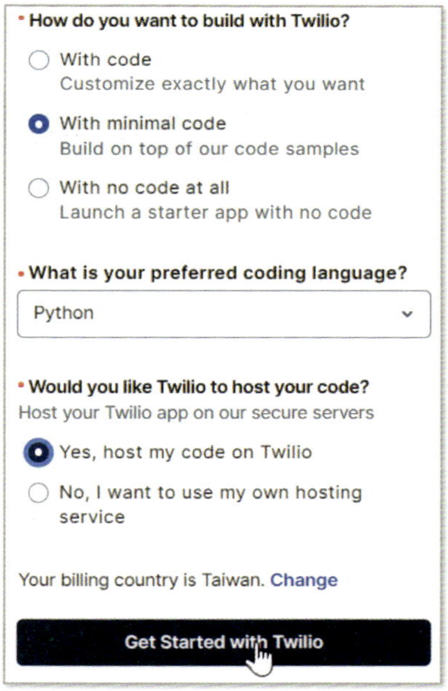

25-2-2　申請 Twilio 號碼

申請到帳號後，就自動取得 Account SID 和 Auth Token，未來程式設計時，可以用複製方式填入 Account SID 和 Auth Token 程式適當位置，可以參考下圖。

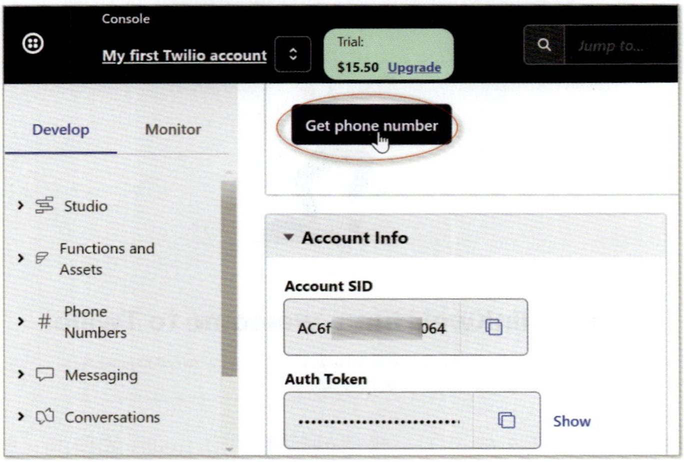

為了要發送簡訊，我們必須申請 Twilio 的號碼，請點選 Get phone number，可以得到下列結果。

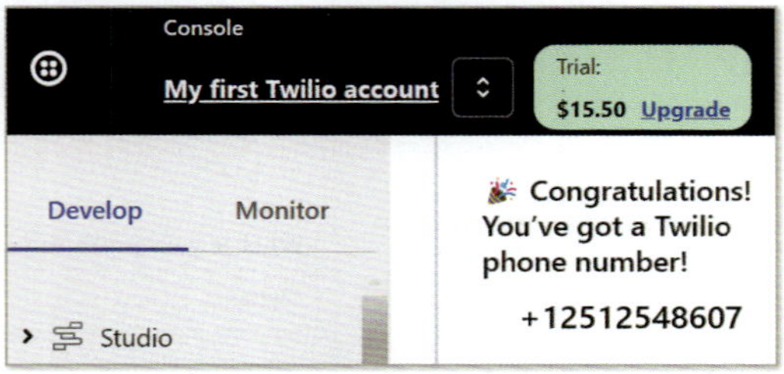

上述筆者取得了一隻 Twilio 電話號碼了。

25-3 使用 Python 程式設計發送簡訊

程式設計需要導入模組，可以使用下列指令。

from twilio.rest import Client

下列筆者將直接以程式實例，再做講解方式說明發送簡訊的方法。

程式實例 ch25_1.py：發送簡訊「Python 王者歸來」到手機，讀者需留意下列第 5、7、11 列讀者需要自行填入所申請的，第 12 列讀者需輸入接收訊息的號碼。

```
1  # ch25_1.py
2  from twilio.rest import Client
3
```

```
4  # 你從twilio.com申請的帳號
5  accountSid='AC6fdc3efff[illegible]8b361e9d4e67'
6  # 你從twilio.com獲得的圖騰
7  authToken='9a6dfab512f[illegible]d3e638'
8
9  client = Client(accountSid, authToken)
10 message = client.messages.create (
11             from_ = "+12512548607",       # 這是twilio.com給你的號碼
12             to = "+88695[illegible]28",    # 這是收簡訊方的號碼
13             body = "Python王者歸來" )      # 發送的訊息
```

執行結果

由於筆者是使用測試帳號，所以所有簡訊皆會收到 Sent from your Twilio trial account 字串開頭，然後才是你的簡訊內容。

這個程式主要關鍵是第 9 列，利用所申請的 SID 和 TOKEN 當作參數，呼叫 Client( ) 方法傳回 Client 物件，此程式筆者是用 client 當作物件。接著程式第 10 列 client 物件呼叫 message.create( ) 方法傳送簡訊，這個方法需有下列 3 個參數。

```
from_ = "12512548607"           # 這是 Twilio 公司分配給你的電話號碼
to = "+886952xxxxxx"            # 這是簡訊接收方的電話號碼
body = "Python 王者歸來 "        # 這是簡訊內容
```

注意 from_ 在 from_ 右邊有底線 _，這是因為 from 是 Python 的關鍵字，可參考程式第 2 列的敘述，為了有區隔所以 Twilio 公司特別將 from_ 右邊加上底線。上述 952xxxxxx 讀者應改為自己的手機號碼，程式第 10 列所設定的傳回值是 message，由這個傳回值我們可以獲得一些有用的訊息。例如：下列是在 Python Shell 視窗列出 from_、to、body 屬性內容的實例。

```
print(message.from_)
+12512548607
print(message.to)
+886952[redacted]
print(message.body)
Sent from your Twilio trial account - Python王者歸來
```

簡訊傳送後，可以使用 date_created 屬性獲得訊息建立時間的資訊。

```
print(message.date_created)
2023-11-14 17:16:30+00:00
```

每一個訊息皆有唯一的 id 編號，可以列印此編號。

```
print(message.sid)
SM08347f9791a2d807d0a00202d6855248
```

本章只介紹了一個 Twilio 公司所提供最簡單的功能，Twilio 是一個通信軟件服務公司，它的服務有許多，例如：語音、視訊 …等，有興趣的讀者可以自行到該公司網頁體會。

第 26 章

傳送與接收電子郵件

26-1 連線發送 Gmail 郵件伺服器

26-2 設計傳送電子郵件程式

26-3 發送批次電子郵件的應用

26-4 連線接收 Gmail 郵件伺服器

26-5 Gmail 收件資料夾

這一章主要是講解使用 Python 處理電子郵件相關知識，傳送郵件需使用 SMTP(Simple Mail Transfer Protocol) 傳輸協定 (26-1-1 節說明)，接收郵件使用的是 IMAP(Internet Message Access Protocol) 郵件存取協定。

26-1 連線發送 Gmail 郵件伺服器

26-1-1 SMTP 協定

SMTP 全名是 Simple Mail Transfer Protocol，中文是簡單郵件傳輸協定，主要是定義 Internet 上傳送郵件的相關細節。其實身為 Python 程式設計師，只要了解這些基本觀念就可以了，更多郵件傳輸細節在程式設計時是不需要的。

26-1-2 認識 SMTP 伺服器的網域名稱

如果你是自行設定 Windows 系統的 Outlook 程式，或是自行設定手機的郵件程式設定，以啟動傳送和接收電子郵件，那麼對於 SMTP 伺服器的網域名稱應該不陌生。如果沒有過這樣的經驗，也不用害怕，本章將講解完整的內容。

SMTP 伺服器的網域名稱通常是電子郵件廠商的網域名稱，下列是常見國內外大公司的 SMTP 伺服器網域名稱。

公司	SMTP 伺服器網域名稱
HiNet	msxx.hinet.net(xx 是伺服器編號)
Outlook.com	smtp-mail.outlook.com
Yahoo Mail	smtp.mail.yahoo.com
Gmail	smtp.gmail.com

若是一般私人企業公司，請洽詢 MIS 人員。

26-1-3 導入模組

在使用 Python 程式前，需要導入 smtplib 模組。

```
import smtplib
```

26-1-4 連線至發送郵件伺服器

下列是以連線 Gmail 為實例，我們可以呼叫 smtplib 模組的 SMTP( ) 方法，建立一個連線 SMTP 的物件，未來就以這個物件執行傳送電子郵件工作。

```
>>> import smtplib
>>> mySMTP = smtplib.SMTP('smtp.gmail.com',587)
>>> print(type(mySMTP))
<class 'smtplib.SMTP'>
>>>
```

上述 SMTP( ) 方法的第一個參數是郵件伺服器網域名稱，第 2 個參數是 587，這個數值是 SMTP 伺服器的連接埠的編號，目前大部分的 SMTP 伺服器皆是使用此埠。如果連線成功，會傳回 SMTP 物件 mySMTP(這是筆者自行設定的變數名稱)。最後筆者特別列印此變數類型。

如果你的郵件伺服器所使用的網路傳輸安全憑證是採用 TLS(Transport Layer Security，傳輸層安全協定)，那麼使用上述 SMTP( ) 方法，將可以正常運作。如果你的郵件伺服器是使用較舊版的傳輸安全憑證 SSL(Secure Sockets Layer，安全通信協定)，則需使用下列方式連線至郵件伺服器。

```
mySMTP = smtplib.SMTP_SSL('xxx.xxx.xxx', 465)          # xxx.xxx.xxx 是郵件伺服器
```

465 是郵件伺服器採用 SSL 安全憑證的連接埠編號。

註 TLS 基本上是 SSL 改良的版本。

26-1-5 啟動你的程式和 SMTP 郵件伺服器的對話

使用 Python 處理傳送電子郵件的下一步是啟動你的程式和 SMTP 郵件伺服器的對話，可以使用名字有一點奇怪的方法 ehlo( )，其實這相當於是向郵件伺服器說聲 Hello!，整個流程如下所示：

```
>>> import smtplib
>>> mySMTP = smtplib.SMTP('smtp.gmail.com',587)
>>> mySMTP.ehlo()
(250, b'smtp.gmail.com at your service, [2407:4d00:1e06:7d86:8f5:41fe:2b1c:b0f2]
\nSIZE 35882577\n8BITMIME\nSTARTTLS\nENHANCEDSTATUSCODES\nPIPELINING\nSMTPUTF8')
```

上述傳回值是元組 (tuple)，其中第一個元素是 250，這是代表打招呼成功的訊息。記住：這是必要的流程，否則無法繼續，程式會有錯誤產生。

26-1-6　啟動 TLS 郵件加密模式

如果我們是使用 SMTP('郵件伺服器網域', 587)，接著必須啟動 TLS 郵件加密模式，可以呼叫 starttls( ) 方法執行告知郵件伺服器，接下來的郵件需要加密，如下所示：

```
>>> mySMTP.starttls()
(220, b'2.0.0 Ready to start TLS')
```

上述傳回值的第一個元素是 220，主要是郵件伺服器告知已經準備好了，將對未來的郵件進行 TLS 加密了。

如果你的郵件伺服器是使用 SSL 加密，則可以省略此步驟，因為當呼叫 SMTP_SSL( ) 時，加密就已經設定好了。

26-1-7　登入郵件伺服器

接著可以使用 login( ) 方法登入郵件伺服器，如下所示：

```
>>> mySMTP.login('cshung1961@gmail.com', 'kr            ')
(235, b'2.7.0 Accepted')
```

上述第一個參數是 gamil 的電子郵件地址，第 2 個參數是此向 Google 申請的「應用程式密碼」。早期第 2 個參數是你 Gmail 的郵件密碼，Google 公司已經更改策略，改為應用程式密碼，此密碼需要申請。如果傳回值是 235，代表登入伺服器成功了，恭喜你！不過不要高興太早，如果你是第一次使用，應該看到下列錯誤訊息：

```
Traceback (most recent call last):
  File "<pyshell#14>", line 1, in <module>
    mySMTP.login('cshung1961.gmail.com','            ')
  File "C:\Users\User\AppData\Local\Programs\Python\Python311\Lib\smtplib.py", l
ine 750, in login
    raise last_exception
  File "C:\Users\User\AppData\Local\Programs\Python\Python311\Lib\smtplib.py", l
ine 739, in login
    (code, resp) = self.auth(
  File "C:\Users\User\AppData\Local\Programs\Python\Python311\Lib\smtplib.py", l
ine 662, in auth
    raise SMTPAuthenticationError(code, resp)
smtplib.SMTPAuthenticationError: (535, b'5.7.8 Username and Password not accepte
d. Learn more at\n5.7.8  https://support.google.com/mail/?p=BadCredentials q6-20
020a170902bd8600b001cc2c7a30ddsm7798689pls.148 - gsmtp')
```

上述主要是目前你不被允許使用其他應用程式存取 Gmail 上的電子郵件，其實這是 Gmail 目前預設的狀態。這是因為 Google 在安全考量下，已經事先擋掉其他應用程式存取你電子郵件的權利。

26-1-8 申請 Gmail 應用程式密碼

因為我們需要使用 Python 控制電子郵件，所以我們必須到 Google 帳號去設定低安全性的應用程式存取權限，同時取得密碼。首先請進入 Gmail 帳號，筆者實例請參考下方左圖。

然後點選名字圖示，可以看到「管理你的 Google 帳戶」按鈕，請參考上方右圖，然後可以看到下列畫面。

請點選安全性，然後請點選兩步驟驗證，然後往下捲動視窗，可以看到下列畫面。

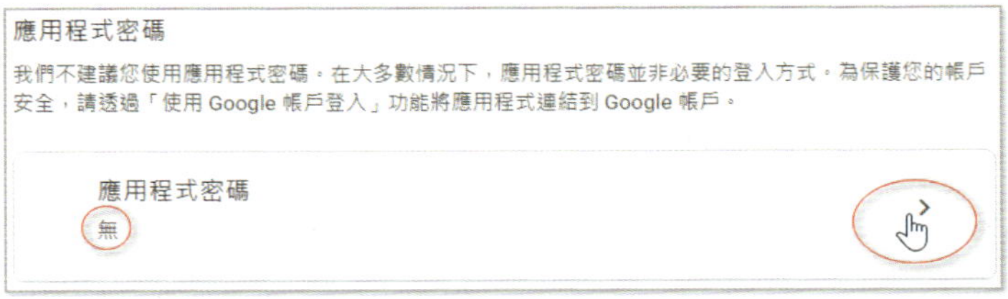

這時應用程式密碼顯示「無」，這表示筆者目前沒有應用程式密碼。請點選右邊的圖示，然後可以看到下方 App name 空白，請輸入一個應用程式的 App name 名稱，此例筆者輸入「MyEmail」。

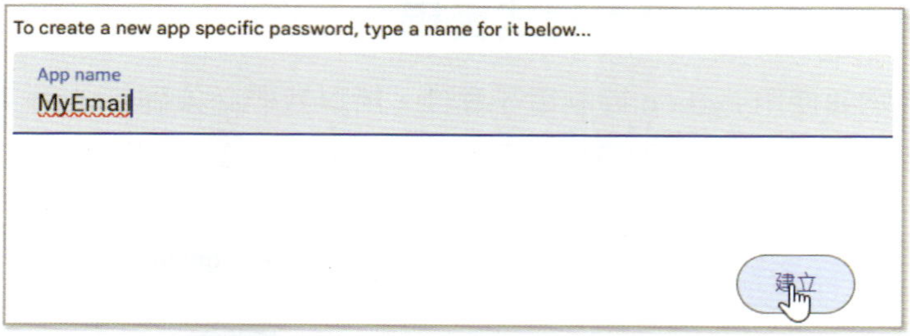

輸入完後請按建立鈕，就可以產生 16 字元的應用程式密碼，請參考下圖，這組密碼請妥善保管不要外露，未來這將是你的發送 Email 的密碼。

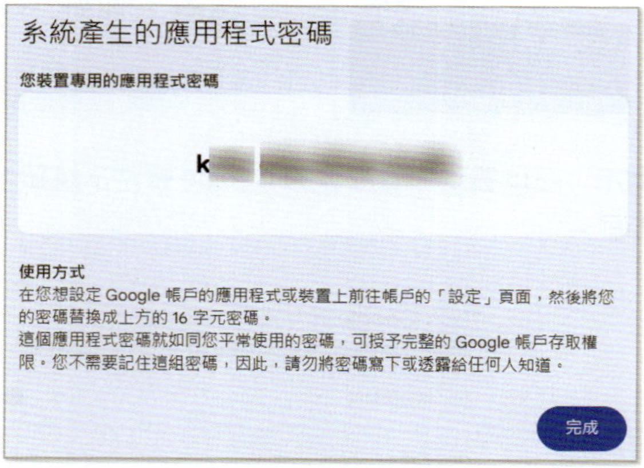

上述請按完成鈕，可以看到下面畫面。

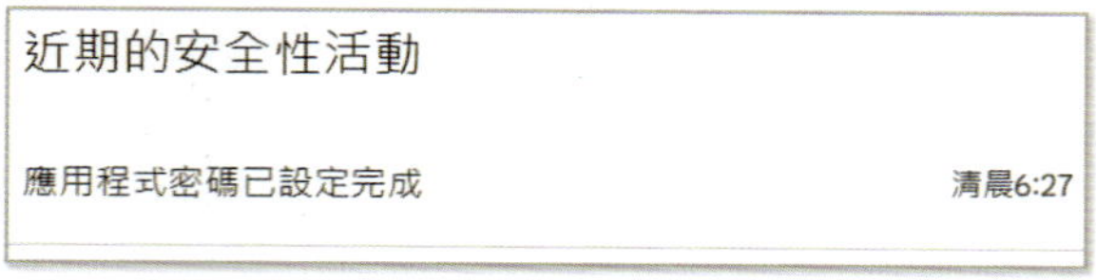

如果你現在重新執行上述工作，將可以正式登入郵件伺服器，如下所示：

```
>>> mySMTP = smtplib.SMTP('smtp.gmail.com', 587)
>>> mySMTP.starttls()
(220, b'2.0.0 Ready to start TLS')
>>> mySMTP.ehlo()
(250, b'smtp.gmail.com at your service, [2407:4d00:1e06:7d86:8f5:41fe:2b1c:b0f2]
\nSIZE 35882577\n8BITMIME\nAUTH LOGIN PLAIN XOAUTH2 PLAIN-CLIENTTOKEN OAUTHBEARE
R XOAUTH\nENHANCEDSTATUSCODES\nPIPELINING\nSMTPUTF8')
>>> mySMTP.login('cshung1961@gmail.com', 'k                ')
(235, b'2.7.0 Accepted')
```

看到「235」表示登入 Gmail 伺服器成功了。

26-1-9 簡單傳送電子郵件

登入郵件伺服器後，接著可以使用 sendmail( ) 方法傳送電子郵件，下列將直接以簡單實例說明，26-2 節筆者還會講解更高明使用技巧。

```
>>> status = mySMTP.sendmail('cshung1961.gmail.com','jiinkwei@me.com',
...                          'Subject:Testing\nMy Testing')
```

基本上 sendmail( ) 方法內至少需要 3 個字串，寄件人的電子郵件地址，收件人的電子郵件地址，和電子郵件的標題和內容，"Subject:" 後的內容是信件標題，在換列符號 "\n" 後的則是信件內容。若是以上述為實例，收件方將可以收到下列郵件內容。

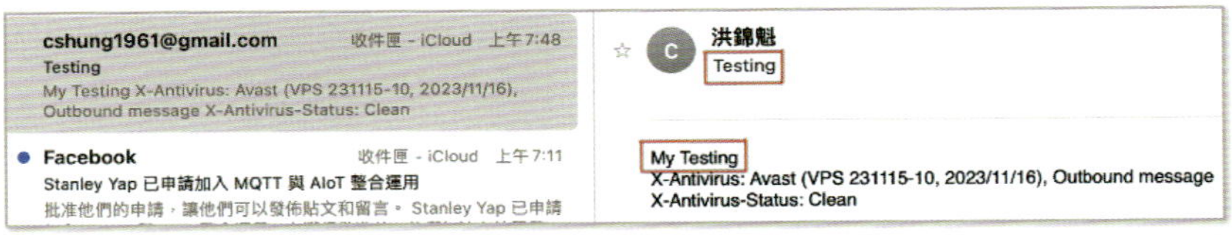

註 讀者可以忽略郵件 X-Antivirus 該列內容，這是筆者防毒軟體產生的。

由上述執行結果可以很清楚地看到信件標題與信件內容。如果讀者仔細看，筆者在呼叫 sendmail( ) 方法時設定一個傳回值是 status 變數，sendmail( ) 在執行後會有字典當傳回值，如果傳送郵件失敗，可以看到鍵 - 值對的內容，如果傳送郵件成功，則傳回值是空的。下列是輸出傳回值 status 的執行結果。

```
>>> print(status)
...
    {}
>>>
```

26-1-10 結束與郵件伺服器的連線

可以使用 quit( ) 方法結束與郵件伺服器的連線，下列是執行實例。

```
>>> mySMTP.quit()
...
    (221, b'2.0.0 closing connection p28-20020a056a000a1c00b006933e71956dsm3330089pf
    h.9 - gsmtp')
>>>
```

當看到傳回值第一個元素是 221 時，代表正式結束與郵件伺服器的連線。

26-2 設計傳送電子郵件程式

26-2-1 發信給一個人的應用

當我們徹底瞭解了 26-1 節 Python 發信功能，就可以設計一個 Python 的發信程式了。

程式實例 ch26_1.py：設計一個發信件的程式，在這個程式中筆者將密碼在第 5 列設定，信件內容則拆成信件標題，"Subject:" 和信件內容，由於是分列撰寫所以第 7 列末端增加 "\" 符號，第 8 列則是郵件內容。讀者可以從程式第 13 列很清楚看到 sendmail( ) 方法參數的用法。

```
1  # ch26_1.py
2  import smtplib
3
4  from_addr = 'cshung1961@gmail.com'                 # 設定發信帳號
5  pwd = 'k[illegible]'                               # 密碼
6  to_addr_list = ['jiinkwei@me.com']                 # 設定收件人
7  msg = 'Subject: My first mail using Python\n\
8  Email from Python'                                 # 信件標題與內容
9  mySMTP = smtplib.SMTP('smtp.gmail.com', 587)       # 執行連線
10 mySMTP.ehlo()                                      # 啟動對話
11 mySMTP.starttls()                                  # 執行TLS加密
12 mySMTP.login(from_addr, pwd)                               # 登入郵件伺服器
13 status = mySMTP.sendmail(from_addr, to_addr_list, msg)  # 執行發送信件
14 if status == {}:                                   # 檢查是否發信成功
15     print("發送郵件成功!")
16 mySMTP.quit()                                      # 結束連線
```

執行結果　下列是 Python Shell 視窗與收件方使用 Mac 系統獲得的郵件內容。

```
======================= RESTART: D:\Python\ch26\ch26_1.py ======================
發送郵件成功!
```

對上述程式而言，最重要的就是 sendmail( ) 方法，這個方法的完整使用格式如下：

- sendmail(from_addr, to_addr_list, msg[mail_options, rcpt_options])
- from_addr：這是一個字串，發信方的郵件地址。
- to_addr_list：這是一個字串的串列，是指收件方的地址，如果要傳給多個人，

可以有多個地址元素。如果在這裡放置一個地址字串，則表示只傳信件給這個地址。

- msg：msg 是一個筆者自行命名的字串變數名稱，你也可以自行命名，這個字串可以設定包含信件標題、信件收件人、信件內容 …等更多內容，下面幾節會做更多實例說明。

程式實例 ch26_2.py：重新設計 ch26_1.py，標明信件收件人。

```
6 to_addr_list = ['jiinkwei@me.com']            # 設定收件人
7 msg = 'Subject: My first mail using Python\n\
8 To: jiinkwei@me.com\n\
9 Email from Python'                             # 信件標題與內容
```

執行結果 如果這時檢查郵件可以看到下列結果。

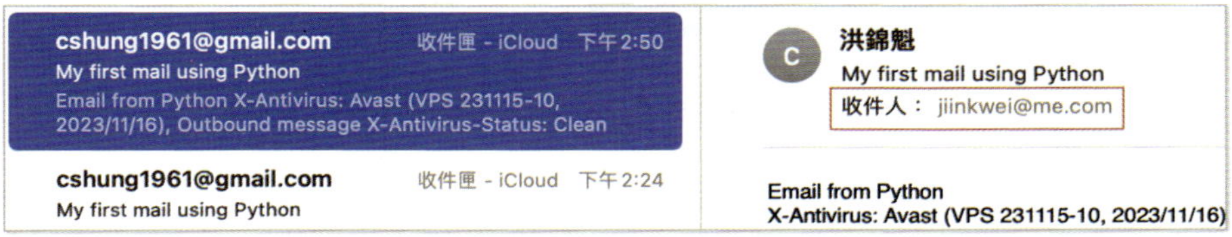

對上述而言相當於我們在 msg 字串參數內增加 "To:" 就達到增加顯示「收件人」效果了。

26-2-2 發信給多個人的應用

其實最簡單發信給多個人的方法是在 sendmail( ) 方法的 to_addr_list 串列內增加郵件地址當作元素。

程式實例 ch26_3.py：發信給多人的應用，這個程式主要是第 6 列擴充 ch26_1.py，發信給 2 個人。

```
6 to_addr_list = ['service@deepwisdom.com.tw','jiinkwei@me.com']  # 設定收件人
7 msg = 'Subject: Send Email to mutiple users\n\
8 Multiple users will reveive this Email.'          # 信件標題與內容
```

執行結果 上述郵件主要是增加「service@deepwisdom.com.tw」收到此封郵件，如果查看郵件可以得到下列結果。

有時候我們發信給一個群組時，希望可以用一個較好的名稱當作群組名稱，例如：如果 DeepWisdom 公司要發表一個人工智慧講座，可以用 DeepWisdom AI Meeting Members 為收件人，發信給相關人員。此時可以使用 msg 字串內的 "To:" 關鍵字設定。

程式實例 ch26_4.py：發信件給多人，同時將收件人改為 DeepWisdom AI Meeting Members。

```
to_addr_list = ['service@deepwisdom.com.tw', 'jiinkwei@me.com'] # 設定收件人
msg = 'Subject: Send Email to mutiple users\n\
To: DeepWisdom AI Meeting Members\n\
Multiple users will reveive this Email.'          # 信件標題,收件人設定與內容
```

執行結果 如果使用 Mac OS 檢查郵件可以看到下列結果。

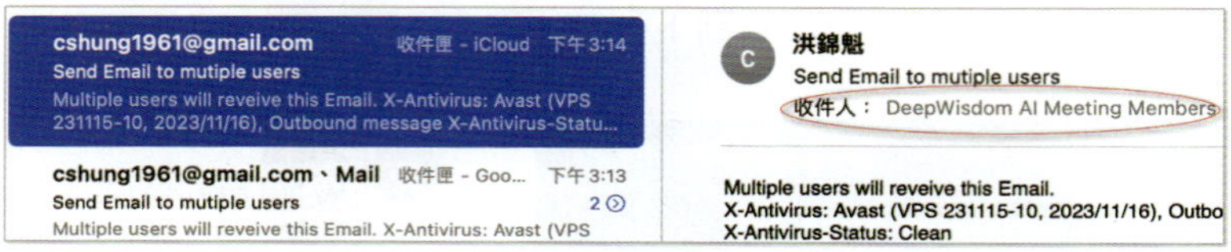

26-2-3 發送含副本收件人的信件

可以在 msg 字串內設定 "Cc:" 方式處理。

程式實例 ch26_5.py：設定含副本收件人的信件。

```
to_addr_list = ['service@deepwisdom.com.tw', 'jiinkwei@me.com'] # 設定收件人
msg = 'Subject: Email with Cc\n\
To: jiinkwei@me.com\n\
Cc: service@deepwisdom.com.tw\n\
Multiple users will reveive this Email.'          # 信件標題,收件人,副本與內容
```

執行結果

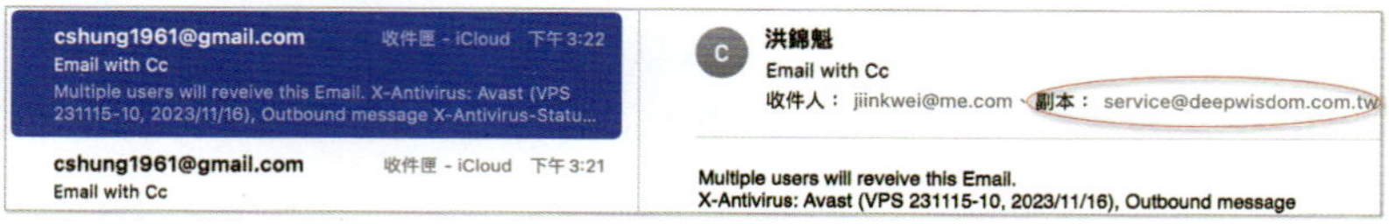

26-2-4 設定寄件人

使用 Python 傳送郵件時預設所設定的寄件人是寄件方的電子郵件地址，可以在 msg 字串內使用 "From:" 設定寄件人。

程式實例 ch26_6.py：重新設計 ch26_5.py，設定寄件人是 "I Love Python"。

```
to_addr_list = ['service@deepwisdom.com.tw', 'jiinkwei@me.com'] # 設定收件人
msg = 'Subject: Assign the sender\n\
From: I Love Python\n\
```

```
To: service@deepwisdom.com.tw\n\
Cc: jiinkwei@me.com\n\
Multiple users will reveive this Email.'                # 信件標題,收件人,副本與內容
```

執行結果

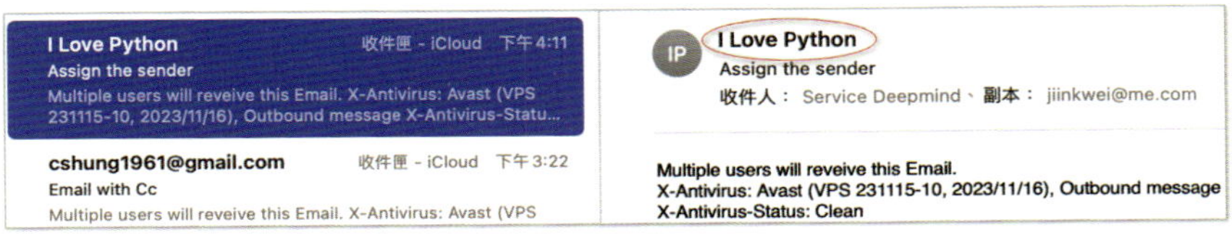

26-2-5 將檔案內容以信件傳送

其實目前信件內容是在程式內輸入，這不是一個發信的好方法，有時候我們可以想用將信件寫在檔案內，然後可以用 Python 讀取檔案，再將所讀的檔案傳送給收件方，可以參考下列實例。

程式實例 ch26_7.py：這個程式會讀取 data26_7.txt 檔案內容，將檔案內容放入 msg 內，然後當作信件內容傳送出去。data26_7.txt 內容如下：

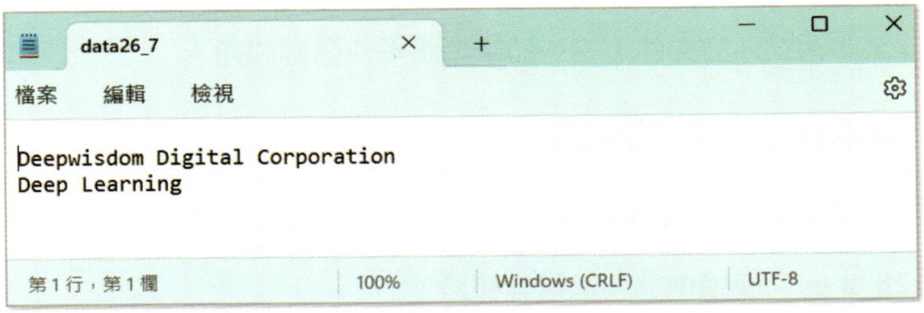


```
# ch26_7.py
import smtplib

from_addr = 'cshung1961@gmail.com'                  # 設定發信帳號
pwd = 'k[redacted]'                                 # 密碼
to_addr_list = ['jiinkwei@me.com']                  # 設定收件人
msg = 'Subject: Send the file contents\n\
To: jiinkwei@me.com'

with open('data26_7.txt') as fn:                    # 讀取檔案內容
    mailContent = fn.read()
msg = msg + '\n' +  mailContent                     # 將msg與檔案內容結合

print("列印msg資料型態 : ", type(msg))               # 列印msg資料型態
print(msg)                                          # 列印msg內容

mySMTP = smtplib.SMTP('smtp.gmail.com', 587)        # 執行連線
mySMTP.ehlo()                                       # 啟動對話
mySMTP.starttls()                                   # 執行TLS加密
mySMTP.login(from_addr, pwd)                                  # 登入郵件伺服器
status = mySMTP.sendmail(from_addr, to_addr_list, msg)  # 執行發送信件
if status == {}:                                    # 檢查是否發信成功
    print("發送郵件成功!")
mySMTP.quit()                                       # 結束連線
```

執行結果　下列是 Python Shell 視窗與信箱收到郵件的畫面。

```
======================= RESTART: D:\Python\ch26\ch26_7.py ======================
列印msg資料型態 :  <class 'str'>
Subject: Send the file contents
To: jiinkwei@me.com
Deepwisdom Digital Corporation
Deep Learning

發送郵件成功!
```

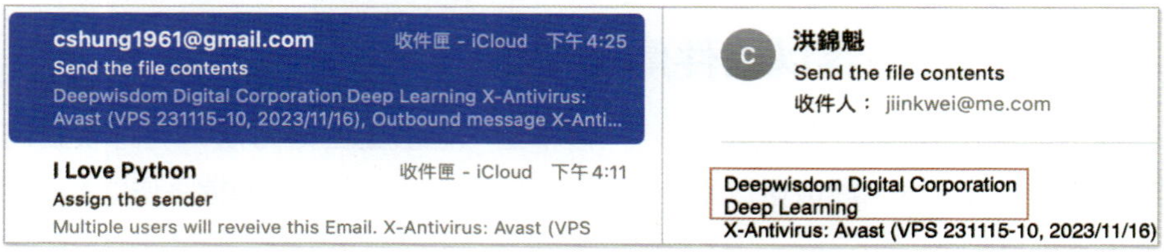

在上述程式中，筆者特別在第 14 和 15 列輸出 msg 的資料型態和內容，主要是讓讀者了解至今所有的程式皆是將 sendmail( ) 方法的第三個參數 msg 當作字串方式處理。這個方法雖然讓整個發送電子郵件變得簡單，但是這是舊式電子郵件處理方法，無法處理 7 個字元 ASCII 碼以外的文件，下一節筆者將解決這個問題。

26-2-6　MIME 的觀念說明

在說明本節內容前，請先修改 ch26_7.py，將 msg 的信件標題用中文字。

程式實例 ch26_8.py：使用中文字當信件標題。

```
7  msg = 'Subject: 中文信件標題\n\
8  To: jiinkwei@me.com'
```

執行結果

```
======================= RESTART: D:/Python/ch26/ch26_8.py ======================
列印msg資料型態 :  <class 'str'>
Subject: 中文信件標題
To: jiinkwei@me.com
Deepwisdom Digital Corporation
Deep Learning

Traceback (most recent call last):
  File "D:/Python/ch26/ch26_8.py", line 21, in <module>
    status = mySMTP.sendmail(from_addr, to_addr_list, msg)  # 執行發送信件
  File "C:\Users\User\AppData\Local\Programs\Python\Python311\Lib\smtplib.py", l
ine 875, in sendmail
    msg = _fix_eols(msg).encode('ascii')
UnicodeEncodeError: 'ascii' codec can't encode characters in position 9-14: ordi
nal not in range(128)
```

上述程式只是將第 7 列改為「中文信件標題」，整個程式就產生錯誤了。

MIME 的英文全名是 Multiplepurpose Internet Mail Extensions，可以解釋為多用途網際網路郵件擴展。早期電子郵件無法使用 7 位 ASCII(0-127) 字元集以外的字元，所以

非英文字元、聲音或圖像等非英文資訊皆無法透過電子郵件傳送。MIME 制定了各種數據表示法，讓電子郵件可以傳送各類文件。後來 MIME 框架也被應用在全球資訊網的 HTTP 協議內，所以也成為了網際網路媒體類型的標準。

在 MIME 架構下的內容基本格式如下：

```
type/subtype
```

常見的 type 使用格式有：

text：本文

image：圖片

audio：聲音

video：影片

subtype 只是用於指定 type 的詳細格式，常見的組合如下：

application/octet-stream：任意二進位數據

application/pdf：PDF 文件

application/msword：Microsoft Word 文件

text/plain：純本文

text/html：HTML 檔案

image/gif：GIF 圖檔

image/png：PNG 圖檔

image/jpeg：JPEG 圖檔

video/mp4：MP4 影片檔

video/ogg：OGG 影片檔

video/webm：WEBM 影片檔

為了要處理全球通用的郵件，我們可以將 msg 的內容設為 MIME 類型的物件，此時可以導入下列模組。

```
from email.mime.text import MIMEText
```

程式設計時如果是傳送文字訊息可以先設定 MIMEText 物件，語法如下：

```
msg = MIMEText(" 欲傳送的郵件內容 ", 'plain', 'utf-8')
```

上述第一個參數是欲傳送的郵件內容，第二個參數是設定 MIME 的 subtype 類型，此處 plain 註明這是純本文，第三個參數是 'utf-8'，未來可適用多國語系。最後呼叫 sendmail( ) 時，再將 msg 物件 (MIMEText 物件) 使用 as_string( ) 方法轉為字串。

程式實例 ch26_9：傳送含中文字的郵件。

```
# ch26_9.py
import smtplib
from email.mime.text import MIMEText

from_addr = 'cshung1961@gmail.com'                   # 設定發信帳號
pwd = 'k[redacted]'                                  # 密碼
to_addr_list = ['jiinkwei@me.com']                   # 設定收件人

msg = MIMEText('傳送含中文字的郵件', 'plain', 'utf-8')
msg['Subject'] = 'Email using MIMEText'
msg['To'] = 'jiinkwei@me.com'

print(type(msg))                                     # 列印msg的資料類型

mySMTP = smtplib.SMTP('smtp.gmail.com', 587)         # 執行連線
mySMTP.ehlo()                                        # 啟動對話
mySMTP.starttls()                                    # 執行TLS加密
mySMTP.login(from_addr, pwd)                         # 登入郵件伺服器
status = mySMTP.sendmail(from_addr, to_addr_list, msg.as_string())
if status == {}:                                     # 檢查是否發信成功
    print("發送郵件成功!")
mySMTP.quit()                                        # 結束連線
```

執行結果 下列是 Python Shell 視窗與信箱收到郵件的畫面。

```
====================== RESTART: D:\Python\ch26\ch26_9.py ======================
<class 'email.mime.text.MIMEText'>
發送郵件成功!
```

26-2-7 電子郵件內含 HTML 文件

如果想要在電子郵件內含 HTML 文件，可以先將 HTML 文件設為一個字串，然後使用 MIMEText( )，此時應將第二個參數的 MIME 的 subtype 類型設為 html，註明這是 HTML 文件。

程式實例 ch26_10.py：電子郵件內容包含 HTML 文件，程式第 10-25 列是將 HTML 文件設定給一個字串 htmlstr，然後第 26 列設定 MIMEText( ) 時，將第 2 個參數設為 html。

```
1  # ch26_10.py
2  import smtplib
3  from email.mime.text import MIMEText
4
5  from_addr = 'cshung1961@gmail.com'                  # 設定發信帳號
6  pwd = 'k[illegible]'                                # 密碼
7  to_addr_list = ['jiinkwei@me.com']                  # 設定收件人
8
9  # 定義HTML文件
10 htmlstr = """
11 <!doctype html>
12 <html>
13 <head>
14     <meta charset="utf-8">
15     <title>Test.html</title>
16 </head>
17 <body>
18 李白    月下獨酌
19 花間一壺酒，
20 獨酌無雙親；
21 舉杯邀明月，
22 對影成三人。
23 </body>
24 </html>
25 """
26 msg = MIMEText(htmlstr, 'html', 'utf-8')
27 msg['Subject'] = '傳送HTML內容信件'
28 msg['To'] = 'jiinkwei@me.com'
29
30 mySMTP = smtplib.SMTP('smtp.gmail.com', 587)        # 執行連線
31 mySMTP.ehlo()                                       # 啟動對話
32 mySMTP.starttls()                                   # 執行TLS加密
33 mySMTP.login(from_addr, pwd)                        # 登入郵件伺服器
34 status = mySMTP.sendmail(from_addr, to_addr_list, msg.as_string())
35 if status == {}:                                    # 檢查是否發信成功
36     print("發送郵件成功!")
37 mySMTP.quit()                                       # 結束連線
```

執行結果

26-2-8　傳送含附件的電子郵件

想要傳送含附件的郵件，首先要讀取附件檔案，然後將檔案內容放在 MIMEText( ) 當做第一個參數，這時第 2 個參數是 'base64'，這是一種郵件內容編碼方式，主要是將二進位碼轉成 ASCII 碼。

程式實例 ch26_11.py：傳送含附件的電子郵件，這個程式的重點是第 11 ~ 13 列，第 11 列是設定傳送檔案的編碼方式，第 12 列內容是設定以二進位數據方式傳輸，第 13 列是設定內容處置是採附加 (attachment)，檔名是 data26_11.txt。

```
1  # ch26_11.py
2  import smtplib
3  from email.mime.text import MIMEText
4
5  from_addr = 'cshung1961@gmail.com'                 # 設定發信帳號
6  pwd = 'k'                                          # 密碼
7  to_addr_list = ['jiinkwei@me.com']                 # 設定收件人
8
9  with open('data26_11.txt', 'rb') as fn:            # 讀取檔案內容
10     mailContent = fn.read()
11 msg = MIMEText(mailContent, 'base64', 'utf-8')
12 msg['Content-Type'] = 'application/octet-stream'
13 msg['Content-Disposition'] = 'attachment; filename="data26_11.txt"'
14 msg['Subject'] = '傳送附加檔案'
15 msg['To'] = 'jiinkwei@me.com'
16
17 mySMTP = smtplib.SMTP('smtp.gmail.com', 587)       # 執行連線
18 mySMTP.ehlo()                                      # 啟動對話
19 mySMTP.starttls()                                  # 執行TLS加密
20 mySMTP.login(from_addr, pwd)                       # 登入郵件伺服器
21 status = mySMTP.sendmail(from_addr, to_addr_list, msg.as_string())
22 if status == {}:                                   # 檢查是否發信成功
23     print("發送郵件成功!")
24 mySMTP.quit()                                      # 結束連線
```

執行結果

在這個實例中我們傳輸的是 txt 文字檔案，其實我們可以將第 9 列的 'rb' 改為 'r'，第 11 列的 'base64' 改為 'plain'，刪除第 12 列，程式也可以執行，讀者可參考 ch26_11_1.py。不過上述程式實例可以適用在傳輸檔案是文字檔案或是二進位檔案的情況，ch26_11_1.py 則無法傳送附加檔案是二進位檔案。

26-2-9　傳送含圖片附件的電子郵件

首先需導入下列 MIMEImage。

```
from email.mime.image import MIMEImage
```

讀取圖片檔案內容時需用二進位方式 'rb' 開啟檔案，然後利用所讀取圖片的二進位檔案內容建立一個 MIMEImage 的物件。至於剩下處理方式與 ch26_11.py 相同。

程式實例 ch26_12.py：這是一個傳送附件是圖片檔案的實例。

```
# ch26_12.py
import smtplib
from email.mime.text import MIMEText
from email.mime.image import MIMEImage

from_addr = 'cshung1961@gmail.com'                  # 設定發信帳號
pwd = 'k[redacted]'                                 # 密碼
to_addr_list = ['jiinkwei@me.com']                  # 設定收件人

with open('rushmore.jpg', 'rb') as fn:              # 讀取圖片內容
    mailPict = fn.read()
msg = MIMEImage(mailPict)
msg['Content-Type'] = 'application/octet-stream'
msg['Content-Disposition'] = 'attachment; filename="rushmore.jpg"'
msg['Subject'] = '傳送圖片附加檔案'
msg['To'] = 'jiinkwei@me.com'

mySMTP = smtplib.SMTP('smtp.gmail.com', 587)        # 執行連線
mySMTP.ehlo()                                       # 啟動對話
mySMTP.starttls()                                   # 執行TLS加密
mySMTP.login(from_addr, pwd)                        # 登入郵件伺服器
status = mySMTP.sendmail(from_addr, to_addr_list, msg.as_string())
if status == {}:                                    # 檢查是否發信成功
    print("發送郵件成功!")
mySMTP.quit()                                       # 結束連線
```

執行結果

❑ 傳送 Word 檔案

假設傳送的是 ex26_3.docx，可參考下列方式設定：

```
with open('ex26_3.docx', 'rb') as fn:            # 讀取Word內容
    mailContent = fn.read()
msg = MIMEText(mailContent, 'base64', 'utf-8')
msg['Content-Type'] = 'application/msword'
msg['Content-Disposition'] = 'attachment; filename="ex26_3.docx"'
```

至於完全實作則是讀者的習題。

26-2-10　郵件程式異常處理

相信讀者應該已經熟悉程式異常的處理觀念，下列將直接以實例說明。

程式實例 ch26_13.py：重新設計 ch26_1.py，增加程式異常處理觀念。

```
# ch26_13.py
import smtplib

from_addr = 'cshung1961@gmail.com'                    # 設定發信帳號
pwd = 'abcde'                                         # 密碼
to_addr_list = ['jiinkwei@me.com']                    # 設定收件人
msg = 'Subject: My first mail using Python\n\
Email from Python'                                    # 信件標題與內容
try:
    mySMTP = smtplib.SMTP('smtp.gmail.com', 587)        # 執行連線
    mySMTP.ehlo()                                       # 啟動對話
    mySMTP.starttls()                                   # 執行TLS加密
    mySMTP.login(from_addr, pwd)                        # 登入郵件伺服器
    mySMTP.sendmail(from_addr, to_addr_list, msg)       # 執行發送信件
    print("發送郵件成功!")
    mySMTP.quit()                                       # 結束連線
except smtplib.SMTPException:
    print("發送郵件失敗!")
```

執行結果　下列是因為密碼錯誤，傳送郵件失敗時所看到的畫面。

```
===================== RESTART: D:\Python\ch26\ch26_13.py =====================
發送郵件失敗!
```

26-3　發送批次電子郵件的應用

26-3-1　傳送會員信件

程式實例 ch26_14.py：有一個 member.csv 檔案內容如下，設計程式發送會員信件，「祝福 2025 年新年快樂」。

	A	B	C
1	姓名	電子郵件	會費
2	洪錦魁	jiinkwei@me.com	
3	洪冰	cshung1961@gmail.com	已繳
4	洪服務	service@deepwisdom.com.tw	已繳

```python
# ch26_14.py
import smtplib
import csv
from email.mime.text import MIMEText

# 設定發信帳號和密碼
from_addr = 'cshung1961@gmail.com'
pwd = 'k[illegible]'

# 讀取 CSV 檔案並提取電子郵件地址
to_addr_list = []
with open('member.csv', newline='', encoding='utf-8') as csvfile:
    reader = csv.DictReader(csvfile)
    for row in reader:
        to_addr_list.append(row['電子郵件'])

# SMTP 伺服器連線設定
smtp_server = 'smtp.gmail.com'
smtp_port = 587

# 建立 SMTP 連線
mySMTP = smtplib.SMTP(smtp_server, smtp_port)
mySMTP.ehlo()
mySMTP.starttls()
mySMTP.login(from_addr, pwd)

# 發送郵件給所有會員
for to_addr in to_addr_list:
    msg = MIMEText('祝您2025年新年快樂!', 'plain', 'utf-8')
    msg['Subject'] = '2025年新年快樂'
    msg['From'] = from_addr
    msg['To'] = to_addr

    status = mySMTP.sendmail(from_addr, [to_addr], msg.as_string())
    if status == {}:
        print(f"成功發送到 {to_addr}")
    else:
        print(f"發送到 {to_addr} 失敗")

mySMTP.quit()              # 結束 SMTP 連線
```

執行結果

```
====================== RESTART: D:/Python/ch26/ch26_14.py ======================
成功發送到 jiinkwei@me.com
成功發送到 cshung1961@gmail.com
成功發送到 service@deepwisdom.com.tw
```

26-3-2　繳費信件通知

程式實例 ch26_15.py：延續前 member.csv 檔案，改為發送信件給未繳費的會員。

```
# SMTP 伺服器連線設定
smtp_server = 'smtp.gmail.com'
smtp_port = 587

# 建立 SMTP 連線
mySMTP = smtplib.SMTP(smtp_server, smtp_port)
mySMTP.ehlo()
mySMTP.starttls()
mySMTP.login(from_addr, pwd)

# 讀取 CSV 檔案並提取未繳費會員的電子郵件地址
with open('member.csv', newline='', encoding='utf-8') as csvfile:
    reader = csv.DictReader(csvfile)
    for row in reader:
        if row['會費'] != '已繳':
            to_addr = row['電子郵件']
            txt = '親愛的會員您好,提醒您尚未繳納會費,請於本月底前完成繳費,謝謝!'
            msg = MIMEText(txt, 'plain', 'utf-8')
            msg['Subject'] = '會費繳納提醒'
            msg['From'] = from_addr
            msg['To'] = to_addr

            status = mySMTP.sendmail(from_addr, [to_addr], msg.as_string())
            if status == {}:
                print(f"成功發送繳費提醒到 {to_addr}")
            else:
                print(f"發送繳費提醒到 {to_addr} 失敗")

mySMTP.quit()          # 結束 SMTP 連線
```

執行結果

```
====================== RESTART: D:/Python/ch26/ch26_15.py ======================
成功發送繳費提醒到 jiinkwei@me.com
```

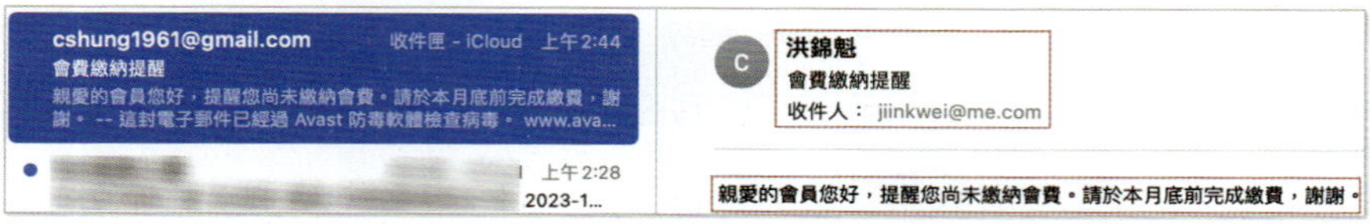

26-4　連線接收 Gmail 郵件伺服器

26-4-1　IMAP 協定

IMAP 全名是 Internet Message Access Protocol，這是一種廣泛使用的電子郵件存取協議。它允許用戶從遠程郵件服務器上讀取和管理他們的郵件，而不需要將郵件下載到本地電腦。

26-4-2 認識 IMAP 伺服器的網域名稱

下列是常見國內外大公司的 IMAP 伺服器網域名稱。

公司	IMAP 伺服器網域名稱
HiNet	imapxx.hinet.net(xx 是伺服器編號)
Outlook.com	imap-mail.outlook.com
Yahoo Mail	imap.mail.yahoo.com
Gmail	imap.gmail.com

26-4-3 導入模組

在使用 Python 程式前，需要導入 imapclient 模組。

```
import imapclient
```

26-4-4 連線至接收郵件伺服器

下列是以連線 Gmail 為實例，我們可以呼叫 imapclient 模組的 IMAPClient( ) 方法，建立一個連線 IMAP 的物件 imap，未來就以這個物件執行接收電子郵件工作。

```
>>> import imapclient
>>> imap = imapclient.IMAPClient('imap.gmail.com',ssl=True)
```

上述 IMAPClient( ) 方法的第 1 個參數是接收郵件伺服器網域名稱，大多數的郵件伺服器廠商會要求 SSL 加密，所以第 2 個參數設定「ssl=true」。

26-4-5 登入 IMAP 伺服器

前一小節我們建立了 imap 物件，可以用這個物件呼叫 login( ) 方法登入 IMAP 伺服器，此方法有 2 個參數，第 1 個參數是電子郵件帳號，第 2 個參數是應用程式密碼。若是以筆者的 Gmail 為例，就是 26-1-8 節申請的密碼。

```
>>> imap.login('cshung1961@gmail.com', 'kr')
b'cshung1961@gmail.com authenticated (Success)'
```

看到上述回應就知道登入 IMAP 伺服器成功了。

26-5 Gmail 收件資料夾

26-5-1　認識郵件資料夾

有了 imapclient 模組所見的物件後，可用此物件呼叫 list_folders( ) 方法，列出所有電子郵件的資料夾。

程式實例 ch26_16.py：輸出所有電子郵件的資料夾。

```
# ch26_16.py
import imapclient
import pprint
imap = imapclient.IMAPClient('imap.gmail.com',ssl=True)
imap.login('cshung1961@gmail.com', 'k[illegible]')
pprint.pprint(imap.list_folders())
```

執行結果

```
===================== RESTART: D:/Python/ch26/ch26_16.py =====================
[((b'\\HasNoChildren',), b'/', 'INBOX'),
 ((b'\\HasNoChildren',), b'/', 'Notes'),
 ((b'\\HasChildren', b'\\Noselect'), b'/', '[Gmail]'),
 ((b'\\All', b'\\HasNoChildren'), b'/', '[Gmail]/全部郵件'),
 ((b'\\HasNoChildren', b'\\Trash'), b'/', '[Gmail]/垃圾桶'),
 ((b'\\HasNoChildren', b'\\Junk'), b'/', '[Gmail]/垃圾郵件'),
 ((b'\\HasNoChildren', b'\\Sent'), b'/', '[Gmail]/寄件備份'),
 ((b'\\Flagged', b'\\HasNoChildren'), b'/', '[Gmail]/已加星號'),
 ((b'\\Drafts', b'\\HasNoChildren'), b'/', '[Gmail]/草稿'),
 ((b'\\HasNoChildren', b'\\Important'), b'/', '[Gmail]/重要郵件')]
```

26-5-2　選取郵件資料夾

前一小節看到電子郵件有許多資料夾，在處理信件前須用 select_folder( ) 方法選擇要處理的郵件資料夾，此方法常用的參數有 2 個：

- 郵件資料夾：例如："INBOX" 是指收件資料夾。
- readonly：如果怕不小心刪除郵件，可以設定「readonly=True」。

26-5-3　選擇郵件

每個資料夾有許多郵件，我們可以使用 search( ) 方法篩選郵件，回傳的是電子郵件的唯一識別碼 (UID)。這個方法非常有用，因為它允許您根據各種標準過濾郵件，如日期、發件人、主題等。下列是 search( ) 的基本語法：

```
UIDs = mail.search(['FROM', 'example@example.com'])  # 搜索所有來自特定發件人的郵件
UIDs = mail.search(['SUBJECT', 'important'])         # 搜索主題包含 "important" 的郵件
UIDs = mail.search(['BODY', 'text'])                 # 搜索郵件正文中包含 "text" 的郵件
UIDs = mail.search(['UNSEEN'])                       # 搜索所有未讀的郵件
```

也可以依據日期條件搜尋，通常需要遵循 "DD-Mon-YYYY" 格式，其中月份 (Mon) 是三個字母的英文縮寫 (例如：Jan, Feb, Mar, Apr, …)：

UIDs = mail.search(['SINCE', '01-Jan-2023'])　　# 搜索 2023 年 1 月 1 日之後收到的郵件

在使用 search( ) 時，可以組合多個條件來進行更精確的搜索：

UIDs = mail.search(['SINCE', '01-Jan-2023', 'FROM', 'example@example.com'])

上述會尋找從 2023 年 1 月 1 日之後來自 example@example.com 的所有郵件。關於 search( ) 方法的一些注意事項：

- 所有的條件都必須以大寫字母提供。
- 方法返回的是郵件的 UID 串列，這些 UID 是唯一識別每封郵件的數字。
- 返回的 UID 可以用 fetch( )，來獲取郵件的實際內容。

當您遇到錯誤時，通常是因為搜索條件的格式不正確，或者 IMAP 服務器無法理解提供的命令。如果是這種情況，您應該檢查每個條件是否都是正確格式化的，並且符合 IMAP 服務器的要求。

程式實例 ch26_17.py：搜索 2023 年 11 月 16 日以後的郵件。

```
# ch26_17.py
import imapclient

imap = imapclient.IMAPClient('imap.gmail.com',ssl=True)
imap.login('cshung1961@gmail.com', 'k[illegible]')
imap.select_folder('INBOX', readonly=True)
UIDs = imap.search(['SINCE', '16-Nov-2023'])
print(UIDs)
```

執行結果

```
====================== RESTART: D:/Python/ch26/ch26_17.py ======================
[577, 578, 582, 583]
```

26-5-4 顯示郵件內容

fetch( ) 方法可以顯示郵件的內容，此方法需要 2 個參數，第 1 個參數是 UIDs 串列，第 2 個參數是 ['BODY[]']。

程式實例 ch26_18.py：繼續前一個程式，顯示電子郵件內容。

```
# ch26_18.py
import imapclient
import pprint
imap = imapclient.IMAPClient('imap.gmail.com',ssl=True)
imap.login('cshung1961@gmail.com', 'k[illegible]')
imap.select_folder('INBOX', readonly=True)
```

```
7  UIDs = imap.search(['SINCE', '16-Nov-2023'])
8  raw_mail = imap.fetch(UIDs, ['BODY[]'])
9  pprint.pprint(raw_mail)
```

執行結果

```
===================== RESTART: D:/Python/ch26/ch26_18.py =====================
defaultdict(<class 'dict'>,
            {577: {b'BODY[]': b'Delivered-To: cshung1961@gmail.com\r\nReceived'
                              b': by 2002:a05:6a11:69a2:b0:51c:5c27:1fe with'
                              b' SMTP id xf34csp2710445pxb;\r\n        Wed, 15'
                              b' Nov 2023 14:27:33 -0800 (PST)\r\nX-Received: '
                              b'by 2002:a05:6a20:914d:b0:15c:b7ba:6a4d with '
                              b'SMTP id x13-20020a056a20914d00b0015cb7ba6a4d'
                              b'mr17736338pzc.50.1700087253496;\r\n        Wed'
                              b', 15 Nov 2023 14:27:33 -0800 (PST)\r\nARC-Seal'
                              b': i=1; a=rsa-sha256; t=1700087253; cv=none;\r'
```

上述回傳的是嵌套字典訊息，主要有 2 個鍵，"BODY[ ]" 鍵的值是信件內，這是專為 IMAP 伺服器設計的 RFC822 資料格式，此訊息不易閱讀，下一小節筆者會介紹 mail-parser 解析郵件內容。"SEQ" 鍵的值是序列編號，此功能和 UIDs 類似，我們可以不必理會。

上述程式第 6 列，select_folder( ) 方法的第 2 個參數是 "readonly=True"，這時即使我們已接閱讀了信件，也不會標示為「已讀」。如果設定 "readonly=False"，重新執行這個程式時，才會將已經閱讀的信件標示為「已讀」。

26-5-5　解析郵件內容

我們可以使用 mail-parser 模組解析郵件內容，使用前需要安裝此模組：

pip install mail-parser

安裝上述模組後，可以導入 parse_from_bytes( ) 方法，執行郵件的解析。

from mailparser import parse_from_bytes

程式實例 ch26_19.py：輸出 2023 年 11 月 16 日以後所有郵件標題、寄件者和收件者。

```
# ch26_19.py
import imapclient
from mailparser import parse_from_bytes

imap = imapclient.IMAPClient('imap.gmail.com',ssl=True)
imap.login('cshung1961@gmail.com', 'k[illegible]')
imap.select_folder('INBOX', readonly=True)
UIDs = imap.search(['SINCE', '16-Nov-2023'])
raw_mail = imap.fetch(UIDs, ['BODY[]'])

for uid, message_data in imap.fetch(raw_mail,'RFC822').items():
        email_message = parse_from_bytes(message_data[b'RFC822'])
        # 獲取寄件者和收件者訊息
```

```
    # 獲取寄件者訊息，假設寄件者是單一的
    from_email = email_message.from_  # 獲得寄件者郵件地址
    # 獲取收件者信息，可能有多個收件人
    to_emails = email_message.to

    print(f"Subject: {email_message.subject}")
    print(f"From: {from_email}")
    print(f"To: {to_emails}\n")  # to_emails內容是收件者的串列
```

執行結果

```
===================== RESTART: D:/Python/ch26/ch26_19.py =====================
Subject: 安全性快訊
From: [('Google', 'no-reply@accounts.google.com')]
To: [('', 'cshung1961@gmail.com')]

Subject: Awesome CX trends: What' s in or out in 2023?
From: [('Team Twilio', 'teamtwilio@team.twilio.com')]
To: [('', 'cshung1961@gmail.com')]

Subject: 準備暢玩東京？出發前不妨看看這些超值好康
From: [('Trip.com', 'Trip.com@newsletter.trip.com')]
To: [('', 'cshung1961@gmail.com')]

Subject: Want your design to be featured on Apple Music?
From: [('Canva', 'marketing@engage.canva.com')]
To: [('', 'cshung1961@gmail.com')]
```

從上述程式可以看到 parse_from_bytes( ) 方法解析回傳了物件，此物件內容設定給 email_message 變數，物件的屬性如下：

- subject：屬性是郵件主題。
- from_ ：屬性是寄件者串列。
- to：屬性是收件者串列。

從上述串列結構可以看到若是想單純獲得寄件者和收件者，可以用串列索引 [0][1]。

程式實例 ch26_20.py：改良 ch26_19.py 獲得單純的寄件者和收件者。

```
    print(f"From: {from_email[0][1]}")
    print(f"To: {to_emails[0][1]}\n")  # to_emails內容是收件者的串列
```

執行結果

```
===================== RESTART: D:/Python/ch26/ch26_20.py =====================
Subject: 安全性快訊
From: no-reply@accounts.google.com
To: cshung1961@gmail.com

Subject: Awesome CX trends: What' s in or out in 2023?
From: teamtwilio@team.twilio.com
To: cshung1961@gmail.com

Subject: 準備暢玩東京？出發前不妨看看這些超值好康
From: Trip.com@newsletter.trip.com
To: cshung1961@gmail.com

Subject: Want your design to be featured on Apple Music?
From: marketing@engage.canva.com
To: cshung1961@gmail.com
```

一般來說郵件的寄件者是一個人，收件者可能是許多人，我們只是其中一個收件者，這時可以用下列方式處理多人收件者。

程式實例 ch26_21.py：用處理多人收件者的方式重新設計 ch26_20.py。

```
        to_emails = [to[1] for to in email_message.to]

        print(f"Subject: {email_message.subject}")
        print(f"From: {from_email[0][1]}")
        print(f"To: {', '.join(to_emails)}\n")  # to_emails內容是收件者的串列
```

執行結果　因為上述郵件的收件者只有一個人所以與 ch26_20.py 相同。

26-5-6　找出信件含有特定內容的信件

我們可以在 search( ) 方法內增加 "BODY" 設定，就可以找出特定內容的信件。例如：前面實例在 search( ) 方法內增加「"BODY", "Apple"」，可以增加找出信件內容含有 "Apple" 字串的郵件。

程式實例 ch26_22.py：更改 ch26_11.py，找出含有 "Apple" 字串的信件。

```
UIDs = imap.search(['SINCE', '16-Nov-2023', 'BODY', 'Apple'])
```

執行結果

```
====================== RESTART: D:/Python/ch26/ch26_22.py ======================
Subject: Want your design to be featured on Apple Music?
From: marketing@engage.canva.com
To: cshung1961@gmail.com
```

26-5-7　刪除電子郵件

如果要刪除電子郵件，select_folder( ) 的第 2 個參數需改為 "readonly=False"，然後依 search( ) 方法設定的條件獲得 UIDs，這時可以用 delete_messages(UIDs) 刪除此郵件。

註 1 有的郵件伺服器，使用 delete_messages( ) 只是為郵件增加刪除「\Delete」標記，如果要刪除需執行 expunge( ) 方法。

註 2 Gmail 則是直接刪除郵件。

程式實例 ch26_23.py：刪除 2023 年 11 月 16 日後內容含有 Apple 字串的郵件。

```
# ch26_23.py
import imapclient

imap = imapclient.IMAPClient('imap.gmail.com',ssl=True)
imap.login('cshung1961@gmail.com', 'k[redacted]')
imap.select_folder('INBOX', readonly=False)
UIDs = imap.search(['SINCE', '16-Nov-2023', 'BODY', 'Apple'])
print(f"刪除前 : {UIDs}")
imap.delete_messages(UIDs)
print(f"執行delete_messages後 : {UIDs}")
```

執行結果

```
====================== RESTART: D:/Python/ch26/ch26_23.py ======================
刪除前 : [583]
執行delete_messages後 : [583]

====================== RESTART: D:/Python/ch26/ch26_23.py ======================
刪除前 : []
執行delete_messages後 : []
```

這個程式執行 2 次，第 2 次獲得空字串，表示第 1 次就已經刪除郵件了。

26-5-8 結束 IMAP 伺服器連線

可以使用 logout( ) 結束 IMAP 伺服器連線，不過如果一段時間沒有連線，IMAP 伺服器也會切斷連線。

第 27 章

使用Python處理PDF檔案

PDF 檔案和 Word 檔案一樣是二進位 (binary) 檔案，所以處理起來步驟會多一點點，不過，讀者不用擔心，筆者將以實例一步一步講解，相信讀完本章讀者也可以很輕鬆學會使用 Python 處理 PDF 檔案。

本章內容需要使用外掛模組 PyPDF2，下載此模組時指令如下：

```
pip install PyPDF2
```

27-1 開啟與讀取 PDF 檔案

我們可以使用 open( ) 開啟 PDF 檔案，語法如下：

```
with open(fn, 'rb') as file:                # 'rb' 表示以二進位開啟
    pdfRd = PyPDF2.PdfReader(file)          # 讀取 PDF 內容
```

上述 fn 是要開啟的檔案名稱，開檔成功後會傳回所開啟 PDF 檔案的檔案物件 file，未來就用 file 代表所開啟的 PDF 檔案。此 file 可以當作 PdfReader( ) 方法的參數，表示讀取 file，也可以說是讀取 PDF 內容，然後將所讀取的放在 pdfRd 物件變數。本書使用的 PDF 檔案 travel.pdf 內容有 3 頁，下列是第 1 頁內容。

27-2 獲得 PDF 文件的頁數

pdfRd 物件變數內含 pages 屬性，可以使用 len(pdfRd.pages) 獲得 PDF 檔案的頁數。

程式實例 ch27_1.py：計算 travel.pdf 的頁數，這個檔案在 ch27 資料夾內。

```
# ch27_1.py
import PyPDF2

```

```
4  fn = 'travel.pdf'                # 欲讀取的PDF檔案
5  with open(fn,'rb') as file:      # 以二進位方式開啟
6      pdfRd = PyPDF2.PdfReader(file)
7      print("PDF頁數是 = ", len(pdfRd.pages))
```

執行結果 讀者可檢查頁面，這個 PDF 檔案的確是 3 頁。

```
===================== RESTART: D:\Python\ch27\ch27_1.py =====================
PDF頁數是 =  3
```

27-3 讀取 PDF 頁面內容

使用 PdfReader( ) 方法讀取這個 PDF 檔案後，可以使用 pages[n] 取得第 n 頁的 PDF 內容，如下所示：

```
page = pdfRd.pages[n]                    # 讀取第 n 頁內容
```

PDF 頁面是從第 0 頁開始計算，頁面內容被讀入 page 物件後，可以使用 extract_text( ) 取得該頁的字串內容，extract_text( ) 方法回傳的是字串。需留意，早期 PyPDF2 模組只能讀取英文文件，新版已經可以閱讀含中文內容、圖表文字或表格的 PDF。

程式實例 ch27_2.py：讀取 travel.pdf 的第 0 頁內容。

```
1  # ch27_2.py
2  import PyPDF2
3
4  fn = 'travel.pdf'                # 欲讀取的PDF檔案
5  with open(fn,'rb') as file:      # 以二進位方式開啟
6      pdfRd = PyPDF2.PdfReader(file)  # 讀 pdf
7      page = pdfRd.pages[0]        # 讀第 0 頁
8      txt = page.extract_text()    # 取得頁面內容
9      print(txt)
```

執行結果

```
====================== RESTART: D:\Python\ch27\ch27_2.py ======================
Traveling in the USA
Jiin-Kwei Hung
Kwei Travel AgencyTraffic ontheroad
Famous scenic area
```

程式實例 ch27_2_1.py 是讀取 member.pdf 內容，這個檔案是原先第 26 章的 member.csv，用 pdf 儲存的表格，可以參考下方左圖。只是將第 4 列的「travel.pdf」改為「member.pdf」，讀取結果可以參考下方右圖。

姓名	電子郵件	會費
洪錦魁	jiinkwei@me.com	
洪冰	cshung1961@gmail.com	已繳
洪服務	service@deepwisdom.com.tw	已繳

```
姓名 電子郵件 會費
洪錦魁 jiinkwei@me.com
洪冰 cshung1961@gmail.com 已繳
洪服務 service@deepwisdom.com.tw 已繳
```

程式實例 ch27_3.py：遍歷 travel.pdf 所有頁面的內容。

```
# ch27_3.py
import PyPDF2

fn = 'travel.pdf'                    # 欲讀取的PDF檔案
with open(fn,'rb') as file:          # 以二進位方式開啟
    pdfRd = PyPDF2.PdfReader(file)   # 讀 pdf
    # 遍歷每頁
    for page in pdfRd.pages:
        text = page.extract_text()
        if text:
            print(f"{text}\n")
        else:
            print("這一頁沒有文字")
```

執行結果

```
====================== RESTART: D:/Python/ch27/ch27_3.py ======================
Traveling in the USA
Jiin-Kwei Hung
Kwei Travel AgencyTraffic ontheroad
Famous scenic area

Traffic ontheroad
•Renting a Car
•駕車注意事項
•認識高速公路
•汽車旅館
•自助加油


Famous Scenic Area
•大峽谷
•黃石國家公園
•優勝美地國家公園
•尼加拉瓜大瀑布
•拉希摩山
```

27-4 檢查 PDF 是否被加密

初次執行「pdfRd = PyPDF2.PdfReader(file)」之後，pdfRd 物件會有 is_encrypted 屬性，如果此屬性是 True，表示檔案有加密。如果此屬性是 False，表示檔案沒有加密。

程式實例 ch27_4.py：檢查檔案是否加密，在 ch27 資料夾內有 travel.pdf 和 encrypttravel.pdf 檔案，本程式會測試這 2 個檔案。

```
# ch27_4.py
import PyPDF2

def encryptYorN(fn):
    '''檢查檔案是否加密'''
    with open(fn,'rb') as file:
        pdfRd = PyPDF2.PdfReader(file)  # 讀 pdf
        if pdfRd.is_encrypted:          # 由這個屬性判斷是否加密
            print(f"{fn:17s} : 檔案有加密")
        else:
```

```
            print(f"{fn:17s} : 檔案沒有加密")

encryptYorN('travel.pdf')
encryptYorN('encrypttravel.pdf')
```

執行結果

```
====================== RESTART: D:\Python\ch27\ch27_4.py ======================
travel.pdf        : 檔案沒有加密
encrypttravel.pdf : 檔案有加密
```

27-5 解密 PDF 檔案

對於加密的 PDF 檔案，我們可以使用 decrypt( ) 執行解密，如果解密成功 decrypt( ) 會傳回 1，如果失敗則傳回 0。

程式實例 ch27_5.py：讀取使用密碼 'jiinkwei' 加密的 encrypttravel.pdf 檔案。

```
# ch27_5.py
import PyPDF2

fn = 'encrypttravel.pdf'
with open(fn,'rb') as file:
    pdfRd = PyPDF2.PdfReader(file)          # 讀 pdf
    if pdfRd.decrypt('jiinkwei'):           # 檢查密碼是否正確
        page = pdfRd.pages[0]               # 密碼正確則讀取第0頁
        txt = page.extract_text()
        print(txt)
    else:
        print('解密失敗')
```

執行結果 執行結果可以參考 ch27_2.py。

在 ch27 資料夾有 ch27_5_1.py 檔案，這個檔案第 6 列，筆者故意將密碼寫錯，將印出 ' 解密失敗 ' 的訊息，讀者可以試著執行體會結果。讀者需留意的是使用 decrypt( ) 解密時，是解 pdfRd 物件的密碼不是整份 PDF，未來如果其他程式要使用這個 PDF，仍須執行解密才可閱讀使用。

27-6 建立新的 PDF 檔案

目前 PyPDF2 模組只能將其它的 PDF 頁面轉存成 PDF 檔案，還無法將 Word、PowerPoint … 等檔案轉成 PDF 檔案。它的基本流程如下：

1. 讀取原始 PDF 文件到 pdfRd。
2. 建立一個 PdfWr 物件，也可以稱寫入器，未來寫入用。
3. 將 pdfRd 指定頁加到 pdfWr 物件。
4. 使用 write( ) 方法將 pdfWriter 物件寫入 PDF 檔案。

指定頁加到 pdfWr 可以使用 add_page( ) 方法，細節可參考 ch27_6.pdf 第 9 和 11 列。最後使用 write( ) 將 pdfWr 寫入檔案可參考第 13 和 14 列。

程式實例 ch27_6.py：將 travel.pdf 的第一頁複製到 out27_6.pdf。

```
1  # ch27_6.py
2  import PyPDF2
3  
4  # 打開原始 PDF 文件
5  with open('travel.pdf', 'rb') as file:
6      pdfRd = PyPDF2.PdfReader(file)
7  
8      # 創建 PDF 寫入器
9      pdfWr = PyPDF2.PdfWriter()
10     # 將第一頁添加到寫入器
11     pdfWr.add_page(pdfRd.pages[0])
12     # 寫入新的 PDF 文件
13     with open('out27_6.pdf', 'wb') as output_file:
14         pdfWr.write(output_file)
```

執行結果　程式執行後在 ch27 資料夾可以看到 out27_6.pdf 檔案。

如果要執行整個 PDF 檔案的複製，可以將上述第 11 列改成 for 迴圈，就可以一次一頁執行 PDF 頁面複製。

程式實例 ch27_7.py：將 travel.pdf 拷貝至 out27_7.pdf。

```
# ch27_7.py
import PyPDF2

# 打開原始 PDF 文件
with open('travel.pdf', 'rb') as file:
    pdfRd = PyPDF2.PdfReader(file)

    # 建立 PDF 寫入器
    pdfWr = PyPDF2.PdfWriter()
    # 遍歷所有頁面並將它們添加到寫入器
    for page in pdfRd.pages:
        pdfWr.add_page(page)
    # 寫入新的 PDF 文件
    with open('out27_7.pdf', 'wb') as output_file:
        pdfWr.write(output_file)
```

執行結果　你可以在 ch27 資料夾看到 out27_7.pdf，內容與 travel.pdf 相同。

27-7 PDF 頁面的旋轉

在瀏覽 PDF 檔案時，可以用 rotate(angle) 方法旋轉 PDF 頁面，如果 angle 是正值則依順時針旋轉，如果 angle 是負值則依逆時針旋轉。

程式實例 ch27_8.py： 將 travel.pdf 的第 0 頁旋轉 90 度，然後存入 out27_8.pdf。

```
# ch27_8.py
import PyPDF2

# 打開原始 PDF 文件
with open('travel.pdf', 'rb') as file:
    pdfRd = PyPDF2.PdfReader(file)

    # 建立 PDF 寫入器
    pdfWr = PyPDF2.PdfWriter()
    # 將第一頁添加到寫入器
    page0 = pdfRd.pages[0]              # 第 0 頁
    pageR = page0.rotate(90)            # 旋轉 90 度
    pdfWr.add_page(pageR)
    # 寫入新的 PDF 文件
    with open('out27_8.pdf', 'wb') as output_file:
        pdfWr.write(output_file)
```

執行結果 建立 out27_8.pdf，PDF 是順時針 90 度旋轉，可以參考下方左圖。

程式實例 ch27_8_1.py 第 12 列是執行 page.rotate(-90)，產生逆時針 90 度旋轉，可以參考上方右圖。

27-8 加密 PDF 檔案

若是想要將 PDF 檔案加密，可以在將 pdfWr 物件正式使用 write( ) 方法寫入前呼叫 encrypt( ) 執行，加密的密碼當作參數放在 encrypt( ) 方法內。

程式實例 ch27_9.py： 將 travel.pdf 檔案複製到 out27_9.pdf 同時用「deepwisdom」加密。

```
# ch27_9.py
import PyPDF2

# 打開原始 PDF 文件
with open('travel.pdf', 'rb') as file:
```

```
6       pdfRd = PyPDF2.PdfReader(file)
7
8       # 建立 PDF 寫入器
9       pdfWr = PyPDF2.PdfWriter()
10      # 遍歷所有頁面並將它們添加到寫入器
11      for page in pdfRd.pages:
12          pdfWr.add_page(page)
13
14      # 設置密碼加密
15      pdfWr.encrypt('deepwisdom')
16
17      # 寫入新的 PDF 文件
18      with open('out27_9.pdf', 'wb') as output_file:
19          pdfWr.write(output_file)
```

執行結果　執行開啟 out27_9.pdf 後將看到要求輸入密碼的對話方塊。

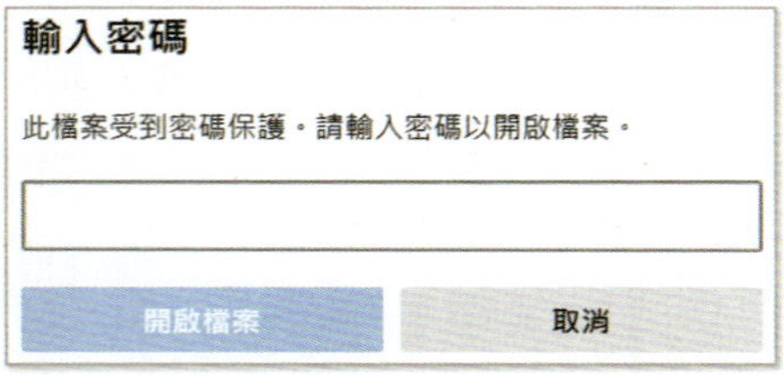

上述程式的關鍵是第 15 列，先對 pdfWr 物件加密，加密完成後，第 19 列再將 pdfWr 物件寫入新開啟的二進位檔案物件 output_file 物件。

27-9 處理 PDF 頁面重疊

有 2 個 PDF 檔案分別是 sse.pdf 和 secret.pdf，內容如下：

上述 sse.pdf 是一般的 PDF 檔案，可以參考上方左圖。secret.pdf 是含浮水印的 PDF 檔案，可以參考上方右圖。所謂的頁面重疊，就是將 2 個 PDF 頁面組合。

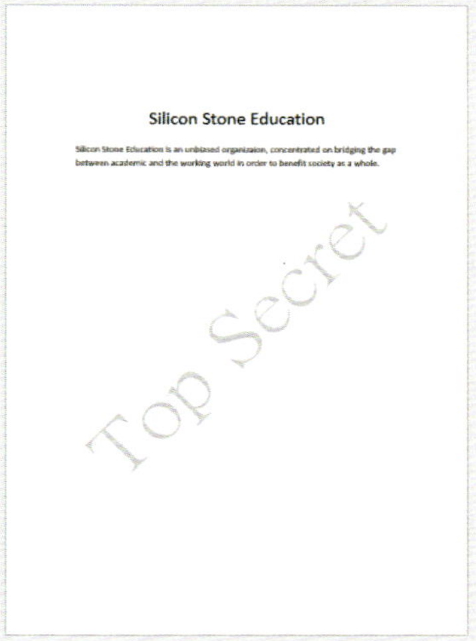

要完成這個工作，步驟如下，下列是用程式實例 ch27_10.py 為例說明：

1. 開啟 2 個 PDF 檔案，然後將頁面內容物件分別放入 sse_page 物件 (第 10 列)，和 secret_page 物件 (第 11 列)。

2. 第 14 列使用下列指令執行重疊。

```
sse_page.merge(secret_page)                # 重疊結果放在 sse_page 物件
```

3. 第 17 列建立寫入器物件 pdfWr，第 18 列將 sse_page 加入新物件 pdfWr。

4. 第 21 列開啟新的檔案 out27_10.pdf，此檔案物件是 output_file。

5. 第 22 列將 pdfWr 寫入新 PDF 物件 output_file。

程式實例 ch27_10.py：sse.Pdf 檔案與 secret.pdf 檔案合併，同時將結果存入 out27_10.pdf。

```
1   # ch27_10.py
2   import PyPDF2
3
4   # 打開 PDF 文件
5   with open('sse.pdf', 'rb') as ssefile, open('secret.pdf', 'rb') as secretfile:
6       sse_pdf = PyPDF2.PdfReader(ssefile)
7       secret_pdf = PyPDF2.PdfReader(secretfile)
8
9       # 獲取兩個 PDF 的單頁
10      sse_page = sse_pdf.pages[0]
11      secret_page = secret_pdf.pages[0]
```

```python

    # 合併頁面
    sse_page.merge_page(secret_page)

    # 建立 PDF 寫入器，並添加合併後的頁面
    pdfWr = PyPDF2.PdfWriter()
    pdfWr.add_page(sse_page)

    # 寫入新的 PDF 文件
    with open('out27_10.pdf', 'wb') as output_file:
        pdfWr.write(output_file)
```

執行結果　開啟 out27_10.pdf 後可以得到本節解說的圖檔。

27-10 搜尋含特定字串的 PDF

程式實例 ch27_11.py： 搜尋 travel.pdf，將含有「大峽谷」字串的 pdf，輸出到 out27_11.pdf。

```python
# ch27_11.pdf
import PyPDF2

source_pdf = 'travel.pdf'
output_pdf = 'out27_11.pdf'

# 建立 PDF 讀寫器和寫入器實例
pdf_reader = PyPDF2.PdfReader(source_pdf)
pdf_writer = PyPDF2.PdfWriter()

# 遍歷 PDF 中的每一頁
for i in range(len(pdf_reader.pages)):
    page = pdf_reader.pages[i]
    text = page.extract_text()
    if '大峽谷' in text:
        # 如果找到 '大峽谷'，則將該頁面添加到輸出 PDF 中
        pdf_writer.add_page(page)

# 將含有 '大峽谷' 的頁面寫入新的 PDF 文件
with open(output_pdf, 'wb') as output:
    pdf_writer.write(output)

print(f"含有 '大峽谷' 的頁面已輸出到 {output_pdf}")
```

執行結果　開啟 out27_11.pdf 可以得到下列結果。

```
===================== RESTART: D:/Python/ch27/ch27_11.py ======================
含有 '大峽谷' 的頁面已輸出到 out27_11.pdf
```

27-11 PDF 檔案潛在的應用

這一節的實例是列出程式片段重點，所以無法執行。

❑ 合併多個 PDF 文件

企業經常需要將多個 PDF 文件合併成一個文件，例如合併月度報告。

```
import PyPDF2

# 建立 PdfMerger 物件
merger = PyPDF2.PdfMerger()

# 遍歷要合併的 PDF 文件串列
for pdf in ['file1.pdf', 'file2.pdf', 'file3.pdf']:
    merger.append(pdf)        # 添加每個 PDF 到 merger 物件

# 將合併後的 PDF 寫入一個新文件
merger.write("merged.pdf")
merger.close()                # 關閉 merger 物件
```

❑ 獲取特定頁面

從一個長的 PDF 文件中提取特定頁面，例如：從年度報告中提取特定章節。

```
pdf_reader = PyPDF2.PdfReader("large_document.pdf")
pdf_writer = PyPDF2.PdfWriter()

# 假設要取得第 10 到第 20 頁
for page_num in range(9, 20):
    pdf_writer.add_page(pdf_reader.pages[page_num])  # 將指定頁面添加到 writer 物件

# 將取得的頁面保存為新的 PDF 文件
with open("extracted_pages.pdf", "wb") as output_pdf:
    pdf_writer.write(output_pdf)                     # 寫入文件
```

❑ 轉換 PDF 為文字

將 PDF 文件的內容轉換為文字，以便進行內文分析或資料擷取。

```
# 初始化一個空字串來儲存提取的文字
text = ""

# 使用 PyPDF2 讀取 PDF 文件
pdf_reader = PyPDF2.PdfReader("document.pdf")

# 遍歷 PDF 文件中的每一頁
for page_num in range(len(pdf_reader.pages)):
    # 獲取當前頁面
    page = pdf_reader.pages[page_num]
    # 從當前頁面提取文字，並添加到 text 字串
    text += page.extract_text()
```

第 28 章

用 Python 控制滑鼠、螢幕與鍵盤

本章主要說明使用 Python 控制滑鼠、螢幕與鍵盤的應用。為了要執行本章的程式，請安裝 pyautogui 模組。

pip install pyautogui

28-1 滑鼠的控制

由於我們這一章將講解滑鼠的控制，你可能會因為程式設計錯誤造成對滑鼠失去控制，結果程式無法控制，甚至無法使用滑鼠結束程式，最後方法可能需使用下列方式結束電腦。

方法 1：

Windows：同時按 Ctrl + Alt +Del

Mac OS：同時按 Command + Shift + Option + Q

方法 2：

或是在設計程式時，每次啟用 pyautogui 的方法設定暫停 3 秒再執行。

```
>>> pyautogui.PAUSE = 3
>>>
```

這時快速處理移動滑鼠關閉程式。

方法 3：

也可以使用下列語法先設定 Python 的安全防護功能失效。

```
>>> import pyautogui
>>> pyautogui.PAUSE = 3
>>> pyautogui.FAILSAFE = True
>>>
```

首先在暫停 3 秒鐘期間，你可以快速將滑鼠游標移至螢幕左上角，這時會產生 pyautogui.FailSageException 異常，可以設計讓程式終止。

28-1-1 視窗與滑鼠控制資訊

pyautogui 模組內有 mouseInfo( ) 方法，這個方法非常實用，特別是在自動化腳本開發過程中，用於獲取有關當前鼠標位置和顯示器的詳細訊息。當在 Python Shell 視窗呼叫 pyautogui.mouseInfo( ) 時，會出現一個滑鼠游標控制視窗：

```
>>> import pyautogui
>>> pyautogui.mouseInfo()
```

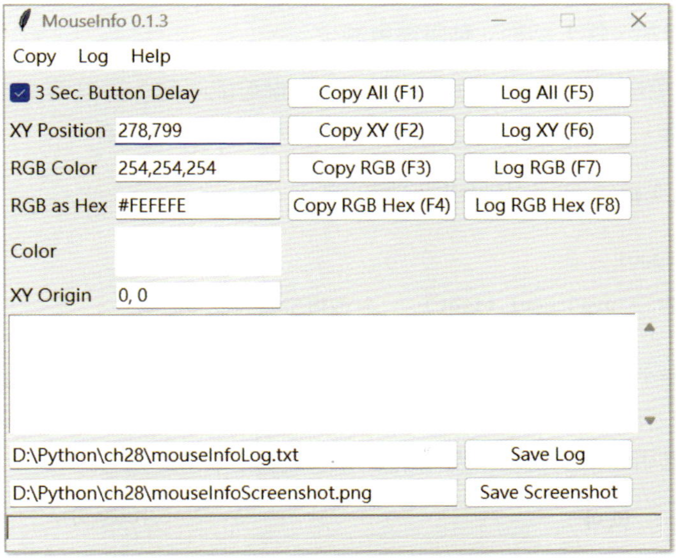

上述工具視窗的用法說明如下：

- 滑鼠游標座標：工具窗顯示了滑鼠游標目前在螢幕上的 x 與 y 座標。這些座標是以螢幕的左上角為原點 (0,0) 來計算的。在自動化腳本中，您可以使用這些座標來標定滑鼠游標按一下、移動或拖曳時的確實位置。
- 像素顏色：視窗還提供了滑鼠游標當前位置下像素的 RGB 顏色值。這對於需要根據顏色來進行操作的自動化任務非常有用，例如：確定一個按鈕是否存在於螢幕上或是否處於可用 (active) 狀態。
- 按鍵狀態：視窗可能還會顯示一些關於當前按鍵狀態的訊息，例如：Ctrl、Alt 或 Shift 鍵是否被按下。
- 實際應用：當您在開發自動化腳本時，可以將滑鼠游標移動到螢幕上的特定位置，然後記下該位置的座標和 / 或顏色。這些訊息可以用於腳本中，以確保自動化動作，例如：按一下、拖曳，正確無誤地發生在預期的位置。

28-1-2 螢幕座標

我們操作滑鼠時可以看到滑鼠游標在螢幕上移動，對滑鼠而言，螢幕座標的基準點 (0,0) 位置在左上角，往右移動 x 軸座標會增加，往左移動 x 軸座標會減少。往下移動 y 軸座標會增加，往上移動 y 軸座標會減少。

座標的單位是 Pixel 像素，每一台電腦的像素可能不同，可以用 size( ) 方法獲得你電腦螢幕的像素，這個方法傳回 2 個值，分別是螢幕寬度和高度。

程式實例 ch28_1.py：列出目前使用電腦的像素。

```
# ch28_1.py
import pyautogui

width, height = pyautogui.size()      # 取得螢幕寬度和高度
print(width, height)                  # 列印螢幕寬度和高度
```

執行結果

```
====================== RESTART: D:\Python\ch28\ch28_1.py ======================
1920 1080
```

由上圖筆者可以得到目前所用電腦螢幕像素規格如下：

28-1-3 獲得滑鼠游標位置

在 pyautogui 模組內有 position( ) 方法可以獲得滑鼠游標位置，這個方法會傳回 2 個值分別是滑鼠游標的 x 軸和 y 軸座標。

程式實例 ch28_2.py：獲得滑鼠游標位置。

```
# ch28_2.py
import pyautogui

xloc, yloc = pyautogui.position()     # 獲得滑鼠游標位置
print(xloc, yloc)                     # 列印滑鼠游標位置
```

執行結果

```
====================== RESTART: D:\Python\ch28\ch28_2.py ======================
470 256
```

程式實例 ch28_3.py： 這個程式會持續列印滑鼠游標位置，直到滑鼠游標 x 軸位置到達 1000(含) 以上才停止。

```
# ch28_3.py
import pyautogui

xloc = 0
while xloc < 1000:
    xloc, yloc = pyautogui.position()      # 獲得滑鼠游標位置
    print(xloc, yloc)                      # 列印滑鼠游標位置
```

執行結果 下列是部分畫面。

```
====================== RESTART: D:\Python\ch28\ch28_3.py ======================
684 265
684 265
684 265
```

28-1-4 絕對位置移動滑鼠

在 pyautogui 模組內有 moveTo( ) 方法可以將滑鼠移至游標設定位置，它的使用格式如下。

moveTo(x 座標 , y 座標 , duration=xx)　# xx 是移動至此座標的時間

程式實例 ch28_4.py： 控制游標在一個矩形區間移動，下列程式 duration 是設定游標移動至此座標的時間，我們可以自行設定此時間。

```
# ch28_4.py
import pyautogui

x, y = 300, 300
for i in range(5):
    pyautogui.moveTo(x, y, duration=0.5)              # 左上角
    pyautogui.moveTo(x+1200, y, duration=0.5)         # 右上角
    pyautogui.moveTo(x+1200, y+400, duration=0.5)     # 右下角
    pyautogui.moveTo(x, y+400, duration=0.5)          # 左下角
```

執行結果 可以得到滑鼠游標在左上角 (300,300)，右上角 (1500, 300)，右下角 (1500, 700) 和左下角 (300, 700) 間移動 5 次。

28-1-5 相對位置移動滑鼠

在 pyautogui 模組內有 moveRel( ) 方法可以將滑鼠移至相較於前一次游標的相對位置，一般是適用在移動距離較短的情況，它的使用格式如下。

moveRel(x 位移 , y 位移 , duration=xx)　　　　# xx 是移動至座標相對位置的時間

程式實例 ch28_5.py：控制游標在一個正方形區間移動，程式執行會以游標位置當左上角，然後在正方形區間移動。程式執行期間，你將發現我們無法自主控制滑鼠游標。

```
# ch28_5.py
import pyautogui

for i in range(5):
    pyautogui.moveRel(300, 0, duration=0.5)       # 往右上角移動
    pyautogui.moveRel(0, 300, duration=0.5)       # 往右下角移動
    pyautogui.moveRel(-300, 0, duration=0.5)      # 往左下角移動
    pyautogui.moveRel(0, -300, duration=0.5)      # 往左上角移動
```

執行結果　本程式執行結果與 ch28_4.py 相同。

28-1-6　鍵盤 Ctrl-C

如果我們現在執行 ch28_3.py，可以發現除了滑鼠游標在 x 軸超出 1000 像素座標可以終止程式，如果按下 Ctrl-C 鍵，也可以產生 KeyboardInterrupt 異常，造成程式終止。

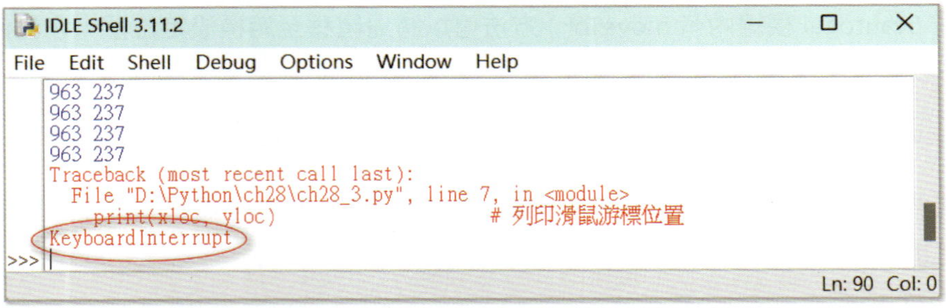

了解了上述特性，我們可以改良 ch28_3.py。

程式實例 ch28_6.py：重新設計 ch28_3.py，增加若是讀者按鍵盤的 Ctrl-C，程式中止執行，設計這類程式需用異常處理。這個程式如果是異常中止將跳一列輸出 Bye 字串。

```
# ch28_6.py
import pyautogui

xloc = 0
print('按Ctrl-C 可以中斷本程式')
try:
    while xloc < 1000:
        xloc, yloc = pyautogui.position()      # 獲得滑鼠游標位置
        print(xloc, yloc)                      # 列印滑鼠游標位置
except KeyboardInterrupt:
    print('\nBye')
```

執行結果

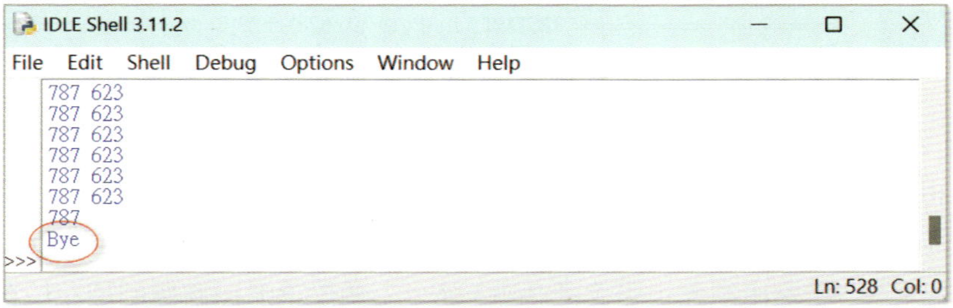

其實在教導讀者時總是想一步一步引導讀者，現在我們已經可以控制讓鍵盤產生異常，讓程式中止，所以設計程式已經不需要偵測限制滑鼠游標所在位置，讓程式中止。

程式實例 ch28_7.py：重新設計 ch28_6.py，讓滑鼠可以在所有螢幕區間移動，程式只有按 Ctrl-C 才會中止。

```
# ch28_7.py
import pyautogui

print('按Ctrl-C 可以中斷本程式')
try:
    while True:
        xloc, yloc = pyautogui.position()    # 獲得滑鼠游標位置
        print(xloc, yloc)                    # 列印滑鼠游標位置
except KeyboardInterrupt:
    print('\nBye')
```

執行結果 程式將不斷顯示滑鼠游標位置，直至按 Ctrl-C 鍵。

28-1-7 在固定位置輸出滑鼠座標

在講解本節功能前，筆者想先以實例介紹一個字串的方法 rjust( )，這個方法可以在設定的區間位置靠右輸出字串。

程式實例 ch28_8.py：設定 4 格空間，讓數字靠右對齊輸出，下列 print( ) 函數內有 str( ) 主要是將數字轉成字串。

```
# ch28_8.py

x1 = 1
x2 = 11
x3 = 111
x4 = 1111
print("x= ", str(x1).rjust(4))
print("x= ", str(x2).rjust(4))
print("x= ", str(x3).rjust(4))
print("x= ", str(x4).rjust(4))
```

執行結果

```
======================= RESTART: D:\Python\ch28\ch28_8.py =======================
x=     1
x=    11
x=   111
x=  1111
```

相信讀者應該了解上述 rjust( ) 的用法了，如果我們要將上述輸出固定在同一列，也就是後面輸出要遮蓋住前面的輸出，可以在 print( ) 函數內使用 end="\r" 參數，不執行跳列。"\r" 是逸出字元，可參考 3-4-3 節，主要是讓滑鼠游標到最左位置，然後再增加「flush=True」。

程式實例 ch28_9.py： 每次輸出後可以暫停 1 秒，下一筆輸出將遮蓋住前一筆的輸出。不過這個程式在 Python Shell 視窗將無效，必須在 DOS 模式執行。

```
# ch28_9.py
import time, sys

x1 = 1
x2 = 11
x3 = 111
x4 = 1111
print("x= ", str(x1).rjust(4), end="\r", flush=True)
time.sleep(1)
print("x= ", str(x2).rjust(4), end="\r", flush=True)
time.sleep(1)
print("x= ", str(x3).rjust(4), end="\r", flush=True)
time.sleep(1)
print("x= ", str(x4).rjust(4), end="\r", flush=True)
```

執行結果 下方分別是 DOS 模式輸出和 Python Shell 視窗輸出的結果。

```
C:\Users\User>python d:\Python\ch28\ch28_9.py
x=  1111
C:\Users\User>_
```

```
======================== RESTART: D:
x=     1 x=    11 x=   111 x=  1111
```

有了上述觀念我們很容易設計下列觀念的程式。

程式實例 ch28_10.py： 滑鼠游標在螢幕移動，同時在固定位置輸出滑鼠游標的座標。

```
# ch28_10.py
import pyautogui
import time

print('按Ctrl-C 可以中斷本程式')
try:
    while True:
        xloc, yloc = pyautogui.position()       # 獲得滑鼠游標位置
        xylocStr = "x= " + str(xloc).rjust(4) + " y= " + str(yloc).rjust(4)
        print(xylocStr, end="\r", flush=True)   # 設定同一行最左邊輸出
        time.sleep(1)
except KeyboardInterrupt:
    print('\nBye')
```

執行結果 下方分別是命令提示視窗輸出和 Python Shell 視窗輸出的結果。

```
C:\Users\User>where python
C:\Users\User\AppData\Local\Programs\Python\Python37-32\python.exe
C:\Users\User\AppData\Local\Programs\Python\Python312\python.exe
C:\Users\User\AppData\Local\Programs\Python\Python311\python.exe
C:\Users\User\AppData\Local\Programs\Python\Python310\python.exe
C:\Users\User\AppData\Local\Programs\Python\Python38-32\python.exe
C:\Users\User\AppData\Local\Microsoft\WindowsApps\python.exe

C:\Users\User>C:\Users\User\AppData\Local\Programs\Python\Python311\python d:\Python\ch28\ch28_10.py
按Ctrl-C 可以中斷本程式
x= 1782 y=  537
```

```
===================== RESTART: D:\Python\ch28\ch28_10.py =====================
按Ctrl-C 可以中斷本程式
x=  700 y=  669 x= 1266 y=  720 x= 1369 y=  504 x= 1595 y=  536 x= 1574 y=  740
x= 1237 y=  839 x=  887 y=  395 x=  799 y=  263 x=  799 y=  263 x=  799 y=  263
x=  799 y=  263 x=  799 y=  263
```

執行這個程式時，發生命令提示視窗的 Python 版本和 Python Shell 的 Python 版本不同，導致無法執行上述程式。因此筆者先用「where python」找出目前電腦安裝的所有 Python 版本，然後使用絕對路徑方式啟動「Python」，就可以正常執行此程式。

28-1-8 按一下滑鼠 click( )

click( ) 方法主要是可以設定在目前滑鼠游標位置按一下，所謂的按一下通常是指按一下滑左邊鍵。基本語法如下：

click(x, y, button='xx')　　　　　# xx 是 left, middle 或 right，預設是 left

若是省略 x,y 則使用目前滑鼠位置按一下，若不指定按那一個鍵，預設是按一下滑鼠右鍵。

程式實例 ch28_11.py：讓滑鼠游標在 (500, 450) 位置產生按一下的效果。

```
# ch28_11.py
import pyautogui

pyautogui.moveTo(500, 450)
pyautogui.click()
```

執行結果 由於我們沒有設定任何動作，所以將只看到滑鼠游標移至 (500,450)。

其實也可以在 click( ) 內增加位置參數，這時方法內容是 click(x, y)，這樣就可以用一個 click( ) 方法代替 ch28_11.py 需使用 2 個方法。

程式實例 ch28_12.py：在 click( ) 內增加位置參數重新設計 ch28_11.py。

```
# ch28_12.py
import pyautogui

pyautogui.click(500, 450)
```

執行結果 由於我們沒有設定任何動作，所以將只看到滑鼠游標移至 (500,450)。

click( ) 函數預設是按滑鼠左鍵，也可以更改所按的鍵。

程式實例 ch28_13.py：重新設計 ch28_12.py，改為按一下滑鼠右鍵，在許多視窗按一下滑鼠右鍵相當於有開啟快顯功能表的效果。

```
# ch28_13.py
import pyautogui

pyautogui.click(500, 450, button='right')
```

執行結果 由於筆者滑鼠是在 Python Shell 視窗所以可以開啟快顯功能表。

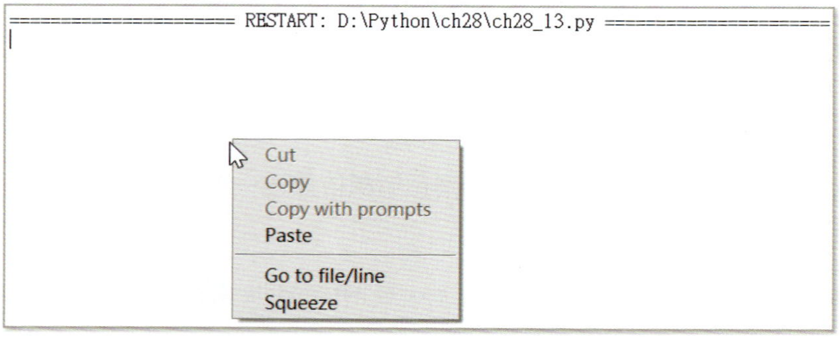

28-1-9　按住與放開滑鼠 mouseDown( ) 和 mouseUp( )

click( ) 是指按一下滑鼠鍵然後放開，其實按一下滑鼠鍵時也可以用 mouseDown( ) 代替，放開滑鼠鍵時可以用 mouseUp( ) 代替。這 2 個方法所使用的參數意義與 click( ) 相同。

程式實例 ch28_14.py：控制在目前滑鼠游標位置按著滑鼠右邊鍵，1 秒後，放開所按的滑鼠右邊鍵，同時滑鼠游標移至 (800,300) 位置。

```
# ch28_14.py
import pyautogui
import time

pyautogui.mouseDown(button='right')          # 在滑鼠游標位置按住滑鼠右邊建
time.sleep(1)
pyautogui.mouseUp(800, 300, button='right') # 放開後滑鼠游標在(800, 300)
```

執行結果

28-1-10 拖曳滑鼠

拖曳是指按著滑鼠左邊鍵不放，然後移動滑鼠，這個移動會在視窗畫面留下軌跡，拖曳到目的位置後再放開滑鼠按鍵。所使用的方法是 dragTo( )/dragRel( )，這 2 個參數的使用與 moveTo( )/moveRel( ) 相同。

有了以上觀念，我們可以開啟 Windows 系統的小畫家，然後繪製圖形。

程式實例 ch28_15.py：這個程式在執行最初有 10 秒鐘可以選擇讓繪圖軟體變成目前工作視窗，選擇畫筆和顏色，完成後請讓滑鼠游標停留在繪圖起始點。

```
# ch28_15.py
import pyautogui
import time

time.sleep(10)       # 這10秒需要繪圖視窗取得焦點,選擇畫筆和選擇顏色
pyautogui.click()    # 按一下設定繪圖起始點
displacement = 10
while displacement < 300:
    pyautogui.dragRel(displacement, 0, duration=0.2)
    pyautogui.dragRel(0, displacement, duration=0.2)
    pyautogui.dragRel(-displacement, 0, duration=0.2)
    pyautogui.dragRel(0, -displacement, duration=0.2)
    displacement += 10
```

執行結果

28-1-11　視窗捲動 scroll( )

可以使用 scroll( ) 執行視窗的捲動，我們在 Windows 系統內可能開啟很多視窗，這個方法會針對目前滑鼠游標所在視窗執行捲動，它的語法如下：

scroll(clicks, x="xpos", y="ypos")　　# x,y 是滑鼠游標移動位置，可以省略

上述 clicks 是視窗捲動的單位數，單位大小會是不同平台而不同，正值是往上捲動，負值是往下捲動。如果有 x,y 則先將滑鼠游標移至指定位置，然後才開始捲動。

程式實例 ch28_16.py：視窗捲動的應用，如果程式執行期間滑鼠游標切換新的工作視窗，將造成新的視窗上下捲動 10 次。

```
# ch28_16.py
import pyautogui
import time

for i in range(1,10):
    pyautogui.scroll(30)     # 往上捲動
    time.sleep(1)
    pyautogui.scroll(-30)    # 往下捲動
    time.sleep(1)
```

執行結果　讀者可以試著切換工作視窗以體會視窗的捲動。

28-2　螢幕的處理

在 pyautogui 模組內有螢幕截圖功能，擷取螢幕圖形後將產生 Pillow 的 Image 物件，可參考 Pillow 模組的功能，本節將分析這個實用的功能。

28-2-1　擷取螢幕畫面

在 pyautogui 模組內有 screenshot( ) 方法，可用這個方法執行螢幕截圖，螢幕擷取後可以將它視為一個影像物件，所以可以使用 save( ) 方法儲存此物件，也可以直接在 screenshot( ) 的參數中設定欲存的檔案名稱。

程式實例 ch28_17.py：擷取螢幕，同時存入 out28_17_1.jpg 和 out28_17_2.jpg。

```
# ch28_17.py
import pyautogui

screenImage = pyautogui.screenshot("out28_17_1.jpg")     # 方法1
screenImage.save("out28_17_2.jpg")                       # 方法2
```

執行結果 下列是筆者螢幕畫面擷取畫面的執行結果。

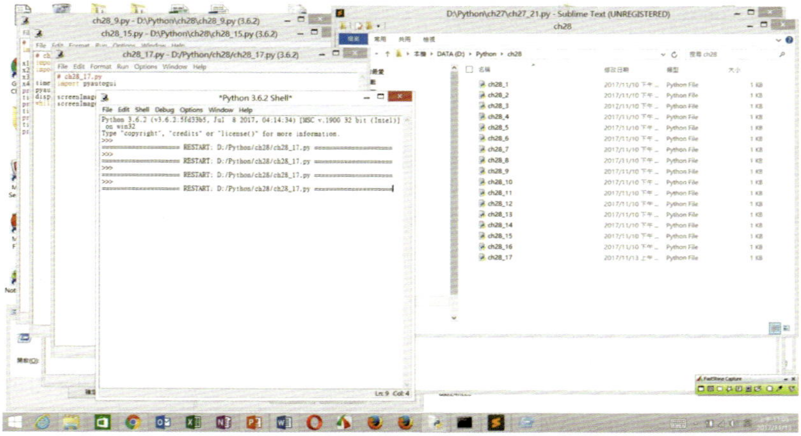

28-2-2 裁切螢幕圖形

我們可以參考 17-5-1 節的 crop( ) 方法裁切螢幕圖形，此方法的參數是一個定義裁切畫面區間的元組。

程式實例 ch28_18.py：裁切螢幕圖形，下列是筆者螢幕的執行結果。

```
# ch28_18.py
import pyautogui

screenImage = pyautogui.screenshot()
cropPict = screenImage.crop((960,210,1900,480))
cropPict.save("out28_18.jpg")
```

執行結果

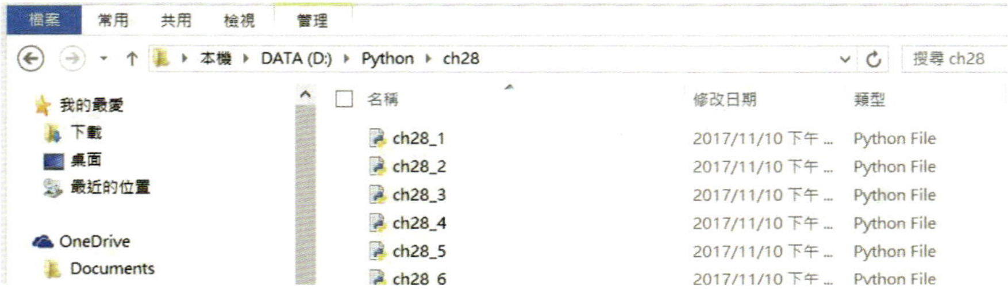

28-2-3 獲得影像某位置的像素色彩

可以使用 getpixel((x,y)) 獲得 x,y 座標的像素色彩，由於螢幕截圖完全沒有透明，所以所獲得的是 RGB 的色彩元組。

程式實例 ch28_19.py：列出固定位置的 RGB 色彩元組。

```
# ch28_19.py
import pyautogui

screenImage = pyautogui.screenshot()
x, y = 200, 200
print(screenImage.getpixel((x,y)))
```

執行結果 下列是筆者螢幕的執行結果，讀者螢幕可能有不一樣的結果。

```
===================== RESTART: D:\Python\ch28\ch28_19.py =====================
(255, 255, 255)
```

28-2-4　色彩的比對

有時候我們可能需要確定某一個像素座標的色彩是某種顏色，這時可以使用色彩比對功能 pixelMatchesColor( )，它的語法格式如下：

boolean = pyautogui.pixelMatchesColor(x,y,(Rxx,Gxx,Bxx))

上述 x,y 參數是座標，會將此座標的色彩取回然後和第 2 個參數的色彩比對，如果相同則傳回 True 否則傳回 False。

程式實例 ch28_20.py：像素色彩比對的應用，讀者電腦可能會有不一樣的結果。

```
# ch28_20.py
import pyautogui

x, y = 200, 200
trueFalse = pyautogui.pixelMatchesColor(x,y,(255,255,255))
print(trueFalse)
trueFalse = pyautogui.pixelMatchesColor(x,y,(0,0,255))
print(trueFalse)
```

執行結果

```
===================== RESTART: D:\Python\ch28\ch28_20.py =====================
True
False
```

28-3　使用 Python 控制鍵盤

我們也可以利用 pyautogui 模組對鍵盤做一些控制。

28-3-1　基本傳送文字

pyautogui 模組內有 write( ) 方法，可以對目前焦點視窗傳送文字，這個程式本質上是模擬鍵盤按鍵，所以目前無法傳送中文字。

程式實例 ch28_21.py：請在 5 秒之內開啟 Word，將輸入環境設為英數輸入，同時設為目前焦點視窗，這個程式會在此視窗輸入 "Ming-Chi Institute of Technology"。

```
# ch28_21.py
import pyautogui
import time

print("請在 5 秒內開啟 Word 並設為焦點視窗")
time.sleep(5)
pyautogui.write('Ming-Chi Institute of Technology')
```

執行結果 Ming-Chi Institute of Technology

write( ) 函數的參數是要傳輸的字串，我們也可以增加第 2 個參數「interval=n」，所增加的參數 n 是數字，代表相隔多少秒輸出一個字元，可以參考程式實例 ch28_21_1.py，增加「interval=0.2」參數，相當於隔 0.2 秒。

```
pyautogui.write('Ming-Chi Institute of Technology', interval=0.2)
```

28-3-2 鍵盤按鍵名稱

前一小節我們介紹了 write( ) 方法，pyautogui 模組內有 typewrite( ) 方法，也可以對目前焦點視窗傳送文字。

程式實例 ch28_22.py：用 typewrite( ) 重新設計 ch28_21_1.py，但是省略「interval=」。

```
pyautogui.typewrite('Ming-Chi Institute of Technology', 0.2)
```

執行結果 與 ch28_21_1.py 相同。

我們也可以使用輸入單一個字元方式執行鍵盤資料的輸入，此時 typewrite( ) 的第一個參數是字元串列。

程式實例 ch28_23.py：每隔一秒輸入一個英文字元。

```
pyautogui.typewrite(['M', 'i', 'n', 'g'], 1)
```

執行結果

有些鍵盤是具有特殊功能，例如：backspace 應如何使用 Python 表達呢？游標左移應如何使用 Python 表達呢？在 pyautogui.KEYBOARD_KEYS 串列有完整說明， 下列是使用相同名稱英文的列表。

Python 輸入	意義
'a', 'A', '$'	相同字義
'enter' 或 '\n'	鍵盤 Enter
'backapace'	鍵盤 Backspace
'delete'	鍵盤 Del
'esc'	鍵盤 Esc
'f1', 'f2', …	鍵盤 F1, F2, …
'tab' 或 '\t'	鍵盤 Tab
'printscreen'	鍵盤 PrtSc
'insert'	鍵盤 Ins

下列是比較特殊的 Python 輸入與意義表。

Python 輸入	意義
'altleft', 'altright'	鍵盤左右 Alt
'ctrlleft', 'ctrlright'	鍵盤左右 Ctrl
'shiftleft', 'shiftright'	鍵盤左右 Shift
'home', 'end'	鍵盤 Home, End
'pageup', 'pagedown'	鍵盤 PgUp, PgDn
'up', 'down', 'left', 'right'	鍵盤上 , 下 , 左 , 右
'winleft', 'winright'	鍵盤左 Win 鍵 , 右 Win 鍵
'command'	Mac OS 系統 command 鍵
'option'	Mac OS 系統 option 鍵

程式實例 ch28_24.py：使用特殊按鍵輸出字串 "Ming"，由於每隔 1 秒才輸出一個字元，所以讀者可以注意它的執行變化。

```
# ch28_24.py
import pyautogui
import time

print("請在 5 秒內開啟 記事本 並設為焦點視窗")
time.sleep(5)
pyautogui.typewrite(['M', 'i', 'm', 'g', 'left', 'left', 'del', 'n'], 1)
```

執行結果

程式實例 ch28_25.py：使用 Python 控制鍵盤輸入，同時讓游標在不同行間執行工作。第 1 列輸出筆者故意輸入錯誤，第 2 列則去修改第 1 列的錯誤。

```
# ch28_25.py
import pyautogui
import time

print("請在 5 秒內開啟記事本並設為焦點視窗")
time.sleep(5)
pyautogui.typewrite(['M', 'i', 'n', 'k', 'enter'], 1)
pyautogui.typewrite(['M', 'i', 'n', 'g', 'up', 'backspace', 'g'], 1)
```

執行結果

28-3-3 按下與放開按鍵

在 pyautogui 模組中 keyDown( ) 是按下鍵盤按鍵同時不放開按鍵，keyUp( ) 是放開所按的鍵盤按鍵。keyPress( ) 則是按下並放開。

程式實例 ch28_26.py：這個程式會輸出 "*" 字元，和開啟記事本的檢視功能表。

```
1  # ch28_26.py
2  import pyautogui
3  import time
4
5  print("請在 5 秒內開啟記事本並設為焦點視窗")
6  time.sleep(5)
7  # 以下輸出*
8  pyautogui.keyDown('shift')
9  pyautogui.press('8')
10 pyautogui.keyUp('shift')
11 # 以下開啟檢視功能表
12 pyautogui.keyDown('alt')
13 pyautogui.press('V')
14 pyautogui.keyUp('alt')
```

執行結果

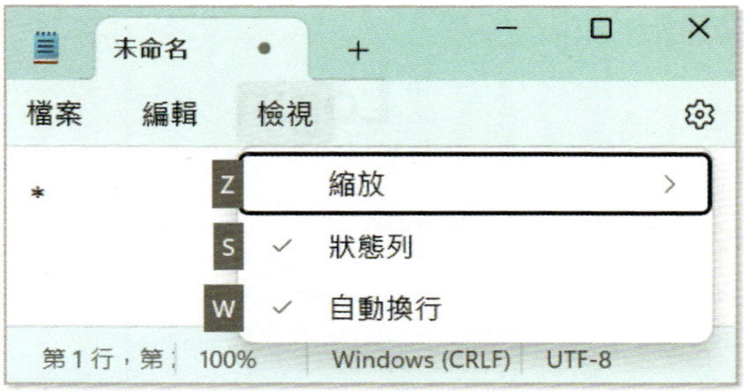

上述程式第 9 列 press('8') 是按鍵盤 8。

28-3-4 快速組合鍵

在 pyautogui 模組中 hotkey( ) 可以用於按鍵的組合，下列將直接以實例說明。

程式實例 ch28_27.py：使用 hotkey( ) 重新設計 ch28_26.py。

```
# ch28_27.py
import pyautogui
import time

print("請在 5 秒內開啟記事本並設為焦點視窗")
time.sleep(5)
pyautogui.hotkey('shift', '8')      # 輸出 *
pyautogui.hotkey('alt', 'V')        # 開啟檢視功能表
```

執行結果 與 ch28_26.py 相同。

28-4 網路表單的填寫

當我們使用 Python 可以控制滑鼠、鍵盤和螢幕後，其實就可以利用鍵盤執行網路表單的輸入了，這一節筆者將以實例說明網路表單的輸入。請進入下列網站：

http://www.siliconstone.org

這是國外著名國際證照公司的網址，筆者將以此為實例說明如何利用 Python 填寫表單，然後點選 Sign in/Sign up。

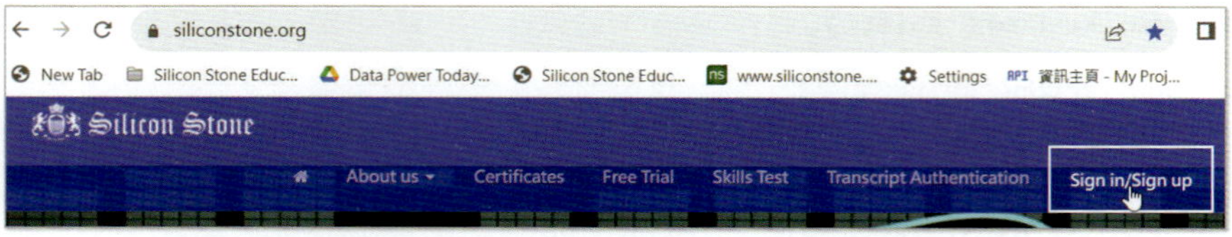

將看到下列畫面：

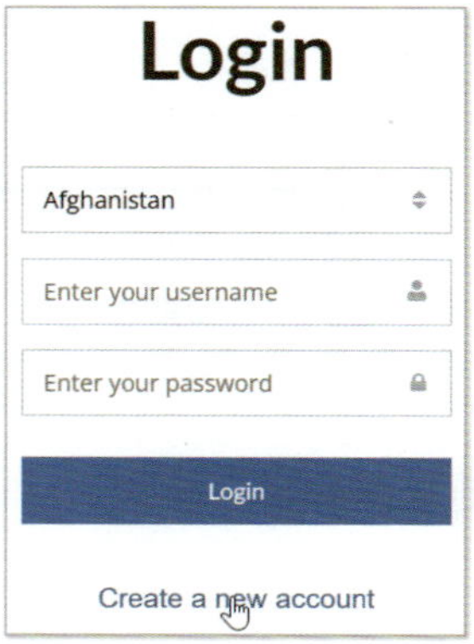

請按 Create a new account 字串。

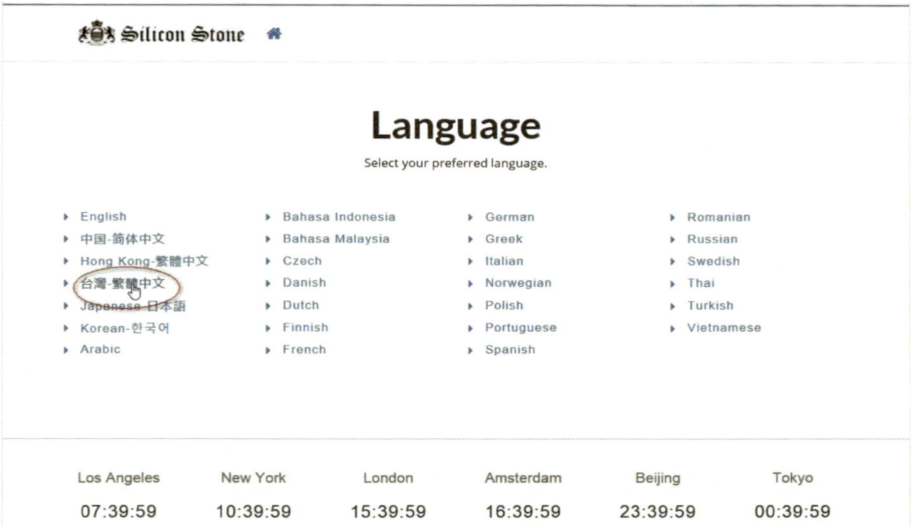

請點選台灣繁體中文，然後可以看到下列表單。

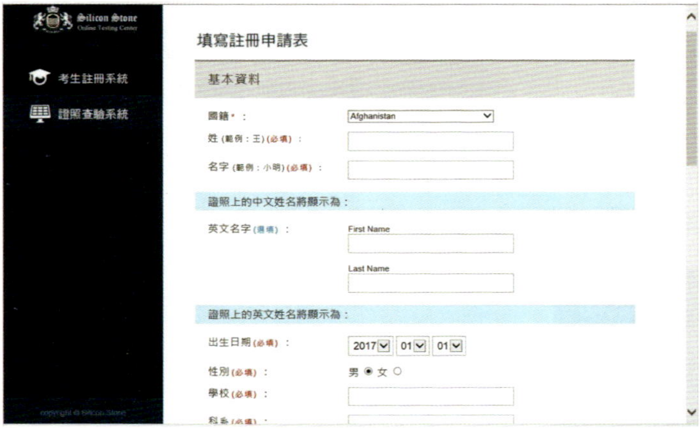

程式實例 ch28_28.py：這個表單有許多欄位，筆者將以實例說明輸入科系以前的欄位實例。注意：由於無法輸入中文，所以程式以輸入英文取代。

```
# ch28_28.py
import pyautogui
import time

print("請在10秒內開啟瀏覽器,並設Silicon Stone註冊網頁為焦點視窗")
time.sleep(10)

```

```
8    pyautogui.write('Taiwan\t',0.3)                        # Taiwan
9    pyautogui.write('Hung\t',0.3)                          # 姓
10   pyautogui.write('Jiin-Kwei\t',0.3)                     # 名
11   pyautogui.write('Jiin-Kwei\t',0.3)                     # 名
12   pyautogui.write('Hung\t',0.3)                          # 姓
13   pyautogui.write('1975\t',0.3)                          # 出生年
14   pyautogui.write('01\t',0.3)                            # 月
15   pyautogui.write('01\t',0.3)                            # 日
16   pyautogui.write('\t',0.3)                              # 選男生
17   pyautogui.write('Ming-Chi Inst. of Tech\t',0.3)        # 學校
18   pyautogui.write('Department of ME',0.3)                # 科系
```

執行結果

上述第 8 列使用 'Taiwan\t'，也可省略「\t」，用 press('tab')，程式碼如下：

```
pyautogui.write('Taiwan',0.3)
pyautogui.press('tab')                          # 切換到下一個欄位
```

上述程式執行時作業系統需在英文輸入模式，然後有 10 秒鐘可以點選國籍欄位，請將滑鼠游標放在此欄位。

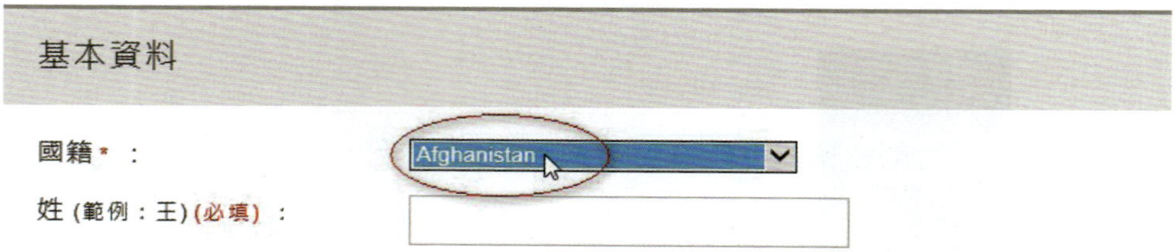

未來程式將可以自動填寫下列表單。

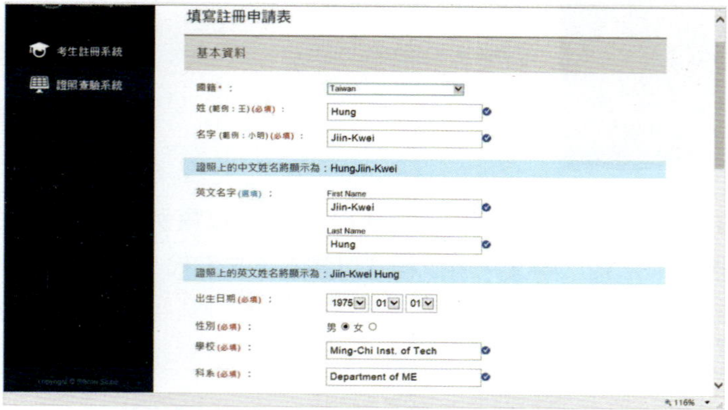

上述程式設計是將給 10 秒鐘執行啟動網頁表單為焦點視窗，將滑鼠游標移至第 1 個欄位，再執行輸入。另一種方式是將視窗放到最大，先偵測第 1 個欄位的螢幕座標，再將滑鼠游標移至此欄位，然後執行輸入。上述是只填寫 1 個表單，我們可以將所要填寫的資料以字典串列儲存，然後用迴圈填寫。

由於 Python 可以控制表單的輸入，這也代表駭客可以利用迴圈不斷更改輸入帳號，同時更改密碼方式攻擊網站，特別是金融機構網站，當然一般要求輸入帳號的網站也很容易受到攻擊。所以目前一般網站為了防駭客利用此特性會要求使用者輸入確認碼，這樣駭客就無法使用程式 (我們又稱機器人) 連續進入系統測試帳號。下列是 2 個不同單位所謂的帳號確認碼畫面。

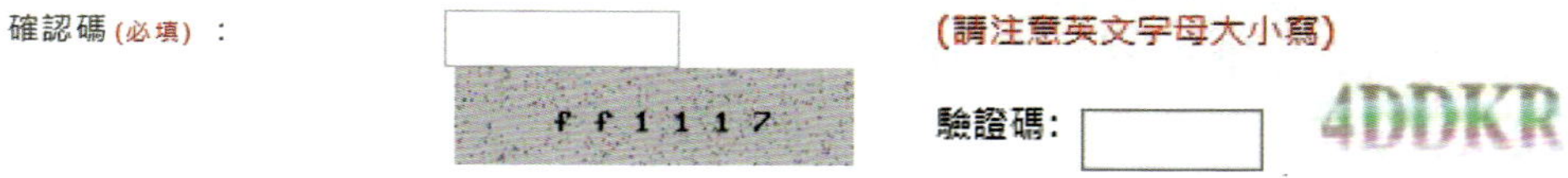

科技的隱憂，現在文字辨識功能已經變得很容易，所以上述驗證碼，其實也可以利用程式處理，所以有些更加嚴謹的機構在設計確認碼時，會將數字設計的很奇怪，雖有好處，但是常常真正使用者看不清楚數字造成困擾，最後成為客訴，所以是兩難。

28-5 pyautogui 模組潛在應用

本節所述程式，部分模組方法尚未解說，讀者可以先了解應用即可。

❑ 自動填寫表單

自動在一個應用程序或網頁表單中填寫資料，這是另一個通用型實例。

```
# ch28_29.py
import pyautogui
import time

# 給予一些時間來切換到瀏覽器視窗
time.sleep(5)

# 假設的表單填寫
# 移動到名字輸入框的位置並按一下, 需要根據實際位置調整座標
pyautogui.click(x=200, y=300)        # 這裡的 x 和 y 值需要您自己設定
pyautogui.write('John Doe', interval=0.1)

# 移動到郵件欄位輸入框的位置
pyautogui.click(x=200, y=350)        # 這裡的 x 和 y 值需要您自己設定
pyautogui.write('cshung@example.com', interval=0.1)

```

```
# 如果有更多欄位，重複上述步驟

# 最後移動到提交按鈕並按一下
pyautogui.click(x=200, y=400)        # 這裡的 x 和 y 值需要您自己設定
```

❑ 自動截圖

自動截取螢幕的特定區域。

```
# ch28_30.py
import pyautogui

# 截取屏幕的一部分
screenshot = pyautogui.screenshot(region=(0, 0, 300, 400))  # x, y, 寬度, 高度
screenshot.save('screenshot.png')
```

❑ 自動打開應用程序並執行操作

自動打開一個應用程序並執行一系列操作。

```
# ch28_31.py
import pyautogui
import subprocess
import time

# 打開記事本（或其他應用）
subprocess.Popen('notepad.exe')
time.sleep(2)

# 輸入文本
pyautogui.write('AI實作 - 明志科技大學!', interval=0.1)
```

❑ 鍵盤快捷鍵自動化

使用鍵盤快捷鍵執行特定任務，如複製和貼上。

```
# ch28_32.py
import pyautogui
import time

time.sleep(5)

# 選擇所有本字，例如在一個文字編輯器中
pyautogui.hotkey('ctrl', 'a')    # Ctrl + A

# 複製
pyautogui.hotkey('ctrl', 'c')    # Ctrl + C

# 移動到另一個位置或應用
pyautogui.click(100, 100)        # 移動滑鼠游標並按一下

# 貼上
pyautogui.hotkey('ctrl', 'v')    # Ctrl + V
```

第 29 章

SQLite 與 MySQL 資料庫

29-1 SQLite 基本觀念

29-2 資料庫連線

29-3 SQLite 資料類型

29-4 建立 SQLite 資料庫表單

29-5 增加 SQLite 資料庫表單紀錄

29-6 查詢 SQLite 資料庫表單

29-7 更新 SQLite 資料庫表單紀錄

29-8 刪除 SQLite 資料庫表單紀錄

29-9 DB Browser for SQLite

29-10 將台北人口數儲存 SQLite 資料庫

29-11 MySQL 資料庫

本章前 10 節筆者介紹輕量級的資料庫 SQLite，第 11 節則說明使用 Python 操作 MySQL 資料庫。

29-1 SQLite 基本觀念

在先前章節筆者有說明 CSV、Json、Excel … 等資料格式，我們可以將資料以這些格式儲存，不過我們使用資料時有時候只是取用一個小小的部分，如果每次皆要大費周章開啟檔案，處理完成再儲存檔案，其實不是很經濟的事。

一個好的解決方式是使用輕量級的資料庫程式當作儲存媒介，未來我們可以使用資料庫語法取得此資料庫的部分有用資料，這將是一個很好的想法。本章筆者將介紹如何使用 Python 建立 SQLite 資料庫，同時也將講解使用 Python 插入 (insert)、擷取 (select)、更新 (update)、刪除 (delete)SQLite 資料庫的內容。

Python 3.x 版安裝完成後有內附 SQLite 資料庫，這一章將以此為實例說明，在使用此 SQLite 前需要 import 此 SQLite。

```
import sqlite3
```

29-2 資料庫連線

執行 Python 與資料庫連線方法如下：

```
conn = sqlite3.connect(" 資料庫名稱 ")
```

上述 conn 是筆者定義的物件名稱，讀者也可以自行定義不一樣的名稱。上述 connect( ) 方法執行時，如果 connect( ) 內的資料庫名稱存在，就可以將此 Python 程式與此資料庫名稱建立連線，然後我們可以在 Python 程式內做更進一步的操作。如果資料庫名稱不存在，就會以此為名稱建立一個新的資料庫，然後執行資料庫連線。

資料庫操作結束，我們可以在 Python 內使用下列方法結束 Python 程式與資料庫的連線。

```
conn.close( )
```

程式實例 ch29_1.py：建立一個新的資料庫 myData.db，筆者習慣使用 db 當副檔名是。

```
# ch29_1.py
import sqlite3
conn = sqlite3.connect("myData.db")
conn.close()
```

執行結果 這個程式沒有執行結果，不過可以在 ch29 資料夾內看到所建空的資料庫檔案 myData.db。

29-3 SQLite 資料類型

SQLite 資料庫內的資料可以是下列類型。

資料類型	說明
NULL	null 也可稱空值
INTEGER	整數，例如：0, 2, …，也可用 int
REAL	浮點數，例如：1.5
TEXT	字串，也可用 text
BLOB	一個 blob 資料，例如：一個圖片、一首歌

29-4 建立 SQLite 資料庫表單

在 29-2 節我們可以使用 connect( ) 方法建立資料庫連線，這時會回傳 connect 物件，筆者在該節使用 conn 儲存此所回傳的物件，這個物件可以使用下列常用的方法。

connect( ) 物件的方法	說明
close( )	資料庫連線操作結束
commit( )	更新資料庫內容
cursor( )	建立 cursor 物件，可想成一個游標在資料庫中移動，然後執行 execute( ) 方法。
execute( )	執行 SQL 資料庫指令、建立、新增、刪除、修改、擷取資料庫的紀錄 (record)。

下列是 cursor 物件的方法。

cursor 物件的方法	說明
execute( )	執行 SQL 資料庫指令、建立、新增、刪除、修改、擷取資料庫的紀錄 (record)。

其實上述 execute( ) 所使用的是 SQL 資料庫指令，下列將以實例解說。

程式實例 ch29_2.py：建立一個資料庫 data29_2.db，此資料庫內有一個表單，表單名稱是 students。

```
1  # ch29_2.py
2  import sqlite3
3  conn = sqlite3.connect("data29_2.db")    # 資料庫連線
4  cursor = conn.cursor()
5  sql = '''Create table students(
6          id int,
7          name text,
8          gender text)'''
9  cursor.execute(sql)                     # 執行SQL指令
10 cursor.close()                          # 關閉
11 conn.close()                            # 關閉資料庫連線
```

執行結果 請參考 ch29 資料夾有 data29_2.db。

上述第 4 列是建立 cursor 物件，第 5 ~ 8 列是一個字串，這是 SQL 語法字串，意義是建立 students 表單，這個表單有 3 個欄位，分別是 id、name、gender，每個欄位也設定它的資料型態，分別是整數、字串、字串。

Create table 的語法如下：

```
Create table 表單名稱 (
  欄位 資料型態 ,
  ……
  欄位 資料型態 ,)
```

上述語法是以字串方式存在，第 9 列是執行此 SQL 語法字串，經上述設定後相當於在 data29_2.db 的資料庫檔案內有 students 表單，這個表單有 3 個欄位。

id	name	gender

需特別注意是，上述 ch29_2.py 執行完後，如果重複執行會產生 students 表單已經存在的錯誤，如下所示：

```
================== RESTART: D:\Web_Crawler\ch11\ch11_2.py ==================
Traceback (most recent call last):
  File "D:\Web_Crawler\ch11\ch11_2.py", line 9, in <module>
    cursor.execute(sql)                    # 執行SQL指令
sqlite3.OperationalError: table students already exists
```

也就是當我們已經在資料庫建立表單時，無法重新建立相同的表單，這樣可以防止因為重新建立造成原先的資料庫表單遺失。

其實除了上述使用 cursor( ) 方法建立物件，然後再啟動 execute( ) 方法外，我們也可以省略建立 cursor( ) 方法建立 cursor 物件的步驟，可以參考下列實例。

程式實例 ch29_3.py：省略 cursor( ) 方法建立 cursor 物件，重新設計 ch29_2.py。另外這個程式所建的資料庫名稱是 myInfo.db，未來幾節我們將持續使用此資料庫。

```python
# ch29_3.py
import sqlite3
conn = sqlite3.connect("myInfo.db")         # 資料庫連線
sql = '''Create table students(
        id int,
        name text,
        gender text)'''
conn.execute(sql)                           # 執行SQL指令
conn.close()                                # 關閉資料庫連線
```

執行結果 此程式會建立 myInfo.db 檔案。

上述雖然省略了建立 cursor 物件，其實系統內部有建立一個隱含的 cursor 物件，協助程式可以繼續執行。另外，對任何一個表單而言，通常 id 欄位作為識別碼時，我們可以使用下列方式設定：

id INTEGER PRIMARY KEY AUTOINCREMENT,

未來輸入 id 時，可以省略，資料庫會自動增加 1 方式處理。

程式實例 ch29_3_1.py：id 使用自動增加 1 方式處理，此程式會建立 student2 表單，所建立的資料庫檔案是 myInfo2.db。

```python
# ch29_3_1.py
import sqlite3
conn = sqlite3.connect("myInfo2.db")        # 資料庫連線
sql = '''Create table student2(
        id INTEGER PRIMARY KEY AUTOINCREMENT,
        name TEXT,
        gender TEXT)'''
conn.execute(sql)                           # 執行SQL指令
conn.close()                                # 關閉資料庫連線
```

執行結果 此程式會建立 myInfo2.db 檔案。

29-5 增加 SQLite 資料庫表單紀錄

在 SQL 語法中可以使用 insert 指令增加表單資料，這個表單資料我們稱紀錄 (record)，它的相關語法用法可以參考下列實例。

程式實例 ch29_4.py：讀者可以由螢幕輸入 students 表單的內容，筆者將螢幕輸入建立成一個迴圈，每筆記錄輸入完成後，如果按 n 鍵即可以讓輸入結束。

```
1   # ch29_4.py
2   import sqlite3
3   conn = sqlite3.connect("myInfo.db")      # 資料庫連線
4   print("請輸入myInfo資料庫students表單資料")
5   while True:
6       new_id = int(input("請輸入id : "))  # 轉成整數
7       new_name = input("請輸入name : ")
8       new_gender = input("請輸入gender : ")
9       x = (new_id, new_name, new_gender)
10      sql = '''insert into students values(?,?,?)'''
11      conn.execute(sql,x)
12      conn.commit()                       # 更新資料庫
13      again = input("繼續(y/n)? ")
14      if again[0].lower() == "n":
15          break
16  conn.close()                            # 關閉資料庫連線
```

執行結果

```
====================== RESTART: D:\Python\ch29\ch29_4.py ======================
請輸入myInfo資料庫students表單資料
請輸入id : 1
請輸入name : John
請輸入gender : M
繼續(y/n)? y
請輸入id : 2
請輸入name : Linda
請輸入gender : F
繼續(y/n)? y
請輸入id : 3
請輸入name : Kathy
請輸入gender : F
繼續(y/n)? n
```

上述程式第 6 ~ 8 列是讀取表單紀錄，插入表單最重要的語法格式如下：

```
9       x = (new_id, new_name, new_gender)
10      sql = '''insert into students values(?,?,?)'''
11      conn.execute(sql,x)
12      conn.commit()                       # 更新資料庫
```

上述可以將每筆記錄處理成元組 (tuple)，然後將 SQL 語法處理成字串，最後將元組與字串當作 execute( ) 方法的參數。

其實在真實世界建立表單時，最重要的關鍵欄位 id 並不一定是數字，甚至更多時候是使用字串，這時 id 輸入時可以使用 001, 002, … 方式，本實例筆者使用整數 int，主要是豐富此表單的資料型態。

程式實例 ch29_4_1.py：使用 id 欄位自動增值方式，建立 myInfo2.db 的 student2 表單。

```
# ch29_4_1.py
import sqlite3
conn = sqlite3.connect("myInfo2.db")      # 資料庫連線
print("請輸入myInfo資料庫student2表單資料")
while True:
    n_name = input("請輸入name : ")
    n_gender = input("請輸入gender : ")
    x = (n_name, n_gender)
    sql = '''insert into student2(name, gender) values(?,?)'''
    conn.execute(sql,x)
    conn.commit()                          # 更新資料庫
    again = input("繼續(y/n)? ")
    if again[0].lower() == "n":
        break
conn.close()                               # 關閉資料庫連線
```

執行結果

```
===================== RESTART: D:\Python\ch29\ch29_4_1.py =====================
請輸入myInfo資料庫student2表單資料
請輸入name : John
請輸入gender : M
繼續(y/n)? y
請輸入name : Linda
請輸入gender : F
繼續(y/n)? y
請輸入name : Kathy
請輸入gender : F
繼續(y/n)? n
```

29-6 查詢 SQLite 資料庫表單

查詢表單的關鍵字是 SELECT，下列是列出所有表單的 SQL 語法。

SELECT * from students

程式實例 ch29_5.py：列出所有 students 表單內容。

```
# ch29_5.py
import sqlite3
conn = sqlite3.connect("myInfo.db")      # 資料庫連線
results = conn.execute("SELECT * from students")
for record in results:
    print("id = ", record[0])
    print("name = ", record[1])
    print("gender = ", record[2])
conn.close()                              # 關閉資料庫連線
```

執行結果

```
====================== RESTART: D:\Python\ch29\ch29_5.py =====================
id =  1
name =  John
gender =  M
id =  2
name =  Linda
gender =  F
id =  3
name =  Kathy
gender =  F
```

程式實例 ch29_5_1.py：列出所有 student2 表單內容。

```
# ch29_5_1.py
import sqlite3
conn = sqlite3.connect("myInfo2.db")      # 資料庫連線
results = conn.execute("SELECT * from student2")
for record in results:
    print("id = ", record[0])
    print("name = ", record[1])
    print("gender = ", record[2])
conn.close()                               # 關閉資料庫連線
```

執行結果

```
===================== RESTART: D:\Python\ch29\ch29_5_1.py =====================
id =  1
name =  John
gender =  M
id =  2
name =  Linda
gender =  F
id =  3
name =  Kathy
gender =  F
```

在 sqlite3 模組內有 fetchall( ) 方法，這個方法可以將所獲得的學生資料儲存到元素是元組的串列內，可以參考下列實例。

程式實例 ch29_6.py：以元組元素方式列出所有查詢到的學生資料。

```
# ch29_6.py
import sqlite3
conn = sqlite3.connect("myInfo.db")      # 資料庫連線
results = conn.execute("SELECT * from students")
allstudents = results.fetchall()         # 結果轉成元素是元組的串列
for student in allstudents:
    print(student)
conn.close()                             # 關閉資料庫連線
```

執行結果

```
===================== RESTART: D:\Python\ch29\ch29_6.py =====================
(1, 'John', 'M')
(2, 'Linda', 'F')
(3, 'Kathy', 'F')
```

如果查詢資料時，只想列出部分欄位資料，在使用 SELECT 時可以直接列出欄位名稱取代 "*" 符號。

程式實例 ch29_7.py：重新設計 ch29_6.py，只列出 name 欄位名稱。

```
# ch29_7.py
import sqlite3
conn = sqlite3.connect("myInfo.db")      # 資料庫連線
results = conn.execute("SELECT name from students")
allstudents = results.fetchall()         # 結果轉成元素是元組的串列
for student in allstudents:
    print(student)
conn.close()                             # 關閉資料庫連線
```

執行結果

```
======================= RESTART: D:\Python\ch29\ch29_7.py =======================
('John',)
('Linda',)
('Kathy',)
```

上述如果要列出 2 個欄位或更多欄位資料，可以將第 4 列的 name 旁邊增加 ", 欄位名稱 " 即可。如果想要查詢符合條件的表單內容，SQL 語法如下，為了簡單化筆者將此語法字串分行解說：

'''SELECT 欄位 , …
from 表單
where 條件 '''

程式實例 ch29_8.py：查詢所有女生的紀錄 (record)，此程式只列出 name 和 gender 欄位。

```
# ch29_8.py
import sqlite3
conn = sqlite3.connect("myInfo.db")        # 資料庫連線
sql = '''SELECT name, gender
        from students
        where gender = "F"'''
results = conn.execute(sql)
allstudents = results.fetchall()           # 結果轉成元素是元組的串列
for student in allstudents:
    print(student)
conn.close()                               # 關閉資料庫連線
```

執行結果

```
======================= RESTART: D:\Python\ch29\ch29_8.py =======================
('Linda', 'F')
('Kathy', 'F')
```

29-7 更新 SQLite 資料庫表單紀錄

更新 SQLite 表單紀錄的關鍵字是 UPDATE，SQL 語法如下，為了簡單化筆者將此語法字串分列解說：

'''UPDATE 表單
set 欄位 新內容
where 標明那一筆記錄 '''

上述完成後記得需要使用 commit( ) 更新資料庫。

程式實例 ch29_9.py：將 id 為 1 的紀錄 name 名字改為 "Tomy"。

```
# ch29_9.py
import sqlite3
conn = sqlite3.connect("myInfo.db")      # 資料庫連線
sql = '''UPDATE students
        set name = "Tomy"
        where id = 1'''
results = conn.execute(sql)
conn.commit()                           # 更新資料庫
results = conn.execute("SELECT name from students")
allstudents = results.fetchall()        # 結果轉成元素是元組的串列
for student in allstudents:
    print(student)
conn.close()                            # 關閉資料庫連線
```

執行結果

```
====================== RESTART: D:\Python\ch29\ch29_9.py ======================
('Tomy',)
('Linda',)
('Kathy',)
```

29-8 刪除 SQLite 資料庫表單紀錄

刪除 SQLite 表單紀錄的關鍵字是 DELETE，SQL 語法如下，為了簡單化筆者將此語法字串分列解說：

'''DELETE

from 表單

where 標明那一筆記錄 '''

上述完成後記得需要使用 commit( ) 更新資料庫。

程式實例 ch29_10.py：刪除 id=2 的紀錄。

```
# ch29_10.py
import sqlite3
conn = sqlite3.connect("myInfo.db")      # 資料庫連線
sql = '''DELETE
        from students
        where id = 2'''
results = conn.execute(sql)
conn.commit()                           # 更新資料庫
results = conn.execute("SELECT name from students")
allstudents = results.fetchall()        # 結果轉成元素是元組的串列
for student in allstudents:
    print(student)
conn.close()                            # 關閉資料庫連線
```

執行結果

```
===================== RESTART: D:\Python\ch29\ch29_10.py ======================
('Tomy',)
('Kathy',)
```

上述程式第 7 行筆者直接設定 id=2，請留意由於 sql 是字串，如果我們要刪除的 id 是一個變數，處理方式應該如下：

```
sql = '''DELETE from students where id = {}'''.format(id 變數名稱 )
```

實例應用將是各位的習題 3。

29-9 DB Browser for SQLite

SQLite 儘管好用，如果使用 Python Shell 視窗方式處理每一筆的紀錄 (record) 輸入是一件麻煩的事，SQLite 沒有提供圖形介面處理這方面的問題，不過目前市面上有免費的 DB Browser for SQLite 可以讓我們很輕鬆管理 SQLite。

29-9-1 安裝 DB Browser for SQLite

請進入 https://sqlitebrower.org 網址，然後點選 Download。

接著讀者可以依照自己的電腦環境點選適當的 DB Browser，安裝軟體不難，為了方便日後執行請記住在桌面上建立捷徑 (shortcuts)，方便日後使用。

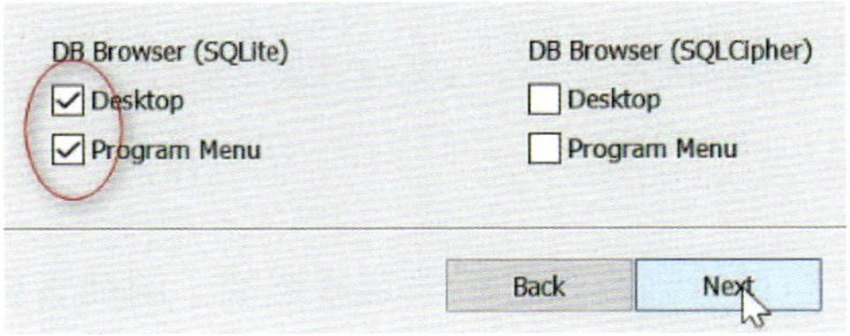

下列是安裝完成啟動 DB Brower for SQLite 後的畫面。

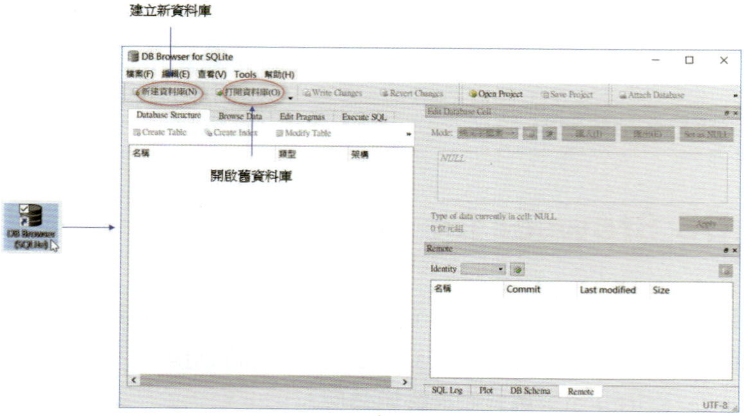

29-9-2 建立新的 SQLite 資料庫

點選新建資料庫標籤後，請選擇資料庫所要存放的資料夾，然後輸入資料庫檔案名稱，此例是 stu，相當於我們建立了資料庫檔案名稱是 stu.db，資料庫建立完成後，接下來需要分別建立資料表 (table)、資料表欄位 (fields)、資料表紀錄 (records)、最後儲存，可以參考下列說明。

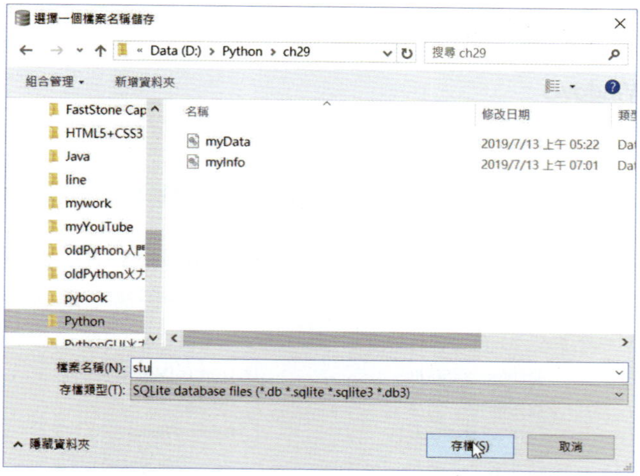

上述請按存檔鈕，可以看到編輯資料表定義視窗，請在資料表欄位輸入所要建立的資料表名稱，此例請輸入 students。

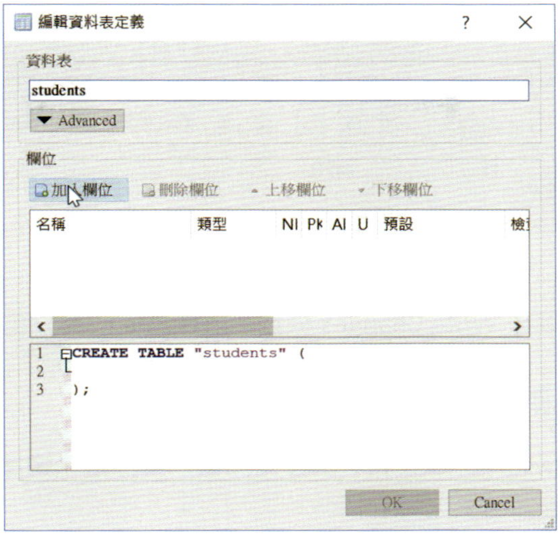

接著要建立資料表的欄位名稱，請按加入欄位鈕，下列是加入 id 和 name 欄位的畫面，同時筆者在欄位屬性中勾選 U 屬性，代表 id 值必須是唯一的。

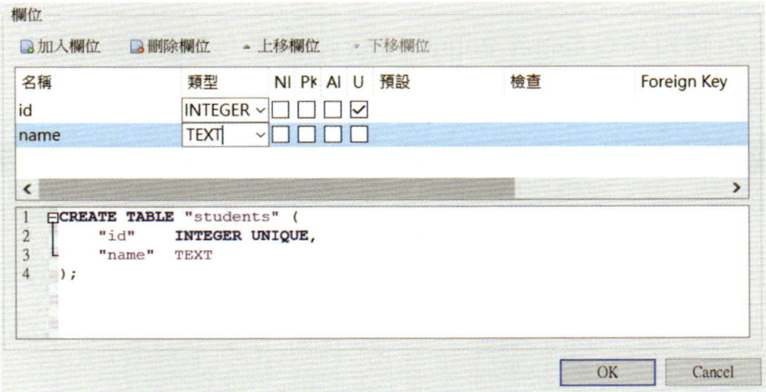

欄位建立完成後可以按 Browse Data 標籤，然後按新建紀錄鈕，輸入紀錄。

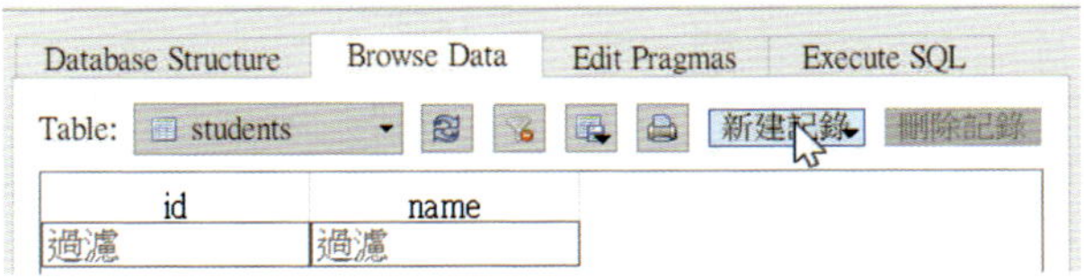

下列是筆者所建立的紀錄。

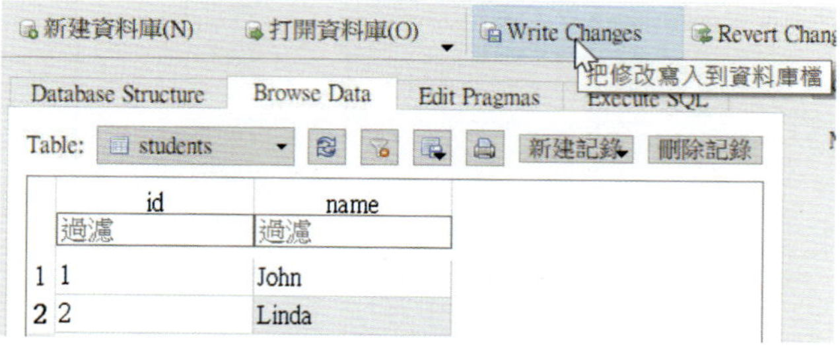

輸入紀錄完成可以按 Write Changes 標籤，這樣就完成建立資料庫的目的了。

29-9-3 開啟舊的 SQLite 資料庫

可以開啟 DB Browser for SQLite，請按打開資料庫標籤，選擇適當的資料夾，再選擇欲開啟的資料庫檔案即可。

29-10 將台北人口數儲存 SQLite 資料庫

在本書 ch29 資料夾有 Taipei_Population.csv 檔案，這個檔案是取自臺北市政府民政局，這個檔案有台北市各行政區人口統計相關資訊。

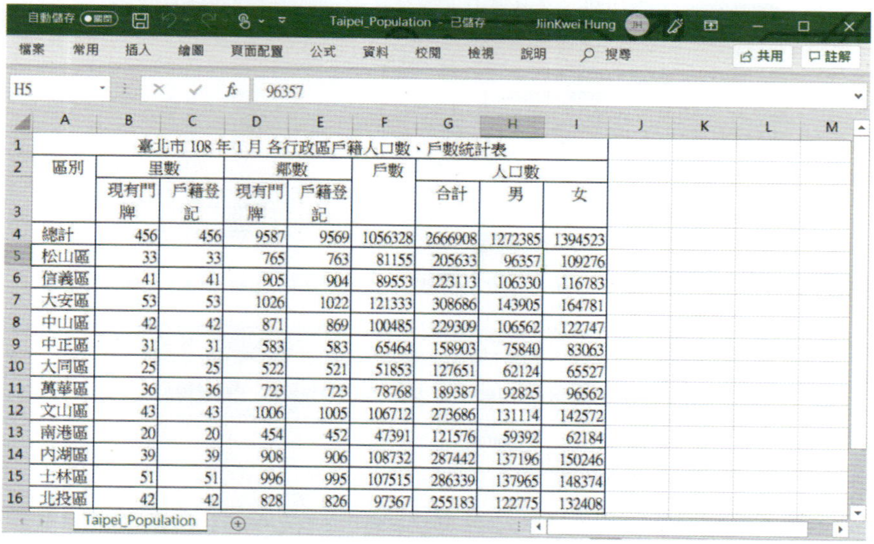

臺北市 108 年 1 月 各行政區戶籍人口數、戶數統計表

區別	里數		鄰數		戶數	人口數		
	現有門牌	戶籍登記	現有門牌	戶籍登記		合計	男	女
總計	456	456	9587	9569	1056328	2666908	1272385	1394523
松山區	33	33	765	763	81155	205633	96357	109276
信義區	41	41	905	904	89553	223113	106330	116783
大安區	53	53	1026	1022	121333	308686	143905	164781
中山區	42	42	871	869	100485	229309	106562	122747
中正區	31	31	583	583	65464	158903	75840	83063
大同區	25	25	522	521	51853	127651	62124	65527
萬華區	36	36	723	723	78768	189387	92825	96562
文山區	43	43	1006	1005	106712	273686	131114	142572
南港區	20	20	454	452	47391	121576	59392	62184
內湖區	39	39	908	906	108732	287442	137196	150246
士林區	51	51	996	995	107515	286339	137965	148374
北投區	42	42	828	826	97367	255183	122775	132408

在這節的專案中筆者將擷取下列資料：

A 欄位：行政區名稱

H 欄位：男性人口數

I 欄位：女性人口數

G 欄位：總計人口數

程式實例 ch29_11.py：除了在 Python 視窗列出上述各行政區男性、女性人口數，也將列出總人口數資訊，同時筆者也將建立 SQLite 的 populations.db 資料庫檔案，在這個檔案中有 population 表單，這個表單個欄位資訊如下：

area TEXT,　　　　# 行政區名稱

male int,　　　　# 男性人口數

female int,　　　# 女性人口數

total int,　　　　# 總人口數

所有人口資訊也將儲存至 population 表單。

```
# ch29_11.py
import sqlite3
import csv
import matplotlib.pyplot as plt

conn = sqlite3.connect("populations.db")     # 資料庫連線
sql = '''Create table population(
        area TEXT,
        male int,
        female int,
        total int)'''
conn.execute(sql)                            # 執行SQL指令

fn = 'Taipei_Population.csv'
with open(fn) as csvFile:                    # 儲存在SQLite
    csvReader = csv.reader(csvFile)
    listCsv = list(csvReader)                # 轉成串列
    csvData = listCsv[4:]                    # 切片刪除前4 rows
    for row in csvData:
        area = row[0]                        # 區名稱
        male = int(row[7])                   # 男性人數
        female = int(row[8])                 # 女性人數
        total = int(row[6])                  # 總人數
        x = (area, male, female, total)
        sql = '''insert into population values(?,?,?,?)'''
        conn.execute(sql,x)
        conn.commit()

```

```python
results = conn.execute("SELECT * from population")
for record in results:
    print("區域        = ", record[0])
    print("男性人口數 = ", record[1])
    print("女性人口數 = ", record[2])
    print("總計人口數 = ", record[3])

conn.close()                                    # 關閉資料庫連線
```

執行結果　在此只列出部分執行結果。

```
==================== RESTART: D:\Python\ch29\ch29_11.py ====================
區域        =    松山區
男性人口數 =  96357
女性人口數 =  109276
總計人口數 =  205633
區域        =    信義區
男性人口數 =  106330
女性人口數 =  116783
總計人口數 =  223113
```

程式實例 ch29_12.py：讀取 SQLite 資料庫 populations.db，列出 population 表單台北市 2019 年男性、女性與總計人口數，用折線圖表達。

```python
# ch29_12.py
import sqlite3
import matplotlib.pyplot as plt
from pylab import mpl

conn = sqlite3.connect("populations.db")     # 資料庫連線
results = conn.execute("SELECT * from population")

area, male, female, total = [], [], [], []
for record in results:                          # 將人口資料放入串列
    area.append(record[0])
    male.append(record[1])
    female.append(record[2])
    total.append(record[3])
conn.close()                                    # 關閉資料庫連線

mpl.rcParams["font.sans-serif"] = ["SimHei"]        # 使用黑體
seq = area
linemale, = plt.plot(seq, male, '-*', label='男性人口數')
linefemale, = plt.plot(seq, female, '-o', label='女性人口數')
linetotal, = plt.plot(seq, total, '-^', label='總計人口數')

plt.legend(handles=[linemale, linefemale, linetotal], loc='best')
plt.title(u"台北市", fontsize=24)
plt.xlabel("2019年", fontsize=14)
plt.ylabel("人口數", fontsize=14)
plt.show()
```

執行結果

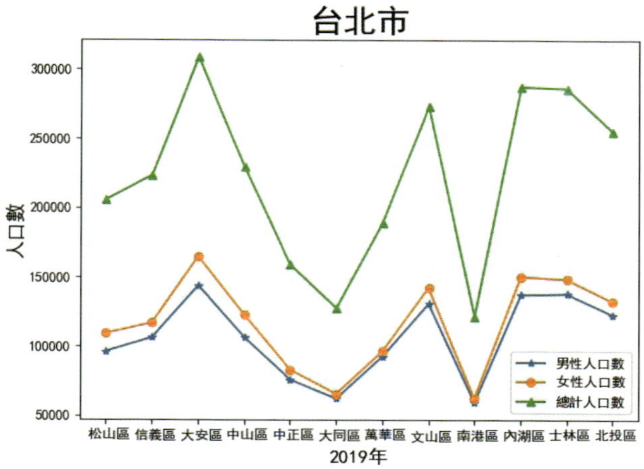

29-11 MySQL 資料庫

MySQL 是開放原始碼的關聯式資料庫，他是真正的伺服器資料庫，需透過網路存取此資料庫數據。

29-11-1 安裝 MySQL 環境

Windows 上有一些架站機可以使用，筆者是使用 Uniform Server，請進入下列網站：

https://www.uniformserver.com

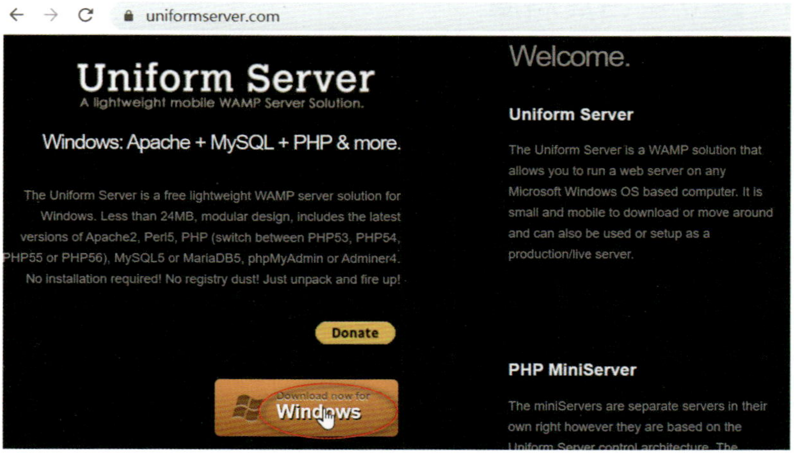

請下載，然後解壓縮，筆者是將解壓縮存放在 D:\server，可以看到 UniController，請啟動此檔案，可以看到下列 UniServer Zero XIV，請同時啟動 Apache 和 MySQL，就可以看到 phpMyAdmin 鈕呈現可執行狀態，如下所示：

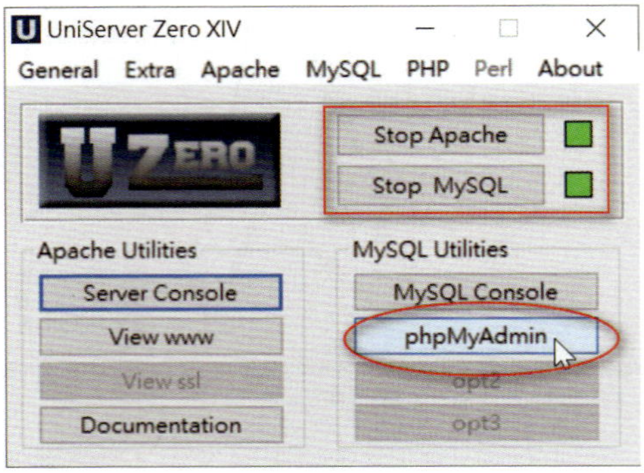

29-11-2 安裝 PyMySQL 模組

為了使用 MySQL 需安裝 PyMySQL 模組，如下所示：

```
pip install pymysql
```

為了確保安裝成功，可以使用下列指令測試，如果沒有錯誤訊息就表示安裝成功了。

```
>>> import pymysql
>>>
```

29-11-3 建立空白資料庫

可以使用下列 2 種方式建立資料庫。

❑ 使用 phpMyAdmin

請按此鈕可以進入 phpMyAdmin 環境，請點選左邊的新增鈕。

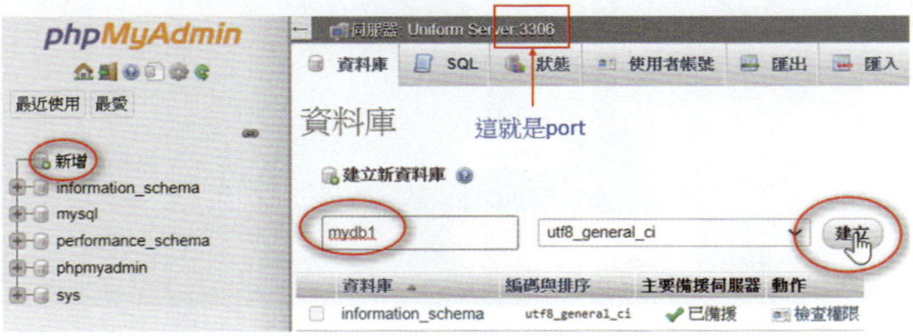

筆者輸入資料庫名稱 mydb1，再按建立鈕，如下所示：

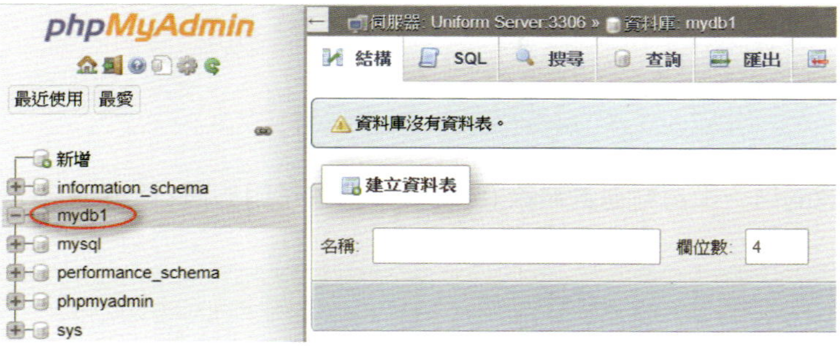

❑ 使用程式建立資料庫

程式實例 ch29_13.py：請使用程式建立 mydb2 資料庫。

```
1  # ch29_13.py
2  import pymysql
3  conn = pymysql.connect(host = 'localhost',
4                         port = 3306,
5                         user = 'root',
6                         charset = 'utf8',
7                         password = 'hung')
8
9  mycursor = conn.cursor()
10 mycursor.execute("CREATE DATABASE mydb2")
```

執行結果 執行後可以在 phpMyAdmin 視窗看到所建的 mydb2 資料庫檔案。

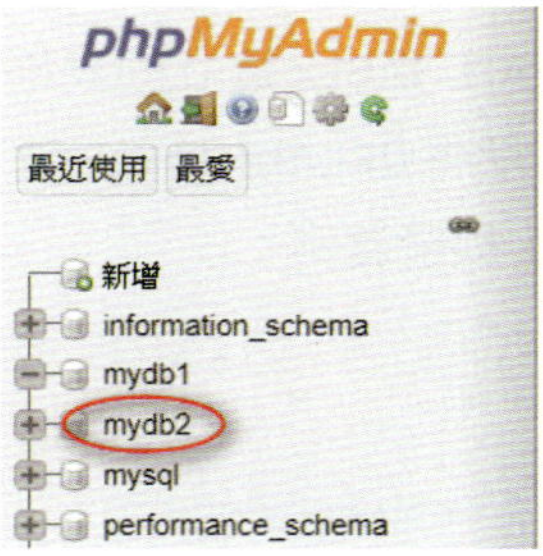

上述程式第 6 列的密碼 'hung' 是筆者在啟用 MySQL 時建立的。

29-11-4 建立資料表格

建立表格所使用的指令是 CREATE TABLE，觀念如下：

```
CREATE TABLE tablename (
    field1 datatype,
    ...
    fieldn datatype
)
```

表格所建的每一筆資料稱資料錄 (record)，上述常用的資料型態如下：

資料型態	說明
int	整數
float	浮點數
boolean	布林值
timestamp	時間戳
char(n)	字串固定長度 n
varchar(n)	最大長度 n 的字串

所建立的表格通常第一個欄位是主鍵值 id，這個欄位值不可以重複，我們可以使用下列方式建立：

```
id INT AUTO_INCREMENT PRIMARY KEY
```

上述 AUTO_INCREMENT 表示每個資料錄 (record) 會自動增加 1，PRIMARY KEY 表示欄位值不可以重複。經過 CREATE TABLE 建立的表格字串需放在 execute( ) 函數內執行，為了容易閱讀，程式設計師常將 CREATE TABLE 建立的表格設為一個字串，然後將此字串當作 execute( ) 的參數。下列是實例：

```
sql = """
CREATE TABLE tablename (
    id INT AUTO_INCREMENT PRIMARY KEY
    field1 datatype,
    ...
    fieldn datatype
)"""
execute(sql)                          # 需由物件啟動
```

程式實例 ch29_14.py：使用 db1 資料庫建立客戶表格，此表格含客戶編號，名稱和城市。

```
# ch29_14.py
import pymysql
conn = pymysql.connect(host = 'localhost',
                       port = 3306,
                       user = 'root',
                       charset = 'utf8',
               password = 'hung',
                       database = 'mydb1')

mycursor = conn.cursor()

sql = """
CREATE TABLE IF NOT EXISTS Customers (
    ID int NOT NULL AUTO_INCREMENT PRIMARY KEY,
    Name varchar(20),
    City varchar(20)
)"""
mycursor.execute(sql)
```

執行結果

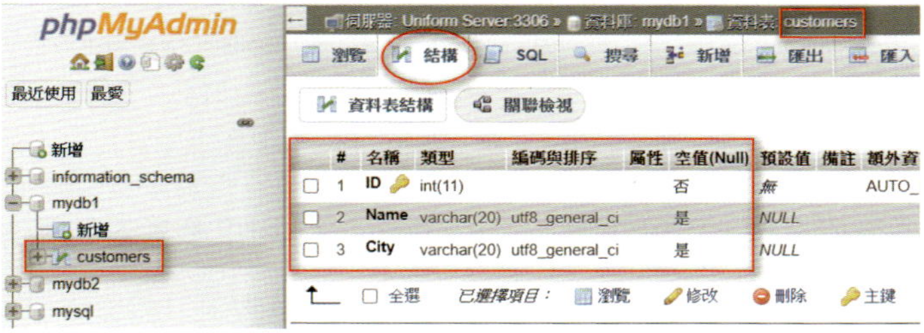

若是進入 phpMyAdmin 環境，可以看到所建立的欄位名稱 ID、Name、City。

29-11-5 插入資料錄

插入資料錄可以使用 INSERT INTO，資料錄插入完成後要執行 commit( )，相關細節可以參考下列實例。

程式實例 ch29_15.py：插入一筆資料錄。

```
# ch29_15.py
import pymysql
conn = pymysql.connect(host = 'localhost',
                       port = 3306,
                       user = 'root',
                       charset = 'utf8',
                       password = 'hung',
                       database = 'mydb1')

mycursor = conn.cursor()
```

```
sql = "INSERT INTO customers (Name, City)  VALUES (%s, %s)"
val = ("Peter", "Taipei")

mycursor.execute(sql, val)
conn.commit()                    # 執行插入
print(f"插入資料錄 {mycursor.rowcount} 筆")
```

執行結果

```
====================== RESTART: D:/Python/ch29/ch29_15.py ======================
插入資料錄 1 筆
```

若是進入 phpMyAdmin 環境，可以看到所插入的資料錄。

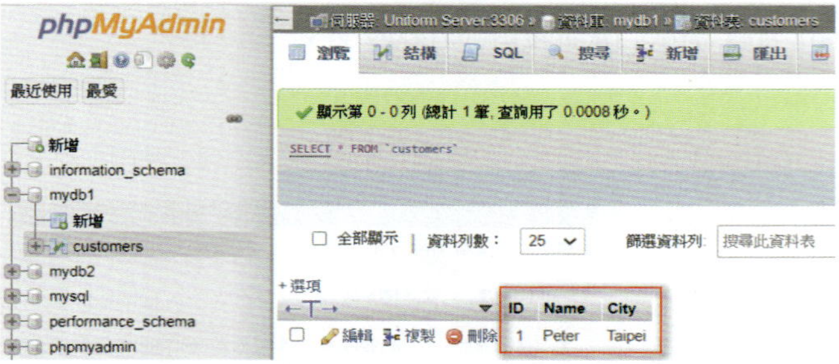

如果要插入多筆資料錄，可以使用 executemany( )，可以參考下列實例。

程式實例 ch29_16.py：插入多筆資料錄，同時列出插入筆數。

```
# ch29_16.py
import pymysql
conn = pymysql.connect(host = 'localhost',
                       port = 3306,
                       user = 'root',
                       charset = 'utf8',
                       password = 'hung',
                       database = 'mydb1')

mycursor = conn.cursor()

sql = "INSERT INTO customers (Name, City)  VALUES (%s, %s)"
val = [("Kevin", "Taipei"),
       ("John", "Tokyo"),
       ("Nancy", "Beijing")
      ]

mycursor.executemany(sql, val)
conn.commit()                    # 執行插入
print(f"插入資料錄 {mycursor.rowcount} 筆")
```

執行結果

```
====================== RESTART: D:\Python\ch29\ch29_16.py ======================
插入資料錄 3 筆
```

若是進入 phpMyAdmin 環境，可以看到所插入的資料錄。

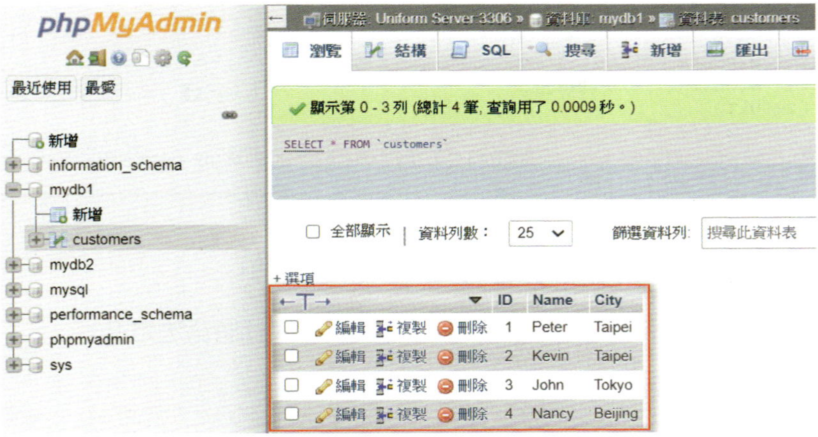

29-11-6　查詢資料庫

查詢資料庫可以使用 SELECT 指令，語法如下：

SELECT 欄位 1, 欄位 2, … FROM 表格

查詢後可以使用下列方法：

fetchall( )：匯出所有資料錄到串列。

fetchone( )：匯出第一筆資料錄。

程式實例 ch29_17.py：匯出所有資料錄。

```python
# ch29_17.py
import pymysql
conn = pymysql.connect(host = 'localhost',
                       port = 3306,
                       user = 'root',
                       charset = 'utf8',
                       password = 'hung',
                       database = 'mydb1')

mycursor = conn.cursor()

mycursor.execute("SELECT * FROM customers")
result = mycursor.fetchall()
for r in result:
    print(r)
```

執行結果

```
===================== RESTART: D:/Python/ch29/ch29_17.py =====================
(1, 'Peter', 'Taipei')
(2, 'Kevin', 'Taipei')
(3, 'John', 'Tokyo')
(4, 'Nancy', 'Beijing')
```

程式實例 ch29_18.py：匯出第一筆資料錄。

```
mycursor.execute("SELECT * FROM customers")
result = mycursor.fetchone()
print(result)
```

執行結果

```
===================== RESTART: D:/Python/ch29/ch29_18.py =====================
(1, 'Peter', 'Taipei')
```

29-11-7 增加條件查詢資料庫

也是使用 SELECT 但是增加 WHERE 可以設定條件，此時語法如下：

SELECT 欄位 1, 欄位 2, … FROM 表格 WHERE 條件

程式實例 ch29_19.py：搜尋 Taipei 的客戶。

```
# ch29_19.py
import pymysql
conn = pymysql.connect(host = 'localhost',
                       port = 3306,
                       user = 'root',
                       charset = 'utf8',
                       password = 'hung',
                       database = 'mydb1')

mycursor = conn.cursor()

mycursor.execute("SELECT * FROM customers WHERE City = 'Taipei'")
result = mycursor.fetchall()
for r in result:
    print(r)
```

執行結果

```
===================== RESTART: D:/Python/ch29/ch29_19.py =====================
(1, 'Peter', 'Taipei')
(2, 'Kevin', 'Taipei')
```

29-11-8 更新資料

可以使用 UPDATE 更新資料，語法如下：

UPDATE 表格 SET 欄位 1= xx, 欄位 2=xx, … WHERE 條件

程式實例 ch29_20.py：將 Tokyo 改為 Chicago。

```
# ch29_20.py
import pymysql
conn = pymysql.connect(host = 'localhost',
                       port = 3306,
                       user = 'root',
```

```
                        charset = 'utf8',
                        password = 'hung',
                        database = 'mydb1')

mycursor = conn.cursor()

sql = "UPDATE customers SET City = 'Chicago' WHERE City = 'Tokyo'"
mycursor.execute(sql)
conn.commit()

mycursor.execute("SELECT * FROM customers")
result = mycursor.fetchall()
for r in result:
    print(r)
```

執行結果

```
===================== RESTART: D:/Python/ch29/ch29_20.py =====================
(1, 'Peter', 'Taipei')
(2, 'Kevin', 'Taipei')
(3, 'John', 'Chicago')
(4, 'Nancy', 'Beijing')
```

程式實例 ch29_21.py：將 id=2 的客戶的 City 欄位改為 New Taipei。

```
# ch29_21.py
import pymysql
conn = pymysql.connect(host = 'localhost',
                        port = 3306,
                        user = 'root',
                        charset = 'utf8',
                        password = 'hung',
                        database = 'mydb1')

mycursor = conn.cursor()

sql = "UPDATE customers SET City = 'New Taipei' WHERE id = 2"
mycursor.execute(sql)
conn.commit()

mycursor.execute("SELECT * FROM customers")
result = mycursor.fetchall()
for r in result:
    print(r)
```

執行結果

```
===================== RESTART: D:/Python/ch29/ch29_21.py =====================
(1, 'Peter', 'Taipei')
(2, 'Kevin', 'New Taipei')
(3, 'John', 'Chicago')
(4, 'Nancy', 'Beijing')
```

29-11-9 刪除資料

刪除資料使用 DELETE，語法如下：

DELETE from 表格 WHERE 條件

程式實例 ch29_22.py：刪除原先 id=2 的資料。

```
# ch29_22.py
import pymysql
conn = pymysql.connect(host = 'localhost',
                       port = 3306,
                       user = 'root',
                       charset = 'utf8',
                       password = 'hung',
                       database = 'mydb1')

mycursor = conn.cursor()

sql = "DELETE from customers WHERE id = 2"
mycursor.execute(sql)
conn.commit()

mycursor.execute("SELECT * FROM customers")
result = mycursor.fetchall()
for r in result:
    print(r)
```

執行結果

```
===================== RESTART: D:/Python/ch29/ch29_22.py =====================
(1, 'Peter', 'Taipei')
(3, 'John', 'Chicago')
(4, 'Nancy', 'Beijing')
```

29-11-10　限制筆數

在查詢資料庫時可以使用 LIMIT n 限制只查詢 n 筆，可以參考下列實例。

程式實例 ch29_23.py：限制查詢 2 筆。

```
# ch29_23.py
import pymysql
conn = pymysql.connect(host = 'localhost',
                       port = 3306,
                       user = 'root',
                       charset = 'utf8',
                       password = 'hung',
                       database = 'mydb1')

mycursor = conn.cursor()


mycursor.execute("SELECT * FROM customers LIMIT 2")
result = mycursor.fetchall()
for r in result:
    print(r)
```

執行結果

```
===================== RESTART: D:/Python/ch29/ch29_23.py =====================
(1, 'Peter', 'Taipei')
(3, 'John', 'Chicago')
```

29-11-11 刪除表格

可以使用下列語法刪除表格 customers。

sql = "DROP TABLE customers"

有時為了確定表格是存在才刪除，所以可以用下列方式執行。

sql = "DROP TABLE IF EXISTS customers"

程式實例 ch29_24.py：刪除 customers 表格。

```
# ch29_24.py
import pymysql
conn = pymysql.connect(host = 'localhost',
                       port = 3306,
                       user = 'root',
                       charset = 'utf8',
                       password = 'hung',
                       database = 'mydb1')

mycursor = conn.cursor()
sql  = "DROP TABLE IF EXISTS customers"
mycursor.execute(sql)
```

執行結果 可以從 phpMyAdmin 環境看到 mydb1 的表格被刪除了。

相關語法還有許多，筆者限於篇幅不再多做介紹，讀者可以參考相關書籍。

第 30 章

多工與多執行緒

如果我們打開電腦可以看到在 Windows 作業系統下可以同時執行多個應用程式，例如：當你使用瀏覽器下載資料期間，可以使用 Word 編輯文件，同時間可能 outlook 告訴你收到了一封電子郵件，其實這種作業型態就稱多工作業。

相同的觀念可以應用在程式設計，我們可以使用 Python 設計一個程式執行多個子程式，這個觀念稱一個程式內有好幾個行程 (process)，然後我們也可以使用 Python 設計一個行程 (process) 內含有多個執行緒 (threading)。過去我們使用 Python 所設計的程式只專注執行一件事情，我們也可以稱之為單行程內有單執行緒，這一章我們將講解一個程式可以執行多個工作行程 (process) 的概念，同時也介紹一個行程內含有多個執行緒。

另外，這一章也將講解時間模組 datatime 和從 Python 啟動其它應用程式。

30-1 時間模組 datetime

22-6-4 節有簡單說明 datetime 模組的 strptime( )，這一節將更完整的解說。

30-1-1 datetime 模組的資料型態 datetime

datetime 模組內有一個資料型態 datetime，可以用它代表一個特定時間，有一個 now( ) 方法可以列出現在時間。

```
>>> import datetime
>>> datetime.datetime.now()
datetime.datetime(2023, 11, 18, 17, 42, 24, 79895)
```

我們也可以使用屬性 year、month、day、hour、minute、second、microsecond(百萬分之一秒)，獲得上述時間的個別內容。

程式實例 ch30_1.py：列出時間的個別內容。

```
# ch30_1.py
import datetime

timeNow = datetime.datetime.now()
print(type(timeNow))
print("列出現在時間 : ", timeNow)
print("年 : ", timeNow.year)
print("月 : ", timeNow.month)
print("日 : ", timeNow.day)
print("時 : ", timeNow.hour)
print("分 : ", timeNow.minute)
print("秒 : ", timeNow.second)
```

執行結果

```
======================= RESTART: D:\Python\ch30\ch30_1.py ======================
<class 'datetime.datetime'>
列出現在時間 :  2023-11-18 17:45:52.352040
年 :  2023
月 :  11
日 :  18
時 :  17
分 :  45
秒 :  52
```

另一個屬性百萬分之一秒 microsecond，一般程式比較少用。

30-1-2 設定特定時間

當你了解獲得現在時間的方式後，其實可以用下列方法設定一個特定時間。

xtime = datetime.datetime(年 , 月 , 日 , 時 , 分 , 秒)

上述 xtime 就是一個特定時間。

程式實例 ch30_2.py：設定程式迴圈輸出「program is sleeping」，執行到 2023 年 11 月 18 日 17 點 50 分 0 秒才停止，同時輸出「Wake up」。

```
# ch30_2.py
import datetime

timeStop = datetime.datetime(2023, 11, 18, 17, 50, 0)
while datetime.datetime.now() < timeStop:
    print("program is sleeping.", end="")
print("Wake up")
```

執行結果

```
program is sleeping.program is sleeping.program is sleeping.program is sleeping.
program is sleeping.program is sleeping.program is sleeping.program is sleeping.
program is sleeping.Wake up
```

30-1-3 一段時間 timedelta

這是 datetime 的資料類型，代表的是一段時間，可以用下列方式指定一段時間。

deltaTime=datetime.timedelta(weeks=xx,days=xx,hours=xx,minutes=xx,seocnds=xx)

上述 xx 代表設定的單位數。

一段時間的物件只有 3 個屬性，days 代表日數、seconds 代表秒數、microseconds 代表百萬分之一秒。

程式實例 ch30_3.py：列印一段時間的日數、秒數和百萬分之幾秒。

```
# ch30_3.py
import datetime

deltaTime = datetime.timedelta(days=3, hours=5, minutes=8, seconds=10)
print(deltaTime.days, deltaTime.seconds, deltaTime.microseconds)
```

執行結果

```
===================== RESTART: D:\Python\ch30\ch30_3.py =====================
3 18490 0
```

上述 5 小時 8 分 10 秒被總計為 18940 秒。有一個方法 total_second( ) 可以將一段時間轉成秒數。

```
>>> deltaTime = datetime.timedelta(days=3, hours=5, minutes=8, seconds=10)
>>> print(deltaTime.total_seconds())
277690.0
```

30-1-4 日期與一段時間相加的應用

Python 是允許時間相加，例如：如果想要知道過了 n 天之後的日期，可以使用這個應用。

程式實例 ch30_4.py：列出過了 100 天後的日期。

```
# ch30_4.py
import datetime

deltaTime = datetime.timedelta(days=100)
timeNow = datetime.datetime.now()
print("現在時間是 : ", timeNow)
print("100天後是  : ", timeNow + deltaTime)
```

執行結果

```
===================== RESTART: D:\Python\ch30\ch30_4.py =====================
現在時間是 :  2023-11-18 18:04:14.819114
100天後是  :  2024-02-26 18:04:14.819114
```

當然利用上述方法也可以推算 100 天前是幾月幾號。

30-1-5 將 datetime 物件轉成字串

22-6-4 節筆者介紹了 strptime( ) 方法，該方法是將一個日期時間格式的字串解析 (parse) 成 datetime 物件。

這一節要說明的 strftime( ) 方法可以將 datatime 物件轉成字串，這個指令的個參數定義如下：

strftime( ) 參數	意義
%Y	含世紀的年份，例如：'2020'
%y	不含世紀的年份，例如：'20' 代表 2020
%B	用完整英文代表月份，例如：'January' 代表 1 月
%b	用縮寫英文代表月份，例如：'Jan' 代表 1 月
%m	用數字代表月份，'01'-'12'
%j	該年的第幾天，'001'-'366'
%d	該月的第幾天，'01'-'31'
%A	用完整英文代表星期幾，例如：'Sunday' 代表星期日
%a	用縮寫英文代表星期幾，例如：'Sun' 代表星期日
%w	用數字代表星期幾，'0' 星期日 -'6' 星期六
%H	24 小時制，'00'-'23'
%I	12 小時制，'01'-'12'
%M	分，'00'-'59'
%S	秒，'00'-'59'
%p	'AM' 或 'PM'

程式實例 ch30_5.py：將現在日期轉成字串格式，同時用不同格式顯示。

```
# ch30_5.py
import datetime

timeNow = datetime.datetime.now()
print(timeNow.strftime("%Y/%m/%d %H:%M:%S"))
print(timeNow.strftime("%y-%b-%d %H-%M-%S"))
```

執行結果

```
===================== RESTART: D:\Python\ch30\ch30_5.py =====================
2023/11/18 18:10:31
23-Nov-18 18-10-31
```

有關字串轉成日期 datetime 物件的觀念可以參考 22-6-4 節。

30-2 多執行緒

在商業化的應用設計時，通常會為一個程式設計多個執行緒，大都不會讓一個執行緒佔據系統所有資源，例如：Word 設計時，有一個執行緒是處理編輯視窗隨時監聽是否有螢幕輸入可即時編排版面，同一時間也有 Word 的執行緒在做編輯字數統計隨時更新 Word 的視窗狀態列。這一節將講解這方面的設計觀念。

30-2-1 一個睡眠程式設計

在講解多執行緒前，我們可以先看下列程式實例。

程式實例 ch30_6.py：假設現在是 2023 年 11 月 18 日，我們太在乎女朋友，想要程式在女朋友生日 2024 年 1 月 1 日當天提醒自己送禮物，可能你的程式可以這樣設計。

```
# ch30_6.py
import datetime

timeStop = datetime.datetime(2024, 1, 1, 8, 0, 0)
while datetime.datetime.now() < timeStop:
    pass
print("女朋友生日")
```

執行結果 這個程式要到 2020 年 1 月 1 日早上 8 點才會甦醒，可以用 Ctrl-C 中斷執行。

30-2-2 建立一個簡單的多執行緒

為了解決程式被霸佔資源無法執行的後果，我們可以使用多執行緒的觀念，例如：給上述呼叫迴圈一個執行緒，然後我們程式可以稱是主執行緒繼續執行應有的工作。建立執行緒需要導入 threading 模組，如下所示：

```
import threading
```

我們可以使用下列方式導入執行緒：

```
def threadWork():                                  # 用函數定義執行緒的工作內容
    xxx                                            # 這個執行緒的工作內容
threadObj = threading.Thread(target=threadWork)    # 建立執行緒物件
threadObj.start( )                                 # 啟動執行緒
```

從上述我們可以發現要建立與執行一個執行緒，需要 threading 模組的 Thread( ) 方法定義一個 Thread 物件同時又需設定此 Thread 物件所要執行的工作，用函數設定工作內容。此處 threadObj 是一個物件名稱，讀者可以自己取任意名稱，同時這個方法內需用關鍵字 target 設定所要呼叫的函數，此處 threadWork 是函數名稱，讀者可以自己取這個名稱。所以這一行定義了執行緒的物件名稱，和所要執行的工作。

要啟動執行緒則需使用 start( ) 方法。

程式實例 ch30_7.py：設計一個執行緒單獨執行工作，程式本身也執行工作。

```python
# ch30_7.py
import threading, time

def wakeUp():
    print("threadObj執行緒開始")
    time.sleep(10)                  # threadObj執行緒休息10秒
    print("女朋友生日")
    print("threadObj執行緒結束")

print("程式階段1")
threadObj = threading.Thread(target=wakeUp)
threadObj.start()                   # threadObj執行緒開始工作
time.sleep(1)                       # 主執行緒休息1秒
print("程式階段2")
```

執行結果

```
C:\Users\User>py -3.11 d:\Python\ch30\ch30_7.py
程式階段1
threadObj執行緒開始
程式階段2
女朋友生日
threadObj執行緒結束

C:\Users\User>
```

其實在測試多執行緒工作時，通常會在命令提示字元模式執行，這也是未來本書使用方式。上述程式使用「py -3.11」，表示使用 Python 3.11 版執行此程式。

30-2-3 參數的傳送

從 ch30_7.py 可以看到在 Thread( ) 呼叫函數時，只是填上函數的名稱，如果函數需要有傳遞參數時應如何設計傳遞參數的方法呢？此時可以在 Thread( ) 方法內增加參數，如下所示：

threadObj = threading.Thread(target= 函數名稱 , args=['xx', … ,'yy'])

程式實例 ch30_8.py：執行緒呼叫函數傳遞參數的應用。

```python
# ch30_8.py
import threading, time

def wakeUp(name, blessingWord):
    print("threadObj執行緒開始")
    time.sleep(10)                  # threadObj執行緒休息10秒
    print(name, " ", blessingWord)
    print("threadObj執行緒結束")

print("程式階段1")
threadObj = threading.Thread(target=wakeUp, args=['NaNa','生日快樂'])
threadObj.start()                   # threadObj執行緒開始工作
time.sleep(1)                       # 主執行緒休息1秒
print("程式階段2")
```

執行結果

```
C:\Users\User>py -3.8 d:\Python\ch30\ch30_8.py
程式階段1
threadObj執行緒開始
程式階段2
NaNa    生日快樂
threadObj執行緒結束

C:\Users\User>
```

設計多執行緒程式最重要的觀念是，各執行緒間不要使用相同的變數，每個執行緒最好使用本身的區域變數，這可以避免變數值互相干擾。

30-2-4　執行緒的命名與取得

每一個執行緒在產生的時候，如果我們沒有給它命名，為了方便日後的管理，Python 會自動給這個執行緒預設名稱 Thread-n，n 是序列號由 1 開始編號。可以使用 current_thread( ).name 獲得執行緒的名稱。

程式實例 ch30_9.py：建立執行緒同時列出執行緒的名稱。

```python
# ch30_9.py
import threading
import time

def worker():
    print(threading.current_thread().name, 'Starting')
    time.sleep(2)
    print(threading.current_thread().name, 'Exiting')

def manager():
    print(threading.current_thread().name, 'Starting')
    time.sleep(3)
    print(threading.current_thread().name, 'Exiting')

m = threading.Thread(target=manager)
w = threading.Thread(target=worker)
m.start()
w.start()
```

執行結果

```
C:\Users\User>py -3.11 d:\Python\ch30\ch30_9.py
Thread-1 (manager) Starting
Thread-2 (worker) Starting
Thread-2 (worker) Exiting
Thread-1 (manager) Exiting
```

當然我們也可以在使用 Thread( ) 建立執行緒時，在參數欄位用 Name=" 名稱 "，直接輸入執行緒的名稱，這相當於為執行緒命名。

程式實例 ch30_10.py：擴充設計 ch30_9.py 自行為執行緒命名，讀者可以留意第 17 列為執行緒的命名方式。

```python
# ch30_10.py
import threading
import time

def worker():
    print(threading.current_thread().name, 'Starting')
    time.sleep(2)
    print(threading.current_thread().name, 'Exiting')
def manager():
    print(threading.current_thread().name, 'Starting')
    time.sleep(3)
    print(threading.current_thread().name, 'Exiting')

m = threading.Thread(target=manager)
w = threading.Thread(target=worker)
w2 = threading.Thread(name='Manager',target=worker)
m.start()
w.start()
w2.start()
```

執行結果

```
C:\Users\User>py -3.11 d:\Python\ch30\ch30_10.py
Thread-1 (manager) Starting
Thread-2 (worker) Starting
Manager Starting
Thread-2 (worker) Exiting
Manager Exiting
Thread-1 (manager) Exiting
```

30-3 多執行緒專題 – 爬蟲實戰

在 Python 的多執行緒程式設計中，append( ) 和 join( ) 是兩個常用的方法，它們在管理執行緒方面發揮著關鍵作用，將分成兩小節解說，當讀者了解後再講解本章的專題。

30-3-1 append( )

append( ) 是 Python 串列的一個方法，用於將一個新元素添加到串列的末尾。在多執行緒程式設計中，我們通常會建立一個串列來儲存所有的執行緒物件。

```
threads = [ ]                                   # 建例一個空串列來儲存執行緒
thread = threading.Thread(target=some_function)  # 建立一個新的執行緒
threads.append(thread)                          # 將執行緒添加到列表中
```

這樣做的好處是可以保持對所有建立的執行緒的引用，這在後續管理這些執行緒時非常有用，例如：需要等待所有執行緒完成。

30-3-2　join( )

這是 Python threading.Thread 物件的一個方法，用於阻塞調用它的程式，直到與 join( ) 相關聯的執行緒結束。換句話說，join( ) 用於等待執行緒完成其任務。當您啟動一個執行緒後，該執行緒會在後台運行，並且主程式會繼續執行。如果主程式需要等待一個 (或多個) 執行緒完成工作才能繼續，那麼就可以對這些執行緒呼叫 join( ) 方法。

30-3-3　下載 XKCD 漫畫

筆者在 1-8 節有簡單介紹這個網站，這是一個非常受歡迎的網絡漫畫網站，由 Randall Munroe 創建。它於 2005 年上線，以其智慧、幽默和對科學、技術、電腦科學以及數學等主題的獨特詮釋而聞名。

❑ 特點和風格

智慧幽默：XKCD 漫畫通常融合了智慧和幽默，以輕鬆的方式談論複雜的科學和技術主題。

簡潔的藝術風格：漫畫的藝術風格非常簡潔，通常僅由樸素的線條和棒狀人物構成，這種風格讓人們專注於漫畫的內容和幽默。

廣泛的主題：涵蓋了從日常生活到電腦編程、互聯網文化、愛情、政治和哲學等廣泛主題。

科學和技術：Munroe 本人有物理學背景，這反映在很多漫畫中，尤其是那些涉及科學、技術和數學的幽默。

❑ 互動和創新

XKCD 不僅僅是一個靜態漫畫，它也以創新和互動性著稱。例如：有些漫畫包括互動元素或特殊的網頁功能。

網站上的某些漫畫還包括隱藏的「懸浮文字」(當滑鼠游標懸停在漫畫上時會顯示的文字)，這增加了額外的幽默或解釋。

❑ 影響和受眾：

XKCD 擁有廣泛的國際讀者群，尤其受到科學家、工程師、技術愛好者和學生的喜愛。

漫畫常常被引用在學術出版物和科技展示，並對 Internet 文化產生了重要影響。

我們可以透過訪問 xkcd.com 來瀏覽這些漫畫，網站經常更新，每周都會添加新的漫畫。總之，XKCD 是一個獨特的網絡漫畫平台，以其對複雜主題的輕鬆而深刻的探討而聞名，並且它以一種獨特而有趣的方式吸引了全世界廣泛的讀者。

程式實例 ch30_11.py：用多執行緒觀念爬取 XKCD 網站，同時下載漫畫。本程式會設計 10 個執行序，每個執行序爬取 10 張漫畫。

```
# ch30_11.py
import requests
import os
import threading

# XKCD 漫畫的基本 URL
base_url = 'https://xkcd.com/'

# 定義下載漫畫的函數
def download_xkcd(start_comic, end_comic):
    for comic_number in range(start_comic, end_comic):
        # 跳過編號為 0 的漫畫，因為它不存在
        if comic_number == 0:
            continue

        url = f'{base_url}{comic_number}/info.0.json'    # 建立API URL來獲取漫畫資訊
        try:
            response = requests.get(url)
            response.raise_for_status()                  # 確保請求成功

            comic_json = response.json()
            comic_url = comic_json['img']                # 從JSON響應中提取圖片 URL
            print(f'\n圖片下載中 : {comic_url}...')

            # 向圖片 URL 發送請求並下載圖片
            res = requests.get(comic_url)
            res.raise_for_status()

            # 保存圖片到本地資料夾
            with open(os.path.join('xkcd_comics', os.path.basename(comic_url)), 'wb') as image_file:
                for chunk in res.iter_content(100000):
                    image_file.write(chunk)              # 寫入圖片數據
        except requests.exceptions.HTTPError as err:
            print(f'Failed to download comic {comic_number}: {err}')  # 輸出錯誤訊息

# 建立並啟動多個執行緒
thread_count = 10                                        # 執行緒的數量
comic_range = 10                                         # 每個執行緒負責下載的漫畫數量

# 如果不存在，建立一個目錄來存儲下載的漫畫
if not os.path.exists('xkcd_comics'):
    os.makedirs('xkcd_comics')

# 建立執行緒並將它們添加到執行緒串列表
threads = []
for i in range(1, thread_count * comic_range, comic_range):          # 漫畫編號從 1 開始
    start = i
    end = i + comic_range
    thread = threading.Thread(target=download_xkcd, args=(start, end))
    threads.append(thread)
    thread.start()                                       # 啟動執行緒

# 等待所有執行緒完成
for thread in threads:
    thread.join()

print('漫畫圖片下載完成')
```

執行結果

```
====================== RESTART: D:/Python/ch30/ch30_11.py ======================
圖片下載中 : https://imgs.xkcd.com/comics/in_the_trees.jpg...
圖片下載中 : https://imgs.xkcd.com/comics/staceys_dad.jpg...
圖片下載中 : https://imgs.xkcd.com/comics/kepler.jpg...
圖片下載中 : https://imgs.xkcd.com/comics/unspeakable_pun.jpg...
圖片下載中 : https://imgs.xkcd.com/comics/barrel_part_5.jpg...
圖片下載中 : https://imgs.xkcd.com/comics/attention_shopper.jpg...
```

30-4 啟動其它應用程式 subprocess 模組

subprocess 是 Python 的內建模組，主要是可以在程式內建立子行程，使用前需導入此模組。

import subprocess

30-4-1 Popen( )

Popen( ) 方法可以開啟電腦內其它應用程式，有的是 Windows 系統內建的應用程式或是自己開發的應用程式。當我們所設計的 Python 程式使用 Popen( ) 開啟其它應用程式時，我們也可以將所設計的 Python 程式稱是多行程的應用程式。

當我們安裝 Windows 作業系統後，在 C:\Windows\System32 資料夾內可以看到許多 Windows 應用程式，這一節將使用下列 3 個應用程式為實例說明。

小算盤：calc.exe

記事本：notepad.exe

小作家：write.exe

由於 C:\Windows\System32 在 Windows 安裝時已經主動被設在 path 路徑內，所以我們應用時，可以直接使用檔案名稱即可。如果開啟的是其它應用程式，其路徑未被設在 path，則需要填上完整的路徑名稱。

程式實例 ch30_30.py：開啟小算盤、記事本、小作家 (WordPad) 應用程式，這個程式同時會列出應用程式的資料型態，當列印程式時，可以看到這個程式在記憶體的位置。

```python
# ch30_12.py
import subprocess

calcPro = subprocess.Popen('calc.exe')        # 傳回值是子行程
notePro = subprocess.Popen('notepad.exe')     # 傳回值是子行程
writePro = subprocess.Popen('write.exe')      # 傳回值是子行程
```

```python
print(f"資料型態      = {type(calcPro)}")
print(f"列印calcPro  = {calcPro}")
print(f"列印notePro  = {notePro}")
print(f"列印writePro = {writePro}")
```

執行結果　下列分別是 Python Shell 視窗與所開啟應用程式的結果。

```
====================== RESTART: D:\Python\ch30\ch30_12.py ======================
資料型態      = <class 'subprocess.Popen'>
列印calcPro  = <Popen: returncode: None args: 'calc.exe'>
列印notePro  = <Popen: returncode: None args: 'notepad.exe'>
列印writePro = <Popen: returncode: None args: 'write.exe'>
```

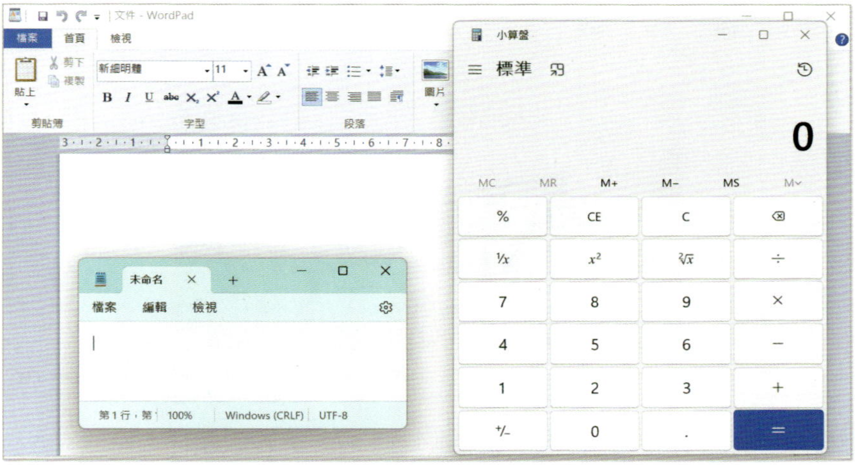

其實上述 3 個應用程式皆是獨立的子行程，而主行程則是先執行結束了。

30-4-2　Popen( ) 方法參數的傳遞

使用 Popen( ) 方法時，也可以傳遞參數，此時會將所傳遞的參數用串列 (list) 處理，串列的第 1 個元素是想要開啟的應用程式，第 2 個元素是這個應用程式相關的檔案，下列將以實例解說。

程式實例 ch30_13.py：開啟小畫家 mspaint.exe 應用程式時，同時開啟位在 ch30 資料夾內的 winter.jpg。

```python
# ch30_13.py
import subprocess

paintPro = subprocess.Popen(['mspaint.exe', 'winter.jpg'])
print(paintPro)
```

執行結果　下列分別是 Python Shell 視窗與所開啟應用程式的結果。

```
===================== RESTART: D:\Python\ch30\ch30_13.py =====================
<Popen: returncode: None args: ['mspaint.exe', 'winter.jpg']>
```

當然在使用時 Python 程式也可以開啟其他 Python 程式執行工作，這時彼此的變數是獨立運作，不會互相干擾也無法共享。

程式實例 ch30_14.py：在程式內啟動 ch30_12.py，程式執行後小算盤、記事本、小作家 (WordPad) 應用程式將被啟動。這個程式在執行時，讀者需將第 4 列改為自己電腦的 python.exe 的路徑，細節可以參考附錄 E-1-2。

```
1  # ch30_14.py
2  import subprocess
3
4  path = r'C:\Users\User\AppData\Local\Programs\Python\Python311\python.exe'
5  pyPro = subprocess.Popen([path, 'ch30_12.py'])
6  print(pyPro)
```

執行結果

```
===================== RESTART: D:\Python\ch30\ch30_14.py =====================
<Popen: returncode: None args: ['C:\\Users\\User\\AppData\\Local\\Programs\\...>
```

所開啟應用程式的結果可參考 ch30_30.py 的執行結果。

30-4-3 使用預設應用程式開啟檔案

當我們在使用 Windows 作業系統時，若是連按某個文件圖示兩下，系統會自動開啟相關聯的應用程式，然後將此文件圖示開啟。這是因為作業系統已經將常見類型的檔案，與相關應用程式做關聯，在 Windows 作業系統這個程式是 start，在 Mac OS 作業系統這個 open。在 Windows 作業系統下，我們也可以利用這個特性開啟檔案。

程式實例 ch30_15.py：在 Windows 作業系統下，使用 start 程式開啟 trip.txt、book.jpg 檔案。

```
# ch30_15.py
import subprocess

txtPro = subprocess.Popen(['start', 'trip.txt'], shell=True)
pictPro = subprocess.Popen(['start', 'book.jpg'], shell=True)
print("txt檔案子行程  = ", txtPro)
print("pict檔案子行程 = ", pictPro)
```

執行結果 下列分別是 Python Shell 視窗與各應用程式的執行結果。

```
======================= RESTART: D:\Python\ch30\ch30_15.py ======================
txt檔案子行程  =  <Popen: returncode: None args: ['start', 'trip.txt']>
pict檔案子行程 =  <Popen: returncode: None args: ['start', 'book.jpg']>
```

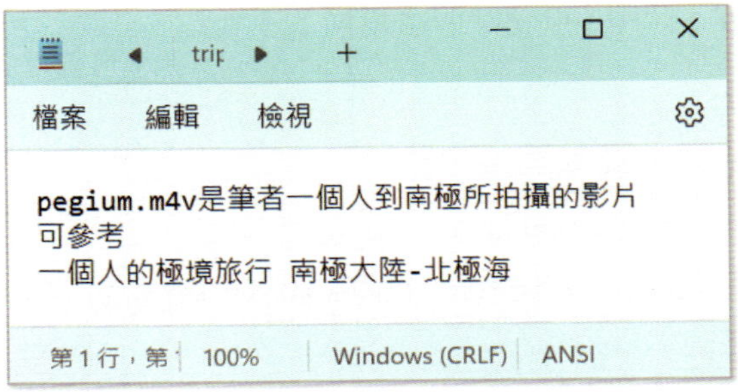

trip
檔案
編輯
檢視
pegium.m4v是筆者一個人到南極所拍攝的影片
可參考
一個人的極境旅行 南極大陸-北極海
第 1 行，第
100%
Windows (CRLF)
ANSI

記住這個程式執行時，需要在 Popen( ) 內增加 shell=True 參數。

30-4-4　subprocess.run( )

從 Python 3.5 版起，新增可以使用 run( ) 呼叫子行程。

程式實例 ch30_16.py：使用 run( ) 呼叫子行程。

```
# ch30_16.py
import subprocess

calcPro = subprocess.run('calc.exe')
print(f"資料型態      = {type(calcPro)}")
print(f"列印calcPro  = {calcPro}")
```

執行結果

```
===================== RESTART: D:\Python\ch30\ch30_16.py =====================
資料型態      = <class 'subprocess.CompletedProcess'>
列印calcPro  = CompletedProcess(args='calc.exe', returncode=0)
```

請讀者留意傳回值是 CompletedProcess 資料型態，如果啟動的是命令字元模式的指令，需增加參數 shell=True，未來這個命令模式指令的傳回值會存入 CompletedProcess 資料型態結構內，如果想要未來可以獲得執行結果，可以增加 stdout=subprocess.PIPE 參數。

程式實例 ch30_17.py：列出目前系統時間。

```
# ch30_17.py
import subprocess

ret = subprocess.run('echo %time%', shell=True, stdout=subprocess.PIPE)
```

```
print(f"資料型態         = {type(ret)}")
print(f"列印ret          = {ret}")
print(f"列印ret.stdout = {ret.stdout}")
```

執行結果

```
====================== RESTART: D:\Python\ch30\ch30_17.py ======================
資料型態       = <class 'subprocess.CompletedProcess'>
列印ret        = CompletedProcess(args='echo %time%', returncode=0, stdout=b' 1:
22:26.83\r\n')
列印ret.stdout = b' 1:22:26.83\r\n'
```

30-5 多執行緒的潛在應用

這一節是提供潛在應用觀念，程式無法執行，

❑ 數據下載

同時從多個來源下載大量數據，如股市數據、報告或產品圖像。

```
import threading
import requests

def download_data(url):
    # 這個函數用於從給定的 URL 下載數據
    response = requests.get(url)
    # 處理下載的數據...

urls = ['http://example.com/data1', 'http://example.com/data2', ...]  # URL 列表

threads = []                              # 儲存所有執行緒的串列
for url in urls:
    thread = threading.Thread(target=download_data, args=(url,))
    threads.append(thread)                # 將新創建的執行緒添加到串列
    thread.start()                        # 啟動執行緒

for thread in threads:
    thread.join()                         # 等待所有執行緒完成
```

❑ 用戶請求處理

在網站或應用中同時處理多個用戶請求，提高響應時間。

```
import threading

def handle_request(user_request):
    # 處理個別用戶請求的函數
    # ...

user_requests = [request1, request2, ...]  # 假設的用戶請求串列

threads = []
for request in user_requests:
    thread = threading.Thread(target=handle_request, args=(request,))
    threads.append(thread)
    thread.start()
```

```
for thread in threads:
    thread.join()
```

❑ 定時任務執行

定時執行多個背景任務，如數據備份、日誌清理等。

```
def process_data(data_chunk):
    # 這個函數將對數據塊進行分析和處理
    # ...

data_chunks = [chunk1, chunk2, ...]          # 假設的數據塊串列

threads = []
for chunk in data_chunks:
    thread = threading.Thread(target=process_data, args=(chunk,))
    threads.append(thread)
    thread.start()

for thread in threads:
    thread.join()
```

第 31 章

海龜繪圖

海龜繪圖是一個很早期的繪圖函數庫，出現在 1966 年的 Logo 電腦語言，在筆者學生時期就曾經使用 Logo 語言控制海龜繪圖。很高興現在已經成為 Python 的模組，我們可以使用它繪製電腦圖形。與先前介紹的繪圖模組比較，最大的差異在我們可以看到海龜繪圖的過程，增加動畫效果。

31-1 基本觀念與安裝模組

海龜有 3 個關鍵屬性：方向、位置和筆，筆也有屬性：色彩、寬度和開 / 關狀態。海龜繪圖是 Python 內建的模組，使用前需導入此模組。

```
import turtle
```

31-2 繪圖初體驗

可以使用 Pen( ) 設定海龜繪圖物件，例如：

```
t = turtle.Pen( )
```

上述執行後，就可以建立畫布，同時螢幕中間就可以看到箭頭 (arrow)，這就是所謂的海龜。例如：下列是使用 Python Shell 執行時的畫面。

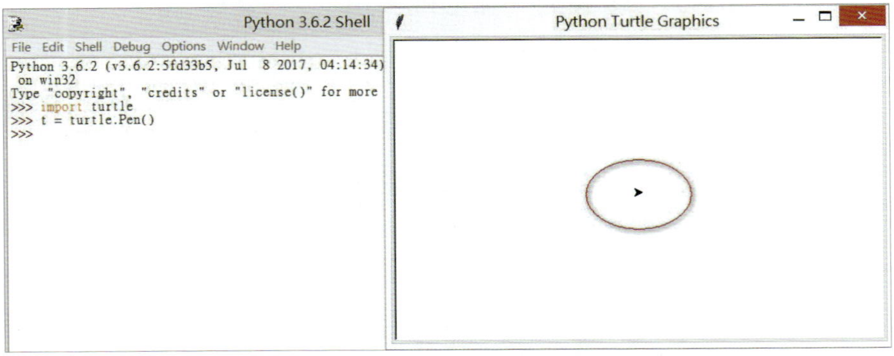

在海龜繪圖中，畫布中央是 (0,0)，往右 x 軸遞增往左 x 軸遞減，往上 y 軸遞增往下 y 軸遞減，海龜的起點在 (0,0) 位置，移動的單位是像素 (pixel)。如果現在輸入下列指令，可以看到海龜在 Python Turtle Graphics 畫布上繪圖。

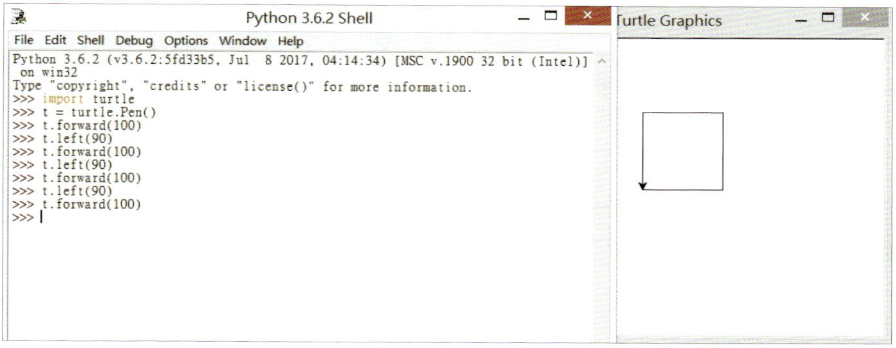

上述我們畫了一個正方形，其實每輸入一道指令，接可以看到海龜轉向或前進繪圖。

31-3 繪圖基本練習

下列是海龜繪圖基本方法的說明表。

方法	說明
left(angle) | lt( )	逆時針旋轉角度
right(angle) | rt( )	順時針旋轉角度
forward(number) | fd( )	往前移動，number 是移動量
backward(number) | bk( ) | back( )	往後移動，number 是移動量
setpos(x,y) | goto( ) | setposition( )	更改海龜座標至 (x,y)
hideturtle( ) | ht( )	隱藏海龜
showturtle( ) | st( )	顯示海龜
isvisible( )	海龜可見傳回 True，否則傳回 False
speed(n)	海龜速度，n=0-10，1(最慢) - 10(快)，0(最快)

其實適度使用迴圈，可以創造一些有趣的圖。

程式實例 ch31_1.py：繪製五角星星。

```
# ch31_1.py
import turtle
t = turtle.Pen()
sides = 5                          # 星星的個數
angle = 180 - (180 / sides)        # 每個迴圈海龜轉動角度
size = 100                         # 星星長度
for x in range(sides):
    t.forward(size)                # 海龜向前繪線移動100
    t.right(angle)                 # 海龜方向左轉的度數
```

執行結果

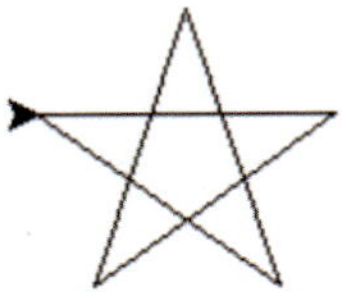

31-4 控制畫筆色彩與線條粗細

可以參考下列表。

方法	說明
pencolor(color string)	選擇彩色繪筆，例如：red、green
color(r, g, b)	由 r, g, b 控制顏色，值在 0-1 之間
color((r,g,b))	這是元組 r,g,b 值在 0-255 間
color(color string)	例如：red、green
pensize(size) | width(size)	size 選擇畫筆粗細大小
penup( ) | pu( ) | up( )	畫筆是關閉
pendown( ) | pd( ) | down()	畫筆是開啟
isdown( )	畫筆是否開啟，是則傳回 True，否傳回 False

由上圖可知，色彩處理時我們可以使用選擇彩色畫筆 pencolor( )，也可以直接由 color( ) 方法更改目前畫筆的顏色，color( ) 方法的顏色可以是「r,g,b」組合，也可以是色彩字串。在選擇畫筆粗細時可以使用 pensize( )，也可以使用 width( )。

程式實例 ch31_2.py：繪製有趣的圖形，首先將畫筆粗細改為 5，其次在使用迴圈繪圖時，r=0.5, g=1, b 則是由 1 逐漸變小。

```
# ch31_2.py
import turtle

t = turtle.Pen()
t.pensize(5)                          # 畫筆寬度
colorValue = 1.0
colorStep = colorValue / 36
for x in range(1, 37):
    colorValue -= colorStep
    t.color(0.5, 1, colorValue)       # 色彩調整
    t.forward(100)
    t.left(90)
    t.forward(100)
    t.left(90)
    t.forward(100)
    t.left(90)
```

```
    t.forward(100)
    t.left(100)
```

執行結果 可參考下方左圖。

程式實例 ch31_3.py：使用不同顏色與不同粗細畫筆的應用。

```
# ch31_3.py
import turtle

t = turtle.Pen()
colorsList = ['red','orange','yellow','green','blue','cyan','purple','violet']
tWidth = 1                          # 最初畫筆寬度
for x in range(1, 41):
    t.color(colorsList[x % 8])      # 選擇畫筆顏色
    t.forward(2 + x * 5)            # 每次移動距離
    t.right(45)                     # 每次旋轉角度
    tWidth += x * 0.05              # 每次畫筆寬度遞增
    t.width(tWidth)
```

執行結果 可參考上方右圖。

程式實例 ch31_4.py：繪製直線，產生曲線效果。

```
# ch31_4.py
import turtle
n = 300
step = 10
t = turtle.Pen()
t.color('blue')
for i in range(0, n+step, step):
    t.penup()
    t.setpos(i,0)
    t.pendown()
    t.setpos(0, n-i)
```

執行結果 可參考下方左圖。

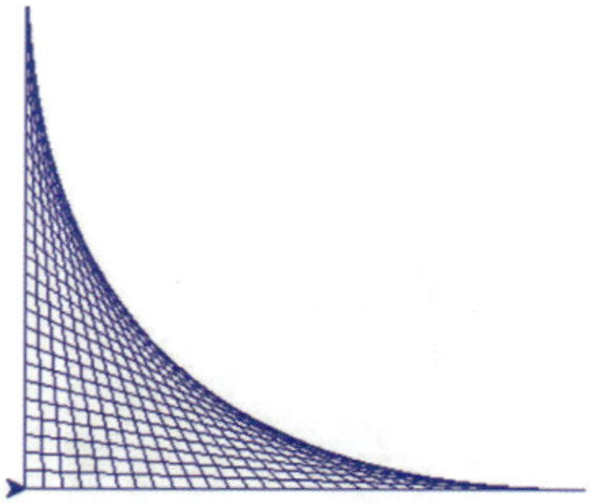

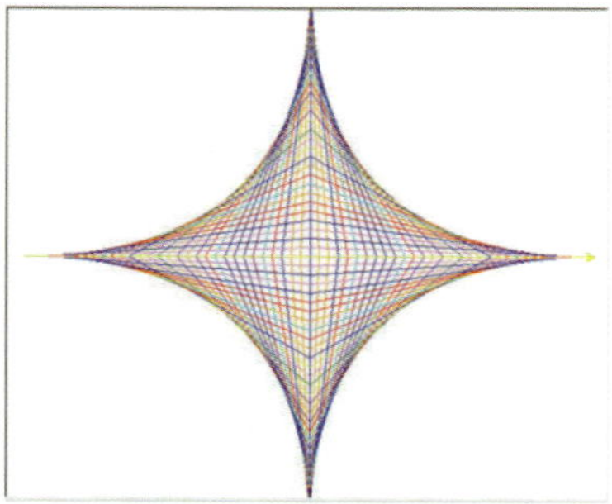

程式實例 ch31_5.py：擴充上述程式，將前一個圖當作右上方，擴充左上、左下和右下，同時使用不同色彩。

```
# ch31_5.py
import turtle
import random
n = 300
step = 10
t = turtle.Pen()
colorsList = ['red','orange','yellow','green','blue','cyan','purple','violet']
for i in range(0, n+step, step):
    t.color(random.choice(colorsList))      # 使用不同顏色
    t.setpos(i, 0)
    t.setpos(0, n-i)
    t.setpos(-i, 0)
    t.setpos(0, i-n)
    t.setpos(i, 0)
```

執行結果　可參考上方右圖。

31-5 繪製圓、弧形或多邊形

31-5-1　繪製圓或弧形

要繪製圓可以使用下列方法：

circle(r,extend,steps=None)

r 是圓半徑、extend 是代表圓弧度的角度、steps 是圓內的邊數 (將在 31-5-2 節說明)。如果 circle( ) 內只有 1 個參數，則此參數是圓半徑。如果 circle( ) 內有 2 個參數，則第 1 個參數是圓半徑，第 2 個參數是圓弧度的角度。繪製圓時目前海龜面對方向，左側半徑位置將是圓的中心。例如：若是海龜在 (0,0) 位置，海龜方向是向東，則繪製半徑 50 的圓時，圓中心是在 (0,50) 的位置。如果半徑是正值繪製圓時是海龜目前位置開始以逆時針方式繪製。如果半徑是負值，假設半徑是 -50，則圓中心在 (0,-50) 的位置，此時繪製圓時是海龜目前位置開始以順時針方式繪製。

程式實例 ch31_6.py：繪製 4 個圓其中半徑是 50 或 -50 各 2 個，海龜位置是 (0,0) 與 (100,0) 和繪製弧度。

```
# ch31_6.py
import turtle

t = turtle.Pen()
t.color('blue')
t.penup()
t.setheading(180)                           # 海龜往左
t.forward(150)                              # 移動往左
t.setheading(0)                             # 海龜往右
t.pendown()
t.circle(50)                                # 繪製第1個左上方圓
t.circle(-50)                               # 繪製第2個左下方圓
t.forward(100)
t.circle(50)                                # 繪製第3個右上方圓
t.circle(-50)                               # 繪製第4個右下方圓

t.penup()
t.forward(100)                              # 移動往右
t.pendown()
t.setheading(0)
step = 5                                    # 每次增加距離
for r in range(10, 100+step, step):
    t.penup()                               # 將筆提起
    t.setpos(150, -100)                     # 海龜到點(150,100)
    t.setheading(0)
    t.pendown()                             # 將筆放下準備繪製
    t.circle(r, 90 + r*2)                   # 繪製圓
```

執行結果 可參考下方左圖。

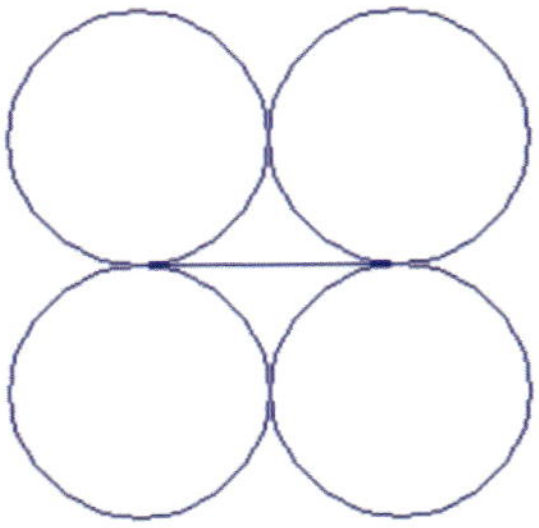
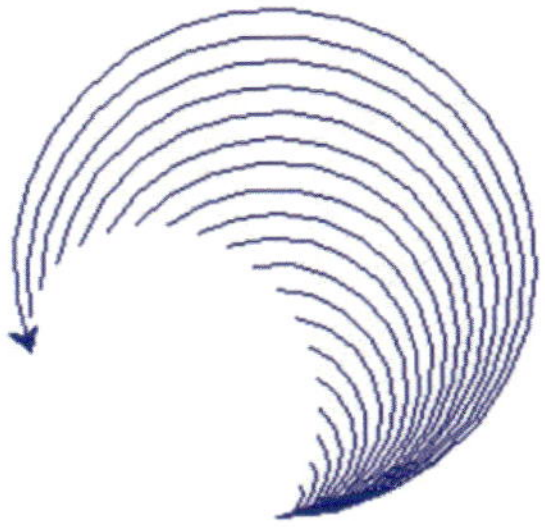
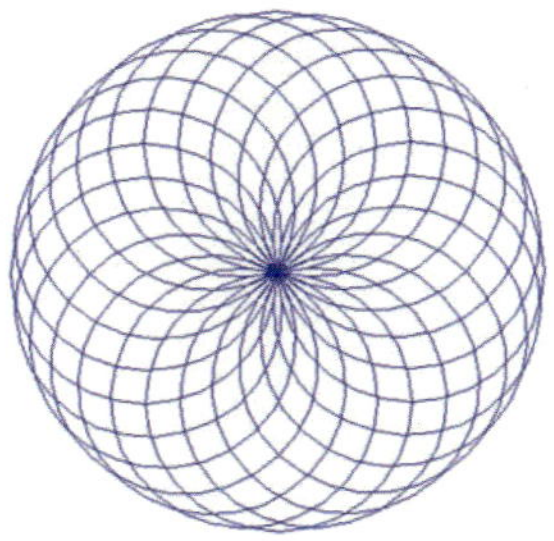

在 circle( ) 方法內若是有第 2 個參數，如果這個參數是 360 則是一個圓，如果是 180 則是繪半個圓弧，其它觀念依此類推。

程式實例 ch31_7.py：繪製圓線條的應用。

```
# ch31_7.py
import turtle

t = turtle.Pen()
t.color('blue')
for angle in range(0, 360, 15):
    t.setheading(angle)          # 調整海龜方向
    t.circle(100)
```

執行結果　可參考上方右圖。

上述用到了一個尚未講解的方法 setheading( )，也可以縮寫 seth( )，這是調整海龜方向，海龜初始是向右，相當於是 0 度。

31-5-2　繪製多邊形

如果想要使用 circle( ) 方法繪製多邊形，可以在 circle( ) 方法內使用 steps 設定多邊形的邊數，例如：steps=3 可以設定三角形、steps=4 可以設定四邊形、steps=5 可以設定五邊形、其它依此類推。

程式實例 ch31_8.py：使用 circle( ) 繪製 3 ~ 12 邊形。

```
# ch31_8.py
import turtle

t = turtle.Pen()
t.color('blue')
r = 30                          # 半徑
t.penup()
t.setheading(180)               # 海龜往左
t.forward(270)                  # 移動往左
t.setheading(0)                 # 海龜往右

for edge in range(3, 13, 1):    # 繪3 - 12邊圖
    t.pendown()
    t.circle(r, steps=edge)
    t.penup()
    t.forward(60)
```

執行結果

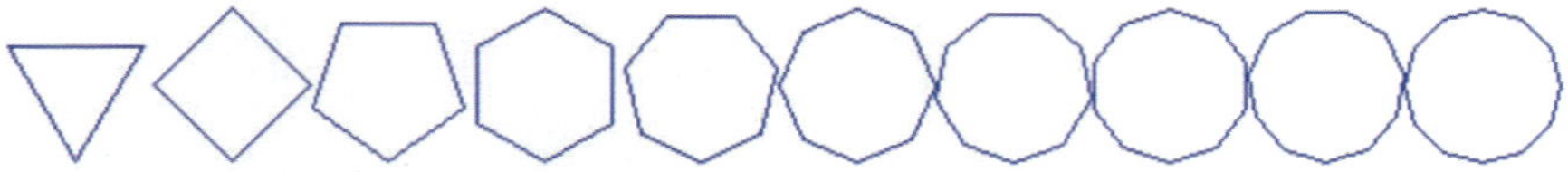

31-6 填滿顏色

可以參考下表。

方法	說明
begin_fill( )	想要開始填充前呼叫
end_fill( )	對應 begin_fill( )，結束填充
filling( )	如果填充 True，沒有填充 False
fillcolor( )	填入當前色彩
fillcolor(color string)	例如：red、green 或是顏色字串
fillcolor((r,g,b))	這是元組 r,g,b 值在 0-255 間
fillcolor(r,g,b)	由 r, g, b 控制顏色，值在 0-1 之間

在程式設計時，也可以使用 color( ) 可以有 2 個參數，如果只有 1 個參數則是圖形輪廓的顏色，如果有第 2 個參數此參數是代表圖形內部填滿的顏色。下列 2 個表是常見 256 色的 r, g, b 值。

000000	000033	000066	000099	0000CC	0000FF
003300	003333	003366	003399	0033CC	0033FF
006600	006633	006666	006699	0066CC	0066FF
009900	009933	009966	009999	0099CC	0099FF
00CC00	00CC33	00CC66	00CC99	00CCCC	00CCFF
00FF00	00FF33	00FF66	00FF99	00FFCC	00FFFF
330000	330033	330066	330099	3300CC	3300FF
333300	333333	333366	333399	3333CC	3333FF
336600	336633	336666	336699	3366CC	3366FF
339900	339933	339966	339999	3399CC	3399FF
33CC00	33CC33	33CC66	33CC99	33CCCC	33CCFF
33FF00	33FF33	33FF66	33FF99	33FFCC	33FFFF
660000	660033	660066	660099	6600CC	6600FF
663300	663333	663366	663399	6633CC	6633FF
666600	666633	666666	666699	6666CC	6666FF
669900	669933	669966	669999	6699CC	6699FF
66CC00	66CC33	66CC66	66CC99	66CCCC	66CCFF
66FF00	66FF33	66FF66	66FF99	66FFCC	66FFFF

990000	990033	990066	990099	9900CC	9900FF
993300	993333	993366	993399	9933CC	9933FF
996600	996633	996666	996699	9966CC	9966FF
999900	999933	999966	999999	9999CC	9999FF
99CC00	99CC33	99CC66	99CC99	99CCCC	99CCFF
99FF00	99FF33	99FF66	99FF99	99FFCC	99FFFF
CC0000	CC0033	CC0066	CC0099	CC00CC	CC00FF
CC3300	CC3333	CC3366	CC3399	CC33CC	CC33FF
CC6600	CC6633	CC6666	CC6699	CC66CC	CC66FF
CC9900	CC9933	CC9966	CC9999	CC99CC	CC99FF
CCCC00	CCCC33	CCCC66	CCCC99	CCCCCC	CCCCFF
CCFF00	CCFF33	CCFF66	CCFF99	CCFFCC	CCFFFF
FF0000	FF0033	FF0066	FF0099	FF00CC	FF00FF
FF3300	FF3333	FF3366	FF3399	FF33CC	FF33FF
FF6600	FF6633	FF6666	FF6699	FF66CC	FF66FF
FF9900	FF9933	FF9966	FF9999	FF99CC	FF99FF
FFCC00	FFCC33	FFCC66	FFCC99	FFCCCC	FFCCFF
FFFF00	FFFF33	FFFF66	FFFF99	FFFFCC	FFFFFF

程式實例 ch31_9.py：重新設計 ch31_8.py，用不同顏色填充多邊形。

```
# ch31_9.py
import turtle

t = turtle.Pen()
t.color('white')
r = 30                              # 半徑
t.penup()
t.setheading(180)                   # 海龜往左
t.forward(270)                      # 移動往左
t.setheading(0)                     # 海龜往右
colorsList = ['red','orange','yellow','green','blue','cyan','purple','violet']
for edge in range(3, 13, 1):        # 繪3 - 12邊圖
    t.pendown()
    t.fillcolor(colorsList[edge % 8])
    t.begin_fill()
    t.circle(r, steps=edge)
    t.end_fill()
    t.penup()
    t.forward(60)
```

執行結果

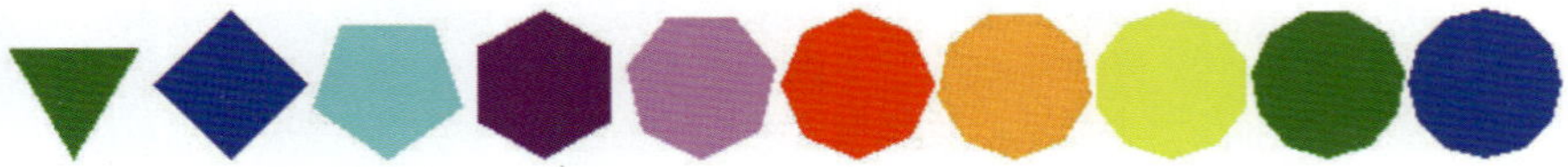

程式實例 ch31_10.py：繪製五角形藍色星星。

```
# ch31_10.py
import turtle
t = turtle.Pen()
sides = 5                               # 星星的個數
angle = 180 - (180 / sides)             # 每個迴圈海龜轉動角度
size = 100                              # 星星長度
t.color('blue')
t.begin_fill()
for x in range(sides):
    t.forward(size)                     # 海龜向前繪線移動100
    t.right(angle)                      # 海龜方向左轉的度數
t.end_fill()
```

執行結果

31-7 繪圖視窗的相關知識

下列是相關方法使用表：

方法	說明
screen.title( )	可設定視窗標題
screen.bgcolor( )	視窗背景顏色
screen.bgpic(fn)	gif 檔案當背景
screen.window_width( )	視窗寬度
screen.window_height( )	視窗高度
screen.setup(width,height)	重設視窗寬度與高度
screen.setworldcoordindates(x1,y1,x2,y2)	(x1,y1),(x2,y2) 分別是畫布左上與右下的座標

程式實例 ch31_11.py：在藍色天空下繪製一顆黃色的五角星星。

```
# ch31_11.py
import turtle
def stars(sides, size, cr, x, y):
    t.penup()
    t.goto(x, y)
    t.pendown()
    angle = 180 - (180 / sides)     # 每個迴圈海龜轉動角度
    t.color(cr)
    t.begin_fill()
    for x in range(sides):
```

```
            t.forward(size)              # 海龜向前繪線移動100
            t.right(angle)               # 海龜方向左轉的度數
        t.end_fill()
t = turtle.Pen()
t.screen.bgcolor('blue')
stars(5, 60, 'yellow', 0, 0)
```

執行結果

上述筆者使用 stars( ) 當作繪製星星的函數，適度應用就可以在天空繪製滿滿的星星。

程式實例 ch31_12.py：使用無限迴圈繪製天空的星星，這個程式會在畫布中不斷的繪製 5 角至 11 角的星星，須留意只繪製奇數角的星星。

```
# ch31_12.py
import turtle
import random
def stars(sides, size, cr, x, y):
    t.penup()
    t.goto(x, y)
    t.pendown()
    angle = 180 - (180 / sides)       # 每個迴圈海龜轉動角度
    t.color(cr)
    t.begin_fill()
    for x in range(sides):
        t.forward(size)               # 海龜向前繪線移動100
        t.right(angle)                # 海龜方向左轉的度數
    t.end_fill()
t = turtle.Pen()
t.screen.bgcolor('blue')
t.ht()
color_list = ['yellow','white','gold','pink','gray',
              'red','orange','aqua','green']
while True:
    ran_sides = random.randint(2, 5) * 2 + 1    # 限制星星角度是5-11的奇數
    ran_size = random.randint(5, 30)
    ran_color = random.choice(color_list)
    ran_x = random.randint(-250,250)
    ran_y = random.randint(-250,250)
    stars(ran_sides,ran_size,ran_color,ran_x,ran_y)
```

執行結果

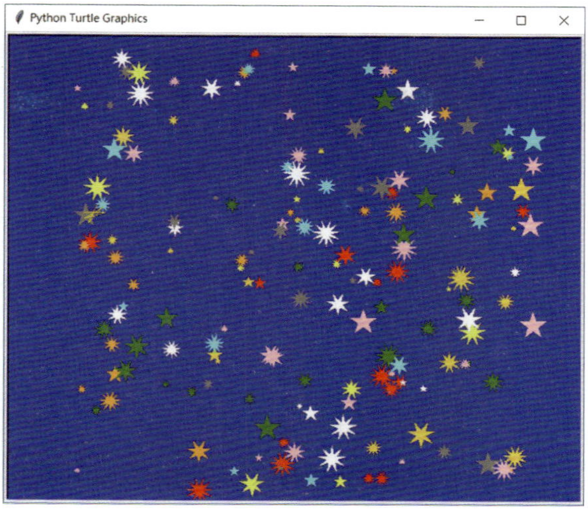

程式實例 ch31_13.py：萬花筒設計，首先可以將背景設為黑色，然後自行設定繪製線條的長度和寬度，由於我們的線條長度是 100，所以這個程式必須讓繪圖起點在 4 邊內縮 100 的位置，否則海龜會離開繪圖區，剩下只要設計無限迴圈即可。

```
# ch31_13.py
import turtle
import random

def is_inside():
    ''' 測試是否在繪布範圍 '''
    left = (-t.screen.window_width() / 2) + 100                # 左邊牆
    right = (t.screen.window_width() / 2) - 100                # 右邊牆
    top = (t.screen.window_height() / 2) - 100                 # 上邊牆
    bottom = (-t.screen.window_height() / 2) + 100             # 下邊牆
    x, y = t.pos()                                             # 海龜座標
    is_inside = (left < x < right) and (bottom < y < top)
    return is_inside

def turtle_move():
    colors = ['blue', 'pink', 'green', 'red', 'yellow', 'aqua']
    t.color(random.choice(colors))                       # 繪圖顏色
    t.begin_fill()
    if is_inside():                                      # 如果在繪布範圍
        t.right(random.randint(0, 180))                  # 海龜移動角度
        t.forward(length)
    else:
        t.backward(length)
    t.end_fill()

t = turtle.Pen()
length = 100                                             # 線長
width = 10                                               # 線寬
t.pensize(width)                                         # 設定畫筆寬
t.screen.bgcolor('black')                                # 畫布背景
while True:
    turtle_move()
```

執行結果

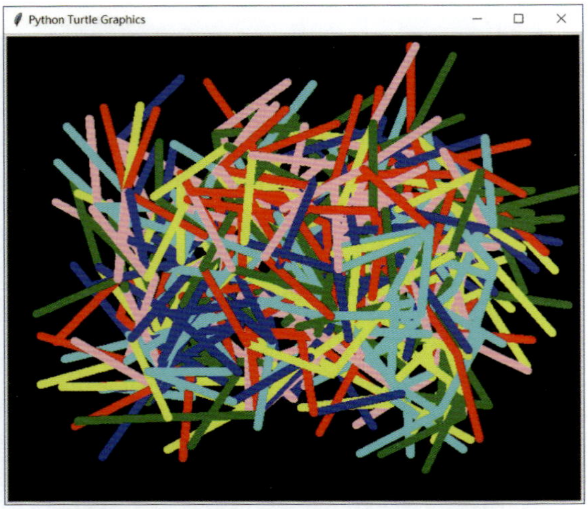

31-8 認識與操作海龜影像

在 trutle 模組內 shape('turtle') 方法可以讓海龜呈現，stamp( ) 可以使用海龜在畫布蓋章。

程式實例 ch31_14.py：讓海龜呈現同時在畫布蓋章。

```
# ch31_14.py
import turtle

t = turtle.Pen()
t.color('blue')
t.shape('turtle')
for angle in range(0, 361, 15):
    t.forward(100)
    t.stamp()
    t.home()
    t.seth(angle)            # 調整海龜方向
```

執行結果

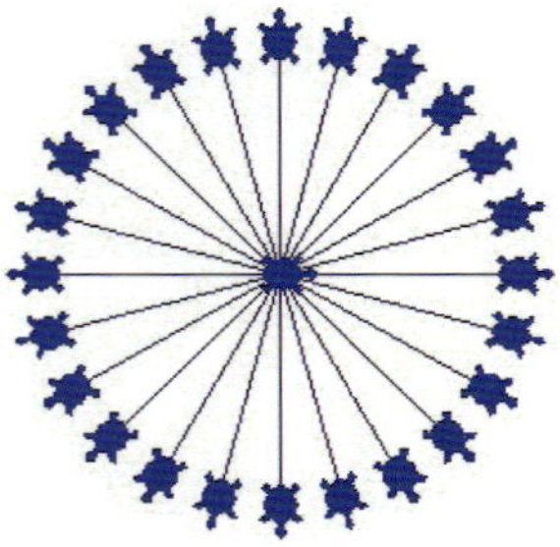

clearstamps(n) 如果 n=None 可以清除畫布上所有的海龜，如果 n 是正值可以清除前 n 個海龜，如果 n 是負值可以清除後 n 個海龜。如果將海龜在畫布蓋章時有設定返回值，例如：stampID=t.stamp( )，未來也可以使用 clearstamp(stampID) 將這個特定的海龜蓋章刪除。

程式實例 ch31_15.py：這個程式首先將繪製 3 個海龜 (第 7 ~ 11 列)，然後將自己隱藏 (第 12 列)，過 5 秒先刪除第 2 隻海龜 (第 14 列)，再過 5 秒將刪除其他 2 隻海龜 (第 16 列)。

```
1  # ch31_15.py
2  import turtle, time
3
4  t = turtle.Pen()
5  t.color('blue')
6  t.shape('turtle')
7  firstStamp = t.stamp()        # 蓋章第1隻海龜
8  t.forward(100)
9  secondStamp = t.stamp()       # 蓋章第2隻海龜
10 t.forward(100)
11 thirdStamp = t.stamp()        # 蓋章第3隻海龜
12 t.hideturtle()                # 隱藏目前海龜
13 time.sleep(5)
14 t.clearstamp(secondStamp)     # 刪除第2隻海龜
15 time.sleep(5)
16 t.clearstamps(None)           # 刪除所有海龜
```

執行結果 下列分別是顯示 3 隻海龜，刪除第 2 隻後剩 2 隻以及全部刪除的結果。

31-8-1 隱藏與顯示海龜

上述第 12 列 hideturtle( ) 是隱藏海龜，未來若是想顯示海龜可以使用 showturtle( ) 方法。isvisible( ) 可以檢查目前程式是否有顯示海龜，如果有顯示可以返回 Ture，如果沒有顯示是返回 False。

程式實例 ch31_16.py：這個程式會先蓋章第 1 隻海龜 (第 7 列)，第 8 列是列印是否顯示海龜游標，結果是 True。然後蓋章第 2 隻海龜 (第 10 列)，隱藏海龜游標，所以第 13 列輸出是否顯示海龜游標，結果是 False。第 14 列是刪除最後一隻海龜，相當於是刪除第 2 隻海龜。第 16 列是顯示海龜游標，所以第 17 列輸出是否顯示海龜游標，結果是 True。

```
# ch31_16.py
import turtle, time

t = turtle.Pen()
t.color('blue')
t.shape('turtle')
t.stamp()                           # 蓋章第1隻海龜
print("目前有顯示海龜 : ", t.isvisible())
t.forward(100)
secondStamp = t.stamp()             # 蓋章第2隻海龜
time.sleep(3)
t.hideturtle()                      # 隱藏目前海龜
print("目前有顯示海龜 : ", t.isvisible())
t.clearstamps(-1)                   # 刪除後面1個海龜
time.sleep(3)
t.showturtle()                      # 顯示海龜
print("目前有顯示海龜 : ", t.isvisible())
```

執行結果

```
===================== RESTART: D:/Python/ch31/ch31_16.py =====================
目前有顯示海龜 :  True
目前有顯示海龜 :  False
目前有顯示海龜 :  True
>>>
```

31-8-2 認識所有的海龜游標

screen.getshapes( ) 方法可以列出所有的海龜游標。

程式實例 ch31_17.py：列出所有海龜游標字串，與相對應的游標外型。

```
# ch31_17.py
import turtle, time

t = turtle.Pen()
t.color('blue')
print(t.screen.getshapes())             # 列印海龜游標字串

for cursor in t.screen.getshapes():
    t.shape(cursor)                     # 更改海龜游標
    t.stamp()                           # 海龜游標蓋章
    t.forward(30)
```

執行結果

```
===================== RESTART: D:/Python/ch31/ch31_17.py =====================
['arrow', 'blank', 'circle', 'classic', 'square', 'triangle', 'turtle']
>>>
```

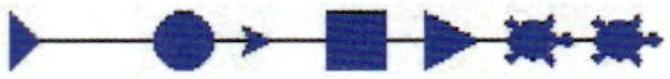

我們也可以使用下列方式將任意圖片當作海龜游標，不過圖片不會在我們轉動海龜時隨著轉動。

screen.register_shape(" 圖片名稱 ")

或是我們也可以使用下列方式自建一個外型當海龜游標。

screen.('myshape', ((3,-3),(0,3),(-3,-3)))

31-9 顏色動畫的設計

其實我們可以每隔一段時間更改填充區間顏色，達到顏色區間動畫設計。

程式實例 ch31_18.py：每隔 3 秒更改填充的顏色。

```
# ch31_18.py
import turtle, time
colorsList = ['green', 'yellow', 'red']

t = turtle.Pen()
for i in range(0,3):
    t.fillcolor(colorsList[i%3])        # 更改色彩
    t.begin_fill()                      # 開始填充
    t.circle(50)                        # 繪製左方圓
    t.end_fill()                        # 結束填充
    time.sleep(3)                       # 每隔3秒執行一次迴圈
```

執行結果 下列左邊分別是每隔 3 秒的執行結果。

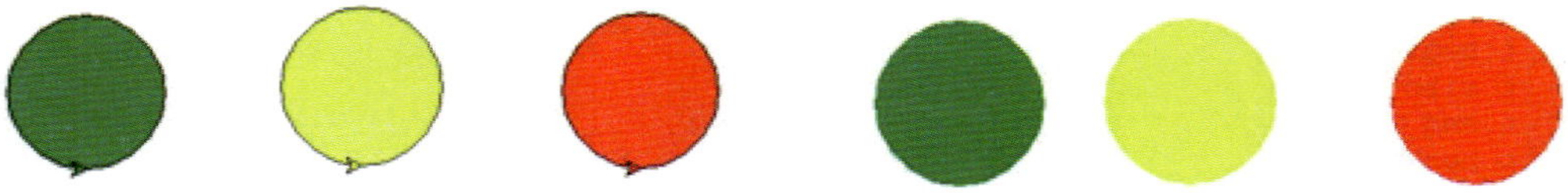

如果我們使用白色繪製圓輪廓可以達到隱藏輪廓顏色，若是再隱藏海龜游標，整個效果將更好。

程式實例 ch31_19.py：隱藏輪廓線和海龜 (第 7 列)，重新設計 ch31_18.py，程式第 9 列使用白色線條繪製輪廓線相當於隱藏了輪廓，同時用指定顏色填滿圓。

```
1  # ch31_19.py
2  import turtle, time
3  colorsList = ['green', 'yellow', 'red']
4
5  t = turtle.Pen()
6  t.speed(10)                                # 加速繪製圖形
7  t.ht()                                     # 隱藏海龜游標
8  for i in range(0,3):
9      t.color('white', colorsList[i%3])      # 更改色彩
10     t.begin_fill()                         # 開始填充
```

```
    t.circle(50)                    # 繪製左方圓
    t.end_fill()                    # 結束填充
    time.sleep(3)                   # 每隔3秒執行一次迴圈
```

執行結果 可參考上方右圖。

31-10 文字的輸出

可以使用 write( ) 輸出文字。

write(arg, move=False, align="left", font=( ))

arg 是要寫入海龜視窗的文字物件，move 預設是 False 如果是 True 畫筆將移到本文右下角，align 是 "left"、"center" 或 "right"。如果想自訂字體，可以在 font=( ) 內設定 (fontname, fontsize, fonttype)。

程式實例 ch31_20.py：繪製時鐘，同時在時鐘上方輸出文字。

```
# ch31_20.py
import turtle

t = turtle.Pen()
t.shape('turtle')
# 繪製時鐘中間顏色
t.color('white', 'aqua')
t.setpos(0, -120)
t.begin_fill()
t.circle(120)               # 繪時鐘內圓盤
t.end_fill()
t.penup()                   # 畫筆關閉
t.home()
t.pendown()                 # 畫筆打開
t.color('black')
t.pensize(5)
# 繪製時鐘刻度
for i in range(1, 13):
    t.penup()               # 畫筆關閉
    t.seth(-30*i+90)        # 設定刻度的角度
    t.forward(180)
    t.pendown()             # 畫筆打開
    t.forward(30)           # 畫時間軸
    t.penup()
    t.forward(20)
    t.write(str(i), align="left") # 寫上刻度
    t.home()
# 繪製時鐘外框
t.home()
t.setpos(0, -270)
t.pendown()
t.pensize(10)
```

```
t.pencolor('blue')
t.circle(270)
# 寫上名字
t.penup()
t.setpos(0, 320)
t.pendown()
t.write('Python王者歸來', align="center", font=('新細明體', 24))
t.ht()                      # 隱藏游標
```

執行結果

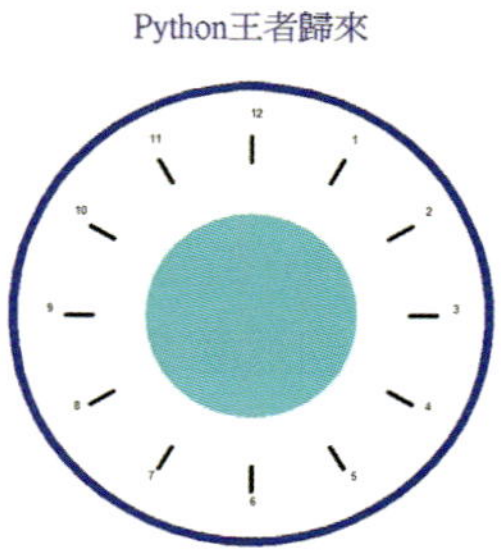

31-11 滑鼠與鍵盤訊號

Python 的 turtle 模組也提供簡單的方法可以允許我們在 Python Turtle Graphics 視窗接收滑鼠按鍵訊息，然後可以設計成是針對這些訊息做出反應。

31-11-1 onclick( )

這個方法主要是在 Python Turtle Graphics 視窗有滑鼠按鍵發生時，會執行參數的內容，而所放的參數是我們設計的函數：

onclick(fun, btn=1, add=None)

fun 是發生 onclick 事件時所要執行的函數名稱，它會傳遞按鍵發生的 x,y 位置給 fun 函數，btn 預設是滑鼠左鍵，可參考下列實例說明。

程式實例 ch31_21.py：當在 Python Turtle Graphics 視窗有按鍵發生時，在 Python 的 Python Shell 視窗將列出滑鼠游標被按的 x,y 位置。

```
# ch31_21.py
import turtle

def printStr(x, y):
    print(x, y)

t = turtle.Pen()
t.screen.onclick(printStr)
t.screen.mainloop()
```

執行結果 下列是筆者在 Python Turtle Graphics 視窗發生按滑鼠鍵的位置。

```
===================== RESTART: D:\Python\ch31\ch31_21.py =====================
-178.0 73.0
114.0 -111.0
117.0 48.0
3.0 146.0
```

上述 screen.mainloop( ) 方法必須在程式最後一列，會讓程式不結束，直到 Python Turtle Graphics 視窗關閉，才執行結束。

程式實例 ch31_22.py：當在 x 軸大於 0 位置按一下，繪半徑是 50 的黃色圓，如果在 x 軸小於 0 位置按一下，繪半徑是 50 的藍色圓。

```
# ch31_22.py
import turtle

def drawSignal(x, y):
    if x > 0:
        t.fillcolor('yellow')
    else:
        t.fillcolor('blue')
    t.penup()
    t.setpos(x,y-50)            # 設定繪圓起點
    t.begin_fill()
    t.circle(50)
    t.end_fill()

t = turtle.Pen()
t.screen.onclick(drawSignal)
t.screen.mainloop()
```

執行結果

31-11-2 onkey( ) 和 listen( )

onkey( ) 主要是關注鍵盤的訊號，語法如下：

onkey(fun, key)   # fun 是所要執行的函數，key 是鍵盤按鍵。

onkey( ) 無法單獨運作，需要 listen( ) 傾聽將訊號傳給 onkey( )。

程式實例 ch31_23.py：按一下 up 鍵海龜往上移 50，按一下 down 鍵海龜往下移 50。

```
# ch31_23.py
import turtle

```

```
def keyUp():
    t.seth(90)
    t.forward(50)
def keyDn():
    t.seth(270)
    t.forward(50)

t = turtle.Pen()
t.screen.onkey(keyUp, 'Up')
t.screen.onkey(keyDn, 'Down')
t.screen.listen()
t.screen.mainloop()
```

執行結果

31-12 專題 – 有趣圖案與終止追蹤圖案繪製過程

31-12-1 有趣的圖案

程式實例 ch31_24.py：利用迴圈每次線條長度是索引 *2，每次逆時針選轉 91 度，可以得到下列結果。

```
# ch31_24.py
import turtle

t = turtle.Pen()
colorsList = ['red','orange','yellow','green','blue','cyan','purple','violet']
for line in range(200):
    t.color(colorsList[line % 8])
    t.forward(line*2)
    t.left(91)
```

執行結果

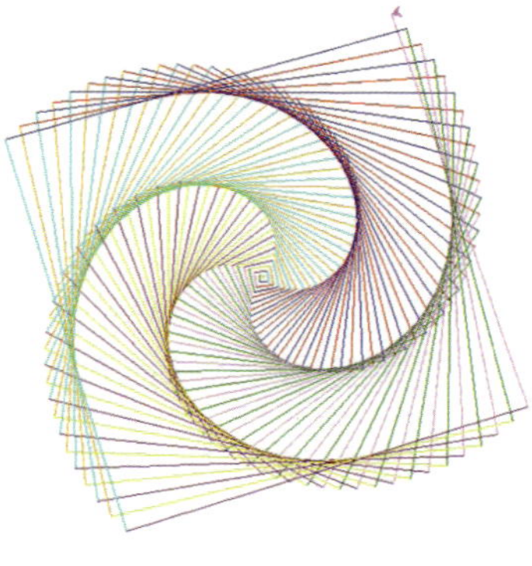

31-12-2　終止追蹤繪製過程

海龜可以創造許多美麗的圖案，使用海龜繪製圖案過程，難免因為追蹤繪製過程，程式執行期間較長，我們可以使用下列指令終止追蹤繪製過程。

turtle.tracer(0, 0)

程式實例 ch31_25：繪製美麗的圖案，由於終止追蹤繪製過程，所以可以瞬間產生結果。

```
# ch31_25.py
import turtle
turtle.tracer(0,0)                          # 終止追蹤
t = turtle.Pen()

colorsList = ['red','green','blue']
for line in range(400):
    t.color(colorsList[line % 3])
    t.forward(line)
    t.right(119)
```

執行結果

31-13 專題 – 謝爾賓斯基三角形

謝爾賓斯基三角形 (Sierpinski triangle) 是由波蘭數學家謝爾賓斯基在 1915 年提出的三角形觀念，這個三角形本質上是碎形 (Fractal)，所謂碎形是一個幾何圖形，它可以分為許多部分，每個部分皆是整體的縮小版。這個三角形建立觀念如下：

1：　建立一個等邊三角形，這個三角形稱 0 階 (order = 0) 謝爾賓斯基三角形。

2：　將三角形各邊中點連接，稱 1 階謝爾賓斯基三角形。

3： 中間三角形不變，將其它 3 個三角形各邊中點連接，稱 2 階謝爾賓斯基三角形。

4： 使用 11-6 節遞迴式函數觀念，重複上述步驟，即可產生 3、4 … 或更高階謝爾賓斯基三角形。

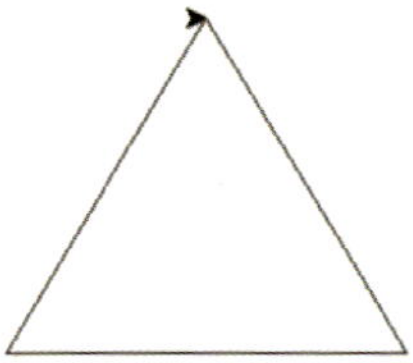

0階

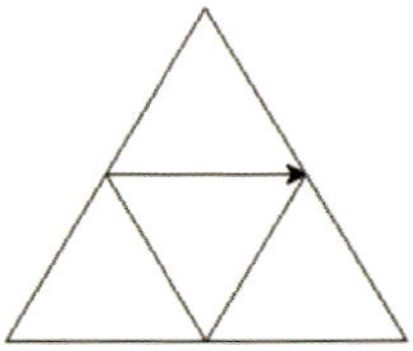

1階

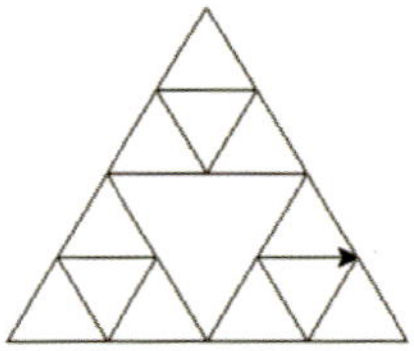

2階

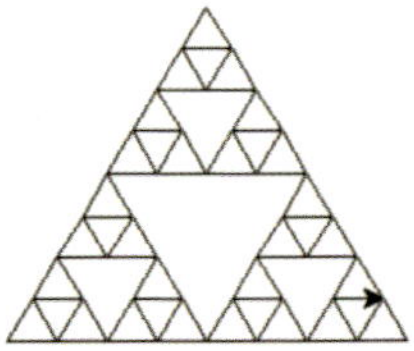

3階

程式實例 ch31_26.py：建立謝爾賓斯基三角形，這個程式執行初會要求輸入三角形的階級，然後可用 Turtle 繪出此三角形。

```
# ch31_26.py
import turtle
# 依據特定階級數繪製Sierpinski三角形
def sierpinski(order, p1, p2, p3):
    if order == 0:          # 階級數為0
        # 將3個點連接繪製成三角形
        drawLine(p1, p2)
        drawLine(p2, p3)
        drawLine(p3, p1)
    else:
        # 取得三角形各邊長的中點
        p12 = midpoint(p1, p2)
        p23 = midpoint(p2, p3)
        p31 = midpoint(p3, p1)
        # 遞迴呼叫處理繪製三角形
        sierpinski(order - 1, p1, p12, p31)
        sierpinski(order - 1, p12, p2, p23)
        sierpinski(order - 1, p31, p23, p3)
# 繪製p1和p2之間的線條
def drawLine(p1,p2):
    t.penup()
    t.setpos(p1[0],p1[1])
```

```
    t.setpos(p1[0],p1[1])
    t.pendown()
    t.setpos(p2[0],p2[1])
    t.penup()
    t.seth(0)
# 傳回2點的中間值
def midpoint(p1, p2):
    p = [0,0]                           # 初值設定
    p[0] = (p1[0] + p2[0]) / 2
    p[1] = (p1[1] + p2[1]) / 2
    return p

# main
t = turtle.Pen()
p1 = [0, 86.6]
p2 = [-100, -86.6]
p3 = [100, -86.6]
order = eval(input("輸入階級數 : "))
sierpinski(order, p1, p2, p3)
```

執行結果

```
===================== RESTART: D:\Python\ch31\ch31_26.py =====================
輸入階級數 : 4
```

下方左圖是 Python Turtle Graphics 視窗的結果。上述程式繪製第一個 0 階的謝爾賓斯基三角形觀念，可以參考下方右圖。

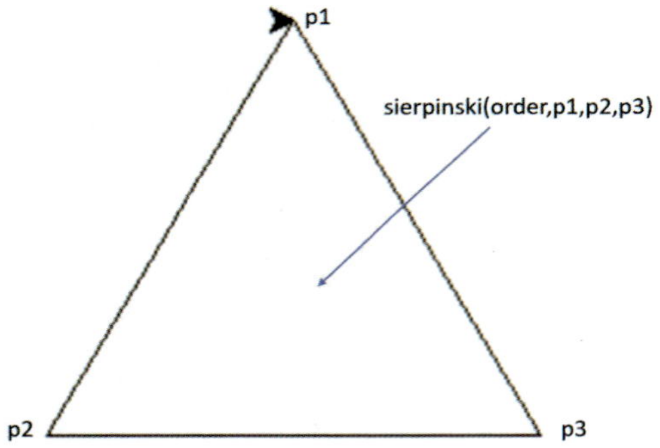

遞迴呼叫繪製謝爾賓斯基三角形觀念如下：

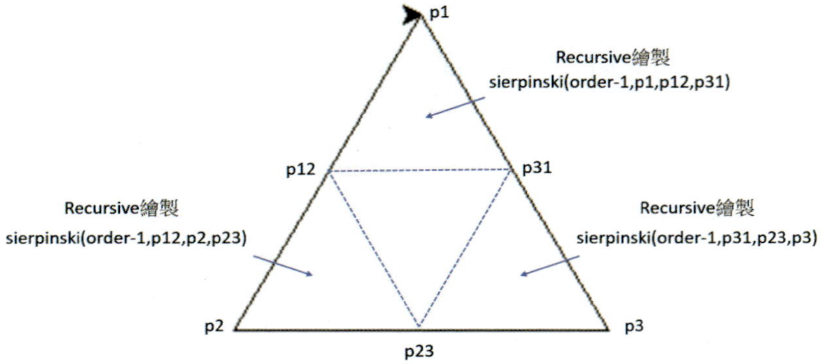

第 32 章

操作股市使用 yfinance

32-1　建立股市物件

32-2　財務報表

32-3　股票歷史數據

32-4　移動平均線

32-5　股票買進與賣出訊號

Python 處理股票訊息模組有許多，這一章主要是講解可以處理國內與國際股市的 yfinance 模組，使用前需要安裝此模組，如下：

```
pip install yfinance
```

註 yfinance 模組是從 Yahoo Finance 獲取數據，數據的更新頻率和準確性取決於 Yahoo Finance。

32-1 建立股市物件

32-1-1 Ticker 物件

要獲得特定股票訊息，首先要使用 yfinance 模組的 Ticker( ) 方法，這個方法的參數是股票代碼，例如：Apple 公司的股票代碼是 "AAPL"，可以使用下列指令建立 Apple 公司股票的 Ticker 物件 apple。

```
import yfinance as yf
   …
apple = yf.Ticker("AAPL")
```

32-1-2 國際特定公司的股票代碼

獲得其他公司的股票代碼通常可以通過以下幾種方式：

- 股票交易所網站：訪問主要股票交易所的網站，例如：紐約證券交易所 (NYSE)、納斯達克 (NASDAQ)、倫敦證券交易所 (LSE) 等。這些網站通常提供股票查詢功能，您可以透過公司名稱搜索其股票代碼。
- 財經新聞網站和應用程式：財經新聞網站，例如：彭博社 (Bloomberg)、路透社 (Reuters)、雅虎財經 (Yahoo Finance) 等，提供股票代碼查詢服務。您可以在這些網站上搜索特定公司的名稱，來找到其股票代碼。
- 券商或投資平台：如果您使用某個券商或投資平台，例如：富達投資 (Fidelity)、嘉信理財 (Charles Schwab) 等，這些平台通常也提供搜索工具，可以查詢公司的股票代碼。
- 公司官方網站：許多公司在其官方網站的「投資者關係」部分會提供股票代碼訊息。

- 搜索引擎或 ChatGPT：直接在 Google 或其他搜索引擎中輸入「公司名稱」，也是一種快速獲取股票代碼的方法。

請注意，不同國家和地區的股票代碼可能有所不同，同一家公司在不同國家的證券交易所上市可能會有不同的股票代碼。例如：一家跨國公司可能在美國的 NASDAQ 和德國的法蘭克福證券交易所都有上市，但股票代碼會不同。

下列是筆者查詢耳熟能詳，幾家國際公司的股票代碼。

- 微軟 (Microsoft Corporation)：MSFT
- 亞馬遜 (Amazon.com, Inc.)：AMZN
- 臉書 (Meta Platforms, Inc.)(原名 Facebook, Inc.)：META
- Alphabet Inc.(Google 的母公司)：GOOGL(A 類股票)、GOOGC(類股票)
- 台積電美國：TSM

32-1-3　獲得國內公司的股票代碼

yfinance 模組也可以處理台灣股市的資訊，台灣股市的股票代碼在 Yahoo Finance 中通常會加上「.TW」或「.TWO」的後綴。例如：如果您想查詢台灣某上市公司的股票，假設其股票代碼是 2330(台積電)，在 Yahoo Finance 中，您應該使用「2330.TW」來獲取資訊。

32-2　財務報表

有了 Ticker 物件後，可以用下列屬性獲得該物件所代表公司的財務報表：

- financials 屬性：獲得年度財務報表。
- quarterly_financials 屬性：獲得季度財務報表。

程式實例 ch32_1.py：獲得 Apple 和台積電公司年度和季度的財務報表。

```
# ch32_1.py
import yfinance as yf

apple = yf.Ticker("AAPL")                              # 建立Apple物件
print("Apple公司財務報表")
financials = apple.financials                          # 獲取財務報表
print(financials)
quarterly_financials = apple.quarterly_financials      # 獲取季度財務報表
print(quarterly_financials)
```

```
tsmc = yf.Ticker("2330.TW")                                  # 建立Apple物件
print("台積電財務報表")
financials = tsmc.financials                                 # 獲取財務報表
print(financials)
quarterly_financials = tsmc.quarterly_financials             # 獲取季度財務報表
print(quarterly_financials)
```

執行結果 由於單一財務報表資料量比較大，所以需要連按兩次解壓縮。

```
====================== RESTART: D:\Python\ch32\ch32_1.py ======================
Apple公司財務報表
Squeezed text (82 lines).
Squeezed text (82 lines).
台積電財務報表
Squeezed text (112 lines).
Squeezed text (106 lines).
```

32-3 股票歷史數據

yfinance 模組的 history( ) 方法是用來獲取股票的歷史市場數據，這個方法非常靈活，允許用戶指定不同的時間範圍和數據頻率，以下是 history( ) 方法的參數用法：

- period：要獲取數據的時間範圍。可以是 "1d"、"5d"、"1mo"、"3mo"、"6mo"、"1y"、"2y"、"5y"、"10y"、"ytd"(年初至今)、"max"(可獲得的最長時間範圍)。註：d 表示 day、mo 表示 month、y 表示 year。
- interval：數據的時間間隔。可以是 "1m"、"2m"、"5m"、"15m"、"30m"、"60m"、"90m"、"1h"、"1d"、"5d"、"1wk"、"1mo"、"3mo"。
- start 和 end：自定義開始和結束日期。如果設置了這些參數，則會覆蓋 period 參數。日期格式應為 "YYYY-MM-DD"。

下列是幾個實例：

實例 1：使用 history 方法獲取過去一個月的數據

```
hist = stock.history(period="1mo")
```

實例 2：獲取蘋果公司過去一年的每週數據

```
hist = stock.history(period="1y", interval="1wk")
```

實例 3：獲取指定日期範圍的日數據

```
hist = stock.history(start="2020-01-01", end="2020-12-31")
```

當有了指定日期的歷史物件後，可以使用下列欄位取得該日股票訊息。

['Open'].iloc[0]：開盤價

['Close'].iloc[0]：收盤價

['High'].iloc[0]：最高價

['Low'].iloc[0]：最低價

['Volume'].iloc[0]：交易量

程式實例 ch32_2.py：獲得 Apple 公司股票開盤價、收盤價、最高價、最低價和交易量。

```
1  # ch32_2.py
2  import yfinance as yf
3  
4  def fetch_apple_stock_price():
5      # 獲取Apple股票資料
6      apple = yf.Ticker("AAPL")
7  
8      # 獲取即時股價
9      apple_stock_info = apple.history(period="1d")
10 
11     # 輸出股價
12     print("Apple公司的股價(目前或最近交易日)：")
13     print("開盤價：", apple_stock_info['Open'].iloc[0])
14     print("收盤價：", apple_stock_info['Close'].iloc[0])
15     print("最高價：", apple_stock_info['High'].iloc[0])
16     print("最低價：", apple_stock_info['Low'].iloc[0])
17     print("交易量：", apple_stock_info['Volume'].iloc[0])
18 
19 fetch_apple_stock_price()
```

執行結果

```
====================== RESTART: D:\Python\ch32\ch32_2.py ======================
Apple公司的股價(目前或最近交易日)：
開盤價： 190.25
收盤價： 189.69000244140625
最高價： 190.3800048828125
最低價： 188.57000732421875
交易量： 50922700
```

上述程式執行完第 9 列的 history( ) 方法後，當沒有設定 interval 參數時，代表數據是以一分鐘為單位提供。所獲得的 apple_stock_info 其實是一個 Pandas 模組的

DataFrame 的物件，這是一個二維陣列資料，可以透過索引獲得指定欄位資料。開盤價、收盤價、最高價、最低價和交易量皆是在 iloc[0] 的位置，Iloc 全名是 index location。apple_stock_info 基本資料結構觀念如下：

Date	Open	Close	High	Low	Volume	...	
2023-xx-xx ...	190.25	189.69	190.38	188.57	50922700	...	← 索引 0
2023-xx-xx ...	...	...	...	...	...	...	索引 1
2023-xx-xx ...	...	...	...	...	...	...	...

所以可以用 apple_stock_info['Open'].iloc[0]，獲得 190.25 結果。

32-4 移動平均線

在股市環境，扣除週六和週日股市休息，因此 5 日均線稱週線，20 日均線稱月線，60 日稱季線。

程式實例 ch32_3.py：繪製 Apple 日均線、5 日均線和 20 日均線。

```python
# ch32_3.py
import yfinance as yf
import matplotlib.pyplot as plt

plt.rcParams["font.family"] = ["Microsoft JhengHei"]
# 下載蘋果公司最近三個月的股價數據
apple = yf.Ticker("AAPL")
data = apple.history(period="3mo")

# 計算5天和20天移動平均線
data['MA5'] = data['Close'].rolling(window=5).mean()
data['MA20'] = data['Close'].rolling(window=20).mean()

# 繪製股價和移動平均線
plt.figure(figsize=(10,6))
plt.plot(data['Close'], label='AAPL Close', color='blue')
plt.plot(data['MA5'], label='5-Day MA', color='green')
plt.plot(data['MA20'], label='20-Day MA', color='red')

# 標題和圖例
plt.title('Apple公司股價 5 日和 20 日移動平均線')
plt.xlabel('日期')
plt.ylabel('價格')
plt.legend()

# 顯示圖表
plt.show()
```

執行結果

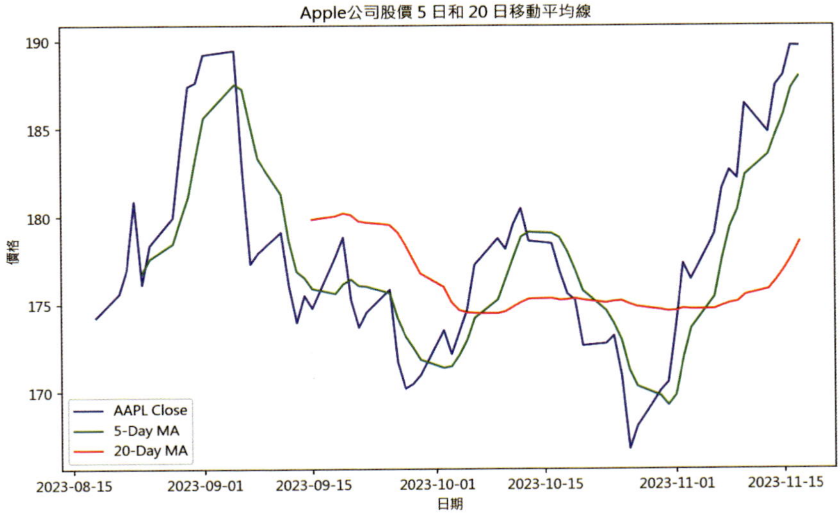

第 8 行的 history(period="3mo")，所回傳的數據是以日為單位的股票數據，所以 data 是 3 個月交易期間股票數據，如前一小節所述這是一個 Pandas 模組的 DataFrame。

程式第 11 列 data['Close'] 呼叫 rolling( ) 方法，此 rolling( ) 是 Pandas 模組中的一個方法，用於在一定範圍內進行滾動數據計算。這個方法特別適用於時間序列的分析，比如股票市場數據的處理。它允許你對數據集應用一個指定大小序列，然後在這個序列內進行各種統計運算，如計算平均值、標準差等。此例參數是 "window=5"，相當於計算 5 天資料。由於 rolling( ) 所產生的物件呼叫 mean( )，這是計算平均值，所以可以計算 5 日平均線。第 12 列的觀念依此類推，可以計算 20 日平均線。

32-5 股票買進與賣出訊號

股票操作基本買進訊號是當 5 日均線從下方突破 20 日均線時，就會產生一個買進訊號。當 5 日均線跌破 20 日均線時，生成一個賣出訊號。

程式實例 ch32_4.py：輸出台積電在台灣的股票價格過去一年的買點訊號日期和賣出訊號日期。

```
# ch32_4.py
import yfinance as yf
import matplotlib.pyplot as plt
import numpy as np

plt.rcParams["font.family"] = ["Microsoft JhengHei"]
# 下載台積電最近三個月的股價數據
tsmc = yf.Ticker("2330.TW")
data = tsmc.history(period='1y')

# 計算5日和20日的簡單移動平均
data['SMA5'] = data['Close'].rolling(window=5).mean()
data['SMA20'] = data['Close'].rolling(window=20).mean()

# 繪製收盤價和移動平均線
plt.figure(figsize=(10, 6))
plt.plot(data['Close'], label='Close Price', alpha=0.5)
plt.plot(data['SMA5'], label='5-Day SMA', alpha=0.8)
plt.plot(data['SMA20'], label='20-Day SMA', alpha=0.8)
plt.title('台積電股價 5 日和 20 日移動平均線')
plt.xlabel('日期')
plt.ylabel('價格')
plt.legend()
plt.grid(True)
plt.show()

# 移動平均生成交易信號
# 買入信號: 5日均線從下方突破20日均線
# 賣出信號: 5日均線從上方跌破20日均線
data['Signal'] = 0.0
data.iloc[5:, data.columns.get_loc('Signal')] =\
    np.where(data['SMA5'].iloc[5:] > data['SMA20'].iloc[5:], 1.0, 0.0)
data['Signal_change'] = data['Signal'].diff()

# 找出買入和賣出的日期
buy_dates = data[data['Signal_change'] == 1].index
sell_dates = data[data['Signal_change'] == -1].index

print(f"買入日期: {buy_dates.tolist()}")
print(f"賣出日期: {sell_dates.tolist()}")
```

執行結果

```
======================= RESTART: D:\Python\ch32\ch32_4.py ======================
買入日期: [Timestamp('2023-01-10 00:00:00+0800', tz='Asia/Taipei'), Timestamp('2
023-03-22 00:00:00+0800', tz='Asia/Taipei'), Timestamp('2023-05-17 00:00:00+0800
', tz='Asia/Taipei'), Timestamp('2023-07-14 00:00:00+0800', tz='Asia/Taipei'), T
imestamp('2023-08-28 00:00:00+0800', tz='Asia/Taipei'), Timestamp('2023-10-12 00
:00:00+0800', tz='Asia/Taipei'), Timestamp('2023-11-07 00:00:00+0800', tz='Asia/
Taipei')]
賣出日期: [Timestamp('2023-02-21 00:00:00+0800', tz='Asia/Taipei'), Timestamp('2
023-04-13 00:00:00+0800', tz='Asia/Taipei'), Timestamp('2023-07-07 00:00:00+0800
', tz='Asia/Taipei'), Timestamp('2023-07-24 00:00:00+0800', tz='Asia/Taipei'), T
imestamp('2023-09-11 00:00:00+0800', tz='Asia/Taipei'), Timestamp('2023-10-30 00
:00:00+0800', tz='Asia/Taipei')]
```

上述程式第 30 列是初始化訊號列，這列程式碼在數據框 data 中建立了一個新欄位 Signal，並將所有值初始化為 0.0。

第 31 ~ 32 列是計算訊號，這裡使用 numpy.where( ) 函數來計算訊號。如果 5 日 SMA 大於 20 日 SMA，則將 Signal 列的相應位置設為 1.0(買入訊號)，否則保持為 0.0(無信號)。iloc[5:] 是切片，確保只考慮那些有足夠數據計算 20 日 SMA 的列。

第 33 列是計算訊號變化，這列程式碼建立了一個新列 Signal_change，它透過計算 Signal 列的連續兩元素之間的差異來檢測訊號的變化。如果 Signal 從 0 變為 1，則 Signal_change 為 1(表示買入信號)。如果 Signal 從 1 變為 0，則 Signal_change 為 -1(表示賣出信號)。

第 36 ~ 37 列是識別買入和賣出日期，這兩列程式碼分別找出所有 Signal_change 為 1 的日期 (買入訊號) 和所有 Signal_change 為 -1 的日期（賣出訊號），並將這些日期儲存為 buy_dates 和 sell_dates。

第 39 列的 buy_dates.tolist( )，可以將陣列結構的資料轉成串列，相當於將陣列 buy_dates 物件轉成串列。第 40 列則是將 sell_dates 物件轉成串列。

第 33 章

聲音播放、讀取、轉換與錄製

33-1 pygame 模組的聲音功能

pygame 是一個廣泛使用的 Python 模塊，專門用於遊戲開發和創建圖形化界面。它提供了一套豐富的功能，使得開發者能夠相對輕鬆地創建 2D 遊戲和多媒體應用。撰寫本書除了想讓各位學得 Python 的應用，另外也期待讀者多認識不同的模組，所以筆者盡量用不同模組解說，這一節主要是介紹有關聲音的部分。

33-1-1　pygame 模組的安裝與導入

使用這個模組前，讀者需要使用下列語法安裝此模組。

```
pip install pygame
```

然後使用下列方式導入模組

```
import pygame
pygame.mixer.init( )            # 最初化
```

上述相當於最初化 mixer 物件，使用 mixer 物件可以執行 2 類的聲音的播放，分別是一般音效，另一種是音樂檔案，下面將分別說明。

33-1-2　一般音效的播放 Sound( )

一般音效通常是指波形的聲音檔案，副檔名是 .wav。在「C:\Windows\Media」作業系統內，可以看到一系列 Windows 作業系統內建的波型聲音檔案。

我們可以使用 Sound( ) 方法先建立一般聲音的 Sound 物件，然後用 play( ) 方法執行播放，下列是 Sound 物件常用與聲音播放有關的方法。

方法	說明
play(n)	n=-1 表示重複播放，0 表示播一次，1 表示 2 次，…
get_volumn( )	取得目前播放音量
set_volumn(val)	設定目前播放音量，val 值在 0.0 – 1.0 之間
stop( )	結束播放

程式實例 ch33_1.py：先播放一次 notify.wav，經過 3 秒後播放 3 次。這個程式使用了 pygame 模組的 time.delay( ) 方法，參數 3000 代表 3 秒。

```
# ch33_1.py
import pygame
pygame.mixer.init()

mysound = r'C:\Windows\Media\notify.wav'
soundObj = pygame.mixer.Sound(mysound)          # 建立Sound物件
soundObj.play()                                 # 撥放一次
pygame.time.delay(3000)                         # 休息3秒
soundObj.play(2)                                # 播放3次
```

有時候聲音在初始化時可能需一點時間，所以也可以使用 time.delay(1000) 延遲一秒，再執行程式。

程式實例 ch33_2.py：讓初始化多一秒 (第 5 列)，然後再執行程式，休息 3 秒後將音量調低 (第 10 列)。

```
1  # ch33_2.py
2  import pygame
3  pygame.mixer.init()
4
5  mysound = r'C:\Windows\Media\notify.wav'
6  pygame.time.delay(1000)                         # 先給聲音初始化工作
7
8  soundObj = pygame.mixer.Sound(mysound)          # 建立Sound物件
9  soundObj.play()                                 # 撥放一次
10 pygame.time.delay(3000)                         # 休息3秒
11 soundObj.set_volume(0.1)                        # 聲音變小
12 soundObj.play(2)                                # 播放3次
```

33-1-3 播放音樂檔案 music( )

music( ) 除了可以播放 wav 聲音檔外，也可以播放 MP3、MIDI 的音樂檔或是以 ogg 為副檔名的音效檔案。

我們可以使用 music( ) 方法的 load( ) 方法下載音樂，然後用 play( ) 方法執行播放，下列是 music 物件常用與音樂播放有關的方法。

方法	說明
load(音樂檔案)	下載音樂檔案
play(n)	n=-1 表示重複播放，0 表示播一次，1 表示 2 次，…
pause( )	暫停播放
unpause( )	恢復播放
get_busy( )	是否播放中，是則傳回 True，否則傳回 False
set_volumn(val)	設定目前播放音量，val 值在 0.0 – 1.0 之間
stop( )	結束播放

程式實例 ch33_3.py：播放 wav 和 midi 音樂檔案。

```
# ch33_3.py
import pygame
import time
pygame.mixer.init()

mywav = r'C:Windows\Media\notify.wav'
pygame.time.delay(1000)                         # 先給聲音初始化工作
pygame.mixer.music.load(mywav)                  # 下載 wav 音樂檔案
pygame.mixer.music.play()                       # 播放 wav 音樂檔案

time.sleep(5)                                   # 程式休息
mymidi = r'C:\Windows\Media\town.mid'
pygame.time.delay(1000)                         # 先給聲音初始化工作
pygame.mixer.music.load(mymidi)                 # 下載 midi 音樂檔案
pygame.mixer.music.play()                       # 播放 midi 音樂檔案
```

33-1-4　背景音樂

如果讀者有仔細觀察可以發現在播放音樂時其實不會干擾程式的進行，我們可以將這個特性應用在設計遊戲時，當作背景音樂。然後需要特殊效果的音樂時，可以將背景音樂先暫停 (pause)，播放完特殊效果音樂時，再恢復 (unpause) 播放背景音樂即可。

33-2　建立 wav 聲波圖

SciPy 模組內有 scipy.io.wavfile.read( ) 方法，這個方法可以讀取 wav 格式的音頻數據，然後我們可以使用 matplotlib 模組將數據轉換為聲波圖。使用 Scipy 模組前請安裝此模組：

```
pip install Scipy
```

讀取 wav 格式檔案的語法如下：

```
from scipy.io import wavfile
   ...
sample_rate, data = wavfile.read('path/to/your/audio.wav')
```

上述回傳值意義如下：

- sample_rate：是音頻的採樣率，單位是赫茲 (Hz)。它代表了每秒的採樣數量，是音頻質量的一個指標。
- data：是一個 NumPy 陣列，包含了音頻的實際數據，這些數據代表了音頻信號在不同時間點的振幅。返回的 data 數組的形式取決於 wav 文件的特性，對於單聲道音頻 (Mono)，data 是一個一維陣列。對於立體聲音頻 (Stereo)，data 是一個二維陣列，其中包含兩個通道 (通常是左右通道) 的數據。

程式實例 ch33_4.py：繪製 notify.wav 的聲波圖。

```python
# ch33_4.py
import matplotlib.pyplot as plt
from scipy.io import wavfile

mywav = r'C:Windows\Media\notify.wav'
# 讀取.wav文件
sample_rate, data = wavfile.read(mywav)

# 繪製聲波圖
plt.figure(figsize=(10, 4))
plt.plot(data)
plt.title('Waveform of nofity.wav file')
plt.ylabel('Amplitude')
plt.xlabel('Sample')
plt.show()
```

執行結果

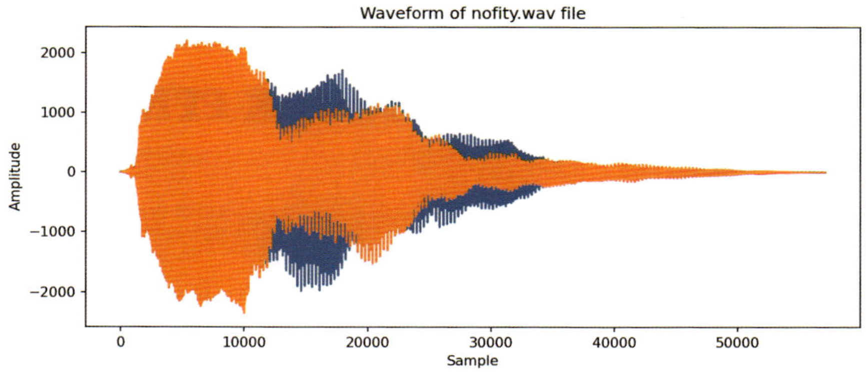

從上述執行結果可以看到，Windows 內建了 notify.wav 是立體聲音檔。

33-3 wav 檔案轉成 mp3 檔案

33-3-1　安裝 pydub 和 ffmpeg

要將 wav 檔案轉換為 mp3，您需要使用專門的音頻處理模組，例如：pydub。pydub 是一個簡單易用的音頻處理模組，可以輕鬆地在不同音頻格式之間進行轉換。

```
pip install pydub
```

然後您需要安裝轉換 mp3 所需的 ffmpeg，請進入下列網址：

https://www.ffmpeg.org/download.html

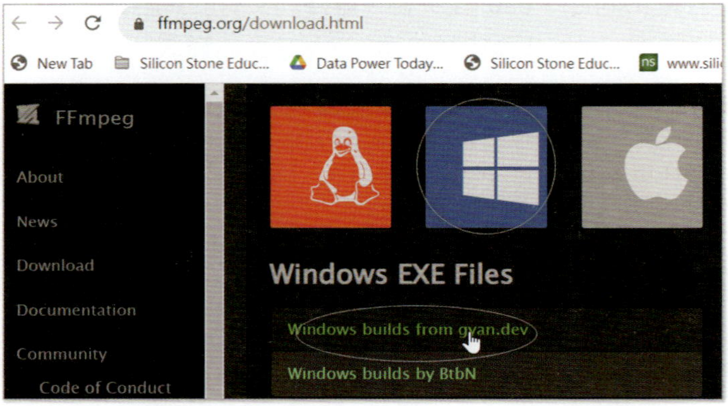

上述請點選 Windows builds from gyan.dev，然後將進入下列畫面：

由於我們只要使用基本功能即可，所以請點選 ffmpeg-git-essentials.7z 下載，之後需要解壓縮，請選擇 Express Zip File Compression，可參考下方左圖：

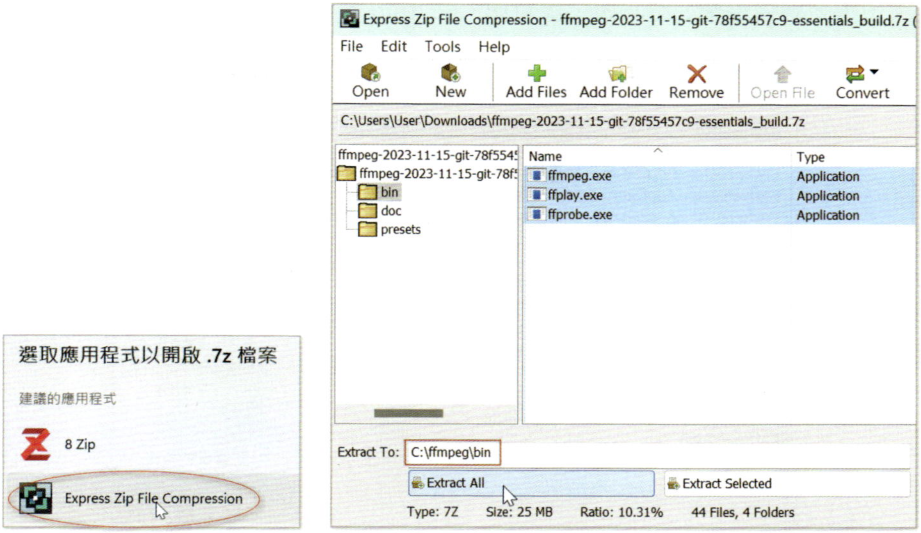

請選取要解壓縮的 3 個檔案，在 Extract To 欄位輸入「C:\ffmpeg\bin」，這是筆者建議安裝的資料夾，然後按 Extract All 鈕，就可以解壓縮得到下列結果。

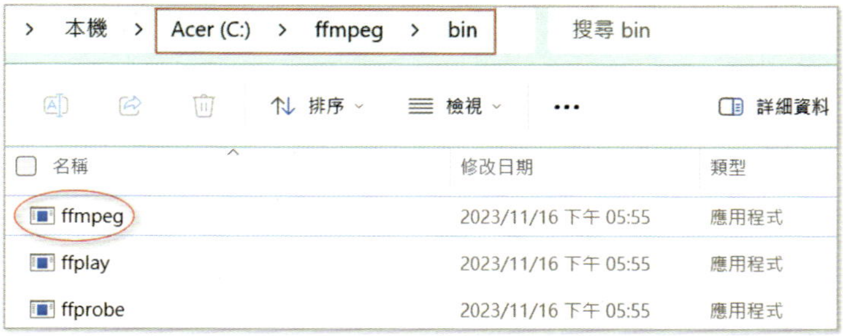

接著請執行設定 / 系統 / 系統資訊 / 進階系統設定，出現系統內容對話方塊，請點選環境變數鈕。在 User 的使用者變數欄位請選擇 Path，然後按編輯鈕，

出現編輯環境變數對話方塊，請新增「C:\ffmpeg\bin」，如下所示：

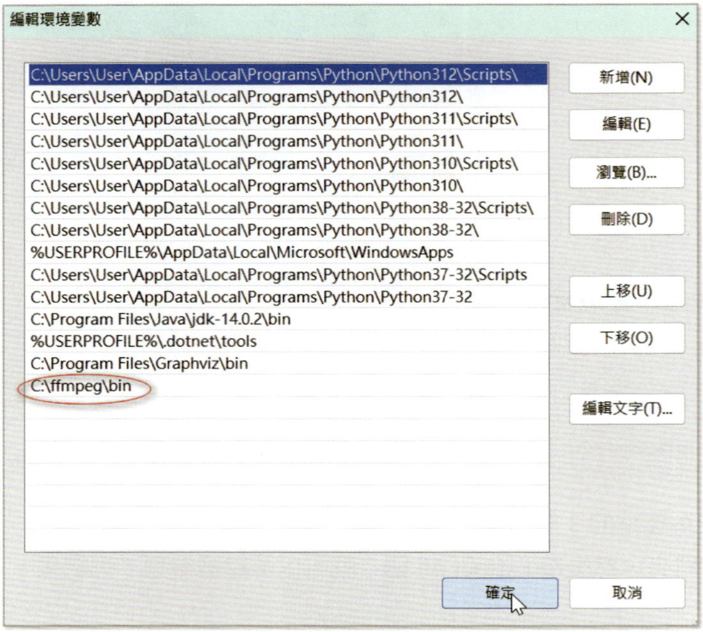

上述請按確定鈕，回到環境變數對話方塊請再按一次確定鈕。更改上述環境變數後，請重新開機讓設定生效。在命令提示字元視窗輸入「ffmpeg -version」，如果看到下列版本訊息，就表示設定生效了。

```
C:\Users\User>ffmpeg -version
ffmpeg version 2023-11-15-git-78f55457c9-essentials_build-www.gyan.dev Copyright (c) 2000-2023 the FFmpeg developers
built with gcc 12.2.0 (Rev10, Built by MSYS2 project)
configuration: --enable-gpl --enable-version3 --enable-static --pkg-config=pkgconf --disable-w32threads --disable-autode
tect --enable-fontconfig --enable-iconv --enable-gnutls --enable-libxml2 --enable-gmp --enable-bzlib --enable-lzma --ena
ble-zlib --enable-libsrt --enable-libssh --enable-libzmq --enable-avisynth --enable-sdl2 --enable-libwebp --enable-libx2
64 --enable-libx265 --enable-libxvid --enable-libaom --enable-libopenjpeg --enable-libvpx --enable-mediafoundation --ena
ble-libass --enable-libfreetype --enable-libfribidi --enable-libharfbuzz --enable-libvidstab --enable-libvmaf --enable-l
ibzimg --enable-amf --enable-cuda-llvm --enable-cuvid --enable-ffnvcodec --enable-nvdec --enable-nvenc --enable-dxva2 --
enable-d3d11va --enable-libvpl --enable-libgme --enable-libopenmpt --enable-libopencore-amrwb --enable-libmp3lame --enab
le-libtheora --enable-libvo-amrwbenc --enable-libgsm --enable-libopencore-amrnb --enable-libopus --enable-libspeex --ena
ble-libvorbis --enable-librubberband
libavutil      58. 32.100 / 58. 32.100
libavcodec     60. 33.100 / 60. 33.100
libavformat    60. 17.100 / 60. 17.100
libavdevice    60.  4.100 / 60.  4.100
libavfilter     9. 13.100 /  9. 13.100
libswscale      7.  6.100 /  7.  6.100
libswresample   4. 13.100 /  4. 13.100
libpostproc    57.  4.100 / 57.  4.100
```

註 如果你設定 Path 路徑失敗，另一個方法是直接將 ffmpeg.exe 拷貝到與 ch33_5.py 相同的資料夾。

33-3-2　wav 檔案轉 mp3 檔案

程式實例 ch33_5.py：將「C:\Windows\Media」資料夾的 notify.wav 轉 notify.mp3。

```
1 # ch33_5.py
2 from pydub import AudioSegment
3
4 mywav = r'C:Windows\Media\notify.wav'
5 # 讀取.wav文件
6 wav_audio = AudioSegment.from_wav(mywav)
7
8 # 轉換為.mp3
9 wav_audio.export("notify.mp3", format="mp3")
```

上述程式 AudioSegment.from_wav( ) 可用於讀取 wav 檔案的音頻數據並建立一個 AudioSegment 物件。AudioSegment 物件可以用來進行各種音頻處理操作，如播放、修改音量、合併、切割等。

❑ 播放音頻

```
from pydub.playback import play
play(audio)
```

❑ 修改音量

```
louder_audio = audio + 10                # 提高 10 分貝
```

❑ 切割音頻

```
segment = audio[1000:3000]               # 從第 1000 毫秒到第 3000 毫秒
```

程式實例 ch33_5.py 的第 9 列，wav_audio.export( ) 則是將物件轉成 mp3 音樂檔案，讀者可以開啟此檔案了解轉換結果。

33-4 音樂播放器

這一節將介紹一個簡單的音樂播放器的製作，在這個音樂播放器中筆者的選單列表有 3 首音樂，分別如下：

- notify.mp3：程式 ch33_5.py 轉換結果。
- town.mid：位於 C:\Windows\Media 資料夾。
- onestop.mid：位於 C:\Windows\Media 資料夾。

程式實例 ch33_6.py：建立一個音樂播放器，本程式執行時預設音樂選單是第一首歌，可以用選項鈕更改所選的音樂，按播放鈕可以循環播放，按結束鈕可以停止播放。

```
# ch33_6.py
from tkinter import *
import pygame

def playmusic():                                        # 處理按撥放紐
    selection = var.get()                               # 獲得音樂選項
    if selection == '1':
        pygame.mixer.music.load('notify.mp3')           # 撥放選項1音樂
        pygame.mixer.music.play(-1)                     # 循環撥放
    if selection == '2':
        town = r'C:\Windows\Media\town.mid'
        pygame.mixer.music.load(town)                   # 撥放選項2音樂
        pygame.mixer.music.play(-1)                     # 循環撥放
    if selection == '3':
        onestop = r'C:\Windows\Media\onestop.mid'
        pygame.mixer.music.load(onestop)                # 撥放選項3音樂
        pygame.mixer.music.play(-1)                     # 循環撥放
def stopmusic():                                        # 處理按結束紐
    pygame.mixer.music.stop()                           # 停止撥放此首

# 建立音樂選項鈕內容的串列
musics = [('notify.mp3', 1),                            # 音樂選單串列
          ('town.mid', 2),
          ('onestop.mid', 3)]

pygame.mixer.init()                                     # 最初化mixer

tk = Tk()
tk.geometry('480x220')                                  # 開啟視窗
tk.title('Music Player')                                # 建立視窗標題
mp3Label = Label(tk, text='\n我的 Music 撥放程式')       # 視窗內標題
mp3Label.pack()
# 建立選項紐Radio button
var = StringVar()                                       # 設定以字串表示選單編號
var.set('1')                                            # 預設音樂是1
for music, num in musics:                               # 建立系列選項紐
    radioB = Radiobutton(tk, text=music, variable=var, value=num)
    radioB.pack()
# 建立按鈕Button
button1 = Button(tk, text='撥放', width=10, command=playmusic)    # 撥放音樂
button1.pack()
button2 = Button(tk, text='結束', width=10, command=stopmusic)    # 停止撥放音樂
button2.pack()
mainloop()
```

執行結果

這個程式幾個重要觀念如下：

1：程式第 29 列 geometry( ) 方法，是另一種使用 tkinter 模組建立視窗的方式。

2：第 31 ~ 32 列在視窗內使用 Label( ) 建立標題 (label)，同時安置 (pack)。有的程式設計師喜歡在 pack( ) 方法內加上 anchor=W 表示安置時錨點時靠左對齊。

3：第 34 ~ 38 列是建立選項鈕，這些相同系列的選項鈕必須使用相同的變數 variable，至於選項值則由 value 設定。

4：第 34 列表面意義是設定字串物件，真實內涵是設定選單用字串表示，如果想用整數可以將 StringVar( ) 改成 IntVar( )。

5：第 35 列 set( ) 是設定預設選項是 1。

6：第 36 ~ 38 列迴圈是主要是使用 Radiobutton( ) 方法建立音樂選項鈕，音樂選單的來源是第 22 ~ 24 列的串列，此串列元素是元組 (tuple)，相當於將元組的第一個元素以 music 變數放入 text，第二個元素以 num 變數放入 value。

7：第 40 列當按播放鈕時執行 playmusic( ) 方法。

8：第 5 ~ 17 列是 playmusic( ) 播放方法，最重要是第 6 列 get( ) 方法，可以獲得目前選項鈕的選項，然後可以根據選項播放音樂。

9：第 42 列是當按結束鈕時執行 stopmusic( ) 方法。

10：第 18 ~ 19 列是 stopmusic( ) 方法，主要是停止播放 mp3 音樂。

33-5 語音轉文字

這一節介紹的語音識別技術，可用來轉換語音輸入為文字，可用於客服自動回應系統、會議記錄等。

33-5-1 建立模組與物件

SpeechRecognition 是一個 Python 模組，它可以讓你將語音轉換成文字。這是一種語音識別技術，可用於各種情況，例如：建立一個語音助手或轉錄音訊，首先，需要安裝該模組：

```
pip install speechrecognition
```

同時需要安裝 pyaudio 模組，這是用於錄音和播放音訊的 Python 模組，這個模組提供了對於 PortAudio 庫的綁定，PortAudio 是一個跨平台的音訊 I/O 模組，安裝方式如下：

```
pip install pyaudio
```

然後您需要導入該庫並創建一個語音識別器物件。

```
import speech_recognition as sr
r = sr.Recognizer( )                          # 建立語音識別物件
```

註 導入的模組是 speech_recognition。

33-5-2 開啟音源

接著需要使用 sr.Microphone( ) 開啟音源，語法如下：

```
sr.Microphone( )
```

這個語法常和 with 搭配使用，如下：

```
with sr.Microphone( ) as source:
    …
    audio = r.listen(source)
```

上述使用方法是將 sr.Microphone( ) 與 with 語句一起使用來確保麥克風在使用後能正確關閉，source 是麥克風物件。

r.listen(source) 將從麥克風讀取音訊並返回一個 audio 聲音物件，此物件可以被用於後續的語音識別。

33-5-3 語音轉文字

r.recognize_google( ) 是 SpeechRecognition 模組中的一個方法，應用於利用 Google Web Speech API 將音訊數據轉換為本文，這個方法的完整語法為：

```
text = r.recognize_google(audio_data, key=None, language="en-US")
```

上述參數說明如下：

- audio_data：必填參數，這是你希望識別的音訊數據，通常是一個 AudioData 物件，可以透過 r.record( ) 或 r.listen( ) 從音源中獲取。

- key：選填參數，這是你的 Google Web Speech API 密鑰。如果沒有提供，則會使用預設的公共密鑰。
- language：選填參數，預設值為 "en-US"，表示美式英語。這是你希望進行識別的語言代碼，你可以設定其他語言，例如："zh-TW" 表示台灣語音，"zh-CN" 代表大陸普通話。

程式實例 ch33_7.py：英文語音輸入與輸出，同時將聲音儲存在 out33_7.wav。

```python
# ch33_7.py
import speech_recognition as sr

r = sr.Recognizer()

# 設定錄音檔案的儲存路徑
audio_file_path = "out33_7.wav"

with sr.Microphone() as source:
    print("請說英文 ...")
    audio = r.listen(source)

    # 將聲音保存為 WAV 檔案
    with open(audio_file_path, "wb") as file:
        file.write(audio.get_wav_data())

    try:
        # 使用Google的語音識別API
        text = r.recognize_google(audio)
        print("你說的英文是 : {}".format(text))
    except:
        print("抱歉無法聽懂你的語音")
```

執行結果

```
======================= RESTART: D:/Python/ch33/ch33_7.py ======================
請說英文 ...
你說的英文是 : good morning
```

程式實例 ch33_8.py：中文語音輸入與輸出。

```python
# ch33_8.py
import speech_recognition as sr

r = sr.Recognizer()

# 設定錄音檔案的儲存路徑
audio_file_path = "out33_8.wav"

with sr.Microphone() as source:
    print("請說中文 ...")
    audio = r.listen(source)

    # 將聲音保存為 WAV 檔案
    with open(audio_file_path, "wb") as file:
        file.write(audio.get_wav_data())

```

```
    try:
        # 使用Google的語音識別API
        text = r.recognize_google(audio, language="zh-TW")
        print("你說的中文是 : {}".format(text))
    except:
        print("抱歉無法聽懂你的語音")
```

執行結果

```
======================= RESTART: D:/Python/ch33/ch33_8.py =======================
請說中文 ...
你說的中文是 : 早安
```

程式實例 ch33_9.py：修改 ch33_4.py，認識自己說「Good Morning」的聲波圖。

```
mywav = 'out33_7.wav'
# 讀取.wav文件
sample_rate, data = wavfile.read(mywav)

# 繪製聲波圖
plt.rcParams["font.family"] = ["Microsoft JhengHei"]
plt.rcParams["axes.unicode_minus"] = False
plt.figure(figsize=(10, 4))
plt.plot(data)
plt.title('Good Morning聲波圖')
```

執行結果

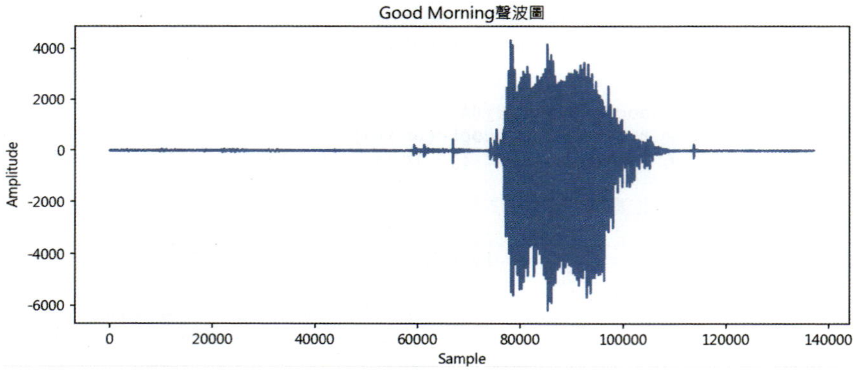

程式實例 ch33_9_1.py：使用 ch33_8.py 修改，聲音檔案用「out33_8.wav」認識自己說「早安」的聲波圖。

```
mywav = 'out33_8.wav'
```

執行結果

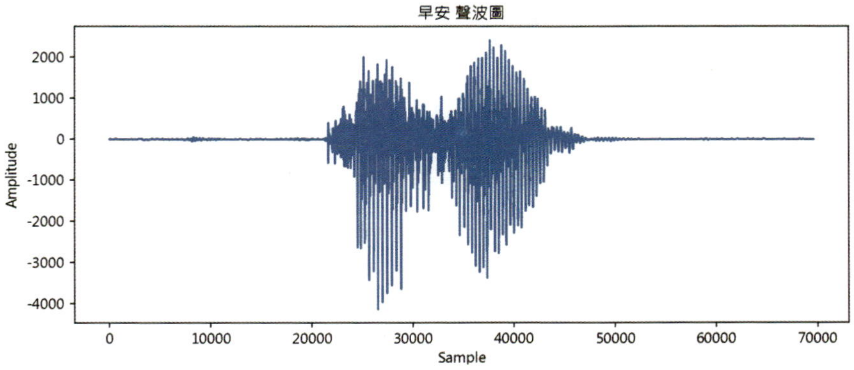

33-6 文字轉語音

33-6-1　建立模組與物件

gTTS 模組全名是 Google Text-to-Speech，這是一個 Python 模組，它可以將文字轉換成語音。這個模組使用 Google Text-to-Speech API 進行語音合成，可以生成包括中文、英語、法語、德語、意大利語、西班牙語、… 等多種語言的語音。首先，需要安裝該模組：

```
pip install gTTS
```

33-6-2　文字轉語音方法

gTTS( ) 是 Google Text-to-Speech(gTTS) 的 Python 介面，此方法可以將輸入的文字轉換成語音並儲存為 MP3 檔案，這個方法的基本語法如下：

```
tts = gtts.gTTS(text, lang='en')
```

上述各個參數的說明如下：

- text：必填參數，你想要轉換成語音的文件內容。
- lang：選項參數，表示語音的語言，預設為 'en'，表示英文。你可以設定其他語言，例如 'zh-tw' 代表台灣的中文，'zh-CN' 表示大陸。註：語言選擇必須是 Google Text-to-Speech API 支援的語言。

上述可以回傳語音物件 tts，未來可以使用 save( ) 將此物件轉存成 MP3 檔案。

33-6-3 輸出語音

要輸出 MP3 語音可以使用 pygame 模組，可以使用下列方式播放 MP3 檔案。

```
pygame.mixer.init( )                          # 它被用來初始化音頻混音器 (mixer)
pygame.mixer.music.load('MP3 檔案 ')
pygame.mixer.music.play( )                    # 播放 MP3 檔案
```

程式實例 ch33_10.py：播放英文句子。

```
1   # ch33_10.py
2   from gtts import gTTS
3   import pygame
4
5   text = "Hello, Machine Learning!"
6   tts = gTTS(text=text, lang='en')
7   tts.save("hello.mp3")
8
9   pygame.mixer.init()
10  pygame.mixer.music.load("hello.mp3")
11  pygame.mixer.music.play()
```

讀者可以聽到第 5 列 text 所設定的聲音「Hello, Machine Learning!」輸出。

程式實例 ch33_11.py：輸出中文句子「我愛明志科技大學」。

```
# ch33_11.py
from gtts import gTTS
import pygame

text = "我愛明志科技大學!"
tts = gTTS(text=text, lang='zh-tw')
tts.save("hello.mp3")

pygame.mixer.init()
pygame.mixer.music.load("hello.mp3")
pygame.mixer.music.play()
```

執行結果

```
===================== RESTART: D:/Machine/ch35/ch35_4.py =====================
pygame 2.5.0 (SDL 2.28.0, Python 3.10.5)
Hello from the pygame community. https://www.pygame.org/contribute.html
```

33-7 文字翻譯

deep-translator 是一個強大且易於使用的 Python 模組，用於在不同語言間進行文字翻譯。它是一個非官方的解決方案，支持多種翻譯服務，例如：Google 翻譯、Microsoft 翻譯等。使用前需要安裝此模組：

```
pip install deep-translator
```

以下是有關 deep-translator 模組的一些主要特點：

- 支持多個翻譯提供商：包括 Google Translate、Microsoft Translator 等。
- 簡單的 API：簡單且直觀的 API，方便在不同語言間進行文字翻譯。
- 自動語言檢測：支持自動檢測來源 (source) 文字的語言。
- 批量翻譯：允許一次翻譯多個文字串列。
- 支持多種語言：涵蓋了廣泛的語言選擇。

在 Google Translate 翻譯功能中，主要的方法是 GoogleTranslator( )，其語法如下：

```
from deep_translator import GoogleTranslator
    ...
translator = GoogleTranslator(source='auto', target='en')
```

上述參數意義如下：

- source：來源語言代碼，設置為 'auto' 時，將自動檢測來源文字的語言。
- target：目標語言代碼，例如 'en' 表示英語。

上述可以建立一個翻譯器物件，有了這個翻譯器物件，可以呼叫 translate( ) 方法，例如：翻譯「早安」，語法如下：

```
translated_text = translator.translate(' 早安 ')
```

翻譯結果可以回傳給 translated_text。

程式實例 ch33_12.py：中文「早安」分別翻譯成英文、日文與韓文。

```
# ch33_12.py
from deep_translator import GoogleTranslator

# 要翻譯的文本
text = '早安'

# 翻譯成英文
translator = GoogleTranslator(source='auto', target='en')
translation_en = translator.translate(text)
print("英文:", translation_en)

# 翻譯成日文, 另一種寫法
translation_ja = GoogleTranslator(source='auto', target='ja').translate(text)
print("日文:", translation_ja)

# 翻譯成韓文
translation_ko = GoogleTranslator(source='auto', target='ko').translate(text)
print("韓文:", translation_ko)
```

執行結果

```
====================== RESTART: D:/Python/ch33/ch33_12.py ======================
英文: Good morning
日文: おはよう
韓文: 좋은 아침이에요
```

33-8 聲音功能的潛在應用

這一節是提供片段程式，讓讀者了解聲音的潛在應用。

❑ 聲音分類

將聲音文件分類至不同類別，如機器學習模型分辨城市背景噪音和自然環境聲。

```
# 使用像 librosa 這樣的模組來提取特徵
import librosa
import sklearn.svm as svm

# 加載音頻文件並提取特徵
audio, sr = librosa.load('audio.wav')
features = librosa.feature.mfcc(audio, sr=sr)

# 使用 SVM 或其他機器學習模型進行分類
# model = svm.SVC()
# prediction = model.predict(features)
```

❑ 聲音增強

清除錄音中的背景噪聲或增強語音信號，用於會議錄音或客戶服務錄音的清晰度提升。

```
from pydub import AudioSegment
from pydub.effects import normalize

# 從文件中讀取音頻
# AudioSegment.from_file() 方法用於加載音頻文件，支援多種格式，包括 wav, mp3 等
audio = AudioSegment.from_file('audio.wav')

# 正常化音頻
# normalize() 函數自動調整音頻的音量，使得音頻在不失真的情況下盡可能大
normalized_audio = normalize(audio)

# 將增強後的音頻保存為新文件
# export() 方法用於將 AudioSegment 對象導出到文件
# 'format' 參數指定了導出的音頻格式
normalized_audio.export('enhanced.wav', format='wav')
```

❑ 情緒分析

通過分析語音的音調和節奏來識別說話者的情緒，用於客戶支援和市場調查。

```python
# 引入 pyAudioAnalysis 中的 audioTrainTest 模組
# pyAudioAnalysis 是一個音頻分析庫，可用於特徵提取、分類和情緒分析
from pyAudioAnalysis import audioTrainTest as aT

# 使用 file_classification 函數對音頻文件進行情緒分析
# 'audio.wav' 是需要分析的音頻文件
# 'svmEmotionModel' 是事先訓練好的情緒分類模型
# 'svm' 指定使用支持向量機（Support Vector Machine）作為分類器
emotion, probability = aT.file_classification('audio.wav', 'svmEmotionModel', 'svm')

# 'emotion' 是預測的情緒類別
# 'probability' 是模型對於預測情緒的信心水準或機率
print(f'Emotion: {emotion}, Probability: {probability}')
```

第 34 章
藝術創作與人臉辨識

人臉辨識是一個非常複雜的學問，所考量的包含 CPU 的密集運算，3D 顯示和光線追蹤。

以個人能力要完成上述工作非常困難，1999 年美國 Intel 公司主導開發了 OpenCV(Open Source Computer Vision Library) 計畫，這是一個跨平台的電腦視覺資料庫，可以將它應用在人臉辨識、人機互動、機器人視覺、動作識別， … 等，本章的重點則是使用 OpenCV 將它應用在人臉辨識系統設計。2000 年這個版本的第一個預覽版本在 IEEE on Computer Vision and Pattern Recognition 公開，經過 5 個測試版本後，2006 年 OpenCV 1.0 版正式上市，2009 年 10 月 OpenCV 2.0 版上市，2015 年 6 月 OpenCV 3.0 版上市，目前則是 OpenCV 4.8 版。從 2012 年起，OpenCV 的非營利組織成立 (OpenCV.org)，目前由這個組織協助支援與維護同時授權可以免費在教育研究和商業上使用。可以使用下列方式安裝 OpenCV：

```
pip install opencv-python
```

34-1 讀取和顯示影像

34-1-1 建立 OpenCV 影像視窗

可以使用 namedWindow( ) 建立未來要顯示影像的視窗，它的語法如下：

```
cv2.namedWindow( 視窗名稱 [,flag])
```

參數 flag 可能值如下：

- WINDOW_NORMAL：如果設定，使用者可以自行調整視窗大小。
- WINDOW_AUTOSIZE：這是預設，系統將依影像固定視窗大小。

34-1-2 讀取影像

可以使用 cv2.imread( ) 讀取影像，讀完後將影像放在影像物件內，OpenCV 幾乎支援大部分影像格式，例如：*.jpg、*jpeg、*.png、*.bmp、*.tiff … 等。

```
image = cv2.imread( 影像檔案 , 影像旗標 )          # image 是影像物件
```

影像旗標參數的可能值如下：

cv2.IMREAD_COLOR：這是預設，以彩色影像讀取，值是 1。

cv2.IMREAD_GRAYSCALE：以灰色影像讀取，值是 0。

實例：下列分別以彩色和黑白讀取影像 picture.jpg。

```
img = cv2.imread('picture.jpg', 1)          # 彩色影像讀取
img = cv2.imread('picture.jpg', 0)          # 灰色影像讀取
```

34-1-3 使用 OpenCV 視窗顯示影像

可以使用 cv2.imshow( ) 將前一節讀取的影像物件顯示在 OpenCV 視窗內，此方法的使用格式如下：

```
cv2.imshow( 視窗名稱 , 影像物件 )
```

34-1-4 關閉 OpenCV 視窗

將影像顯示在 OpenCV 視窗後，若是想刪除視窗可以使用下列方法。

```
cv2.destroyWindow( 視窗名稱 )          # 刪除單一所指定的視窗
cv2.destroyAllWindows( )               # 刪除所有 OpenCV 的影像視窗
```

34-1-5 時間等待

可以使用 cv2.waitKey(n) 執行時間等待，n 單位是毫秒，若是 n=0，代表無限期等待。若是設為 cv2.waitKey(1000) 相當於有 time.sleep(1) 等待 1 秒的效果，這是一個鍵盤綁定函數。

程式實例 ch34_1.py：以彩色和黑白顯示影像，其中彩色的 OpenCV 視窗無法調整視窗大小，黑白的 OpenCV 視窗則可以調整視窗大小。註：第 2 列是導入模組。

```
1  # ch34_1.py
2  import cv2
3  cv2.namedWindow("MyPicture1")                        # 使用預設
4  cv2.namedWindow("MyPicture2", cv2.WINDOW_NORMAL)     # 可以調整大小
5  img1 = cv2.imread("jk.jpg")                          # 彩色讀取
6  img2 = cv2.imread("jk.jpg", 0)                       # 灰色讀取
7  cv2.imshow("MyPicture1", img1)                       # 顯示影像img1
8  cv2.imshow("MyPicture2", img2)                       # 顯示影像img2
9  cv2.waitKey(3000)                                    # 等待3秒
10 cv2.destroyWindow("MyPicture1")                      # 刪除MyPicture1
11 cv2.waitKey(3000)                                    # 等待3秒
12 cv2.destroyAllWindows()                              # 刪除所有視窗
```

執行結果　下列右邊視窗可以調整大小。

34-1-6　儲存影像

可以使用 cv2.imwrite( ) 儲存影像，它的使用格式如下：

cv2.imwrite(檔案路徑 , 影像物件)

程式實例 ch34_2.py：開啟影像，使用 OpenCV 視窗儲存，然後存入 out34_2.jpg。

```
# ch34_2.py
import cv2
cv2.namedWindow("MyPicture")              # 使用預設
img = cv2.imread("jk.jpg")                # 彩色讀取
cv2.imshow("MyPicture", img)              # 顯示影像img
cv2.imwrite("out34_2.jpg", img)           # 將檔案寫入out34_2.jpg
cv2.waitKey(3000)                         # 等待3秒
cv2.destroyAllWindows()                   # 刪除所有視窗
```

執行結果　可以在 ch34 資料夾看到 out34_2.jpg 影像。

34-2　色彩空間與藝術效果

34-2-1　BGR 色彩空間

在傳統顏色通道的觀念中，RGB 通道的順序是 R -> G ->B(簡稱 RGB)，但是在 OpenCV 的顏色通道順序是 B -> G -> R(簡稱 BGR)，相當於下列順序觀念：

第 1 個顏色通道資料是 B。

第 2 個顏色通道資料是G 。

第 3 個顏色通道資料是 R。

34-2-2 BGR 與 RGB 色彩空間的轉換

這一節說明如何將 BGR 色彩空間的影像轉成 RGB 色彩空間，專業術語稱色彩空間類型轉換。前一節使用預設的 imread( ) 讀取影像檔案時，所獲得的是 BGR 色彩空間影像，OpenCV 提供下列轉換函數，可以將 BGR 影像轉換至其他影像。

image = cv2.cvtColor(src, code)

上述函數的回傳值 image 是一個轉換結果的影像物件，也可以稱目標影像，其他參數說明如下：

- src：要轉換的影像物件。
- code：色彩空間轉換具名參數，下列是常見的參數表。

具名參數	說明
COLOR_BGR2RGB	影像從 BGR 色彩轉為 RGB 色彩
COLOR_BGR2HSV	影像從 BGR 色彩轉為 HSV 色彩
COLOR_RGB2BGR	影像從 RGB 色彩轉為 BGR 色彩
COLOR_RGB2HSV	影像從 RGB 色彩轉為 HSV 色彩
COLOR_HSV2BGR	影像從 HSV 色彩轉為 BGR 色彩
COLOR_HSV2RGB	影像從 HSV 色彩轉為 RGB 色彩

程式實例 ch34_2_1.py：讀取彩色影像 mountain.jpg，然後將此影像轉成 RGB 影像。

```
# ch34_2_1.py
import cv2

img = cv2.imread("mountain.jpg")                    # BGR 讀取
cv2.imshow("mountain.jpg", img)
img_rgb = cv2.cvtColor(img, cv2.COLOR_BGR2RGB)  # BGR 轉 RBG
cv2.imshow("RGB Color Space", img_rgb)
cv2.waitKey(0)
cv2.destroyAllWindows()
```

執行結果

其實從色彩空間轉換，可以呈現圖像有藝術效果。

34-2-3　HSV 色彩空間

HSV 色彩空間是由 Alvy Ray Smith(美國電腦科學家，1943 年 9 月 8 日 -) 於 1978 年所創，色彩由色相 H(Hue)、飽和度 S(Saturation) 和明度 V(Value) 所組成。基本觀念是使用圓柱座標描述顏色，相當於顏色就是圓柱座標上的一個點。

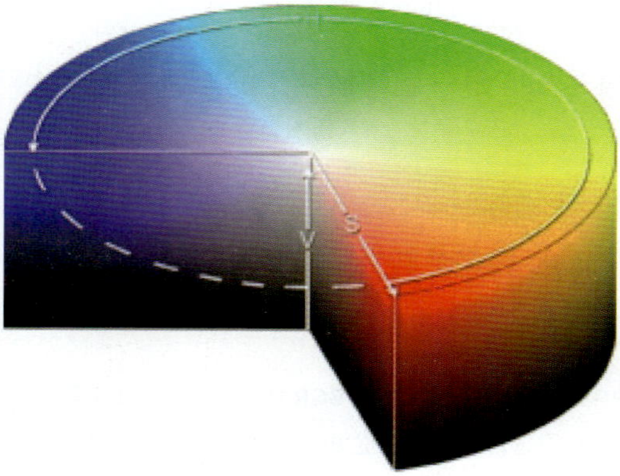

上述圖片均取材自下列網站
https://psychology.wikia.org/wiki/HSV_color_space?file=HueScale.svg

繞著這個圓柱的角度就是色相 (H)，軸的距離是飽和度 (S)，高度則是明度 (V)。因為黑色點在圓心下面，白色點在圓心上面，所以又可以使用倒圓錐體表達這個 HSV 色彩空間，如下所示：

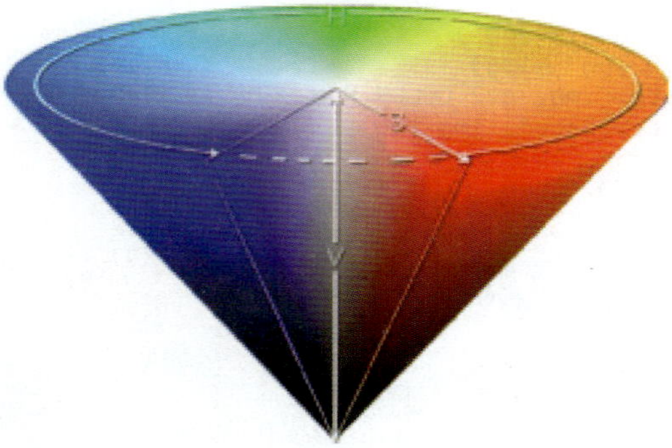

上述圖片均取材自下列網站
https://psychology.wikia.org/wiki/HSV_color_space?file=HueScale.svg

❑ 色調 H(Hue)：是指色彩的基本屬性，也就是我們日常生活所謂的紅色、黃色、綠色、藍色、… 等。此值的範圍是 0 ~ 360 度之間，不過 OpenCV 依公式處理成 0 ~ 180 之間。

上述圖片均取材自下列網站
https://psychology.wikia.org/wiki/HSV_color_space?file=HueScale.svg

❑ 飽和度 S(Saturation)：是指色彩的純度，數值越高彩純度越高，數值越低則逐漸變灰。此值範圍是 0 ~ 100%，不過 OpenCV 也是依公式處理成 0 ~ 255 之間。下列左邊是原影像與右邊色彩飽和度是 0% 的比較。

❑ 明度 V(Value)：其實就是顏色的亮度，此值範圍是 0 ~ 100%，不過 OpenCV 也是依公式處理成 0 ~ 255 之間，當明度是 0 時影像呈現黑色。

程式實例 ch34_2_2.py：將影像由 BGR 色彩空間轉為 HSV 色彩空間，然後分別顯示原影像與 HSV 色彩空間影像。

```
# ch34_2_2.py
import cv2

img = cv2.imread("street.jpg")                      # BGR讀取
cv2.imshow("BGR Color Space", img)
img_hsv = cv2.cvtColor(img, cv2.COLOR_BGR2HSV)    # BGR轉HSV
cv2.imshow("HSV Color Space", img_hsv)
cv2.waitKey(0)
cv2.destroyAllWindows()
```

執行結果

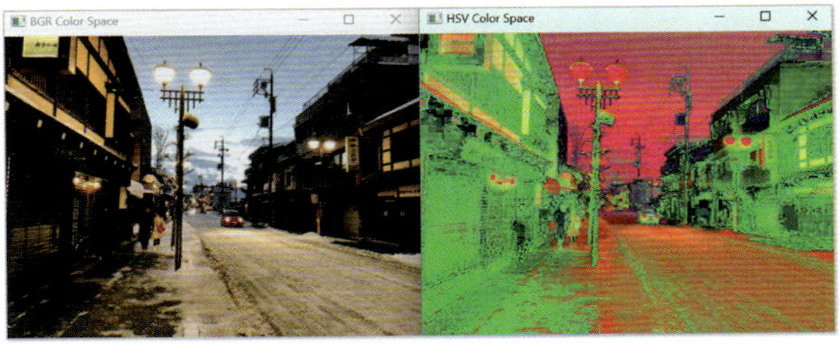

34-3 OpenCV 的繪圖功能

OpenCV 也像大多數的影像模組一樣可以執行繪圖，當然這不是學習 OpenCV 的目的，因為有其它好用的繪圖模組可以使用。

❑ 直線

cv2.line(繪圖物件 ,(x1,y1),(x2,y2), 顏色 , 寬度)

繪圖物件代表可想成是畫布，(x1,y1) 是線條的起點，(x2,y2) 是線條的終點，畫布左上角是 0,0，往右 x 軸增加，往下 y 軸增加，單位的像素。顏色是 3 個 RGB 值 (Blue, Green, Red) 介於 0-255 間，預設是黑色。線條寬度預設是 1。

實例：下列是從 x1=50, y1=100, 會一條線至 x2=300, y2=350，藍色，線寬是 2。

```
cv2.line(img, (50,100), (300,350), (255,0,0), 2)
```

❑ 矩形

cv2.rectangle(繪圖物件 ,(x1,y1),(x2,y2), 顏色 , 寬度)

(x1,y1) 是矩形左上角座標，(x2,y2) 是矩形右下角座標，顏色使用與線條相同，線寬是矩形寬，如果線寬是負值代表實心矩形。

實例：下列是建立一個綠色線條，寬度是 3，左上角是 x1=50,y1=100，右下角是 x2=300,y2=350 的矩形。

```
cv2.rectangle(img, (50,100), (300,350), (0,255,0), 3)
```

❑ 圓形

cv2.circle(繪圖物件 ,(x,y),radius, 顏色 , 寬度)

(x,y) 是圓中心，radius 是圓半徑。

實例：下列是在 (100,100) 為圓中心，繪半徑 50，紅色的圓，寬度為 1。

```
cv2.circle(img,(100,100),50,(0,0,255),2)
```

❑ 輸出文字

cv2.putText(繪圖物件 , 文字 , 位置 , 字體 , 字體大小 , 顏色 , 文字寬度)

其中字體格式有下列選項：

FONT_HERSHEY_SIMPLEX：sans-serif 字型正常大小。

FONT_HERSHEY_PLAIN：sans-serif 字型較小字型。

FONT_HERSHEY_COMPLEX：serif 字型正常大小。

FONT_ITALIC：italic 字型。

上述位置是指第一個字的左下角座標。

程式實例 ch34_3.py：在繪圖物件輸出線條、矩形與文字的應用。

```
# ch34_3.py
import cv2
cv2.namedWindow("MyPicture")                                  # 使用預設
img = cv2.imread("antarctica3.jpg")                           # 彩色讀取
cv2.line(img,(100,100),(1200,100),(255,0,0),2)                # 輸出線條
cv2.rectangle(img,(100,200),(1200,400),(0,0,255),2)           # 輸出矩陣
cv2.putText(img,"I Like Python",(400,350),                    # 輸出文字
            cv2.FONT_ITALIC,3,(255,0,0),8)
cv2.imshow("MyPicture", img)                                  # 顯示影像img
cv2.waitKey(3000)                                             # 等待3秒
cv2.destroyAllWindows()                                       # 刪除所有視窗
```

執行結果

34-4 人臉辨識

人臉辨識是計算機技術的一種，這個技術可以測出人臉在影像中的位置，同時也可以找出多個人臉，在檢測過程中基本上會忽略背景或其他物體，例如：身體、建築物或樹木，… 等。當然在檢測過程，很重要的是與圖像資料庫互相匹配比對，所用的技術是哈爾 (Harr) 特徵。

34-4-1 下載人臉辨識特徵檔案

請讀者進入 Github 網址，如下所示：

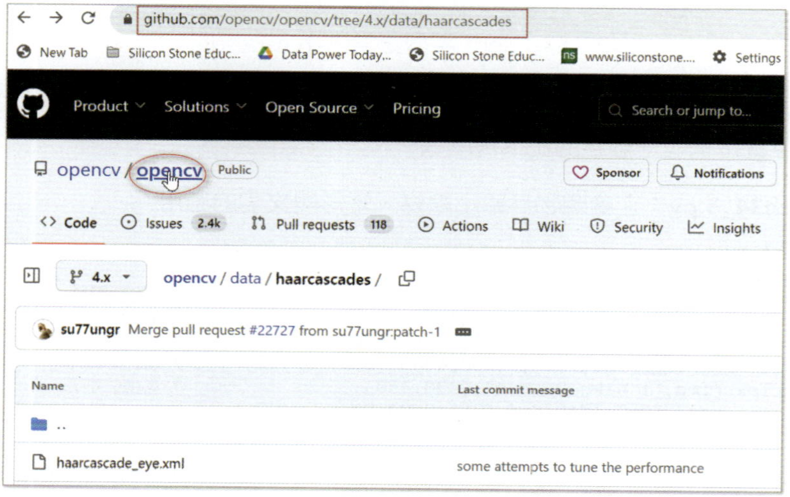

請點選 opencv，可以看到下列畫面：

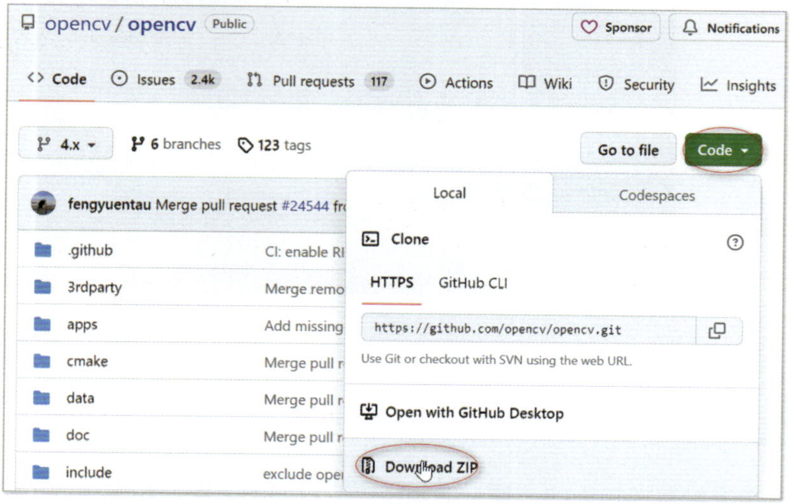

請先點選 Code，再點選 Download ZIP，可以下載壓縮檔，下載完成可以在 Windows 下載區的資料夾看到這個 opencv-4.x 壓縮檔。

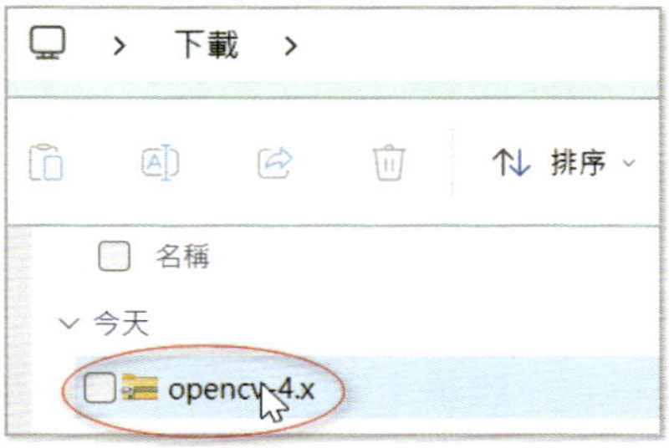

請連按兩下可以解壓縮，之後可以在「~opencv-4.x\data\haarcascades」資料夾看到所有的哈爾特徵資源檔案。

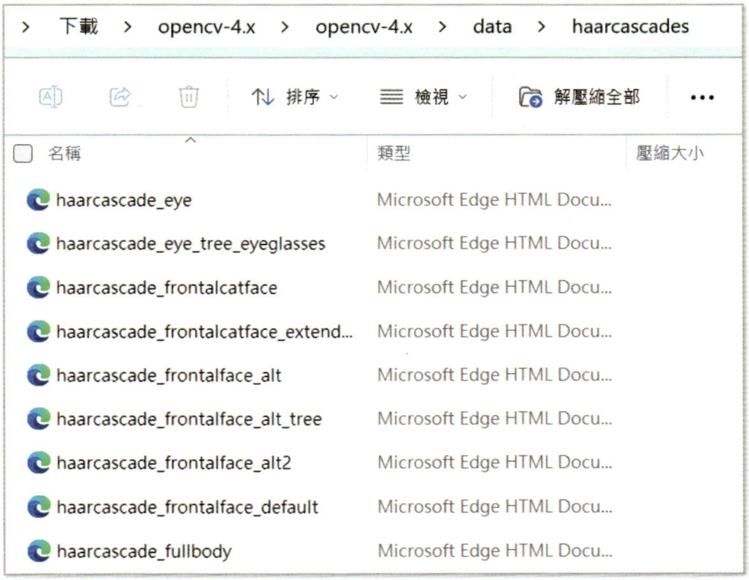

為了方便使用資源檔，筆者已經將資源檔案改存至 C:\opencv\data 資料夾，所以接下來所有實例皆需參考該資料夾。

34-4-2 臉部辨識

設計人臉辨識系統第一步是可以讓程式使用 OpenCV 將影像檔案的人臉標記出來，下列是常用的人臉辨識特徵檔案，我們可以使用 CascadeClassifier( ) 類別即可以執行臉部辨識。

```
face_cascade = cv2.CascadeClassifier('~haarcascade_frontalface_default.xml')
```

~ 是指檔案路徑，face_cascade 是辨識物件，當然你可以自行取名稱。接著需要使用辨識物件啟動 detectMultiScale( ) 方法，語法如下：

faces = face_cascade.detectMultiScale(img, 參數 1, 參數 2, …)

上述參數意義如下：

scaleFactor：如果沒有指定一般是 1.1，主要是指在特徵比對中，圖像比例的縮小倍數。

minNeighbors：每個區塊的特徵皆會比對，設定多少個特徵數達到才算比對成功，預設值是 3。

minSize：最小辨識區塊。

maxSize：最大的辨識區塊。

筆者研究許多文件中發現，最常見的是設定前 3 個參數，例如：下列表示影像物件是 img，scaleFactor 是 1.3，minNeighbors 是 5。

faces = face_cascade.detectMultiScale(img, 1.3, 5)

上述執行成功後的傳回值是 faces 串列，串列的元素是元組 (tuple)，每個元組內有 4 組數字分別代表臉部左上角的 x 軸座標、y 軸座標、臉部的寬 w 和臉部的高 h。有了這些資料就可以在影像中標出人臉，或是將人臉儲存。我們可以用 len(faces) 獲得找到幾張臉。

程式實例 ch34_4.py：使用第 4 行所載明的人臉特徵檔案，標示影像中的人臉，以及用藍色框框著人臉，以及影像右下方標註所發現的人臉數量。下列程式可以應用在發現很多人臉的場合，主要是程式第 17-18 列，筆者將傳回的串列 (元素是元組)，依次繪製矩形將臉部框起。

```
1  # ch34_4.py
2  import cv2
3
4  pictPath = r'C:\opencv\data\haarcascade_frontalface_default.xml'
5  face_cascade = cv2.CascadeClassifier(pictPath)          # 建立辨識物件
6  img = cv2.imread("jk.jpg")                              # 讀取影像
7  faces = face_cascade.detectMultiScale(img, scaleFactor=1.1,
8          minNeighbors = 3, minSize=(20,20))
9  # 標註右下角底色是黃色
10 cv2.rectangle(img, (img.shape[1]-140, img.shape[0]-20),
11                (img.shape[1],img.shape[0]), (0,255,255), -1)
12 # 標註找到多少的人臉
13 cv2.putText(img, "Finding " + str(len(faces)) + " face",
```

```
14                (img.shape[1]-135, img.shape[0]-5),
15                cv2.FONT_HERSHEY_COMPLEX, 0.5, (255,0,0), 1)
16 # 將人臉框起來, 由於有可能找到好幾個臉所以用迴圈繪出來
17 for (x,y,w,h) in faces:
18     cv2.rectangle(img,(x,y),(x+w,y+h),(255,0,0),2)        # 藍色框住人臉
19 cv2.imshow("Face", img)                                   # 顯示影像
20
21 cv2.waitKey(0)
22 cv2.destroyAllWindows()
```

執行結果

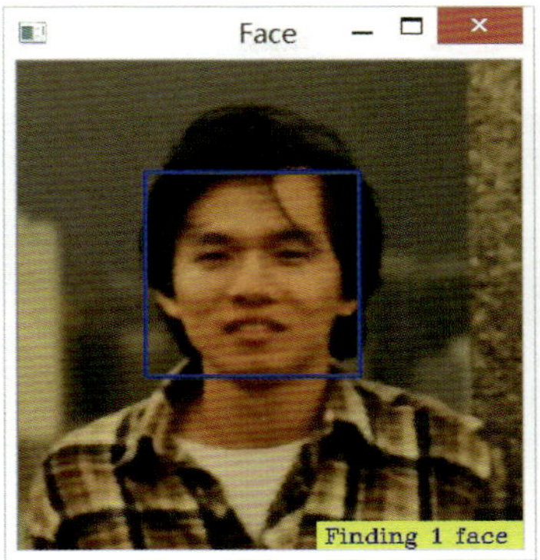

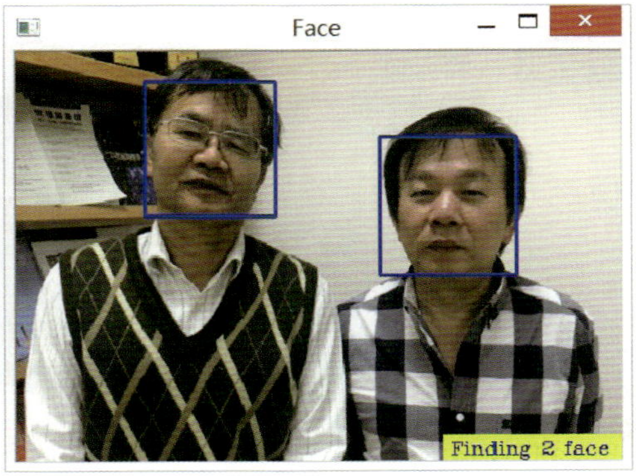

上述右邊是程式實例 ch34_5.py，第 6 列使用 g2.jpg 的執行結果。當然使用上偶爾也會出現辨識錯誤的情況，讀者可以自行體會。

34-4-3 將臉部存檔

我們已經成功辨識臉部了，下一步是將臉部儲存，就像我們出入國門進入海關，要享受便利的人臉辨識通關，首先海關人員會先為我們拍照，然後將我們的臉形存檔，未來我們每次出入海關會拍照，主要是將我們的臉形與電腦所存的臉形檔案進行比對。

要完成本節工作，我們可以使用 17 章的 Pillow 模組，這個模組有下列方法可以使用。

使用 Image.open( ) 開啟檔案，可參考 17-3-1 節。

使用 crop( ) 依據人臉辨識矩形框裁切圖片，可參考 17-5-1 節。

使用 resize( ) 更改影像大小，可參考 17-4-1 節。

使用 save( ) 儲存影像，可參考 17-3-5 節。

程式實例 ch34_6.py：擴充設計 ch34_5.py 使用 g5.jpg 辨別人臉，同時將人臉用寬與高皆是 160 像素點，儲存在「~ch34\facedata」資料夾。所辨識的人臉會分別存入 face1.jpg, … , face5.jpg。

註 第 5 ~ 6 列是檢查 facedata 資料夾是否存在，如果不存在就建立此資料夾。

```
# 將人臉框起來, 由於有可能找到好幾個臉所以用迴圈繪出來
num = 1                                                      # 檔名編號
for (x,y,w,h) in faces:
    cv2.rectangle(img,(x,y),(x+w,y+h),(255,0,0),2)           # 藍色框住人臉
    filename = "face" + str(num) + ".jpg"                    # 建立檔名
    image = Image.open("g5.jpg")                             # PIL模組開啟
    imageCrop = image.crop((x, y, x+w, y+h))                 # 裁切
    imageResize = imageCrop.resize((150,150),Image.ANTIALIAS)    # 高品質重製大小
    imageResize.save(filename)                               # 儲存大小
    num += 1                                                 # 檔案編號
```

執行結果

本程式的重點是「~ch34\facedata」資料夾，左到右有 face1.jpg … face5.jpg 等 5 張人臉圖檔。

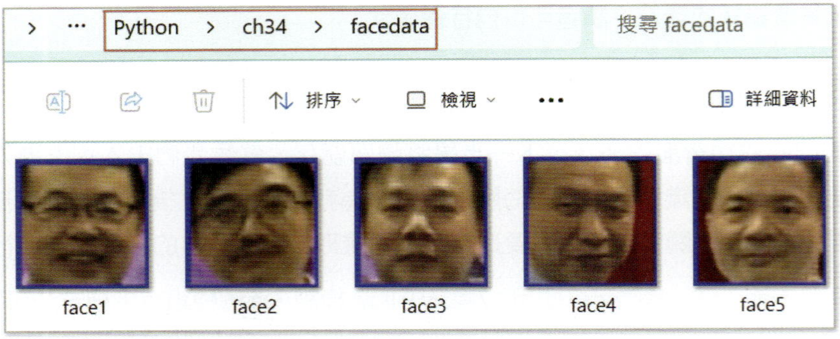

34-4-4　讀取攝影機所拍的畫面

OpenCV 有提供功能可以讓我們讀取一般影片，也可以讀取攝影機所拍畫面，當然可以擷取所拍畫面的臉形。控制攝影機的語法如下：

```
cap = VideoCapture(n)                # 筆電上內建攝影機，n 是 0
```

上述 cap 是攝影機物件，可自行取名。可以由 cap.isOpened( ) 判斷攝影機是否開啟，如果有開啟則傳回 True，否則傳回 False。當攝影機有開啟時，可以使用下列方法讀取攝影機所拍的影像。

ret, img = cap.read( )

ret 是布林值，如果是 True 表示拍攝成功，如果是 False 表示拍攝失敗。img 是攝影機所拍的影像物件。拍攝結束可以使用 cap.release( ) 關閉攝影機。

前面有介紹 cv2.waitKey( )，這個方法除了可以作為一般等待，也可以等待使用者的按鍵，如下所示：

key = cv2.waitKey(n)　　　　　# n 是等待時間，key 是使用者的按鍵

當使用者有按鍵發生時所按的鍵會傳給 key，這個 key 是一個 ASCII 碼值。

程式實例 ch34_7.py：程式執行後，請按 A 或 a 鍵，可以完成程式功能與程式執行結束。將攝影機所拍攝的影像儲存至 photo.jpg，可參考第 8 ~ 11 列，同時將這個影像做辨識處理，框出臉形，同時將所框的臉形存入 faceout.jpg。

```
1  # ch34_7.py
2  import cv2
3  from PIL import Image
4
5  pictPath = r'C:\opencv\data\haarcascade_frontalface_default.xml'
6  face_cascade = cv2.CascadeClassifier(pictPath)  # 建立辨識檔案物件
7  cv2.namedWindow("Photo")
8  cap = cv2.VideoCapture(0)                       # 開啟攝影機
9  while(cap.isOpened()):                          # 如果攝影機有開啟就執行迴圈
10     ret, img = cap.read()                       # 讀取影像
11     cv2.imshow("Photo", img)                    # 顯示影像在OpenCV視窗
12     if ret == True:                             # 讀取影像如果成功
13         key = cv2.waitKey(200)                  # 0.2秒檢查一次
14         if key == ord("a") or key == ord("A"):  # 如果按A或a
15             cv2.imwrite("photo.jpg", img)       # 將影像寫入photo.jpg
16             break
17 cap.release()                                   # 關閉攝影機
18
19 faces = face_cascade.detectMultiScale(img, scaleFactor=1.1,
20         minNeighbors = 3, minSize=(20,20))
21 # 標註右下角底色是黃色
22 cv2.rectangle(img, (img.shape[1]-120, img.shape[0]-20),
23              (img.shape[1],img.shape[0]), (0,255,255), -1)
24 # 標註找到多少的人臉
25 cv2.putText(img, "Find " + str(len(faces)) + " face",
26             (img.shape[1]-110, img.shape[0]-5),
27             cv2.FONT_HERSHEY_COMPLEX, 0.5, (255,0,0), 1)
28 # 將人臉框起來
29 for (x,y,w,h) in faces:
30     cv2.rectangle(img,(x,y),(x+w,y+h),(255,0,0),2)      # 藍色框住人臉
31     myimg = Image.open("photo.jpg")                     # PIL模組開啟
32     imgCrop = myimg.crop((x, y, x+w, y+h))              # 裁切
33     imgResize = imgCrop.resize((150,150), Image.Resampling.LANCZOS)
34     imgResize.save("faceout.jpg")                       # 儲存檔案
35
36 cv2.namedWindow("FaceRecognition", cv2.WINDOW_NORMAL)
37 cv2.imshow("FaceRecognition", img)
```

執行結果　下方右圖是 faceout.jpg 的輸出。

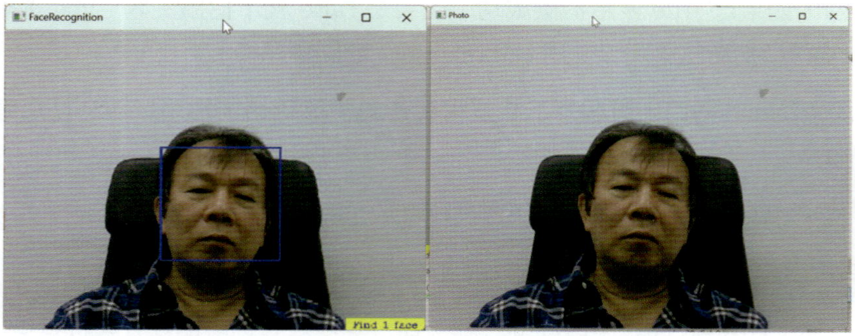

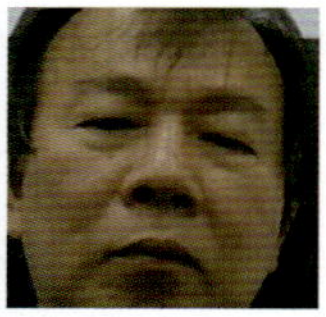

faceout.jpg

如果得到上述結果，恭喜成功，因為若和機場的人臉辨識系統相比較，目前只剩比對資料庫的臉形了。

34-4-5　臉形比對

其實臉形比對的演算法也是相對複雜，對我們而言只要使用前人所開發的演算法即可。此節筆者使用的是 histogram( ) 方法，它的基本觀念是取出 2 個臉形的顏色 (RGB) 分布的直方圖，對 2 個顏色做 RMS(root-mean-square)，如果 2 個圖一樣所得的 RMS 為 0，如果 RMS 結果值越大代表圖差異越大。

程式實例 ch34_8.py：計算 2 張相同圖的 RMS 值，這個程式需要導入許多模組。

```
# ch34_8.py
from functools import reduce
from PIL import Image
import math, operator
h1 = Image.open("face1.jpg").histogram()
h2 = Image.open("face1.jpg").histogram()
RMS = math.sqrt(reduce(operator.add, list(map(lambda a,b:
                (a-b)**2, h1, h2)))/len(h1))
print("RMS = ", RMS)
```

執行結果

```
======================= RESTART: D:/Python/ch34/ch34_8.py ======================
RMS =  0.0
```

程式實例 ch34_9.py：比較 ch34 資料夾的 face1.jpg(這是筆者 2017 年 9 月 28 日) 拍的照片和 faceout.jpg(這是 2023 年 11 月 20 日的照片) 的結果。

```
h1 = Image.open("face1.jpg").histogram()
h2 = Image.open("faceout.jpg").histogram()
```

執行結果

```
======================= RESTART: D:/Python/ch34/ch34_9.py ======================
RMS =  58.090446718888295
```

2 張臉形比對的結果是 67.8x，其實這在辨識領域可以歸做同一個臉形了，一般若是所得的結果是在 100 左右算是臨界值，讀者可以自行測試，這是一個有趣的應用。瞭解了以上觀念，相信讀者也可以設計機場的臉形通關系統了。

34-5 設計桃園國際機場的出入境人臉辨識系統

方式與觀念如下：

1：填寫個人資料，拍照建立個人臉形，讀者可以使用身分證號碼當作個人的臉形檔案。所以只要在執行 ch34_8.py 前增加輸入個人身分證字號就可以了，可以將這個程式稱 faceSave.py。下列是增加以及修改的內容。

```
ID = input("請輸入身份證字號 = ")                    # 讀取所輸入的身分證字號
print("臉形檔案將儲存在 ", ID + ".jpg")
faceFile = ID + ".jpg"                                # 未來的臉形檔案
```

下列是將臉形檔案儲存。

```
    imgResize.save(faceFile)                          # 儲存檔案
```

下列是程式執行時 Python Shell 視窗的畫面。

```
===================== RESTART: D:/Python/ch34/faceCheck.py =====================
請輸入身份證字號 = J12531729
臉形檔案將儲存在  J12531729.jpg
```

2：未來每次出入海關，皆會先掃描護照，主要目的是先將個人的圖檔調出來當作比對依據，我們暫時沒有這個設備，可以要求使用者螢幕輸入身分證字號，有了身分證字號就可以將資料庫的個人臉形圖庫叫出。然後使用 ch34_8.py 程式拍照存檔，再利用 ch34_10.py 將現在所拍的臉形和原先資料庫的臉形做比對就可以了，如果比對結果的 RMS 值小於 100 則是比對成功，否則是比對失敗，可以將這個程式稱 faceCheck.py。

```
from functools import reduce
import math, operator

ID = input("請輸入身份證字號 = ")                    # 讀取所輸入的身分證字號
face = ID + ".jpg"                                    # 未來的臉形檔案
```

下列是第 39 列是將臉形檔案儲存，41 ~ 44 列是計算比對的 RMS。

```
39      imgResize.save("newface.jpg")                 # 儲存檔案
40
41  h1 = Image.open(face).histogram()
42  h2 = Image.open("newface.jpg").histogram()
43  RMS = math.sqrt(reduce(operator.add, list(map(lambda a,b:
44                  (a-b)**2, h1, h2)))/len(h1))
```

```
if RMS <= 100:
    print("歡迎出入境")
else:
    print("比對失敗")
```

下列是程式執行時 Python Shell 視窗的畫面。

```
===================== RESTART: D:\Python\ch34\faceCheck.py =====================
請輸入身份證字號 = J123456789
歡迎出入境
```

34-6 OpenCV 的潛在應用

本節所述程式不完整，無法執行，適合讀者未來更進一步研究與學習。

❑ 物體追蹤

追蹤影音特定物體的運動，適用於監控系統或運動分析。

```
import cv2

cap = cv2.VideoCapture('video.mp4')  # 打開影片文件
tracker = cv2.TrackerCSRT_create()   # 建立 CSRT 追蹤器
ret, img = cap.read()                # 從影片中讀取第一幀
bbox = cv2.selectROI(img, False)     # 讓用戶選擇要追蹤的物體
tracker.init(img, bbox)              # 初始化追蹤器

while True:
    ret, img = cap.read()            # 從影片讀取新幀
    ret, bbox = tracker.update(img)  # 更新追蹤器

    if ret:                          # 如果追蹤成功
        (x, y, w, h) = [int(v) for v in bbox]  # 獲取追蹤物體的座標
        # 畫出追蹤物體的框
        cv2.rectangle(img, (x, y), (x+w, y+h), (0, 255, 0), 2, 1)

    cv2.imshow('Tracking', img)      # 顯示追蹤結果
    if cv2.waitKey(1) & 0xFF == ord('q'):  # 按 'q' 鍵退出
        break

cap.release()                        # 釋放影片對象
cv2.destroyAllWindows()              # 關閉所有 OpenCV 視窗
```

❑ 車牌識別

用於識別和記錄車輛車牌，適用於停車場管理或交通監控。

```
import cv2
import pytesseract                          # 導入 pytesseract 進行圖像中的文字識別
# 加載車牌辨識分類器
plate_cascade = cv2.CascadeClassifier('haarcascade_russian_plate_number.xml')
cap = cv2.VideoCapture(0)                                      # 打開攝影機
```

```python
while True:
    ret, img = cap.read()                                    # 讀取攝影機畫面
    gray = cv2.cvtColor(img, cv2.COLOR_BGR2GRAY)             # 轉為灰階圖
    plates = plate_cascade.detectMultiScale(gray, 1.1, 10)   # 檢測車牌

    for (x, y, w, h) in plates:
        cv2.rectangle(img, (x, y), (x+w, y+h), (51, 51, 255), 2)  # 畫出車牌
        plate = img[y:y+h, x:x+w]                            # 獲取車牌區域
        plate_text = pytesseract.image_to_string(plate)      # 用 pytesseract 辨識車牌文字
        print(plate_text)                                    # 輸出車牌文字

    cv2.imshow('img', img)
    if cv2.waitKey(30) & 0xFF == ord('q'):                   # 按 'q' 鍵退出
        break

cap.release()
cv2.destroyAllWindows()
```

❑ 色彩分析

分析和處理圖像中的色彩分佈，適用於產品質量控制或品牌分析。

```python
import cv2
import numpy as np

img = cv2.imread('image.jpg')                      # 讀取圖像
data = np.reshape(img, (-1, 3))                    # 重塑圖像為 2D 陣列
data = np.float32(data)                            # 轉換數據類型為 float32

# 應用 k-means 分群以識別主要顏色
criteria = (cv2.TERM_CRITERIA_EPS + cv2.TERM_CRITERIA_MAX_ITER, 20, 0.5)
flags = cv2.KMEANS_RANDOM_CENTERS
compactness, labels, centers = cv2.kmeans(data, 5, None, criteria, 10, flags)

# 建立一個顯示顏色分佈的新圖像
palette = np.uint8(centers)
res = palette[labels.flatten()]
result_image = res.reshape(img.shape)

cv2.imshow('image', img)                           # 顯示原始圖像
cv2.imshow('result', result_image)                 # 顯示色彩分析結果
cv2.waitKey(0)
```

第 35 章

Python 多媒體應用

Python 操作多媒體最常見的是使用 moviepy 模組，它可以用於剪輯、合併、製作影片序列，以及執行各種影片和音頻處理任務，特別是他有簡單的 API 和豐富的功能而受到青睞，讀者需留意因為 moviepy 模組執行時會內部呼叫 ffmpeg 模組功能，所以讀者必須先安裝 ffmpeg 模組，細節可以參考 33-3-1 節。這是外部模組，使用前需要安裝此模組。

```
pip install moviepy
```

moviepy 主要功能如下：

- 轉換影片格式：轉換影片格式，包括常見的 MP4, AVI, GIF 等。
- 調整影片內容：moviepy 可以用來調整影片的尺寸、速度、亮度、對比度等。
- 音訊處理：moviepy 允許您從影片中提取音訊、修改音訊，例如：改變音量或應用音訊效果，或是將音訊和影片結合。
- 添加特效：您可以添加各種特效，如淡入淡出、轉場效果等。
- 剪輯和合併影片：您可以剪切影片中的特定部分，或將多個影片段合併在一起。
- 添加文本和圖像：您可以在影片中添加影片標題、圖片或其他影片疊加。

本書由於篇幅受限，只說明多媒體的基礎應用。

35-1 轉換影片格式

35-1-1 讀取影片與轉換輸出

常見的影片格式如下：

- MP4 (MPEG-4 Part 14)：這是最常見的影片格式之一，廣泛相容各種設備和播放器。
- AVI (Audio Video Interleave)：這是一種較老的影片格式，由微軟開發，依然廣泛使用。
- MOV：由蘋果公司開發，常用於 Mac 系統和 iOS 設備。
- WMV (Windows Media Video)：微軟開發的影片壓縮格式，常用於 Windows 系統。
- FLV (Flash Video)：主要用於在線影片串流，如 YouTube, Vimeo 等。
- GIF：用於創建短影片循環，通常用於簡短的幽默片段或動畫。

要執行格式轉換，首先要使用 moviepy.editor 模組的 VideoFileClip( ) 方法讀取 mp4 影片，例如：假設是讀取「南極 .mp4」，語法如下所示：

```
original_clip = VideoFileClip(" 南極 .mp4")              # 這也是建立影片物件
```

未來要寫入不同的格式需使用此物件呼叫 write_videofile( )，語法如下：

```
original_clip.write_videofile(output, codec='libx264')
```

上述 write_videofile( ) 的參數是「codec='libx264'」，libx264 是一個廣泛使用的開源編碼模組，用於編碼影片為「H.264/MPEG-4 AVC」格式。H.264 是目前最常用的影片壓縮標準之一，提供了高質量的影片數據壓縮。使用 libx264 編碼器可以確保輸出的「.mp4」影片檔案具有良好的相容性，並且可以在多數媒體播放器和網路平台上播放。

程式實例 ch35_1.py：將「南極 .mp4」影片轉成「output_video.avi」，放在 out35_1 資料夾。

```python
# ch35_1.py
from moviepy.editor import VideoFileClip
import os

# 確保輸出資料夾存在
output_folder = "out35_1"
if not os.path.exists(output_folder):
    os.makedirs(output_folder)

# 載入原始影片
original_clip = VideoFileClip("南極.mp4")

# 定義不同的輸出格式
formats = ["avi"]

# 對每個格式進行轉換
for fmt in formats:
    output_file = os.path.join(output_folder, f"output_video.{fmt}")
    original_clip.write_videofile(output_file, codec='libx264')

# 釋放資源
original_clip.close()
```

執行結果

```
======================== RESTART: D:/Python/ch35/ch35_1.py ========================
Moviepy - Building video out35_1\output_video.avi.
MoviePy - Writing audio in output_videoTEMP_MPY_wvf_snd.mp3
 chunk:   0%|          | 0/272 [00:00<?, ?it/s, now=None] chunk:  10%|
 | 28/272 [00:00<00:03, 65.41it/s, now=None] chunk:  75%|                  | 204
/272 [00:00<00:00, 482.11it/s, now=None]
                                   MoviePy - Done.
Moviepy - Writing video out35_1\output_video.avi

 t:   0%|          | 0/370 [00:00<?, ?it/s, now=None] t:   1%|          | 3/370
[00:00<00:13, 26.73it/s, now=None] t:   3%|          | 12/370 [00:00<00:05, 61.
75it/s, now=None] t:   8%|          | 29/370 [00:00<00:03, 109.58it/s, now=None
] t:  12%|          | 44/370 [00:00<00:02, 125.21it/s, now=None] t:  15%|
      | 57/370 [00:00<00:02, 118.37it/s, now=None] t:  19%|          | 70/370
 [00:00<00:02, 107.82it/s, now=None] t:  22%|          | 82/370 [00:00<00:03,
 89.58it/s, now=None]  t:  25%|          | 92/370 [00:01<00:03, 71.09it/s, no
```

...

```
10<10:46, 215.65s/it, now=None] t:  99%|                    | 368/370 [4:21:55<0
7:16, 218.27s/it, now=None] t: 100%|                    | 369/370 [4:25:42<03:41
, 221.01s/it, now=None] t: 100%|                    | 370/370 [4:29:38<00:00, 22
5.61s/it, now=None]
      Moviepy - Done !
Moviepy - video ready out35_1\output_video.avi
```

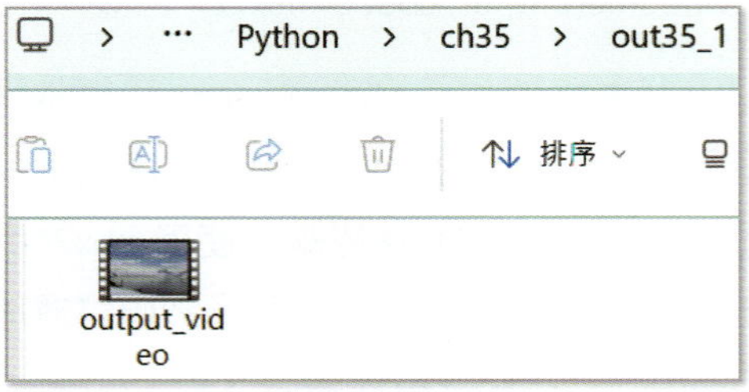

執行上述程式需要花一點時間，第 14 列是用串列定義輸出格式，如果要增加轉換成不同格式，只要增加格式元素即可，例如：增加 "WMV"，語法如下：

formats = ["AVI", "WMV"]。

35-1-2　擷取影片與轉換成 GIF 格式

GIF(Graphics Interchange Format) 格式的影片具有以下幾個顯著特點：

- 無聲：GIF 檔案僅包含圖像資料，不包含音訊。因此，即使原始影片包含音訊，轉換成 GIF 後也會失去音訊。
- 較小檔案大小：相較於傳統影片格式，GIF 通常有較小的檔案大小，這使得它們在網頁和社交媒體上更容易共享。
- 有限的色彩：GIF 格式支援最多 256 色的調色板，這限制了色彩的豐富度和深度。因此，GIF 影片可能無法精確地呈現原始影片的色彩。
- 循環播放：GIF 影片通常會無限循環播放，這使它們特別適合短且重複的動畫或表情。
- 廣泛兼容性：GIF 是一種廣泛支持的格式，幾乎所有的網頁瀏覽器和多數的影像查看器都能夠顯示 GIF 檔案。
- 動畫效果：GIF 可以包含多幀圖像，使其可用於創建簡單的動畫。

由於這些特性，GIF 常用於網頁廣告、社交媒體表情包和簡短的娛樂內容。然而，GIF 的色彩和解析度限制使其不適合高質量的影像或長時間的影片內容。在建立影片物件後，可以使用 subclip( ) 方法，剪輯指定時間範圍的影片，語法如下：

subclip(start_time, end_time)

程式實例 ch35_2.py：將「南極 .mp4」影片的第 2 ~ 3 秒剪輯成 GIF 檔案，放在 out35_2 資料夾。

```
#ch35_2.py
from moviepy.editor import VideoFileClip
import os

# 確保輸出資料夾存在
output_folder = "out35_2"
if not os.path.exists(output_folder):
    os.makedirs(output_folder)

# 載入原始影片
original_clip = VideoFileClip("南極.mp4")

# 剪輯指定時間範圍（第 2 秒到第 3 秒）
clip = original_clip.subclip(2, 3)

# 轉換並保存為 GIF 格式
output_file = os.path.join(output_folder, "gif_video.gif")
clip.write_gif(output_file)

# 釋放資源
clip.close()
original_clip.close()
```

執行結果

```
======================== RESTART: D:/Python/ch35/ch35_2.py ========================
MoviePy - Building file out35_2\gif_video.gif with imageio.
 t:   0%|          | 0/30 [00:00<?, ?it/s, now=None]
```

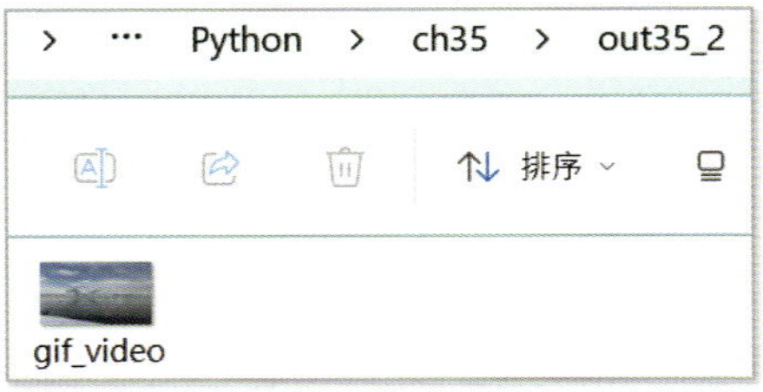

35-2 調整影片

35-2-1 調整影片尺寸 resize( )

resize( ) 方法可以調整影片尺寸，可以參考下列實例。

程式實例 ch35_3.py：調整 2 個影片尺寸。

```
# ch35_3.py
from moviepy.editor import VideoFileClip

clip = VideoFileClip("short南極.mp4")
# 調整影片的尺寸為寬度為 480 像素
resized_480 = clip.resize(width=480)
# 保存新影片
resized_480.write_videofile(r"out35_3_resized_480.mp4")

# 或者按照原始尺寸的一半
resized_half = clip.resize(0.5)
# 保存新影片
resized_half.write_videofile("out35_3_resized_half.mp4")
```

執行結果

out35_3_resized_480	2023/11/21 上午 08:16	MP4 檔案
out35_3_resized_half	2023/11/21 上午 08:16	MP4 檔案

35-2-2 播放速度 / 明亮度 / 對比度 - fx( )

fx( ) 方法可以調整影片播放速度、明亮度與對比度，語法如下：

```
fx(vfx.speedx, factor)            # 調整播放速度
fx(vfx.colorx, factor)            # 調整明亮度
fx(vfx.lum_contrast, factor)      # 調整亮度與對比度
```

上述第 1 個參數，vfx.speedx、vfx.colorx、vfx.lum_contrast 等其實是函數，用此參數函數執行影片的調整。

程式實例 ch35_4.py：調整影片播放速度。

```
# ch35_4.py
from moviepy.editor import VideoFileClip, vfx

clip = VideoFileClip("short南極.mp4")
# 將播放速度加快兩倍
faster_clip = clip.fx(vfx.speedx, 2)
# 保存新影片
faster_clip.write_videofile(r"out35_4_faster.mp4")

# 將播放速度減慢到一半
```

```
slower_clip = clip.fx(vfx.speedx, 0.5)
# 保存新影片
slower_clip.write_videofile("out35_4_slower.mp4")
```

執行結果

程式實例 ch35_5.py：提高影片的亮度與對比度。

```
1  # ch35_5.py
2  from moviepy.editor import VideoFileClip, vfx
3
4  clip = VideoFileClip("short南極.mp4")
5  # 提高亮度
6  brighter_clip = clip.fx(vfx.colorx, 1.2)                  # 亮度增加 20%
7  # 保存新影片
8  brighter_clip.write_videofile("out35_5_brighter.mp4")
9
10 # 設定亮度與對比度, 0.5是亮度, 1.5是對比度
11 contrast_clip = clip.fx(vfx.lum_contrast, 0.5, 1.5, 0)  # 對比度增加 50%
12 # 保存新影片
13 contrast_clip.write_videofile("out35_5_contrast.mp4")
```

執行結果

在上述第 11 列的參數 vfx.lum_constrast 中，第 1 個參數值 0.5 是亮度增益 (luminosity gain)，第 2 個參數值 1.5 是對比度增益 (contrast gain)，第 3 個是 gamma 值。在這個例子中，我們將對比度增益設定為 1.5 以增加對比度。

35-3 設計 MP4 影片檔案

在數位時代，影片已經成為一種不可或缺的媒體形式，無論是在社交媒體分享、教育內容創作，還是在數據可視化和專業影像處理中，都扮演著舉足輕重的角色。而 MP4 作為一種廣泛使用的影片容器格式，因其高壓縮率、優異的播放性能和兼容性，成為眾多影片應用的首選。

本節內容的目的是引導讀者從基礎出發，學會如何使用程式生成 MP4 影片檔案。透過程式化的方式創建影片，不僅能夠幫助開發者深刻理解影片編碼的運作原理，還能靈活應對多種實際需求，例如：

- 自動生成動態影像作為數據可視化工具；
- 創建動畫或特效影片，應用於數位媒體製作。

在接下來的內容中，我們將結合 Python 編程環境和 OpenCV 庫，逐步介紹 MP4 影片檔案的生成過程，涵蓋以下關鍵概念：

- 影片的組成：如何透過多幀影像構成影片。
- MP4 格式的特點：壓縮效率與播放性能的平衡。
- 程式實現步驟：從影像數據的準備到影片文件的輸出。

學習本節內容，讀者將掌握建立 MP4 影片檔案的核心技術，並能將其靈活運用於自己的創意或專業項目中。這不僅是一種技能的提升，更是一種創造的開始，讓我們一起探索影片世界的無限可能性！

35-3-1　MP4 檔案設計步驟

❑ 認識 MP4 影片結構

- MP4 是一種容器格式，可以存儲影片、音訊和其他資料。
- 在 MP4 中，影片由一系列幀組成，每幀是靜態影像。
- 透過編碼工具（如 OpenCV 的 VideoWriter）將多個影像合併為一個 MP4 影片文件。

❑ 定義輸出參數

在開始生成影片之前，需要定義影片的關鍵參數：

- 輸出檔案名稱：影片檔案保存的路徑和名稱。
- 解析度（Resolution）：影像的寬和高（像素）。
- 幀率（Frame Rate, FPS）：每秒顯示的幀數，常用值為 30。
- 影片編碼器：壓縮影片數據的工具，例如 MP4V、XVID。

下列是示範程式碼：

```
frame_height, frame_width = image.shape[:2]          # 獲取圖片的高和寬
output_file = "myvideo.mp4"                          # 影片檔案名稱
fps = 30                                             # 幀率
fourcc = cv2.VideoWriter_fourcc(*'mp4v')             # MP4 編碼器
```

上述 VideoWriter_fourcc( ) 函數是 OpenCV 中用於指定影片編碼格式的函數，它定義了影片壓縮和存儲的編碼器（codec）。其語法如下：

```
fourcc = cv2.VideoWriter_fourcc(codec)
```

上述函數回傳是編碼器格式，如果參數是「*'mp4v'」，則編碼器格式是 MP4 檔案。有關 codec 的用法可以參考下表：

FourCC	說明	用途
'XVID'	MPEG-4 編碼器（較廣泛支持）	AVI 文件，較通用
'MJPG'	Motion JPEG（壓縮效果好）	AVI 文件
'X264'	H.264 編碼器（高壓縮率）	MP4 文件，高清視頻
'mp4v'	MPEG-4 影片編碼	MP4 文件，流行影片格式
'DIVX'	DivX 影片編碼	AVI 文件
'H264'	高效影片編碼（需要額外庫支持）	MP4 文件

❑ 創建 VideoWriter 物件

使用 OpenCV 的 VideoWriter 物件來初始化影片文件。

- 定義 MP4 文件的寫入方式。
- 將每一幀影像寫入影片。

下列是示範程式碼：

```
out = cv2.VideoWriter(output_file, fourcc, fps, (frame_width, frame_height))
```

上述 cv2.VideoWriter( ) 函數的參數可以由前面步驟得到。

❑ 準備每一幀的影像

每一幀是靜態影像，可以從現有圖片生成或動態生成，然後寫入幀。例如：

```
out.write(frame)                    # 這是寫入一幅幀
```

要完成影片是需要用迴圈生成系列的幀。

❑ 儲存影片檔案

完成所有幀寫入後，釋放資源並保存檔案。

下列是示範的程式碼。

```
out.release()
print(f"MP4 已成功儲存為：{output_file}")
```

35-3-2　MP4 影片實作

程式實例 ch35_5_1.py：將攝影機拍攝畫面轉成影片 myvideo.mp4，按 Esc 可結束。

```
# ch35_5_1.py
import cv2

# 開啟預設攝影機, 預設是 0
cap = cv2.VideoCapture(0)
# 檢查攝影機是否成功開啟
if not cap.isOpened():
    print("無法開啟攝影機")
    exit()

# 取得攝影機畫面尺寸
frame_width = int(cap.get(cv2.CAP_PROP_FRAME_WIDTH))
frame_height = int(cap.get(cv2.CAP_PROP_FRAME_HEIGHT))
fps = 30                                    # 預設30幀/秒

# 建立影片寫入物件, 指定格式為mp4
fourcc = cv2.VideoWriter_fourcc(*'mp4v')
out = cv2.VideoWriter('myvideo.mp4', fourcc, fps, (frame_width, frame_height))

print("開始錄影, 按 Esc 鍵結束")

while True:
    ret, frame = cap.read()
    if not ret:
        print("無法讀取畫面, 結束錄影")
        break

    cv2.imshow('Recording', frame)          # 顯示畫面
    out.write(frame)                        # 寫入影片
    if cv2.waitKey(1) == 27:                # 按 Esc 鍵結束錄影
        print("錄影結束")
        break

# 釋放資源
cap.release()
out.release()
cv2.destroyAllWindows()
```

執行結果

```
===================== RESTART: D:/Python/ch35/ch35_5_1.py =====================
開始錄影, 按 Esc 鍵結束
錄影結束
```

myvideo

35-4 音訊處理

moviepy 模組中，處理音訊是一個常見的操作，這個功能允許您從影片中提取音訊、修改音訊屬性，或將新的音訊與影片結合。

35-4-1 音訊屬性 audio

我們可以使用 audio 屬性來獲取影片中的音訊部分。

程式實例 ch35_6.py：提取「short 南極企鵝 .mp4」的音訊。

```
# ch35_6.py
from moviepy.editor import VideoFileClip

clip = VideoFileClip("short南極企鵝.mp4")
audio = clip.audio
audio.write_audiofile("out35_6_企鵝聲音.mp3")
```

執行結果

out35_6_企鵝聲音　2023/11/21 下午 12:17　MP3 檔案

35-3-2 修改音量 volumex( )

修改音量可以使用 volumex( ) 方法。

程式實例 ch35_7.py：將影片的企鵝音量擴大一倍。

```
1  # ch35_7.py
2  from moviepy.editor import VideoFileClip
3
4  # 載入影片
5  video_clip = VideoFileClip("short南極企鵝.mp4")
6
7  # 將影片的音量放大兩倍
8  video_clip = video_clip.volumex(2)
9
10 # 將調整音量後的影片儲存
11 video_clip.write_videofile("out35_7_企鵝聲音double.mp4")
```

執行結果

out35_7_企鵝聲音double　2023/11/21 下午 12:27　MP4 檔案

註 上述第 8 列，如果設定 volumex(0.5)，相當於音量是原先的一半。

35-4-3 音訊淡入與淡出

音訊淡入與淡出效果的方法如下：

- audio.fx(afx.audio_fadeout, duration)：duration 是淡入的秒數。
- audio.fx(afx.audio_fadein, duration)：duration 是淡出的秒數。

要將設定好的音訊置回原影片，可以使用 set_audio( )，細節可以參考下列實例。

程式實例 ch35_8.py：設定影片「short 南極企鵝 .mp4」音訊淡出 3 秒。

```
# ch35_8.py
from moviepy.editor import VideoFileClip,afx

# 加載影片文件
video = VideoFileClip("short南極企鵝.mp4")

# 設定音訊淡出的時間，單位為秒
fadeout_duration = 3                    # 音訊淡出 3 秒

# 應用音訊淡出效果
audio_fadeout = video.audio.fx(afx.audio_fadeout, fadeout_duration)

# 將帶有淡出效果的音訊設置回影片
video = video.set_audio(audio_fadeout)

# 儲存處理後的影片文件
video.write_videofile("out35_8_淡出.mp4",codec="libx264",audio_codec="aac")
```

執行結果 out35_8_淡出 2023/11/21 下午 03:54 MP4 檔案

上述 write_videofile( ) 有一個參數是「audio_codec="aac"」，aac 代表進階音訊編碼 (Advanced Audio Coding)，是一種用於壓縮和編碼數位音訊的標準。它是 MP3 的後繼者，提供了比 MP3 更好的音質，在相同的傳輸速率下能達到更高的音訊質量。

35-4-4 音訊置入影片

將音訊置入影片時，需要考慮以下幾個重點以確保最終產品的品質：

- 音訊與影片的同步：確保音訊與影片的畫面完美同步。如果音訊有任何延遲或提前，會影響觀看體驗。
- 音訊長度：音訊的長度應該與影片長度匹配。如果音訊較短，可以循環播放；如果較長，則可以截斷或適當編輯以適配影片。
- 音量水平：音訊的音量應該與影片中的其他聲音平衡，避免過大或過小，並確保整體聲音水平的一致性。
- 音質：音訊的質量應該足夠高，避免噪音或失真，以確保清晰的聽覺體驗。
- 音訊格式和編碼：音訊檔案格式應該與影片編輯軟體相容，並使用適當的編碼器來維持質量。

- 傳輸速率：音訊的傳輸速率 (bit/per second) 應該足夠高，以保持良好的音質，但同時也要考慮檔案大小和流暢播放的需求。
- 背景與前景聲音：如果影片中已有背景音樂或效果音，新加入的音訊不應該與之衝突，而是要和諧地融入。

程式實例 ch35_9.py：將「out35_6_ 企鵝聲音 .mp3」置入影片「short 南極 .mp4」。

```
1  # ch35_9.py
2  from moviepy.editor import VideoFileClip, AudioFileClip
3
4  # 載入影片文件和音訊文件
5  video_clip = VideoFileClip("short南極.mp4")
6  audio_clip = AudioFileClip("out35_6_企鵝聲音.mp3")
7
8  # 如果音訊比影片長，則截斷音訊以匹配影片的長度
9  if audio_clip.duration > video_clip.duration:
10     audio_clip = audio_clip.subclip(0, video_clip.duration)
11
12 # 如果音訊比影片短，則循環音訊以填滿影片的長度

13 elif audio_clip.duration < video_clip.duration:
14     # 計算循環次數
15     number_of_loops = video_clip.duration // audio_clip.duration + 1
16     audio_clip = audio_clip.loop(number_of_loops)
17     audio_clip = audio_clip.subclip(0, video_clip.duration)
18
19 # 將新音訊設定到影片文件中
20 final_clip = video_clip.set_audio(audio_clip)
21
22 # 儲存結果到文件
23 final_clip.write_videofile("out35_9.mp4",codec="libx264",audio_codec="aac")
```

執行結果

out35_9	2023/11/21 下午 04:27	MP4 檔案

這段程式碼首先載入了影片文件「short 南極 .mp4」和音訊文件「out_35_6 企鵝聲音 .mp3」。接著，根據影片和音訊的長度，程式碼會截斷或循環音訊以確保兩者的長度一致。然後，程式碼將修改後的音訊設定到影片文件中。最後，將結果儲存為「out35_9.mp4」。

這個程式第 9 列用到了 duration 屬性，這個屬性標記影片或是音訊物件的時間長度。程式第 16 列用到了 audio_clip.loop( ) 方法用於將音訊剪輯 (AudioFileClip) 重複播放，以創造一個循環的音訊效果，這個方法非常有用當您需要將一段較短的音訊擴展到與較長的影片剪輯時使用。此方法的語法如下：

```
looped_audio = audio_clip.loop(nloops=2, duration=None)
```

- nloops：指定音訊剪輯需要重複的次數。如果設置為 None，音訊剪輯將無限循環直到達到 duration 指定的持續時間。
- duration：指定最終循環音訊剪輯的總持續時間 (以秒為單位)。如果設置為 None，則音訊將根據 nloops 的值重複相應次數。

例如：假設您有一個持續 10 秒的音訊剪輯，但需要一個 30 秒長的音訊以匹配您的影片，程式碼如下：

```
from moviepy.editor import AudioFileClip
audio_clip = AudioFileClip("your_audio.mp3")
# 重複音訊剪輯以創造一個 30 秒長的音訊
looped_audio = audio_clip.loop(duration=30)
```

在這個實例中，loop( ) 方法將原始的 10 秒音訊剪輯重複播放，直到達到總持續時間為 30 秒。這樣就可以將這段循環音訊與您的影片剪輯結合。

35-5 影片淡入與淡出效果

影片淡入與淡出效果方法如下：

- fadein(duration)：淡入效果，duration 是淡入時間。
- fadeout(duration)：淡出效果，duration 是淡出時間。

程式實例 ch35_10.py： 使用 penguin.mp4 設計影片淡出 3 秒效果，結果存入 out35_10.mp4。

```
# ch35_10.py
from moviepy.editor import VideoFileClip

# 載入影片
video_clip = VideoFileClip("penguin.mp4")

# 設定淡出效果的持續時間
fade_duration = 2

# 添加淡出效果
video_fadeout = video_clip.fadeout(fade_duration)

# 儲存帶有淡出效果的影片
video_fadeout.write_videofile("out35_10.mp4",codec="libx264",audio_codec="aac")
```

執行結果　out35_10　2023/11/21 下午 05:32　MP4 檔案

第 36 章

Python 與 YouTube

YouTube 是目前全球最大的影音平台，進入科技化的今天，總有熱心人士或是企業會將各種影音資訊上傳 YouTube，讓我們在日常生活中欣賞最新、最即時的影音訊息。這個章節主要是介紹使用 Python，配合 pytube 模組講解下載 YouTube 影音資訊，下列是安裝 pytube 模組。

```
pip install pytube
```

36-1 正式使用 pytube 模組

安裝完成 pytube 模組後，下載 YouTube 影音檔案其實很簡單，只要幾個步驟就可以完成，在此筆者將講解相關的知識。

36-1-1 獲得所要下載的影音檔案網址

使用網頁進入 YouTube 網頁時，筆者輸入「ole miss」這是美國 University of Mississippi 的暱稱。

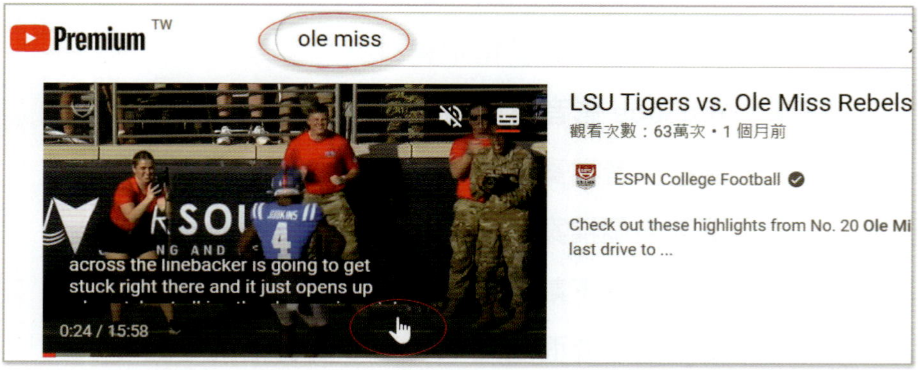

筆者點選影片，如上所示，可以看到比賽畫面。

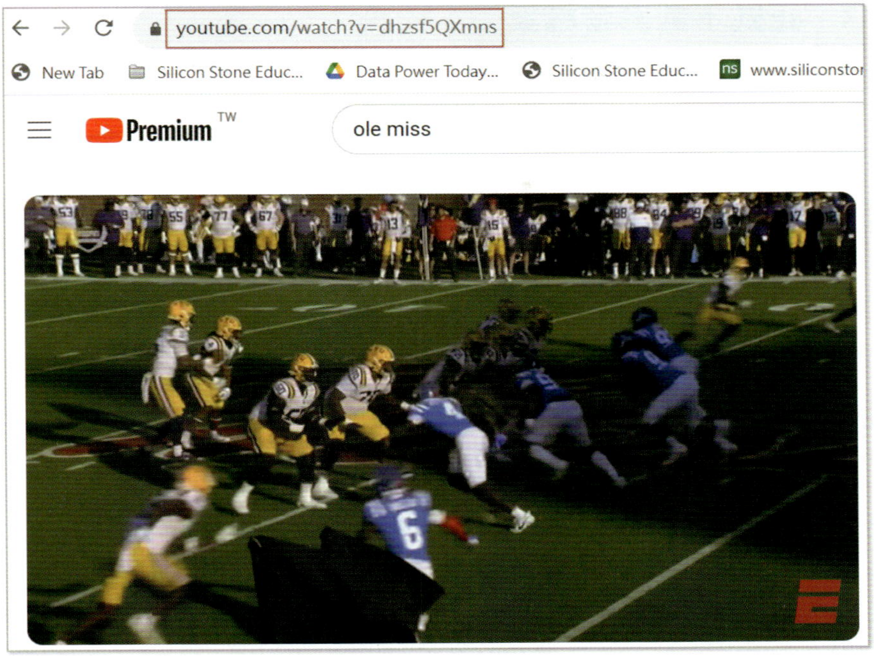

本圖片取材自 YouTube 網站

此時可以在瀏覽器上方看到網址，這就是此影音檔案的網址，可以用這個方找尋特定影音的網址。

36-1-2　導入 pytube 模組

常見的導入 pytube 模組有下列 2 個方法。

方法 1：

```
import pytube
yt = pytube.YouTube(" 影音網址 ")                # 建立 pytube 物件
```

方法 2：

```
from pytube import YouTube
yt = YouTube(" 影音網址 ")                       # 建立 pytube 物件
```

上述 yt 是 pytube 物件，有了這個物件，就可以正式下載影音檔案了。

36-1-3　正式下載影音檔案

有了 pytube 物件，正式下載影音檔案可以用 download( ) 方法，如下所示：

pytube 物件 .streams[0].download( )　　　# 下載系列檔案的第 1 個檔案

在本章所用 pytube 物件變數名稱是 yt，因為 yt.streams 可以得到所有影片的串列，用 [0] (索引 0) 表示取得第 1 個檔案。所以可以用下列指令下載影音檔案，如果不特別設定，所下載影片將儲存在程式所在資料夾。

yt.streams[0].download( )

程式實例 ch36_1.py：下載美式足球大學比賽的精華片段。

```
# ch36_1.py
from pytube import YouTube

yt = YouTube("https://www.youtube.com/watch?v=dhzsf5QXmns")
print("下載中　 ... ")
yt.streams[0].download()
print("下載完成 ... ")
```

執行結果

```
====================== RESTART: D:\Python\ch36\ch36_1.py ======================
下載中　 ...
下載完成 ...
```

影音檔案的下載可能需要一段時間，所以筆者在上述程式增加列印 " 下載中 … "，下載完成後會輸出 " 下載完成 … "，ch36 資料夾可以看到下載的檔案。

LSU Tigers vs Ole Miss Rebels Full Game ...　2023/11/21 下午 09:...　3GPP 檔案

36-2 常用的 pytube 物件屬性

下列是 pytube 模組物件常用的屬性。

title：影片標題

views：欣賞次數。

length：影片長度，單位是秒。

rating：影片評價。

程式實例 ch36_2.py：在下載影音檔案時增加上述屬性，重新設計 ch36_1.py。

```
# ch36_2.py
from pytube import YouTube

yt = YouTube("https://www.youtube.com/watch?v=dhzsf5QXmns")
videoViews = yt.views
print(f"影片觀賞次數 : {videoViews}")
videoSeconds = yt.length
print(f"影片長度(秒) : {videoSeconds}")
videoRating = yt.rating
print(f"影片評價      : {videoRating}")
videoTitle = yt.title
print(f"影片標題      : {videoTitle}\n下載中 ... ")
yt.streams[0].download()
print("下載完成 ... ")
```

執行結果

```
======================== RESTART: D:\Python\ch36\ch36_2.py ========================
影片觀賞次數 : 637276
影片長度(秒) : 959
影片評價      : None
影片標題      : LSU Tigers vs. Ole Miss Rebels | Full Game Highlights
下載中 ...
下載完成 ...
```

36-3 將下載檔案存於指定資料夾

在先前程式實例筆者使用 download( ) 方法下載影音檔案，此 download( ) 沒有任何參數時，所下載的影音檔案會存放在目前程式所在的資料夾，如果想要為所下載的影音檔案儲存在指定的資料夾，可以在 download( ) 內增加資料夾參數，例如：下列是將所下載的檔案儲存在「d:\myYouTube」。

```
path = r"d:\myYoutube"
yt.stream.[0].download(path)
```

上述用法須留意，如果「d:\myYouTube」資料夾不存在，程式會產生資料夾不存在的錯誤而中止。

程式實例 ch36_3.py：將所下載的影音檔案儲存在「d:\myYouTube」資料夾。

```
# ch36_3.py
from pytube import YouTube
import os

path = r"d:\myYouTube"
if not os.path.isdir(path):                    # 如果不存在則建立此資料夾
    os.mkdir(path)

```

```python
yt = YouTube("https://www.youtube.com/watch?v=dhzsf5QXmns")
videoViews = yt.views
print(f"影片觀賞次數 : {videoViews}")
videoSeconds = yt.length
print(f"影片長度(秒) : {videoSeconds}")
videoRating = yt.rating
print(f"影片評價      : {videoRating}")
videoTitle = yt.title
print(f"影片標題      : {videoTitle}\n下載中 ... ")
yt.streams[0].download(path)          # 所下載影音檔案儲存在path
print("下載完成 ... ")
```

執行結果 與 ch36_2.py 相同，下列是檢查「d:\myYouTube」資料夾時，可以看到所下載的影音檔案。

36-4 YouTube 影音檔案格式

YouTube 公司為所上傳的影音檔案提供許多不同的格式，在 pytube 模組中我們可以使用 streams 方法取得影音檔案所有相關格式，下列是 streams 的更多相關方法。

方法或屬性	功能說明	實例
streams	傳回所有影音檔案格式	yt.streams
len( )	傳回影音檔案格式數量	len(yt.streams)
filter( )	傳回符合條件的影音檔案	yt.streams.filter(subtype="mp4")
first( ) 或 [0]	傳回第一個影音檔案格式	yt.streams[0]
last( ) 或 [-1]	傳回最後一個影音檔案格式	yt.streams[-1]

由上述說明可以知道，本章前 3 個程式實例皆是傳回第一個影音檔案格式。

實例 1：列出影音檔案的格式數量。

```
>>> from pytube import YouTube
>>> yt = YouTube("https://www.youtube.com/watch?v=dhzsf5QXmns")
>>> print(len(yt.streams))
18
```

實例 2：列出所有影音檔案的格式。

```
>>> print(yt.streams)
[<Stream: itag="17" mime_type="video/3gpp" res="144p" fps="8fps" vcodec="mp4v.20
.3" acodec="mp4a.40.2" progressive="True" type="video">, <Stream: itag="18" mime
_type="video/mp4" res="360p" fps="30fps" vcodec="avc1.42001E" acodec="mp4a.40.2"
 progressive="True" type="video">, <Stream: itag="22" mime_type="video/mp4" res=
"720p" fps="30fps" vcodec="avc1.64001F" acodec="mp4a.40.2" progressive="True" ty
pe="video">, <Stream: itag="136" mime_type="video/mp4" res="720p" fps="30fps" vc
odec="avc1.4d401f" progressive="False" type="video">, <Stream: itag="247" mime_t
ype="video/webm" res="720p" fps="30fps" vcodec="vp9" progressive="False" type="v
ideo">, <Stream: itag="135" mime_type="video/mp4" res="480p" fps="30fps" vcodec=
"avc1.4d401f" progressive="False" type="video">, <Stream: itag="244" mime_type="
video/webm" res="480p" fps="30fps" vcodec="vp9" progressive="False" type="video"
>, <Stream: itag="134" mime_type="video/mp4" res="360p" fps="30fps" vcodec="avc1
.4d401e" progressive="False" type="video">, <Stream: itag="243" mime_type="video
/webm" res="360p" fps="30fps" vcodec="vp9" progressive="False" type="video">, <S
tream: itag="133" mime_type="video/mp4" res="240p" fps="30fps" vcodec="avc1.4d40
15" progressive="False" type="video">, <Stream: itag="242" mime_type="video/webm
" res="240p" fps="30fps" vcodec="vp9" progressive="False" type="video">, <Stream
: itag="160" mime_type="video/mp4" res="144p" fps="30fps" vcodec="avc1.4d400c" p
rogressive="False" type="video">, <Stream: itag="278" mime_type="video/webm" res
="144p" fps="30fps" vcodec="vp9" progressive="False" type="video">, <Stream: ita
g="139" mime_type="audio/mp4" abr="48kbps" acodec="mp4a.40.5" progressive="False
" type="audio">, <Stream: itag="140" mime_type="audio/mp4" abr="128kbps" acodec=
"mp4a.40.2" progressive="False" type="audio">, <Stream: itag="249" mime_type="au
dio/webm" abr="50kbps" acodec="opus" progressive="False" type="audio">, <Stream:
 itag="250" mime_type="audio/webm" abr="70kbps" acodec="opus" progressive="False
" type="audio">, <Stream: itag="251" mime_type="audio/webm" abr="160kbps" acodec
="opus" progressive="False" type="audio">]
```

由上述執行結果可以知道，先前 ch36_1.py 使用 yt.streams[0] 所下載的第一個影音檔案相關資訊如下：影片類型是 "video/3gpp"、res 解析度是 "144p"、影片編碼是 "mp4v.20.3"、音訊編碼是 "mp4a.40.2"。

36-5 篩選影音檔案格式

YouTube 所提供的影片格式有許多，我們可以進一步使用 streams 方法內的 filter( ) 執行篩選，filter( ) 的使用格式如下：

yt.streams.filter(條件 1= 條件 , … , 條件 n= 條件). 處理方法

下列是相關 filter( ) 方法內的參數說明。

參數	功能說明	實例
adaptive	篩選影像或聲音之一種格式	adaptive=True
progressive	篩選同時有影像與聲音的格式	progressive=True
res	篩選特定解析度格式	res="720p"
subtype	篩選影音檔案格式	subtype="mp4"

上述 adaptive 是只有影像編碼 (vcodec) 或是聲音編碼 (acodec) 其中之一，才可以篩選。

而 progressive 則是必須同時具有影像編碼 (vcodec) 或是聲音編碼 (acodec)，才可以篩選。

下列 filter( ) 方法回傳的是串列，可以直接輸出所有符合的影音檔案格式，也可以使用索引輸出，例如：第 1 個符合的影音檔案格式，用索引 [0]。最後 1 個符合的影音檔案格式，用索引 [-1] 使用。

實例 1： 篩選符合 adaptive=True 的影音檔案格式數量。

```
>>> print(len(yt.streams.filter(adaptive=True)))
15
```

實例 2： 篩選符合 progressive=True 的影音檔案格式數量。

```
>>> print(len(yt.streams.filter(progressive=True)))
3
```

實例 3： 篩選和列出所有符合 progressive=True 以及 res="720p" 的影音檔案。

```
>>> print(yt.streams.filter(progressive=True,res='144p'))
...
[<Stream: itag="17" mime_type="video/3gpp" res="144p" fps="8fps" vcodec="mp4v.20
.3" acodec="mp4a.40.2" progressive="True" type="video">]
```

36-6 下載多個檔案

如果想要下載多個影音檔案，可以將多個影音檔案的網址放在串列內，然後可以使用迴圈方式處理，可參考下列程式實例。

程式實例 ch36_4.py： 同時下載 2 個影音檔案的應用，皆是下載第一個影音檔案，同時將所要下載的影音檔案放在 d:\myYouTube 資料夾。

```
# ch36_4.py
from pytube import YouTube
import os

path = r"d:\myYouTube"
if not os.path.isdir(path):                    # 如果不存在則建立此資料夾
    os.mkdir(path)

links = ["https://www.youtube.com/watch?v=dhzsf5QXmns",
         "https://www.youtube.com/watch?v=z8eE3CGyQiE"]
for video in links:
    yt = YouTube(video)
    videoViews = yt.views
```

```
        print(f"影片觀賞次數 : {videoViews}")
        videoSeconds = yt.length
        print(f"影片長度(秒) : {videoSeconds}")
        videoRating = yt.rating
        print(f"影片評價     : {videoRating}")
        videoTitle = yt.title
        print(f"影片標題     : {videoTitle}\n下載中 ... ")
        print(f"影片格式數量 : {len(yt.streams)}")
        yt.streams[0].download(path)        # 所下載影音檔案儲存在path
        print("下載完成 ... ")
```

執行結果

```
======================= RESTART: D:\Python\ch36\ch36_4.py =======================
影片觀賞次數 : 637316
影片長度(秒) : 959
影片評價     : None
影片標題     : LSU Tigers vs. Ole Miss Rebels | Full Game Highlights
下載中 ...
影片格式數量 : 18
下載完成 ...
影片觀賞次數 : 150153
影片長度(秒) : 594
影片評價     : None
影片標題     : Texas A&M Aggies vs. Ole Miss Rebels | Full Game Highlights
下載中 ...
影片格式數量 : 18
下載完成 ...
```

36-7 多執行緒下載檔案

用多執行緒下載 YouTube 影音檔案是一種提高下載效率的方法，特別是當您需要從 YouTube 下載多個影片時。然而使用這種方法之前，需要注意程式設計複雜性，相比單一執行緒，使用多執行緒需要更複雜的程式設計，尤其是在錯誤處理和執行緒管理方面。

程式實例 ch36_5.py：多執行緒下載 5 個檔案，下載結果儲存至 out35_6 資料夾。

```
# ch36_5.py
import threading
import os
from pytube import YouTube

def download_video(url):
    try:
        yt = YouTube(url)                            # 建立 YouTube 物件
        yt.streams[0].download(download_path)        # 選擇第1個並下載
        print(f"下載完成 : {url}")                    # 輸出下載完成的訊息
    except Exception as e:
        print(f"錯誤下載 {url}: {str(e)}")            # 如果錯誤, 輸出錯誤訊息

# 下載影片的 URL 列表
urls = [
    "https://www.youtube.com/watch?v=dhzsf5QXmns",
    "https://www.youtube.com/watch?v=z8eE3CGyQiE",
    "https://www.youtube.com/watch?v=GLlsu31FBt8",
    "https://www.youtube.com/watch?v=VMCk7fh9SGw",
    "https://www.youtube.com/watch?v=_32sspKCF8Y",
```

```python
]

# 定義當前目錄下的 out36_5 資料夾作為下載路徑
download_path = os.path.join(os.getcwd(), 'out36_5')

# 檢查該資料夾是否存在，如果不存在則建立
if not os.path.exists(download_path):
    os.makedirs(download_path)

threads = []                                  # 建立一個空串列儲存執行緒

# 為每個 URL 建立一個新的執行緒
for url in urls:
    thread = threading.Thread(target=download_video, args=(url,))
    threads.append(thread)                    # 將執行緒添加到串列中
    thread.start()                            # 開始執行緒的執行

# 等待所有執行緒完成
for thread in threads:
    thread.join()

print("所有影片下載完成")
```

執行結果　這個程式可以擴充到下載更多檔案。

```
======================= RESTART: D:/Python/ch36/ch36_5.py ======================
下載完成 : https://www.youtube.com/watch?v=z8eE3CGyQiE
下載完成 : https://www.youtube.com/watch?v=dhzsf5QXmns
下載完成 : https://www.youtube.com/watch?v=GLlsu3lFBt8
下載完成 : https://www.youtube.com/watch?v=VMCk7fh9SGw
下載完成 : https://www.youtube.com/watch?v=_32sspKCF8Y
所有影片下載完成
```

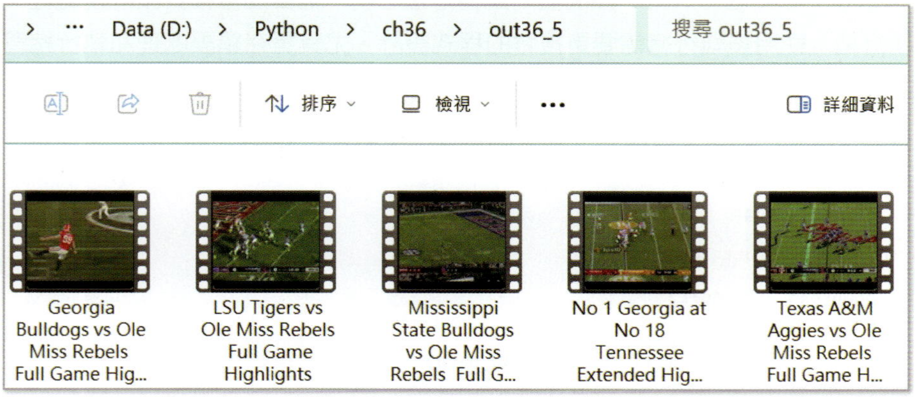

36-8 使用圖形介面處理 YouTube 影音檔案下載

在本書第 18 章筆者有介紹 Python 的 GUI 設計，我們可以將該章節的觀念應用在設計 YouTube 的影音檔案下載，其實 YouTube 的影音檔案網址是由 "YouTube 網址 + 影音檔案序列碼 " 所組成。

"https://www.youtube.com/watch?v=dhzsf5QXmns"

上述 dhzsf5QXmns 是影音檔案序列碼，程式設計時我們可以簡化要求使用者只輸入序列碼，YouTube 網址可以在程式中設定。

程式實例 ch36_6.py：使用 GUI 介面要求使用者輸入影音檔案序列碼，然後下載此檔案。
註：這個程式也有要求輸入儲存影音檔案的資料夾，不過本程式並未處理，這將是讀者的習題。

```
# ch36_6.py
from tkinter import *
from pytube import YouTube

def loadVideo():                          # 列印下載資訊
    vlinks = "https//www.youtube.com/watch?v="
    vlinks = vlinks + links.get()     # 影音檔案網址
    yt = YouTube(vlinks)
    yt.streams[0].download()
    x.set("影音檔案下載完成 ...")

window = Tk()
window.title("ch35_6")                    # 視窗標題

x = StringVar()
x.set("請輸入影音檔案序列碼")
links = StringVar()

lab1 = Label(window,text="輸入影音檔案序列碼 : ").grid(row=0)
lab2 = Label(window,text="請輸入儲存的資料夾 : ").grid(row=1)
lab3 = Label(window,textvariable=x,
             height=3).grid(row=2,column=0,columnspan=2)

e1 = Entry(window,textvariable=links)    # 文字方塊1
e2 = Entry(window)                        # 文字方塊2
e1.grid(row=0,column=1)                   # 定位文字方塊1
e2.grid(row=1,column=1)                   # 定位文字方塊2

btn1 = Button(window,text="下載",command=loadVideo)
btn1.grid(row=3,column=0)
btn2 = Button(window,text="結束",command=window.destroy)
btn2.grid(row=3,column=1)

window.mainloop()
```

執行結果

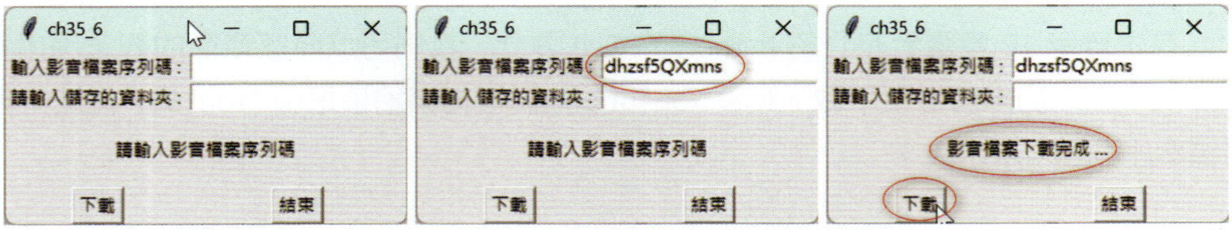
ch35_6
輸入影音檔案序列碼：
請輸入儲存的資料夾：
請輸入影音檔案序列碼
下載
結束
ch35_6
輸入影音檔案序列碼：dhzsf5QXmns
請輸入儲存的資料夾：
請輸入影音檔案序列碼
下載
結束
ch35_6
輸入影音檔案序列碼：dhzsf5QXmns
請輸入儲存的資料夾：
影音檔案下載完成 ...
下載
結束

第 37 章

網路程式設計

Python 的網路觀念主要是將 2 個或多個電腦連接，達到資源共享的目的。本章也將介紹 socket 程式設計觀念，教導讀者設計一個主從架構 (Server – Client) 與 UDP 架構的網路程式，最後也將講解設計簡單的網路聊天室。

37-1 TCP/IP

世界有不同種族的人，為了要彼此溝通需要使用同一種語言。不同電腦之間，如果要彼此溝通則需要使用相同的協議，目前網際網路之間最重要的協議就是 TCP/IP。

TCP 全名是 Transmission Control Protocol 是一個可靠位元組傳輸的通信協定，IP 的全名是 Internet Protocol 這是網際網路的基礎通信協定。這是 2 個最重要的網際網路通訊協定，一般我們稱 TCP/IP。

37-1-1　認識 IP 協定與 Internet 網址

在 Internet 世界，各電腦間是用 IP(Internet Protocol) 位址當作識別，每一台電腦皆有唯一的 IP 位址，IP 位址是 4 個 8 位元的數字所組成 (又稱 IPv4)，通常用 10 進位表示，例如：臉書 (facebook) 的 IP 位址是：

31.13.87.36

所以我們使用下列方式，也可以連上 facebook 的網頁。

https://31.13.87.36

注意：為了安全理由，目前許多公司的網頁皆無法使用上述 IP 方式做訪問，以臉書為例，首先可以看到下列畫面：

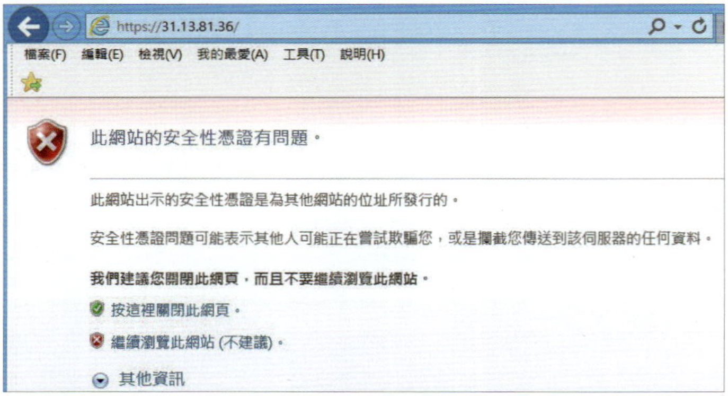

這時筆者按繼續瀏覽此網站 (不建議)，才進入網頁。許多單位筆者嘗試用 IP 瀏覽網頁時，是無法進入網站。

由於 IP 位址不容易記住，所以就發展出主機名稱 (host name) 的觀念，例如：facebook 的主機名稱是 www.facebook.com，下列也是我們常用連上 facebook 網頁的方式。

https://www.facebook.com

每台電腦只能有一個 IP 位址，但是主機名稱則是可以有多個，或是沒有主機名稱也可以，因為只要有 IP 位址就可以連接了。

主機名稱 (host name) 雖然容易記住，但是各電腦間是用 IP 位址做識別，因此電腦專家們又開發了 DNS(Domain Name Service) 系統，這個系統會將主機名稱轉成相對應的 IP 位址，這樣我們就可以使用主機名稱傳遞資訊，其實隱藏在背後的是 DNS 將我們輸入的主機名稱轉成 IP 位址，執行與其他電腦互享資源的目的。

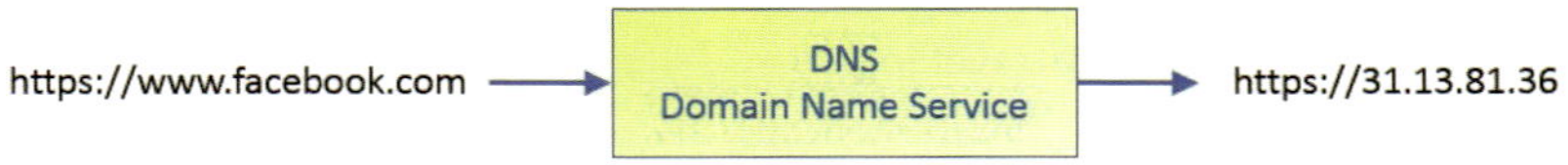

IP 協定另一個重點是將數據從一台電腦傳送到另一台電腦，數據是依容量設定被分割成許多數據包傳送，也可將數據包稱 IP 包或 TCP 數據包，不同電腦間有許多路徑，路由器會決定應如何將數據包傳送，在傳送過程會經過許多路由器，此協定不保證可以順利抵達目的。

37-1-2 TCP

TCP 協定是建立在 IP 協定上，主要是處理不同電腦間的數據可以順利傳送，保證抵達目的地。為了達成此目的，所採用方式是透過 3 向交握 (Three-way Handshake)，也可以說是三次訊息交換，建立可靠的連線。

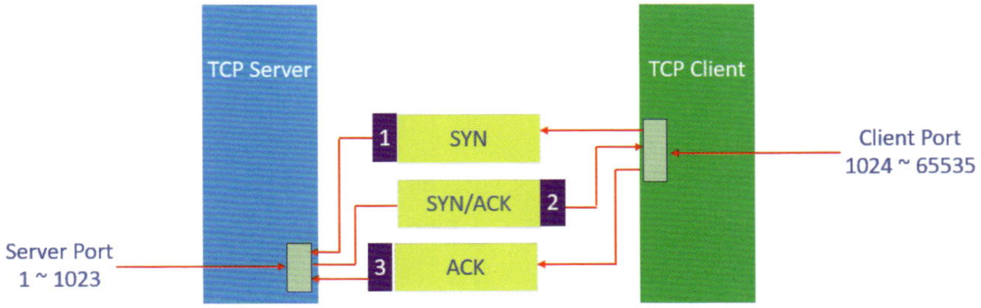

上述 SYN 全名是 Synchronize sequence numbers(同步序列號)，ACK 全名是 Acknowledgement Number)(確認號)，其實 SYN 和 ACK 皆是數據包的控制位元 (Control Bits)。每個數據包皆有編號，這樣可以確保接收方可以依順序接收，如果傳送失誤，就執行重發。

在網路通訊中除了有 IP，這是不夠的，一台電腦可能有多個網路程式在執行，例如：QQ 或瀏覽器，這時就需要使用連接埠 (Port) 做區分，相當於每個網路程式在執行前必須向作業系統 (Operation system)，申請一個連接埠 (Port)，這樣要執行兩台不同電腦之間的連線，就需要 IP 和連接埠。

37-2 URL

URL 全名是 Universal Resource Locator，可以解釋為全球網路資源的位址。URL 是由下列資訊所組成。例如：若是網站網址如下：

http://aaa.24ht.com.tw:80/travel.jpg

則 URL 將包含下列資訊：

1： Protocol：傳輸協定，一般網站的傳輸協定是 https(安全性高) 或 http。

2： Server name 伺服器名稱或 IP 位址，"aaa.24ht.com.tw"。

3： Port Number：傳輸埠編號，這是選項屬性。一台電腦可能有好幾個應用程式在執行，所以如果指定 IP，可能無法是和此 IP 的那一個程式連線，此時可以用傳輸埠編號，http 通訊協定的傳輸埠編號是 80，https 通訊協定的傳輸埠編號是 443，telnet 是 23，ftp 是 21。

4： File Name 或 Directory Name：檔案或目錄名稱是 travel.jpg。

37-3 Socket

37-3-1 基礎觀念

Socket 有時又稱 Network Socket 中文可以稱為插座或網路插座，在大陸稱為套接字。作業系統會為應用程式提供 API 介面，也稱 Socket API，Python 可以由此 API 使用網路插座進行兩台電腦間的資料交換，觀念如下：

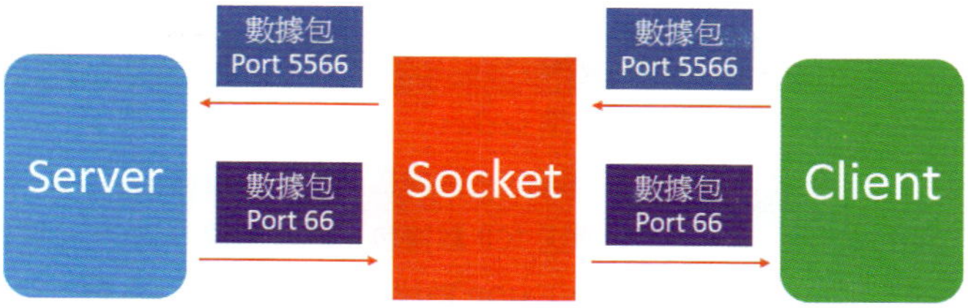

Python 程式在使用 Socket 前須先導入 socket 模組，然後使用下列方式建立 socket 物件，未來就可以使用此物件執行數據通信。

```
import socket
```

建立 socket 物件的函數如下：

```
s = socket.socket(Address_Family, Type)                # 可建立 socket 物件 s
```

上述參數使用方式如下：

Address_Family：Internet 通訊可以使用 AF_INET，本機通訊使用 AF_UNIX。

Type：TCP/IP 協定是用 SOCKET_STREAM 參數，UDP 協定是用 SOCKET_DGRAM。

37-3-2 Server 端的 socket 函數

函數	說明
s.bind( )	參數是元組內容是 (host, port)，將 host 和 port 綁定到 socket 物件 s。
s.listen(n)	開始監聽，n 是最大的連接數量，n 也稱 backlog。
s.accept( )	接受連接回傳 (conn, address)，conn 是新的 socket 物件主要是傳送和接收數據，address 是 Client 端的 IP。

37-3-3 Client 端的 socket 函數

函數	說明
s.connect(address)	連接到 address 的 socket，address 格式是元組 (host, port)，如果連接錯誤回傳 socket.error。
s.connect_ex(address)	與 s.connect( ) 相同，成功回傳 0，失敗回傳 error_no。

37-3-4　共用的 socket 函數

函數	說明
s.close( )	關閉 socket。
s.send(string[, flag])	傳送 TCP 數據包，回傳值是傳送的 byte 數
s.sendall(string[, flag])	傳送 TCP 數據包，成功回傳 None，失敗則拋出異常。
s.sendto(string[, flag], address)	傳送 UDP 數據包，回傳值是 byte 數
s.recv(bufsize[, flag])	接收 TCP 數據包，bufsize 是最大數據量
s.recvfrom(bufsize[, flag]	接收 UDP 數據包，bufsize 是最大數據量

37-4 TCP/IP 程式設計

37-4-1　主從架構 (Client-Server) 程式設計基本觀念

其實 TCP/IP 程式設計就是所謂的主從架構的程式設計，主從架構是指 Client-Server 的架構，伺服器 (server) 端的 Server 程式可能會有好幾個，每一個 Server 程式會使用不同的埠號與外界溝通，當屬於自己的埠號發現有 Client 端發出的請求時，相對應的 Server 程式會對此做回應。

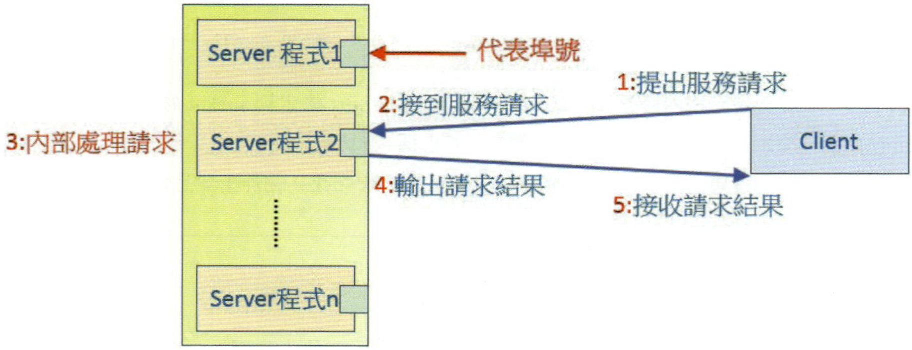

不論是 Server 端或 Client 端若是想要透過網路與另一端連線傳送資料或是接收資料，需透過 socket。這 Server 端和 Client 端透過 socket 通訊所遵循的協定稱 TCP(Transmission Control Protocol)，在這個機制下除了資料傳送，也會確保資料傳送的正確。

37-4-2 Server 端程式設計

程式實例 ch37_1.py：設計 Server 端的程式，未來客戶端瀏覽時，此 Server 端程式會列出所連接 IP 與請求連接的數據，然後會回應 Welcome to Deepmind。

```
# ch37_1.py
import socket
host = "127.0.0.1"                                          # 主機的IP
port = 2255                                                 # 連接port編號
s = socket.socket(socket.AF_INET, socket.SOCK_STREAM)       # 建立socket物件
s.bind((host, port))                                        # 綁定IP和port
s.listen(5)                                                 # TCP監聽
print(f"Server在 {host}:{port}")
print("waiting for connection ...")
while True:
    conn, addr = s.accept()                                 # 被動接收客戶連線
    print(f"目前連線網址 {addr} ")
    data = conn.recv(1024)                                  # 接收客戶的數據
    print(data)                                             # 列印數據
    conn.sendall(b"HTTP/1.1 200 OK \r\n\r\n Welcome to Deepmind")
    conn.close()                                            # 關閉連線
```

執行結果

```
======================= RESTART: D:\Python\ch37\ch37_1.py ======================
Server在 127.0.0.1:2255
waiting for connection ...
```

上述程式在執行時，我們可以在瀏覽器網址輸入 127.0.0.1:2255，可以在瀏覽器看到 Welcome to Deepmind。

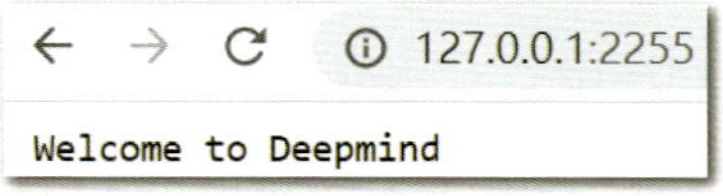

同時 Server 端可以看到請求連結的瀏覽器資訊。

```
======================= RESTART: D:\Python\ch37\ch37_1.py ======================
Server在 127.0.0.1:2255
waiting for connection ...
目前連線網址 ('127.0.0.1', 63413)
b'GET / HTTP/1.1\r\nHost: 127.0.0.1:2255\r\nConnection: keep-alive\r\nCache-Cont
rol: max-age=0\r\nUpgrade-Insecure-Requests: 1\r\nUser-Agent: Mozilla/5.0 (Windo
ws NT 10.0; Win64; x64) AppleWebKit/537.36 (KHTML, like Gecko) Chrome/84.0.4147.
105 Safari/537.36\r\nAccept: text/html,application/xhtml+xml,application/xml;q=0
.9,image/webp,image/apng,*/*;q=0.8,application/signed-exchange;v=b3;q=0.9\r\nSec
-Fetch-Site: cross-site\r\nSec-Fetch-Mode: navigate\r\nSec-Fetch-User: ?1\r\nSec
-Fetch-Dest: document\r\nAccept-Encoding: gzip, deflate, br\r\nAccept-Language:
zh-TW,zh;q=0.9,en-US;q=0.8,en;q=0.7\r\n\r\n'
```

37-4-3　Client 端程式設計

程式實例 ch37_2.py：設計 Client 端的程式，此程式和 Server 端連接，同時傳送 Hello! 訊息給 Server 端，然後 Server 程式會列出所連接 IP 與請求連接的數據，然後會回應 Welcome to Deepmind。

```
1  # ch37_2.py
2  import socket
3  host = "127.0.0.1"                                      # 主機的IP
4  port = 2255                                             # 連接port編號
5  s = socket.socket(socket.AF_INET, socket.SOCK_STREAM)   # 建立socket物件
6  s.connect((host, port))
7  data = input("請輸入資料 : ")
8  s.send(data.encode())                      # 轉成 bytes 資料傳送
9
10 receive_data = s.recv(1024).decode()       # 接收所傳來的資料同時解成字串
11 print(f"接收數據 {receive_data}")           # 列印接收的數據
12 s.close()                                  # 關閉socket
```

執行結果　這次請先在 DOS 環境執行 ch37_1.py，然後在 DOS 環境下執行 ch37_2.py，下列是筆者在 ch37_2.py 執行後輸入 Hello! 的執行結果。

```
PS D:\Python\ch37> python ch37_1.py
Server在 127.0.0.1:2255
waiting for connection ...
目前連線網址 ('127.0.0.1', 63532)
b'Hello!'
```

```
PS D:\Python\ch37> python ch37_2.py
請輸入資料 : Hello!
接收數據 HTTP/1.1 200 OK

 Welcome to Deepmind
PS D:\Python\ch37>
```

由於 TCP/IP 的資料傳送是使用 bytes 資料傳送，所以上述第 7 列讀取輸入資料後，第 8 列是使用 encode( ) 先將輸入字串編碼轉成 bytes 資料再使用 send( ) 傳送。第 10 列在接收 Server 端所傳送的資料則是先使用 decode( ) 將 bytes 資料解碼給 reveive_data 在第 11 列輸出。

37-4-4　設計聊天室

這是一個簡單的聊天室設計，也是使用 TCP/IP 觀念，先有 Server 端程式，再有 Client 端程式。

程式實例 ch37_3.py：設計聊天室的 Server 端程式，當輸入 bye 可以結束連線。

```
# ch37_3.py
import socket
host = socket.gethostname()                           # 主機的域名
port = 2255                                           # 連接port編號
s = socket.socket(socket.AF_INET, socket.SOCK_STREAM) # 建立socket物件
s.bind((host, port))                                  # 綁定IP和port
s.listen()                                            # TCP監聽
print("Server端 : waiting ...")
conn, addr = s.accept()                               # 被動接收客戶連線
print("Server端:已經連線")
msg = conn.recv(1024).decode()                        # 接收客戶的數據

while msg != "bye":
    if msg:
        print(f"顯示收到內容 : {msg}")                # 輸出Client訊息
    mydata = input("輸入傳送內容 : ")                 # 讀取輸入內容
    conn.send(mydata.encode())                        # 編碼為bytes後輸出
    if mydata == "bye":                               # 如果是bye
        break                                         # 離開while迴圈
    print("Server端 : waiting ...")
    msg = conn.recv(1024).decode()                    # 讀取輸入內容
conn.close()
s.close()
```

程式實例 ch37_4.py：設計聊天室的 Client 端程式，當輸入 bye 可以結束連線。

```
# ch37_4.py
import socket
host = socket.gethostname()                           # 主機的域名
port = 2255                                           # 連接port編號
s = socket.socket(socket.AF_INET, socket.SOCK_STREAM) # 建立socket物件
s.connect((host, port))                               # 執行連線
print("Client端 : 已經連線")
msg = ''                                              # 主要是初次連線用

while msg != "bye":
    mydata = input("輸入傳送內容 : ")                 # 讀取輸入內容
    s.send(mydata.encode())                           # 編碼為bytes後輸出
    if mydata == "bye":                               # 如果是bye
        break                                         # 離開while迴圈
    print("Client端 : waiting ...")
    msg = s.recv(1024).decode()                       # 讀取輸入內容
    print(f"顯示收到內容 : {msg}")                    # 輸出Server訊息
s.close()
```

執行結果

```
PS D:\Python\ch37> python ch37_3.py
Server端 : waiting ...
Server端:已經連線
顯示收到內容 : 阿魁收到請回答
輸入傳送內容 : 我是阿魁收到了
Server端 : waiting ...
```

```
PS D:\Python\ch37> python ch37_4.py
Client端 : 已經連線
輸入傳送內容 : 阿魁收到請回答
Client端 : waiting ...
顯示收到內容 : 我是阿魁收到了
輸入傳送內容 :
```

37-5 UDP 程式設計

UDP 的全名是 User Datagram Protocol，可以翻譯為用戶數據包協定，這是一個不可靠的傳輸協定，當數據包傳送出去，就不保留備份，是用在對傳輸時間有更高要求的應用。

程式實例 ch37_5.py：建立一個可以接收華氏溫度的 Server 程式，然後處理成攝氏溫度再回傳。

```
# ch37_5.py
import socket
host = host = "127.0.0.1"                                  # 主機的域名
port = 2255                                                # 連接port編號
s = socket.socket(socket.AF_INET, socket.SOCK_DGRAM)       # 建立socket物件
s.bind((host, port))                                       # 綁定IP和port
print("Server : 綁定完成")
print("Waiting ...")

f, addr = s.recvfrom(1024)                                 # 被動接收客戶數據
print(f"received from {addr}")
c = f.decode()                                             # 將bytes資料解碼
c = (float(f) - 32) * 5 / 9                                # 轉成攝氏溫度
mydata = str(c)                                            # 轉成字串
s.sendto(mydata.encode(), addr)                            # bytes資料編碼再傳送
s.close()
```

程式實例 ch37_6.py：建立一個 Client 程式，這個程式可以讓你輸入華氏溫度，然後連接 Server 端程式得到攝氏溫度。

```
# ch37_6.py
import socket
host = host = "127.0.0.1"                                  # 主機的域名
port = 2255                                                # 連接port編號
s = socket.socket(socket.AF_INET, socket.SOCK_DGRAM)       # 建立socket物件

mydata = input("請輸入華氏溫度 : ")
s.sendto(mydata.encode(), (host, port))                    # 送給伺服器
print(f"攝氏溫度 : {s.recv(1024).decode()}")
s.close()
```

執行結果

```
PS D:\Python\ch37> python ch37_5.py
Server : 綁定完成
Waiting ...
received from ('127.0.0.1', 58626)
PS D:\Python\ch37>
```

```
PS D:\Python\ch37> python ch37_6.py
請輸入華氏溫度 : 104
攝氏溫度 : 40.0
PS D:\Python\ch37>
```

第 38 章

使用 ChatGPT 設計線上 AI 客服中心

隨著人工智慧技術的發展，越來越多企業開始導入 AI 客服中心，以提升服務效率、降低人力成本，並提供即時且多元的顧客服務。ChatGPT 作為目前最先進的自然語言處理模型之一，透過其強大的對話理解與回應能力，已成為設計智能客服系統的首選工具。本章將從 ChatGPT API 的基本類別與申請方法開始，帶領讀者一步步完成 AI 客服機器人的實作，不僅涵蓋基本的文字客服，還包含整合 Emoji 表情與圖像生成功能，協助你打造具備現代感與互動性的線上 AI 客服中心。

38-1 ChatGPT 的 API 類別

ChatGPT 提供多樣化的 API 介面，讓開發者可以依不同需求選用適合的對話或生成方式。理解這些 API 類別，有助於設計功能完善且效率高的 AI 客服系統。

❑ 主要 API 類別

1. Chat Completion API

   這是目前建構 AI 對話機器人最核心的 API。開發者可以將多輪對話歷史一併傳送給 API，讓模型根據上下文產生自然且連貫的回應。此 API 支援不同的模型，例如 gpt-3.5-turbo、gpt-4、gpt-4o 等。

2. Completions API（文字補全）

   這是較早期的 API，主要針對「單一指令」或「短文生成」的場景，不太適合多輪上下文對話。現今設計 AI 客服建議直接使用 Chat Completion API。

3. Embedding API（文字向量）

   這個 API 用於將文本轉換為數值向量，常用於語意檢索、分類與搜尋推薦等進階應用。在客服中心設計中，能協助查找最相關的常見問題答案或自動分類來文。

4. Vision API（影像辨識）

   近年新增的 API，可用來分析圖片內容。若想設計能處理圖片的客服機器人，可以結合此 API。

5. Image Generation API（圖像生成）

   例如 DALL·E 系列 API，能根據指令產生圖片，為客服中心提供更豐富的互動內容，例如根據描述自動生成產品圖片、貼圖等。

6. Audio API（語音辨識與合成）

   支援將語音轉文字（Speech-to-Text）與文字轉語音（Text-to-Speech），可設計語音互動的 AI 客服。

❑ API 使用流程簡述

- 選擇合適的 API 類別：依據需求（純文字對話、圖像、語音等）挑選 API。
- 準備 API 金鑰：每次呼叫 API 都需認證，細節會在 38-2 節說明。
- 撰寫程式呼叫 API：支援多種語言（如 Python、JavaScript），常用 openai 套件進行呼叫。
- 解析 API 回應：依 API 不同，回傳格式也會有差異，需妥善處理回應資料。

❑ API 類別選擇建議

- 純文字客服對話：建議優先選用 Chat Completion API。
- 需生成圖片或貼圖：可結合 Image Generation API。
- 希望能語音對話或語音播報：再串接 Audio API。
- 有知識庫檢索需求：搭配 Embedding API。

透過靈活運用 ChatGPT 的各種 API 類別，開發者可以打造出高度客製化、貼近實務需求的線上 AI 客服中心。本節介紹的 API 分類與應用，將成為後續實作的基礎。

註 通常，您需要註冊一個帳戶並獲得 API 密鑰，以便在您的應用中使用 API，這一章筆者將設計一個 ChatGPT 的線上 AI 聊天室。

38-2 取得 API 密鑰

首先讀者需要註冊，註冊後可以未來可以輸入下列網址，進入開發者環境。

https://platform.openai.com/overview

進入自己的帳號後，請點選 API keys，可以看到 View API keys，如下所示：

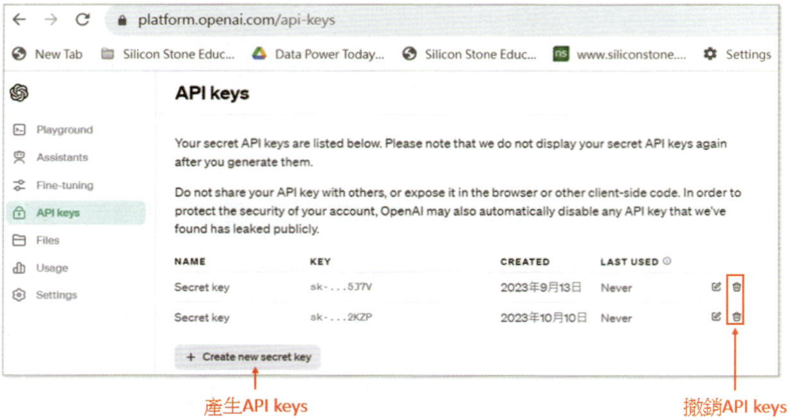

上述畫面幾個重點如下：

- OpenAI 公司說明產生 API keys 後，未來不會再顯示你的 keys 內容，建議讀者可以使用複製方式保留所產生的 keys。
- 點選右邊的 Revoke 圖示 🗑，可以撤銷該列的 keys。
- 是顯示 API keys 產生的時間與最後使用時間，如果點選 Create new secret key 鈕，可以產生新的 API keys。

註 使用 API keys 會依據資料傳輸數量收費，因為申請 ChatGPT plus 時已經綁定信用卡，此傳輸費用會記在信用卡上，所以請不要外洩此 API keys。

讀者可以使用下列程式測試 API Key 是否可以正常使用。

```
import openai
openai.api_key = " 你的 API 金鑰 "
print(openai.models.list())            # 能正常跑出模型清單就代表金鑰有效
```

38-3 安裝 openai 模組

安裝 openai 模組指令步驟如下，請進入命令提示字元環境，然後輸入下列指令：

```
pip install openai
```

常用 ChatGPT 語言模型的選擇與費用可參考下表：

模型	輸入（Prompt）	輸出（Generate）
GPT-4 (8k context)	$10/1M tokens （$0.010/1K)	$30/1M tokens （$0.030/1K)
GPT-4-32k (32k context)	$60/1M tokens ($0.060/1K)	$120/1M tokens ($0.120/1K)
GPT-4-turbo (128k context)	$10/1M prompt, $30/1M output	
GPT-4o	$5/1M input	$15/1M output
GPT-4o-mini	$0.15/1M input	$0.60/1M output
GPT-4.5 ("Orion")	$75/1M input	$150/1M output
o1-pro	$150/1M input	$600/1M output
GPT-4 (8k context)	$10/1M tokens （$0.010/1K)	$30/1M tokens （$0.030/1K)

上表解讀重點：

- prompt（或 input）費用是模型解讀你提供文字所消耗的 token。
- output（或 generate）費用是模組產出文字的 token 數。
- token 約等於 0.75 個英文詞／ 0.5 個中文字，一次呼叫涵蓋 prompt + output 兩部分。
- 若使用 1K tokens，成本約等於（Input + Output）/1000 的總和。

範例成本計算，假設用 GPT-4o-mini 做一回常見互動：

- 傳送 200 tokens → 成本 200/1M × $150 ≈ $0.00003
- AI 回覆 500 tokens → 成本 500/1M × $600 ≈ $0.00030
- 單次互動總成本：約 $0.00033

建議選擇指南：

- 預算有限、主要文字應用：GPT-4o-mini 是高效且低成本選擇。
- 需要強大理解與多輪對話：考慮 GPT-4（8k）或 GPT-4-turbo（128k）。
- 跨模態需求（語音、圖像）：選擇 GPT-4o 或 GPT-4.5，但成本較高。
- 高精度推理應用：若驗證成本允許，可使用 o1-pro。

38-4 設計線上 AI 客服與 Emoji 機器人

這一節是在 Python Shell 環境建立這類的應用程式，此例採用先輸出程式，再解說程式的方式。

程式實例 ch38_1.py：設計 ChatGPT 線上 AI 聊天室，程式第 5 列讀者需輸入自己申請的 API keys。

```
1  # ch38_1.py
2  import openai
3
4  # 設定API金鑰
5  openai.api_key = 'Your_API_Key'
6
7  # 定義對話函數
8  def mychat(messages):
9      response = openai.chat.completions.create(
10         model = "gpt-4",
11         messages = messages,
12         max_tokens = 150            # 限制回應token數
13     )
14     return response.choices[0].message.content
15
16 print("歡迎來到深智 Deepwisdom 客服中心")
17
18 # 初始化對話串列
19 messages = [{"role": "system", "content": "你是深智公司客服人員"}]
20
21 # 執行對話
22 while True:
23     user_input = input("     客戶 ： ")
24     if user_input.lower() == "bye":
25         print("深智客服 ： 感謝您的諮詢, 祝您有美好的一天！")
26         break
27     messages.append({"role": "user", "content": user_input})
28     response = mychat(messages)
29     print("深智客服 ： " + response)
30     messages.append({"role": "assistant", "content": response})
```

執行結果

```
歡迎來到深智 Deepwisdom 客服中心
     客戶 ： 早安
深智客服 ： 早安！很高興為您服務，有什麼可以幫助您的呢？
     客戶 ： 請問要如何購買洪錦魁先生的著作
深智客服 ： 感謝您的詢問。您可以選擇在數位平台購買電子版，例如Amazon、博客來，它們提供了洪錦魁廣受好評的多部著作。

另外，也可前往實體書店如誠品、金石堂或是大潤發文化等地購買洪錦魁先生的實體書籍。

如果您有特定的著作想要購買
     客戶 ： bye
深智客服 ： 感謝您的諮詢，祝您有美好的一天！
```

第 7 列 create( ) 是建立與 ChatGPT 的會話物件，第 12 列有設定會應 150 個 Token 的限制，因此可以看到沒有完整的輸出回應的訊息。以下是程式 ch38_1.py 的解說：

1. 定義對話函數 chat：第 7 ~ 14 列，這個函數目的是向 OpenAI 的 API 發送對話內容並獲得回應。函數參數是 messages，該參數是一個包含對話歷史的串列。
2. 歡迎訊息：第 16 列是用 print( ) 函數向用戶輸出歡迎訊息。
3. 初始化對話串列：第 19 列是 messages 串列，用於存儲與客服機器人的對話歷史。"role" 是設定系統，"content" 是設定機器人的角色。未來只要調整這裡，就可以設計各類機器人
4. 執行對話：第 22 ~ 30 列是一個無限迴圈，功能如下：
   - while 無限迴圈，用於持續與用戶進行交互。
   - 用戶輸入訊息後，將其添加到 messages 串列。
   - 然後調用 chat 函數獲得回應並顯示。
   - 如果用戶輸入 "bye"，則結束對話。
5. 上述第 27 和 30 列是將用戶問話和系統回答附加到原先的 message，這是因為 ChatGPT 要保有全部的對話紀錄，未來才可以針對過去的對話回應，這也是為何我們以為 ChatGPT 有記憶的能力，其實每次對話，ChatGPT 皆可以將過去對話紀錄重新複習。

期待讀者能夠了解這個程式的結構和功能，以及如何使用 OpenAI 的 API 來建立一個基本的客服機器人。

程式實例 ch38_2.py：設計 Emoji 翻譯機器人。

```
print("歡迎使用Emoji Translation工具")

# 初始化對話串列
messages = [{"role": "system", "content": "你是emoji翻譯專家"}]

# 執行對話
while True:
    user_input = input("請輸入要翻譯的文字 : ")
    if user_input.lower() == "bye":
        print("Emoji翻譯專家 : 感謝您的使用, 再見！👋")
        break
    # 將用戶輸入的文字構建為帶有翻譯要求的問句
    translation_request = f"翻譯下列文字為emojis: '{user_input}'"
    messages.append({"role": "user", "content": translation_request})
```

```
        response = mychat(messages)
        print("Emoji翻譯專家  : " + response)
        messages.append({"role": "assistant", "content": response})
```

執行結果

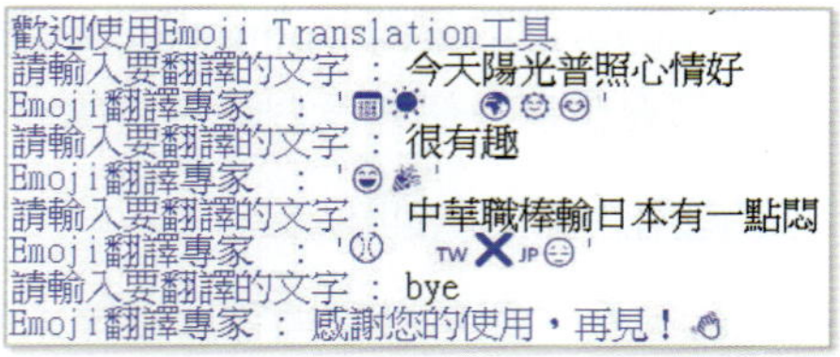
歡迎使用Emoji Translation工具
請輸入要翻譯的文字 : 今天陽光普照心情好
Emoji翻譯專家 : '
請輸入要翻譯的文字 : 很有趣
Emoji翻譯專家 : '
請輸入要翻譯的文字 : 中華職棒輸日本有一點悶
Emoji翻譯專家 : ' TW ❌ JP '
請輸入要翻譯的文字 : bye
Emoji翻譯專家 : 感謝您的使用，再見！

38-5 設計聊天生成圖片的機器人

當我們在 Python Shell 環境編輯與執行時，因為是文字模式，呼叫 Open API 生成圖片時，只能獲得圖片的網址，讀者的程式碼格式如下：

```
response = openai.images.generate(
    model="dall-e-3",                  # 呼叫最新的 DALL-E 3 模型
    prompt=" 圖片描述 ",
    size="1024x1024",                  # 圖片寬與高
    quality="standard",                # 這是預設，也可以選高畫質 "hd"
    n=1,                               # 設定圖片的數量，DALL-E3 只能設 1
)
image_url = response.data[0].url       # 回傳生成圖片的網址
```

目前「dall-e-3」是最新模型，只能生成一張圖片 (n = 1)，如果使用舊版的「dall-e-2」則可以最多生成 10 張圖片 (n = 10)。圖片寬與高預設是 1024 x 1024，也可以設為寬版的「1792 x 1024」。

程式實例 ch38_3.py：擴充設計 ch38_1.py，當輸入「生成圖片 :」時，後面所接的文字就會被當作是「圖片描述」。

```
# ch38_3.py
import openai
# 設定API金鑰
openai.api_key = 'OPENAI_API_KEY'
# 定義對話函數
def mychat(messages):
    response = openai.chat.completions.create(
        model="gpt-4",
        messages=messages,
        max_tokens=150   # 限制回應token數
    )
```

```python
        return response.choices[0].message.content
# 定義生成圖片的函數
def generate_image(prompt):
    response = openai.images.generate(
        model="dall-e-3",
        prompt = prompt,
        n = 1,
        size = "1024x1024",
        quality = "hd"
    )
    return response.data[0].url
print("歡迎來到深智 Deepwisdom 客服中心")
# 初始化對話串列
messages = [{"role": "system", "content": "你是深智公司客服人員"}]

# 執行對話
while True:
    user_input = input("    客戶 : ")
    if user_input.lower() == "bye":
        print("深智客服 : 感謝您的諮詢, 祝您有美好的一天！")
        break
    if user_input.lower().startswith("生成圖片:"):
        prompt = user_input[5:]
        image_url = generate_image(prompt)
        print(f"深智客服 : 這是您要求的圖片:{image_url}")
    else:
        messages.append({"role": "user", "content": user_input})
        response = mychat(messages)
        print("深智客服 : " + response)
        messages.append({"role": "assistant", "content": response})
```

執行結果 ChatGPT 會生成圖片網址，將此網址複製到瀏覽器就可以看到圖片。

```
歡迎來到深智 Deepwisdom 客服中心
    客戶 : 早安
深智客服 : 早安！很高興為您服務，有什麼我可以幫您的呢？
    客戶 : 生成圖片:一個可愛的小女孩聖誕節,走在富士山的鄉間小路,色鉛筆風格,有極
光的晚上
深智客服 : 這是您要求的圖片:https://oaidalleapiprodscus.blob.core.windows.net/pr
ivate/org-f7nV4AD7VyKOXyAFc25LEhMH/user-PUJL15hGcAb9zJpDY18XI4IY/img-TH3RhG8s4aM
Ls0vK1JdLWUMk.png?st=2024-04-20T09%3A32%3A59Z&se=2024-04-20T11%3A32%3A59Z&sp=r&s
v=2021-08-06&sr=b&rscd=inline&rsct=image/png&skoid=6aaadede-4fb3-4698-a8f6-684d7
786b067&sktid=a48cca56-e6da-484e-a814-9c849652bcb3&skt=2024-04-19T21%3A52%3A20Z&
ske=2024-04-20T21%3A52%3A20Z&sks=b&skv=2021-08-06&sig=L0j1388N1eZqDJX6HxNDVt42yp
TsWvdU8oTkrw9Cnz4%3D
    客戶 : bye
深智客服 : 感謝您的諮詢，祝您有美好的一天！
```

oaidalleapiprodscus.blob.core.windows.net/private/org-f7nV4AD7VyKOXyAFc25LEhMH/user-PUJLI5hGcAb9zJpD...
Stone Educ...
Silicon Stone Educ...
www.siliconstone.c...
Settings
資訊主頁 - My Proj...
ch28_4.html

第 39 章

設計 ChatGPT Line Bot 機器人

39-0 Flask 模組

在正式進入 Line Bot 聊天機器人主題前，筆者先介紹 Flask 模組，Flask 是輕量型的網站開發工具，很適合作為網站伺服器 (Server) 開發工具，在使用前必須安裝此模組：

```
pip install flask
```

39-0-1 Flask 的基本架構

Flask 的基本程式架構分為 3 個部分：

❑ 宣告 Flask 物件

```
from flask import Flask              # 導入 Flask 類別
app = Flask(__name__)                # 建立 Flash 物件，物件名稱通常取名 app
```

❑ 建立路由 (route)

路由 (route) 是 Flask 的主體，主要是處理客戶端連線的請求和執行回應，建立的語法如下：

```
@app.route(" 網頁路徑 ")              # 這是 Python 裝飾器的觀念
def 函數名稱 ( ):
    函數主體內容
    return
```

❑ 啟動 Flask 伺服器

使用 run( ) 方法可以啟動，一般設計如下：

```
if __name__ == '__main__':
    app.run( )
```

程式實例 ch39_0_1.py：我的第一個 Flask 伺服器程式。

```
# ch39_0_1.py
from flask import Flask
app = Flask(__name__)

@app.route("/")
def hello():
    return "歡迎來到深智數位"

if __name__ == "__main__":
    app.run()
```

執行結果

```
====================== RESTART: D:\Python\ch39\ch39_0_1.py ======================
 * Serving Flask app 'ch39_0_1'
 * Debug mode: off
 [31m [1mWARNING: This is a development server. Do not use it in a production de
ployment. Use a production WSGI server instead. [0m
 * Running on http://127.0.0.1:5000
 [33mPress CTRL+C to quit [0m
```

上述可知若伺服器在 http://127.0.0.1:5000/ 網址上運作，若想結束程式執行可以按 Ctrl+C，在瀏覽器輸入此網址，可以看到伺服器的回應。

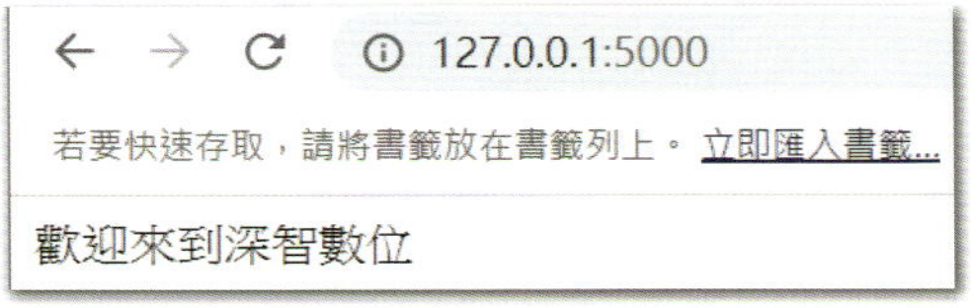

39-0-2　多網址使用相同的函數

進入網站首頁，有時有的人會輸入 ~/ 或 ~/index，我們可以設計讓不同輸入的網址使用相同內容回覆。

程式實例 ch39_0_2.py：相同程式回應不同的網址輸入。

```
# ch39_0_2.py
from flask import Flask
app = Flask(__name__)

@app.route("/")
@app.route("/index")
@app.route("/hello")
def hello():
    return "歡迎來到深智數位"

if __name__ == "__main__":
    app.run()
```

執行結果 經過上述設計後，可以使用下列 3 個不同網址進入首頁。

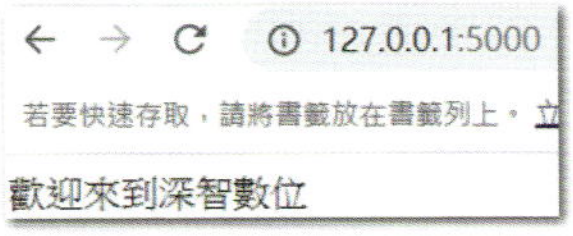

39-0-3　參數的傳送

我們也可以透過路由 (route) 傳遞參數，基本語法如下：

@app.route(" 網頁路徑 "/< 資料型態 : 參數 1>/< 資料型態 : 參數 2> / … >)

常用的資料型態如下：

資料型態	說明
int	整數
float	浮點數
string	字串，這是預設
path	路徑名稱

程式實例 ch39_0_3.py：傳遞字串參數的應用。

```
# ch39_0_3.py
from flask import Flask
app = Flask(__name__)


@app.route("/<name>")
def hello(name):
    return f"Hi! {name} 歡迎光臨深智數位"

if __name__ == "__main__":
    app.run()
```

執行結果

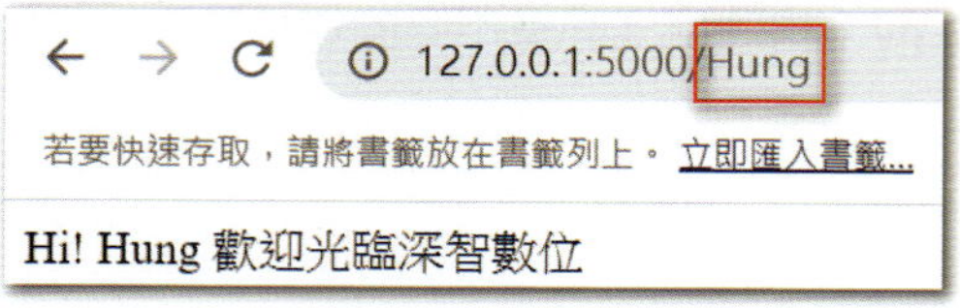

39-1 ChatGPT Line Bot 基本觀念

39-1-1 Line Bot 聊天機器人

Line 目前是國內最常用的社交 App 之一，目前 Line 公司有提供免費的 Line Bot API 帳號申請，開發者可以使用此帳號開發俗稱 Line Bot 聊天機器人、或稱 Line Bot App，這個機器人可以執行下列工作：

1：接收與回應訊息。

2：自動傳送訊息給好友或群組。

3：取得個人與裝置的資源。

Line Bot 聊天機器人基本工作原理是，開發者須使用網站建立一個處理訊息的伺服器，開發者所設計的程式是儲存在此。Line 公司有訊息伺服器 (Message Server)，使用者首先須和開發者的產品建為好友關係，當使用者傳遞訊息給開發者程式時，首先是 Line 公司的訊息伺服器會收到訊息，然後轉傳給開發者網站的伺服器，開發者網站會透過 Line 訊息伺服器回傳訊息給使用者。

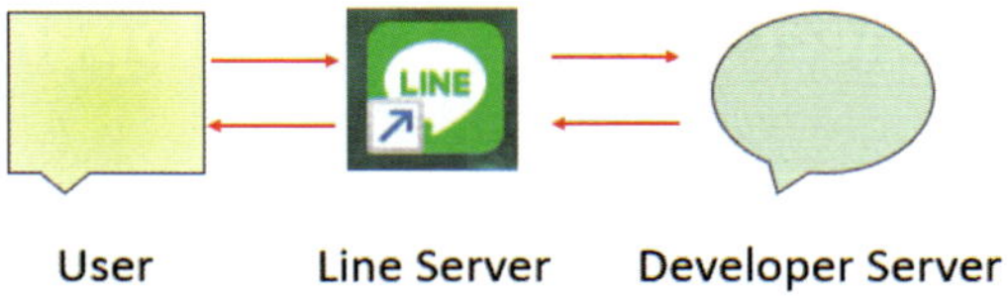

39-1-2 ChatGPT Line Bot 聊天機器人

我們可以用下圖表達 ChatGPT Line Bot 的基本工作原理。

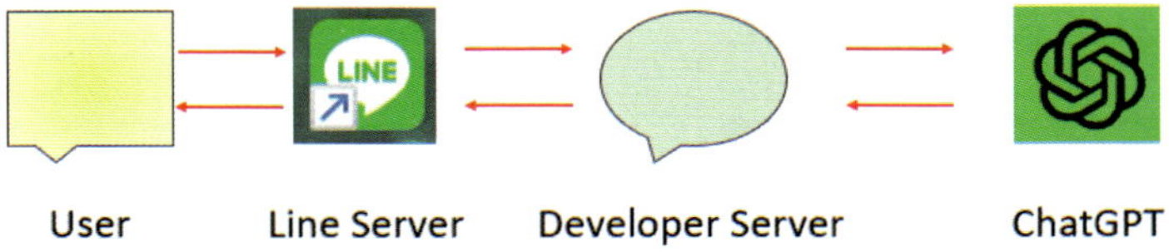

過去開發者網站將回應直接透過 Line Server 回傳給使用者 (User)，現在開發者網站在收到請求後，會先與 ChatGPT 聯繫取得智慧型的答案，然後再透過 Line Server 回傳給使用者 (User)。

39-2 建立 Line Bot 帳號

39-2-1 帳號申請

首先必須進入 https://developers.line.biz/zh-hant/。

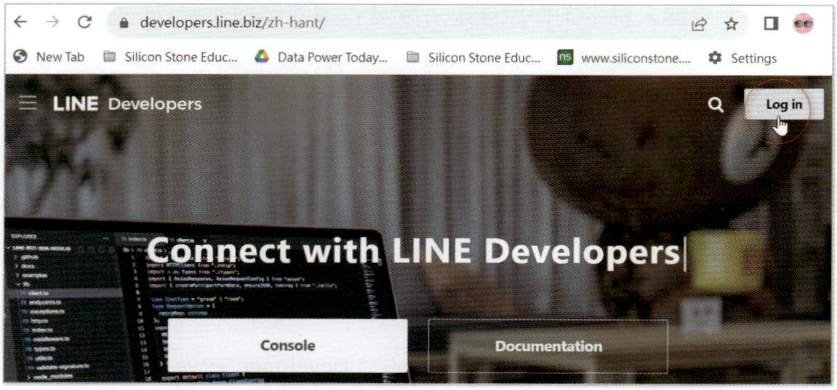

請點選 log in。

首先會看到下列驗證碼訊息：

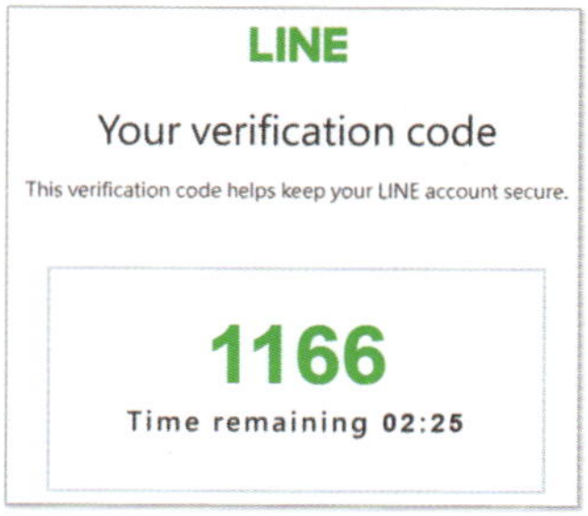

必須將驗證碼輸入手機驗證訊息，一切正確，就可以看到下列畫面。

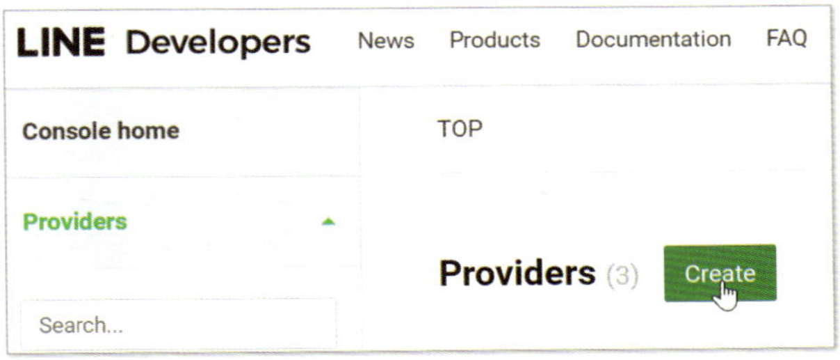

請按 Create 鈕，然後新增 Provider，筆者輸入 My-Bot。

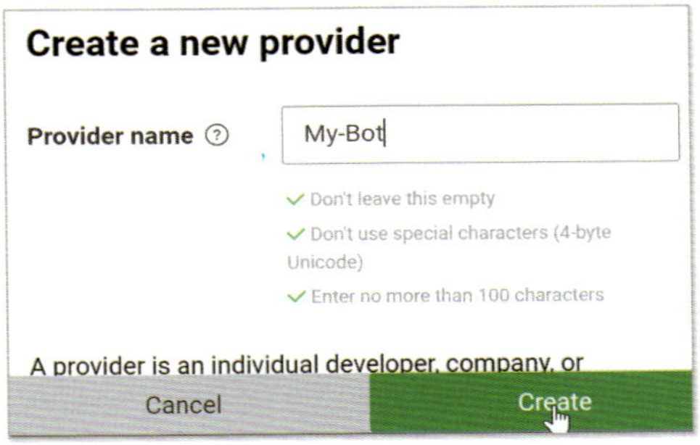

請按 Create 鈕。

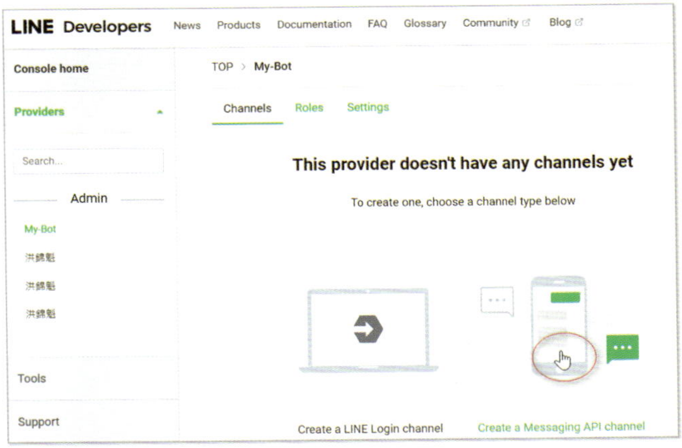

請按 Create a Messaging API channel，然後有一系列資料需設定，首先選擇 Taiwan，如下：

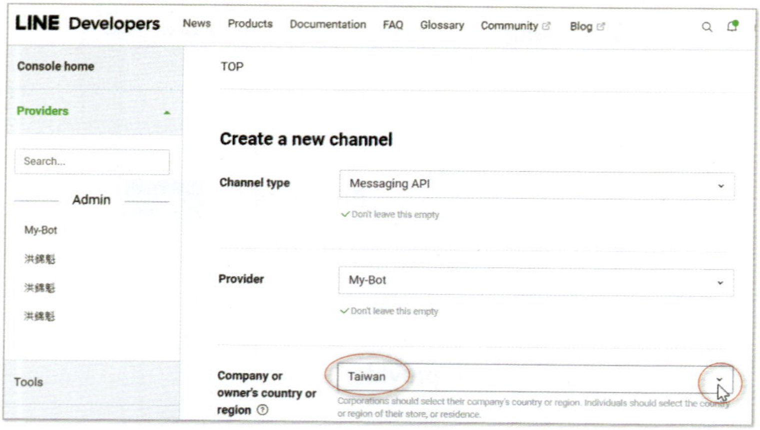

螢幕往下捲動可以看到下方左邊 icon。

筆者點選 Register，選擇 ch39 資料夾的 deepwisdom.jpg，可以得到上方右邊的結果。接下來筆者在 Channel name 輸入「DeepWidsom」，在 Channel description 欄位輸入「for ChatGPT book」。

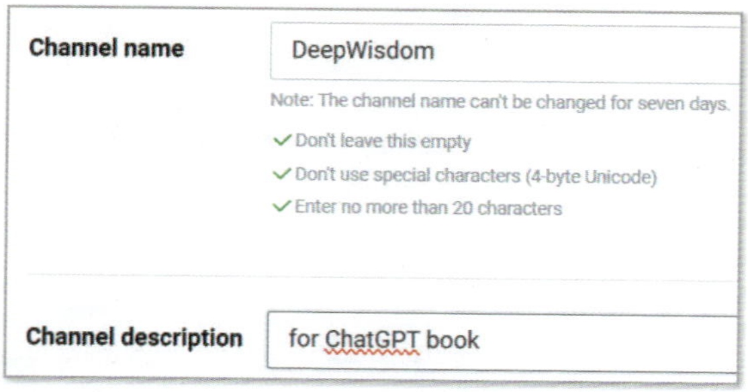

請繼續往下捲動視窗，然後輸入下列欄位。

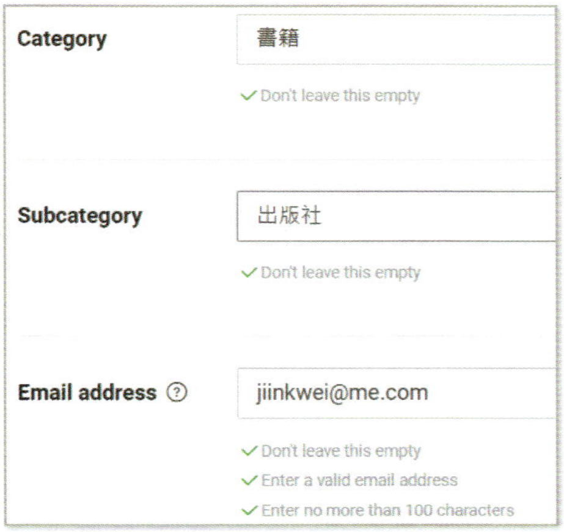

捲動到視窗下方，其他可以省略，可以參考下方設定。

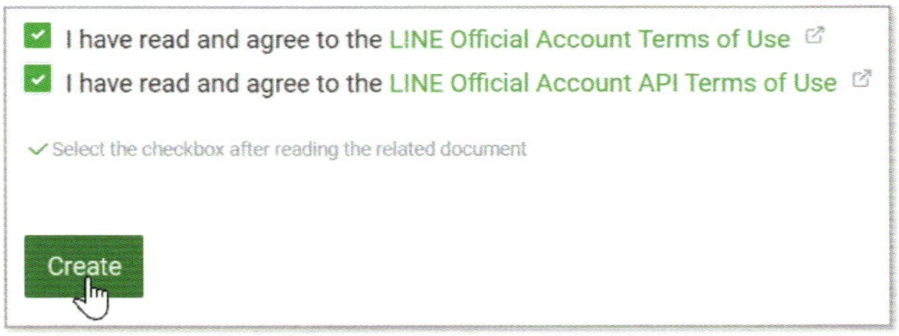

請按 Create 鈕，可以看到描述 Messaging API channel 的細項目。

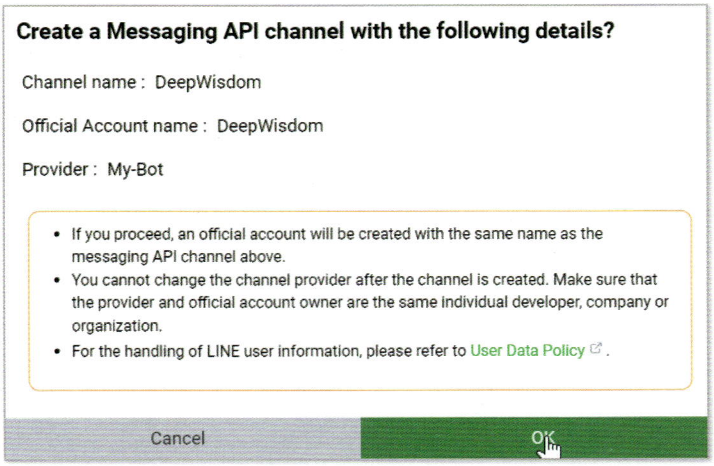

上述請按 OK 鈕，然後可以看到同意我們使用您的資訊對話方塊，請按同意鈕，可以看到所建立的 Line Bot 畫面。

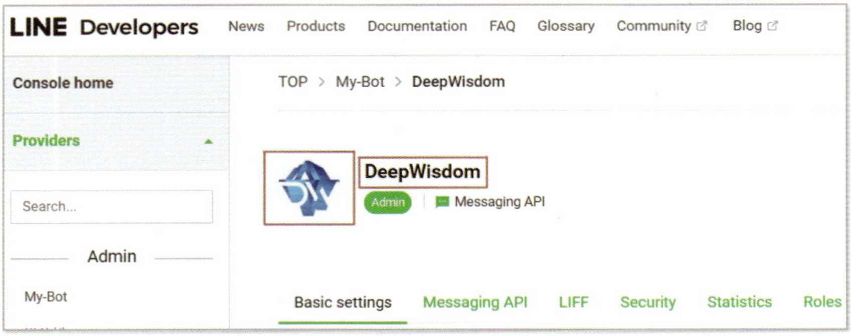

39-2-2　將 DeepWisdom 加入好友

請點選 Messaging API 標籤，可以看到 QR code，如下所示：

用手機 Line 掃描加入好友後可以看到下方左圖。

然後在手機可以看到上方右圖，但是目前的 DeepWisdom 只能制式回應訊息，無法回應其他訊息，如果輸入訊息可以看到下列結果。

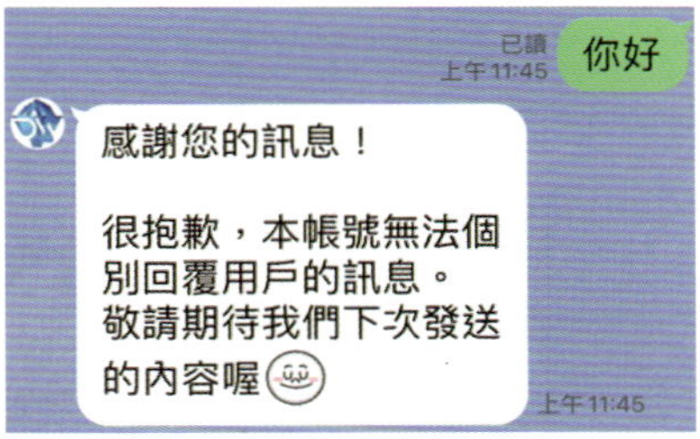

39-2-3　取消制式回應

前一小節 DeepWisdom 會制式回應，是 Line 的預設，在 Messaging API 頁面標籤內有 Auto-reply messages 和 Greeting messages，目前顯示是 Enabled。

請分別點選 Auto-reply messages 和 Greeting messages 右邊的 Edit，然後在自動回應訊息點選停用。

當 Auto-reply messages 和 Greeting messages 點選停用完成，設定好了以後，現在不管發什麼訊息，皆只能看到已讀，DeepWisdom 不會再有其他回應。

39-3 帳號設定與測試

39-3-1　認識帳號

現在要設定 39-2 節所建立的 DeepWisdom 帳號，請進入 LINE 官方帳號管理頁面，請連線「https://tw.linebiz.com/login」。

請點選登入管理頁面鈕。

可以看到所建立的帳號 DeepWisdom，請點選此超連結。

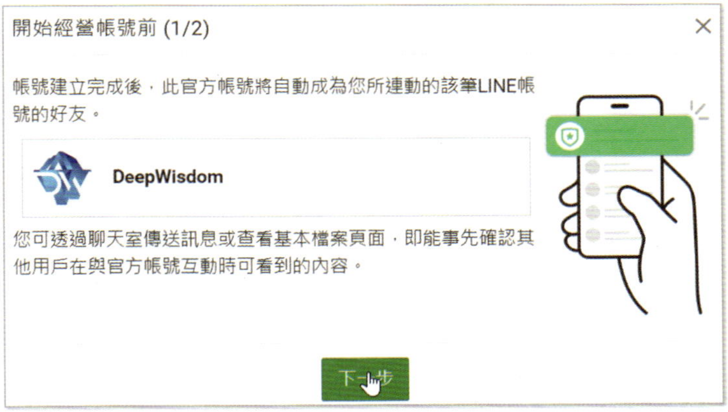

可以看到經營帳號的相關資訊，請按下一步鈕，結束顯示經營帳號相關訊息後，可以看到下列個人帳號訊息。

從上述可知，帳號 ID 是 @560rxrnk，未來也可以用此 ID 加入好友。

39-3-2 加入好友訊息

39-2-2 節筆者加入 DeepWisdom 時，有顯示預設訊息，我們也可以更改此預設訊息。請捲動左側欄位，顯示加入好友歡迎訊息。

請點選加入好友歡迎訊息。

從上述可以看到，上述訊息和 39-2-2 節看到的一樣，若是按一下，如果想更改此設定，可以按一下新增此範本鈕。

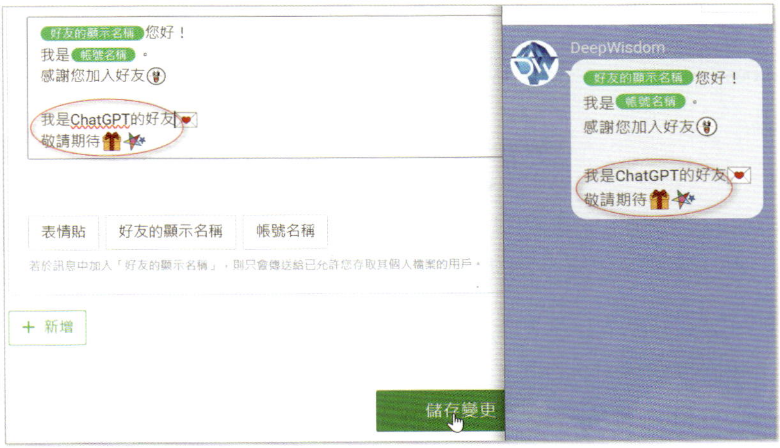

筆者更改如上，按儲存變更鈕後，未來可以看到上方右圖的歡迎訊息。請參考下方左圖，請按儲存鈕，可以得到下方右圖。

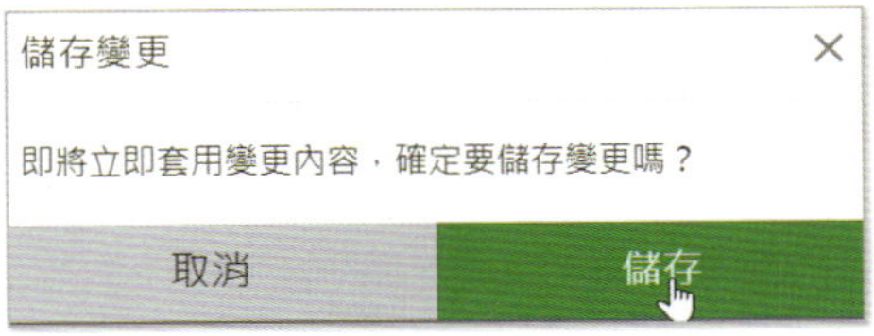

未來有人加入好友，可以看到新的歡迎訊息。

39-4 設計 Line Bot API 程式所需資訊

設計 Line Bot API 程式需要 Channel secrets 和 Channel access token，程式才可以操作。

❑ 取得 Channel secrets

在 Basic Settings 頁面標籤，請往下捲動到最下方，可以看到 Channel secret。

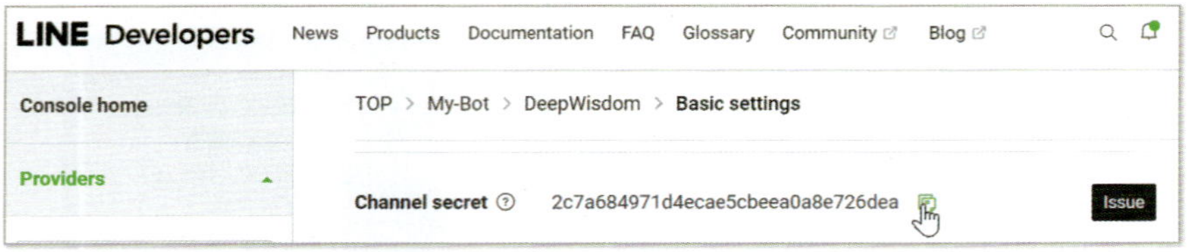

上述 Channel secret 如果被其他人知道，可以按右邊的 Issue 鈕，重新取得新的 Channel secret，這是程式設計需要的資訊之一。建議點選複製圖示，將上述資料儲存在記事本。

❑ 取得 Channel access token

在 Messaging API 頁面標籤，捲到最下方，可以看到 Channel access token 欄位，預設不會自動產生 token。

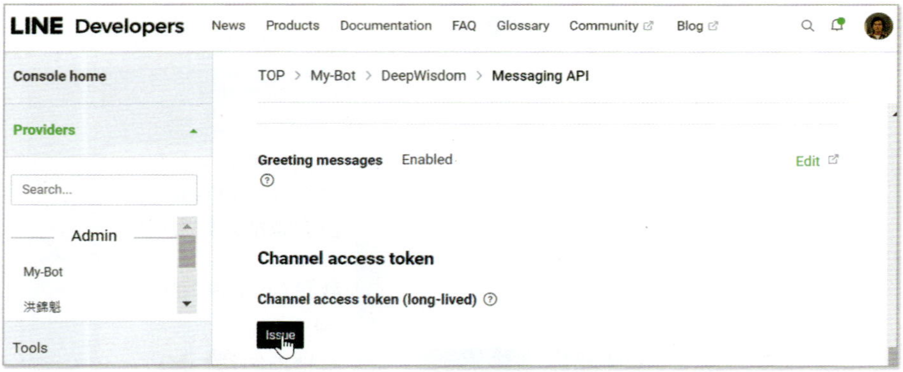

按下方的 Issue 鈕才可以產生。

上述 Channel access token 可以按右邊的 Reissue 鈕，重新取得新的 Channel access token，這是程式設計需要的資訊之一。建議點選複製圖示，將上述資料儲存在記事本。

39-5 Replit 線上開發環境

這一節將使用 Replit 線上開發環境，開發應用在 Line Server 後端的應用程式，整個觀念如下所示：

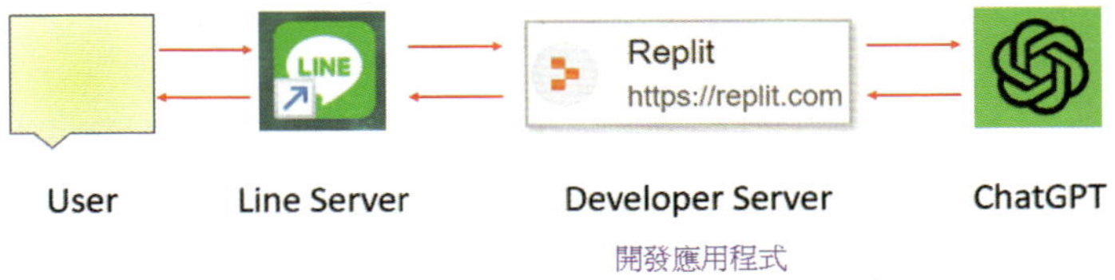

簡單的說這一節要帶領讀者開發 Developer Server 程式。

39-5-1　進入 Replit 網頁

請輸入「https://replit.com/」可以進入 Replit 網頁。

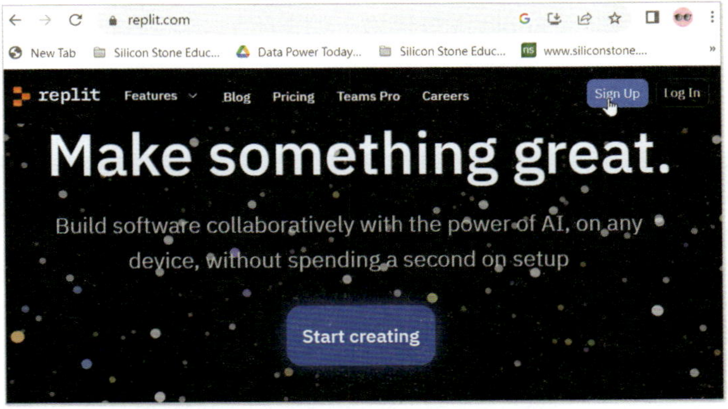

39-5-2　註冊

和許多網站一樣，需要註冊，請點選 Sign Up 執行註冊。

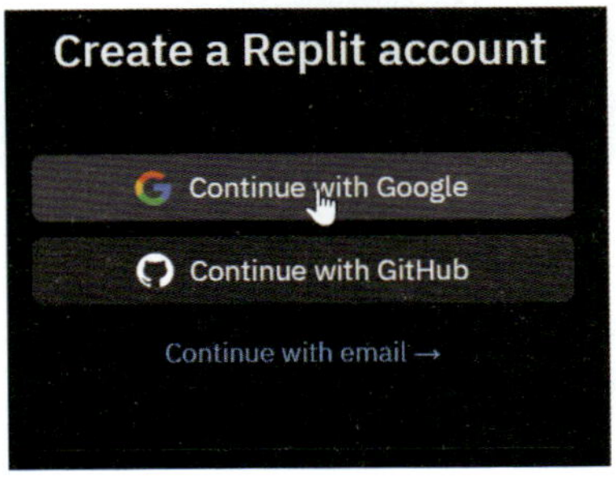

此例筆者選擇 Continue with Google，然後在螢幕右邊選擇 Google 帳號。

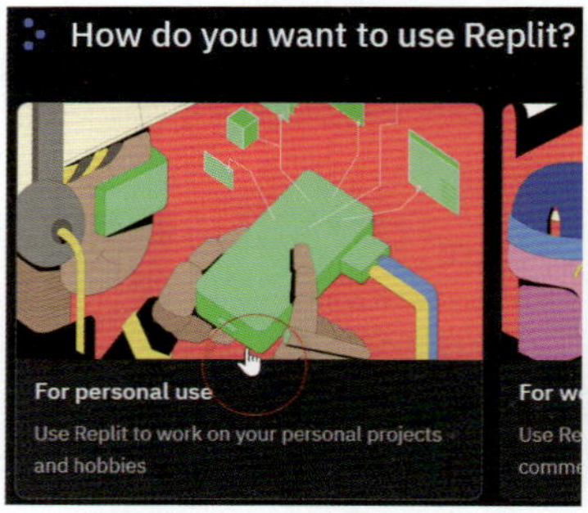

會看到要求選擇如何使用此 Replit，可以參考上述畫面，此例選擇 For personal use。然後可以看到選擇程式語言能力，筆者選擇 Intermediate，可以參考上方右圖。

39-5-3　進入開發環境

註冊完成後，可以進入 Replit 開發環境，如下所示：

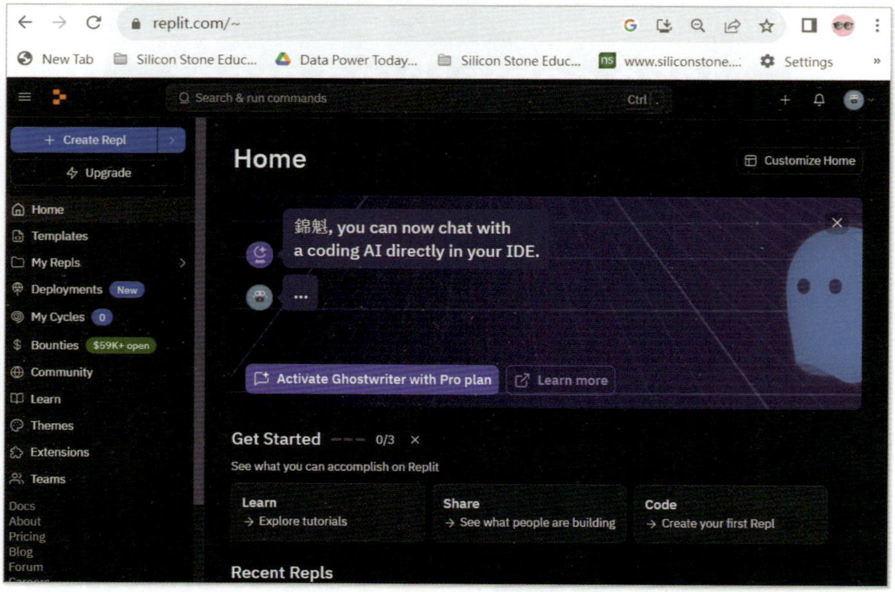

這一本書是講解設計 LineBot 機器人的書，讀者進入上述環境後，也可以直接到筆者的專案位置下載專案到自己的帳號，不過這會造成未來讀者可以體驗 LineBot 機器人如何操作，卻不會建立專案，因此本書採用教讀者從無到有建立一個完整的專案。

39-5-4　建立新專案

Home 表示自己的家，請往下捲動可以看到 Create Repl，請點選。

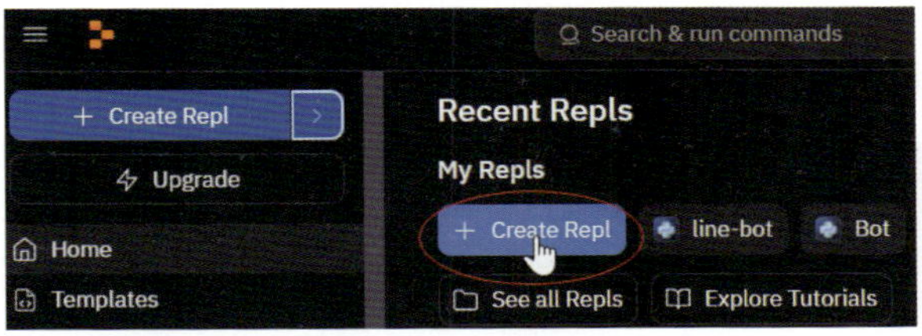

可以看到要求選擇平台和輸入專案名稱。

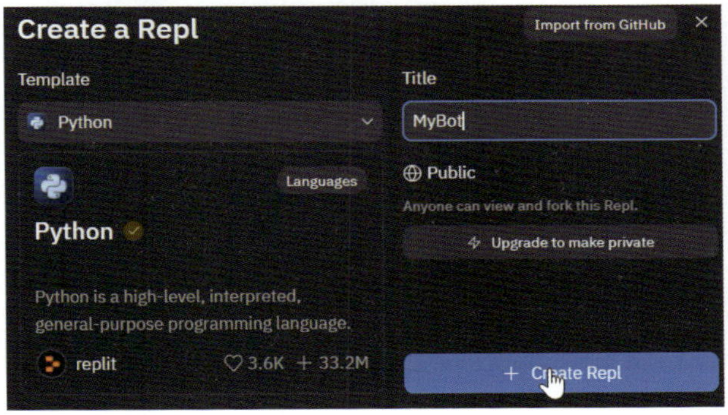

此例 Templete 選擇 Python，Title 輸入 MyBot，上述請按 Create Repl 鈕，可以進入程式開發環境。

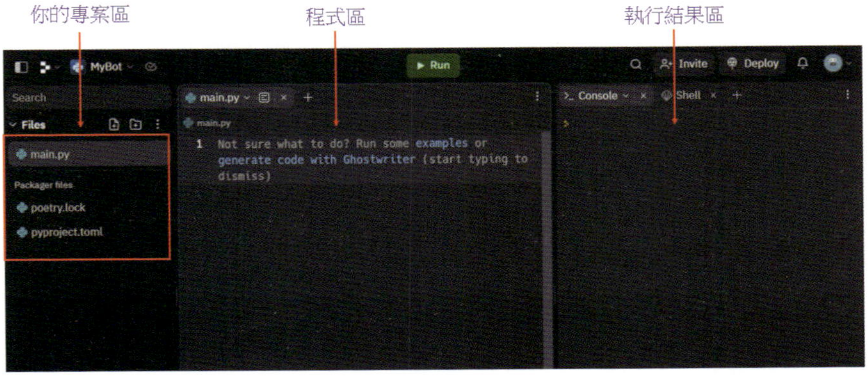

39-5-5　輸入或是直接複製程式

有 2 個方法載入程式，這一節將講解複製 ch39 資料夾的檔案，下一節則講解下載筆者的專案檔案。請讀者將 ch39 資料夾的 ch39_1.py，這就是我們的 Developer Server 程式，請複製到 main.py 的程式區，可以看到下列結果。

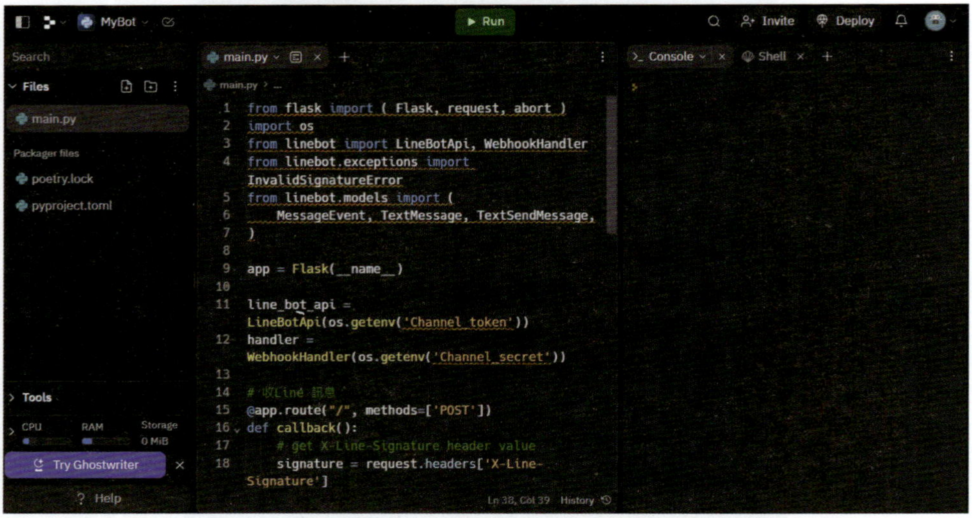

39-5-10 節會對這個程式做解說。

39-5-6　進入筆者專案網址下載 MyBot 專案

請進入網址，搜尋「@cshung1961」，可以看到下列畫面：

請點選上述帳號，可以看到帳號內的專案。

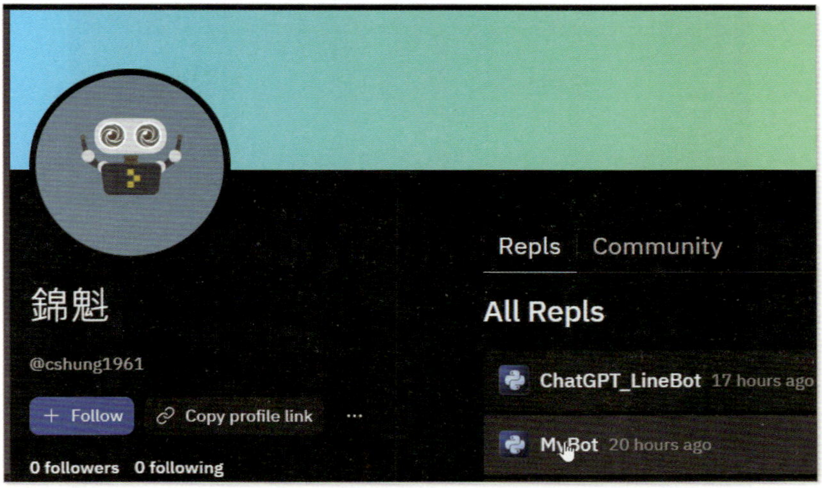

請點選專案 MyBot。

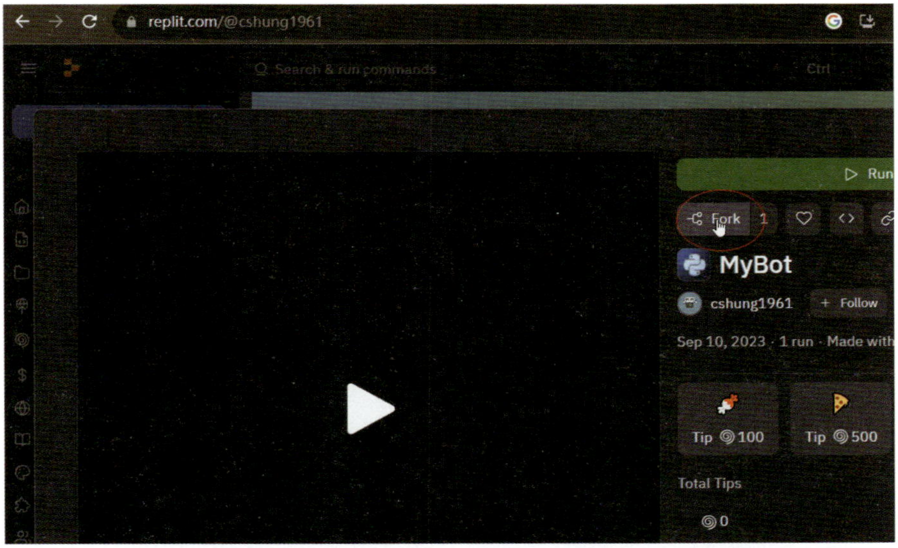

請點選 Fork。

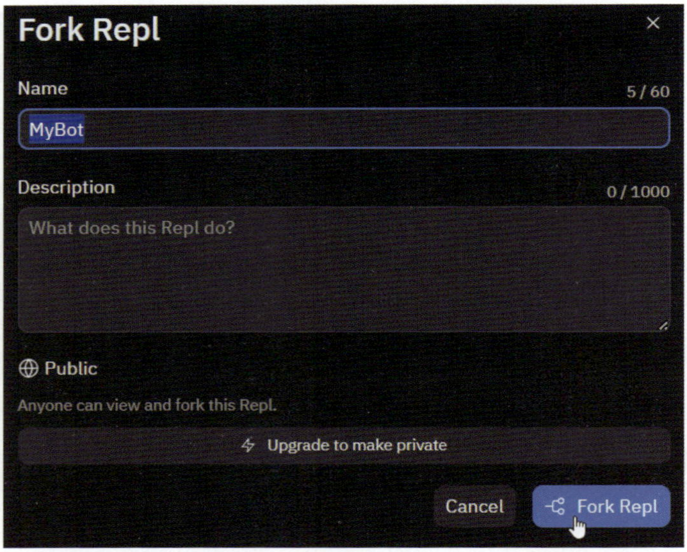

上述 Name 欄位是筆者的專案名稱 MyBot，讀者可以決定是否更改此名稱，決定後可以按 Fork Repl 鈕，就可以下載本書的專案程式。

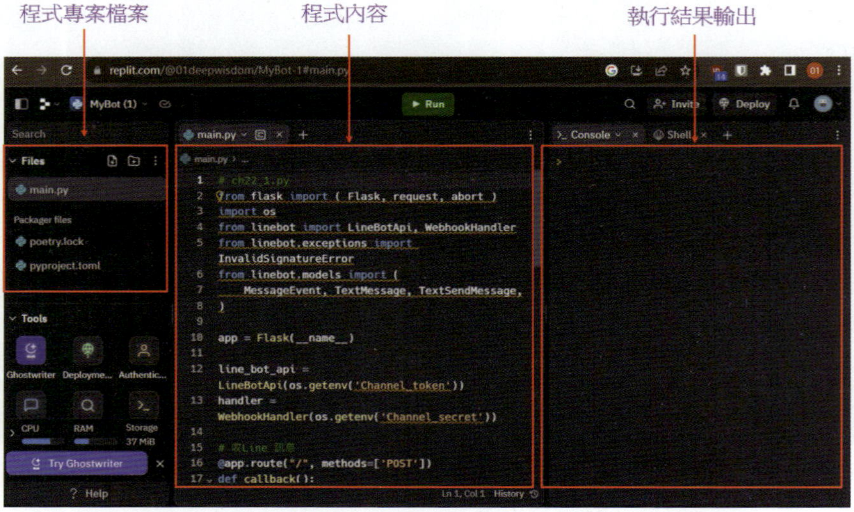

39-5-7　建立 Channel_token 和 Channel_secret

這個程式的特色是，第 11 列 Channel_token 和 12 列 Channel_secret，只輸入變數

字串。我們可以在 Replit 環境建立這兩個密帳。請參考下圖左圖，點選 Replit 視窗左側欄位 Tool 內的 Secrets。

這時可以在 Replit 視窗右邊看到 Secrets 欄位，請點選 New Secret。

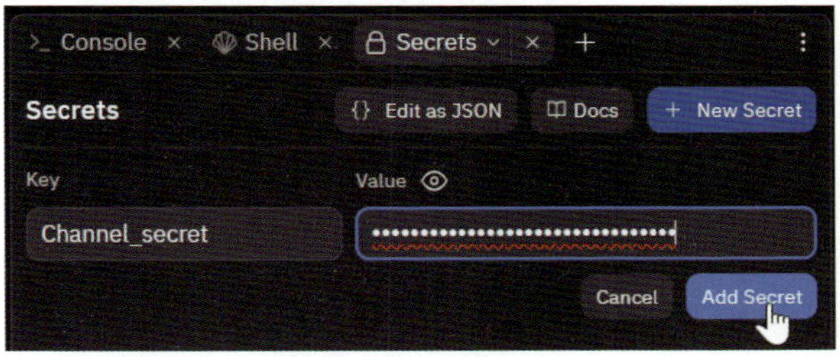

筆者在 Key 欄位輸入程式第 12 列的變數名稱「Channel_secret」，然後右邊貼上 39-4 節貼到筆記本的 Channel secret，請按 Add Secret 鈕。下一步是要建立 Channel_token，請再按一次 New Secret 鈕，一樣輸入「Channel_token」和貼上 39-4 節建立的 Channel token，建立完成請按 Add Secret 鈕，就可以看到下列執行結果。

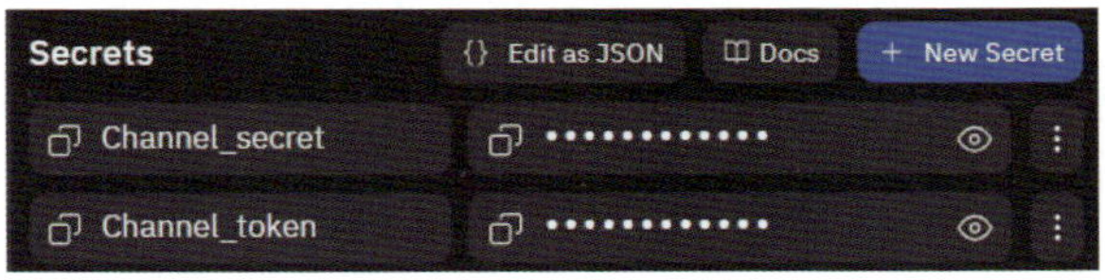

上述是 Replit 設計儲存環境變數方式，第 11 列或是 12 列使用 os.getenv( ) 函數，例如：「os.getenv('Channel_token')」主要是用 Replit 儲存重要 "secret" 或是 "token" 之類重要內容，這可以避免放在程式，造成洩漏。下一節要介紹的 OpenAI API Key，也是依此方式儲存在 Replit。

註 Replit 是一個公開的網站，任何人皆可以搜尋公開的帳戶，甚至複製公開帳號的專案，但是環境變數內容無法複製。

39-5-8　執行程式

程式上方有 Run，可以點選執行此程式。

第一次執行會花比較多時間，看到下載與安裝系列模組。註：筆者第一次執行時出現，找不到 Flask 模組，第二次就正常了。

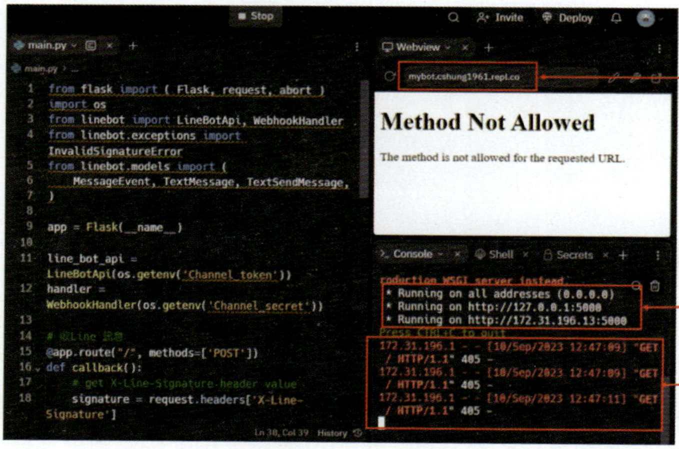

上述就是我們未來要放在 Line 後端的程式，讀者可以想成我們設計的 Develop Server，接下來要讓上述程式可以接收來自 Line 的訊息，這時要到 Line Webhook 註冊上述網址，所以請複製上述網址。

註冊完成後，未來 DeepWisdom 收到訊息時，就會傳送給上述程式執行。

39-5-9　返回 Line Developer 設定

請進入 LINE Developers，選擇 Messaging API，捲動視窗到下方，可以看到 Webhook settings，下方可以看到 Webhook URL，請點選 Edit。

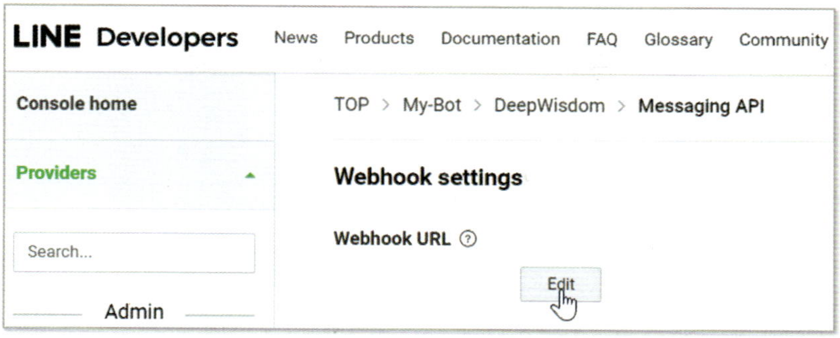

請將網址複製到 Webhook URL，需加上「https://」，可以參考下圖。

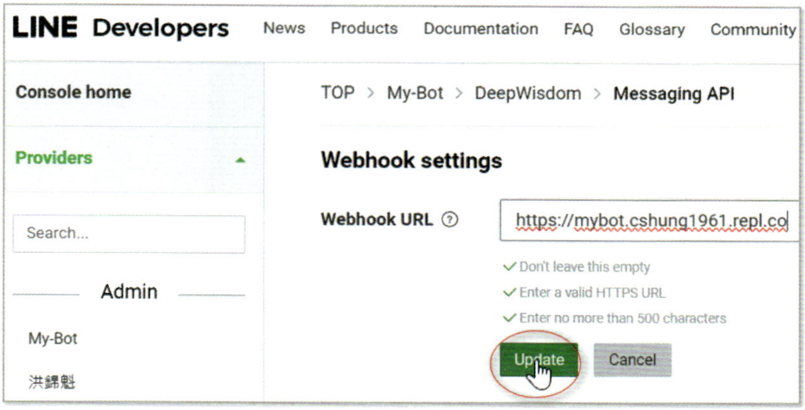

請按 Update 鈕。

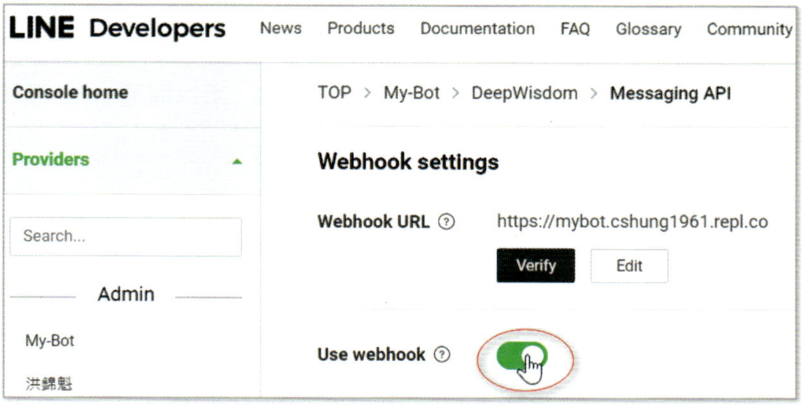

請設定 Use webhook，如上所示。未來可以點選 Verify 鈕，確認目前 Developer Server 程式是否成功執行，請參考下圖點選 Verify 鈕。

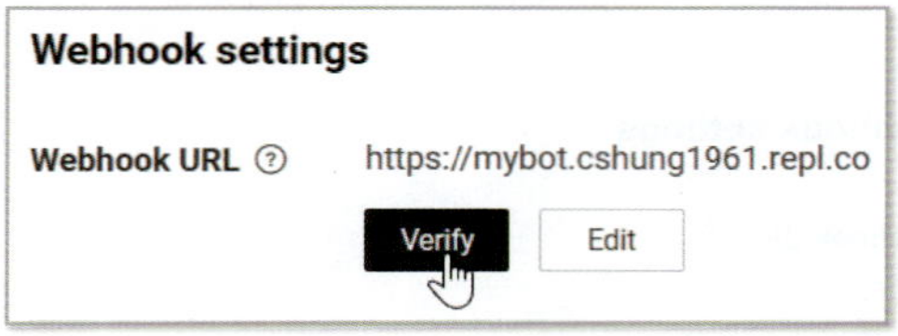

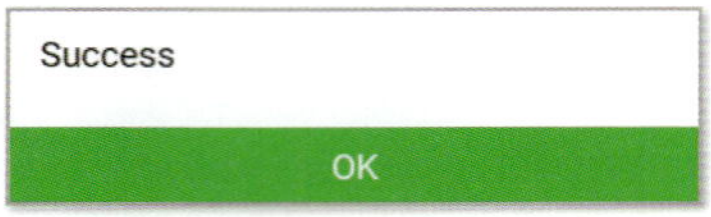

如果看到上方右圖訊息，表示目前在 Replit 上的 Developer Server 程式執行成功。這時與 DeepWisdom 交談時，所有的輸入，DeepWisdom 會像鸚鵡一樣回應。

39-5-10　Echo 伺服器程式 ch39_1.py 解說

這是一個使用 Flask 和 LINE Messaging API 建立的簡單 LINE 聊天機器人程式，也可以想成是 Line Developer Server 程式。程式碼主體是 Line 公司公開的內容，主要工作是可以讀取由 Line 帳號傳來的訊息，同時將原訊息回傳，所以稱是 Echo 程式，在台灣大家稱此為鸚鵡程式。

```
1  # ch39_1.py
2  from flask import ( Flask, request, abort )
3  import os
4  from linebot import LineBotApi, WebhookHandler
5  from linebot.exceptions import InvalidSignatureError
6  from linebot.models import (
7      MessageEvent, TextMessage, TextSendMessage,
8  )
9
10 app = Flask(__name__)
11
12 line_bot_api = LineBotApi(os.getenv('Channel_token'))
13 handler = WebhookHandler(os.getenv('Channel_secret'))
14
15 # 收Line 訊息
16 @app.route("/", methods=['POST'])
17 def callback():
18     # get X-Line-Signature header value
19     signature = request.headers['X-Line-Signature']
20     # get request body as text
21     body = request.get_data(as_text=True)
22     app.logger.info("Request body: " + body)
23     # handle webhook body
24     try:
25         handler.handle(body, signature)
26     except InvalidSignatureError:
27         print("Invalid signature. Please check your channel access token/channel secret.")
28         abort(400)
29     return 'OK'
30
31 # Echo 回應, 相當於學你說話
32 @handler.add(MessageEvent, message=TextMessage)
33 def handle_message(event):
34     line_bot_api.reply_message(
35         event.reply_token,
36         TextSendMessage(text=event.message.text))
37
38 if __name__ == "__main__":
39     app.run(host='0.0.0.0', port=5000)
```

下列是上述程式的解說：

1：第 1 ~ 7 列是導入必要的模組

- Flask、request、abort，用於建立和執行 web 應用。
- Os：用於讀取環境變數。
- LineBotApi、WebhookHandler：從 linebot 模組導入，用於與 LINE API 進行交互。
- MessageEvent、TextMessage、TextSendMessage：從 linebot.models 導入，用於處理 LINE 訊息事件和發送文本訊息。

2：初始化 Flask 應用和 LINE API

- 使用 Flask(__name__) 建立一個新的 Flask 應用。
- 使用 LineBotApi 和 WebhookHandler 初始化 LINE API，並使用 os.getenv 從環境變數中獲取 Channel token 和 Channel secret。

3：定義 callback 路由

- 使用「@app.route("/", methods=['POST'])」裝飾器定義一個路由，該路由用於接收從 LINE 伺服器發送的 POST 請求。
- 在 callback 函數中，首先獲取 X-Line-Signature 標頭的值，這是 LINE 伺服器用於驗證請求的簽名。
- 然後，獲取請求主體並將其轉換為文字格式。
- 使用 handler.handle( ) 函數處理 webhook 主體。如果簽名無效，則會引發 InvalidSignatureError 並返回 400 錯誤。
- 如果一切正常，則返回 OK。

4：定義訊息處理函數

- 使用「@handler.add(MessageEvent, message=TextMessage)」裝飾器定義一個函數，該函數用於處理接收到的文字訊息事件。
- 在 handle_message( ) 函數中，使用 line_bot_api.reply_message( ) 函數回應相同的文本訊息，這相當於機器人學你說話的功能。

5：啟動 Flask 應用

- 如果這個程式是主程式，則使用 app.run( ) 啟動 Flask 應用，並監聽所有 IP 位址 ('0.0.0.0') 上的 5000 埠。

39-6 設計 ChatGPT 智慧的客服聊天機器人

前一章筆者介紹了設計了聊天的機器人程式，前面小節設計了 Echo 程式，Echo 程式的原理是將用戶的輸入直接輸出。要設計具有 ChatGPT 功能的 LineBot 程式，原理是將 Line 用戶的輸入，送給 OpenAI 的 API 處理，然後將回傳的結果回傳給 Line 用戶即可。

程式實例 ch39_2.py： 設計具有 ChatGPT 智慧的 LineBot 程式，這個程式基本上是 ch38_1.py 和 ch39_1.py 的結合，為了讀者方便閱讀，筆者用最淺顯方式設計。

```python
# ch39_2.py
from flask import Flask, request, abort
import os
from linebot import LineBotApi, WebhookHandler
from linebot.exceptions import InvalidSignatureError
from linebot.models import MessageEvent, TextMessage, TextSendMessage
import openai

app = Flask(__name__)

# 設定Line API & Webhook
line_bot_api = LineBotApi(os.getenv('Channel_token'))
handler = WebhookHandler(os.getenv('Channel_secret'))

# 設定OpenAI API
openai.api_key = os.getenv('OpenAI_key')

# 收Line 訊息
@app.route("/", methods=['POST'])
def callback():
    signature = request.headers['X-Line-Signature']
    body = request.get_data(as_text=True)
    app.logger.info("Request body: " + body)

    try:
        handler.handle(body, signature)
    except InvalidSignatureError:
        print("Invalid signature. Please check your channel access token,
        abort(400)
    return 'OK'

# 使用OpenAI回應Line訊息
@handler.add(MessageEvent, message=TextMessage)
def handle_message(event):
    user_input = event.message.text

    response = openai.ChatCompletion.create(
        model = "gpt-3.5-turbo",
        messages = [{"role":"system", "content":"你是深智公司客服人員"},
                    {"role":"user", "content":user_input}],
        max_tokens = 150      # 限制回應token數
    )

    response = response.choices[0].message['content']

    line_bot_api.reply_message(
        event.reply_token,
        TextSendMessage(text=response.strip().replace('\n','')))

if __name__ == "__main__":
    app.run(host='0.0.0.0', port=5000)
```

執行結果

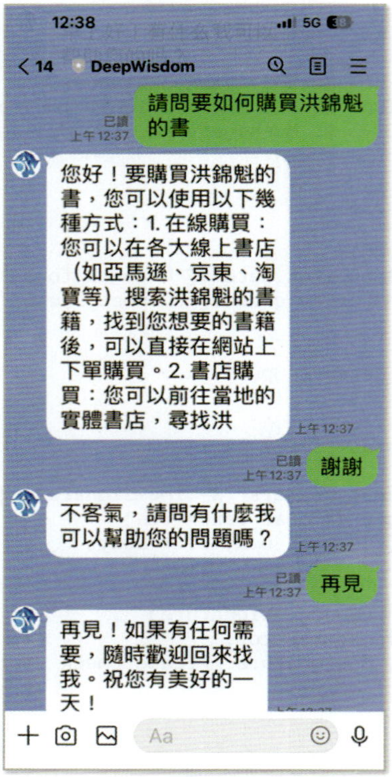

上述程式的重點是：

1：第 35 列，讀取 Line 使用者的輸入，放在 user_input 變數。

2：第 37 ~ 42 列，將使用輸入，連同環境設定送到 OpenAI 的 API 處理，回傳結果放在 response 變數。

3：第 44 列，取得回傳的重點內容。

4：第 46 ~ 48 列，將內容回傳給 Line 使用者。

第 40 章 電子書

動畫與遊戲

附錄A：安裝與執行Python 電子書

附錄B：安裝與執行VS Code x GitHub Copilot

附錄C：使用Google Colab雲端開發環境 電子書

附錄D：指令、函數索引表 電子書

附錄E：安裝第三方模組 電子書

附錄F：RGB色彩表 電子書

附錄G：史上最強Python入門邁向頂尖高手習題檔案第4版 電子書

附錄 B
安裝與執行
VS Code x GitHub Copilot

在學習 Python 的過程中，選擇一個好用的程式開發工具（IDE）是提升效率與寫作體驗的關鍵。Visual Studio Code（簡稱 VS Code）是目前最受職場程式設計師歡迎的程式編輯器之一，擁有輕量、開源、擴充性強等優點，深受初學者與資深開發者喜愛。本附錄將引導你從零開始安裝 VS Code，設定適合 Python 開發的環境，並執行第一支程式，協助你快速進入實作階段，為後續的學習打下穩固基礎。

B-1 下載與安裝 VS Code

請進入下列網址：

https://code.visualstudio.com

將看到下列畫面。

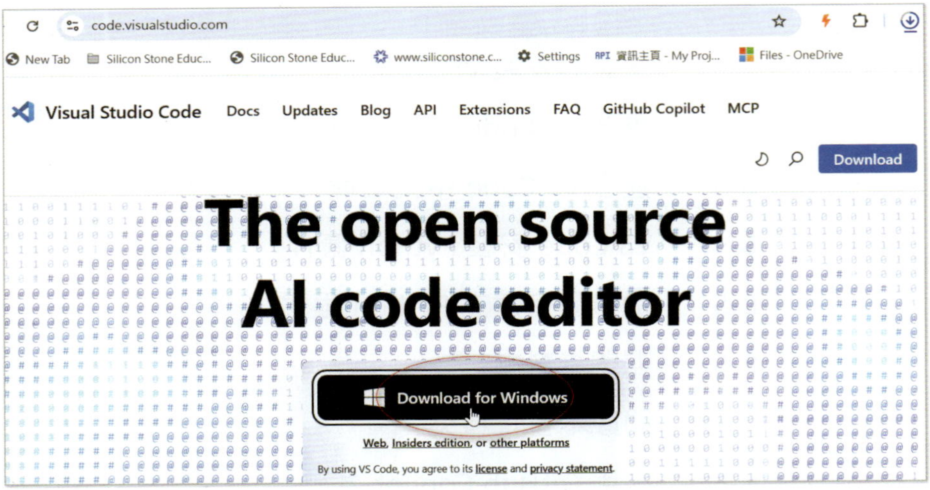

請點選 Download for Windows，會下載 VSCodeUserSetup-x64-1.101.2.exe 安裝檔案，讀者閱讀本書時，可能看到更新的檔案。安裝此檔案時將先看到下列畫面：

請點選「我同意」，然後按下一步鈕。

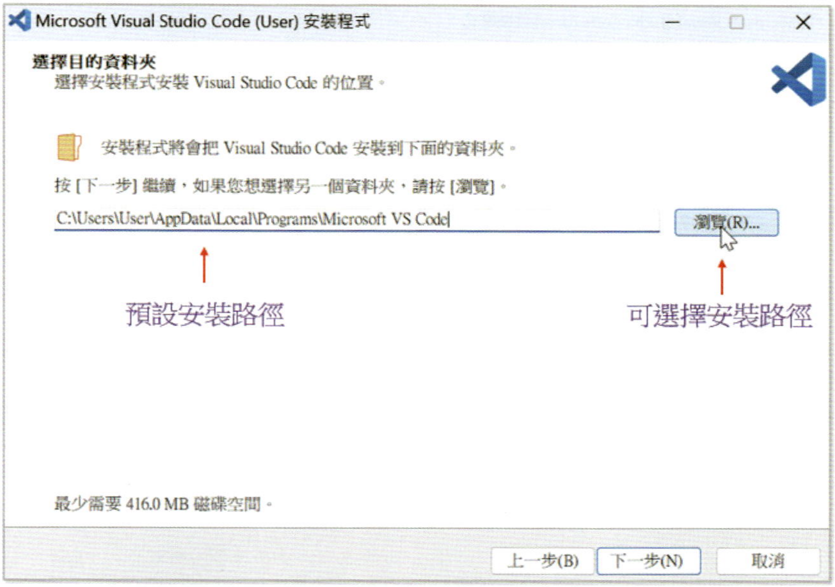

上述是可以點選瀏覽鈕，選擇安裝路徑。此例使用預設路徑，所以按下一步鈕。

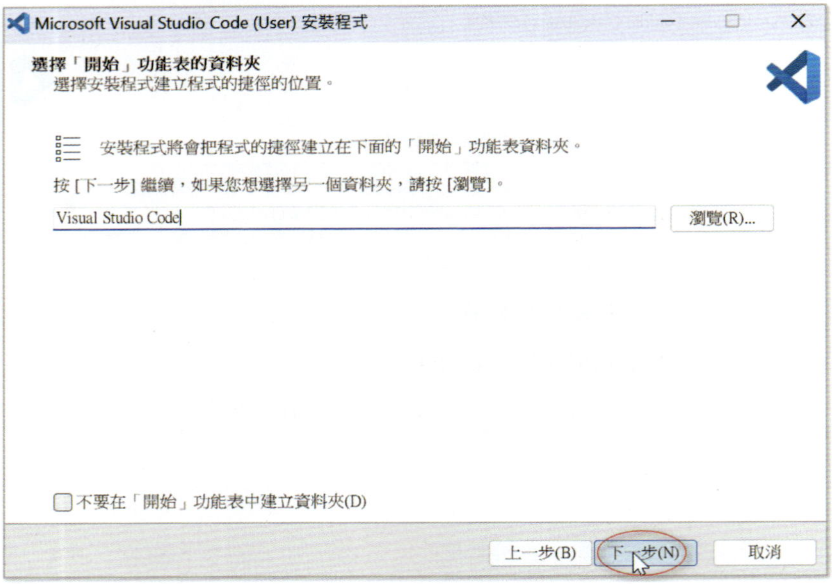

上述是建立捷徑名稱，此例使用預設名稱「Visual Studio Code」，請按下一步鈕。

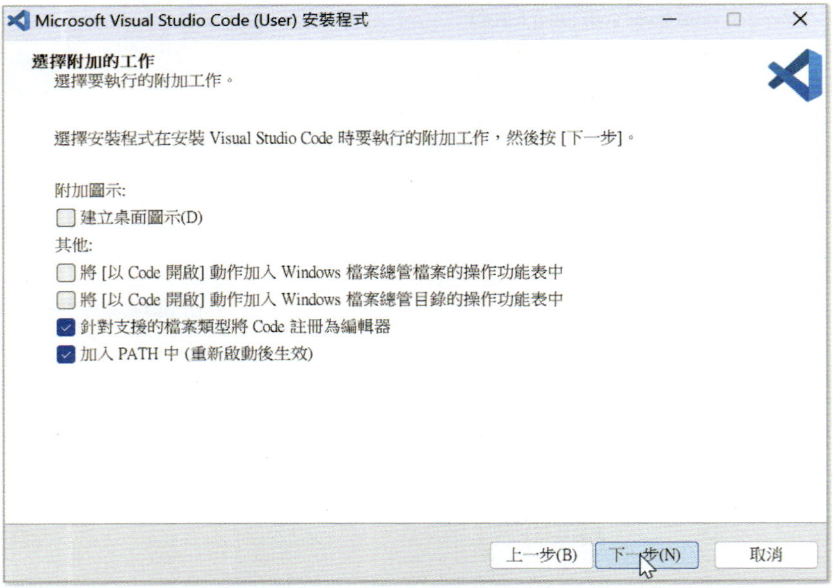

上述是詢問是否建立桌面圖示，以及附加工作，此例使用預設，請按下一步鈕。

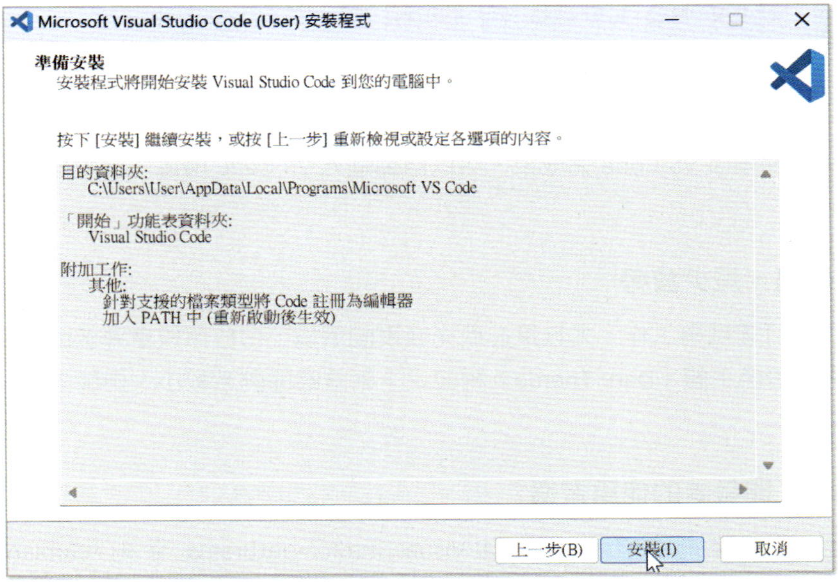

上述請按安裝鈕，即可以正式安裝 VS Code。

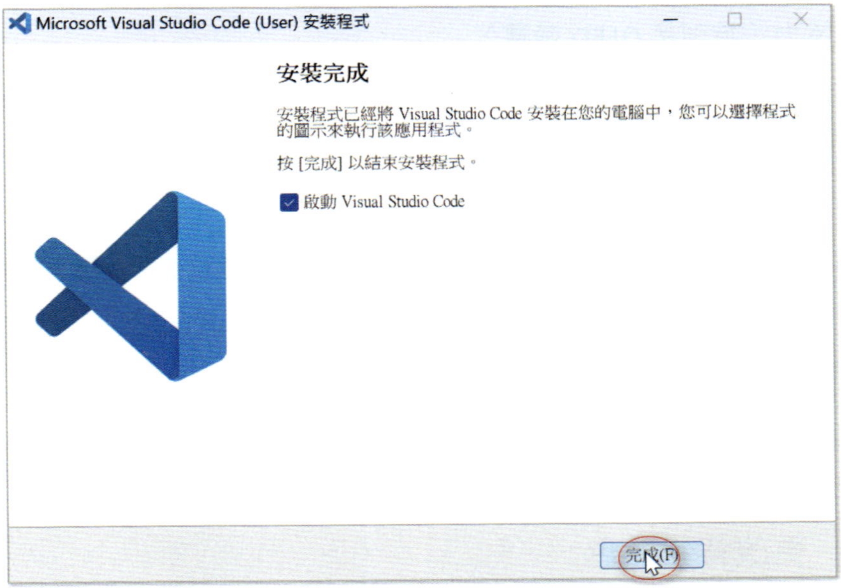

安裝完成後將看到上述畫面，可以按完成鈕。

B-2 更改 VS Code 背景顏色

B-2-1 預設 VS Code 的背景顏色

前一小節安裝 VS Code 完成後，可以自動進入 VS Code 環境，預設是暗色背景。原因是：

1. 保護眼睛、減少疲勞

長時間盯著螢幕工作，尤其是在低光或夜間環境，白色背景會導致眼睛疲勞、乾澀與不適。暗色主題（Dark Theme）相較之下對眼睛的刺激較小，更能讓開發者長時間專注編碼。

2. 符合程式開發者的使用習慣

大多數專業開發工具（例如 Visual Studio、JetBrains 系列、Sublime Text、Terminal）都提供或預設為暗色主題，VS Code 延續這種業界慣例，讓開發者轉換使用時感覺更自然。

3. 節省電力（特別是 OLED 螢幕）

在具備 OLED 螢幕的裝置上，暗色背景實際上能降低耗電量，因為黑色像素會「關閉」發光。對筆電用戶尤其有利，能延長電池使用時間。

4. 視覺焦點更集中

在暗色背景上，語法高亮的程式碼顯得更清晰，開發者能快速辨識關鍵字、變數與函式名稱，提高閱讀與除錯效率。

5. 現代設計潮流

暗色主題已成為近年 UI/UX 設計的流行趨勢，從 macOS、Windows 10/11 到多數手機 app，都提供暗色模式，VS Code 的預設配色也是順應這個趨勢。

B-2-2 更改背景顏色

這是一本教學用書，採用暗色印刷時往往不會清楚，筆者用下列方式更改為淺色背景。請同時按「Ctrl + K 鍵」或是「點選 Choose your theme」，將看到下列畫面。

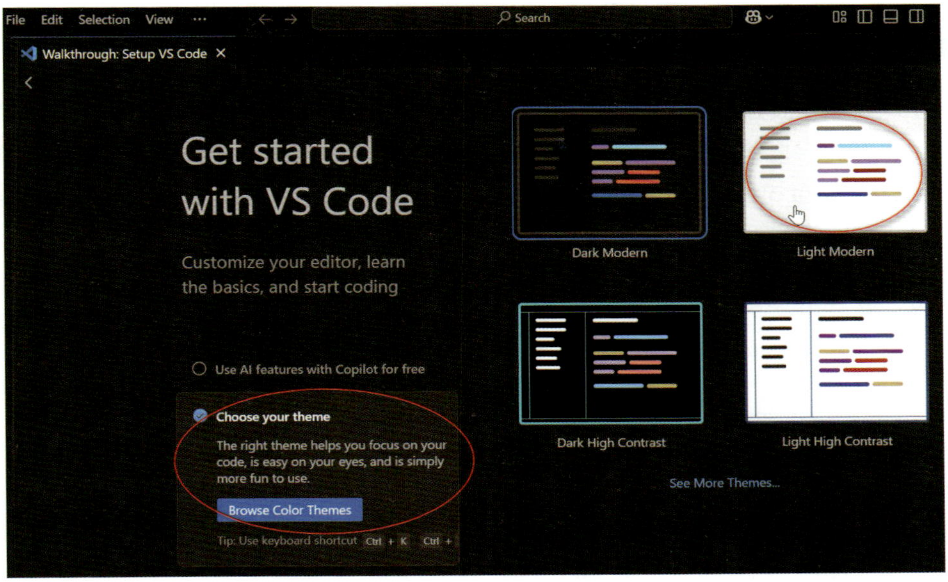

請點選 Light Modern，就可以得到亮色背景的 VS Code 環境。

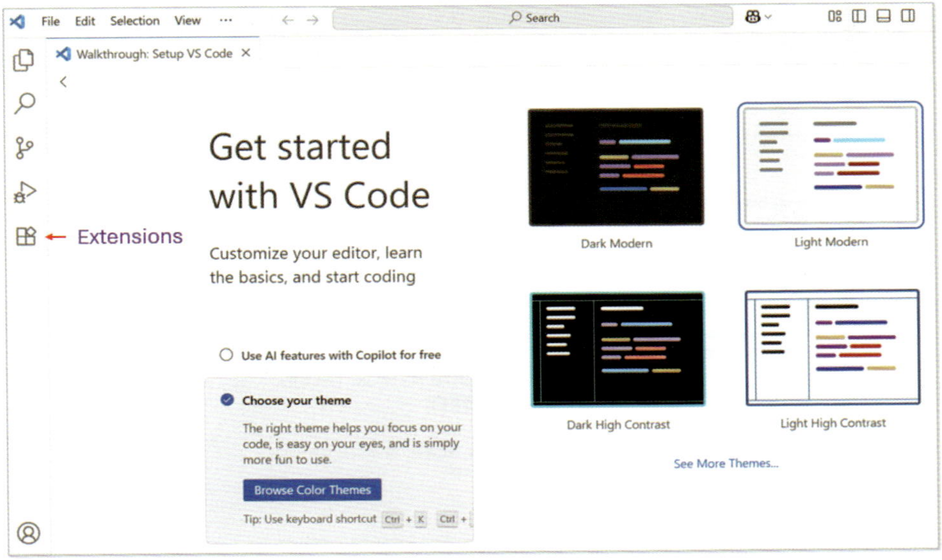

B-3 建立 VS Code 中文環境

VS Code 預設是在英文環境下執行，如果想在中文環境下執行，可以「按左邊欄位的 Extensions 圖示」或是「按 Ctrl + Shift + X」，將看到搜尋框。請輸入前綴詞「Chinese」，就可以看到 Chinese (Traditional) Language pack for Visual Studio Code，可以參考下圖。

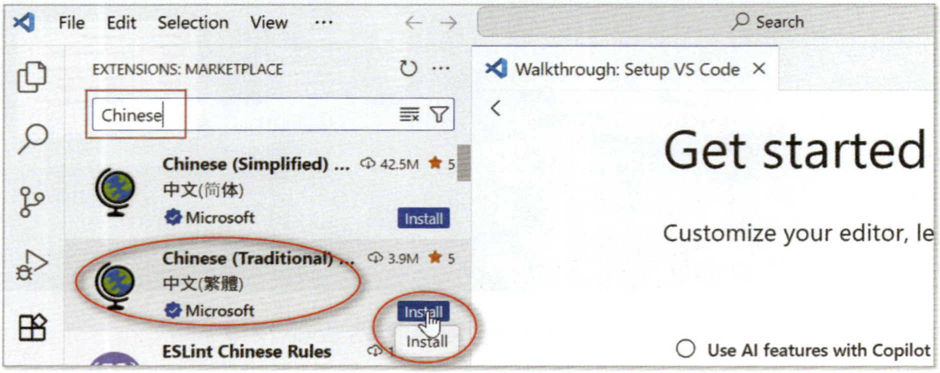

請點選 Install 鈕。

上述請點選 Change Language and Restart 鈕，可以轉換為中文環境。

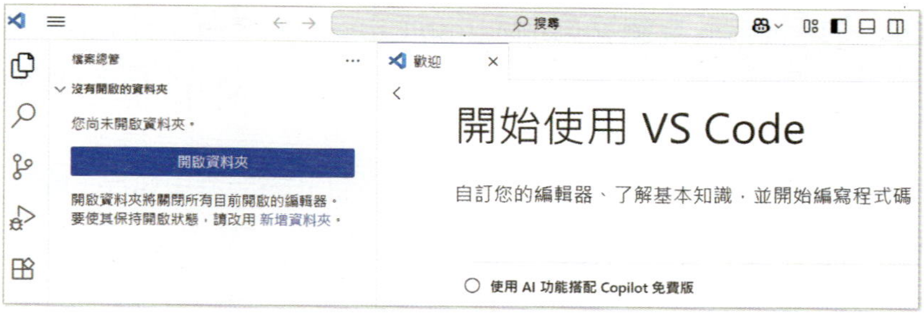

B-4 VS Code 安裝 Python 套件

為了要在 VS Code 可以執行 Python 程式，此時需要完成下列 2 個步驟：

1. 在 VS Code 中安裝「Python 擴充套件」
2. 在 VS Code 設定中選擇安裝好的 Python 解譯器 (Interpretor) 路徑

B-4-1 安裝 Python 擴充套件

在 VS Code 中編寫 Python 程式時，若能結合強大的擴充套件，將大幅提升開發效率與體驗。為了讓 VS Code 成為一個功能完整的 Python 開發環境，我們需要安裝專屬的 Python 擴充套件，讓編輯器具備語法高亮、自動補全、除錯工具、虛擬環境支援等功能。本節將帶領你一步步安裝與設定「Python 擴充套件」，並確認其是否成功運作，為後續實作與學習打下穩固的技術基礎。

請點選左側欄位的 Extensions 圖示，然後在搜尋框輸入「Python」。

請點選 Python 項目右下方的安裝鈕，即可以執行安裝。

B-4-2　安裝 Python 解譯器

VS Code 的「Python 套件」（如 Microsoft 出品的 Python 擴充套件）只是讓 VS Code 能夠識別、編輯與協助執行 Python 程式的工具，它本身並不包含 Python 執行的核心，也就是「Python 解譯器」。

要安裝解譯器，請按 VS Code 左上方的選單列圖示☰，然後執行「檢視 / 命令選擇區」或是「同時按 Ctrl + Shift + P 鍵」。

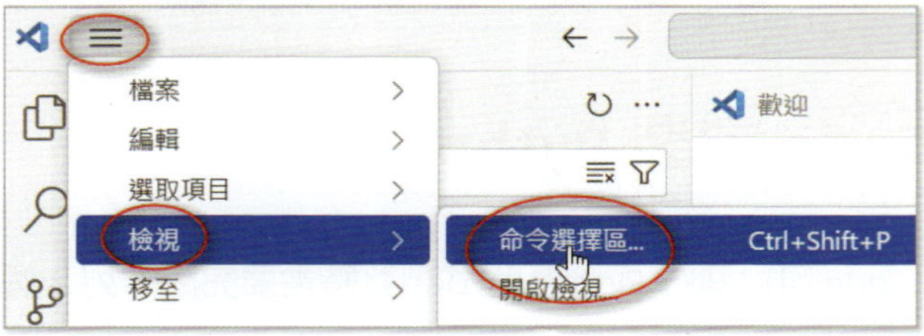

在對話的輸入框中，請輸入「Python:Select Interpreter」。

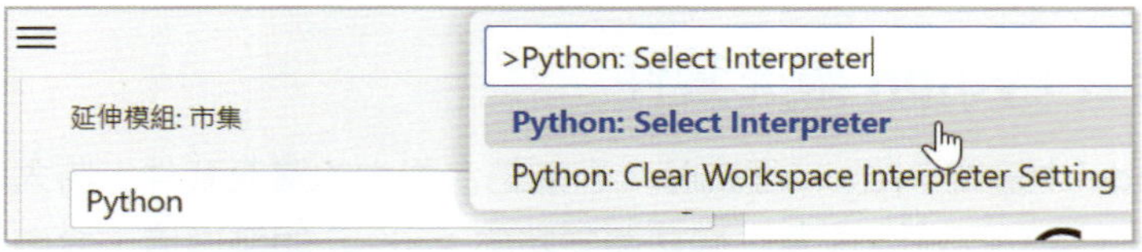

將看到推薦解譯器的畫面。

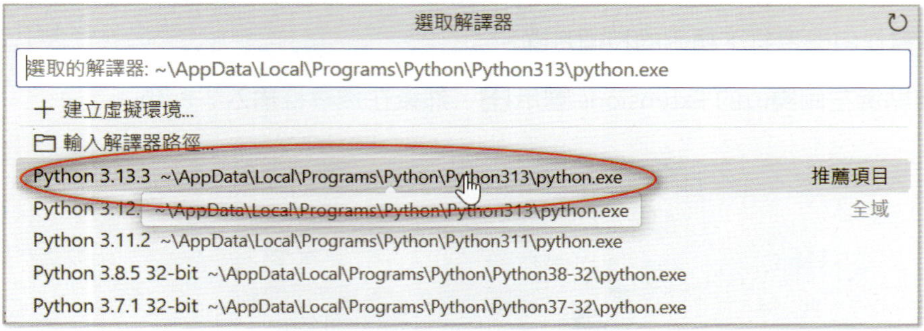

基本上 VS Code 會推薦最新的 Python 版本，此例筆者選擇附錄 A 下載的 Python 3.13 版本。

B-5 從無到有建立 Python 程式

本書所附程式實例有空白的 chb 資料夾，我們可以用下列方式建立 Python 程式。

B-5-1 開啟空白資料夾

本書讀者資源有 chb 資料夾，這是空白資料夾，我們可以應用下列方式開啟此資料夾，請點選檔案總管圖示，請參考下方左圖：

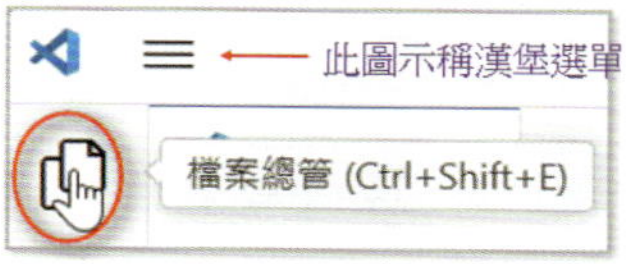

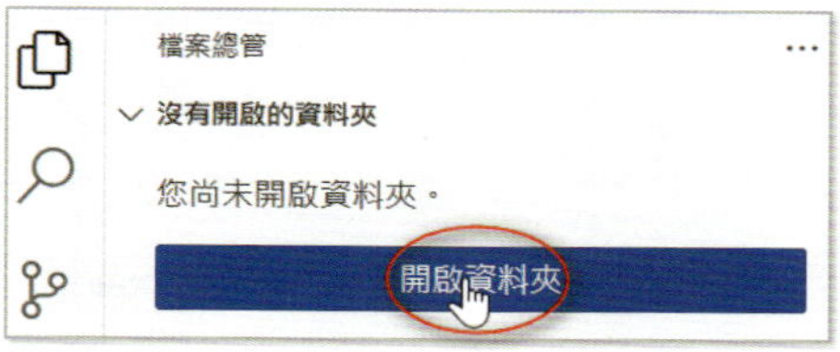

可以看到上方右圖，請點選開啟資料夾指令。開啟過程會看到對話方塊顯示，你是否信任此資料夾中檔案的作者，請點選信任。然後會看到開啟資料夾對話方塊，請選擇 chb，然後可以得到下列結果。

VS Code 顯示的資料夾 chb 是大寫 CHB，這是系統設計原則，實質上電腦的資料夾名稱仍是 chb。將滑鼠游標放在此資料夾，可以看到系列功能圖示：

B-5-2 新增資料夾

點選新增資料夾圖示，可以建立資料夾。

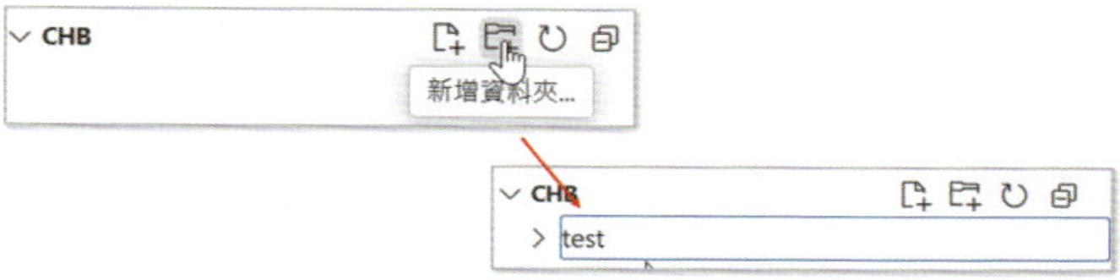

上述是建立 test 資料夾的實例，可以得到下列結果。

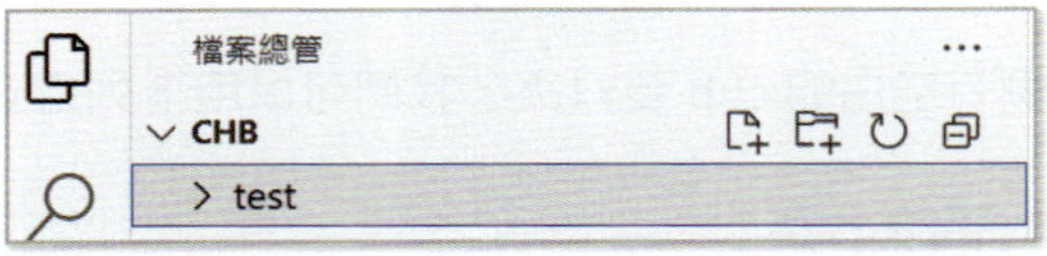

B-5-3　建立檔案

點選新增檔案圖示，可以建立新的檔案。

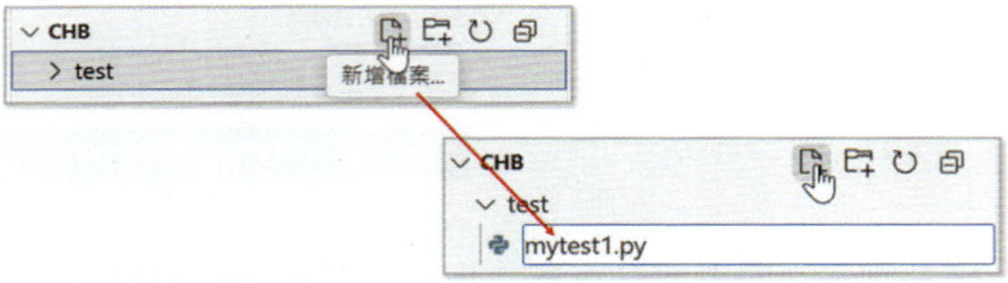

上述是建立空白 mytest1.py 檔案的實例，可以得到下列結果。

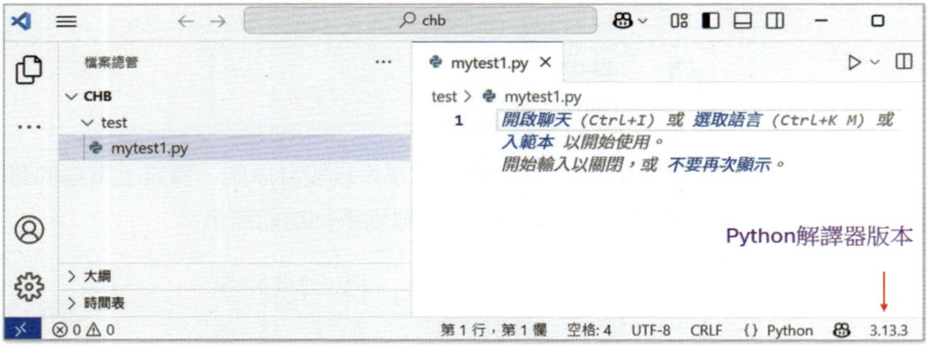

上述點選「不要再次顯示」，可以得到下列乾淨的程式編輯畫面。

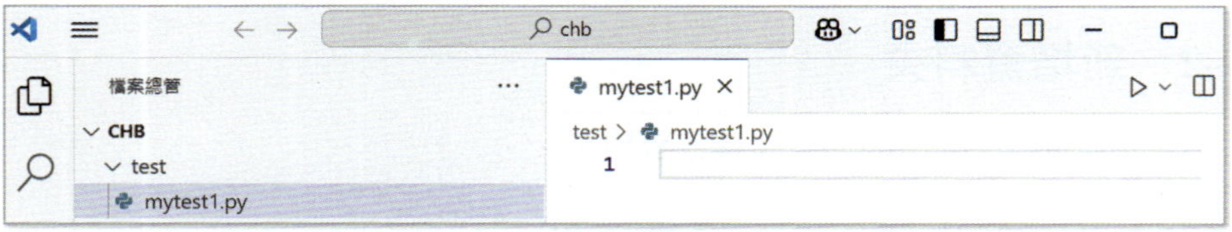

B-5-4 建立程式

下列是筆者建立的程式畫面：

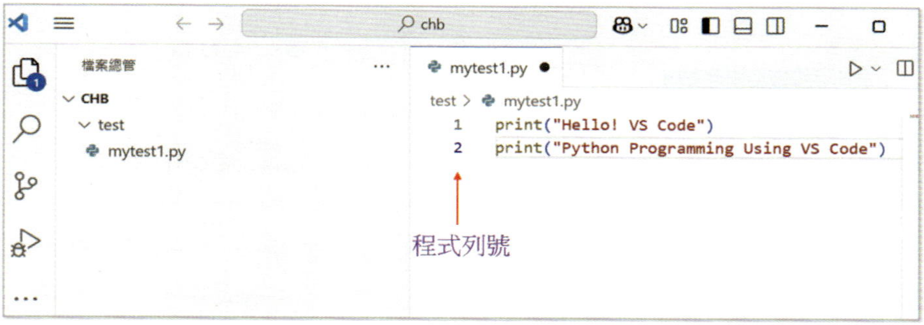

B-5-5 執行程式

讀者可以點選執行 Python 檔案圖示 ▷ ，直接執行此程式。或是可以點選圖示 ▷ ⌄ ，然後選擇執行 Python 檔案指令，執行此程式。

在終端機標籤，可以得到程式執行的結果。

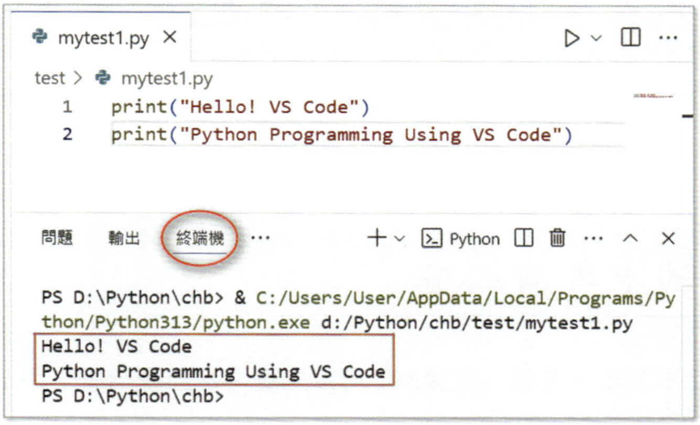

B-6 關閉資料夾

點選 VS Code 視窗左上方漢堡選單圖示☰，執行檔案 / 關閉資料夾指令。

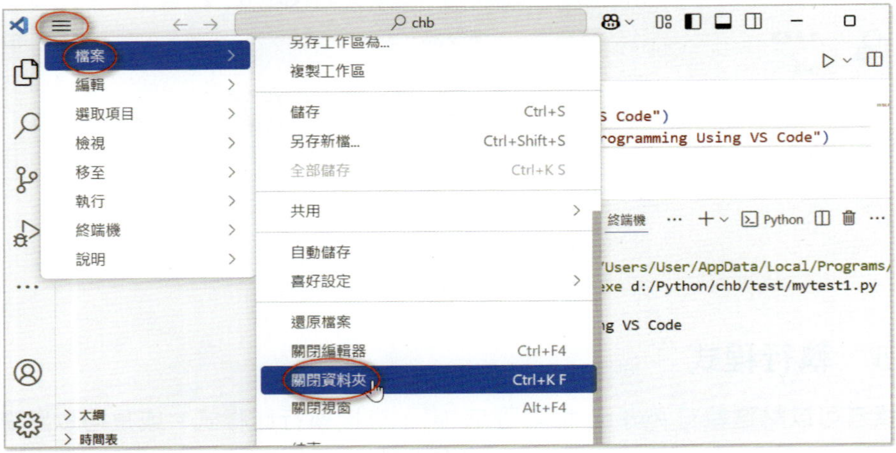

可以得到關閉資料夾的結果。

B-7 開啟本書資料夾

如果讀者想要開啟本書資料夾實例，可以點選選單列圖示☰，執行檔案 / 開啟資料夾指令。

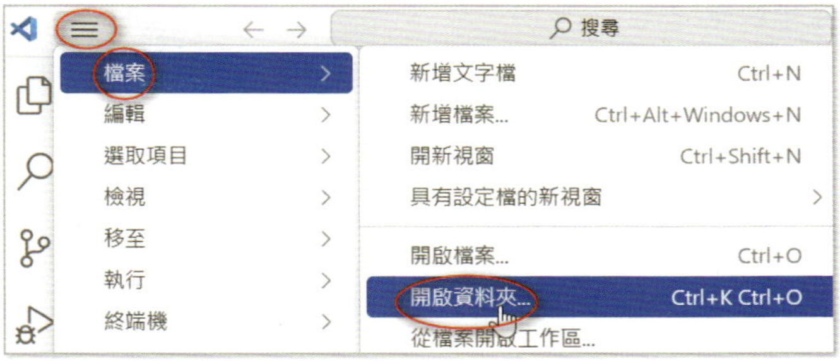

假設選擇 ch1 資料夾，可以得到下列結果。

然後讀者可以點選任意檔案執行編輯。

B-8 啟用 GitHub Copilot

隨著人工智慧技術的進步，越來越多開發者開始利用 AI 工具來加速寫程式、除錯與學習新技術。這些工具被統稱為 AI 編程助手（AI Coding Assistants），如 GitHub Copilot、ChatGPT 等，正快速改變我們寫程式的方式。

註 使用 GitHub Copilot 必須擁有 GitHub 帳號。這不僅是登入的必要條件，也是管理訂閱、設定使用者偏好與保護程式碼隱私的重要機制。如果你尚未註冊，建議前往 https://github.com 免費建立帳號，開始享受 AI 協作寫程式的體驗。

B-8-1 GitHub Copilot 簡介

GitHub Copilot 是最受歡迎的 AI 編程助手之一，由 GitHub 與 OpenAI 合作開發，可在 VS Code 中透過擴充套件安裝使用。功能特色包括：

- 自動補完整段程式邏輯

- 由註解產生對應程式
- 即時建議常見演算法寫法
- 支援多種語言、框架與測試程式

B-8-2　安裝 Copilot 延伸模組

因為 VS Code 本身只是文字編輯器，並沒有內建 Copilot 功能。GitHub Copilot 是以「擴充模組」的形式整合進 VS Code 的，安裝模組後才能使用。請點選延伸模組圖示，然後輸入搜尋「GitHub Copilot」，如下所示：

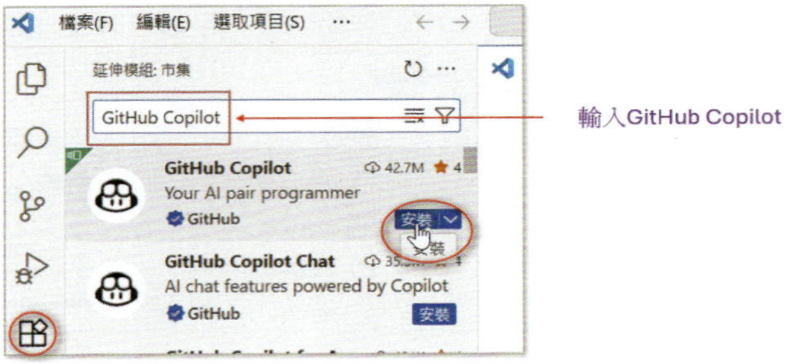

請點選 GitHub Copilot 的安裝鈕，安裝完後將看到下列畫面。

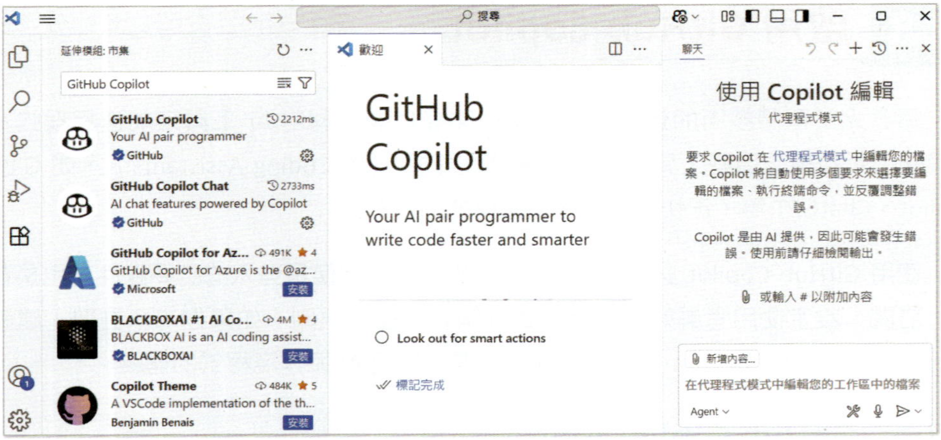

B-8-3　登入 GitHub Copilot

讀者可以按上方的圖示登入 Copilot，你將先看到下列畫面。

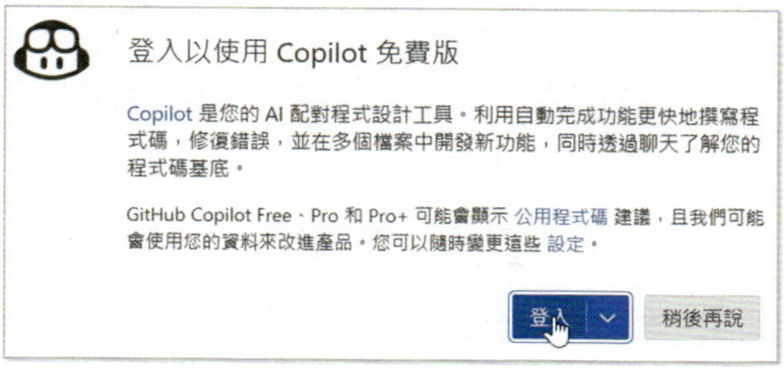

最初你會看到登入過程的畫面，可以參考下方左圖。如果看到下方右圖，就表示登入 Copilot 成功了。

B-8-4 GitHub Copilot 輔助程式設計

GitHub Copilot 就像你身旁的程式設計夥伴，能夠即時讀懂你寫的程式碼，並主動提供下一步的建議。Copilot 不僅能「補完你輸入的程式」，還能幫你「思考你還沒想到的解法」。以下是它在設計程式時的實際應用：

❑ 自動補全整段程式碼

只要你開始輸入幾列程式或是定義一個函式，Copilot 會自動推測你的意圖並補出整段程式碼，例如讀者輸入：

```
def calculate_area(radius):
```

它可能會補出：

```
pi = 3.14
return pi * radius * radius
```

這讓你省去打字時間，也能減少語法錯誤。下列是實際畫面：

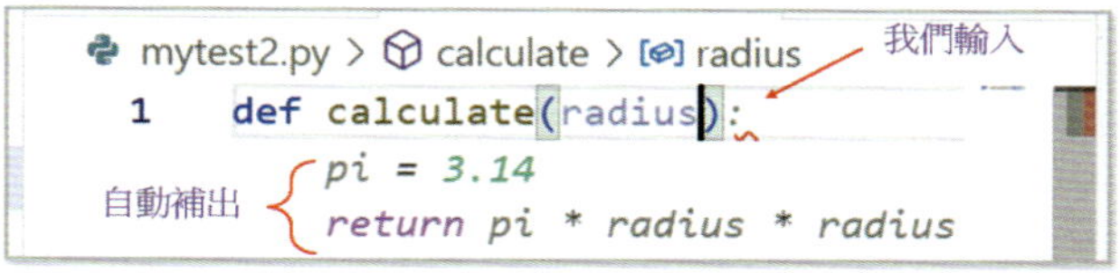

此時將滑鼠游標放在第一列，可以看到下列訊息：

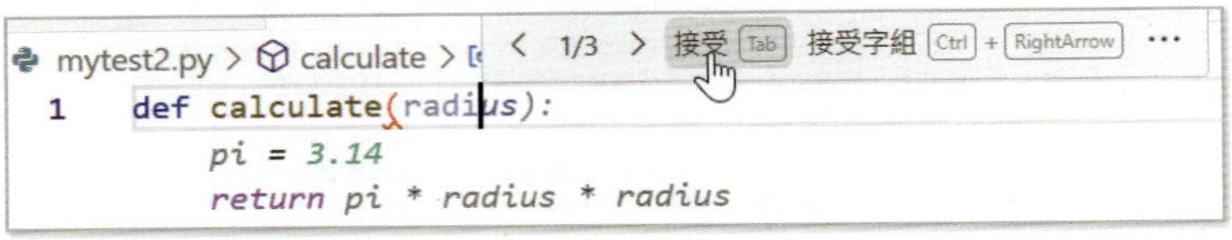
mytest2.py > calculate >
1/3
接受 Tab
接受字組 Ctrl + RightArrow
1 def calculate(radius):
pi = 3.14
return pi * radius * radius

如果這是我們要的，可以點選接收（或是按 Tab）鍵，表示接收，可以得到下列結果。

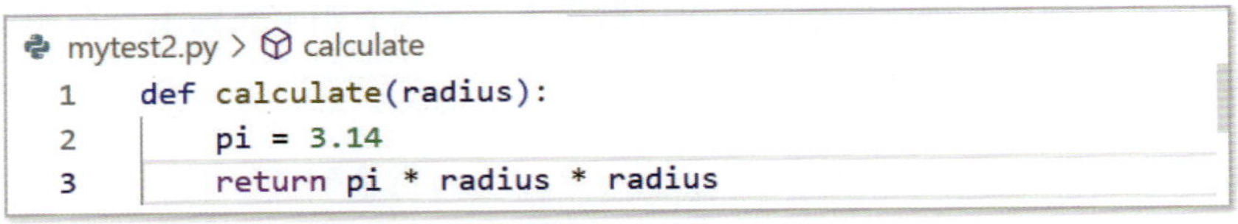
mytest2.py > calculate
1 def calculate(radius):
2 pi = 3.14
3 return pi * radius * radius

❑ 根據註解生成程式

只要你輸入註解，Copilot 能自動將你的「想法」轉成「程式碼」，例如讀者輸入：

```
# 將攝氏轉華氏的函式
```

它會自動產生：

```
def celsius_to_fahrenheit(c):
    return c * 9/5 + 32
```

這讓邏輯設計變得更直觀，初學者也能快速實作。

❑ 建議語法結構與範例

當你忘了某個語法格式或不熟悉特定函式時，Copilot 能主動提供完整範例，例如讀者輸入：

```
# 讀取 CSV 檔案並列印每一列
```

它會自動產生：

```
import csv
with open(‘yourfile.csv’, newline=’’, encoding=’utf-8’) as csvfile:
    reader = csv.reader(csvfile)
    for row in reader:
        print(row)
```

❑ 實現「即時副程式設計師」

你就像跟 Copilot 一起 pair programming（共同設計程式）：

- 你寫框架，它補細節。
- 你給函式名，它補實作內容。
- 你想流程，它補語法。

這種互動過程，不僅提升寫程式效率，還能讓你在過程中學到更好的寫法。

❑ 加速學習與除錯

初學者常常不知道怎麼寫出「正確又有結構」的程式，Copilot 可以：

- 建議更有效率的寫法。
- 幫助你辨認漏掉的步驟。
- 自動修正常見錯誤結構（例如縮排、語法）。

也就是說，它不只寫程式，更在「教你怎麼寫好程式」。

B-8-5 Copilot 聊天編輯環境

讀者也可以在 Copilot 聊天環境輸入程式設計要求，例如輸入「請設計 1 加到 n 的程式」：

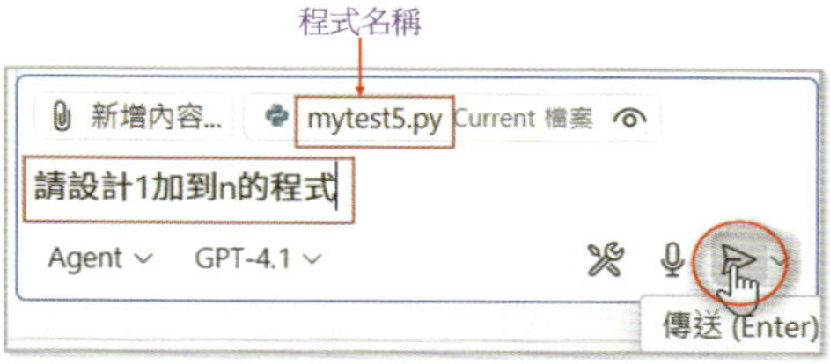

點選傳送鈕後，可以得到下列結果。

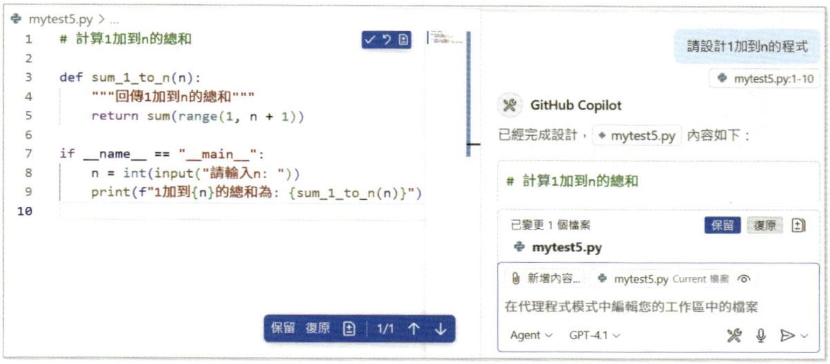

B-5-6　筆者的忠告：學會 Python，本質仍是理解，而非依賴

在寫作本書的過程中，我親身體驗了 GitHub Copilot、ChatGPT 等 AI 工具對程式設計帶來的震撼與便利。你只要輸入一行註解，AI 就能幫你補上整個函式的內容；你只要寫出函式名稱，它就能推斷出你想做什麼。這樣的神奇功能，過去難以想像，現在卻已成為現實。

但也因此，我想給所有讀者一句真心的忠告：

「AI 再厲害，它幫你寫的是『程式碼』，學會寫程式的『能力』仍然得靠你自己。」

學習 Python，不只是為了讓螢幕上跑出正確結果，而是為了訓練邏輯思維、理解資料結構、掌握演算法、學會如何解決問題。這些能力，才是讓你能夠駕馭 AI，而不是被 AI 駕馭的關鍵。

- AI 能幫你「補齊」語法，但不能幫你「搞懂」語法；
- AI 能幫你「寫出」解法，但不能幫你「設計」解法。

當你只是依賴 AI 產生程式碼，卻無法判斷它是否正確時，你就像開著導航卻完全不會看地圖的人。萬一導航錯了，你也只會跟著迷路。

因此，我誠懇建議所有正在學習 Python 的朋友：

- 請花時間真正理解語法與邏輯結構。
- 請練習自己從零開始設計與撰寫程式。
- 在你能夠獨立解題之後，再善用 AI 工具來加速效率、優化程式。

AI 是加速器，不是起跑線。當你有了堅實的基礎，再搭配 Copilot 這樣的利器，你的程式設計能力將不只是「快」，而是「準、穩、強」。

這，才是學習 Python 最值得追求的境界。

Note

Note

Note

Note